The Collection of Difficult Problem of Elementary Number Theory

(The First Volume)

初等数论难题集

（第一卷）

主　编　刘培杰
副主编　田廷彦　周晓东　刘振杰

哈尔滨工业大学出版社
HARBIN INSTITUTE OF TECHNOLOGY PRESS

内容简介

全书共分 10 章:第 1 章整除与带余除法,第 2 章因子与倍数,第 3 章最大公约数与最小公倍数,第 4 章平方数与 n 次方数,第 5 章素数与合数,第 6 章进位制,第 7 章取整函数 $[x]$,第 8 章整数与集合,第 9 章整点,第 10 章杂题。

本书适合于数学奥林匹克竞赛选手和教练员、高等院校相关专业研究人员及数论爱好者使用。

图书在版编目(CIP)数据

初等数论难题集:第 1 卷/刘培杰主编. —哈尔滨:哈尔滨工业大学出版社,2010.5(2024.4 重印)
ISBN 978-7-5603-2778-5

Ⅰ.初… Ⅱ.刘… Ⅲ.初等数论-习题 Ⅳ.O156.1-44

中国版本图书馆 CIP 数据核字(2010)第 132201 号

策划编辑	刘培杰
责任编辑	李广鑫
封面设计	卞秉利
出版发行	哈尔滨工业大学出版社
社　　址	哈尔滨市南岗区复华四道街 10 号　邮编 150006
传　　真	0451-86414749
网　　址	http://hitpress.hit.edu.cn
印　　刷	哈尔滨市石桥印务有限公司
开　　本	787mm×1092mm　1/16　印张 47.5　字数 780 千字
版　　次	2010 年 5 月第 1 版　2024 年 4 月第 4 次印刷
书　　号	ISBN 978-7-5603-2778-5
定　　价	68.00 元

(如因印装质量问题影响阅读,我社负责调换)

前言

曾经热播一时的电视剧《北京人在纽约》片首有这样一段耐人寻味的话：

如果你爱一个人就送他去纽约，
因为那里是天堂；
如果你恨一个人就送他去纽约，
因为那里是地狱。

这种貌似矛盾,实则深刻的句式完全可用之于数论.因为它是一门既古老又年轻,既浅显又艰深,既容易入门又难于精通,既纯而又纯又有诸多意想不到应用的数学分支.

说它古老是因为它所研究的对象是人类最早认识到的数学对象——整数.说它年轻是直到今天还有许多新的数论分支在产生,许多新的数论猜想被提出.说它浅显是因为有些问题的解决简直是轻而易举,如爱尔特希考查匈牙利神童(后成为著名图论专家)波萨时问到的题目:从 $1\sim 2n$ 这 $2n$ 个自然数中任选 $n+1$ 个来,其中必有两个数是互质的.由于当时测试是在餐桌上进行的,据报道说波萨只喝了几口汤便给出了一个极其简练的解答:任选出的 $n+1$ 个数中必有 2 个相邻而相邻之数必互质.说它艰深是因为有许多貌似初等的问题横亘多年没人能解答,仅以人们所熟知的费马数为例,如是否存在无穷多费马素数? 是否存在无穷多费马数是合数? 是否每个费马数都是无平方数? (具体可见 Krizek,Luca 和 Somer 合写的一本长达 257 页的大书——《关于费马大数的 17 个讲义》)

就数论全貌来讲可描绘成古老的主干发出了若干新芽,特别是近年来兴起的计算机热对数论产生了巨大的推动.1993年3月17日由澳大利亚昆士兰Criffith大学的P.Pritchard教授指挥60多台计算机在挪威的Bergen得到了一个最长为22,其中最小的素数为11410337850553,而公差为4609098694200的算术级数,这在拉格朗日时代是断难得到的,尽管他也研究了这个问题.更难以想象的是另一项由D.Dubner,T.Forbes,N.Lygeros,M.Mizony和P.Zimmermann指挥的由M.Toplic于1998年3月2日找到的由相邻素数组成的算术级数,长度为10,其第一项为$p=100996972469714247637786655587964032950932468919004\\1803603417758904341703348882159067229719$,而公差为210.这与陶哲轩获菲尔兹奖的工作有关.

数论对初学者吸引力非常之大,大到可以让一个人改弦易辙,世界著名数学家哥德尔刚入维也纳大学时想以理论物理为专业,为此他去听了位于维也纳第九区的斯特鲁德尔霍夫大街4号的理论物理研究所四楼大教室蒂林(Hans Thirring)教授的课,巧的是维也纳大学的数学研究所在同一座楼房的地下室里,所以两年后他决定放弃物理学而转向数学,维也纳技术大学的赫拉卡(Edmund Hlawka)教授是当年哥德尔的学生,他是这样评价这一决定的:

> "对他影响最大的,当然是哈恩(Hans Hahn)和门格尔(Karl Menger)了,他选修了他们的集合论和实变函数课程,也上富特文勒(Furtwängler)的数论课,而且我相信,正是后者激发了他把数论方法应用于逻辑——以自然数表达逻辑和数学命题,现在这被叫做'哥德尔化'(Gödelization)."

由此可见是数论中蕴含的一种美吸引了他.2006年阿贝尔奖颁奖仪式在瑞典举行,奥尔堡大学的Martin Raussen和挪威理工大学的Christian Skau采访阿贝尔奖得主卡尔松(Lennart Carleson)时问道:"今年是挪威戏剧家诗人亨利·易卜生逝世100周年的纪念,他所写过的最长的诗是*Balloon letter to a Swedish lady*,诗中的一节是这样写的:

> '——永远不要从分析方程中寻找快乐,
> 因为我们这个时代渴求美——'

诗中并没有引出什么深远的结论,易卜生似乎在表达一个大家共同的感受,那就是数学和美或者说艺术是相互对立的,它们属于两个不同的领域,您对这种观点是怎么看的?"

卡尔松说:"我认为易卜生并没有真正地领会到数学中的美,这种美是我们都能发现并欣赏的,我甚至认为许多数学论证中的美比许多现代画更容易理解,但是大量的数学是缺少美的,也许特别在现代数学中,那里的问题常常是极其错综复杂的,有的解法要几百页的篇幅才能说清楚,那很难被称做是一种美,但是在古典数学中,有许多引人注目的定理和论证,它们的独创性给人留下了深刻的印象,用美来形容那些定理和论证是不为过的."

数论特别是初等数论是很"雷人"的,一不小心就会被"雷"到,在初等数学领域,初等数论与平面几何是两大"吸引子"(非线性动力学术语),一个在青年时代没被之吸引的学生将来是一定不会在数学上有什么建树的.

许多当代数学家(不论是否数论学家)的经历都证明了这点.德国马普数学研究所的著名拓扑学家希策布鲁赫对数论有着浓厚的兴趣,以至于在1970年为庆祝普林斯顿落成一座新教学楼所召开的名为"数学前景展望"的研讨会上他当时提议将主题定为"拓扑学中越来越多的数论".他在谈到自己中学阶段的学习时说:"好老师对学习数学至关重要,幸运的是,我遇上了如我的父亲和《数学的乐趣》这样优秀的引路人,下面,我举一些当时自己认为特别有趣,且能被高中生理解的书中例证:质数数列,涉及算术数列中无穷多个质数的问题.其他的例子还有毕达哥拉斯数和费马定理,循环小数及决定其周期长短的数论问题等.为了类似的有趣问题,我在课余时间更多地接触数学,乐此不疲."对于这种具有挑战性的数学之美的狂热追求是数学家的特征之一.

英国爱丁堡大学教授著名数学家阿蒂亚说:"数学是一门具有挑战性的神奇学科,千百年来,不同文明、不同国度的人们都把数学作为锻炼思维能力的重要手段,而数学使我着迷的魅力在于其所蕴含的智力挑战,数学思考要求严谨审慎,因此只有真正入其内才能体验那种令人心醉的感受,那些将数学视作枯燥计算者,实在很难感受数学的奇妙,在我看来,数学之美犹如绵延的山脉;或许有的山峰怪石嶙峋,粗糙险峻,但整体看来却又气势恢宏,风光无限."(阿卜杜斯·萨拉姆国际理论物理中心.成为科学家的100个理由.赵乐静,译.上海:上海科学技术出版社.)

所以数学家特别是数论学者对于数论如美食家遇到佳肴,旅行家遇到了美景一样,沉湎其间,不能自拔.从心态上讲,数论爱好者像哈雷迷.美国人常说:"年轻时有辆哈雷戴维森,年老时有辆卡迪拉克,则此生了无他愿了."

世界各地的哈雷迷很多,如约旦国王侯赛因,伊朗前国王巴列维以及好莱坞明星施瓦辛格,至于最骇人听闻的哈雷迷是《福布斯》杂志家族第二代掌门人马孔·福布斯,他曾拥有100辆哈雷.哈雷很贵,所以美国还有为了哈雷倾家荡产,甘愿露宿街头的哈雷迷,但这等豁得出去的铁杆迷中国几乎难见.

其实数论挺像哈雷,实用性不强.论速度、价格、油耗、载重等哈雷均不占优势,所以骑哈雷得到的精神享受要多些,数论也是如此,它可能是数学中最纯的,用哈代的话说是最少有实际应用的学科了.

本书不仅适合于在校大中师生,同样也适合于已走出校门的数论爱好者阅读.因为一可以保持读书做题的惯性,从而进一步养成终身学习的好习惯.

美国马里兰大学教授约克回忆说:"进入大学前的那个夏天,一位教授对我说,如果能事先读完他推荐的两本数学书,其中包括由哈尔莫斯(P.Halmos)撰写的《有限维矢量空间》,我便可在入学后直接修读高级课程.于是每天在往返于住地和打工的肺结核医院的通勤车上抓紧时间学习,读了整整一个夏天!虽然颇为辛苦,我却心无旁骛,乐此不疲,我发现,阅读专业书籍可以培养一种与时俱进的学习能力,奇怪的是,我们在课堂上不遗余力地强调科学学习,却不培养良好的阅读习惯,其实学生毕业后不通过进一步自学继续提升水平,便很难确保知识和智力的持续增长,在此意义上,书籍是我们的终身伴侣."

本书是一本以问题为主的书,但理论蕴含其间,W.T.Gowers在一篇题为《两种数学文化》(*The Two Cultures of Mathematics*)的文章中谈到有两种数学文化的存在,一种认为解决问题的目的在于更好地理解数学,另一种数学文化则认为理解数学的目的在于能更好地解决问题.

第一种文化的代表是英国著名数学家Michael Atiyah爵士,在1984年的一次访谈中他说:"有人会轻松地说:'我想要解决这个问题',然后坐下来问:'我怎样解它?'我不是这样,我只是徜徉在数学天地间,好奇而饶有兴味地思索着,与人交流,激发想法;一有所悟就紧追不舍,或者我会注意到有些事件与我所知道的另一些事件有关联,就试图把两方面结合起来以促生出新东西,我特别不会开始于'我要做什么'或'它将会怎样'之类的想法,我对数学感兴趣;我谈数学,学数学,讨论数学,于是有兴趣的问题会脱颖而出。"

其实数学家可分为两类:一类是热衷于建构庞大理论体系的理论家,如克罗登迪克;一类是醉心于小型叙事攻克难题的问题家,如厄尔多斯,他留给世人的既有很多问题的解答,更有大量迷人的待解问题,但是,他在发展理论方面却没有相应规模的建树.就数论而言特别是喜欢初等数论的人,多数都有第二种倾向,即热衷解题而疏于建立理论,因为解题更有趣。

就研究者而言是这样,就学习者而言似乎也是这样,华罗庚先生曾在维诺格拉多夫的《数论基础》中译本前言中写道:"读此书而不做书后习题就如入宝山而空返。"数论犹爱问题家。

读书人最怕功利心强的人的一声质问:读之何用?俄罗斯著名数学家阿诺德在 2000 年 9 月 21 日俄罗斯"数学与社会——世纪之交的国外数学教育"学术会议上的报告中提到了哈代解释了数论为什么是数学的女王.就是哈代的这个解释,前不久尤里·伊万诺维奇·马宁也重复过,其中说法稍有不同,但几乎如出一辙,哈代的这个著名解释是这样的:"数论成为数学的女王是由于它自身的完全无用性。"但是尤里·伊万诺维奇的说法稍有不同,他解释道:"数学之所以是很有意义的科学,不是像有些人认为的那样,数学促进了人类和科学的进步,而是另一种我要说的,即它阻碍了这种进步,瞧! 这就是它的功绩,这就是现代科学的基本问题——阻碍进步,是数学首先在这么做,因为如果费马等人不去证明费马定理,而去制造飞机和汽车,那么他会导致更多的危害,而数学引诱人们去关注一些毫无用处的愚蠢的习题。这样,就一切正常了。"

我们不是阿诺德那样的大家,自然不具语惊四座的底气与见识,但对问到该书用途时,我们还是可以这样回答:如果你是一位在走高考独木桥(不含参加自主招生)的高中生和为毕业找工作而焦虑不安的大学生,那么本书对你是多余品,如果已经拿起来读了也请你放下,因为它会误了你的前程;如果你是位准备参加数学竞赛的中小学生或是对数论课程感兴趣的大学生,本书对你是急需品;如果你是一位教练员或数论教师,那本书会是你的必备品;如果你是一位数论"瘾君子",那本书简直就是"毒品",离开它你会觉得一切都索然无味。

初等数论的迷人之处是内容少问题多,尼采说过,"没有什么东西比脸皮更深厚的了."人脸的一百多块肌肉可以牵扯出 25 万种反映深层心理的表情,从中可以寻求不同生活的反映和个性的表述.数论似人脸,性质、定理少之又少,但问题却浩如烟海,何止 25 万,所以数论之于数学恰似人脸之于人体,以最简单的结构反映最丰富的内容。而这些正是选拔数学天才最好的素材,所以在数学竞赛中多见初等数论的身影。本书中对此也多有反映,本书收集的初等数论问题几乎全部是由刘培杰数学工作室收集编写的,也有极少数问题是由田廷彦、周晓东编写,全书题目顺序是由田廷彦编排的.两个以编辑为职业的人业余鼓捣点初等数论(接下来甚至会有代数数论、组合数论)是典型的共好,共好是"共同爱好"的简称,共好在黏合人际关系中是非常重要的因素。如果你读过布兰佳等著的《共好》,所有人都会感到:共好太重要了。

愿以几人之小共好博得众人之大共好。

刘培杰

2009.2.18 于哈尔滨

目录

第1章　整除与带余除法　/1

第2章　因子与倍数　/110

第3章　最大公约数与最小公倍数　/134

第4章　平方数与 n 次方数　/170

第5章　素数与合数　/225

第6章　进位制　/277

第7章　取整函数 $[x]$　/369

第8章　整数与集合　/408

第9章　整点　/492

第10章　杂题　/541

数论中的定理与结果　/685

第1章 整除与带余除法

整除是数论中最基本的概念,与整除有关的知识列举如下:

(1) 带余除法. 设 a,b 是整数, $b>0$,则存在唯一的一对整数 q,r,使得

$$a = qb + r, 0 \leqslant r < b \qquad ①$$

当 $r=0$ 时,我们说 a 被 b 整除或 b 整除 a,记为 $b \mid a$,并称 a 是 b 的倍数或 b 是 a 的约数(因数).

当 $r \neq 0$ 时,说 a 不被 b 整除或 b 不整除 a,记为 $b \nmid a$.

下面是整除的几个重要性质:

(2) 设 a,b,c 是整数.

若 $a \mid c, b \mid c$,且 a,b 互质,则 $ab \mid c$.

若 $a \mid bc$,且 a,b 互质,则 $a \mid c$.

设 p 是质数,若 $p \mid ab$,则 $p \mid a$ 或 $p \mid b$. 特别地,若 $p \mid a^n$,则 $p \mid a$,其中 n 是正整数.

(3) 裴蜀定理:设 d 为整数 a,b 的最大公约数(通常记作 (a,b)),则存在整数 u,v,使得

$$ua + vb = d \qquad ②$$

(4) 算术基本定理(唯一分解定理):每个大于1的正整数 n 均可唯一地分解成质数的连乘积(不计顺序),即表成

$$n = p_1^{\alpha_1} p_2^{\alpha_2} \cdots p_k^{\alpha_k} \qquad ③$$

的形式. 其中 $p_1 < p_2 < \cdots < p_k$ 为质数, $\alpha_1, \alpha_2, \cdots, \alpha_k$ 为正整数.

> **1.1** a,b,c,d 是满足 $ab = cd$ 的四个正整数,证明:存在四个正整数 p,q,r,s,使得 $a = pq, b = rs, c = ps, d = qr$.

证明 由已知 $\dfrac{a}{c} = \dfrac{d}{b}$ 是有理数,所以存在两个互素的正整数 q,s 使得 $\dfrac{a}{c} = \dfrac{d}{b} = \dfrac{q}{s}$,因此 $as = cq$,由于 $(q,s) = 1$ 故 $q \mid a$, $s \mid c$,因此存在正整数 p 使得 $a = pq, c = ps$;同理可得存在正整数 r,使得 $d = qr, b = rs$,证毕.

> **1.2** 求所有正整数 n,使得 $7^n \mid 9^n - 1$.

解 $9^n - 1 = (3^n - 1)(3^n + 1)$,而$(3^n - 1, 3^n + 1) = 2$,所以$(3^n - 1),(3^n + 1)$中最多只能有一个是 7 的倍数,另外的一个肯定和 7 互素.因此$7^n \mid 9^n - 1 \Rightarrow 7^n \mid 3^n - 1$或$7^n \mid 3^n + 1$.而$7^n > 3^n + 1 > 3^n - 1$,所以它们都不可能是$7^n$的倍数,故问题无解.

> **1.3** 任给四个整数a, b, c, d,试证$(a - b)(a - c)(a - d)(b - c)(b - d)(c - d)$是 12 的倍数.

证明 注意到$(a - b), (a - c), (a - d), (b - c), (b - d), (c - d)$包含了$a, b, c, d$四个整数所有两两组合的差.由抽屉原理,$a, b, c, d$中至少有两个除以 3 的余数相同,所以必有一组差是 3 的倍数;如果a, b, c, d中有两个除以 4 的余数相同,则必有一组差是 4 的倍数.如果a, b, c, d中有两个除以 4 的余数都不相同,不妨设余数分别为 0, 1, 2, 3,则$(a - c)(b - d)$是 4 的倍数;由于$(3, 4) = 1$,所以$(a - b)(a - c)(a - d)(b - c)(b - d)(c - d)$是 12 的倍数.

> **1.4** 证明:在任意五个整数中,必有三个数,它们的和能被 3 整除.
>
> (中国安徽省,1978)

证明 注意,任意一个整数被 3 除,余数只能是 0, 1 或 2.如果在五个整数被 3 除后的五个余数中,0, 1, 2 都出现,则余数为 0, 1, 2 的那三个数之和一定能被 3 整除.如果五个余数中 0, 1, 2 三个数有一个不出现,则五个余数中至少有 3 个相同,这三个数之和一定能被 3 整除.

注 对一般正整数n,结论为任$2n - 1$个整数中,必有n个整数为n的倍数.

> **1.5** p是一个大于 3 的素数,证明:$7^p - 6^p - 1$是 43 的倍数.

证明 注意到$7^6 \equiv 6^3 \equiv 1 \pmod{43}$,由于$p$是一个大于 3 的素数,所以$p = 6k + 1, 6k + 5$.

(1) 当$p = 6k + 1$时,$7^p - 6^p - 1 \equiv 7 \times 7^{6k} - 6 \times 6^{6k} - 1 \equiv 7 - 6 - 1 \equiv 0 \pmod{43}$;

(2) 当$p = 6k + 5$时,$7 \times (7^p - 6^p - 1) \equiv 7^{6k+6} - (6^{6k+6} + $

$6^{6k+5}) - 1 \equiv 0 \pmod{43}$.

综上所述,结论成立.

1.6 $\dfrac{m}{n} = 1 - \dfrac{1}{2} + \dfrac{1}{3} - \dfrac{1}{4} + \cdots - \dfrac{1}{1\,318} + \dfrac{1}{1\,319}$,其中 m,n 都是正整数,证明: m 可被 $1\,979$ 整除.

(第 21 届国际数学奥林匹克问题 1)

证明 $\dfrac{m}{n} = 1 + \dfrac{1}{2} + \cdots + \dfrac{1}{1\,318} + \dfrac{1}{1\,319} - 2 \times (\dfrac{1}{2} + \dfrac{1}{4} + \cdots + \dfrac{1}{1\,318}) = \dfrac{1}{660} + \dfrac{1}{661} + \cdots + \dfrac{1}{1\,319} = (\dfrac{1}{660} + \dfrac{1}{1\,319}) + (\dfrac{1}{661} + \dfrac{1}{1\,318}) + \cdots + (\dfrac{1}{989} + \dfrac{1}{990}) = 1\,979 \times (\dfrac{1}{660 \times 1\,319} + \dfrac{1}{661 \times 1\,318} + \cdots + \dfrac{1}{989 \times 990}) = \dfrac{1\,979\, k}{660 \times 661 \times \cdots \times 1\,319}$

其中 k 是整数,由于 $1\,979$ 是一个素数,所以 $1\,979$ 不能整除 $660 \times 661 \times \cdots \times 1\,319$,所以 m 肯定可以被 $1\,979$ 整除.

1.7 求所有正整数 n,使得 n 可以被唯一地表示成为 $\dfrac{x^2 + y}{xy + 1}$ 这样的形式,其中 x, y 都是正整数.

解 当 $n = 1$ 时,取 $(x, y) = (t, t+1)$ 可得 n 的多种表示方法,以下我们假设 $n \geqslant 2$

$$n = \dfrac{x^2 + y}{xy + 1} \Leftrightarrow y = \dfrac{x^2 - n}{nx - 1} \Rightarrow nx - 1 \mid x^2 - n \qquad ①$$

由于 $(n, nx - 1) = 1$,所以

$$nx - 1 \mid x^2 - n \Leftrightarrow nx - 1 \mid (x^2 - n)n^2$$

又由于 $nx - 1 \mid (n^2 x^2 - 1)$,故 $nx - 1 \mid n^3 - 1$,而 $n \geqslant 2 \Rightarrow x \neq 1$.

设 $d = \dfrac{n^3 - 1}{nx - 1}$,则

$$nx = \dfrac{n^3 + (d - 1)}{d} \Rightarrow n \mid d - 1$$

若 $d \geqslant n + 1$,则

$$nx = \dfrac{n^3 - 1}{d} + 1 < n^2 \Rightarrow x < n \Rightarrow nx - 1 > x^2 - 1 > x^2 - n$$

与 ① 矛盾. 故只能有 $d = 1$, 此时只有 $x = n^2, y = n$ 一个解. 故

心得 体会 拓广 疑问

$n \geq 2$ 都满足要求.

1.8 已知 a,b 是正整数,且 $(ab^2+b+7) \mid (a^2b+a+b)$,求 a,b.

(第 39 届国际数学奥林匹克问题 4)

解 由已知,$a(ab^2+b+7)-b(a^2b+a+b)=7a-b^2$ 也可以被 (ab^2+b+7) 整除.

(1) 如果 $7a=b^2$,令 $b=7k$,则 $a=7k^2$,不难验证 $(a,b)=(7k^2,7k)$ 都满足要求.

(2) 如果 $7a>b^2$,则
$$7a-b^2 \geq ab^2+b+7 \Rightarrow 7 > b^2 \Rightarrow b=1,2$$

若 $b=1$,则 $a+8 \mid 7a-1$,故 $57=7(a+8)-(7a-1)$ 也可以被 $a+8 \geq 9$ 整除,所以 $a+8=19$ 或 $a+8=57$,$a=11$ 或 49.不难验证 $(a,b)=(11,1),(49,1)$ 都满足要求;

若 $b=2$,则 $4a+9 \mid 7a-4$,故 $79=7(4a+9)-4(7a-4)$ 也可以被 $4a+9$ 整除,所以只有 $4a+9=79$,无整数解.

(3) 如果 $7a<b^2$,则 $b^2-7a \geq ab^2+b+7>b^2$,矛盾.

所以 $(a,b)=(11,1),(49,1),(7k^2,7k)$ 是所有解.

1.9 确定使得 $\dfrac{n^3+1}{nm-1}$ 是整数的所有正整数 (m,n).

(第 35 届国际数学奥林匹克问题 4)

解 (1) 假设 $n=1$,则 $\dfrac{2}{m-1}$ 是整数,只有 $m=2,3$,得到两组解 $(2,1),(3,1)$.

(2) 假设 $n=2$,则 $\dfrac{9}{2m-1}$ 是整数,只有 $m=1,2,5$,得到三组解 $(1,2),(2,2),(5,2)$.

(3) 假设 $n=3$,则 $\dfrac{28}{3m-1}$ 是整数,只有 $m=1,5$,得到两组解 $(1,3),(5,3)$.

(4) 假设 $n \geq 4$,令
$$n^3+1=k(mn-1) \Rightarrow k(mn-1) \equiv -k \equiv 1 \pmod{n} \Rightarrow k \equiv -1 \pmod{n}$$

故可以假设 $k=an-1$,代入上式可得
$$n^3+1=(an-1)(mn-1)=amn^2-(m+a)n+1$$

所以
$$n^2=amn-(m+a)$$

①

不难发现①中,m,a是对称的.由①知$n \mid m + a$.如果$m + a \geq 3n$,则$m \geq n + 2, a \geq n + 2$至少有一个成立,因此由$m,a$的对称性可得
$$(mn - 1)(an - 1) \geq (n^2 + 2n - 1)(n - 1) > n^3 + 1$$
矛盾.因此我们必须有$m + a = n, 2n$.

ⅰ 若$m + a = n$,由m,a的对称性,我们不妨假设$m \geq a$,这样$m \geq \frac{n}{2}$.根据①我们有
$$n = am - 1 = (n - m)m - 1$$
把$m = n - 1$代入显然不能满足等式;如果$m = n - 2$,则$n = 2(n - 2) - 1 \Rightarrow n = 5$,可以得到两组解$(2,5),(3,5)$;如果$m < n - 2$,则$n - m \geq 3$,所以$m(n - m) - 1 \geq 3m - 1 \geq \frac{3}{2}n - 1 > n$,矛盾.

ⅱ 若$m + a = 2n$,由①得到$n = am - 2 \Rightarrow n + 2 = m(2n - m)$,我们仍假定$m \geq a$,这样依然有$m \geq n$,把$m = 2n - 1$代入显然不能满足;所以$m \leq 2n - 2 \Rightarrow 2n - m \geq 2$,这样$m(2n - m) \geq 2m \geq 2n > n + 2$,矛盾.

综上所述,共有9组解满足要求$(2,1),(3,1),(1,2),(2,2),(5,2),(1,3),(5,3),(2,5),(3,5)$.

1.10 求所有正整数对(x,n),使得$(x^n + 2^n + 1) \mid (x^{n+1} + 2^{n+1} + 1)$.

解 由已知
$$x(x^n + 2^n + 1) - (x^{n+1} + 2^{n+1} + 1) = 2^n(x - 2) + (x - 1)$$
是$x^n + 2^n + 1$的倍数,故$x \geq 3$,因此
$2^n(x - 2) + (x - 1) \geq x^n + 2^n + 1 \Leftrightarrow (x - 2)(2^n + 1) \geq x^n + 2^n \Leftrightarrow$
$$(x - 2)\left(1 + \frac{1}{2^n}\right) \geq \left(\frac{x}{2}\right)^n + 1$$

若$n \geq 2$,则有
$$\left(\frac{x}{2}\right)^2 + 1 \leq \left(\frac{x}{2}\right)^n + 1 \leq (x - 2)\left(1 + \frac{1}{2^n}\right) \leq \frac{5}{4}(x - 2)$$
因此 $0 \geq x^2 - 5x + 14 = \left(x - \frac{5}{2}\right)^2 + \frac{31}{4}$
矛盾.所以只能有$n = 1$,此时$x + 3 \mid 3x - 5$,故$x + 3 \mid 14 \Rightarrow x = 4, 11$,容易检验$(4,1),(11,1)$的确符合要求.

1.11 求所有的正整数 a,b，使得 $\dfrac{a^2}{2ab^2-b^3+1}$ 是正整数.

(第44届国际数学奥林匹克问题2)

解 如果 $b=1$，则 a 必须要是偶数，把 $(a,b)=(2k,1)$ 代入发现的确满足要求(其中 k 为正整数)，以下我们假定 $b>1$.

假设 $t=\dfrac{a^2}{2ab^2-b^3+1}$ 是正整数，则 a 是方程

$$x^2-2b^2tx+(b^3-1)t=0 \quad ①$$

的一个正整数解，因为 $2b^2t>0$，$(b^3-1)t>0$，由韦达定理，①的另外一个解等于 $(b^3-1)t/a=2b^2t-a$，故①除 a 以外的解也是正整数. 设①的两个解为 $c>d$，则

$$c=tb^2+\sqrt{t^2b^4-tb^3+t}>tb^2$$

所以

$$d=(b^3-1)t/c<(b^3-1)t/(tb^2)<b$$

同时 $t=\dfrac{d^2}{2db^2-b^3+1}\geqslant 1$，故分母要大于1，且

$$b^2>d^2\geqslant 2db^2-b^3+1=(2d-b)b^2+1\geqslant 1$$

因此只能有 $2d-b=0$，故 b 为偶数，且

$$b/2=d=tb^2-\sqrt{t^2b^4-tb^3+t}$$

所以 $t^2b^4-tb^3+t=(tb^2-b/2)^2$

化简可得 $t=b^2/4$.

令 $b=2k$，代入得到①的两个解 $d=k$，$c=(b^3-1)t/d=8k^4-k$，容易验证 $(a,b)=(k,2k),(8k^4-k,2k),(2k,1)$ 都满足问题的要求.

1.12 (1) 请找出无穷多对正整数 $1<a<b$，使得 $ab\mid(a^2+b^2-1)$；

(2) 请问上面的问题中 $\dfrac{a^2+b^2-1}{ab}$ 可以等于哪些整数?

解 对于任意正整数 $k>1$，我们令 $a=k$，$b=k^2-1$，则有

$$\frac{a^2+b^2-1}{ab}=\frac{k^2+k^4-2k^2}{k(k^2-1)}=k$$

所以我们对任意正整数 $k>1$，都找到了符合要求的 $1<a<b$.

另一方面，$1<a<b\Rightarrow\dfrac{a^2+b^2-1}{ab}>\dfrac{b^2}{ab}>1$，所以也必须有 $k>1$.

1.13 求所有整数对(a,b),使得$ab \mid a^2 + b^2 + 3$.

解 如果(a,b)满足要求,则$(\pm a, \pm b)$,$(\pm b, \pm a)$肯定也满足要求.所以只要求出所有正整数对(a,b)即可,以下我们假设$a \geqslant b > 0$.

若$a > b > 1$,则存在正整数k使得$kab = a^2 + b^2 + 3 > a^2$,因此$kb > a$,并且
$$a(kb - a) = b^2 + 3 < a^2 \Rightarrow 0 < (kb - a) < a$$
另一方面
$$(kb - a)^2 + b^2 + 3 = k^2b^2 - 2kab + kab = kb(kb - a)$$
因此$(kb - a, b)$,$(b, kb - a)$也符合要求,则两组解中必有一组(r, s)满足$r > s$,或$r = s$.如果$r > s$,则继续进行这样的操作,最后肯定会得到一组(r, r)或$(r, 1)$.

(1) 如果得到(r, r),代入可知$r^2 \mid 2r^2 + 3$,故$r = 1, k = 5$;

(2) 如果得到$(r, 1)$,代入可知$r \mid r^2 + 4 \Rightarrow r \mid 4$,故$r = 1, k = 5$;$r = 2, k = 4$;$r = 4, k = 5$.

综上所述,$k = \dfrac{a^2 + b^2 + 3}{ab}$只能等于4或5.

$k = 4$时,对应最终的解是$(2,1)$;$k = 5$时,对应最终的解是$(1,1)$,$(4,1)$.由这三个解可得到三组解如下:

(1) $(x_0, y_0) = (1,1)$,$x_{n+1} = 5x_n - y_n$,$y_{n+1} = x_n$;

(2) $(x_0, y_0) = (2,1)$,$x_{n+1} = 4x_n - y_n$,$y_{n+1} = x_n$;

(3) $(x_0, y_0) = (4,1)$,$x_{n+1} = 5x_n - y_n$,$y_{n+1} = x_n$.

再通过$(\pm x_n, \pm y_n)$,$(\pm y_n, \pm x_n)$得到全部的解.

1.14 哪些正整数可以表示成为$\dfrac{(x + y + z)^2}{xyz}$的形式,其中$x, y, z$是正整数.

解 令$F(x, y, z) = \dfrac{(x + y + z)^2}{xyz}$,对于固定的$n$,在满足$F(x, y, z) = n$的$(x, y, z)$中,取$\max\{x, y, z\}$最小的一组,不妨设$x \leqslant y \leqslant z$.由于$\dfrac{(x + y)^2}{z} = nxy - 2(x + y) - z$是整数,且$F\left(x, y, \dfrac{(x + y)^2}{z}\right) = F(x, y, z)$,所以
$$\max\left\{x, y, \dfrac{(x + y)^2}{z}\right\} \geqslant z \Rightarrow x + y \geqslant z$$

由于
$$9yz - (x+y+z)^2 = 3(x+y-z)(y+z-2x) + (2z-x-y)(4y+z-5x) \geq 0$$

所以
$$n = F(x,y,z) \leq \frac{9}{x} \leq 9$$

若 $n = 7$,则 $x \leq \frac{9}{n} \Rightarrow x = 1$,代入得到 $(1+y+z)^2 = 7yz$,无整数解;另一方面,$F(9,9,9)=1, F(4,4,8)=2, F(3,3,3)=3, F(2,2,4)=4, F(1,4,5)=5, F(1,2,3)=6, F(1,1,2)=8, F(1,1,1)=9$。所以,$1,2,3,4,5,6,8,9$ 可以表示为 $\frac{(x+y+z)^2}{xyz}$ 形式.

1.15 求所有大于 2 的正整数对 (m,n) 满足:存在无穷多个正整数 a 使得 $\frac{a^m + a - 1}{a^n + a^2 - 1}$ 也是整数.

（第 43 届国际数学奥林匹克第 3 题）

解 显然 $m > n$,设 $m = n + k$,则
$$a^m + a - 1 = a^k(a^n + a^2 - 1) - (a-1)(a^{k+1} + a^k - 1)$$
因此存在无穷多个 a 使得 $(a^n + a^2 - 1) \mid (a^{k+1} + a^k - 1)$,因此
$$(x^n + x^2 - 1) \mid (x^{k+1} + x^k - 1)$$
设 $f(x) = x^n + x - 1$,则 $f(0)f(1) = -1 < 0$,所以存在一个实数 $0 < \alpha < 1$ 使得 $f(\alpha) = 0$.

由于 $(x^n + x - 1) \mid (x^{k+1} + x^k - 1)$,所以也有 $\alpha^{k+1} + \alpha^k - 1 = 0$,因此 $\alpha^{k+1} + \alpha^k = \alpha^n + \alpha^2$. 由题目的要求 $n \geq 3, k+1 \geq n$. 如果 $k+1 > n$,则 $k > 2$,故 $\alpha^{k+1} + \alpha^k < \alpha^n + \alpha^2$,矛盾. 因此只能有 $k+1 = n$,代入得 $\alpha^k = \alpha^2$,只能有 $k = 2$,所以只有 $n = 3, m = 5$.

事实上 $n = 3, m = 5$ 时,$\frac{a^5 + a - 1}{a^3 + a^2 - 1} = a^2 - a + 1$ 也的确满足要求.

1.16 设正整数 a,b,c 满足 $1 < a < b < c$,且 $(a-1)(b-1)(c-1)$ 是 $abc - 1$ 的因子,求 a,b,c.

（第 33 届国际数学奥林匹克问题 1）

解法 1 引理 对于所有正整数 $m \geq 5$,都有 $2^{1/3}(m-1) > m$.

引理证明 $f(m) = \frac{m}{m-1} = 1 + \frac{1}{m-1}$ 是单调递减的,所以

只要证明 $f(5) = 1.25 < 2^{1/3}$ 即可,而 $1.25^3 = 1.95\cdots < 2$,所以引理成立.

下面回到原题.

如果
$$abc - 1 = (a-1)(b-1)(c-1)$$
则
$$a + b + c = ab + bc + ca$$
与假设矛盾.因此只能有
$$abc - 1 = n(a-1)(b-1)(c-1), n \geqslant 2$$

如果 $a \geqslant 5$,则 b, c 都大于 5,由引理 $2^{1/3}(a-1) > a$,$2^{1/3}(b-1) > b, 2^{1/3}(c-1) > c$ 都成立,相乘得到
$$2(a-1)(b-1)(c-1) > abc > abc - 1$$
与 $n \geqslant 2$ 矛盾,所以只能有 $a = 2, 3, 4$.

(1) 如果 $n = 2$,则 $abc - 1$ 是偶数,所以 a, b, c 都是奇数,故
$$a = 3, 4(b-1)(c-1) = 3bc - 1$$
因此
$$bc + 5 = 4b + 4c < 8c$$
因此 $b < 8$,故只能有 $b = 5, 7$,如果 $b = 5$,代入可得 $c = 15$;如果 $b = 7$,则 $c = \dfrac{23}{3}$ 不是整数.所以 $n = 2$ 时,只有一个解 $(a,b,c) = (3,5,15)$.

(2) 以下假设 $n \geqslant 3$.

ⅰ 若 $a = 2$,我们有
$$n(bc - b - c + 1) = 2bc - 1 \Rightarrow (n-2)bc + (n+1) = nb + nc < 2nc$$
所以 $\quad 2n > (n-2)b \geqslant (n-2)(a+1) = 3n - 6$
因此 $n \leqslant 5$.如果 $n = 3$,则
$$b = (n-2)b < 2n = 6$$
分别把 $b = 3, 4, 5$ 代入可得只有 $(a,b,c) = (2,4,8)$ 满足要求;如果 $n = 4$,代入可得 $2bc + 5 = 4b + 4c$,两边奇偶不同;如果 $n = 5$,则 $3b = (n-2)b < 2n = 10$,只能有 $b = 3$,代入得 $c = \dfrac{9}{4}$ 不是整数.

ⅱ 若 $a = 3$,我们有
$$2n(bc - b - c + 1) = 3bc - 1 \Rightarrow (2n-3)bc + (2n+1) = 2nb + 2nc < 4nc$$
所以 $4n > (2n-3)b \geqslant (2n-3)(a+1) = 4n + 4(n-3) \geqslant 4n$ 矛盾.

ⅲ 若 $a = 4$,我们有
$$3n(bc - b - c + 1) = 4bc - 1 \Rightarrow (3n-4)bc + (3n+1) = 3nb + 3nc < 6nc$$

所以 $6n > (3n-4)b \geq (3n-4)(a+1) = 6n + (9n-20) > 6n$
矛盾.

所以 $n \geq 3$ 时只有一个解. 综上所述, 原问题共有两个解 $(a,b,c) = (3,5,15),(2,4,8)$.

解法 2 由题设有 $a \geq 2, b \geq 3, c \geq 4$. 因为

$$\frac{a-1}{a} = 1 - \frac{1}{a} \geq \frac{1}{2}$$

$$\frac{b-1}{b} = 1 - \frac{1}{b} \geq \frac{2}{3}$$

$$\frac{c-1}{c} = 1 - \frac{1}{c} \geq \frac{3}{4}$$

三式相乘得

$$\frac{(a-1)(b-1)(c-1)}{abc} \geq \frac{1}{2} \cdot \frac{2}{3} \cdot \frac{3}{4} = \frac{1}{4}$$

记 $s = \dfrac{abc-1}{(a-1)(b-1)(c-1)}$, 则

$$\frac{abc-1}{(a-1)(b-1)(c-1)} < \frac{abc}{(a-1)(b-1)(c-1)} \leq 4$$

由题设, s 应为正整数, 因而 $s = 1, 2, 3$.

(1) 若 $s = 1$, 即
$$(a-1)(b-1)(c-1) = abc - 1$$
$$a + b + c = ab + bc + ca \qquad ①$$

但由 $a < ab, b < bc, c < ca$, 则
$$a + b + c < ab + bc + ca$$

与式 ① 矛盾, 所以 $s \neq 1$.

(2) 若 $s = 2$, 即
$$2(a-1)(b-1)(c-1) = abc - 1 < abc \qquad ②$$

由 $abc - 1$ 是偶数知 a, b, c 均为奇数.

再由 $c > b > a > 1$ 得 $a \geq 3, b \geq 5, c \geq 7$.

若 $b \geq 7$, 则 $c \geq 9$, 从而有
$$\frac{(a-1)(b-1)(c-1)}{abc} \geq \frac{2}{3} \cdot \frac{6}{7} \cdot \frac{8}{9} = \frac{32}{63} > \frac{1}{2}$$
$$2(a-1)(b-1)(c-1) > abc$$

与式 ② 矛盾.

所以只能有 $b = 5, a = 3$, 代入 ② 得
$$16(c-1) = 15c - 1$$
$$c = 15$$

即 $a = 3, b = 5, c = 15$.

(3) 若 $s = 3$, 即

$$3(a-1)(b-1)(c-1) = abc - 1 < abc \qquad ③$$

若 $a \geqslant 3$,则 $b \geqslant 4, c \geqslant 5$,从而

$$\frac{(a-1)(b-1)(c-1)}{abc} \geqslant \frac{2}{3} \cdot \frac{3}{4} \cdot \frac{4}{5} = \frac{2}{5} > \frac{1}{3}$$

$$3(a-1)(b-1)(c-1) > abc$$

与式 ③ 矛盾. 所以只能有 $a = 2$. 若 $b \geqslant 5$,则

$$\frac{(a-1)(b-1)(c-1)}{abc} \geqslant \frac{1}{2} \cdot \frac{4}{5} \cdot \frac{5}{6} = \frac{1}{3}$$

$$3(a-1)(b-1)(c-1) \geqslant abc$$

仍与 ③ 式矛盾. 所以 b 只能为 $3,4$.

若 $b = 3$,由式 ③ 有

$$6(c-1) = 6c - 1$$

此方程无解.

若 $b = 4$,由式 ③ 有

$$9(c-1) = 8c - 1$$

解得

$$c = 8$$

即 $a = 2, b = 4, c = 8$.

综合以上讨论,得到两组解

$$\begin{cases} a = 3 \\ b = 5 \\ c = 15 \end{cases}, \quad \begin{cases} a = 2 \\ b = 4 \\ c = 8 \end{cases}$$

解法 3 令 $x = a - 1, y = b - 1, z = c - 1$,则由 $1 < a < b < c$ 知,x, y, z 均为正整数,且 $x < y < z$.

$$abc - 1 = (x+1)(y+1)(z+1) - 1 = xyz + xy + yz + zx + x + y + z$$

由题设 xyz 是 $xyz + xy + yz + zx + x + y + z$ 的约数,即

$$xyz \mid xy + yz + zx + x + y + z$$

(1) 若 $x \geqslant 3$,则 $y \geqslant 4, z \geqslant 5$,因而

$$\frac{xy + yz + zx + x + y + z}{xyz} = \frac{1}{x} + \frac{1}{y} + \frac{1}{z} + \frac{1}{xy} + \frac{1}{yz} + \frac{1}{zx} \leqslant$$

$$\frac{1}{3} + \frac{1}{4} + \frac{1}{5} + \frac{1}{3 \cdot 4} + \frac{1}{4 \cdot 5} + \frac{1}{5 \cdot 3} = \frac{59}{60} < 1$$

从而 $\qquad xyz \nmid xy + yz + zx + x + y + z$

于是 $x \leqslant 2$.

(2) 当 $x = 1$ 时,本题转化为

$$yz \mid yz + 2(y + z) + 1$$

即

$$yz \mid 2(y + z) + 1$$

于是 y 为奇数.
$$yz \leqslant 2(y+z) + 1 \leqslant 4z - 1$$
从而
$$y < 4$$
又 $y > x = 1$ 及 y 是奇数,所以 $y = 3$.此时
$$xyz = 3z$$
$$(x+1)(y+1)(z+1) - 1 = 8z + 7$$
于是 $3z \mid 8z + 7$,即
$$3z \mid 9z + (7 - z)$$
由 $3z$ 是 $7 - z$ 的约数及 $z > 3$ 知,$z = 7$.
从而 $x = 1, y = 3, z = 7$,即
$$a = 2, b = 4, c = 8$$

(3) 当 $x = 2$ 时,本题转化为
$$2yz \mid 3(y+z) + yz + 2$$
若 y 和 z 均为奇数或一为奇数一为偶数,则 $3(y+z) + yz + 2$ 为奇数,不是 $2yz$ 的倍数,所以 y 和 z 均为偶数.所以
$$y \geqslant 4, z \geqslant y + 2$$
由
$$2yz \leqslant 3y + 3z + yz + 2 \leqslant$$
$$yz + 3z + 3z - 6 + 2 =$$
$$yz + 6z - 4 < yz + 6z$$
可得
$$yz < 6z, y < 6$$
于是 $y = 4$,此时有
$$8z \mid 7z + 14$$
即
$$8z \mid 8z + (14 - z)$$
于是
$$z = 14$$
从而 $x = 2, y = 4, z = 14$,即
$$a = 3, b = 5, c = 15$$
综合以上,所求的正整数 a, b, c 有两组
$$\begin{cases} a = 2 \\ b = 4 \\ c = 8 \end{cases}, \begin{cases} a = 3 \\ b = 5 \\ c = 15 \end{cases}$$

1.17 a, b, c 是三个整数,并且满足 $a + b + c \mid a^2 + b^2 + c^2$.
证明:存在无穷多个正整数 n,使得 $a + b + c \mid a^n + b^n + c^n$.

证明 以下用数学归纳法证明:$a + b + c \mid a^2 + b^2 + c^2$,则对于任意非负整数 n 都有
$$a + b + c \mid a^{2^n} + b^{2^n} + c^{2^n} \qquad ①$$

由已知条件 $n = 0,1$ 时,①是显然的;现在假设 $a+b+c \mid a^{2^k} + b^{2^k} + c^{2^k}$ 以及 $a+b+c \mid a^{2^{k+1}} + b^{2^{k+1}} + c^{2^{k+1}}$ 都成立,则
$$a+b+c \mid (a^{2^k} + b^{2^k} + c^{2^k})^2 - (a^{2^{k+1}} + b^{2^{k+1}} + c^{2^{k+1}})$$
因此 $\quad a+b+c \mid 2(a^{2^k}b^{2^k} + b^{2^k}c^{2^k} + c^{2^k}a^{2^k})$
平方以后得
$$2(a^{2^k}b^{2^k} + b^{2^k}c^{2^k} + c^{2^k}a^{2^k})^2 = 2(a^{2^{k+1}}b^{2^{k+1}} + b^{2^{k+1}}c^{2^{k+1}} + c^{2^{k+1}}a^{2^{k+1}}) + \\ 4a^{2^k}b^{2^k}c^{2^k}(a^{2^k} + b^{2^k} + c^{2^k})$$
由于 $\quad a+b+c \mid a^{2^k} + b^{2^k} + c^{2^k}$
故 $\quad a+b+c \mid 2(a^{2^{k+1}}b^{2^{k+1}} + b^{2^{k+1}}c^{2^{k+1}} + c^{2^{k+1}}a^{2^{k+1}})$
而 $\quad (a^{2^{k+2}} + a^{2^{k+2}} + c^{2^{k+2}}) = (a^{2^{k+1}} + b^{2^{k+1}} + c^{2^{k+1}})^2 - \\ 2(a^{2^{k+1}}b^{2^{k+1}} + b^{2^{k+1}}c^{2^{k+1}} + c^{2^{k+1}}a^{2^{k+1}})$
所以 $\quad a+b+c \mid a^{2^{k+2}} + b^{2^{k+2}} + c^{2^{k+2}}$
故结论成立.

1.18 设正整数 x,y 使得 $x^2 + y^2 + 1$ 是 xy 的倍数,则 $\dfrac{x^2 + y^2 + 1}{xy} = 3$.

证明 设 $x^2 + y^2 + 1 = kxy$, $A \geqslant B$ 是满足
$$X^2 + Y^2 + 1 = kXY \qquad ①$$
的所有正整数对 (A,B) 中 A 最小的一对.

设 C 是一元二次方程 $x^2 + B^2 + 1 = kBx$ 除 A 以外的一个解,由韦达定理 $A + C = kB, AC = B^2 + 1$,所以 $C = kB - A$ 是整数,且 $C = B^2/A + 1/A > 0$,故 (B,C) 和 (C,B) 也是满足①的正整数对,因此
$$C \geqslant A \Rightarrow B^2 + 1 = AC \geqslant A^2 \Rightarrow 1 \geqslant (A-B)(A+B) \geqslant 0$$
所以必须有 $A = B$,故
$$1 = (k-2)A^2 \Rightarrow k = 3, A = 1$$

1.19 证明:存在无穷多个正整数 n,使得 $(n^2 + 1) \mid n!$.

证明 取 $n = 2k^2, k \in \mathbf{N}$,则
$$n^2 + 1 = 4k^4 + 1 = (2k^2 + 2k + 1)(2k^2 - 2k + 1)$$

辗转相除可得
$$(2k^2+2k+1, 2k^2-2k+1) = (4k, 2k^2-2k+1) =$$
$$(k, 2k^2-2k+1) = 1$$
由于 $2k^2-2k+1 < 2k^2 = n \Rightarrow (2k^2-2k+1) \mid n!$
所以我们只要找到无穷多个 k 使得 $(2k^2+2k+1) \mid n!$ 也成立就可以了.

令 $k = 25m+1$, 这样
$$2k^2+2k+1 = 5(250m^2+30m+1)$$
而
$$(5, 250m^2+30m+1) = 1$$
且
$$5 < 250m^2+30m+1 < 2(25m+1)^2 = n$$
故此时 $(2k^2+2k+1) \mid n!$ 成立. 也即当 $n = 2(25m+1)^2$ 时, 都有 $(n^2+1) \mid n!$.

1.20 证明:对于任意大于5的合数 n, 都有 $n \mid (n-1)!$.

证明 设 p 是 n 的一个最小素因子, 则 $\frac{n}{p} = a$ 也是整数.

(1) 如果 $p \neq a$, 则有 $n-1 > a > p$, 所以 $(n-1)! = 1 \cdot 2 \cdots p \cdots a \cdots (n-1)$ 肯定是 $n = ap$ 的倍数;

(2) 如果 $a = p$, 则 $n = p^2 > 5$, 所以 $p \geq 3$, 因此 $p < 2p < p^2-1 = n-1$, 所以 $(n-1)! = 1 \cdot 2 \cdots p \cdots 2p \cdots (n-1)$ 肯定是 $2n = p \cdot (2p)$ 的倍数. 因此总是有 $n \mid (n-1)!$.

1.21 对于哪些正整数 k, 存在无穷多对正整数 (m, n), 使得 $\dfrac{(m+n-k)!}{m!n!}$ 是整数.

证明 对于任意的正整数 $n > k$, 取 $m = n!-1$, 代入可得
$$\frac{(m+n-k)!}{m!n!} = \frac{(m+n-k)!(m+1)!}{m!n!(m+1)!} = $$
$$\frac{(m+n-k)!(m+1)}{n!(m+1)!} = $$
$$\frac{(m+n-k)!}{(m+1)!}$$
都是整数.

1.22 整数 $n \geq m \geq 1$, 证明: $\dfrac{(m,n)}{n} C_n^m$ 是整数.

证明 由于存在整数 a,b 使得 $(m,n)=am+bn$,因此
$$\frac{(m,n)}{n}C_n^m = a\frac{m}{n}C_n^m + bC_n^m = aC_{n-1}^{m-1} + bC_n^m$$
所以 $\dfrac{(m,n)}{n}C_n^m$ 是整数.

1.23 (Wolstenholme 定理)p 是大于 3 的素数,将 $\left(1+\dfrac{1}{2}+\dfrac{1}{3}+\cdots+\dfrac{1}{p-1}\right)$ 表示成为分数的形式,则它的分子是 p^2 的倍数.

证明 令
$$f(x) = \prod_{i=1}^{p-1}(x-i) = x^{p-1} - A_1 x^{p-2} + A_2 x^{p-3} - \cdots - A_{p-2}x + A_{p-1}$$
故 $A_{p-1} = (p-1)!$
由于 $f(x) \equiv x^{p-1} - 1 (\bmod\ p)$
故当 $1 \leqslant i \leqslant p-2$ 时,都有 $A_i \equiv 0(\bmod\ p)$. 由于
$$f(p) = (p-1)! = p^{p-1} - A_1 p^{p-2} + A_2 p^{p-3} - \cdots - A_{p-2}p + (p-1)!$$
故 $A_{p-2} \equiv 0(\bmod\ p^2)$
而 $A_{p-2} = (p-1)!\left(1+\dfrac{1}{2}+\dfrac{1}{3}+\cdots+\dfrac{1}{p-1}\right)$
故 $\left(1+\dfrac{1}{2}+\dfrac{1}{3}+\cdots+\dfrac{1}{p-1}\right)$ 的分子是 p^2 的倍数.

1.24 n 是一个正整数,证明:任意 n 个连续正整数的乘积都能被 $n!$ 整除.

证明 设 n 个连续正整数为 $a, a+1, a+2, \cdots, a+n-1$.

(1) 若 $a \geqslant 1$,$\dfrac{a(a+1)\cdots(a+n-1)}{n!} = \dfrac{(a+n-1)!}{n!(a-1)!} = C_{a+n-1}^n$ 是正整数;

(2) 若 $a, a+1, a+2, \cdots, a+n-1$ 中有 0,则 $\dfrac{a(a+1)\cdots(a+n-1)}{n!} = 0$ 也是正整数;

(3) 若 $a+n-1 \leqslant -1$,则
$$a(a+1)\cdots(a+n-1) = (-1)^n(-a)(-a-1)\cdot\cdots\cdot(-a-n+1)$$
由于 $(-a-n+1) \geqslant 1$,而根据 ①,$(-a)(-a-1)\cdots(-a-$

$n+1$) 是 $n!$ 的倍数.

综上所述,结论成立.

1.25 设 $f(x) = x^3 + 17$,证明:对于每一个正整数 $n \geq 2$,都存在一个正整数 x 使得 $f(x)$ 可以被 3^n 整除,但是不能被 3^{n+1} 整除.

证明 $n = 2, 3^2 \| 18 = f(1)$ 结论成立;假设当 $n = k \geq 2$ 时,有一个正整数 x_k 使得 $3^k \| f(x_k)$,这样我们有 $f(x_k) \equiv 3^k, 2 \cdot 3^k \pmod{3^{k+1}}$. 注意到当 $(a,3) = 1$ 时, $a^2 3^k \equiv 3^k \pmod{3^{k+1}}$,故此时有

$$(a + 3^{k-1})^3 = a^3 + 3a^2 3^{k-1} + 3a 3^{2k-2} + 3^{3k-3} \equiv a^3 + 3^k \pmod{3^{k+1}}$$

以下我们来讨论 $n = k+1$ 的情况.

i 若 $f(x_k) \equiv 3^k \pmod{3^{k+1}}$,我们取 $y_k = x_k + 2 \times 3^{k-1}$,则有

$$f(y_k) = (x_k + 2 \times 3^{k-1})^3 + 17 = [(x_k + 3^{k-1}) + 3^{k-1}]^3 + 17 \equiv (x_k + 3^{k-1})^3 + 3^k + 17 \equiv x_k^3 + 17 + 2 \times 3^k \equiv 0 \pmod{3^{k+1}}$$

ii 若 $f(x_k) \equiv 2 \times 3^k \pmod{3^{k+1}}$,我们取 $y_k = x_k + 3^{k-1}$,则有

$$f(y_k) = (x_k + 3^{k-1})^3 + 17 \equiv x_k^3 + 3^k + 17 \equiv f(x_k) + 3^k \equiv 3 \times 3^k \equiv 0 \pmod{3^{k+1}}$$

综上所述,我们总能找到一个 y_k 使得 $f(y_k) \equiv 0 \pmod{3^{k+1}}$,如果 $f(y_k)$ 不是 3^{k+2} 的倍数,则我们直接取 $x_{k+1} = y_k$ 即可;若 $3^{k+2} | f(y_k)$,我们取 $x_{k+1} = y_k + 3^k$,代入可得

$$f(x_{k+1}) = f(y_k + 3^k) = (y_k + 3^k)^3 + 17 \equiv y_k^3 + 3^{k+1} + 17 \equiv f(y_k) + 3^{k+1} \equiv 3^{k+1} \not\equiv 0 \pmod{3^{k+2}}$$

且 $f(x_{k+1}) = f(y_k + 3^k) = y_k^3 + 3y_k^2 3^k + 3y_k 3^{2k} + 3^{3k} + 17 \equiv f(y_k) \equiv 0 \pmod{3^{k+1}}$

因此 $3^{k+1} \| f(x_{k+1})$,因此结论对所有 $n \geq 2$ 都成立.

1.26 m, n 是整数,$mn + 1$ 是 24 的倍数,证明:$m + n$ 也是 24 的倍数.

证明 由已知

$$mn + 1 \equiv 0 \pmod 3 \Rightarrow (m,3) = (n,3) = 1 \Rightarrow$$
$$m^2 \equiv n^2 \equiv 1 \pmod 3$$

因此可推出

$$(m+n)^2 = m^2 + n^2 + 2mn \equiv 0 \pmod 3$$

另一方面,$mn+1 \equiv 0 \pmod 8$ 的全部解为 $(m,n) \equiv (1,7),(7,1),(3,5),(5,3) \pmod 8$,因此必有 $m+n \equiv 0 \pmod 8$,故结论成立.

1.27 是否存在满足下列条件的正整数 n,n 恰好能够被 2 000 个互不相同的素数整除,且 2^n+1 能够被 n 整除.

(第 41 届国际数学奥林匹克问题 5)

解 设 $b_i = 2^{3^i}+1$,则

$$b_{i+1}-1 = 2^{3^{i+1}} = (2^{3^i})^3 = (b_i-1)^3, b_{i+1} = b_i^3 - 3b_i^2 + 3b_i \quad \text{①}$$

显然 $3^2 \mid b_1$,根据①和数学归纳法可得 $3^{i+1} \mid b_i$,$3b_i \mid b_{i+1}$. 又因为 $\frac{b_{i+1}}{b_i} = b_i^2 - 3b_i + 3 > 3$,因此 $(\frac{b_{i+1}}{b_i}, b_i) = 3$(由辗转相除法立得),所以 b_{i+1} 含有素因子的个数肯定多于 b_i,这样 $b_{2\,000}$ 至少含有 1 999 个不同的 3 以外的素因子. 任取 $b_{2\,000}$ 的 1 999 个不同的 3 以外的素因子,假设他们的乘积为 M,令 $n = M \cdot 3^{2\,000}$,n 正好含有 2 000 个不同的素因子. 因此 $3^{2\,000} \mid b_{2\,000}$,$M \mid b_{2\,000}$,所以 $n \mid b_{2\,000}$.

由于 $b_{2\,000}$ 是奇数,所以 M 也是奇数,所以 2^n+1 是 $b_{2\,000} = 2^{3^{2\,000}}+1$ 的倍数,所以 2^n+1 能够被 n 整除.

1.28 对于正整数 n,我们设 $\sum_{m=1}^{n} \frac{1}{m} = \frac{p_n}{q_n}$,其中正整数 p_n,q_n 满足 $(p_n,q_n)=1$,请问对于哪些 n 使得 q_n 不是 5 的倍数.

解 我们用 N 代表与 5 互素的整数,Z 代表整数,因此

$$\frac{N}{5Z} + \frac{N}{N} = \frac{N}{5Z}, \frac{5N}{N} + \frac{N}{N} = \frac{N}{N}$$

令

$$\sum_{\substack{m=1 \\ (m,5)=1}}^{n} \frac{1}{m} = \frac{a_n}{b_n}, (a_n,b_n)=1$$

$$\sum_{\substack{m=1 \\ 5 \mid m}}^{n} \frac{1}{m} = \frac{c_n}{d_n}, (c_n,d_n)=1$$

显然 $(5,b_n)=1$,而

$$\sum_{m=1}^{n} \frac{1}{m} = \sum_{\substack{m=1 \\ (m,5)=1}}^{n} \frac{1}{m} + \sum_{\substack{m=1 \\ 5 \mid m}}^{n} \frac{1}{m} = \frac{a_n}{b_n} + \frac{c_n}{d_n} = \frac{a_n d_n + b_n c_n}{b_n d_n} = \frac{p_n}{q_n}$$

故 $5 \mid q_n \Leftrightarrow 5 \mid d_n$

设 $\left[\frac{n}{5}\right] = k$,则

$$\frac{c_n}{d_n} = \sum_{\substack{m=1 \\ 5 \mid m}}^{n} \frac{1}{m} = \sum_{i=1}^{k} \frac{1}{5i} = \frac{1}{5} \sum_{i=1}^{k} \frac{1}{i} = \frac{p_k}{5q_k}$$

对于任意整数 r 都有

$$\frac{1}{5r+1} + \frac{1}{5r+2} + \frac{1}{5r+3} + \frac{1}{5r+4} =$$

$$\frac{10r+5}{(5r+1)(5r+4)} + \frac{10r+5}{(5r+2)(5r+3)} =$$

$$\frac{(10r+5)(50r^2+50r+10)}{(5r+1)(5r+2)(5r+3)(5r+4)} =$$

$$\frac{50 \times (r+2)(5r^2+5r+1)}{(5r+1)(5r+2)(5r+3)(5r+4)}$$

分子为 25 的倍数,而 $\frac{p_1}{q_1} = \frac{1}{1}, \frac{p_2}{q_2} = \frac{3}{2}, \frac{p_3}{q_3} = \frac{11}{6}, \frac{p_4}{q_4} = \frac{25}{12}$,所以得

① q_1, q_2, q_3, q_4 都不是 5 的倍数. 由以上的讨论我们知道 q_5, q_6, q_7, q_8, q_9 是不是 5 的倍数,取决于 $\frac{p_1}{5q_1} = \frac{1}{5}$ 化简以后分母是不是 5 的倍数,因此得

② q_5, q_6, q_7, q_8, q_9 都是 5 的倍数,同理得

③ $q_{10}, q_{11}, q_{12}, q_{13}, q_{14}, q_{15}, q_{16}, q_{17}, q_{18}, q_{19}$ 都是 5 倍数;由于 $\frac{p_4}{5q_4} = \frac{5}{12}$,所以得

④ $q_{20}, q_{21}, q_{22}, q_{23}, q_{24}$ 都不是 5 的倍数;由 ③ 的结论,可得

⑤ $q_{25}, q_{26}, \cdots, q_{99}$ 都是 5 的倍数;$q_{100}, q_{101}, q_{102}, q_{103}, q_{104}$ 是不是 5 的倍数取决于 $\frac{q_{20}}{5q_{20}}$ 化简后的情况,这取决于 q_{20} 是不是 5 的倍数,$\frac{p_{20}}{q_{20}} = \frac{1}{5}\left(\frac{1}{1} + \frac{1}{2} + \frac{1}{3} + \frac{1}{4}\right) + \sum_{(m,5)=1}^{20} \frac{1}{m}$,前后两部分的分子都是 5 的倍数,故 $5 \mid p_{20}$,因此得

⑥ $q_{100}, q_{101}, q_{102}, q_{103}, q_{104}$ 都不是 5 的倍数;$q_{105}, q_{101}, \cdots, q_{119}$ 取决于 $\frac{p_{21}}{5q_{21}}, \frac{p_{22}}{5q_{22}}, \frac{p_{23}}{5q_{23}}$,由于 $\frac{p_{20}}{5q_{20}}$ 化简后分母不是 5 的倍数,故只要检验 $\frac{1}{5} \times \frac{1}{21}, \frac{1}{5} \times \left(\frac{1}{21} + \frac{1}{22}\right), \frac{1}{5} \times \left(\frac{1}{21} + \frac{1}{22} + \frac{1}{23}\right)$ 即可,因此得

⑦ $q_{105}, q_{106}, \cdots, q_{119}$ 都是 5 的倍数;$q_{120}, q_{121}, q_{122}, q_{123}, q_{124}$ 取决于

$$\frac{p_{24}}{5q_{24}} = \frac{p_{20}}{5q_{20}} + \frac{1}{5}\left(\frac{1}{21} + \frac{1}{22} + \frac{1}{23} + \frac{1}{24}\right)$$

它们的分母不是 5 的倍数,所以得

⑧ $q_{120}, q_{121}, q_{122}, q_{123}, q_{124}$ 都不是 5 的倍数;

⑨ 当 $n \geq 125$ 时,存在一个正整数 k,使得 $5^{k+1} > n \geq 5^k$,$k \geq 3$,设 $A = \{x \mid 1 \leq x \leq n, 5^{k-2} \mid n\}$,$B = \{x \mid 1 \leq x \leq n, x \notin A\}$. 令 $\left[\frac{n}{5^{k-2}}\right] = h$,则 $5^{k+1} > n \geq h5^{k-2} \geq 5^k \Rightarrow 125 > h \geq 25$,而

$$\frac{p_n}{q_n} = \sum_{m \in A} \frac{1}{m} + \sum_{m \in B} \frac{1}{m} = \frac{1}{5^{k-2}} \sum_{m=1}^{h} \frac{1}{m} + \sum_{m \in B} \frac{1}{m}$$

$\sum_{m \in B} \frac{1}{m}$ 每项的分母最多含有 5 的次数为 $k-3$，所以化简后 $\sum_{m \in B} \frac{1}{m}$ 的分母含有 5 的次数小于等于 $k-3$；而对于 $\frac{1}{5^{k-2}} \sum_{m=1}^{h} \frac{1}{m} = \frac{P_h}{5^{k-2} q_h}$，$125 > h \geqslant 25$，$p_h$ 都不是 5 的倍数，所以 $\frac{1}{5^{k-2}} \sum_{m=1}^{h} \frac{1}{m}$ 的分母含有 5 的次数小于等于 $k-2$，故 $\frac{1}{5^{k-2}} \sum_{m=1}^{h} \frac{1}{m} + \sum_{m \in B} \frac{1}{m}$ 的分母含有 5 的次数大于等于 $k-2$，由于 $k \geqslant 3$，所以 $5 \mid q_n$．

综上所述，仅当 $1 \leqslant n \leqslant 4, 20 \leqslant n \leqslant 24, 100 \leqslant n \leqslant 104$，$120 \leqslant n \leqslant 124$ 时，q_n 不是 5 的倍数．

1.29 求所有正整数 a, b，使得 $\frac{a^2+b}{b^2-a}, \frac{b^2+a}{a^2-b}$ 都是整数．

解 由于 a, b 是对称的，我们不妨假设 $a \geqslant b$，由已知 $\frac{a^2+b}{b^2-a}, \frac{b^2+a}{a^2-b}$ 都是整数．所以 $b^2 + a \geqslant a^2 - b$，因此 $b(b+1) \geqslant (a-1)a$ 都是两个连续非负整数的乘积，故 $b \geqslant a-1$，也即 $a \geqslant b \geqslant a-1$．

(1) 若 $a = b$，则 $\frac{a^2+a}{a^2-a} = \frac{a+1}{a-1} = 1 + \frac{2}{a-1}$ 是整数，因此 $(a-1) \mid 2 \Rightarrow a = 2, 3$，对应得到两组解 $(2,2), (3,3)$；

(2) $b = a-1$，故 $\frac{a^2+a-1}{a^2-3a+1} = 1 + \frac{4a-2}{a^2-3a+1}$ 为整数，所以 $4a - 2 \geqslant a^2 - 3a + 1$，解不等式得 $a \leqslant 6$，将不大于 6 的数代入检验得到只有 $a = 2, 3$ 时符合条件，这样对应两个解 $(2,1), (3,2)$．

综上所述，共有 6 组解 $(2,2), (3,3), (2,1), (1,2), (3,2), (2,3)$．

1.30 正整数 n 可以被所有小于 $\sqrt[3]{n}$ 的正整数整除，求满足上述条件最大的 n．

解 令 $[\sqrt[3]{n}] = k$，若 $n \geqslant 1331$，则 $k \geqslant 11$，故

$$\frac{k}{k+1} = 1 - \frac{1}{k+1} \geqslant \frac{11}{12} \Rightarrow k \geqslant \frac{11}{12}(k+1)$$

另一方面存在正整数 α, β, γ，使得

$$2^\alpha \leqslant k < 2^{\alpha+1}, 3^\beta \leqslant k < 3^{\beta+1}, 5^\gamma \leqslant k < 5^{\gamma+1}$$

由已知 n 可以被 $2^\alpha 3^\beta 5^\gamma \times 7 \times 11$ 整除,所以

$$n \geqslant 7 \times 11 \times 2^\alpha 3^\beta 5^\gamma > 7 \times 11 \left(\frac{k}{2}\right)\left(\frac{k}{3}\right)\left(\frac{k}{5}\right) \geqslant$$
$$\frac{77}{30}\left[\frac{11}{12}(k+1)\right]^3 > (k+1)^3$$

但是 $k+1 > \sqrt[3]{n} \geqslant k \Rightarrow (k+1)^3 > n$,矛盾. 因此只能有 $n \leqslant 1\,330$.

(1) 若 $k \geqslant 9$,则 n 可以被 $5 \times 7 \times 8 \times 9 = 2\,520$ 整除,与 $n \leqslant 1\,330$ 矛盾;

(2) 若 $k = 8$,则 n 可以被 $3 \times 5 \times 7 \times 8 = 840$ 整除,所以 $k = [\sqrt[3]{n}] \geqslant 9$,矛盾;

(3) 若 $k = 7$,则 n 可以被 $3 \times 4 \times 5 \times 7 = 420$ 整除,由于 $\sqrt[3]{420 \times 2} = \sqrt[3]{840} > 9$,所以只能取 $n = 420$,此时 $k = [\sqrt[3]{n}] = 7$ 也的确满足要求.

所以 $n = 420$ 为所求.

1.31 求所有正整数对 (x, y),使得 $y \mid x^2 + 1$ 且 $x^2 \mid y^3 + 1$.

解 (1) 当 $y < x$ 时,由已知

$$x^2 y \mid (x^2 + 1)(y^3 + 1) \Rightarrow x^2 y \mid (x^2 + y^3 + 1)$$

因此

$$0 \leqslant x^2 + y^3 + 1 - x^2 y = y^3 + 1 - (y-1)x^2 \leqslant$$
$$y^3 + 1 - (y-1)(y+1)^2 \Rightarrow$$
$$0 \leqslant (y+1)(y^2 - y + 1 - y^2 + 1) =$$
$$(y+1)(2-y) \Rightarrow y = 1 \text{ 或 } 2$$

代入可得一组解 $(3, 2)$;

(2) 当 $y = x$ 时,代入可得 $y \mid 1$,可得一组解 $(1, 1)$;

(3) 当 $y > x$ 时,令 $x_1 = x, y_1 = \dfrac{x^2+1}{y}$,我们来考察新的正整数对 (x_1, y_1),显然

$$y_1 = \frac{x^2+1}{y} < x = x_1, y_1 = \frac{x^2+1}{y} \mid x^2 + 1 = x_1^2 + 1$$

由于 $(x, y) = 1$,且

$$[(x^2+1)^3 + y^3] \equiv (1 + y^3) \equiv 0 \pmod{x^2}$$

所以 $x_1^2 = x^2 \left| \dfrac{1}{y^3}[(x^2+1)^3 + y^2] = (y_1^3 + 1) \right.$

即 (x_1, y_1) 也满足要求,并且 $y_1 < x_1$. 根据 ① 的结果,$x = x_1 = 3$,$y_1 = \dfrac{x^2+1}{y} = 2 \Rightarrow y = 5$,容易检验 $(3, 5)$ 是问题的解.

综上所述，$(1,1),(3,2),(3,5)$ 是所有的解．

1.32 设 $a, a_0, a_1, \cdots, a_n$ 是任意整数．试问：整数
$$\sum_{k=0}^{n}(a^2+1)^{3k}a_k$$
被 a^2+a+1（或被 a^2-a+1）整除的必要且充分条件是数
$$\sum_{k=0}^{n}(-1)^k a_k$$
被 a^2+a+1（或被 a^2-a+1）整除，对否？

解 记 $b_s = a^2 + \varepsilon a + 1$，其中 $\varepsilon^2 = 1$，此时由等式
$$(a^2+1)^3 = (b_s - \varepsilon a)^3 \equiv -\varepsilon a^3 \pmod{b_s}$$
$$-\varepsilon a^3 = -\varepsilon a b_s + a^2 + \varepsilon a = b_s(-\varepsilon a + 1) - 1 \equiv -1 \pmod{b_s}$$
推得
$$(a^2+1)^3 \equiv -1 \pmod{b_s}$$
因此 $\sum_{k=0}^{n} a_k(a^2+1)^{3k} \equiv \sum_{k=0}^{n}(-1)^k a_k \pmod{(a^2 \neq a + 1)}$
即问题的答案是肯定的．

1.33 是否存在自然数，被 $\underbrace{11\cdots 1}_{m\text{个}} = a_m$ 整除，且各位数字和小于 m？

（苏联数学奥林匹克，1982）

解 不存在．否则在所有被 a_m 整除且各位数字之和小于 m 的自然数中，设 a 为最小．由于 $a_m, 2a_m, 3a_m, \cdots, 9a_m$ 的各位数字之和都不小于 m，所以
$$a \geq 10 a_m = 10 \cdot \frac{10^m - 1}{9} \geq 10^m$$
其中 $a_m = \frac{10^m - 1}{9}$．设
$$a = k_r \cdot 10^r + k_{r-1} \cdot 10^{r-1} + \cdots + k_1 \cdot 10 + k_0$$
其中 $k_r, k_{r-1}, \cdots, k_1, k_0$ 是 a 的各位数字，$0 \leq k_i \leq 9$，$i = 0, 1, \cdots, r-1$，且 $1 \leq k_r \leq 9$．于是 $r \geq m$．由于 $10^m - 1 = 9 a_m$ 被 a_m 整除，所以 $b = a - (10^r - 10^{r-m}) = a - 10^{r-m}(10^m - 1)$ 也被 a_m 整除，而且 $0 < b < a$．如果 $k_{r-m} < 9$，则 b 的各位数字之和等于 a 的各位数字之和；如果 $k_{r-m} = 9$，则 b 的各位数字之和小于 a 的各位数字之和．因此 b 的各位数字之和小于 m，且 b 被 a_m 整除，与 a 的选取矛盾．

1.34 对给定的正整数 $m, n, m < n$,是否任意一个由 n 个连续整数组成的集合中都有两个不同的数,其积被 mn 整除.

证明 回答是肯定的.设已给定 n 个连续整数为 $a_1, a_2, \cdots, a_n$,则由 $m < n \leqslant a_n - (a_1 - 1)$ 可知,在这 n 个数中必有 n 的倍数 a_i 和 m 的倍数 a_j. 如果 $i \neq j$,则乘积 $a_i a_j$ 被 mn 整除. 现在考虑 $i = j$ 的情形. 记 $d = (m, n), q = [m, n]$,则
$$mn = dq, d \mid a_i, q \mid a_i$$
我们证明,d 的倍数 $a_i + d$ 或 $a_i - d$ 至少有一个属于集合 $\{a_1, a_2, \cdots, a_n\}$. 倘若不然,则 $a_i + d > a_n, a_i - d < a_1$,由此得 $i + d \geqslant n + 1, i - d < 1$,从而 $2d > n$. 但 $d \mid n$,因此 $d = n > m$,与 $d \mid m$ 矛盾. 于是 a_i 与 $a_i + d$(或相应地 $a_i - d$)即为所求,因为乘积 $a_i(a_i \pm d)$ 被 $dq = mn$ 整除.

1.35 证明:仅有一个由大于 1 的自然数组成的三数组具有下列性质,即其中任意二数之积再加 1 被第三数整除.
(保加利亚数学奥林匹克,1965 年)

证明 设 $a, b, c \in \mathbf{N}$ 满足
$$c \mid (ab + 1), b \mid (ac + 1), a \mid (bc + 1)$$
注意,a, b, c 两两互素,否则不妨设 $(a, b) > 1$,则 $(ac, b) = d > 1$,且数 $ac + 1$ 不被 d 整除,自然不被 b 整除. 因此它们各不相同. 数 $S = ab + ac + bc + 1$ 被 a, b, c 都整除,因此也被它们的乘积整除(因为它们两两互素). 所以 $S \geqslant abc$. 不妨设 $2 \leqslant a < b < c$,如果 $b \geqslant 4$,则
$$c \geqslant 5, abc \geqslant 2 \cdot 4 \cdot 5 = 40$$
且 $S = ab + ac + bc + 1 \leqslant \dfrac{abc}{5} + \dfrac{abc}{4} + \dfrac{abc}{2} + 1 =$
$$abc - \dfrac{abc}{20} + 1 \leqslant abc - \dfrac{40}{20} + 1 < abc$$
矛盾. 因此 $b < 4$. 于是 $a = 2, b = 3$. 由于 $ab + 1 = 7$ 被 c 整除,所以 $c = 7$. 因此仅有三数 $2, 3, 7$ 满足问题的条件.

1.36 设 n 为正整数,求证:$1^{1987} + 2^{1987} + \cdots + n^{1987}$ 都不被 $n + 2$ 整除.

证明 当 $n = 1$ 时,结论显然成立. 设 $n \geqslant 2$,记

$$a_n = 1^{1\,987} + 2^{1\,987} + \cdots + n^{1\,987}$$

则

$$2a_n = 2 + (2^{1\,987} + n^{1\,987}) + (3^{1\,987} + (n-1)^{1\,987}) + \cdots + (n^{1\,987} + 2^{1\,987})$$

由于对每个 $k = 2,3,\cdots, k^{1\,987} + (n+2-k)^{1\,987}$ 被 $k + (n+2-k) = n + 2$ 整除,所以 $2a_n$ 被 $n + 2$ 除时,其余数为 2,即 a_n 不被 $n + 2$ 整除.

1.37 证明:对每个整数 $n > 1$,数 $n^n - n^2 + n - 1$ 被 $(n-1)^2$ 整除.

证明 设 $n > 2$,则
$$n^n - n^2 + n - 1 = (n^{n-2} - 1)n^2 + (n-1) =$$
$$(n-1)(n^{n-3} + \cdots + 1)n^2 + (n-1)n^0 =$$
$$(n-1)(n^{n-1} + \cdots + n^2 + n^0)$$

因为 $n \equiv 1(\bmod(n-1))$,所以对每个 $k = 0,2,\cdots,n-1$,有 $n^k \equiv 1(\bmod(n-1))$,从而
$$n^{n-1} + \cdots + n^2 + n^0 \equiv 0(\bmod(n-1))$$

(上式左端共有 $n - 1$ 个被加项).因此 $(n-1)(n^{n-1} + \cdots + n^2 + n^0)$ 被 $(n-1)^2$ 整除.当 $n = 2$ 时,$n^n - n^2 + n - 1 = 1$ 也被 $(n-1)^2 = 1$ 整除.

1.38 证明:如果 p 是大于 1 的整数,那么 $3^p + 1$ 不可能被 2^p 整除.

(匈牙利数学奥林匹克,1911 年)

证明 当 p 是偶数时,设 $p = 2m$,则
$$3^p + 1 = 3^{2m} + 1 = (8+1)^m + 1 = 8M + 2 = 2(4M + 1)$$

其中,M 是整数,从而由 $4M + 1$ 是奇数得
$$2 \mid 3^p + 1 \quad 且 \quad 2^2 \nmid 3^p + 1$$

当 p 是奇数时,设 $p = 2m + 1$,则
$$3^p + 1 = 3^{2m+1} + 1 = 3(8+1)^m + 1 = 3(8M + 1) + 1 = 4(6M + 1)$$

其中,M 是整数,从而由 $6M + 1$ 是奇数得
$$2^2 \mid 3^p + 1, 2^3 \nmid 3^p + 1$$

于是,当 p 是偶数时,$3^p + 1$ 能被 2 整除,当 p 是奇数时,$3^p + 1$ 能被 $4 = 2^2$ 整除,但在这种情形中,$3^p + 1$ 都不能被 2 的任何更高

次幂整除.

因此对大于 1 的整数 p,$3^p + 1$ 不可能被 2^p 整除.

1.39 用数学归纳法证明:对每个正整数 n,有唯一的由十进制表示的仅包含数字 2 和 5 的 n 位的正整数 x_n,能被 2^n 整除.

证明 当 $n = 1,2,3$ 时,$x_1 = 2, x_2 = 52, x_3 = 552$,结论显然成立.

假设 x_n 是唯一由数字 2 和 5 表示且能被 2^n 整除的 n 位的正整数.

考察数字
$$2 \times 10^n + x_n, 5 \times 10^n + x_n$$

这两个数都是在数 x_n 的左边加上数字 2 或 5 得到的,它们都是由 2 和 5 表示,且有 $n+1$ 位.

因为 x_n 和 10^n 能被 2^n 整除,所以,这两个数均能被 2^n 整除.
注意到
$$\frac{5 \times 10^n + x_n}{2^n} - \frac{2 \times 10^n + x_n}{2^n} = 3 \times 5^n$$

由于差为奇数,因此,$\frac{5 \times 10^n + x_n}{2^n}$ 和 $\frac{2 \times 10^n + x_n}{2^n}$ 之中恰有一个为偶数.

这就证明了数字 $2 \times 10^n + x_n$ 和 $5 \times 10^n + x_n$ 恰有一个能被 2^{n+1} 整除,即 x_{n+1} 满足所有的条件.

下面证明 x_{n+1} 的唯一性.

为此,去掉 x_{n+1} 最左边的一位,得到一个仅包含数字 2 和 5 且能被 2^n 整除的 n 位数 x_n,由归纳假设,x_n 为满足条件的唯一值,因此,x_{n+1} 的形式一定是 $2 \times 10^n + x_n$ 或 $5 \times 10^n + x_n$.

于是,根据上面的证明恰好其中一个是满足条件的 x_{n+1}.

1.40 证明:在每个由 11 个正整数组成的集合中,有 6 个数的和能被 6 整除.

证明 先证明两个引理.

引理 1 在每个由 3 个正整数组成的集合中,存在 2 个数的和能被 2 整除.

引理 1 的证明 在每个由 3 个数组成的集合中,有 2 个数奇偶性相同,因此,其和为偶数.

引理 2 在每个由 5 个正整数组成的集合中，存在 3 个数的和能被 3 整除.

引理 2 的证明 如果存在 3 个数，被 3 除得到不同的余数，则它们的和能被 3 整除. 如果不存在这样的数，即它们中有 3 个数被 3 除时有相同的余数，则这 3 个数的和能被 3 整除.

下面证明原题.

运用引理 1 五次，能在所给的由 11 个正整数组成的集合中找到 5 对数的和为偶数. 对这 5 个和运用引理 2，知其中 3 个的和能被 3 整除. 所以，存在 6 个数满足其和能被 6 整除.

1.41 已知 99 个小于 100 且可以相等的正整数. 若所有 2 个、3 个或更多个数的和都不能被 100 整除，证明：所有的数均相等.

证明 记给定的数为 $n_1, n_2, \cdots, n_{99}$.

假设结论不成立，即有两个不同的数，例如 $n_1 \neq n_2$.

考察以下 100 个数
$$S_1 = n_1, S_2 = n_2, S_3 = n_1 + n_2, \cdots,$$
$$S_{100} = n_1 + n_2 + \cdots + n_{99}$$

由假设，数 $S_i (i = 1, 2, \cdots, 100)$ 不能被 100 整除. 由抽屉原理，这些数中至少有两个被 100 除的余数相同. 将它们记为 S_k, S_l，且 $k > l$，显然
$$\{S_k, S_l\} \neq \{S_1, S_2\}$$

因为 S_k 和 S_l 被 100 除的余数相同，于是，$S_k - S_l$ 能被 100 整除，即
$$100 \mid [(n_1 + n_2 + \cdots + n_k) - (n_1 + n_2 + \cdots + n_l)]$$

所以，$100 \mid (n_{l+1} + n_{l+2} + \cdots + n_k)$ 与假设矛盾.

因此，所有的数均相等.

1.42 证明：对于所有的整数 $a_1, a_2, \cdots, a_n, n > 2$，
$$\prod_{1 \leqslant i < j \leqslant n} (a_j - a_i) \text{ 能被 } \prod_{1 \leqslant i < j \leqslant n} (j - i) \text{ 整除}.$$

证明 先证明一个引理.

引理 设 $x_1, x_2, \cdots, x_n, y_1, y_2, \cdots, y_m$ 是两组非零整数. 如果对任意大于 1 的正整数 k，都有 $x_1, x_2, \cdots, x_n$ 中能被 k 整除的数的个数不多于 $y_1, y_2, \cdots, y_m$ 中能被 k 整除的数的个数，则
$$x_1 x_2 \cdots x_n \mid y_1 y_2 \cdots y_m$$

心得 体会 拓广 疑问

引理的证明 设 $f(k)$ 表示 $x_1, x_2, \cdots, x_n$ 中能被 k 整除的数的个数，$g(k)$ 表示 $y_1, y_2, \cdots, y_m$ 中能被 k 整除的数的个数. 对质数 p 和非零整数 x，定义 $V_p(x)$ 为 $|x|$ 的质因数分解式中 p 的幂次.

对任意的质数 p

$$V_p(x_1 x_2 \cdots x_n) = \sum_{i=1}^{n} V_p(x_i) = \sum_{i=1}^{n} |\{k \mid k \in \mathbf{Z}^+, p^k \mid x_i\}| =$$
$$|\{(i,k) \mid i,k \in \mathbf{Z}^+, p^k \mid x_i\}| =$$
$$\sum_{k=1}^{\infty} |\{i \mid i \in \mathbf{Z}^+, p^k \mid x_i\}| =$$
$$\sum_{k=1}^{\infty} f(p^k)$$

同理 $\quad V_p(y_1 y_2 \cdots y_m) = \sum_{k=1}^{\infty} g(p^k)$

而 $f(p^k) \leqslant g(p^k)$，故

$$V_p(x_1 x_2 \cdots x_n) \leqslant V_p(y_1 y_2 \cdots y_m)$$

又因为 p 可取任意质数，所以

$$x_1 x_2 \cdots x_n \mid y_1 y_2 \cdots y_m$$

下面证明原题.

若 $a_1, a_2, \cdots, a_n$ 中有两个数相等，则

$$\prod_{1 \leqslant i < j \leqslant n} (a_j - a_i) = 0$$

故 $\quad \prod_{1 \leqslant i < j \leqslant n} (j - i) \mid \prod_{1 \leqslant i < j \leqslant n} (a_j - a_i)$

若 $a_1, a_2, \cdots, a_n$ 两两不等，下面证明，对任意正整数 k，$(j - i)(1 \leqslant i < j \leqslant n)$ 这 C_n^2 个数中能被 k 整除的数的个数不多于 $(a_j - a_i)(1 \leqslant i < j \leqslant n)$ 这 C_n^2 个数中能被 k 整除的数的个数.

对 n 用数学归纳法.

当 $n = 2$ 时，命题显然成立.

假设命题对 $n - 1$ 成立，证明命题对 n 也成立.

若 $k \geqslant n$，$(j - i)(1 \leqslant i < j \leqslant n)$ 这 C_n^2 个数都不能被 k 整除，所以，命题成立.

若 $k < n$，由抽屉原理，在 $a_1, a_2, \cdots, a_n$ 这 n 个数中一定存在 $\left[\dfrac{n-1}{k}\right] + 1$ 个数模 k 的余数相同，不妨设其中一个是 a_n. 于是，$(a_n - a_i)(1 \leqslant i < n)$ 这 $n - 1$ 个数中至少有 $\left[\dfrac{n-1}{k}\right]$ 个能被 k 整除，而 $(n - i)(1 \leqslant i < n)$ 这 $n - 1$ 个数中恰有 $\left[\dfrac{n-1}{k}\right]$ 个能被 k 整除.

由归纳假设，$(a_j - a_i)(1 \leqslant i < j \leqslant n - 1)$ 这 C_{n-1}^2 个数中能被 k 整除的数的个数不少于 $(j - i)(1 \leqslant i < j \leqslant n - 1)$ 这 C_{n-1}^2 个

数中能被 k 整除的数的个数.

所以,$(a_j - a_i)(1 \leqslant i < j \leqslant n)$ 这 C_n^2 个数中能被 k 整除的数的个数不少于 $(j - i)(1 \leqslant i < j \leqslant n)$ 这 C_n^2 个数中能被 k 整除的数的个数.

因此,命题对 n 也成立.

由引理立得

$$\prod_{1 \leqslant i < j \leqslant n} (j - i) \mid \prod_{1 \leqslant i < j \leqslant n} (a_j - a_i)$$

1.43 设 a, b, c 是正整数,且
$$ab \mid c(c^2 - c + 1), (c^2 + 1) \mid (a + b)$$
证明:a, b 中有一个数等于 c,另一个数等于 $c^2 - c + 1$.

证明 首先证明:如果 x, y 是正整数,n 是非负整数,且满足 $\dfrac{xy}{x + y} > n$,则

$$\frac{xy}{x + y} \geqslant n + \frac{1}{n^2 + 2n + 2}$$

实际上,$\dfrac{xy}{x + y} > n$ 可以改写成

$$(x - n)(y - n) > n^2$$

于是,有 $x > n, y > n$.

设 $x = n + d_1, y = n + d_2$,则
$$d_1 d_2 = (x - n)(y - n) = n^2 + r$$
其中,d_1, d_2, r 均是正整数.

因为 $(d_1 - 1)(d_2 - 1) \geqslant 0$,所以
$$d_1 + d_2 \leqslant 1 + d_1 d_2 = 1 + n^2 + r$$

又因为对于任意的 $A > 0, r \geqslant 1$,有不等式

$$\frac{r}{A + r} \geqslant \frac{1}{A + 1}$$

则 $\dfrac{xy}{x + y} = \dfrac{n^2 + d_1 d_2 + n(d_1 + d_2)}{2n + d_1 + d_2} = n + \dfrac{r}{2n + d_1 + d_2} \geqslant$

$$n + \frac{r}{2n + n^2 + 1 + r} \geqslant n + \frac{1}{n^2 + 2n + 2}$$

当且仅当 $x = n + 1, y = n^2 + n + 1$ 或 $y = n + 1, x = n^2 + n + 1$ 时,上式等号成立.

根据已知条件,存在正整数 p, q,使得
$$c(c^2 - c + 1) = pab, a + b = q(c^2 + 1)$$

则
$$\frac{c(c^2 - c + 1)}{c^2 + 1} = \frac{pqab}{a + b} = \frac{xy}{x + y}$$

其中 $x = pqa, y = pqb$,且

$$\frac{xy}{x+y} = c - 1 + \frac{1}{c^2+1} > c - 1$$

因此,由前面证明的结论可得

$$\frac{xy}{x+y} \geqslant c - 1 + \frac{1}{(c-1)^2 + 2(c-1) + 2} = \frac{c(c^2-c+1)}{c^2+1}$$

等号成立的条件是

$$x = c, y = (c-1)^2 + (c-1) + 1 = c^2 - c + 1$$

或

$$x = c^2 - c + 1, y = c$$

由于 c 与 $c^2 - c + 1$ 互质,由 $x = pqa, y = pqb$,可知 $p = q = 1$.

故 $a = c, b = c^2 - c + 1$ 或 $a = c^2 - c + 1, b = c$.

1.44 若有序三元正整数组 $\{a,b,c\}$ 满足 $a \leqslant b \leqslant c, (a,b,c) = 1, a^n + b^n + c^n$ 能被 $a + b + c$ 整除,则称 $\{a,b,c\}$ 是 n— 能量的.例如,$\{1,2,2\}$ 是 5— 能量的.

(1) 求出所有的有序三元正整数组,满足:对于任意 $n \geqslant 1$,其有序三元正整数组是 n— 能量的;

(2) 求出所有既是 2 004— 能量的又是 2 005— 能量的,但不是 2 007— 能量的有序三元正整数组.

解 (1) 因为

$$(a+b+c) \mid (a^2 + b^2 + c^2)$$
$$(a+b+c) \mid (a^3 + b^3 + c^3)$$

则 $(a+b+c) \mid [(a+b+c)^2 - a^2 - b^2 - c^2]$

即 $(a+b+c) \mid (2ab + 2bc + 2ca)$

又 $(a+b+c)(a^2+b^2+c^2-ab-bc-ca) = a^3 + b^3 + c^3 - 3abc$

故 $(a+b+c) \mid 3abc$.

设质数 p 满足 $p^\alpha \parallel (a+b+c)(\alpha \geqslant 1)$,若存在 $p \geqslant 5$,则 $p \mid abc$.

不妨设 $p \mid a$.因为 $p \mid 2(ab+bc+ca)$,所以,$p \mid bc$.

不妨设 $p \mid b$.因为 $p \mid (a+b+c)$,所以,$p \mid c$.

则 $p \mid (a,b,c)$,矛盾.

所以,$p = 2$ 或 3.故

$$a + b + c = 2^m \times 3^n, m, n \geqslant 0$$

若 $n \geqslant 2$,则

$$3 \mid (a+b+c), 3 \mid abc, 3 \mid (ab+bc+ca)$$

仿上即可推出 $3 \mid (a,b,c)$,矛盾.

故 $n = 0$ 或 1.

设 $a + b + c = 2^m k(k = 1$ 或 $3)$,则 $2^m \mid abc$.

因为 $(a,b,c) = 1$,不妨设 a 为奇数.

又 $2^m \mid (a + b + c)$,不妨设 b 为奇数,c 为偶数,所以,$2^m \mid c$.

由 $2^m \mid (2ab + 2bc + 2ca)$,则
$$2^{m-1} \mid ab$$
从而,$m = 0$ 或 1.

又 $a + b + c \geq 3$,所以,$a + b + c = 3$ 或 6.

分别验证得
$$(a,b,c) = (1,1,1) \text{ 或 } (1,1,4)$$

(2) 易得
$$a^n + b^n + c^n = (a + b + c)(a^{n-1} + b^{n-1} + c^{n-1}) -$$
$$(ab + bc + ca)(a^{n-2} + b^{n-2} + c^{n-2}) +$$
$$abc(a^{n-3} + b^{n-3} + c^{n-3}) \qquad ①$$

又
$$(a + b + c) \mid (a^{2004} + b^{2004} + c^{2004})$$
$$(a + b + c) \mid (a^{2005} + b^{2005} + c^{2005})$$

将 $n = 2007$ 代入式 ① 得
$$(a + b + c) \mid (a^{2007} + b^{2007} + c^{2007})$$

与条件矛盾.

故不存在满足条件的 (a,b,c).

1.45 在一个由正整数构成的等差数列 $a_1, a_2, \cdots$ 中,对每个 n,乘积 $a_n a_{n+31}$ 都能被 2005 整除.试问:能否断言"数列中的每一项都能被 2005 整除"?

解 可以断言.

设数列的公差为 d.

若对每个 n,都有 $5 \mid a_{n+31}$,则易知 $5 \mid d$.

若存在某个 n,使得 $5 \nmid a_{n+31}$,则 $5 \mid a_n$,$5 \mid a_{n+62}$. 于是,$5 \mid (a_{n+62} - a_n) = 62d$.

由于 62 与 5 互质,所以,$5 \mid d$.

总之,在一切情况下都有 $5 \mid d$. 因此
$$5 \mid (a_n a_{n+31} - 31 a_n d) = a_n^2$$

由于 5 是质数,所以,$5 \mid a_n$.

注意到 401 也是质数,经过类似推理可知,对每个 n,都有 $401 \mid a_n$.

由于 5 与 401 互质,所以,对每个 n,a_n 都能被 $5 \times 401 = 2005$ 整除.

1.46 是否存在由正整数构成的具有无限项的上升的等差数列 $\{a_n\}$,使得对每个 n,乘积 $a_n a_{n+1} \cdots a_{n+9}$ 都能被和数 $a_n + a_{n+1} + \cdots + a_{n+9}$ 整除?

解 不存在.

假设存在这样的等差数列 $\{a_n\}$,那么,对每个 n,乘积 $A_n = (2a_n)(2a_{n+1})\cdots(2a_{n+9})$ 都能被 $B_n = a_{n+4} + a_{n+5}$ 整除.

另一方面,若以 d 表示数列的公差,则
$$A_n = (B_n - 9d)(B_n - 7d)\cdots(B_n - d) \cdot$$
$$(B_n + d)\cdots(B_n + 7d)(B_n + 9d)$$

这就意味着 $A_n = B_n C_n + D$,其中 C_n 是一个整数且
$$D = -d^{10}(1 \cdot 3 \cdot 5 \cdot 7 \cdot 9)^2$$

该式表明,当 n 充分大时,A_n 不可能被 B_n 整除.

1.47 x 和 y 是不相等的两个复数.已知对于某四个连续的正整数 n, $\dfrac{x^n - y^n}{x - y}$ 是一个整数. 求证:对于所有正整数 n, $\dfrac{x^n - y^n}{x - y}$ 都是整数.

证明 令
$$b = -(x+y), c = xy \qquad ①$$

记
$$t_n = \frac{x^n - y^n}{x - y} \qquad ②$$

那么,对于任意正整数 n,有
$$t_{n+2} + bt_{n+1} + ct_n = \frac{1}{x-y}[(x^{n+2} - y^{n+2}) - (x+y) \cdot$$
$$(x^{n+1} - y^{n+1}) + xy(x^n - y^n)] = 0 \qquad ③$$

从公式②,有
$$t_0 = 1, t_1 = 1, t_2 = -b \qquad ④$$

如果能证明 b, c 是两个整数,从③和④可以知道,对于任意正整数 n, t_n 是整数.

对于任意正整数 n,有
$$t_{n+1}^2 - t_n t_{n+2} = \frac{1}{(x-y)^2}[(x^{n+1} - y^{n+1})^2 -$$
$$(x^n - y^n)(x^{n+2} - y^{n+2})] =$$

$$\frac{1}{(x-y)^2}[x^n y^n(x^2-2xy+y^2)] =$$
$$c^n(\text{利用}① \text{第二个公式}) \qquad ⑤$$

由题目条件,存在正整数 m,使得 $t_m, t_{m+1}, t_{m+2}, t_{m+3}$ 都是整数.那么, $t_{m+1}^2 - t_m t_{m+2}$ 及 $t_{m+2}^2 - t_{m+1} t_{m+3}$ 都是整数.再利用 ⑤ 可以知道 c^m, c^{m+1} 都是整数.

如果 $c = 0$,由公式①, x, y 之间必有一个为零.如果 $x = 0$,则 $y \neq 0$(利用题目条件),由②, $t_n = y^{n-1}$.利用题目条件, y^{m-1}, y^m, y^{m+1}, y^{m+2} 都是非零整数, $y = \frac{y^m}{y^{m-1}}$ 应当为非零有理数.记 $y = \frac{a}{b}$,这里 a, b 是两个互质的整数,且 a, b 都不为零,由于 $y^m = \frac{a^m}{b^m}$, y^m 为一个整数,则必有 $b = 1, y = a, t_n = a^{n-1}$ 都是整数.如果 $y = 0, x \neq 0$,完全同样证明 t_n 都是整数($n \in \mathbf{N}$).

如果 $c \neq 0$,则 $c = \frac{c^{m+1}}{c^m}$ 应当是非零有理数.那么,必有互质的两个整数 a, b,且 a, b 都不为零, $b > 0$,使得 $c = \frac{a}{b} \cdot \frac{a^m}{b^m} = c^m$ 为一个整数,则 $b = 1, c = a$ 为整数.而

$$t_m t_{m+3} - t_{m+1} t_{m+2} = \frac{1}{(x-y)^2}[(x^m - y^m)(x^{m+3} - y^{m+3}) -$$
$$(x^{m+1} - y^{m+1})(x^{m+2} - y^{m+2})] =$$
$$\frac{1}{(x-y)^2} x^m y^m (x^2 y + xy^2 - x^3 - y^3) =$$
$$-x^m y^m (x+y) = bc^m \qquad ⑥$$

由于 $t_m t_{m+3} - t_{m+1} t_{m+2}$ 是一个整数,则 bc^m 是一个整数.现在已知 c 是一个非零整数,则 b 必是一个有理数.从公式 ④ 的第三式,有 $t_2 = -b$.把 b 当做一个变量.在 ③ 中令 $n = 1$,有

$$t_3 = -bt_2 - ct_1 = b^2 - c \qquad ⑦$$

设对正整数 s,有
$$t_s = f_s(b), t_{s+1} = f_{s+1}(b) \qquad ⑧$$
这里 $f_j(b)(j = s, s+1)$ 是 b 的 $j-1$ 次整系数多项式,首项系数为 $(-1)^{j-1}$,即
$$f_s(b) = (-1)^{s-1} b^{s-1} + \cdots$$
$$f_{s+1}(b) = (-1)^s b^s + \cdots \qquad ⑨$$

在公式 ③ 中,令 $n = s$,再利用⑧,⑨,有
$$t_{s+2} = -bt_{s+1} - ct_s = -bf_{s+1}(b) - cf_s(b) =$$
$$(-1)^{s+1} b^{s+1} + \cdots \qquad ⑩$$

这里⑨,⑩右端省略的是 b 的次数较低的项.因而,对任意正整数

s,$t_s = f_s(b)$ 是 b 的 $s-1$ 次整系数多项式，首项系数是 $(-1)^{s-1}$.

由于 b 是一个有理数，当 $b = 0$ 时，本题结论成立．当 b 是一个非零有理数时，存在两个互质的非零整数 $p,q,q > 0$，使得 $b = \dfrac{p}{q}$，由于 t_m 是整数，利用上述结论，有

$$t_m = f_m(b) = (-1)^{m-1}\left(\dfrac{p}{q}\right)^{m-1} + a_1\left(\dfrac{p}{q}\right)^{m-2} + \cdots + a_{m-2}\dfrac{p}{q} + a_{m-1} \qquad ⑪$$

这里 $a_1,a_2,\cdots,a_{m-1}$ 全为整数．上式两端乘以 q^{m-2}，可以看到 $(-1)^{m-1}\dfrac{p^{m-1}}{q}$ 为一个整数，由于 p,q 互质，则 $q = 1$．那么，b 为一个整数．本题结论成立．

1.48 设 a,b 为整数，n 为正整数，证明
$$\dfrac{b^{n-1}a(a+b)(a+2b)\cdots(a+(n-1)b)}{n!}$$
是整数．

(第 26 届国际数学奥林匹克候选题，1985 年)

证明 设 p 是不大于 n 的素数．

则 p 在 $n!$ 中的幂指数为

$$\left[\dfrac{n}{p}\right] + \left[\dfrac{n}{p^2}\right] + \cdots < \dfrac{n}{2} + \dfrac{n}{2^2} + \cdots = \dfrac{\frac{1}{2}n}{1-\frac{1}{2}} = n$$

(1) 如果 $p \mid b$，则 p 在分子中的次数大于等于 $n-1$，而分母中 p 的次数小于等于 $n-1$，于是，分母中的素因数 p 可约去．

(2) 如果 $p \nmid b$，则 p 必能整除
$$a, a+b, \cdots, a+(p-1)b$$
中的一个．

因此，n 个数
$$a, a+b, \cdots, a+(n-1)b$$
中至少有 $\left[\dfrac{n}{p}\right]$ 个数能被 p 整除，同样，至少有 $\left[\dfrac{n}{p^2}\right]$ 个数能被 p^2 整除，所以素数 p 在乘积 $a(a+b)\cdots[a+(n-1)b]$ 中的次数 k 满足

$$k \geqslant \left[\dfrac{n}{p}\right] + \left[\dfrac{n}{p^2}\right] + \cdots$$

因此，分母中 $n!$ 的素因数 p 可以全部约去．

综上可知

$$\frac{b^{n-1}a(a+b)(a+2b)\cdots[a+(n-1)b]}{n!}$$

是整数.

> **1.49** 求所有的由四个正整数 a,b,c,d 组成的数组,使数组中任意三个数的乘积除以剩下的一个数的余数都是 1.
> （中国国家集训队选拔考试,1994 年）

解 首先证明 a,b,c,d 都不小于 2,且两两互素.

由题意有 $bcd = ka+1$,显然 $a \geqslant 2$,否则,若 $a=1$,则 bcd 除以 a 的余数是 0,与题意矛盾.

同时,a 与 b,c,d 中的任意一个都互素.

同理有 $b \geqslant 2, c \geqslant 2, d \geqslant 2$,且 a,b,c,d 两两互素.

不妨设 $2 \leqslant a < b < c < d$.由于
$$a \mid bcd-1, b \mid acd-1, c \mid abd-1, d \mid abc-1$$

从而
$$a \mid bcd - 1 + abc + abd + acd$$
$$b \mid acd - 1 + abc + abd + bcd$$
$$c \mid abd - 1 + abc + acd + bcd$$
$$d \mid abc - 1 + abd + acd + bcd$$

由 a,b,c,d 两两互素,则有
$$abcd \mid abc + abd + acd + bcd - 1$$

即存在正整数 t,有
$$abc + abd + acd + bcd = tabcd + 1$$
$$t + \frac{1}{abcd} = \frac{1}{a} + \frac{1}{b} + \frac{1}{c} + \frac{1}{d} < \frac{4}{a} \qquad ①$$

从而 $t < \frac{4}{a} \leqslant \frac{4}{2} = 2$,因为 $a \geqslant 2$

于是 $t = 1, a = 2$ 或 $a = 3$.

当 $a = 3$ 时,$b \geqslant 4, c \geqslant 5, d \geqslant 6$,则
$$\frac{1}{a} + \frac{1}{b} + \frac{1}{c} + \frac{1}{d} \leqslant \frac{1}{3} + \frac{1}{4} + \frac{1}{5} + \frac{1}{6} < 1$$

此式与式 ① 及 $t = 1$ 矛盾.

所以必有 $a = 2$.这时式 ① 化为
$$1 + \frac{1}{2bcd} = \frac{1}{2} + \frac{1}{b} + \frac{1}{c} + \frac{1}{d}$$

故
$$\frac{1}{2} + \frac{1}{2bcd} = \frac{1}{b} + \frac{1}{c} + \frac{1}{d} < \frac{3}{b} \qquad ②$$

因而 $\frac{1}{2} < \frac{3}{b}$,即 $b < 6$.

由于 $a = 2, (a,b) = 1, b < 6$,则 $b = 3$ 或 $b = 5$.

当 $a = 2, b = 5$ 时,由 $(a,c) = 1, (a,d) = 1, c \geq 7, d \geq 9$. 这时有

$$\frac{1}{b} + \frac{1}{c} + \frac{1}{d} < \frac{1}{5} + \frac{1}{7} + \frac{1}{9} < \frac{1}{2}$$

与式③矛盾,即 $b \neq 5$.

于是 $b = 3, c > 5, d \geq 7$.

式①又化为

$$1 + \frac{1}{6cd} = \frac{1}{2} + \frac{1}{3} + \frac{1}{c} + \frac{1}{d}$$

故

$$\frac{1}{c} + \frac{1}{d} = \frac{1}{6} + \frac{1}{6cd} < \frac{2}{c} \quad ③$$

从而

$$\frac{2}{c} > \frac{1}{6}, c < 12$$

由 $a = 2$ 知 c 是奇数,则 $c \leq 11$. 由式③可求出

$$d = 6 + \frac{35}{c-6} \quad ④$$

$d \geq 7, d$ 是正整数,则 $\frac{35}{c-6}$ 是正整数,考虑到 $c \leq 11$,则 $1 \leq c - 6 \leq 5$,从而只能有 $c - 6 = 1$ 或 $c - 6 = 5$.

即 $c = 7$ 或 $c = 11$.

当 $c = 7$ 时,由式④ $d = 41$.

当 $c = 11$ 时,由式④ $d = 13$.

于是所求的四个数 $(a,b,c,d) = (2,3,7,41)$ 或 $(2,3,11,13)$.

1.50 求所有正整数对 (x,y),使得 $x \leq y$, $x^2 + 1$ 是 y 的倍数, $y^2 + 1$ 是 x 的倍数.

解 $x = 1, y = 1$ 显然是满足题目条件的一组正整数解. 另外,如果 $x = y$ 是满足题目条件的一组正整数解,则存在正整数 a, b,使得

$$x^2 + 1 = ax, x^2 + 1 = bx \quad ①$$

那么 $a = b$,及

$$(a - x)x = 1 \quad ②$$

a, x 都是正整数,从上式可以知道 $a > x$,那么 $a - x \geq 1$,从②,立即有

$$x = 1, a = 2 \quad ③$$

因此,如果 $x = y$ 是满足题目条件的解,则必有 $x = y = 1$.

下面考虑满足题目条件的正整数组解 (x,y), 使得 $x < y$. 那么, 利用 x,y 是正整数, 这时有
$$x \leqslant y - 1 \quad ④$$
令
$$z = \frac{x^2 + 1}{y} \quad ⑤$$
定义一个对应 T:
$$T(x,y) = (z,x) \quad ⑥$$
这里 z 由公式⑤确定. 由题目条件, 可以知道 z 是一个正整数. 由于④和⑤, 有
$$z \leqslant \frac{x^2 + 1}{x + 1} \leqslant x \quad ⑦$$
由公式⑤, 可以知道
$$\frac{x^2 + 1}{z} = y \quad ⑧$$
自然地, 会提一个问题: $\frac{z^2 + 1}{x}$ 是否为一个正整数呢? 由于
$$\frac{(x^2 + 1)^2}{y^2}(1 + y^2) = z^2(1 + y^2) \quad ⑨$$
利用题目条件, 我们知道 $1 + y^2$ 是 x 的倍数, 利用⑨, $\frac{(x^2+1)^2}{y^2} \cdot (1 + y^2)$ 应是 x 的倍数. 利用⑤, 可以看到
$$\frac{(x^2 + 1)^2}{y^2}(1 + y^2) = z^2 + (x^2 + 1)^2 = z^2 + 1 + (x^4 + 2x^2) \quad ⑩$$
$x^4 + 2x^2$ 当然是 x 的倍数, 则 $z^2 + 1$ 一定是 x 的倍数. 因此, 对应 T 将 (x,y) 变为 (z,x), $z \leqslant x, x < y$. 对应后的整数对变小了, 但题目条件仍然满足(指 $\frac{x^2+1}{z}, \frac{z^2+1}{x}$ 都是正整数, 和 $z \leqslant x$). 如果 $z = x$, 则从前面的叙述可以知道 $z = x = 1$. 如果 $z < x$, 则再作对应
$$T(z,x) = (z^*,z) \quad ⑪$$
这里 $z^* = \frac{z^2+1}{x}$, 完全类似前面证明可以明白, 正整数 z^*, z 仍然满足题目条件. 这样一直对应下去, 记
$$T^{[k]}(x,y) = T(T^{[k-1]}(x,y))$$
这里正整数 $k \geqslant 2$. 由于正整数不可能无限地减少, 必存在一个正整数 k, 使得
$$T^{[k]}(x,y) = (1,1) \quad ⑫$$
从⑤和⑥可以知道 T 有一个可逆对应 T^{-1}
$$T^{-1}(z,x) = (x,y) = \left(x, \frac{x^2+1}{z}\right) \quad ⑬$$

即给定 $x,z;x,y$ 唯一确定. 从 ⑫ 和 ⑬, 有
$$(x,y) = T^{-[k]}(1,1) \qquad ⑭$$
这里 $T^{-[k]}(1,1) = T^{-1}(T^{-[k-1]}(1,1)), k \in \mathbf{N}^*$ 且 $k \geqslant 2$
$$T^{-[1]}(1,1) = T^{-1}(1,1)$$

从上面叙述可以得到,对于满足题目条件的任意一组不全为 1 的正整数 (x,y),一定可以从 $(1,1)$ 这组解出发,利用由 ⑬ 定义的对应 T^{-1},重复进行若干次后得到. 因此,满足题目条件的所有正整数组解必为:$(1,1), T^{-1}(1,1) = (1,2), T^{-1}(1,2) = (2,5), \cdots$
那么,一般形式的解是什么样的正整数呢?

为此,我们向读者介绍斐波那契数的定义及一些简单性质.
$$F_1 = 1, F_2 = 1, F_{n+2} = F_{n+1} + F_n, n \in \mathbf{N} \qquad ⑮$$
数列 $\{F_n \mid n \in \mathbf{N}\}$ 称为斐波那契数列. 先求斐波那契数列的通项.
设 α, β 是方程 $x^2 - x - 1 = 0$ 的两个实根,即
$$\alpha = \frac{1}{2}(1+\sqrt{5}), \beta = \frac{1}{2}(1-\sqrt{5}) \qquad ⑯$$
我们证明,当正整数 $n \geqslant 2$ 时
$$\alpha^n = \alpha F_n + F_{n-1}, \beta^n = \beta F_n + F_{n-1} \qquad ⑰$$
对 n 用数学归纳法. 当 $n = 2$ 时,由于 $F_1 = 1, F_2 = 1$,以及 $\alpha^2 = \alpha + 1, \beta^2 = \beta + 1$,可以知道,当 $n = 2$ 时,⑰ 成立. 设当 $n = k$(正整数 $k \geqslant 2$)时,有
$$\alpha^k = \alpha F_k + F_{k-1}, \beta^k = \beta F_k + F_{k-1} \qquad ⑱$$
则当 $n = k+1$ 时,有
$$\alpha^{k+1} = \alpha \cdot \alpha^k = \alpha(\alpha F_k + F_{k-1})(\text{利用公式 ⑱}) =$$
$$\alpha^2 F_k + \alpha F_{k-1} = (\alpha + 1)F_k + \alpha F_{k-1} =$$
$$\alpha(F_k + F_{k-1}) + F_k = \alpha F_{k+1} + F_k \qquad ⑲$$
完全类似,有
$$\beta^{k+1} = \beta F_{k+1} + F_k \qquad ⑳$$
因此,公式 ⑰ 成立. 公式 ⑰ 两式相减,有
$$F_n = \frac{\alpha^n - \beta^n}{\alpha - \beta} = \frac{1}{\sqrt{5}}\left[\left(\frac{1+\sqrt{5}}{2}\right)^n - \left(\frac{1-\sqrt{5}}{2}\right)^n\right] \qquad ㉑$$
公式 ㉑ 称为斐波那契数列的 Binet 公式. 当 $n = 1$ 时,上式右端为 1. 因此公式 ㉑ 对任意正整数 n 成立.

下面证明,当正整数 $n \geqslant 3$ 时
$$F_n^2 = F_{n-2}F_{n+2} + (-1)^n \qquad ㉒$$
利用公式 ㉑,当正整数 $n \geqslant 3$ 时,有
$$F_n^2 - F_{n-2}F_{n+2} = \frac{1}{5}\left[\left(\frac{1+\sqrt{5}}{2}\right)^n - \left(\frac{1-\sqrt{5}}{2}\right)^n\right]^2 -$$

$$\frac{1}{5}\left[\left(\frac{1+\sqrt{5}}{2}\right)^{n-2}-\left(\frac{1-\sqrt{5}}{2}\right)^{n-2}\right]\cdot$$
$$\left[\left(\frac{1+\sqrt{5}}{2}\right)^{n+2}-\left(\frac{1-\sqrt{5}}{2}\right)^{n+2}\right]=$$
$$\frac{1}{5}\left[-2\left(\frac{1+\sqrt{5}}{2}\cdot\frac{1-\sqrt{5}}{2}\right)^{n}+\right.$$
$$\left(\frac{1-\sqrt{5}}{2}\right)^{n-2}\left(\frac{1+\sqrt{5}}{2}\right)^{n+2}+$$
$$\left.\left(\frac{1+\sqrt{5}}{2}\right)^{n-2}\left(\frac{1-\sqrt{5}}{2}\right)^{n+2}\right]=$$
$$\frac{1}{5}\left\{2(-1)^{n+1}+(-1)^{n-2}\cdot\right.$$
$$\left.\left[\left(\frac{1+\sqrt{5}}{2}\right)^{4}+\left(\frac{1-\sqrt{5}}{2}\right)^{4}\right]\right\} \quad ㉓$$

容易看到
$$\left(\frac{1+\sqrt{5}}{2}\right)^{4}+\left(\frac{1-\sqrt{5}}{2}\right)^{4}=2\left[\left(\frac{1}{2}\right)^{4}+C_{4}^{2}\cdot\left(\frac{1}{2}\right)^{2}\left(\frac{\sqrt{5}}{2}\right)^{2}+\left(\frac{\sqrt{5}}{2}\right)^{4}\right]=$$
$$2\left(\frac{1}{16}+6\cdot\frac{1}{4}\cdot\frac{5}{4}+\frac{25}{16}\right)=7 \quad ㉔$$

将 ㉔ 代入 ㉓,有 ㉒.

在公式 ㉒ 中,令 $n = 2k+1(k \in \mathbf{N})$,有
$$F_{2k+3} = \frac{F_{2k+1}^2 + 1}{F_{2k-1}} \quad ㉕$$

公式 ㉕ 是本题需要的.

现在证明,对于任意正整数 k 有
$$T^{-[k]}(1,1) = (F_{2k-1}, F_{2k+1}) \quad ㉖$$

对 k 用数学归纳法. 当 $k = 1$ 时,利用公式 ⑮,有 $F_1 = 1$, $F_3 = 2$, 及 $T^{-1}(1,1) = (1,2)$,可以知道 ㉖ 当 $k = 1$ 时成立,设 $k = t$ 时,㉖ 成立. 当 $k = t+1$ 时,利用归纳假设,⑬ 和 ㉕,有
$$T^{-[t+1]}(1,1) = T^{-1}(T^{-[t]}(1,1)) = T^{-1}(F_{2t-1}, F_{2t+1}) =$$
$$\left(F_{2t+1}, \frac{F_{2t+1}^2 + 1}{F_{2t-1}}\right) = (F_{2t+1}, F_{2t+3}) \quad ㉗$$

因此,㉖ 对任意正整数 k 成立. 这样一来,满足本题的所有解都得到了.

1.51 确定最小的整数 $n \geq 4$,可以从任意 n 个不同的整数中,选出 4 个不同的整数 a, b, c, d,使得 $a + b - c - d$ 能被 20 整除.

(第 39 届国际数学奥林匹克预选题,1998 年)

解 由于 $C_7^2 = \dfrac{7 \times 6}{2} = 21$，所以从 7 个不同整数中一定可以选出一对整数，这对整数对 mod 20 同余，设这对整数为 a, c，则
$$a \equiv c \pmod{20} \quad ①$$

当从 7 个不同整数中选出 a, c 后还剩下 5 个不同整数，再添加 2 个与上述 7 个整数不同的 2 个整数，又构成 7 个不同整数的集合，按上面分析，又可从中选出一对整数（设为 b, d）使得
$$b \equiv d \pmod{20} \quad ②$$

由①，②得 $\quad a + b \equiv c + d \pmod{20}$

即 $\quad a + b - c - d \equiv 0 \pmod{20}$

故 $\quad 20 \mid a + b - c - d$

所以，任意 9 个不同的整数中可以选取 4 个不同的数 a, b, c, d，使 $20 \mid a + b - c - d$.

另一方面，可以找到 8 个数，例如
$$0, 1, 2, 4, 7, 12, 20, 40$$
这 8 个数中任意 4 个数 a, b, c, d 都不能使
$$20 \mid a + b - c - d$$

1.52 试求出一切可使 $n \cdot 2^n + 1$ 被 3 整除的自然数 n.

（第 45 届莫斯科数学奥林匹克，1982 年）

解 若 $3 \mid n \cdot 2^n + 1$，则
$$n \cdot 2^n \equiv 2 \pmod{3}$$

当 $n = 6k + 1 (k = 0, 1, 2, \cdots)$ 时
$$n \cdot 2^n = (6k + 1) \cdot 2^{6k+1} = (12k + 2) \cdot 4^{3k} = $$
$$(12k + 2)(3 + 1)^{3k} \equiv 2 \pmod{3}$$

当 $n = 6k + 2 (k = 0, 1, 2, \cdots)$ 时
$$n \cdot 2^n = (6k + 2) \cdot 2^{6k+2} = $$
$$(24k + 8)(3 + 1)^{3k} \equiv 2 \pmod{3}$$

当 $n = 6k + 3 (k = 0, 1, 2, \cdots)$ 时
$$n \cdot 2^n = (6k + 3) \cdot 2^{6k+3} \equiv 0 \pmod{3}$$

当 $n = 6k + 4 (k = 0, 1, 2, \cdots)$ 时
$$n \cdot 2^n = (6k + 4) \cdot 2^{6k+4} = (96k + 64) \cdot 2^{6k} = $$
$$(96k + 64)(3 + 1)^{3k} \equiv 1 \pmod{3}$$

当 $n = 6k + 5 (k = 0, 1, 2, \cdots)$ 时
$$n \cdot 2^n = (6k + 5) \cdot 2^{6k+5} = $$
$$(6 \cdot 32k + 160)(3 + 1)^{3k} \equiv 1 \pmod{3}$$

当 $n = 6k (k = 1, 2, \cdots)$ 时
$$n \cdot 2^n = 6k \cdot 2^{6k} \equiv 0 \pmod{3}$$

由以上，当且仅当 $n = 6k+1, 6k+2$ 时，$n \cdot 2^n$ 能被 3 整除.

1.53 已知整数 $a_1, a_2, \cdots, a_{10}$，证明：存在一个非零数列
$$\{x_1, x_2, \cdots, x_{10}\}$$
使得所有 $x_i \in \{-1, 0, 1\}$，并且和 $\sum_{i=1}^{10} x_i a_i$ 被 1 001 整除.

（第 29 届国际数学奥林匹克候选题，1988 年）

证明 考虑形如
$$y = \sum_{i=1}^{10} t_i a_i, t_i \in \{0, 1\}$$
的数.

这样的数共有 $2^{10} = 1\,024$ 个，因此必有两数（设为 $y_1 = \sum_{i=1}^{10} t'_i a_i, y_2 = \sum_{i=1}^{10} t''_i a_i$）除以 1 001 之后得到相同的余数，则这两个数的差 $y_1 - y_2$ 能被 1 001 整除.
$$y_1 - y_2 = \sum_{i=1}^{10}(t'_i - t''_i) a_i$$
令 $x_i = |t'_i - t''_i|$，则由 $t'_i, t''_i \in \{0, 1\}$ 可知
$$x_i \in \{-1, 0, 1\}$$
且 $1\,001 \mid \sum_{i=1}^{10} x_i a_i$，其中 $x_1, x_2, \cdots, x_{10}$ 不全为 0.

1.54 证明：从任意 200 个整数中，可以选出 100 个，使这 100 个数的和能被 100 整除.

（第 4 届全苏数学奥林匹克，1970 年）

证明 用 P_m 表示下面这个一般的命题：从任意 $2m-1$ 个整数中，可以选出 m 个数，使它们的和能被 m 整除.

(1) 首先证明 P_2 成立.

即从任意 3 个整数中，可以选出 2 个数，使它们的和能被 2 整除.

事实上，任意 3 个整数中一定有 2 个数的奇偶性相同，选取这两个数，它们的和即能被 2 整除.

(2) 其次证明 P_5 成立.

即从任意 9 个整数中，可以选出 5 个数，使它们的和能被 5 整除.

把 9 个整数分别除以 5 得到 9 个余数 r_i，满足 $r_i \in \{0, 1, 2, 3, 4\}, i = 1, 2, \cdots, 9$.

心得 体会 拓广 疑问

在 r_i 中若有 5 个相同,则选取这 5 个 r_i 对应的整数,它们的和一定能被 5 整除;

在 r_i 中若没有三个相同,则 0,1,2,3,4 均出现在 r_i 中,取五个余数不同的整数,则它们的和一定能被 5 整除.

若某个余数 r 在 r_i 中或者出现 3 次,或者出现 4 次,我们可以认为这个 $r=0$,否则若 $r\neq 0$,可以把 $5-r$ 补到 9 个余数中,此时仍可保持 5 个数的和能被 5 整除.

可以证明在任意 q 个整数中,一定可以选择若干个数,使它们的和能被 q 整除.

这是因为,对于 $a_1,a_2,\cdots,a_q$ 这 q 个整数,构造和
$$a_1,a_1+a_2,a_1+a_2+a_3,\cdots,a_1+a_2+\cdots+a_q$$
这 q 个和数,若有一个能被 q 整除,则命题得证,若没有一个能被 q 整除,则有 $q-1$ 个余数,显然有两个和被 q 除的余数相同,于是这两个和的差能被 q 整除.

因此,从 5 个非零余数 r_i 中可以挑选若干个(2 至 5 个),它们的和能被 5 整除,再把余数增补到 5 个(如添加 $r=0$ 的数).

由以上,P_5 得证.

下面再证明:

(3) 如果命题 P_k 和 P_m 成立,那么命题 P_{km} 也成立.

设给定 $2km-1$ 个整数,按照 P_m,可以从中选择一组 m 个数,使它们的和能被 m 整除,从剩下的 $2km-m-1$ 个数中,照样再选出同样一组 m 个数,接着再从剩下的 $2km-2m-1$ 个数中选出 m 个数,以此类推,共选 $2k-1$ 次,此时还剩下 $2km-(2k-1)m-1=m-1$ 个数.

再考察所选出的 $2k-1$ 组的算术平均值,它是一个整数,按照 P_k,从中可以选择 k 个数,它们的和能被 k 整除.于是这相应 k 组中共 km 个数显然能被 km 整除.因此,命题 P_{km} 得证.

因为 $100=2\cdot 2\cdot 5\cdot 5$,由(1),(2)和(3),就可以得到 P_{100},从而证明了从 199 个整数中可以选出 100 个数,它们的和能被 100 整除,从而本题得证.

> **1.55** 在小于 10 000 的正整数中,有多少个整数 x,可使 2^x-x^2 能被 7 整除?
>
> (第 6 届莫斯科数学奥林匹克,1940 年)

解 首先我们证明
$$2^{21+r}-(21+r)^2\equiv 2^r-r^2\pmod{7}\qquad ①$$
其中 $r\in\{1,2,3,\cdots,21\}$.

事实上,由
$$2^{21} = (2^3)^7 = 8^7 \equiv 1 \pmod{7}$$
则 $2^{21+r} \equiv 2^r \pmod{7}$
又 $(21+r)^2 = 21^2 + 42r + r^2 \equiv r^2 \pmod{7}$
从而式①成立.

由式①可知,$2^x - x^2$ 被 7 除的余数以 21 为周期呈周期性变化.

令 $x = 1, 2, \cdots, 21$ 可求出 $2^x - x^2$ 中有 6 个数能被 7 整除.

即 $x = 2, 4, 5, 6, 10, 15$ 时,$2^x - x^2$ 被 7 整除.由于
$$10\,000 = 476 \cdot 21 + 4$$
于是从 1 到 10 000 中有
$$476 \cdot 6 + 1 = 2\,857$$
个 x,使 $2^x - x^2$ 能被 7 整除.

1.56 证明:在形如 $2^n + n^2 (n \in \mathbf{N})$ 的数当中,有无穷多个可以被 100 整除.

(第 12 届全俄数学奥林匹克,1986 年)

证明 设
$$A_n = 2^n + n^2$$
若 $100 \mid A_n = 2^n + n^2$,则 $4 \mid A_n$ 且 $25 \mid A_n$.

因为 2^n 是偶数,所以当且仅当 n 是偶数时,$4 \mid A_n$.

为此设 $n = 2m (m \in \mathbf{N})$,于是
$$A_n = A_{2m} = 2^{2m} + (2m)^2 = 4(4^{m-1} + m^2)$$
这样,问题就转化为证明形如
$$B_m = 4^{m-1} + m^2, m \in \mathbf{N}$$
的数中,有无穷多个可被 25 整除.

设 $m = 25k + l$,其中 k 和 l 为非负整数,且 $l \in \{0, 1, 2, \cdots, 24\}$.
$$B_m = B_{25k+l} = (4^{25k} \cdot 4^{l-1} + l^2) + 25(25k^2 + 2kl)$$
当 $l = 3, k = 2p (p \in \mathbf{N})$ 时
$$4^{25k} \cdot 4^{l-1} = 16(4^{10})^{5p}$$
的末两位数是 16,这样
$$4^{25k} \cdot 4^{l-1} + l^2 = 16(4^{10})^{5p} + 9$$
的末两位数是 25,于是
$$25 \mid B_m$$
从而 $n = 2m = 50k + 2l = 100p + 6 (p \in \mathbf{N})$ 时
$$100 \mid A_n$$

这样的 A_n 有无穷多个.

1.57 给定 $mn+1$ 个正整数 $a_1, a_2, \cdots, a_{mn+1}$,且
$$0 < a_1 < a_2 < \cdots < a_{mn+1}$$
证明:存在 $m+1$ 个数,使它们中没有一个数能够被另一个数整除,或者存在 $n+1$ 个数,使得依小到大顺序排成序列,除最前面的一个数之外,每个数都能被它前面的数整除.

(第 27 届美国普特南数学竞赛,1966 年)

证明 对任何一个数 a_i,我们都可以构造一个整除链
$$a_i = a_{i_1}, a_{i_2}, \cdots, a_{i_{a_i}}$$
使得除 a_i 外,每个数都能被它前面的数整除,$a_i \geqslant 1$,称 a_i 为这个整除链的长度.

所有这种从 a_i 开始的整除链中,使 a_i 最大的,我们称之为从 a_i 开始的最大整除链,其长度记为 $A(i)$.

如果存在某个 i,使 $A(i) \geqslant n+1$,那么从 a_i 开始的最大整除链长大于等于 $n+1$,取其前面的 $n+1$ 个数,则这 $n+1$ 个数中,除前面的一个数之外,每个数都能被它前面的数整除.

如果对每一个 $i, A(i) \leqslant n$,即 $A(1), A(2), \cdots, A(mn+1)$ 都只能取 $1, 2, \cdots, n$ 中的值,因此至少有 $\left[\dfrac{mn+1}{n}\right]+1$ 个相同,设
$$A(i_1) = A(i_2) = A(i_3) = \cdots = A(i_{m+1}) = k, 1 \leqslant k \leqslant n$$
则 $a_{i_1}, a_{i_2}, \cdots, a_{i_{m+1}}$ 这 $m+1$ 个数中没有一个能被另一个整除.

这是因为,若 a_{i_2} 能被 a_{i_1} 整除,那么从 a_{i_2} 开始的最大整除链长 k,在它的前面加上一个数 a_{i_1},则得到从 a_{i_1} 开始的一条整除链,长度为 $k+1$,那么 a_{i_1} 开始的最大整除链长大于等于 $k+1$,与 $A(i_1) = k$ 矛盾.这时,$a_{i_1}, a_{i_2}, \cdots, a_{i_{m+1}}$ 是符合要求的 $m+1$ 个数.

1.58 决定所有正整数对 (m, n),使得
$$1 + x^n + x^{2n} + \cdots + x^{mn}$$
能被 $1 + x + x^2 + \cdots + x^m$ 整除.

(第 6 届美国数学奥林匹克,1977 年)

解 由于
$$1 + x^n + x^{2n} + \cdots + x^{mn} = \frac{x^{(m+1)n} - 1}{x^n - 1}$$

$$1 + x + x^2 + \cdots + x^m = \frac{x^{m+1} - 1}{x - 1}$$

多项式 $1 + x^n + x^{2n} + \cdots + x^{mn}$ 能被 $1 + x + x^2 + \cdots + x^m$ 整除就等价于

$$\frac{x^{(m+1)n} - 1}{x^{m+1} - 1} \cdot \frac{x - 1}{x^n - 1} \qquad ①$$

是一个整系数多项式.

对于所有的正整数 m 和 n,都有

$$x^{m+1} - 1 \mid x^{(m+1)n} - 1$$
$$x^n - 1 \mid x^{(m+1)n} - 1$$

因此,为使 ① 是整系数多项式,只要 $x^{m+1} - 1$ 和 $x^n - 1$ 没有 $x - 1$ 以外的公因式就可以.事实上,如果 $x^{m+1} - 1$ 和 $x^n - 1$ 有 $x - 1$ 以外的公因式,则 $x^{m+1} - 1 = 0$ 和 $x^n - 1 = 0$ 有除 1 以外的公共根,但 $x^{(m+1)n} - 1 = 0$ 无重根,故 $\frac{(x^{(m+1)n} - 1)(x - 1)}{(x^n - 1)(x^{m+1} - 1)}$ 不是整系数多项式.

故满足题目要求的充分必要条件是 $m + 1$ 与 n 互素.

1.59 试证:对于任何正整数 $a_1 > 1$,都存在严格递增的正整数序列 $a_1, a_2, a_3, \cdots$,使得对任何 $k \geq 1$,和数 $a_1^2 + a_2^2 + \cdots + a_k^2$ 都能被和数 $a_1 + a_2 + \cdots + a_k$ 整除.

(第 21 届全俄数学奥林匹克,1995 年)

证明 对于给定的正整数 $a_1 > 1$,由于

$$a_1^2 + a_2^2 = (a_2 - a_1)(a_2 + a_1) + 2a_1^2$$

所以,只要取 a_2,使 $a_2 = 2a_1^2 - a_1$,就有 $a_1 + a_2 = 2a_1^2$,从而

$$a_1 + a_2 \mid (a_2 - a_1)(a_2 + a_1) + 2a_1^2$$

即 $\qquad a_1 + a_2 \mid a_1^2 + a_2^2$

且满足 $\qquad a_2 = 2a_1^2 - a_1 > a_1^2 > a_1$

假设已取定 $a_1, a_2, \cdots, a_n$ 满足题目要求,记

$$A_i = a_1^2 + a_2^2 + \cdots + a_i^2, \quad B_i = a_1 + a_2 + \cdots + a_i$$

则对 $i = 1, 2, \cdots, n$,有 $B_i \mid A_i$,由于

$$A_{n+1} = A_n + a_{n+1}^2 = A_n + (a_{n+1} - B_n)(a_{n+1} + B_n) + B_n^2 = (a_{n+1} - B_n)B_{n+1} + A_n + B_n^2$$

于是,只要取 a_{n+1} 使 $B_n + a_{n+1} = B_{n+1} = A_n + B_n^2$,即取 $a_{n+1} = A_n + B_n^2 - B_n$,就有 $B_{n+1} \mid A_{n+1}$.

且由于 $1 < a_1 < a_2 < \cdots < a_n$,则

$$a_{n+1} = A_n + B_n^2 - B_n > A_n > a_n^2 > a_n$$

于是对 $n+1$ 命题也成立.

从而对所有正整数 k,$B_k \mid A_k$ 成立.

1.60 能否找到 100 个互不相同的自然数,使得其中任意 5 个数的乘积都可被这 5 个数的和整除?

(列宁格勒数学奥林匹克,1989 年)

解 可以找到.

首先,我们任取 5 个自然数 a,b,c,d,e.

然后,再找一个整数 x,使
$$(a+b+c+d+e) \mid x$$
构造 5 个新数
$$ax, bx, cx, dx, ex$$
于是有
$$(ax+bx+cx+dx+ex) \mid ax \cdot bx \cdot cx \cdot dx \cdot ex$$
这是因为
$$ax \cdot bx \cdot cx \cdot dx \cdot ex =$$
$$abcde \cdot x^3 \cdot (ax+bx+cx+dx+ex) \cdot \frac{x}{a+b+c+d+e}$$
而 $\frac{x}{a+b+c+d+e}$ 是整数.

因而,为了得到所要求的 100 个自然数,可以先任取 100 个互不相同的自然数,求出其中每 5 个数的和,共得到 C_{100}^5 个和数,再找出一个能被这 C_{100}^5 个和数中的每一个都能整除的自然数 x(例如,将 x 取作这 C_{100}^5 个和数之积),然后用 x 去乘原来的 100 个数中的每一个,于是得到的 100 个新数即为所求.

1.61 证明:存在正整数 m,满足 $2^{1990} \mid 1989^m - 1$,并求出具有上述性质的最小正整数 m.

(匈牙利数学奥林匹克,1990 年)

证明 若 $m = 2^k n$,其中 n 为奇数,且 $n > 1$,则
$$1989^m - 1 = (1989^{2^k} - 1)(1989^{2^k(n-1)} + 1989^{2^k(n-2)} + \cdots + 1)$$
上式的第二个因式是奇数,所以
$$2^{1990} \mid 1989^m - 1 \Leftrightarrow 2^{1990} \mid 1989^{2^k} - 1$$
由于 $1989^{2^k} - 1$ 可分解为
$$(1989^{2^{k-1}} + 1)(1989^{2^{k-2}} + 1) \cdots (1989 + 1)(1989 - 1)$$
其中每一个因式都是偶数,但只有最后一项是 4 的倍数,且不是 8

的倍数,所以
$$2^{k+2} \| 1989^{2^k} - 1$$
其中,记号 $p^t \| m$ 表示 $p^t \| m$ 且 $p^{t+1} \nmid M$.

因而所求 m 的最小值为
$$2^{1990-2} = 2^{1988}$$

> **1.62** 设 $S = \{1, 2, \cdots, 50\}$,求最小自然数 k,使 S 的任一 k 元子集中都存在两个不同的数 a 和 b,满足 $(a+b) \mid ab$.
> (第 11 届中国中学生数学冬令营,1996 年)

解 设有 $a, b \in S$ 满足条件 $(a+b) \mid ab$.

记 $c = (a, b)$,于是 $a = ca_1, b = cb_1$,其中 $a_1, b_1 \in \mathbf{N}$,且 $(a_1, b_1) = 1$,因而有
$$c(a_1 + b_1) = (a+b) \mid ab = c^2 a_1 b_1$$
$$(a_1 + b_1) \mid c a_1 b_1$$

由 $(a_1, b_1) = 1$ 可知 $(a_1 + b_1, a_1) = 1, (a_1 + b_1, b_1) = 1$,故有
$$(a_1 + b_1) \mid c$$

由 $a \in S, b \in S$,则 $a + b \le 99$,且 $c(a_1 + b_1) \le 99$.

从而有 $3 \le a_1 + b_1 \le 9$.

由此可知,S 中满足条件 $(a+b) \mid ab$ 的不同数对共有 23 对:

当 $a_1 + b_1 = 3$ 时,$(a, b) = (6, 3), (12, 6), (18, 9), (24, 12), (30, 15), (36, 18), (42, 21), (48, 24)$;

当 $a_1 + b_1 = 4$ 时,$(a, b) = (12, 4), (24, 8), (36, 12), (48, 16)$;

当 $a_1 + b_1 = 5$ 时,$(a, b) = (20, 5), (40, 10), (15, 10), (30, 20), (45, 30)$;

当 $a_1 + b_1 = 6$ 时,$(a, b) = (30, 6)$;

当 $a_1 + b_1 = 7$ 时,$(a, b) = (42, 7), (35, 14), (28, 21)$;

当 $a_1 + b_1 = 8$ 时,$(a, b) = (40, 24)$;

当 $a_1 + b_1 = 9$ 时,$(a, b) = (45, 36)$.

令 $M = \{6, 12, 15, 18, 20, 21, 24, 35, 40, 42, 45, 48\}$,则 $|M| = 12$ 且上述 23 个数对中的每一对都至少包含 M 中的 1 个元素.

因此,若令 $T = S - M$,则 $|T| = 38$ 且 T 中任何两数都不满足题中要求. 可见,所求的最小自然数 $k \ge 39$.

注意,下列 12 个满足题中要求的数对互不相交:$(6, 3), (12, 4), (20, 5), (42, 7), (24, 8), (18, 9), (40, 10), (35, 14), (30, 15), (48, 16), (28, 21), (45, 36)$.

对于 S 中的任一 39 元子集 R,它只比 S 少 11 个元素,而这 11 个元素至少属于上述 12 个数对中的 11 对,从而必有上述 12 对中的 1 对属于 R.

综上可知,所求的最小自然数 $k = 39$.

1.63 任意给定 $h = 2^r$(r 是非负整数). 求满足以下条件的所有自然数 k:对每个这样的 k,存在奇自然数 $m > 1$ 和自然数 n,使得

$$k \mid m^k - 1,\ m \mid n^{\frac{m^k-1}{k}} + 1$$

(中国国家集训队选拔考试,1998 年)

解 对于 $h = 2^r$,约定将满足题目条件的所有的 k 的集合记为 $k(h)$.

我们下面证明

$$k(h) = \{2^{r+s} t \mid s, t \in \mathbf{N}, 2 \nmid t\}$$

先证明下面的事实

$$m \equiv 1 \pmod 4 \Rightarrow 2^r \parallel \frac{m^{2^r} - 1}{m - 1}$$

这个事实是显然的,这是因为

$$\frac{m^{2^r} - 1}{m - 1} = (m^{2^{r-1}} + 1)(m^{2^{r-2}} + 1) \cdots (m^2 + 1)(m + 1)$$

由于 $m \equiv 1 \pmod 4$,则

$$m^{2^u} + 1 \equiv 2 \pmod 4$$

其中,$u = 0, 1, \cdots, r-1$.

因此

$$2^r \mid \frac{m^{2^r} - 1}{m - 1},\ 2^{r+1} \nmid \frac{m^{2^r} - 1}{m - 1}$$

即

$$2^r \parallel \frac{m^{2^r} - 1}{m - 1}$$

(1) 先证明:若 $s \geq 2, 2 \nmid t$,则 $k = 2^{r+s} t \in k(h)$.

事实上,存在 $m = 2^s t + 1, n = m - 1$,使得 $2^r \parallel \frac{m^{2^r} - 1}{m - 1}$.

由于 $\dfrac{m^h - 1}{k} = \dfrac{m^{2^r} - 1}{2^{r+s} t} = \dfrac{m^{2^r} - 1}{2^r \cdot 2^s t} = \dfrac{m^{2^r} - 1}{2^r (m - 1)}$ 是奇自然数,

所以 $k \mid m^h - 1$. 又

$$n^{\frac{m^h-1}{k}} = (m-1)^{\frac{m^h-1}{k}} \equiv -1 \pmod m$$

所以

$$m \mid n^{\frac{m^h-1}{k}} + 1$$

(2) 再证明:对于 $2 \nmid t$,$k = 2^{r+1} t \in k(h)$.

事实上,存在 $m = 4t^2 + 1, n = 2t$,使得

$$\frac{m^h - 1}{k} = \frac{m^{2^r} - 1}{2^r(m-1)} \cdot 2t$$

$$n^{\frac{m^h-1}{k}} = (n^2)^{\frac{m^{2^r}-1}{2^r(m-1)} \cdot t} \equiv -1 \pmod{m}$$

所以
$$k \mid m^k - 1, \quad m \mid n^{\frac{m^n-1}{k}} + 1$$

(3) 用反证法证明:对于 $0 \leq q \leq 2r, 2 \nmid t, 2^q t \notin k(h)$.

若对 $k = 2^q t$,有 m, n 满足题目中的要求,显然 m 与 n 互素.
在 m 的所有素因数中,取以下表示中指数 a 最小的一个素数 $p: p = 2^a b + 1, 2 \nmid b$.

易见 $2^a \mid m - 1$.

一方面,由 $p \mid n^{\frac{m^h-1}{k}} + 1$,有

$$(n^{\frac{m^h-1}{2^q t}})^b \equiv -1 \pmod{p} \qquad ①$$

另一方面,因为 $2^a \mid m - 1, 2^{q+a} \mid m^h - 1$,所以有

$$\left(\frac{m^{h-1}}{n^{2qt}}\right)^b = \left(\frac{m^{h-1}}{n^{2q+at}}\right)^{2^a \cdot b} \equiv (n^{\frac{m^{h-1}}{2^{q+a}t}})^{p-1} \equiv 1 \pmod{p} \qquad ②$$

① 与 ② 矛盾.由 ①,②,③,对于 $h = 2^r$,有

$$k(h) = \{2^{r+s}t \mid s, t \in \mathbf{N}, 2 \nmid t\}$$

1.64 假设 a, b, c, d 是整数,且数 $ac, bc + ad, bd$ 都能被某整数 u 整除.证明:数 bc 和 ad 也都能被 u 整除.

(匈牙利数学奥林匹克,1910 年)

证法 1 由 $ac, bc + ad, bd$ 都能被 u 整除,且设 u 有因子 p^r(p 为素数),则有

$$ac = p^r A \qquad ①$$
$$bc + ad = p^r B \qquad ②$$
$$bd = p^r C \qquad ③$$

其中 A, B, C 是整数.

① × ③ 得

$$(bc)(ad) = p^{2r}AC$$

因此,bc 和 ad 的分解式中必有一个 p 的指数不小于 r,不妨设 $bc = p^t D (t \geq r, D$ 是整数),于是

$$p^r \mid bc$$

再由 ② 可得
$$p^r \mid ad$$

于是 bc 和 ad 都能被 p^r 整除,从而 bc 和 cd 都能被 u 整除.

证法 2 考虑到等式
$$(bc - ad)^2 = (bc + ad)^2 - 4acbd$$
在等式两边同时除以 u^2 得
$$\left(\frac{bc - ad}{u}\right)^2 = \left(\frac{bc + ad}{u}\right)^2 - 4 \cdot \frac{ac}{u} \cdot \frac{bd}{u}$$
由于 $ac, bd, bc + ad$ 都能被 u 整除,则
$$s = \frac{bc + ad}{u}, p = \frac{ac}{u}, q = \frac{bd}{u}$$
都是整数,即
$$\left(\frac{bc - ad}{u}\right)^2 = s^2 - 4pq$$
于是 $\frac{bc - ad}{u}$ 也为整数,令
$$t = \frac{bc - ad}{u}$$
于是
$$t^2 = s^2 - 4pq$$
$$s^2 - t^2 = 4pq$$
$$(s + t)(s - t) = 4pq$$
由于任意两个整数的和与它们的差具有相同的奇偶性,以及由 $4pq$ 是偶数可知 $s + t$ 与 $s - t$ 必为偶数. 于是
$$\frac{bc}{u} = \frac{s + t}{2}, \frac{ad}{u} = \frac{s - t}{2}$$
必为整数,即 bc 和 ad 都能被 u 整除.

> **1.65** 假设 a, b, c, d 和 m 是这样的整数,使
> $$am^3 + bm^2 + cm + d$$
> 能被 5 整除,且数 d 不能被 5 整除.
>
> 证明:总可以找到这样的整数 n,使得
> $$dn^3 + cn^2 + bn + a$$
> 也能被 5 整除.
>
> (匈牙利数学奥林匹克,1900 年)

证明 首先证明 m 不可能被 5 整除.

事实上,如果 m 能被 5 整除,那么由
$$5 \mid am^3 + bm^2 + cm + d$$
可得 $5 \mid d$,与题设 $5 \nmid d$ 矛盾.

于是 m 只能写成 $m = 5k + r, r = 1, 2, 3, 4$ 的形式.

注意到
$$1 \cdot 1 \equiv 1 \pmod{5}$$
$$2 \cdot 3 \equiv 1 \pmod{5}$$

$$4 \cdot 4 \equiv 1 \pmod 5$$

于是当 m 取 $5k+1, 5k+2, 5k+3, 5k+4$ 时,相应的 n 取 $5t+1, 5t+4, 5t+3, 5t+2, 5t+4$,则必有

$$mn \equiv 1 \pmod 5$$
$$5 \times mn - 1$$

设
$$A = am^3 + bm^2 + cm + d$$
$$B = dn^3 + cn^2 + bn + a$$

从 A, B 中消去 d,得

$$An^3 - B = (mn-1)[a(m^2n^2+mn+1)+bn(mn+1)+cn^2]$$

于是
$$5 \mid An^3 - B$$

再由 $5 \mid A$,可得

$$5 \mid B = dn^3 + cn^2 + bn + a$$

1.66 求最大的自然数 k,使得 3^k 整除 $2^{3^m}+1$,其中 m 为任意自然数.

("友谊杯"国际数学竞赛,1992 年)

解 $m = 1$ 时,$2^{3^m}+1 = 9$.

由 $3^k \mid 9$,可知 $k \le 2$.

下面证明对任意正整数 m 有

$$3^2 \mid 2^{3^m}+1$$

事实上

$$2^{3^m}+1 = (2^3)^{3^{m-1}}+1 \equiv (-1)^{3^{m-1}}+1 \equiv 0 \pmod 9$$

所以
$$9 \mid 2^{3^m}+1$$

从而 k 的最大值为 2.

1.67 求最大自然数 x,使得对每一个自然数 y,x 能整除

$$7^y + 12y - 1$$

("友谊杯"国际数学竞赛,1992 年)

解 当 $y = 1$ 时,$7^y + 12y - 1 = 18$,因此

$$x \mid 18$$

从而
$$x \le 18$$

下面用数学归纳法证明

$$18 \mid 7^y + 12y - 1$$

当 $y = 1$ 时,显然.

若 $y = k$ 时,$18 \mid 7^k + 12k - 1$.

心得 体会 拓广 疑问

若 $y = k + 1$ 时
$$7^{k+1} + 12(k+1) - 1 = 7 \cdot 7^k + 7 \cdot 12k - 7 - 6 \cdot 12k + 18 = 7(7^k + 12k - 1) - 72k + 18$$

由归纳假设
$$18 \mid 7^k + 12k - 1$$
又
$$18 \mid -72k + 18$$
于是
$$18 \mid 7^{k+1} + 12(k+1) - 1$$

即 $y = k + 1$ 时命题成立.

从而对所有的自然数 y, $18 \mid 7^y + 12y - 1$.

于是最大的自然数 $x = 18$.

1.68 x, y, z 是两两不相等的整数. 证明: $(x - y)^5 + (y - z)^5 + (z - x)^5$ 能被 $5(y - z)(z - x)(x - y)$ 整除.

(第 2 届全俄数学奥林匹克, 1962 年)

证明 设 $x - y = u, y - z = v$, 则
$$z - x = -(u + v)$$
$$(u + v)^5 = u^5 + 5u^4 v + 10u^3 v^2 + 10u^2 v^3 + 5uv^4 + v^5$$

从而
$$u^5 + v^5 - (v + u)^5 = -5uv(u^3 + 2u^2 v + 2uv^2 + v^3) = -5uv[(u^3 + v^3) + 2uv(u + v)] = -5uv(u + v)(u^2 + uv + v^2)$$

于是有
$$(x - y)^5 + (y - z)^5 + (z - x)^5 = 5(x - y)(y - z)(z - x) \cdot [(x - y)^2 + (x - y)(y - z) + (y - z)^2] = 5(x - y)(y - z)(z - x)(x^2 + y^2 + z^2 - xy - yz - zx)$$

因而 $(x - y)^5 + (y - z)^5 + (z - x)^5$ 能被 $5(x - y)(y - z) \cdot (z - x)$ 整除.

1.69 (1) 设 a, m, n 是自然数, $a > 1$. 证明: 如果 $a^m + 1$ 能被 $a^n + 1$ 整除, 那么 m 能被 n 整除.

(2) 设 a, b, m, n 是自然数, 同时 a 和 b 互素, 且 $a > 1$. 证明: 如果 $a^m + b^m$ 能被 $a^n + b^n$ 整除, 那么 m 能被 n 整除.

(第 6 届全苏数学奥林匹克, 1972 年)

证明 注意到 (1) 是 (2) 的特例, 即 (2) 中 $b = 1$ 的情形, 所以我们只证明 (2).

首先证明如下两个命题:

命题 1: 若 $a^n + b^n \mid a^k + b^k, (a, b) = 1$, 则

$$a^n + b^n \mid a^{k-n} - b^{k-n}$$

命题2：若 $a^n + b^n \mid a^l - b^l, (a,b) = 1$，则
$$a^n + b^n \mid a^{l-n} + b^{l-n}$$

这两个命题容易由 $(a,b) = 1$ 以及下面的两个恒等式得到.
$$a^k + b^k = a^{k-n}(a^n + b^n) - b^n(a^{k-n} - b^{k-n})$$
$$a^l - b^l = a^{l-n}(a^n + b^n) - b^n(a^{l-n} + b^{l-n})$$

设 $m = nq + r, 0 \leqslant r < n$. 则由命题1及命题2可知
$$a^n + b^n \mid a^r + (-1)^q b^r \qquad \text{①}$$

这是因为 r 可以从 m 减去 nq 得到. 由于
$$0 \leqslant |a^r + (-1)^q b^r| < a^n + b^n$$

因此要满足式①，必须 $r = 0$ 及 q 是奇数.

这就得到 $m = nq$，即 $n \mid m$.

1.70 设 m 和 n 是自然数. 证明：如果对于某些非负整数 $k_1, k_2, \cdots, k_n$，数 $2^{k_1} + 2^{k_2} + \cdots + 2^{k_n}$ 能被 $2^m - 1$ 整除，那么 $n \geqslant m$.

（第16届全苏数学奥林匹克，1982年）

证明 我们从能被 $2^m - 1$ 整除时，形如 $2^{k_1} + 2^{k_2} + \cdots + 2^{k_n}$ 的数中选取有最小的 n 的那些数. 再从所得的数中选取 $k_1 + k_2 + \cdots + k_n$ 最小的一个数，$k_1, k_2, \cdots, k_n$ 两两不等.

如果 $n \geqslant m$ 不成立，即 $n < m$，则
$$k_i \leqslant m - 1$$
$$2^{k_1} + 2^{k_2} + \cdots + 2^{k_n} \leqslant 2 + 2^2 + \cdots + 2^{m-1} = 2^m - 2 < 2^m - 1$$

此时 $2^{k_1} + 2^{k_2} + \cdots + 2^{k_n}$ 不能被 $2^m - 1$ 整除，出现矛盾.

因此 $n \geqslant m$.

1.71 设 m 是一个奇自然数，且 m 不能被3整除. 证明：$4^m - (2+\sqrt{2})^m$ 的整数部分可被112整除.

（第31届国际数学奥林匹克候选题，1990年）

证明 由二项式定理可知 $(2+\sqrt{2})^m + (2-\sqrt{2})^m$ 是整数，从而
$$4^m - (2+\sqrt{2})^m = M + (2-\sqrt{2})^m$$

其中，m 是整数.

又因为
$$0 < (2-\sqrt{2})^m < 1$$

记 $I = [4^m - (2+\sqrt{2})^m]$，即 I 是 $4^m - (2+\sqrt{2})^m$ 的整数部分，

则
$$I = 4^m - \{(2+\sqrt{2})^m + (2-\sqrt{2})^m\}$$

因此 $112 = 16 \cdot 7$，我们先证明 $16 \mid I$.

当 $m = 1$ 时
$$I = 4^m - [(2+\sqrt{2})^m + (2-\sqrt{2})^m] =$$
$$4 - (2+\sqrt{2}) - (2-\sqrt{2}) = 0 \equiv 0 \pmod{16}$$

当 $m \geq 2$ 时，由 m 是奇数，且 m 不能被 3 整除，则 $m \geq 5$. 于是
$$4^m \equiv 0 \pmod{16}$$
$$(2+\sqrt{2})^m + (2-\sqrt{2})^m = 2 \cdot 2^m + 2 \cdot C_m^2 2^{m-2}(\sqrt{2})^2 +$$
$$2 \cdot C_m^4 2^{m-4}(\sqrt{2})^4 + \cdots \equiv 0 \pmod{16}$$

所以
$$I \equiv 0 \pmod{16}$$
于是
$$16 \mid I$$

下面再证 $7 \mid I$.

因为 m 是一个不能被 3 整除的奇自然数，所以 $m = 6k+1$ 或 $m = 6k+5$. 若
$$m = 6k+1$$

因为
$$4^6 \equiv 1 \pmod 7$$
$$(2+\sqrt{2})^6 = 2^6 + 2^3(15 \cdot 2^2 + 15 \cdot 2 + 1) +$$
$$2^3\sqrt{2}(6 \cdot 2^2 + 20 \cdot 2 + 6) =$$
$$1 + 7(a + b\sqrt{2}), \quad a, b \in \mathbf{Z}$$
$$(2-\sqrt{2})^6 = 1 + 7(a - b\sqrt{2}), \quad a, b \in \mathbf{Z}$$

所以
$$I = 4^{6k+1} - [(2+\sqrt{2})(2+\sqrt{2})^{6k} + (2-\sqrt{2})(2-\sqrt{2})^{6k}] \equiv$$
$$4 - \{(2+\sqrt{2})[1 + 7(c + d\sqrt{2})] +$$
$$(2-\sqrt{2})[1 + 7(c - d\sqrt{2})]\} \equiv$$
$$4 - 4 \equiv 0 \pmod 7, c, d \in \mathbf{Z}$$

所以 $m = 6k+1$ 时，$7 \mid I$.

若 $m = 6k+5$.
$$I = 4^{6k+5} - [(2+\sqrt{2})^5(2+\sqrt{2})^{6k} + (2-\sqrt{2})^5(2-\sqrt{2})^{6k}] \equiv$$
$$4^5 - \{(2+\sqrt{2})^{-1}[1 + 7(c' + d'\sqrt{2})] +$$
$$(2-\sqrt{2})^{-1}[1 + 7(c' - d'\sqrt{2})] \equiv$$
$$2 - \left(\frac{2-\sqrt{2}}{2} + \frac{2+\sqrt{2}}{2}\right)\} \equiv 0 \pmod 7$$

所以 $m = 6k+5$ 时，$7 \mid I$.

于是对不能被 3 整除的奇自然数 m，$7 \mid I$.

又因为 $(7,16) = 1$，所以 $112 \mid I$.

1.72 求证:n 是正整数时,大于 $(3+\sqrt{5})^{2n}$ 的最小整数能被 2^{n+1} 整除.

(中国江苏省苏州市高中数学竞赛,1987 年)

证明 设 $u = 3+\sqrt{5}, v = 3-\sqrt{5}$,则 u,v 是二次方程 $x^2 - 6x + 4 = 0$ 的两个根.

令 $T_n = u^n + v^n$,由
$$u^2 = 6u - 4, v^2 = 6v - 4$$
叫得
$$u^n = 6u^{n-1} - 4u^{n-2}$$
$$v^n = 6v^{n-1} - 4u^{n-2}$$
于是 $T_n = 6T_{n-1} - 4T_{n-2}, n = 2,3,\cdots$

从而 T_n 是整数.

由于 $0 < 3-\sqrt{5} < 1$,则
$$0 < (3-\sqrt{5})^n < 1$$
于是 $T_n = (3+\sqrt{5})^n + (3-\sqrt{5})^n$ 是大于 $(3+\sqrt{5})^n$ 的最小整数.

由此,命题转化为证明 $2^{n+1} \mid T_{2n}$.
$$T_{2n} = (3+\sqrt{5})^{2n} + (3-\sqrt{5})^{2n} =$$
$$(14+6\sqrt{5})^n + (14-6\sqrt{5})^n =$$
$$2^n[(7+3\sqrt{5})^n + (7-3\sqrt{5})^n]$$
于是 $2^n \mid T_{2n}$
$$T_{2n+1} = (3+\sqrt{5})^{2n+1} + (3-\sqrt{5})^{2n+1} =$$
$$2^n[(3+\sqrt{5})(7+3\sqrt{5})^n + (3-\sqrt{5})(7-3\sqrt{5})^n]$$
所以
$$2^n \mid T_{2n+1} \qquad ①$$
下面用数学归纳法证明 $2^{n+1} \mid T_{2n}$.

当 $n = 0$ 时
$$T_0 = 2, 2^{0+1} = 2$$
所以 $2^{0+1} \mid T_{2\cdot 0}$

即 $n = 0$ 时,$2^{n+1} \mid T_{2n}$ 成立.

假设 $n = k$ 时,有 $2^{k+1} \mid T_{2k}$,那么 $n = k+1$ 时
$$T_{2(k+1)} = 6T_{2k+1} - 4T_{2k} =$$
$$6(6T_{2k} - 4T_{2k-1}) - 4T_{2k} =$$
$$32T_{2k} - 24T_{2k-1}$$

由 ①,$2^{k-1} \mid T_{2k-1}$ 及 $2^{k+1} \mid T_{2k}$,从而
$$2^{k+2} \mid 24T_{2k-1}, 2^{k+2} \mid 32T_{2k}$$

即 $$2^{k+2} \mid T_{2(k+1)}$$
从而对 $n = k+1, 2^{n+1} \mid T_{2n}$ 成立.

本题得证.

1.73 证明:大于 $(\sqrt{3}+1)^{2n}$ 的下一个整数能被 2^{n+1} 整除.

(第6届美国普特南数学竞赛,1946年)

证明 我们首先证明,大于 $(\sqrt{3}+1)^{2n}$ 的下一个整数是
$$(1+\sqrt{3})^{2n} + (1-\sqrt{3})^{2n}$$

事实上,由二项式定理,对每个正整数 n,都有整数 A_n 和 B_n,使得
$$(1+\sqrt{3})^{2n} = A_n + B_n\sqrt{3}$$
$$(1-\sqrt{3})^{2n} = A_n - B_n\sqrt{3}$$
成立.

从而
$$(1+\sqrt{3})^{2n} + (1-\sqrt{3})^{2n} = 2A_n$$
是整数.

由于 $|1-\sqrt{3}| < 1$,则
$$0 < (1-\sqrt{3})^{2n} < 1$$

于是 $(1+\sqrt{3})^{2n} + (1-\sqrt{3})^{2n}$ 是大于 $(1+\sqrt{3})^{2n}$ 的下一个整数.

于是问题变为证明 $2A_n$ 能被 2^{n+1} 整除,即变为证明 A_n 能被 2^n 整除.

下面用数学归纳法证明,对所有的正整数 n,A_n 和 B_n 都能被 2^n 整除.

当 $n = 1$ 时,$(1+\sqrt{3})^2 = 4 + 2\sqrt{3}$,即 $A_1 = 4, B_1 = 2$ 能被 2^1 整除.

假设命题对 $n = k$ 时成立,即
$$2^k \mid A_k, 2^k \mid B_k$$
$$A_{k+1} + B_{k+1}\sqrt{3} = (1+\sqrt{3})^{2(k+1)} = (1+\sqrt{3})^2 (1+\sqrt{3})^{2k} =$$
$$(4 + 2\sqrt{3})(A_k + B_k\sqrt{3}) =$$
$$(4A_k + 6B_k) + (2A_k + 4B_k)\sqrt{3}$$

所以 $A_{k+1} = 4A_k + 6B_k, B_{k+1} = 2A_k + 4B_k$

于是 $2^{k+1} \mid A_{k+1}, 2^{k+1} \mid B_{k+1}$

从而命题对 $n = k+1$ 成立.

由以上,均有 $2^n \mid A_n, 2^n \mid B_n, n \in \mathbf{N}$. 从而
$$2^{n+1} \mid 2A_n = (1+\sqrt{3})^{2n} + (1-\sqrt{3})^{2n}$$

1.74 证明:$1^{1983} + 2^{1983} + \cdots + 1983^{1983}$ 能够被 $1 + 2 + 3 + \cdots + 1983$ 整除.

(第 46 届莫斯科数学奥林匹克,1983 年)

证明 可以证明一般的结论
$$S = 1^n + 2^n + \cdots + n^n \quad (n \text{ 为奇数})$$
能够被 $1 + 2 + \cdots + n = \dfrac{n(n+1)}{2}$ 整除.

因为 n 是奇数,则
$$n \mid k^n + (n-k)^n, k = 1, 2, \cdots, n-1$$
于是有
$$2S = [1^n + (n-1)^n] + [2^n + (n-2)^n] + \cdots + [(n-1)^n + 1^n] + 2n^n$$
即 $2S$ 能被 n 整除.

同理
$$2S = [1^n + n^n] + [2^n + (n-1)^n] + \cdots + [(n-1)^n + 2^n] + [n^n + 1^n]$$
即 $2S$ 能被 $n+1$ 整除.

因为 n 和 $n+1$ 互素,所以 $2S$ 能被 $n(n+1)$ 整除.

又因为 $n(n+1)$ 是偶数,则 S 能被 $\dfrac{n(n+1)}{2}$ 整除.

特别地,对 $n = 1983$ 也成立.

1.75 证明:对任意的自然数 n,数 $A_n = 5^n + 2 \cdot 3^{n-1} + 1$ 能被 8 整除.

(匈牙利数学奥林匹克,1912 年)

证法 1 用数学归纳法.

(1) 当 $n = 1$ 时,$A_1 = 5^1 + 2 \cdot 3^{1-1} + 1 = 8$ 能被 8 整除.

(2) 假设 $A_k = 5^k + 2 \cdot 3^{k-1} + 1$ 能被 8 整除.

下面我们证明 A_{k+1} 能被 8 整除.
$$A_{k+1} = 5^{k+1} + 2 \cdot 3^k + 1 = 5 \cdot 5^k + 3 \cdot 2 \cdot 3^{k-1} + 1 = 5 \cdot 5^k + 5 \cdot 2 \cdot 3^{k-1} + 5 - 2 \cdot 2 \cdot 3^{k-1} - 4 = 5(5^k + 2 \cdot 3^{k-1} + 1) - 4(3^{k-1} + 1)$$

由归纳假设,$8 \mid 5^k + 2 \cdot 3^{k-1} + 1$,又对于自然数 k,$2 \mid 3^{k-1} + 1$,所以
$$8 \mid 4(3^{k-1} + 1)$$
因而
$$8 \mid A_{k+1}$$

综合(1),(2),对任意的自然数 n,总有
$$8 \mid A_n$$

证法 2 当 n 为奇数时
$$A_n = (5^n + 3^n) - (3^{n-1} - 1)$$
由于 $5^n + 3^n = (5+3)(5^{n-1} - 5^{n-2} \cdot 3 + \cdots + 3^{n-1}) = 8(5^{n-1} - 5^{n-2} \cdot 3 + \cdots + 3^{n-1})$
则
$$8 \mid 5^n + 3^n$$
又 $n-1$ 为偶数,设 $n-1 = 2m$,则
$$3^{n-1} - 1 = 3^{2m} - 1 = 9^m - 1 = (8+1)^m - 1 = 8M$$
其中 M 是整数,则 $8 \mid 3^{n-1} - 1$.

于是 $8 \mid A_n$.

当 n 为偶数时,$n-1$ 为奇数
$$A_n = 5(5^{n-1} + 3^{n-1}) - (3^n - 1)$$
设 $n = 2m$,则
$$3^n - 1 = 3^{2m} - 1 = (8+1)^m - 1 = 8M$$
其中 M 为整数,从而 $8 \mid 3^n - 1$.

又 $8 \mid 5^{n-1} + 3^{n-1}$,所以
$$8 \mid A_n$$

于是对任意自然数,$8 \mid A_n$.

1.76 证明:当且仅当 $m-n$ 可被 3^k 整除时,$4^m - 4^n$ 可被 3^{k+1} 整除. 试对:

(1) $k = 1, 2, 3$

(2) 任何自然数 k

讨论问题,其中 $m \in \mathbf{N}, n \in \mathbf{N}$,且 $m > n$.

(第 46 届莫斯科数学奥林匹克,1983 年)

证明 首先证明 $4^{3^k \alpha} - 1$ 恰能够被 3^{k+1} 整除,其中 k 和 α 是自然数,且 $3 \nmid \alpha$.

我们用数学归纳法.

(1) $k = 1$ 时
$$4^{3\alpha} - 1 = 64^\alpha - 1 = 63(64^{\alpha-1} + \cdots + 64 + 1)$$
由于 $64^{\alpha-1} + \cdots + 64 + 1 \equiv \alpha \not\equiv 0 \pmod 3$,则 $4^{3\alpha} - 1$ 恰能被 $9 = 3^{1+1}$ 整除.

$k = 2$ 时
$$4^{9\alpha} - 1 = (4^9 - 1)[(4^9)^{\alpha-1} + \cdots + 4^9 + 1]$$
由于 $4^9 - 1 = 64^3 - 1 = 63(64^2 + 64 + 1)$,则 $4^{9\alpha} - 1$ 恰能被

$27 = 3^{2+1}$ 整除.

$k = 3$ 时
$$4^{27a} - 1 = (4^{27} - 1)[(4^{27})^{a-1} + \cdots + 4^{27} + 1]$$
由于
$$4^{27} - 1 = (4^9 - 1)[(4^9)^2 + 4^9 + 1]$$
而 $4^9 - 1$ 恰能被 3^3 整除,$(4^9)^2 + 4^9 + 1$ 恰能被 3 整除,则 $4^{27a} - 1$ 恰能被 $81 = 3^{3+1}$ 整除.

(2) 假设 $4^{3^k a} - 1$ 恰能被 3^{k+1} 整除,则
$$4^{3^{k+1} a} - 1 = (4^{3^k a})^3 - 1 = (4^{3^k a} - 1)[(4^{3^k a})^2 + 4^{3^k a} + 1]$$
由归纳假设知 $(4^{3^k a})^2 + 4^{3^k a} + 1$ 恰能被 3 整除,所以 $4^{3^{k+1} a} - 1$ 恰能被 $3^{k+1} \cdot 3 = 3^{(k+1)+1}$ 整除.

于是对 $k + 1$ 命题成立.

由于 $4^m - 4^n = 4^n(4^{m-n} - 1)$,则由上面的结论,当且仅当 $m - n$ 能被 3^k 整除时,$4^m - 4^n$ 能被 3^{k+1} 整除.

1.77 证明:对于小于等于 $2n$ 的任意 $n+1$ 个正整数中,至少有一个被另一个所整除.

证明 设
$$1 \leqslant a_1 < a_2 < \cdots < a_{n+1} \leqslant 2n$$
记
$$a_i = 2^{\lambda_i} b_i, \lambda_i \geqslant 0, 2 \nmid b_i, i = 1, \cdots, n+1$$
其中 $b_i < 2n$,因为在 $1, 2, \cdots, 2n$ 中只有 n 个不同的奇数 $1, 3, \cdots, 2n-1$,故在 $b_1, b_2, \cdots, b_{n+1}$ 中至少有两个相同,设
$$b_i = b_j, 1 \leqslant i < j \leqslant n+1$$
于是在 $a_i = 2^{\lambda_i} b_i$ 和 $a_j = 2^{\lambda_j} b_j$ 中,由 $a_i < a_j$ 知 $\lambda_i < \lambda_j$,故
$$a_i \mid a_j$$

1.78 设 $a > 0, b > 2$,则
$$2^b - 1 \nmid 2^a + 1$$

证明 由 $b > 2$,则有 $2^{b-1}(2-1) > 2$,即
$$2^{b-1} + 1 < 2^b - 1$$
因此,如果 $a < b$,得出
$$2^a + 1 \leqslant 2^{b-1} + 1 < 2^b - 1$$
此时
$$2^b - 1 \nmid 2^a + 1$$
如果 $a = b$,由
$$2^a + 1 = 2^b - 1 + 2$$

由 $2^b - 1 \nmid 2$,仍得
$$2^b - 1 \nmid 2^a + 1$$
最后,设 $a > b$ 且 $a = bq + r, 0 \leq r < b$,则有
$$\frac{2^a + 1}{2^b - 1} = \frac{2^a - 2^{a-bq}}{2^b - 1} + \frac{2^r + 1}{2^b - 1} \qquad ①$$
其中 $2^a - 2^{a-bq} = 2^{a-bq}(2^{bq} - 1)$,故 $2^b - 1 \mid 2^a - 2^{a-bq}$,而因为 $r < b$,故 $2^b - 1 \nmid 2^r + 1$,因此由式 ① 得出
$$2^b - 1 \nmid 2^a + 1$$
这就证明了我们的结论.

1.79 证明: $504 \mid n^9 - n^3$,其中 n 是整数.

证明 由于 $504 = 7 \cdot 8 \cdot 9$.

当 $n \equiv 0, \pm 1, \pm 2, \pm 3 \pmod 7$ 时,则有 $n^3 \equiv 0, \pm 1 \pmod 7, n^9 \equiv 0, \pm 1 \pmod 7$,故
$$n^9 - n^3 \equiv 0 \pmod 7 \qquad ①$$
当 $n \equiv 0, \pm 1, \pm 2, \pm 3, 4 \pmod 8$ 时,有 $n^3 \equiv 0, \pm 1, \pm 3 \pmod 8, n^9 \equiv 0, \pm 1, \pm 3 \pmod 8$
故
$$n^9 - n^3 \equiv 0 \pmod 8 \qquad ②$$
当 $n \equiv 0, \pm 1, \pm 2, \pm 3, \pm 4 \pmod 9$ 时 $n^3 \equiv 0, \pm 1 \pmod 9, n^9 \equiv 0, \pm 1 \pmod 9$
故
$$n^9 - n^3 \equiv 0 \pmod 9 \qquad ③$$
由 ①,②,③ 和 $(7,8) = (7,9) = (8,9) = 1$ 得出
$$504 \mid n^9 - n^3$$

1.80 设 n 个整数
$$1 < a_1 < a_2 < \cdots < a_n < 2n$$
其中没有一个数能被另一个数整除,则
$$a_1 \geq 2^k$$
这里 k 满足 $3^k < 2n < 3^{k+1}$.

证明 如果写
$$a_i = 2^{b_i}c_i, 2 \nmid c_i, b_i \geq 0, i = 1, \cdots, n \qquad ①$$
则 ① 中的 $c_i(i = 1, \cdots, n)$ 不能有两个相同,否则将有 $a_i \mid a_j, 1 \leq i < j \leq n$,与假设不合. 但 $c_i \leq 2n - 1$,所以,① 中 $c_1, \cdots, c_n$ 是 1,

$3,\cdots,2n-1$ 这 n 个数的某一个排列.

考虑①中 c_i 为 $1,3,3^2,\cdots,3^k$ 的那些数,记为
$$2^{\beta_i}3^i, i = 0,1,\cdots,k \qquad ②$$
因此其中没有一个数能被另一个数整除,所以 $\beta_0 > \beta_1 > \beta_2 > \cdots > \beta_{k-1} > \beta_k \geqslant 0$,从而 $\beta_i \geqslant k-i, i = 0,1,\cdots,k$,因此对每一 i 都有
$$2^{\beta_i}3^i \geqslant 2^{k-i}3^i \geqslant 2^{k-i} \cdot 2^i = 2^k$$
如果 a_1 是②中的一个数,则定理已经证明.如果 a_1 不在②中,则 $c_1 \geqslant 5$,此时可以证明仍有 $a_1 \geqslant 2^k$,否则
$$a_1 = 2^{b_1}c_1 < 2^k$$
推出 $\qquad\qquad\qquad c_1 < 2^{k-b_1}$

由 $c_1 \geqslant 5$ 得 $k - b_1 \geqslant 3$.因为
$$3^{b_1+1}c_1 < 3^{b_1+1}2^{k-b_1} < 3^{b_1+1}3^2 2^{k-b_1-3} \leqslant 3^k < 2n$$
所以数 $\qquad\qquad c_1 3^{\lambda-1}, \lambda = 1,2,\cdots,b_1+2$
是 $c_1, c_2, \cdots, c_n$ 中的 $b_1 + 2$ 个数,其对应的 a_i 设为
$$a_{l_\lambda} = c_1 3^{\lambda-1} 2^{t_\lambda}, \lambda = 1,2,\cdots,b_1+2, l_1 = 1, t_1 = b_1 \qquad ③$$
在 $t_2, t_3, \cdots, t_{b_1+2}$ 中如有一个大于等于 $b_1 = t_1$,设为 $t_j, 2 \leqslant j \leqslant b_1 + 2$,则有 $a_1 \mid a_{l_j}$,与题设不合,故有 $0 \leqslant t_\lambda < b_1, \lambda = 2,3,\cdots, b_1 + 2$.但是 $t_2, t_3, \cdots, t_{b_1+2}$ 是 $b_1 + 1$ 个数,故有 λ, μ 存在,$2 \leqslant \lambda < \mu \leqslant b_1 + 2$ 使得 $t_\lambda = t_\mu$,此时仍有 $a_{l_\lambda} \mid a_{l_\mu}$,与题设不合,这就证明了我们的结论.

1.81 分子为 1 分母为正整数的分数称为单位分数.设 $m > 0, n > 0$,证明:$\dfrac{m}{n}$ 能表成两个单位分数的和的充分必要条件是存在 $a > 0, b > 0$ 满足 $a \mid n, b \mid n, m \mid a + b$.

证明 设 $a \mid n, b \mid n, m \mid a + b$,可设 $a + b = mk, n = a\alpha, n = b\beta$,这里 k, α, β 是正整数,于是有
$$\frac{km}{n} = \frac{a+b}{n} = \frac{a}{a\alpha} + \frac{b}{b\beta} = \frac{1}{\alpha} + \frac{1}{\beta}$$
故 $\qquad\qquad\qquad \dfrac{m}{n} = \dfrac{1}{\alpha k} + \dfrac{1}{\beta k}$

反过来,如果
$$\frac{m}{n} = \frac{1}{x} + \frac{1}{y} = \frac{x+y}{xy}, x > 0, y > 0 \qquad ①$$
设 $(x,y) = d, (m,n) = \delta$,则有
$$x = dx_1, y = dy_1, (x_1, y_1) = 1$$

$$m = \delta m_1, n = \delta n_1, (m_1, n_1) = 1$$

代入 ① 得

$$\frac{m_1}{n_1} = \frac{x_1 + y_1}{d x_1 y_1}$$

故

$$m_1 d x_1 y_1 = n_1 (x_1 + y_1) \qquad ②$$

由于 $(x_1, y_1) = 1$，故 $(x_1 y_1, x_1 + y_1) = 1$ 并由 ② 得

$$x_1 y_1 \mid n_1, m_1 \mid x_1 + y_1 \qquad ③$$

取 $a = \delta x_1, b = \delta y_1$，由 ③ 得

$$\delta x_1 y_1 \mid n_1 \delta, \delta m_1 \mid \delta x_1 + \delta y_1$$

即得 $a \mid n, b \mid n, m \mid a + b$.

1.82 证明：对任何整数 m，存在无穷多组整数 (x, y)，使得

(1) x 与 y 互素；

(2) y 整除 $x^2 + m$；

(3) x 整除 $y^2 + m$.

（第 33 届国际数学奥林匹克预选题，1992 年）

证明 首先 $x = 1, y = 1$ 是符号条件的一组整数解.

其次，如果 (x, y) 是符合条件的一组解，有 $x \leqslant y$，那么考察整数对 (x, y)，其中

$$y^2 + m = x x_1 \qquad ①$$

显然，由 ① 可知，x_1 与 y 的任何素公约数都是 m 的约数，又由条件 (2)，$y \mid x^2 + m$，则这个素公约数也是 x 的约数. 因此有

$$(x_1, y) = 1$$

由式 ① 及条件 (2) 可得

$$x^2(x_1^2 + m) = (x x_1)^2 + x^2 m = (y^2 + m)^2 + x^2 m =$$
$$y^4 + 2 m y^2 + m(x^2 + m)$$

是 y 的倍数.

由于 $(x, y) = 1$，因此 $y \mid x_1^2 + m$，从而 (x_1, y) 满足条件 (1)，(2)，(3)，且 $x_1 > y \geqslant x$.

再由式 ① 又可得 $(x_1, y_1), (x_2, y_1), (x_2, y_2), \cdots$，且 $x < x_1 < x_2 < \cdots, y < y_1 < y_2 < \cdots$，这一过程可无限多次进行下去，使我们得到无穷多组符合题目条件的整数.

1.83 证明：前 n 个正整数的积 $(1,2,\cdots,n)$ 能被它们的和 $(1+2+\cdots+n)$ 除尽，当且仅当 $n+1$ 不是一个奇素数．

证明 如果 $n+1$ 除尽 $2(n-1)!$，则和除尽其积．若 $n+1$ 是偶数，则在 $(n-1)!$ 中出现因子 $(n+1)/2$．如果 $n+1$ 是一个奇数的平方数，则 $(n-1)!$ 会有因子 $(n+1)^{1/2}$ 和 $2(n+1)^{1/2}$．若 $n+1$ 是奇数且是复合数，但不是一个平方数，则它是在 $(n-1)!$ 中出现的两个不相等的奇数因子的积．因此 $n+1$ 不能除尽 $2(n-1)!$ 的唯一情况是 $n+1$ 为一个奇素数．

1.84 确定是否存在满足下列条件的正数 n：

n 恰好能够被 2 000 个互不相同的质数整除，且 2^n+1 能够被 n 整除．

解 存在．我们用归纳法来证明一个更一般的命题：

对每一个自然数 k 都存在自然数 $n=n(k)$，满足 $n \mid 2^n+1$，$3 \mid n$，且 n 恰好能够被 k 个互不相同的质数整除．

当 $k=1$ 时，$n(1)=3$ 即可使命题成立．

假设对于 $k \geqslant 1$ 存在满足要求的 $n(k) = 3^l \cdot t$，其中 $l \geqslant 1$ 且 3 不能整除 t．于是 $n=n(k)$ 必为奇数，可得
$$3 \mid 2^{2n} - 2^n + 1$$
利用恒等式
$$2^{3n}+1 = (2^n+1)(2^{2n}-2^n+1)$$
可知 $3n \mid 2^{3n}+1$．

根据下面的引理，存在一个奇质数 p 满足 $p \mid 2^{3n}+1$，但 p 不能整除 2^n+1．于是，自然数 $n(k+1) = 3p \cdot n(k)$ 即满足命题对于 $k+1$ 的要求．归纳法完成．

引理 对于每一个整数 $a>2$，存在一个质数 p 满足 $p \mid a^3+1$，但 p 不能整除 $a+1$．

引理的证明 假设对某个 $a>2$ 引理不成立，则 a^2-a+1 的每一个质因子都要整除 $a+1$．而恒等式 $a^2-a+1=(a+1) \cdot (a-2)+3$ 说明能够整除 a^2-a+1 的唯一质数是 3．换言之，a^2-a+1 是 3 的方幂．因为 $a+1$ 是 3 的倍数，所以 $a-2$ 也是 3 的倍数．于是 a^2-a+1 能够被 3 整除，但不能被 9 整除．故得 a^2-a+1 恰等于 3．另一方面，由 $a>2$ 知 $a^2-a+1>3$．这个矛盾完成了引理的证明．

> **1.85** 已给整数 $a_1, a_2, \cdots, a_n (n \geq 3)$,设
> $$n \nmid a_i, i = 1, 2, \cdots, n \qquad ①$$
> $$n \nmid a_1 + a_2 + \cdots + a_n$$
> 求证:至少存在 n 个由 0 或 1 组成的不同数列 $(e_1, e_2, \cdots, e_n)$,使得总有
> $$n \mid e_1 a_1 + e_2 a_2 + \cdots + e_n a_n \qquad ②$$
> (第 32 届国际数学奥林匹克预选题,1991 年)

证明 显然,$e_1 = e_2 = \cdots = e_n = 0$ 满足 ②,因此,只须找出 $n - 1$ 个不同的非全零数列 $(e_1, e_2, \cdots, e_n)$ 使之满足 ②.

可以证明满足条件的数列 $(e_1, e_2, \cdots, e_n)$ 一定存在.事实上,令
$$b_0 = 0$$
$$b_i = a_1 + a_2 + \cdots + a_i, i = 1, 2, \cdots, n$$
对 $n + 1$ 个数 $b_0, b_1, \cdots, b_n$ 被 n 除,必有两个数对 n 同余,即存在 $0 \leq t < k \leq n$,使得
$$b_k - b_t \equiv 0 \pmod{n}$$
即
$$n \mid a_{t+1} + \cdots + a_k$$
因此可以有
$$n \mid e_1 a_1 + e_2 a_2 + \cdots + e_{t+1} a_{t+1} + \cdots + e_k a_k + \cdots + e_n a_n$$
设已有 k 个有上述性质的不同数列
$$(e_{i_1}, e_{i_2}, \cdots, e_{i_n}), i = 1, 2, \cdots, k$$
其中 $1 \leq k \leq n - 2$.每一个数列均满足 ②,且其元素不全为 0.

于是,由 ① 可知,其元素至少存在 1 个 0,两个 1.

我们用数学归纳法证明:

存在 $\{1, 2, \cdots, n\}$ 的一个排列 $\{\sigma_1, \sigma_2, \cdots, \sigma_n\}$,使得每一个 $(e_{i\sigma_1}, e_{i\sigma_2}, \cdots, e_{i\sigma_n})$ 中的元素"1"不全相连 $(i = 1, 2, \cdots, k)$,即对每一个 $i = 1, 2, \cdots, k$,不存在 $1 \leq m_i < t_i \leq n$,使得
$$e_{i\sigma_j} = \begin{cases} 1, m_i \leq j \leq t_i \\ 0, 其他 \end{cases}$$

下面证明这个命题.

当 $k = 1$ 时,显然,上述命题对任意 $n \geq 3$ 成立.

假设当 $1 \leq k \leq s$ 时,命题对任意 $n \geq k + 2$ 成立.

下面考虑 $k = s + 1$ 的情况:

对任何 $n \geq s + 3$,在 $(e_{i1}, e_{i2}, \cdots, e_{in})$ 中,如果仅有 1 个元素为 "0",或者仅有两个元素为 "1",称这种元素是 "坏" 的.每一个数列至多有两个 "坏" 元素,于是坏元素的总数小于等于 $2k = 2s + 2$.

由于 $n \geq k+2 = s+3$，从而存在 $1 \leq m \leq n$，使得 $e_{1m}, e_{2m}, \cdots, e_{(s+1)m}$ 中至多有一个"坏"元素．不妨设 $m = 1$，且 $e_{21}, e_{31}, \cdots, e_{(s+1)1}$ 都不是"坏"元素，于是对任意 $2 \leq i \leq s+1$，$(e_{i2}, e_{i3}, \cdots, e_{in})$ 中至少有一个元素"0"，同时至少有两个元素"1"，且 $n-1 \geq s+2$．

由归纳假设，存在 $\{2,3,\cdots,n\}$ 的一个排列 $\{\sigma_2,\cdots,\sigma_n\}$，使得每一个 $(e_{i\sigma_2}, e_{i\sigma_3}, \cdots, e_{i\sigma_n})(2 \leq i \leq s+1)$ 的元素"1"不全相连．如果数列 $(e_{11}, e_{1\sigma_2}, \cdots, e_{1\sigma_n})$ 中元素"1"全相连，当 $e_{11} = 1$ 时，令

$$\sigma_i = \begin{cases} \sigma_{i+1}, 1 \leq i \leq n-1 \\ 1, i = n \end{cases}$$

则 $(e_{i\sigma_1}, e_{i\sigma_2}, \cdots, e_{i\sigma_n})$，$1 \leq i \leq s+1$ 的所有元素"1"不全相连．

当 $e_{11} = 0$ 时，则存在 $2 \leq k < t \leq n$，使

$$e_{i\sigma_j} = \begin{cases} 1, k \leq j \leq t \\ 0, \text{其他} \end{cases}$$

此时可令

$$\sigma_i = \begin{cases} \sigma_{i+1}, 1 \leq i \leq k-1 \\ 1, i = k \\ \sigma_i, k < i \leq n \end{cases}$$

则对所有 $1 \leq i \leq s+1$，$(e_{i\sigma_1}, e_{i\sigma_2}, \cdots, e_{i\sigma_n})$ 中的元素"1"不全相连．

回到原来的问题．令

$$c_0 = 0, c_i = a_{\sigma_1} + a_{\sigma_2} + \cdots + a_{\sigma_j}, i = 1, 2, \cdots, n$$

则存在 $0 \leq t < k \leq n$，使

$$c_k - c_t \equiv 0 \pmod{n}$$

即

$$n \mid a_{\sigma_{t+1}} + \cdots + a_{\sigma_k}$$

令

$$e_{k+1\sigma_j} = \begin{cases} 1, t+1 \leq j \leq k \\ 0, \text{其他} \end{cases}$$

显然，$(e_{k+1\sigma_1}, e_{k+1\sigma_2}, \cdots, e_{k+1\sigma_n})$ 满足 ② 且不同于 $(e_{i\sigma_1}, e_{i\sigma_2}, \cdots, e_{i\sigma_n})$，$i = 1, 2, \cdots, k$．

由此即知存在 $n-1$ 个不同的非全零数列 $(e_1, e_2, \cdots, e_n)$ 满足 ②．

1.86 证明：在任意 n 个自然数构成的集合中，总有一个非空子集，它所含的数之和被 n 整除．

（英国数学奥林匹克，1970 年）

证明 设结论对集合 $\{a_1, a_2, \cdots, a_n\}$ 不真，则

$$S_1 = a_1, S_2 = a_1 + a_2, \cdots, S_n = a_1 + a_2 + \cdots + a_n$$

都不被 n 整除．由于除以 n 时所有非零的余数只有 $n-1$ 个，所以

由抽屉原理,必有两个数 S_i 与 S_j,$1 \leq i < j \leq n$,它们的余数相同,于是差 $S_j - S_i = a_{i+1} + a_{i+2} + \cdots + a_j$ 被 n 整除,与假设矛盾.

1.87 设自然数 $a_1, a_2, \cdots, a_n$ 被某个 $m \in \mathbf{N}$ 除的余数各不相同,且 $n > \dfrac{m}{2}$,证明:对每个 $k \in \mathbf{Z}$,存在下标 $i, j \in \{1, 2, \cdots, n\}$,使得 $a_i + a_j - k$ 被 m 整除.

(波兰数学奥林匹克,1979 年)

证明 考虑 $2n$ 个数 $a_1, a_2, \cdots, a_n, k - a_1, k - a_2, \cdots, k - a_n$. 因为 $2n > m$,所以其中至少有两个被 m 除的余数相同. 由题中条件,$a_1, a_2, \cdots, a_n$ 被 m 除的余数各不相同. 因此 $k - a_1, k - a_2, \cdots, k - a_n$ 的余数也各不相同. 于是余数相同的两个数只能是 $a_i, k - a_j$,于是它们的差 $a_i + a_j - k$ 被 m 整除.

1.88 证明:方程 $x - y + z = 1$ 有无穷多组满足如下条件的正整数解:其中 x, y, z 两两不同,而且它们中任何两数的乘积都可被第三个数整除.

(第 22 届全苏数学奥林匹克,1988 年)

证明 设 x, y, z 是方程 $x - y + z = 1$ 的满足条件的一组正整数解.

为满足 x, y, z 中任两个的乘积都能被第三个整除,则有
$$x = mn, y = nk, z = mk$$
其中 m, n 和 k 都是自然数.

则已知方程为
$$n(m - k) = 1 - mk$$
$$n(k - m) = mk - 1$$

令 $k - m = 1$,就可得到无穷多组解
$$\begin{cases} x = m(m^2 + m - 1) \\ y = (m + 1)(m^2 + m - 1) \\ z = m(m + 1) \end{cases}$$
其中,m 为任意自然数.

1.89 将一个自然数乘以 2 加上 1,然后把得到的数再乘以 2 并加上 1,以此类推,直到这种运算重复进行 100 次时止. 最后得到的数能被 1 980 整除吗?能被 1 981 整除吗?

(基辅数学奥林匹克,1980 年)

解 (1)由于每一步运算之后,总得到一个奇数,因此最后得到的奇数不能被偶数 1 980 整除.

(2)我们证明,按题目中的运算重复 100 次之后得到的数有可能被 1 981 整除.

设第一个自然数为 $x-1$.

第一步运算后得到数 $2(x-1)+1 = 2x-1$.

第二步运算后得到数 $2(2x-1)+1 = 2^2 x - 1$.

若第 k 步运算后得到数 $2^k x - 1$,则第 $k+1$ 步运算得到的数为
$$2(2^k x - 1) + 1 = 2^{k+1} x - 1$$

因此,第 100 步运算之后得到的数为 $2^{100} x - 1$.

由于 $(2^{100}, 1\ 981) = 1$,则不定方程
$$2^{100} x - 1\ 981 y = 1$$
一定有整数解 (x_0, y_0),并且它的一般解为
$$\begin{cases} x = x_0 + 1\ 981 t \\ y = y_0 + 2^{100} t, t \in \mathbf{Z} \end{cases}$$

可以选择适当的整数 t_0,使
$$x = x_0 + 1\ 981 t_0 > 0$$
$$y = y_0 + 2^{100} t_0 > 0$$

对于这样的 x, y,则有
$$2^{100} x - 1 = 1\ 981 y$$

即最后得到的数 $2^{100} x - 1$ 是 1 981 的倍数.

1.90 任给素数 p,试证:存在整数 x_0,使得 $p \mid (x_0^2 - x_0 + 3)$ 的充分必要条件为存在整数 y_0,使得 $p \mid (y_0^2 - y_0 + 25)$.

(中国国家集训队选拔试题,1992 年)

证明 易知 $x_0^2 - x_0 + 3$ 和 $y_0^2 - y_0 + 25$ 都是奇数,从而不妨设 p 为奇素数,于是

$$p \mid (x_0^2 - x_0 + 3) \Leftrightarrow p \mid 4(x_0^2 - x_0 + 3) \Leftrightarrow$$
$$p \mid (2x_0 - 1)^2 + 11$$
$$p \mid (y_0^2 - y + 25) \Leftrightarrow p \mid 4(y_0^2 - y_0 + 25) \Leftrightarrow$$
$$p \mid (2y_0 - 1)^2 + 3^2 \cdot 11$$

于是只须证明:存在 x_0,使得 $p \mid (2x_0 - 1)^2 + 11$ 的充要条件是存在 y_0,使得 $p \mid (2y_0 - 1)^2 + 3^2 \cdot 11$.

(1) 若存在 x_0 使 $p \mid (2x_0 - 1)^2 + 11$,则
$$p \mid 3^2(2x_0 - 1)^2 + 3^2 \cdot 11$$
即
$$p \mid [2(3x_0 - 1) - 1]^2 + 3^2 \cdot 11$$
只须取 $y_0 = 3x_0 - 1$,就有
$$p \mid (2y_0 - 1)^2 + 3^2 \cdot 11$$

(2) 若存在 y_0,使得
$$p \mid (2y_0 - 1)^2 + 3^2 \cdot 11$$
当 $p = 3$ 时,只须取 $x_0 = 1$,即有
$$p \mid (2 \cdot 1 - 1)^2 + 11 = 12$$
当 $p > 3$ 时,因为 $(p, 3) = 1$,所以存在整数 a 和 b,使得
$$ap + 3b = 1$$
由此对任意整数 k,有
$$p \mid (2 \cdot 1 - 1)^2 + 11 = 12$$
当 $p > 3$ 时,因为 $(p, 3) = 1$,所以存在整数 a 和 b,使得
$$ap + 3b = 1$$
由此对任意整数 k,有
$$(a - 3k)p + 3(b + pk) = 1$$
所以存在 a_1 和 b_1,使得
$$a_1 p + 3b_1 = 1 \qquad ①$$
且 b_1 为奇数,$(p, b_1) = 1$.

由
$$p \mid (2y_0 - 1)^2 + 3^2 \cdot 11$$
得
$$p \mid b_1^2[(2y_0 - 1)^2 + 3^2 \cdot 11]$$
即
$$p \mid (2b_1 y_0 - b_1)^2 + (3b_1)^2 \cdot 11 \qquad ②$$
由 ① 有
$$(3b_1)^2 \cdot 11 = (1 - a_1 p)^2 \cdot 11 \equiv 11 \pmod{p}$$
所以由 ② 有
$$p \mid (2b_1 y_0 - b_1)^2 + 11$$
由 b_1 是奇数,可令 $b_1 = 2m + 1$,则
$$2b_1 y_0 - b_1 = 2(2m+1)y_0 - 2m - 1 =$$
$$2[(2m+1)y_0 - m] - 1$$
取 $x_0 = (2m+1)y_0 - m$ 就有
$$p \mid (2x_0 - 1)^2 + 11$$
于是命题得证.

证法 2 令 $f(x) = x^2 - x + 3, g(y) = y^2 - y + 25$.

首先,由于对任意整数 x_0 和 y_0,$f(x_0)$ 和 $g(y_0)$ 均为奇数,可知素数 2 不具有所述性质,从而 $p \neq 2$.

当 $x_0 = 3, y_0 = 2$ 时,有
$$x_0^2 - x_0 + 3 = 9, y_0^2 - y_0 + 25 = 27$$

因而 $\quad 3 \mid (x_0^2 - x_0 + 3), 3 \mid (y_0^2 - y_0 + 25)$

所以对于 $p = 3$ 结论成立.

下设素数 $p \geqslant 5$. 由于
$$3^2 f(x) = 9x^2 - 9x + 27 = $$
$$(3x-1)^2 - (3x-1) + 25 = g(3x-1)$$

因此,若存在整数 x_0,使 $p \mid f(x_0)$,只要令 $y_0 = 3x_0 - 1$,就有 $p \mid g(3x_0 - 1)$,亦即 $p \mid g(y_0)$.

反之,若存在整数 y_0,使 $p \mid g(y_0)$,则对任意整数 k,有 $p \mid g(y_0 + kp)$.

这是因为
$$g(y_0 + kp) = (y_0 + kp)^2 - (y_0 + kp) + 25 = $$
$$(y_0^2 - y_0 + 25) + 2y_0 kp - kp + k^2 p^2 \equiv$$
$$g(y_0)(\bmod p)$$

又由于 $(p, 3) = 1$,故可取 $k \in \{0, 1, 2\}$,使
$$y_0 + kp \equiv 2(\bmod 3)$$

于是只要取 $3x_0 - 1 = y_0 + kp$,就有
$$x_0 = \frac{1}{3}(y_0 + kp + 1)$$

为整数.

由于
$$g(y_0 + kp) = g(3x_0 - 1) = 3^2 f(x_0)$$

及 $\quad p \mid g(y_0 + kp)$

可知 $\quad p \mid 3^2 f(x_0)$

又由于 p 是大于等于 5 的素数,$(p, 3^2) = 1$,于是
$$p \mid f(x_0)$$

1.91 素数 $a_1, a_2, \cdots, a_p$ 构成递增的等差数列,并且 $a_1 > p$. 证明:如果 p 也是素数,则数列的公差可被 p 整除.

(第 18 届莫斯科数学奥林匹克,1955 年)

证明 设公差为 d,则
$$a_n = a_1 + (n-1)d$$

对每个 $a_i (i = 1, 2, \cdots, p)$,考察以 p 为模的余数,由于 a_i 是素

数,则这 p 个 a_i 被 p 除的余数必有两个相同,设
$$a_i \equiv a_j \pmod{p}$$
则 $\qquad |a_i - a_j| = |i - j|d \equiv 0 \pmod{p}$
由于 $\qquad |i - j| < p$
则 $\qquad p \mid d$

1.92 求具有以下性质的最小正整数 n,使得对于任意选定的 n 个整数,至少存在两个数,它们的和或差能被 1 991 整除.
(澳大利亚数学通讯竞赛,1991 年)

解 取 996 个整数的集合
$$M = \{a_i \mid a_i = 0, 1, 2, \cdots, 995\}$$
则对于所有的 $i \neq j, i, j = 0, 1, 2, \cdots, 995$.
$$a_i + a_j \leqslant 995 + 994 = 1 989$$
$$0 < |a_i - a_j| \leqslant 995$$
所以 M 中任意两数的和与差都不是 1 991 的倍数.
设 $n = 997, a_1, a_2, \cdots, a_{997}$ 是任意给定的 997 个整数.
若 $a_i \not\equiv a_j \pmod{1\ 991}$,对所有 $i \neq j$,则由于
$$-995, -994, \cdots, 0, 1, 2, \cdots, 995$$
是 1 991 的完全剩余类,故不妨假设 $|a_i| \leqslant 995$.
此时,由于 $n = 997 > 996$,所以至少存在两个不同的数 a_i, a_j,使得 $a_i = -a_j$,于是有
$$1\ 991 \mid (a_i + a_j)$$

1.93 是否能够将自然数 $1, 2, \cdots, 64$ 分别填入 8×8 的国际象棋棋盘的 64 个方格内,使得形如图 1 的任意四个格(方向可以任意转置)内的数之和能被 5 整除.
(列宁格勒数学奥林匹克,1980 年)

解 若能按要求填入 64 个数,如图 1 所示,则
$$5 \mid a + b + c + e$$
$$5 \mid d + b + c + e$$
所以有 $\qquad 5 \mid a - d$
同理可证
$$5 \mid d - c, 5 \mid a - b, 5 \mid f - e$$
又 $\qquad 5 \mid a + b + d + e$
$$5 \mid a + d + g + f$$
所以 $\qquad 5 \mid (b - g) + (e - f)$

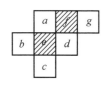

图 1

因为 $5 \mid e - f$,所以
$$5 \mid b - g$$
于是所有白格中的数被 5 除的余数相同,设为 r_1,所有黑格中的数被 5 除的余数相同,设为 r_2.

因此,在 64 个格子中所填的数被 5 除的余数只有两个 r_1 和 r_2,而 $1,2,\cdots,64$ 被 5 除的余数有 5 个.产生矛盾.

因此,不能有满足题目要求的填数法.

1.94 证明:在 $2^1\ 1, 2^2 - 1, 2^3 - 1, \cdots, 2^{n-1} - 1$ 中至少有一个数能被 n 整除,其中 n 为大于 1 的奇数.

(第 6 届全俄数学奥林匹克,1980 年)

证明 考察数
$$2^0, 2^1, 2^2, \cdots, 2^{n-1}$$
它们被 n 除的余数设为
$$r_0, r_1, r_2, \cdots, r_{n-1}$$
因为 n 为大于 1 的奇数,所以
$$n \nmid 2^i, \quad i = 0, 1, \cdots, n - 1$$
所以 $r_0, r_1, r_2, \cdots, r_{n-1}$ 这 n 个余数只有 $1, 2, \cdots, n-1$ 这 $n-1$ 种情形,因而有两个余数相等,不妨设为
$$r_k = r_l, 0 \leqslant k < l \leqslant n - 1$$
于是
$$n \mid 2^l - 2^k$$
即
$$n \mid 2^k(2^{l-k} - 1)$$
因为奇数 n 与偶数 2^k 互素,则
$$n \mid 2^{l-k} - 1$$
由于 $0 < l - k \leqslant n - 1$,则 $2^{l-k} - 1$ 是 $2^1 - 1, 2^2 - 1, \cdots, 2^{n-1} - 1$ 中的一个,于是问题得证.

1.95 设 a, b, c 是整数,$p > 0$ 是奇素数,如果存在整数 x 使得
$$f(x + i) = a(x + i)^2 + b(x + i) + c, i = 0, 1, 2, \cdots, 2p - 2$$
都是平方数.求证:$p \mid b^2 - 4ac$.

(第 32 届国际数学奥林匹克预选题,1991 年)

证明 用反证法.

设 $p \nmid b^2 - 4ac$.

(1) 当 $p \nmid a$ 时.

首先可以证明:存在 $i \in \{0, 1, 2, \cdots, p - 1\}$,使得 $p \mid f(x +$

i).

事实上,若对每个 $i \in \{0,1,2,\cdots,p-1\}$,都有 $p \nmid f(x+i)$,
由于 $f(x+i)$ 是平方数,从而对任何 $i \in \{0,1,2,\cdots,p-1\}$,
存在 $a_i \in \{1,2,\cdots,\frac{p-1}{2}\}$ 使得
$$p \mid f(x+i) - a_i^2$$

由于 $a_0, a_1, \cdots, a_{p-1}$ 这 p 个整数至多取 $\frac{p-1}{2}$ 个值,所以必有三个数相等. 即存在 $0 \leqslant t < k < m \leqslant p-1$ 使得 $a_t = a_k = a_m$. 于是有
$$p \mid f(x+k) - f(x+t)$$
$$p \mid (k-t)(2ax + ak + at + b)$$

所以
$$p \mid 2ax + ak + at + b$$
$$p \mid f(x+m) - f(x+k)$$
$$p \mid (m-k)(2ax + am + ak + b)$$

所以
$$p \mid 2ax + am + ak + b$$

从而
$$p \mid [(k-t)(2ax + ak + at + b)] - [(m-k)(2ax + am + ak + b)]$$

即
$$p \mid a(m-t)$$

又
$$|m-t| < p$$

所以 $p \mid a$,导出矛盾.

所以存在整数 $0 \leqslant i \leqslant p-1$,使得
$$p \mid f(x+i)$$

进而,由 $p \nmid a$ 易知,存在整数 $0 \leqslant j \leqslant p-1$,使得
$$p \mid aj + a(x+i) + ax + b$$

当 $j = i$ 时,则
$$p \mid 2a(x+i) + b$$

因为 $[2a(x+i) + b]^2 = b^2 - 4ac + 4af(x+i)$

所以
$$p \mid b^2 - 4ac$$

与假设 $p \nmid b^2 - 4ac$ 矛盾.

从而 $j \neq i$,又
$$f(x+i) - f(x+j) = (i-j)(2ax + ai + aj + b)$$

所以
$$p \mid f(x+j)$$

由此可知,i, j 中必有一个,例如 j,满足 $0 \leqslant j \leqslant p-2$.

由 $p \mid f(x+j)$,则
$$p \mid f(x+p+j)$$

由假设,$f(x+j)$ 与 $f(x+p+j)$ 都是平方数,从而
$$p^2 \mid f(x+p+j) - f(x+j)$$

$$p \mid p[2a(x+j)+b]+ap^2$$

所以 $$p \mid [2a(x+j)+b]^2$$

即 $$p \mid b^2 - 4ac + 4af(x+j)$$

由此又得 $$p \mid b^2 - 4ac$$

仍与假设 $p \nmid b^2 - 4ac$ 矛盾.

所以,当 $p \nmid a$ 时,$p \mid b^2 - 4ac$.

(2) 当 $p \mid a$ 时.

则由 $p \nmid b^2 - 4ac$ 得 $p \nmid b$.

由于 p 是奇素数,从而存在 $1 < k \leqslant p-1$,使得对任何整数 n
$$p \nmid n^2 - k$$

由 $p \nmid b$ 可知,存在整数 $0 \leqslant i \leqslant p-1$,使得
$$p \mid b(x+i) + c - k$$

再由 $p \mid a$ 可知,$p \mid f(x+i) - k$.

由于 $f(x+i)$ 是平方数,与 k 的选取无关.

又引出矛盾.

因此,由 ①,②,必有
$$p \mid b^2 - 4ac$$

1.96 设 k 是一个奇正整数,n 是一个正整数,证明:$(1 + 2 + \cdots + n) \mid (1^k + 2^k + \cdots + n^k)$.

证明 (1) n 是一个奇数,$n = 2m+1$,这样
$$(1 + 2 + \cdots + n) = (m+1)(2m+1)$$

k 是奇数,故
$$\sum_{i=1}^{2m+1} i^k = [1^k + (2m+1)^k] + [2^k + (2m)^k] + \cdots +$$
$$[m^k + (m+2)^k] + (m+1)^k \equiv 0 \pmod{m+1}$$

$$\sum_{i=1}^{2m+1} i^k = [1^k + (2m)^k] + [2^k + (2m-1)^k] + \cdots +$$
$$[m^k + (m+1)^k] + (2m+1)^k \equiv 0 \pmod{2m+1}$$

由于 $(m+1, 2m+1) = 1$,所以
$$(1 + 2 + \cdots + n) \mid (1^k + 2^k + \cdots + n^k)$$

(2) n 是一个偶数,$n = 2m$,这样
$$(1 + 2 + \cdots + n) = m(2m+1)$$

由于 k 是奇数,故
$$\sum_{i=1}^{2m} i^k = [1^k + (2m-1)^k] + \cdots + [(m-1)^k + (m+1)^k] +$$
$$(m)^k + (2m)^k \equiv 0 \pmod{m}$$

$$\sum_{i=1}^{2m} i^k = [1^k + (2m)^k] + [2^k + (2m-1)^k] + \cdots + [m^k + (m+1)^k] \equiv 0 \pmod{2m+1}$$

由于 $(m, 2m+1) = 1$,所以

$$(1 + 2 + \cdots + n) \mid (1^k + 2^k + \cdots + n^k)$$

1.97 试求不小于 9 的最小正整数 n,满足:对于任给的 n 个整数(可以相同) $a_1, a_2, \cdots, a_n$,总存在 9 个数 $a_{i_1}, a_{i_2}, \cdots, a_{i_9}$ ($1 \leq i_1 < i_2 < \cdots < i_9 \leq n$),以及 $b_i \in \{4, 7\}$, ($i = 1, 2, \cdots, 9$),使得 $b_1 a_{i_1} + b_2 a_{i_2} + \cdots + b_9 a_{i_9}$ 为 9 的倍数.

证明 **引理** $n = 11$ 时,必然可以找到 9 个数,使得它们的和是 3 的倍数.

引理的证明 把 11 个数按照除以 3 的余数分为 3 类.

ⅰ 假设其中 3 类都不空,也就是存在 3 个数除以 3 的余数分别为 0, 1, 2. 这样无论另外 8 个数的和除以 3 的余数是多少,我们都可以再配上一个数使得 9 个数的和是 3 的倍数.

ⅱ 假设有一类是空的,那么至少有一类存在 6 个以上的数字,如果这一类有 9 个以上的数,那就在这一类中取 9 个数就可以了;如果这一类最多只有 8 个数,则另外一类至少存在 3 个数,现在取第一类 6 个数和第二类 3 个数,这样的 9 个数的和是 3 的倍数.

推论 如果 n 个数中有 11 个是 3 的倍数,则可以找到 9 个数使得结论成立.

推论的证明 我们把这 11 个数除以 3 得到新的数列,根据引理,其中存在 9 个数的和是 3 的倍数,这样对应原来的数列的 9 个数的和是 9 的倍数.把每个数都配上系数 4,当然它们的和也是 9 的倍数.

下面回到原问题.

原问题解答:$n = 13$. 12 个数有反例:8 个 0, 2 个 3, 2 个 1.

如果 13 个数中有 11 个是 3 的倍数,根据上述推论马上得到证明. 所以我们不妨假设其中至少存在 3 个数不是 3 的倍数,任取另外的 8 个数和这 3 个数一起组成一个新的集合 A,根据引理可以在 A 中取出 9 个数的和是 3 的倍数,当然这 9 个数不全是 3 的倍数. 如果这 9 个数的和是 9 的倍数,我们把每个数都配上系数 4 就得到了证明,故以下我们设它们的和除以 9 的余数为 3, 6.

(1) 如果这 9 个数的和除以 9 余数为 3,则每个数都乘以 4 后的和除以 9 的余数也是 3.

ⅰ 如果这9个数中存在一个数 a,除以9的余数为2,5,8,则 $4a$ 除以9的余数为8,2,5,$7a$ 除以9的余数为5,8,2.所以我们把 a 前面的系数更换为7,其他的数前面的系数仍然是4,则得到的和是9的倍数.故以下我们可以假设9个数中没有一个数除以9的余数为2,5,8.

ⅱ 由于9个数除以9的余数都不能2,5,8,并且9个数不全是3的倍数,所以其中必有数除以9的余数为1,4,7,又因为9个数的和是3的倍数,所以其中至少有3个数除以9的余数为1,4,7,我们把其中两个数前面的系数更换为7,其他的数前面的系数仍然是4,则得到的和是9的倍数.

(2) 如果这9个数的和除以9余数为6,则每个数都乘以4以后的和除以9的余数也是6.

ⅰ 如果这9个数中存在一个数 b,b 除以9的余数为1,4,7,则 $4b$ 除以9的余数为4,7,1,$7b$ 除以9的余数为7,1,4.所以我们把 b 前面的系数更换为7,其他的数前面的系数仍然是4,则得到的和是9的倍数.故以下我们可以假设9个数中没有一个数除以9的余数为1,4,7.

ⅱ 由于9个数除以9的余数不能是1,4,7,并且9个数不全是3的倍数,所以其中必有数除以9的余数为2,5,8,又因为9个数的和是3的倍数,所以其中至少有3个数除以9的余数为2,5,8.我们把其中两个数前面的系数更换为7,其他的系数仍然是4,则得到的和是9的倍数.

为了完整性,我们补充证明一下:8个0,2个3,2个1,这12个数当中取任意9个配上系数4或者7以后,它们的和都不可能是9的倍数.

用反证法,假设可以从中选出9个数,配上系数4或者7以后,它们的和是9的倍数.由于对于任意的整数 $a,a \equiv 4a \equiv 7a \pmod 3$),所以取出来的这9个数之和肯定是3的倍数.因此两个1都不能被选中,所以这9个数只能从8个0和2个3中去取:

ⅰ 如果取了1个3和8个0,显然无论给这个3配系数4,7,它们的和都不可能是9的倍数;

ⅱ 如果取了2个3和7个0,我们只要关心2个3的系数就可以了,如果两个3都配系数4,则它们的和除以9的余数为6,矛盾;如果两个3都配系数7,则它们的和除以9的余数为6,矛盾;如果两个3一个配系数4,一个配系数7,则它们的和除以9的余数也为6,矛盾.所以这样的取法是不存在的.所以我们找到了 $n = 12$ 的反例.

心得 体会 拓广 疑问

1.98 求最大的正整数 n,使得 n 可以被所有小于 $\sqrt{n}$ 的正整数整除.

解 令 $[\sqrt{n}] = k$,若 $n \geqslant 49$,则 $k \geqslant 7$,故
$$\frac{k}{k+1} = 1 - \frac{1}{k+1} \geqslant \frac{7}{8}$$
所以
$$k \geqslant \frac{7}{8}(k+1)$$
另一方面存在正整数 α, β, γ,使得 $2^\alpha \leqslant k < 2^{\alpha+1}, 3^\beta \leqslant k < 3^{\beta+1}$, $5^\gamma \leqslant k < 5^{\gamma+1}$. 由已知 n 可以被 $2^\alpha 3^\beta \times 5 \times 7$ 整除,故
$$n \geqslant 5 \times 7 \times 2^\alpha 3^\beta > 5 \times 7 \left(\frac{k}{2}\right)\left(\frac{k}{3}\right) \geqslant$$
$$\frac{35}{6}\left[\frac{7}{8}(k+1)\right]^2 > (k+1)^2$$
但是 $k+1 > \sqrt{n} \geqslant k$,所以 $(k+1)^2 > n$,矛盾. 所以只能有 $n \leqslant 49$.

(1) 若 $k \geqslant 5$,则 n 可以被 $3 \times 4 \times 5 = 60$ 整除,与 $n \leqslant 49$ 矛盾.

(2) 若 $k = 4$,则 n 可以被 $3 \times 4 = 12$ 整除,又 $(k+1)^2 > n \geqslant k^2$,所以只能取 $n = 24$,而此时 $k = [\sqrt{n}] = 4$ 的确满足要求.

所以 $n = 24$ 为所求.

1.99 (1) 设 p 是一个奇质数,正整数 k 满足 $k \equiv 1(\bmod p)$,求证:对于任何正整数 n,p 整除 n 的最高幂等于 p 整除 $1 + k + k^2 + \cdots + k^{n-1}$ 的最高幂.

(2) 设正整数 $k \equiv 1(\bmod 4)$,求证:对于任何正整数 n,2 整除 n 的最高幂等于 2 整除 $1 + k + k^2 + \cdots + k^{n-1}$ 的最高幂.

证明 (1) 令
$$f(n) = 1 + k + k^2 + \cdots + k^{n-1} = \frac{k^n - 1}{k - 1} \quad \text{①}$$
上述后一个等式要求 $k > 1$. 当 $k > 1$ 时,由题目条件,$k = pl + 1$,这里 l 是一个正整数,利用①,有
$$f(n) = \frac{1}{pl}[(pl+1)^n - 1] = \frac{1}{pl}\sum_{j=1}^{n} C_n^j (pl)^j =$$
$$\sum_{j=1}^{n} C_n^j (pl)^{j-1} = n + \sum_{j=2}^{n} C_n^j (pl)^{j-1} \quad \text{②}$$
当 $k = 1$ 时,从①前一个等式,有 $f(n) = n$. 在②最后一个等式中,如果允许 $l = 0$,仍有 $f(n) = n$,因此,②的最后一个等式对满

足 $k \equiv 1 \pmod{p}$ 的任意正整数 k 成立.

设 m 是一个正整数,用 $v(m)$ 表示 p 整除 m 的最高幂.

如果能证明
$$v(C_n^j) + j - 1 > v(n), \quad j = 2, 3, \cdots, n \qquad ③$$

那么,从 ② 和 ③,就能得到(1)的结论.

因为
$$C_n^j = \frac{n(n-1)(n-2)\cdots(n-j+1)}{j!} \qquad ④$$

明显地,我们有
$$v(C_n^j) \geq v(n) - v(j!) \qquad ⑤$$

而 $j! = 1 \cdot 2 \cdot 3 \cdot \cdots \cdot (j-1) j$. 计算 $j!$ 中 p 的幂次,一方面这幂次是 $v(j!)$,另一方面
$$v(j!) = \sum_{k=1}^{\infty} \left[\frac{j}{p^k}\right] \qquad ⑥$$

这里 $\left[\frac{j}{p^k}\right]$ 表示不超过 $\frac{j}{p^k}$ 的最大整数.

从 ⑥,有
$$v(j!) < \sum_{k=1}^{\infty} \frac{j}{p^k} = \frac{\frac{j}{p}}{1 - \frac{1}{p}} = \frac{j}{p-1} \qquad ⑦$$

因为奇质数 $p \geq 3$ 和 $j \geq 2$,有
$$j \leq 2(j-1) \leq (p-1)(j-1) \qquad ⑧$$

从 ⑦ 和 ⑧,有
$$v(j!) < j - 1 \qquad ⑨$$

从 ⑤ 和 ⑨,知道 ③ 成立.

(2) $k = 4l + 1$,这里 l 是非负整数,当 l 是正整数时,类似地,有
$$f(n) = 1 + k + k^2 + \cdots + k^{n-1} = \frac{k^n - 1}{k - 1} =$$
$$\frac{1}{4l}[(1 + 4l)^n - 1] = n + \sum_{j=2}^{n} C_n^j 2^{2j-2} l^{j-1} \qquad ⑩$$

公式 ⑩ 最后一个等式对 $l = 0$ 也成立.

对于 $2 \leq j \leq n$,如果能证明
$$v(C_n^j) + 2j - 2 > v(n) \qquad ⑪$$

则(2)的结论成立,类似(1)的证明,有
$$v(j!) = \sum_{k=1}^{\infty} \left[\frac{j}{2^k}\right] < \sum_{k=1}^{\infty} \frac{j}{2^k} = j \qquad ⑫$$

利用 ⑤ 和 ⑫,有
$$v(C_n^j) \geq v(n) - j \geq v(n) - (2j - 2) \qquad ⑬$$

于是 ⑪ 成立.

1.100 设 $a_1, a_2, \cdots, a_n$ 为 n 个不同整数. 证明: 所有分数 $\dfrac{a_k - a_l}{k - l}$ 的乘积是整数, 其中 k, l 为整数, $1 \leqslant l < k \leqslant n$.

证明 我们的目标是证明如下的命题:

对任意正整数 b, $a_k - a_l (1 < l < k \leqslant n)$ 中能被 b 整除的数目不少于 $k - l (1 < l < k \leqslant n)$ 中能被 b 整除的数目.

由此特别地考察 $b = p^s$, p 为任一质数, $s \geqslant 1$, 即知题设乘积分子中所含的质数 p 的幂次不低于分母中所含的质数 p 的幂次, 由此命题得证.

设 $a_1, a_2, \cdots, a_n$ 中恰有 n_i 个数被 b 除余 i, $i = 0, 1, \cdots, b-1$, 则

$$n_0 + n_1 + \cdots + n_{b-1} = n$$

从而 $a_k - a_l (1 \leqslant l < k \leqslant n)$ 中能被 b 整除的数目为

$$N = \sum_{i=0}^{b-1} C_{n_i}^2 = \frac{1}{2} \sum_{i=0}^{b-1} n_i^2 - \frac{1}{2} \sum_{i=0}^{b-1} n_i = \frac{1}{2} \sum_{i=0}^{b-1} n_i^2 - \frac{n}{2}$$

又注意到

$$\sum_{0 \leqslant i < j \leqslant b-1} (n_i - n_j)^2 = (b-1) \sum_{i=0}^{b-1} n_i^2 - 2 \sum_{0 \leqslant i < j \leqslant b-1} n_i n_j = b \sum_{i=0}^{b-1} n_i^2 - \left(\sum_{i=0}^{b-1} n_i \right)^2$$

所以

$$N = \frac{1}{2b} \left[\sum_{0 \leqslant i < j \leqslant b-1} (n_i - n_j)^2 \right] + \frac{n^2}{2b} - \frac{n}{2} \quad \text{①}$$

同样, 设 $1, 2, \cdots, n$ 中有 n'_i 个数被 b 除余 i, $i = 0, 1, \cdots, b-1$, 则 $k - l (1 \leqslant l < k \leqslant n)$ 中能被 b 整除的数目为

$$N' = \frac{1}{2b} \left[\sum_{0 \leqslant i < j \leqslant b-1} (n'_i - n'_j)^2 \right] + \frac{n^2}{2b} - \frac{n}{2} \quad \text{②}$$

若 $b \mid n$, 设 $n = mb$, 则 $n'_0 = n'_1 = \cdots = n'_{b-1} = m$, 由 ①、② 即可知 $N \geqslant N'$.

若 $b \nmid n$, 设 $n = mb + r$, $0 < r < b$. 此时 $n'_0, \cdots, n'_r$ 都等于 $m+1$, 而 $n'_{r+1}, \cdots, n'_{b-1}$ 都等于 m. 又由于 $n_0, n_1, \cdots, n_{b-1}$ 之和为 $n = mb + r$, 故其中有一项不超过 m, 不妨设 $n_t \leqslant m (0 \leqslant t \leqslant b-1)$. 现在于 $a_1, a_2, \cdots, a_n$ 中添加一个整数 a_{n+1}, 使得 a_{n+1} 被 b 除余 t. 于是 $a_k - a_l$ 形状的数增加 n 个

$$a_{n+1} - a_1, a_{n+1} - a_2, \cdots, a_{n+3} - a_n$$

其中有 n_t 个数能被 b 整除, 而 $k - l$ 形状的数也增加 n 个.

$(n+1) - 1, (n+1) - 2, \cdots, (n+1) - n$, 即 $1, 2, \cdots, n$, 其中

有 $m \geqslant n_t$ 个数能被 p 整除.

由此可见,如果证明了 $a_k - a_l (1 \leqslant l < k \leqslant n+1)$ 中能被 b 整除的个数 M 不小于 $k - l(1 \leqslant l < k \leqslant n+1)$ 中能被 b 整除的个数 M',则可推知 $N \geqslant N'$.若 $b \mid n+1$,则与前面 $b \mid n$ 时的论证相类似地我们有 $M \geqslant M'$,从而 $N \geqslant N'$ 得证.若 $b \nmid n+1$,则我们可在 $a_1, a_2, \cdots, a_{n+1}$ 中再逐次添入若干个适当整数,重复 $b - r$ 次上述论证,最终将得出 $N \geqslant N'$.

1.101 设正整数 $n \geqslant 4$,证明:存在正整数 a,使得 $1 \leqslant a \leqslant \frac{n}{4} + 1$,并且 $a^n - a$ 不能被 n^2 整除.

证明 当 n 是偶数时,取 $a = 2$ 即可.

当 n 是奇数时,对于任意整数 a,若 $n^2 \mid a^n - a$,则称 a 为好数;若 $n^2 \nmid a^n - a$,则称 a 为坏数.

设 a, b 是好数,则
$$(ab)^n - ab = a^n(b^n - b) + b(a^n - a)$$
能被 n^2 整除,即 ab 是好数,而
$$(n-a)^n - (n-a) = (n^n - C_n^1 n^{n-1}a + \cdots + (-1)^{n-1}C_n^{n-1}na^{n-1} + (-1)^n a^n) - (n-a) =$$
$$n^2 A - (a^n - a) - n \quad, A \text{ 是整数}$$
不能被 n^2 整除,即 $n - a$ 是坏数.

假设位于区间 $\left[1, \frac{n}{4} + 1\right]$ 内的正整数均是好数.

当 $n = 5$ 或 7 时,2 不是好数,但 $1 \leqslant 2 \leqslant \frac{n}{4} + 1$,矛盾!

当 $n = 4k+1, k \geqslant 2$ 时,依假设 $1, 2, \cdots, k+1$ 均为好数.于是 $3k$ 应为好数,但 $3k = (4k+1) - (k+1)$ 又应为坏数,矛盾!

当 $n = 4k+3, k \geqslant 2$ 时,依假设仍有 $1, 2, \cdots, k+1$ 为好数,于是 $3(k+1) = 3k+3$ 应为好数,但 $3k+3 = (4k+3) - k$ 又应为坏数,矛盾!

故假设不成立,命题得证.

1.102 证明:对于任意正整数 n,有
$$512 \mid 3^{2n} - 32n^2 + 24n - 1$$

证明 设 $f(n) = 3^{2n} - 32n^2 + 24n - 1$,于是目标是证明对于任意正整数 n 有

$$512 \mid f(n) \qquad ①$$

由于 $512 = 2^9$,直接证明 ① 似乎有困难. 基于一种递推的思想,我们去转而证明

$$512 \mid f(1), 512 \mid f(n+1) - f(n), n \in \mathbf{N} \qquad ②$$

在 ② 中,$f(1) = 0$ 显然是 512 的倍数,而

$$f(n+1) - f(n) = [3^{2n+2} - 32(n+1)^2 - 24(n+1) - 1] - [3^{2n} - 32n^2 + 24n - 1] = 8(3^{2n} - 8n - 1)$$

于是设 $g(n) = 3^{2n} - 8n - 1$,则我们要证明

$$64 \mid g(n) \qquad ③$$

对 ③ 我们又可仿上转化成

$$64 \mid g(1), 64 \mid g(n+1) - g(n), n \in \mathbf{N} \qquad ④$$

在 ④ 中,$g(1) = 0$ 是 64 的倍数,而

$$g(n+1) - g(n) = [3^{2n+2} - 8(n+1) - 1] - [3^{2n} - 8n - 1] = 8(3^{2n} - 1) = 8(9-1)(9^{n-1} + 9^{n-2} + \cdots + 1)$$

也是 64 的倍数,故 ④ 得证. 进而可得 ③、②、①,亦即证明了题设结论.

1.103 试求出所有的非负整数 $n, \alpha, \beta, n \neq 0$,使得
$$(n^\beta - 1) \mid (n^\alpha + 1)$$

解 作带余除法.

$\alpha = q\beta + r, q, r$ 是整数,$0 \leqslant r < \beta$,有

$$\frac{n^\alpha + 1}{n^{\beta-1}} = \frac{n^r(n^{q\beta} - 1) + (n^r + 1)}{n^\beta - 1} = n^r \cdot A + \frac{n^r + 1}{n^\beta - 1}$$

其中,A 为整数.

从而 $(n^\beta - 1) \mid (n^\alpha + 1)$ 等价于 $(n^\beta - 1) \mid (n^r + 1)$.

当 $\beta = 1$ 时,$r = 0$,故有 $(n-1) \mid 2$,即 $n = 2, 3$.

当 $\beta \geqslant 2$ 时,易见整数 $n \geqslant 2$. 若 $n^\beta > 4$,则有

$$0 < n^r + 1 \leqslant n^{\beta-1} + 1 \leqslant \frac{1}{2}n^\beta + 1 = (n^\beta - 1) + \left(2 - \frac{1}{2}n^\beta\right) < n^\beta - 1$$

所以此时 $(n^\beta - 1) \nmid (n^r + 1)$. 若 $n^\beta \leqslant 4$,亦即 $n = \beta = 2$,此时有 $3 \mid 2^r + 1$,$r = 0$ 或 1,于是 $r = 1$.

综上所述,我们得到三类解:$(n, \alpha, \beta) = (2, k, 1), (3, k, 1), (2, 2k+1, 2)$,其中 k 为非负整数.

1.104 设 k,m,n 是正整数,$m+k+1$ 是大于 $n+1$ 的质数. 记 $c_s = s(s+1)$,证明：
$$(c_{m+1} - c_k)(c_{m+2} - c_k)\cdots(c_{m+n} - c_k)$$
能被 $c_1 c_2 \cdots c_n$ 整除.

证明 由题设 $c_s = s(s+1)$,可得
$$c_p - c_q = p(p+1) - q(q+1) = (p-q)(p+q+1)$$
于是
$(c_{m+1} - c_k)(c_{m+2} - c_k)\cdots(c_{m+n} - c_k) =$
$[(m+1-k)(m+1+k+1)][(m+2-k)(m+2+k+1)]\cdots$
$[(m+n-k)(m+n+k+1)] =$
$[(m-k+1)(m-k+2)\cdots(m-k+n)] \times$
$[(m+k+2)(m+k+3)\cdots(m+k+n+1)]$

其中 n 个连续整数的乘积
$$(m-k+1)(m-k+2)\cdots(m-k+n)$$
能被 $n!$ 整除.

$n+1$ 个连续整数的乘积
$$(m+k+1)(m+k+2)(m+k+3)\cdots(m+k+n+1)$$
能被 $(n+1)!$ 整除. 又依题意可知 $(m+k+1,(n+1)!) = 1$,从而
$$(m+k+2)(m+k+3)\cdots(m+k+n+1)$$
便能被 $(n+1)!$ 整除.

注意到 $c_1 c_2 \cdots c_n = n!(n+1)!$,故命题得证.

1.105 设 a,b 为正整数,证明：只有有限多个正整数 n,使得 $\left(a + \dfrac{1}{2}\right)^n + \left(b + \dfrac{1}{2}\right)^n$ 为整数.

证明 问题等价于证明只有有限多个 n 使得 $2^n \mid (2a+1)^n + (2b+1)^n$. 若 n 为偶数,则 $(2a+1)^n + (2b+1)^n$ 被 4 除余 2,上式不可能成立. 若 n 为奇数,则
$(2a+1)^n + (2b+1)^n = (2a+2b+2)((2a+1)^{n-1} +$
$(2a+1)^{n-2}(2b+1) + \cdots + (2b+1)^{n-1}) =$
$(2a+2b+2) \cdot A$
其中 A 为奇数,从而 $2^n \mid 2a+2b+2$,这样的 n 显然只有有限多个.

1.106 数列 $\{a_n\}$ 由等式 $\sum_{d\mid n} a_d = 2^n$ 给出. 证明: $n \mid a_n$.

证明 设 b_n 为长为 n 的不循环 $0,1$ 序列的个数,则 $\sum_{d\mid n} b_d = 2^n$,故 $a_n = b_n$. 又对每个不循环的长为 n 的 $0,1$ 序列可通过将第 1 项移到最后逐步产生 n 个不同的不循环 $0,1$ 序列,从而 $n \mid a_n$.

1.107 设 m 为大于 2 的奇数,求使 $2^{2\,000}$ 整除 $m^n - 1$ 的最小的正整数 n.

解 设 $n = 2^s q, 2 \nmid q$,则
$$m^n - 1 = (m^{2^s} - 1)((m^{2^s})^{q-1} + (m^{2^s})^{q-2} + \cdots + 1) = (m^{2^s} - 1)A$$
其中 A 为奇数,于是
$$2^{2\,000} \mid m^n - 1 \Leftrightarrow 2^{2\,000} \mid m^{2^s} - 1$$
当 m 被 4 除余 1 时,设 $2^k \parallel m - 1$,利用 $a^2 - 1 = (a+1)(a-1)$ 及归纳法可得 $2^{s+k} \parallel m^{2^s} - 1$;当 m 被 4 除余 3 时,设 $2^k \parallel m + 1$,则类似地有 $2^{s+k} \parallel m^{2^s} - 1$. 从而若上述的 $k \leqslant 2\,000$,则 n 的最小值为 $2^{2\,000-k}$,若 $k > 2\,000$,则为 1.

1.108 已知正整数 $a > 2$. 求证: 存在无穷多个正整数 n,使得 $n \mid a^n - 1$.

证明 设 $n_1 = 1, n_{k+1} = a^{n_k} - 1, k = 1, 2, \cdots$. 由 $a > 2$ 可知数列 $\{n_k\}$ 递增. 又 $1 \mid a - 1$,若 $n_k \mid a^{n_k} - 1$,则 $a^{n_{k+1}} - 1 = a^{a^{n_k} - 1} - 1$ 能被 $a^{n_k} - 1 = n_{k+1}$ 整除. 故由归纳原理知存在无穷多个正整数 $n = n_k$,使得 $n \mid a^n - 1$.

1.109 记
$$S_{m,n} = 1 + \sum_{k=1}^{m} (-1)^k \frac{(n+k+1)!}{n!(n+k)}$$
求证: 对任意正整数 m, n,有 $m! \mid S_{m,n}$;但对某些正整数 $m, n, m!(n+1) \nmid S_{m,n}$.

(英国数学奥林匹克,1981 年)

证明 对给定的 $n \in \mathbf{N}^*$,对 $m \in \mathbf{N}^*$ 用归纳法证明
$$S_{m,n} = (-1)^m \frac{(n+m)!}{n!}.$$
当 $m = 1$ 时,有
$$S_{1,n} = 1 - \frac{(n+2)!}{n!(n+1)} = 1 - (n+2) = -\frac{(n+1)!}{n!}.$$
设对某个 $m \in \mathbf{N}^*$ 结论成立,则
$$S_{m+1,n} = S_{m,n} + (-1)^{m+1} \frac{(n+m+2)!}{n!(n+m+1)} =$$
$$(-1)^m \frac{(n+m)!}{n!} + (-1)^{m+1} \frac{(n+m)!(n+m+2)}{n!} =$$
$$(-1)^{m+1} \frac{(n+m)!}{n!}(-1 + n + m + 2) =$$
$$(-1)^{m+1} \frac{(n+m+1)!}{n}.$$
即结论对 $m+1$ 也成立. 因为 $C_{n+m}^m \in \mathbf{N}^*$,所以
$$S_{m,n} = (-1)^m \frac{(n+m)!}{n!m!} \cdot m! = (-1)^m C_{n+m}^n m!$$
被 $m!$ 整除,最后当 $n = 2, m = 3$ 时,$S_{m,n} = -60$ 不被 $m!(n+1) = 18$ 整除.

1.110 整数 $a > 1$,试求所有这样的数,它至少整除一个 $a_n = \sum_{k=0}^{n} a^k, n \in \mathbf{N}^*$.

(联邦德国数学奥林匹克,1977)

证明 我们证明,所求的集合 M 由所有与数 a 互素的数 $m \in \mathbf{N}^*$ 组成. 如果某个数 $m \in \mathbf{N}^*$ 与数 a 有公因数 $d > 1$,则 $m \notin M$. 事实上,对任意 $n \in \mathbf{N}^*$,有
$$(a_n, a) = \left(\sum_{k=0}^{n} a^k, a\right) = \left(1 + a\sum_{k=0}^{n-1} a^k, a\right) = (1, a) = 1.$$
因此 a_n 不被 d 整除,从而不被 m 整除. 现在设 $m > 1$,且 $(m, a) = 1$. 可在 $a_1, a_2, \cdots, a_m, a_{m+1}$ 中可以找出两个数 a_i 与 a_j, $i > j$,它们模 m 同余. 这两个数之差
$$a_i - a_j = \sum_{k=0}^{i} a^k - \sum_{k=0}^{j} a^k = \sum_{k=j+1}^{i} a^k = a^{j+1} \sum_{k=0}^{i-j-1} a^k$$
被 m 整除. 但 a^{j+1} 与 m 互素,因此
$$a_{i-j-1} = \sum_{k=0}^{i-j-1} a^k$$
被 m 整除(因为 $m \neq 1$,所以不可能有 $i - j - 1 = 0$). 因此 $m \in M$. 最后注意 $1 \in M$.

1.111 若 r 是 1 059,1 417 与 2 312 被 d 除后的余数,这里 d 是大于 1 的整数,求 $d - r$ 的值.

(第 29 届国际数学奥林匹克候选题,1988 年)

解 由已知
$$1\,059 \equiv 1\,417 \equiv 2\,312 \pmod{d}$$
则
$$d \mid 2\,312 - 1\,417 = 895$$
$$d \mid 1\,417 - 1\,059 = 358$$
而
$$(895, 358) = 179$$
所以有
$$d \mid 179$$
又因为 179 是素数,$d > 1$,所以
$$d = 179$$
再由
$$1\,059 = 179 \cdot 5 + 164$$
于是
$$r = 164$$
$$d - r = 179 - 164 = 15$$

1.112 (1) 设 $0 < a < b$ 为整数.证明或否定:在任一由 b 个连续正整数组成的集合中,存在两个(不一定是连续的)数,其乘积能被 ab 整除.

(2) 设 $0 < a < b < c$ 为整数.证明或否定:在任一由 c 个连续正整数组合的集合中,存在三个(不一定是连续的)数,其乘积能被 abc 整除.

(加拿大数学奥林匹克训练题,1988 年)

解 (1) 在 b 个连续整数中必有一数 x 被 b 整除,也必有一数 y 被 a 整除.

如果 $x \neq y$,则 xy 能被 ab 整除.

如果 $x = y$.设 a, b 的最小公倍数为 m,最大公约数为 d,则
$$md = ab$$
且 x 能被 m 整除.

由于 $a < b$,所以
$$d \leqslant \min(a, b-a) \leqslant \frac{b}{2}$$

从而在不含 x 的 $\left[\dfrac{b}{2}\right]$ 个连续整数中,必有一数 z 能被 d 整除.

于是 xz 被 $md = ab$ 整除.

因此本题的答案是肯定的.

(2) 本题的答案是否定的.

即可以找到 $0 < a < b < c$ 的三个整数,使 c 个连续正整数

的集合中,任何三个数的积不能被 abc 整除.

取三个素数,其中最大的不超过最小的 2 倍,例如 7, 11 和 13. 令
$$a = 7 \cdot 11, b = 7 \cdot 13, c = 11 \cdot 13 = 143$$
$$abc = 7^2 \cdot 11^2 \cdot 13^2$$

考虑区间 $[6\,006 - 66, 6\,006 + 76]$ 中的 143 个连续整数.

这个区间中的数 $6\,006 = 6 \cdot 7 \cdot 11 \cdot 13$ 能被 a, b 和 c 的任一个整除.

由于 $66 < 76 < a < b < c$,所以这个区间的其余的 142 个数均不被 a, b 和 c 中的任一个整数.

如果选取的 3 个数中有一个是 $6\,006$,那么其余的两个数的乘积应被 $7 \cdot 11 \cdot 13$ 整除,从而必有一个数能被 a, b, c 之一整除,但这样的数在上述区间中不存在.

如果选取的 3 个数中没有 $6\,006$,那么这 3 个数均不能被 a, b 和 c 整除,所以这 3 个数应分别被 $7^2, 11^2, 13^2$ 整除.

但是,由于 $6\,006 = 35 \cdot 169 + 7 \cdot 13$.

在区间 $[6\,006 - 66, 6\,006 + 76]$ 中 13 的倍数只有
$$35 \cdot 169 + 2 \cdot 13, 35 \cdot 169 + 3 \cdot 13, \cdots, 35 \cdot 169 + 12 \cdot 13$$
其中没有一个数能被 169 整除.

所以不可能选出三个数使它们的乘积能被 abc 整除.

1.113 证明:当 m 为任意自然数时,$1\,978^m - 1$ 不能被 $1\,000^m - 1$ 整除.

(第 12 届全苏数学奥林匹克,1978 年)

证明 设 $1\,000^m - 1 = d$.若
$$1\,000^m - 1 \mid 1\,978^m - 1$$
则
$$1\,978^m - 1 = kd, k \in \mathbf{N}$$
即
$$1\,978^m - 1 - d = (k - 1)d$$
$$1\,978^m - 1\,000^m = (k - 1)d$$
$$2^m(989^m - 500^m) = (k - 1)d$$
因为
$$(2^m, d) = 1$$
则有
$$d \mid 989^m - 500^m$$
然而
$$989^m - 500^m \neq 0$$
且
$$989^m - 500^m < d$$

这是不可能的.因此
$$d \nmid 989^m - 500^m$$
于是 $1\,978^m - 1$ 不能被 $1\,000^m - 1$ 整除.

> **1.114** 试证明:如果自然数 $n > 4$,并且不是素数,那么从 1 到 $n - 1$ 的连续自然数之积能被 n 整除.
>
> (波兰数学竞赛,1949 年)

证明 因为 n 不是素数,且 $n > 4$,所以 n 是大于 4 的合数. 于是存在自然数 p 和 q,使得
$$n = pq, 1 < p < n, 1 < q < n$$
并设 p 是 n 的最大素约数.

(1) 若 $p \neq q$,则 p 和 q 是 $1, 2, \cdots, n - 1$ 中不同的两项. 所以
$$p \mid 1 \cdot 2 \cdot \cdots \cdot (n - 1)$$
$$q \mid 1 \cdot 2 \cdot \cdots \cdot (n - 1)$$
从而
$$n \mid 1 \cdot 2 \cdot \cdots \cdot (n - 1)$$

(2) 若 $p = q$,于是 $n = p^2$.

由于 $n > 4$,所以 $p > 2, p^2 > 2p$,于是
$$n > 2p$$
所以 p 和 $2p$ 是 $1, 2, \cdots, n - 1$ 中不同的两项,因此
$$p \mid 1 \cdot 2 \cdot \cdots \cdot (n - 1)$$
$$2p \mid 1 \cdot 2 \cdot \cdots \cdot (n - 1)$$
进而
$$2p^2 \mid 1 \cdot 2 \cdot \cdots \cdot (n - 1)$$
$$n = p^2 \mid 1 \cdot 2 \cdot \cdots \cdot (n - 1)$$
由以上可证
$$n \mid 1 \cdot 2 \cdot \cdots \cdot (n - 1)$$

事实上,我们还可以证明更强一些的结论:

若 n 是不小于 6 的合数,则
$$n \mid (n - 3)!$$

事实上,若 $n = pq (1 < p, q < n)$,则必有 p 和 q 均不大于 $n - 3$.

否则,若 $p \geq n - 3$,又由于 $q \geq 2$,则
$$pq \geq 2(n - 3)$$
即
$$n > 2n - 6, n < 6$$
与 $n \geq 6$ 矛盾.

于是 $p \leq n - 3, q \leq n - 3$.

当 $p \neq q$ 时,由 $p \leq n - 3, q \leq n - 3$ 可得
$$n = pq \mid (n - 3)!$$

当 $p = q$ 时,由 $n \geq 6$ 可知 $p \geq 3$. 由此得
$$p^2 \geq 3p$$
$$n = p^2 \geq 3p = 2p + p \geq 2p + 3$$
从而
$$2p \leq n - 3$$
于是 p 和 $2p$ 为 $1, 2, \cdots, n - 3$ 中不同的两项,从而

即有
$$p \cdot 2p \mid (n-3)!$$
$$n = p^2 \mid (n-3)!$$
因此对 $n \geq 6$ 的合数
$$n \mid (n-3)!$$

1.115 x 与 y 是两个互素的正整数,且 $xy \neq 1$,n 为正偶数.证明:$x + y \nmid x^n + y^n$.

（日本数学奥林匹克,1992年）

证明 用数学归纳法.

由题设 $(x, y) = 1$,则
$$(x+y, y) = 1$$
$$(x+y, xy) = 1$$

(1) 当 $n = 2$ 时
$$x^2 + y^2 = (x+y)^2 - 2xy$$
因为 $xy \neq 1$,所以 $x + y > 2$,从而
$$x + y \nmid 2xy$$
进而
$$x + y \nmid x^2 + y^2$$
于是当 $n = 2$ 时,命题成立.

(2) 假设当 $n = 2k(k \in \mathbf{N})$ 时,命题成立,即
$$x + y \nmid x^{2k} + y^{2k}$$
那么,当 $n = 2k+2$ 时,由于
$$x^{2k+2} + y^{2k+2} = (x+y)(x^{2k+1} + y^{2k+1}) - xy(x^{2k} + y^{2k})$$
而
$$(x+y, xy) = 1$$
$$x + y \nmid x^{2k} + y^{2k}$$
$$x + y \mid (x+y)(x^{2k+1} + y^{2k+1})$$
$$x + y \nmid xy(x^{2k} + y^{2k})$$
于是
$$x + y \nmid x^{2k+2} + y^{2k+2}$$
即 $n = 2k+2$ 时,命题成立.

由(1),(2),对所有正偶数 n,$x + y \nmid x^n + y^n$.

1.116 是否存在满足以下条件的3个大于1的自然数,其中每一个自然数的平方减1都能被其余的任何一个自然数整除吗?证明你的结论.

（第22届全俄数学奥林匹克,1996年）

解 不存在.下面用反证法证明.

假设存在三个大于1的自然数 a, b, c,不妨设 $a \geq b \geq c$.

因为 $b \mid a^2 - 1$，所以 $(a,b) = 1$，又由于
$$a \mid c^2 - 1, b \mid c^2 - 1$$
则
$$ab \mid c^2 - 1$$
从而
$$c^2 - 1 \geqslant ab \qquad ①$$
另一方面，由 $a \geqslant c, b \geqslant c$，则
$$ab \geqslant c^2 > c^2 - 1 \qquad ②$$
① 与 ② 矛盾.

所以不存在符合条件的三个自然数.

1.117 证明：对任意自然数 n，表达式
$$A = 2\,903^n - 803^n - 464^n + 261^n$$
能被 $1\,897$ 整除.

（匈牙利数学奥林匹克，1899 年）

证明 将数 A 写成
$$A = (2\,903^n - 464^n) - (803^n - 261^n)$$
由于
$$2\,903 - 464 = 2\,439 = 9 \cdot 271$$
$$803 - 261 = 542 = 2 \cdot 271$$
于是
$$9 \cdot 271 \mid 2\,903^n - 464^n$$
$$2 \cdot 271 \mid 803^n - 261^n$$
所以
$$271 \mid A \qquad ①$$
数 A 又可写成
$$A = (2\,903^n - 803^n) - (464^n - 261^n)$$
由于
$$2\,903 - 803 = 2\,100 = 7 \cdot 300$$
$$464 - 261 = 203 = 7 \cdot 29$$
于是
$$7 \cdot 300 \mid 2\,903^n - 803^n$$
$$7 \cdot 29 \mid 464^n - 261^n$$
所以
$$7 \mid A \qquad ②$$
因为 $(271, 7) = 1$，由 ①，② 得
$$271 \cdot 7 \mid A$$
即
$$1\,897 \mid A$$

1.118 证明:如果 n 是奇数,那么 $46^n + 296 \cdot 13^n$ 能被 1 947 整除.

(匈牙利数学奥林匹克,1947 年)

证法 1 已知表达式可化为
$$46^n + 296 \cdot 13^n = (46^n - 13^n) + 297 \cdot 13^n =$$
$$(46^n - 13^n) + 9 \cdot 33 \cdot 13^n$$

由于
$$46 - 13 = 33 \mid 46^n - 13^n$$
$$33 \mid 9 \cdot 33 \cdot 13^n$$

则
$$33 \mid 46^n + 296 \cdot 13^n \qquad ①$$

已知表达式又可化为
$$46^n + 296 \cdot 13^n = (46^n + 13^n) + 295 \cdot 13^n =$$
$$(46^n + 13^n) + 5 \cdot 59 \cdot 13^n$$

由于 n 是奇数,则
$$46 + 13 = 59 \mid 46^n + 13^n$$
$$59 \mid 5 \cdot 59 \cdot 13^n$$

于是
$$59 \mid 46^n + 296 \cdot 13^n \qquad ②$$

因为 $(33, 59) = 1$,由 ①,② 得
$$33 \cdot 59 = 1\ 947 \mid 46^n + 296 \cdot 13^n$$

证法 2 已知表达式可化为
$$46^n + 296 \cdot 13^n = 46 \cdot 46^{n-1} + 296 \cdot 13 \cdot 13^{n-1} =$$
$$46(46^{n-1} - 13^{n-1}) + (46 + 296 \cdot 13) \cdot 13^{n-1}$$

由于 n 是奇数,则 $n - 1$ 是偶数,于是
$$46^2 - 13^2 \mid 46^{n-1} - 13^{n-1}$$

而
$$46^2 - 13^2 = 59 \cdot 33 = 1\ 947$$

于是
$$1\ 947 \mid 46^{n-1} - 13^{n-1}$$

又
$$46 + 296 \cdot 13 = 1\ 947 \cdot 2$$

从而
$$1\ 947 \mid (46 + 296 \cdot 13) \cdot 13^{n-1}$$

于是
$$1\ 947 \mid 46^n + 296 \cdot 13^n$$

1.119 证明:由 7 个自然数组成的公差为 30 的等差数列中,有一个而且只有一个数能被 7 整除.

(波兰数学竞赛,1954 年)

证明 公差为 30 的 7 个自然数可写为

$$a, a+30, a+2\cdot 30, \cdots, a+6\cdot 30 \quad ①$$

这些数任两个数之差为

$$r = (a+k\cdot 30) - (a+m\cdot 30) = (k-m)\cdot 30$$

这里 k 和 m 是整数,并且 $0 \leq k \leq 6, 0 \leq m \leq 6, k \neq m$,从而

$$-6 \leq k-m \leq 6, k-m \neq 0$$

因为 $(30,7) = 1, 7 \nmid |k-m|$,于是

$$7 \nmid (k-m)\cdot 30$$

这就是说,① 中的 7 个数 $a+k\cdot 30 (k=0,1,\cdots,6)$ 中任两数被 7 除所得的余数互不相同,因此,这 7 个数中有一个且只有一个能被 7 整除.

1.120 对于正整数 n 与 k,定义

$$F(n,k) = \sum_{r=1}^{n} r^{2k-1}$$

求证:$F(n,1)$ 可整除 $F(n,k)$.

(第 18 届加拿大数学竞赛,1986 年)

证明 注意到,当 n 为正奇数时

$$a+b \mid a^n + b^n$$

对 n 分为奇数和偶数讨论.

(1) 当 n 为偶数时,设 $n = 2t$,则

$$F(n,1) = F(2t,1) = \sum_{r=1}^{2t} r = t(2t+1)$$

$$F(n,k) = F(2t,k) = \sum_{r=1}^{2t} r^{2k-1} =$$

$$\sum_{r=1}^{t} r^{2k-1} + \sum_{r=1}^{t} (2t+1-r)^{2k-1} =$$

$$\sum_{r=1}^{t} [r^{2k-1} + (2t+1-r)^{2k-1}]$$

因为 $2k-1$ 是奇数,且

$$r + (2t+1-r) = 2t+1$$

则 $\quad 2t+1 \mid r^{2k-1} + (2t+1-r)^{2k-1}$

即 $\quad 2t+1 \mid F(n,k)$

另一方面

$$F(n,k) = F(2t,k) =$$

$$\sum_{r=1}^{t-1} [r^{2k-1} + (2t-r)^{2k-1}] + t^{2k-1} + (2t)^{2k-1}$$

由于 $r + (2t-r) = 2t$,于是

$$t \mid r^{2k-1} + (2t-r)^{2k-1}$$

从而
$$t \mid F(n,k)$$
又因为 t 与 $2t+1$ 互素,所以
$$t(2t+1) \mid F(n,k)$$
即
$$F(n,1) \mid F(n,k)$$

(2) 当 n 为奇数时,设 $n = 2t+1$.
$$F(n,1) = F(2t+1,1) = \sum_{r=1}^{2t+1} r = (t+1)(2t+1)$$
$$F(n,k) = F(2t+1,k) = $$
$$\sum_{r=1}^{t}[r^{2k-1} + (2t+2-r)^{2k-1}] + (t+1)^{2k-1}$$
由于 $r + (2t+2-r) = 2(t+1)$,所以
$$t+1 \mid r^{2k-1} + (2t+2-r)^{2k-1}$$
于是
$$t+1 \mid F(n,k)$$

另一方面
$$F(n,k) = F(2t+1,k) = $$
$$\sum_{r=1}^{t}[r^{2k-1} + (2t+1-r)^{2k-1}] + (2t+1)^{2k-1}$$
由于 $r + (2t+1-r) = 2t+1$,所以
$$2t+1 \mid r^{2k-1} + (2t+1-r)^{2k-1}$$
于是
$$2t+1 \mid F(n,k)$$
再由 $t+1$ 与 $2t+1$ 互素可得
$$(t+1)(2t+1) \mid F(n,k)$$
即
$$F(n,1) \mid F(n,k)$$
综合以上,对正整数 n,k 总有
$$F(n,1) \mid F(n,k)$$

1.121 (1) 有 n 个整数,其积为 n,其和为 0.求证:数 n 能被 4 整除.

(2) 设 n 是能被 4 整除的自然数.求证:可以找到 n 个整数,使其积为 n,其和为 0.

(第 18 届全苏数学奥林匹克,1984 年)

证明 (1) 设 $a_1, a_2, \cdots, a_n$ 为 n 个整数,且满足题设条件
$$a_1 + a_2 + \cdots + a_n = 0 \qquad ①$$
$$a_1 a_2 \cdots a_n = n \qquad ②$$

若 n 是奇数,则由②,所有的因数 $a_i(i=1,2,\cdots,n)$ 都是奇数,而奇数个奇数之和应为奇数,而不能为 0,与①矛盾.

所以 n 必为偶数.

当 n 为偶数时,则由②知,必有一 a_j 为偶数,再由①知,除 a_j

外,至少还应有一个偶数,否则就出现奇数个奇数与一个偶数之和,不可能等于 0.

因此,在 a_i 中至少要有两个偶数,再由 ②,n 必能被 4 整除.

(2) 设 n 是 4 的倍数,且 $n = 4k, k \in \mathbf{N}$.

当 k 为奇数时
$$n = 2 \cdot (-2k) \cdot 1^{3k-2} \cdot (-1)^k$$
由于
$$2 + (-2k) + \underbrace{1 + \cdots + 1}_{(3k-2)\text{个}} + \underbrace{(-1) + \cdots + (-1)}_{k\text{个}} =$$
$$2 - 2k + 3k - 2 - k = 0$$
所以可选 1 个 2,1 个 $-2k$,$3k-2$ 个 1 和 k 个 -1 这 $4k$ 个数,满足要求.

当 k 为偶数时
$$n = (-2) \cdot (-2k) \cdot 1^{3k} \cdot (-1)^{k-2}$$
由于
$$(-2) + (-2k) + \underbrace{1 + \cdots + 1}_{3k\text{个}} + \underbrace{(-1) + \cdots + (-1)}_{(k-2)\text{个}} =$$
$$-2 - 2k + 3k + 2 - k = 0$$
所以可选 1 个 -2,1 个 $-2k$,$3k$ 个 1 和 $k-2$ 个 -1,这 $4k$ 个数满足要求.

1.122 $x_1, x_2, \cdots, x_n$ 为 $+1$ 或 -1,并且
$x_1x_2x_3x_4 + x_2x_3x_4x_5 + x_3x_4x_5x_6 + \cdots + x_{n-3}x_{n-2}x_{n-1}x_n + x_{n-2}x_{n-1}x_nx_1 + x_{n-1}x_nx_1x_2 + x_nx_1x_2x_3 = 0$

证明:n 能被 4 整除.

(第 26 届国际数学奥林匹克候选题,1985 年)

证明 由于乘积
$$x_1x_2x_3x_4, x_2x_3x_4x_5, \cdots, x_nx_1x_2x_3$$
都是 $+1$ 或 -1,且其总和为 0,所以一定共有偶数项,即 n 一定是偶数 $2m$.

将上面的 n 个数相乘,一方面,其中的 $+1$ 和 -1 各有 m 个,所以它们的乘积为 $(-1)^m$.

另一方面,在乘积中,$x_1, x_2, \cdots, x_n$ 作为因数都出现四次,所以乘积为 $+1$,于是
$$(-1)^m = 1, m \text{ 为偶数}$$
因此 n 是 4 的倍数.

1.123 哲学家柏拉图(Plato)在他的《法律篇》第五卷中,讨论一块土地的分配时,产生了这样一个问题:寻找一个数,此数能被1至10的每个整数除尽,并且他选择了5 040.试证明:一般地,如果 m 和 n 是正整数,且 $n < p$,其中 p 是比 m 大的最小素数,则除 $m = 3$ 外,$m!$ 能被 n 除尽.

证明 若 $n \leqslant m$,则问题不存在,所以我们假设 $m < n < p$,那么 n 是复合数,即 $n = n_1 \cdot n_2$(其中 $2 \leqslant n_1 \leqslant n_2$).

首先假设 $n_1 < n_2$,由切比雪夫(Tschebyscheff)定理,在 m 和 $2m$ 之间至少存在一个素数,因此有

$$n < p < 2m \quad \text{和} \quad n_1 < n_2 \leqslant \frac{n}{2} < m$$

这样,$m!$ 能被 n_1 和 n_2 除尽,从而能被 n 除尽.若 $m > 3$,改进的切比雪夫定理给出

$$m < p < 2m - 2$$

由此 $\quad n \leqslant 2m - 4 = m\left(2 - \dfrac{4}{m}\right) \leqslant \dfrac{m \cdot m}{4} = \left(\dfrac{m}{2}\right)^2$

于是,在剩下的情况 $n_1 = n_2 \leqslant m/2$ 下,$m!$ 能被 $n_1 \cdot 2n_2$ 除尽,所以也能被 $n_1^2 = n$ 除尽.而情况 $m = 1, 2, 3$ 之中,仅 $m = 3$ 是一种例外.

1.124 n 个相继的正整数的乘积(n 是奇数),可被它们的和除尽,除非 n 为素数.这 n 个整数的算术平均值可被 n 除尽.试检验 n 是偶数的情况.

解 设整数 n 是奇数,而 p 是 n 的素数因子.
(1) $n = 2r + 1 = sp^i, i > 0, s$ 不能被 p 除尽.
若 m 是算术平均值,n 个相继的整数为:
(2) $m - r, m - r + 1, \cdots, m + r$.
则(2)各数和(Σ)等于 mn.其积(π)是 m 乘以两组 r 个相继整数乘积,即

$$(m - r)(m - r + 1) \cdots (m - 1)$$
和
$$(m + 1)(m + 2) \cdots (m + r)$$

与 m 之积.

设 $\dfrac{r}{p} = \dfrac{a + b}{p}, 0 < b < p$,则由

$$2r + 1 = 2ap + (2b + 1) = sp^2$$

得 $\quad 2b + 1 = p$ 和 $a = \dfrac{1}{2}(sp^{i-1} - 1)$

于是对所有的 $i \geq 2(p \geq 3)$，有
$$\frac{r}{p} > a = \frac{1}{2}(sp^{i-1} - 1) \geq \frac{1}{2}(p^{i-1} - 1) \geq \frac{1}{2}i$$

现在上面两个相继整数的集合中的每一个都含有 a 个每组 p 个相继整数的完全组．因为每 p 个相继整数中总有一个整数可被 p 除尽，则这 r 个整数的积可被 p^a 除尽，因此 π/m 可被 p^{2a} 除尽，从而可被 p^i 除尽．现在若 $i = 1$，(2) 中的 s 个整数可被 p 除尽，因而 p/m 可被 p^{s-1} 除尽．于是 π/m 可被 p 除尽，除非 $s = 1, i = 1$ 即 $n = p$．换言之，若 $n \neq p$，p/m 可被 n 除尽，因为对 n 中某一素数它至少能被在 n 中的每一素数因子的最大次方除尽，因而 π 也可被 $\Sigma = mn$ 除尽．

最后，如果 $n = p$，(2) 中的整数中只有一个可被 p 除尽．如果那个整数不是 m，则 π/m 可被 n 除尽且 π 可被 Σ 除尽；若它为 m，则 π 不能被 Σ 除尽．今若 n 是偶数，则 $n = 2^c \cdot d$，其中 d 是奇的且 $c \geq 1$．

设 n 个相继整数是 $a - \frac{1}{2}n + 1, a - \frac{1}{2}n + 2, \cdots, a + \frac{1}{2}n$，或
$$\frac{(2a+1)-(n-1)}{2}, \frac{(2a+1)-(n-3)}{2}, \cdots,$$
$$\frac{(2a+1)-1}{2}, \frac{(2a+1)+1}{2}, \cdots,$$
$$\frac{(2a+1)+(n-1)}{2}$$

则
$$\Sigma = \frac{1}{2}n(2a+1) = 2^{c-1}d(2a+1)$$
且若我们把与两端等距离一对数合并，则有
$$\pi = \frac{\{(2a+1)^2 - (n-1)^2\} \cdot \{(2a+1)^2 - (n-3)^2\} \cdots}{2^n}.$$
$$\{(2a+1)^2 - 1^2\}$$

显然，π 可表示为 $\pi = \{m(2a+1)^2 \pm k^2\}/2^n$，其中 m 是某一整数，且 $d = 1 \cdot 3 \cdot 5 \cdot 7 \cdots (n-1)$．因为 d 个相继整数的积可被 d 除，$n = 2^c d$ 个整数的积 π 可被 d^{2^c} 除尽，且可被 $(2^c)^d$ 除尽，因而自然也一定能被 d^2 和 2^{c-1} 除尽．是奇数的且小于 n 的 d 也是 R 的一个因子．由用 R 和 m 表示的 π 的表达式，知 d^2 除尽 $m(2a+1)^2$，且因而 $d(2a+1)$ 除尽 $m(2a+1)^2$．于是当且仅当 $d(2a+1)$ 除尽 R^2 时，它能除尽 π．这也是 $\Sigma = 2^{c-1}d(2a+1)$ 是 π 的一个因子的条件，这是因为我们已经知道 2^{c-1} 是 π 的一个因子．于是 π 可被 Σ 除尽的充要条件是 $2a+1$ 是 R^2/d 的一个因子．注意到如果整数都是正的时，则 $2a+1$ 大于 n，且 $2a+1$ 是和两端等距离的任两个整数的和．

例如：对于 $n = 2$，不存在两个相继的正整数对于它们 Σ 能除

尽 π. 对于 $n = 4$, 必有 $R = 3$, 且 $2a + 1$ 必为 9 的一个因子(大于 4); 因此 $a = 4$ 唯一的组是 $3, 4, 5, 6$. 对于 $n = 6$ 有 $R^2/d = 75$; 因此 $2a + 1 = 15, 25$ 或 75 且存在三组六个相继的整数, 即它们开始的整数为 $5, 10$ 和 35.

> 1.125 设 $a_1 < a_2 < \cdots < a_n < 2n$ 是那样的正整数, 它们之中没有一个数能被这数列的任何别的数整除, 则 $a_1 \geq 2^k$, 这里 k 由不等式 $3^k < 2n < 3^{k+1}$ 所确定. 并证明: 对 a_1 的这个估值是最好的.

证明 若记 $a_v = 2^{b_v} c_v$, 这些 c 是奇数, 则 c 各不相同. 因为若两个不同的 a 有相同的 c, 则 a 的一个将被另一个整数. 所以
$$a_v = 2^{b_v} c_v, c_v = 1, 3, 5, \cdots, 2n - 1 (依某种顺序)$$
首先考虑对应于 $c = 1, 3, 3^2, \cdots, 3^k$. 这些 a 的一个子列它们可写为
$$2^{\beta_i} 3^i, i = 0, 1, \cdots, k$$
于是我们必须有 $\beta_i > \beta_{i+1}$ 以避免可除性. 所以推知 $\beta_i \geq k - i$ 而且
$$2^{\beta_i} 3^i \geq 2^{k-i} 3^i \geq 2^k$$
若 a_1 属于这子集则本命题得证; 若它不属于, 则 $c_1 \geq 5$.

现在我们假定与题目所述相反, 有
$$a_1 = c_1 2^{b_1} < 2^k, c_1 \geq 5$$
故
$$c_1 < 2^{k-b_1}, k - b_1 \geq 3$$

因为我们已经指出那些 c 是小于 $2n$ 的相异奇数, 数集
$$c_1 3^{\lambda - 1}, \lambda = 1, 2, 3, \cdots, b_1 + 2$$
就是那些 c, 因为它们的最大者适合
$$3^{b_1 + c_1} < 3^{b_1 + 1} 2^{k - b_1} < 3^{b_1 + 1} 3^2 2^{k - b_1 - 2} < 3^k < 2n$$
它们确定那些 a 的一个子集
$$a_\lambda = c_1 3^{i-1} 2^{b_\lambda}, \lambda = 1, 2, \cdots, b_1 + 2$$
除非这些 b 不同并且每个 $b_\lambda < b_1$, 否则就至少有一项能被别的项整除. 但是这是不可能的, 因为 λ 具有 $b_1 + 2$ 个值并且至多存在 $b_1 + 1$ 个不同的不超过 b_1 的非负整数.

为了证明对于最小项的估值是最好的, 我们对于最小元素是 2^k 的每个 n 提出 a 的一个集合. 这集合可按如下的二维表格来定义

$$a_{ij} = 2^{k_i-j}3^j\omega_i, \text{其中} \begin{cases} \omega_i < 2n \text{ 且与 6 互素} \\ 3^{k_i} < \dfrac{2n}{\omega_i} < 3^{k_i+1} \\ j = 0,1,\cdots,k_i \end{cases}$$

容易验证这集合满足题目的条件而且它的最小元素为 2^k,例如当 $n = 15$ 时我们可把数集 $8,10,11,12,13,14,15,17,18,19,21,23,25,27,29$ 作为这个集合.

1.126 证明:无论在数 12 008 的两个 0 之间添加多少个 3,所得的数都可被 19 整除.

(第 58 届莫斯科数学奥林匹克,1995 年)

证明 设在两个 0 之间添加 n 个 3.

$$120\underbrace{3\cdots3}_{n\text{个}}08 = 12\underbrace{6\cdots6}_{n+1\text{个}}40 - 6\underbrace{3\cdots3}_{n+1\text{个}}2 =$$
$$20 \times 6\underbrace{3\cdots3}_{n+1\text{个}}2 - 6\underbrace{3\cdots3}_{n+1\text{个}}2 =$$
$$19 \times 6\underbrace{3\cdots3}_{n+1\text{个}}2$$

于是对任何自然数 n,题目所得的数是 19 的倍数.

1.127 证明:

(1)设 α 是有理数,b 是最小的正整数使得 $b\alpha$ 是一个整数,如 c 和 $c\alpha$ 是整数,则 $b \mid c$.

(2)设 p 是素数,$p \nmid a$,b 是最小的正整数使 $\dfrac{ba}{p}$ 是一个整数,则 $b = p$.

证明 由带余除法

$$c = bq + r, 0 \leq r < b$$

故

$$r\alpha = (c - bq)\alpha = c\alpha - bq\alpha$$

是一个整数,如果 $r \neq 0$,与 b 的选择矛盾,故 $r = 0$,即 $b \mid c$,这就证明了(1).

由于 $p \cdot \dfrac{a}{p}$ 也是一个整数,由结果(1)知 $b \mid p$,故 $b = p$ 或 1,由于 $p \nmid a$,故 $\dfrac{a}{p}$ 不是整数,所以 $b \neq 1$,于是推得 $b = p$,这就证明了(2).

注 利用此题的结果可证整数的唯一分解定理.

1.128 设 $n \geqslant 5, 2 \leqslant b \leqslant n$,则
$$b - 1 \Big| \Big[\frac{(n-1)!}{b}\Big] \qquad ①$$

证明 如果 $b < n$,则 $b(b-1) \mid (n-1)!$,即 $b-1 \Big| \dfrac{(n-1)!}{b}$,但 $\dfrac{(n-1)!}{b}$ 是整数,故式 ① 成立.

如果 $b = n$, n 是一个复合数且不是一个素数的平方,可设
$$b = n = rs, 1 < r < s < n$$
由 $(n, n-1) = 1$ 知 $s < n - 1$,故
$$b(b-1) = rs(n-1) \mid (n-1)!$$
式 ① 成立.

如果 $b = n = p^2$, p 是一个素数,由 $n = p^2 \geqslant 5$ 知
$$1 < p < 2p < p^2 - 1 = n - 1$$
故 $p, 2p, n-1$ 是小于 n 的三个不同的数.故
$$p \cdot 2p \cdot (n-1) = 2b(b-1) \mid (n-1)!$$
式 ① 成立.

如果 $b = n = p$, p 是一个素数,由 $(p-1)! + 1 \equiv 0 \pmod{p}$ 知
$$\Big[\frac{(p-1)!}{p}\Big] = \Big[\frac{(p-1)!+1}{p} - \frac{1}{p}\Big] = \frac{(p-1)!+1}{p} - 1 = \frac{(p-1)! - (p-1)}{p}$$
即
$$p\Big[\frac{(p-1)!}{p}\Big] = (p-1)! - (p-1)$$
由于 $(p-1, p) = 1$,故 $p - 1 \Big| \Big[\dfrac{(p-1)!}{p}\Big]$,式 ① 成立.

1.129 设 $n > 0, m > 1$,则
$$n! \Big| \prod_{i=0}^{n-1}(m^n - m^i)$$

证明 因为
$$\prod_{i=0}^{n-1}(m^n - m^i) = (m^n - 1)(m^n - m) \cdots (m^n - m^{n-1}) =$$
$$m \cdot m^2 \cdot \cdots \cdot m^{n-1} \prod_{i=1}^{n}(m^i - 1) =$$
$$m^{\frac{n(n-1)}{2}} \prod_{i=1}^{n}(m^i - 1)$$

$n = 1$ 时,结论是成立的;$n = 2$ 时,$2 \mid (m^2 - 1)(m^2 - m)$,结

论也是成立的. 现设 $n \geq 3$ 且 $p^\alpha \| n!$, 则 $\alpha = \prod\limits_{j=1}^{\infty}\left[\dfrac{n}{p^j}\right]$, 如果 $p \mid m$, 此时因

$$\alpha < \sum_{j=1}^{\infty} \dfrac{n}{p^j} = \dfrac{n}{p-1} \leq n \leq \dfrac{n(n-1)}{2}$$

故
$$p^\alpha \Big| \prod_{i=0}^{n-1}(m^n - n^i)$$

如果 $p \nmid m$, 则 $(p, m) = 1$, 故 $m^{p-1} \equiv 1 \pmod{p}$, 从而对任何 $s > 0$ 有

$$p \mid m^{s(p-1)} - 1$$

而 $1, 2, \cdots, n$ 中为 $s(p-1)$ 形式也即是 $p-1$ 的倍数的个数是 $\left[\dfrac{n}{p-1}\right]$, 这个个数

$$\left[\dfrac{n}{p-1}\right] = \left[\sum_{j=1}^{\infty} \dfrac{n}{p^j}\right] \geq \sum_{j=1}^{\infty}\left[\dfrac{n}{p^j}\right] = \alpha$$

所以 $p^\alpha \mid (m^1 - 1)(m^2 - 1)\cdots(m^n - 1) = \prod\limits_{i=1}^{n}(m^i - 1)$

即得
$$p^\alpha \Big| \prod_{i=0}^{n-1}(m^n - m^i)$$

把 $n!$ 作素因数分解, 并考察每一素因数, 就证明了 $n! \mid \prod\limits_{i=0}^{n-1}(m^n - m^i)$.

1.130 设 $a > 0, b > 0, n > 0$, 满足 $n \mid a^n - b^n$, 则

$$n \Big| \dfrac{a^n - b^n}{a - b}$$

证明 设 $p^m \| n$, p 是一个素数, $a - b = t$, 如果 $p \nmid t$, 则由

$$p^m \mid a^n - b^n = t \cdot \dfrac{a^n - b^n}{t}$$
$$(p^m, t) = 1$$

推出
$$p^m \Big| \dfrac{a^n - b^n}{t}$$

现设 $p \mid t$, 而

$$\dfrac{a^n - b^n}{t} = \dfrac{(b+t)^n - b^n}{t} =$$

$$\dfrac{b^n + \binom{n}{1}b^{n-1}t + \cdots + \binom{n}{n-1}bt^{n-1} + t^n - b^n}{t} =$$

$$\sum_{i=1}^{n}\binom{n}{i}b^{n-i}t^{i-1}$$

因为
$$\binom{n}{i}b^{n-i}t^{i-1} = \frac{n(n-1)\cdots(n-i+1)}{i!}b^{n-i}t^{i-1} =$$
$$n(n-1)\cdots(n-i+1)b^{n-i}\frac{t^{i-1}}{i!} \qquad ①$$

在 $i = 1, \cdots, n$ 时,$i!$ 中含 p 的最高方幂是
$$\sum_{k=1}^{\infty}\left[\frac{i}{p^k}\right] < \sum_{k=1}^{\infty}\frac{i}{p^k} = \frac{i}{p-1} \leqslant i$$

又因 $p^{i-1} \mid t^{i-1}, p^m \mid n$,所以从式 ① 可知
$$p^m \mid \binom{n}{i}b^{n-i}t^{i-1}, i = 1, \cdots, n$$

即
$$p^m \left| \frac{a^n - b^n}{a - b} \right.$$

把 n 作素因数分解并考察每一素因数,就证明了 $n \left| \frac{a^n - b^n}{a - b} \right.$.

1.131 任给 7 个整数 $a_1 \leqslant a_2 \leqslant a_3 \leqslant a_4 \leqslant a_5 \leqslant a_6 \leqslant a_7$,可在其中选出 4 个整数其和被 4 整除.

证明 对模 4 有四个剩余类
$$\{0\}, \{1\}, \{2\}, \{3\} \qquad ①$$

如果 7 个数分布在四个类中,不失一般性,设 a_1 在 $\{0\}$ 中,a_2 在 $\{1\}$ 中,a_3 在 $\{2\}$ 中,a_4 在 $\{3\}$ 中,如果 a_5 在 $\{1\}$ 或 $\{2\}$ 或 $\{3\}$ 中,分别由

$$a_1 + a_2 + a_3 + a_5 \equiv 0 + 1 + 2 + 1 \equiv 0 \pmod 4$$
或
$$a_2 + a_3 + a_4 + a_5 \equiv 1 + 2 + 3 + 2 \equiv 0 \pmod 4$$
或
$$a_1 + a_3 + a_4 + a_5 \equiv 0 + 2 + 3 + 3 \equiv 0 \pmod 4$$

知结论成立. 如果 a_5 在 $\{0\}$ 中,再对 a_6 或 a_7 作同样的讨论,如果 a_5, a_6, a_7 都在 $\{0\}$ 中,由
$$a_1 + a_5 + a_6 + a_7 \equiv 0 + 0 + 0 + 0 \equiv 0 \pmod 4$$
知结论成立.

如果 7 个数在 ① 的三类且仅在三类中,共分四种情形:分布在
$$\{0\}, \{1\}, \{2\} \qquad ②$$
中,或分布在
$$\{0\}, \{1\}, \{3\} \qquad ③$$
中,或分布在
$$\{0\}, \{2\}, \{3\} \qquad ④$$

中,或分布在
$$\{1\},\{2\},\{3\} \quad ⑤$$
中.先讨论第一种分布,有一类含给定的数如果比3大,则至少有4个数在同一类中,设为 a_1,a_2,a_3,a_4,则
$$a_1 + a_2 + a_3 + a_4 \equiv 4a_1 \equiv 0(\mod 4)$$
所以可设每一类不超过三个数,设 a_1,a_2,a_3 分别属于 $\{0\}$,$\{1\}$,$\{2\}$,如果 a_4 在 $\{1\}$ 中,由
$$a_1 + a_2 + a_3 + a_4 \equiv 0 + 1 + 2 + 1 \equiv 0(\mod 4)$$
得证;如果 a_4 不在 $\{1\}$ 中,对 a_5 或 a_6 或 a_7 可作同样的讨论,最后,如果 a_4,a_5,a_6,a_7 都不在 $\{1\}$ 中,可设 a_4 在 $\{0\}$ 中,a_5 在 $\{2\}$ 中,由
$$a_1 + a_3 + a_4 + a_5 \equiv 0 + 2 + 0 + 2 \equiv 0(\mod 4)$$
得证.对于③、④、⑤三种分布情况,分别有
$$0 + 0 + 1 + 3 \equiv 1 + 3 + 1 + 3 \equiv 0(\mod 4)$$
和
$$0 + 2 + 3 + 3 \equiv 0 + 2 + 2 + 0 \equiv 0(\mod 4)$$
和
$$1 + 2 + 2 + 3 \equiv 1 + 1 + 3 + 3 \equiv 0(\mod 4)$$
得证.

对于7个数分别仅分布在一类或仅分布在两类中的情形,因为至少有一个类含4个数,故结论成立.

注 题中数7不能再改小了,因为6个数0,0,0,1,1,1中不存在这样的四个数.设 $n \geq 2$,是否对于任意给定的 $2n-1$ 个整数,都能从中选出 n 个整数,其和被 n 整除?由于 $2n-2$ 个数 $a_i = 0$,$a_{i+n-1} = 1$($i = 1,\cdots,n-1$)中不能选出 n 个数其和被 n 整除,所以 $2n-1$ 不能再小.

1.132 设 $0 < k \leq \dfrac{n^2}{4}$,且 k 的任一素因数 $p \leq n$,则
$$k \mid n! \quad ①$$

证明 设 $p \parallel k$,由于 $p \leq n$,故 $p \mid n!$.

现设 $p^{2s} \parallel k$,$s \geq 1$,由于 $k \leq \dfrac{n^2}{4}$,故 $n \geq 2p^s$,如果 $p^e \parallel n!$,则有
$$e \geq \left[\dfrac{n}{p}\right] \geq \left[\dfrac{2p^s}{p}\right] = 2p^{s-1} \geq 2s$$
因此 $p^{2s} \mid n!$.

最后,设 $p^{2s+1} \parallel k$,如果 $4p^s < n$,$p^e \parallel n!$,则
$$e \geq \left[\dfrac{n}{p}\right] \geq 4p^{s-1} > 2s+1$$
故 $p^{2s+1} \mid n!$;如果 $4p^s \geq n$,则有

$$4p^s \geq n \geq 2\sqrt{pp^s}, 2 \geq \sqrt{p}, 2\sqrt{p} \geq p, n \geq p^{s+1}$$

于是在 $p^e \| n!$ 时

$$e \geq \left[\frac{n}{p^{s+1}}\right] + \left[\frac{n}{p^s}\right] + \cdots + \left[\frac{n}{p}\right] \geq \left[\frac{p^{s+1}}{p^{s+1}}\right] + \cdots + \left[\frac{p^{s+1}}{p}\right] =$$
$$1 + p + \cdots + p^s \geq 1 + 2 + \cdots 2^s = 2^{s+1} - 1 \geq 2s + 1$$

故 $p^{2s+1} \mid n!$. 因此,式 ① 成立.

1.133 设 $p > 3$ 是一个素数,且
$$S = \sum_{k=1}^{\left[\frac{2p}{3}\right]} (-1)^{k+1} \frac{1}{k}$$
则 p 整除 S 的分子.

证明 由于可以把级数 S 中的偶次项之和写成

$$-\sum_{k=1}^{\left[\frac{2p}{3}\right]} \frac{1}{2k}$$

故

$$S = \sum_{1 \leq k < \frac{2p}{3}} \frac{1}{k} - 2\sum_{1 \leq 2k < \frac{2p}{3}} \frac{1}{2k} = \sum_{1 \leq k < \frac{2p}{3}} \frac{1}{k} - \sum_{1 \leq k < \frac{p}{3}} \frac{1}{k} =$$
$$\sum_{\frac{p}{3} < k < \frac{2p}{3}} \frac{1}{k} = \sum_{\frac{p}{3} < k < \frac{p}{2}} \frac{1}{k} + \sum_{\frac{p}{2} < k < \frac{2p}{3}} \frac{1}{k} =$$
$$\sum_{\frac{p}{3} < k < \frac{p}{2}} \frac{1}{k} + \sum_{\frac{p}{3} < k < \frac{p}{2}} \frac{1}{p-k} = \sum_{\frac{p}{3} < k < \frac{p}{2}} \left(\frac{1}{k} + \frac{1}{p-k}\right) =$$
$$p \sum_{\frac{p}{3} < k < \frac{p}{2}} \frac{1}{k(p-k)}$$

由于 $p > 3$ 是素数, $\frac{p}{3} < k < \frac{p}{2}$ 时, $p \nmid k(p-k)$, 故上式分子中因数 p 不会约去,即 p 整除 S 的分子.

1.134 证明:任意 18 个连续的且小于或等于 2 005 的正整数中,至少存在一个整数能被其各位数字之和整除.

证明 证明这连续的 18 个数中一定有两个数是 9 的倍数,且它们的各位数字之和能被 9 整除.

由于小于或等于 2 005 的正整数的各位数字之和最大是 28,所以,这两个数的各位数字之和只可能是 9,18 或 27.

若这两个数中有一个其各位数字之和为 9,命题显然成立.

若这两个数中有一个其各位数字之和为 27,则只可能是 999 或 1 998 或 1 989 或 1 899,前两数均可以被 27 整除;若为 1 989,则

1 980 或 1 998 满足条件;若为 1 899,则 1 890 或 1 908 满足条件.

若这两个数各位数字之和均为 18,则这两个数一定有一个是偶数,这个数能被 18 整除.

> **1.135** 用 $n(!)^3$ 表示 $[(n!)!]!$ 等等,$n(!)^0 = n$,证明:对于 $k \geqslant 2$ 有
> $$\frac{n(!)^k}{(n!)^{[n-1]![n!-1]![n(!)^2-1]!\cdots[n(!)^{n-2}-1]!}}$$
> 是一个正整数.

证明 我们知道任何几个相继整数的积可被 $n!$ 除尽.

现在 $n(!)^R$ 是 $n(!)^{R-1}$ 个相继整数的积.我们将这些数分成 n 个相继整数组,则有
$$\frac{[n-1]![n!-1]![n(!)^2-1]!\cdots[n(!)^{R-2}-1]!}{n \geqslant 2}$$
个组,因为
$$n(!)^{R-1} = n(!)^{R-2}[n(!)^{R-2}-1]! = $$
$$n(!)^{R-3}[n(!)^{R-3}-1]![n(!)^{R-2}-1]! = \cdots = $$
$$n(n-1)![n!-1]!\cdots[n(!)^{R-2}-1]!$$
于是,$n(!)^R$ 可被
$$(n!)^{[n-1]![n!-1]!\cdots[n(!)^{R-2}-1]!}$$
整除.

> **1.136** 求一对正整数 a, b,满足
> (1) $ab(a + b)$ 不能被 7 整除;
> (2) $(a + b)^7 - a^7 - b^7$ 能被 7^7 整除.验证你的答案.
> (第 25 届国际数学奥林匹克,1984 年)

解法 1 设正整数 a, b 满足题目要求,并令 $b = 1$,由于
$$(a + b)^7 - a^7 - b^7 = 7ab(a + b)(a^2 + ab + b^2)^2$$
因为 $7 \nmid ab(a + b)$,则应有 $7^3 \mid a^2 + ab + b^2$.

为此我们寻找 a,使 $7^3 \mid a^2 + a + 1$.

设 $a = 7k + r, r = 0, \pm 1, \pm 2, \pm 3$.

由 $7 \nmid a(a + 1)$,则 $r \neq 0, -1$.
$$a^2 + a + 1 = 49k^2 + 7k(2r + 1) + r^2 + r + 1$$
易知 $r = -3$ 时,$7 \mid r^2 + r + 1$,从而 $7 \mid a^2 + a + 1$,此时
$$a^2 + a + 1 = 7(7k^2 - 5k + 1), a = 7k - 3$$
再设 $k = 7h + r_1, r_1 = 0, \pm 1, \pm 2, \pm 3$,则

$$7k^2 - 5k + 1 = 7(49h^2 + 14hr_1) - 35h + 7r_1^2 - 5r_1 + 1$$

易知 $r_1 = 3$ 时,$7 \mid -5r_1 + 1$,从而 $7 \mid 7k^2 - 5k + 1$. 此时
$$7k^2 - 5k + 1 = 7(7^2h^2 + 37h + 7), k = 7h + 3$$

为使 $7 \mid 7^2h^2 + 37h + 7$,只须 $7 \mid h$,令 $h = 7t$,则必有
$$7 \mid 7^2h^2 + 37h + 7, 7^2 \mid 7k^2 - 5k + 1, 7^3 \mid a^2 + a + 1$$

此时 $a = 7^3 t + 18, b = 1$.

特别地取 $t = 0$ 时,$a = 18, b = 1$ 是所求的一组解.

解法 2   由
$$7^7 \mid (a+b)^7 - a^7 - b^7 = 7ab(a+b)(a^2 + ab + b^2)^2$$
及
$$7 \nmid ab(a+b)$$
可知,应有
$$7^3 \mid a^2 + ab + b^2$$

下面我们求满足方程 $a^2 + ab + b^2 = 7^3 = 343$ 的正整数对. 由于
$$(a+b)^2 - ab = a^2 + ab + b^2 \geqslant 3ab$$
则
$$3ab \leqslant 343, ab \leqslant 114$$
于是有
$$343 \leqslant (a+b)^2 \leqslant 343 + 114 = 457$$
解得
$$19 \leqslant a + b \leqslant 21$$

令 $a + b = 19$,此时可得 $ab = 18$,解得 $a = 18, b = 1$,容易验证这是一对满足题设条件的正整数.

1.137   求一对正整数 a, b,满足

(1) $ab(a+b)$ 不被 7 整除;

(2) $(a+b)^7 - a^7 - b^7$ 被 7^7 整除.

验证你的答案.

证明   我们试图寻求形如 a 和 b 等于 1 的正整数对. 此时
$$(a+b)^7 - a^7 - b^7 = 7a^2(a^2 + a + 1)^2$$
可见由 $7 \nmid a(a+1)$ 知 $a = 7k + r$, k 是整数,而 $r = 1, \pm 2, \pm 3$. 这样 $7^7 \mid (a+b)^7 - a^7 - b^7$ 的必要充分条件是 $7^3 \mid a^2 + a + 1$. 容易验证当 $r = -3$ 时,$7 \mid a^2 + a + 1$. 并且
$$a^2 + a + 1 = (7k-3)^2 + (7k-3) + 1 = 7(7k^2 - 5k + 1)$$

下面是确定 k,使 $7^2 \mid 7k^2 - 5k + 1$. 设 $k = 7h + q$,其中 h 和 q 为整数,并且 $0 \leqslant q < 7$. 易知 $q = 3$ 时 $7 \mid 7k^2 - 5k + 1$,并且
$$7k^2 - 5k + 1 = 7((7h+3)^2 - 5h - 2)$$

类似地确定 h,使 $7 \mid (7h+3)^2 - 5h - 2$. 可验证 $h = 7m$ (m 非负整数),进而

$$k = 7^2 m + 3, \quad a = 7^3 m + 18$$

特别地,设 $m = 0$,可得 $a = 18$,即 $a = 18$ 和 $b = 1$ 就是符合要求的一对正整数.

1.138 试找出不能表示为 $\dfrac{2^a - 2^b}{2^c - 2^d}$ 的形式的最小正整数,其中 a, b, c, d 都是正整数.

(俄罗斯数学奥林匹克,2005 年)

解 符合题意的最小正整数是 11.

我们有

$$1 = \frac{4-2}{4-2}, 3 = \frac{8-2}{4-2}, 5 = \frac{16-1}{4-1} = \frac{2^5 - 2^3}{2^3 - 2}$$

$$7 = \frac{16-2}{4-2}, 9 = 2^3 + 1 = \frac{2^6 - 1}{2^3 - 1} = \frac{2^7 - 2^2}{2^4 - 2}$$

$$2 = 2 \cdot 1 = \frac{2^3 - 2^2}{2^2 - 2}, \cdots, 10 = 2 \cdot 5 = \frac{2^6 - 2^2}{2^3 - 2}$$

假设

$$11 = \frac{2^a - 2^b}{2^c - 2^d}$$

不失一般性,可设 $a > b, c > d$. 记 $m = a - b, n = c - d, k = b - d$. 于是得到

$$11(2^n - 1) = 2^k (2^m - 1)$$

该式左端为奇数,因此 $k = 0$. 易知 $n = 1$ 不能使该式成立. 而如果 $m > n > 1$,则 $2^n - 1$ 与 $2^m - 1$ 被 4 除的余数都是 3,从而该式左端被 4 除的余数为 1,右端却为 3,此为矛盾.

1.139 求使表达式

$$\left(b - \frac{1}{a}\right)\left(c - \frac{1}{b}\right)\left(a - \frac{1}{c}\right)$$

的值为整数的所有正整数 a, b, c.

(斯洛文尼亚数学奥林匹克,2004 年)

解 由于问题的对称性,我们考虑 $a \leqslant b \leqslant c$ 的情形.

注意到表达式的值是整数,则有

$$abc \mid [(ab - 1)(bc - 1)(ca - 1)]$$

即 $abc \mid (a^2 b^2 c^2 - a^2 bc - ab^2 c - abc^2 + ab + ac + bc - 1)$

则 $abc \mid (ab + ac + bc - 1)$

故 $abc \leqslant ab + ac + bc - 1 < ab + ac + bc \leqslant c(a + a + b)$

从而 $ab < 2a + b \leqslant 3b$

于是 $a < 3$.

如果 $a = 1$,则

且
$$ab \mid (b+c-1)$$
$$bc - b - c + 1 = (b-1)(c-1) \leqslant 0$$

这必然导致 $b = 1$(或 $c = 1$,但 $b \leqslant c$).

如果 $a = 2$,则
$$2bc \mid (bc + 2b + 2c - 1)$$
于是 $bc \leqslant 2b + 2c - 1 < 2b + 2c \leqslant 4c$

从而 $b < 4$.

若取 $b = 2$,则有 $4c \mid (4c + 3)$,从而 $4c \mid 3$.这是不可能的.

若取 $b = 3$,则有 $6c \mid (5c + 5)$,从而 $c \leqslant 5$.

检验所有情形,可知只有 $c = 5$ 是可能的.

因此,所有的解(按设定的排列)是 $(1,1,c)$ 和 $(2,3,5)$,其中 c 是任意的.由于问题的对称性,a,b,c 的顺序是任意的,故所求解为

$$(1,1,c), (1,c,1), (c,1,1), (2,3,5), (2,5,3)$$
$$(3,2,5), (3,5,2), (5,2,3), (5,3,2)$$

1.140 求正整数 n,使得 $\dfrac{n}{1!} + \dfrac{n}{2!} + \cdots + \dfrac{n}{n!}$ 是一个整数.

(斯洛伐克数学奥林匹克,2004 年)

解 当 $n = 1, 2, 3$ 时,和式分别为 $1, 3, 5$,是整数.

当 $n > 3$ 时

$$\frac{n}{1!} + \frac{n}{2!} + \cdots + \frac{n}{(n-2)!} + \frac{n}{(n-1)!} + \frac{n}{n!} =$$
$$\frac{n(n-1)\cdots 2 + n(n-1)\cdots 3 + \cdots + n(n-1) + n + 1}{(n-1)!}$$

要使其为整数,分子一定能被 $n - 1$ 整除,于是,$n + 1$ 能被 $n - 1$ 整除,即 2 能被 $n - 1$ 整除.故 $n - 1 \in \{1, 2\}$,不可能.

所以和式为整数当且仅当 $n \in \{1, 2, 3\}$.

1.141 求满足方程
$$y^2(x^2 + y^2 - 2xy - x - y) = (x+y)^2(x-y)$$
的所有整数解 (x, y).

(白俄罗斯数学奥林匹克,2004 年)

解 $(0,0), (24,12), (27,9)$.

易知,若 $y = 0$,则 $x = 0$.

设 $y \neq 0$,则已知方程

$$y^2(x^2 + y^2 - 2xy - x - y) = (x+y)^2(x-y) \Leftrightarrow$$

$$y^2[(x-y)^2 - (x+y)] = (x+y)^2(x-y) \Leftrightarrow$$
$$y^2(x-y)^2 - y^2(x+y) = (x+y)^2(x-y) \Leftrightarrow$$
$$y^2(x-y)^2 = (x+y)[(x+y)(x-y) + y^2] \Leftrightarrow$$
$$y^2(x-y)^2 = (x+y)x^2$$

记 $d = (x,y) > 0$，则 $x = ad, y = bd$，其中 $(a,b) = 1$. 于是，有

$$db^2(a-b)^2 = (a+b)a^2 \quad ①$$

显然，$(a^2, b^2) = 1$，$(a+b, b^2) = 1$，且
$$b^2 \mid (a+b)a^2$$

因为 $a + b \neq 0$（否则，由式①得 $a - b = 0$，则 $a = b = 0$），所以，$b^2 = 1$，即 $b = \pm 1$.

若 $b = 1$，由式①得
$$d(a-1)^2 = (a+1)a^2 \quad ②$$

显然，$a - 1 \neq 0$.

又 $(a-1)^2 \mid (a+1)a^2$，且 $(a, a-1) = 1$，则有
$$(a-1)^2 \mid (a+1)$$

因此 $(a-1) \mid (a+1)$

又 $(a+1) - (a-1) = 2$

所以 $(a-1) \mid 2$

故有以下四种可能：

当 $a - 1 = 1$ 时，$a = 2$；

当 $a - 1 = -1$ 时，$a = 0$；

当 $a - 1 = 2$ 时，$a = 3$；

当 $a - 1 = -2$ 时，$a = -1$.

代入式②可知，$a = 2, a = 3$ 满足条件.

当 $a = 2$ 时，$d = 12$，有 $(x,y) = (24,12)$；

当 $a = 3$ 时，$d = 9$，有 $(x,y) = (27,9)$.

若 $b = -1$，由式①得
$$d(a+1)^2 = (a-1)a^2 \quad ③$$

则 $(a+1)^2 \mid (a-1)a^2$

但 $(a, a+1) = 1$，则有
$$(a+1)^2 \mid (a-1)$$

因此 $(a+1) \mid (a-1)$

又 $(a-1) - (a+1) = -2$

所以 $(a+1) \mid (-2)$

故又有下面四种可能：

当 $a + 1 = 1$ 时，$a = 0$；

当 $a + 1 = -1$ 时，$a = -2$；

当 $a + 1 = 2$ 时，$a = 1$；

心得 体会 拓广 疑问

当 $a+1=-2$ 时,$a=-3$.
代入式 ③,由 $d>0$,没有符合条件的解.
所以要求的实数对为
$$(0,0),(24,12),(27,9)$$

1.142 设 a,b,c 是正整数,且
$$ab \mid c(c^2-c+1),(c^2+1) \mid (a+b)$$
证明:a,b 中有一个数等于 c,另一个数等于 c^2-c+1.
(保加利亚数学奥林匹克,2005 年)

证明 首先证明:如果 x 和 y 是正整数,n 是非负整数,且满足 $\dfrac{xy}{x+y}>n$,则
$$\frac{xy}{x+y} \geqslant n+\frac{1}{n^2+2n+2}$$

实际上,$\dfrac{xy}{x+y}>n$ 可以改写成
$$(x-n)(y-n)>n^2$$
于是有 $x>n,y>n$.
设 $x=n+d_1,y=n+d_2$,则
$$d_1 d_2=(x-n)(y-n)=n^2+r$$
这里 d_1,d_2,r 均是正整数.
因为
$$(d_1-1)(d_2-1) \geqslant 0$$
所以 $d_1+d_2 \leqslant 1+d_1 d_2 = 1+n^2+r$
又因为对于任意的 $A>0,r \geqslant 1$,有不等式
$$\frac{r}{A+r} \geqslant \frac{1}{A+1}$$
则 $\dfrac{xy}{x+y}=\dfrac{n^2+d_1 d_2+n(d_1+d_2)}{2n+d_1+d_2}=n+\dfrac{r}{2n+d_1+d_2} \geqslant$
$$n+\frac{r}{2n+n^2+1+r} \geqslant n+\frac{1}{n^2+2n+2}$$
当且仅当 $x=n+1,y=n^2+n+1$ 或 $y=n+1,x=n^2+n+1$ 时,上式等号成立.
根据已知条件,存在正整数 p 和 q,使得
$$c(c^2-c+1)=pab, a+b=q(c^2+1)$$
则 $\dfrac{c(c^2-c+1)}{c^2+1}=\dfrac{pqab}{a+b}=\dfrac{xy}{x+y}$
其中 $x=pqa,y=pqb$,且

$$\frac{xy}{x+y} = c - 1 + \frac{1}{c^2+1} > c - 1$$

因此由前面证明的结论可得

$$\frac{xy}{x+y} \geq c - 1 + \frac{1}{(c-1)^2+2(c-1)+2} = \frac{c(c^2-c+1)}{c^2+1}$$

等号成立的条件是 $x = c, y = (c-1)^2 + (c-1) + 1 = c^2 - c + 1$ 或 $x = c^2 - c + 1, y = c$.

由于 c 与 $c^2 - c + 1$ 互质,由 $x = pqa, y = pqb$,可知 $p = q = 1$.

故 $a = c, b = c^2 - c + 1$ 或 $a = c^2 - c + 1, b = c$.

> **1.143** 求最大的整数 k,使得 k 满足下列条件:对于所有的整数 x, y,如果 $xy + 1$ 能被 k 整除,则 $x + y$ 也能被 k 整除.

解 只须考虑 $k = \prod_i p_i^{\alpha_i}$ (p_i 是质数,$\alpha_i \geq 0$)

取 $(x, k) = 1$,则存在 $m \in \mathbf{Z}_+$,且 $1 \leq m \leq k - 1$,使得

$$mx^2 \equiv -1 \pmod{k}$$

令 $y = mx$,则 $k \mid (xy + 1)$.

由条件有 $k \mid (x + y)$,即 $k \mid (m+1)x$. 所以,$k \mid (m+1)x^2$.

又 $k \mid (mx^2 + 1)$,则 $k \mid (x^2 - 1)$.

故 $x^2 \equiv 1 \pmod{p_i}$,对任意 p_i 和 $x(p_i \nmid x)$ 均成立.

因此 $p_i = 2$ 或 3,$k = 2^\alpha \times 3^\beta$.

又对任意 $x, 2 \nmid x$,有 $x^2 \equiv 1 \pmod{2^\alpha}$.

故 $\alpha \leq 3$(注意到任意奇数的平方模 8 余 1,而模 16 则没有这样的性质).

同理,$\beta \leq 1$.

所以 $k \leq 8 \times 3 = 24$.

下面证明,24 满足要求.

若存在 $x, y \in \mathbf{Z}$,使 $24 \mid (xy + 1)$,则

$$(x, 24) = 1, (y, 24) = 1$$
$$x, y \equiv 1, 5, 7, 11, 13, 17, 19, 23 \pmod{24}$$

由于对固定的 a,$ax \equiv -1 \pmod{24}$ 在模 24 下有且仅有一解,且 $xy \equiv -1 \pmod{24}$. 于是

$$x \equiv 1 \pmod{24}, y \equiv 23 \pmod{24}$$
$$x \equiv 5 \pmod{24}, y \equiv 19 \pmod{24}$$
$$x \equiv 7 \pmod{24}, y \equiv 17 \pmod{24}$$
$$x \equiv 11 \pmod{24}, y \equiv 13 \pmod{24}$$

无论取哪种情况,均有 $24 \mid (x+y)$.

故 $k=24$ 即为所求.

1.144 证明:对于所有的整数 $a_1, a_2, \cdots, a_n, n>2$, $\prod\limits_{1 \leqslant i<j \leqslant n}(a_j-a_i)$ 能被 $\prod\limits_{1 \leqslant i<j \leqslant n}(j-i)$ 整除.

(土耳其数学奥林匹克,2005 年)

证明 先证明一个引理.

引理 设 $x_1, x_2, \cdots, x_n$ 和 $y_1, y_2, \cdots, y_m$ 是两组非零整数. 如果对任意大于 1 的正整数 k,都有 $x_1, x_2, \cdots, x_n$ 中能被 k 整除的数的个数不多于 $y_1, y_2, \cdots, y_m$ 中能被 k 整除的个数,则

$$x_1 x_2 \cdots x_n \mid y_1 y_2 \cdots y_m$$

引理的证明 设 $f(k)$ 表示 $x_1, x_2, \cdots, x_n$ 中能被 k 整除的数的个数,$g(k)$ 表示 $y_1, y_2, \cdots, y_m$ 中能被 k 整除的数的个数. 对质数 p 和非零整数 x,定义 $V_p(x)$ 为 $|x|$ 的质因数分解式中 p 的幂次.

对任意的质数 p

$$V_p(x_1 x_2 \cdots x_n) = \sum_{i=1}^{n} V_p(x_i) = \sum_{i=1}^{n} |\{k \mid k \in \mathbf{Z}_+, p^k \mid x_i\}| =$$
$$|\{(i,k) \mid i,k \in \mathbf{Z}_+, p^k \mid x_i\}| =$$
$$\sum_{k=1}^{\infty} |\{i \mid i \in \mathbf{Z}_+, p^k \mid x_i\}| = \sum_{k=1}^{\infty} f(p^k)$$

同理 $V_p(y_1 y_2 \cdots y_m) = \sum\limits_{k=1}^{\infty} g(p^k)$

而 $f(p^k) \leqslant g(p^k)$,故

$$V_p(x_1 x_2 \cdots x_n) \leqslant V_p(y_1 y_2 \cdots y_m)$$

又因为 p 可取任意质数,所以

$$x_1 x_2 \cdots x_n \mid y_1 y_2 \cdots y_m$$

下面证明原题.

若 $a_1, a_2, \cdots, a_n$ 中有两个数相等,则

$$\prod_{1 \leqslant i<j \leqslant n}(a_j-a_i) = 0$$

故 $\prod\limits_{1 \leqslant i<j \leqslant n}(j-i) \Big| \prod\limits_{1 \leqslant i<j \leqslant n}(a_j-a_i)$

若 $a_1, a_2, \cdots, a_n$ 两两不等,下面证明,对任意正整数 k,$(j-i)(1 \leqslant i<j \leqslant n)$ 这 C_n^2 个数中能被 k 整除的数的个数不多于 $(a_j-a_i)(1 \leqslant i<j \leqslant n)$ 这 C_n^2 个数中能被 k 整除的数的个数.

对 n 用数学归纳法.

当 $n=2$ 时,命题显然成立.

假设命题对 $n-1$ 成立,证明命题对 n 也成立.

若 $k \geq n$,$(j-i)(1 \leq i < j \leq n)$ 这 C_n^2 个数都不能被 k 整除,所以,命题成立.

若 $k < n$,由抽屉原理,在 $a_1, a_2, \cdots, a_n$ 这 n 个数中一定存在 $\left[\dfrac{n-1}{k}\right]+1$ 个数模 k 的余数相同,不妨设其中一个是 a_n. 于是,$(a_n - a_i)(1 \leq i \leq n)$ 这 $n-1$ 个数中至少有 $\left[\dfrac{n-1}{k}\right]$ 个能被 k 整除,而 $(n-i)(1 \leq i < n)$ 这 $n-1$ 个数中恰有 $\left[\dfrac{n-1}{k}\right]$ 个能被 k 整除.

由归纳假设,$(a_j - a_i)(1 \leq i < j \leq n-1)$ 这 C_{n-1}^2 个数中能被 k 整除的数的个数不少于 $(j-i)(1 \leq i < j \leq n-1)$ 这 C_{n-1}^2 个数中能被 k 整除的数的个数.

所以,$(a_j - a_i)(1 \leq i < j \leq n)$ 这 C_n^2 个数中能被 k 整除的数的个数不少于 $(j-i)(1 \leq i < j \leq n)$ 这 C_n^2 个数中能被 k 整除的数的个数.

因此命题对 n 也成立.

由引理得
$$\prod_{1 \leq i < j \leq n}(j-i) \Big| \prod_{1 \leq i < j \leq n}(a_j - a_i)$$

1.145 已知正整数 x 和 y 满足 $2x^2 - 1 = y^{15}$.

证明:如果 $x > 1$,则 x 可被 5 整除.

(俄罗斯数学奥林匹克,2005 年)

证明 本解答中的字母均表示整数.

令 $t = y^3$,由等式 $2x^2 - 1 = y^{15}$ 推知
$$t^3 + 1 = (t+1)(t^2 - t + 1) = 2x^2$$
由于 $t^2 - t + 1$ 恒为奇数,所以或者
$$t + 1 = 2u^2, t^2 - t + 1 = v^2$$
或者
$$t + 1 = 6u^2, t^2 - t + 1 = 3v^2$$
这是由于,如果 $a = (t+1, t^2 - t + 1)$,则 $a = 1$ 或 $a = 3$. 事实上,我们有
$$t^2 - t + 1 = (t-2)(t+1) + 3$$
由此可见,如果 d 是 $t^2 - t + 1$ 和 $t+1$ 的公约数,那么 d 必是 3 的约数. 由于 $x > 1$,所以 $t > 1$,故有
$$(t-1)^2 < t^2 - t + 1 < t^2$$
这表明等式 $t^2 - t + 1 = v^2$ 不可能成立,所以只能有
$$t + 1 = y^5 + 1 = 6u^2$$

另一方面，由于
$$(y^5 + 1) - (y^3 + 1) = y^3(y - 1)(y + 1)$$
所以 $(y^5 + 1) - (y^3 + 1)$ 可被 3 整除，因而 $y^3 + 1$ 可被 3 整除，亦即 $y^3 = 3m - 1$.

再记 $z = y^3 = 3m - 1$，又可由题中等式 $2x^2 - 1 = y^{15}$ 推知
$$z^5 + 1 = (z + 1)(z^4 - z^3 + z^2 - z + 1) = 2x^2$$

如果 $z^4 - z^3 + z^2 - z + 1$ 可被 5 整除，则立知题中结论成立. 否则，必有
$$(z + 1, z^4 - z^3 + z^2 - z + 1) = 1$$
事实上，由 $z^4 - z^3 + z^2 - z + 1 = (z^3 - 2z^2 + 3z - 4)(z + 1) + 5$ 可知：如果
$$b = (z + 1, z^4 - z^3 + z^2 - z + 1)$$
则 $b = 1$ 或 $b = 5$. 既然 $b \neq 5$，所以 $b = 1$. 于是再由 $z^4 - z^3 + z^2 - z + 1$ 为奇数可知
$$z + 1 = 2u^2, z^4 - z^3 + z^2 - z + 1 = v^2$$
但是由于 $z + 1 = 3m$，所以等式 $z^4 - z^3 + z^2 - z + 1 = v^2$ 的左端被 3 除余 2，而其右端被 3 除的余数却是 0 或 1，此为不可能.

心得 体会 拓广 疑问

第 2 章　因子与倍数

定理　设 n 的标准分解式为 $n = p_1^{\alpha_1} p_2^{\alpha_2} \cdots p_k^{\alpha_k}$，则其因子个数为 $(\alpha_1 + 1)(\alpha_2 + 1) \cdots (\alpha_k + 1)$.

2.1　用 S 表示数列 $1, 2, 3, \cdots, 2^n$ 中各项的最大奇数因子之和，求证：$3S = 4^n + 2$.

(联邦德国数学竞赛，1982 年)

证明　用数学归纳法.

(1) $n = 1$ 时，数列 $1, 2$ 中各项的最大奇因子分别为 $1, 1$，其和
$$S = 1 + 1 = 2$$
又
$$4^n + 2 = 6 = 3S$$
所以 $n = 1$ 时，命题成立.

(2) 假设数列 $1, 2, 3, \cdots, 2^{n-1}$ 中各项的最大奇因子之和为
$$\frac{4^{n-1} + 2}{3}$$
下面讨论数列
$$1, 2, 3, \cdots, 2^n - 1, 2^n$$
中各项的最大奇因子之和 S.

由于奇数的最大奇因子就是本身，所以
$$S = 1 + 3 + 5 + \cdots + (2^n - 1) + S'$$
其中，S' 为 $\{2, 4, 6, 8, \cdots, 2^n\}$ 中各项的最大奇因子之和.

由于 $\{2, 4, 6, 8, \cdots, 2^n\}$ 中各项的最大奇因子之和等于 $\{1, 2, 3, 4, \cdots, 2^{n-1}\}$ 中各项的最大奇因子之和，所以由归纳假设有
$$S' = \frac{4^{n-1} + 2}{3}$$
而
$$1 + 3 + 5 + \cdots + (2^n - 1) = (2^{n-1})^2$$
于是有
$$S = (2^{n-1})^2 + \frac{4^{n-1} + 2}{3} = \frac{4^n + 2}{3}$$
因此命题对 n 也成立.

由以上，对所有自然数 n，总有 $3S = 4^n + 2$.

2.2　小明在计算前 n 个正整数的乘积，小华在计算前 m 个偶数的乘积，$m, n \geq 2$，两个人的计算结果相同. 证明：他们中肯定有一个人算错了.

证明 如果两个人都算对了,即存在正整数 m,n 使得
$$n! = 2^m m! \qquad ①$$
显然 $n > m$,如果 $n \geq m + 3$,由于 $m+1, m+2, m+3$ 中至少有一个是 3 的倍数,因此等号右边 3 的因子肯定少于左边,矛盾. 所以只能有 $n \leq m + 2$,即 $n = m+1, m+2$.

ⅰ 若 $n = m+1$,代入 ① 可得 $m + 1 = 2^m$,而用数学归纳法很容易证明: $m \geq 2$ 时,必有 $m + 1 < 2^m$,矛盾.

ⅱ 若 $n = m+2$,代入 ① 可得 $(m+2)(m+1) = 2^m$,而 $m \geq 2$ 时,$m+1, m+2$ 中必有一个是奇数,故等号左边必含奇素数因子,而右边没有奇素数因子,矛盾.

因此他们中肯定有一个人算错了.

2.3 假设 n 可以用两种完全不同的方式表示成为两个整数的平方和,也就是说 $n = s^2 + t^2 = u^2 + v^2, s \geq t \geq 0, u \geq v \geq 0$,且 $s > u$. 证明: $(n, su - tv)$ 是 n 的真因子. 要证明 $(n, su - tv)$ 是 n 的真因子,实际上就是要证明 n 不是 $su - tv$ 的因子,且 $(n, su - tv) > 1$. 由已知条件易知 $v > t$.

证明 由于
$$n^2 = (s^2 + t^2)(u^2 + v^2) = (su + tv)^2 + (sv - tu)^2 = (su - tv)^2 + (sv + tu)^2$$
所以 $\qquad n \geq |su + tv|, n \geq |su - tv|$
由于 $(su + tv)(su - tv) = s^2 u^2 - t^2 v^2 =$
$$(s^2 + t^2)u^2 - t^2(u^2 + v^2) \equiv 0 \pmod{n}$$
所以我们只要证明 n 既不是 $su + tv$ 的因子,又不是 $su - tv$ 的因子就可以了. 如果这个结论不成立,则必有以下一种情况产生:

ⅰ 若 $su + tv = 0$,由已知条件,只能有 $su = 0$,所以 $u = 0, v = \sqrt{n} > u$,矛盾.

ⅱ 若 $su + tv = n$,则 $sv - tu = 0, sv = tu$,由已知条件只能有 $t > v$ 或 $t = v = 0$,矛盾.

ⅲ 若 $su - tv = n$,则 $sv + tu = 0$,因此只能有 $v = 0, t = 0$,这样 $s = u$ 矛盾.

ⅳ 若 $su - tv = 0$,则 $su = tv$,由已知条件 $su \geq tv$,现在等号成立,所以只能有"$s = t, u = v$"或者"$u = 0, v = 0$"都产生矛盾.

综上所述,$(n, su - tv)$ 是 n 的真因子.

> **2.4** 整数 $k \geq 14$，p_k 表示小于 k 的最大素数，我们可以假设 $p_k \geq \frac{3}{4}k$. 设 n 是一个合数，证明
>
> (1) 如果 $n = 2p_k$，则 n 不是 $(n-k)!$ 的因子；
>
> (2) 如果 $n > 2p_k$，则 $n \mid (n-k)!$.

证明 (1) 如果 $n = 2p_k$，则 $k + p_k > 2p_k = n$，因此 $p_k > n - k$，所以 p_k 不是 $(n-k)!$ 的因子，因此 n 不是 $(n-k)!$ 的因子.

(2) 设 $n = qr$，其中 r 是 n 的最小素因子. 显然 $n > 26$，我们分四种情况讨论：

ⅰ 当 $q > r \geq 3$ 时，$n > 2p_k \geq \frac{3}{2}k \Rightarrow \frac{2}{3}n > k$，故
$$n - k > \frac{1}{3}n \geq \frac{n}{r} = q$$

因此 q, r 是两个小于 $n-k$ 的不同正整数，因此
$$n = qr \mid (n-k)!$$

ⅱ 当 $n = r^2$ 时，我们来证明 $2r \leq n - k$，这样就有
$$r(2r) = 2r^2 \mid (n-k)! \Rightarrow n \mid (n-k)!$$

若
$$2r > n - k$$
$$2r \geq n - k + 1 \geq (2p_k + 1) - k + 1 \geq$$
$$\frac{3}{2}k - k + 2 = \frac{1}{2}k + 2$$

因此
$$r \geq \frac{1}{4}k + 1$$

另一方面
$$2r \geq n - k + 1 \Rightarrow k \geq n - 2r + 1 =$$
$$(r-1)^2 \geq \frac{1}{16}k^2 \Rightarrow k \leq 16$$

根据假设只能有 $k = 14, 15, 16$，这样只能有
$$p_k = 13, n = r^2 > 2p_k = 26 \Rightarrow r \geq 6$$

而我们刚才得到 $k \geq (r-1)^2 \geq 25$，这与 $k \leq 16$ 矛盾，综上所述只能有 $2r \leq n - k$.

ⅲ $r = 2$，也即 $n = 2q$，且 q 是素数. 则由于 p_k 表示小于 k 的最大素数，只能有 $q \geq k$，因此
$$n - k \geq n - q = q$$
由于 $n = 2q > 26$，所以 $2, q$ 是不大于 $n-k$ 的不同正整数，所以 $n = 2q$ 是 $(n-k)!$ 的因子；

ⅳ $n = 2q$，q 是合数时，如果 q 是偶数，则 n 可分解为 $4t$，当然 $t \geq 6$；如果 $q = ab$ 是奇数，则我们分解 $n = (2a)b$，无论哪种

情况我们都可以把 n 分解为 $n = mt$ 的形式,其中 $m \neq t$ 且都大于等于 3,不妨设 $m > t \geq 3$,和①完全一样的可以证明 $n = mt \mid (n - k)!$.

> **2.5** n 是一个正整数,$p_1, p_2, \cdots, p_n$ 是大于 3 且互不相等的素数,证明:$2^{p_1 p_2 \cdots p_n} + 1$ 有至少 4^n 个不同的因子.
> a, b 是互素正奇数,则
> $$\left(\frac{2^a + 1}{3}, \frac{2^b + 1}{3}\right) = 1$$

引理的证明 由于 $(2^a + 1) \mid (2^{2a} - 1), (2^b + 1) \mid (2^{2b} - 1)$,而 $(2^{2a} - 1, 2^{2b} - 1) = 2^{(2a, 2b)} - 1 = 3$,故引理得证.

原命题证明
$$9 \mid 2^a + 1 \Rightarrow 2^{2a} \equiv 1 \pmod 9 \Rightarrow 2^{(2a, 6)} \equiv 1 \pmod 9 \Rightarrow$$
$$4^{(a, 3)} \equiv 1 \pmod 9 \Rightarrow 3 \mid a$$

因此当 $(a, 3) = 1$ 时,$2^a + 1$ 不可能是 9 的倍数.

ⅰ $n = 1$ 时,有以上讨论可知 $2^{p_1} + 1$ 是 3 的倍数,但是不是 9 的倍数,因此它至少有以下 4 个不同的因子
$$1, 3, \frac{2^{p_1} + 1}{3}, 2^{p_1} + 1$$

ⅱ 假设 $(2^{p_1 p_2 \cdots p_{n-1}} + 1)$ 至少有 4^{n-1} 个不同的因子,由引理有
$$\left(2^{p_1 p_2 \cdots p_{n-1}} + 1, \frac{2^{p_n} + 1}{3}\right) = 1$$

因此 $(2^{p_1 p_2 \cdots p_n} + 1)$ 是 $Q = (2^{p_1 p_2 \cdots p_{n-1}} + 1)\left(\frac{2^{p_n} + 1}{3}\right)$ 的倍数,根据归纳假设 Q 至少有 $2 \times 4^{n-1}$ 个互不相同的因子,$2^{p_1 p_2 \cdots p_n} + 1 > 2^{p_1 p_2 \cdots p_n} > 2^{2 p_1 p_2 \cdots p_{n-1}} 2^{2 p_n} > Q^2$(这是由于 $p_i \geq 5$),因此对于 Q 的每一个不同的因子 d,$\frac{(2^{p_1 p_2 \cdots p_n} + 1)}{d} > Q$ 肯定是互不相同的整数,因此 $2^{p_1 p_2 \cdots p_n} + 1$ 至少有 $2 \times 2 \times 4^{n-1} = 4^n$ 个互不相同的因子.

> **2.6** 一个正整数 n 正好有 144 个正整数因子,并且它的正整数因子中有 10 个连续正整数,求最小的 n.

解 假设 n 有 10 个连续的正整数因子 $a, a + 1, a + 2, \cdots, a + 9$,由于连续 k 个正整数中肯定有一个数是 k 的倍数,因此 $a, a + 1, a + 2, \cdots, a + 9$ 中必有 5, 7, 8, 9 的倍数,故 $5 \times 7 \times 8 \times 9 \mid n$. 所以我们只要在 $5 \times 7 \times 8 \times 9$ 的倍数中寻找一个有 144 个因子的最小数就可以了,而 $n = 2^5 \times 3^2 \times 5 \times 7 \times 11$ 为所求.

2.7 正整数合数 n 的所有真因子 d 都满足 $n - 20 \leq d \leq n - 12$,求所有的 n.

解 当然 n 不是素数,设 $n = ab$,其中 a, b 都是 n 的真因子,则
$$n - 20 \leq a \leq n - 12, n - 20 \leq b \leq n - 12$$
相乘得到
$$(n - 20)^2 \leq n \leq (n - 12)^2$$
解不等式得到 $16 \leq n \leq 25$,检验可得 $n = 21, n = 25$ 是符合要求的解.

2.8 a, b 是 27 000 的两个互素的因子,求所有 $\dfrac{a}{b}$ 之和.

解 $27\,000 = 2^3 3^3 5^3$,所有的 $\dfrac{a}{b}$ 都可以表示成为 $2^c 3^d 5^e$,其中 $-3 \leq c, d, e \leq 3$,因此所有 $\dfrac{a}{b}$ 之和等于
$$\left(\sum_{c=-3}^{3} 2^c\right)\left(\sum_{d=-3}^{3} 3^d\right)\left(\sum_{e=-3}^{3} 5^e\right) = \frac{(2^7 - 1)(3^7 - 1)(5^7 - 1)}{2^6 3^3 5^3}$$

2.9 求 4 个不大于 70 000 的正整数,每个数都有超过 100 个正整数因子.

解 这样的数有 5 个:

$50\,400 = 2^5 \times 3^2 \times 5^2 \times 7$,有 $6 \times 3 \times 3 \times 2 = 108$ 个因子;

$55\,440 = 2^4 \times 3^2 \times 5 \times 7 \times 11$,有 $5 \times 3 \times 2 \times 2 \times 2 = 120$ 个因子;

$60\,480 = 2^6 \times 3^3 \times 5 \times 7$,有 $7 \times 4 \times 2 \times 2 = 112$ 个因子;

$65\,520 = 2^4 \times 3^2 \times 5 \times 7 \times 13$,有 $5 \times 3 \times 2 \times 2 \times 2 = 120$ 个因子;

$69\,300 = 2^2 \times 3^2 \times 5^2 \times 7 \times 11$,有 $3 \times 3 \times 3 \times 2 \times 2 = 108$ 个因子.

第 2 章 因子与倍数
Chapter 2 Gene and Multiple

心得 体会 拓广 疑问

2.10 求最大正整数 n，使得 $n^3 + 100$ 是 $n + 10$ 的倍数．

解 由于
$$n^3 + 1\,000 = (n + 10)(n^2 - 10n + 100)$$
所以
$$(n + 10) \mid 900$$
最大为 $n = 890$．

2.11 正整数 n 正好有 6 个正整数因子，它们是 $1 < d_1 < d_2 < d_3 < d_4 < n$，并且满足 $n + 1 = 5(d_1 + d_2 + d_3 + d_4)$，求所有 n．

解 如果 n 有 3 个或 3 个以上素因子，则
$$\varphi(n) \geqslant 2 \times 2 \times 2 = 8$$
矛盾．

ⅰ n 有 1 个素因子，则 $n = p^5$，p 是素数，故
$$p \mid 5(d_1 + d_2 + d_3 + d_4)$$
但 p 不是 $n + 1$ 的因子，矛盾．

ⅱ n 有 2 个素因子，则 $n = p^2 q$，p，q 是素数．由已知
$$p^2 q + 1 = 5(d_1 + d_2 + d_3 + d_4) = $$
$$5(p + q + pq + p^2) = 5(p + 1)(p + q)$$
所以
$$5p^2 + 5p - 1 = q(p^2 - 5p - 5)$$
因此 $q > 5$．

a. 若 $q = 7$，代入可得 $p = 31$；

b. 若 $q \geqslant 11$，则
$$11(p^2 - 5p - 5) \leqslant 5p^2 + 5p - 1 \Rightarrow p^2 - 10p - 9 \leqslant 0 \Rightarrow$$
$$(p - 9)(p - 1) \leqslant 18$$
因此 $p \leqslant 7$．而 $q = \dfrac{5p^2 + 5p - 1}{p^2 - 5p - 5}$，将 $p = 3, 5, 7$ 代入，都不符合．

综上所述，$n = 7 \times 31^2$ 是唯一的解．

2.12 假设 $n > 1$，$d_1 < d_2 < \cdots < d_k$ 都是 n 的所有因子，当然 $d_1 = 1$，$d_k = n$．令 $d = d_1 d_2 + d_2 d_3 + \cdots + d_{k-1} d_k$，证明：$d < n^2$，并求出所有 n 使得 $d \mid n^2$．

（第 43 届数学奥林匹克问题 4）

解 (1) 因为 $d_1 < d_2 < \cdots < d_k$，所以 $n/d_1 > n/d_2 > \cdots > n/d_k$ 都是正整数，因此我们有
$$n/d_k \geq 1, n/d_{n-1} \geq 2, \cdots, n/d_1 \geq k$$
所以 $d = n^2(d_k d_{k-1}/n^2 + \cdots + d_2 d_3/n^2 + d_1 d_2/n^2) <$
$$n^2 \left(\frac{1}{1 \times 2} + \frac{1}{2 \times 3} + \frac{1}{3 \times 4} + \cdots\right) = n^2$$

(2) 如果 n 是素数，则它的全部因子为 1 和 n，所以 $d = n$，当然 d 是 n^2 的因子.

(3) 如果 n 是一个合数，则 $k \geq 3$. 设 p 是 n 的最小素因子，当然它也是 n^2 的最小素因子，如果 $d \mid n^2$，则必有 $n^2/d \geq p$，故 $n^2/p \geq d$；但是 $d_k = n, d_{k-1} = n/p$，所以
$$d = d_1 d_2 + d_2 d_3 + \cdots + d_{k-1} d_k \geq d_1 d_2 + d_{k-1} d_k > n^2/p$$
矛盾.

所以当且仅当 n 是素数时，$d \mid n^2$.

2.13 正整数 n 的所有正整数因子为 $1 = d_1 < d_2 < \cdots < d_k = n$，$k \geq 22$，并且 $d_7^2 + d_{10}^2 = \left(\dfrac{n}{d_{22}}\right)^2$，求所有的 n.

证明 **引理** 不定方程 $x^2 + y^2 = z^2$ 的通解为 $x = a^2 - b^2$，$y = 2ab, z = a^2 + b^2, 4 \mid x$ 或 $4 \mid y$，且 $60 \mid xyz$.

由引理，$60 \mid d_7 d_{10} n$，$4 \mid d_7$ 或 $4 \mid d_{10}$，由于 d_7, d_{22} 都是 n 的因子，因此 $60 \mid n$. 所以，$d_1 = 1, d_2 = 2, d_3 = 3, d_4 = 4, d_5 = 5, d_6 = 6$. 由于 $10 \mid n$，故 $d_7 \leq 10$，且 $d_7^2 + d_{10}^2 = d_{k+1-22}^2$.

(1) 若 $d_7 = 7$，由引理只能有 $7 = a^2 - b^2 = 4^2 - 3^2$，所以 $d_{10} = 2 \times 3 \times 4 = 24$，因此 10, 12, 14 都是 n 的因子，因此 $d_{10} \leq 14$，矛盾；

(2) 若 $d_7 = 8$，由引理只能有 $6^2 + 8^2 = 10^2$ 或 $8^2 + 15^2 = 17^2$，故只能有 $d_{10} = 15, d_{k-21} = 17$，因此
$$k - 21 \leq 10 + (17 - 15) \Rightarrow k \leq 33$$
并且 n 是 $2^3 \times 3 \times 5 \times 17$ 的倍数，然而 $2^3 \times 3 \times 5 \times 17$ 已经有了 32 个因子，所以只能有 $n = 2^3 \times 3 \times 5 \times 17$，检验可知它的确是一个解；

(3) 若 $d_7 = 9$，由引理只能有 $9^2 + 12^2 = 15^2$ 或 $9^2 + 40^2 = 41^2$.

ⅰ 若 $d_{10} = 12$，则 $d_{k-21} = 15$，因此
$$k - 21 \leq 10 + (15 - 12) \Rightarrow k \leq 34$$
然而 $\quad 9 = d_7 < d_8 < d_9 < d_{10} = 12$
所以 $d_9 = 11$，故 $2^2 \times 3^2 \times 5 \times 11 \mid n \Rightarrow k \geq 36$，矛盾；

ii 若 $d_{10} = 40$,则 $1,2,3,4,5,6,9,10,12,15$ 都是 n 的因子,所以 $d_{10} \leq 15$,矛盾.

(4) 若 $d_7 = 10$,由引理只能有 $24^2 + 10^2 = 26^2$,故 $d_{10} = 24$, $d_{k-21} = 26$,因此 $1,2,3,4,5,6,10,12,15,20$ 都是 n 的因子,所以 $d_{10} \leq 20$,矛盾.

因此 $n = 2^3 \times 3 \times 5 \times 17$ 是唯一的解.

2.14 正整数 n 正好有 16 个正整数因子,并且满足 $1 \leq d_1 < d_2 < \cdots < d_{16} = n, d_6 = 18, d_9 - d_8 = 17$,求所有这样的 n.

解 由于 $\varphi(n) = 16 = 2^4, 18 = 2 \times 3^2$,若 $3^2 \| n \Rightarrow (2+1) | \varphi(n)$,矛盾,因此 $3^3 | n$.如果 n 有 4 个或更多不同的素因子,则 $\varphi(n) \geq 4 \times 2 \times 2 \times 2 = 32$,矛盾.因此 n 最多有 3 个不同的素因子.

(1) 若 n 只有 2 个不同的素因子,则只能有 $n = 2^3 \times 3^3$ 或者 $n = 2 \times 3^7$,容易检验 $n = 2 \times 3^7$ 满足要求.

(2) 若 n 有 3 个不同的素因子,则只能有 $n = 2 \times 3^3 \times p$,其中 p 是一个大于 3 的素数.

由于 2×3^3 已经有 $1 < 2 < 3 < 6 < 9 < 18$ 这 6 个因子,且 $d_6 = 18$,所以 n 不再有其他小于 18 的因子,所以 $p \geq 19$.因此 $d_1 = 1, d_2 = 2, d_3 = 3, d_4 = 6, d_5 = 9, d_6 = 18$,由于 $n = d_i d_{17-i}$,因此 $d_{16} = n = 54p, d_{15} = 27p, d_{14} = 18p, d_{13} = 9p, d_{12} = 6p, d_{11} = 3p$.还有 4 个因子 $27, 54, p, 2p$ 应该等于 d_7, d_8, d_9, d_{10},但是还不能准确定位.因此 $p \geq 19$.

i 如果 $p < 27$,则 $d_7 = p, d_8 = 27, d_9 = 2p, d_{10} = 54$,由 $d_9 - d_8 = 17$,解得 $p = 22$,不符;

ii 如果 $27 < p < 54$,则 $d_7 = 27, d_8 = p, d_9 = 54, d_{10} = 2p$,由 $d_9 - d_8 = 17$,解得 $p = 37$;

iii 如果 $54 < p, d_7 = 27, d_8 = 54, d_9 = p, d_{10} = 2p$,由 $d_9 - d_8 = 17$,解得 $p = 71$.

综上所述,n 有三个解 $n = 2 \times 3^7, 2 \times 3^3 \times 37, 2 \times 3^3 \times 71$.

2.15 设 b, m, n 为正整数,满足 $b > 1$ 且 $m \neq n$.证明:若 $b^m - 1$ 和 $b^n - 1$ 的素约数相同,则 $b + 1$ 是 2 的幂.

(第 38 届国际数学奥林匹克预选题,1997 年)

证明 对任意正整数 x 和 y,我们用符号 $x \sim y$ 表示它们的素约数相同.

由已知 $(b^m - 1) \sim (b^n - 1)$,因此,对任何能够整除 $b^m - 1$ 的素数也能整除 $b^n - 1$,因而也能整除它们的最大公约数 $(b^m - 1, b^n - 1)$,于是
$$(b^m - 1, b^n - 1) \sim (b^m - 1) \sim (b^n - 1)$$

另一方面,设 $d = (m, n)$,则
$$(b^m - 1, b^n - 1) = b^d - 1$$

故设 $a = b^d, k = \dfrac{m}{d}$,有 $a^k - 1 \sim a - 1$.

先证明原命题的一个特殊情况,即证明
$$a^k - 1 \sim a - 1 \Rightarrow a + 1 \text{ 是 2 的乘方}$$

为此证明一个引理:设 a, k 为正整数,p 为奇素数,若 $p^\alpha \| a - 1$ 且 $p^\beta \| k$,则 $p^{\alpha+\beta} \| a^k - 1$,其中 $\alpha \geq 1, \beta \geq 0$.

对 β 施行数学归纳法.

若 $\beta = 0$,由于
$$a^k - 1 = (a - 1)(a^{k-1} + a^{k-2} + \cdots + a + 1)$$

又 $a \equiv 1 \pmod{p}$,可以推出,对所有 $j \geq 0, a^j \equiv 1 \pmod{p}$,则
$$a^{k-1} + a^{k-2} + \cdots + a + 1 \equiv k \pmod{p}$$

由于 $p^\beta \| k$ 及 $\beta = 0$,则 $p \nmid k$,因此 $p^\alpha \| a^k - 1$.

$\beta = 0$ 时,引理成立.

现在假设结论对某个 β 成立,并令 $k = lp^{\beta+1}$,其 $(l, p) = 1$. 由归纳假设
$$p^{\alpha+\beta} \| a^{lp^\beta} - 1$$

于是存在某个与 p 互素的 m,使得
$$a^{lp^\beta} = mp^{\alpha+\beta} + 1$$

则有 $a^k - 1 = (a^{lp^\beta})^p - 1 = (mp^{\alpha+\beta} + 1)^p - 1 =$
$$(mp^{\alpha+\beta})^p + \cdots + C_p^2 (mp^{\alpha+\beta})^2 + mp^{\alpha+\beta+1}$$

p 是奇数,$p \mid C_p^2$,则在上式中倒数第二项的素因数分解中 p 的指数为 $2\alpha + 2\beta + 1$,由于它大于最后一项 p 的指数 $\alpha + \beta + 1$,于是由上式,$a^k - 1$ 的分解式中 p 的最高次幂是 $\alpha + \beta + 1$,即
$$p^{\alpha+\beta+1} \| a^k - 1$$

由此,引理得证.

下面证明:若 $a > 1$,且对于某个 $k > 1$,且 $a^k - 1 \sim a - 1$,则 $a + 1$ 是 2 的乘方.

首先注意到,若 δ 是 k 的约数,则由 $a^k - 1 \sim a - 1$ 可以推出 $a^\delta - 1 \sim a - 1$.

事实上,$a^\delta - 1$ 的任意素约数都能整除 $a^k - 1$,因而也能整除 $a - 1$. 假设 k 有一个奇素约数 p,且令 $\delta = p^\beta$,其中 $p^\beta \| k$. 由于

$$a^\delta - 1 = (a-1)(a^{\delta-1} + a^{\delta-2} + \cdots + a + 1)$$

设 q 是 $A = a^{\delta-1} + a^{\delta-2} + \cdots + a + 1$ 的一个素约数,则由 q 能整除 $a^\delta - 1$,因而能整除 $a - 1$.

由此可知,对所有的 $j = 0,1,2,\cdots,a^j \equiv 1(\bmod q)$,于是
$$A \equiv \delta(\bmod q)$$

q 能整除 $\delta = p^\beta$,表明 $q = p$,由此知 A 是 p 的乘方.

我们同时证明了 p 能整除 $a - 1$.

令 $p^\alpha \| a - 1$,则由引理可知 $p^{\alpha+\beta} \| a^\delta - 1$.

于是,由 $a^\delta - 1$ 的分解式可知 p 在 A 的素约数分解式中的次数为 $(\alpha + \beta) - \alpha = \beta$.另一方面,$p$ 是 A 的唯一的素约数,因此,$A = p^\beta = \delta$,但这是不可能的.因为由 $a > 1$ 可得 $A > \delta$.

这样,我们证明了 k 是 2 的乘方,特别地因为 $k > 1$,所以 k 是偶数,得到
$$a - 1 \sim a^2 - 1 = (a-1)(a+1)$$

这表明 $a + 1$ 的任一素约数 q 也是 $a - 1$ 的约数,即意味着 q 能整除 $(a+1) - (a-1) = 2$,于是 $q = 2$,由此可知,$a + 1$ 也是 2 的乘方.

再回到 $a = b^d$ 的情况.

若 d 为偶数,因 b 是奇数,则有
$$a + 1 = b^d + 1 \equiv 2(\bmod 4)$$

因为 $a + 1$ 是 2 的乘方,则只有 $a + 1 = 2$,这与条件 $a > 1$ 矛盾.

所以 d 必为奇数,则 $b + 1 \mid b^d + 1$.

由于 $b^d + 1$ 为 2 的乘方,所以 $b + 1$ 也是 2 的乘方.

2.16 若 n 为小于 50 的自然数,求使代数式 $4n + 5$ 和 $7n + 6$ 的值有大于 1 的公约数的所有的 n 的值.

(中国天津市初二数学竞赛,1991 年)

解 设 $(4n + 5, 7n + 6) = d > 1$,则
$$d \mid 4n + 5, d \mid 7n + 6$$
从而
$$d \mid (7n + 6) - (4n + 5) = 3n + 1$$
$$d \mid (4n + 5) - (3n + 1) = n + 4$$
$$d \mid (3n + 1) - 2(n + 4) = n - 7$$
$$d \mid (n + 4) - (n - 7) = 11$$

因为 11 是素数,则 $d = 11$.

设 $n - 7 = 11k$,则
$$0 < n = 11k + 7 < 50$$
解得
$$k = 0,1,2,3$$

于是 $n = 7, 18, 29, 40$

2.17 假设 m 和 n 是两个不同的正整数. 证明: $2^{2^m} + 1$ 和 $2^{2^n} + 1$ 不可能有大于 1 的公因子.

(匈牙利数学奥林匹克, 1940 年)

证法 1 设 $a_k = 2^{2^k}$.

首先证明: 在数列

$$a_1 - 1, a_2 - 1, a_3 - 1, \cdots, a_n - 1, a_{n+1} - 1, \cdots$$

中, 从第二项起, 每一项都能被前一项整除.

这是因为

$$a_{n+1} - 1 = 2^{2^{n+1}} - 1 = (2^{2^n})^2 - 1 =$$
$$a_n^2 - 1 = (a_n - 1)(a_n + 1)$$

于是 $a_n - 1 \mid a_{n+1} - 1$

由此可推得, 当 $p < q + 1$ 时, $a_{q+1} - 1$ 能被 $a_p - 1$ 整除, 并且由于 $a_p + 1$ 是 $a_{p+1} - 1$ 的约数, 于是也是 $a_{q+1} - 1$ 的约数.

于是, 当 $m < n$ 时

$$a_n + 1 - 2 = a_n - 1 = t(a_m + 1)$$

即

$$a_n + 1 = t(a_m + 1) + 2$$

其中, t 是整数.

由此式可推得 $a_m + 1$ 与 $a_n + 1$ 的公约数一定是 2 的约数.

然而, $a_m + 1$ 与 $a_n + 1$ 都是奇数, 所以 $a_m + 1$ 与 $a_n + 1$ 的最大公约数只能是 1, 即 $2^{2^m} + 1$ 和 $2^{2^n} + 1$ 的最大公约数是 1.

证法 2 我们计算

$$(1+2)(1+2^2)(1+2^4)(1+2^8)\cdots(1+2^{2^{n-1}}) =$$
$$(2-1)(2+1)(2^2+1)(2^4+1)\cdots(2^{2^{n-1}}+1) =$$
$$(2^2-1)(2^2+1)(2^4+1)\cdots(2^{2^{n-1}}+1) =$$
$$(2^4-1)(2^4+1)\cdots(2^{2^{n-1}}+1) = \cdots =$$
$$2^{2^n} - 1$$

于是有

$$2^{2^n} + 1 = (2+1)(2^2+1)(2^4+1)\cdots(2^{2^{n-1}}+1) + 2$$

显然, 当 $m < n$ 时, $2^{2^m} + 1$ 与 $2^{2^n} + 1$ 的最大公约数是 2 的约数, 又 $2^{2^m} + 1$ 与 $2^{2^n} + 1$ 都是奇数, 于是 $2^{2^m} + 1$ 与 $2^{2^n} + 1$ 的最大公约数是 1.

> **2.18** 证明:对任意自然数 n,分数 $\dfrac{21n+4}{14n+3}$ 不可约.
>
> (第 1 届国际数学奥林匹克,1959 年)

证法 1 假设 $\dfrac{21n+4}{14n+3}$ 可约, 则由

$$\frac{21n+4}{14n+3} = 1 + \frac{7n+1}{14n+3}$$

可知,若 $\dfrac{21n+4}{14n+3}$ 可约,则 $\dfrac{14n+3}{7n+1}$ 可约,即

$$\frac{14n+3}{7n+1} = 2 + \frac{1}{7n+1}$$

于是 $\dfrac{1}{7n+1}$ 可约.

然而 $\dfrac{1}{7n+1}$ 对所有自然数 n 都不可约.

因此,$\dfrac{21n+4}{14n+3}$ 对任意自然数 n,都不可约.

证法 2 假设 $\dfrac{21n+4}{14n+3}$ 可约,且设 $21n+4$ 与 $14n+3$ 有大于 1 的公约数 d. 由于

$$21n+4 = (14n+3) + (7n+1)$$

则由 $21n+4$ 与 $14n+3$ 能被 d 整除,可得 $7n+1$ 也能被 d 整除. 又因为

$$14n+3 = 2(7n+1) + 1$$

则由 $14n+3$ 和 $7n+1$ 能被 d 整除,可得 1 也能被 d 整除,这与 $d > 1$ 矛盾.

因此,对任意自然数 n,$\dfrac{21n+4}{14n+3}$ 不可约.

证法 3 设 $21n+4$ 与 $14n+3$ 的最大公约数为 d,则有

$$\begin{cases} 21n+4 = kd & \text{①} \\ 14n+3 = td & \text{②} \end{cases}$$

其中,k,t 为自然数,且 $(k,t)=1$.

从 ①,② 中消去 n,得

$$d(3t-2k) = 1 \qquad \text{③}$$

因此 $d \geq 1$ 及 $3t-2k$ 为整数,则由式 ③ 得 $d=1$.

于是 $21n+4$ 与 $14n+3$ 互素.

因此,$\dfrac{21n+4}{14n+3}$ 对任意自然数 n 都不可约.

2.19 求所有的正整数 n,满足 n 为合数,且其所有的大于 1 的因数可以放在一个圆上,使得任意两个相邻的因数都不是互质的.

解 若 $n = pq$,其中 p,q 为不同的质数,则其大于 1 的因数为 p,q,pq,无论怎样放在圆周上,p 和 q 总会相邻,且 p 和 q 互质,不满足要求.

若 $n = p^m$,其中 p 为质数,正整数 $m \geq 2$,则无论怎样将 n 的大于 1 的因数放在一个圆上,任意两个相邻的因数都不互质.

若 $n = p_1^{m_1} p_2^{m_2} \cdots p_k^{m_k}$,其中质数 $p_1 < p_2 < \cdots < p_k, m_1, m_2, \cdots, m_k$ 为正整数,且 $k > 2$ 或 $k = 2$ 时,$\max\{m_1, m_2\} > 1$.

设 $D_n = \{d \mid d \mid n, \text{且 } d > 1\}$.

首先,将 $n, p_1p_2, p_2p_3, \cdots, p_{k-1}p_k$ 按顺时针放在圆上.在 n 和 p_1p_2 之间依任意的次序放入 D_n 中所有以 p_1 为最小质因数的正整数(不包括 p_1p_2);在 p_1p_2 和 p_2p_3 之间,依任意的次序放入 D_n 中所有以 p_2 为最小质因数的正整数(不包括 p_2p_3);继续以这种方法放置,最后,在 $p_{k-1}p_k$ 和 n 之间,依任意的次序放入 $p_k, p_k^2, \cdots, p_k^{m_k}$.于是,$D_n$ 中的所有元素恰被放在圆周上一次,且任意相邻的两个数有一个公共的质因数.

因此,这样安排满足要求.

2.20 有多少 1 001 的倍数可以被表示成为 $10^j - 10^i, 0 \leq i < j \leq 99$.

解 $$10^j - 10^i = 10^i(10^{j-i} - 1)$$
而 $$10^3 \equiv -1 (\text{mdo } 1\,001), 10^6 \equiv 1 (\text{mod } 1\,001)$$
所以 10 关于 1 001 的阶为 6,因此 $1\,001 \mid 10^j - 10^i \Leftrightarrow j - i = 6n$.而 $0,1,\cdots,99$ 中 $0,1,2,3,4,5(\text{mod } 6)$ 的数分别有 $17,17,17,17,16,16$ 个,因此共有 $4C_{17}^2 + 2C_{16}^2 = 784$ 个数满足要求.

2.21 求所有正整数 m,使得 m 恰好等于它的正整数因子个数的 4 次方.

解 m 是一个整数的 4 次方,不妨设 $m = 2^{4a_2} 3^{4a_3} 5^{4a_5} \cdots$ 其中 $a_2, a_3, a_5, \cdots$ 为非负整数,因此它们正整数因子的个数为

$$(4a_2+1)(4a_3+1)(4a_5+1)\cdots$$

所以 m 为奇数，$a_2 = 0$. 由已知条件

$$1 = \frac{4a_3+1}{3^{a_3}} \frac{4a_5+1}{5^{a_5}} \frac{4a_7+1}{7^{a_7}} \cdots$$

注意到当 $\alpha \geq 1, x > 0$ 时，$(1+x)^\alpha \geq 1 + \alpha x$，设 $x_p = \dfrac{4a_p+1}{p^{a_p}}$，则 $1 = x_3 x_5 x_7 x_{11} \cdots$，当 $a_p = 0$ 时，$x_p = 1$. 我们来讨论 $a_p \geq 1$ 的情况：

i $p = 3$ 时，若 $a_3 = 1$，则 $x_3 = \dfrac{5}{3}$；若 $a_3 = 2$，则 $x_3 = 1$；若 $a_3 \geq 3$

$$x_3 = \frac{4a_3+1}{(8+1)^{a_3/2}} < \frac{4a_3+1}{4a_3+1} = 1$$

ii $p = 5$ 时，若 $a_5 = 1$，则 $x_5 = 1$；若 $a_5 \geq 2$ 时

$$x_5 = \frac{4a_5+1}{(24+1)^{a_5/2}} \leq \frac{4a_5+1}{12a_5+1} = \frac{9}{25}$$

iii $p \geq 7$ 时，若 $a_p = 1$，则 $x_p = \dfrac{5}{p} < 1$；若 $a_p > 1$ 时

$$x_p = \frac{4a_p+1}{p^{a_p}} < \frac{4a_p+1}{5^{a_p}} \leq \frac{9}{25}$$

综上所述，若 $a_3 \neq 1$，则所有的 $x_p \leq 1$，这样如果要求 $1 = x_3 x_5 x_7 x_{11} \cdots$，必须要所有的 $x_p = 1$，因此 $a_3 = 0$ 或 2，$a_5 = 0$ 或 1，其他的都有 $a_p = 0$，对应的 $m = 1, (3^2)^4, 5^4, (3^2 \cdot 5)^4$；若 $a_3 = 1$，则 $3 \mid m$，$m = 5^4(4a_5+1)^4(4a_7+1)^4 \cdots$，所以必有某个 $p \geq 5$，使得 $3 \mid (4a_p+1) \Rightarrow a_p \geq 2$，因此 $x_p \leq \dfrac{9}{25}$，因此

$$x_3 x_5 x_7 x_{11} \cdots \leq \frac{5}{3} \cdot \frac{9}{25} < 1$$

矛盾，因此 $m = 1, 3^8, 5^4, (3^8 \cdot 5^4)$ 为全部解.

> **2.22** 证明：任意小于 $n!$ 的正整数都可以表示成为不超过 n 个 $n!$ 的因子之和.

证明 令 $a_k = \dfrac{n!}{k!}$，则 $n! = a_1 > a_2 > a_3 > \cdots > a_n = 1$，对整数 $a_k \leq m < a_{k-1}$，令 $d = a_k \left[\dfrac{m}{a_k}\right]$，我们有 $0 \leq m - d < a_k$，$\left[\dfrac{m}{a_k}\right] < \dfrac{a_{k-1}}{a_k} = k$，因此 $\dfrac{n!}{d} = \dfrac{k!}{[m/a_k]}$ 是整数，所以 $d \mid n!$，也就是说我们可以把 m 减去一个 $n!$ 的因子，得到一个小于 a_k 的整数.

我们从任意一个小于 $a_1 = n!$ 的整数 m 开始，根据上面的讨

论,可以减去一个 $n!$ 的因子,得到一个小于 a_2 的整数;再可以减去一个 $n!$ 的因子,得到一个小于 a_3 的整数;…;最后得到 0,这样就可以把 m 表示成为不超过 n 个 $n!$ 的因子之和.

2.23 计算 $2\,006, 2\,007, \cdots, 4\,012$ 的最大奇数因子之和.

解 我们用 $p(n)$ 表示 n 的最大奇数因子,这样 n 都可以表示成为 $2^k p(n)$ 这样的形式,所以如果两个整数 a, b 满足 $p(a) = p(b)$,则其中一个肯定是另外一个的倍数. 而 $2\,007, \cdots, 4\,012$ 这 $2\,006$ 个数中没有一个是另外一个的倍数,所以 $p(2\,007)$,$p(2\,008), \cdots, p(4\,012)$ 是 $2\,006$ 个不同的奇数. 但是小于 $4\,012$ 的奇数正好是 $2\,006$ 个,所以 $p(2\,007), p(2\,008), \cdots, p(4\,012)$ 恰好取遍小于 $4\,012$ 的所有奇数,因此
$$p(2\,007) + p(2\,008) + \cdots + p(4\,012) = 2\,006^2$$
故 $2\,006, 2\,007, \cdots, 4\,012$ 的最大奇数因子之和等于
$$1\,003 + 2\,006^2 = 1\,003 \times 4\,013 = 4\,025\,039$$

2.24 已知 $n = 2^{31} 3^{19}$,有多少 n^2 的小于 n 的因子不能整除 n?

解法 1 $n^2 = 2^{62} 3^{38}$ 共有 $63 \times 39 = 2\,457$ 个因子,其中除了 n 以外正好有一半小于 n,也就是说有 $1\,228$ 个小于 n,而 n 的除 n 本身以外的 $32 \times 20 - 1 = 640 - 1 = 639$ 个因子也包含其中,所以 n^2 的小于 n 但不能整除 n 的因子共 $1\,228 - 639 = 589$,正是 31×89.

解法 2 n^2 的因子 d 当且仅当满足如下条件时,正好是小于 n 且不能整除 n.
$$d = 2^{31+a} 3^{19-b}, 2^a < 3^b \text{ 或者 } d = 2^{31-a} 3^{19+b}, 2^a > 3^b$$
(其中 $1 \leqslant a \leqslant 31, 1 \leqslant b \leqslant 19$). 由于 2^a 与 3^b 不可能相等,所以任何一对 (a, b) 都恰好对应一个 d,所以这样的因子正好有 $31 \times 19 = 589$ 个.

2.25 证明:正整数 n 的正约数的个数不超过 $2\sqrt{n}$.

(第 23 届莫斯科数学奥林匹克,1960 年)

证明 设 d_1 是 n 的一个正约数,则 $d_2 = \dfrac{n}{d_1}$ 也是 n 的一个正

约数. 于是
$$\min\{d_1, d_2\} \leqslant \sqrt{n}$$

把 n 的所有正约数两两配对(当 n 为完全平方数时, $\sqrt{n}$ 除外), 从而正约数的总个数不超过 $\sqrt{n} + \sqrt{n} = 2\sqrt{n}$.

2.26 m 是一个正整数, 求所有有序正整数对 (a, b), 使得 $a+b$ 是 $a^{2m}+b^{2m}$ 的一个因数.

解 记 $d = (a, b)$ (a, b 的最大公因数), 那么, 存在正整数 A, B 使得
$$a = dA, b = dB \qquad ①$$
这里 A, B 互质.

因为 $A+B$ 是 $A^{2m}-B^{2m}$ 的因数(利用 $A+B$ 是 A^2-B^2 的因数, A^2-B^2 是 $A^{2m}-B^{2m}$ 的因数). 那么, 有
$$A^{2m}+B^{2m} = 2A^{2m}+(B^{2m}-A^{2m}) \equiv 2A^{2m} (\bmod(A+B))$$
$$A^{2m}+B^{2m} = (A^{2m}-B^{2m})+2B^{2m} \equiv 2B^{2m} (\bmod(A+B)) \quad ②$$
因而 $a+b$ 整除 $a^{2m}+b^{2m}$ 当且仅当 $d(A+B)$ 整除 $d^{2m}(A^{2m}+B^{2m})$, 即等价于 $A+B$ 整除 $d^{2m-1}(A^{2m}+B^{2m})$. 利用 ② 可以知道, $a+b$ 整除 $a^{2m}+b^{2m}$ 当且仅当 $A+B$ 整除 $d^{2m-1}(2A^{2m}, 2B^{2m})$. 由于 $(A, B) = 1$, 则 $(A^{2m}, B^{2m}) = 1$, $(2A^{2m}, 2B^{2m}) = 2$. 那么, 我们有以下结论: $a+b$ 整除 $a^{2m}+b^{2m}$ 当且仅当 $A+B$ 整除 $2d^{2m-1}$.

那么 d 如何来确定呢? 我们从互质的正整数 A, B 着手.

任取两个互质的正整数 A, B, 利用 $A+B$ 的质因子分解, 一定能找到最小的正整数 D, 使得 $A+B$ 整除 $2D^{2m-1}$, 一个正整数 d 满足 $A+B$ 整除 $2d^{2m-1}$, 则容易明白 D 一定是 d 的因数. 因此, 满足题目要求的所有有序正整数对
$$(a, b) = (kDA, kDB) \qquad ③$$
这里 A, B 是任意互质的正整数, k 是任意一个正整数, D 是满足 $A+B$ 整除 $2D^{2m-1}$ 的最小的正整数.

2.27 设 $n > 1, m = 2^{n-1}(2^n-1)$, 证明: 任何一个 $k(1 \leqslant k \leqslant m)$ 都可以表示成 m 的(部分或全部)不同因数的和.

证明 当 $1 \leqslant k \leqslant 2^n - 1$ 时, 由于
$$a_0 + a_1 \cdot 2 + \cdots + a_{n-1} \cdot 2^{n-1}, a_i = 0 \text{ 或 } 1, i = 0, 1, \cdots, n-1$$
正好给出了 $0, 1, 2, \cdots, 2^n - 1$, 所以此时 k 是 2^{n-1} 的不同因数 1,

$2,\cdots,2^{n-1}$ 的部分或全部的和.

再设 $2^n - 1 < k \leq m$,有
$$k = (2^n - 1)t + r, 0 \leq r < 2^n - 1, t \leq 2^{n-1} \quad ①$$

由于 r 和 t 都是 $1,2,\cdots,2^{n-1}$ 中一些数的和,可设
$$t = t_1 + \cdots + t_u, 1 \leq t_1 < t_2 < \cdots < t_u \leq 2^{n-1}$$
$$r = r_1 + \cdots + r_v, 1 \leq r_1 < r_2 < \cdots < r_v \leq 2^{n-1}$$

代入 ① 得
$$k = (2^n - 1)t_1 + \cdots + (2^n - 1)t_u + r_1 + \cdots + r_v \quad ②$$
$$(2^n - 1)t_j \mid m, j = 1, \cdots, u$$

因 $n > 1$,所以
$$(2^n - 1)t_j \geq 2^n - 1 > 2^{n-1}$$

② 表明 k 表成了 m 的部分或全部不同因数的和.

2.28 (1) 对于每一个整数 $k = 1,2,3$,求一个整数 n,使 $n^2 - k$ 的正因数的个数为 10.

(2) 证明:对于所有整数 n,$n^2 - 4$ 的正因数的个数不是 10.

(第 12 届土耳其国家数学奥林匹克,2004)

证明 (1) $k = 1, 2^4 \times 3 + 1 = 7^2$
$$k = 2, 7^4 \times 23 + 2 = 235^2$$
$$k = 3, 37^4 \times 13 + 3 = 4\ 936^2$$

(2) 假设存在 n,使 $n^2 - 4$ 有 10 个因数.

ⅰ 若 $n^2 - 4 = p^9$(p 为质数),即 $(n-2)(n+2) = p^9$,令 $n - 2 = p^i, n + 2 = p^j (i < j)$,则
$$p^j - p^i = 4$$

a. 当 $i = 0$ 时,$p^9 = 5$ 无解.

b. 当 $i \geq 1$ 时,$p \mid 4$,故 $p = 2$. 又 $2^5 - 2^4 > 4$,所以,无解.

ⅱ 若 $n^2 - 4 = p_1^4 p_2$(p_1, p_2 为质数,且 $p_1 \neq p_2$),即
$$(n-2)(n+2) = p_1^4 p_2$$

当 $(n-2, n+2) = 1$ 时

a. $n - 2 = 1$,则 $n + 2 = 5$,无解.

b. $n - 2 = p_1^4, n + 2 = p_2$,则 $p_2 - p_1^4 = 4$.

如果 $p_1 = 5$,则 $p_2 = 629 = 17 \times 37$,矛盾.

如果 $p_1 \neq 5$,则
$$p_1^4 \equiv 1 \pmod{5}, p_2 \equiv p_1^4 + 4 \equiv 0 \pmod 5$$

故 $p_2 = 5, p_1^4 = 1$,无解.

c. $n - 2 = p_2, n + 2 = p_1^4$,则

$$p_1^4 - p_2 = 4 \Leftrightarrow (p_1^2 - 2)(p_1^2 + 2) = p_2$$

所以, $p_1^2 - 2 = 1, p_1^2 = 3$, 无解.

当 $(n-2, n+2) > 1$ 时, 又 $(n+2) - (n-2) = 4$, 则 $p_1 = 2 \Rightarrow p_2$ 为奇数. 故 $n^2 = 16 p_2 + 4$. 所以, $2 \mid n$.

设 $n = 2m$, 则 $m^2 = 4p_2 + 1 \equiv 5 \pmod{8}$, 矛盾.

因此, 不存在 $n \in \mathbf{Z}$, 使 $n^2 - 4$ 有 10 个正因数.

2.29 证明:对任意的正整数 n, 有不等式 $\lg n \geqslant k \lg 2$, 其中 $\lg n$ 是数 n 的以 10 为底的对数, k 是 n 的不同的素因子的个数.

(匈牙利数学奥林匹克, 1896 年)

证明 (1) 当 $n = 1$ 时, $k = 0$.
$$\lg n = \lg 1 \geqslant 0 \cdot \lg 2 = k \lg 2$$
显然成立.

(2) 当 $n > 1$ 时, 设 n 的标准分解式为
$$n = p_1^{\alpha_1} p_2^{\alpha_2} \cdots p_k^{\alpha_k}$$
其中 p_i 是素数, α_i 是正整数, $i = 1, 2, \cdots, k$.

由于 $p_i \geqslant 2, i = 1, 2, \cdots, k$, 则
$$n \geqslant 2^{\alpha_1} 2^{\alpha_2} \cdots 2^{\alpha_k} = 2^{\alpha_1 + \alpha_2 + \cdots + \alpha_k} \geqslant 2^k$$
即
$$\lg n \geqslant k \lg 2$$

2.30 一个大于 1 的自然数, 如果它恰好等于其不同真因子 (除 1 及其本身的因子) 的积, 那么称它为"好的". 求前十个"好的"自然数的和.

(第 5 届美国数学邀请赛, 1987 年)

解 设 k 是一个正整数, 令
$$1, d_1, d_2, \cdots, d_{n-1}, d_n, k$$
为 k 的所有的因子, 且按递增顺序排列.

由此可得
$$1 \cdot k = d_1 d_n = d_2 \cdot d_{n-1} = \cdots \quad ①$$

若 k 是"好的", 则 k 等于它的所有不同真因子之积, 即有 $k = d_1 d_2 \cdots d_n$.

又由式 ①
$$k = d_1 d_n$$
则
$$d_1 d_n = d_1 d_2 \cdots d_{n-1} d_n$$

即
$$d_n = d_2 \cdots d_{n-1} d_n$$
于是
$$n = 2$$
即 k 的全部真因子为 $d_1 \cdot d_2$.

显然,d_1 为素数.否则,若 d_1 是合数,则 d_1 的素因子 p 必在上面的因数递增数列中出现,且应有 $1 < p < d_1$,这是不可能的.

同理,d_2 也必须为素数或者 d_1 的平方.否则,若 d_2 为合数且不为 d_1 的平方,则在 1 和 d_2 之间不可能只有一个素数 d_1.

所以 k 或是两个不同素数 d_1 和 d_2 的积 $d_1 d_2$,或是一个素数的立方 d_1^3.

这样,我们很容易列出前 10 个"好数"
$$6,8,10,14,15,21,22,26,27,33$$
它们的和为 182.

> **2.31** 设 $d_1, d_2, \cdots, d_k$ 为正整数 n 的全部因数
> $$1 = d_1 < d_2 < d_3 < \cdots < d_k = n$$
> 求出使 $k \geqslant 4$,并且 $d_1^2 + d_2^2 + d_3^2 + d_4^2 = n$ 的所有 n.
> (第 6 届巴尔干数学竞赛,1989 年)

解 如果 n 为奇数,则它的因数 $d_1, d_2, \cdots, d_k$ 全为奇数,而四个奇数的平方和 $d_1^2 + d_2^2 + d_3^2 + d_4^2$ 为偶数不可能等于奇数 n.所以 n 为偶数,于是
$$d_1 = 1, d_2 = 2$$
如果 n 是 4 的倍数,则
$$4 \in \{d_3, d_4\}$$
这样,在前四个因数 d_1, d_2, d_3, d_4 的平方中,已有两个(2^2 和 4^2)为 4 的倍数,1 个为 1,如果另一个因数为奇数,则它的平方被 4 除余 1,这时,$d_1^2 + d_2^2 + d_3^2 + d_4^2$ 为 $4k + 2$ 型的数,n 不是 4 的倍数;如果另一个因数为偶数,则它的平方能被 4 整除,这时 $d_1^2 + d_2^2 + d_3^2 + d_4^2$ 为 $4k + 1$ 型的数,n 也不是 4 的倍数.

所以 n 是偶数,但不是 4 的倍数.

设 $n = 2m$,m 为奇数.

d_3 应是 m 的最小质因数,因此 d_3 为奇数,这时,$d_1 = 1$,$d_2 = 2$,d_3 为奇数,d_4 为偶数,从而由题设有
$$d_4 = 2 d_3$$
于是 $n = 1^2 + 2^2 + d_3^2 + 4 d_3^2 = 5 + 5 d_3^2$
从而 5 是 n 的约数.

由于 $d_4 \neq 4$,所以 $d_4 \geqslant 6$.

从而 $d_3 = 5, d_4 = 10$,则
$$n = 1^2 + 2^2 + 5^2 + 10^2 = 130$$

2.32 对于怎样的 k,可以找到这样的自然数,使其等于自己的 k 个互不相同的正约数之和?

(前苏联教育部推荐试题,1988 年)

解 显然,$k = 1$ 是可以的.
当 $k = 2$ 时,令
$$n = a + b, a \mid n, b \mid n$$
于是必有
$$b \mid a, a \mid b$$
从而 $a = b$,与题目条件相矛盾.
所以 $k \neq 2$.
下面用数学归纳法证明:对所有的正整数 $k \geqslant 3$,都可以找到自然数,使其等于自己的 k 个互不相同的正约数之和.
对 $k = 3$,我们有
$$6 = 3 + 2 + 1$$
假设 $k = s$ 时,结论成立,即存在这样的自然数 n,当
$$m_1 > m_2 > \cdots > m_s$$
有
$$m_i \mid n, i = 1,2,\cdots,s$$
$$n = m_1 + m_2 + \cdots + m_s$$
令 $n = am_s$,则
$$(1 + a)n = (1 + a)m_1 + (1 + a)m_2 + \cdots +$$
$$(1 + a)m_{s-1} + am_s + m_s$$
于是 $(1 + a)n$ 表示成自己的 $s + 1$ 个互不相同的正约数之和.
从而证明了 $k \geqslant 3$ 时结论成立.
综上可得,k 可以是除了 2 以外的所有自然数.

2.33 如果一个正整数具有 21 个正因数,问这个正整数最小是什么?

解 这个问题分两步解决.
首先设正整数 N 的素因数分解式为
$$N = p_1^{l_1} p_2^{l_2} \cdots p_k^{l_k}$$
其中 $l_i \geqslant 1 (i = 1,2,\cdots,k)$,$p_1, p_2, \cdots, p_k$ 是互异素数.我们来计算 N 的正因数的个数.显然,N 的正因数是 $d = p_1^{m_1} p_2^{m_2} \cdots p_k^{m_k}$,其中 $0 \leqslant m_1 \leqslant l_1, 0 \leqslant m_2 \leqslant l_2, \cdots, 0 \leqslant m_k \leqslant l_k$. 当 m_i 取遍 $0,1,2,\cdots,$

心得 体会 拓广 疑问

l_i 诸数时,d 取遍 N 的正因数,因此,N 的正因数的个数是

$$\prod_{i=1}^{k}(l_i+1) = (l_1+1)(l_2+1)\cdots(l_k+1)$$

其次,设正整数 N 有 21 个正因数.如仍设

$$N = p_1^{l_1} p_2^{l_2} \cdots p_k^{l_k}$$

那么就有

$$(l_1+1)(l_2+1)\cdots(l_k+1) = 21 = 3 \times 7 \times 1 \times \cdots \times 1$$

所以 $l_1+1 = 3, l_2+1 = 7, l_3+1 = 1, \cdots, l_k+1 = 1$

得 $l_1 = 2, l_2 = 6, l_3 = \cdots = l_k = 0$

因此,具有 21 个正因数的正整数 N 必具如下形式

$$N = p_1^2 \cdot p_2^6$$

若取 $p_1 = 3, p_2 = 2$,则

$$N = 2^6 \cdot 3^2 = 576$$

是满足条件的最小正整数.

2.34 假设 $n = 2^{p-1}(2^p-1)$,这里 2^p-1 是素数.证明:数 n 的所有不等于 n 本身的约数之和恰好等于 n.

(匈牙利数学奥林匹克,1903 年)

证明 设 $q = 2^p - 1$ 为素数.

数 $n = 2^{p-1}q$ 的一切小于它本身的约数为

$$1, 2, 2^2, \cdots, 2^{p-2}, 2^{p-1}, q, 2q, 2^2q, \cdots, 2^{p-2}q$$

由于

$$1 + 2 + 2^2 + \cdots + 2^{p-2} + 2^{p-1} = 2^p - 1 = q$$
$$q + 2q + 2^2q + \cdots + 2^{p-2}q = (2^{p-1}-1)q$$

则 n 的一切小于它本身的约数之和为

$$2^p - 1 + (2^{p-1}-1)(2^p-1) =$$
$$2^{p-1}(2^p-1) = n$$

2.35 求 $N = 19^{88} - 1$ 的所有形如 $d = 2^a \cdot 3^b$(a,b 为自然数)的因子 d 之和.

(奥地利数学竞赛,1988 年)

解 $N = 19^{88} - 1 = (20-1)^{88} - 1 = (4 \cdot 5 - 1)^{88} - 1 =$
$$-C_{88}^1 4 \cdot 5 + C_{88}^2 4^2 \cdot 5^2 -$$
$$C_{88}^3 4^3 \cdot 5^3 + \cdots - C_{88}^{87} 4^{87} 5^{87} +$$
$$C_{88}^{88} 4^{88} 5^{88} = -2^5 \cdot 55 + 2^6 M =$$
$$2^5(-55 + 2M)$$

其中,M 为整数.

所以,N 的标准分解式中,2 的最高次幂是 5.

另一方面
$$N = (2 \cdot 9 + 1)^{88} - 1 = C_{88}^1 2 \cdot 9 + C_{88}^2 2^2 \cdot 9^2 + \cdots + C_{88}^{88} 2^{88} \cdot 9^{88} = 3^2 \cdot 2 \cdot 88 + 3^3 \cdot T = 3^2(2 \cdot 88 + 3T)$$

其中 T 为整数.

所以,在 N 的标准分解式中,3 的最高次幂是 2,即
$$N = 2^5 \cdot 3^2 \cdot L$$

其中 L 中没有因数 2 和 3.

于是,N 中所有形如 $d = 2^a \cdot 3^b$ 的因子之和为
$$(2 + 2^2 + 2^3 + 2^4 + 2^5)(3 + 3^2) = 744$$

2.36 已给一个正整数的所有正因数的乘积,是否总能唯一确定这个正整数.

(加拿大数学奥林匹克训练题,1988 年)

解 设 d 为 n 的因数,则 $\dfrac{n}{d}$ 也是 n 的因数.

又设 $P(n)$ 为 n 的所有正因数的乘积,即
$$P(n) = \prod_{d \mid n} d$$

又有
$$P^2(n) = \prod_{d \mid n} d \cdot \prod_{d \mid n} \frac{n}{d} = n^{\tau(n)}$$

其中,$\tau(n)$ 是 n 的正因数的个数,从而
$$P(n) = n^{\frac{\tau(n)}{2}}$$

若有 m,n 满足 $m^{\frac{\tau(m)}{2}} = n^{\frac{\tau(n)}{2}}$,即
$$m^{\tau(m)} = n^{\tau(n)} \qquad ①$$

这表明,m 和 n 的素因数完全相同,并且每个素因数 p 在 m 的分解式中出现的次数与 n 的分解式中出现的次数的比是 $\tau(n) : \tau(m)$.

若 $\tau(n) > \tau(m)$,则每一个素因数 p 在 m 的分解式中出现的次数大于在 n 的分解式中出现的次数,从而 m 的因数个数 $\tau(m)$ 大于 n 的因数个数 $\tau(n)$,出现矛盾,所以 $\tau(n) \leqslant \tau(m)$.同理
$$\tau(n) \geqslant \tau(m)$$

于是
$$\tau(n) = \tau(m)$$

从而由式 ① 得
$$m = n$$

因此由因数的乘积 $P(n) = n^{\frac{\tau(n)}{2}}$ 可以唯一确定 n.

> **2.37** 求出所有的正整数 n，使得 n 能被所有不大于 $\sqrt{n}$ 的正整数整除.

解法 1 易见，对于每个正整数 n，存在唯一的正整数 q，使得
$$q^2 \leqslant n < (q+1)^2$$
于是，每个正整数 n 能唯一地表示成形式
$$n = q^2 + r, 0 \leqslant r \leqslant 2q \qquad ①$$
$q \leqslant \sqrt{n}$，故依题设 $q \mid n$，结合 ① 即知 $q \mid r$，于是 $r = 0, q$ 或 $2q$，即 n 具有形式
$$n = q^2, q^2 + q, q^2 + 2q$$
若 $q = 1$，则 $n = 1, 2, 3$.
若 $q \geqslant 2$，则又已知 $(q-1) \mid n$. 故当 $n = q^2$ 时，由
$$q^2 = (q+1)(q-1) + 1$$
可知 $(q-1) \mid 1$，即 $q = 2$. 类似地，当 $n = q^2 + q$ 时，有 $q = 2$ 或 3；当 $n = q^2 + 2q$ 时，有 $q = 2$ 或 4.

综上所述，n 的值只可能是 $1, 2, 3, 4, 6, 8, 12, 24$. 经检验，它们都是本题的解.

解法 2 设 q 为不大于 $\sqrt{n}$ 的最大整数.
若 $q \geqslant 2$，则依题设 $(q-1) \mid n, q \mid n$. 由于 $(q-1, q) = 1$，故 $(q-1)q \mid n$. 又注意到 $(q-1)q < q^2 \leqslant n$，于是有
$$2(q-1)q \leqslant n = (\sqrt{n})^2 < (q+1)^2$$
解得 $q \leqslant 4$.

于是 q 只可能是 $1, 2, 3, 4$，亦即 $n < 25$. 最后我们对小于 25 的正整数进行检验，即可得到本题的 8 个解：$1, 2, 3, 4, 6, 8, 12, 24$.

> **2.38** 证明：任何不大于 $n!$ 的正整数都可以表示成不多于 n 个数的和，在这些加数中，没有两个是相同的，而且每一个都是 $n!$ 的因数.

证明 对 n 用归纳法. $n = 1$ 时，显然. 设命题对于 n 成立. 设正整数 $a \leqslant (n+1)!$，作带余除法，$a = q(n+1) + r, q \leqslant n!$，$0 \leqslant r < n+1$. 依归纳假设，$q$ 可表达 $q = q_1 + q_2 + \cdots + q_l$，其中 $l \leqslant n, q_i$ 为 $n!$ 的不同因数. 于是
$$a = q_1(n+1) + q_2(n+1) + \cdots + q_l(n+1) + r$$
这个和中加数不多于 $n+1$ 个，每一个都是 $(n+1)!$ 的因数，且互不相同.

2.39 设 $\tau(n)$ 表示正整数 n 的正因数的个数. 证明: 存在无穷多个正整数 a, 使得方程 $\tau(an) = n$ 成立.

(国际数学奥林匹克预选题, 2004 年)

证明 如果对于某个正整数 n, 有 $\tau(an) = n$, 则
$$a = \frac{an}{\tau(an)}$$
于是关于正整数 k 的方程 $\dfrac{k}{\tau(k)} = a$ 有解.

因此只须证明若质数 $p \geq 5$, 则方程 $\dfrac{k}{\tau(k)} = p^{p-1}$ 没有正整数解.

设 n 在区间 $[1, \sqrt{n}]$ 内有 k 个因数, 则在区间 $(\sqrt{n}, n]$ 内至多有 k 个因数. 事实上, 如果 d 是一个比 $\sqrt{n}$ 大的 n 的因数, 则 $\dfrac{n}{d}$ 就是一个比 $\sqrt{n}$ 小的 n 的因数, 故
$$\tau(n) \leq 2k \leq 2\sqrt{n}$$

假设对于某个质数 $p \geq 5$, 方程 $\dfrac{k}{\tau(k)} = p^{p-1}$ 有正整数解 k, 则 k 能被 p^{p-1} 整除. 设 $k = p^\alpha s$, 其中 $\alpha \geq p-1$, p 不能整除 s. 于是, 有
$$\frac{p^\alpha s}{(\alpha+1)\tau(s)} = p^{p-1}$$
若 $\alpha = p-1$, 则 $s = p\tau(s)$, 所以, p 整除 s, 矛盾.

若 $\alpha \geq p+1$, 则
$$\frac{p^{p-1}(\alpha+1)}{p^\alpha} = \frac{s}{\tau(s)} \geq \frac{s}{2\sqrt{s}} = \frac{\sqrt{s}}{2}$$
因为对于所有 $p \geq 5$, $\alpha \geq p+1$, 有 $2(\alpha+1) < p^{\alpha-p+1}$ (对 α 用数学归纳法容易证明)

所以可得 $s < 1$, 矛盾.

若 $\alpha = p$, 则
$$ps = (p+1)\tau(s)$$
特别地, p 整除 $\tau(s)$, 所以
$$p \leq \tau(s) \leq 2\sqrt{s}$$
于是
$$\sqrt{s} = \frac{s}{\sqrt{s}} \leq \frac{2s}{\tau(s)} = \frac{2(p+1)}{p}$$
从而
$$p \leq 2\sqrt{s} \leq \frac{4(p+1)}{p}$$
对于 $p \geq 5$ 而言, 这是不可能的.

第3章 最大公约数与最小公倍数

此处字母均表示整数.

定理 设 $n_i = p_1^{\alpha_{i1}} p_2^{\alpha_{i2}} \cdots p_k^{\alpha_{ik}} (i = 1, 2, \cdots, t)$.

注 α_{ij} 为正整数或零.

则 $n_1, n_2, \cdots, n_t$ 的最大公约数为

$$(n_1, n_2, \cdots, n_t) = \prod_{j=1}^{k} p_j^{\min(\alpha_{1j}, \alpha_{2j}, \cdots, \alpha_{tj})}$$

最小公倍数为

$$[n_1, n_2, \cdots, n_t] = \prod_{j=1}^{k} p_j^{\max(\alpha_{1j}, \alpha_{2j}, \cdots, \alpha_{tj})}$$

特别地,有 $(a, b)[a, b] = ab$

(a, b) 称为 a 与 b 互质(或互素).

定理 $(a, b) = 1 \Leftrightarrow$ 存在 m, n,使 $am + bn = 1$.

3.1 设 $m > 0, n > 0$,且 m 是奇数,则

$$(2^m - 1, 2^n + 1) = 1$$

证明 设 $(2^m - 1, 2^n + 1) = d$,于是可设

$$2^m = dk + 1, k > 0 \qquad ①$$

和

$$2^n = dl - 1, l > 0 \qquad ②$$

① 式和 ② 式分别自乘 n 次和 m 次得

$$2^{nm} = (dk + 1)^n = td + 1, t > 0 \qquad ③$$

和

$$2^{nm} = (dl - 1)^m = ud - 1, u > 0 \qquad ④$$

由 ③ 和 ④ 得 $(u - t)d = 2$

故 $d \mid 2$

$d = 1$ 或 2,而 $2^m - 1$ 和 $2^n + 1$ 都是奇数,因此 $d = 1$.

3.2 n 取所有正整数,求集合 $\{16^n + 10n - 1\}$ 所有元素的最大公因数.

解 设 d 是所有元素的最大公因数,$n = 1$ 时,$16^1 + 10 - 1 = 25$,因此 $d \mid 25$. 由于 $16^n = (15 + 1)^n \equiv 1 + 15n \pmod{25}$,所以

$16^n + 10n - 1 \equiv 25n \equiv 0 \pmod{25}$,故 $d = 25$.

3.3 n 个不同的正整数中 a, A 分别是其中最小数,最大数. c, C 分别是他们的最大公因数和最小公倍数,证明:$C \geqslant na$ 且 $c \leqslant \dfrac{A}{n}$.

证明 假设这 n 个正整数为
$$a = a_1 < a_2 < a_3 \cdots < a_n = A \Rightarrow \frac{C}{a} = \frac{C}{a_1} > \frac{C}{a_2} > \cdots > \frac{C}{a_n}$$
$\dfrac{C}{a}$ 大于 $n-1$ 个不同的正整数,因此
$$\frac{C}{a} \geqslant n \Rightarrow C \geqslant na$$
$$\frac{a_1}{c} < \frac{a_2}{c} < \frac{a_3}{c} < \cdots < \frac{a_n}{c} = \frac{A}{c}$$
$\dfrac{A}{c}$ 大于 $n-1$ 个不同的正整数,因此
$$\frac{A}{c} \geqslant n \Rightarrow \frac{A}{n} \geqslant c$$

3.4 求三个不同正整数 l, m, n,使得 $(m, n)^2 = m + n$,$(n, l)^2 = n + l$,$(l, m)^2 = l + m$.

解 $(l, m, n) = d, l = dl_1, m = dm_1, n = dn_1$
$$d_{lm} = (l_1, m_1), d_{mn} = (m_1, n_1), d_{nl} = (n_1, l_1)$$
代入已知条件我们有
$$dl_1 + dm_1 = d^2 d_{lm}^2 \Rightarrow l_1 + m_1 = dd_{lm}^2$$
同理 $\quad m_1 + n_1 = dd_{mn}^2, n_1 + l_1 = dd_{nl}^2$
因此 $\quad 2(l_1 + m_1 + n_1) = d(d_{lm}^2 + d_{mn}^2 + d_{nl}^2)$
结合 $l_1 + m_1 = dd_{lm}^2$,我们得到 $d \mid 2n_1$.同理可得 $d \mid 2m_1, d \mid 2l_1$,由于 $(l_1, m_1, n_1) = 1$,故 $d = 1$ 或 2.注意到 d_{lm}, d_{mn}, d_{nl} 两两互素,我们不妨设 $l_1 = l_2 d_{lm} d_{nl}, m_1 = m_2 d_{lm} d_{mn}, n_1 = n_2 d_{mn} d_{nl}$,代入上式可得 $m_2 d_{lm} + n_2 d_{nl} = d d_{mn}$,不失一般性,我们假设 $d_{mn} = \min\{d_{lm}, d_{mn}, d_{nl}\}$,此时有
$$2d_{mn} \geqslant dd_{mn} = m_2 d_{lm} + n_2 d_{nl} \geqslant d_{lm} + d_{nl} \geqslant 2d_{mn}$$
因此等号成立,所以
$$d = 2, d_{lm} = d_{mn} = d_{nl} = 1, l_2 = m_2 = n_2 = 1$$
因此只能有 $l_1 = m_1 = n_1 = 1 \Rightarrow l = m = n = 2$,矛盾.因此,此问

题无解.

> **3.5** 设 $a_1, a_2, \cdots, a_n$ 为正整数,均不超过 $2n$, $n \neq 4$. 证明
> $$\min_{1 \leqslant i < j \leqslant n}[a_i, a_j] \leqslant 6\left(\left[\frac{n}{2}\right] + 1\right)$$
> 记号 $[a_i, a_j]$ 表示 a_i 和 a_j 的最小公倍数.
>
> (中国国家集训队训练题,1990 年)

证明 (1) 若 $a_1, a_2, \cdots, a_n$ 中有一个是另一个的倍数,则
$$\min_{1 \leqslant i < j \leqslant n}[a_i, a_j] \leqslant 2n \leqslant 6\left(\left[\frac{n}{2}\right] + 1\right)$$
成立.

(2) 若 $a_1, a_2, \cdots, a_n$ 中每一个均不是其他数的倍数.

若 $a_i \leqslant n$,则用 $2a_i$ 代替 a_i,于是总可以假定
$$\{a_1, a_2, \cdots, a_n\} = \{n+1, n+2, \cdots, 2n\} = A$$

ⅰ 若 $2 \mid n+1$,则
$$\frac{3}{2}(n+1) \in A$$
$$\min_{1 \leqslant i < j \leqslant n}[a_i, a_j] \leqslant \left[n+1, \frac{3}{2}(n+1)\right] =$$
$$3(n+1) = 6\left(\left[\frac{n}{2}\right] + 1\right)$$

ⅱ 若 $2 \mid n+2$.

当 $n > 4$ 时
$$\frac{3}{2}(n+2) \in A$$
$$\min_{1 \leqslant i < j \leqslant n}[a_i, a_j] \leqslant \left[n+2, \frac{3}{2}(n+2)\right] =$$
$$3(n+2) = 6\left(\left[\frac{n}{2}\right] + 1\right)$$

当 $n = 2$ 时, $A = \{3, 4\}$,则
$$[3, 4] = 12 = 6\left(\left[\frac{n}{2}\right] + 1\right)$$

由以上,命题得证.

3.6 若 $n, a_1, a_2, \cdots, a_k$ 是整数,$n \geqslant a_1 > a_2 > \cdots > a_k > 0$,且对于所有的 i 和 j,a_i 和 a_j 的最小公倍数不超过 n.证明:对于 $1 \leqslant i \leqslant k, ia_i \leqslant n$.

(加拿大数学奥林匹克训练题,1992 年)

证明 我们对 i 用数学归纳法.
(1) 当 $i = 1$ 时,由题设 $a_1 \leqslant n$,所以 $i = 1$ 时结论正确.
(2) 假设结论对小于等于 $i - 1$ 的正整数都成立.
若对于某些整数 p 和 q
$$[a_{i-1}, a_i] = qa_{i-1} = qa_i$$
因为 $a_{i-1} > a_i$,则 $q > p$.如果 $q < i$,则
$$i(q - p) \geqslant i > q$$
即
$$(i - 1)q > ip, \frac{p}{q} < \frac{i-1}{i}$$
由归纳假设可推出
$$ia_i = ia_{i-1} \cdot \frac{p}{q} < ia_{i-1} \cdot \frac{i-1}{i} = (i-1)a_{i-1} \leqslant n$$
如果 $q \geqslant i$,则由归纳假设有
$$ia_i \leqslant qa_i = [a_{i-1}, a_i] \leqslant n$$
于是结论对 i 成立.
由(1)(2),对所有的 $1 \leqslant i \leqslant k, ia_i \leqslant n$ 成立.

3.7 (1) 对什么样的自然数 $n > 2$,有一个由 n 个相继自然数组成的集合,使得集合中最大一个数是其余 $n - 1$ 个数的最小公倍数的约数.

(2) 对什么样的自然数 $n > 2$,恰有一个集合具有上述性质?

(第 22 届国际数学奥林匹克,1981 年)

解法 1 (1) 首先,我们证明 $n \neq 3$.
否则,设 3 个相继自然数的集合为 $\{r, r+1, r+2\}$ 具有题中要求的性质
$$r + 2 \mid r(r+1)$$
由于
$$(r+1, r+2) = 1$$
所以
$$r + 2 \mid r$$
这是不可能的.
下面分 n 为奇偶数讨论 $n \geqslant 4$ 的情形.

ⅰ 若 $n = 2k$,则 $n-1$ 是奇数,此时 n 个数的集合 $\{n-1, n, n+1, \cdots, 2n-2\}$ 满足题目要求.

ⅱ 若 $n = 2k+1$,则 $n-2$ 是奇数,此时 n 个数的集合 $\{n-3, n-2, n-1, \cdots, 2n-4\}$ 满足题目要求.

由 ⅰ,ⅱ 可知,当 $n \geqslant 4$ 时,总有一个由 n 个相继自然数组成的集合满足题目要求.

(2) 首先证明:当 $n \geqslant 5$ 时,满足题目要求的 n 个相继自然数的集合至少有两个.

当 $n = 5$ 时,集合 $\{2,3,4,5,6\}$ 和 $\{8,9,10,11,12\}$ 都满足题目要求;

当 $n = 7$ 时,集合 $\{4,5,6,7,8,9,10\}$ 和 $\{6,7,8,9,10,11,12\}$ 都满足题目要求;

当 n 为大于等于 9 的奇数时,除 ① 中指出的 $\{n-3, n-2, n-1, \cdots, 2n-4\}$ 之外,$\{n-7, n-6, n-5, \cdots, 2n-8\}$ 也满足题目要求.

当 n 为 $\geqslant 6$ 的偶数时,除 (1) 中指出的 $\{n-1, n, n+1, \cdots, 2n-2\}$ 之外,$\{n-5, n-4, n-3, \cdots, 2n-6\}$ 也满足题目要求.

因此,$n \geqslant 5$ 时,至少有两个满足题目要求的 n 个相继自然数的集合.

下面证明:当 $n = 4$ 时,只有唯一的集合 $\{3,4,5,6\}$ 满足题目要求.

设 $\{k, k+1, k+2, k+3\}$ 满足题目要求,则 $k+3$ 能整除 $k, k+1, k+2$ 的最小公倍数.

因为 $(k+2, k+3) = 1$,所以又有 $k+3$ 能整除 k 和 $k+1$ 的最小公倍数,注意到 $(k, k+1) = 1$,所以 $(k+3) \mid k(k+1)$.

由于 k 为偶数时,$(k+1, k+3) = 1$,此时由 $(k+3) \mid k(k+1)$ 导致 $(k+3) \mid k$,这是不可能的.

k 为奇数时,设 $k+3 = 2m$,则有
$$2m \mid (2m-3)(2m-2)$$
即
$$m \mid (m-1)(2m-3)$$

又由 $(m, m-1) = 1$,则 $m \mid 2m-3$,从而有 $m \mid 3$.

由于 $m \neq 1$,所以只能有 $m = 3$,此时恰好为集合 $\{3,4,5,6\}$.

即 $\{3,4,5,6\}$ 是满足题目的要求的唯一集合,因此 $n = 4$ 时,只有唯一集合满足要求.

解法 2 设集合 $\{k+1, k+2, \cdots, k+n\}$ 满足题目要求,即
$$k+n \mid [k+1, k+2, \cdots, k+n-1]$$

对非负整数 k,由于
$([k+1, k+2, \cdots, k+n-1], k+n) =$
$[(k+1, k+n), (k+2, k+n), \cdots, (k+n-1, k+n)] =$

$$[(n-1,k+n),(n-2,k+n),\cdots,(1,k+n)] = ([n-1,n-2,\cdots,1],k+n)$$

则 $k+n \mid [k+1,k+2,\cdots,k+n-1]$ 的充要条件是
$$k+n \mid [1,2,\cdots,n-1] \quad \text{①}$$

ⅰ 当 $n=3$ 时,对任何 $k \geqslant 0, k+3 \nmid [1,2]=2$,所以 $n=3$ 不具有题目要求的性质.

ⅱ 当 $n=4$ 时,由 $k+4 \mid [1,2,3]=6$ 可得 $k=2$,即 $n=4$ 时,只有一个集合即 $\{3,4,5,6\}$ 满足题目要求,这时 $6 \mid [3,4,5]$.

ⅲ 当 $n \geqslant 5$ 时,我们证明至少有两个集合具有题目要求的性质.

为此,只须证明对于 n,至少存在两个 k 值使 ① 式成立.

由于 $(n-1,n-2)=1$,而
$$n-1 \mid [1,2,\cdots,n-1], n-2 \mid [1,2,\cdots,n-1]$$
所以 $(n-1)(n-2) \mid [1,2,\cdots,n-1]$

同样,由 $(n-2,n-3)=1$,及
$$n-2 \mid [1,2,\cdots,n-1], n-3 \mid [1,2,\cdots,n-1]$$
得 $(n-2)(n-3) \mid [1,2,\cdots,n-1]$

令 $k+n=(n-1)(n-2)$ 得
$$k_1 = n^2 - 4n + 2 = n(n-4) + 2 > 0$$
令 $k+n=(n-2)(n-3)$ 得
$$k_2 = n^2 - 6n + 6 = (n-3)^2 - 3 > 0$$

所以当 $n \geqslant 5$ 时,至少存在两个不同的正整数 k_1 和 k_2,使 ① 式成立.

即 $n \geqslant 5$ 时,至少有两个集合满足题目要求.

例如,$n=5$ 时,$k_1=7, k_2=1$,则集合 $\{8,9,10,11,12\}$ 满足 $12 \mid [8,9,10,11]$ 及 $\{2,3,4,5,6\}$ 满足 $6 \mid [2,3,4,5]$.

至此,(1),(2) 均得以解决.

3.8 (x,y) 表示正整数 x 和 y 的最大公约数,设 a 和 b 是两个正整数,$(a,b)=1$,$p \geqslant 3$ 为一素数,$\alpha = (a+b, \dfrac{a^p+b^p}{a+b})$,试证:

(1) $(\alpha, a) = 1$;

(2) $\alpha = 1$ 或 $\alpha = p$.

(新加坡数学竞赛,1985 年)

证明 由 $\alpha = (a+b, \dfrac{a^p+b^p}{a+b})$ 知

$$\begin{cases} a+b = \alpha t & \text{①} \\ \dfrac{a^p+b^p}{a+b} = \alpha s & \text{②} \end{cases}$$

其中,s,t 为正整数.

由①,② 得
$$a^p + b^p = \alpha^2 st$$
$$\alpha^2 st = a^p + b^p = a^p + (\alpha t - a)^p = \alpha^p t^p - pa\alpha^{p-1} t^{p-1} + \cdots + pa^{p-1}\alpha t$$
$$\alpha s = \alpha^{p-1} t^{p-1} - pa\alpha^{p-2} t^{p-2} + \cdots + pa^{p-1}$$

从而有
$$\alpha \mid pa^{p-1}$$

现在证 $(\alpha, a) = 1$.

若 $(\alpha, a) = k > 1$. 令 q 是 k 的一个素因子,则
$$q \mid k, q \mid \alpha, q \mid a$$

又因为
$$\alpha \mid a + b$$
所以
$$q \mid a + b$$
进而有
$$q \mid b$$

与 $(a,b) = 1$ 矛盾. 所以
$$(a, \alpha) = 1$$
因为 $\alpha \mid pa^{p-1}$,且 $(\alpha, a) = 1$
则
$$\alpha \mid p$$

又由于 p 是大于等于 3 的素数,所以 $\alpha = 1$ 或 $\alpha = p$.

3.9 设有 10 个自然数 $a_1 < a_2 < \cdots < a_{10}$. 证明:它们的最小公倍数不小于 $10a_1$.

(第 44 届莫斯科数学奥林匹克,1981 年)

证明 设 $a_1, a_2, \cdots, a_{10}$ 的最小公倍数为 A,则
$$A = [a_1, a_2, \cdots, a_{10}]$$
从而存在正整数 $k_i (i = 1, 2, \cdots, 10)$ 使
$$A = k_1 a_1 = k_2 a_2 = \cdots = k_{10} a_{10}$$
由于
$$a_1 < a_2 < \cdots < a_{10}$$
所以
$$k_1 > k_2 > \cdots > k_{10}$$
因为 k_i 是正整数,则必有 $k_1 \geq 10$,于是
$$A = k_1 a_1 \geq 10 a_1$$

3.10 最小公倍数的两个性质

(1) 对于正整数 $a_0 < a_1 < a_2 < \cdots < a_n$，证明：
$$\frac{1}{[a_0,a_1]} + \frac{1}{[a_1,a_2]} + \cdots + \frac{1}{[a_{n-1},a_n]} \leq 1 - \frac{1}{2^n}$$

(2) 对于一个给定正整数 m 以及若干个不大于 m 的正整数，证明：如果任意不大于 m 的正整数都不能同时被给定的数中任意两个数整除，则这些给定整数的倒数和小于 $3/2$.

证明 (1) $n=1$ 时，由于 $[a_0,a_1] \geq [1,2] = 2$，故结论成立；假设 $n=k$ 时结论成立，我们来看 $n=k+1$ 时的情况，设 $a_0 < a_1 < a_2 < \cdots < a_k < a_{k+1}$，我们分两种情况讨论：

ⅰ 若 $a_{k+1} \geq 2^{k+1}$，则 $[a_k, a_{k+1}] \geq 2^{k+1}$，由假设
$$\frac{1}{[a_0,a_1]} + \frac{1}{[a_1,a_2]} + \cdots + \frac{1}{[a_{k-1},a_k]} + \frac{1}{[a_k,a_{k+1}]} \leq$$
$$1 - \frac{1}{2^k} + \frac{1}{[a_k,a_{k+1}]} \leq 1 - \frac{1}{2^k} + \frac{1}{2^{k+1}} = 1 - \frac{1}{2^{k+1}}$$

ⅱ 若 $a_{k+1} < 2^{k+1}$，由于对于所有的 $1 \leq i \leq k+1$，
$$\frac{1}{[a_{i-1},a_i]} = \frac{(a_{i-1},a_i)}{a_{i-1}a_i} \leq \frac{a_i - a_{i-1}}{a_{i-1}a_i} = \frac{1}{a_{i-1}} - \frac{1}{a_i}$$

所以
$$\frac{1}{[a_0,a_1]} + \frac{1}{[a_1,a_2]} + \cdots + \frac{1}{[a_{k-1},a_k]} + \frac{1}{[a_k,a_{k+1}]} \leq \frac{1}{a_0} - \frac{1}{a_{k+1}} \leq 1 - \frac{1}{2^{k+1}}$$

综上所述，结论成立.

(2) 由已知条件，给定的这些数中任意两个数的最小公倍数都大于 m. 设这些给定的数为 $x_1, x_2, \cdots, x_n$，对于 $i \neq j$，$1,2,\cdots,m$ 中恰好有 $\left[\frac{m}{x_i}\right]$ 个数是 x_i 的倍数，$\left[\frac{m}{x_j}\right]$ 个数是 x_j 的倍数，由已知条件这两组数不相交，因此

$$\left[\frac{m}{x_1}\right] + \left[\frac{m}{x_2}\right] + \cdots + \left[\frac{m}{x_n}\right] \leq m - 1$$

(1 不是它们中任意一个的倍数)

因此 $\dfrac{m}{x_1} + \dfrac{m}{x_2} + \cdots + \dfrac{m}{x_n} < m - 1 + n \Rightarrow$
$$\frac{1}{x_1} + \frac{1}{x_2} + \cdots + \frac{1}{x_n} < 1 + \frac{n-1}{m}$$

又由于 $x_1, x_2, \cdots, x_n$ 中任何一个数都不是另外一个数的因子，因此 n 个数的最大奇数因子都互不相同，$1,2,\cdots,m$ 中奇数小于等于 $\dfrac{m+1}{2}$，因此

$$n \leqslant \frac{m+1}{2} \Rightarrow \frac{n-1}{m} \leqslant \frac{m-1}{2m} < \frac{1}{2}$$

证毕.

> **3.11** n 是一个正整数
> (1) 求 $(n!+1,(n+1)!+1)$.
> (2) a,b 是两个正整数,证明: $(n^a-1,n^b-1)=n^{(a,b)}-1$.
> (3) a,b 是两个正整数,证明: $(2^a+1,2^b+1) \mid (2^{(a,b)}+1)$.
> (4) 正整数 m,n 互素,请把 $(5^m+7^m,5^n+7^n)$ 用 m,n 来表示.

解 (1) $(n!+1,(n+1)!+1) = (n!+1,-n) = 1$.

(2) 不失一般性,我们设 $a \geqslant b$,辗转相除法求最大公因数 $(a,b)=(a-b,b)$,而正好对应
$$(n^a-1, n^b-1) = (n^a-1-n^{a-b}(n^b-1), n^b-1) = (n^{a-b}-1, n^b-1)$$
所以得到我们的答案.

(3) 设 $d = (2^a+1, 2^b+1)$,则
$$2^a \equiv 2^b \equiv -1 \pmod{d} \Rightarrow 2^{2a} \equiv 2^{2b} \equiv 1 \pmod{d}$$
由于存在整数 x,y 使得
$$2ax + 2by = 2(a,b)$$
所以 $\quad 2^{2(a,b)} = 2^{2ax} 2^{2by} \equiv 1 \pmod{d}$

故 $d \mid (2^{(a,b)}+1)(2^{(a,b)}-1)$ 对于 d 的任一个素因子 p,由于 d 是奇数,所以 p 是一个奇素数,如果 $p \mid (2^{(a,b)}-1)$,则 $p \mid (2^a-1)$,而我们还有 $p \mid (2^a+1)$,所以 $p \mid 2$,矛盾,因此 d 的每个素因子都与 $(2^{(a,b)}-1)$ 互素,从而 $(d, 2^{(a,b)}-1)=1$,因此
$$(n^a+1, n^b+1) = d \mid (n^{(a,b)}+1)$$

(4) 设 $s_n = 5^n + 7^n$,若 $n \geqslant 2m$,则有
$$s_n = s_m s_{n-m} - 5^m 7^m s_{n-2m}$$
因此 $\quad (s_m, s_n) = (s_m, s_{n-2m})$

当 $m < n < 2m$ 时
$$s_n = s_m s_{n-m} - 5^{n-m} 7^{n-m} s_{2m-n}$$
此时有 $\quad (s_m, s_n) = (s_m, s_{2m-n})$

由于 $(m,n)=1$,所以根据辗转相除法,上面的过程会一直延续下去,直到 (s_1, s_1) 或 (s_2, s_1),故当 m,n 都是奇数时,$(s_m, s_n) = (s_1, s_1) = 12$;当 m,n 一个是偶数时,$(s_m, s_n) = (s_2, s_1) = 2$.

3.12 对所有正整数 $m > n$,证明:
$$[m,n] + [m+1, n+1] > \frac{2mn}{\sqrt{m-n}}$$

证明 设 $m = n + k$,则
$$[m,n] + [m+1, n+1] = \frac{mn}{(m,n)} + \frac{(m+1)(n+1)}{(m+1, n+1)} > \frac{mn}{(k,n)} + \frac{mn}{(k, n+1)}$$

由于 $(n, n+1) = 1$,所以
$$((k,n), (k, n+1)) = 1 \Rightarrow (k,n)(k, n+1) \mid k \Rightarrow (k,n)(k, n+1) \leq k$$

因此
$$[m,n] + [m+1, n+1] > \frac{mn}{(k,n)} + \frac{mn}{(k, n+1)} \geq 2\sqrt{\frac{m^2 n^2}{(k,n)(k, n+1)}} \geq \frac{2mn}{\sqrt{k}} = \frac{2mn}{\sqrt{m-n}}$$

3.13 设 $a_1 < a_2 < \cdots < a_k \leq n$,其任意两个 a_i 的最小公倍数大于 n. 证明
$$\sum_{i=1}^{k} \frac{1}{a_i} < 2$$

证明 若 $a_1 = 1$,问题显然为真. 取 $a_1 \geq 2$,设 b_m 是满足条件
$$\frac{n}{m} < a_i \leq \frac{n}{m-1} \qquad ①$$
a_i 的个数. 因此恰有 b_m 是 a_i,每一个 a_i 的 $(m-1)$ 倍都在前 n 个整数 $1, 2, \cdots, n$ 中,并且在这 n 个整数中的没有两个 a_i 有公倍数,所以
$$b_2 + 2b_3 + 3b_4 + \cdots + nb_{n+1} = n - r_1, \quad r_1 \geq 0 \qquad ②$$

对任意给定的 a_i 的集合 $a_1 < a_2 < \cdots < a_k$,不失一般性,我们可选择 n 等于 a_k,那么,由 ① 得出
$$\sum_{i=1}^{k} \frac{1}{a_i} < \frac{1}{n} + (b_2 - 1)\frac{2}{n} + b_3 \frac{3}{n} + b_4 \frac{4}{n} + \cdots + b_{n+1} \frac{n+1}{n} = \frac{1}{n}(-1 + 2b_2 + 3b_3 + 4b_4 + \cdots + (n+1)b_{n+1})$$

以由 ② 解出的 b_2 的值代入,得到

$$\sum_{i=1}^{k} \frac{1}{a_i} < 2 - \frac{1}{n} - \frac{2r_1}{n} - \frac{1}{n}(b_3 + 2b_4 + 3b_5 + \cdots + (n-1)b_{n+2}) \qquad ③$$

便证明了提出的结果.

为了改进这估计,考虑整数 $1,2,3,\cdots,[n/2]$. 这样,$b_3 + b_4$ 个 a_i 有一倍,每个都在这些整数中;$b_5 + b_6$ 个 a_i 有两倍,每个也都在这些整数中,以此类推,则

$$b_3 + b_4 + 2b_5 + 2b_6 + 3b_7 + 3b_8 + \cdots = \left[\frac{n}{2}\right] - r_2, r_2 \geq 0 \qquad ④$$

进而,如果 $p > \left[\dfrac{n}{2}\right]$ 不能被任一个 a_i 整除,我们可以把 p 包含在 a_i 中,因为除 p 本身外,p 的任何倍数是大于 n 的(把这样的一个加到 a_i 的集合中,只不过增大 $\sum \dfrac{1}{a_i}$). 然而 $r_1 - r_2$ 是大于 $\left[\dfrac{n}{2}\right]$,而小于 n 的整数的个数,并且它们不是 a_i 的倍数. 若所有这样 p 都已包含,从而,便有 $r_1 - r_2 = 0$. 将由 ④ 得到 b_3 的值代入 ③ 并利用 $r_1 - r_2 = 0$,有

$$\sum_{i=1}^{k} \frac{1}{a_i} < 2 - \frac{1}{n} - \frac{r_1}{n} - \frac{1}{n}\left[\frac{n}{2}\right] \qquad ⑤$$

$$- \frac{1}{2}(b_4 + b_5 + 2b_6 + 2b_7 + 3b_8 + \cdots) < 1\frac{1}{2}$$

更进一步,考虑整数 $1,2,3,\cdots,[n/3]$. $b_4 + b_5 + b_6$ 个 a_i 有一倍,每一个都在这些整数中;$b_7 + b_8 + b_9$ 个 a_i 有两倍,每一个也都在这些整数中;以此类推,因此

$$b_4 + b_5 + b_6 + 2b_7 + 2b_8 + 2b_9 +$$
$$3b_{10} + 3b_{11} + \cdots = \left[\frac{n}{3}\right] - r_3, r_3 \geq 0 \qquad ⑥$$

由 ⑥ 求出 $b_4 + b_5$,并代入 ⑤,得

$$\sum_{i=1}^{k} \frac{1}{a_i} < 2 - \frac{1}{n} - \frac{r_1}{n} - \frac{1}{n}\left[\frac{n}{2}\right] - \frac{1}{n}\left[\frac{n}{3}\right] + \frac{r_3}{n} -$$
$$\frac{1}{n}(b_6 + b_8 + b_9 + b_{10} + b_{11} + b_{12} + \cdots)$$

上式中括号内的所有项是正的. 因为

$$\frac{1}{n}\left[\frac{n}{2}\right] \geq \frac{1}{n}\left(\frac{n}{2} - \frac{1}{2}\right), \frac{1}{n}\left[\frac{n}{3}\right] \geq \frac{1}{3}\left(\frac{n}{3} - \frac{2}{3}\right)$$

则有 $\displaystyle\sum_{i=1}^{k} \frac{1}{a_i} < 2 - \frac{1}{n} - \frac{r_1}{n} + \frac{r_3}{n} - \frac{1}{2} - \frac{1}{3} + \frac{1}{2n} + \frac{2}{3n}$

因为 $r_1 \leq n$, 它表示不是任意 a_i 的倍数的整数的个数,$r_3 \leq [n/3]$ 也具有同样的性质. 显然 $r_1 \geq r_3$, 因此

$$\sum_{i=1}^{k} \frac{1}{a_i} < \frac{7}{6} + \frac{1}{6n}$$

3.14 自然数 a 和 b 互素. 证明: $a+b$ 与 a^2+b^2 的最大公约数等于 1 或 2.

(第 3 届全俄数学奥林匹克,1963 年)

证明 设 d 是 a^2+b^2 及 $a+b$ 的最大公约数,则有
$$d \mid a^2+b^2, d \mid a+b$$
于是
$$d \mid (a+b)^2 - (a^2+b^2) = 2ab$$
进而
$$d \mid 2a(a+b) - 2ab = 2a^2$$
$$d \mid 2b(a+b) - 2ab = 2b^2$$
因此,d 是 $2a^2$ 和 $2b^2$ 的公约数.

由题设,$(a,b) = 1$,则
$$(a^2, b^2) = 1$$
所以 $2a^2$ 和 $2b^2$ 不可能被大于 2 的数整除. 因而
$$d \leq 2$$
即 a^2+b^2 与 $a+b$ 的最大公约数是 1 或 2.

3.15 设 $S_n = \sum_{k=1}^{n}(k^5+k^7)$,求 S_n 与 S_{3n} 的最大公约数.

(第 26 届国际数学奥林匹克候选题,1985 年)

解 由于
$$S_1 = 1^5 + 1^7 = 2$$
$$S_2 = (1^5+1^7) + (2^5+2^7) = 2 \cdot 81 = 2 \cdot (1+2)^4$$
$$S_3 = 2 \cdot 3^4 + (3^5+3^7) = 2 \cdot 6^4 = 2 \cdot (1+2+3)^4$$
$$S_4 = 2 \cdot 6^4 + (4^5+4^7) = 2^5 \cdot 5^4 = 2 \cdot (1+2+3+4)^4$$
由此猜想
$$S_n = 2(1+2+\cdots+n)^4 \qquad ①$$
下面用数学归纳法证明.

$n = 1$ 时,显然成立.

假设 $n = k$ 时,式 ① 成立,那么 $n = k+1$ 时
$$S_{k+1} = 2(1+2+\cdots+k)^4 + (k+1)^5 + (k+1)^7 =$$
$$\frac{1}{8}k^4(k+1)^4 + (k+1)^5 + (k+1)^7 =$$
$$\frac{1}{8}(k+1)^4[k^4 + 8(k+1) + 8(k+1)^3] =$$

$$\frac{1}{8}(k+1)^4(k^4+8k^3+24k^2+32k+16) =$$

$$\frac{1}{8}(k+1)^4(k+2)^4 =$$

$$2[1+2+\cdots+k+(k+1)]^4$$

所以 $n = k+1$ 时,式 ① 成立.

于是对所有自然数 n,式 ① 成立,因此

$$S_n = 2 \cdot \left[\frac{n(n+1)}{2}\right]^4$$

$$S_{3n} = 2 \cdot \left[\frac{3n(3n+1)}{2}\right]^4$$

(1) 当 $n = 2k$ 时

$$d = (S_n, S_{3n}) =$$

$$\left(2 \cdot \left[\frac{2k(2k+1)}{2}\right]^4, 2 \cdot \left[\frac{6k(6k+1)}{2}\right]^4\right) =$$

$$(2k^4(2k+1)^4, 2 \cdot 81k^4(6k+1)^4)$$

因为 $(2k+1, 6k+1) = 1$,所以

$$d = 2k^4((2k+1)^4, 81)$$

当 $k = 3t+1$ 时

$$(2k+1)^4 = (6t+3)^4 = 81(2t+1)^4$$

所以

$$d = 2 \cdot 81 k^4 = 2 \cdot 81 \cdot \frac{n^4}{2^4} = \frac{81}{8}n^4$$

当 $k \neq 3t+1$ 时

$$d = 2k^4 = \frac{n^4}{8}$$

(2) 当 $n = 2k+1$ 时

$$S_n = 2[(2k+1)(k+1)]^4$$

$$S_{3n} = 2[3(2k+1)(3k+2)]^4$$

因为 $(3k+2, 2k+1) = 1, (3k+2, k+1) = 1$

所以 $d = 2(2k+1)^4(3^4, (k+1)^4)$

当 $k = 3t+2$ 时

$$k+1 = 3(t+1)$$

所以 $d = 2n^4 \cdot 3^4 = 162 n^4$

当 $k \neq 3t+2$ 时

$$d = 2n^4$$

心得 体会 拓广 疑问

3.16 n 为大于 1 的整数,确定形如 pq 的数的倒数和.这里 p,q 为整数,满足条件 $0 < p < q \leqslant n$,$p + q > n$,并且 p,q 的最大公约数为 1.

(加拿大数学奥林匹克训练题,1989 年)

解 设满足条件的倒数和为

$$S_n = \sum_{\substack{0 < p < q \leqslant n \\ p + q > n \\ (p,q) = 1}} \frac{1}{pq}$$

则 $S_2 = \dfrac{1}{2}$,并且

$$S_{n+1} = S_n + \sum_{\substack{p < n+1 \\ (p, n+1) = 1}} \frac{1}{(n+1)p} - \sum_{\substack{0 < p < q \\ p + q = n+1 \\ (p,q) = 1}} \frac{1}{pq} \quad ①$$

由于

$$\sum_{\substack{0 < p < q \\ p + q = n+1 \\ (p,q) = 1}} \frac{1}{pq} = \frac{1}{n+1} \sum_{\substack{0 < p < q \\ p + q = n+1 \\ (p,q) = 1}} \left(\frac{1}{p} + \frac{1}{q}\right) =$$

$$\frac{1}{n+1} \sum_{\substack{\frac{n+1}{2} < q < n+1 \\ (q, n+1) = n}} \frac{1}{q} + \frac{1}{n+1} \sum_{\substack{\frac{n+1}{2} > p \\ (p, n+1) = n}} \frac{1}{p} =$$

$$\frac{1}{n+1} \sum_{\substack{p < n+1 \\ (p, n+1) = 1}} \frac{1}{p} = \sum_{\substack{p < n+1 \\ (p, n+1) = 1}} \frac{1}{(n+1)p} \quad ②$$

由 ①,② 可得 $S_{n+1} = S_n$

从而对所有的 $n \geqslant 2$ 有

$$S_n = \frac{1}{2}$$

3.17 求正整数 $n(n \geqslant 3)$,使得存在 n 个正整数 $a_1,a_2,\cdots,a_n$,满足任意两个数的最大公因数大于 1,任意三个数的最大公因数等于 1.若所有的整数 $a_i(i = 1,2,\cdots,n)$ 均小于 5 000,求满足如上条件的 n 的最大值.

解 对于任意大于或等于 3 的正整数 n,都存在满足条件的正整数 $a_1,a_2,\cdots,a_n$.对于任意两个整数 i,j 满足 $1 \leqslant i < j \leqslant n$,定义一个质数 p_{ij}.使得对于任意的与 i,j 不全相同的 i',j',有 $p_{ij} \neq p_{i'j'}$.设

$$a_i = \prod_{j < i} p_{ji} \cdot \prod_{i < j} p_{ij}, 1 \leqslant i \leqslant n$$

即满足要求.

当 $n = 4$ 时,设

$$a_1 = 2 \times 3 \times 5, a_2 = 2 \times 7 \times 11$$
$$a_3 = 3 \times 7 \times 13, a_4 = 5 \times 11 \times 13$$

当 $n \geq 5$ 时,取 a_1, a_2, a_3, a_4, a_5 是满足条件的5个正整数.对于每一对整数 a_i, a_j,不妨假设 $i < j$.存在质数 p_{ij} 整除 a_i 和 a_j,且所有的这些质数互不相同.所以,每个数 a_i 能被4个不同的质数整除,每个质数 p_{ij} 最多能整除两个 a_i.于是,至少有一个 a_i 不能被2或3整除.因此,这个数大于或等于

$$5 \times 7 \times 11 \times 13 = 5\ 005$$

综上所述,n 的最大值为4.

3.18 M_n 为 $1, 2, \cdots, n$ 的最小公倍数(如 $M_1 = 1, M_2 = 2, M_3 = 6, M_4 = 12, M_5 = 60, M_6 = 60$).对什么样的正整数 n,$M_{n-1} = M_n$ 成立.证明你的结论.

(澳大利亚数学竞赛,1991 年)

解 若 n 是某个质数的幂,即
$$n = p^k, p \text{ 是质数}$$
则 $M_n = [1, 2, \cdots, n-1, n] = [M_{n-1}, n] =$
$$[M_{n-1}, p^k] = pM_{n-1}$$
此时 $\qquad M_{n-1} \neq M_n$
若 n 不是某个质数的幂,设
$$n = ab, 1 < a < n, 1 < b < n$$
则 $\qquad a \leq n-1, b \leq n-1$
再令 $(a, b) = 1$,则
$$a \mid M_{n-1}, b \mid M_{n-1}$$
所以 $\qquad n = ab \mid M_{n-1}$
于是 $\qquad M_n = M_{n-1}$

因此,$M_{n-1} = M_n$ 的充要条件是:自然数 n 不是某个质数的幂.

3.19 确定所有的三元正整数组 (a, b, c),使得 $a + b + c$ 是 a, b, c 的最小公倍数.

解 如果三个数相等,则有 $[a, b, c] = a$,与 $[a, b, c] = a + b + c$ 矛盾.

不失一般性,假设 $a \leq b \leq c$,则
$$a + b < 2c$$

因此 $c < a+b+c < 3c$

因为 $[a,b,c]$ 是 c 的倍数,所以,$[a,b,c] = 2c$.

于是,有 $a+b = c, [a,b,c] = 2a + 2b$.

又 $b \mid (2a+2b)$,所以,$b \mid 2a$.

从 $a \leqslant b$ 可以推知 $b = a$ 或 $b = 2a$.

如果 $b = a$,则 $c = a + b = 2a$.因此
$$[a,b,c] = [a,a,2a] = 2a$$
但是 $a+b+c = a+a+2a = 4a$,矛盾.

如果 $b = 2a$,则
$$c = a+b = a+2a = 3a$$
$$[a,b,c] = [a,2a,3a] = 6a = a+b+c$$

所以,满足题目要求的三元正整数形式为
$$(a, 2a, 3a)(a \geqslant 1)$$

3.20 设 r 与 s 是正整数,试推导满足下列条件的有序正整数四元组 (a,b,c,d) 的个数公式
$$3^r 7^s = [a,b,c] = [a,b,d] = [a,c,d] = [b,c,d]$$
要求答案是 r 与 s 的函数.

记号 $[x,y,z]$ 表示 x,y,z 的最小公倍数.

(第 41 届美国普特南数学竞赛,1980 年)

解 因为 3 与 7 是素数,则 a,b,c,d 中每一个都具有 $3^m 7^n$ 的形式,其中 $m \in \{0,1,2,\cdots,r\}, n \in \{0,1,2,\cdots,s\}$.

首先证明,a,b,c,d 中至少有二个 $m = r$,至少有二个 $n = s$.

否则,若至多有一个 $m = r$,不失一般性,令 $a = 3^r 7^n$,且 b, c, d 中的 $m < r$,那么
$$[b,c,d] \neq 3^r 7^n$$
与已知 $[b,c,d] = 3^r 7^s$ 矛盾.

所以至少有二个 $m = r$.

同理至少有二个 $n = s$.

下面寻找符合条件的 (a,b,c,d) 的个数.

若 (a,b,c,d) 中有二个的因数 3 的指数为 r,另二个的 $m \in \{0,1,2,\cdots,r-1\}$,即每一个有 r 种选择,所以共有 $C_4^2 C_r^1 C_r^1$(个).

若 (a,b,c,d) 中有三个因数 3 的指数为 $m = r$,则另一个 m 在 $\{0,1,\cdots,r-1\}$ 中选择有 r 种可能,所以共有 $C_4^3 C_r^1$(个).

若 (a,b,c,d) 中有四个因数 3 的指数为 $m = r$,则只有一种可能,即有
$$1 + C_4^3 C_r^1 + C_4^2 C_r^1 C_r^1$$

种方法可决定 r.

同理有
$$1 + C_4^3 C_s^1 + C_4^2 C_s^1 C_s^1$$
种方法可决定 s.

于是共有
$$(1 + C_4^3 C_r^1 + C_4^2 C_r^1 C_r^1)(1 + C_4^3 C_s^1 + C_4^2 C_s^1 C_s^1) = (1 + 4r + 6r^2)(1 + 4s + 6s^2)$$
组满足条件的有序四元数组 (a, b, c, d).

3.21 如果 a, b, c 都是正整数,使得
$$0 < a^2 + b^2 - abc \leqslant c + 1$$
那么 $a^2 + b^2 - abc = (a, b)^2$,这里 (a, b) 为 a, b 的最大公约数.

证明 不妨设 $a \geqslant b$,对 $a + b$ 进行归纳.

(1) 当 $b \mid a$ 时,设 $a = kb, k \in \mathbf{N}$,于是从条件知
$$0 < a^2 + b^2 - abc = (kb)^2 + b^2 - (kb)bc = (k^2 + 1 - kc)b^2 \leqslant c + 1$$

这样就有 $\quad 0 < k^2 + 1 - kc \leqslant c + 1$

由此得到 $\quad k - 1 < \dfrac{k^2}{k+1} \leqslant c < k + \dfrac{1}{k}$

注意到 c 是正整数,$c = k$,因而
$$a^2 + b^2 - abc = (k^2 + 1 - kc)b^2 = b^2 = (a, b)^2$$

(2) 当 $b \nmid a$ 时,令 $a^2 + b^2 - abc = t \in \mathbf{N}$,则 a 是如下关于 x 的一元二次方程 $x^2 - bcx + (b^2 - t) = 0$ 的一个根. 设此方程的另一个根为 a',即
$$a'^2 - bca' + (b^2 - t) = 0$$

此时亦有 $\quad 0 < b^2 + a'^2 - bca' = t \leqslant c + 1$

由韦达定理,得到下面两式
$$a + a' = bc \qquad \text{①}$$
$$a \cdot a' = b^2 - t \qquad \text{②}$$

根据①,$a' = bc - a$ 为整数,又从 $b \nmid a$ 知 $a' \neq 0$. 我们断言 $a' > 0$. 事实上,假设 $a' < 0$,那么从①易知 $a > bc$,进一步地得到
$$a^2 + b^2 - abc = a \cdot (a - bc) + b^2 \geqslant a + b^2 > bc + b^2 \geqslant c + 1$$

即 $\quad a^2 + b^2 - abc > c + 1$

这与题设矛盾,由此我们得到了 $a' > 0$.

再根据 ① 得到
$$(a,b) = (bc - a', b) = (b, a')$$
根据 ② 可得
$$0 < a' = \frac{b^2 - t}{a} < \frac{b^2}{a} < b$$
若 $a' \mid b$，则根(1) 得
$$t = a^2 + b^2 - abc = b^2 + a'^2 - ba'c = a'^2 = (b, a'^2) = (a, b)^2$$

若 $a' \nmid b$，记 $b' = a'c - b$，则根据以上的推理可得 $0 < b' < a'$，且有如下的两式

ⅰ $t = a'^2 + b'^2 - a'b'c'$；

ⅱ $(a, b) = (b, a') = (a', b')$.

这样,根据辗转相除法,我们总可以把一般情形化归到情形(1).于是从 $b + a' < a + b$ 可归纳地假设
$$t = b^2 + a'^2 - ba'c = (b, a')^2$$
从而得到所需证明的结论
$$t = (b, a')^2 = (a, b)^2$$
即
$$a^2 + b^2 - abc = (a, b)^2$$

3.22 自然数 $a_1, a_2, \cdots, a_{49}$ 的和为 999，令 d 为 $a_1, a_2, \cdots, a_{49}$ 的最大公约数，d 的最大值为多少？

(基辅数学奥林匹克,1979 年)

解 由于 $d = (a_1, a_2, \cdots, a_{49})$，则
$$d \mid a_1 + a_2 + \cdots + a_{49} = 999$$
即 d 是 $999 = 3^3 \cdot 37$ 的约数，又因为
$$d \mid a_k, k = 1, 2, \cdots, 49$$
则
$$a_k \geqslant d$$
于是必有
$$999 = a_1 + a_2 + \cdots + a_{49} \geqslant 49d$$
$$d \leqslant \frac{999}{49} < 21$$

又由 d 是 999 的约数可知 d 只能为 1,3,9.

又因为 999 能写成 49 个数的和.
$$\underbrace{9 + 9 + \cdots + 9}_{48个} + 567 = 999$$
其中每一个数都能被 9 整除，所以 d 的最大值为 9.

> **3.23** 设 n 个整数
> $$1 \leqslant a_1 < a_2 < \cdots < a_n \leqslant 2n$$
> 中任意两个整数 a_i, a_j 的最小公倍数 $[a_i, a_j] > 2n$,则 $a_1 > \left[\dfrac{2n}{3}\right]$.

证明 用反证法.如果 $a_1 \leqslant \left[\dfrac{2n}{3}\right] \leqslant \dfrac{2n}{3}$,则 $3a_1 \leqslant 2n$.由上题,在不大于 $2n$ 的 $n+1$ 个数
$$2a_1, 3a_1, a_2, \cdots, a_n$$
中,如果 $2a_1, 3a_1$ 不与 $a_2, \cdots, a_n$ 中的任一个相等,则至少有一个数除尽另一个,由于 $2a_1 \nmid 3a_1, 3a_1 \nmid 2a_1$,故可设

$$2a_1 \mid a_j, 2 \leqslant j \leqslant n \qquad ①$$

或

$$3a_1 \mid a_j, 2 \leqslant j \leqslant n \qquad ②$$

或

$$a_j \mid 2a_1, 2 \leqslant j \leqslant n \qquad ③$$

或

$$a_j \mid 3a_1, 2 \leqslant j \leqslant n \qquad ④$$

或

$$a_i \mid a_j, 2 \leqslant i < j \leqslant n \qquad ⑤$$

若 $2a_1$ 或 $3a_1$ 和某一 a_j 相等,则可归为 ① 或 ②.
由 ① 得
$$[a_1, a_j] \leqslant [2a_1, a_j] = a_j \leqslant 2n$$
由 ② 得 $[a_1, a_j] \leqslant [3a_1, a_j] = a_j \leqslant 2n$
由 ③ 得 $[a_1, a_j] \leqslant [2a_1, a_j] = 2a_1 \leqslant 2n$
由 ④ 得 $[a_1, a_j] \leqslant [3a_1, a_j] = 3a_1 \leqslant 2n$
由 ⑤ 得 $[a_i, a_j] = a_j \leqslant 2n$

都与 $[a_i, a_j] > 2n$ 矛盾,故 $a_1 > \left[\dfrac{2n}{3}\right]$.

> **3.24** 100 个正整数之和为 101 101,则它们的最大公约数的最大可能值是多少?证明你的结论.
> （中国上海市初中数学竞赛,1986 年）

解 设 100 个正整数 $a_1, a_2, \cdots, a_{100}$ 的最大公约数为 d,并令
$$a_j = da'_j, 1 \leqslant j \leqslant 100$$
由于 $a_1 + a_2 + \cdots + a_{100} = d(a'_1 + a'_2 + \cdots + a'_{100}) =$
$$101101 = 101 \cdot 1001$$

于是 $a'_1, a'_2, \cdots, a'_{100}$ 不可能都是 1,从而
$$a'_1 + a'_2 + \cdots + a'_{100} \geqslant 1 \cdot 99 + 2 = 101$$
从而 $d \leqslant 1\ 001$

另一方面,取 $a_1 = a_2 = \cdots = a_{99} = 1\ 001, a_{100} = 2\ 002$,这时满足
$$a_1 + a_2 + \cdots + a_{100} = 101\ 101$$
而 $(1\ 001, 1\ 001, \cdots, 1\ 001, 2\ 002) = 1\ 001$

所以 $a_1, a_2, \cdots, a_{100}$ 的最大公约数的最大可能值为 $1\ 001$.

3.25 设 n 是自然数.我们研究以 n 为最小公倍数的自然数对 (u,v)(如果 $u \neq v$,那么我们认为数对 (u,v) 和数对 (v,u) 是不同的).

证明:对给定的数值 n,这种数对的个数等于数 n^2 的正约数的个数.

(匈牙利数学奥林匹克,1962 年)

证法 1 设数 n 的标准分解式为
$$n = \prod_{i=1}^{s} p_i^{\alpha_i}$$
其中,p_i 是不同的素数,α_i 是正整数,$i = 1, 2, \cdots, s$.

用记号 $[u, v]$ 表示 u 和 v 的最小公倍数.

由于 $[u, v] = n$,则数 u 和 v 的标准分解式中只能包含素数
$$p_1, p_2, \cdots, p_s$$

现在我们来确定在数 u 和 v 的标准分解式中,素数 $p_i (i = 1, 2, \cdots, s)$ 的指数.

因为 p_i 在 $[u, v] = n$ 的标准分解式中的指数为 α_i,所以在 u 和 v 的标准分解式中,p_i 的指数都不大于 α_i.

在数 u 和 v 中,素数 p_i 的所有可能的指数分配可分成如下三种情形:

(1) 在 u 和 v 的标准分解式中,素数 p_i 的指数都为 α_i,这时只有 1 种可能;

(2) 在 u 的标准分解式中,素数 p_i 的指数为 α_i,而在 v 的标准分解式中,p_i 的指数小于 α_i,即指数可为 $0, 1, 2, \cdots, \alpha_i - 1$,这时有 α_i 种可能;

(3) 在 v 的标准分解式中,素数 p_i 的指数为 α_i,而在 u 的标准分解式中,p_i 的指数小于 α_i,这时也有 α_i 种可能.

于是,素数 p_i 的指数分配共有 $\alpha_i + \alpha_i + 1 = 2\alpha_i + 1$ 种可能.对 i 取 $1, 2, \cdots, s$,则在 u 和 v 的标准分解式中,素数 p_1,

$p_2,\cdots,p_s$ 的指数可能取的方法的总数等于 $(2\alpha_1+1)(2\alpha_2+1)\cdots(2\alpha_s+1)$.

于是满足 $[u,v]=n$ 的数对 (u,v) 的个数为
$$\prod_{i=1}^{s}(2\alpha_i+1)$$

另一方面
$$n^2=\prod_{i=1}^{s}p_i^{2\alpha_i}$$

其所有正约数的个数也为 $\prod_{i=1}^{s}(2\alpha_i+1)$.

从而,满足 $[u,v]=n$ 的数对 (u,v) 的个数等于 n^2 的正约数的个数.

证法 2 如果能够建立最小公倍数为 n 的数对 (u,v) 与 n^2 的约数之间的一一映射,那么本题就可得证.

我们令每一数对 (u,v) 与数 d 对应,d 满足
$$\frac{u}{v}=\frac{d}{n} \qquad ①$$

显然数 d 是整数.

这是因为
$$d=u\cdot\frac{n}{v}$$

而
$$v\mid n$$

另一方面 $\quad n^2=(u\cdot\frac{n}{v})(v\cdot\frac{n}{u})=d\cdot(v\cdot\frac{n}{u})$

因而 d 是 n^2 的约数.

下面我们再证明:如果 $\dfrac{u_1}{v_1}=\dfrac{u_2}{v_2}$,那么
$$\frac{u_1}{u_2}=\frac{v_1}{v_2}=\frac{[u_1,v_1]}{[u_2,v_2]} \qquad ②$$

事实上,为了求得给定的数的最小公倍数,只须求出两个尽可能小的数,这两个数具有这样的性质,其中一个数乘上给定一个数的乘积等于另一个数乘上另一个给定的数的乘积,因此这两个数的选取只与给定的两个数的比有关.这样一来,如果我们将一个数对 (u_1,v_1) 变到另一个具有相同比例的数对 (u_2,v_2) ($\dfrac{u_1}{v_1}=\dfrac{u_2}{v_2}$) 时,最小公倍数成比例地变化.从而式 ② 成立.

因为 $[u,v]=n$,那么由 ①,② 可得
$$\frac{u}{d}=\frac{v}{n}=\frac{[u,v]}{[d,n]}=\frac{n}{[d,n]} \qquad ③$$

这样,如果知道了数 d,就可求出 u,v,即

$$u = \frac{dn}{[d,n]}, v = \frac{n^2}{[d,n]} \qquad ④$$

于是,n^2 的每一个约数 d 对应于不多于一个的数对 (u,v).

同时,如果 d 是 n^2 的约数,那么由关系式④所确定的 u 和 v 都是整数,这是因为 dn 和 n^2 都是 d 和 n 的公倍数,因而
$$[d,n] \mid dn, [d,n] \mid n^2$$
即 u 和 v 是整数.

因此,选取数 n^2 的任一约数 d 之后,由关系式可得整数 u, v,它们满足关系式③,于是由②推出 $[u,v] = n$.

于是,数 n^2 的每一个约数对应于一个且仅仅一个有序数 (u,v),从而满足 $[u,v] = n$ 的数对 (u,v) 的个数等于 n^2 的约数的个数.

3.26 两数之和为 667,它们的最小公倍数除以最大公约数所得的商等于 120,求这两数.

(基辅数学奥林匹克,1954 年)

解 设所求的数为 x 和 y,且 $d = (x, y)$,则
$$x = dx_1, y = dy_1, (x_1, y_1) = 1$$

于是
$$[x, y] = \frac{xy}{d} = dx_1 y_1$$

由题意,有
$$\begin{cases} d(x_1 + y_1) = 667 & ① \\ \dfrac{dx_1 y_1}{2} = 120 & ② \end{cases}$$

由
$$x_1 y_1 = 120 = 2^3 \cdot 3 \cdot 5$$

又
$$667 = 1 \cdot 23 \cdot 29$$

因此由①,②可得
$$x_1 = 8, y_1 = 15$$

或
$$x_2 = 24, y_2 = 5$$

相应的
$$d_1 = 29, d_2 = 23$$

因此,所求的数有两组
$$x_1 = 232, y_1 = 435$$

或
$$x_2 = 552, y_2 = 115$$

3.27 已知两数中,每一个除以它们的最大公约数所得的商之和等于 18,它们的最小公倍数等于 975,求这两个正整数.

(基辅数学奥林匹克,1952 年)

解 设两个正整数为 x, y，且 $d = (x, y)$. 则
$$x = dx_1, y = dy_1, (x_1, y_1) = 1$$

于是
$$[x, y] = \frac{xy}{d} = dx_1 y_1$$

由题意,有
$$\begin{cases} x_1 + y_1 = -18 \\ dx_1 y_1 = 975 \end{cases}$$

显然 $x_1 \leq 17, y_1 \leq 17$，又
$$975 = 1 \cdot 3 \cdot 5 \cdot 5 \cdot 13$$

又由 x_1, y_1 一定是 975 的约数，则只能有
$$x_1 = 5, y_1 = 13, d = 15$$

因此
$$x = 75, y = 195$$

3.28 设记号 $(a, b, \cdots, g)$ 和 $[a, b, \cdots, g]$ 分别表示正整数 $a, b, \cdots, g$ 的最大公约数和最小公倍数，例如 $(3, 6, 9) = 3$，$[6, 15] = 30$.

证明：$\dfrac{[a, b, c]^2}{[a, b][b, c][c, a]} = \dfrac{(a, b, c)^2}{(a, b)(b, c)(c, a)}$.

（第 1 届美国数学奥林匹克，1972 年）

证法 1 设
$$a = p_1^{\alpha_1} p_2^{\alpha_2} \cdots p_n^{\alpha_n}$$
$$b = p_1^{\beta_1} p_2^{\beta_2} \cdots p_n^{\beta_n}$$
$$c = p_1^{\gamma_1} p_2^{\gamma_2} \cdots p_n^{\gamma_n}$$

其中，p_i 是素数，$\alpha_i, \beta_i, \gamma_i$ 是非负整数，$i = 1, 2, \cdots, n$.

由最大公倍数和最小公倍数的定义可得
$$[a, b] = \prod_{i=1}^{n} p_i^{\max(\alpha_i, \beta_i)}$$
$$(a, b) = \prod_{i=1}^{n} p_i^{\min(\alpha_i, \beta_i)}$$

其中 $\max(\alpha_i, \beta_i)$ 表示 α_i, β_i 中较大者，$\min(\alpha_i, \beta_i)$ 表示 α_i, β_i 中较小者.

于是本题相当于证明
$$2\max(\alpha_i, \beta_i, \gamma_i) - \max(\alpha_i, \beta_i) - \max(\beta_i, \gamma_i) - \max(\gamma_i, \alpha_i) =$$
$$2\min(\alpha_i, \beta_i, \gamma_i) - \min(\alpha_i, \beta_i) - \min(\beta_i, \gamma_i) - \min(\gamma_i, \alpha_i)$$

不失一般性，令 $\alpha_i \leq \beta_i \leq \gamma_i$，对任意的 i 都成立（$i = 1, 2, \cdots, n$），则
$$2\max(\alpha_i, \beta_i, \gamma_i) - \max(\alpha_i, \beta_i) - \max(\beta_i, \gamma_i) - \max(\gamma_i, \alpha_i) =$$

$2\gamma_i - \beta_i - \gamma_i - \gamma_i = -\beta_i$

$2\min(\alpha_i, \beta_i, \gamma_i) - \min(\alpha_i, \beta_i) - \min(\beta_i, \gamma_i) - \min(\gamma_i, \alpha_i) =$
$2\alpha_i - \alpha_i - \beta_i - \alpha_i = -\beta_i$

于是欲证的等式成立.

从而本题得证.

证法 2 利用数论中的结果

$$[a,b] = \frac{ab}{(a,b)}$$

$$[a,b,c] = \frac{abc(a,b,c)}{(a,b)(b,c)(c,a)}$$

可得 $\dfrac{[a,b,c]^2}{[a,b][b,c][c,a]} = \dfrac{\left\{\dfrac{abc(a,b,c)}{(a,b)(b,c)(c,a)}\right\}^2}{\dfrac{ab}{(a,b)} \cdot \dfrac{bc}{(b,c)} \cdot \dfrac{ca}{(c,a)}} = \dfrac{(a,b,c)^2}{(a,b)(b,c)(c,a)}$

> **3.29** 假设 d 是正整数 a 和 b 的最大公约数,d' 是正整数 a' 和 b' 的最大公约数.证明:数 aa', ab', ba', bb' 的最大公约数等于 dd'.
>
> (匈牙利数学奥林匹克,1913 年)

证法 1 由题设,可设

$$a = a_1 d, b = b_1 d$$
$$a' = a'_1 d', b' = b'_1 d'$$

其中 $(a_1, b_1) = 1, (a'_1, b'_1) = 1$

于是 $aa' = dd' a_1 a'_1, ab' = dd' a_1 b'_1$
$ba' = dd' b_1 a'_1, bb' = dd' b_1 b'_1$

因此,dd' 是数 aa', ab', ba', bb' 的公约数.

若要证明 dd' 是 aa', ab', ba', bb' 的最大公约数,则只要证明 $a_1 a'_1, a_1 b'_1, b_1 a'_1, b_1 b'_1$ 没有公共素约数即可.

假设 $a_1 a'_1, a_1 b'_1, b_1 a'_1, b_1 b'_1$ 有公共素约数 p.

因为 a_1 和 b_1 互素,则 a_1 和 b_1 中至少有一个不能被 p 整除,假设 a_1 不能被 p 整除,这样,乘积 $a_1 a'_1$ 能被 p 整除,因为 a'_1 能被 p 整除.

同样,由数 $a_1 b'_1$ 能被 p 整除可知 b'_1 能被 p 整除.

但是 a'_1 与 b'_1 互素,因此 a'_1 和 b'_1 不能同时被 p 整除.从而导致矛盾.

于是 $a_1a'_1, a_1b'_1, b_1a'_1, b_1b'_1$ 没有公共素约数,即 dd' 是数 aa', ab', ba', bb' 的最大公约数.

证法 2 由最大公约数性质可得
$$(aa', ab', ba', bb') = ((aa', ab'), (ba', bb'))$$
但是
$$(aa', ab') = a(a', b') = ad'$$
$$(ba', bb') = b(a', b') = bd'$$
因此 $(aa', ab', ba', bb') = (ad', bd') = (a, b)d' = dd'$
即 dd' 是数 aa', ab', ba', bb' 的最大公约数.

3.30 设 $a_1, a_2, \cdots, a_{10}$ 为正整数,$a_1 < a_2 < \cdots < a_{10}$. 将 a_k 的不等于自身的最大约数记为 b_k. 已知 $b_1 > b_2 > \cdots > b_{10}$,证明:$a_{10} > 500$.

证明 令 $b_k = \dfrac{a_k}{c_k}$,c_k 是 a_k 最小素因数. 因为 $b_9 > b_{10}$,得 $b_9 > 1, b_9 \geq c_9$. 由此,$a_{10} > a_9 \geq c_9^2$. 由不等式 $a_i < a_{i+1}, b_i > b_{i+1}$,得 $c_i < c_{i+1}$. 故 $c_1 \geq 2, c_2 \geq 3, c_3 \geq 5, \cdots, c_9 \geq 23$. 这样,就推出 $a_{10} > c_9^2 \geq 529 > 500$.

3.31 设 $a_1, a_2, a_3, \cdots, a_n$ 都是大于等于 A 的正整数,对于任意的 $i, j, 1 \leq i, j \leq n$,有 $(a_i, a_j) \leq B$,证明
$$[a_1, a_2, \cdots, a_n] \geq \max_{1 \leq i \leq n} \frac{A^i}{B^{\frac{i(i-1)}{2}}}, A, B \in \mathbf{N}$$
记号 (a_i, a_j) 表示 a_i 和 a_j 的最大公约数,$[a_1, a_2, \cdots, a_n]$ 表示 $a_1, a_2, \cdots, a_n$ 的最小公倍数.

(中国国家集训队训练题,1990 年)

证明 用数学归纳法.
(1) $n = 1, 2$ 时,结论显然成立.
(2) 假设 $n = k$ 时结论成立,即
$$[a_1, a_2, \cdots, a_k] \geq \max_{1 \leq i \leq n} \frac{A^i}{B^{\frac{i(i-1)}{2}}}$$
那么,当 $n = k + 1$ 时,由 $a_{k+1} \geq A$,有
$$[a_1, a_2, \cdots, a_k, a_{k+1}] = [[a_1, a_2, \cdots, a_k], a_{k+1}] = \frac{[a_1, a_2, \cdots, a_k] \cdot a_{k+1}}{([a_1, a_2, \cdots, a_k], a_{k+1})} \geq$$
$$\max_{1 \leq i \leq k} \frac{A^i}{B^{\frac{i(i-1)}{2}}} \cdot \frac{a_{k+1}}{([a_1, a_2, \cdots, a_k], a_{k+1})} \geq \max_{1 \leq i \leq k} \frac{A^i}{B^{\frac{i(i-1)}{2}}} \qquad ①$$

这里,最后一步用到
$$a_{k+1} \geqslant ([a_1, a_2, \cdots, a_k], a_{k+1})$$
另一方面,由
$$([a_1, a_2, \cdots, a_k], a_{k+1}) \leqslant \prod_{i=1}^{k}(a_i, a_{k+1}) \leqslant B^k \text{ 及 } a_{k+1} \geqslant A$$
则有
$$[a_1, a_2, \cdots, a_k, a_{k+1}] = \frac{[a_1, a_2, \cdots, a_k] \cdot a_{k+1}}{([a_1, a_2, \cdots, a_k], a_{k+1})} \geqslant$$
$$\frac{A^k \cdot a_{k+1}}{B^{\frac{k(k-1)}{2}}([a_1, a_2, \cdots, a_k], a_{k+1})} \geqslant$$
$$\frac{A^k \cdot A}{B^{\frac{k(k-1)}{2}} \cdot B^k} = \frac{A^{k+1}}{B^{\frac{k(k+1)}{2}}} \qquad ②$$

由①,②得
$$[a_1, a_2, \cdots, a_k, a_{k+1}] \geqslant \max_{1 \leqslant i \leqslant k+1} \frac{A^i}{B^{\frac{i(i-1)}{2}}}$$

于是 $n = k + 1$ 时,结论成立.

从而对所有自然数 n,结论成立.

> **3.32** 设 $[r, s]$ 表示正整数 r 和 s 的最小公倍数.求有序三元正整数组 (a, b, c) 的个数,其中 $[a, b] = 1\,000, [b, c] = 2\,000, [c, a] = 2\,000$.
>
> (第 5 届美国数学邀请赛,1987 年)

解 由 $[a, b] = 1\,000, [b, c] = 2\,000, [c, a] = 2\,000$ 可知 a, b, c 均为 $2^m 5^n$ 型的数.

不妨设 $a = 2^{m_1} 5^{n_1}, b = 2^{m_2} 5^{n_2}, c = 2^{m_3} 5^{n_3}$.

由 $[a, b] = 2^3 5^3, [b, c] = [c, a] = 2^4 5^3$ 及最小公倍数的性质可得

$$\max\{m_1, m_2\} = 3$$
$$\max\{m_2, m_3\} = 4$$
$$\max\{m_3, m_1\} = 4$$
$$\max\{n_1, n_2\} = 3$$
$$\max\{n_2, n_3\} = 3$$
$$\max\{n_3, n_1\} = 3$$

由此可知,$m_3 = 4, m_1$ 和 m_2 中必有一个是 3,此时另一个可取 0,1,2 或 3,不计重复,一共有 7 种不同情况.

n_1, n_2, n_3 中必有 2 个是 3,此时第 3 个数可取 0,1,2 或 3,不计重复,一共有 10 种不同情况.

从而满足本题条件的数组(a,b,c)共有
$$7 \cdot 10 = 70(个)$$

3.33 设 k 个整数 $1 < a_1 < a_2 < \cdots < a_k \leq n$ 中，任意两个数 a_i, a_j 的最小公倍数 $[a_i, a_j] > n$.

证明：$\sum_{i=1}^{k} \frac{1}{a_i} < \frac{3}{2}$.

证明 我们先证明 $k \leq \left[\frac{n+1}{2}\right]$.

将集合 $\{1, 2, \cdots, n\}$ 作如下的划分
$$A_1 = \{1, 2, 2^2, \cdots\}, A_2 = \{3, 3 \times 2, \cdots\}, \cdots,$$
$$A_t = \{j \mid j = (2t-1)2^s, s \in \mathbf{N}, j \leq n\}, \cdots,$$
$$A_{\left[\frac{n+1}{2}\right]} = \left\{2\left[\frac{n+1}{2}\right] - 1\right\}$$

可见如果 $k > \left[\frac{n+1}{2}\right]$，必存在两个元素 a_i, a_j 同在某一个集合 A_t 中，于是必有 $a_i \mid a_j$ 或 $a_j \mid a_i$，故
$$[a_i, a_j] = \max\{a_i, a_j\} \leq n$$

与 $[a_i, a_j] > n$ 相矛盾，从而 $k \leq \left[\frac{n+1}{2}\right]$ 得证.

作 k 个集合 $B_t = \{d \mid a_t \mid d, 2 \leq d \leq n\}$ $(t = 1, 2, \cdots, k)$. 由 B_t 的定义和题设条件即知在 $i \neq j$ 时，$B_i \cap B_j = \varnothing$，从而
$$\sum_{t=1}^{k} |B_t| \leq n - 1$$

也即是
$$\sum_{t=1}^{k} \left[\frac{n}{a_t}\right] \leq n - 1$$

则
$$\sum_{t=1}^{k} \frac{n}{a_t} - 1 \leq n - 1$$

于是
$$\sum_{t=1}^{k} \frac{n}{a_t} \leq n - 1 + k \leq n - 1 + \left[\frac{n+1}{2}\right] \leq$$
$$n - 1 + \frac{n+1}{2} < \frac{3}{2} n$$

从而
$$\sum_{i=1}^{k} \frac{1}{a_i} < \frac{3}{2}$$

3.34 正整数 m,n 满足 $(m,n)+[m,n]=m+n$,证明:其中一个数是另外一个数的因子.

证法 1 令 $(m,n)=d, m=ad, n=bd, (a,b)=1$. 这样 $[m,n]=abd$,由已知条件
$$d+abd=ad+bd \Rightarrow (a-1)(b-1)=0$$
不失一般性我们设 $a=1$,则有 $m\mid n$.

证法 2 由于
$$(m,n)[m,n]=mn, (m,n)+[m,n]=m+n$$
所以 $(m,n),[m,n]$ 与 m,n 都是一元二次方程 $x^2-(m+n)x+mn=0$,因此 $\{(m,n),[m,n]\}=\{m,n\}$,而 $(m,n)\mid [m,n]$,所以命题成立.

3.35 设 m,n 是正整数.
(1) 证明: $(2^m-1, 2^n-1) = 2^{(m,n)}-1$;
(2) 计算: $(2^m-1, 2^n+1)$.

证明 (1) 不妨设 $m \geqslant n$,作带余除法
$$m=qn+r, q,r \text{ 是整数}, 0 \leqslant r < n$$
于是 $\qquad 2^m-1 = 2^r(2^{qn}-1)+2^r-1$
又 $\qquad\qquad (2^n-1)\mid (2^{qn}-1)$
故 $\qquad\qquad (2^m-1, 2^n-1) = (2^n-1, 2^r-1)$

对于 n,r,依照上面的方法可得 r_1,满足 $n=q_1 r + r_1, 0 \leqslant r_1 < r$ 及
$$(2^m-1, 2^n-1) = (2^n-1, 2^r-1) = (2^r-1, 2^{r_1}-1)$$
如此进行下去,最后得到 $r_k \mid r_{k-1}$,并且
$$(2^m-1, 2^n-1) = (2^n-1, 2^r-1) = \cdots =$$
$$(2^{r_{k-1}}-1, 2^{r_k}-1) = 2^{r_k}-1 \qquad ①$$
显然这样得到的 $r_k = (m,n)$,故命题得证.

(2) 由 $(2^n-1, 2^n+1) = 1$ 可得
$$(2^m-1, 2^n+1) \times (2^m-1, 2^n-1) = (2^m-1, 2^{2n}-1) \qquad ②$$
利用(1) 便知,② 即
$$(2^m-1, 2^n+1) \times (2^{(m,n)}-1) = 2^{(m,2n)}-1$$
设非负整数 α, β 使得 $2^\alpha \parallel m, 2^\beta \parallel n$,则当 $\alpha \leqslant \beta$ 时,有 $(m,n) = (m, 2n)$;当 $\alpha > \beta$ 时,有 $2(m,n) = (m, 2n)$. 于是

$$(2^m-1, 2^n+1) = \begin{cases} 1, \alpha \leq \beta \\ 2^{(m,n)}+1, \alpha > \beta \end{cases}$$

3.36 证明:$(n, a^n - b^n) = \left(n, \dfrac{a^n - b^n}{a - b}\right)$.

证明 设 p 是质数,m 是正整数,且 $p^m \mid n$,$p^m \mid a^n - b^n$,我们证明一定有 $p^m \left| \dfrac{a^n - b^n}{a - b} \right.$,设 $a - b = s$,则

$$\dfrac{a^n - b^n}{a - b} = \dfrac{(s+b)^n - b^n}{s} = \sum_{j=1}^{n} C_n^j s^{j-1} b^{n-j}$$

若 $p \nmid a - b$,则显然有 $p^m \left| \dfrac{a^n - b^n}{a - b} \right.$,以下假定 $p \mid a - b = s$,此时 $j!$ 中因子 p 的个数为

$$\sum_{i=1}^{\infty} \left[\dfrac{j}{p^i}\right] < \sum_{i=1}^{\infty} \dfrac{j}{p^i} \leq \sum_{i=1}^{\infty} \dfrac{j}{2^i} = j$$

即 $j!$ 中因子 p 的个数小于等于 $j-1$,而 $p^{j-1} \mid s^{j-1}$,那么一定有

$$p^m \mid s^{j-1} C_n^j = \dfrac{(n-j+1)\cdots n}{j!} s^{j-1}$$

从而
$$p^m \left| \dfrac{a^n - b^n}{a - b} \right.$$

利用这个命题就不难证明 $(n, a^n - b^n) = \left(n, \dfrac{a^n - b^n}{a - b}\right)$ 了.

3.37 设正整数 $n \geq 6$.求证:全体不大于 n 的合数可以恰当地排成一行,使得任何两个相邻的数均有大于1的公约数.

证明 设 $p_1 < p_2 < \cdots < p_k$ 为所有不大于 $\sqrt{n}$ 的质数.容易检验如下的排法符合题设要求

$$\underbrace{p_1 p_2}_{A_1} \underbrace{p_2 p_3}_{A_2} \cdots \underbrace{p_{k-1} p_k}_{A_{k-1}} \underbrace{}_{A_k}$$

其中,在空档 A_i 内放置其余的合数中最小质因子为 p_i 的数.

3.38 证明:从任意6个互质的四位数中能选出5个数是互质的.

(俄罗斯数学奥林匹克,2003年)

证明 设这6个数为 $a_1, a_2, a_3, a_4, a_5, a_6$.
若题设不成立,则可设

$$(a_1,a_2,a_3,a_4,a_5) = d_1$$
$$(a_1,a_2,a_3,a_4,a_6) = d_2$$
$$\cdots\cdots$$
$$(a_2,a_3,a_4,a_5,a_6) = d_6$$

其中,d_1,d_2,d_3,d_4,d_5,d_6 两两互质,且 $d_i \neq 1(i=1,2,\cdots,6)$.

不妨设 $d_1 > d_2 > d_3 > d_4 > d_5 > d_6$,那么
$$a_1 = b_1 d_1 d_2 d_3 d_4 d_5 \geqslant b_1 \times 3 \times 5 \times 7 \times 11 \times 13 =$$
$$15\,015 \cdot b_1 > 10\,000$$

矛盾.

因此假设不真.

故 d_1,d_2,d_3,d_4,d_5,d_6 中必有一个为 1.

3.39 求正整数 a,b,使得对任意的 $x,y \in [a,b]$,有 $\dfrac{1}{x} + \dfrac{1}{y} \in [a,b]$.

(罗马尼亚数学奥林匹克,2003 年)

解 若 $x = y = b$,则有 $\dfrac{2}{b} \geqslant a$. 因此,$ab \leqslant 2$.

若 $x = y = a$,则有 $\dfrac{2}{a} \leqslant b$. 因此,$ab \geqslant 2$.

故 $ab = 2, a = 1, b = 2$.

又因为 $x,y \in [1,2]$,则
$$\frac{1}{2} + \frac{1}{2} \leqslant \frac{1}{x} + \frac{1}{y} \leqslant 1 + 1$$

故 $a = 1, b = 2$.

3.40 假设正整数 $a_1,a_2,\cdots,a_{30}$ 满足
$$a_1 + a_2 + \cdots + a_{30} = 2\,002$$

如果 d 是 $a_1,a_2,\cdots,a_{30}$ 的最大公因数,求 d 的最大值.

(新加坡数学奥林匹克,2003 年)

解 设 $a_i = b_i d, b_i = 1$,则
$$2\,002 = \sum_{i=1}^{30} b_i d \geqslant 30d$$

因为 2 002 的约数中大于 30 的最小数为 77,故 $d = \dfrac{2\,002}{77} = 26$.

> **3.41** 确定所有的三元正整数组 (a,b,c),使得 $a+b+c$ 是 a,b,c 的最小公倍数.
>
> （奥地利数学奥林匹克,2005 年）

解 如果三个数相等,则有 $[a,b,c] = a$,与 $[a,b,c] = a+b+c$ 矛盾.

不失一般性,假设 $a \leqslant b \leqslant c$,则 $a+b < 2c$.因此
$$c < a+b+c < 3c$$
因为 $[a,b,c]$ 是 c 的倍数,所以 $[a,b,c] = 2c$.于是有
$$a+b=c,[a,b,c]=2a+2b$$
又 $b \mid (2a+2b)$,所以 $b \mid 2a$.

由 $a \leqslant b$ 可以推知 $b = a$ 或 $b = 2a$.

如果 $b = a$,则 $c = a+b = 2a$.因此
$$[a,b,c] = [a,a,2a] = 2a$$
但是 $a+b+c = a+a+2a = 4a$,矛盾.

如果 $b = 2a$,则
$$c = a+b = a+2a = 3a$$
$$[a,b,c] = [a,2a,3a] = 6a = a+b+c$$

所以满足题目要求的三元正整数形式为 $(a,2a,3a)(a \geqslant 1)$.

> **3.42** 求正整数 $n(n \geqslant 3)$,使得存在 n 个正整数 $a_1,a_2,\cdots,a_n$ 满足任意两个数的最大公因数大于 1,任意三个数的最大公因数等于 1.若所有的整数 $a_i(i=1,2,\cdots,n)$ 均小于 5 000,求满足如上条件的 n 的最大值.
>
> （意大利数学奥林匹克,2005 年）

解 对于任意大于或等于 3 的正整数 n,都存在满足条件的正整数 $a_1,a_2,\cdots,a_n$.对于任意两个整数 i 和 j 满足 $1 \leqslant i < j \leqslant n$,定义一个质数 p_{ij},使得对于任意的与 i 和 j 不全相同的 i' 和 j',有 $p_{ij} \neq p_{i'j'}$.设
$$a_i = \prod_{j<i} p_{ji} \cdot \prod_{i<j} p_{ij}, 1 \leqslant i \leqslant n$$
即满足要求.

当 $n = 4$ 时,设
$$a_1 = 2 \times 3 \times 5, a_2 = 2 \times 7 \times 1$$
$$a_3 = 3 \times 7 \times 13, a_4 = 5 \times 11 \times 13$$

当 $n \geqslant 5$ 时,取 a_1,a_2,a_3,a_4,a_5 是满足条件的 5 个正整数.对于每一对整数 a_i 和 a_j,不妨假设 $i < j$.存在质数 p_{ij} 整除 a_i 和 a_j,

且所有的这些质数互不相同.所以,每个数 a_i 能被 4 个不同的质数整除,每个质数 p_{ij} 最多能整除两个 a_i.于是,至少有一个 a_i 不能被 2 或 3 整除.因此,这个数大于或等于 $5 \times 7 \times 11 \times 13 = 5\,005$.

综上所述,n 的最大值为 4.

> **3.43** 设 c 和 d 是整数. 证明:存在无穷多个不同的整数对 $(x_n, y_n)(n = 1, 2, \cdots)$,使得 x_n 是 $cy_n + d$ 的一个约数,且 y_n 是 $cx_n + d$ 的一个约数的充分必要条件为 c 是 d 的一个约数.
>
> (匈牙利数学奥林匹克,2004 年)

证明 (1) 充分性.

因为 $c \mid d$,记 $d = kc (k \in \mathbf{Z})$,所以
$$x_i = i, y_i = -(i + k), i = 1, 2, 3, \cdots$$
即为满足条件的无穷多个整数对.

(2) 必要性.

假设 $c \nmid d$,则 $d \neq 0$.

若 $c = 0$,由于 d 有限大,显然,不存在无限多个整数整除 d,矛盾.

若 $c \neq 0$,存在无穷多个不同的整数对 $(x_n, y_n)(n = 1, 2, \cdots)$,使得
$$y_n \mid (cx_n + d), x_n \mid (cy_n + d)$$
由于整数对的无限性,因此,其中必然存在一个数的绝对值大于 $c^4 d^4$.

不妨设 $|x_1| > c^4 d^4$.因为 $x_1 \mid (cy_1 + d)$,所以
$$|cy_1 + d| \geqslant |x_1| > c^4 d^4$$
故
$$|cy_1| \geqslant c^4 d^4 - |d|$$
又 $|c| > 1$,所以
$$|cy_1| \geqslant 2c^3 d^4 - |d|, |y_1| > c^2 d^4$$
$$\frac{(cy_1 + d)(cx_1 + d)}{x_1 y_1} = c^2 + \frac{cd}{x_1} + \frac{cd}{y_1} + \frac{d^2}{x_1 y_1}$$
由
$$\left|\frac{cd}{x_1} + \frac{cd}{y_1} + \frac{d^2}{x_1 y_1}\right| \leqslant \frac{1}{|c|^3} + \frac{1}{|c|} + \frac{1}{|c^6|} <$$
$$\frac{1}{2^3} + \frac{1}{2} + \frac{1}{2^6} < 1$$
且
$$\frac{(cy_1 + d)(cx_1 + d)}{x_1 y_1} \in \mathbf{Z}$$
因此
$$\frac{(cy_1 + d)(cx_1 + d)}{x_1 y_1} = c^2$$

因为 $c \nmid d$，故必然存在一个质数 p 和正整数 α，使得 $p^\alpha \mid c$ 且 $p^\alpha \nmid d$.

因为 $p^{2\alpha} \mid c^2$，所以，$\dfrac{cy_1+d}{x_1}$ 和 $\dfrac{cx_1+d}{y_1}$ 两个整数中必有一个含 p 的幂次不小于 α.

不妨设 $p^\alpha x_1 \mid (cy_1+d)$. 而 $p^\alpha \mid c$，$p^\alpha \nmid d$，矛盾. 因此，$c \mid d$.

3.44 已知非负整数 a,b 和
$$Z(a,b)=\dfrac{(3a)!(4b)!}{(a!)^4(b!)^3}$$

证明：(1) 对所有 $a \leqslant b$，$Z(a,b)$ 是一个非负整数；

(2) 对于任何非负整数 b，存在无限多个 a，使得 $Z(a,b)$ 不是整数.

（澳大利亚数学奥林匹克，2004 年）

证明 (1) 注意到
$$\begin{aligned}Z(a,b)&=\dfrac{(3a)!(4b)!}{(a!)^4(b!)^3}=\dfrac{(3a)!}{a!(2a)!}\cdot\dfrac{(2a)!}{a!a!}\cdot\dfrac{(4b)!}{b!(3b)!}\cdot\\&\quad\dfrac{(3b)!}{b!(2b)!}\cdot\dfrac{(2b)!}{(b-a)!(a+b)!}\cdot\\&\quad\dfrac{(a+b)!}{a!b!}\cdot(b-a)!=\\&\quad C_{3a}^a\cdot C_{2a}^a\cdot C_{4b}^b\cdot C_{3b}^b\cdot C_{a+b}^{a+b}\cdot C_{a+b}^a\cdot(b-a)!\end{aligned}$$

这表明 $Z(a,b)$ 可表示为二项式系数和正整数 $(b-a)!$ 的乘积.

因此，当 $a \leqslant b$ 时，$Z(a,b)$ 是一个非负整数.

(2) 设 b 是给定的非负整数，p 是一个质数，且 $p > 4b$. 令 $a = p$. 考虑 $Z(p,b)$，恰好存在三个不大于 $3p$ 且能被 p 整除的正整数，即 $3p,2p,p$. 此外，$(4b)!$ 一定不能被 p 整除. 易知 p^3 是分子 $(3p)!(4b)!$ 的因子，而 p^4 不是分子 $(3p)!(4b)!$ 的因子.

另一方面，因为 $p \mid p!$，所以，p^4 一定是分母 $(p!)^4(b!)^3$ 的因子，由此得出 $Z(p,b)$ 一定不是一个整数.

3.45 确定由 7 个不同质数组成的等差数列中，最大项的最小可能值.

（英国数学奥林匹克，2005 年）

解 设等差数列为
$$p,p+d,p+2d,p+3d,p+4d,p+5d,p+6d$$
易知 $p > 2$. 因为若 $p = 2$，则 $p + 2d$ 为偶数且非 2，其不是质数.

因为 p 必为奇数,则 d 是偶数.否则,$p + d$ 是偶数且大于 2,其不是质数.

又 $p > 3$,因为若 $p = 3$,则 $p + 3d$ 是 3 的倍数且非 3,其不是质数.

所以 d 必须是 3 的倍数,否则,$p + d$ 和 $p + 2d$ 中的一个将会是 3 的倍数.

用同样的方法,$p > 5$,因为若 $p = 5$,则 $p + 5d$ 是 5 的倍数且非 5.

类似地,d 是 5 的倍数,否则 $p + d, p + 2d, p + 3d, p + 4d$ 中的一个将会是 5 的倍数,其不是质数.

综上,有 $p \geq 7$ 和 $30 \mid d$.

若 $p > 7$,当 $7 \nmid d$ 时,总有 7 的倍数存在于等差数列中,故 $7 \mid d$. 这表明 $210 \mid d$. 此时,最后项的最小可能值为 $11 + 6 \times 210 = 1\,271$.

若 $p = 7$(同时 $30 \mid d$),则必须避免在数列中有 $187 = 11 \times 17$,因此,必须有 $d \geq 120$.

若 $d = 120$,则数列为
$$7, 127, 247, 367, 487, 607, 727$$
但 $247 = 13 \times 19$,所以,这不成立.

当 $d = 150$ 时,数列为
$$7, 157, 307, 457, 607, 757, 907$$
且所有的数为质数.

因为 $907 < 1\,271$,此即为最大项的最小可能值.

3.46 求所有的质数 p, q, r,使得等式 $p^3 = p^2 + q^2 + r^2$ 成立.

(伊朗数学奥林匹克,2005 年)

解 若 $p = 2$,代入等式得 $q^2 + r^2 = 4$.

这个等式没有质数解.故 p 是奇质数.

考虑 $q^2 + r^2 \equiv 0 (\bmod p)$,有
$$p \mid q, p \mid r \text{ 或 } p = 4k + 1$$

在第一种情况中,因为 q 和 r 是质数,可以得到 $p = q = r$,这时,等式可以化简为 $p^3 = 3p^2$.

解得 $p = q = r = 3$.

在第二种情况中,$q^2 + r^2 \equiv 0 (\bmod 4)$.

所以 $2 \mid q, r$,由于 q 和 r 是质数,所以 $q = r = 2$.

但 $p^3 - p^2 = 8$ 无质数解.

最后得到的解为 $p = q = r = 3$.

心得 体会 拓广 疑问

3.47 a,b,c,d,e,f 为正整数. 设 $S = a+b+c+d+e+f$ 既整除 $abc+def$ 又整除 $ab+bc+ca-de-ef-fd$. 证明: S 是合数.

(数学奥林匹克预选题, 2005 年)

证明 $f(x) = (x+a)(x+b)(x+c) - (x-d)(x-e)(x-f) =$
$Sx^2 + (ab+bc+ca-de-ef-fd)x + abc + def$

由已知条件得到 S 整除 $f(d) = (a+d)(b+d)(c+d)$. 但 $S = a+b+c+d+e+f$ 大于 $a+d, b+d, c+d$ 的每一个, 故不可能整除其中任一个, 即 S 不是素数. 又 $S > 1$, 故 S 为合数.

3.48 设正整数 $x, y, z (x > 2, y > 1)$ 满足等式 $x^y + 1 = z^2$. 以 p 表示 x 的不同的质约数的数目, 以 q 表示 y 的不同的质约数的数目.

证明: $p \geqslant q + 2$.

(俄罗斯数学奥林匹克, 2005 年)

证明 由题意可知
$$(z-1)(z+1) = x^y$$
当 x 为奇数时, $(z-1, z+1) = 1$. 而当 x 为偶数时, $(z-1, z+1) = 2$. 在前一种情况下, 有 $z-1 = u^y, z+1 = v^y$, 其中 u, v 为正整数. 由此可得, $v^y - u^y = 2$. 另一方面, 由于 $v > u, y > 1$, 所以
$$v^y - u^y = (v-u)(v^{y-1} + uv^{y-2} + \cdots + u^{y-1}) \geqslant 3$$
互相矛盾, 所以 x 为偶数. 此时 $z-1$ 与 $z+1$ 中有一个是 2 的倍数, 但不是 4 的倍数; 另一个则为 2^{y-1} 的倍数, 却不是 2^y 的倍数. 这样一来, 我们就有 $\{z-1, z+1\} = \{2u^y, 2^{y-1}v^y\} := \{A, B\}$, 其中 u 和 v 为奇数(: = 表示"记为"), 显然
$AB = x^y$, $|A-B| = |2u^y - 2^{y-1}v^y| = 2 \Rightarrow |u^y - 2^{y-2}v^y| = 1$.
这就是说, 有 $2^{y-2}v^y = u^y + 1$ 或 $2^{y-2}v^y = u^y - 1$.

我们指出 $u > 1$. 事实上, 如果 $u = 1$, 则 $A = 2, A = z - 1, z = 3$, 从而必有 $x = 2$, 这与题意相矛盾. 此外, y 必为奇数. 若不然, $y = 2n$, 那么就有 $z^2 - x^{2n} = 1$, 这是不可能的.

引理 1 如果 a 为不小于 2 的整数, p 为奇质数, 则 $a^p - 1$ 中至少有一个质约数不能整除 $a - 1$.

引理 1 的证明 我们有
$$a^p - 1 = (a-1)(a^{p-1} + a^{p-1} + \cdots + 1) := (a-1)b$$
我们首先证明 $a - 1$ 与 b 不可能有不同于 1 和 p 的公共质约

数 q. 事实上,如果 $q \mid (a-1)$,则对任何正整数 m,都有 $q \mid (a^m - 1)$,因此

$$b = a^{p-1} + a^{p-2} + \cdots + 1 = \sum_{m=1}^{p-1}(a^m - 1) + p = lq + p$$

其中,l 是某个整数. 这就说明, 只有在 q 等于 1 或 p 时, b 才能被 q 整除. 因此为完成引理的证明, 只须再考查 $b = p^n$, 而且 $a - 1$ 可被 p 整除的情形. 下面证明这是一种不可能出现的情形. 注意到 $b > p$, 所以只要证明 b 不能被 p^2 整除即可.

如果 $a = p^\alpha k + 1$, 其中 k 不能被 p 整除, 则有

$$a^p = (p^\alpha k + 1)^p = 1 + p^{\alpha+1} k + p \cdot \frac{p-1}{2} \cdot p^{2\alpha} k^2 + \cdots := 1 + p^{\alpha+1} k + p^{2+\alpha} d$$

其中, d 为整数. 于是

$$(a-1)b = a^p - 1 = p^{\alpha+1}(k + pd)$$

既然 k 不能被 p 整除, 所以 b 只能被 p 整除, 而不能被 p^2 整除.

引理 2 设 a 为不小于 2 的整数, p 为奇质数. 如果 $a \neq 2$ 或 $p \neq 3$, 则 $a^p + 1$ 至少有一个质约数不能整除 $a + 1$.

引理 2 的证明 我们有

$$a^p + 1 = (a+1)(a^{p-1} - a^{p-2} + \cdots + a^2 - a + 1) := (a-1)b$$

首先证明, $a + 1$ 与 b 不可能有不同于 1 和 p 的公共质约数 r. 事实上, 如果 $r \mid (a+1)$, 则对任何奇数 k, 都有 $r \mid (a^k + 1)$. 而当 $k = 2m$ 时, 则应有

$$(a^2 - 1) \mid (a^{2m} - 1), \quad r \mid (a^2 - 1)$$

所以

$$r \mid (a^{2m} - 1)$$

这样一来, 就有 $b = lr + p$, 其中 l 为某个整数. 所以只有在 r 等于 1 或 p 时, b 才能被 r 整除.

为完成引理的证明, 只须再考查 $b = p^n$, 而且 $a + 1$ 可被 p 整除的情形. 下面证明这是一种不可能出现的情形. 证法与引理 1 类似, 先证 $b > p$. 事实上, 我们有 $b \geqslant a^2 - a + 1 \geqslant a + 1 \geqslant p$. 而由题中条件可知, 在这一连串不等号中至少有一个为严格大于号. 另一方面, 如同引理 1 那样, 可以证明: b 不能被 p^2 整除, 从而得出矛盾, 引理 2 证毕.

现在证明题目本身, 考察已得的等式 $u^y \pm 1 = 2^{y-2} v^y$. 由所证的引理可知, 该式右端有不少于 $q + 1$ 个不同的质约数. 既然 $(u, 2v) = 1, v > 1$, 所以题中断言成立.

第4章 平方数与 n 次方数

4.1 对于任何给出的固定整数 m,求 B 的值使得 $B^2 + m$ 是一个完全平方.

解 如果 $B^2 + m = A^2$,则 $m = rs$,其中 $r = A + B$,且 $s = A - B$.因为 $B = (r - s)/2$,r 及 s 必须均为奇数或均为偶数.由于 B 的值包括负整数和零,在 r 与 s 的相对数值上除它们是 m 的余因子外没有必要加以限制.如果 $m = P_1^{\alpha_1} P_2^{\alpha_2} \cdots P_n^{\alpha_n}$,其中的这些 P 是不同的素数且这些 α 是正整数,则 m 的每一个因子有一次且仅有一次包含在 $(1 + P_1 + P_1^2 + \cdots + P_1^{\alpha_1})(1 + P_2 + P_2^2 + \cdots + P_2^{\alpha_2}) \cdots (1 + P_n + \cdots + P_n^{\alpha_n})$ 展开式的项中,随之如果 m 是奇数,m 的因子数,因而所求 B 的整数值的个数是

$$(\alpha_1 + 1)(\alpha_2 + 1) \cdots (\alpha_n + 1)$$

若 m 是偶数,且 $P_1 = 2$,则 r 和 s 两者必是偶的,因此使 $B^2 + m$ 是一个完全平方的整数值 B 是 $m/4$ 的因子的个数,即

$$(\alpha_1 - 1)(\alpha_2 + 1) \cdots (\alpha_n + 1)$$

4.2 求所有使得 $n! + 5$ 是立方数的正整数 n.

解 $n \geq 7$ 时,$n! + 5 \equiv 5 \pmod 7$ 不可能是立方数,检验可知 $n = 5$ 是唯一的解.

4.3 如果 n, p 是两个自然数,记

$$S_{n,p} = 1^p + 2^p + \cdots + n^p$$

试确定自然数 p,使得对任何自然数 n,$S_{n,p}$ 都是一个自然数的平方.

(法国数学奥林匹克,1991 年)

解 由于对任何自然数 n,$S_{n,p}$ 都是一个完全平方数,特别地取 $n = 2$,$S_{2,p}$ 也是一个完全平方数,即存在自然数 x,满足下式

$$x^2 = 1 + 2^p, x > 1$$

所以
$$x^2 - 1 = 2^p$$
$$(x-1)(x+1) = 2^p$$
于是
$$\begin{cases} x - 1 = 2^s \\ x + 1 = 2^t \end{cases}$$
整数 s, t 满足
$$0 \leqslant s < t, s + t = p$$
因此有
$$\frac{x+1}{x-1} = 2^{t-s} \geqslant 2$$
所以
$$x + 1 \geqslant 2x - 2$$
于是
$$1 < x \leqslant 3$$

当 $x = 2$ 时
$$1 + 2^p = 4$$
此时无解.

当 $x = 3$ 时
$$1 + 2^p = 9$$
$$p = 3$$

又因为 $S_{n,3} = 1^3 + 2^3 + \cdots + n^3 = \left[\dfrac{n(n+1)}{2}\right]^2$

为一个完全平方数.

所以,只有唯一的自然数 $p = 3$,使对于任何自然数 n,$S_{n,p}$ 是完全平方数.

4.4 求出最小的正整数,它的 $\dfrac{1}{2}$ 是一个整数的平方,它的 $\dfrac{1}{3}$ 是一个整数的三次方,它的 $\dfrac{1}{5}$ 是一个整数的五次方.

证明 注意到"最小"及其他条件,可设 $N = 2^\alpha 3^\beta 5^\gamma$,由于 $\dfrac{N}{2}$ 是一个整数的平方,故有

$$\alpha \equiv 1 (\bmod 2), \beta \equiv 0 (\bmod 2), \gamma \equiv 0 (\bmod 2)$$

由于 $\dfrac{N}{3}$ 是一个整数的三次方,故

$$\alpha \equiv 0 (\bmod 3), \beta \equiv 1 (\bmod 3), \gamma \equiv 0 (\bmod 3)$$

由于 $\dfrac{N}{5}$ 是一个整数的五次方,故

$$\alpha \equiv 0 (\bmod 5), \beta \equiv 0 (\bmod 5), \gamma \equiv 1 (\bmod 5)$$

由孙子定理可求得

$$\alpha \equiv 15 (\bmod 30), \beta \equiv 10 (\bmod 30), \gamma \equiv 6 (\bmod 30)$$

故
$$2^{15} \cdot 3^{10} \cdot 5^6$$
是所求的最小的正整数.

注 此题可不用孙子定理.

> **4.5** 一个具有相同的非零数字的(有限)数列,能成为一个整数的平方的尾部.试求这种数列最长的长度,并求出尾部为这种数列的最小平方数.
>
> (第31届美国普特南数学竞赛,1970年)

解 设 x 是一个整数,则 x^2 的个位数只能是 $0,1,4,9,6,5$. x^2 的个位是 0 的情况由题目的假设已排除.

如果 x^2 的尾部有两个相同的数字,则只能是 $11,44,55,66,99$.

然后 x^2 的末两位是 $11,55,99$ 时

$$x^2 \equiv 3 \pmod 4$$

这是不可能的.

x^2 的末两位是 66 时

$$x^2 \equiv 2 \pmod 4$$

这也是不可能的.

下面讨论平方数的末几位都是 4 的情形.

若 x^2 的末四位是 4,即

$$x^2 \equiv 4444 \pmod{10\ 000}$$

则

$$x^2 \equiv 12 \pmod{16}$$

此时由

$$x^2 = 16k + 12 = 4(4k+3)$$

可知,亦不可能成立.

于是,x^2 的尾部中最多有三个 4.注意到

$$38^2 = 1\ 444$$

于是这种数列最长为 3,即尾部有三个 4.

又 $1\ 444$ 是符合要求的最小平方数.

> **4.6** 设正整数 a,b 使 $15a+16b$ 和 $16a-15b$ 都是正整数的平方.求这两个平方数中较小的数能够取到的最小值.

解 设正整数 a,b 使 $15a+16b$ 和 $16a-15b$ 都是正整数的平方

$$15a+16b = r^2, 16a-15b = s^2, r,s \in \mathbf{N}$$

于是

$$15^2 a + 16^2 a = 15r^2 + 16s^2$$
$$16^2 b + 15^2 b = 16r^2 - 15s^2$$

所以 $15r^2 + 16s^2, 16r^2 - 15s^2$ 都是 481 的倍数. 下面证明 r,s 都是 481 的倍数. 为此, 因 $481 = 13 \times 37$, 只要证明 r,s 都是 13, 37 的倍数.

先证 r,s 都是 13 的倍数, 用反证法. 由于 $16r^2 - 15s$ 是 13 的倍数, 因此 $13 \nmid r, 13 \nmid s$. 由于 $16r^2 \equiv 15s^2 \pmod{13}$, 两边乘上 s^{10}, 故
$$16r^2 s^{10} \equiv 15s^{12} \equiv 15 \equiv 2 \pmod{13}$$
两边再作六次方, 由于左边是完全平方数, 因而 $2^6 \equiv 1 \pmod{13}$, 但 $2^6 = 64 \equiv -1 \pmod{13}$, 矛盾!

再证 r,s 都是 37 的倍数. 同样用反证法. 由于 $16r^2 - 15s^2$ 是 37 的倍数, 因此 $37 \nmid r, 37 \nmid s$, 由 $16r^2 \equiv 15s^2 \pmod{37}$, 两边乘上 s^{34} 得
$$16r^2 s^{34} \equiv 15s^{36} \equiv 15 \pmod{37}$$
再两边作 18 次方. 由于左边是完全平方数, 因而
$$15^{18} \equiv 1 \pmod{37}$$
但 $15^{18} \equiv 225^9 \equiv 3^9 \equiv 27^3 \equiv (-10)^3 \equiv 100 \times (-10) \equiv (-11) \times (-10) \equiv 110 \equiv -1 \pmod{37}$

矛盾! 这样 r,s 都是 481 的倍数, 从而 $r \geq 481, s \geq 481$. 所以 $r^2 \geq 481^2, s^2 \geq 481^2$. 又取 $a = 481 \times 31, b = 481$ 时, $15a + 16b, 16a - 15b$ 都等于 481^2, 可见所求的最小值等于 481^2.

4.7 证明: 如果整数 a 和 b 满足关系式
$$2a^2 + a = 3b^2 + b \qquad ①$$
那么 $a - b$ 和 $2a + 2b + 1$ 是完全平方数.

(波兰数学竞赛, 1964 年)

证明 如果 $a = 0$, 则由式 ① 得 $b = 0$.

此时 $a - b = 0, 2a + 2b + 1 = 1$ 都是完全平方数, 问题得证.
如果 $a \neq 0$, 则由式 ① 可知, $b \neq 0, a \neq b$.

设 d 是 a 与 b 的最大公约数, 且设
$$a = a_1 d, b = b_1 d \qquad ②$$
则 $(a_1, b_1) = 1$, 且 $a_1 \neq b_1$

因此有
$$b_1 = a_1 + r \qquad ③$$
其中, r 是与 a_1 互素的非零整数.

由 ① 和 ② 得
$$2da_1^2 + a_1 = 3db_1^2 + b_1$$
将式 ③ 代入得
$$2da_1^2 + a_1 = 3d(a_1 + r)^2 + a_1 + r$$

由此得
$$da_1^2 + 6da_1r + 3dr^2 + r = 0 \quad ④$$
式 ④ 左边前三项能被 d 整除,所以
$$d \mid r \quad ⑤$$
式 ④ 左边后三项能被 r 整除,所以
$$r \mid da_1^2$$
因为 $(r, a_1) = 1$,所以
$$r \mid d \quad ⑥$$
由 ⑤,⑥ 可知 $r = d$ 或者 $r = -d$.
如果 $r = d$,则由式 ④ 得
$$a_1^2 + 6a_1r + 3r^2 + 1 = 0 \quad ⑦$$
由于对任何整数 a_1,$a_1^2 + 1$ 不能被 3 整除,因此式 ⑦ 不成立,所以 $r \neq d$. 于是
$$r = -d$$
因为 $b_1 = a_1 + r = a_1 - d$
所以 $b = b_1 d = a_1 d - d^2 = a - d^2$
即
$$a - b = d^2 \quad ⑧$$
又由式 ① 可得
$$2a^2 - 2b^2 + (a - b) = b^2$$
$$(a - b)(2a + 2b + 1) = b^2$$
由式 ② 和式 ⑧ 得
$$d^2(2a + 2b + 1) = b_1^2 d^2$$
即
$$2a + 2b + 1 = b_1^2 \quad ⑨$$
由 ⑧ 和 ⑨ 可知,$a - b$ 和 $2a + 2b + 1$ 都是完全平方数.

4.8 由 $n(n \geq 1)$ 个已给素数的积(每个素数可出现几次,也可以不出现) 组成 $n + 1$ 个正整数. 证明:在这 $n + 1$ 个数中可以取出几个数,它们的积为完全平方数.

(第 29 届国际数学奥林匹克候选题,1988 年)

证明 设 $p_1, p_2, \cdots, p_n$ 为已知的 n 个素数,$m_1, m_2, \cdots, m_{n+1}$ 是由已知 n 个素数之积组成的 $n + 1$ 个正整数(其中 p_i 可出现几次,也可不出现),这样,这 $n + 1$ 个数可表示为
$$m_j = \prod_{i=1}^{n} p_i^{\alpha_{ij}}$$

其中，α_{ij} 为非负整数，$i=1,2,\cdots,n,j=1,2,\cdots,n+1$.

从这 $n+1$ 个 m_j 中任取若干个相乘,所得的乘积对应于 $\{m_1, m_2,\cdots,m_{n+1}\}$ 的所有非空子集,因此这种乘积共有 $2^{n+1}-1$ 个,其中每一个都具备形式

$$p_1^{\beta_1}p_2^{\beta_2}\cdots p_n^{\beta_n} = \prod_{i=1}^{n}p_i^{\beta_i}$$

幂指数 β_i 可能为奇数,也可能为偶数.

按照奇偶性来分,$(\beta_1,\beta_2,\cdots,\beta_n)$ 共有 2^n 种. 由于

$$2^{n+1}-1 > 2^n$$

所以,必有积 $p_1^{\beta_1}p_2^{\beta_2}\cdots p_n^{\beta_n}$ 与 $p_1^{\beta'_1}p_2^{\beta'_2}\cdots p_n^{\beta'_n}$ 的幂指数具有完全相同的奇偶性,因而乘积

$$(p_1^{\beta_1}p_2^{\beta_2}\cdots p_n^{\beta_n})(p_1^{\beta'_1}p_2^{\beta'_2}\cdots p_n^{\beta'_n}) = \prod_{i=1}^{n}p_i^{\beta_i+\beta'_j} \quad \text{①}$$

中的指数 $\beta_i + \beta'_i (i=1,2,\cdots,n)$ 都是偶数.

于是 ① 是一个完全平方数.

① 是一些 m_j 的乘积,去掉那些在 $\prod_{i=1}^{n}p_i^{\beta_i}$ 与 $\prod_{i=1}^{n}p_i^{\beta'_i}$ 中均出现的 m_j,则剩下的那些 m_j 各出现一次,它们的积仍为完全平方.

4.9 如果 1 986 个自然数的乘积恰好有 1 985 个不同的素因数. 证明:在这 1 986 个自然数中,或者有 1 个是完全平方数,或者有某几个自然数的乘积是完全平方数.

（第 49 届莫斯科数学奥林匹克,1986 年）

证明 已知的 1 986 个自然数的集合记为 A.

考查 A 的每一非空子集.

A 的所有非空子集共有 $2^{1986}-1$ 个.

求出 A 的每一非空子集中所有元素之积,并且将乘积表示成最大可能的完全平方数与一些素数的积的形式(例如,某一子集中所有元素之积为 N,且 $N = 2^{16} \cdot 3^{15} \cdot 5^{13} \cdot 17^{19}$,则将 N 表示为

$$N = (2^8 \cdot 3^7 \cdot 5^6 \cdot 17^9)^2 \cdot 3 \cdot 5 \cdot 17$$

若某一子集中所有元素之积为 M,且 $M = 2^{16} \cdot 13^{10}$,则将 M 表示为 $M = (2^8 \cdot 13^5)^2$ 等),再将上述乘积除以最大可能的完全平方数,所得的商就是一些素数的乘积,以这些素数为元素可以得到一个素数集合(例如,上述的 N 可得到素数集合 $\{3,5,17\}$,上述的 M 可得的集合为空集 $\varnothing$).

这样,我们就可以得到集合 A 的每一子集与一个素数集合或空集 $\varnothing$ 的一个对应.

由于这 1 986 个自然数的乘积恰有 1 985 个素因数,所以上述

素数集合都是这 1 985 个素数集合(记作集合 B)的子集,而这种子集共有 $2^{1\,985}$ 个.

由于 $2^{1\,986} - 1$ 个 A 的子集对应 $2^{1\,985}$ 个 B 的子集,且 $2^{1\,986} - 1 > 2^{1\,985}$,所以一定有 A 的两个不同的子集 A_1 和 A_2,对应着 B 的同一个子集 $\{p_1, p_2, \cdots, p_k\}$,也就是说 A_1 中元素之积 n_1 与 A_2 中元素之积 n_2 分别具有形式

$$n_1 = a^2 \cdot p_1 p_2 \cdots p_k$$
$$n_2 = b^2 \cdot p_1 p_2 \cdots p_k$$

其中,a 和 b 是两个正整数.

这样一来,$n_1 n_2 = (abp_1 p_2 \cdots p_k)^2$ 是一个完全平方数.

但是在 $n_1 n_2$ 中,将 $A_1 \cap A_2$ 中的数连乘了两次,因而多乘了一个平方数.因此在划去了 A_1 和 A_2 的公共元素之后,所剩下的数的乘积仍然是一个完全平方数.

4.10 设 $a > 1, n > 1$,称 a^n 为一个完全方幂,证明:当 p 是一个素数时,$2^p + 3^p$ 不是完全方幂.

证明 可以直接验证,$p = 2$ 时,$2^2 + 3^2 = 13$ 不是一个完全方幂;$p = 5$ 时,$2^5 + 3^5 = 275$ 也不是完全方幂.现设 $p = 2k + 1 \neq 5$,有

$2^p + 3^p = 2^{2k+1} + 3^{2k+1} =$
$\quad (2 + 3)(2^{2k} - 2^{2k-1} 3 + 2^{2k-2} 3^2 - \cdots + 3^{2k})$ ①

由于 $2^p + 3^p$ 有因数 5,故若 $2^p + 3^p$ 是完全方幂,则必须至少还有一个因数 5.但由于

$$3 \equiv -2 \pmod 5$$
$2^{2k} - 2^{2k-1} 3 + 2^{2k-2} 3^2 - \cdots + 3^{2k} \equiv$
$2^{2k} - 2^{2k-1}(-2) + 2^{2k-2}(-2)^2 - \cdots + (-2)^{2k} =$
$2^{2k} + 2^{2k} + \cdots + 2^{2k} = (2k+1) 2^{2k} =$
$p 2^{p-1} \pmod 5$

因 $p \neq 5$,p 又是素数,故 p 没有因子 5,故

$$5 \nmid 2^{2k} - 2^{2k-1} 3 + 2^{2k-2} 3^2 - \cdots + 3^{2k}$$

由此知 $2^p + 3^p$ 不是完全方幂.

4.11 证明:对任何自然数 $n \geq 3$,2^n 都可以表示成 $2^n = 7x^2 + y^2$ 的形式,其中 x 和 y 都是奇数.

(第 48 届莫斯科数学奥林匹克,1985 年)

证明 用数学归纳法.

(1) $n = 3$ 时, $2^3 = 8 = 7 + 1$.

所以 $n = 3$ 时, 命题成立;

(2) 假设 $n = k$ 时, 命题成立, 即
$$2^k = 7x^2 + y^2, x \text{ 和 } y \text{ 都是奇数}$$

当 $n = k + 1$ 时, 由于

$$7[\frac{1}{2}(x - y)]^2 + [\frac{1}{2}(7x + y)]^2 =$$
$$\frac{7}{4}x^2 + \frac{7}{4}y^2 - \frac{7}{2}xy + \frac{49}{4}x^2 + \frac{7}{2}xy + \frac{1}{4}y^2 =$$
$$14x^2 + 2y^2 = 2(7x^2 + y^2) = 2^{k+1}$$

同理 $7[\frac{1}{2}(x + y)]^2 + [\frac{1}{2}(7x - y)]^2 = 2^{k+1}$

由于当 x, y 是奇数时, $\frac{1}{2}(x + y), \frac{1}{2}(7x - y), \frac{1}{2}(x - y), \frac{1}{2}(7x + y)$ 都是整数.

如果 $\frac{1}{2}(x - y)$ 是奇数, 则 $\frac{1}{2}(7x + y)$ 是奇数, 我们就取奇数对 $(\frac{1}{2}(x - y), \frac{1}{2}(7x + y))$.

如果 $\frac{1}{2}(x - y)$ 是偶数, 则 $\frac{1}{2}(x - y) + y = \frac{x + y}{2}$ 是奇数, 此时 $\frac{1}{2}(7x - y)$ 也是奇数, 我们就取奇数对 $(\frac{1}{2}(x + y), \frac{1}{2}(7x - y))$.

于是 $n = k + 1$ 时命题成立.

由(1),(2), 对 $n \geq 3$ 的自然数, 命题成立.

4.12 求小于 100 的基数, 使得对于它, 数 2 101 是完全平方数.

解 在基数 r 中, 题设的数是
$$2r^3 + r^2 + 1 = s(r + 1)$$
其中 $s = 2r^2 - r + 1$
$(r + 1)$ 和 s 的最高公因子是 4 的因子, 因而它们或者都是平方数或者是两个平方数的两倍. 当模 11 时, $n = \pm 4$ 或 ± 5, 使 $s \equiv 7$, 无剩余数; 当模 17 时, $n = \pm 7$ 或 ± 8, 使 $s \equiv 5$, 无剩余数. 就 $r = 2m^2 - 1, 2s$ 必定是一完全平方; 但 $m \equiv 0(3)$ 得知 $2s \equiv 2(3)$, 无剩余数, 而 $m \equiv 2, 4, 5, 7(17)$ 分别得 $2s \equiv -3, 10, 5, 10(17)$, 都无剩余数. 因此可以摒弃 $m = 2, \cdots, 7$, 故 r 小于 100 的解只有 $r = 3, 8$. 用上面的同余式和 n 个其他的同余式, 容易证实不存在 $r < 10\,000$ 的其他解.

心得 体会 拓广 疑问

4.13 已知 N 为正整数,恰有 2 005 个正整数有序对 (x,y) 满足

$$\frac{1}{x} + \frac{1}{y} = \frac{1}{N}$$

求证:N 是完全平方数.

证明 首先,注意到 $x,y > N$,否则 $\frac{1}{x}$ 或 $\frac{1}{y}$ 之一将大于 $\frac{1}{N}$,则

$$\frac{1}{x} + \frac{1}{y} = \frac{1}{N} \Rightarrow \frac{x+y}{xy} = \frac{1}{N} \Rightarrow$$
$$N(x+y) = xy \Rightarrow (x-N)(y-N) = N^2 \Rightarrow$$
$$y = \frac{N^2}{x-N} + N$$

这样,(x,y) 是一组解当且仅当 $(x-N) \mid N^2$.

另外,N^2 的每个正因子 d 都对应着一组唯一解 $\left(x = d+N, y = \frac{N^2}{d} + N\right)$.因此,在有序解 (x,y) 和 N^2 的正因子间存在一个双射.

令 $N = p_1^{q_1} p_2^{q_2} \cdots p_n^{q_n}$,则

$$N^2 = p_1^{2q_1} p_2^{2q_2} \cdots p_n^{2q_n}$$

而 N^2 的任一正因子必有形式 $p_1^{a_1} p_2^{a_2} \cdots p_n^{a_n}$,其中 $0 \leqslant a_i \leqslant 2q_i$,$i = 1,2,\cdots,n$.每个因子中 p_i 的指数有 $2q_i + 1$ 种可能,所以,得到 N^2 的 $(2q_1 + 1)(2q_2 + 1)\cdots(2q_n + 1)$ 个正因子,这样

$$(2q_1 + 1)(2q_2 + 2)\cdots(2q_n + 1) = 2\,005 = 5 \times 401$$

而 401 是质数,故 2 005 的正因子仅为 1,5,401,2 005.因为所有这些因子都模 4 余 1,对所有 q_i 有 $2q_i + 1 \equiv 1 \pmod 4$,所以,$q_i \equiv 0 \pmod 2$.既然所有质因子的指数都为偶数,故 N 是完全平方数.

4.14 (1) 证明:有无穷多个整数 n,使 $2n+1$ 与 $3n+1$ 为完全平方数,并证明这样的 n 是 40 的倍数.

(2) 更一般地,证明:若 m 为正整数,则有无穷多个整数 n,使 $mn+1$ 与 $(m+1)n+1$ 为完全平方数.

(加拿大数学奥林匹克训练题,1989 年)

证明 (1) 若 $2n+1$ 与 $3n+1$ 都是完全平方数,设

$$\begin{cases} 2n+1 = a^2, a \in \mathbf{Z} & \text{①} \\ 3n+1 = b^2, b \in \mathbf{Z} & \text{②} \end{cases}$$

则
$$(5a+4b)^2 = 2(12a^2+20ab+8b^2)+a^2 = 2(12a^2+20ab+8b^2+n)+1$$
$$(6a+5b)^2 = 3(12a^2+20ab+8b^2)+b^2 = 3(12a^2+20ab+8b^2+n)+1$$

因此，$n' = 12a^2+20ab+8b^2+n$ 满足 $2n'+1$ 与 $3n'+1$ 都是完全平方数，所以存在无穷多个 n，使 $2n+1$ 与 $3n+1$ 都是完全平方数.

下面证明这样的 n 是 40 的倍数.

由 ① 可得 a 为数，设 $a = 2k+1$，因此
$$2n = a^2-1 = (2k+1)^2-1 = 4k(k+1)$$
$$n = 2k(k+1)$$

从而 n 是偶数. 再由 ② 可知 b 是奇数.

设 $b = 2h+1$，因此
$$3n = b^2-1 = (2h+1)^2-1 = 4h(h+1)$$

由于 $2 \mid h(h+1)$，以及 $(3,8)=1$，所以
$$8 \mid n$$

下面证明 $5 \mid n$. 如果
$$n \equiv 1,3 \pmod{5}$$
则
$$2n+1 \equiv 3,2 \pmod{5}$$
如果
$$n \equiv 2,4 \pmod{5}$$
则
$$3n+1 \equiv 2,3 \pmod{5}$$

而对于平方数 t^2，有
$$t^2 \equiv 0,1,4 \pmod{5}$$

所以当 $2n+1$ 及 $3n+1$ 是完全平方数时，不可能有
$$n \equiv 1,2,3,4 \pmod{5}$$
即必须 $5 \mid n$
又由 $(5,8)=1$
于是 $40 \mid n$

(2) 设
$$mn+1 = a^2 \qquad ③$$
$$(m+1)n+1 = b^2 \qquad ④$$

等价于
$$n = b^2-a^2 \qquad ⑤$$
$$m(b^2-a^2)+1 = a^2 \qquad ⑥$$

由 ⑤，⑥ 得
$$(m+1)a^2 - mb^2 = 1 \qquad ⑦$$

令
$$x = (m+1)a, y = b \qquad ⑧$$
得

$$x^2 - m(m+1)y^2 = m+1 \qquad ⑨$$

方程 ⑨ 有解

$$x = m+1, y = 1 \qquad ⑩$$

注意到 Pell 方程

$$x^2 - m(m+1)y^2 = 1 \qquad ⑪$$

有一组解为

$$x = 2m+1, y = 2$$

因而 ⑨ 有无穷多组正整数解 x, y，它们可由下式定出

$$x + \sqrt{m(m+1)}y = (m+1+\sqrt{m(m+1)})(2m+1+2\sqrt{m(m+1)})^k \qquad ⑫$$

其中 k 为非负整数. 由 ⑫ 可以看出 x 为 $m+1$ 的倍数,因此由 ⑧ 可得出 a, b 适合 ⑦,由 ⑤ 定出整数 n.

m, n 适合 ⑤,⑦,因而适合 ⑤,⑥.

因此有无穷多个整数 n 满足 ③,④.

4.15 已知正整数 a, b, c 满足

$$c(ac+1)^2 = (5c+2b)(2c+b)$$

(1) 若 c 为奇数,证明:其为完全平方数;

(2) 问 c 是否能为偶数?

证明 记 x 和 y 的最大公因子为 $M(x, y)$.

(1) 设 $d = M(b, c), b = db_0, c = dc_0$. 则 $M(b_0, c_0) = 1$. 于是,所给等式化为

$$c_0(adc_0+1)^2 = d(5c_0+2b_0)(2c_0+b_0)$$

因为 b_0 和 c_0 互质,所以

$$M(c_0, 2c_0 + b_0) = 1$$

又因为 c_0 为与 b_0 互质的奇数,所以

$$M(c_0, 5c_0+2b_0) = M(c_0, 2b_0) = 1$$

于是, $c_0 \mid d$.

由于 $M(d, (ad_0+1)^2) = 1$,所以, $d \mid c_0$.

因此, $c_0 = d$. 故 $c = dc_0 = d^2$.

(2) 假设 c 为偶数,即 $c = 2c_1$.

由所给等式得

$$c_1(2ac_1+1)^2 = (5c_1+b)(4c_1+b)$$

设 $d = M(b, c_1), b = db_0, c_1 = dc_0$,则

$$M(b_0, c_0) = 1$$

于是,上式化为

$$c_0(2adc_0+1)^2 = d(5c_0+b_0)(4c_0+b_0) \quad ①$$

因为
$$M(c_0, 5c_0+b_0) = M(c_0, 4c_0+b_0) = 1$$
$$M(d, (2adc_0+1)^2) = 1$$

则 $d = c_0, (2adc_0+1)^2 = (5c_0+b_0)(4c_0+b_0)$

注意到
$$M(5c_0+b_0, 4c_0+b_0) = M(c_0, 4c_0+b_0) = M(c_0, b_0) = 1$$

则式 ① 右边的两个因式均为完全平方.

设 $5c_0+b_0 = m^2, 4c_0+b_0 = n^2$，其中 $m,n \in \mathbf{N}$. 于是, $m > n$, 即
$$m-n \geq 1, d = c_0 = m^2 - n^2$$
$$2ad^2+1 = 2adc_0+1 = mn$$

则
$$mn = 1+2ad^2 = 1+2a(m^2-n^2)^2 = 1+2a(m-n)^2(m+n)^2 \geq 1+2a(m+n)^2 \geq 1+8amn \geq 1+8mn$$

所以, $7mn \leq -1$, 矛盾.

因此, c 不能为偶数.

4.16 令 a_n 表示前 n 个素数的和($a_1=2, a_2=2+3, a_3=2+3+5$ 等).证明:对任意的 n, $[a_n, a_{n+1}]$ 中包含一个完全平方数.

（基辅数学奥林匹克, 1979 年）

证明 设 p_n 表示第 n 个素数, 则
$$p_1=2, p_2=3, p_3=5, p_4=7, p_5=11$$
$$a_1=2, a_2=5, a_3=10, a_4=17, a_5=28$$

显然, 在区间 $[2,5], [5,10], [10,17], [17,28]$ 中都包含一个完全平方数.

因而, 我们只须在 $n \geq 5$ 时证明本题.

由于不等式
$$a_n \leq m^2 \leq a_{n+1}$$
与
$$\sqrt{a_n} \leq m \leq \sqrt{a_{n+1}}$$
互相等价, 其中 m 为自然数, 所以在区间 $[\sqrt{a_n}, \sqrt{a_{n+1}}]$ 的长度不小于 1 时, 区间 $[a_n, a_{n+1}]$ 中必包含一个完全平方数.

由于不等式
$$\sqrt{a_{n+1}} - \sqrt{a_n} \geq 1$$
与
$$a_{n+1} \geq 1 + 2\sqrt{a_n} + a_n$$

与
$$p_{n+1} = a_{n+1} - a_n \geq 1 + 2\sqrt{a_n}$$
互相等价,所以欲证本题只须证明在 $n \geq 5$ 时
$$p_{n+1} \geq 1 + 2\sqrt{a_n}$$
$$(p_{n+1} - 1)^2 \geq 4a_n = 4(p_1 + p_2 + \cdots + p_n) \quad ①$$
即可. 令
$$q_n = (p_n - 1)^2 - 4(p_1 + \cdots + p_{n-1})$$
现在证明:在 $n \geq 2$ 时, q_n 单调增加, 为此计算
$$q_{n+1} - q_n = (p_{n+1} - 1)^2 - (p_n - 1)^2 - 4p_n =$$
$$(p_{n+1} - p_n)(p_{n+1} + p_n - 2) - 4p_n$$
在 $n \geq 2$ 时, p_n 为奇数,从而
$$p_{n+1} \geq p_n + 2$$
$$q_{n+1} - q_n \geq 2(p_{n+1} + p_n - 2) - 4p_n =$$
$$2(p_{n+1} - p_n - 2) \geq 0$$
从而 q_n 单调增加.
注意到
$$q_5 = (11 - 1)^2 - 4(2 + 3 + 5 + 7) = 32 > 0$$
由单调性
$$q_n \geq q_5 > 0$$
于是式 ① 成立,从而本题得证.

4.17 在不超过 10^{20} 的完全平方数中,是其倒数第 17 位数为 7 的数多,还是其倒数第 17 位数为 8 的数多?

解 倒数第 17 位数为 7 的数居多.

将每个不超过 10^{20} 的完全平方数都写成一个 20 位数(若不足 20 位,则在前面空缺的位置上补 0). 再把它们分为 1 000 组,使得每一组内的数的最前面三位数字彼此相同. 只须证明,在每一组内,第四位数为 7 的数都比第四位数为 8 的数多.

为此,将左闭右开区间 $[(A-1) \cdot 10^{16}, A \cdot 10^{16})$ 中的完全平方数的个数与左闭右开区间 $[A \cdot 10^{16}, (A+1) \cdot 10^{16})$ 中的完全平方数的个数相比较,其中 $A < 10^4$ 是任何一个个位数为 8, 前面三位数字任取的正整数.

显然,它们分别等于区间
$$[\sqrt{A-1} \cdot 10^8, \sqrt{A} \cdot 10^8) \text{ 和 } [\sqrt{A} \cdot 10^8, \sqrt{A+1} \cdot 10^8)$$
中的正整数的个数. 众所周知,区间 $[a,b)$ 中的正整数的个数与区间的长度 $b - a$ 的差不超过 1. 故只须证明, 所考察的两个区间的长度之差大于 2. 而这是因为

$$(\sqrt{A} \cdot 10^8 - \sqrt{A+1} \cdot 10^8) - (\sqrt{A+1} \cdot 10^8 - \sqrt{A} \cdot 10^8) =$$
$$10^8[(\sqrt{A} - \sqrt{A-1}) - (\sqrt{A+1} - \sqrt{A})] =$$
$$10^8\left(\frac{1}{\sqrt{A}+\sqrt{A-1}} - \frac{1}{\sqrt{A+1}+\sqrt{A}}\right) =$$
$$10^8\left[\frac{\sqrt{A+1} - \sqrt{A-1}}{(\sqrt{A}+\sqrt{A-1})(\sqrt{A+1}+\sqrt{A})}\right] =$$
$$\frac{2 \times 10^8}{(\sqrt{A+1}+\sqrt{A-1})(\sqrt{A}+\sqrt{A-1})(\sqrt{A+1}+\sqrt{A})} >$$
$$\frac{2 \times 10^8}{2\sqrt{10^4} \times 2\sqrt{10^4} \times 2\sqrt{10^4}} = 25 > 2$$

4.18 设 $k_1 < k_2 < \cdots$ 是正整数,且 $k_{i+1} - k_i > 1, i = 1, 2, \cdots$,记 $S_m = k_1 + k_2 + \cdots + k_m, m = 1, 2, \cdots$.

证明:对每个正整数 n,$[S_n, S_{n+1})$ 中至少含有一个完全平方数.

(美国数学奥林匹克,1995 年)

证明 易知,区间 $[S_n, S_{n+1})$ 至少含有一个完全平方数的必要且充分条件是区间 $[\sqrt{S_n}, \sqrt{S_{n+1}})$ 中至少含有一个整数.因此,只须证明,对每个 $n \in \mathbf{N}^*$,都有
$$\sqrt{S_{n+1}} - \sqrt{S_n} \geq 1$$
即
$$\sqrt{S_{n+1}} \geq \sqrt{S_n} + 1$$
而 $\sqrt{S_{n+1}} \geq \sqrt{S_n} + 1$ 的必要且充分条件是
$$S_n + k_{n+1} \geq (\sqrt{S_n} + 1)^2$$
即
$$k_{n+1} \geq 2\sqrt{S_n} + 1$$

因为 $k_{m+1} - k_m \geq 2$,所以
$$S_n = k_n + k_{n-1} + \cdots + k_1 \leq$$
$$\begin{cases} k_n + (k_n - 2) + \cdots + 2 = \dfrac{k_n(k_n+2)}{4}, \text{若 } k_n \text{ 为偶数} \\ k_n + (k_n - 2) + \cdots + 1 = \dfrac{(k_n+1)^2}{4}, \text{若 } k_n \text{ 为奇数} \end{cases} \leq$$
$$\frac{(k_n+1)^2}{4}$$

由此即得 $\qquad k_n + 1 \geq 2\sqrt{S_n}$

从而有 $\qquad k_{n+1} \geq k_n + 2 \geq 2\sqrt{S_n} + 1$

这就是所要证明的.

4.19 求所有的正整数 n,它能唯一地表示为 5 个或小于 5 个正整数的平方和.

（这里,两个求和顺序不同的表达式被认为是相同的,例如,$3^2 + 4^2$ 和 $4^2 + 3^2$ 被认为是 25 的同一个表达式.）

（第 18 届韩国数学奥林匹克,2005 年）

解 $n = 1, 2, 3, 6, 7, 15$.

首先,证明对于所有的 $n \geq 17$,有多于 2 个不同的表达式.

因为每个正整数都可以表示为 4 个或不足 4 个的正整数的平方和(拉格朗日四平方定理),于是,存在非负整数 x_i, y_i, z_i, w_i ($i = 1, 2, 3, 4$) 满足

$$n - 0^2 = x_0^2 + y_0^2 + z_0^2 + w_0^2$$
$$n - 1^2 = x_1^2 + y_1^2 + z_1^2 + w_1^2$$
$$n - 2^2 = x_2^2 + y_2^2 + z_2^2 + w_2^2$$
$$n - 3^2 = x_3^2 + y_3^2 + z_3^2 + w_3^2$$
$$n - 4^2 = x_4^2 + y_4^2 + z_4^2 + w_4^2$$

由此得

$$n = x_0^2 + y_0^2 + z_0^2 + w_0^2 = 1^2 + x_1^2 + y_1^2 + z_1^2 + w_1^2 =$$
$$2^2 + x_2^2 + y_2^2 + z_2^2 + w_2^2 = 3^2 + x_3^2 + y_3^2 + z_3^2 + w_3^2 =$$
$$4^2 + x_4^2 + y_4^2 + z_4^2 + w_4^2$$

假设 $n \neq 1^2 + 2^2 + 3^2 + 4^2 = 30$,则有

$$\{1, 2, 3, 4\} \neq \{x_0, y_0, z_0, w_0\}$$

所以,存在 $k \in \{1, 2, 3, 4\} \setminus \{x_0, y_0, z_0, w_0\}$,且对这样的 k
$$x_0^2 + y_0^2 + z_0^2 + w_0^2 \text{ 和 } k^2 + x_k^2 + y_k^2 + z_k^2 + w_k^2$$
是 n 的不同的表达式.

因为 $30 = 1^2 + 2^2 + 3^2 + 4^2 = 1^2 + 2^2 + 5^2$,只要考虑 $1 \leq n \leq 16$ 即可.

下面这些正整数有两种(或更多)不同的表达式

$$4 = 2^2 = 1^2 + 1^2 + 1^2 + 1^2$$
$$5 = 1^2 + 2^2 = 1^2 + 1^2 + 1^2 + 1^2 + 1^2$$
$$8 = 2^2 + 2^2 = 1^2 + 1^2 + 1^2 + 1^2 + 2^2$$
$$9 = 3^2 = 1^2 + 2^2 + 2^2$$
$$10 = 1^2 + 3^2 = 1^2 + 1^2 + 2^2 + 2^2$$
$$11 = 1^2 + 1^2 + 3^2 = 1^2 + 1^2 + 1^2 + 2^2 + 2^2$$
$$12 = 1^2 + 1^2 + 1^2 + 3^2 = 2^2 + 2^2 + 2^2$$
$$13 = 1^2 + 1^2 + 1^2 + 1^2 + 3^2 = 1^2 + 2^2 + 2^2 + 2^2$$
$$14 = 1^2 + 2^2 + 3^2 = 1^2 + 1^2 + 2^2 + 2^2 + 2^2$$

$$16 = 4^2 = 2^2 + 2^2 + 2^2 + 2^2$$

而 $1,2,3,6,7,15$ 这六个正整数仅有唯一的表达式

$$1 = 1^2, 2 = 1^2 + 1^2, 3 = 1^2 + 1^2 + 1^2$$
$$6 = 1^2 + 1^2 + 2^2, 7 = 1^2 + 1^2 + 1^2 + 2^2$$
$$15 = 1^2 + 1^2 + 2^2 + 3^2$$

因此,所求的正整数 n 为 $1,2,3,6,7,15$.

4.20 设整数 n 是两个三角数之和 $n = \dfrac{a^2 + a}{2} + \dfrac{b^2 + b}{2}$,试证可将 $4n+1$ 表示为两个平方数的和 $4n+1 = x^2 + y^2$,并且 x 与 y 可用 a 与 b 表示.反之,证明:若 $4n+1 = x^2 + y^2$,则 n 是两个三角数之和.(这里 a, b, x, y 为整数)

(第 36 届美国普特南数学竞赛,1975 年)

解 由 $n = \dfrac{a^2 + a}{2} + \dfrac{b^2 + b}{2}$ 得

$$4n + 1 = 2a^2 + 2a + 2b^2 + 2b + 1 =$$
$$a^2 + b^2 + 1 + 2a + 2b + 2ab + a^2 + b^2 - 2ab =$$
$$(a + b + 1)^2 + (a - b)^2$$

反之,令 $4n + 1 = x^2 + y^2$, x, y 为整数,则 x 和 y 一为奇数,一为偶数.

从而 $x + y - 1$ 与 $x - y - 1$ 均为偶数.

令 $a = \dfrac{x + y - 1}{2}, b = \dfrac{x - y - 1}{2}$,则 a 与 b 均为整数.此时

$$\dfrac{a^2 + a}{2} + \dfrac{b^2 + b}{2} =$$
$$\dfrac{1}{2}\left[\dfrac{(x + y - 1)^2}{4} + \dfrac{x + y - 1}{2} + \dfrac{(x - y - 1)^2}{4} + \dfrac{x - y - 1}{2}\right] =$$
$$\dfrac{x^2 + y^2 - 1}{4} = \dfrac{4n + 1 - 1}{4} = n$$

即 n 可表为两个三角数之和.

4.21 数列 $\{a_n\}, \{b_n\}$ 满足:$a_0 = b_0 = 1, a_{n+1} = \alpha a_n + \beta b_n$, $b_{n+1} = \beta a_n + \gamma b_n$,其中 α, β, γ 为正整数,$\alpha < \gamma$,且 $\alpha\gamma = \beta^2 + 1$.证明:$\forall n \in \mathbf{N}, a_n + b_n$ 必可表为两个正整数的平方和.

证法 1 (1) 若 $\beta = 1$,则 $\alpha\gamma = \beta^2 + 1 = 2$,这时 $\alpha = 1, \gamma = 2, a_{n+1} = a_n + b_n$
$$b_{n+1} = a_n + 2b_n$$

由此 $a_{n+2} = 3a_{n+1} - a_n, b_{n+2} = 3b_{n+1} - b_n$

由 $a_0 = b_0 = 1$,则
$$a_1 = 2, b_1 = 3, a_2 = 5, b_2 = 8$$
$$a_3 = 13, b_3 = 21, \cdots$$
因此
$$a_0 + b_0 = 2 = a_0^2 + b_0^2$$
$$a_1 + b_1 = 5 = 1^2 + 2^2 = b_0^2 + (a_0 + b_0)^2$$
$$a_2 + b_2 = 13 = 2^2 + 3^2 = a_1^2 + b_1^2$$
$$a_3 + b_3 = 34 = 3^2 + 5^2 = b_1^2 + (a_1 + b_1)^2, \cdots$$

由归纳法易得
$$\forall n \in \mathbf{N}, a_{2n} + b_{2n} = a_n^2 + b_n^2$$
$$a_{2n+1} + b_{2n+1} = b_n^2 + (a_n + b_n)^2$$

事实上,只须注意,若上述两式对 n 成立,则在 $n+1$ 时
$$a_{2n+2} + b_{2n+2} = 3(a_{2n+1} + b_{2n+1}) - (a_{2n} + b_{2n}) =$$
$$3[b_n^2 + (a_n + b_n)^2] - (a_n^2 + b_n^2) =$$
$$2a_n^2 + 5b_n^2 + 6a_n b_n =$$
$$(a_n + b_n)^2 + (a_n + 2b_n)^2 =$$
$$a_{n+1}^2 + b_{n+1}^2$$

以及
$$a_{2n+3} + b_{2n+3} = 3(a_{2n+2} + b_{2n+2}) - (a_{2n+1} + b_{2n+1}) =$$
$$3[2a_n^2 + 5b_n^2 + 6a_n b_n] - [b_n^2 + (a_n + b_n)^2] =$$
$$5a_n^2 + 13b_n^2 + 16a_n b_n =$$
$$(a_n + 2b_n)^2 + (2a_n + 3b_n)^2 =$$
$$b_{n+1}^2 + (a_{n+1} + b_{n+1})^2$$

因此当 $\beta = 1$ 时结论成立.

(2) 当 $\beta \geqslant 2$,由 $\alpha\gamma = \beta^2 + 1$,得 $\alpha < \beta < \gamma$,$(\alpha\gamma, \beta) = 1$,若有奇质数 p,使 $p \mid \beta^2 + 1$,则 $p \mid \beta^4 - 1$,于是 $\forall n \in \mathbf{N}, p \mid \beta^{4n} - 1$,因为 $(\beta^2 + 1, \beta^2 - 1) = (\beta^2 + 1, 2) = 1$ 或 2,所以 $p \nmid \beta^2 - 1$,从而 $p \nmid \beta - 1$,由于
$$(\beta^{4n+1} - 1, \beta^{4n} - 1) = \beta^{(4n+1, 4n)} - 1 = \beta - 1$$
$$(\beta^{4n-1} - 1, \beta^{4n} - 1) = \beta^{(4n-1, 4n)} - 1 = \beta - 1$$
$$(\beta^{4n+2} - 1, \beta^{4n} - 1) = \beta^{(4n+2, 4n)} - 1 = \beta^2 - 1$$
所以 $p \nmid \beta^{4n+1} - 1, p \nmid \beta^{4n+2} - 1, p \nmid \beta^{4n-1} - 1$

由此知,对于 $\beta^2 + 1$ 的任一奇质因子 p,若 $p \mid \beta^m - 1 \Leftrightarrow m \equiv 0 \pmod 4$.

因为 $p \mid \beta^2 + 1$,则 $(p, \beta) = 1$,故由费马定理,$p \mid \beta^{p-1} - 1$,所以 $p - 1 \equiv 0 \pmod 4$,即 $\beta^2 + 1$ 的任一奇质因子必具有 $4n + 1$ 形状,也即 $\alpha\gamma$ 的任何奇质因子具有 $4n + 1$ 形状.从而 α, γ 皆可表为两个整数的平方和.设

$$\begin{cases} \alpha = x_1^2 + y_1^2, 0 \leq x_1 \leq y_1 \\ \gamma = x_2^2 + y_2^2, 0 \leq x_2 \leq y_2 \end{cases} \quad ①$$

这里, x_1, x_2 不能同时为 0, 否则将导致 $\alpha\gamma$ 为平方数, 矛盾. 所以
$$\alpha\gamma = (x_1^2 + y_1^2)(x_2^2 + y_2^2) =$$
$$(x_1 x_2 + y_1 y_2)^2 + (x_1 y_2 - x_2 y_1)^2 =$$
$$(x_1 y_2 + x_2 y_1)^2 + (x_1 x_2 - y_1 y_2)^2 \quad ②$$

由于 α, γ 为给定的数, 则满足①的整数对 x_1, y_1 有 x_2, y_2 各只有有限组, 当①中的 $x_1^2 + y_1^2$ 及 $x_2^2 + y_2^2$ 分别通过 α, γ 的所有平方和表示时, 式②则通过 $\alpha\gamma$ 的所有平方和表示.

对于式②的两种平方和表示, 因为 $x_1 \leq y_1, x_2 \leq y_2$, 由排序不等式, $x_1 y_2 + x_2 y_1 \leq x_1 x_2 + y_1 y_2$, 设 $\overline{x_1}, \overline{y_1}$ 与 $\overline{x_2}, \overline{y_2}$ 是式①中 α, γ 的所有平方和表示中, 使 $x_1 x_2 + y_1 y_2$ 达最大值的一组, 由 $\alpha\gamma = \beta^2 + 1^2$ 可知, 这时必有
$$\overline{x_1}\,\overline{x_2} + \overline{y_1}\,\overline{y_2} = \beta, \; |\overline{x_1}\,\overline{y_2} - \overline{x_2}\,\overline{y_1}| = 1(\text{注})$$

为表述方便, 不妨就设
$$x_1 x_2 + y_1 y_2 = \beta \quad ③$$

由①,③得
$$\alpha + \gamma + 2\beta = (x_1 + x_2)^2 + (y_1 + y_2)^2 \quad ④$$

为证本题, 注意(1), 即当 $\beta = 1$ 时, 有
$$\alpha = 1 = 0^2 + 1^2 = x_1^2 + y_1^2$$
$$\gamma = 2 = 1^2 + 1^2 = x_2^2 + y_2^2, a_{2n} + b_{2n} = a_n^2 + b_n^2$$
$$a_{2n+1} + b_{2n+1} = b_n^2 + (a_n + b_n)^2 =$$
$$(0 \cdot a_n + 1 \cdot b_n)^2 + (1 \cdot a_n + 1 \cdot b_n)^2 =$$
$$(x_1 a_n + x_2 b_n)^2 + (y_1 a_n + y_2 b_n)^2$$

我们来证明, 对于 $\beta \geq 2$, 上述关系亦成立. 即若 $\alpha = x_1^2 + y_1^2$, $\gamma = x_2^2 + y_2^2, x_1 x_2 + y_1 y_2 = \beta$, 则有
$$a_{2n} + b_{2n} = a_n^2 + b_n^2 \quad ⑤$$
$$a_{2n+1} + b_{2n+1} = (x_1 a_n + x_2 b_n)^2 + (y_1 a_n + y_2 b_n)^2 \quad ⑥$$

对 n 归纳: $n = 0$ 时
$$a_0 + b_0 = 2 = 1^2 + 1^2 = a_0^2 + b_0^2$$
$$a_1 + b_1 = (\alpha + \beta) + (\beta + \gamma) = \alpha + \gamma + 2\beta =$$
$$(x_1 + x_2)^2 + (y_1 + y_2)^2 =$$
$$(x_1 a_0 + x_2 b_0)^2 + (y_1 a_0 + y_2 b_0)^2$$

即 $n = 0$ 时, 结论成立.

设 $n = k$ 时结论成立, 即
$$a_{2k} + b_{2k} = a_k^2 + b_k^2$$

$$a_{2k+1} + b_{2k+1} = (x_1 a_k + x_2 b_k)^2 + (y_1 a_k + y_2 b_k)^2$$

当 $n = k+1$ 时,首先,由递推式

$$a_{n+1} = \alpha a_n + \beta b_n, b_{n+1} = \beta a_n + \gamma b_n$$

得

$$\begin{cases} a_{n+2} = (\alpha + \gamma) a_{n+1} - a_n \\ b_{n+2} = (\alpha + \gamma) b_{n+1} - b_n \end{cases} \quad ⑦$$

所以 $a_{2k+2} + b_{2k+2} = (\alpha + \gamma)(a_{2k+1} + b_{2k+1}) - (a_{2k} + b_{2k}) =$
$(\alpha + \gamma)[(x_1 a_k + x_2 b_k)^2 + (y_1 a_k + y_2 b_k)^2] - (a_k^2 + b_k^2) =$
$(\alpha + \gamma)[(x_1^2 + y_1^2) a_k^2 + (x_2^2 + y_2^2) b_k^2 +$
$2(x_1 x_2 + y_1 y_2) a_k b_k] - (a_k^2 + b_k^2) =$
$(\alpha + \gamma)(\alpha a_k^2 + \gamma b_k^2 + 2\beta a_k b_k) - (a_k^2 + b_k^2) =$
$(\alpha^2 + \alpha\gamma - 1) a_k^2 + (\gamma^2 + \alpha\gamma - 1) b_k^2 + 2\beta(\alpha + \gamma) a_k b_k =$
$(\alpha^2 + \beta^2) a_k^2 + (\gamma^2 + \beta^2) b_k^2 + 2(\alpha\beta + \beta\gamma) a_k b_k =$
$(\alpha a_k + \beta b_k)^2 + (\beta a_k + \gamma b_k)^2 =$
$a_{k+1}^2 + b_{k+1}^2 \quad ⑧$

因为 $(x_1 a_k + x_2 b_k)^2 + (y_1 a_k + y_2 b_k)^2 =$
$(x_1^2 + y_1^2) a_k^2 + (x_2^2 + y_2^2) b_k^2 + 2(x_1 x_2 + y_1 y_2) a_k b_k =$
$\alpha a_k^2 + \gamma b_k^2 + 2\beta a_k b_k =$
$a_k(\alpha a_k + \beta b_k) + b_k(\beta a_k + \gamma b_k) = a_k a_{k+1} + b_k b_{k+1} \quad ⑨$

同理

$$(x_1 a_{k+1} + x_2 b_{k+1})^2 + (y_1 a_{k+1} + y_2 b_{k+1})^3 = a_{k+1} a_{k+2} + b_{k+1} b_{k+2}$$
⑩

而

$(a_k a_{k+1} + b_k b_{k+1}) + (a_{k+1} a_{k+2} + b_{k+1} b_{k+2}) =$
$a_{k+1}(a_k + a_{k+2}) + b_{k+1}(b_k + b_{k+2}) =$
$a_{k+1}[(\alpha + \gamma) a_{k+1}] + b_{k+1}[(\alpha + \gamma) b_{k+1}] =$
$(\alpha + \gamma)(a_{k+1}^2 + b_{k+1}^2) \quad ⑪$

故由式 ⑦ ~ ⑪ 及归纳假设

$a_{2k+3} + b_{2k+3} = (\alpha + \gamma)(a_{2k+2} + b_{2k+2}) - (a_{2k+1} + b_{2k+1}) =$
$(\alpha + \gamma)(a_{k+1}^2 + b_{k+1}^2) -$
$[(x_1 a_k + x_2 b_k)^2 + (y_1 a_k + y_2 b_k)^2] =$
$(\alpha + \gamma)(a_{k+1}^2 + b_{k+1}^2) - (a_k a_{k+1} + b_k b_{k+1}) =$
$a_{k+1} a_{k+2} + b_{k+1} b_{k+2} =$
$(x_1 a_{k+1} + x_2 b_{k+1})^2 + (y_1 a_{k+1} + y_2 b_{k+1})^2 \quad ⑫$

由 ⑧ 及 ⑫ 知,$n = k+1$ 时,式 ⑤,⑥ 也成立,由数学归纳法,对一切 $n \in \mathbf{N}, a_n + b_n$ 可表为两个正整数的平方和.

注 若

$$\alpha\gamma = \beta^2 + 1, \alpha \leqslant \gamma, \alpha, \beta, \gamma \in \mathbf{N}^* \quad ⑬$$

则存在 $a,b,c,d \in \mathbf{N}$, 使

$$\alpha = a^2 + b^2, \gamma = c^2 + d^2, \beta = ac + bd \quad ⑭$$

注的证明 对 β 归纳, $\beta = 1$ 时, 有 $\alpha = 1, \gamma = 2$, 取 $a = 0$, $b = c = d = 1$ 即可. 设命题对小于 $\beta_0(\beta_0 \geqslant 2)$ 的 β 皆成立, 当 $\beta = \beta_0$ 时, 有 $\gamma > \beta$, 即 $\gamma \geqslant \beta + 1$, 且

$$\alpha = \frac{\beta^2 + 1}{\gamma} \leqslant \frac{\beta^2 + 1}{\beta + 1} < \frac{\beta^2 + \beta}{\beta + 1} = \beta$$

于是可令

$$\gamma = \beta + s, \alpha = \beta - t, s, t \in \mathbf{N}^*$$

⑬ 成为

$$(\beta - t)(\beta + s) = \beta^2 + 1$$

即

$$\beta s - st - \beta t = 1$$

两边同加 t^2, 可得

$$(s - t)(\beta - t) = t^2 + 1$$

注意 $t < \beta$, 由归纳假设知, 存在 $a_1, b_1, c_1, d_1 \in \mathbf{N}$, 使

$$s - t = a_1^2 + b_1^2, \beta - t = c_1^2, t = a_1 c_1 + b_1 d_1$$

即

$$\alpha = c_1^2 + d_1^2, \gamma = (a_1 + c_1)^2 + (b_1 + d_1)^2$$
$$\beta = c_1(a_1 + c_1) + d_1(b_1 + d_1)$$

记 $c_1 = a, d_1 = b, a_1 + c_1 = c, b_1 + d_1 = d$

即有 $\alpha = a^2 + b^2, \gamma = c^2 + d^2, \beta = ac + bd$

由归纳法知, ⑭ 成立.

证法 2 据熟知的如下性质:

(1) 大于 1 的正整数 a, 若没有 $4n - 1$ 形状的质因子, 则 a 可表为两个正整数的平方和.

(2) 若 x, y, a 为正整数, 满足 $xy = a^2 + 1$, 则 x, y 没有 $4n - 1$ 形状的质因子.

(3) 若 x, y, a, b 为正整数, $xy = a^2 + b^2$, 且 x, y 无 $4n - 1$ 形状的公共质因子, 则 x, y 皆可表为两个整数的平方和.

记 $s_n = a_n + b_n$, 则

$$s_0 = 2 = 1^2 + 1^2, a_1 = \alpha + \beta, b_1 = \beta + \gamma$$

将等式 $\alpha\gamma = \beta^2 + 1$ 改写为

$$\alpha(\alpha + \gamma + 2\beta) = (\alpha + \beta)^2 + 1$$

可知 $\alpha + \gamma + 2\beta$ 无 $4n - 1$ 形状的质因子, 故可表为两个正整数的平方和, 即 $s_1 = \alpha + \gamma + 2\beta$ 为两个正整数的平方和, 而

$$s_2 = a_2 + b_2 = (\alpha a_1 + \beta b_1) + (\beta a_1 + \gamma b_1) =$$
$$(\alpha + \beta)a_1 + (\beta + \gamma)b_1 = a_1^2 + b_1^2$$

心得 体会 拓广 疑问

又由 $a_{n+1} = \alpha a_n + \beta b_n$, $b_{n+1} = \beta a_n + \gamma b_n$, 得
$$a_{n+1} = (\alpha + \gamma)a_n - a_{n-1}, b_{n+1} = (\alpha + \gamma)b_n - b_{n-1}$$
故
$$s_{n+1} = (\alpha + \gamma)s_n - s_{n-1} \qquad ⑮$$
今证
$$s_{n+1}s_{n-1} = s_n^2 + (\alpha - \gamma)^2 \qquad ⑯$$

记 $f(n) = s_{n+1}s_{n-1} + s_n^2$, 由于
$$f(n+1) - f(n) = (s_{n+2}s_n - s_{n+1}^2) - (s_{n+1}s_{n-1} - s_n^2) = $$
$$[((\alpha + \gamma)s_{n+1} - s_n)s_n - s_{n+1}^2] - $$
$$[s_{n+1}((\alpha + \gamma)s_n - s_{n+1}) - s_n^2] = 0$$

则 $f(n+1) = f(n)$

于是 $f(n) = f(n-1) = \cdots = f(1) = s_2 s_0 - s_1^2 = $
$$2(a_1^2 + b_1^2) - (a_1 + b_1)^2 = $$
$$(a_1 - b_1)^2 = (\alpha - \gamma)^2$$

即 ⑯ 成立, 又由 ⑮
$$(s_{n+1}, s_{n-1}) = (s_{n+1}, (\alpha + \gamma)s_n) = (s_{n-1}, (\alpha + \gamma)s_n) \qquad ⑰$$

当 $n+1$ 为偶数, 据 ⑮, $(s_{n+1}, \alpha + \gamma) = (s_{n-1}, \alpha + \gamma) = \cdots = (s_0, \alpha + \gamma) = (2, \alpha + \gamma) = 1$ 或 2. 当 $n+1$ 为奇数
$$(s_{n+1}, \alpha + \gamma) = (s_{n-1}, \alpha + \gamma) = \cdots = (s_1, \alpha + \gamma)$$

因为 $s_1 = \alpha + \gamma + 2\beta$, 由于 2 与 $\alpha + \gamma + 2\beta$ 皆无 $4n - 1$ 形状的质因子, 故 s_{n+1} 与 $\alpha + \gamma$ 无 $4n - 1$ 形状的公共质因子, 又由 $(s_{n+1}, s_n) = (s_n, s_{n-1}) = \cdots = (s_1, s_0) = (s_1, 2) = 1$ 或 2, 因此由 ⑰ 知, s_{n+1}, s_{n-1} 无 $4n-1$ 形状的公共质因子, 从而由性质 (3) 知, s_{n+1}, s_{n-1} 皆可表为两个整数的平方和. 因此 $s_n = a_n + b_n$ 可表为两个整数的平方和.

4.22 A 是一个 16 位的正整数, 证明: 可以从 A 中取出连续若干位数码, 使得其乘积是完全平方数. 例如, A 中某位数码是 4, 就取这个数码.

(日本数学竞赛, 1991 年)

证明 设 $A = \overline{a_1 a_2 \cdots a_{16}}$, 其中 $0 \leq a_1, a_2, \cdots, a_{16} \leq 9$, $a_1 \neq 0$.

由题设, 若 $a_i = 0, 1, 4, 9$, 则问题已得证.

今设 A 中的数码只含有 2, 3, 5, 6, 7, 8. 这时, A 的连续若干位数码之积是形如
$$2^p 3^q 5^r 7^s$$

的数.

为简化起见,对于 p,q,r,s,我们以 1 表示其中的奇数,以 0 表示其中的偶数,于是问题变为:证明存在四元有序数组 (p,q,r,s) 为 $(0,0,0,0)$ 的情形.

首先,有序数组 (p,q,r,s) 仅有 $2^4 = 16$ 种不同的情形.再考察以下 16 个乘积

$$a_1, a_1a_2, a_1a_2a_3, \cdots, a_1a_2a_3\cdots a_{16}$$

(1) 若其中有一个积是 $(0,0,0,0)$ 型,那么问题得证.

(2) 若其中没有一个积是 $(0,0,0,0)$ 型,那么根据抽屉原理,必有两个积对应的四元有序数组 (p,q,r,s) 的奇偶性相同,设这两个积为

$$a_1a_2\cdots a_i \text{ 及 } a_1a_2\cdots a_j$$

其中,$1 \leq i < j \leq 16$.

则这两个积的商

$$\overline{a_{i+1}a_{i+2}\cdots a_j}$$

对应四元数组 $(0,0,0,0)$,则 $\overline{a_{i+1}a_{i+2}\cdots a_j}$ 为完全平方数.

4.23 (1) 若对某个 k,有 $n = 8k + 2$ 或 $n = 32k + 9$,则
$$m = 3n + 1$$
不能表为三平方数之和.

(2) 若 $n = a^2 + b^2 + c^2$,其中 a, b, c 是非负整数,证明
$$\sqrt{\frac{n}{3}} \leq \max(a,b,c) \leq \sqrt{n}$$

证明 (1) 当 $n = 8k + 2$ 时
$$m = 3n + 1 = 24k + 7 \equiv 7 \pmod{8}$$
故知 m 不能表作三平方数之和.

又当 $n = 32k + 9$ 时
$$m = 3n + 1 = 96k + 28 = 4(8 \cdot 3k + 7)$$
易知 m 不能表作三平方数之和.

(2) 由于 $n = a^2 + b^2 + c^2$,且 a,b,c 为非负整数,因此如果 a,b,c 中有一个大于 $n^{\frac{1}{2}}$,那么就有
$$n = a^2 + b^2 + c^2 > (n^{\frac{1}{2}})^2 = n$$
但这是不可能的.同理,如果 a,b,c 都小于 $\left(\frac{n}{3}\right)^{\frac{1}{2}}$,就将有 $n = a^2 + b^2 + c^2 < n$,这也是不可能的,故有
$$\sqrt{\frac{n}{3}} \leq \max(a,b,c) \leq \sqrt{n}$$

再假设
$$mp = (ua-vb)^2 + (ub+va)^2$$
$$mp = (ua+vb)^2 + (ub+va)^2$$
是同一个表示式(次序不计). 由于 $(ua+vb)^2 > (ua-vb)^2$, 就有
$$(ua+vb)^2 = (ub+va)^2$$
$$(ua-vb)^2 = (ub-va)^2$$
于是得到 $(u^2-v^2)(a^2-b^2) = 0$
从而有 $u^2 = v^2$, 或 $a^2 = b^2$. 如果 $u^2 = v^2$, 由于假设 $(u,v) = 1$, 就有 $u = v = 1$, 这样就有 $m = u^2 + v^2 = 2$, 但这与假设 $m > 2$ 矛盾. 如果 $a^2 = b^2$, 就有 $p = 2a^2$, 这与 p 是素数矛盾. 因此
$$mp = (ua+vb)^2 + (ub-va)^2$$
和
$$mp = (ua-vb)^2 + (ub-va)^2$$
是 mp 的两个不同的表示法.

当 $p \mid m$ 时, 有 $u^2 \equiv -v^2 \pmod{p}$. 由于 $a^2 \equiv -b^2 \pmod{p}$, 故 $a^2 u^2 \equiv b^2 v^2 \pmod{p}$, 即 $p \mid a^2 u^2 - b^2 v^2$. 由于 p 是素数, 故 $p \mid au+bv$ 或 $p \mid au-bv$. 又由 $v > 0, b > 0$, 故 $u^2 \not\equiv 0 \pmod{p}$, $a^2 \not\equiv 0 \pmod{p}$, 从而 u 和 a 均与 p 互素, 即 $(u,p) = 1, (a,p) = 1$. 因此不能同时有
$$p \mid au+bv, p \mid au-bv$$
否则将有 $p \mid au$, 这与 $(u,p) = 1, (a,p) = 1$ 矛盾.

当 $p \mid ua+vb$ 时(这时 $p \nmid ua-vb$), 可以证明
$$(ua+vb, ub-va) = 1$$
否则, 若设 q 为 $(ua+vb, ub-va)$ 的任一素因数, 则有 $q \neq p$, 即 $q \nmid a^2+b^2$, 而
$$u(a^2+b^2) \equiv 0 \pmod{q}$$
$$v(a^2+b^2) \equiv 0 \pmod{q}$$
就有 $q \mid u, q \mid v$, 这与 $(u,v) = 1$ 矛盾, 故
$$(ua+vb, ub-va) = 1$$
当 $p \mid ua-vb$ 时(这时 $p \nmid ua+vb$), 同样可证
$$(ua-vb, ub+va) = 1$$
这样就证明了 mp 的两个平方数之和的表示式中至少有一个是互素的两平方数之和.

4.24 证明: 1 984 个连续正整数的平方和不是一个整数的平方.

(第 16 届加拿大数学竞赛, 1984 年)

证明 设 n 为任意一个正整数. 1 984 个连续正整数为
$$n, n+1, n+2, \cdots, n+1\,983$$

$$\sum_{k=0}^{1\,983}(n+k)^2 = \sum_{k=0}^{1\,983} n^2 + 2n\sum_{k=0}^{1\,983} k + \sum_{k=0}^{1\,983} k^2 =$$
$$1\,984n^2 + 1\,983 \cdot 1\,984n + \frac{1\,983 \cdot 1\,984 \cdot 3\,967}{6} =$$
$$1\,984n(n+1\,983) + 32 \cdot 31 \cdot 661 \cdot 3\,967 =$$
$$32 \cdot 62n(n+1\,983) + 32 \cdot 31 \cdot 661 \cdot 3\,967 =$$
$$32[62n(n+1\,983) + 31 \cdot 661 \cdot 3\,967]$$

由于 $62n(n+1\,983) + 31 \cdot 661 \cdot 3\,967$ 是奇数,

所以不论 n 为何值, $\sum_{k=0}^{1\,983}(n+k)^2$ 能被32整除,但不能被64整除.

于是 $\sum_{k=0}^{1\,983}(n+k)$ 的标准分解式中含有 2^5,所以不可能为完全平方数.

> **4.25** 将 2^n 个素数写成一行,已知其中不同的数少于 n 个.
> 证明:可以从上述数列中选取一组写在一起的数,它们的乘积是一个完全平方数.
>
> (基辅数学奥林匹克,1973 年)

证明 要证明本题的结论,只要证明在某一组连续排列的数中,每一个素数都出现偶数次即可.

设所给的 2^n 个素数为 $a_1, a_2, \cdots, a_{2^n}$,其中不同的素数有 m 个
$$p_1, p_2, \cdots, p_m \quad m < n$$

设所给素数第1项至第 j 项的乘积 $a_1 a_2 \cdots a_j (1 \leqslant j \leqslant 2^n)$ 中素数 $p_i (1 \leqslant i \leqslant m)$ 的指数记为 c_{ij}.

又设 d_{ij} 为 c_{ij} 被2除所得的余数为
$$c_{ij} = 2l_{ij} + d_{ij}, d_{ij} \in \{0,1\}$$

形如 $(d_{1j}, d_{2j}, d_{3j}, \cdots, d_{mj})$ 的每一个数组都是由 m 个0或1组成.

由于 $j = 1, 2, \cdots, 2^n$,所以这样的数组共有 2^n 个.而由 m 个0或1组成的数组总共只有 2^m 个.

由于 $m < n$,则 $2^m < 2^n$,所以在构造的 2^n 个数组中一定有两个相同的数组,设为
$$(d_{1j}, d_{2j}, \cdots, d_{mj}) = (d_{1k}, d_{2k}, \cdots, d_{mk})$$
其中,$1 \leqslant j < k \leqslant 2^n$.

这时相应的 c_{ij}, c_{ik} 就有
$$c_{ik} - c_{ij} = 2(l_{ik} - l_{ij}) + (d_{ik} - d_{ij}) = 2(l_{ik} - l_{ij})$$
于是 $c_{ik} - c_{ij}$ 为偶数.

考虑到 c_{ij} 的定义,则在乘积
$$a_{j+1}a_{j+2}\cdots a_k = \frac{a_1 a_2 \cdots a_k}{a_1 a_2 \cdots a_j}$$
中,素数 p_i 的指数等于 $c_{ik} - c_{ij}$ 次,即 p_i 的指数为偶数次. 于是 $a_{j+1}a_{j+2}\cdots a_k$ 为完全平方数.

4.26 (1) 证明:若 $n = a^2 + b^2 = c^2 + d^2$,则
$$n = \frac{[(a-c)^2 + (b-d)^2][(a+c)^2 + (b-d)^2]}{4(b-d)^2}$$
因此,若 n 可用两种不同的方式表为两个平方数之和,则 n 是复合数.

(2) 利用上述结论,试将
$$533 = 23^2 + 2^2 = 22^2 + 7^2$$
$$1\,073 = 32^2 + 7^2 = 28^2 + 17^2$$
分解因子.

解 (1) 不妨设 $a > 0, b > 0, c > 0, d > 0$. $a \neq c, a \neq d, b \neq c, b \neq d$. 于是

$n = \frac{1}{4}(2a^2 + 2b^2 + 2c^2 + 2d^2) =$

$\frac{1}{4}[(b+d)^2 + (b-d)^2 + 2(a^2 + c^2)] =$

$\frac{(b-d)^2[(b+d)^2 + (b-d)^2 + 2(a^2 + c^2)]}{4(b-d)^2} =$

$\frac{(b^2 - d^2)^2 + (b-d)^4 + 2(b-d)^2(a^2 + c^2)}{4(b-d)^2} =$

$\frac{(a^2 - c^2)^2 + (b-d)^4 + (b-d)^2[(a-c)^2 + (a+c)^2]}{4(b-d)^2} =$

$\frac{[(a-c)^2 + (b-d)^2][(a+c)^2 + (b-d)^2]}{4(b-d)^2}$

由此知,若整数可用不同方式表作两平方数之和,则 n 必为复合数.

(2) $533 = 23^2 + 2^2 = 22^2 + 7^2 =$
$$\frac{(1^2 + 5^2)(45^2 + 5^2)}{4 \cdot 5^2} = 13 \cdot 41$$

$1\,073 = 32^2 + 7^2 = 28^2 + 17^2 = \frac{(4^2 + 10^2)(60^2 + 10^2)}{4 \cdot 10^2} = 29 \cdot 37$

4.27 若 n 是正整数，X_n 表示所有 n 元非负整数有序组 $(x_1, x_2, \cdots, x_n)$ 的集合，其中 $(x_1, x_2, \cdots, x_n)$ 满足方程 $x_1 + x_2 + \cdots + x_n = n$. 而 Y_n 表示所有 n 元非负整数有序组 $(y_1, y_2, \cdots, y_n)$ 的集合，其中 $(y_1, y_2, \cdots, y_n)$ 满足方程 $y_1 + y_2 + \cdots + y_n = 2n$. 若对于 $1 \leqslant i \leqslant n$，有 $x_i \leqslant y_i$，则称 X_n 中的 n 元组与 Y_n 中的 n 元组是相容的. 证明：不同的（但不必是不相交的）相容对的总数是一个完全平方数.

(加拿大数学奥林匹克训练题，1992 年)

证明 考虑 X_n 中一组特殊的 $(x_1, x_2, \cdots, x_n)$. 假定它与 Y_n 中的 $(y_1, y_2, \cdots, y_n)$ 是相容的.
对于 $1 \leqslant i \leqslant n$，令 $z_i = y_i - x_i \geqslant 0$. 因为
$$z_1 + z_2 + \cdots + z_n =$$
$$(y_1 + y_2 + \cdots + y_n) - (x_1 + x_2 + \cdots + x_n) = n$$
所以 $(z_1, z_2, \cdots, z_n)$ 属于 X_n.
反之，对于 X_n 中任何的 $(z_1, z_2, \cdots, z_n)$，令
$$y_i = x_i + z_i \geqslant x_i, \quad 1 \leqslant i \leqslant n$$
因为
$$y_1 + y_2 + \cdots + y_n =$$
$$(z_1 + z_2 + \cdots + z_n) + (x_1 + x_2 + \cdots + x_n) = 2n$$
所以 $(y_1, y_2, \cdots, y_n)$ 属于 Y_n，从而与 $(x_1, x_2, \cdots, x_n)$ 是相容的.
记 $|X_n|$ 表示集合 X_n 中 n 元有序组的个数.
由以上可知，Y_n 中确有 $|X_n|$ 个 n 元组与 $(x_1, x_2, \cdots, x_n)$ 是相容的.
所以相容的对数总数为 $|X_n|^2$，是平方数.

4.28 (1) 证明：并非每一个正整数 n 均可表为 $n = x^2 - y^2$，其中，x 和 y 为整数.
(2) 证明：每一个正整数 n 均可表作
$$n = x^2 + y^2 - z^2$$
其中，x, y, z 为整数.

证明 (1) 这只要说明，并不是对任何正整数 n 都能找到整数 x, y，使 $n = x^2 - y^2$ 成立即可.
由于 $x^2 \equiv 0, 1 \pmod 4$，$y^2 \equiv 0, 1 \pmod 4$，故 $x^2 - y^2$ 只有如下三种情况：
$x^2 - y^2 \equiv 0 \pmod 4$，$x^2 - y^2 \equiv 1 \pmod 4$，$x^2 - y^2 \equiv -1 \equiv 3 \pmod 4$. 因此，如果正整数 n 满足 $n \equiv 2 \pmod 4$，即如果存在整

数 k,使 $n = 4k + 2$,那么就不存在整数 x, y,使
$$n = x^2 - y^2$$
如 $n = 6, 10, 14, 18, \cdots$ 等不能表作两平方数之差.

但是 n 如果是奇素数 p,那么一定可表作
$$p = x^2 - y^2$$
其中, x, y 是整数. 事实上,如果 $p = x^2 - y^2$,则有 $p = (x + y) \cdot (x - y)$,但 p 的因数只有 1 和 p,故必有
$$p = x + y, 1 = x - y$$
从而
$$x = \frac{p + 1}{2}, y = \frac{p - 1}{2}$$
故当 p 为奇素数时,就可表作两平方数之差
$$p = \left(\frac{p + 1}{2}\right)^2 - \left(\frac{p - 1}{2}\right)^2$$

(2) 由于 n 是正整数,总可取到整数 x,使 $n - x^2$ 是正奇数 m. 事实上,当 n 为偶数时,可取 $x = 1$ 或其他小于 n 的奇平方数;当 n 是奇数时,可取 $x = 0$ 或其他小于 n 的偶平方数. 记
$$y = \frac{m + 1}{2}$$
y 为整数. 于是就有
$$n = x^2 + m = x^2 + y^2 - (y^2 - m)$$
而
$$y^2 - m = \frac{(m + 1)^2}{4} - m = \left(\frac{m - 1}{2}\right)^2$$
故记
$$z^2 = y^2 - m = \left(\frac{m - 1}{2}\right)^2$$
就有
$$n = x^2 + y^2 - z^2$$

4.29 设 n 是正整数, d 是 $2n^2$ 的正因数,证明: $n^2 + d$ 不是平方数.

证明 由于 $d \mid 2n^2$,故存在正整数 k,使 $2n^2 = kd$. 如果 $n^2 + d$ 是平方数,也就是说存在整数 x,使 $n^2 + d = x^2$. 这样,就有
$$x^2 = n^2 + d = n^2 + \frac{2n^2}{k}$$
从而
$$k^2 x^2 = n^2(k^2 + 2k)$$
上式左端是平方数,右端第一个因子是平方数,因此,第二个因子 $k^2 + 2k$ 也就是平方数. 事实上,如果正整数 a, b, c 满足 $a^2 = b^2 c$,那么 c 一定是平方数,为此,设 p 是任意素数,则
$$p(a^2) = p(b^2 c) = p(b^2) + p(c)$$
$$2p(a) = 2p(b) + p(c)$$

$$p(a) = p(b) + \frac{1}{2}p(c)$$

这就表示 $p(c)$ 是偶数,再由 p 的任意性,知 c 为平方数.

但是 $k^2 < k^2 + 2k < (k+1)^2$,故 $k^2 + 2k$ 不是平方数,此即矛盾,这样便证明了 $n^2 + d$ 不是平方数.

4.30 设 a, b, c 是两两互素的正整数,且
$$\frac{1}{a} + \frac{1}{b} = \frac{1}{c}$$
证明:$a + b, a - c, b - c$ 都是平方数.

证明 由
$$\frac{1}{a} + \frac{1}{b} = \frac{1}{c}$$

可得
$$a + b = \frac{ab}{c}$$

由于 a, b 均为正整数,故 $c \mid ab$.这样,就可将 c 分解成这样两个因数的乘积 $c = qr$,使得
$$q \mid a, r \mid b$$
于是 $a = mq, b = pr$,这里 m, p 均为正整数,所以
$$a + b = mq + pr = \frac{mqpr}{qr} = mp$$

从而有
$$q + \frac{p}{m}r = p, \frac{m}{p}q + r = m$$

又由于 a, b, c 两两互素,因此 $(m, r) = 1, (p, q) = 1$,这样就有 $m \mid p, p \mid m$,则 $m = p$.所以
$$q + r = p$$
于是
$$a + b = p(q + r) = p^2$$
$$a - c = q(p - r) = q^2$$
$$b - c = r(p - q) = r^2$$

p, q, r 均为正整数,故 $a + b, a - c, b - c$ 都是平方数.

4.31 给定 33 个正整数,它们的全部质因子是 2, 3, 5, 7 和 11,求证:这 33 个正整数中必有两个的乘积是一个完全平方数.

证明 记 $n_1, n_2, n_3, \cdots, n_{33}$ 是给定的正整数,由题设可知
$$n_k = 2^{a_k}3^{b_k}5^{c_k}7^{d_k}11^{e_k} \qquad ①$$
这里 $k = 1, 2, 3, \cdots, 33$ 和 a_k, b_k, c_k, d_k, e_k 都是非负整数.于是
$$n_i n_k = 2^{a_i+a_k}3^{b_i+b_k}5^{c_i+c_k}7^{d_i+d_k}11^{e_i+e_k} \qquad ②$$
这里 $i \neq k, 1 \leq i, k \leq 33$.当且仅当 $a_i + a_k, b_i + b_k, c_i + c_k, d_i + $

$d_k, e_i + e_k$ 都是偶数时,$n_i n_k$ 是一个完全平方数.

考虑 5 个非负整数组成的数组
$$(a_k, b_k, c_k, d_k, e_k), k = 1, 2, 3, \cdots, 33$$

作如下对应
$$f(a_k, b_k, c_k, d_k, e_k) = (x(a_k), x(b_k), x(c_k), x(d_k), x(e_k)) \quad ③$$

这里
$$x(a) = \begin{cases} 0, \text{如果非负整数 } a \text{ 是偶数} \\ 1, \text{如果正整数 } a \text{ 是奇数} \end{cases} \quad ④$$

而全部不同的数组 $(x(a_k), x(b_k), x(c_k), x(d_k), x(e_k))$ 只有 $2^5 = 32$ 个. 由于现在有 33 个正整数,那么,必有一对不同的正整数 $i, k, 1 \leq i, k \leq 33$,使得
$$x(a_i) = x(a_k), x(b_i) = x(b_k), x(c_i) = x(c_k)$$
$$x(d_i) = x(d_k), x(e_i) = x(e_k) \quad ⑤$$

于是 a_i 与 a_k,b_i 与 b_k,c_i 与 c_k,d_i 与 d_k,e_i 与 e_k 具相同的偶性,利用 ② 和 ⑤,可知 $n_i n_k$ 是一个完全平方数.

4.32 设 m 是任意正整数,试证明:m 可唯一表作 $m = k^2 l$,其中 k^2 是平方数,l 是 1 或是相异素数的乘积.

证明 当 $m = 1$ 时,$k^2 = 1, l = 1$.

当 $m > 1$ 时,设 m 的素因数分解式是
$$m = p_1^{l_1} p_2^{l_2} \cdots p_s^{l_s}$$

其中,$p_1, p_2, \cdots, p_s$ 是相异素数. 设 l_i 被 2 除的商是 q_i,余数是 r_i,即
$$l_i = 2q_i + r_i, i = 1, 2, \cdots, s$$

r_i 或为零,或为 1,于是
$$m = (p_1^{q_1} p_2^{q_2} \cdots p_s^{q_s})^2 p_1^{r_1} p_2^{r_2} \cdots p_s^{r_s}$$

如设 $k = p_1^{q_1} p_2^{q_2} \cdots p_s^{q_s}, l = p_1^{r_1} p_2^{r_2} \cdots p_s^{r_s}$,则
$$m = k^2 l$$

其中,l 是 1 或相异素数的积.

唯一性的证明如下.

设 $m = a^2 b$,b 是 1 或相异素数的积. m, a, b 的 p_i 成分的幂指数有如下关系
$$l_i = p_i(m) = p_i(a^2 b) = p_i(a^2) + p_i(b) = 2p_i(a) + p_i(b)$$

由于 b 是 1 或是相异素数的乘积,故 $p_i(b) = 0$ 或者 $p_i(b) = 1$. 因此,$p_i(a)$ 和 $p_i(b)$ 分别是 2 除 l_i 的商和余数,所以 $p_i(a) = q_i$,$p_i(b) = r_i$. 故有 $a^2 = k^2$,从而 $l = b$.

4.33 证明:

(1) 整数可以表为两个平方数之和的必要充分条件是这个数的两倍也具有这个性质.

(2) 设 p 为奇素数,则可表为
$$\frac{2}{p} = \frac{1}{x} + \frac{1}{y}$$
的形式,其中 x, y 是相异的正整数,且表示方法只有一种.

证明 (1) 设 x 可以表作两个平方数之和
$$x = a^2 + b^2$$
则
$$2x = 2a^2 + 2b^2 = (a+b)^2 + (a-b)^2$$
反之,如果正整数 x 有
$$2x = a^2 + b^2$$
这时可以证明 a, b 必同为偶数或同为奇数. 否则就有 $1 \equiv 0 \pmod 2$. 因此 $\frac{a+b}{2}, \frac{a-b}{2}$ 总为整数,且有
$$x = \left(\frac{a+b}{2}\right)^2 + \left(\frac{a-b}{2}\right)^2$$

(2) 将关系式 $\frac{2}{p} = \frac{1}{x} + \frac{1}{y}$ 写作
$$2xy = p(x+y)$$
于是 $2xy \equiv 0 \pmod p$. 由于 $p \nmid 2$,故 $p \mid xy$. 这样 x, y 中必有一个可被 p 整除,不妨设 $p \mid x$. 令 $x = px'$,代入方程化简得
$$(2x' - 1)y = px'$$
由于 $(x', 2x' - 1) = 1$,因此 $x' \mid y$,设 $y = zx'$,有
$$(2x' - 1)z = p$$
这方程只能有如下解
$$z = p, 2x' - 1 = 1$$
即
$$x' = 1, x = y = p$$
或者
$$z = 1, 2x' - 1 = p$$
即
$$x' = \frac{p+1}{2}, \quad x = p\frac{p+1}{2}, \quad y = \frac{p+1}{2}$$
在第一种情况下,$x = y = p$,在第二种情况下得到的 x 和 y 是原题的唯一解. 也就是设当 p 是奇素数时,一定存在相异整数
$$x = p\frac{p+1}{2}, y = \frac{p+1}{2}$$
使得
$$\frac{2}{p} = \frac{1}{x} + \frac{1}{y}$$

4.34 求所有的正整数 n，使得 $[\sqrt{n}] \mid n$ 成立.

解 n 是一个完全平方数的时候，显然满足要求.

假设 n 不是一个完全平方数，则存在正整数 k，使得 $k^2 < n < (k+1)^2$，此时 $[\sqrt{n}] = k$，设 $n = k^2 + c$，则由已知条件 $k \mid c$，又 $c < (k+1)^2 - k^2 = 2k+1$，所以只能有 $c = k, 2k$. 此时 $n = k^2 + k$ 或 $n = k^2 + 2k$，容易检验它们的确满足要求.

4.35 求所有正整数 n，n 不是一个完全平方数，且 $[\sqrt{n}]^3 \mid n^2$.

解 显然这样的 n 也满足问题 4.34 的条件，由问题 4.34 的结论，$n = k^2 + k$ 或 $n = k^2 + 2k$.

ⅰ 当 $n = k^2 + k$ 时，由于 $k^3 \mid (k^2+k)^2 \Rightarrow k \mid 1 \Rightarrow k = 1$，相应的 $n = 2$；

ⅱ 当 $n = k^2 + 2k$ 时，由于 $k^3 \mid (k^2+2k)^2 \Rightarrow k \mid 4 \Rightarrow k = 1, 2, 4$，相应的 $n = 3, 8, 24$.

容易检验 $n = 2, 3, 8, 24$ 都满足要求.

4.36 整数 a, b 具有以下的性质：对于所有的非负整数 n，$2^n a + b$ 都是完全平方数，求证：$a = 0$.

证明 令 $2^n a + b = x_n^2$，当然也有 $2^{n+2} a + b = x_{n+2}^2$，因此
$$4x_n^2 - x_{n+2}^2 = 3b$$
对于不定方程
$$x^2 - y^2 = 3b \Leftrightarrow (x-y)(x+y) = 3b \Rightarrow$$
$$(x-y) \mid 3b, (x+y) \mid 3b$$
而 $3b$ 只有有限多个整数因子，因此 $x^2 - y^2 = 3b$ 只能有有限多组解. 而对于所有的非负整数 n，$(2x_n, x_{n+2})$ 都是 $x^2 - y^2 = 3b$ 的整数解，所以必有 $k \neq l$ 使得 $x_l = x_k$，此时 $2^l a + b = 2^k a + b$，因此只能有 $a = 0$.

4.37 设 n 是一个大于 3 的整数,证明:$1! + 2! + \cdots + n!$ 不是完全平方数.

证明 $k \geq 5$ 时,$k! \equiv 0 \pmod{10}$. 故当 $n \geq 5$ 时
$$1! + 2! + \cdots + n! \equiv 1! + 2! + 3! + 4! \equiv 3 \pmod{10}$$
所以 $1! + 2! + \cdots + n!$ 不可能是完全平方数. $k = 4$ 时,$1! + 2! + 3! + 4! = 33$ 也不是完全平方数.

4.38 $n \geq 10$ 是一个正整数,证明:$n, 3n$ 之间有一个完全立方数.

证明 由于 $3^3 = 27$,所以 $10 \leq n \leq 26$,命题都成立. 以下我们假设 $n \geq 27$,此时
$$n \geq 3^3 > \frac{1}{(\sqrt[3]{3} - 1)^3} \Rightarrow \sqrt[3]{3n} - \sqrt[3]{n} > 1$$
因此 $\sqrt[3]{n}, \sqrt[3]{3n}$ 之间肯定有一个整数,证毕.

4.39 n 是一个正整数,且 $2 + 2\sqrt{28n^2 + 1}$ 是一个整数,证明:$2 + 2\sqrt{28n^2 + 1}$ 是一个完全平方数.

证明 由已知 $28n^2 + 1$ 是一个平方数,所以存在一个正整数 a 使得
$$28n^2 + 1 = (2a + 1)^2$$
因此 $$7n^2 = a(a + 1)$$
由于 $(a, a + 1) = 1$,所以 $7 \mid a$,或 $7 \mid a + 1$.

ⅰ 若 $7 \mid a + 1$,则存在正整数 c, d,使得
$$a = c^2, (a + 1) = 7d^2 \Rightarrow 7d^2 - c^2 = 1$$
但 $7 \nmid c^2 + 1$,矛盾.

ⅱ 若 $7 \mid a$,则存在正整数 e, f,使得 $a = 7e^2, a + 1 = f^2$,故
$$2 + 2\sqrt{28n^2 + 1} = 2 + 2(2a + 1)4(a + 1) = 4f^2$$
是一个完全平方数,证毕.

> **4.40** d 是任意一个不同于 $2,5,13$ 的正整数,证明:肯定能从 $\{2,5,13,d\}$ 中找到两个不同的整数 a,b,使得 $ab-1$ 不是一个完全平方数.
>
> (第 27 届国际数学奥林匹克问题 1)

证明 我们假设存在一个正整数 d,使得 $2d-1,5d-1,13d-1$ 都是平方数.

因为一个平方数除以 4 只能余 $0,1$,所以要使得 $2d-1$ 是平方数,d 只能是奇数.这样,$5d-1,13d-1$ 都是偶数,故可设
$$5d-1=(2a)^2, 13d-1=(2b)^2$$
所以 $\qquad 8d=4(b-a)(b+a)$
因此 $\qquad (b-a)(b+a)=2d$
是偶数,又由于 $(b-a)$ 和 $(b+a)$ 同奇偶,所以 $(b-a)$ 和 $(b+a)$ 都是偶数,这样的话,$2d=(b-a)(b+a)$ 是 4 的倍数,与 d 是奇数矛盾.

所以对于任意正整数 $d,2d-1,5d-1,13d-1$ 中至少有一个不是完全平方数.

> **4.41** a,b 是两个整数,证明:a,b 同奇偶,当且仅当存在整数 c,d 使得 $a^2+b^2+c^2+1=d^2$.

证明 显然,a,b 不同奇偶等价于 $a^2+b^2\equiv 1(\bmod 4)$.

ⅰ 如果 $a^2+b^2+c^2+1=d^2$,且 a,b 不是奇偶,则
$$(d-c)(d+c)=d^2-c^2\equiv 2(\bmod 4)$$
而 $d-c,d+c$ 同奇偶,所以不可能有 $d^2-c^2\equiv 2(\bmod 4)$,矛盾,因此 a,b 同奇偶.

ⅱ 如果 a,b 同奇偶,则 $a^2+b^2+1\equiv 1,3(\bmod 4)$.若
$$a^2+b^2+1=4k+1$$
则取 $c=2k,d=2k+1$ 即可满足
$$a^2+b^2+c^2+1=d^2$$
若 $a^2+b^2+1=4k+3$,则取 $c=2k+1,d=2k+2$ 即可满足
$$a^2+b^2+c^2+1=d^2$$

4.42 正整数 a,b,c 满足 $0 < a^2 + b^2 - abc \leqslant c$,证明:$a^2 + b^2 - abc$ 是完全平方数.

证明 设 $d = a^2 + b^2 - abc$,且 $d \leqslant c$ 是正整数,对于固定的 c,d,我们假设 (A,B) 是满足
$$d = X^2 + Y^2 - cXY \quad ①$$
并且使得 B 最小的一组正整数解,由于 (B,A) 也是①的一组正整数解,因此 $A \geqslant B$.令 M 是方程
$$x^2 + B^2 - cBx - d = 0 \quad ②$$
除 A 以外的解,由韦达定理 $A + M = cB, AM = B^2 - d$,因此 $M = cB - A$ 是一个整数且 $M = \dfrac{B^2}{A} - \dfrac{d}{A} < B$,由于 (B,M) 也满足①,由于 B 的最小性,$M \leqslant 0$.

又由于
$$(M+1)(A+1) = AM + A + M + 1 = B^2 - d + cB + 1 > c - d \geqslant 0$$
只能有 $M = 0$,因此
$$B^2 - d = AM = 0 \Rightarrow d = B^2$$
即 $a^2 + b^2 - abc$ 是完全平方数.

4.43 设正整数 a,b 使得 $(ab+1) \mid (a^2+b^2)$,证明:$\dfrac{a^2+b^2}{ab+1}$ 是完全平方数.

(第 29 届国际数学奥林匹克问题 6)

证明 设 $k = \dfrac{a^2+b^2}{ab+1}$,$a,b,k$ 都是正整数.对于固定的 k,我们假设正整数 A,B 是满足
$$X^2 + Y^2 = k(XY+1) \quad ①$$
并且使得 B 最小的一组解.由于 B,A 也满足①,所以我们有 $B \leqslant A$.设 C 是一元二次方程
$$x^2 + B^2 = k(Bx+1) \quad ②$$
除 A 以外的一个解,由韦达定理 $A + C = kB, AC = B^2 - k$.故 $C = kB - A$ 是一个整数,且 $C = \dfrac{B^2}{A} - \dfrac{k}{A} < B$.由于 B,C 也满足①,由 B 的最小性假设,只能有 $C \leqslant 0$.

由于
$$(A+1)(C+1) = AC + A + C + 1 = (B^2 - k) + kB + 1 = B^2 + 1 + k(B-1) > 0$$

所以 $C+1>0$,因此只能有 $C=0$,把 $C=0$ 代入 ② 可得 $k=B^2$,故 $\dfrac{a^2+b^2}{ab+1}$ 是完全平方数.

4.44 设 b 是大于 5 的整数,对于每一个正整数 n,考虑 b 进制下的数 $x_n = \underbrace{11\cdots1}_{n-1\text{个}}\underbrace{22\cdots2}_{n\text{个}}5$.

证明:"存在一个正整数 M,使得对于任意大于 M 的整数 n,数 x_n 是一个完全平方数"的充分必要条件是 $b=10$.

(数学奥林匹克预选题,2003 年)

证明 对于 $b=6,7,8,9$,将 x 模 b 进行分类,直接验证可知 $x^2 \equiv 5 \pmod{b}$ 无解.

由于 $x_n \equiv 5 \pmod{b}$,所以 x_n 不是完全平方数.

对于 $b=10$,直接计算可得

$$x_n = \dfrac{1}{b-1}(b^{2n}+b^{n+1}+3b-5) = \left(\dfrac{10^n+5}{3}\right)^2$$

其中 $10^n + 5 \equiv 0 \pmod 3$

对于 $b \geqslant 11$,设 $y_n = (b-1)x_n$. 假设存在一个正整数 M,当 $n > M$ 时,x_n 是完全平方数,则对于 $n > M$,$y_n y_{n+1}$ 也是完全平方数. 因为

$$b^{2n}+b^{n+1}+3b-5 < \left(b^n+\dfrac{b}{2}\right)^2$$

所以

$$y_n y_{n+1} < \left(b^n+\dfrac{b}{2}\right)^2\left(b^{n+1}+\dfrac{b}{2}\right)^2 = \left(b^{2n+1}+\dfrac{b^{n+1}(b+1)}{2}+\dfrac{b^2}{4}\right)^2$$

另一方面,经直接计算可证明

$$y_n y_{n+1} > \left(b^{2n+1}+\dfrac{b^{n+1}(b+1)}{2}-b^3\right)^2$$

因此对于任意整数 $n > M$,存在一个整数 a_n,使得 $-b^3 < a_n < \dfrac{b^2}{4}$,且有

$$y_n y_{n+1} = \left(b^{2n+1}+\dfrac{b^{n+1}(b+1)}{2}+a_n\right)^2 \qquad ①$$

将 y_n 和 y_{n+1} 的表达式代入式 ①,可得

$$b^n \mid [a_n^2 - (3b-5)^2]$$

当 n 足够大时,一定有 $a_n^2 - (3b-5)^2 = 0$,即 $a_n = \pm(3b-5)$.

将 y_n 和 y_{n+1} 及 a_n 代入式 ①.

当 $a_n = -(3b-5)$，在 n 足够大时式 ① 不成立.

所以 $a_n = 3b - 5$.

于是式 ① 化为

$$8(3b-5)b + b^2(b+1)^2 = 4b^3 + 4(3b-5)(b^2+1)$$

上式的左端可以被 b 整除，右端是一个常数项为 -20 的关于 b 的整系数多项式，所以，b 一定整除 20.

因此 $b \geq 11$，所以，$b = 20$，此时 $x_n \equiv 5 \pmod 8$.

由前面的结论可知，x_n 不是完全平方数.

综上所述，当 $b = 10$ 时，x_n 是完全平方数.

反之，x_n 是完全平方数时必有 $b = 10$.

4.45 x, y, z 都是正整数，证明：$(xy+1)(yz+1)(zx+1)$ 是完全平方数，当且仅当 $(xy+1), (yz+1), (zx+1)$ 都是完全平方数.

证明 我们不妨设 $x \leq y \leq z$，且 $(xy+1)(yz+1)(zx+1)$ 是完全平方数，但是 $(xy+1), (yz+1), (zx+1)$ 不全是完全平方数，显然有 $z \geq 2$. 不妨假定 x, y, z 是使得 $x+y+z$ 最小的反例

$$t^2 + x^2 + y^2 + z^2 - 2(xy + yz + zx + xt + yt + zt) - 4xyzt - 4 = 0 \quad ①$$

是一个关于 t 的一元二次方程，由于 $\Delta = 16(xy+1)(yz+1)(zx+1)$ 是一个完全平方数，所以这个方程有两个整数解，以下设 t 是 ① 的一个整数解，代入 ① 不能得到以下等式

$$(x+y-z-t)^2 = 4(xy+1)(zt+1) \quad ②$$
$$(x+z-y-t)^2 = 4(xz+1)(yt+1) \quad ③$$
$$(x+t-y-z)^2 = 4(yz+1)(xt+1) \quad ④$$

由于这三个等式的左边都是完全平方数，相乘得到 $(xt+1)(yt+1)(zt+1)$ 也是完全平方数，由于 $(xy+1), (yz+1), (zx+1)$ 不全是完全平方数，所以 $(xt+1), (yt+1), (zt+1)$ 也不能全是完全平方数，因此其中至少有两个不全是完全平方数.

由于 $(zt+1) = (x+y-z-t)^2/4(xy+1) \geq 0$，所以 $t \geq -1/2$. 若 $t = 0$，由 ②,③,④ 马上可以得到 $(xy+1), (yz+1), (zx+1)$ 都是完全平方数，与假设矛盾. 故 t 一定是正整数，同理 ① 另外一个解 s 也是正整数，由 Vieta 定理

$$ts = x^2 + y^2 + z^2 - 2(xy+yz+zx) - 4 < z^2$$

所以 t, s 中至少有一个小于 z，不妨假设 $t < z$，由于

$$4(xy+1)(zt+1) = (x+y-z-t)^2$$

以及 $(xt+1)(yt+1)(zt+1)$

都是完全平方数，故 $4(xt+1)(yt+1)(xy+1)(zt+1)^2$ 也是完全

平方数,从而$(xt+1)(yt+1)(xy+1)$也是完全平方数,由于$(xt+1)$,$(yt+1)$中至少有一个不是完全平方数.因此正整数x,y,t使得$(xt+1)(yt+1)(xy+1)$是完全平方数,同时$(xt+1)$,$(yt+1)$,$(xy+1)$不全是完全平方数,且$t<z$,与$x+y+z$的最小性矛盾,证毕.

4.46 p是一个大于5的素数,证明:$p-4$不是一个整数的4次方.

证明 设$p-4=a^4,a\geqslant 2$.则
$$p=a^4+4=(a^2+2)^2-4a^2=(a^2+2+2a)(a^2+2-2a)$$
而 $(a^2+2+2a)>(a^2+2-2a)=(a-1)^2+1\geqslant 2$
因此p不是素数,矛盾.

4.47 证明:对于任意正整数$n\geqslant 2$,都存在一个正整数m,使得m可以被同时表示成为2个,3个,$\cdots$,n个正整数的平方和.

证明 **引理** 任意$m\geqslant 10$都可以表示成为$a^2+b^2-c^2$,其中a,b,c都是正整数.

引理的证明 (1)如果m为偶数,则
$$m=2q=(3q)^2+(4q-1)^2-(5q-1)^2$$
(2)如果m为奇数,则
$$m=2q+1=(3q-1)^2+(4q-4)^2-(5q-4)^2$$

原问题证明:$n=2$时,取$10=1^2+3^2$即可;假设$n=k\geqslant 2$时,存在一个正整数$m\geqslant 10$可以被同时表示成为2个,3个,$\cdots$,k个正整数的平方和,这样根据引理我们有
$$a^2+b^2-c^2=m=a_1^2+a_2^2=$$
$$b_1^2+b_2^2+b_3^2=\cdots=l_1^2+l_2^2+\cdots+l_k^2$$
令$m_0=m+c^2\geqslant 10$,则有
$$m_0=a^2+b^2=a_1^2+a_2^2+c^2=b_1^2+b_2^2+$$
$$b_3^2+c^2=\cdots=l_1^2+l_2^2+\cdots+l_k^2+c^2$$
证毕.

4.48 证明:对于$i=1,2,3$,都存在无穷多个n,使得$n,n+2,n+28$中恰好有i个数可以表示成为3个正整数的立方和.

证明 这个问题的确比较难,主要是讨论平方的多,讨论立方的较为少见.首先要找到适当的与立方数相关的模,比如在考虑平方的时候,通常考虑 mod 4, mod 8 的余数.其实这与 Euler 函数有关,由于 $\phi(7) = \phi(9) = 6$,所以对于立方数,我们通常使用 mod 7, mod 9 来加以研究.由于 $n^3 \equiv 0, \pm 1 \pmod 7$,三个立方和除以 7 的余数可以是所有的数,所以本问题不宜采用.而对于 mod 9, $n^3 \equiv 0, \pm 1 \pmod 9$,所以三个立方和除以 9 的余数可以是 0,1,2,3,6,7,8,而不能是 4,5,所以我们可以采取 mod 9 来研究本问题.

假设 n 除以 9 余数为 a,则 $n + 28$ 除以 9 余数为 $a + 1$, $n + 2$ 除以 9 余数为 $a + 2$.也就是三个数除以 9 的余数是 3 个"连续"整数.

这样我们取 $n \equiv 3, 4 \pmod 9$ 时,三个数中有两个除以 9 余数为 4, 5,所以最多只有一个可以表示成为 3 个正整数的立方和;取 $n \equiv 2, 5 \pmod 9$ 时,三个数中有一个除以 9 余数为 4, 5,所以最多只有两个可以表示成为 3 个正整数的立方和.接下去就是依据这个思路来构造解答了.

(1) 先来讨论 $i = 3$,当 n 是一个立方数时,$n + 2 = n + 1^3 + 1^3$, $n + 28 = n + 1^3 + 3^3$ 都可以表示成为三个正整数立方和.所以我们只要寻找些立方数可以表示三个立方和就可以了,课外书看得少的话是很难找到,比较有名的例子 $6^3 = 3^3 + 4^3 + 5^3$,所以我们取 $n = (6k)^3$ 即可,$(6k)^3 = (3k)^3 + (4k)^3 + (5k)^3$.

(2) 再来看 $i = 1$,根据前面的讨论,我们取 $n \equiv 3, 4 \pmod 9$ 时,三个数中最多有 1 个数可表示成为 3 个立方和.所以我们取 $n = 2(9k + 1)^3 + 1 = (9k + 1)^3 + (9k + 1)^3 + 1$ 即可.

(3) 最后来看 $i = 2$ 的情况,我们需要在 $n \equiv 2, 5 \pmod 9$ 的情况下,找到合适的 n.构造时注意到 $n \equiv 2 \pmod 9$ 时,$n + 2$ 不可能成为 3 个正整数的立方和;$n \equiv 5 \pmod 9$ 时,n 不可能成为 3 个正整数的立方和.构造的计算量较大,需要一点运气,没有较好的办法.主要是找到某两个数的立方和减去另外两个立方数的和正好等于 28 或 26.由于 $5^3 + 5^3 - (6^3 + 2^3) = 26$,我们取
$$n = (9k - 1)^3 + (6^3 + 2^3) - 2 = (9k - 1)^3 + 222$$
则 $n \equiv 5 \pmod 9$,且 $n + 2 = (9k - 1)^3 + 6^3 + 2^3$; $n + 28 = (9k - 1)^3 + 5^3 + 5^3$,所以 $i = 2$ 也成立.

4.49 (1) 证明:连续 3, 4, 5, 6 个正整数的平方和,不是完全平方数.

(2) 举例证明:存在 11 个连续正整数的平方和,正好为完全平方数.

证明 定义 $s(n, k) = n^2 + (n + 1)^2 + \cdots + (n + k - 1)^2$ 为

从 n 开始的 k 个整数的平方和.

(1) $s(n-1,3) = 3n^2 + 2 \equiv 2 \pmod 3$ 不可能是完全平方数;

$s(n-1,4) = 4(n^2+n+1) + 2 \equiv 2 \pmod 4$ 不可能是完全平方数;

$s(n-2,5) = 5(n^2+2) \equiv n^2 + 2 \equiv 2$ 或 $3 \pmod 4$ 不可能是完全平方数;

$s(n-2,6) = 6n(n+1) + 19 \equiv 3 \pmod 4$ 不可能是完全平方数.

(2) $s(n-5,11) = 11(n^2+10)$,要使得它是平方数,这要求
$$n^2 + 10 \equiv n^2 - 1 \pmod{11}$$
因此 $n = 11m \pm 1$,这样
$$s(n-5,11) = 11^2 \times [10m^2 + (m \pm 1)^2]$$
容易发现 $10 \times 2^2 + (2+1)^2 = 7^2$,此时对应的 $s(18,11) = 77^2$.

4.50 (1) 求所有的正整数对 (x,y) 使得 $x^2 + 3y$ 和 $y^2 + 3x$ 都是完全平方数.

(2) 对所有的正整数对 (x,y),$x^2 + y + 1$ 和 $y^2 + 4x + 3$ 不可能都是完全平方数.

解 (1) 由于
$$[x^2 + 3y] + [y^2 + 3x] < (x+2)^2 + (y+2)^2$$
所以两个不等式 $x^2 + 3y < (x+2)^2$ 与 $y^2 + 3x < (y+2)^2$ 至少有一个成立,不失一般性设 $x^2 + 3y < (x+2)^2$,由假设 $x^2 + 3y$ 为完全平方数,且 $x^2 < x^2 + 3y < (x+2)^2$,故
$$x^2 + 3y = (x+1)^2 \Rightarrow 3y = 2x+1$$
y 为奇数,不妨假设 $y = 2k+1$(k 是非负整数),代入得到 $x = 3k+1$,因此
$$y^2 + 3x = 4k^2 + 13k + 4$$
若 $k \geqslant 6$,则
$$(2k+3)^2 < 4k^2 + 13k + 4 < (2k+4)^2$$
此时 $y^2 + 3x$ 不是完全平方数;容易检验当 $k = 1,2,3,4$ 时,$y^2 + 3x = 4k^2 + 13k + 4$ 都不是完全平方数;$k = 0$ 时,$y^2 + 3x = 4 = 2^2$,$x^2 + 3y = 4 = 2^2$;$k = 5$ 时,$y^2 + 3x = 169 = 13^2$,$x^2 + 3y = 289 = 17^2$ 都符合条件,所以 $(1,1)$ 和 $(16,11)$,$(11,16)$ 是问题的解.

(2) 设 $x^2 + y + 1$ 和 $y^2 + 4x + 3$ 是完全平方数,则
$$x^2 + y + 1 \geqslant (x+1)^2, y^2 + 4x + 3 \geqslant (y+1)^2$$
又由于
$$(x^2 + y + 1) + (y^2 + 4x + 3) < (x+2)^2 + (y+1)^2$$

故只能有
$$x^2 + y + 1 = (x+1)^2$$
因此 $y = 2x$,代入得
$$y^2 + 4x + 3 = 4x^2 + 4x + 3 \equiv 3 \pmod{4}$$
矛盾.

4.51 证明:每个非负整数都可以表示成为 $a^2 + b^2 - c^2$ 形式,其中 $a < b < c$ 都是正整数.

证明 (1) 设 k 是偶数,$0 = 3^2 + 4^2 - 5^2, 2 = 5^2 + 11^2 - 12^2$;以下设 $k = 2n, n \geqslant 2, 2n = (3n)^2 + (4n-1)^2 - (5n-1)^2$,且 $3n < 4n - 1 < 5n - 1$;

(2) 设 k 是奇数,$1 = 4^2 + 7^2 - 8^2, 3 = 4^2 + 6^2 - 7^2, 5 = 4^2 + 5^2 - 6^2, 7 = 6^2 + 14^2 - 15^2$;以下设 $k = 2n + 3, n \geqslant 3$,此时 $2n + 3 = (3n+2)^2 + (4n)^2 - (5n+1)^2, 3n + 2 < 4n < 5n + 1$.

对任意 k,我们取 $a = k + 3, c = b + 1$,代入得到
$$k = a^2 + b^2 - c^2 = a^2 - 2b - 1$$
解得 $b = \dfrac{a^2 - k - 1}{2} = \dfrac{k^2 + 5k + 8}{2} > k + 3 = a$

由于 a, k 奇偶性不同,所以 b 肯定是整数.这样我们就构造出来了符合要求的正整数 $a < b < c$.

4.52 正整数 x, y, z 满足 $\dfrac{1}{x} - \dfrac{1}{y} = \dfrac{1}{z}$,$h$ 是 x, y, z 的最大公因数,证明:$hxyz$ 和 $h(y - x)$ 都是完全平方数.

证明 设 $x = ah, y = bh, z = ch$,当然 $(a, b, c) = 1$.假设 $(a, b) = g, a = eg, b = fg$,且 $(e, f) = 1$,则
$$\frac{1}{x} - \frac{1}{y} = \frac{1}{z} \Leftrightarrow c(b - a) = ab \Leftrightarrow c(f - e) = efg$$
由于 $f - e$ 与 ef 互素,c 与 g 互素,所以 $c = ef, g = f - e$,因此 $hxyz = h^4 abc = h^4 g^2 e^2 f^2$ 是完全平方数,$h(y - x) = h^2(a - b) = h^2 g(f - e) = h^2 g^2$ 也是完全平方数.

4.53 如果正整数 $N(N > 1)$ 的正约数的个数是奇数,求证:N 是平方数.

(中国北京市初中三年级数学竞赛,1981年)

证法 1 设 N 的标准分解式为
$$N = \prod_{i=1}^{k} p_i^{\alpha_i}$$
其中,p_i 是素数,α_i 是正整数,$i = 1,2,\cdots,k$.

则 N 是所有正约数个数为
$$d(N) = \prod_{i=1}^{k} (\alpha_i + 1)$$
若 $d(N)$ 是奇数,则每个 $\alpha_i + 1$ 都是奇数,从而所有的 α_i 都是偶数.设 $\alpha_i = 2\beta_i$,β_i 是正整数,$i = 1,2,\cdots,k$,于是
$$N = \prod_{i=1}^{k} p_i^{\alpha_i} = \prod_{i=1}^{k} (p_i^{\beta_i})^2 = \left(\prod_{i=1}^{k} p_i^{\beta_i}\right)^2$$
于是 N 是完全平方数.

证法 2 假设 N 不是完全平方数,则 $\sqrt{N}$ 不是整数.

当 N 是素数时,N 只有两个正约数 1 和 N,N 的正约数个数是偶数.

当 N 是合数时,对于 N 的每一个小于 $\sqrt{N}$ 的正约数 d,也必有一个大于 $\sqrt{N}$ 的正约数 $\dfrac{N}{d}$,因而 N 的正约数个数也是偶数.

从以上可知,当 N 不是完全平方数时,N 的正约数个数必是偶数.

因此当 N 的正约数个数是奇数时,N 必为完全平方数.

4.54 求所有不超过 100 的恰好有三个正整数因子的正整数的乘积.证明:所有这样的数是完全平方数.

(第 1 届墨西哥数学奥林匹克,1990 年)

解 首先证明:恰有三个正整数因子的正整数是素数的平方.

设 n 恰有三个正整数因子.

则除 1 和 n 本身外还有一个素因子,设这个素因子为 p,则
$$p \mid n, p \neq n$$
于是 $\qquad n = p \cdot q, q \neq n, 1$
这样必有 $\qquad p = q$
因此 $\qquad n = p^2$

此时 p 必为素数,否则,n 就多于三个正整数因子.

而小于 100 的素数的平方只有 $2^2, 3^2, 5^2, 7^2$.

于是所求的数的乘积为
$$2^2 \cdot 3^2 \cdot 5^2 \cdot 7^2 = 44\ 100 = (210)^2$$

4.55 设正整数 n 使得 $2n+1$ 及 $3n+1$ 都是完全平方数. 问 $5n+3$ 是否可能为质数?

解 设 $2n+1 = k^2, 3n+1 = m^2, k, m \in \mathbf{N}$, 则
$$5n+3 = 4(2n+1) - (3n+1) =$$
$$4k^2 - m^2 = (2k+m)(2k-m)$$
若 $2k - m = 1$, 即
$$2k = m+1, 5n+3 = 2m+1$$
但是
$$(m-1)^2 = m^2 - (2m+1) + 2 =$$
$$(3n+1) - (5n+3) + 2 = -2n < 0$$
这不可能.

于是 $2k - m > 1$, 又 $2k + m > 1$, 故 $5k+3$ 恒为合数.

4.56 已知 x, y 与 $\dfrac{x^2+y^2+6}{xy}$ 都有正整数. 求证: $\dfrac{x^2+y^2+6}{xy}$ 是完全立方数.

证明 设 $k = \dfrac{x^2+y^2+6}{xy}$, 则有
$$x^2 - ky \cdot x + y^2 + 6 = 0 \quad \text{①}$$
由对称性, 不妨设 $x \geqslant y$. 固定 k, y, 将①看做一个二次方程, 它的一个根即为 x, 设另一个根为 x', 则由韦达定理有
$$\begin{cases} x + x' = ky & \text{②} \\ x \cdot x' = y^2 + 6 & \text{③} \end{cases}$$
由①可知 x' 为整数, 由②可知 x' 为正数, 即 x' 为正整数.
在①中若 $x = y$, 则显然有 $x^2 \mid 6$, 即 $x = y = 1$. 故当 $y \geqslant 3$ 时, 有 $x \neq y$, 即 $x \geqslant y+1$, 从而
$$x' = \frac{y^2+6}{x} \leqslant \frac{y^2+6}{y+1} = y-1 + \frac{5-2y}{y+1} < y+1$$
即
$$x' \leqslant y < x$$
而当 $y = 2$ 时, 由 $x \mid y^2 + 6$ 可知 $x \geqslant 4$, 从而也有 $x' = \dfrac{10}{x} < x$.

综上所述, 若①有一组正整数解 (x, y) 满足 $x \geqslant y \geqslant 2$, 则我们便可找到另一组正整数解 (y, x') 满足 $y \geqslant x'$ 且 $y + x' < x + y$. 因为 $x+y$ 是一个确定的正整数, 故这一过程不可能无限地进行下去, 即最终必得到一组①的正整数解 $(x, 1)$, 由 k 是正整数知

$x \mid 1^2 + 6$, 即 $x = 1$ 或 7. 从而 $\dfrac{x^2 + y^2 + 6}{xy} = 8$ 为完全立方数.

4.57 设 $a < b < c < d < e$ 是连续正整数, $b + c + d$ 是平方数, $a + b + c + d + e$ 是立方数, 求 c 的最小值.

（美国数学奥林匹克, 1989 年）

解 由于 a, b, c, d, e 是连续正整数, 所以
$$a + b + c + d + e = a + (a+1) + (a+2) + (a+3) + (a+4) = 5(a+2) = 5c$$
$$b + c + d = (a+1) + (a+2) + (a+3) = 3(a+2) = 3c$$
因此, 由题设, 存在 $k \in \mathbf{N}^*$, 使
$$a + b + c + d + e = k^3 \equiv 0 \pmod{5}$$
所以, $k = 5l, l \in \mathbf{N}^*$, 于是
$$a + b + c + d + e = 5^3 l^3$$
$$b + c + d = 3c = \dfrac{3}{5}(a + b + c + d + e) = 3 \times 5^2 l^3$$
因此, $c = 5^2 l^3$, 又由题设, 存在 $m \in \mathbf{N}^*$, 使得
$$b + c + d = 3c = 3 \times 5^2 \times l^3 = m^2$$
故 $l \equiv 0 \pmod 3$, 于是 $c = 5^2 \times 3^3 \times s^3, s \in \mathbf{N}^*$, 所以所求 c 的最小值为 $5^2 \times 3^3 = 675$.

4.58 若 $4^n + 4^{500} + 4^{27}$ 是完全平方数, 求整数 n 的最大值.

（日本数学奥林匹克, 1990）

解 $4^{27} + 4^{500} + 4^n = 4^{27}(4^{n-27} + 4^{473} + 1) = 4^{27}[(2^{n-27})^2 + 2 \cdot 2^{945} + 1]$

因此, 当 $n - 27 = 945$ 即 $n = 972$ 时, $4^{27} + 4^{500} + 4^n$ 是完全平方数, 而当 $n > 972$ 时
$$(2^{n-27} + 1)^2 > (2^{n-27})^2 + 2 \cdot 2^{945} + 1 > (2^{n-27})^2$$
因此, $4^{27} + 4^{500} + 4^n$ 不是完全平方数, 所以 n 的最大值为 972.

4.59 已知 N 为正整数, 恰有 $2\,005$ 个正整数有序对 (x, y) 满足
$$\dfrac{1}{x} + \dfrac{1}{y} = \dfrac{1}{N}$$
证明: N 是完全平方数.

（英国数学奥林匹克, 2005 年）

证明 首先,注意到 $x, y > N$,否则 $\dfrac{1}{x}$ 或 $\dfrac{1}{y}$ 之一将大于 $\dfrac{1}{N}$,则

$$\dfrac{1}{x} + \dfrac{1}{y} = \dfrac{1}{N} \Rightarrow \dfrac{x+y}{xy} = \dfrac{1}{N} \Rightarrow$$
$$N(x+y) = xy \Rightarrow (x-N)(y-N) = N^2 \Rightarrow$$
$$y = \dfrac{N^2}{x-N} + N$$

(x, y) 是一组解当且仅当 $(x-N) \mid N^2$.

另外,N^2 的每个正因子 d 都对应着一组唯一解 $\left(x = d + N, y = \dfrac{N^2}{d} + N\right)$. 因此,在有序解 (x, y) 和 N^2 的正因子间存在一个双射.

令 $N = p_1^{q_1} p_2^{q_2} \cdots p_n^{q_n}$,则

$$N^2 = p_1^{2q_1} p_2^{2q_2} \cdots p_n^{2q_n}$$

而 N^2 的任一正因子必须有形式 $p_1^{a_1} p_2^{a_2} \cdots p_n^{a_n}$,其中 $0 \leqslant a_i \leqslant 2q_i, i = 1, 2, \cdots, n$. 每个因子中 p_i 的指数有 $2q_i + 1$ 种可能,所以,得到 N^2 的

$$(2q_1 + 1)(2q_2 + 1) \cdots (2q_n + 1)$$

个正因子. 这样

$$(2q_1 + 1)(2q_2 + 2) \cdots (2q_n + 1) = 2\,005 = 5 \times 401$$

而 401 是质数,故 2 005 的正因子仅为 1, 5, 401, 2 005. 因为所有这些因子都模 4 余 1,对所有 q_i 有 $2q_i + 1 \equiv 1 \pmod{4}$,所以 $q_i \equiv 0 \pmod{2}$. 既然所有质因子的指数都为偶数,故 N 是完全平方数.

4.60 证明:$2\,005^{2\,005}$ 是两个完全平方数的和,不是两个完全立方数的和.

(爱尔兰数学奥林匹克, 2005 年)

证明 因为 $5 = 1^2 + 2^2, 401 = 1^2 + 20^2$,所以
$$2\,005 = 5 \times 401 = |2 + i|^2 |20 + i|^2 =$$
$$|(2+i)(20+i)|^2 = |39 + 22i|^2 = 39^2 + 22^2$$

故 $2\,005^{2\,005} = (39 \times 2\,005^{1\,002})^2 + (22 \times 2\,005^{1\,002})^2$ 是两个完全平方数的和.

因为完全立方数模 7 的余数只能是 $0, \pm 1$,所以,两个完全立方数的和模 7 的余数只能是 $0, \pm 1, \pm 2$. 但

$$2\,005^{2\,005} \equiv 3^{2\,005} = (3^6)^{334} \times 3 \equiv 3 \pmod{7}$$

所以 $2\,005^{2\,005}$ 不是两个完全立方数的和.

心得 体会 拓广 疑问

4.61 已知奇数 m 和 n 满足 $m^2 - n^2 + 1$ 整除 $n^2 - 1$. 证明: $m^2 - n^2 + 1$ 是一个完全平方数.

(爱尔兰数学奥林匹克, 2005 年)

证明 先证明两个引理.

引理1 设 p 和 k 是给定的正整数, $p \geqslant k$, k 不是完全平方数, 则关于 a 和 b 的不定方程
$$a^2 - pab + b^2 - k = 0 \qquad ①$$
无正整数解.

引理1的证明 假设有正整数解, 设 (a_0, b_0) 是使 $a + b$ 最小的一组正整数解, 且 $a_0 \geqslant b_0$.

又设 $a'_0 = pb_0 - a_0$, 则 a_0, a'_0 是关于 t 的一元二次方程
$$t^2 - pb_0 t + b_0^2 - k = 0 \qquad ②$$
的两根. 所以
$$a'^2_0 - pa'_0 b_0 + b_0^2 - k = 0$$

若 $0 < a'_0 < a_0$, 则 (b_0, a'_0) 也是方程 ① 的一组正整数解, 且 $b_0 + a'_0 < a_0 + b_0$, 矛盾. 所以 $a'_0 \leqslant 0$ 或 $a'_0 \geqslant a_0$.

(1) 若 $a'_0 = 0$, 则 $a_0 = pb_0$. 代入方程 ① 得 $b_0^2 - k = 0$, 则 k 不是完全平方数, 矛盾.

(2) 若 $a'_0 < 0$, 则 $a_0 > pb_0$. 从而, $a_0 \geqslant pb_0 + 1$, 故
$$a_0^2 - pa_0 b_0 + b_0^2 - k = a_0(a_0 - pb_0) + b_0^2 - k \geqslant$$
$$a_0 + b_0^2 - k \geqslant pb_0 + 1 + b_0^2 - k >$$
$$p - k \geqslant 0$$

矛盾.

(3) 若 $a'_0 \geqslant a_0$, 因此 a_0, a'_0 是方程 ② 的两根, 由韦达定理得 $a_0 a'_0 = b_0^2 - k$. 但 $a_0 a'_0 \geqslant a_0^2 \geqslant b_0^2 > b_0^2 - k$, 矛盾.

综上可知, 方程 ① 无正整数解.

引理2 设 p 和 k 是给定的正整数, $p \geqslant 4k$, 则关于 a 和 b 的不定方程
$$a^2 - pab + b^2 + k = 0 \qquad ③$$
无正整数解.

引理2的证明 假设有正整数解, 设 (a_0, b_0) 是使 $a + b$ 最小的一组正整数解, 且 $a_0 \geqslant b_0$, 又设 $a'_0 = pb_0 - a_0$, 则 a_0, a'_0 是关于 t 的一元二次方程
$$t^2 - pb_0 t + b_0^2 + k = 0 \qquad ④$$
的两个根. 所以
$$a'^2_0 - pa'_0 b_0 + b_0^2 + k = 0$$

若 $0 < a'_0 < a_0$,则 (b_0, a'_0) 也是方程③的一组正整数解,且 $b_0 + a'_0 < a_0 + b_0$.矛盾.

所以 $a'_0 \leqslant 0$ 或 $a'_0 \geqslant a_0$.

(1) 若 $a'_0 \leqslant 0$,则 $a_0 \geqslant pb_0$,故
$$a_0^2 - pa_0 b_0 + b_0^2 + k \geqslant b_0^2 + k > 0$$

矛盾.

(2) 若 $a'_0 \geqslant a_0$,则 $a_0 \leqslant \frac{pb_0}{2}$.因为方程④的两根是
$$\frac{pb_0 \pm \sqrt{(pb_0)^2 - 4(b_0^2 + k)}}{2}$$

则
$$a_0 = \frac{pb_0 - \sqrt{(pb_0)^2 - 4(b_0^2 + k)}}{2}$$

又因为 $a_0 \geqslant b_0$.则
$$b_0 \leqslant \frac{pb_0 - \sqrt{(pb_0)^2 - 4(b_0^2 + 4)}}{2} \Rightarrow$$
$$(p-2)b_0 \geqslant \sqrt{p^2 b_0^2 - 4b_0^2 - 4k} \Rightarrow$$
$$(p-2)^2 b_0^2 \geqslant p^2 b_0^2 - 4b_0^2 - 4k \Rightarrow$$
$$(4p-8)b_0^2 \leqslant 4k$$

而 $p \geqslant 4k \geqslant 4$,则
$$(4p-8)b_0^2 \geqslant 4p - 8 \geqslant 2p > 4k$$

矛盾.

综上可知,方程③无正整数解.

下面证明原题.

不妨设 $m, n > 0$.

因为 $(m^2 - n^2 + 1) \mid (n^2 - 1)$,则
$$(m^2 - n^2 + 1) \mid [(n^2 - 1) + (m^2 - n^2 + 1)] = m^2$$

(1) 若 $m = n$,则 $m^2 - n^2 + 1 = 1$ 是完全平方数.

(2) 若 $m > n$,因为 m 和 n 都是奇数,则
$$2 \mid (m+n), 2 \mid (m-n)$$

设 $m + n = 2a, m - n = 2b$,则 a 和 b 都是正整数.

因为 $m^2 - n^2 + 1 = 4ab + 1, m^2 = (a+b)^2$,则
$$(4ab + 1) \mid (a+b)^2$$

设 $(a+b)^2 = k(4ab + 1)$,其中 k 是正整数,则
$$a^2 - (4k-2)ab + b^2 - k = 0$$

若 k 不是完全平方数,由引理1可知是矛盾的.

所以 k 是完全平方数.故
$$m^2 - n^2 + 1 = 4ab + 1 = \frac{(a+b)^2}{k} = \left(\frac{a+b}{\sqrt{k}}\right)^2$$

也是完全平方数.

(3) 若 $m < n$, 因为 m 和 n 都是奇数, 则
$$2 \mid (m+n), 2 \mid (m-n)$$
设 $m + n = 2a, n - m = 2b$, 则 a 和 b 都是正整数. 因为
$$m^2 - n^2 + 1 = -(4ab - 1)$$
$$m^2 = (a - b)^2$$
则
$$(4ab - 1) \mid (a - b)^2$$
设 $(a - b)^2 = k(4ab - 1)$, 其中 k 是正整数. 则
$$a^2 - (4k + 2)ab + b^2 + k = 0$$
由引理 2 可知是矛盾.

综上可知, $m^2 - n^2 + 1$ 是完全平方数.

4.62 证明:存在无限正整数序列 $\{a_n\}$, 使得 $\sum_{k=1}^{n} a_k^2$ 对于任意正整数 n 是一个完全平方数.

(澳大利亚数学奥林匹克, 2004 年)

证明 记 $S_n = \sum_{k=1}^{n} a_k^2$.

从勾股数组 (a, b, c) 开始, 取 a 为奇数, b 为偶数 (例如 $(3, 4, 5)$), 奇数 a 为 a_1, 偶数 b 为 a_2. 这一定意味着 $S_1 = a^2$ 和 $S_2 = a^2 + b^2 = c^2$ 是完全平方. 可选取其他的 a_n 为偶数, 使得
$$S_{n+1} = S_n + a_{n+1}^2 = (a_{n+1} + 1)^2$$
成立. 这是可能的, 由于
$$S_{n+1} - a_{n+1}^2 = S_n \Leftrightarrow (a_{n+1} + 1)^2 - a_{n+1}^2 =$$
$$(a_n + 1)^2 \Leftrightarrow 2a_{n+1} + 1 = (a_n + 1)^2 \Leftrightarrow$$
$$a_{n+1} = \frac{(a_n + 1)^2 - 1}{2} \Leftrightarrow$$
$$a_{n+1} = \frac{a_n(a_n + 2)}{2}$$

因为 a_n 为偶数, 所以 $a_n + 2$ 一定也是偶数, 故 $\dfrac{a_n(a_n + 2)}{2}$ 也是偶数.

例如, 取 $a_1 = 3, a_2 = 4$, 得数列 $3, 4, 12, 84, 3\,612, \cdots$, 满足题目要求.

4.63 求所有多于两位的正整数,使得每一对相邻数字构成一个整数的平方.

(克罗地亚数学奥林匹克,2004 年)

解 易知,正整数的平方是两位数的有:16,25,36,49,64,81.

注意到,从给出数字开始至多有 1 个两位平方,因此,在第 1 个两位数被选定后,所求数的余下部分被唯一地确定.因为没有以 5 或 9 开始的两位的平方数,所以,所求的数不能以 25 或 49 开始.

而由 16 得 164,1 649;

由 36 得 364,3 649;

由 64 得 649;

由 81 得 816,8 164,81 649.

因此,满足条件的数为

$$164, 1\,649, 364, 3\,649, 649, 816, 8\,164, 81\,649$$

4.64 求所有使 $2^4 + 2^7 + 2^n$ 为完全平方数的正整数 n.

(克罗地亚数学奥林匹克,2005 年)

解 注意到 $2^4 + 2^7 = 144 = 12^2$.

令 $144 + 2^n = m^2$,其中 m 为正整数,则

$$2^n = m^2 - 144 = (m-12)(m+12)$$

上式右边的每个因式必须为 2 的幂,设

$$m + 12 = 2^p \quad ①$$
$$m - 12 = 2^q \quad ②$$

其中,$p, q \in \mathbf{N}, p + q = n, p > q$.

由 ① - ② 得

$$2^q(2^{p-q} - 1) = 2^3 \times 3$$

因为 $2^{p-q} - 1$ 为奇数,2^q 为 2 的幂.

所以等式仅有一个解,即 $q = 3, p - q = 2$.

因此 $p = 5, q = 3$.

故 $n = p + q = 8$ 是使所给表达式为完全平方数的唯一正整数.

4.65 设 a,b,c 是有理数,并满足 $a+b+c$ 与 $a^2+b^2+c^2$ 是相等的整数. 证明: abc 可以表示为一组互质的完全立方数与完全平方数的比值.

证明 记 $a+b+c = a^2+b^2+c^2 = t$, 则 $t \geqslant 0$.

利用不等式 $\dfrac{a^2+b^2+c^2}{3} \geqslant \left(\dfrac{a+b+c}{3}\right)^2$ 可推出 $0 \leqslant t \leqslant 3$.

当 $t=0$ 或 $t=3$ 时, 有 $a=b=c=0$ 或 $a=b=c=1$, 它们都满足题中的条件.

当 $t=1$ 时, 记分数 a,b,c 的分母(假定均为正数)的乘积为 d, 则 $x=ad, y=bd, z=cd$ 都是整数, 且 $x+y+z=d$, $x^2+y^2+z^2=d^2$.

由以上两式可得
$$(x+y+z)^2 = x^2+y^2+z^2$$

即
$$xy+yz+zx = 0$$

假定 $z < 0$, 因此
$$(x+z)(y+z) = z^2$$

于是 $\quad x+z = rp^2, y+z = rq^2, z = -|r|pq$

其中, p 和 q 是互质的正整数, 而 r 是一个非零整数. 因为
$$0 < d = x+y+z = r(p^2+q^2) - |r|pq$$

所以, $r > 0$.

由计算可得
$$a = \frac{x}{d} = \frac{p(p-q)}{p^2+q^2-pq}$$

$$b = \frac{y}{d} = \frac{q(q-p)}{p^2+q^2-pq}$$

$$c = \frac{z}{d} = \frac{-pq}{p^2+q^2-pq}$$

于是
$$abc = \frac{(pq(p-q))^2}{(p^2+q^2-pq)^3}$$

下面讨论 $t=2$ 的情况. 即
$$a+b+c = a^2+b^2+c^2 = 2$$

则 $a_1 = 1-a, b_1 = 1-b, c_1 = 1-c$ 满足
$$a_1+b_1+c_1 = a_1^2+b_1^2+c_1^2 = 1$$

故 $abc = (1-a_1)(1-b_1)(1-c_1) =$
$$1-(a_1+b_1+c_1)+a_1b_1+b_1c_1+c_1a_1 - a_1b_1c_1 = -a_1b_1c_1$$

结论得证.

4.66 求所有正整数 n, 使得 $n \cdot 2^{n-1} + 1$ 是完全平方数.

(斯洛文尼亚数学奥林匹克, 2004 年)

解 设 $n \cdot 2^{n-1} + 1 = m^2$, 即
$$n \cdot 2^{n-1} = (m+1)(m-1) \qquad ①$$
显然 $n = 1, n = 2, n = 3$ 不满足问题的条件.
设 $n > 3$, 则式 ① 左边的值是偶数, 因此, m 一定是奇数.
记 $m = 2k + 1$. 于是, 有
$$n \cdot 2^{n-3} = k(k+1)$$
因为连续的整数 k 和 $k+1$ 互质, 所以 2^{n-3} 恰好被 k 和 $k+1$ 其中之一整数, 这意味着
$$2^{n-3} \leqslant k+1$$
由此得出 $n \geqslant k, 2^{n-3} \leqslant n+1$
后一不等式对 $n = 4$ 和 $n = 5$ 成立.
用数学归纳法可简便地证明, 对于 $n \geqslant 6, 2^{n-3} > n+1$ 成立.
检验可知, $4 \times 2^3 + 1 = 33$ 不是完全平方数, $5 \times 2^4 + 1 = 81$ 是完全平方数.

4.67 正整数 a, b, c 满足等式
$$c(ac+1)^2 = (5c+2b)(2c+b) \qquad ①$$
(1) 证明: 若 c 为奇数, 则 c 为完全平方数.
(2) 对某个 a 和 b, 是否存在偶数 c 满足式 ①.
(3) 证明: 式 ① 有无穷多组正整数解 (a, b, c).

(白俄罗斯数学奥林匹克, 2004 年)

证明 假设 c 为偶数, 记 $c = 2c_1$, 则已知等式可写为
$$c_1(2ac_1+1)^2 = 5(c_1+b)(4c_1+b)$$
设 $d = (c_1, b)$, 则 $c_1 = dc_0, b = db_0$, 其中 $(c_0, b_0) = 1$, 于是
$$c_0(2adc_0+1)^2 = d(5c_0+b_0)(4c_0+b_0)$$
显然 $(c_0, 5c_0+b_0) = (c_0, 4c_0+b_0) = (d, (2adc_0+1)^2) = 1$
因此 $c_0 = d$. 从而
$$(2ad^2+1)^2 = (5d+b_0)(4d+b_0)$$
注意到
$$(5c_0+b_0, 4c_0+b_0) = (5c_0+b_0-4c_0-b_0, 4c_0+b_0) =$$
$$(c_0, 4c_0+b_0) = (c_0, 4c_0+b_0-4c_0) =$$
$$(c_0, b_0) = 1$$

所以
$$5d + b_0 = m^2, 4d + b_0 = n^2$$
$$2ad^2 + 1 = mn, m, n \in \mathbf{N}^*$$

于是 $d = m^2 - n^2$(显然 $m > n$),则
$$mn = 1 + 2ad^2 = 1 + 2a(m-n)^2(m+n)^2 \geqslant$$
$$1 + 2a(m+n)^2 \geqslant 1 + 8amn \geqslant 1 + 8mn$$

故 $0 \geqslant 1 + 7mn$,矛盾.

因此 c 是奇数.

(1) 类似(2),设 $c = dc_0, b = db_0$,其中,$d = (c,b)$ 且 $(c_0, b_0) = 1$,则已知等式可改写为
$$c_0(adc_0 + 1)^2 = d(5c_0 + 2b_0)(2c_0 + b_0)$$

注意到 $(c_0, 5c_0 + 2b_0) = (c_0, 2c_0 + b_0) =$
$$(d, (adc_0 + 1)^2) = 1$$

因此 $c_0 = d$,从而 $c = dc_0 = d^2$.

(3) 令 $c = 1$,只须证明方程
$$(a+1)^2 = (5+2b)(2+b)$$

有无穷多组整数解 (a,b).

事实上,设 $5 + 2b = m^2, 2 + b = n^2$,则
$$a = mn - 1$$

从而只须证明存在无穷多组 $m, n \in \mathbf{N}^*$,满足 $5 + 2b = m^2$, $2 + b = n^2$,即
$$m^2 - 2n^2 = 1 \qquad \text{①}$$

显然 $(3,2)$ 是式 ① 的解.

又若 (m,n) 是式 ① 的解,那么,$(3m + 4n, 3n + 2m)$ 也是式 ① 的解.

4.68 已知三角形的边长 a, b, c 都是整数,且一条高线的长是另外两条高线长的和.证明:$a^2 + b^2 + c^2$ 是一个整数的平方.

(德国数学奥林匹克,2004 年)

证明 设三条高线分别为 h_a, h_b, h_c,三角形的面积为 S,则有
$$2S = ah_a = bh_b = ch_c$$

设 $h_c = h_a + h_b$,则有
$$\frac{2S}{c} = \frac{2S}{a} + \frac{2S}{b}$$

即
$$\frac{1}{c} = \frac{1}{a} + \frac{1}{b}$$

亦即
$$ab - (bc + ac) = 0$$

故 $a^2 + b^2 + c^2 = a^2 + b^2 + c^2 + 2[ab - (bc + ac)] = (a + b - c)^2$

4.69 设 P 为整系数多项式,且满足
$$P(5) = 2\,005$$
试问 $P(2\,005)$ 能否为完全平方数?

(克罗地亚数学奥林匹克,2005)

解 设 $P(x) = a_n x^n + a_{n-1} x^{n-1} + \cdots + a_1 x + a_0$,于是
$$P(5) = a_n \cdot 5^n + a_{n-1} \cdot 5^{n-1} + \cdots + a_1 \cdot 5 + a_0 \quad ①$$
$$P(2\,005) = a_n \cdot 2\,005^n + a_{n-1} \cdot 2\,005^{n-1} + \cdots + a_1 \cdot 2\,005 + a_0 \quad ②$$

由 ② - ① 得
$$P(2\,005) - P(5) = a_n(2\,005^n - 5^n) + a_{n-1}(2\,005^{n-1} - 5^{n-1}) + \cdots + a_1(2\,005 - 5) \quad ③$$

因为 $2\,005^k - 5^k = 2\,000(2\,005^{k-1} + 2\,005^{k-2} \times 5 + \cdots + 2\,005 \times 5^{k-2} + 5^{k-1})$

所以,式 ③ 中的各项能被 2 000 整除,

即 $P(2\,005) - P(5) = 2\,000 A$,其中 A 为整数.

因此,$P(2\,005) = 2\,000 A + 2\,005$,且 $P(2\,005)$ 的后两位数为 05.

而 05 不可能为一个完全平方数的后两位,所以,$P(2\,005)$ 不可能为完全平方数.

4.70 设 n 是大于 2 的整数,a_n 是最大的 n 位数,且既不是两个完全平方数的和,又不是两个完全平方数的差.

(1) 求 a_n(表示成 n 的函数);

(2) 求 n 的最小值,使得 a_n 的各位数字的平方和是一个完全平方数.

(匈牙利数学奥林匹克,2002~2003 年)

解 (1) $a_n = 10^n - 2$. 先证最大性.

在 n 位十进制整数中,只有
$$10^n - 1 > 10^n - 2$$

但 $10^n - 1 = 9 \times \dfrac{10^n - 1}{9} = \left(\dfrac{9 + \dfrac{10^n - 1}{9}}{2} \right)^2 + \left(\dfrac{\dfrac{10^n - 1}{9} - 9}{2} \right)$.

$$\left(9+\dfrac{\dfrac{10^n-1}{9}-\dfrac{\dfrac{10^n-1}{9}-9}{2}}{2}\right)=$$

$$\left(9+\dfrac{\dfrac{10^n-1}{9}}{2}\right)^2-\left(\dfrac{\dfrac{10^n-1}{9}-9}{2}\right)^2$$

因为 $\dfrac{10^n-1}{9}$ 为奇数,所以,10^n-1 可表示为两个完全平方数的差,这与题设矛盾.

下面证 10^n-2 满足条件.

若 10^n-2 可表示为两个完全平方数的差,则它模 4 余 0,1 或 3. 但 $10^n-2 \equiv 2 \pmod{4}$,所以,10^n-2 不能表示为两个完全平方数的差.

若 10^n-2 可表示为两个完全平方数的和,则它或被 4 整除,或模 8 余 2,但 10^n-2 不能被 4 整除且模 8 余 6(因为 $n>2$).

所以 10^n-2 不能表示为两个完全平方数的和.

(2) 由 $9^2(n-1)+64=k^2$ 得
$$9^2(n-1)=(k-8)(k+8)$$
因为 $n \geqslant 3$,且 $-8 \not\equiv 8 \pmod 9$
所以 $81 \mid (k-8)$ 或 $81 \mid (k+8)$.

若 $81 \mid (k-8)$,则 $k_{\min}=89, n=98$.

若 $81 \mid (k+8)$,则 $k_{\min}=73, n=66$.

因此 $n_{\min}=66$.

4.71 求所有的两位正数 a 和 b,使 $100a+b$ 和 $201a+b$ 均为四位数,且均是完全平方数.

(西班牙数学奥林匹克,2004 年)

解 设
$$100a+b=m^2, 201a+b=n^2$$
则 $\quad 101a=n^2-m^2=(n-m)(n+m), m,n<100$

所以 $\quad n-m<100, n+m<200, 101 \mid (m+n)$

从而 $\qquad m+n=101$

代入 $\qquad a=n-m=2n-101$

得 $\qquad 201(2n-101)+b=n^2$

即 $\qquad n^2-402n+20\,301=b \in (9,100)$

经验证,$n=59, m=101-n=42$,从而
$$a=n-m=17, b=n^2-402n+20\,301=64$$
即 $(a,b)=(17,64)$.

4.72 证明:不存在正整数 n,使得
$$2n^2+1, 3n^2+1, 6n^2+1$$
为完全平方数.

(日本数学奥林匹克,2004 年)

证明 若题中结论不真,那么,此三数均为完全平方数,则
$$(36n^4+18n^2+1)^2-1=36n^2(6n^2+1)(3n^2+1)(2n^2+1)$$
是完全平方数,但这是不可能的,因为不存在两个正整数的平方差为 1.

4.73 求所有的正整数 n,它能唯一地表示为 5 个或少于 5 个正整数的平方和(这里,两个求和顺序不同的表达式被认为是相同的,例如,3^2+4^2 和 4^2+3^2 被认为是 25 的同一个表达式).

(韩国数学奥林匹克,2005)

解 $n=1,2,3,6,7,15$.

首先,证明对于所有的 $n \geqslant 17$,有多于 2 个不同的表达式.

因为每个正整数都可以表示为 4 个或不足 4 个的正整数的平方和(拉格朗日四平方定理),于是,存在非负整数 x_i, y_i, z_i, w_i ($i=1,2,3,4$) 满足
$$n-0^2=x_0^2+y_0^2+z_0^2+w_0^2$$
$$n-1^2=x_1^2+y_1^2+z_1^2+w_1^2$$
$$n-2^2=x_2^2+y_2^2+z_2^2+w_2^2$$
$$n-3^2=x_3^2+y_3^2+z_3^2+w_3^2$$
$$n-4^2=x_4^2+y_4^2+z_4^2+w_4^2$$

由此得
$$n=x_0^2+y_0^2+z_0^2+w_0^2=1^2+x_1^2+y_1^2+z_1^2+w_1^2=$$
$$2^2+x_2^2+y_2^2+z_2^2+w_2^2=$$
$$3^2+x_3^2+y_3^2+z_3^2+w_3^2=$$
$$4^2+x_4^2+y_4^2+z_4^2+w_4^2$$

假设 $n \neq 1^2+2^2+3^2+4^2=30$,则有
$$\{1,2,3,4\} \neq \{x_0,y_0,z_0,w_0\}$$

所以存在 $k \in \{1,2,3,4\} \setminus \{x_0,y_0,z_0,w_0\}$,且对这样的 k,$x_0^2+y_0^2+z_0^2+w_0^2$ 和 $k^2+x_k^2+y_k^2+z_k^2+w_k^2$ 是 n 的不同的表达式.

因为 $30=1^2+2^2+3^2+4^2=1^2+2^2+5^2$,只要考虑 $1 \leqslant n \leqslant 16$ 即可.

下面这些正整数有两种(或更多)不同的表达式

$4 = 2^2 = 1^2 + 1^2 + 1^2 + 1^2$

$5 = 1^2 + 2^2 = 1^2 + 1^2 + 1^2 + 1^2 + 1^2$

$8 = 2^2 + 2^2 = 1^2 + 1^2 + 1^2 + 1^2 + 2^2$

$9 = 3^2 = 1^2 + 2^2 + 2^2$

$10 = 1^2 + 3^2 = 1^2 + 1^2 + 2^2 + 2^2$

$11 = 1^2 + 1^2 + 3^2 = 1^2 + 1^2 + 1^2 + 2^2 + 2^2$

$12 = 1^2 + 1^2 + 1^2 + 3^2 = 2^2 + 2^2 + 2^2$

$13 = 1^2 + 1^2 + 1^2 + 1^2 + 3^2 = 1^2 + 2^2 + 2^2 + 2^2$

$14 = 1^2 + 2^2 + 3^2 = 1^2 + 1^2 + 2^2 + 2^2 + 2^2$

$16 = 4^2 = 2^2 + 2^2 + 2^2 + 2^2$

而 1,2,3,6,7,15 这六个正整数仅有唯一的表达式

$1 = 1^2, 2 = 1^2 + 1^2, 3 = 1^2 + 1^2 + 1^2$

$6 = 1^2 + 1^2 + 2^2, 7 = 1^2 + 1^2 + 1^2 + 2^2$

$15 = 1^2 + 1^2 + 2^2 + 3^2$

因此所求的正整数 n 为 1,2,3,6,7,15.

心得 体会 拓广 疑问

第5章 素数与合数

素数也称质数,是数论中最重要的一类数,关于素数与合数的问题也很丰富.

5.1 设 $k \geqslant 2$,且当 $j = 1, 2, \cdots, [\sqrt[k]{n}]$ 时,都有 $j \mid n$,则
$$n < p_{2k}^k \qquad \text{①}$$
这里 p_{2k} 表示第 $2k$ 个素数.

证明 设 $1, 2, \cdots, [\sqrt[k]{n}]$ 的最小公倍数为 m,则可设
$$m = p_1^{m_1} \cdots p_l^{m_l}$$
其中,$p_1, \cdots, p_l$ 是 $1, 2, \cdots, [\sqrt[k]{n}]$ 中出现过的素数,则显然有
$$p_l \leqslant \sqrt[k]{n} < p_{l+1}, p_\lambda^{m_\lambda} \leqslant \sqrt[k]{n} < p_\lambda^{m_\lambda + 1}$$
$m_\lambda \geqslant 1, \lambda = 1, \cdots, l$,由于 n 是 $1, 2, \cdots, [\sqrt[k]{n}]$ 这些数的一个公倍数,所以 $m \leqslant n$. 而 $\sqrt[k]{n} < p_\lambda^{m_\lambda + 1} \leqslant p_\lambda^{2m_\lambda}, \lambda = 1, \cdots, l$. 把这 l 个式子相乘,得
$$(\sqrt[k]{n})^l < m^2 \leqslant n^2 \qquad \text{②}$$
观察式 ② 中的指数得出 $\dfrac{l}{k} < 2$,即得
$$p_l < p_{2k}, p_{2k} \geqslant p_{l+1}$$
故
$$\sqrt[k]{n} < p_{l+1} \leqslant p_{2k}$$
这就证明了式 ①.

5.2 证明:当 $n > 1$ 时,不存在奇素数 p 和正整数 m 使 $p^n + 1 = 2^m$;当 $n > 2$ 时,不存在奇素数 p 和正整数 m 使 $p^n - 1 = 2^m$.

证明 $2 \nmid n$ 时,结论显然成立.
现设 $2 \mid n$,此时在
$$p^n + 1 = 2^m \qquad \text{①}$$
中,由于 $p \geqslant 3, n \geqslant 2$,故 $2^m = p^n + 1 \geqslant 10$,显然有 $m \geqslant 2$. 对 ① 取模 4 得 $2^m \equiv 0 \pmod{4}$ 和 $p^n \equiv 1 \pmod{4}$,故 $2 \equiv 0 \pmod 4$,但这是不可能的,故第一个结论成立.
设 $n = 2k$,有

$$p^{2k} - 1 = 2^m \qquad ②$$

则由 ② 得
$$(p^k - 1)(p^k + 1) = 2^m$$
故有
$$p^k + 1 = 2^s, s > 0, k > 1$$
由第一个结论知上式不能成立，故 ② 不成立，这就证明了第二个结论．

5.3 设 p_n 表示第 n 个素数，则
$$p_n < 2^{2^n} \qquad ①$$

证明 $p_1 = 2 < 4$，设 $p_i < 2^{2^i}, i = 1, 2, \cdots, k$，我们来证明
$$p_{k+1} < 2^{2^{k+1}} \qquad ②$$

令 $N = p_1 \cdots p_k + 1$，则
$$N = p_1 \cdots p_k + 1 \leqslant 2^{2+2^2+\cdots+2^k} = 2^{2^{k+1}-2} < 2^{2^{k+1}}$$
设 p 是 N 的一个素因子，则 $p \neq p_i, i = 1, \cdots, k$，故有
$$p_{k+1} \leqslant p \leqslant N < 2^{2^{k+1}}$$
这就证明了 ①．

5.4 设 $p > 1$ 是一个素数，若当 $x = 0, 1, \cdots, p - 1$ 时
$$x^2 - x + p$$
都为素数，则仅有一组整数解 a, b, c 满足
$$b^2 - 4ac = 1 - 4p, 0 < a \leqslant c, -a \leqslant b < a \qquad ①$$

证明 $a = 1, b = -1, c = p$ 就是满足 ① 的一组解．现在来证明这是唯一的一组解．

如果 a, b, c 满足 ①，则因 $b^2 \equiv 1 \pmod 4$，所以 b 是奇数，设 $|b| = 2l - 1$，有 $0 < l = \dfrac{|b| + 1}{2}$，又因
$$|b| \leqslant a \leqslant c, b^2 - 4ac = 1 - 4p, p \geqslant 2$$
故
$$3a^2 = 4a^2 - a^2 \leqslant 4ac - b^2 = 4p - 1$$
所以
$$|b| \leqslant a \leqslant \sqrt{\frac{4p-1}{3}} \qquad ②$$

由式 ② 得
$$l = \frac{|b|+1}{2} \leqslant \frac{1}{2}\sqrt{\frac{4p-1}{3}} + \frac{1}{2} < \sqrt{\frac{p}{3}} + \frac{1}{2} < p$$

将 $|b| = 2l - 1$ 代入 ① 得

$$(2l-1)^2 - 4ac = 1 - 4p$$

即得
$$l^2 - l + p = ac \qquad ③$$

由于 $0 < l < p$,所以据已知条件 ac 是素数,故 $a = 1$.由于 $-1 \leqslant b < 1$,故 $b = -1$,由于 $1 - 4p = 1 - 4c$,故 $c = p$.

> **5.5** 求证:不存在三边边长全为素数,而面积是正整数的三角形.
>
> (罗马尼亚数学奥林匹克,1994 年)

证明 设 $\triangle ABC$ 的三边的边长为 a, b, c,面积为 S,且 a, b, c 为素数,S 为正整数.

由三角形面积公式
$$16S^2 = (a+b+c)(a+b-c)(a-b+c)(-a+b+c) \qquad ①$$

由于 $a+b+c, a+b-c, a-b+c, -a+b+c$ 具有相同的奇偶性及 $16S^2$ 为偶数,则 $a+b+c, a+b-c, a-b+c, -a+b+c$ 都为偶数,于是只有两种可能:

(1) a, b, c 全为偶数;

(2) a, b, c 中两个奇数,一个偶数.

下面考虑:

(1) 当 a, b, c 全为偶素数时,有 $a = b = c = 2$.

此时 $S = \sqrt{3}$ 与 S 是正整数矛盾.

(2) 当 a, b, c 为两个奇数,一个偶数时,不妨设 a 为偶数,则 $a = 2$.这时有
$$c - 2 = c - a < b < c + a = c + 2$$
$$b - 2 = b - a < c < b + a = b + 2$$

于是,奇素数 $b \in (c-2, c+2), c \in (b-2, b+2)$.

在开区间 $(c-2, c+2)$ 中只有整数 $c+1, c, c-1$.但 c 为奇素数,则 $c+1, c-1$ 均为偶数,于是必有 $b = c$.

这时,式 ① 化为
$$16S^2 = (2+2b) \cdot 2 \cdot 2 \cdot (2b-2) = 16(b^2 - 1)$$

故
$$S^2 = b^2 - 1$$

由此得 $S < b$,即 $S \leqslant b - 1$.这时有
$$b^2 - 1 = S^2 \leqslant (b-1)^2 = b^2 - 2b + 1$$

则 $b \leqslant 1$ 与 b 是素数相矛盾.

因此,不存在三边边长都是素数,面积为正整数的三角形.

> **5.6** 试确定所有的四元数组 (p_1, p_2, p_3, p_4),其中 p_1, p_2, p_3, p_4 是素数,且满足
> (1) $p_1 < p_2 < p_3 < p_4$.
> (2) $p_1 p_2 + p_2 p_3 + p_3 p_4 + p_4 p_1 = 882$.
> （澳大利亚数学奥林匹克,1995 年）

解 条件(2)可化为
$$(p_1 + p_3)(p_2 + p_4) = 882 = 2 \times 3^2 \times 7^2$$

由于 $4 \nmid 882$,所以 $p_1 + p_3$ 及 $p_2 + p_4$ 中必有一个奇数,又由 p_1, p_2, p_3, p_4 是素数,及 p_1 最小,所以 $p_1 = 2$,从而 $2 + p_3$ 是 882 的奇因子,即

$$2 + p_3 \mid 441$$

又由于
$$p_1 + p_3 < p_2 + p_4$$
所以
$$2 + p_3 < \sqrt{882} < 30$$

于是 $p_3 + 2$ 的可能值只能是 1,3,7,9,21,再由 p_3 是素数,所以 p_3 只能是 5,7,19.

下面分别讨论：

ⅰ 若 $p_3 = 5$,则由条件(1),$p_2 = 3$,且 $p_2 + p_4$ 应为 $\frac{882}{2+5} = 126$,$p_4 = 123$ 不是素数；

ⅱ 若 $p_3 = 7$,则 $p_2 + p_4 = \frac{882}{2+7} = 98$,且 p_2 只能为 3 或 5,相应的 p_4 为 95 或 93,都不是参数；

ⅲ 若 $p_3 = 19$,则
$$p_2 + p_4 = \frac{882}{2+19} = 42$$
由于
$$2 < p_2 < 19 < p_4$$
则 $p_2 = 5, 11, 13$,相应地,$p_4 = 37, 31, 29$.

综合以上,所求的四元数组 (p_1, p_2, p_3, p_4) 为 $(2, 5, 19, 37)$, $(2, 11, 19, 31)$, $(2, 13, 19, 29)$.

> **5.7** 设 a, b, c, d 为自然数,并且 $ab = cd$,试问 $a + b + c + d$ 能否为素数？
> （第 58 届莫斯科数学奥林匹克,1995 年）

解法 1 由于 $ab = cd$,由素因数分解定理可知,存在整数 c_1, c_2, d_1, d_2,使得

$$c = c_1 c_2, d = d_1 d_2, a = c_1 d_1, b = c_2 d_2$$

于是有 $a + b + c + d = c_1 d_1 + c_2 d_2 + c_1 c_2 + d_1 d_2 =$
$$(c_1 + d_2)(d_1 + c_2)$$

因此 $a + b + c + d$ 为合数.

解法 2 由 $ab = cd$ 得
$$a + b + c + d = a + b + c + \frac{ab}{c} = \frac{(a+c)(b+c)}{c}$$

为整数. 从而存在整数 c_1, c_2, 使 $c = c_1 c_2$, 且 $\dfrac{a+c}{c_1} = k, \dfrac{b+c}{c_2} = l$ 均为整数. 由于
$$a + c > c \geqslant c_1, b + c > c \geqslant c_2$$

所以 $\qquad k > 1, l > 1$

又 $\qquad a + b + c + d = kl$

因此, $a + b + c + d$ 为合数.

5.8 证明:如果 $1 + 2^n + 4^n$ 是素数, $n \in \mathbf{N}$, 则 $n = 3^k$, 其中 k 是非负整数.

(保加利亚数学奥林匹克,1981 年)

证明 设 $n = 3^k r$, 其中 k 是非负整数, 且 $3 \nmid r$.

我们证明, 此时 $p = 1 + 2^n + 4^n$ 被 $q = 1 + 2^{3^k} + 4^{3^k}$ 整除, 从而 p 不是素数.

(1) $r = 3s + 1$ 时, s 是非负整数, 则
$$p - q = (2^n - 2^{3^k}) + (4^n - 4^{3^k}) =$$
$$2^{3^k}(2^{3^k \cdot 3s} - 1) + 4^{3^k}(2^{3^k \cdot 6s} - 1) \equiv 0 (\bmod (2^{3^k \cdot 3} - 1))$$

因为 $2^{3^k \cdot 3} - 1 = (2^{3^k} - 1)(1 + 2^{3^k} + 4^{3^k}) = (2^{3^k} - 1)q$

所以 $q \mid p - q$, 于是 $q \mid p$.

(2) $r = 3s + 2$ 时, s 是非负整数, 则
$$p - q = (4^n - 2^{3^k}) + (2^n - 4^{3^k}) =$$
$$2^{3^k}[2^{3^k 3(2s+1)} - 1] + 2^{2 \cdot 3^k}(2^{3^k \cdot 3s} - 1) \equiv$$
$$0 (\bmod (2^{2^k \cdot 3} - 1))$$

同(1),仍有 $q \mid p$.

于是 $n = 3^k r, 3 \nmid r$ 时, p 为合数, 从而当 $p = 1 + 2^n + 4^n$ 是素数时, $n = 3^k$.

> **5.9** 求出所有不超过 10 000 000 且具有下述性质的自然数 $n > 2$:任何与 n 互素且满足 $1 < m < n$ 的数 m 都是素数.
>
> (捷克数学奥林匹克,1979 年)

解 设 n 具有题目要求的性质. 如果它不被 2 整除,则 $n \leqslant 2^2$(否则,与 n 互素且小于 n 的 $m = 4$ 将是素数,不可能). 因此 $n = 3$,如果 n 被 2 整除,但不被 3 整除,则同理有 $n \leqslant 3^2$,即 $n \in \{4,8\}$. 如果 n 被 2 与 3 整除,但不被 5 整除,则 $n \leqslant 5^2$,且 $6 \mid n$,即 $n \in \{6,12,18,24\}$. 如果 n 被 2,3 和 5 整除,但不被 7 整除,则 $n \leqslant 7^2$,且 $30 \mid n$,即 $n = 30$. 设对某个 $k \geqslant 4$, n 被 $p_1, p_2, \cdots, p_k$ 整除,但不被 p_{k+1} 整除,其中 $2 = p_1 < p_2 < \cdots < p_k < p_{k+1}$ 是连续素数,则 $n \leqslant p_{k+1}^2$,且 $p_1 p_2 \cdots p_k \mid n$. 由于

$$p_1 p_2 \cdots p_k \leqslant n \leqslant 10\ 000\ 000$$

所以 $k \leqslant 8$. 最后,当 $k = 4,5,6,7,8$ 时, $p_1 p_2 \cdots p_k > p_{k+1}^2$,与 $p_1 p_2 \cdots p_k \leqslant n \leqslant p_{k+1}^2$ 矛盾. 因此 $k \leqslant 3$. 于是 n 的所有可能值都属于集合 $\{3,4,6,8,12,18,24,30\}$. 经验证,此集合中每个数都具有题中所要求的性质.

> **5.10** 证明:形如 $p \equiv 2 \pmod{3}$ 的素数有无穷多个.

证明 设 N 是任意正整数, $p_1, p_2, \cdots, p_s$ 是不超过 N 的形如 $p \equiv 2 \pmod{3}$ 的一切素数. 设

$$q = 6 p_1 p_2 \cdots p_s - 1$$

由于 $q \equiv -1 \pmod{6}$,故 q 的素因数 a 不能是 2,也不能是 3. 设 q 的素因数分解为

$$q = a_1 a_2 \cdots a_t$$

这时,如果 $a_i \equiv 1 \pmod{3}$ ($i = 1,2,\cdots,t$),那么就有 $q \equiv 1 \pmod{3}$,这样就得到矛盾 $1 \equiv -1 \pmod{3}$. 因此, $a_1, a_2, \cdots, a_t$ 中必存在一个 a_j,有 $a_j \equiv 2 \pmod{3}$. 由于 $a_j \neq p_i$ ($i = 1,2,\cdots,s$),否则将有 $-1 \equiv 0 \pmod{3}$,这是不可能的. 故必有 $a_j > N$. 这表示存在形如 $p \equiv 2 \pmod{3}$ 的素数 a_j,它大于任取之正整数 N,故形如 $p \equiv 2 \pmod{3}$ 的素数有无穷多个.

> **5.11** 证明:对任意 $n \in \mathbf{Z}^+$, $19 \cdot 8^n + 17$ 是合数.
>
> (英国数学奥林匹克,1976 年)

证明 这里恒设 $k \in \mathbf{Z}^+$. 如果 $n = 2k$,则
$$19 \cdot 8^{2k} + 17 = 18 \cdot 8^{2k} + 1 \cdot (1 + 63)^k + (18 - 1) \equiv 0 (\bmod 3)$$
如果 $n = 4k + 1$,则
$$19 \cdot 8^{4k+1} + 17 = 13 \cdot 8^{4k+1} + 6 \cdot 8 \cdot 64^{2k} + 17 =$$
$$13 \cdot 8^{4k+1} + 39 \cdot 64^{2k} + 9 \cdot (1 - 65)^{2k} +$$
$$(13 + 4) \equiv 0 (\bmod 13)$$
如果 $n = 4k + 3$,则
$$19 \cdot 8^{4k+3} + 17 = 15 \cdot 8^{4k+3} + 4 \cdot 8^3 \cdot 64^{2k} + 17 =$$
$$15 \cdot 8^{4k+3} + 4 \cdot 510 \cdot 64^{2k} +$$
$$4 \cdot 2 (1 - 65)^{2k} + (25 - 8) \equiv$$
$$0 (\bmod 5)$$
由此可见,对任意 $n \in \mathbf{Z}^+$, $19 \cdot 8^n + 17$ 至少被 3,13 或 5 之一整除.

> **5.12** 证明:存在无限多个 $n \in \mathbf{N}$,使得任意形如 $m^4 + n$ 的数是合数,其中 $m \in \mathbf{N}$.
>
> (捷克数学奥林匹克,1973 年)

证明 设 $n = 4k^4$,其中 $k = 2, 3, \cdots$,则对 $m \in \mathbf{N}$
$$m^4 + n = m^4 + 4k^4 = (m^4 + 4m^2k^2 + 4k^2) - 4m^2k^2 =$$
$$(m^2 + 2k^2)^2 - (2mk)^2 =$$
$$(m^2 + 2mk + 2k^2)(m^2 - 2mk + 2k^2) =$$
$$((m + k)^2 + k^2)((m - k)^2 + k^2)$$
是合数,因为每个因子 $(m \pm k)^2 + k^2$ 都大于 1(由于 $k > 1$).

> **5.13** 求出这样一组五个不同的自然数,使得其中任意两个数互素,且任意若干个数(多于 1 个)之和为合数.
>
> (第 21 届全苏数学奥林匹克,1987 年)

解 我们考虑一般的情形:
设 $a_1, a_2, \cdots, a_n$ 这 n 个数满足
$$a_i = i \cdot n! + 1, i = 1, 2, \cdots, n$$
则这 n 个数中任意两个数都互素. 否则,若 $(a_i, a_j) = d > 1$,则由
$$a_i = i \cdot n! + 1 = pd$$
①

得
$$a_j = j \cdot n! + 1 = qd \quad ②$$
$$(i-j)n! = (p-d)d$$
于是
$$d \mid (i-j)n!$$

由 ① 可知,d 不是 $2,3,\cdots,n$ 的约数,又由于 $|i-j| < n$,于是只有 $d = 1$,即 a_i 与 a_j 互素.

此外,$a_1,a_2,\cdots,a_n$ 中任意 k 个数之和一定能被 k 整除.

因此 $a_i = i \cdot n! + 1, i = 1,2,\cdots,n$ 是满足题设条件的 n 个数.

特别地,$n = 5$ 时,这五个数为
$$121,241,361,481,601$$

5.14 设 K 是这样的自然数的全体,其中每一个数由 0 与 1 两个数字相间而成,首位与末位都是 1,问 K 中有多少个素数?

(第 50 届美国普特南数学竞赛,1989 年)

解 1 不是素数,而 101 是素数.

设 $101010\cdots01$ 中有 3 个或 3 个以上的 1.

这种数总可以表示为
$$1 + 100 + 100^2 + \cdots + 100^n = \frac{100^{n+1} - 1}{100 - 1}, n \geqslant 2$$

由于
$$\frac{100^{n+1} - 1}{100 - 1} = \frac{10^{2n+2} - 1}{10^2 - 1} = \frac{(10^{n+1} + 1)(10^{n+1} - 1)}{(10+1)(10-1)} =$$
$$\frac{(10^{n+1} + 1) \cdot 99\cdots 9}{(10+1) \cdot 9} =$$
$$\frac{(10^{n+1} + 1)}{(10+1)} \cdot 11\cdots 1$$

如果 n 为奇数,那么 $n+1$ 为偶数,这时 $\frac{11\cdots 11}{11}$ 是大于 1 的整数. 从而 $\frac{11\cdots 11}{11}(10^{n+1} + 1)$ 是两个大于 1 的整数的乘积,即 $\frac{100^{n+1} - 1}{100 - 1}$ 是合数.

如果 n 为偶数,那么 $n+1$ 为奇数,这时 $10 + 1$ 能整除 $10^{n+1} + 1$,并且商大于 1.

从而 $\frac{10^{n+1} + 1}{10 + 1} \cdot 11\cdots 11$ 是两个大于 1 的整数的乘积,即 $\frac{100^{n+1} - 1}{100 - 1}$ 是合数.

这就表明,当 $n \geqslant 2$ 时,这种数总是合数.

因此,K 中的素数只有一个,即 101.

第5章 素数与合数

Chapter 5 Prime Number and Composite Number

> **5.15** 设已知对任意正整数 n,恒有素数 p 存在,使得 $n \leqslant p \leqslant 2n$.试证下列命题:例如存在一个大于2的最小偶数 $2m_0$,它不能表示为两个素数之和,则 $4m_0$ 必能表示为三个或四个素数之和.
>
> （中国天津市数学竞赛,1979年）

证法 1 由题设,存在素数 p 满足
$$m_0 \leqslant p \leqslant 2m_0$$
从而
$$2m_0 \leqslant 2p \leqslant 4m_0$$
$$2m_0 \leqslant p + p \leqslant 4m_0 \quad \text{①}$$
由于 $2m_0$ 不能表示为两个素数之和,则
$$2m_0 \neq p + p$$
又若 $4m_0 = p + p$,则
$$p = 2m_0$$
又由 $2m_0 > 2$,则 $m_0 > 1$,所以 $p > 2$,而大于2的素数一定为奇数,所以 $p \neq 2m_0$.

因此,① 式中的等号不成立,即
$$2m_0 < p + p < 4m_0$$
令
$$4m_0 = p + p + n \quad \text{②}$$
于是 n 为正整数,且为偶数.

由 ② 得
$$n = 4m_0 - 2p < 4m_0 - 2m_0 = 2m_0$$

由于 $2m_0$ 是不能表为两个素数之和的最小偶数,则由 $n < 2m_0$ 知,n 或者等于2,或者为两个素数之和,即 $4m_0 = p + p + n$ 可表为三个或四个素数之和.

证法 2 (1) 由题设 $2m_0 > 2$,所以存在素数 p 使得
$$2m_0 - 2 \leqslant p \leqslant 2(2m_0 - 2)$$
若
$$bc + a = a(b + c)$$
则
$$c(b - a) = a(b - 1)$$
因为 $a > \dfrac{n}{2}$,则
$$c(b - a) > \dfrac{n}{2}(b - 1) \geqslant \dfrac{c}{2}(b - 1)$$
从而有
$$2(b - a) > b - 1$$
$$b > 2a - 1 > n - 1$$
因为 $b > n - 1, c > b$,则 $c > n$,与 $c \leqslant n$ 矛盾.

所以 $bc + a$ 与 $a(b + c)$ 不相等.

即这三个数的所有组合所得到的数都不相同.

(2) 设 $a = p \leqslant \sqrt{n} \leqslant \dfrac{n}{2}$（当 $n > 3$ 时）. 由(1), 所有组合中可能相等的只有 $bc + a$ 与 $a(b + c)$, 则
$$bc + p = p(b + c)$$
$$bc = p(b + c - 1) \qquad ①$$

因为 p 是素数, 所以由式 ① 必有 $p \mid b$, 或 $p \mid c$.

若 $p \mid b$, 则 $b = \beta p (\beta > 1)$, 代入 ① 得
$$\beta c = \beta p + c - 1$$
$$(\beta - 1)c = \beta p - 1 = b - 1$$

由此可知, $c \mid b - 1$.

从而 $c < b$, 与假设的 $c > b$ 矛盾.

所以只有 $p \mid c$, 则 $c = \gamma p (\gamma > 1)$, 代入 ① 得
$$\gamma b = b + \gamma p - 1$$
$$(\gamma - 1)b = \gamma p - 1 = (\gamma - 1) + \gamma(p - 1)$$

于是
$$b = 1 + \dfrac{\gamma(p - 1)}{\gamma - 1} \qquad ②$$

因为 $\qquad (r, r - 1) = 1$

所以 $\qquad \gamma - 1 \mid p - 1$

且 $\qquad b = 1 + \dfrac{\gamma(p - 1)}{\gamma - 1} = 1 + \dfrac{c - \gamma}{\gamma - 1} = \dfrac{c - 1}{\gamma - 1} < c$

$\qquad b = 1 + \dfrac{\gamma(p - 1)}{\gamma - 1} = p + \dfrac{p - 1}{\gamma - 1} > p$

因为 $4 = 2 + 2$, 可表为两个素数之和, 所以必须有 $2m_0 > 4$, 即 $2m_0 - 2 > 2$, 所以 $p > 2$, 而大于 2 的素数必为奇数, 所以 p 为奇数. 由于
$$2m_0 - 2 \leqslant p \leqslant 4m_0 - 4$$

则 $\qquad 2m_0 < 2m_0 + 1 \leqslant p + 3 \leqslant 4m_0 - 1 < 4m_0$

故 $\qquad 0 < 4m_0 - (p + 3) < 4m_0 - 2m_0 = 2m_0$

令 $q = 4m_0 - (p + 3)$, 则 q 是偶数, 于是
$$2 \leqslant q < 2m_0$$

因此 q 或者是 2, 或者是两个素数之和, 即 $4m_0 = p + 3 + q$ 可以写成三个或四个素数之和.

> **5.16** 设整数 $k, k \geqslant 14$, p_k 是小于 k 的最大质数. 若 $p_k \geqslant \dfrac{3k}{4}$, n 是一个合数, 证明:
> (1) 若 $n = 2p_k$, 则 n 不能整除 $(n-k)!$.
> (2) 若 $n > 2p_k$, 则 n 能整除 $(n-k)!$.

证明 (1) $n = 2p_k$.

因为 $k > p_k$, 则
$$p_k > 2p_k - k = n - k$$
所以 $\quad p_k \nmid (n-k)!$
故 $\quad n \nmid (n-k)!$

(2) $n > 2p_k$.

因为 n 是合数, 故设 $n = ab\,(2 \leqslant a \leqslant b)$.

若 $a \geqslant 3$, 则

ⅰ $a \neq b$, 则
$$n > 2p_k \geqslant \frac{3k}{2},\ b \leqslant \frac{n}{3}$$
从而 $\quad k < \dfrac{2n}{3}$
故 $\quad n - k > \dfrac{n}{3} \geqslant b > a$
所以 $\quad n \mid (n-k)!$

ⅱ $a = b$, 则
$$n = a^2,\ n - k > \frac{n}{3} = \frac{a^2}{3}$$
因为 $k \geqslant 14$, 则
$$p_k \geqslant 13,\ n \geqslant 26,\ a \geqslant 6$$
从而 $\quad \dfrac{a^2}{3} \geqslant 2a$
故 $\quad n - k > 2a$
所以 $\quad n \mid (n-k)!$

若 $a = 2$, 因为 $n \geqslant 26$, 假设 b 不为质数, 则 $b = b_1 b_2\,(b_1 \leqslant b_2)$.

因为 $b \geqslant 13$, 则 $b_2 \geqslant 4$.

于是, $ab_1 \geqslant 4$ 归入 $a \geqslant 3$ 的情况.

不妨设 b 为质数, 则 $b = \dfrac{n}{2} > p_k$.

因为 p_k 是小于 k 的最大质数, 则 $b > k$. 从而
$$n - k = 2b - k > b$$
所以 $\quad n \mid (n-k)!$

综上所述, 当 $n > 2p_k$ 时, $n \mid (n-k)!$

> **5.17** 已知 $n \geq 2$,且对 $0 \leq k \leq \sqrt{\dfrac{k}{3}}$,$k^2 + k + n$ 是素数,求证:对 $0 \leq k \leq n - 2$,$k^2 + k + n$ 也是素数.
>
> (第 28 届国际数学奥林匹克,1987 年)

证法 1 假设对所有的 $k, 0 \leq k \leq n - 2$,$k^2 + k + n$ 不都是素数,即存在一些 $k, 0 \leq k \leq n - 2$,使得 $k^2 + k + n$ 是合数.

设 k_0 是使得 $k^2 + k + n$ 是合数的最小的 k,则 $k_0 \leq n - 2$,$k_0^2 + k_0 + n$ 是合数.

再设 q 是 $k_0^2 + k_0 + n$ 的最小素因子,则
$$q^2 \leq k_0^2 + k_0 + n$$

我们首先证明 $q > 2k_0$.

若 $q \leq 2k_0$,考虑差
$$(k_0^2 + k_0 + n) - (k^2 + k + n) = (k_0 - k)(k_0 + k + 1)$$

取 $k = 0, 1, 2, \cdots, k_0 - 1$,则由 k_0 的规定,$k^2 + k + n$ 为素数. 此时,$k_0 - k = 1, 2, \cdots, k_0$,$k_0 + k + 1 = k_0 + 1, k_0 + 2, \cdots, 2k_0$.

于是 $k_0 - k$ 与 $k_0 + k + 1$ 遍取 $1, 2, \cdots, 2k_0$ 诸数,由于 $q \leq 2k_0$,则存在一个 k,使得
$$q \mid (k_0 - k)(k_0 + k + 1) \qquad ①$$

又因为 $q \mid k_0^2 + k_0 + n$,则
$$q \mid k^2 + k + n$$

鉴于 $k^2 + k + n$ 是素数,则有
$$q = k^2 + k + n$$

由于 $k_0 - k \leq k_0 \leq n - 2 < n + k + k^2 = q$
$k_0 + k + 1 \leq (n - 2) + k + 1 = n + k - 1 < n + k + k^2 = q$

所以
$$q \nmid (k_0 - k)(k_0 + k + 1) \qquad ②$$

① 与 ② 矛盾.

因此,$q > 2k_0$,即 $q \geq 2k_0 + 1$,由于
$$k_0^2 + k_0 + n \geq q^2 \geq (2k_0 + 1)^2 = 4k_0^2 + 4k_0 + 1$$

即
$$3k_0^2 \leq n - 1 - 3k_0 \leq n - 1 < n$$
$$k_0 < \sqrt{\dfrac{n}{3}}$$

由已知条件,当 $k_0 < \sqrt{\dfrac{n}{3}}$ 时,$k_0^2 + k_0 + n$ 是素数,与 $k_0^2 + k_0 + n$ 为合数矛盾.

因此,这样的 k_0 不存在,即对 $k = 0,1,2,\cdots,n-2$, $k^2 + k + n$ 都是素数.

证法2 假设存在一些 $k, 0 \leq k \leq n-2$,使得 $k^2 + k + n$ 不是素数,由 $n \geq 2$,则 $k^2 + k + n$ 为合数.

设 k_0 是使得 $k^2 + k + n$ 为合数的最小的 k,即 $k_0^2 + k_0 + n$ 为其中的最小的合数.

又设 q 是 $k_0^2 + k_0 + n$ 的最小素因子.

(1) 若 $q \leq k_0$,则可设 $k_0 = q + b(b \geq 0)$,于是
$$k_0^2 + k_0 + n = (q+b)^2 + (q+b) + n = $$
$$q(q + 2b + 1) + (b^2 + b + n)$$
由于 $b < k_0$,则
$$b^2 + b + n < k_0^2 + k_0 + n$$
由 k_0 的假设,$b^2 + b + n$ 是素数.又由于
$$q \mid k_0^2 + k_0 + n, q \mid q(q + 2b + 1)$$
则 $\qquad q \mid b^2 + b + n$
所以必有 $\qquad q = b^2 + b + n$
此时有 $\qquad q = b^2 + b + n > n - 2$
而 $q \leq k_0 < n - 2$,出现矛盾.

(2) 若 $q > k_0$,则可设 $q = k_0 + b$,于是
$$k_0^2 + k_0 + n = (q-b)^2 + (q-b) + n = $$
$$q(q - 2b + 1) + (b-1)^2 + (b-1) + n$$
当 $b - 1 < k_0$ 时,由
$$b - c < k_0 \leq n - 2$$
可知 $(b-1)^2 + (b-1) + n$ 是素数.所以有
$$(b-1)^2 + (b-1) + n = q$$
于是 $\qquad q^2 \leq k_0^2 + k_0 + n = q(q - 2b + 1) + q = $
$$q^2 - 2bq + 2q$$
从而 $\qquad b \leq 1$
于是只能有 $b = 1$,即 $q = n$ 是素数.又由
$$q = k_0 + b = k_0 + 1 = n$$
而 $\qquad k_0 + 1 \leq n - 2 + 1 = n - 1$
于是 $\qquad n \leq n - 1$
导致矛盾.

因此只能有 $b - 1 \geq k_0$,即
$$b \geq k_0 + 1$$
$$q = k_0 + b \geq 2k_0 + 1$$

于是
$$(2k_0 + 1)^2 \leq q^2 \leq k_0^2 + k_0 + n$$
$$4k_0^2 + 4k_0 + 1 \leq k_0^2 + k_0 + n$$
$$n \geq 3k_0^2 + 3k_0 + 1 > 3k_0^2$$
$$k_0 < \sqrt{\frac{n}{3}}$$

然而由已知,当 $k_0 < \sqrt{\frac{n}{3}}$ 时,$k_0^2 + k_0 + n$ 是素数,与 $k_0^2 + k_0 + n$ 是合数矛盾.

由以上,当 $0 \leq k_0 \leq n - 2$ 时,$k_0^2 + k_0 + n$ 都是素数,从而命题得证.

阅读材料

最小素因子的比赛

对于每个非零整数 m,以 $P_0[m]$ 表示 m 的最小素因子. 如果 $f(X) = aX^2 + bX + c$ 是整系数多项式,$a \geq 1, c \neq 0$,令
$$P_0[f(X)] = \min\{P_0[f(k)] \mid k = 0,1,2,\cdots\}$$
又对 $N \geq 1$,令
$$q_N = \min\{P_0[f(k)] \mid k = 0,1,2,\cdots,N\}$$
由于 $q_1 \geq q_2 \geq \cdots$ 可知存在 N 使得 $q_N < N$. 这时 $P_0[f(X)] = q_N$,这给出计算 $P_0[f(X)]$ 的容易方式.

关于 $P_0[f(X)] = q_N$ 的证明:如果 p 为素数,$p < q_N$,并且对某个 $M > N$ 使得 $p \mid f(M)$,则
$$M = dp + r, 0 \leq r < p \leq q_N < N$$
由 $f(M) \equiv f(r) \pmod{p}$ 可知 $p \mid f(r)$. 于是 $p \geq q_N$,这导致矛盾.

现在令 $f_A(X) = X^2 + X + A (A \geq 1)$. 已知证明了:对每个素数 q,均存在 $A < q$,使得 $P_0[f_A(X)] = q$. 比赛是求 $P_0[f_A(X)]$ 的最大值. 我们有 $P_0[f_{41}(X)] = 41$.

记录

若假定 A 为素数,并且求对给定 q,求满足 $P_0[f_A(X)] = q$ 的最小素数 A,则有
$$P_0[X^2 + X + 33\ 239\ 521\ 957\ 671\ 707] = 257$$
这是 P. Carmody 于 2001 年发现的. 在这之前,L. Rodriguez Torres 分别于 1996 和 1995 年给出记录
$$P_0[X^2 + X + 67\ 374\ 467] = 107$$
$$P_0[X^2 + X + 32\ 188\ 691] = 71$$

若 A 为素数但不必要求是最小,则 M.J.Jacobson 和 H.C.Williams 在 2002 年用一种特殊的电子筛法(见他们 2003 年文章)得到目前最大的 $P_0[f_A(X)]$:

对于 57 位的

$$A = 605\,069\,291\,083\,802\,407\,422\,281\,785\,816\,166$$
$$476\,624\,287\,786\,946\,587\,507\,887$$

他们发现 $P_0[f_A(X)] = 373$.

若不要求 A 为素数,他们对于 68 位的
$$A = 47\,392\,132\,545\,934\,368\,303\,439\,248\,393\,872\,932\,657$$
$$758\,235\,983\,472\,584\,357\,825\,592\,740\,917$$

(它是 6 个素数的乘积) 给出 $P_0[f_A(X)] = 401$. 而在这之前的记录是 Patterson 和 Williams(1995) 通过长时间计算给出的
$$P_0[X^2 + X + 2\,457\,080\,965\,043\,150\,051] = 281$$

5.18 证明:存在无穷多个这样的自然数,它们不论对怎样的素数 p 以及怎样的自然数 n 和 k,都不能表示成 $p + n^{2k}$ 的形式.

(第 23 届莫斯科数学奥林匹克,1960 年)

证明 我们证明:在完全平方数的集合中,就有无穷多个符合题目条件的自然数.

事实上,如果
$$m^2 = p + n^{2k}$$
则
$$p = (m - n^k)(m + n^k)$$

由于 p 是素数,则必有
$$\begin{cases} m - n^k = 1 \\ m + n^k = p \end{cases}$$
于是
$$p = 2n^k + 1, m = n^k + 1$$

显然有无穷多对 (n, k),使 p 不是素数,这时,$m^2 = (n^k + 1)^2$ 就不能表示成 $p + n^{2k}$ 的形式.

5.19 记 $\{p_j \mid j \in \mathbf{N}\}$ 是所有质数从小到大的排列. 令 $a_n = p_1 + p_2 + p_3 + \cdots + p_n (n \in \mathbf{N})$. 求证:对任意正整数 n,闭区间 $[a_n, a_{n+1}]$ 内至少有一个完全平方数.

证明 $a_1 = 2, a_2 = 2 + 3 = 5, a_3 = 2 + 3 + 5 = 10, a_4 = a_3 + 7 = 17, a_5 = a_4 + 11 = 28$.

显然 $[2,5], [5,10], [10,17], [17,28]$ 中都包含有一个完全平方数. 下面考虑 $n \geqslant 5$ 的情况.

我们来分析一下本题. $a_n \leqslant m^2 \leqslant a_{n+1} (m \in \mathbf{N})$ 等价于
$$\sqrt{a_n} \leqslant m \leqslant \sqrt{a_{n+1}}$$
如果能证明闭区间 $[\sqrt{a_n}, \sqrt{a_{n+1}}]$ 长度大于等于 1,即能证明

$$\sqrt{a_{n+1}} - \sqrt{a_n} \geq 1 \qquad ①$$

则问题就解决了.

不等式 ① 等价于
$$a_{n+1} \geq (\sqrt{a_n} + 1)^2 = a_n + 2\sqrt{a_n} + 1$$

由于 $p_{n+1} = a_{n+1} - a_n, a_n = p_1 + p_2 + \cdots + p_n$

因此，我们只要证明
$$p_{n+1} \geq 2\sqrt{p_1 + p_2 + \cdots + p_n} + 1$$

就够了.

下面我们证明,当正整数 $n \geq 5$ 时
$$(p_{n+1} - 1)^2 \geq 4(p_1 + p_2 + \cdots + p_n) \qquad ②$$

令
$$q_n = (p_n - 1)^2 - 4(p_1 + p_2 + \cdots + p_{n-1}) \qquad ③$$

这里正整数 $n \geq 5$.
$$\begin{aligned} q_{n+1} - q_n &= [(p_{n+1} - 1)^2 - 4(p_1 + p_2 + \cdots + p_n)] - \\ & \quad [(p_n - 1)^2 - 4(p_1 + p_2 + \cdots + p_{n-1})] = \\ & (p_{n+1} - 1)^2 - (p_n - 1)^2 - 4p_n = \\ & (p_{n+1} - p_n)(p_{n+1} + p_n - 2) - 4p_n \end{aligned}$$

由于正整数 $n \geq 5, p_n, p_{n+1}$ 全是奇质数,则
$$p_{n+1} \geq p_n + 2$$

于是
$$\begin{aligned} q_{n+1} - q_n &\geq 2(p_{n+1} + p_n - 2) - 4p_n = \\ & 2(p_{n+1} - p_n - 2) \geq 0 \end{aligned}$$

这表明 $\{q_n \mid n \geq 5\}$ 是单调递增数列(这里递增意思是讲)
$$q_5 \leq q_6 \leq q_7 \leq \cdots \leq q_n \leq q_{n+1} \leq \cdots$$

那么,当 $n \geq 5$ 时,有
$$q_n \geq q_5$$

而
$$\begin{aligned} q_5 &= (p_5 - 1)^2 - 4(p_1 + p_2 + p_3 + p_4) = \\ & (11 - 1)^2 - 4(2 + 3 + 5 + 7) = \\ & 100 - 68 = 32 > 0 \end{aligned}$$

那么,当 $n \geq 5$ 时, $q_n > 0$. 从 ② 和 ③,可以知道本题结论成立.

5.20 试求所有的自然数 n,使得由 $n - 1$ 个数码 1 和 1 个数码 7 构成的每一个十进制表示的自然数都是素数.

(第 31 届国际数学奥林匹克预选题,1990 年)

解 由 $n - 1$ 个 1 和 1 个 7 组成的自然数 N 可表示为
$$N = A_n + 6 \cdot 10^k$$

其中，A_n 是由 n 个 1 组成的自然数，$0 \leq k < n$.

当 $3 \mid n$ 时，A_n 的各数码之和可被 3 整除，所以 $3 \mid A_n$，从而 $3 \mid N$.

又因为 $N > 3$，所以 N 不是素数.

现考虑 $3 \nmid n$ 的情况.

由费马小定理得
$$(10^6)^t \equiv 1 \pmod{7}$$
$$10^{6t} \equiv 1 \pmod{7}$$

于是 $A_{6t+s} \equiv A_{6t} + A_s \cdot 10^{6t} \equiv A_{6t} + A_s \pmod{7}$

注意到 $10^0 \equiv 1 \pmod{7}, 10^1 \equiv 3 \pmod{7}$
$10^2 \equiv 2 \pmod{7}, 10^3 \equiv 6 \pmod{7}$
$10^4 \equiv 4 \pmod{7}, 10^5 \equiv 5 \pmod{7}$

又因为 $A_1 \equiv 1 \pmod{7}, A_2 \equiv 4 \pmod{7}$
$A_3 \equiv 6 \pmod{7}, A_4 \equiv 5 \pmod{7}$
$A_5 \equiv 2 \pmod{7}, A_6 \equiv 0 \pmod{7}$

所以，当且仅当 $6 \mid n$ 时
$$A_n \equiv 0 \pmod{7}$$

于是，$6 \nmid n$ 时
$$A_n \equiv r \not\equiv 0 \pmod{7}$$

因此，当 $6 \nmid n$ 时，必存在一个 $k, 0 < k \leq 5$，使得
$$6 \cdot 10^k \equiv 7 - r \pmod{7}$$

从而，当 $6 \nmid n$，且 $n > 6$ 时有
$$N = A_n + 6 \cdot 10^k \equiv r + (7 - r) \equiv 0 \pmod{7}$$

此时，N 不是素数.

最后考虑 $n = 1, 2, 4, 5$ 时的情形.

$n = 1$ 时，$N = 7$ 是素数；

$n = 2$ 时，$N = 17, 71$ 是素数；

$n = 4$ 时，有 $1\,711 = 29 \cdot 59$ 不是素数；

$n = 5$ 时，有 $11\,711 = 11\,111 + 6 \cdot 10^2 \equiv 0 \pmod{7}$，即 $11\,711 = 7 \cdot 1\,673$ 不是素数.

所以满足本题要求的只有 $n = 1, 2$.

阅读材料

全 1 素数

十进制表成全 1 的数 $1, 11, 111, 1\,111, \cdots$ 有奇妙的性质，它们叫作全 1 数. 它们何时为素数？

我们用 R_n 表示连续 n 个 1 的数
$$111\cdots 1 = \frac{10^n - 1}{9}$$

若 R_n 为素数,则 n 必为素数,因为当 $n,m > 1$ 时

$$\frac{10^{nm} - 1}{9} = \frac{10^{nm} - 1}{10^m - 1} \cdot \frac{10^m - 1}{9}$$

而两个因子均大于 1.

记录

目前已知的全 1 素数只有 $R2, R19, R23$,以及计算机时代的 $R317$(Williams 于 1978 年发现)和 $R1\,031$(Williams 和 Dubner 于 1986 年发现). 另一方面, Dubner 于 1992 年验证了 $p < 20\,000$ 不再有其他全 1 素数 Rp. 计算工作由 J. Young, T. Granlund 和 H. Dubner 继续到 $p < 60\,000$. Dubner 于 1999 年 9 月发现 $R49\,081$ 可能是素数(发表于 2002 年),而 L. Baxter 等人于 2000 年 10 月发现 $R86\,453$ 可能是素数. 但是目前还没有希望判定这么大数的素数.

现在已经对所有 $p \leqslant 211$ 得到了全 1 数 Rp 的素因子分解式.

问题:是否有无穷多个全 1 素数?

关于全 1 数的进一步结果可见 Yates(1982) 的书.

不难看出:大于 1 的全 1 数不是完全平方数. 进一步可证它们也不是立方数. 它们也不是 5 次方. 当 k 不为 $2, 3$ 或 5 的倍数时, 现在不知是否有 k 次方的全 1 数.

1979 年, Williams 和 Seah 研究形如 $(a^n - 1)/(a - 1)$ 的数, 其中 $a \neq 10, 2$ ($a = 2$ 为 $2^n - 1$, 而 $a = 10$ 即为全 1 数). 这些数现在叫作 a 进制的全 1 数. 和通常全 1 数一样, 只有 n 为素数时它们才可能为素数. 这类数很大时, 判别它们是否为素数通常也是困难的.

在表 1 中, 括号内的数表示 n 已经计算的上界. Dubner 于 1993 年发表了如下范围的结果:对于 $a = 3, 5, 6, n \leqslant 12\,000$;对于 $a = 7, n \leqslant 10\,700$;对于 $a = 11, n \leqslant 11\,000$;对于 $a = 12, n \leqslant 10400$. 他的更大的表中包含所有 $a \leqslant 99$ 的情形. 目前最大的表是由 A. Steward 给出的.

表 1 形如 $(a^n - 1)/(a - 1)$ 的素数

a	n
3	3 7 13 71 103 541 1 091 1 357 1 627 4 177^{DB} 9 011* 9 551* 36 913* [42 700]
5	3 7 11 13 47 127 149 181 619 929 3 407* 10 949* 13 241* 13 873* 16 519* [31 400]
6	2 3 7 29 71 127 271 509 1 049 6 389* 9 223^S 10 613* 19 889* [29 800]
7	5 13 131 149 1 699^{DB} 14 221* [28 200]

续表 1

a	n
11	17 19 73 139 907 1 907* 2 029* 4 801^B 5 153* 10 867* 20 161* [24 000]
12	2 3 5 19 97 109 317 353 701 9 739* 14 951* [26 300]

表 1 中带有星号的可能为素数. 在表中已确定为素数的, 其最大者标以 DB, 表示由 H. Dubner 和 R. P. Brent(1996) 证明, 标以 B 的表示由 D. Broadhurst(2000) 证明, 标以 S 的表示由 A. Steward(2001) 证明.

5.21 设 p_n 是第 n 个素数 ($p_1 = 2, p_2 = 3, \cdots$). 证明: $p_n \leqslant 2^{2^{n-1}}$.

(基辅数学奥林匹克, 1981 年)

证明 首先证明
$$p_{k+1} \leqslant 1 + p_1 p_2 \cdots p_k$$
首先素数 $p_1, p_2, \cdots, p_k$ 不可能整除
$$q = 1 + p_1 p_2 \cdots p_k$$
事实上, 若 $p_i \mid q$, 则 $p_i \mid 1$, 这是不可能的.

于是 q 或者是素数, 但它不同于 $p_1, p_2, \cdots, p_k$, 于是 $p_{k+1} \leqslant q$, 或者 q 是合数, 则 q 必有一个不同于 $p_1, p_2, \cdots, p_k$ 的素约数, 于是又有 $p_{k+1} \leqslant q$.

下面用数学归纳法证明本题.

(1) 当 $n = 1$ 时
$$p_1 = 2 \leqslant 2^{2^{1-1}}$$
是显然的.

所以 $n = 1$ 时, 不等式成立.

(2) 假设对 $n \leqslant k$, 不等式成立, 则 $n = k+1$ 时, 有
$$p_{k+1} \leqslant 1 + p_1 p_2 \cdots p_k \leqslant 1 + \prod_{i=1}^{k} 2^{2^{i-1}} = 1 + 2^{\sum_{j=1}^{k} 2^{j-1}} = 1 + 2^{2^k - 1} < 2^{2^k}$$

于是 $n = k+1$ 时, 不等式成立.

由(1),(2), 对所有自然数 n, 总有
$$p_n \leqslant 2^{2^{n-1}}$$

5.22 p 是大于等于 5 的一个质数,求证:至少存在两个不同质数 q_1, q_2,满足 $1 < q_i < p-1$ 和 $q_i^{p-1} - 1$ 不是 p^2 的倍数 ($i = 1, 2$).

证明 当 $p = 5$ 时,令 $q_1 = 2, q_2 = 3$. $2, 3$ 当然大于 1,小于 4,显然,$2^4 - 1 = 15, 3^4 - 1 = 80$ 都不是 25 的倍数.

现在考虑质数 $p \geq 7$ 的情况.

$n \in \mathbf{N}$,如果 $(n, p) = 1$ 和 $n^{p-1} - 1$ 是 p^2 的倍数,称 n 是一个正常正整数;如果 $(n, p) = 1$ 和 $n^{p-1} - 1$ 不是 p^2 的倍数,称 n 为一个非正常正整数.

如果 n_1, n_2 都是正常正整数,从 $(n_1, p) = 1$ 和 $(n_2, p) = 1$,有
$$(n_1 n_2, p) = 1, n_1^{p-1} - 1 = p^2 k_1, n_2^{p-1} - 1 = p^2 k_2$$
这里 k_1, k_2 都是正整数.由于
$$(n_1 n_2)^{p-1} - 1 = (p^2 k_1 + 1)(p^2 k_2 + 1) - 1 = p^2(p^2 k_1 k_2 + k_1 + k_2) \quad ①$$
则 $n_1 n_2$ 也是正常正整数.有限个正常正整数乘积还是正常正整数.那么,如果正整数 $n > 1, n$ 又是一个非正常正整数,则 n 至少有一个质因子,这个质因子是非正常正整数.

如果 n 是正常正整数.$n^{p-1} = 1 + p^2 k^*$,这里 k^* 是一个正整数.k 是另一个正整数,且与 p 互质,我们来证明 $|kp - n|$ 是一个非正常的正整数.由于 n, p 互质,则 $|kp - n|$ 与 p 互质.利用 p 是奇数,我们有
$$(kp - n)^{p-1} \equiv n^{p-1} - (p-1)kpn^{p-2} \pmod{p^2} \equiv 1 + kpn^{p-2} \pmod{p^2} \quad ②$$

由于 p 是质数,且 k, p 互质,n, p 互质,则 p 不是 kn^{p-2} 的一个因数.因此 p^2 不是 kpn^{p-2} 的因数.那么,$(kp - n)^{p-1} - 1$ 不是 p^2 的倍数,则 $|kp - n|$ 是一个非正常的正整数.

有了以上这些预备知识,我们可以来证明本题了.由于 p 为质数.且 $p \geq 7$,则正整数 $p - 2$ 与 p 互质.

(1) 如果 $p - 2$ 是一个非正常的正整数.那么,存在 $p - 2$ 的一个质因子 q, q 是一个非正常正整数.因为 1 是一个正常的正整数,在前面讨论中取 $n = 1, k = 1$,则可以知道 $p - 1$ 是一个非正常的正整数.那么存在 $p - 1$ 的一个质因数 r, r 是非正常的正整数.$(p - 2, p - 1) = 1$,则 r, q 是不同的,r, q 都小于 $p - 1$ ($p - 1 \geq 6$,且 $p - 1$ 为偶数,则 $p - 1$ 是合数),题目结论成立.

(2) 如果 $p - 2$ 是一个正常的正整数.那么在公式②前后的讨论中,令 $n = p - 2, k = 1$,则 $p - (p - 2) = 2$ 是一个非正常的正

整数.

由于 $p-2$ 是一个正常的正整数,则 $(p-2)^2$ 也是一个正常的正整数.由于
$$(p-2)^2 = p^2 - 4(p-1) \qquad ③$$
及 $p-1$ 是一个偶数.首先 $4(p-1)$ 与 p 互质
$1 \equiv (p-2)^{2(p-1)}(\bmod p^2)$(利用 $(p-2)^2$ 是一个正常的正整数)$\equiv$
$(4(p-1))^{p-1}(\bmod p^2)$(利用 ③)

因此 $4(p-1)$ 是一个正常的正整数.在公式 ② 前后的讨论中,令 $k=3, n=4(p-1)$,则 $|kp-n|=p-4$ 是一个非正常的正整数.由本题开始部分的讨论知道,奇数 $p-4$ 有一个奇质因子 s,s 是一个非正常的正整数,$s < p-1$,2 与 s 是所求的质数.

5.23 试找出最小的(大于 1)的自然数,使它比自己的每个素约数至少大 600 倍?

(列宁格勒数学奥林匹克,1989 年)

解 注意到,当所求的自然数 m 含有大于 3 的素约数时,则有
$$m \geqslant 5 \cdot 600 = 3\,000$$

因此,为求最小的自然数 m,应首先考虑形如 $2^a \cdot 3^b$ 形式的数,由于
$$2 \cdot 600 = 1\,200, 3 \cdot 600 = 1\,800$$
则
$$m \geqslant 1\,800$$

而大于 $1\,800$ 仅含素约数 2 和 3 的最小自然数 $m = 1\,944 = 2^3 \cdot 3^5$,从而 $1\,944$ 即为所求.

5.24 对前 k 个素数 $2, 3, 5, \cdots, p_k (k > 4)$,求出它们的一切可能的乘积,在每一个乘积中,每个素数至多出现一次(例如,$3 \cdot 5, 3 \cdot 5, \cdots, p_k, 11 \cdot 13, 7$ 等),将所有这些乘积的和记作 S,证明:数 $S+1$ 可以分解为 $2k$ 以上个素因数的乘积.

(第 30 届莫斯科数学奥林匹克,1967 年)

证明 由题设可得
$$S + 1 = (2+1)(3+1)(5+1)(7+1)\cdots(p_k+1)$$

因为 $3, 5, \cdots, p_k$ 是奇数,则 $(3+1), (5+1), (7+1), \cdots, (p_k+1)$ 每一个都至少分解成两个素因数之积.

又因为 $p_k > 4$ 且 $7+1 = 2 \cdot 2 \cdot 2$,则 $S+1$ 至少分解为 $2k$ 以上个素因数的乘积.

> **5.25** 已知 48 个自然数的乘积中恰好有 10 个不同的素因数. 证明:由这 48 个自然数中可以挑出 4 个数来,它们的乘积是一个完全平方数.
>
> (第 49 届莫斯科数学奥林匹克,1986 年)

证明 将这 48 个自然数进行素因数分解. 并将这 48 个自然数中任何两数 a,b 之积都表示成最大可能的平方数和一些素数的一次幂的乘积的形式(例如 $a = 2^{13} \cdot 3^4 \cdot 19^3, b = 5^6 \cdot 7^7 \cdot 19$,则 $ab = (2^6 \cdot 3^2 \cdot 5^3 \cdot 19^2)^2 \cdot 2 \cdot 7$),再用 ab 除以最大可能的平方数,得到的商就是一些素数一次幂的乘积,以这些素数为元素得到一个素数集合(如上述的 ab 得到素数集合 $\{2,7\}$).

这样我们就得到每一数对 (a,b) 与素数集合的一个对应.

由于这 48 个数两两组成的数对 (a,b) 共可能有

$$C_{48}^2 = \frac{48 \cdot 47}{2} = 1\,128$$

对,而这 48 个自然数之乘积恰有 10 个不同的素因数,这 10 个素因数组成的集合共有 $2^{10} = 1\,024$ 个子集.

由于 $1\,128 > 1\,024$,所以必可找到两个不同的数对 (a,b) 和 (c,d),它们对应着同一个素数集 $(p_1, p_2, \cdots, p_k)(0 \leq k \leq 10)$,即

$$ab = m^2 p_1 p_2 \cdots p_k$$
$$cd = n^2 p_1 p_2 \cdots p_k$$

于是 $$abcd = (mnp_1 p_2 \cdots p_k)^2$$

是一个完全平方数.

如果两个数对 (a,b) 和 (c,d) 没有公共元素,则 a,b,c,d 即为所求.

如果两个数对 (a,b) 和 (c,d) 有公共元素,不妨设 $b = d$,则 ac 一定是完全平方数.

从这 48 个自然数中,暂时去掉 a 和 c,还有 46 个元素,对这 46 个自然数做同样的考虑.

由于 46 个数的乘积仍仅有不超过 10 个的不同的素因数,并且 $C_{46}^2 = \frac{46 \cdot 45}{2} = 1\,035 > 1\,024 = 2^{10}$,所以一定可以从中找出两个不同的数对 (x,y) 和 (z,t),使得 $xyzt$ 是完全平方数.

如果数对 (x,y) 和 (z,t) 没有公共元素,则 x,y,z,t 即为所求.

如果数对 (x,y) 和 (z,t) 有公共元素,设为 $x = t$,那么 yz 必为完全平方数. 此时 $acyz$ 也为完全平方数,a,c,y,z 即为所求.

> **5.26** 对于任意一个大于等于 1 的实数 x,在区间 $(x,2x]$ 内必至少有一个质数.

证明 分几步来证明：

(1) 当正整数 $n \geq 5$ 时,有
$$\frac{1}{n}2^{2n-1} < C_{2n}^n < 2^{2n-2} \qquad ①$$

明显地,可以看到
$$2nC_{2n}^n = 2n\frac{(2n)!}{n!n!} = \frac{2}{1}\cdot\frac{3}{1}\cdot\frac{4}{2}\cdot\frac{5}{2}\cdots\frac{2n-2}{n-1}\cdot\frac{2n-1}{n-1}\cdot$$
$$\frac{2n}{n}\cdot\frac{2n}{n} > 2^{2n} \qquad ②$$

对于①的第二个不等式,对 n 用数学归纳法.当 $n=5$ 时
$$C_{10}^5 = 252 < 256 = 2^8 \qquad ③$$

设当 $n = k(k \geq 5)$ 时,有
$$C_{2k}^k < 2^{2k-2} \qquad ④$$

则当 $n = k+1$ 时,有
$$C_{2(k+1)}^{k+1} = \frac{(2(k+1))!}{(k+1)!(k+1)!} = \frac{(2k)!}{k!k!}\cdot\frac{(2k+1)(2k+2)}{(k+1)^2} = C_{2k}^k\frac{2(2k+1)}{(k+1)} < 2^{2k-2}\cdot 2^2 (利用④) = 2^{2(k+1)-2} \qquad ⑤$$

因此不等式①成立.

(2) 设正实数 $b > 10$, y 为一个正实数,用 $[y]$ 表示大于等于 y 的最小整数.记
$$a_1 = \left[\frac{b}{2}\right], a_2 = \left[\frac{b}{2^2}\right], \cdots, a_k = \left[\frac{b}{2^k}\right], \cdots \qquad ⑥$$

那么,由定义,有
$$\frac{b}{2} \leq a_1 < \frac{b}{2} + 1$$
$$\frac{b}{2^2} \leq a_2 < \frac{b}{2^2} + 1$$
$$\cdots\cdots$$
$$\frac{b}{2^k} \leq a_k < \frac{b}{2^k} + 1$$
$$\frac{b}{2^{k+1}} \leq a_{k+1} < \frac{b}{2^{k+1}} + 1$$
$$\cdots\cdots \qquad ⑦$$

由于 $b > 10$,则

$$a_1 > a_2 > \cdots \geqslant a_k \geqslant \cdots \qquad \text{⑧}$$

注意,当下标 k(k 为正整数)较大时,有 $a_k = a_{k+1} = \cdots = 1$. 从 ⑦ 可以知道

$$a_k < \frac{b}{2^k} + 1 = 2 \cdot \frac{b}{2^{k+1}} + 1 \leqslant 2a_{k+1} + 1 \qquad \text{⑨}$$

由于 $a_k, 2a_{k+1} + 1$ 都是正整数,从上式,有

$$a_k \leqslant 2a_{k+1} \qquad \text{⑩}$$

⑩ 对于任意正整数 k 成立.

令 m 为使得 $a_m \geqslant 5$ 的最大正整数,即 $a_{m+1} < 5$. 从 ⑩,有 $a_m \leqslant 2a_{m+1} < 10$. 因 $2a_1 \geqslant b$,所以 m 个区间 $(a_m, 2a_m], (a_{m-1}, 2a_{m-1}], \cdots, (a_2, 2a_2], (a_1, 2a_1]$ 之并整个地覆盖了区间 $(10, b]$, 用 $\prod\limits_{x < p \leqslant y} p$ 表示区间 $(x, y]$ 内所有质数的乘积. 如果 $(x, y]$ 内无质数,规定 $\prod\limits_{x < p \leqslant y} p = 1$. 那么,我们有

$$\prod_{10 < p \leqslant b} p \leqslant \prod_{a_1 < p \leqslant 2a_1} p \prod_{a_2 < p \leqslant 2a_2} p \cdots \prod_{a_m < p \leqslant 2a_m} p \qquad \text{⑪}$$

对于任意正整数 n,由于在 n 与 $2n$ 之间的质数能整除 $(2n)!$,但不能整除 $n!$,另外,C_{2n}^n 是一个整数. 因此,对于 $(n, 2n]$ 内的任一质数 p,p 能整除 C_{2n}^n,那么,我们有

$$\prod_{n < p \leqslant 2n} p < C_{2n}^n < 2^{n-2}(\text{利用 ①}) \qquad \text{⑫}$$

利用 ⑪ 和 ⑫,有

$$\prod_{10 < p \leqslant b} p \leqslant 2^{2(a_1-1)} 2^{2(a_2-1)} \cdots 2^{2(a_m-1)} <$$
$$2^{2(\frac{b}{2} + \frac{b}{2^2} + \cdots + \frac{b}{2^m})}(\text{利用 ⑦}) < 2^{2b} \qquad \text{⑬}$$

如果在区间 $(\sqrt{2n}, 2n]$ 内存在质数 p(如果不止一个,则任取一个),由于

$$\sqrt{2n} < p \leqslant 2n < p^2 \qquad \text{⑭}$$

利用 $C_{2n}^n = \frac{(2n)!}{n! n!}$,$C_{2n}^n$ 的质因子分解式中 p 的幂次为 $\left[\frac{2n}{p}\right] - 2\left[\frac{n}{p}\right]$,由于 $\frac{n}{p} = \left[\frac{n}{p}\right] + \left\{\frac{n}{p}\right\}$,这里 $0 \leqslant \left\{\frac{n}{p}\right\} < 1$,则

$$\frac{2n}{p} = 2\left[\frac{n}{p}\right] + 2\left\{\frac{n}{p}\right\} \qquad \text{⑮}$$

从 ⑮,有

$$2\left[\frac{n}{p}\right] \leqslant \left[\frac{2n}{p}\right] \leqslant 2\left[\frac{n}{p}\right] + 1 \qquad \text{⑯}$$

于是,可以得到

$$0 \leqslant \left[\frac{2n}{p}\right] - 2\left[\frac{n}{p}\right] \leqslant 1 \qquad \text{⑰}$$

因此，C_{2n}^n 的质因子分解式中，如果含质数 $p \in (\sqrt{2n}, 2n]$，则 p 的幂次是 1 次（如果不含 p，为零次）.

当 $n \geqslant 3$ 时，如果奇质数 $p \in \left(\dfrac{2}{3}n, n\right]$，那么在 $(2n)!$ 的质因子中仅有 p 及 $2p$ 出现，而无其他 p 的倍数（因为 $3p > 2n$）. 而 $(n!)^2$ 中显然有因子 p^2，所以，C_{2n}^n 中不会出现 $\left(\dfrac{2}{3}n, n\right]$ 中任一个质数.

当正整数 $n \geqslant 50$ 时，$\sqrt{2n} \geqslant 10$，对于 $[2, \sqrt{2n}]$ 内任一质数 p，一定有一个正整数 r 存在，使得

$$p^r \leqslant 2n < p^{r+1} \qquad ⑱$$

对 C_{2n}^n 进行质因子分解，利用上述结论，有

$$C_{2n}^n \leqslant \prod_{1 < p \leqslant \sqrt{2n}} p^r \prod_{\sqrt{2n} < p \leqslant \frac{2}{3}n} p \prod_{n < p \leqslant 2n} p \leqslant$$

$$\prod_{1 < p \leqslant \sqrt{2n}} 2n \prod_{\sqrt{2n} < p \leqslant \frac{2}{3}n} p \prod_{n < p \leqslant 2n} p <$$

$$(2n)^{\sqrt{2n}} \prod_{\sqrt{2n} < p \leqslant \frac{2}{3}n} p \prod_{n < p \leqslant 2n} p$$

（利用 $(1, \sqrt{2n}]$ 内质数个数小于 $\sqrt{2n}$ 个）$<$

$$(2n)^{\sqrt{2n}} 2^{2 \cdot \frac{2}{3}n} \prod_{n < p \leqslant 2n} p \text{（利用 ⑬，取 } b = \dfrac{2}{3}n \text{）} \qquad ⑲$$

（3）在本小段，我们证明当正整数 $n \geqslant 4\,000$ 时，$(n, 2n]$ 内必至少有一个质数. 用反证法，如果存在一个正整数 $n \geqslant 4\,000$，$(n, 2n]$ 内无质数. 那么

$$\prod_{n < p \leqslant 2n} p = 1 \qquad ⑳$$

从 ⑲ 和 ⑳，有

$$C_{2n}^n < (2n)^{\sqrt{2n}} 2^{\frac{4}{3}n} \qquad ㉑$$

利用不等式 ①，有

$$\dfrac{1}{n} 2^{2n-1} < (2n)^{\sqrt{2n}} 2^{\frac{4}{3}n} \qquad ㉒$$

从上式，有

$$2^{\frac{2}{3}n} < (2n)^{\sqrt{2n}+1} \qquad ㉓$$

下面证明，当正整数 $n \geqslant 4\,000$ 时，㉓ 是不成立的. 换句话讲，我们有结论：当正整数 $n \geqslant 4\,000$ 时，在 $(n, 2n]$ 内必有一个质数.

对于任意正整数 n，我们有

$$n \leqslant 2^{n-1} \qquad ㉔$$

当 $n = 1, 2$ 时，不等式 ㉔ 取等号，设 $n = k(k \geqslant 2)$ 时，有 $k \leqslant 2^{k-1}$，则当 $n = k+1$ 时，有 $k+1 < 2k \leqslant 2 \cdot 2^{k-1} = 2^k$. 因此 ㉔ 成立. 利用不等式 ㉔，有

$$2n = (\sqrt[6]{2n})^6 < ([\sqrt[6]{2n}] + 1)^6 \leqslant (2^{[\sqrt[6]{2n}]})^6$$

在不等式 ㉔ 中取

$$n = [\sqrt[6]{2n}] + 1) = 2^{6[\sqrt[6]{2n}]} \qquad ㉕$$

从 ㉓ 和 ㉕,我们可以看到

$$2^{2n} < (2n)^{3(\sqrt{2n}+1)} < (2^{6[\sqrt[6]{2n}]})^{3(\sqrt{2n}+1)} \leqslant 2^{\sqrt[6]{2n}(18+18\sqrt{2n})} \qquad ㉖$$

由于 $n \geqslant 4\,000$,则

$$18 + 18\sqrt{2n} < 20\sqrt{2n} \qquad ㉗$$

将 ㉗ 代入 ㉖,我们有

$$2^{2n} < 2^{20(2n)^{\frac{3}{2}}} \qquad ㉘$$

那么,应当有

$$2n < 20(2n)^{\frac{2}{3}} \qquad ㉙$$

从上式,应当成立

$$(2n)^{\frac{1}{3}} < 20 \qquad ㉚$$

由于 $n \geqslant 4\,000, 2n \geqslant 8\,000, (2n)^{\frac{1}{3}} \geqslant 20$,这与 ㉚ 矛盾.

(4) 现在证明当正整数 n 满足 $1 \leqslant n < 4\,000$ 时,在 $(n, 2n]$ 内必(至少)有一个质数 p.

$$2, 3, 5, 7, 13, 23, 43, 83, 163$$
$$317, 631, 1\,259, 2\,503, 4\,001 \qquad ㉛$$

是一串质数.这串质数任意两个相邻质数有下述性质:后面一个质数大于前面一个质数,但小于前面一个质数的 2 倍.由于区间 $(1,2]$ 内有一质数 2.下面考虑区间 $(n, 2n]$,这里 $2 \leqslant n < 4\,000$. 对于这样一个正整数 n,首先在 ㉛ 中取大于 n 的最小质数 p,由于 $n \geqslant 2$,则 $p \geqslant 3$. 记 p^* 为 ㉛ 中奇质数 p 的前一项质数,利用质数表 ㉛ 的性质,有

$$p^* \leqslant n < p < 2p^* \leqslant 2n \qquad ㉜$$

那么在 $(n, 2n]$ 中至少有一个奇质数 p.

到现在为止,我们已证明了,对于任意正整数 n,$(n, 2n]$ 内至少有一个质数.

(5) 对于任意一个大于等于 1 的正实数 x,由前面证明,$([x], 2[x])$ 内必至少有一个质数 p,$[x] < p \leqslant 2[x]$,这里 $[x]$ 为不超过 x 的最大整数. 由于 p 是正整数,则 $p \geqslant [x] + 1$,应而有

$$x < [x] + 1 \leqslant p \leqslant 2[x] \leqslant 2x \qquad ㉝$$

这表明 $(x, 2x]$ 内至少有一个质数 p.

阅读材料

相邻素数之差

有许多问题都与相邻素数的区间有关,记 $d_n = p_{n+1} - p_n$,因

此有 $d_1 = 1$，且所有其他的 d_n 都是偶数，那么 d_n 能有多大？并且 d_n 是多少？Rankin 已证明

$$d_n > \frac{c\ln n \ln \ln n \ln \ln \ln \ln n}{(\ln \ln \ln n)^2}$$

对无穷多个 n 成立. Erdös 为常数 c 可取任意大的证明或找到的反例提供 10 000 美元的奖金. Rankin 的最好结果是 $c = e^\gamma$，其中 γ 为 Euler 常数.

最著名的一个猜想是孪生素数猜想，即 $d_n = 2$ 有无穷多个. 陈景润(1973)证明了：有无限多个素数 p，使 $p+2$ 为不超过 2 个素数之积. Hardy 和 Littlewood 的猜想 B 是，小于 n 且差为偶数 k 的素数对的个数 $p_k(n)$ 为

$$p_k(n) \sim \frac{2cn}{(\ln n)^2} \prod \frac{p-1}{p-2}$$

其中，乘积取遍 k 的所有奇素因子(因此，$k = 2$ 时，乘积取 1)，且 $c = \prod (1 - 1/(p-1)^2)$，$\prod$ 取遍所有奇素数. 因而 $2c \approx 1.320\ 32$. Lehmer 和 Riesel 独立地发现了大孪生素数 $9 \times 2^{211} \pm 1$. 最近，Crandall 和 Penk 又发现了有 64,136,154,203 和 303 位的孪生素数. Williams 找到 $156 \times 5^{202} \pm 1$, Baillie 找到 $297 \times 2^{546} \pm 1$. Atkin 和 Rickert 又找到孪生素数对 $694\ 513\ 810 \times 2^{2\ 304} \pm 1$ 与 $1\ 159\ 142\ 985 \times 2^{2\ 304} \pm 1$. Parady 和 Smith 找到了已知的最大三对新孪生素数 $663\ 777 \times 2^{7\ 650} \pm 1, 571\ 305 \times 2^{7\ 701} \pm 1$ 和 $1\ 706\ 595 \times 2^{11\ 235} \pm 1$.

Bombieri 和 Davenport 已经证明

$$\lim_{n \to \infty} \frac{d_n}{\ln p_n} \leq \frac{2+\sqrt{3}}{8} \approx 0.466\ 50$$

(无疑，真正的答案为零. 当然，如果孪生素数猜想的真实性得到确认则将推导出这一点). Huxley 已证明，$d_n < p_n^{7/12+\varepsilon}$. 并且 Heath-Brown 和 Iwaniec 最近已把上述结果改进为 $d_n < p_n^{11/20+\varepsilon}$. Cramer 用 Riemann 假设证明了，$\sum_{n \leq x} d_n^2 < cx(\ln x)^4$. Erdös 猜测，上述不等式右边应为 $cx(\ln x)^2$. 但是，他同时认为，没有希望证明这一点. Riemann 假设蕴含 $d_n < p_n^{1/2+\varepsilon}$.

Shanks 已给出了一个直观的推断支持下述猜想：如果 $p(g)$ 是跟在 g 或更多个合数形成的区间后的第一个素数，那么 $\ln p(g) \sim \sqrt{g}$. Lehmer 把所有小于 37×10^6 的素数制成一个表，从下页表 1 中知，在素数 20 831 323 和 20 831 533 之间有 209 个合数，即 $g = 209$. Lander 和 Parkin 继续这一工作，找到 $g < 314$. Brent 继续到 $g < 534$. 表 1 中，对应于 $g = 381$ 和 651 项的 p_{n+1} 值是 $p(g)$. Weintraub 已经找到了 1.1×10^{16} 附近的区间值 $g = 653$.

陈景润(1979) 已证明，对于充分大的 x 和任意的 $\alpha \geq 0.477$,

在区间$[x, x+x^\alpha]$内必存在一个数,它至多是两个素数的积,有一个著名的猜想没有解决:在n^2与$(n+1)^2$之间一定存在素数.显然,如证明在$[x, x+x^\alpha]$($\alpha \geqslant 0.5$)内存在素数,则上述猜想被证明.现在只能证明当$\alpha > 0.55$时,对充分大的x,$[x, x+x^\alpha]$中存在素数.

表 1 若干相邻素数间的间隔

g	p_n	p_{n+1}	发现者
209	20 831 323	20 831 533	Lehmer
219	47 326 693	47 326 913	Parkin
221	122 164 747	122 164 969	Lander & Parkin
233	189 695 659	189 695 893	Lander & Parkin
281	436 273 009	436 273 291	Lander & Parkin
291	1 453 168 141	145 318 433	Lander & Parkin
381	10 726 904 659	10 726 905 041	Lander & Parkin
463	42 652 618 343	42 652 618 807	Brent
533	614 487 453 523	614 487 454 057	Brent
601	1 968 188 556 461	1 968 188 557 063	Brent
651	2 614 941 710 599	2 614 941 711 251	Brent

5.27 求所有正整数n,使得$n(n+1)(n+2)(n+3)$恰好只含有 3 个素因子.

解 显然当$n = 2, 3$时,都满足要求.以下我们假设$n \geqslant 4$,假设 4 个连续正整数的乘积只含有 3 个素因子,当然它们肯定有 2,3 这两个素因子.

4 个连续正整数中恰好有 2 个奇数,它们肯定互素,它们当中的偶数与它们两个也都互素.这样这三个数正好含有 2 个奇数素因子和偶素因子 2,而且当中的偶数一定不再有奇素因子,一定是$2^k, k \geqslant 3$形式,两个奇数都是奇素数的幂,且一个是 3 的幂.

(1) 假设另外一个偶数比上面三个数小,即 4 个数为$2^k - 2$, $2^k - 1, 2^k, 2^k + 1$,第 4 个数$2^k - 2 = 2(2^{k-1} - 1)$和另外三个数的公因子最多只能是 2,3,所以它的奇数部分只能是 3 的幂,相应的最大的数$2^k + 1$也是 3 的幂,所以

$$(2^k - 2) + 3 = 2 \times 3^b + 3 = 2^k + 1 = 3^a$$

其中,$a \geqslant 2$.只有$b = 1, a = 2$,对应的$n = 6$,检验得$6 \times 7 \times 8 \times$

9 的确只有 3 个素因子.

(2) 假设另外一个偶数比上面三个数大, 即 4 个数为 $2^k - 1$, $2^k, 2^k + 1, 2^k + 2$, 第 4 个数 $2^k + 2 = 2(2^{k-1} + 1)$ 和另外三个数的公因子最多只能是 2,3, 所以它的奇数部分只能是 3 的幂, 相应的最小的数 $2^k - 1$ 也是 3 的幂, 所以
$$(2^k - 1) + 3 = 3^b + 3 = 2^k + 2 = 2 \times 3^a$$
其中 $a \geq 2, 3^b + 3 = 2 \times 3^a$ 不定方程无解.

综上所述, 只有当 $n = 2,3,6$ 时满足要求.

5.28 正整数 a,b 使得 $p = \dfrac{b}{4}\sqrt{\dfrac{2a-b}{2a+b}}$ 是素数, p 最大是多少?

解 显然 b 是偶数, 设 $b = 2c, a = md, c = nd, (m,n) = 1$, 代入可得
$$p^2 = \left(\dfrac{nd}{2}\right)^2 \left(\dfrac{m-n}{m+n}\right)$$
设 $(m-n, m+n) = g$, 则 g 只能是 1 或者 2, 并且
$$m - n = gk^2, m + n = gh^2, (h,k) = 1$$
因此
$$n = \dfrac{1}{2}g(h^2 - k^2)$$
代入可得
$$4ph = dkg(h^2 - k^2)$$
因此 $h \mid dg$, 设 $dg = he$, 代入可得
$$4p = ek(h^2 - k^2)$$

(1) 若 h,k 都是奇数, 则 $(h^2 - k^2) \equiv 0 \pmod{8} \Rightarrow p = 2$;

(2) 若 h,k 一奇一偶, 则 $h^2 - k^2$ 是一个不小于 3 的奇数, 因此
$$p = (h^2 - k^2) = (h+k)(h-k)$$
因此 $h - k = 1, p = h + k = 2k + 1$, 且 $ek = 4$, 只能有 $k = 1,2,4$, 对应的 $p = 3,5,9$. 而 9 不是素数, $k = 2$ 代回去可以解得 $a = 39, b = 30$, 此时
$$\dfrac{30}{4}\sqrt{\dfrac{2 \times 39 - 30}{2 \times 39 + 30}} = \dfrac{30}{4}\sqrt{\dfrac{48}{108}} = 5$$
所以 p 最大是 5.

5.29 设 p 是一个 $3k + 2$ 形式的素数, 则 $p \mid a^2 + ab + b^2$ 等价于 a,b 都是 p 的倍数.

解 由于

$$a^3 - b^3 = (a-b)(a^2 + ab + b^2)$$

因此 $a^3 \equiv b^3 \pmod{p}$，故

$$a^{3k} \equiv b^{3k} \pmod{p} \quad (*)$$

假设 a,b 都不是 p 的倍数，根据费马定理

$$a^{3k+1} \equiv b^{3k+1} \equiv 1 \pmod{p}$$

由于 a,b 与 p 互素

$$a^{3k+1} \equiv b^{3+1} \equiv ba^{3k} \pmod{p} \Rightarrow a \equiv b \pmod{p}$$

因此 $3a^2 \equiv 0 \pmod{p}$，矛盾.

推论 $a^2 + ab + b^2$ 十进制末尾为 0，则 $a^2 + ab + b^2$ 末两位数字都是 0.

5.30 是否可能有 2 009 个正整数，使得它们可以排成一圈，对于任意相邻两个数，大数除以小数的商都是素数.

解 我们假设 2 009 个正整数按照顺时针排列为 $a_1, a_2, \cdots, a_{2\,009}$，我们补充定义 $a_{2\,010} = a_1$，则

$$\frac{a_1}{a_2} \frac{a_2}{a_3} \cdots \frac{a_{2\,008}}{a_{2\,009}} \frac{a_{2\,009}}{a_{2\,010}} = \frac{a_1}{a_{2\,010}} = 1$$

左边每一项或者是素数，或者是素数的倒数，假设其中有 k 项是素数，则另外 $2\,009 - k$ 项是素数的倒数，只能有 $k = 2\,009 - k$，矛盾.

5.31 证明:存在无穷多个合数 n 使得 $n \mid 3^{n-1} - 2^{n-1}$.

证明 我们将说明对于任意正整数 $m \geq 2$，$n = 3^{2^m} - 2^{2^m}$ 都满足我们的要求. 由平方差公式可知 n 是合数，注意到当 $a \mid b$ 时都有 $(3^a - 2^a) \mid (3^b - 2^b)$，所以我们只要能证明 $2^m \mid n - 1$ 即可，这等价于要证明 $2^m \mid 3^{2^m} - 1$. 而 $3^{2^m} - 1 = (3-1)(3+1)(3^2 + 1)\cdots(3^{2^{m-1}} + 1)$，即 $3^{2^m} - 1$ 可以看做是 $8 = (3-1)(3+1)$ 和 $m - 2$ 个偶数的乘积，因此它是 2^m 的倍数，故结论成立.

5.32 已知 a,b,c 都是大于 3 的质数，且 $2a + 5b = c$.
(1) 求证:存在正整数 $n > 1$，使所有满足题设的三个质数 a,b,c 的和 $a + b + c$ 都能被 n 整除.
(2) 求上一小题中 n 的最大值.

解 (1) 由于 $2a + 5b = c$，$a + b + c = 3a + 6b = 3(a + 2b)$，所以 $a + b + c$ 都是 3 的倍数，故取 $n = 3$ 即可.

(2) $c = 2a + 5b \equiv 2a + 2b \equiv 2(a+b) \pmod{3}$

由于 c 不是 3 的倍数,所以 $a + b \not\equiv 0 \pmod{3}$,又由于 a,b 都不是 3 的倍数,所以

$$(a+b)(a-b) = a^2 - b^2 \equiv 1 - 1 \equiv 0 \pmod{3}$$

因此 $a - b \equiv 0 \pmod{3} \Rightarrow a \equiv b \pmod{3}$

这样 $a + 2b \equiv 3a \equiv 0 \pmod{3}$

故 $9 \mid (a+b+c)$,当 $a = 11, b = 5$ 时,$c = 2 \times 11 + 5 \times 5 = 47$ 为质数,$a+b+c = 63$;当 $a = 23, b = 5$ 时,$c = 2 \times 23 + 5 \times 5 = 71$ 为质数,$a+b+c = 99$;$(63, 99) = 9$,所以 n 最小是 9.

5.33 找出所有大于1的奇正整数 n,使得 n 的任意两个互素的素因子 a, b,都有 $a + b - 1$ 也是 n 的因子.

解 显然所有素数的幂都能满足要求. 我们假设一个符合要求的 n 至少有两个不同的素因子,且 n 的最小素因子为 p,令 $n = p^r s, (p, s) = 1$,有已知条件 $s + p - 1$ 是 n 的因子,对于 s 的任意一个素因子 q 都有

$$s < s + p - 1 < s + q$$

因此 $(s + p - 1, q) = 1$

这样 $s + p - 1$ 也只能是 p 的幂,故

$$s = p^c - p + 1, r \geqslant c \geqslant 2$$

由于 $p^c \mid n, s \mid n$,因此

$$p^c + s - 1 = (2p^c - p) \mid n$$

只能有 $(2p^{c-1} - 1) \mid s$,但是

$$\frac{p-1}{2}(2p^{c-1} - 1) = p^c - p^{c-1} - \frac{p-1}{2} < s =$$

$$p^c - p + 1 < p^c + p^{c-1} - \frac{p+1}{2} =$$

$$\left(\frac{p-1}{2} + 1\right)(2p^{c-1} - 1)$$

与 $(2p^{c-1} - 1) \mid s$ 矛盾,故 n 只能是素数的幂.

5.34 若干个不同的素数(质数)的平均值等于27,请问其中最大的素数最大可以是多少?

解 我们把其中大于 25 的那些质数每个数都减去 27,然后把减得的结果相加得到 A;然后对其中小于 27 的每个质数,我们用 27 去减去它,最后把这些差相加得到 B. 由于所有这些数的平

均值为 27,因此 $A = B$. 由于 A 的每个差都是偶数,所以 A 一定是偶数,这样 B 也一定偶数,所以这些质数中不能有 2. 因此
$$A = B \leqslant (27-3) + (27-5) + (27-7) + (27-11) +$$
$$(27-13) + (27-17) + (27-19) + (27-23) = 118$$
所以最大的数小于等于 $27 + 118 = 145$,由于都是素数,所以最大的数小于等于 139,若最大素数为 139,则 $A = 112, B = 118$ 中最小的差为 4,8,所以无法达到 $B = 112$;若最大素数为 137,则 $A = 110$,只要在 $B = 118$ 中去掉 $(27-19)$ 即可,而 3,5,7,11,13,17,23,137 的平均值为 21,所以 137 最大.

5.35 如果一个合数不能为 2,3,5 整除,我们称它为伪素数,例如最小三个伪素数为 49,77,91. 我们知道小于 1 000 的素数有 168 个,请问小于 1 000 的伪素数有多少?

解 小于 1 000 的 2 的倍数有 499 个,3 的倍数 333 个,5 的倍数 199 个,6 的倍数 166 个,10 的倍数 99 个,15 的倍数 66 个,30 的倍数 33 个. 根据容斥原理,这些数总共有 $499 + 333 + 199 - 166 - 99 - 66 + 33 = 733$,除去他们共剩下 $999 - 733 = 266$ 个数,再去除 2,3,5 外的 165 个素数以及 1,这样剩下的 100 个数是伪素数.

5.36 求所有素数 p,使得 $p^2 + 11$ 正好有 6 个不同的因子.

解 设 p 是大于 3 的素数,则有 $3 \mid p^2 + 11, 4 \mid p^2 + 11$,因此 $12 \mid p^2 + 11$. 而 12 本身已经有了 6 个因子 $\{1,2,3,4,6,12\}$,所以 $p^2 + 11 > 12$ 肯定多于 6 个因子. 因此 $p \leqslant 3$,容易检验 2 不满足要求,只有 3 是符合要求的解.

5.37 有些素数集合,它们把 $1,2,\cdots,9$ 这 9 个数字每个都恰好使用了一次,例如 $\{7,83,421,659\}$,请问这样的集合中和最小是多少?

解 4,6,8 不能出现在个位上,所以这些数的和大于等于 $40 + 60 + 80 + 1 + 2 + 3 + 5 + 7 + 9 = 207$,另一方面 $\{41,67,89,2,3,5\}$ 的和正好是 207.

5.38 证明:存在无穷多个正整数 n,使得 $n^4 + 1$ 的最大素因子大于 $2n$.

证明 **引理** 存在无穷多个素数,是形如 m^4+1 整数的素因子,其中 m 为整数.

引理的证明 假设只有有限多个这样的素数,它们是 p_1, $p_2,\cdots,p_k$,令 q 为 $\left(\prod_{i=1}^{k} p_i\right)^4+1$ 的任意素因子,显然 q 不同于 p_1, $p_2,\cdots,p_k$,矛盾,引理得证.

下面回到原题.

设 P 为引理所指的所有素数. 对于任意素数 $p\in P$,有理数 m 使得 $p\mid m^4+1$,令 $m\equiv r(\bmod\ p)$,$1\leqslant r\leqslant p-1$,则也有 $p\mid r^4+1$,$p\mid (p-r)^4+1$,取 $n=\min(r,p-r)$,则有 $n<\dfrac{p}{2}\Rightarrow p>2n$,且 $p\mid n^4+1$,由于 P 有无穷多个素数,所以结论成立.

> **5.39** 有几个素数(可以相同)它们的乘积正好等于它们和的 10 倍,它们是哪些素数构成的?

解 显然这些素数中肯定有一个 2 和一个 5,设除它们以外的其他素数为 $p_1\leqslant p_2\cdots\leqslant p_n$,根据已知条件

$$p_1+p_2+\cdots+p_n+7=p_1p_2\cdots p_n \quad ①$$

对于任意两个不小于 2 的数 x,y 都有

$$xy-(x+y)=(x-1)(y-1)-1\geqslant 0$$

所以 $xy\geqslant x+y$. 由于所有的素数都不小于 2,所以有

$$p_1p_2\cdots p_{n-1}\geqslant p_1+p_2\cdots p_{n-1}\geqslant\cdots\geqslant p_1+p_2+\cdots+p_{n-1}$$

令 $s=p_1+p_2+\cdots+p_{n-1}$,则有

$$s+p_n+7=p_1+p_2+\cdots+p_n+7=p_1p_2\cdots p_n\geqslant$$
$$sp_n\Rightarrow 8\geqslant(s-1)(p_n-1) \quad ②$$

若 $s=0$,则表示 p_n 以外没有其他素数,这样就有 $p_n+7=p_n$,矛盾,因此 $s\geqslant 2$,根据②,p_n 只能取 2,3,5,7.

(1) 若 $p_n=2$,则其他素数都只能是 2,因此 $2n+7=2^n$,两边奇偶不同;

(2) 若 $p_n=3$,由②得到 $s-1\leqslant 4$,所以 $\{p_1,p_2,\cdots,p_{n-1}\}$ 只能取 $\{2\},\{3\},\{2,2\},\{2,3\}$,容易验证都不满足①;

(3) 若 $p_n=5$,由②得到 $s-1\leqslant 2$,所以 $\{p_1,p_2,\cdots,p_{n-1}\}$ 只能取 $\{2\},\{3\}$,容易检验其中产生一组符合要求的解 $\{2,5,5,3\}$;

(4) 若 $p_n=7$,由②得到 $s-1\leqslant 1$,所以 $\{p_1,p_2,\cdots,p_{n-1}\}$ 只能取 $\{2\}$,不符合①.

综上所述,只有一组解 $\{2,5,5,3\}$.

心得 体会 拓广 疑问

5.40 三个正整数 a, b, c 使得 $a, b, c, a+b-c, a+c-b, b+c-a, a+b+c$ 是 7 个不同的素数, d 是 7 个素数中最大数和最小数的差. 假设 800 是集合 $\{a+b, b+c, c+a\}$ 中的一个元素, 求 d 的最大值.

解 显然, a, b, c 都是奇素数. 不失一般性, 我们设 $a + b = 800$, 由于 $a + b - c$ 是一个素数, 所以 $c < 800$, 由于 $799 = 17 \times 47$, 所以 $c \leq 797$.

所以最大的素数 $a + b + c \leq 800 + 797 = 1597$, 因此 $d \leq 1597 - 3 = 1594$. 而 1594 是可以达到的. 取 $a = 13, b = 787, c = 797$, 另外四个数分别为 $3, 23, 1571, 1597$ 满足要求.

构造过程中, 发现 $c, 800+c, 800-c$ 都是素数, 但是它们除以 3 的余数都不相同, 所以 $c, 800-c$ 中必有一个等于 3. 而 $c = 3$ 时, $803 = 11 \times 73$, 矛盾, 所以只有 $c = 797$, 这样另外两个就是 3, 1597, 我们甚至不需要去担心 797, 1597 是不是素数, 否则题目就出错了). 而且到了这一步就知道 $d = 1597 - 3 = 1594$ 一定是所求答案了.

5.41 n 是一个大于 1 的正整数, 证明: 对于所有正整数 k, $n^{3k+2} + n^{3k+1} + 1$ 都不是素数.

解法 1 设
$$n^{3k+2} + n^{3k+1} + 1 = n^{3k+2} + n^{3k+1} + n^{3k} - (n^{3k} - 1) = n^{3k}(n^2 + n + 1) - (n^{3k} - 1)$$

另一方面 $\qquad (n^2 + n + 1) \mid n^3 - 1$
$$(n^3 - 1) \mid (n^{3k} - 1)$$

所以 $\qquad (n^2 + n + 1) \mid n^{3k+2} + n^{3k+1} + 1$

因此结论成立.

解法 2 设 $\omega = \cos\dfrac{2\pi}{3} + i\sin\dfrac{2\pi}{3}$, 则 ω 和 $\overline{\omega} = \omega^2$ 是 $x^2 + x + 1 = 0$ 的两个不同的根, 且 $\omega^3 = 1$. 由于
$$\omega^{3k+2} + \omega^{3k+1} + 1 = \omega^2 + \omega + 1 = 0$$

所以 ω 和 $\overline{\omega} = \omega^2$ 也是 $x^{3k+2} + x^{3k+1} + 1 = 0$ 的两个根, 所以 $x^2 + x + 1$ 是 $x^{3k+2} + x^{3k+1} + 1$ 的因子, 当然也有
$$(n^2 + n + 1) \mid n^{3k+2} + n^{3k+1} + 1$$

5.42 (1) 如果 $2n-1$ 是一个素数,那么对于任意 n 个不同的正整数 $a_1, a_2, \cdots, a_n$,存在 $i, j \in \{1, 2, \cdots, n\}$ 使得 $\dfrac{a_i + a_j}{(a_i, a_j)} \geq 2n - 1$ 成立.

(2) 如果 $2n-1$ 是一个合数,那么存在 n 个不同的正整数 $a_1, a_2, \cdots, a_n$,使得对于任意 $i, j \in \{1, 2, \cdots, n\}$,都有 $\dfrac{a_i + a_j}{(a_i, a_j)} < 2n - 1$ 成立.

证明 (1) 设 $p = 2n - 1$ 为素数,令 $a_i = p^{b_i} c_i$,其中 b_i 是非负整数,$(c_i, p) = 1$. 假设其中有 $b_i \neq b_j$,不妨设 $b_i > b_j$,则
$$\frac{a_i + a_j}{(a_i, a_j)} = \frac{p^{b_i - b_j} c_i + c_j}{(c_i, c_j)} \geq p^{b_i - b_j} \frac{c_i}{(c_i, c_j)} \geq p = 2n - 1$$
以下我们假设所有的 b_i 都相等,这样 c_i 两两不同,并且
$$\frac{a_i + a_j}{(a_i, a_j)} = \frac{c_i + c_j}{(c_i, c_j)}$$

ⅰ 如果 n 个 c_i 除以 p 的余数都不相同. n 个 c_i 和 n 个 $(-c_i)$ 总共 $2n$ 个数除以 $p = 2n - 1$ 的余数至少有两个相同,所以存在不同的 c_i, c_j 使得 $c_i + c_j \equiv 0 \pmod{p}$,此时 $\dfrac{a_i + a_j}{(a_i, a_j)} = \dfrac{c_i + c_j}{(c_i, c_j)}$ 是正整数,且是 p 的倍数,因此
$$\frac{a_i + a_j}{(a_i, a_j)} \geq 2n - 1$$

ⅱ 如果有两个不同的 c_i, c_j 使得 $c_i \equiv c_j \pmod{p}$,不妨设 $c_i > c_j$,则 $\dfrac{c_i + c_j}{(c_i, c_j)} \geq \dfrac{c_i - c_j}{(c_i, c_j)}$ 是 p 的倍数大于等于 $p = 2n - 1$.

(2) 如果 $2n - 1$ 为合数,设 $2n - 1 = ab$,其中 a, b 是两个大于 1 的奇数,因此
$$2n - 1 = ab \geq 3a$$
我们构造 n 个数数列 $\{a_i\}$ ($i = 1, 2, \cdots, n$) 如下:前面 a 个数为 $1, 2, \cdots, a$,后面 $k = n - a$ 个数为 $a + 1, a + 3, a + 5, \cdots, a + (2k - 1)$,显然后面这一段都是偶数.

ⅰ 如果 a_i 和 a_j 都选自前面一排,则
$$\frac{a_i + a_j}{(a_i, a_j)} < 2a < 2n - 1$$

ⅱ 如果 a_i 和 a_j 都选自后面一排,则
$$\frac{a_i + a_j}{(a_i, a_j)} < \frac{2[a + (2k - 1)]}{2} = 2n - a - 1 < 2n - 1$$

ⅲ 如果 a_i 和 a_j 都选自每排最大的数,即 $a_i = a$ 和 $a_j = a + 2(n - a) - 1 = 2n - 1 - a = ab - a$,因此 $(a_i, a_j) = a$,所以

$$\frac{a_i + a_j}{(a_i, a_j)} = \frac{2n-1}{a} < 2n-1$$

iv 如果 a_i 和 a_j 一个选自第一排,一个选自第二排,但是并不都是每排最大的数,则

$$\frac{a_i + a_j}{(a_i, a_j)} \leqslant a_i + a_j < a + [a + 2(n-a) - 1] = 2n-1$$

综上所述,构造的数列满足要求.

5.43 $2x^2 - x - 36$ 为某素数平方,求所有的整数 x.

(捷克数学奥林匹克,1962 年)

解 设 $2x^2 - x - 36 = p^2$,p 是素数,则
$$p^2 = (x+4)(2x-9) = ab$$
其中 $a = x + 4, b = 2x - 9, a, b \in \mathbf{Z}, 2a - b = 17$
因为 a 是整数,而且整除 p^2,所以只有如下 6 种情形:

(1) $a = p^2, b = 1$,则 $2p^2 - 1 = 17$,即 $p = 3$.因此
$$x = a - 4 = p^2 - 4 = 5$$

(2) $a = p, b = p$,则 $2p - p = 17$,即 $p = 17$.因此
$$x = a - 4 = p - 4 = 13$$

(3) $a = 1, b = p^2$,则 $2 - p^2 = 17$,即 $p^2 = -15$.不可能.

(4) $a = -p^2, b = -1$,则 $-2p^2 + 1 = 17$,即 $p^2 = -8$.不可能.

(5) $a = -p, b = -p$,则 $-2p + p = 17$,即 $p = -17$.不可能.

(6) $a = -1, b = -p^2$,则 $-2 + p^2 = 17$,即 $p^2 = 19$.不可能.

于是,所求的值是 $x = 5$ 和 $x = 13$.

5.44 证明:在任何 15 个大于 1 且不超过 2 000 的两两互质的正整数之中,至少存在一个质数.

证明 设正整数 n 是合数,则 n 可表为
$$n = ab, a, b \in \mathbf{N}, 1 < b \leqslant a$$
于是 $b^2 \leqslant ab = n$,即 $b \leqslant \sqrt{n}$.由此可知 n 有一个不大于 $\sqrt{n}$ 的质约数.

下面用反证法来证明本题.假设题述的 15 个数均为合数,则其中每一个数均有不超过 $\sqrt{2\,000}$ (< 45) 的质约数.由于这 15 个数两两互质,所以这些质约数是互不相同的.但小于 45 的质数只有 2,3,5,7,11,13,17,19,23,29,31,37,41,43,共 14 个.14 < 15,矛盾!故命题得证.

5.45 设 m, n 是正整数,试问正整数 $m(n+9)(m+2n^2+3)$ 最少有多少个不同的质因数?

解 两个. 首先,如果 $m > 1$,则 m 与 $m + 2n^2 + 3$ 奇偶性不同,它们的乘积含有质因数 2 及一个奇质因数. 如果 $m = 1$,则 $m + 2n^2 + 3 = 2(n^2 + 2)$ 含质因数 2,若 n 为奇数,则 $n^2 + 2$ 含有奇质因数;若 $n = 2k$ 为偶数,则 $n^2 + 2 = 2(2k^2 + 1)$ 也含有奇质因数. 其次取 $m = 27, n = 7$,则原数等于 $3^3 \cdot 2^{11}$,恰有 2 个质因数.

5.46 已知 27 000 001 正好有 4 个素因子,求它们的和.

解 $27\,000\,001 = 300^3 + 1 = (300 + 1)(300^2 - 300 + 1) =$
$301(301^2 - 900) = 301 \times 271 \times 331 =$
$7 \times 43 \times 271 \times 331$

所以 4 个因子的和等于 652.

5.47 a, b, c, d, e, f 都是正整数,$S = a + b + c + d + e + f$ 是 $ab + bc + ca - de - ef - fd$ 以及 $abc + def$ 的因子,证明:S 是一个合数.

证明 令整系数二次多项式
$p(x) = (x + a)(x + b)(x + c) - (x - d)(x - e)(x - f)$
展开得到 $p(x) = (a + b + c + d + e + f)x^2 + (ab + bc + ca - de - ef - fd)x + (abc + def)$
因此 $p(x)$ 的所有系数都是 S 的倍数,因此 $p(d) = (d + a)(d + b)(d + c)$ 是 S 的倍数,而 $p(d)$ 的三个因子都小于 S,因此 S 是一个合数.

5.48 求证:存在无限多个具有下述性质的正整数 n:如果 p 是 $n^2 + 3$ 的一个质因子,则有某个满足 $k^2 < n$ 的整数 k,使得 p 也是 $k^2 + 3$ 的一个质因子.

证明 首先 7 具有题设性质. 其次设 $f(x) = x^2 + 3$,则由 $f(x)f(x+1) = f(x^2 + x + 3)$ 及 $x^2 < x^2 + x + 3$ 可知:如果 $x + 1$ 具有题设性质,那么 $x^2 + x + 3$ 也具有题设性质. 又注意到 $x^2 + x + 3 > x + 1$,从而由归纳原理即知命题得证.

5.49 证明:每个正整数 n 都能表示成为两个素因子个数相同的正整数之差.

证明 (1) 如果 n 是偶数,则 $n = 2n - n$ 满足要求;

(2) 如果 n 是奇数,设 p 是不能整除 n 的最小奇素数,则 $n = pn - (p-1)n$,而 pn 的素因子个数正好比 n 多 1;另一方面 $p-1$ 是 2 的倍数,$p-1$ 的任何一个奇素因子都是 n 的因子,所以 $(p-1)n$ 素因子个数也正好比 n 多 1.

5.50 求最小的正整数 n,使得 $\{2,3,\cdots,2008\}$ 中任意 n 个两两互素的整数中必有一个素数.

解 $2^2,3^2,5^2,\cdots,43^2$ 这 14 个数都属于 $\{2,3,\cdots,2008\}$,其中没有素数,且这 14 个数两两互素,因此 $n \geq 15$. 如果存在 16 个两两互素的正整数 $a_1,a_2,\cdots,a_{16}$,令 p_i 是 a_i 的最小素因子,由于 $a_1, a_2,\cdots,a_{16}$ 两两互素,因此 $p_1,p_2,\cdots,p_{16}$ 都不相同,因此其中必然有一个 $p_i \geq 47$,如果 a_i 不是素数,则 $\frac{a_i}{p_i}$ 的素因子大于等于 p_i,因此 $a_i \geq p_i^2 = 47^2 > 2008$,矛盾. 故 $n = 15$.

5.51 求证:存在无限多个不能表示为形如 $n^2 + p$ 形式的正整数,其中 n 为正整数,p 为质数.

证明 考虑整数 $(3m+2)^2, m = 1,2,\cdots$,若有
$(3m+2)^2 = n^2 + p$,即 $p = (3m+2-n)(3m+2+n)$
由 p 是质数知 $3m+2-n = 1$,于是 $p = 3(2m+1)$,从而 $m = 0$,矛盾!

5.52 设 p 为素数,且有正整数 a, n,使得 $2^p + 3^p = a^n$,求证:$n = 1$.

证明 $p = 2$ 时,$2^2 + 3^2 = 13 = a^n \Rightarrow n = 1$;以下假设 p 为奇素数,因此 $5 \mid (2^p + 3^p)$,因此 $5 \mid a$,若 $n \geq 2$,则
$25 \mid 2^p + 3^p \Rightarrow 2^{p-1} - 2^{p-2}3 + 2^{p-3}3^2 - \cdots + 3^{p-1} \equiv 0 \pmod{5}$

由于 $(-1)^k 3^k 2^{p-1-k} \equiv 2^{p-1} \pmod{5}$

因此 $p 2^{p-1} \equiv 0 \pmod{5} \Rightarrow p = 5$

而 $2^5 + 3^5 = 275 \Rightarrow n = 1$

矛盾.因此只能有 $n = 1$.

5.53 设 p 为质数,给定 $p+1$ 个不同的正整数.证明:可以从中找出这样一对数,使得将两者中较大的数除以两者的最大公约数以后,所得之商不小于 $p+1$.

证明 设 $p+1$ 个正整数为 $x_i = p^{l_i} \cdot y_i$,l_i, y_i 为整数,$p \nmid y_i$,$i = 1, 2, \cdots, p+1$.

如果在 $l_1, l_2, \cdots, l_{p+1}$ 中有两个数 l_i, l_j 满足 $l_i - l_j \geq 2$.设 $d = (x_i, x_j)$,则有 $p^{l_j} \parallel d$,于是

$$\frac{x_i}{d} \geq p^2 > p+1$$

如果 $l_1, l_2, \cdots, l_{p+1}$ 只取两个不同的值 s 或 $s+1$.

若在 $y_1, y_2, \cdots, y_{p+1}$ 中有两个数 y_i, y_j 被 p 除的余数相同且 $y_i \neq y_j$.由对称性不妨设 $y_i = y_j + n$,其中 n 为正整数,$p \mid n$.再设 $d = (x_i, x_j)$,易见 $p^{l_i+1} \nmid d$,于是

$$\frac{x_i}{d} = \frac{p^{l_i} \cdot y_j}{d} + \frac{p^{l_i} \cdot n}{d} \geq 1 + p$$

若上述情况不存在,则由 l_i 只可能取两个不同的值及 y_i 被 p 除的余数只有 $p-1$ 种可能知存在 i, j, u, v,使得 $y_i = y_j \neq y_u = y_v$ 且 $l_i = l_u = s$,$l_j = l_v = s+1$.由对称性不妨设 $y_i < y_u$.再设 $d = (y_i, y_v)$,易见 $p^s \parallel d$,于是

$$\frac{x_v}{d} = \frac{p^{s+1} \cdot y_v}{d} > \frac{p^{s+1} \cdot y_i}{d} \geq p$$

即 $$\frac{x_v}{d} \geq p+1$$

综上所述,命题得证.

5.54 求证:任意形如 $2^n + 1$ 的素数不能表成两个自然数的 5 次幂之差.

(纽约数学奥林匹克,1978 年)

证明 否则,设有 $m, n, k \in \mathbf{N}^*$,使得 $2^n + 1 = m^5 - k^5$.因为

$$m^5 - k^5 = (m-k)(m^4 + m^3 k + m^2 k^2 + m k^3 + k^4)$$

是素数,所以 $m - k = 1$,而且

$$2^n + 1 = (k+1)^5 - k^5 = 5k^4 + 10k^3 + 10k^2 + 5k + 1$$

因此 $2^n = 5(k^4 + 2k^3 + 2k^2 + k)$ 被 5 整除,不可能. 证毕.

5.55 对给定的整数 $n, n > 1$,记 $m_k = n! + k, k \in \mathbf{N}^*$,证明:对任意 $k \in \{1, 2, \cdots, n\}$,都有一个素数 $p, p \mid m_k$,但不整除 $m_1, m_2, \cdots, m_{k-1}, m_{k+1}, \cdots, m_n$.

(奥地利数学奥林匹克,1973 年)

证明 记

$$l_k = \frac{m_k}{k} = \frac{n!}{k} + 1, k = 1, 2, \cdots, n$$

我们只须证明,如果 p 是 l_k 的素数子,则对每个 $j \neq k, p$ 不整除 m_j. 因为素数 p 整除 l_k,从而整除 $m_k = l_k k$,所以素数 p 即合题求. 现在设 $p \mid l_k$,并且有某个 $j \neq k$,使得 $p \mid m_j$. 则 $p \mid l_j$,或 $p \mid j$. 因为 j 是 $1, 2 \cdots (k-1)(k+1) \cdots n = l_k - 1$ 的因数,所以 $j \mid (l_k - 1)$,从而 $(j, l_k) = (j, 1) = 1$,即不可能有 $p \mid j$. 因此 $p \mid l_j$. 于是 $p \mid l_k$, $p \mid l_j, j \neq k$. 设 $p \leq n$,如果 $p \neq k$,则因 $l_k = 1, 2 \cdots (k-1)(k+1) \cdots n + 1$,所以 p 与 l_k 互素. 同理,如果 $p \neq j$,则 p 与 l_j 互素. 因此, p 至少与 l_k 或 l_j 互素. 所以 $p \leq n$ 是不可能的. 其次设 $p > n$,则

$$k - j = m_k - m_j = k l_k - j l_j \equiv 0 \pmod{p}$$

即 $p \mid (k - j)$,与 $0 < |k - j| < n < p$ 矛盾. 因此不可能有 $p \mid l_k$ 且 $p \mid l_j$. 结论证毕.

5.56 求出所有不超过 10 000 000 且具有下述性质的整数 $n > 2$:任何与 n 互素且满足 $1 < m < n$ 的数 m 都是素数.

(捷克数学奥林匹克,1979 年)

解 设 n 具有题目要求的性质. 如果它不被 2 整除,则 $n \leq 2^2$ (否则,与 n 互素且小于 n 的 $m = 4$ 将是素数,不可能). 因此 $n = 3$,如果 n 被 2 整除,但不被 3 整除,则同理有 $n \leq 3^2$,即 $n \in \{4, 8\}$. 如果 n 被 2 与 3 整除,但不被 5 整除,则 $n \leq 5^2$,且 $6 \mid n$,即 $n \in \{6, 12, 18, 24\}$. 如果 n 被 2, 3 和 5 整除,但不被 7 整除,则 $n \leq 7^2$,且 $30 \mid n$,即 $n = 30$. 设对某个 $k \geq 4, n$ 被 $p_1, p_2, \cdots, p_k$ 整除,但不被 p_{k+1} 整除,其中 $2 = p_1 < p_2 < \cdots < p_k < p_{k+1}$ 是连续素数,则 $n \leq p_{k+1}^2$,且 $p_1 p_2 \cdots p_k \mid n$. 由于

$$p_1 p_2 \cdots p_k \leq n \leq 10\,000\,000$$

所以

$$k \leq 8$$

最后,当 $k = 4,5,6,7,8$ 时,$p_1p_2\cdots p_k > p_{k+1}^2$,与 $p_1p_2\cdots p_k \leq n \leq p_{k+1}^2$ 矛盾.因此 $k \leq 3$.于是 n 的所有可能值都属于集合 $\{3,4,6,8,12,18,24,30\}$.经验证,此集合中每个数都具有题中所要求的性质.

5.57 证明:如果三个素数成等差数列,并且这个数列的公差不能被 6 整除,那么这个数列的最小数是 3.

(波兰数学竞赛,1963 年)

证明 设素数 p_1,p_2,p_3 组成等差数列,且公差为 $r,r > 0$,r 不能被 6 整除.

并设 $p_1 < p_2 < p_3$,则
$$p_2 = p_1 + r, p_3 = p_1 + 2r$$
若 $p_1 = 2$,则 $p_3 = 2 + 2r = 2(1 + r)$ 是合数.

因此 p_1 不是偶素数,$p_1 \geq 3$.

从而 p_1,p_2,p_3 都是奇素数,r 为偶数.

由于 r 不能被 6 整除,则
$$r = 6k + 2 \quad \text{或} \quad r = 6k + 4$$
其中,k 是非负整数.

我们证明 3 能整除 p_1.

事实上,如果 $p_1 = 3m + 1$(m 是自然数),若 $r = 6k + 2$,则 $p_2 = 3m + 1 + 6k + 2 = 3(m + 2k + 1)$ 是合数.

若 $r = 6k + 4$,则 $p_3 = 3m + 1 + 12k + 8 = 3(m + 4k + 3)$ 是合数.

如果 $p_1 = 3m + 2$(m 是自然数),若 $r = 6k + 2$,则 $p_3 = 3m + 2 + 12k + 4 = 3(m + 4k + 2)$ 是合数.

若 $r = 6k + 4$,则 $p_2 = 3m + 2 + 6k + 4 = 3(m + 2k + 2)$ 是合数.

于是 p_1 一定能被 3 整除,又 p_1 是素数,所以必有 $p_1 = 3$.

5.58 设三个素数 p_1,p_2,p_3 成等差数列,$d > 0$ 是给定的公差,如果 $6 \nmid d$,则这样的等差数列最多只有一组.

证明 设 $p_1, p_2 = d + p_1, p_3 = 2d + p_1$.当 $p_1 = 2$ 时,p_3 不是素数,因此 p_1 是奇素数.此时 d 是偶数即 $2 \mid d$,否则 p_2 不是素数.由 $2 \mid d, 6 \nmid d$,得出 $3 \nmid d$,故得
$$p_1, p_2 = p_1 + d \equiv p_1 + 1 \pmod 3$$

$$p_3 = p_1 + 2d \equiv p_1 + 2 \pmod{3}$$

或
$$p_1, p_2 = p_1 + d \equiv p_1 + 2 \pmod{3}$$
$$p_3 = p_1 + 2d \equiv p_1 + 1 \pmod{3}$$

无论哪一种情形,p_1, p_2, p_3 中都有一个被 3 整除,由于 p_1, p_2, p_3 是素数,且 $p_1 < p_2 < p_3$,故 $p_1 = 3$,这就证明了 $6 \nmid d$ 时,对于这个给定的 d 最多只有一组素数序列组成等差级数 $p_1 = 3, p_2 = 3 + d, p_3 = 3 + 2d$.

5.59 证明:仅由 2^n 个相同的数字组合的整数至少有 n 个不同的素数因子.

证明 设这样的数为 N,每位数字都是 k,则
$$N = \underbrace{kk\cdots k}_{2^n} = k \times \frac{10^{2^n} - 1}{9}$$

N 可以分解为
$$N = k(10+1)(10^2+1)\cdots(10^{2^{n-1}}+1)$$

而对于所有的 $n-1 \geq a > b \geq 0$,由分解式可得 $(10^{2^b}+1) \mid (10^{2^a}-1)$,由于 $(10^{2^a}-1)$ 和 $(10^{2^a}+1)$ 互素,所以 $(10^{2^b}+1)$ 和 $(10^{2^a}+1)$ 也都互素,因此 N 至少有 n 个不同的素数因子.

5.60 设 $p_1 < p_2 < \cdots < p_n < \cdots$ 是相继素数,试证明:除 $p_n = 3$ 外,$\dfrac{p_n!}{p_n(p_n+1)(p_{n+1}-1)}$ 总是整数.

证明 我们利用下面引理:设 a, b 和 n 是正整数,且
(1) $a < b < 3a/2$;
又设 $A(n) = 2[a/n] - [b/n]$,则
(2) $A(n) = 0$,当 $n > b$;
(3) $A(n) = -1$,当 $a < n \leq b$;
(4) $A(n) \geq 0$,当 $a/3 < n \leq a$;
(5) $A(n) \geq 1$,当 $1 \leq n \leq a/3$;
令 $[a/n] = u$ 和 $[b/n] = v$,因而
$$u > (a/n) - 1, v \leq b/n, A(n) = 2u - v$$

如果 $n > b$,则 $u = v = 0$,这就证明了(2). 如果 $a < n \leq b$,则 $u = 0$,再由(1),$v = 1$,这就证明了(3). 一般地

$$A(n) = 2u - v = \frac{u}{2} + \frac{3u}{2} - v >$$

$$\frac{u}{2} + \frac{\frac{3a}{2} - b}{n} - \frac{3}{2} > \frac{n-3}{2}$$

这样,如果 $a/3 < n \leqslant a$,则 $u \geqslant 1$,即 $A(n) \geqslant -1$,这就证明了 (4). 如果 $1 \leqslant n \leqslant a/3$,则 $u \geqslant 3$,即 $A(n) > 0$,这就证明了 (5).

用 P_n 表示题中的分式,当 $p_n = 2,5,7$ 时,我们分别获得 $P_n = 1,4,1$. 以下我们假设 $p_n \geqslant 11$. 由切比雪夫定理, 当 $p_n \geqslant 29$ 时, $p_{n+1} < 5p_n/4$,再经过简单的计算可证 $p_{n+1} < 3p_n/2$ ($p_n \geqslant 11$). 设 p 是任一素数,如 $p > p_n$,则 p_n 的分子与分母都不包含素数因子 p. 如果 $p = p_n$,又由于 $p_{n+1} - 1 < 2p_n$,则 p_n 的分子分母中包含了 p,并且包含的恰是 p 的一次幂. 以下我们假设 $p < p_n$.

令 $p_n = a, p_{n+1} - 1 = b$ 满足 (1),并记

(6) $$P_n = \frac{(p_n!)^2}{p_n(p_{n+1}-1)!} = \frac{(a!)^2}{b!\,a}$$

由于 $p < p_n$,则 (6) 的分子和分母恰好包含分别在下列那些幂中的 p

$$2\sum_{r=1}^{\infty}[a/p^r], \sum_{r=1}^{\infty}[b/p^r]$$

这样,沿用上述引理的记号,我们必须证明

(7) $$\sum_{k=1}^{\infty} A(p^k) \geqslant 0$$

对所有素数 $p < p_n = a$ 成立. 如果没有 p 的幂满足不等式 $a < p \leqslant b$,那么从 (2),(4) 和 (5) 立即可推出 (7). 剩下的情况是有一个 p 的幂,比方说 p^m 满足不等式 $a < p^m < b$,即 $p_n < p^m < p_{n+1}$, 由 (1),显然不可能存在多于 1 个的 p^m 这样的幂. 由 (3), $A(p^m) = -1$,在这种情况下,如果我们能够对 p 的另一个幂,比方说 p^k,证明 $A(p^k) \geqslant 1$,那么就可以证明 (7). 根据 $p \geqslant 5, p = 3$ 或 $p = 2$,定义 $k = m-1, m-2, m-3$. 从 $p_n < p^m < p_{n+1}$ 和 $p_n \geqslant 11$,容易作出结论:在任一情况下, $k \geqslant 1$;同样,在任一情况下, $p^{m-k} \geqslant 5$. 因此 $p^k = p^m/p^{m-k} \leqslant b/5 < 3a/10 < a/3$. 这样,由 (5) 断定 $A(p^k) \geqslant 1$,证毕.

5.61 设 $(a,b) = 1, a+b \neq 0$,且 p 是一个奇素数,则

$$\left(a+b, \frac{a^p+b^p}{a+b}\right) = 1 \text{ 或 } p$$

证明 设 $\left(a+b, \dfrac{a^p+b^p}{a+b}\right) = d$,则

于是
$$a+b = dt, \frac{a^p+b^p}{a+b} = ds$$

$$d^2 st = a^p + b^p = a^p + (dt-a)^p = d^p t^p - pad^{p-1}t^{p-1} + \cdots + pdta^{p-1}$$

上式两端约去 dt,可得

$$ds = d^{p-1}t^{p-1} - pad^{p-2}t^{p-2} + \cdots + pa^{p-1} \quad ①$$

由 ① 可得

$$d \mid pa^{p-1} \quad ②$$

我们可以证明 d, a 互素. 因为若设 $(d, a) = d_1$, 如果 $d_1 > 1$, 则 d_1 有素因数 $q, q \mid d_1, q \mid d, q \mid a$, 而 $d \mid a + b$, 故 $q \mid a + b$, 推出 $q \mid b$, 与 $(a, b) = 1$ 矛盾, 因此 $(d, a) = 1$, 从 ② 推出 $d \mid p$, 于是 $d = 1$ 或 p, 这就证明了我们的论断.

5.62 数 $p_n(n \in \mathbf{N}^*)$ 定义为: $p_1 = 2$, 对于 $n \geq 2, p_n$ 是 $p_1 p_2 \cdots p_{n-1} + 1$ 的最大质因子. 证明: 对于每一个 $n \in \mathbf{N}^*$, $p_n \neq 5$.

(克罗地亚数学奥林匹克, 2004 年)

证明 由 $p_1 = 2$ 和 p_2 是 $p_1 + 1$ 的最大质因子, 得 $p_2 = 3$. 同样地, 对于所有的 $k(k > 1)$, 数 p_k 是 $p_1 p_2 \cdots p_{n-1} + 1$ 的最大质因子.

因为 $p_1 p_2 \cdots p_{k-1} + 1$ 是一个奇数, 所以 $p_k > 2$.

假设 $p_n = 5(n > 2)$, 则

$$p_1 p_2 \cdots p_{n-1} + 1 = 5^s$$

这是因为 5 是不能被 2 和 3 整除的数.

$$p_1 p_2 \cdots p_{n-1} + 1 = 6 p_3 \cdots p_{n-1} + 1$$

的最大质因子, 故有

$$p_1 p_2 \cdots p_{n-1} = 5^s - 1 = 4(5^{s-1} + 5^{s-2} + \cdots + 5 + 1)$$

上式右边能被 4 整除, 但左边不能被 4 整除 (因为 $p_2 \cdots p_{n-1}$ 是 $n-1$ 个奇质数的积, 且 $p_1 = 2$), 矛盾.

因此对于所有的 $n \in \mathbf{N}^*, p_n \neq 5$.

5.63 证明: 对任意六个连续正整数, 存在一个质数, 使得此质数恰好能被六个数之一整除.

(德国数学奥林匹克, 2003 年)

证明 记这六个数为 $n, n+1, \cdots, n+5$.

若 n 不能被 5 整除,则 $n+1$ 至 $n+4$ 中确实只有一个数能被 5 整除. 若 $5 \mid n$,则 $n+1$ 至 $n+4$ 中有两个整数不能被 2 和 5 整除,其中至少有一个不能被 3 整除. 因此,该数至少有一个大于 5 的质因子,且该质数不能整除另外五个整数.

5.64 是否存在一个直角三角形,每条边的长度都是整数,且两条直角边的长度都是质数?

(斯洛文尼亚数学奥林匹克,2004 年)

解 设 a 与 b 分别是两条直角边的长度,c 是斜边的长度. 显然,a 与 b 不能都是奇质数,否则将有
$$c^2 = (2k+1)^2 + (2j+1)^2 = 4(k^2 + j^2 + k + j) + 2$$
这是不可能的(否则 c 将是偶数,但其平方数能被 2 整除,而不能被 4 整除).

a 与 b 也不能都是偶质数(都等于 2),否则将有 $c^2 = 4 + 4 = 8$, $c = \sqrt{8}$ 不是整数.

因此仅有的选择为:在 a 和 b 中,一个取偶质数(这时它等于 2),另一个取奇质数(大于或等于 3). 由于 $c^2 = 4 + b^2$,则斜边的长度是个奇数,且大于或等于 5. 但
$$4 = c^2 - b^2 = (c-b)(c+b) \geq 2 \times 8 = 16$$
所以,在具有整数边长的直角三角形中,两条直角边的长度不可能都是质数.

5.65 证明:对于任意正整数 k,只有有限组互不相同的素数 p, q, r 同时满足 $p \mid qr - k, q \mid rp - k, r \mid pq - k$.

(捷克,斯洛伐克,波兰数学奥林匹克,2004 年)

证明 若素数对 (p, q, r) 满足 $p \mid qr - k, q \mid rp - k, r \mid pq - k$. 则
$p \mid pq + qr + rp - k, q \mid pq + qr + rp - k, r \mid pq + qr + rp - k$
又 p, q, r 为素数,则
$$pqr \mid pq + qr + rp - k$$
以下我们证明只有有限对素数满足
$$qpr \mid pq + qr + rp - k$$
不妨设 $p < q < r$.
若 $p \geq 3$,那么显然有 $pq + qr + rp - k < pqr$,则
$$pq + qr + rp - k \leq 0 \qquad ①$$
易知只有有限对素数满足此式.
当 $p = 2$,则当 $q \geq 5$ 时,同样有 $pq + qr + rp - k \leq 0$,只有

有限对素数满足此式.

当 $p = 2, q = 3$ 时
$$6r \mid 6 + 5r - k$$

则
$$6r < |6 + 5r - k|$$

若 $6r < 6 + 5r - k$,则 $r < 6 - k$,这样的 r 只有有限个.

若 $6 + 5r - k \leq 0$,由前述,也只有有限对素数满足此式.

综上所述,结论成立.

5.66 求所有使得 $p^2 - p + 1$ 为立方数的素数 p.

(巴尔干数学奥林匹克,2005 年)

解 设
$$p^2 - p + 1 = q^3$$

则
$$p(p - 1) = (q - 1)(q^2 + q + 1)$$

因为 p 为素数,则 $p \mid q - 1$ 或 $p \mid q^2 + q + 1$,若 $p \mid q - 1$,则
$$p \leq q - 1 < q \Rightarrow p^3 < q^3$$

又由 $p^2 - p + 1 = q^3$ 可得
$$p^3 + 1 = q^3(p + 1)$$

所以 $p^3 + 1 > q^3$,与 $p^3 < q^3$ 矛盾.

故 $p \mid q^2 + q + 1$,则可设
$$q^2 + q + 1 = kp \ (k \in \mathbf{N}^*)$$

则
$$p - 1 = k(q - 1)$$

故
$$q^2 + (1 - k^2)q + (k^2 - k + 1) = 0$$

由于 q 为整数,则 $\Delta = k^4 - 6k^2 + 4k - 3$ 必为完全平方数.又
$$(k^2 - 3)^2 \leq k^4 - 6k^2 + 4k - 3 < (k^2 - 1)^2$$

所以
$$(k^2 - 3)^2 = k^4 - 6k^2 + 4k - 3$$

或者
$$(k^2 - 2)^2 = k^4 - 6k^2 + 4k - 2$$

解得 $k = 3$,则 $q = 7, p = 19$.

5.67 求最小的正质数,使得对于某个整数 n,这个质数能整除 $n^2 + 5n + 23$.

(巴西数学奥林匹克,2003 年)

解 设
$$f(n) = n^2 + 5n + 23$$

因为
$$f(n) \equiv 1 \pmod 2, f(n) \equiv \pm 1 \pmod 3$$
$$f(n) \equiv -1, \pm 2 \pmod 5$$
$$f(n) \equiv 1, 3, \pm 2 \pmod 7$$

$$f(n) \equiv 1, \pm 3, \pm 4, 6 \pmod{11}$$
$$f(n) \equiv -2, \pm 3, 4, -5, \pm 6 \pmod{13}$$
且
$$f(-2) = 17$$

所以满足条件的最小正质数为 17.

5.68 $2\,005! + 2, 2\,005! + 3, \cdots, 2\,005! + 2\,005$ 这连续的 $2\,004$ 个整数构成一个数列,且此数列中无质数.那么是否存在一个由 $2\,004$ 个连续整数构成的数列,此数列中恰有 12 个质数?

(芬兰数学奥林匹克,2004 年)

证明 考虑数列 $a, a+1, \cdots, a+2\,003$ 和数列 $a+1, a+2, \cdots, a+2\,004$ 中的质数个数.

若 a 和 $a+2\,004$ 均为质数或均为合数,那么,这两个数列中的质数个数相等;

若 a 和 $a+2\,004$ 中有一个是质数,则两数列中的质数个数差 1.

已知数列 $1,2,\cdots,2\,004$ 中质数个数多于 12 个(至少 2,3,5,7,11,13,17,19,23,29,31,37,41 是质数).对于数列 $a, a+1, \cdots, a+2\,003$,当 $a = 2\,005! + 2$ 时,此数列中无质数,所以,存在一个 $b(1 < b < a)$,使得数列 $b, b+1, \cdots, b+2\,003$ 中恰有 12 个质数.

5.69 已知 m, n, k 是正整数,且 $m^n \mid n^m, n^k \mid k^n$. 证明:$m^k \mid k^m$.

(新西兰数学奥林匹克,2004 年)

证明 设 p 是任一质数,$\alpha_m, \alpha_n, \alpha_k$ 满足 $p^{\alpha_m} \mid m, p^{\alpha_n} \mid n$,$p^{\alpha_k} \mid k$,且 $p^{\alpha_m+1} \nmid m, p^{\alpha_n+1} \nmid n, p^{\alpha_k+1} \nmid k$. 由于 $m^n \mid n^m, n^k \mid k^n$. 所以
$$n\alpha_m \leq m\alpha_n, k\alpha_n \leq n\alpha_k$$
将两式相乘,可得 $k\alpha_m \leq m\alpha_k$.

由于对所有质数 p 结构均成立,所以 $m^k \mid k^m$.

5.70 将数 $\{1, 2, \cdots, 10\}$ 分成两组,使得第一组数的乘积 p_1 能被第二组数的乘积 p_2 整除. 求 $\dfrac{p_1}{p_2}$ 的最小值.

(新西兰数学奥林匹克,2004 年)

解 因为 7 是质数,且不能被约掉,所以,它一定在第一组

中,且有 $\frac{p_1}{p_2} \geq 7$. 当 $p_1 = 3 \times 5 \times 6 \times 7 \times 8, p_2 = 1 \times 2 \times 4 \times 9 \times 10$ 时,最小值 7 可以取到.

5.71 求所有的质数 p,使得存在整数 m,n 满足 $p = m^2 + n^2$,且 $p \mid (m^3 + n^3 - 4)$.

解 当 $|m|,|n| \leq 3$ 时,质数 $2 = 1^2 + 1^2, 5 = 1^2 + 2^2$,$13 = (-3)^2 + (-2)^2$ 满足条件.

下面证明仅有这些质数满足条件.

由 $p = m^2 + n^2$,得
$$mn = \frac{(m+n)^2 - p}{2}$$

于是,有
$$m^3 + n^3 - 4 = (m+n)^3 - 3(m+n)mn - 4 = \frac{-(m+n)^3 + 3p(m+n) - 8}{2}$$

由 $p \mid (m^3 + n^3 - 4)$,有 $p \mid [(m+n)^3 + 8]$.

于是,要么 $p \mid (m+n+2)$,要么 $p \mid [(m+n)^2 - 2(m+n) + 4]$,即当 $p > 2$ 时,等价于
$$p \mid (mn - m - n + 2)$$

(1) $p \mid (m+n+2)$.

注意到
$$m^2 + n^2 \leq |m+n+2|$$

当 $m^2 + n^2 \leq m + n + 2$ 时,有
$$(2m-1)^2 + (2n-1)^2 \leq 10$$

可得 $-1 \leq m, n \leq 2$;

当 $m^2 + n^2 \leq -(m+n+2)$ 时,有
$$(2m+1)^2 + (2n+1)^2 \leq -6$$

无解.

(2) $p \mid (mn - m - n + 2)$.

注意到
$$m^2 + n^2 \leq |mn - m - n + 2|$$

当 $m^2 + n^2 \leq mn - m - n + 2$ 时,有
$$(2m - n + 1)^2 + 3(n+1)^2 \leq 12$$

可得 $-3 \leq m, n \leq 1$;

当 $m^2 + n^2 \leq -(mn - m - n + 2)$ 时,有
$$(2m + n - 1)^2 + 3\left(n - \frac{1}{3}\right)^2 \leq -\frac{20}{3}$$

无解.

5.72 对于每个正整数 $n > 1$,设 $p(n)$ 为 n 的最大质因子.求满足下列条件的所有互不相同的正整数 x, y, z.
(1) x, y, z 是等差数列.
(2) $p(xyz) \leq 3$.

解 不妨假设 $x < y < z$,条件(2)表明 xyz 中只可能有质因子 2 和 3,且 x, y, z 均为 $2^a \times 3^b$ 的形式,其中 a 和 b 为非负整数.

设 $h = (x, y)$,$x' = \dfrac{x}{h}$,$y' = \dfrac{y}{h}$.由条件(1)可知 $z = 2y - x$.令 $z' = \dfrac{z}{h}$,所以 x', y', z' 均为正整数,且仍满足条件(1),(2).

由于 x' 与 y' 互质,且 $x' + z' = 2y'$,所以,y' 与 z' 也互质,故 $(x', z') = 1$ 或 2.

若 y' 既能被 2 整除,也能被 3 整除,则一定有 $x' = z' = 1$,与 x, y, z 互不相等矛盾.下面分三种情况讨论.

ⅰ $y' = 1$,于是 $x' = 1, z' = 1$,与互不相等矛盾.

ⅱ $y' = 2^\alpha, \alpha > 0$.由于 $(x', y') = (z', y') = 1$,所以,设 $x' = 3^k, z' = 3^l$,于是有
$$3^k + 3^l = 2^{\alpha+1}$$
因为 $k < l$,故有 $3^k \mid 2^{\alpha+1}, k = 0, x' = 1$,从而有 $3^l = 2^{\alpha+1} - 1$,即有 $2^{\alpha+1} \equiv 1 \pmod 3$,故 α 是奇数.

设 $\alpha = 2n - 1$,则有
$$3^l = 2^{2n} - 1 = (2^n - 1)(2^n + 1)$$
由于
$$(2^n - 1, 2^n + 1) = 1$$
所以
$$2^n - 1 = 3^0 = 1$$
即 $n = 1, \alpha = 1, l = 1$,故 $x' = 1, y' = 2, z' = 3$.

ⅲ $y' = 3^\alpha, \alpha > 0$.设 $x' = 2^k, z' = 2^l$,则
$$2^k + 2^l = 2 \times 3^\alpha$$
即
$$2^{k-1} + 2^{l-1} = 3^\alpha$$

由 $k < l$,得 $k - 1 = 0$,即 $k = 1, x' = 2$.

于是有 $2^{l-1} = 3^\alpha - 1$,所以,$l \geq 2$.若 $l > 2$,则
$$2^{l-2} = \frac{3^\alpha - 1}{2} = \sum_{r=0}^{\alpha-1} 3^r \equiv \sum_{r=0}^{\alpha-1} 1^r = \alpha \equiv 0 \pmod 2$$
所以 α 是偶数,$\alpha = 2n$,于是有
$$2^{l-1} = (3^n - 1)(3^n + 1)$$
故 $3^n - 1 = 2, 3^n + 1 = 4, n = 1, l = 4$

因此 $x' = 2, y' = 9, z' = 16$.

若 $l = 2$,则 $a = 1$,所以 $x' = 2, y' = 3, z' = 4$.

综上所述,$(x, y, z) = (h, 2h, 3h), (2h, 3h, 4h)$ 或 $(2h, 9h, 16h)$,其中 h 是形如 $2^a \times 3^b$ 的整数.

5.73 求所有质数 p,使得 $p^x = y^3 + 1$ 成立,其中 x 和 y 是正整数.

(俄罗斯数学奥林匹克,2003 年)

解 因为
$$p^x = y^3 + 1 = (y+1)(y^2 - y + 1), y > 0$$
所以 $y + 1 \geqslant 2$

令 $y + 1 = p^t (t \in \mathbf{Z}^*, 1 \leqslant t \leqslant x)$,则
$$y = p^t - 1$$
从而
$$y^2 - y + 1 = p^{x-t}$$
将 $y = p^t - 1$ 代入得
$$(p^t - 1)^2 - (p^t - 1) + 1 = p^{x-t}$$
即
$$p^{2t} - 3p^t + 3 = p^{x-t}$$
故
$$p^{x-t}(p^{3t-x} - 1) = 3(p^t - 1)$$

(1) 当 $p = 2$ 时,$p^{3t-x} - 1$ 和 $p^t - 1$ 为奇数,则 p^{x-t} 为奇数.
故 $x = t, y^2 - y + 1 = 1$.
因此 $y = 1, p = 2, x = 1$.

(2) 当 $p \neq 2$ 时,p 为奇数,则 $p^{3t-x} - 1$ 和 $p^t - 1$ 为偶数,p^{x-t} 为奇数.

从而 $3 \mid p^{x-t}$ 或 $3 \mid (p^{3t-x} - 1)$.

当 $3 \mid p^{x-t}$ 时,$p = 3, x = t + 1$,则
$$y^2 - y + 1 = 3$$
解得 $y = 2, x = 2$.

当 $3 \mid (p^{3t-x} - 1)$ 时,有
$$p^{x-t} \mid (p^t - 1), x = t$$
由(1)得 $y = 1, p = 2$.矛盾.

综上所述,有两组解
$$p = 2, x = 1, y = 1 \text{ 和 } p = 3, x = 2, y = 2$$

5.74 设 S 是大于 1 的正整数的有限非空集合,并具有以下性质:存在一个数 $s \in S$,满足:对任何正整数 n,或者 $(s, n) = 1$,或者 $(s, n) = s$.证明:一定存在两个数 $s, t \in S(s$ 和 t 不一定相异)使得 (s, t) 是质数.

(斯洛文尼亚数学奥林匹克,2003 年)

证明 设 n 是与集合 S 中任何一个数都不互质的最小正整数(这样的数是存在的.事实上,因为 $1 \notin S$,S 中所有数的乘积就与 S 中任何数都不互质).

在 n 的所有质因子中,每个质数都是一次幂的,否则,n 就不是具有上述性质的最小数.由于数 n 与 S 中任何数都不互质,由题中条件可知,存在 $s \in S$,使得 $(s,n) = s$.因此,$s \mid n$.

设 p 是数 s 的任一质因子,则 $p \mid n$.再由 n 的选取方法可知,数 $\dfrac{n}{p}$ 与某个 $t \in S$ 互质.由 $\left(t, \dfrac{n}{p}\right) = 1$ 及 $(t,n) > 1$ 可知 $p \mid t$.但数 t 不能再被 n 的任何其他质因子整除(因为这些质数都整除 $\dfrac{n}{p}$).由此可断定 $(s,t) = p$.

5.75 设 p 是质数,整除 x,y,z 满足 $0 < x < y < z < p$.若 x^3,y^3,z^3 除以 p 的余数相等.证明:$x^2 + y^2 + z^2$ 可以被 $x + y + z$ 整除.

(波兰数学奥林匹克,2003 年)

证明 由已知
$$x^3 \equiv y^3 \equiv z^3 (\bmod p)$$
所以 $\qquad p \mid (x^3 - y^3)$
即 $\qquad p \mid (x - y)(x^2 + xy + y^2)$
又 $0 < x < y < p$,p 为质数,故 $p \nmid (x - y)$,因此
$$p \mid (x^2 + xy + y^2) \qquad ①$$
同理可得
$$p \mid (y^2 + yz + z^2) \qquad ②$$
$$p \mid (x^2 + xz + z^2) \qquad ③$$
由①,②可知
$$p \mid (x^2 + xy + y^2 - y^2 - yz - z^2)$$
即 $\qquad p \mid (x - z)(x + y + z)$
$$p \mid (x + y + z)$$
已知 $0 < x < y < z < p$,所以 $x + y + z = p$ 或 $2p$.

由于 $p > 3$,则 $(2,p) = 1$.

又因为 $x + y + z \equiv x^2 + y^2 + z^2 (\bmod 2)$,故只须证明 $p \mid (x^2 + y^2 + z^2)$.

由①得
$$p \mid [x(x + y + z) + y^2 - xz]$$
于是
$$p \mid (y^2 - xz) \qquad ④$$

同理
$$p \mid (x^2 - yz) \quad ⑤$$
$$p \mid (z^2 - xy) \quad ⑥$$

由 ① ~ ⑥ 可得 $\quad p \mid 3(x^2 + y^2 + z^2)$

故 $\quad p \mid (x^2 + y^2 + z^2)$

原题得证.

第 6 章 进 位 制

定理 1 每一个正整数 n 可以唯一地表示成
$$n = a_m k^m + a_{m-1} k^{m-1} + \cdots + a_1 k + a_0$$
k 为大于 1 的整数,$1 \leqslant a_m < k, 0 \leqslant a_0, a_1, \cdots, a_{m-1} < k$.

定理 2 设 n 的各位数字之和为 $S(n)$,则
$$S(n) \equiv n \pmod 9$$
通常用 2 进制等手段解题,很有效果.

6.1 求所有正整数 n,使得 $2^{n-1} \mid n!$.

解 对于任意正整数 n,肯定存在非负整数 k,使得 $2^k \leqslant n < 2^{k+1}$,将 n 表示成二进制为 $\sum_{j=0}^{k} a_j 2^j$,$a_j = 0$ 或 1,特别的 $a_k = 1$. 而 $n!$ 所含 2 的次方为
$$\sum_{i=1}^{\infty} \left[\frac{n}{2^i}\right] = \sum_{i=1}^{k} \left[\frac{n}{2^i}\right] = \sum_{i=1}^{k} \sum_{j=i}^{k} a_j 2^{j-i} \sum_{j=0}^{k} \left(a_j \sum_{i=1}^{j} 2^{j-i}\right) =$$
$$\sum_{j=0}^{k} a_j (2^j - 1) = n - \sum_{j=0}^{k} a_j \leqslant n - 1$$
等号当且仅当 $n = 2^k$ 时成立. 因此,当且仅当 $n = 2^k$ 时,$2^{n-1} \mid n!$ 成立.

6.2 (1)是否存在一个平面和一个立方体,使得立方体的每个顶点到平面的距离正好是 $0, 1, 2, \cdots, 7$.

(2)递增数列 $1, 3, 4, 9, 10, 12, 13, \cdots$ 是由 3 的幂以及不同的 3 的幂的和组成,请问这个数列的第 100 项是多少?

解 (1)我们取立方体 S 的顶点为 $(0,0,0)$, $(0,0,1)$, $(0,1,0)$, $(0,1,1)$, $(1,0,0)$, $(1,0,1)$, $(1,1,0)$ 以及 $(1,1,1)$ 这 8 个正好对应 $0,1,2,3,4,5,6,7$ 的二进制来表示法,考虑平面 $x + 2y + 4z = 0$,这 8 个点到平面的距离分别为 $0, \dfrac{1}{\sqrt{21}}, \dfrac{2}{\sqrt{21}}, \dfrac{3}{\sqrt{21}}, \dfrac{4}{\sqrt{21}}, \dfrac{5}{\sqrt{21}}, \dfrac{6}{\sqrt{21}}, \dfrac{7}{\sqrt{21}}$,不难看出我们把 S 的每个点坐标都乘以 $\sqrt{21}$ 即可得到符合条件的立方体 T.

(2)不难看出数列中出现的项正好是正整数的三进制表示中

所有各位数字为 0,1 的那些数,因此它们和正整数的二进制表示一一对应

$$1 = 1_{(2)}, 1_{(3)} = 1$$
$$2 = 10_{(2)}, 10_{(3)} = 3$$
$$3 = 11_{(2)}, 11_{(3)} = 4$$
$$4 = 100_{(2)}, 100_{(3)} = 9$$
$$5 = 101_{(2)}, 101_{(3)} = 10, \cdots$$

因此这个数列的第 100 项为 $100 = 1100100_{(2)}, 1100100_{(3)} = 981$.

6.3 对于任意正整数 $k \geq 2$,证明:都有一个正整数 $t < k^3$ 使得 kt 的十进制表示中最多只用了 4 个不同的数字.

证明 当 $k \leq 10\,000$ 时,只要取 $t = 1$ 即可;以下我们假设 $k > 10\,000$,当然存在一个正整数 n 使得 $10^n < k^4 \leq 10^{n+1}$,由于 $k > 10\,000$,所以 $n \geq 16$,因此

$$\frac{16^n}{10^{n+1}} = \frac{(1.6)^n}{10} > 1$$

故
$$16^n > k^4 \Rightarrow 2^n > k$$

令 S 为"十进制中由数字 0,1 组成的所有小于 10^n 的正整数集合",这样 S 共有 2^n 个不同的元素,由于 $2^n > k$,所以 S 中必然存在两个不同的元素 $a > b$,它们除以 k 的余数相同,故 $k \mid (a-b)$,当然还有 $(a-b) < 10^n < k^4$,并且 $a-b$ 每一位数字只能是 0,1,8,9.

我们可以用减法竖式来说明 $a-b$ 每一位数字只能是 0,1,8,9.

(1) 如果某位上是 $0-0$,则在低位不需要借位时,这一位的结果是 0;低位需要借位时,这一位的结果是 9.

(2) 如果某位上是 $0-1$,则在低位不需要借位时,这一位的结果是 9;低位需要借位时,这一位的结果是 8.

(3) 如果某位上是 $1-0$,则在低位不需要借位时,这一位的结果是 1;低位需要借位时,这一位的结果是 0.

(4) 如果某位上是 $1-1$,则在低位不需要借位时,这一位的结果是 0;低位需要借位时,这一位的结果是 9.

综上所述,$a-b$ 每一位数字只能是 0,1,8,9.

6.4 证明:不存在正整数 n,使得对于 $k = 1,2,3,\cdots,9$,$(n+k)!$ 的十进制最左边的数字都等于 k.

证明 对于任意正整数 x,存在一个整数 r 使得 $10^r \leqslant x < 10^{r+1}$,我们定义函数 $\alpha(x) = \dfrac{x}{10^r}$,这样 $[\alpha(x)]$ 正好是 x 最左边的数字,$\alpha(x)$ 有如下性质:

(1) $1 \leqslant \alpha(x) < 10$.

(2) 如果两个正整数 x,y 满足 $\alpha(x)\alpha(y) < 10$,则
$$\alpha(xy) = \alpha(x)\alpha(y)$$

(3) 如果两个正整数 x,y 满足 $\alpha(x)\alpha(y) \geqslant 10$,则有
$$\alpha(xy) = \alpha(x)\alpha(y) \div 10 < \min[\alpha(x), \alpha(y)]$$

假设存在一个正整数 n,使得对于 $k = 1,2,3,\cdots,9,(n+k)!$ 的十进制最左边的数字都等于 k,则
$$k \leqslant \alpha((n+k)!) < k+1$$
这样 $\alpha((n+k)!)$ 是严格递增的,所以 $n+2, n+3, \cdots, n+9$ 中不可能有一个数是 10^s 形式的,不然的话就会有
$$\alpha((n+k)!) = \alpha((n+k-1)!)$$
由性质(3) 可得
$$\alpha(n+k)\alpha((n+k-1)!) < 10$$
因此由性质(2),当 $2 \leqslant k \leqslant 9$ 时
$$1 < \alpha(n+k) = \dfrac{\alpha((n+k)!)}{\alpha((n+k-1)!)} \leqslant \dfrac{k+1}{k-1} \leqslant 3$$
且 $\quad 1 < \alpha(n+2) < \cdots < \alpha(n+9) \leqslant \dfrac{9+1}{9-1} = \dfrac{5}{4}$

这样由性质(2)
$$\alpha((n+4)!) = \alpha((n+1)!)\alpha(n+2)\alpha(n+3)\alpha(n+4) <$$
$$2 \times \left(\dfrac{5}{4}\right)^3 < 4$$
与 $[\alpha((n+4)!)] = 4$ 矛盾,因此结论成立.

6.5 a,b,n 都是正整数,$b \geqslant 2$,且 $(b^n - 1) \mid a$,证明:如果把 a 表示为 b 进制,则其中至少有 n 位数字不是 0.

证明 假设结论不成立,且 a 为最小的反例,即 a 表示为 b 进制只有 k 位数字不是 0,且 $0 < k < n$,故 $a = \sum\limits_{i=1}^{k} a_i b^{c_i}$,其中正整数 a_i 满足 $0 < a_i < b$,整数 $0 \leqslant c_1 < c_2 < \cdots < c_k$.

由于 $(b^n - 1) \mid a$,故 $n \leqslant c_k$.令 $c_k \equiv d_k \pmod{n}, 0 \leqslant d_k < n$,故 $b^{c_k} \equiv b^{d_k} \pmod{b^n - 1}$.因此
$$a = \sum_{i=1}^{k} a_i b^{c_i} \equiv a_k b^{d_k} + \sum_{i=1}^{k-1} a_i b^{c_i} \equiv 0 \pmod{b^n - 1}$$
而

$$0 < g = a_k b^{d_k} + \sum_{i=1}^{k-1} a_i b^{d_i} < a$$

且 g 最多只有 k 位数字不等于 0,与 a 为最小的反例的假设矛盾.

注 以上 $(b^n - 1) \mid a$,这个条件可以减弱为 $\left(\dfrac{b^n - 1}{b - 1}\right) \Big| a$.

注的证明 假设 a 是最小的正整数反例,由上面证明可以知道 $a < b^n - 1$,令 $a = k\left(\dfrac{b^n - 1}{b - 1}\right)$,则 $k < b$,而 $a = k(\overline{11\cdots1})_b = (\overline{kk\cdots k})_b$,则 a 有 n 位数字不是 0,矛盾.

6.6 一个十进制数由 0,1,2,3,4,5,6,7,8,9 这 10 个数字不重复构成,并且是 0,1,2,3,4,5,6,7,8,9 的倍数,求满足以上性质最小的整数.

解 要求这个数 0,1,2,3,4,5,6,7,8,9 的倍数,只要它是 $5 \times 7 \times 8 \times 9$ 的倍数就可以了,由于此数的各位数字之和为 $1 + 2 + \cdots + 9 = 45$,所以它肯定是 9 的倍数,另外最后一位肯定是 0,所以问题可以转换为:1,2,3,4,5,6,7,8,9 组成一个 9 位数,并要求它是 4×7 的倍数,何时最小?

如果前面 6 位为 123 456,后面三位 7,8,9 不可能组成 4 的倍数.

(1) 如果前面 5 位是 12 345,后面为了是 4 的倍数,最后两位只能是 68,76,96.

由于 $123\,450\,000 \equiv 2 \pmod 7$,所以要求"最后 4 位数" $\equiv 5 \pmod 7$.

ⅰ 最后两位是 68,只有 7 968,9 768 不符合要求.

ⅱ 最后两位是 76,只有 9 876,8 976 不符合要求.

ⅲ 最后两位是 96,只有 7 897,8 796 不符合要求.

所以前面 5 位是 12345 不符合要求.

(2) 前面 4 位是 1234,后面为了是 4 的倍数,最后两位只能是 68,56,76,96. $123\,400\,000 \equiv 3 \pmod 7$,所以要求"最后 5 位数" $\equiv 4 \pmod 7$.

ⅰ 后两位是 68,当中三位数 a 由 5,7,9 构成,要求 $100a + 68 \equiv 4 \pmod 7 \Rightarrow a \equiv 3 \pmod 7$,5,7,9 构成的 6 个三位数中只有 759 满足,对应 123 475 968.

ⅱ 后两位是 56,当中三位数 b 由 7,8,9 构成,要求 $100b + 56 \equiv 4 \pmod 7 \Rightarrow b \equiv 2 \pmod 7$,7,8,9 构成的 6 个三位数都不符合要求.

ⅲ 后两位是 76,当中三位数设为 c,由 5,8,9 构成,要求

$100c + 76 \equiv 4 \pmod 7 \Rightarrow c \equiv 6 \pmod 7$,5,8,9 构成的 6 个三位数只有 895,958 符合要求,对应 123 489 576, 123 495 876.

ⅳ 后两位是 96,当中三位数设为 d,由 5,7,8 构成,要求 $100d + 96 \equiv 4 \pmod 7 \Rightarrow d \equiv 3 \pmod 7$,5,7,8 构成的 6 个三位数只有 857 符合要求,对应 123 485 796.

综上所述,我们要求的数为 1 234 759 680.

> **6.7** 是否存在这样的十进制 4 位数,任意更换其中的任意三位数字,仍然无法得到 1 992 的倍数?

解 由于 4 位数中 1 992 的倍数只有以下几个:1 992,3 984,5 976,7 968,9 960,千位数字不能是 $A = \{2,4,6,8\}$,百位数字不能是 $B = \{1,2,3,4,5,6,7,8,0\}$,十位数字不能是 $C = \{0,1,2,3,4,5\}$,个位数字不能是 $D = \{1,3,5,7,9\}$,所以如果一个 4 位数的千位数字来自 A,百位数字来自 B,十位数字来自 C,各位数字来自 D,则它肯定满足我们的要求.这样的数当然是存在的,且有 $4 \times 9 \times 6 \times 5 = 1\,080$ 个.

> **6.8** 从个位数算起奇数位都不是 0,偶数位都是 0 的数我们称为是"摇摆数",有哪些正整数 n,不能整除所有的摇摆数?

解 10 的倍数个位一定要是 0,所以 10 的倍数不能整除所有摇摆数;25 的倍数最后两位一定要是 00,25,50,75,所以 25 的倍数也不能整除所有摇摆数.我们下面要证明其他类型的正整数都可以整除某个摇摆数.

(1) 若 $(n,10) = 1$,则 $1,11,111,\cdots$ 中至少有两个除以 $11n$ 的余数相同,所以它们的差是 $11n$ 的倍数,即存在 $11\cdots100\cdots0$ 是 $11n$ 的倍数,因此 $11\cdots1$ 是 $11n$ 的倍数,由于 $11\cdots1$ 是 11 的倍数,所以其中肯定恰有偶数个 1,这样摇摆数 $11\cdots1 \div 11 = 1\,010\cdots101$ 是 n 的倍数.

(2) 若 n 是奇数,且 $5 \parallel n$,则根据(1)存在一个 $1\,010\cdots101$ 是 $\frac{n}{5}$ 的倍数,所以相应的 $5\,050\cdots505$ 是 n 的倍数,也是摇摆数.

(3) 若 $n = 2^k$,我们是用数学归纳法来证明对每个 2^{2m+1},都有一个有 $2m-1$ 位摇摆数 u_m 是 2^{2m+1} 的倍数;$m = 1$ 时,取 $u_1 = 8$ 即可;假设 $2t-1$ 位摇摆数 u_t 是 2^{2t+1} 的倍数,我们在 u_t 前面加上 20,40,60,80 得到 4 个摇摆数 $2 \times 10^{2t} + u_t, 4 \times 10^{2t} + u_t, 6 \times 10^{2t} + u_t, 8 \times 10^{2t} + u_t$,它们都是 2^{2t+1} 的倍数,但是除以 2^{2t+3} 的余数两两

不同,因此其中肯定有一个是 2^{2t+3} 的倍数.根据数学归纳原理,结论成立.

作为此结论的直接推论,存在一个摇摆数是 2^{2k+1} 的倍数,当然也是 2^k 的倍数.

(4) 若 $n = 2^k r$,其中 $(r, 10) = 1$.根据(3)存在一个摇摆数 a 是 2^k 的倍数,则 $a, \overline{a0a}, \overline{a0a0a}, \cdots$ 都是摇摆数,并且都是 2^k 的倍数,其中必有两个除以 r 的余数不同,所以它们的差 $\overline{a0a0\cdots a0a00\cdots 0}$ 是 r 的倍数,由于 $(r, 10) = 1$,所以 $\overline{a0a0\cdots a0a}$ 是 r 的倍数,所以它也是 $n = 2^k r$ 的倍数.

综上所述,当 n 不是 10 和 25 的倍数时,n 是某个摇摆数的因子;当 n 是 10 或 25 的倍数时,n 不能整除所有的摇摆数.

6.9 A 表示 4444^{4444} 的十进制数字之和,B 是 A 的十进制数字之和,C 是 B 的十进制数字之和,求 C 的值.

(第 17 届国际数学奥林匹克)

解 设 $q(x)$ 为十进制数 x 的各个数字之和.而
$$4444^{4444} \leqslant 5\,000 \times 10\,000^{4443} = 5 \times 10^{17\,775}$$
故它最多是一个 17 776 位数,所以
$$A = q(4444^{4444}) \leqslant 9 \times 17\,776 = 159\,984$$
也即 A 最多是一个首位为 1 的 6 位数,所以
$$B = q(A) \leqslant 1 + 5 \times 9 = 46$$
也即 B 最多是一个首位为 4 的两位数;所以
$$C = q(B) \leqslant 4 + 9 = 13$$
由 $q(x)$ 的定义,对于所有的整数 x 有
$$q(x) \equiv x \pmod 9$$
所以
$$C \equiv B \equiv A \equiv 4444^{4444} \equiv 7^{4444} = 7 \times 343^{1\,481} \equiv 7 \pmod 9$$
所以只能有 $C = 7$.

6.10 求所有可以被 11 整除的三位数,使得所除之商正好等于它十进制各位数字平方和.

(第 2 届国际数学奥林匹克)

解 设此三位数为 $\overline{abc}$,其中 a, b, c 是三个 0 到 9 之间的整数,且 $a \neq 0$,这样我们就有 $a + c - b = 0$ 或 11.

(1) 若 $a + c - b = 0$,由已知 $a^2 + b^2 + c^2 = 9a + b$,将 $c = b - a$ 代入,可以得到
$$2a^2 - (2b + 9)a + (2b^2 - b) = 0$$

a 的判别式为
$$(2b+9)^2 - 8(2b^2-b) = 81 + 44b - 12b^2$$
因为 a 是一个整数,所以判别式应该是一个平方数. 这样只能有 $b=0$ 或者 5,将 $b=0$ 代入得 a 不是整数;将 $b=5$ 代入可以得到 $a=5, c=0$. 不难验证 550 的确满足要求.

(2) 若 $a+c-b = 11$,此时
$$a^2+b^2+c^2 = 9a+b+1$$
将 $c = b-a+11$ 代入可得
$$2a^2 - (2b+13)a + (2b^2+21b+120) = 0$$
它的判别式 $(-12b^2-44b+1)$ 应该是一个平方数,这只能有 $b=0$,将 $b=0$ 代入可得 $a=8, c=3$. 不难验证 803 的确满足要求.

所以满足要求的三位数有两个 550,803.

6.11 求所有可用十进制表示为 $\overline{13xy45z}$,且能被 792 整除的正整数,其中,x, y, z 为未知数.

解 因为 $792 = 8 \times 9 \times 11$,所以,数字 $\overline{13xy45z}$ 能被 8,9,11 整除.

由 $8 \mid \overline{13xy45z}$,知 $8 \mid \overline{45z}$.

而 $\overline{45z} = 450 + z = 448 + (z+2)$,因此,$8 \mid (z+2)$. 故 $z = 6$.

由 $9 \mid \overline{13xy456}$,知
$$9 \mid (1+3+x+y+4+5+6)$$
而 $1+3+x+y+4+5+6 = x+y+19 = 18+(x+y+1)$

因此 $9 \mid (x+y+1)$

故 $x+y = 8$ 或 $x+y = 17$,由 $11 \mid \overline{13xy456}$,知
$$11 \mid (6-5+4-y+x-3+1)$$
而 $6-5+4-y+x-3+1 = x-y+3$

因此 $x-y = -3$ 或 $x-y = 8$.

此时,有两种可能:

(1) 若 $x+y$ 为偶数,则 $x+y=8$ 且 $x-y=8$. 从而,$x=8, y=0$.

(2) 若 $x+y$ 为奇数,则 $x+y=17$ 且 $x-y=-3$. 从而 $x=7, y=10$,不可能.

所以,唯一的正整数为 1 380 456.

初等数论难题集(第一卷)
The Collection of Difficult Problem of Elementary Function Theory (The First Volume)

6.12 (1) 已知 2^{2007} 是一个 605 位数,且首位数字为 1. 请问 $\{2^0, 2^1, 2^2, \cdots, 2^{2006}\}$ 中有多少个数首位数字为 4?

(2) 设 k 是一个正整数,如果存在一个正整数 $n = n(k)$ 使得 2^n 和 5^n 开始的 k 位数字相同,问开始的 k 位数字是多少?

解 (1) 设 $S = \{2^0, 2^1, 2^2, \cdots, 2^{2006}\}$,对任意正整数 $a \leq 604$,S 中肯定存在 a 位数,设 2^b 为其中最小的一个,则 2^b 的首位数字肯定是 1,因此 S 中正好有 604 个数首位数字为 1.

如果 2^k 首位数字为 1,则 2^{k+1} 的首位数字为 2 或 3,2^{k+2} 的首位数字为 4,5,6,7. 因此共有 604 个 S 中的数首位数字为 2 或 3,共有 604 个 S 中的数首位数字为 4,5,6,7,所以 S 中共有 $2007 - 604 \times 3 = 195$ 个数首位数字为 8 或 9. 但是 2^k 首位数字为 8 或 9,当且仅当 2^{k-1} 的首位数字为 4,因此 S 中共有 195 个数首位数字为 4.

(2) 我们把 S 分成若干组:$\{2^0, 2^1, 2^2, 2^3; 2^4, 2^5, 2^6; 2^7, \cdots, 2^{2006}\}$ 每组都以一个首位数字为 1 的数开始,根据上面的讨论,S 正好被分成了 604 组,每组或者有 3 个数或者有 4 个数. 如果某组正好有 3 个数 $2^k, 2^{k+1}, 2^{k+2}$,则 2^k 首位为 1,2^{k+1} 首位为 2 或 3,2^{k+2} 首位为 5,6,7;如果某组正好有 4 个数 $2^k, 2^{k+1}, 2^{k+2}, 2^{k+3}$,则 2^k 首位为 1,2^{k+1} 首位为 2,2^{k+2} 首位为 4,2^{k+3} 首位为 8,9. 因此首位为 4 的数的个数等于以上分组中有 4 个数的组的个数. 假设分组中有 x 个 3 元组,y 个 4 元组,则 $x + y = 604, 3x + 4y = 2007$,解得 $y = 195$.

(3) 设非负整数 s, t 使得
$$10^s < 2^n < 10^{s+1}, 10^t < 5^n < 10^{t+1}$$

令 $a = \dfrac{2^n}{10^s}, b = \dfrac{5^n}{10^t}$,显然有 $1 < a < 10$ 和 $1 < b < 10, ab = 10^{n-s-t}$ 为 10 的幂,且 $1 < ab < 10^2$,因此 $ab = 10$. 所以我们有
$$\min(a, b) < \sqrt{ab} = \sqrt{10} < \max(a, b)$$
因此前面相同的 k 位数字正好是 $\sqrt{10}$ 的前面 k 位. (例如 $k = 4$ 时,如果有个 n 使得 2^n 和 5^n 的前面 4 位相同,则在上面的讨论中 a, b 的前面 4 位相同都是 $e.fgh$,由于 $\sqrt{10} = 3.162\ldots$,因此由 $\min(a, b) < \sqrt{ab} = \sqrt{10} < \max(a, b)$ 马上知道 $e.fgh = 3.162$,也就是说 2^n 和 5^n 两个数前面 4 位是 3 162.)

6.13 一个正整数 n 满足如下性质:它的十进制表示中每位数字都比它左边的数字大,求 $S(9n)$.

解 注意到 $9n = 10n - n$,令 $n = \overline{a_k a_{k-1} \cdots a_0}$,由于 $a_k <$

$a_{k-1} < \cdots < a_0$,所以 $9n$ 的各位数字从左到右分别为 $a_k, a_{k-1} - a_k, a_{k-2} - a_{k-1}, \cdots, a_0 - a_1 - 1, 10 - a_0$,故 $S(9n) = 9$.

> **6.14** 已知 $3^{2\,008}$ 是一个 959 位首位数字为 1 的数,请问 $S = \{3^1, 3^2, \cdots, 3^{2\,008}\}$ 中有多少个首位数字是 9?

解 S 的 2 008 个数除了 2 个个位数,一个 959 位数以外的 2 005 个数都是 $2 \leqslant k \leqslant 958$ 位数,而且对于每个这样的 k, S 中都有 2 个或 3 个 k 位数,我们把它们按照位数进行分组,设其中有 x 组是 2 个数,y 组有 3 个数,则 $x + y = 957, 2x + 3y = 2\,005$,解得 $y = 91$,也就是说有 91 个 $2 \leqslant k \leqslant 958$,使得 S 中有 3 个 k 位数。如果一组有 3 个数,则最大的数首位肯定是 9;另外如果 3^a 是首位数字为 9 的 k 位数,则 $3^{a-1}, 3^{a-2}$ 都是 k 位数。因此 $2 \leqslant k \leqslant 958$ 位数中有 91 个首位数字为 9,加上 3^2, S 共有 92 个首位数字为 9.

> **6.15** 证明:如果真分数的分母不超过 100,则在这个分数的十进制写法中不可能从左到右依次连续出现 1,6,7 这三个数.
>
> (英国数学奥林匹克,1978 年)

证明 设 $m, n \in \mathbf{Z}, m < n \leqslant 100$,且分数 $\frac{m}{n}$ 的十进制表示为

$$\frac{m}{n} = 0.a_1 a_2 \cdots a_k 167 a_{k+1} \cdots$$

其中,$a_1, a_2, \cdots, a_k, a_{k+4}, \cdots \in \{0, 1, 2, \cdots, 9\}$. 记 $p = 10^k \frac{m}{n}$,则 $p - [p] = 0.167 a_{k+4} \cdots$,因此

$$0.167 = \frac{10^k m - [p] n}{n} < 0.168$$

又记 $\qquad q = 10^k m - [p] n \in \mathbf{Z}$

则 $\qquad 1.002 \leqslant \frac{6q}{n} < 1.008$

因此 $\quad 0 < 0.002 \leqslant \frac{6q}{n} - 1 = \frac{6q - n}{n} < 0.008 < \frac{1}{100}$

由此得到

$$0 < 6q - n < \frac{n}{100} \leqslant 1$$

即 $6q - n$ 不是整数,与 $q, n \in \mathbf{Z}$ 矛盾,证毕.

6.16 证明:存在无穷多个正整数,它的十进制数字中没有 0,并且它的所有数字之和是它的因子.

证明 我们用数学归纳法证明数列 $a_n = \underbrace{11\cdots11}_{3^n}$ 满足问题的要求,即 $3^n \mid a_n$.

$n = 1$ 时,$3 \mid a_1$ 显然成立;假设 $n = k$ 时,$3^k \mid a_k$,我们来考虑 a_{k+1},根据数列的定义

$$a_{k+1} = \frac{1}{9}(10^{3^{k+1}} - 1) = \frac{1}{9}(10^{3^k} - 1)(10^{2\times 3^k} + 10^{3^k} + 1) = a_k(10^{2\times 3^k} + 10^{3^k} + 1)$$

由于 $3^k \mid a_k$

$$(10^{2\times 3^k} + 10^{3^k} + 1) \equiv 1 + 1 + 1 \equiv 0 \pmod{3}$$

所以 $3^{k+1} \mid a_{k+1}$,故结论成立.

6.17 已知 2^{29} 是一个十进制 9 位整数,并且每位数字都不相同,请问其中哪个数字没有出现?

解 由于 $2^3 \equiv -1 \pmod{9}$,所以

$$2^{29} \equiv (2^3)^9 \times 2^2 \equiv -4 \pmod{9}$$

而

$$\sum_{i=0}^{9} i = 45 \equiv 0 \pmod{9}$$

所以没有出现的数字是 4.(注:$2^{29} = 536\,870\,912$)

6.18 试证:2 的每个正整数幂都有一个倍数,使其数字(在十进制中)均不为 0.

(中国国家集训队选拔考试,1990 年)

证法 1 首先约定,所谓某数的第 l 位数字一律指从右向左数得的第 l 个数码.

对任何 $k \in \mathbf{N}$,令 $N_1 = 2^k$.

由 $5 \nmid 2^k$ 知,N_1 的个位数码不为 0,即第 1 位数码不为 0.

若 N_1 的各位数码都不为 0,则本题得证.

若不然,设 N_1 的前 $m - 1$ 位数码均不为 0,而第 $m\,(m \geq 2)$ 位数码为 0,令

$$N_2 = (1 + 10^{m-1})2^k = (1 + 10^{m-1})N_1$$

则 N_2 的前 m 位数码均不为 0.如果需要,再对 N_2 进行类似地处理,每一次至少增加一个非零数码,故经过有限次后,定能得到

一个数 N_s,它的前 k 位数码均不为 0,且 $2^k \mid N_s$.

不妨设 N_s 有 $q > k$ 位数码,并把 N_s 写作
$$N_s = m \cdot 10^k + n$$
这里 n 为一个 k 位数码的自然数. 因为
$$2^k \mid N_s, \quad 2^k \mid 10^k$$
所以 $2^k \mid n$,且 n 的各位数码不为 0.

这时 n 即为所求.

证法 2 用数学归纳法证明如下命题:

对任意 $k \in \mathbf{N}$,存在仅含 1 和 2 的一个 k 位数 m_k,使得 $2^k \mid m_k$. 显然这是比本例更强的结论.

(1) 当 $k = 1$ 时,取 $m_1 = 2$ 即可.

(2) 假设 $k = t$ 时,命题成立,即存在 m_t 为仅含数码 1 和 2 的 t 位数,且 $2^t \mid m_t$.

设 $m_t = 2^t q$,这里 q 为正整数.

考虑下面的两个数
$$m_t + 10^t = 2^t(q + 5^t) \qquad ①$$
$$m_t + 2 \cdot 10^t = 2^t(q + 2 \cdot 5^t) \qquad ②$$

当 q 为奇数时,$2^{t+1} \mid m_t + 10^t$;当 q 为偶数时,$2^{t+1} \mid m_t + 2 \cdot 10^t$.

取其中能被 2^{t+1} 整除的数为 m_{t+1},注意到 ① 和 ② 中的数分别相当于在 m_t 的前面添加 1 和 2,因此 m_{t+1} 仍为仅含 1 和 2 的 $t+1$ 位数,且 $2^{t+1} \mid m_{t+1}$.

所以命题对 $k = t + 1$ 成立.

综上所述,对所有 $k \in \mathbf{N}$,命题成立,从而原题成立.

6.19 求所有具有下述性质的 $n \in \mathbf{N}$,它的十进制写法中数字之和的 5 次幂等于 n^2.

(南斯拉夫数学奥林匹克,1977 年)

解 设 n 为所求的数,分别用 S 与 k 表示它的十进制写法中数字之和与个数,则 $S^5 = n^2$,$S \leqslant 9k$,$n \geqslant 10^{k-1}$. 因此,$9^5 k^5 \geqslant S^5 \geqslant 10^{2k-2}$. 记 $a_k = \dfrac{9^5 k^5}{10^{2k-2}}$,因为对每个 $k \in \mathbf{N}$,都有
$$\frac{9^5(k+1)^5}{9^5 k^2} = \frac{(k+1)^5}{k^5} \leqslant 2^5 < 10^2 = \frac{10^{2(k+1)-2}}{10^{2k-2}}$$
所以 $a_{k+1} < a_k$,即数列 $\{a_k\}$ 是递减的. 又因为 $a_6 < 1$,所以对所有 $k \geqslant 6$,都有 $9^5 k^5 < 10^{2k-2}$. 这表明,k 不大于 5,因此 $S \leqslant 9 \cdot 5 = 45$.

由于 $S^5 = n^2$,所以在 S^5(因而也在 S)的素因子分解中所有素因数都应有偶次幂.所以 S 只能是 1,4,9,16,25 或 36.直接计算表明,只有当 $S = 1$ 与 9 时,$n = \sqrt{S^5}$ 的各数字之和为 S.因此合乎题中条件的只有 $n = 1$ 与 $n = 243$.

6.20 确定最小的自然数 n,使 $n!$ 的结尾恰有 1 987 个 0.

(第 28 届国际数学奥林匹克候选题,1987 年)

解 设 $S(n)$ 是 n 在 p 进制的各位数码之和.我们首先证明 $n!$ 中素数 p 的幂指数等于

$$\frac{n - S(n)}{p - 1}$$

为此,设 n 的 p 进制表示为

$$n = (a_k a_{k-1} \cdots a_1 a_0)_p = a_k p^k + a_{k-1} p^{k-1} + \cdots + a_1 p + a_0$$

$$S(n) = a_k + a_{k-1} + \cdots + a_1 + a_0$$

则 $n!$ 中素数 p 的幂指数为

$$\left[\frac{n}{p}\right] + \left[\frac{n}{p^2}\right] + \cdots + \left[\frac{n}{p^k}\right] =$$

$(a_k p^{k-1} + a_{k-1} p^{k-2} + \cdots + a_1) +$

$(a_k p^{k-2} + a_{k-1} p^{k-3} + \cdots + a_2) + \cdots + (a_k p + a_{k-1}) + a_k =$

$a_k \dfrac{1 - p^k}{1 - p} + a_{k-1} \dfrac{1 - p^{k-1}}{1 - p} + \cdots + a_1 =$

$\dfrac{(a_k p^k + a_{k-1} p^{k-1} + \cdots + a_1 p + a_0) - (a_k + a_{k-1} + \cdots + a_1 + a_0)}{p - 1} =$

$\dfrac{n - S(n)}{p - 1}$

解本题的关键是计算 $n!$ 中素因数 5 的幂指数,即 n 为何值时,$n!$ 中 5 的幂指数恰为 1 987.由于

$$1\,987 \cdot 4 = 7\,948$$
$$7\,948 = (223\,243)_5$$
$$S(7\,948) = 16$$
$$\frac{7\,948 - 16}{5 - 1} = 1\,983$$

由于 7 950 能被 5^2 整除,7 955,7 960 都只能被 5 整除.

于是 7 960! 中 5 的幂指数恰为 1 987,即 $n = 7\,960$.

6.21 证明:在十进制中,任何一个平方数不能用五个相异的偶数或奇数的数字来表示.

证明　首先,证明任何一个平方数数字之和被 9 除,余数只可能是 0,1,4 或 7.事实上,平方数 k^2 设为
$$k^2 = 10^n a_n + 10^{n-1} a_{n-1} + \cdots + 100 a_1 + a_0$$
两边用 9 来除.上式右端的余数即为 $a_0 + a_1 + \cdots + a_n$ 被 9 除所得的余数,此余数记为 R.如设 r 是 9 除 k 的余数,那么 R 就应等于 r^2 被 9 除的余数.我们知道,r 只能是 0,1,2,3,4,5,6,7,8 中的一个.因此,显然有

$r = 0,3,6$ 时,$R = 0$;

$r = 1,8$ 时,$R = 1$;

$r = 2,7$ 时,$R = 4$;

$r = 4,5$ 时,$R = 7$.

故 R 只能是 0,1,4 或 7.

其次,再证明一个平方数的最后一个数字(即个位数字)如果是奇数,那么它的倒数第二个数字(即十位数字)一定是偶数.事实上,设 N 的个位数字是奇数 x,则 N 可写作 $N = 10k + x$ 的形式,其中,k 是整数,于是
$$N^2 = 100k^2 + 20kx + x^2$$
N^2 的十位数字是 x^2 的十位数字与 $20kx$ 的十位数字之和.不难验证,奇数 x 的平方 x^2 的十位数是偶数,$20kx$ 的十位数字也是偶数,所以 $20kx + x^2$ 的十位数字是偶数.因此,N^2 的十位数字是偶数.

我们知道,在十进制中,五个不同偶数或奇数的数字只能是两组

$$0,2,4,6,8 \text{ 和 } 1,3,5,7,9$$

上面第一组数字之和被 9 除的余数是 2,因此,它们不能组成五位数字的平方数,第二组数字中无偶数,所以也不能由它们组成五位数字的平方数.

注　如果平方数的个位数字是偶数,那么它的十位数字可能是奇数,如 16,36.但这种情况只有当个位数字是 6 时才会出现.

6.22　若 $\dfrac{3n+1}{n(2n-1)}$ 可写成有限的十进制小数的形式.求自然数 n.

(基辅数学奥林匹克,1983 年)

解　由于 $(n, 3n+1) = 1$.

若 $3n+1$ 与 $2n-1$ 互素,则分数 $p = \dfrac{3n+1}{n(2n-1)}$ 是既约分数.

若 $3n+1$ 与 $2n-1$ 不互素,设它们有公约数 d,且 $d > 1$.设
$$3n + 1 = da, 2n - 1 = db$$
则
$$d(2a - 3b) = 2(3n+1) - 3(2n-1) = 5$$

故 $3n+1$ 与 $2n-1$ 的公约数是 5,此时分数 p 的分子与分母只有公约数 5.

由于 p 可以写成有限的十进制小数的形式,故在约分之后,p 的分母除了 2 与 5 之外,没有其他的约数.

因此,$n(2n-1)$ 仅能被 2 或 5 整除,即
$$n(2n-1) = 2^k \cdot 5^m$$
因为 $2n-1$ 是奇数,且 n 和 $2n-1$ 互素,于是有
$$\begin{cases} n = 2^k \\ 2n-1 = 5^m \end{cases}$$
即 $\qquad 2^{k+1} = 5^m + 1$
由于 $\qquad 5^m + 1 \equiv 2 \pmod 4$
则 $\qquad 2^{k+1} \equiv 2 \pmod 4$
于是只能有 $\qquad k+1 = 1, k = 0$
从而有 $m = 0$. 因此仅当 $n = 1$ 时,p 才满足条件.

6.23 求所有正整数 k,使得在十进制表示下,k 的各位数字的积等于 $\dfrac{25}{8}k - 211$.

解 设 k 是十进制数,s 是 k 的各位数字之积.易知 $s \in \mathbf{N}$,故 $8 \mid k$ 且 $\dfrac{25}{8}k - 211 \geqslant 0$,即
$$k \geqslant \frac{1\,688}{25}$$
因为 $k \in \mathbf{N}^*$,所以,$k \geqslant 68$.

又 $8 \mid k$,故 k 的个位数是偶数.从而,s 是偶数.

由于 211 是奇数,故 $\dfrac{25}{8}k$ 为奇数.所以,$16 \nmid k$.

设 $k = \overline{a_1 a_2 \cdots a_t}$, $0 \leqslant a_i \leqslant 9 (i=2,3,\cdots,t)$, $1 \leqslant a_1 \leqslant 9$. 由定义
$$S = \prod_{i=1}^{t} a_t \leqslant a_1 \times 9^{t-1} < a_t \times 10^{t-1} = \overline{a_1 \underbrace{00\cdots 0}_{t-1 \text{个}}} \leqslant k$$
故 $\qquad k > s = \dfrac{25}{8}k - 211$
所以,$k \leqslant 99$.

由 $8 \mid k, 16 \nmid k$,得 $k = 72$ 或 88.经检验,k 为 72 或 88.

6.24 今有 26 个非零数码(即 26 个一位正整数)写成一行.证明:可将该行数码分成若干段,使得由各段中的数码所组成的自然数的总和可被 13 整除.

(列宁格勒数学奥林匹克,1991 年)

证明 先证明一个引理.

引理 设 S 是由 k 个不能被 13 整除的自然数构成的集合，$k \leq 13$；$A(S)$ 是 S 中一切可能的部分元素的和被 13 除所得余数的集合，则集合 $A(S)$ 中的元素不少于 k 个.

我们对 k 进行归纳.

$k = 1$ 时，引理显然成立.

现设 $k > 1$.

先去掉任意一个 $a \in S$，并将其余 $k - 1$ 个数所构成的集合记作 T，显然有 $A(T) \subset A(S)$.

易见，如果集合 $A(T)$ 中恰有 $k - 1 < 13$ 个元素，那么只须证明 $A(T) \neq A(S)$ 即可.

由于 13 是素数，所以如果 a 不能被 13 整除，那么 $0, 1, 2, \cdots, 12$ 中的每一个就都是形如 an（n 为整数）的数被 13 除所得的余数.

以 r_n 记 an 被 13 除所得的余数，选取一个 n，使得 $r_n \in A(T)$，$r_{n+1} \notin A(T)$，则有
$$r_n = r_{x_1 + \cdots + x_p}$$
其中 $x_1, \cdots, x_p \in T$，且
$$r_{n+1} = r_{x_1 + \cdots + x_p + a} \in A(S)$$
亦即
$$A(T) \neq A(S)$$
引理得证.

现将 26 位数先分成 13 个二位数
$$\overline{a_1 b_1}, \overline{a_2 b_2}, \cdots, \overline{a_{13} b_{13}}$$
我们考察
$$S = \{9a_1, 9a_2, \cdots, 9a_{13}\}$$

由引理所证可知，集合 $A(S)$ 由被 13 所除的所有 13 种可能的余数组成.

设 m 是所有 13 个二位数之和，则必有
$$r_m = r_{9a_{i_1} + 9a_{i_2} + \cdots + 9a_{i_p}} \quad ①$$

现在，我们将二位数
$$\overline{a_{i_1} b_{i_1}}, \overline{a_{i_2} b_{i_2}}, \cdots, \overline{a_{i_p} b_{i_p}}$$
都拆成一位数，得到 $2p$ 个一位数，则由
$$\overline{a_{i_t} b_{i_t}} - a_{i_t} - b_{i_t} = 9a_{i_t}, \quad t = 1, \cdots, p$$
可得，$2p$ 个一位数与其余 $13 - p$ 个二位数之和为
$$m - 9a_{i_1} - 9a_{i_2} - \cdots - 9a_{i_p}$$
由式 ①，它能被 13 整除.

6.25 已知两个纯十进制循环小数的和与积都是周期为 T 的纯循环小数. 证明: 这两个循环小数的周期不超过 T.

证明 首先注意周期为 T 的纯循环小数乘以 $10^T - 1$ 后为整数. 令 a, b 是满足条件的两个循环小数
$$A = (10^T - 1)a, B = (10^T - 1)b$$
则 $A + B = (10^T - 1)(a + b), AB = (10^T - 1)^2 ab$
均为整数. 但如果两个有理数的和与积都为整数, 那么它们是一个二次整系数多项式的根, 因此都为整数. 这样, a, b 均可表为分母为 $10^T - 1$ 的分数, 故它们的周期不超过 T.

6.26 证明: 如果 n 是任意自然数, 那么将数 $(5 + \sqrt{26})^n$ 写成十进制小数时, 小数部分开头的 n 个数码是相同的.

(匈牙利数学奥林匹克, 1966 年)

证明 我们证明, 将数 $(5 + \sqrt{26})^n$ 写成十进制小数时, 小数点以后的前 n 个数码或者都是 0, 或者都是 9.

这就等价于证明
$$|(5 + \sqrt{26})^n - [(5 + \sqrt{26})^n]| < 10^{-n}$$
为此只要证明
$$(5 + \sqrt{26})^n + (5 - \sqrt{26})^n$$
是整数, 以及 $|5 - \sqrt{26}| < \frac{1}{10}$
即可.

对 $(5 + \sqrt{26})^n + (5 - \sqrt{26})^n$ 进行二项式展开可以看出含有 $\sqrt{26}$ 的奇次幂的项相互抵消了, 而只剩下含有 $\sqrt{26}$ 的偶次幂的项, 因而 $(5 + \sqrt{26})^n + (5 - \sqrt{26})^n$ 一定是整数.

另一方面, 由 $5.1^2 = 26.01 > 26$, 所以
$$5 < \sqrt{26} < 5.1$$
$$|5 - \sqrt{26}| < \frac{1}{10}$$
由以上可知
$$|(5 + \sqrt{26})^n - [(5 - \sqrt{26})^n]| 10^{-n}$$
由于 $5 - \sqrt{26}$ 是负数, 则 n 是奇数时, 小数点后的前 n 个数字是 0; n 是偶数时, 小数点后的前 n 个数字是 9.

6.27 在 $n!$ 的十进制表示中,从个位数算起第一个非零数字记为 a_n,问是否存在自然数 N,使得 $a_{N+1},a_{N+2},a_{N+3},\cdots$,是周期数列?

(第 32 届国际数学奥林匹克预选题,1991 年)

解 如果存在自然数 N,使得
$$a_{N+1},a_{N+2},\cdots$$
是周期数列. 设其周期为 T,令
$$T = 2^{\alpha_1} \cdot 5^{\alpha_2} \cdot p$$
其中,α_1,α_2 为非负整数,且 $(p,10)=1$.

取自然数 $m \geq \max\{\alpha_1,\alpha_2\}$,且 $10^m > N$.

取 $k = m + \varphi(p)$,其中 $\varphi(p)$ 表示 $[1,p]$ 中与 p 互素的整数的个数.

由欧拉定理可知
$$10^{\varphi(p)} - 1 \equiv 0 \pmod{p}$$
所以 $\qquad 10^m(10^{\varphi(p)} - 1) \equiv 0 \pmod{T}$
即 $\qquad 10^k \equiv 10^m \pmod{T}$
由于 $\qquad (10^k)! = 10^k(10^k - 1)!$
从而由 a_n 的定义可知
$$a_{10^k} = a_{10^k - 1}$$
显然 $10^k - 1 > N$,于是
$$a_{2 \cdot 10^k - 10^m} = a_{2 \cdot 10^k - 10^m - 1}$$
显然,$2 \cdot 10^k - 10^m$ 的第一个非零数字是 9,又
$$(2 \cdot 10^k - 10^m)! = (2 \cdot 10^k - 10^m)(2 \cdot 10^k - 10^m - 1)!$$
所以 $\qquad a_{2 \cdot 10^k - 10^m - 1} = 5$

但这是不可能的. 这是因为在 $n! = 2^{a_2} \cdot 3^{a_3} \cdot 5^{a_5} \cdots$ 的素因子分解中,满足
$$a_2 = \sum_{k=1}^{\infty}\left[\frac{n}{2^k}\right] \geq a_5 = \sum_{k=1}^{\infty}\left[\frac{n}{5^k}\right]$$
即 $n!$ 中 2 的最高指数不小于 5 的最高指数.

所以使 $a_{N+1},a_{N+2},\cdots$ 为周期数列的 N 不存在.

6.28 证明:存在无穷多个正整数,这些数都是 2 005 的倍数,而且这些数写成十进制数后,0,1,$\cdots$,9 出现的个数相同. (规定:首位前面的 0 不算)

证明 首先,注意到 $2\ 005 = 5 \times 401$.

令 $M = 1\ 234\ 678\ 905$，则
$$N_k = M(10^{10(k-1)} + 10^{10(k-2)} + \cdots + 10^{10} + 1)$$
每个 N_k 的最后一位数都是 5，因此，能被 5 整除. 同时，每个 N_k 中，$0,1,2,\cdots,9$ 出现的个数相等.

我们找到了类似 N_k 的数，但是只有其中一部分数能被 401 整除. 由抽屉原理，必定存在一个模 401 后的同余类，这个集合是包含 N_k 中的无限多个元素. 设 N_m 是这个同余类中的最小数，从同余类中任意取 N_k，则
$$N_k - N_m = N_{k-m} \cdot 10^{10m}$$
构造一个新的无限集，这个集合中的元素由 N_{k-m} 组成.

因此 10 和 401 互质，N_{k-m} 能被 401 整除，同时，N_{k-m} 的个位数字是 5，所以，N_{k-m} 能被 2 005 整除.

这样，就构造出了满足条件的无限个数.

6.29 一个十进制数的某一位数码称做是周期重复的，是指这个数码在小数点后的位置号从左到右依序构成等差数列. 证明：区间 $(0,1)$ 内的任何一个十进制无理数，至少有一位数码不是周期重复的.

（第 16 届全俄数学奥林匹克，1990 年）

证明 结论等价于：若十进制数 $A \in (0,1)$，且它的每位数码都是周期重复的，则 A 是有理数.

设 A 中用到的不同数码为 $i_1, i_2, \cdots, i_k$. 各个数码的重复周期依次是 $T_1, T_2, \cdots, T_k$，这些周期的最小公倍数为
$$T = [T_1, T_2, \cdots, T_k]$$
即每 T 个数码为一组周期重复，因此 A 是有理数.

6.30 求 $(\sqrt{2} + \sqrt{5})^{2\ 000}$ 的十进制表示中小数点前第一位数字和小数点后第一位数字.

解 $(\sqrt{2} + \sqrt{5})^{2\ 000} = (7 + 2\sqrt{10})^{1\ 000}$

设 $a_n = (7 + 2\sqrt{10})^n + (7 - 2\sqrt{10})^n$

则 $a_0 = 2, a_1 = 14$

注意到 $\{a_n\}$ 是二阶递推数列，其特征方程为
$$[t - (7 + 2\sqrt{10})][t - (7 - 2\sqrt{10})] = 0$$
即 $t^2 - 14t + 9 = 0$

故 $a_{n+2} - 14a_{n+1} + 9a_n = 0$

因此，$\{a_n\}$ 是整数数列.

计算数列前几项模 10 的余数
$$a_0 \equiv 2(\bmod 10), a_1 \equiv 4(\bmod 10), a_2 \equiv 8(\bmod 10)$$
$$a_3 \equiv 6(\bmod 10), a_4 \equiv 2(\bmod 10), a_5 \equiv 4(\bmod 10)$$

注意到 $a_0 \equiv a_4(\bmod 10), a_1 \equiv a_5(\bmod 10)$，由于 $\{a_n\}$ 是二阶递推数列，则
$$a_{n+4} \equiv a_n(\bmod 10)$$

故
$$a_{1\,000} \equiv a_{996} \equiv a_{992} \equiv \cdots \equiv a_0 \equiv 2(\bmod 10)$$

因为 $0 < 7 - 2\sqrt{10} < 1$，则
$$0 < (7 - 2\sqrt{10})^{1\,000} < 1$$

故
$$[(7 + 2\sqrt{10})^{1\,000}] = a_n - 1 \equiv 1(\bmod 10)$$

所以，$(\sqrt{2} + \sqrt{5})^{2\,000}$ 的小数点前第一位数字是 1.

又 $0 < 7 - 2\sqrt{10} < 0.9$，则
$$0 < (7 - 2\sqrt{10})^{1\,000} < 0.1$$

故
$$\{(7 + 2\sqrt{10})^n\} = 1 - (7 - 2\sqrt{10})^n > 0.9$$

所以，$(\sqrt{2} + \sqrt{5})^{2\,000}$ 的小数点后第一位数字是 9.

6.31 证明：对于数字全部是由 1 组成的两个自然数，当且仅当它们的位数互素时，这两个自然数互素.

（波兰数学竞赛，1962 年）

证明 我们用 J_m 表示数字全部是由 1 组成的 m 位数
$$J_m = 10^{m-1} + 10^{m-2} + \cdots + 10 + 1 = \frac{1}{9}(10^m - 1)$$

可以证明如下两个引理：

引理 1 对 $m, d \in \mathbf{N}$，若 $d \mid m$，则 $J_d \mid J_m$.

事实上，由 $d \mid m$ 可设
$$m = kd, k \in \mathbf{N}$$
$$J_m = J_{kd} = \frac{1}{9}(10^{kd} - 1) =$$
$$\frac{1}{9}(10^d - 1)(10^{kd-d} + 10^{kd-2d} + \cdots + 10^d + 1) =$$
$$J_d(10^{kd-d} + 10^{kd-2d} + \cdots + 10^d + 1)$$

由于 $10^{kd-d} + 10^{kd-2d} + \cdots + 10^d + 1$ 是整数，所以
$$J_d \mid J_m$$

引理 2 如果 $m, n \in \mathbf{N}$，且 $m > n$，则
$$J_{m-n} \mid J_m - J_n$$

事实上

$$J_m - J_n = \frac{1}{9}(10^m - 1) - \frac{1}{9}(10^n - 1) = \frac{1}{9}(10^m - 10^n) =$$
$$\frac{1}{9}(10^{m-n} - 1) \cdot 10^n = J_{m-n} \cdot 10^n$$

因此 $\quad J_{m-n} \mid J_m - J_n$

现设 J_m, J_n 是两个已知数,且 $m > n$.

(1) 我们证明:若 J_m 和 J_n 互素,则 m 和 n 也互素.

事实上,若 m 和 n 不互素,则 $(m, n) = d > 1$. 于是由引理1必有

$$J_d \mid J_m, J_d \mid J_n$$

因而 J_m 与 J_n 有大于1的公约数,与 J_m 和 J_n 互素矛盾.

(2) 我们再证明,若 m 和 n 互素,则 J_m 和 J_n 也互素.

对 m 和 n 应用辗转相除法

$$m = nq + r, 0 < r < n$$
$$n = rq_1 + r_1, 0 < r_1 < r$$
$$r = r_1 q_2 + r_2, 0 < r_2 < r_1$$
$$\cdots\cdots$$
$$r_{k-2} = r_{k-1} q_k + r_k, 0 < r_k < r_{k-1}$$
$$r_{k-2} = r_k q_{k+1}$$

由以上一系列等式可知, r_k 是 $r_{k-1}, r_{k-2}, \cdots, r, n$ 和 m 的公约数. 因为 m 和 n 互素,所以有

$$r_k = 1$$

由引理2有 $\quad J_r \mid J_m - J_{nq}$

由引理1有 $\quad J_n \mid J_{nq}$

因此,若 D 是 J_m 和 J_n 的公约数,则 D 也是 $J_m - J_{nq}$ 的约数. 由于

$$J_m - J_{nq} = J_r \cdot 10^{nq}$$

并且 D 显然没有约数2和5,因此 D 与 10^{nq} 互素,因此 D 能整除 J_r.

类似地可以证明 D 能整除 $J_{r_1}, J_{r_2}, \cdots, J_{r_k}$.

由于 $r_k = 1$,则

$$J_{r_k} = J_1 = 1$$

因此 $\quad D = 1$

于是 J_m 与 J_n 互素.

6.32 已知正整数 N 的各位数字之和为100,而 $5N$ 的各位数字之和为50. 证明: N 是偶数.

解 用 $s(A)$ 表示正整数 A 的各位数字之和.

通过观察两个正整数 A 和 B 的加法竖式,可知

$$s(A+B) \leqslant s(A) + s(B)$$
当且仅当不发生进位时,等号成立.

首先,由题设条件可以推知,在求 $5N + 5N = 10N$ 的过程中没有发生进位,这是因为
$$s(10N) = s(N) = 100 = s(5N) + s(5N)$$
其次,$5N$ 只能以 5 或 0 结尾,分别对应于 N 为奇数和偶数.若以 5 结尾,在做加法 $5N + 5N = 10N$ 的过程中就会发生进位,此与事实不符.

所以,$5N$ 必以 0 结尾,即 N 是偶数.

6.33 如果一个正整数的十进制表示中,任何两个相邻数字的奇偶性不同,则称这个正整数为交替数.试求出所有的正整数 n,使得至少有一个 n 的倍数为交替数.

解 为证此题先证明两个引理.

引理 1 对 $k \geqslant 1$,存在 $0 \leqslant a_1, a_2, \cdots, a_{2k} \leqslant 9$,使得 $a_1, a_3, \cdots, a_{2k-1}$ 是奇数,$a_2, a_4, \cdots, a_{2k}$ 是偶数,且 $2^{2k+1} \mid \overline{a_1 a_2 \cdots a_{2k}}$(表示十进制数).

引理 1 的证明 对 k 进行归纳.

当 $k = 1$ 时,由 $8 \mid 16$ 知命题成立.

假设 $k = n - 1$ 时结论成立.

当 $k = n$ 时,设 $\overline{a_1 a_2 \cdots a_{2n-2}} = 2^{2n-1} t$(归纳假设).只要证明存在 $0 \leqslant a, b \leqslant 9$,$a$ 为奇数,b 为偶数,且
$$2^{2n+1} \mid (\overline{ab} \times 10^{2n-2} + 2^{2n-1} t)$$
即 $\qquad 8 \mid (\overline{ab} \times 5^{2n-2} + 2t)$
即 $\qquad 8 \mid (\overline{ab} + 2t)$(因为 $5^{2n-2} \equiv 1 \pmod 8$)

由 $8 \mid (12 + 4), 8 \mid (14 + 2), 8 \mid (16 + 0), 8 \mid (50 + 6)$ 可知引理 1 成立.

引理 2 对 $k \geqslant 1$,存在一个 $2k$ 位的交替数 $\overline{a_1 a_2 \cdots a_{2k}}$,其末位为奇数,且 $5^{2k} \mid \overline{a_1 a_2 \cdots a_{2k}}$(这里 a_1 可以为 0).

引理 2 的证明 对 k 进行归纳.

当 $k = 1$ 时,由 $25 \mid 25$ 知命题成立.

假设 $k = n - 1$ 时成立,即存在交替数 $\overline{a_1 a_2 \cdots a_{2n-2}}$ 满足 $5^{2n-2} \mid \overline{a_1 a_2 \cdots a_{2n-2}}$.

此时只须证明存在 $0 \leqslant a, b \leqslant 9$,$a$ 为偶数,b 为奇数,且 $5^{2n} \mid (\overline{ab} \times 10^{2n-2} + t \times 5^{2n-2})$(设 $\overline{a_1 a_2 \cdots a_{2n-2}} = t \times 5^{2n-2}$),即
$$25 \mid (\overline{ab} \times 2^{2n-2} + t)$$
由 $(2^{2n-2}, 25) = 1$ 知存在 $0 < \overline{ab} \leqslant 25$,使得

$$25 \mid (\overline{ab} \times 2^{2n-2} + t)$$

若此时 b 为奇数,则 $\overline{ab}, \overline{ab}+50$ 中至少有一个首位为偶数且满足条件.

若 b 为偶数,则 $\overline{ab}+25, \overline{ab}+75$ 中至少有一个首位为偶数且满足条件.

故引理 2 得证.

下面证明原题.

设 $n = 2^\alpha \cdot 5^\beta \cdot t, (t,10)=1, \alpha, \beta \in \mathbf{N}$,若 $\alpha \geqslant 2, \beta \geqslant 1$,则对 n 的任一个倍数 l,l 的末位数为 0,且十位数是偶数.因此,n 不满足要求.

(1) 当 $\alpha = \beta = 0$ 时,考虑数 $21, 2\,121, 212\,121, \cdots, \underbrace{2121\cdots 21}_{k\text{个}21}, \cdots$,其中必有两个模 n 同余,不妨设 $t_1 > t_2$ 且 $\underbrace{2121\cdots 21}_{t_1\text{个}21} \equiv \underbrace{2\,121\cdots 21}_{t_2\text{个}21}$ $(\bmod\, n)$,则

$$\underbrace{2121\cdots 21}_{t_1-t_2\text{个}21}\underbrace{00\cdots 00}_{2t_2\text{个}0} \equiv 0 (\bmod\, n)$$

因为 $(n,10)=1$,所以

$$\underbrace{2121\cdots 21}_{t_1-t_2\text{个}21} \equiv 0 (\bmod\, n)$$

此时 n 满足要求.

(2) 当 $\beta = 0, \alpha \geqslant 1$ 时,由引理 1 知存在交替数 $\overline{a_1 a_2 \cdots a_{2k}}$ 满足 $2^\alpha \mid \overline{a_1 a_2 \cdots a_{2k}}$.考察

$$\overline{a_1 a_2 \cdots a_{2k}}, \overline{a_1 a_2 \cdots a_{2k} a_1 a_2 \cdots a_{2k}}, \cdots,$$
$$\underbrace{\overline{a_1 a_2 \cdots a_{2k} a_1 a_2 \cdots a_{2k} \cdots a_1 a_2 \cdots a_{2k}}}_{l\text{个}}, \cdots$$

其中必有两个模 t 同余,不妨设 $t_1 > t_2$,且

$$\underbrace{\overline{a_1 a_2 \cdots a_{2k} \cdots a_1 a_2 \cdots a_{2k}}}_{t_1\text{个}} \equiv \underbrace{\overline{a_1 a_2 \cdots a_{2k} \cdots a_1 a_2 \cdots a_{2k}}}_{t_2\text{个}} (\bmod\, t)$$

因为 $(t,10)=1$,所以

$$\underbrace{\overline{a_1 a_2 \cdots a_{2k} \cdots a_1 a_2 \cdots a_{2k}}}_{t_1-t_2\text{个}} \equiv 0 (\bmod\, t)$$

又因为 $(t,2)=1$,所以

$$2^\alpha t \mid \underbrace{\overline{a_1 a_2 \cdots a_{2k} \cdots a_1 a_2 \cdots a_{2k}}}_{t_1-t_2\text{个}}$$

且此数为交替数.

(3) 当 $\alpha = 0, \beta \geqslant 1$ 时,由引理 2 知存在交替数 $\overline{a_1 a_2 \cdots a_{2k}}$ 满足 $5^\beta \mid \overline{a_1 a_2 \cdots a_{2k}}$,且 a_{2k} 是奇数.

同(2)可得存在 $t_1 > t_2$ 满足

$$t \mid \underbrace{\overline{a_1 a_2 \cdots a_{2k} \cdots a_1 a_2 \cdots a_{2k}}}_{t_1-t_2\text{个}}$$

因为 $(5,t)=1$,所以

$$5^\beta t \mid \underbrace{\overline{a_1 a_2 \cdots a_{2k} \cdots a_1 a_2 \cdots a_{2k}}}_{t_1 - t_2 \uparrow}$$

且此数为交替数,末位数 a_{2k} 为奇数.

(4) 当 $\alpha = 1, \beta \geqslant 1$ 时,由 (3) 知存在交替数 $\overline{a_1 a_2 \cdots a_{2k} \cdots a_1 a_2 \cdots a_{2k}}$ 满足 a_{2k} 是奇数,且

$$5^\beta t \mid \overline{a_1 a_2 \cdots a_{2k} \cdots a_1 a_2 \cdots a_{2k}}$$

从而,$2 \times 5^\beta t \mid \overline{a_1 a_2 \cdots a_{2k} \cdots a_1 a_2 \cdots a_{2k} 0}$,且此数为交替数.

综上所述,满足条件的 n 为 $20 \nmid n, n \in \mathbf{N}^*$.

> **6.34** 把至多 $n(n > 2)$ 个数码(十进制记数法)的一切自然数分为两组:数码和为奇数的是第一组,数码和为偶数的为第二组.
>
> 证明:如果 $1 \leqslant k < n$,那么第一组中所有数的 k 次幂之和等于第二组中所有数的 k 次幂之和.
>
> (第 4 届全苏数学奥林匹克,1970 年)

证明 设 D_1 为 10 个数码构成的集合,A_1 为偶数码的集合,B_1 为奇数码的集合,即

$$D_1 = \{0, 1, 2, \cdots, 9\}$$
$$A_1 = \{0, 2, 4, 6, 8\}$$
$$B_1 = \{1, 3, 5, 7, 9\}$$

一般地,对于任意的 n,用 D_n 表示不多于 n 位的所有数的集合.A_n 和 B_n 分别表示由 D_n 中数码和为偶数与数码和为奇数的数所构成的子集 $(D_n = A_n \cup B_n)$.

如果把 0 也计算在内,A_n 和 B_n 各含有 $5 \cdot 10^{n-1}$ 个元素.

我们把集合 X 的所有元素 x 之和记为 $\sum_{x \in X} x$.

我们的问题是证明

$$\sum_{a \in A_n} a^k = \sum_{b \in B_n} b^k$$

并把这个和记为 $S_n^{(k)}$.

当 $n = 2, k = 1$ 时,问题归结为显然的等式

$$\sum (10a + p) + \sum (10b + q) = \sum (10a + q) + \sum (10b + p)$$

其中,$a \in A_1, p \in A_1, b \in B_1, q \in B_1$.

当 $d \in D_1, r \in D_1$ 时,上面等式的两边都等于

$$5(\sum 10d + \sum r), S_2^{(1)} = 5(10 + 1)(1 + 2 + \cdots + 9)$$

这是因为每个数字 a, b, p, q 进入两边的和各 5 次.

对于 $n = 3$,对于一切 $a \in A_2, p \in A_1, b \in B_2, q \in B_1, d \in D_2, r \in D_1$,有

$$\sum (10a + p)^2 + \sum (10b + q)^2 =$$

$$50 \cdot 10^2 (\sum a^2 + \sum b^2) +$$
$$2 \cdot 10 (\sum ap + \sum bq) + 50 \sum p^2 + 50 \sum q^2 =$$
$$50 \cdot 10^2 \sum d^2 + 2 \cdot 10 (\sum a \sum p + \sum b \sum q) + 50 \sum r^2 =$$
$$5 \cdot 10^3 \sum d^2 + 20 \sum r S_2^{(1)} + 50 \sum r^2$$

同样也能求出 $\sum (10a+q)^2 + \sum (10b+p)^2$ 为相同的结果.

下面用对 n 用数学归纳法来证明一般的结论. 这里将利用公式
$$(x+y)^k = x^k + C_k^1 x^{k-1} y + C_k^2 x^{k-2} y^2 + \cdots + C_k^{k-1} x y^{k-1} + y^k =$$
$$x^k + \sum C_k^j x^{k-j} y^j + y^k$$

(二项式系数 $C_k^j, 1 \leq j \leq k-1$, 在我们的推理中不起作用) 以及公式
$$\sum uv = \sum u \cdot \sum v (\text{关于一切 } u \in U, v \in V \text{ 的和})$$

假设对于 n 位数和任意的 $k, 1 \leq k < n$, 所需等式已得证, 即
$$\sum_{a \in A_n} a^j = \sum_{b \in B_n} b^j = S_n^{(j)}$$

下面求 A_{n+1} 中数的 k 次幂之和, $k < n+1$.

其中 $a \in A_n, p \in A_1, b \in B_n, q \in B_1, d \in D_n, r \in D_1, 1 \leq j \leq k-1$.

$$\sum (10a+p)^k + \sum (10b+q)^k =$$
$$5 \cdot 10^k (\sum a^k + \sum b^k) +$$
$$\sum C_k^j 10^{k-j} (\sum a^{k-j} p^j + \sum b^{k-j} q^j) + 5 \cdot 10^{n-1} (\sum p^k + \sum q^k) =$$
$$5 \cdot 10^{n-1} \sum d^k + \sum_j C_k^j 10^{k-j} S_k^{(k-j)} \sum d^j + 5 \cdot 10^{n-1} \sum r^k$$

显然, 改变 p 和 q 的位置即得 B_{n+1} 中数的 k 次幂之和, 也等于同一个表达式.

因而对 $n+1$, 结论成立.

6.35 已知自然数 $a, b, n, a > 1, b > 1, n > 1, A_{n-1}$ 和 A_n 是以 a 为基数的数系中的数(即 a 进制中的数), B_{n-1} 和 B_n 是以 b 为基数的数系中的数(即 b 进制中的数), $A_{n-1}, A_n, B_{n-1}, B_n$ 可表示为以下的形式
$$A_{n-1} = x_{n-1} x_{n-2} \cdots x_0, \quad A_n = x_n x_{n-1} \cdots x_0$$
(按 a 进制写出)
$$B_{n-1} = x_{n-1} x_{n-2} \cdots x_0, \quad B_n = x_n x_{n-1} \cdots x_0$$
(按 b 进制写出), 此处 $x_n \neq 0, x_{n-1} \neq 0$.

试证明: 若 $a > b$, 则 $\dfrac{A_{n-1}}{A_n} < \dfrac{B_{n-1}}{B_n}$.

分析 按本题要求,为了证 $\dfrac{A_{n-1}}{A_n} < \dfrac{B_{n-1}}{B_n}$ 成立($a > b$ 时),可采用比较法,只需要证,当 $a > b$ 时,$\dfrac{B_{n-1}}{B_n} - \dfrac{A_{n-1}}{A_n} > 0$ 即可.

证法 1 引入辅助函数,设 $f(x) = \dfrac{p(x)}{q(x)}$,其中

$$p(x) = \sum_{k=0}^{n-1} x_k \cdot x^k, \quad q(x) = p(x) + x_n \cdot x^n$$

因而有

$$p(a) = \sum_{k=0}^{n-1} x_k \cdot a^k = x_0 + x_1 a + x_2 a^2 + \cdots + x_{n-1} a^{n-1} =$$
$$x_{n-1} x_{n-2} \cdots x_1 x_0 = A_{n-1}(\text{按 } a \text{ 进制写出})$$
$$q(a) = p(a) + x_n \cdot a^n =$$
$$x_0 + x_1 a + \cdots + x_{n-1} a^{n-1} + x_n \cdot a^n =$$
$$x_n x_{n-1} \cdots x_1 x_n = A_n(\text{按 } a \text{ 进制写出})$$

所以 $$f(a) = \dfrac{A_{n-1}}{A_n}$$

同理 $$f(b) = \dfrac{B_{n-1}}{B_n}$$

因此,当 $a > b$ 时,要证 $\dfrac{A_{n-1}}{A_n} < \dfrac{B_{n-1}}{B_n}$ 成立就等价于证明 $f(a) < f(b)$ 成立,也就是只须证明函数 $y = f(x)$ 严格递减即可.

对 $f(x)$ 求导数,得

$$f'(x) = \dfrac{p'q - pq'}{q^2} = \dfrac{p'(p + x_n x^n) - p(p' + n \cdot x_n \cdot x^{n-1})}{q^2} =$$
$$\dfrac{x_n \cdot x^{n-1}((x_1 + 2x_2 x + \cdots + (n-1) x_{n-1} x^{n-2}) \cdot x - p^n)}{q^2} =$$
$$\dfrac{x_n \cdot x^{n-1}(x_1 x(1-n) + x_2 x^2(2-n) + \cdots + (n-1-n) x_{n-1} x^{n-1} - n x_0)/a^2}{q^2} =$$
$$\dfrac{x_n \cdot x^{n-1}\left(\sum_{k=1}^{n-1} x^k x_k (k-n) \cdots n x_0\right)}{q^2}$$

由于 $\quad x > 0, x_n > 0, n > 1, x_k \geqslant 0$
$\quad (k - n) < 0, k = 1, 2, \cdots, n - 1 > 0, q^2 > 0$

因此,只要有一个 $x_k > 0 (0 \leqslant k \leqslant n - 1)$,就有
$$f'(x) < 0$$

这就是说,对于 $x > 0$,有 $f'(x) < 0$,故 $f(x)$ 是严格递减函数.

所以当 $a > b$ 时,$f(a) < f(b)$ 成立,即

$$\dfrac{A_{n-1}}{A_n} < \dfrac{B_{n-1}}{B_n}$$

成立.

证法 2 因为
$$(x_{n-1}a^{-1} + x_{n-2}a^{-2} + \cdots + x_0 a^{-n}) -$$
$$(x_{n-1}b^{-1} + x_{n-2}b^{-2} + \cdots + x_0 b^{-n}) =$$
$$x_{n-1}(a^{-1} - b^{-1}) + x_{n-2}(a^{-2} - b^{-2}) + \cdots + x_0(a^{-n} - b^{-n}) < 0$$

所以
$$x_{n-1}a^{-1} + x_{n-2}a^{-2} + \cdots + x_0 a^{-n} < x_{n-1}b^{-1} + \cdots + x_0 b^{-n}$$

于是
$$\frac{x_{n-1}a^{n-1} + x_{n-2}a^{n-2} + \cdots + x_0}{a^n} < \frac{x_{n-1}b^{n-1} + \cdots + x_0}{b^n}$$

即
$$\frac{A_{n-1}}{a^n} < \frac{B_{n-1}}{b^n}$$

由此变形,得
$$\frac{x_n a^n}{A_{n-1}} > \frac{x_n b^n}{B_{n-1}}, 1 + \frac{x_n a^n}{A_{n-1}} > 1 + \frac{x_n b^n}{B_{n-1}}$$
$$\frac{A_{n-1} + x_n a^n}{A_{n-1}} > \frac{B_{n-1} + x_n b^n}{B_{n-1}}$$
$$\frac{A_n}{A_{n-1}} > \frac{B_n}{B_{n-1}}$$

所以 $\dfrac{A_{n-1}}{A_n} < \dfrac{B_{n-1}}{B_n}$,证毕.

6.36 证明:当 n 趋向于无穷时,数 $1\,972^n$ 的数码之和无限增长.

(波兰数学竞赛,1972 年)

证明 我们证明更一般的结论:

若 a 是偶数,而且不是 5 的倍数,S_n 表示 $a^n (n = 1, 2, \cdots)$ 的各位数码之和,则数列 $\{S_n\}$ 无限增大.

设 a^n 的各位数码,从右向左依次为 $a_1, a_2, \cdots$,在这数列中,下标足够大的项都是零,因此
$$a^n = \overline{\cdots a_3 a_2 a_1}$$

因为已知 a 不是 5 的倍数,所以 $a_1 \neq 0$,因而 a^n 也不是 5 的倍数.

先证明下面一个引理:如果
$$1 \leqslant j \leqslant \frac{1}{4}n \qquad\qquad ①$$

那么数 a^n 的数字 $a_{j+1}, a_{j+2}, \cdots, a_{4j}$ 中至少有一个不为零.

事实上,如果对某个满足条件 ① 的自然数 j,有关系式

$$a_{j+1} = a_{j+2} = \cdots = a_{4j} = 0$$

若令
$$c = \overline{a_j a_{j-1} \cdots a_2 a_1}$$

则有
$$a^n - c = \overline{\cdots a_{4j+2} a_{4j+1} 00 \cdots 0}$$

因此有 $10^{4j} \mid a^n - c$

因而又有 $2^{4j} \mid a^n - c$ ②

因为 a 是偶数,所以 $2^n \mid a^n$(因为 $4j \leqslant n$).由此得
$$2^{4j} \mid a^n \qquad ③$$

由关系式②,③可知 $2^{4j} \mid c$.

但 $2^{4j} = 16^j > 10^j > c$,所以 $c = 0$.

由所设 c 的末位数字 $a_1 \neq 0$,所以引出矛盾,引理得证.

根据这个引理,在下列各组数字中,每一组至少各有一个数字不为零

$$a_2, a_3, a_4$$
$$a_5, a_6, a_7, \cdots, a_{16}$$
$$a_{17}, a_{18}, a_{19}, \cdots, a_{64}$$
$$a_{4^k+1}, a_{4^k+2}, \cdots, a_{4^{k+1}}$$

这里 $j = 4^k$ 满足条件①,即
$$4^k \leqslant \frac{1}{4} n$$
$$k + 1 \leqslant \log_4 n$$

因此令 $k = [\log_4 n] - 1$,于是,上面的 $k+1$ 个数列含有 a^n 的不同数字,而且每个数列都含有非零项.因此数 a^n 的数字和 S_n 不小于 $k + 1 = [\log_4 n]$.因为
$$[\log_4 n] > \log_4 n - 1$$

且 $\lim_{n \to \infty} \log_4 n = \infty$

又因为 $S_n \geqslant [\log_4 n]$

所以 $\lim_{n \to \infty} S_n = \infty$

6.37 给定一个29位数 $x = \overline{a_1 a_2 \cdots a_{28} a_{29}} (0 \leqslant a_k \leqslant 9, a_1 \neq 0, k = 1, 2, \cdots, 29)$.已知对于每个 k,数码 a_k 都在该数的表示式中出现 a_{30-k} 次(例如 $a_{10} = 7$,则数码 a_{20} 就出现了7次).试求 x 的数码之和.

(第34届莫斯科数学奥林匹克,1971年)

解 以 $k(A)$ 表示其中数码 A 的个数.

则由已知条件可得,如果数码 B, C 处于对称的位置上,则有 $k(B) = C, k(C) = B$,例如若 $a_{14} = 5$,则 a_{16} 出现5次,即 $k(a_{16}) = a_{14} = 5$,若 $a_{16} = 7$,则 a_{14} 出现7次,即 $k(a_{14}) = a_{16} = 7$.这样一

心得 体会 拓广 疑问

来,便知这些数码处处都应处于对称的位置上.因而若有 $k(B) = k(C)$ 及 $B = C$,可立即推知恒有 $k(A) = A$,并且位于中间位置(即第 15 位)上的数码应出现奇数次,而其余的数码都应出现偶数次.

于是便知 x 中的数码个数不超过
$$k(2) + k(4) + k(6) + k(8) + k(9) =$$
$$2 + 4 + 6 + 8 + 9 = 29$$
再根据条件便知,数码恰有 29 个.

这就意味着,这些数码恰好有 2 个 2,4 个 4,6 个 6,8 个 8 和 9 个 9.

于是 x 的数码之和等于
$$2^2 + 4^2 + 6^2 + 8^2 + 9^2 = 201$$

6.38 设 p_s 表示全部由 1 组成的 s 位(十进制)数,如果 p_s 是一个素数,则 s 也是一个素数.

证明 用反证法.如果 $s = ab, 1 < a < s$,则
$$p_s = 1 + 10 + \cdots + 10^{s-1} = \frac{10^s - 1}{9} = \frac{10^{ab} - 1}{9}$$
因为
$$10^a - 1 \mid 10^{ab} - 1$$
故
$$\frac{10^a - 1}{9} \left| \frac{10^{ab} - 1}{9} \right. = p_s$$
而
$$1 < \frac{10^a - 1}{9} < p_s$$
这与 p_s 是素数矛盾.

注 这个结论反过来不真,如 $p_3 = 111 = 3 \cdot 37, p_5 = 11111 = 41 \cdot 271$,等等.但是,也存在 p_s 是素数,如 $p_2, p_{19}, p_{23}, p_{317}$ 都是素数,这是迄今所知道的这种素数的全部,而且 p_{317} 是在发现 p_{23} 几乎 50 年后,在 1978 年才用电子计算机算出来的.猜测下一个这样的素数很可能是 $p_{1\,031}$,但该猜测尚未得到证明.至于回答是否有无穷多个 p_s 为素数的问题,是非常困难的.在这里,我们还可以提出下面这样的问题.我们看到 83 的数位上的数字之和 $8 + 3 = 11$ 是一个素数,那么是否有无限多个素数,这些素数数位上的数字之和还是素数?看来这也是一个非常困难的问题.

6.39 求证:对于每一个大于 1 的整数 k,必存在一个小于 k^4 的倍数,在十进制中,它最多含有 4 个不同的数码(每个数码可以重复使用).

(第 31 届国际数学奥林匹克预选题,1990 年)

证明 对每一个大于 1 的整数 k，设正整数 n 满足 $2^{n-1} \leqslant k < 2^n$.

设 A_n 是由数码 $0,1$ 组成的至多为 n 位数的整数集合.

记 $|A_n|$ 为集合 A_n 中元素的个数，则
$$|A_n| = 2^n$$
$$\max A_n = \frac{1}{9}(10^n - 1)$$

因为 $2^n > k$，所以，在 A_n 中必定有两个不同的元素 x,y 除以 k 时余数相同，从而
$$k \mid p = |x - y|$$

由于 x 和 y 都是由 0 和 1 组成，则 p 的数码只能出现 $0,1,8,9$ 这四种可能 ($1-0=1, 1-1=0, 0-0=0, |0-0|=9, 100-11=89$ 等).

于是 p 至多含有 4 个不同的数码，下面只须证明 p 是小于 k^4 的数即可.

$$p \leqslant \max A_n = \frac{1}{9}(10^n - 1) < \frac{10}{9} \cdot 10^{\log_2 k} = \frac{10}{9} \cdot k^{\log_2 10} <$$
$$\frac{16}{10} k^{\log_2 10} = 2^{4-\log_2 10} \cdot k^{\log_2 10} \leqslant k^{4-\log_2 10} \cdot k^{\log_2 10} = k^4$$

于是 p 是 k 的倍数，且小于 k^4，它至多有 4 个不同的数码 $0,1,8,9$.

6.40 设 $a > 0, b > 0$，且 $a > b$，设用辗转相除法求 (a,b) 时所进行的除法次数为 k，b 在十进制中的位数是 l，则
$$k \leqslant 5l$$

证明 考察斐波那契数列 $\{u_n\}$
$$u_1 = 1, u_2 = 1, u_{n+2} = u_{n+1} + u_n, n = 1,2,\cdots \qquad ①$$
首先证明数列 ① 的一个性质
$$u_{n+5} > 10 u_n, \quad n \geqslant 2 \qquad ②$$
$n = 2$ 时，$u_2 = 1, u_7 = 13$，故 ② 成立，设 $n \geqslant 3$
$$u_{n+5} = u_{n+4} + u_{n+3} = 2u_{n+3} + u_{n+2} = 3u_{n+2} + 2u_{n+1} =$$
$$5u_{n+1} + 3u_n = 8u_n + 5u_{n-1}$$
因为 $\qquad u_n = u_{n-1} + u_{n-2} \leqslant 2u_{n-1}$
故 $\qquad 2u_n \leqslant 4u_{n-1}$
这样 $\quad u_{n+5} = 8u_n + 5u_{n-1} > 8u_n + 4u_{n-1} \geqslant 10u_n$
由 ② 可得
$$u_{n+5t} > 10^t u_n, n = 2,3,\cdots, t = 1,2,\cdots \qquad ③$$
现设 $a = n_0, b = n_1$，用辗转相除法得

心得 体会 拓广 疑问

$$\left.\begin{array}{l}n_0 = q_1 n_1 + n_2, 0 < n_2 < n_1 \\ n_1 = q_2 n_2 + n_3, 0 < n_3 < n_2 \\ \cdots\cdots \\ n_{k-2} = q_{k-1} n_{k-1} + n_k, 0 < n_k < n_{k-1} \\ n_{k-1} = q_k n_k \end{array}\right\} \quad ④$$

因为 $q_k \geqslant 2$, 故由 ④ 得

$$n_{k-1} = q_k n_k \geqslant 2 n_k \geqslant 2 = u_3$$
$$n_{k-2} \geqslant n_{k-1} + n_k \geqslant u_3 + u_2 = u_4$$
$$n_{k-3} \geqslant n_{k-2} + n_{k-1} \geqslant u_3 + u_4 = u_5$$
$$\cdots\cdots$$
$$n_1 \geqslant n_2 + n_3 \geqslant u_k + u_{k-1} = u_{k+1}$$

如果 $k > 5l$, 即 $k \geqslant 5l + 1$, 则 $n_1 \geqslant u_{k+1} \geqslant u_{5l+2}$, 由 ③ 得

$$n_1 \geqslant u_{5l+2} > 10^l u_2 = 10^l \quad ⑤$$

因为 n_1 的位数是 l, 故 ⑤ 不能成立, 这就证明了 $k \leqslant 5l$.

注 存在正整数 a 和 b 使 $k = 5l$. 例如 $a = 144, b = 89$, 有

$$144 = 89 + 55$$
$$89 = 55 + 34$$
$$55 = 34 + 21$$
$$34 = 21 + 13$$
$$21 = 13 + 8$$
$$13 = 8 + 5$$
$$8 = 5 + 3$$
$$5 = 3 + 2$$
$$3 = 2 + 1$$
$$2 = 2$$

以上作了 10 次除法, 而 b 是二位数, 故 $k = 5l$.

6.41 求 $(\sqrt{3} + \sqrt{2})^{1980}$ 的十进制写法中位于小数点前后相连的两个数字.

(国际数学竞赛, 芬兰, 1980 年)

证明 首先证明, $m = (\sqrt{3} + \sqrt{2})^{1980} + (\sqrt{3} - \sqrt{2})^{1980}$ 是整数, 并求出它的最后一位数字. 记

$$a_n = (\sqrt{3} + \sqrt{2})^{2n} + (\sqrt{3} - \sqrt{2})^{2n} = (5 + 2\sqrt{6})^n + (5 - 2\sqrt{6})^n$$

设 $\alpha = (5 + 2\sqrt{6})^n, \beta = (5 - 2\sqrt{6})^n$, 则

$$a_n = \alpha + \beta, a_{n+1} = (5 + 2\sqrt{6})\alpha + (5 - 2\sqrt{6})\beta$$

$$a_{n+2} = (5+2\sqrt{6})^2\alpha + (5-2\sqrt{6})^2\beta =$$
$$(49+20\sqrt{6})\alpha + (49-20\sqrt{6})\beta =$$
$$(50+20\sqrt{6})\alpha + (50-20\sqrt{6})\beta - (\alpha+\beta) = 10a_{n+1} - a_n$$

所以对任意 $n \in \mathbf{Z}^+, a_{n+2} = 10a_{n+1} - a_n$. 因为 $a_0 = 2, a_1 = 10$ 为整数,所以当 $n \in \mathbf{Z}^+$ 时, $a_n \in \mathbf{Z}$. 另外 $a_n + a_{n+2} = 10a_{n+1}$ 被 10 整除. 因此 $a_{n+4} - a_n = (a_{n+4} + a_{n+2}) - (a_{n+2} + a_n)$ 也被 10 整除. 这表明, $a_2, a_6, a_{10}, \cdots, a_{990}$ 被 10 除的余数相同. 由于 $a_2 = 98$, 所以 $m = a_{990}$ 的十进制写法中末位数字为 8. 最后由于

$$m - (\sqrt{3}+\sqrt{2})^{1980} + (\sqrt{3}-\sqrt{2})^{1980} > (\sqrt{3}+\sqrt{2})^{1980} >$$
$$m - 0.5^{1980} > m - 0.1$$

所以 $(\sqrt{3}+\sqrt{2})^{1980}$ 的十进制写法中个位数(小数点左侧)为 7, 而十分位数(小数点右侧)为 9.

心得 体会 拓广 疑问

6.42 求下面乘积的数码和(关于 n 的函数)
$$9 \cdot 99 \cdot 9\,999 \cdot \cdots \cdot (10^{2^n} - 1)$$
其中每个因子的数码个数等于它前面的因子的数码个数的两倍.

(第 21 届美国数学奥林匹克, 1992 年)

解 记 $A_n = 9 \cdot 99 \cdot 9\,999 \cdot \cdots \cdot (10^{2^n} - 1)$.

先用数学归纳法证明: A_n 是 $2^{n+1} - 1$ 位数.

(1) $n = 0$ 时, $A_0 = 9$ 是一位数,又 $2^{0+1} - 1 = 1$, 所以 $n = 0$ 时, 结论成立.

(2) 设 A_k 是 $2^{k+1} - 1$ 位数.

那么 $n = k + 1$ 时
$$A_{k+1} = A_k \cdot (10^{2^{k+1}} - 1) = A_k \cdot 10^{2^{k+1}} - A_k$$

由于 A_k 是 $2^{k+1} - 1$ 位数,所以由上式 A_{k+1} 是 $(2^{k+1} - 1) + 2^{k+1} = 2^{(k+1)+1} - 1$ 位数.

从而 $n = k + 1$ 时,结论成立.

即对所有的自然数 n,总有 A_n 是 $2^{n+1} - 1$ 位数.

设 A_n 的各位数码之和为 S_n,由于
$$A_n = A_{n-1}(10^{2^n} - 1) = (A_{n-1} - 1) \cdot 10^{2^n} + 10^{2^n} - A_{n-1}$$

由于 A_{n-1} 是 $2^n - 1$ 位数,故可设
$$A_{n-1} = \overline{a_1 a_2 \cdots a_m}, m = 2^n - 1, a_m \neq 0$$

于是有
$$S_n = (a_1 + a_2 + \cdots + a_m - 1) +$$
$$(9 + (9-a_1) + (9-a_2) + \cdots + (9-a_{m-1}) + (10-a_m)) =$$

$9 \cdot 2^n$

6.43 证明:数 k 的所有数码之和不大于数 $8k$ 的所有数码之和的 8 倍.

数 N 的各位数码之和不超过数 $5^5 N$ 的数码之和的 5 倍.

(第 34 届莫斯科数学奥林匹克,1971 年)

证明 记数 x 的数码之和为 $S(x)$.

不难证明,对任何自然数 A 和 B 都有
$$S(A+B) \leqslant S(A) + S(B) \quad ①$$

下面我们证明
$$S(AB) \leqslant S(A)S(B) \quad ②$$

设 $A = \overline{a_1 a_2 \cdots a_n}$,则
$$AB = \sum_{i=1}^{n} a_i B 10^{n-i}$$

因此就有
$$S(AB) \leqslant S\left(\sum_{i=1}^{n} a_i B\right) \leqslant S(\underbrace{B + B + \cdots + B}_{\sum_{i=1}^{n} a_i \uparrow})$$

于是由式 ① 有
$$S(B + B + \cdots + B) \leqslant \sum_{i=1}^{n} a_i \cdot S(B) = S(A) \cdot S(B)$$

因此 $\quad S(AB) \leqslant S(A) \cdot S(B)$

由 ② 得 $\quad S(k) = S(1\,000k) = S(125 \cdot 8k) \leqslant$
$$S(125) \cdot S(8k) = 8S(8k)$$
$$S(N) = S(10^5 N) = S(2^5 \cdot 5^5 N) \leqslant$$
$$S(32) S(5^5 N) = 5S(5^5 N)$$

$k = 125, N = 32$ 时,上述二式的等号成立.

6.44 S 为十进制中至多有 n 个数码的非负整数所成的集. S_k 由 S 中那些数码之和小于 k 的元素组成.对什么样的 n,有 k 存在,使得 $|S| = 2|S_k|$?

(中国国家集训队训练题,1990 年)

解 对任一 n 位数
$$A = \overline{a_1 a_2 \cdots a_n}, \quad a_i \in \{0,1,2,\cdots,9\}$$
设 n 位数 $B = \overline{b_1 b_2 \cdots b_n}, b_i = 9 - a_i, i = 1,2,\cdots,n$.

则可建立数 A 与数 B 的一一对应

$$f: A \longleftrightarrow B$$

若 A 的数字和记为 $d(A)$,B 的数字和记为 $d(B)$,则有

$$d(A) + d(B) = 9n$$

对于任意 $0 < k \leqslant 9n$,$d(A) < k$ 的充分必要条件是

$$d(B) > 9n - k$$

于是 $\left|\left\{A, d(A) < \dfrac{9n}{2}\right\}\right| = \left|\left\{A, d(A) > \dfrac{9n}{2}\right\}\right|$

若 n 为奇数,则

$$\left\{A, d(A) = \dfrac{9n}{2}\right\} = \varnothing$$

从而仅对 $k = \left[\dfrac{9n}{2}\right] + 1$,有

$$|S| = 2|S_k|$$

若 n 为偶数,对任意整数 k

$$|S| \neq 2|S_k|$$

6.45 证明:对任意 $m \in \mathbf{N}$,有无限多个形如 5^n 的数,$n \in \mathbf{N}$,使得在它们的十进制写法中,末尾 m 个数字的每一个都与其相邻的数有不同的奇偶性.

(评委会,英国,1977 年)

解 首先,对 $j \in \mathbf{Z}^+$ 用归纳法证明,$5^{2^j} - 1$ 被 2^{j+2} 整除,但不被 2^{j+3} 整除. 当 $j = 0$ 时,$5^{2^0} - 1 = 4$,结论正确. 设对某个 $j \geqslant 0$,$5^{2^j} - 1$ 被 2^{j+2} 整除,但不被 2^{j+3} 整除. 则因

$$5^{2^j} + 1 \equiv (4+1)^{2^j} + 1 \equiv 2 \pmod{4}$$

故 $\qquad 5^{2^{j+1}} - 1 \equiv (5^{2^j} - 1)(5^{2^j} + 1)$

被 2^{j+3} 整除,但不被 2^{j+4} 整除. 再对 $m \in \mathbf{N}$ 用归纳法证明题中结论成立. 当 $m = 1$ 时,由于有无限多个 $n \in \mathbf{N}$,使得 5^n 的十进制写法中最后一个数字 5(奇数)与其最后第二个数字 2(偶数)相邻,所以结论对 $m = 1$ 成立. 设结论对某个 $m \geqslant 1$ 成立,即有无限多个 $n \in \mathbf{N}$,使得 5^n 的末尾 $m+1$ 个数字交替变换奇偶性. 设 5^n 即是其中一个,且 $5^n > 10^{m+2}$,现在构造 5^k,使它的末尾 $m+2$ 个数字交替变换奇偶性. 如果上面取定的 5^n 的(自右算起的)第 $m+2$ 位与第 $m+1$ 位数字的奇偶性不同,则取 $k = n$. 否则取 $k = n + 2^{m-1}$,则

$$5^{k-(m+2)} - 5^{n-(m+2)} \equiv 5^{n-(m+2)}(5^{2^{m-1}} - 1) \equiv 2^{m+1} \pmod{2^{m+2}}$$

因为 $5^{2^{m-1}} - 1$ 被 2^{m+1} 整除,且不被 2^{m+2} 整除,所以

$$5^k - 5^n \equiv 5 \cdot 10^{m+1} \pmod{10^{m+2}}$$

这表明,5^k 与 5^n 的末尾 $m+1$ 个数字完全相同,但它们的(自右算起)第 $m+2$ 位数字的奇偶性不同. 这样,第 $m+2$ 位与第 $m+1$

位数字的奇偶性不同的数 5^k 便构造出来了(并且由于只要求 k 适合 $5^k \geqslant 5^n$,所以这样的 5^k 有无限多个).所以结论对 $m+1$ 成立.

6.46 求所有这样的自然数的和,它们在十进制写法中的数字组成递增或递减数列.

(评委会,芬兰,1982 年)

解 分别因 A 与 B 表示具有严格单调(递增或递减) 数字的自然数集合,用 $S(M)$ 表示集合 M 中所有数的和,把集合 B 分成如下两个不交子集 B_0 与 B_1:末位数字为 0 的数与末位数字非零的数,于是,$S(B) = S(B_0) + S(B_1)$,如果让 $b \in B_1$ 与 $10b \in B_0$ 相对应,则得到 B_1 与 B_0 间的一个双射.因此 $S(B_0) = 10S(B_1)$,从而 $S(B) = 11S(B_1)$.其次如果让

$$a = \overline{a_1 a_2 \cdots a_k} \in A$$

与 $$b = \overline{(10-a_1)(10-a_2)\cdots(10-a_k)} \in B_1$$

相对应,其中 $$a + b = \frac{10}{9}(10^k - 1)$$

则得到集合 A 与 B_1 间的一个双射,因为集合 A 中每个数都可由数 123 456 789 删掉若干个数字得到,且对每个 $k = 1,2,\cdots,9$,A 中恰有 C_9^k 个 k 位数,所以

$$l = S(A) + S(B_1) = \sum_{k=1}^{9} C_9^k \frac{10}{9}(10^k - 1) =$$
$$\frac{10}{9}\left(\sum_{k=0}^{9} C_9^k 10^k - \sum_{k=0}^{9} C_9^k\right) =$$
$$\frac{10}{9}((1+10)^9 - (1+1)^9) = \frac{10}{9}(11^9 - 2^9)$$

用 B_2 表示集合 B 中首位数为 9 的自然数集合,而 B 中其余的数与 0 组成的集合记作 B_3,则

$$S(B) = S(B_2) + S(B_3)$$

令 $a = \overline{a_1 a_2 \cdots a_k} \in A$ 与 $b = \overline{(9-b_1)(9-b_2)\cdots(9-b_k)} \in B_3$ 相应地,则 A 与 B_3 间建立了一个双射,且 $a + b = 10^k - 1$,因此

$$m = S(A) + S(B_3) = \sum_{k=1}^{9} C_9^k (10^k - 1) = 11^9 - 2^9$$

最后,如果当 $k \geqslant 1$ 时让 $b = \overline{9 b_1 b_2 \cdots b_k} \in B_2$ 与 $a = \overline{(9-b_1)(9-b_2)\cdots(9-b_k)} \in A$ 相对应,而当 $k = 0$ 时让 b 与 0 相对应,则 B_2 与 $A \cup \{0\}$ 间便建立了一个双射,且 $a + b = 10^{k+1} - 1$.因此

$$n = S(A) + S(B_2) = \sum_{k=0}^{9} C_9^k (10^{k+1}) = 10 \cdot 11^9 - 2^9$$

且 $m + n = 2S(A) + S(B)$，于是得到方程组

$$\begin{cases} S(A) + \dfrac{1}{11}S(B) = l = \dfrac{10}{9}(11^9 - 2^9) \\ 2S(A) + S(B) = m + n = 11^{10} - 2^{10} \end{cases}$$

解得

$$S(A) = \frac{1}{9}(11l - m - n), \quad S(B) = \frac{11}{9}(m + n - 2l)$$

注意，集合 A 与 B 都含有 9 个一位数，它们之和为 45. 因此所求的和为

$$\begin{aligned} S(A) + S(B) - 45 &= \frac{10}{9}(m + n) - \frac{11}{9}l - 45 = \\ &\quad \frac{10}{9}(11^{10} - 2^{10}) - \frac{10}{81}11^{10} + \frac{55}{81}2^{10} - 45 = \\ &\quad \frac{80}{81}11^{10} - \frac{35}{81}2^{10} - 45 \end{aligned}$$

6.47 设 $n \in \mathbf{N}$ 为 17 的倍数，且在二进制写法中恰有三个数字为 1. 证明：n 的二进制写法中至少有六个数字为 0，且若恰有 7 个数字为 0，则 n 是偶数.

（英国数学奥林匹克，1982 年）

证明 因为 n 的二进制写法中恰有三个数字为 1，其余数字为 0，所以它可以表为 $n = 2^k + 2^l + 2^m$，其中 $k, l, m \in \mathbf{Z}^+$，且 $k < l < m$. 如果 n 的二进制写法中 0 的个数小于 6，则 $m \leqslant 7$，且因为当 $i = 0, 1, 2, 3, 4, 5, 6, 7$ 时，2^i 被 17 除的余数依次为 $1, 2, 4, 8, -1, -2, -4, -8$，经直接验证，其中任意三个不同的数之和都不被 17 整除，所以 $n \not\equiv 0 \pmod{17}$，矛盾. 因此在 n 的二进制写法中至少有 6 个 0. 如果 n 的二进制写法中恰有 7 个 0，则 $m = 9$. 如果 n 为奇数，则 $k = 0$，从而 $2^k + 2^m \equiv 3 \pmod{17}$，但由于任意 $l \in \{1, 2, \cdots, 8\}$ 都不满足 $2^l \equiv -3 \pmod{17}$，所以 $n = 2^k + 2^l + 2^m$ 不是 17 的倍数，矛盾. 因此 n 为偶数. 这样的数确实存在，比如 $n = 2^1 + 2^6 + 2^9 = 578$ 即是一例.

6.48 设 $a_1, a_2, \cdots, a_n$ 为 n 个不同的正整数，其十进制表示中没有数码 9. 证明：$\dfrac{1}{a_1} + \dfrac{1}{a_2} + \cdots + \dfrac{1}{a_n} \leqslant 30$.

（第 30 届国际数学奥林匹克候选题，1989 年）

证明 首位为 $j(1 \leqslant j \leqslant 8)$ 的 $l + 1$ 位数 k 满足 $j \cdot 10^l \leqslant k$，

从而
$$\frac{1}{k} \leqslant \frac{1}{j} \cdot 10^{-l}$$

设各位数字不为 9 的 $l+1$ 位数的集合为 N_l, 又设 $a_1, a_2, \cdots, a_n$ 中位数最多为 $p+1$ 位, 则

$$\sum_{i=1}^{n} \frac{1}{a_i} \leqslant \sum_{l=0}^{p} \sum_{k \in N_l} \frac{1}{k} \leqslant \sum_{l=0}^{p} \left(1 + \frac{1}{2} + \frac{1}{3} + \cdots + \frac{1}{8}\right) \left(\frac{9}{10}\right)^l \leqslant$$
$$\left(1 + \frac{1}{2} + \frac{1}{3} + \cdots + \frac{1}{8}\right) \sum_{l=0}^{p} \left(\frac{9}{10}\right)^l \leqslant$$
$$\left(1 + \frac{1}{2} + \frac{1}{3} + \cdots + \frac{1}{8}\right) \cdot 10 \leqslant 30$$

6.49 一个正整数称为"坏数", 如果它的二进制表示中数码 1 的个数是偶数, 例如 $18 = (10\,010)_2$ 是"坏数".

在正整数集合中, 求前 1 985 个"坏数"之和.

(英国数学奥林匹克, 1985 年)

解 我们把 0 也看做是"坏数", 这样并不影响所求的结果. 先用数学归纳法证明引理:

到 0 到 $2^n - 1 (n \geqslant 2)$ 中, "坏数" 的个数与和都恰好占了它们的一半.

(1) 在 0 到 $2^2 - 1$ 中, 即在 0, 1, 2, 3 中, 0 是"坏数", $3 = (11)_2$ 是"坏数", 所以有 2 个"坏数", 且

$$0 + 3 = \frac{1}{2}(0 + 1 + 2 + 3)$$

所以在 0 到 $2^2 - 1$ 中, "坏数" 的个数是它们的一半, 其和也是它们的和的一半.

(2) 假设在 0 到 $2^n - 1$ 中, "坏数" 的个数与和都恰好等于它们的一半.

由于把 0 到 $2^n - 1$ 中的每个数都加上 2^n, 就相当于在二进制数中多了一个 1, 因此, 0 到 $2^n - 1$ 中的"坏数"都变成了"非坏数", 从而 $0 + 2^n$ 到 $2^n - 1 + 2^n$ 即 2^n 到 $2^{n+1} - 1$ 中"坏数"的个数与和也恰好为它们的一半, 因此, 0 到 $2^{n+1} - 1$ 中"坏数"的个数与和都恰好占了一半.

这样就用数学归纳法证明了引理.

于是, 从 0 到 $2^n - 1$ 中"坏数"的个数为 2^{n-1}, 它们的和为

$$\frac{1}{2}(1 + 2 + \cdots + (2^n - 1)) = 2^{n-2}(2^n - 1)$$

由于 $1\,984 = 2^{10} + 2^9 + 2^8 + 2^7 + 2^6$

而前 2^{10} 个"坏数"的和为 $2^9(2^{11} - 1)$.

前 $(2^{10} + 2^9)$ 个"坏数"的和还要加上 2^{11} 到 $2^{11} + 2^{10} - 1$ 中"坏数"的和,即
$$2^{11} \cdot 2^9 + 2^8(2^{10} - 1)$$
由此,前 $2^{10} + 2^9 + 2^8 + 2^7 + 2^6 = 1\,984$ 个"坏数"还要再加上
$(2^{11} + 2^{10}) \cdot 2^8 + 2^7(2^9 - 1) + (2^{11} + 2^{10} + 2^9) \cdot 2^7 +$
$2^6(2^8 - 1) + (2^{11} + 2^{10} + 2^9 + 2^8) \cdot 2^6 + 2^5(2^7 - 1)$

于是前 1 986 个"坏数"(包括 0)(若不包括 0 即为前 1 985 个"坏数")的和为

$2^9(2^{11} - 1) + 2^{11} \cdot 2^9 + 2^8(2^{10} - 1) + (2^{11} + 2^{10}) \cdot 2^8 +$
$2^7(2^9 - 1) + (2^{11} + 2^{10} + 2^9) \cdot 2^7 + 2^6(2^8 - 1) +$
$(2^{11} + 2^{10} + 2^9 + 2^8) \cdot 2^6 + 2^5(2^7 - 1) +$
$(2^{11} + 2^{10} + 2^9 + 2^8 + 2^7) \cdot 2 + 2 + 1 =$
$2^{21} + 2^{20} + 2^{19} + 2^{18} + 2^{13} + 2^{11} + 2^9 + 2^8 + 2^5 + 2 + 1$

这就是所求的前 1 985 个"坏数"的和(十进制).

6.50 确定数 N, B, B' 之间的关系,使得基底为 B 和基底为 B' 的两个计数系统中,数 N 都可以写成相同的三个数位字. 已知 B 求 B' 和 N. 当 $B = 10$ 时,应用此结果.

解 设 x', y', z' 是 x, y, z 在任一顺序下的数位字. 并假设
$$xB^2 + yB + Z = x'B'^2 + y'B' + Z' \qquad ①$$
对于 B 和 B' 的固定值,这方程可以写成下列形式
$$px + qy + rz = 0 \qquad ②$$
这里 p, q, r 是 B 和 B' 的整函数,存在满足 ② 的 x, y, z 的整数值的无穷多个集合,即

$$x = \frac{k_3 q}{(p,q)} - \frac{k_2 r}{(p,r)}$$
$$y = \frac{k_1 r}{(q,r)} - \frac{k_3 p}{(p,q)}$$
$$z = \frac{k_2 p}{(p,r)} - \frac{k_1 q}{(q,r)}$$

这里 (a, b) 是 a 和 b 的(正的)最大公因子. k_1, k_2, k_3 是任意整数,对于本问题,还要求
$$0 \leqslant x, y, z < B, B' \qquad ③$$
既满足 ② 又满足 ③ 的值不必定存在,但是如果它们存在,则根据试算容易求得.

如果 $B = 10$,对 B' 取相继的整数值,并求满足 ③ 的 x, y, z 的解,虽然在使用中有许多可减少工作量的方法,但这方法还是试算法. 对于 $B = 10$,下面列出了不少的解,表中不管基是什么,首

位数字是 0 的情况都已除外

$$265_{10} = 526_7, 774_{10} = 477_{13}, 825_{10} = 258_{19}$$
$$316_{10} = 631_7, 834_{10} = 438_{14}, 551_{10} = 155_{21}$$
$$158_{10} = 185_9, 261_{10} = 126_{15}, 912_{10} = 219_{21}$$
$$227_{10} = 272_9, 371_{10} = 173_{16}, 511_{10} = 115_{22}$$
$$445_{10} = 544_9, 913_{10} = 391_{16}, 910_{10} = 190_{26}$$
$$196_{10} = 169_{11}, 782_{10} = 278_{18}, 911_{10} = 191_{26}$$
$$283_{10} = 238_{11}, 441_{10} = 144_{19}, \cdots = \cdots$$
$$370_{10} = 307_{11}, 518_{10} = 185_{19}, 919_{10} = 199_{26}$$
$$191_{10} = 119_{13}, 882_{10} = 288_{19}, 961_{10} = 169_{28}$$

注 特殊地有

$$912_{10} = 219_{21} = 192_{26}, 913_{10} = 391_{16} = 193_{26}$$

6.51 序列 1110001011 的所有三个数字段代表了二进制数系中的全部三位数,且每段只用一次,对任一整数 n 用下面的方式可得出一个类似的序列:开始先写下 n 个 1,在后面的位置上逐次写上 0,除非添上 0 后完成的一个 n 位数字段是前面已出现过的,碰上这种情况则写上 1. 证明:如此产生的 $n^{2^n} + n - 1$ 个数字序列也有在本题一开始时($n = 3$)列出的序列的性质.

证明 设 a_t 代表二进制的一个 n 位数,其最后一位占据已知序列中的第七个位置. 且令 $\overline{a_t} = a_t - 1$,注意到,据序列的构成法则知,由一个奇数 a_t 的出现可推出前面出现了 $\overline{a_t}$. 现在,假定序列中出现了重复的数,前头出现的是 a_i,即 $a_i = a_j, i < j$.

当 a_i 是奇数时(由构成法知 a_j 不会是偶的)除非 a_i 是序列中的第一个数 $a_i = a_n = 2^n - 1$,则存在一个数 k 使得

$$a_k = \overline{a_i}, \quad k < i$$

于是 a_k, a_i, a_j 仅仅它们的最后一个数位字不同,因此数 a_{k-1}, a_{j-1}, a_{i-1} 有相同的最后 $n - 1$ 个数位字,从而其中二个相同,这与前设矛盾.

于是推知第一个要重复的数本身是 $a_n = a_j = 2^n - 1$,后一结果推出

$$a_{j-1} \equiv 1 \pmod 2, 0 \leq t < n$$

因 a_{j-1} 是奇数, $\overline{a_{j-1}}$ 在其前面出现. 换句话说:对应于 a_{j-1},在 a_j 前面存在两个以 0 为其第一位数,随后是 $n - 2$ 个 1 的数,即 $a_{j-1} = 2^{n-1} - 1, \overline{a_{j-1}} = 2^{n-1} - 2$.

a_{j-2} 和 $a_{\overline{j-1}-1}$ 这两个数的最后 $n-1$ 个位数相同,因此,它们仅仅第一位数不同. 当两者均多为奇数时(同样, a_{j-2} 为奇), $a_{\overline{j-2}}$ 与 $a_{\overline{j-1}-1}$ 在它们前面出现,故对应于 a_{j-2} 在 a_j 前面有 2^2 个不同的以 0 为其第二位数而其后是 $(n-3)$ 个 1 的数. 其中两个是 $2^{n-2}-1$ 与 $2^{n-2}-2$.

由于这些数能编成前 $n-1$ 位数相同的数对,重复这同一理由,得:

对应于 $a_{j-k}(k=3,4,\cdots,n-1)$,知在 a_j 前面有 2^k 个不同的数. 以 0 为其第 k 位数字,其后是 $n-k-1$ 个 1. 其中两个是 $2^{n-k}-1$ 或 $2^{n-k}-2$.

这样,在 a_j 前面便有 $2+4+\cdots+2^k+\cdots+2^{n-1}=2^n-2$ 个数. 由于这些数包括了以 0 作为其任一位数(除最后一位数外)的所有数,这 2^n 个数中剩下的两个便是 2^n-1 与 2^n-2,即 a_n 与 a_{n+1}. 这样,全部 2^n 个数在序列中出现在第一个数 a_n 重复之前,因此,若序列终止于 a_{j-1},则 2^n 数中的每一个都只得到一次.

6.52 给定 n 个不同的自然数,试对

(1) $n=5$;

(2) $n=1\,989$.

证明:存在某个无穷的正数等差数列,其首项不大于公差,且数列的项中恰含有 3 个或 4 个所给定的数.

(第 52 届莫斯科数学奥林匹克,1989 年)

证明 对任一整数 a,考虑它的二进制表示,即

$$a = (\overline{a_k a_{k-1} \cdots a_1})_2 = \sum_{j=1}^{k} a_j \cdot 2^{j-1}$$

其中 $a_k=1, a_j=0$ 或 $1, j=1,2,\cdots,k-1$.

当 $n=5$ 时,我们先来考察所给定的 5 个自然数的二进制表示中的末位数 a_1.

如果它们不全相同,则因其中只有 0 和 1 两种情况,所以其中会有 3 个或 4 个 a_1 是相同的,其余的 1 个或 2 个与它们不同.

如果这相同的 3 个或 4 个 a_1 等于 1,则将等差数列的首项取作 1,将公差取作 2,于是所得的无穷的正数等差数列(为奇数列)中将含有相应的 3 个或 4 个自然数,而不含有其余的 1 个或 2 个自然数.

如果这相同的 3 个或 4 个 a_1 等于 0,则将这个等差数列的首项取作 2,将公差也取作 2,同样可含有相应的 3 个或 4 个自然数.

如果这 5 个自然数的二进制表示中的末位数 a_1 全都相同,就

再看它们的次末位数 a_2,如果仍全部相同,再看 $a_3,\cdots$,总之,能找到某一位数 a_i 不全相同,而 $a_{i-1}\cdots a_1$ 全都相同.

于是,由 a_i 中必有 3 个或 4 个是相同的,这时,如果 $(\overline{a_i a_{i-1}\cdots a_1})_2 \neq 0$,则将等差数列的首项就取作 $(\overline{a_i a_{i-1}\cdots a_1})_2$ 所对应的十进制正整数,如果 $(\overline{a_i a_{i-1}\cdots a_1})_2 = 0$,就将首项取作 2^i,并且都将公差取作 2^i,于是所得的正数无穷等差数列即能满足要求.则 $n = 5$ 时,结论成立.

下面证明 $n = 1989$ 时结论成立.

假设对任何 $5 \leqslant n \leqslant m$,结论成立.我们证明 $n = m + 1$ 时,结论成立.

我们依次考察这 $m + 1$ 个自然数的二进制表示中的各位数字 $a_1, a_2, \cdots$,直到找到某一位数 a_i 不全相同,而 $a_{i-1}, a_{i-2}, \cdots, a_1$ 全都相同.由于 $a_i \in \{0, 1\}$,则至少有 $\left[\dfrac{m+1}{2}\right] + 1$ 个数等于 0,或至少有 $\left[\dfrac{m+1}{2}\right] + 1$ 个数等于 1,但均不会超过 m 个,对至少有 $\left[\dfrac{m+1}{2}\right] + 1$ 的那些 a_i 所对应的自然数,它们的数目在 5 至 m 之间,使用归纳假设,如果它们的数目恰有 3 或 4 个就直接处理,这样对 $n = m + 1$ 时,结论也成立.

从而由数学归纳法证明了对 $n \geqslant 5$ 的自然数结论都成立.

6.53 对每一个正整数 n,若 n 的二进制表示中 1 的个数为偶数,则令 $a_n = 0$,否则令 $a_n = 1$.证明:不存在正整数 k 和 m,使得
$$a_{k+j} = a_{k+m+j} = a_{k+2m+j}, \quad 0 \leqslant j \leqslant m - 1$$
(第 53 届美国普特南数学竞赛,1992 年)

证明 由题设的规定易得
$$a_{2n} = a_n, a_{2n+1} = 1 - a_{2n} = 1 - a_n$$

假设存在正整数 k 和 m 满足条件,并假定 m 是使得条件成立的最小值.

如果 m 是奇数,不妨设 $a_k = a_{k+m} = a_{k+2m} = 0$($a_k = 1$ 的情形可以同样处理).

因为不论 k 还是 $k + m$ 是偶数
$$a_{k+1} = a_{k+m+1} = a_{k+2m+1} = 1$$
再因为,不论 $k + 1$ 还是 $k + m + 1$ 是偶数,都有
$$a_{k+2} = a_{k+m+2} = a_{k+2m+2} = 0$$
由此下去,$a_k, a_{k+1}, a_{k+2}, \cdots, a_{k+m-1}$ 在 0 与 1 之间是交替的.

于是,因为 $m - 1$ 是偶数,有

$$a_{k+m-1} = a_{k+2m-1} = a_{k+3m-1} = 0$$

但是,因为不论 $k + m - 1$ 还是 $k + 2m - 1$ 是偶数,都有 $a_{k+m} = a_{k+2m} = 1$. 推出矛盾.

如果 m 是偶数,取出项 $a_{k+j} = a_{k+m+j} = a_{k+2m+j}(0 \leqslant j \leqslant m - 1)$ 的所有下标,并利用 r 为偶数时,$a_r = a_{\frac{r}{2}}$,可以得到

$$a_{\left[\frac{k}{2}\right]+j} = a_{\left[\frac{k}{2}\right]+\frac{m}{2}+i} = a_{\left[\frac{k}{2}\right]+m+i}, 0 \leqslant i \leqslant \left(\frac{m}{2}\right) - 1$$

这与 m 的最小性矛盾. 因此,不存在符合条件的 k 和 m.

6.54 设自然数 n 为 17 的倍数,且在二进制写法中恰有三个数码为 1. 证明:n 的二进制写法中至少有六个数码为 0,且若恰有 7 个数码为 0,则 n 是偶数.

(英国数学奥林匹克,1982 年)

证明 因为 n 的二进制写法中恰有三个数码是 1,其余都是 0,所以它可以表为

$$n = 2^k + 2^l + 2^m$$

其中 k, l, m 为非负整数,且 $k < l < m$.

如果 n 的二进制写法中 0 的个数小于 6,则 $m \leqslant 7$.

当 $i = 0, 1, 2, 3, 4, 5, 6, 7$ 时,2^i 被 17 除的余数依次为 $1, 2, 4, 8, -1, -2, -4, -8$. 可以验证,其中任意三个数之和均不能被 17 整除,从而 $n = 2^k + 2^l + 2^m$ 不能被 17 整除,与题设矛盾.

因此,在 n 的二进制中至少有 6 个 0.

如果 n 的二进制写法中恰有 7 个 0,则 $m = 9$.

如果 n 为奇数,则 n 的二进制表示中最末一位是 1,从而 $k = 0$,由于

$$2^k + 2^m = 2^0 + 2^9 = 513 \equiv 3 (\bmod 17)$$

则为使 n 是 17 的倍数,应有

$$2^l \equiv -3 (\bmod 17)$$

但是,当 $l \in \{1, 2, \cdots, 8\}$ 时

$$2^l \not\equiv -3 (\bmod 17)$$

出现矛盾.

因此 n 为偶数,这样的偶数确实存在,比如

$$n = 2^1 + 2^6 + 2^9 = 578 = (1001000010)_2$$

6.55 证明:有无限多个形如 5^n 的数, $n \in \mathbf{N}$, 在它们的十进制写法中至少接连出现 1 976 个 0.

(评委会,越南,1976 年)

证明 我们证明,对任意 $k \in \mathbf{N}$,有无限多个 $m \in \mathbf{N}$,使得 $5^m \equiv 1 \pmod{2^k}$,事实上,由狄利克雷原理,在 $5^0, 5^1, 5^2, \cdots, 5^{2^k}$ 中至少有两个 5^p 与 5^q, $p > q$, 它们被 2^k 除的余数相同. 于是它们的差 $5^p - 5^q = 5^q(5^{p-q} - 1)$ 被 2^k 整除. 因此 $5^{p-q} - 1$ 以及 $5^{r(p-q)} - 1$, $r \in \mathbf{N}$, 都被 2^k 整除, 于是对每个 $m = r(p-q)$, $r \in \mathbf{N}$ 有
$$5^m \equiv 1 \pmod{2^k}, 5^{m+k} \equiv 5^k \pmod{10^k}$$
即 5^{m+k} 的末尾 k 个数字构成 5^k 的十进制表示,取 $k \in \mathbf{N}$,使得 $2^k > 10^{1\,976}$, 则
$$5^k = \frac{10^k}{2^k} < 10^{k-1\,976}$$
即 5^k 的十进制写法中至多含有 $k - 1\,976$ 个数字. 因此 5^{m+k} 的末尾 k 个数字中,非零的数字只能是最后那 $k - 1\,976$ 个,而其余(接连出现的)1 976 个数字都是 0. 结论证毕.

6.56 四位数 $(\overline{xyzt})_B$ 称为 B 进制中的稳定数, 如果 $(\overline{xyzt})_B = (\overline{dcba})_B - (\overline{abcd})_B$, 其中 $a \leq b \leq c \leq d$ 是由 x, y, z, t 依递增顺序排列而得. 试在 B 进制中确定所有的稳定数.

(第 26 届国际数学奥林匹克候选题,1985 年)

解 如果 $c > b$.
则由 $(\overline{dcba})_B - (\overline{abcd})_B$ 及 $a \leq b < c \leq d$ 得

$$a + B - d = t \qquad ①$$
$$b - 1 + B - c = z \qquad ②$$
$$c - 1 - b = y \qquad ③$$
$$d - a = x \qquad ④$$

如果 $c = b$, 则有

$$a + B - d = t$$
$$b - 1 + B - c = z$$
$$c + B - 1 - b = y \qquad ⑤$$
$$d - 1 - a = x \qquad ⑥$$

当 $c = b$ 时, ② 和 ⑤ 可得
$$y = B - 1, \quad z = B - 1 \qquad ⑦$$

因为在 B 进制中, x, y, z, t 的最大值为 $B - 1$, 由 ⑦ 知, x, y, z, t 中至少有两个达到最大值 $B - 1$, 于是必有 $d = B - 1$, $c =$

$B-1$.

又由 $c=b$ 知，$b=B-1$. 由 ⑥ 知
$$x < d = c = b$$
所以 $\qquad x = a$
再由 ⑥ 得 $\qquad 2a = B - 2$
由 ① 得 $\quad a = t - B + d = B - 1 - B + B - 1 = B - 2$
于是有 $\qquad 2a = B - 2 = 2B - 4$
即 $\qquad B = 2, a = 0 = x$

这与 $(xyzt)_B$ 为四位数矛盾.

于是必有 $c > b$.

(1) 如果 $a = b, c = d$，由 ③，④ 可得
$$x = y + 1$$
所以有 $\qquad a = c, y = a$
再由 ④，$d - a = x$ 化为 $c - a = c$，于是
$$a = 0$$
由 ③ 得 $\qquad c = 1$
进而由 ①，② 得 $B = 2$. 于是得到一组解
$$(1100)_2 - (0011)_2 = (1001)_2$$

(2) 如果 $a < b$ 或 $c < d$，这时
$$c - b + 1 \leqslant d - a$$
由 ③④ 得 $\qquad x \geqslant y + 2$
所以 $\qquad x \neq a$

如果 $x = d$，由 ④ 得 $a = 0$，由 ①，② 得
$$z \geqslant t > 0$$
所以 $\qquad y = a = 0$
由 ③ $\qquad c - b = 1$
由 ② $\qquad z = B - 2$
于是 $\qquad c = z = B - 2$
$$t = b = B - 3$$
再由 ① $\qquad d = 3$
所以 $\qquad B - 2 = c \leqslant 3, B \leqslant 5$
由 $B = 4$ 得 $d = 3, c = 2, b = 1, a = 0$，即
$$(3210)_4 - (0123)_4 = (3021)_4$$
由 $B = 5$ 得 $d = 3, c = 3, b = 2, a = 0$，即
$$(3320)_5 - (0233)_5 = (3032)_5$$

如果 $x = c$，由于 $z \geqslant t$，所以 $z = d$.

由 ①，$t > a$，所以
$$y = a, t = b$$

心得 体会 拓广 疑问

由①,②,③,④可解出
$$c = \frac{3B}{5}, d = \frac{4B}{5} - 1, b = \frac{2B}{5}, a = \frac{B}{5} - 1$$
因此,当 $5 \mid B$ 时,可得到需要的解.

如果 $x = b$,则
$$y = a, z = d, t = c$$
由③,④得 $c = a + b + 1, d = a + b$
此时 $d < c$ 与 $d \geqslant c$ 矛盾.

于是 B 进制中的稳定数为
$$(1001)_2, (3021)_4, (3032)_5$$
$$\left(\overline{\frac{3B}{5} \ \frac{B}{5} - 1 \ \frac{4B}{5} - 1 \ \frac{2B}{5}}\right)_B, 5 \mid B$$

6.57 a 是一个正整数,使得 a 是 $5^{1994} - 1$ 的倍数,求证:在 5 进制下,a 的表达式至少有 1994 位数不同于零.

证明 由于对每一个正整数 x,利用
$$5^{1994}x - x = x(5^{1994} - 1) \qquad ①$$
可以知道
$$5^{1994}x \equiv x (\bmod (5^{1994} - 1)) \qquad ②$$
设在 5 进制下
$$a = \overline{a_n a_{n-1} a_{n-2} \cdots a_2 a_1 a_0} \qquad ③$$
这里 $a_k \in \{0, 1, 2, 3, 4\}, 0 \leqslant k \leqslant n$,且 $a_n > 0$,在 5 进制下
$$5^{1994} - 1 = 44\cdots4 (1994 \text{ 个 } 4) \qquad ④$$

由③,④及题设,有 $n \geqslant 1993$,将 a 以每 1 994 位数为一段,利用③,有
$$a = \overline{a_{1993} a_{1992} \cdots a_2 a_1 a_0} + 5^{1994} \overline{a_{3987} a_{3986} \cdots a_{1994}} + $$
$$5^{3988} \overline{a_{5981} a_{5980} \cdots a_{3988}} + \cdots + 5^k \overline{a_n a_{n-1} \cdots a_k} \qquad ⑤$$

这里 $k = 1994\left[\frac{n}{1994}\right]$,$\left[\frac{n}{1994}\right]$ 表示不超过 $\frac{n}{1994}$ 的最大整数.为了与前面公式统一,这里写 $5^{1994t} (t \in \mathbf{N})$ 以代替 5 进制下 10^{1994t}.

由公式⑤和②,有
$$a \equiv \overline{a_{1993} a_{1992} \cdots a_2 a_1 a_0} + \overline{a_{3981} a_{3980} \cdots a_{1994}} + $$
$$\overline{a_{5981} a_{5980} \cdots a_{3988}} + \overline{a_n a_{n-1} \cdots a_k} (\bmod (5^{1994} - 1)) \qquad ⑥$$

对本题结论用反证法.假设有某个正整数 a,满足题目条件,但是这 a 在 5 进制下至多有 1 993 位数不等于零.在 5 进制下,两个数字 A 与 B 相加,它们的和中不等于零的位数个数小于等于 A, B 中不等于零的位数个数之和.这一结论很显然,在 10 进制下也成

立. 在⑥的右端, 不等于零的位数至多有 1 993 个(因为⑥的右端和中不等于零的位数应小于等于 a(注意公式③)中不等于零的位数). ⑥的右端比 a 小多了. 再将⑥的右端类似⑤进行分段, 再得到类似⑥右端的一数. 在 5 进制下, 这数至多有 1 993 位数不等于零. 且这数比⑥的右端小多了. 如此继续下去, 我们可以得到一个至多 1 995 位数

$$b = \overline{b_{1\,994}b_{1\,993}\cdots b_2 b_1 b_0} \qquad ⑦$$

b 与 a 在 $\mathrm{mod}(5^{1\,994} - 1)$ 意义下同余, 即 b 也是 $5^{1\,994} - 1$ 的倍数. 但是 b 至多有 1 993 位数不等于零, 但是在 5 进制下, 至多 1 995 位数中是 $5^{1\,994} - 1$ 倍数的仅下述 5 个, 它们在十进制下写出来是

$$5^{1\,994} - 1, (5^{1\,994} - 1) \cdot 2, (5^{1\,994} - 1) \cdot 3$$
$$(5^{1\,994} - 1) \cdot 4, (5^{1\,994} - 1) \cdot 5 \qquad ⑧$$

在 5 进制下, 参考④, 上述 5 个数分别为

$$44\cdots4(1\,994 \text{ 个 } 4), 144\cdots43(\text{中间 } 1\,993 \text{ 个 } 4)$$
$$244\cdots42(\text{中间 } 1\,993 \text{ 个 } 4)$$
$$344\cdots41(\text{中间 } 1\,993 \text{ 个 } 4), 44\cdots40(1\,994 \text{ 个 } 4) \qquad ⑨$$

这 5 个数不等于零的位数个数都超过 1 993 个, 矛盾.

6.58 设 a, b, n 都是自然数, 并且 $a > 1, b > 1, n > 1$; 又 A_{n-1} 和 A_n 是 a 进制数, B_{n-1} 和 B_n 是 b 进制数, 并且 A_{n-1}, A_n, B_{n-1} 和 B_n 可表示为如下形式

$$A_{n-1} = \overline{x_{n-1}x_{n-2}\cdots x_0}, A_n = \overline{x_n x_{n-1}\cdots x_0}(a \text{ 进制写出})$$
$$B_{n-1} = \overline{x_{n-1}x_{n-2}\cdots x_0}, B_n = \overline{x_n x_{n-1}\cdots x_0}(b \text{ 进制写出})$$

此处 $x_n \neq 0, x_{n-1} \neq 0$.

试证: 当 $a > b$ 时

$$\frac{A_{n-1}}{A_n} < \frac{B_{n-1}}{B_n}$$

(第 12 届国际数学奥林匹克, 1970 年)

证法 1 由 a 进制的定义

$$A_{n-1} = x_{n-1}a^{n-1} + x_{n-2}a^{n-2} + \cdots + x_1 a + x_0$$
$$A_n = x_n a^n + x_{n-1}a^{n-1} + \cdots + x_1 a + x_0$$

其中 $a > 1$, 所以有

$$\frac{A_{n-1}}{A_n} = 1 - \frac{x_n a^n}{x_n a^n + x_{n-1}a^{n-1} + \cdots + x_1 a + x_0} =$$
$$1 - \frac{x_n}{x_n + x_{n-1} \cdot \frac{1}{a} + \cdots + x_1 \cdot \frac{1}{a^{n-1}} + x_0 \cdot \frac{1}{a^n}}$$

同理

$$\frac{B_{n-1}}{B_n} = 1 - \frac{x_n}{x_n + x_{n-1} \cdot \frac{1}{b} + \cdots + x_1 \cdot \frac{1}{b^{n-1}} + x_0 \cdot \frac{1}{b^n}}$$

因为 $a > b > 1$,则 $\frac{1}{a} < \frac{1}{b}$,并且 $x_n \neq 0, x_{n-1} \neq 0$,所以有

$$x_n + x_{n-1} \cdot \frac{1}{a} + \cdots + x_1 \cdot \frac{1}{a^{n-1}} + x_0 \cdot \frac{1}{a^n} <$$
$$x_n + x_{n-1} \cdot \frac{1}{b} + \cdots + x_1 \cdot \frac{1}{b^{n-1}} + x_0 \cdot \frac{1}{b^n}$$

从而

$$\frac{x_n}{x_n + x_{n-1} \cdot \frac{1}{a} + \cdots + x_1 \cdot \frac{1}{a^{n-1}} + x_0 \cdot \frac{1}{a^n}} >$$
$$\frac{x_n}{x_n + x_{n-1} \cdot \frac{1}{b} + \cdots + x_1 \cdot \frac{1}{b^{n-1}} + x_0 \cdot \frac{1}{b^n}}$$

于是

$$\frac{A_{n-1}}{A_n} < \frac{B_{n-1}}{B_n}$$

证法 2 先用数学归纳法证明一个引理:对于任意自然数 n 及 $a > b$,有

$$a^n B_n - b^n A_n > 0$$

事实上,当 $n = 1$ 时,则 $x_1 > 0, x_0 > 0$,且

$$aB_1 - bA_1 = a(x_1 b + x_0) - b(x_1 a + x_0) = x_0(a - b) > 0$$

所以,$n = 1$ 时,引理成立.

假设 $n = k$ 时,引理成立,即

$$a^k B_k - b^k A_k > 0, a^k B_k > b^k A_k$$

因为 $a > b$,所以有

$$a^{k+1} B_k > b^{k+1} A_k$$
$$a^{k+1} B_k - b^{k+1} A_k > 0$$

于是当 $n = k + 1$ 时,有

$$a^{k+1} B_{k+1} - b^{k+1} A_{k+1} =$$
$$a^{k+1}(b^{k+1} x_{k+1} + B_k) - b^{k+1}(a^{k+1} x_{k+1} + A_k) =$$
$$a^{k+1} B_k - b^{k+1} A_k > 0$$

因此

$$a^{k+1} B_{k+1} > b^{k+1} A_{k+1}$$

即 $n = k + 1$ 时,引理成立.

所以,对所有自然数 n,引理成立.

于是,由引理可得

$$\frac{B_{n-1}}{B_n} - \frac{A_{n-1}}{A_n} = \frac{1}{A_n B_n}(A_n B_{n-1} - B_n A_{n-1}) =$$

$$\frac{1}{A_n B_n}(A_n(B_n - b^n x_n) - (A_n - a^n x_n)B_n) =$$

$$\frac{x_n}{A_n B_n}(a^n B_n - b^n A_n) > 0$$

所以 $\quad \dfrac{A_{n-1}}{A_n} < \dfrac{B_{n-1}}{B_n}$

证法 3 引入辅助函数.

设 $f(x) = \dfrac{p(x)}{q(x)}$,其中

$$p(x) = \sum_{k=0}^{n-1} x_k \cdot x^k, \quad q(x) = p(x) + x_n \cdot x^n$$

因而有 $\quad p(a) = \sum_{k=0}^{n-1} x_k \cdot a^k = A_{n-1}$

$$q(a) = p(a) + x_n \cdot a^n = \sum_{k=0}^{n} x_k a^k = A_n$$

所以 $\quad f(a) = \dfrac{p(a)}{q(a)} = \dfrac{A_{n-1}}{A_n}$

同理 $\quad f(b) = \dfrac{p(b)}{q(b)} = \dfrac{B_{n-1}}{B_n}$

因此,要证明当 $a > b$ 时,$\dfrac{A_{n-1}}{A_n} < \dfrac{B_{n-1}}{B_n}$ 成立,就等价于证明 $f(a) < f(b)$ 成立.

由此可见,若能证明 $y = f(x)$ 是单调递减函数,则命题获证.

为此,对 $f(x)$ 求导数,得

$$f'(x) = \frac{p'(x)q(x) - p(x)q'(x)}{q^2(x)} =$$

$$\frac{p'(x)(p(x) + x_n x^n) - p(x)(p'(x) + n x_n \cdot x^{n-1})}{q^2(x)} =$$

$$\frac{x_n \cdot x^{n-1}(x p'(x) - n p(x))}{q^2(x)} =$$

$$\frac{x_n x^{n-1}\left(\sum_{k=1}^{n-1} k x_k x^k - \sum_{k=0}^{n-1} n x_k x^k\right)}{q^2(x)} =$$

$$\frac{x_n x^{n-1}\left(\sum_{k=1}^{n-1} x^k x_k (k - n) - n x_0\right)}{q^2(x)}$$

由于 $x > 0, x_n > 0, x_{n-1} > 0, n > 1, k - n < 0, x_k \geqslant 0, q^2(x) > 0$,所以当 $x > 0$ 时,有 $f'(x) < 0$.

因此 $f(x)$ 是单调递减函数.

所以当 $a > b$ 时,$f(a) < f(b)$,即

$$\frac{A_{n-1}}{A_n} < \frac{B_{n-1}}{B_n}$$

6.59 设 m 和 n 为已知的正整数,m 以十进制表示时位数为 d,其中 $d \leq n$.求 $(10^n - 1)m$ 以十进制表示时所有各位数字的总和.

解 在十进制下,记
$$m = \overline{a_1 a_2 \cdots a_n} \qquad ①$$
这里 $a_j \in \{0,1,2,\cdots,9\}, j = 1,2,\cdots,d, a_1 \geq 1$.

$(10^n - 1)m = 10^n m - m =$
$$\overline{a_1 a_2 \cdots a_d 00 \cdots 0}(n \text{ 个零}) - \overline{a_1 a_2 \cdots a_d} \qquad ②$$

$a_d, a_{d-1}, \cdots, a_2, a_1$ 从左到右第一个不为零的数字设为 $a_k(k = 1, 2, \cdots, d)$,即
$$a_{k+1} = a_{k+2} = \cdots = a_d = 0 \qquad ③$$

注意如果 $k = d$,③ 自行消失.记 $d^* = n - d$,d^* 是非负整数,从减法运算可以知道(注意 $n \geq d$)

$\overline{a_1 a_2 \cdots a_k 00 \cdots 0}(n + d - k \text{ 个零}) - \overline{a_1 a_2 \cdots a_3 00 \cdots 0}(d - k \text{ 个零}) =$
$\overline{a_1 a_2 \cdots a_{k-1} b_k 9 \cdots 9 a_1^* a_2^* \cdots a_{k-1}^* a_k^* 00 \cdots 0}(d - k \text{ 个零}) \qquad ④$

这里 $b_k = a_k - 1$(如果 $k = 1$,则式 ④ 右端 $a_1 a_2 \cdots a_{k-1}$ 部分消失).
$$a_k^* = 10 - a_k, a_j^* = 9 - a_j$$

如果 $j = 1, 2, \cdots, k-1$,式 ④ 右端中间有 $n - k$ 个 9.记 $(10^n - 1)m$ 的各位数字之和为 A,则

$A = (a_1 + a_2 + \cdots + a_{k-1} + b_k) + 9(n - k) +$
$(a_1^* + a_2^* + \cdots + a_{k-1}^* + a_k^*) =$
$(a_1 + a_2 + \cdots + a_{k-1} + a_k - 1) + 9(n - k) +$
$((9 - a_1) + (9 - a_2) + \cdots + (9 - a_{k-1}) + (10 - a_k)) =$
$\sum_{j=1}^{k-1}(a_j + (9 - a_j)) + ((a_k - 1) + (10 - a_k)) +$
$9 + (n - k) =$
$9(k - 1) + 9 + 9(n - k) = 9n \qquad ⑤$

因此 $(10^n - 1)m$ 以十进制表示时,所有各位数字的总和为 $9n$.

6.60 求一个三位数,它具有下列性质:将它的数字按原来的顺序在某个非十进制的记数制中写出的数,是原数的 2 倍.

(波兰数学竞赛,1961 年)

解 设非十进制的记数制为 c 进制,并设这个三位数在十进制中的百位数字、十位数字及个位数字分别是 x, y, z.

由题意得
$$2(100x + 10y + z) = x \cdot c^2 + y \cdot c + z$$
由此可得
$$(200 - c^2)x + (20 - c)y + z = 0 \qquad ①$$
于是问题归结为求方程 ① 的适合下述条件的整数解 x, y, z, c
$$1 \leqslant x \leqslant 9, 0 \leqslant y \leqslant 9, 0 \leqslant z \leqslant 9$$
$$c > x, c > y, c > z$$

我们首先证明,新记数制的底 c 只可能等于 15.

事实上,如果 $0 < c \leqslant 14$,则
$$(200 - c^2)x + (20 - c)y + z \geqslant 4x + 6y + z \geqslant 4$$
式 ① 不可能成立.

如果 $c \geqslant 16$,那么
$$(200 - c^2)x + (20 - c)y + z \leqslant -56x + 4y + z \leqslant$$
$$-56 + 36 + 9 = -11$$
于是
$$c = 15$$

将 $c = 15$ 代入方程①,可得
$$-25x + 5y + z = 0 \qquad ②$$

如果整数 x, y 和 z 满足方程②,由于 $-25x$ 和 $5y$ 都是 5 的倍数,则 z 也应是 5 的倍数.因而 $z = 0$ 或 $z = 5$.

若 $z = 0$,则方程 ② 可得
$$-5x + y = 0$$
因此只能有
$$x = 1, y = 5$$
这时十进制的三位数为 150,在 15 进制下
$$(150)_{15} = 15^2 + 5 \cdot 15 = 300 = 2 \cdot 150$$
符合题目要求.

若 $z = 5$,则方程 ② 可得
$$-5x + y + 1 = 0$$
于是当 $x \geqslant 3$ 时
$$-5x + y + 1 \leqslant -15 + 9 + 1 = -5 < 0$$
所以只能是 $x < 3$,即 $x = 1$ 或 $x = 2$.

当 $x = 1$ 时, $y = 4$.

当 $x = 2$ 时, $y = 9$.

这时十进制的三位数分别是 145 和 295.

在 15 进制下
$$(145)_{15} = 15^2 + 4 \cdot 15 + 5 = 290 = 2 \cdot 145$$
$$(295)_{15} = 2 \cdot 15^2 + 9 \cdot 15 + 5 = 590 = 2 \cdot 295$$
于是本题有三个解,它在十进制下是 145, 150 和 295.

6.61 求所有具有下述性质的 $n \in \mathbf{N}$：如果并排写出十进制记数法中的数 n^3 与 n^4，则其中十个数字 $0,1,2,\cdots,9$ 各恰好出现一次.

（南斯拉夫数学奥林匹克，1983 年）

解 用 $f(m)$ 表示 $m \in \mathbf{N}$ 的十进制写法中数字的个数，则对所求的 $n,f(n^3)+f(n^4)=10$，且 $f(n^3) \geqslant 4$，否则 $n^3 < 1\,000$，即 $n < 10$，从而 $n^4 < 100\,000$，因此
$$f(n^3)+f(n^4) < 4+5 < 10$$
不可能. 于是 $f(n^3)=4,f(n^4)=6$，其次，由于 $n^3 < 10\,000$，而 $22^3 > 10\,000$，所以 $n < 22$. 同样，由于 $n^4 \geqslant 100\,000$，而 $17^4 < 100\,000$，所以 $n > 17$，于是 $18 \leqslant n \leqslant 21$. 由于任意自然数都与它的十进制写法中数字之和模 9 同余，所以
$$n^3 + n^4 \equiv (0+1+2+\cdots+9)(\bmod\ 9)$$
因此 $$n^3(n+1) \equiv 0(\bmod\ 9)$$
$n = 19$ 与 20 不合这个条件，而 21^3 与 21^4 的末位数字都是 1，所以 $n = 21$ 也不合要求. 最后，经直接验证，$18^3 = 5\,832, 18^4 = 104\,976$，即只有 $n = 18$ 合乎题中条件.

6.62 试求出并证明：所有的正整数的个数，它在 n 进位制的表示中数字各不相同，并且除去最左边的数字，每一个数字均和它左边的某个数字相差 ± 1.（答案用 n 的显函数以最简单的形式表达）

（第 19 届美国数学奥林匹克，1990 年）

解法 1 我们考察满足题设要求的 n 进制中的 k 位数的个数. 显然，这个 k 位数应该由 k 个连续的 n 进位数字组成.

为此有下面的结论.

(1) 对每个 $k = 1,2,\cdots,n$，有 $n-k+1$ 个可能的 k 个连续的 n 进位数字的集合.
$$\{0,1,\cdots,k-1\},\{1,2,\cdots,k\},\cdots,\{n-k,n-k+1,\cdots,n-1\}$$

(2) 对于给定的 k 个连续数字，符合条件的排列方法有 2^{k-1} 种.

这是因为，最右边的数字或者是各数字中最大的或者是最小的，从右数第二个数字是剩下的数字中最大的或最小的，$\cdots$，最左边的数字则为选完 $k-1$ 个数字之后剩下的数字. 这就是说，除最左边的数字外，其余 $k-1$ 位数字每一位都有 2 种选择，因此有 2^{k-1} 种.

(3) 对每个 k，恰有一个以 0 开头的 k 个连续数字的排列，这

个数不是真正的 k 位数.

因此,由(1),(2),(3)可知,满足要求的 k 位整数个数为
$$(n - k + 1) \cdot 2^{k-1} - 1$$

当 $k = 1, 2, \cdots, n$ 时,对所有的 k 求和

$$\sum_{k=1}^{n}((n - k + 1) \cdot 2^{k-1} - 1) =$$
$$((\underbrace{2^0 + 2^0 + \cdots + 2^0}_{n\text{个}}) - 1) + ((\underbrace{2^1 + 2^1 + \cdots + 2^1}_{n-1\text{个}}) - 1) + \cdots +$$
$$((2^{n-2} + 2^{n-2}) - 1) + (2^{n-1} - 1) =$$
$$((2^n - 1) + (2^{n-1} - 1) + \cdots + (2^2 - 1) + (2^1 - 1)) - n =$$
$$(2^n + 2^{n-1} + \cdots + 2^2 + 2) - 2n = 2^{n+1} - 2n - 2$$

因此,满足要求的正整数有 $2^{n+1} - 2n - 2$ 个.

解法2 因为只有 0 不能作第一个数字,我们先定义 $F(n)$ 为 n 进位满足题设条件的整数,而先不考虑第一个数字是否为 0,则

$F(1) = 1$,即 $\{0\}$;

$F(2) = 4$,即 $\{0, 01, 1, 10\}$;

$F(3) = 11$,即 $\{0, 01, 012, 1, 10, 102, 12, 120, 2, 21, 210\}$.

现在建立 $F(n + 1)$ 的递推式.

注意到 $n + 1$ 进位中的数字串有三类:

(1) 单一的数字:$0, 1, 2, \cdots, n$;

(2) 一个适当的 n 进位数字串,接一个紧挨着最大的未用数字;

(3) 一个适当的 n 进位数字串,接一个紧挨着最小的未用数字.

于是有
$$F(n + 1) = n + 1 + 2F(n)$$
$$F(1) = 1$$

由此可以推得
$$F(n) = 2^{n+1} - n - 2$$

由于以 0 作为第一个数字的数不合要求,这样的数,在 n 进制中有
$$0, 01, 012, \cdots, 012\cdots(n - 1)$$

共有 n 个.

所以所求正整数的个数为
$$F(n) - n = 2^{n+1} - 2n - 2$$

6.63 一个正整数 N 被称为 7 – 10 翻倍数,如果把 N 表示成为 7 进制形式以后,然后把转换后的数当做 10 进制看正好是 $2N$. 如 $51 = (102)_7$ 就是一个 7 – 10 翻倍数,求最大的 7 – 10 翻倍数.

解 设 $(\overline{a_k a_{k-1} \cdots a_1 a_0})_7$ 是一个 7 – 10 翻倍数,且 $a_k \neq 0$,因此

$$2 \times \sum_{i=1}^{k} a_i 7^i = \sum_{i=1}^{k} a_i 10^i \Rightarrow \sum_{i=0}^{k} (10^k - 2 \cdot 7^k) a_i = 0$$

和中只有 a_0, a_1 的系数是负的,其他都是正的,因此 $k \geq 2$. 又由于 $10^3 - 2 \cdot 7^3 = 314$,所以 $i \geq 3$ 时,系数至少是 314. 而

$$(10 - 2 \cdot 7) a_1 + (1 - 2) a_0 \geq -30$$

所以不可能有 $i \geq 3$ 的项,因此只能有 $k = 2$,因此 $2 a_2 = 4 a_1 + a_0$,并且要求 a_2 尽量的大,将 $a_2 = 6$ 代入得到 $12 = 4 a_1 + a_0$, a_1 也要尽量的大,所以取 $a_1 = 3, a_0 = 0$. 因此最大的 7 – 10 翻倍数是

$$(\overline{630})_7 = 6 \cdot 7^2 + 3 \cdot 7 + 0 = 315$$

6.64 对于任意正整数 n,证明:存在一个每位数字都是奇数的 n 位数是 5^n 的倍数.

证明 $n = 1$ 时,我们取 5 即可,假设 $n = k$ 时,存在一个每位数字都是奇数的 k 位数 A_k 使得 $5^k \mid A_k$,5 个每位数字都是奇数的 $k + 1$ 位数 $\overline{1 A_k}, \overline{3 A_k}, \overline{5 A_k}, \overline{7 A_k}, \overline{9 A_k}$ 都是 5^k 的倍数,它们中任意两个数的差都不是 5^{k+1} 的倍数的倍数,因此 $\dfrac{\overline{1 A_k}}{5^k}, \dfrac{\overline{3 A_k}}{5^k}, \dfrac{\overline{5 A_k}}{5^k}, \dfrac{\overline{7 A_k}}{5^k}, \dfrac{\overline{9 A_k}}{5^k}$ 除以 5 的余数两两不同,所以其中肯定有一个数是 5 的倍数,因此 $\overline{1 A_k}, \overline{3 A_k}, \overline{5 A_k}, \overline{7 A_k}, \overline{9 A_k}$ 肯定有一个是 5^{k+1} 的倍数. 由数学归纳原理,命题成立.

6.65 我们称一个十位数是"有趣的数",如果它的每位数字都不相同,并且它是 11 111 的倍数. 请问有多少个"有趣的数"?

解 设 $n = \overline{abcdefghij}$ 是一个有趣的数,则

$$n \equiv \sum_{i=0}^{9} i \equiv (\bmod\ 9)$$

由于 $(9, 11\,111) = 1$

所以 $99\,999 \mid n$

设 $x = \overline{abcde}, y = \overline{fghij}$

我们有 $n = 10^5 x + y \equiv x + y \equiv 0 \pmod{99\,999}$
由于 $0 < x + y < 2 \times 99\,999$
所以 $x + y = 99\,999$
这样只能有 $a + f = b + g = \cdots = e + j = 9$
5 对二元组 $(0,9), (1,8), (2,7), (3,6), (4,5)$ 有 $5! = 120$ 种排列,每一对都有两种选择次序,所以共有 120×2^5 个这样的数,但是我们要去掉首位为 0 的,所以共有 $\frac{9}{10} \times 120 \times 34 = 3\,456$ 个有趣的数.

6.66 对于任意正整数 n,$p(n)$ 表示 n 的不等于 0 的各位数字的乘积. $S = \sum_{i=1}^{999} p(i)$,求 S 的最大素因子.

解 考虑所有的"三位数":$000, 001, \cdots, 999$,共 $1\,000$ 个数,它们的各位数字的乘积之和为
$$0 \cdot 0 \cdot 0 + 0 \cdot 0 \cdot 1 + \cdots + 9 \cdot 9 \cdot 9 = (0 + 1 + \cdots + 9)^3$$
而我们 $p(n)$ 的定义是 n 的不等于 0 的各位数字的乘积,这样就需要把上面的 0 都更改为 1,这样 $1\,000$ 项之和 $= (1 + 1 + \cdots + 9)^3 = 46^3$,最后我们需要去掉 000 对应的第一项,所以
$$S = 46^3 - 1 = 3^3 \times 5 \times 7 \times 103$$
S 的最大素因子为 103.

6.67 x_n 代表整数 $[(\sqrt{2})^n]$ $(n = 1, 2, \cdots)$ 的十进制表示中的个位数字,请问 $x_1, x_2, \cdots, x_n, \cdots$ 是不是循环的?

解 我们来关心 $x_1, x_2, \cdots, x_n, \cdots$ 的奇偶性,定义新数列 $\{y_n\}$ 如下:若 x_n 是偶数,则 $y_n = 0$;若 x_n 是奇数,则 $y_n = 1$. 若 $x_1, x_2, \cdots, x_n, \cdots$ 是循环的 $\Rightarrow \{y_n\}$ 是循环的 $\Rightarrow \{y_{2n+1}\}$ 是循环的. 我们来考察 $\{y_{2n+1}\}$,把 $\sqrt{2}$ 表示成为二进制小数,把它乘以 2^n 得到 $(\sqrt{2})^{2n+1}$,由于奇数的二进制表示最后一位为 1,偶数的二进制表示最后一位为 0,所以 $(\sqrt{2})^{2n+1}$ 的整数部分的最后一位就是 y_{2n+1},由于 2^n 乘以一个二进制小数就相当于把它的小数点向右移动 n 位,因此 y_{2n+1} 实际上就是 $\sqrt{2}$ 的二进制表示中小数点右边第 n 位数字,由于 $\sqrt{2}$ 是无理数,所以它的小数表示肯定不是循环小数,这样 y_{2n+1} 肯定不循环,因此 $x_1, x_2, \cdots, x_n, \cdots$ 不循环.

6.68 求 $(\sqrt{3} + \sqrt{2})^{2\,008}$ 十进制的个位数,以及首位小数.

心得 体会 拓广 疑问

解 显然 $a_n = (\sqrt{3}+\sqrt{2})^{2n} + (\sqrt{3}-\sqrt{2})^{2n}$ 是正整数,令 $c = \sqrt{3}+\sqrt{2}, d = \sqrt{3}-\sqrt{2}$,显然有 $0 < d < 1, cd = 1$.代入算得前两项
$$a_1 = c^2 + d^2 = 10, a_2 = a_1^2 - 2(cd)^2 = 98$$
并且 $\quad a_{n+2} = a_1 a_{n+1} - (cd)^2 a_n = 10a_{n+1} - a_n$
因此对于所有的正整数 n 都有 $a_{n+2} \equiv -a_n \pmod{10}$,故
$$a_{1004} \equiv (-1)^{501} a_2 \equiv -8 \equiv 2 \pmod{10}$$
而 $\quad 0 < d^{2008} < 0.01$
故 $(\sqrt{2}+\sqrt{2})^{2008} = a_n - d^{2008}$ 个位数字为 1,首位小数为 9.

> **6.69** $S(x)$ 代表 x 的十进制下每位数字之和.
> (1) 证明:对所有正整数 $x, \dfrac{S(x)}{S(2x)} \leqslant 5$,这个上界还能改进吗?
> (2) 证明:$\dfrac{S(x)}{S(3x)}$ 无界.

证明 (1) 一个整数乘以 2 的时候,如果发生进位最多只能进 1,而且这个 1 加到上一位以后不会发生连锁进位,因为前一位乘以 2 以后剩下的最多是 8,因此由数学归纳法容易证明,$S(2x) = \sum S(2d)$,其中 d 取遍 x 的十进制的每一位数字,而 $S(x) = \sum S(d)$ 是显然的.很容易验证对于每一个个位数 d,$S(d) \leqslant 5S(2d)$,因此
$$\frac{S(x)}{S(2x)} = \frac{\sum S(d)}{\sum S(2d)} \leqslant 5$$
而 $S(5) = 5S(10)$,所以上界 5 不能改进了.

(2) 设 $a_k = \underbrace{33\cdots3}_{k}4$,则 $\dfrac{S(a_k)}{S(3a_k)} = \dfrac{3k+4}{3}$ 无界.

> **6.70** 求所有的正整数 n,使得 n 可以整除一个十进制每位数字不等于 0 的数.

解 (1) 如果 n 是 10 的倍数,则它的倍数末尾肯定是 0,不可能符合要求.

(2) 如果 $n = 5^k$,可以使用数学归纳法来证明,存在一个每位数字都是奇数的 k 位数是 n 的倍数. $k=1$ 时,显然;设 $k=t$ 时成立,来考虑 $k = t+1$ 的情况,设 M 是一个每位数字都是奇数的 t 位数并且是 5^t 的倍数,则 $\overline{1M}, \overline{3M}, \overline{5M}, \overline{7M}, \overline{9M}$ 除以 5^t 以后除以 5 的余数都不相同,因此其中必有一个是 5 的倍数,故 $\overline{1M}, \overline{3M}, \overline{5M},$

$\overline{7M}, \overline{9M}$ 有一个为 5^{t+1} 的倍数.

(3) $n = 2^k$,由数学归纳法可以证明存在一个每位数字不等于 0 的 k 位数是 n 的倍数. $k = 1$ 时,显然;设 $k = t$ 时成立,来考虑 $k = t + 1$ 的情况,设 N 是每位数字都不等于 0 的 t 位数并且是 2^t 的倍数. 如果 $\frac{N}{2^t}$ 为奇数,则 $\overline{1N}$ 是 2^{t+1} 的倍数;如果 $\frac{N}{2^t}$ 为偶数,则 $\overline{2N}$ 是 2^{t+1} 的倍数.

(4) 若 $(n, 10) = 1$,则 $1, 11, 111, \cdots, \underbrace{1\cdots1}_{n+1}$ 中至少有两个除以 n 的余数相同,这样它们的差就是 n 的倍数,由于 $(n, 10) = 1$,去掉差后面的 0 可以得到一个 $\underbrace{11\cdots1}_{k}$ 是 n 的倍数.

(5) $n = ma^k$,其中 $(m, 10) = 1, a = 2$ 或 5. 由前面的讨论存在一个每位数字都不是 0 的数 N,使得 N 是 a^k 的倍数,则 $N, \overline{NN}, \cdots,$ $\underbrace{\overline{N\cdots N}}_{m+1}$ 中至少有两个除以 m 的余数相同,这样它们的差就是 m 的倍数,由于 $(m, 10) = 1$,去掉差后面的 0 可以得到一个 $\underbrace{\overline{NN\cdots N}}_{k}$ 是 n 的倍数.

综上所述,如果 n 不是 10 的倍数就可以满足要求.

> **6.71** (1) 证明:连续 39 个正整数中,肯定存在一个数的数字和是 11 的倍数.
> (2) 对于连续 38 个正整数,上述命题不成立,请找到最小的反例.

证明 我们记 $d(n)$ 为正整数 n 的各位数字之和.

ⅰ 当正整数 n 末尾为 0 时,$n, n+1, \cdots, n+9$ 这 10 个数没有发生进位,所以数字和也都是连续的 10 个整数,因此当 $d(n) \not\equiv 1 \pmod{11}$ 时,$n, n+1, \cdots, n+9$ 中必有一个数的数字和为 11 的倍数.

ⅱ 当 n 末尾恰好有 $k(k \geq 1)$ 个 9,则
$$d(n+1) = d(n) + 1 - 9k$$

ⅲ 若 n 末尾为 0,且
$$d(n) \equiv d(n+10) \equiv 1 \pmod{11}$$
显然 $\qquad d(n+9) = d(n) + 9 \equiv 10 \pmod{11}$
假设 $n+9$ 末尾有 k 个 9,则
$2 \equiv d(n+10) - d(n+9) \equiv 1 - 9k \pmod{11} \Rightarrow k \equiv 6 \pmod{11}$

(1) 假设现在有 39 个连续正整数 S,它们的数字和都不是 11 的倍数. 其中最小的 10 个中必有一个尾数为 0 设为 n,则 $n+10$, $n+20 \in S$,且 $d(n) \equiv d(n+10) \equiv d(n+20) \equiv 1 \pmod{11}$,这样 $n+9, n+19$ 末尾都至少有 6 个 9,这样 $n+10, n+20$ 都是

1 000 000 的倍数,矛盾.

(2) 如果存在 38 个连续正整数的反例,设这些数为 $N, N+1, \cdots, N+37$. 根据以上的讨论,只能有 $N+9$ 尾数为 0

$$d(N+9) \equiv d(N+19) \equiv 1 \pmod{11}$$

这样 $$d(N+18) \equiv 10 \pmod{11}$$

且 $N+18$ 末尾至少有 6 个 9,这样 $N+18$ 最小可能为 999 999,此时 38 个数为 999 981, $\cdots$, 1 000 018,容易验证它们当中的确没有一个数的数字和为 11 的倍数.

6.72 是否存在 19 个不同的正整数,它们的和为 1 999,并且每个数的数字和都相同.

解 假设存在这样的 19 个数,它们的数字和为 k,则其中必然有一个数小于等于 $\left[\dfrac{1\,999}{19}\right] = 105$,它的数字和 k 最多是 18.由于每个整数和它的数字和除以 9 的余数相同,所以

$$k \equiv 19k \equiv 1\,999 \equiv 1 \pmod{9}$$

所以 $k=1$ 或 10.若 $k=1$,则 19 个数都是 10^a 形式,由于都小于 1 999,所以必有两个相同,矛盾.因此只能有 $k=10$.而数字和等于 10 的最小 20 个数为 19, 28, 37, $\cdots$, 91, 109, 118, 127, $\cdots$, 190, 208,其中前面 18 个数的和等于 1 800,而

$$1\,800 + 190 = 1\,990 \neq 1\,999$$

所以 19 个数中最大的数大于等于 208,此时 19 个数的和大于等于 $1\,800 + 208 = 2\,008 \neq 1\,999$,所以满足要求的 19 个数不存在.

6.73 设 n 是合数,p 是 n 的真因数,试求使 $(1 + 2^p + 2^{n-p})m - 1$ 能被 2^n 整除的最小自然数 m 的二进制表示.

解 设 $n = pk, k > 1$.

显然有 $m \neq 2^n$,再利用 n 的最小性我们可知 $1 \leqslant m < 2^n$,即 m 的二进制表示至多是 n 位数.设 m 的二进制表示中从右到左每 p 个数字组成一段,并依次记为 $A_1, A_2, \cdots, A_k$,依题意有

$$\cdots \boxed{A_2}\boxed{A_1}$$
$$\boxed{A_k}\boxed{A_{k-1}} \qquad \boxed{A_2}\boxed{A_1}$$
$$+) \qquad \boxed{A_k}\boxed{A_{k-1}} \cdots \cdots \boxed{A_2}\boxed{A_1}$$

$$\overline{\cdots \quad \cdots 00\cdots 0000\cdots 00 \quad \cdots 00\cdots 0000\cdots 0000\cdots 01}$$

由上面的竖式我们可知,A_1 应为 $00\cdots 01$,从而 A_2 应为

$11\cdots11$,A_3 应为 $00\cdots00$. 并且用归纳法易得若 $2 \leqslant l \leqslant k-1$,则 A_l 若 l 为偶数,则为 $11\cdots11$,若 l 为奇数,则为 $00\cdots00$.

于是若 k 是奇数,则在竖式中,A_1 为 $00\cdots01$,A_{k-1} 为 $11\cdots11$,且从 $n-p$ 位上进了 1 到 $n-p+1$ 位,所以 A_k 为 $11\cdots11$,从而
$$m = (\underbrace{\underbrace{11\cdots11}_{p\text{个}}\underbrace{11\cdots11}_{p\text{个}}\underbrace{00\cdots00}_{p\text{个}}\cdots\underbrace{00\cdots00}_{p\text{个}}\underbrace{11\cdots11}_{p\text{个}}\underbrace{00\cdots01}_{p\text{个}}}_{\frac{n}{p}\text{段}})_2$$

若 k 是偶数,则类似地可求得 A_k 为 $11\cdots10$,即
$$m = (\underbrace{\underbrace{11\cdots10}_{p\text{个}}\underbrace{00\cdots00}_{p\text{个}}\underbrace{11\cdots11}_{p\text{个}}\cdots\underbrace{00\cdots00}_{p\text{个}}\underbrace{11\cdots11}_{p\text{个}}\underbrace{00\cdots01}_{p\text{个}}}_{\frac{n}{p}\text{段}})_2$$

6.74 对于任意正整数 k,$f(k)$ 表示集合 $\{k+1, k+2, \cdots, 2k\}$ 内在二进制表示中恰有 3 个 1 的元素的个数.

(1) 求证:对每个正整数 m,至少存在一个正整数 k,使得 $f(k) = m$.

(2) 确定所有的正整数 m,使得恰存在一个 k,满足 $f(k) = m$.

证明 设 $s(n)$ 表示正整数 n 的二进制表示中 1 的个数,并定义 $A(n)$ 为:若 $s(n) = 3$,则 $A(n) = 1$;若 $s(n) \neq 3$,则 $A(n) = 0$.

若正整数 $n = (a_l a_{l-1}\cdots a_1 a_0)_2$,则
$$2n = (a_l a_{l-1}\cdots a_1 a_0 0)_2$$
$$2n+1 = (a_l a_{l-1}\cdots a_1 a_0 1)_2$$

所以 $\qquad s(2n) = s(n)$

即有 $\qquad A(2n) = A(n)$

并且 $\qquad s(2n+1) = s(n) + 1$

依题意
$$f(k+1) = A(k+2) + A(k+3) + \cdots + A(2k) + A(2k+1) + A(2k+2) =$$
$$(f(k+1) + f(k+2) + \cdots + f(2k)) + A(2k+1) + A(2k+2) - A(k+1) =$$
$$f(k) + A(2k+1) + (A(2k+2) - A(k+1)) = f(k) + A(2k+1)$$

即有
$$f(k+1) = \begin{cases} f(k), & s(k) \neq 2 \\ f(k)+1, & s(k) = 2 \end{cases} \qquad ①$$

由 ① 并注意到 $f(1) = 0$ 及有无穷多个正整数 n 满足 $s(n) = 2$,①

得证.

设有正整数 m 使得恰存在一个 k 满足 $f(k)=m$,则应有
$$f(k+1)=f(k)+1, f(k-1)=f(k)-1$$
由 ① 即有 $s(k-1)=s(k)=2$

若 $k-1$ 是偶数,则 $s(k)=s(k-1)+1$,这不可能. 故 $k-1$ 是奇数,又注意到 $s(k-1)=2$,从而 $k-1$ 具有形式 $k-1=2^l+1$,l 是正整数,即 $k=2^l+2$,为使 $s(k)=2$,l 还须满足 $l \geqslant 2$.

下面我们来计算 $f(2^l+2)$,l 是正整数且 $l \geqslant 2$.

在所有二进制表示不超过 l 位的正整数 $1,2,\cdots,2^l-1$ 中有 C_l^2 个正整数,它们的二进制表示中恰有 2 个 1,从而由 ① 及 $f(1)=0$ 可知 $f(2^l)=C_l^2$,进而
$$f(2^l+2)=f(2^l+1)+1=f(2^l)+1=C_l^2+1$$

于是(2)中所求的 m 应为具有形式 $\frac{1}{2}l^2-\frac{1}{2}l+1$. l 是大于等于 2 的正整数.

6.75 证明:数 2^n 的各位数字之和随着 n 的增大而趋于无穷.

证明 对于某个确定的正整数 n,由于 $2^n<10^n$,故不妨设 $2^n=(a_n a_{n-1}\cdots a_2 a_1)_{10}$(前若干位数字可能为 0).

下面证明:如果正整数 j 满足 $1 \leqslant j \leqslant \frac{n}{4}$,那么数字 a_{j+1},$a_{j+2},\cdots,a_{4j}$ 中至少有一个不为零.

假设对某个正整数 $j,1 \leqslant j \leqslant \frac{n}{4}$,有
$$a_{j+1}=a_{j+2}=a_{4j}=0$$
设 $c=(a_j a_{j-1}\cdots a_2 a_1)_{10}$,则有
$$2^n-c=(a_n a_{n-1}\cdots a_{4j+1}\underbrace{00\cdots 0}_{4j\text{个}})_{10}$$
从而 $10^{4j} \mid 2^n-c$,因此 $2^{4j} \mid 2^n-c$. 又因为 $n \geqslant 4j$,所以 $2^{4j} \mid 2^n$,于是 $2^{4j} \mid c$.

显然有 $a_1 \neq 0$,所以 $c \neq 0$,从而由 $2^{4j} \mid c$ 可得 $c \geqslant 2^{4j}=16^j$. 但是 c 是一个 j 位数,$c<10^j$,矛盾!

这一矛盾说明,前述断言成立,从而可以将数字 $a_1,a_2,\cdots,a_n$ 分成如下 k 组,使得每组中均至少有一个数字非零
$$\left.\begin{array}{l} a_2,a_3,a_4 \\ a_5,a_6,a_7,\cdots,a_{16} \\ \cdots \\ a_{4^{k-1}+1},a_{4^{k-1}+2},\cdots,a_{4^k} \end{array}\right\}\text{共 }k\text{ 组}$$

其中,k 为满足 $4^k \leqslant n$ 的最大正整数,亦即 $k = [\log_4 n]$.

于是对于任意正整数 n,数 2^n 至少有 $[\log_4 n]$ 个数字非零,即 2^n 的数字之和不小于 $[\log_4 n]$. 又 $[\log_4 n]$ 随着 n 的增大而趋于无穷,故题设结论成立.

注 事实上,有更一般的结论:

设 N 为正整数,非 10 的方幂,则数 N^n 的各位数字之和随着 n 的增大而趋于无穷.

本例的证明实际上适用于 N 为偶数且不是 5 的倍数的情形,将上述证明稍作修改即可适用于 N 为 2 或 5 的倍数且非 10 的方幂的情形.对于一般的正整数 N,尚还没有一个完全初等的证明.

> **6.76** 证明:每个不能被 10 整除的正整数均有一个倍数,其数字均不为 0.

证明 我们先证明如下的命题.

引理 1 2 的每个正整数幂都有一个倍数,其数字均不为 0.

解法 1 设 $A = 2^k B$ 是一个能被 2^k 整除的各位数字为 1 或 2 的 k 位数,则由于 $5^n + B$ 与 $2 \cdot 5^n + B$ 中恰有一个偶数,从而 $1 \cdot 10^k + A$ 与 $2 \cdot 10^k + A$ 中的一个数能被 2^{k+1} 整除.因此,2 的每个正整数幂 2^n 均有一个倍数为 n 位数,且各位数字为 1 或 2.

解法 2 对于 2 的幂 2^n,它的末位数字不为 0. 设这个数从末位数起第 k 位上是 0,而后面的所有数字都不是 0. 我们把 $2^n \cdot 10^{k-1}$ 加到这个数上,则所得的数能被 2^n 整除,并且最后 k 个数字不是 0. 继续这个过程,最终可以得到一个能被 2^n 整除且最后 n 个数字都不是 0 的数.现在我们仅保留最后 n 个数字,这 n 个非零数字构成的数显然能被 2^n 整除.

解法 3 考虑各位数字为 1 或 2 的共 2^n 个 n 位数.因为其中每两个数的差从右到左的第一个不为 0 的数字总是奇数,所以这个差不能被 2^n 整除,即这 2^n 个数 $\bmod 2^n$ 互不同余,它们构成 $\bmod 2^n$ 的完系.从而其中恰有一个是 2^n 的倍数.

与此理 1 类似地,还可以证明:

引理 2 5 的每个正整数幂都有一个倍数,其数字均不为 0.

下面来解本题.

每个不能被 10 整除的正整数 m 都可表示成 $m = a^s \cdot t$,其中 $a \in \{2, 5\}$, s 为非负整数,正整数 t 与 10 互质.

若 $s = 0$,即 $t = m$, $(m, 10) = 1$. 有在 $1, 11, \cdots, \underbrace{11 \cdots 11}_{m+1 \text{个}}$ 中必有

两个数的差 $\underbrace{11\cdots11}_{l\uparrow}00\cdots00$ 为 m 的倍数,又 $(m,10)=1$,从而 $\underbrace{11\cdots11}_{l\uparrow}$ 即为 m 的倍数.

若 $s>0$,则由引理我们可以先选取一个各位数字均不为 0 的 a^s 的倍数 $(a_r a_{r-1}\cdots a_2 a_1)_{10}$. 将 $(a_r a_{r-1}\cdots a_2 a_1)_{10}$ 看做 $s=0$ 时的 1,用完全类似的办法可以证明在

$$(a_r a_{r-1}\cdots a_2 a_1)_{10}, (a_r a_{r-1}\cdots a_2 a_1 a_r a_{r-1}\cdots a_2 a_1)_{10}, \cdots$$

中必有一个数能被 t 整除. 又 $(a^s, t)=1$,从而这个数即为 m 的倍数,并且它的各位数字均不为 0.

6.77 求满足下述条件的所有正整数 $k, k>1$,对于某两个互异的正整数 m 和 n,数 k^m+1 与 k^n+1 是彼此将对方的数字按相反的次序排列起来而得到.

解 由对称性,不妨设 $m<n$.

因为 k^m+1 与 k^n+1 具有相同的位数,所以
$$10(k^m+1) > k^n+1$$
即
$$k^m(10-k^{n-m})+9>0 \qquad ①$$

当 $k \geqslant 11$ 时,$k^m(k^{n-m}-10) \geqslant 11$,① 不成立,而当 $k=10$ 时,k^m+1 与 k^n+1 分别为 $m+1$ 和 $n+1$ 位数,也不具有相同的位数,因此 k 应满足 $k \leqslant 9$.

若 $3 \nmid k$,即 $k=2,4,5,7,8$. 利用一个正整数和它的各位数字之和对 9 同余,我们有
$$k^m+1 \equiv k^n+1 \pmod 9$$
即 $\quad k^m(k^{n-m}-1) \equiv 0 \pmod 9, k^{n-m} \equiv 1 \pmod 9$

因为 $2 \leqslant k \leqslant 9, n-m \geqslant 1$,所以易见 $k^{n-m} \neq 1$ 或 10,从而 $k^{n-m} \geqslant 2 \times 9+1=19$,不等式 ① 不成立,故此时无解.

若 $3 \mid k$,即 $k=3,6,9$. 当 $k=3$ 时,取 $m=3, n=4$ 即可满足题意. 当 $k=6$ 时,数 k^m+1 与 k^n+1 的末位数字都是 7,依题意它们的首位数字也应是 7,从而
$$(k^n+1)-(k^m+1) < k^m+1$$
即 $\quad k^n < 2k^m+1$

这显然不可能. 当 $k=9$ 时,为使 ① 成立应有 $n-m=1$,于是 m, n 中恰有一个奇数,即数 k^m+1 与 k^n+1 中有一个末位数字为 0,这也不可能.

综上所述,本题的答案为 $k=3$.

6.78 设正整数 k 具有性质:如果 n 能被 k 整除,则将 n 的组成数字按相反次序写出来所得的数也能被 k 整除.证明:k 是 99 的约数.

证明 在数 $1,11,\cdots,\underbrace{11\cdots11}_{k+1}$ 中,由抽屉原则可知其中有两个数被 k 除的余数相同,于是这两个数的差 $11\cdots1100\cdots00$ 即可被 k 整除.将这个数倒排得 $00\cdots0011\cdots11$,即 $11\cdots11$.依题意便有 $k \mid 11\cdots11$,设其中共有 l 个 1.

于是由

$$\underbrace{11\cdots11}_{l\text{个}}\underbrace{000\cdots00}_{l+1\text{个}}$$
$$-\qquad\qquad\underbrace{11\cdots11}_{l\text{个}}$$
$$\overline{\underbrace{11\cdots10}_{l-1\text{个}}09\underbrace{08\cdots89}_{l-1\text{个}}}$$

知 $k \mid \underbrace{11\cdots1}_{l-1\text{个}}09\underbrace{88\cdots8}_{l-1\text{个}}9$.将其倒排得 $9\underbrace{88\cdots8}_{l-1\text{个}}90\underbrace{11\cdots1}_{l-1\text{个}}$,依题意 $k \mid 9\underbrace{88\cdots8}_{l-1\text{个}}890\underbrace{11\cdots1}_{l-1\text{个}}$.进而由

$$9\underbrace{88\cdots8}_{l-1\text{个}}90\underbrace{11\cdots1}_{l-1\text{个}}$$
$$-\qquad \underbrace{88\cdots88}_{l\text{个}}0\underbrace{11\cdots11}_{l\text{个}}$$
$$\overline{1\underbrace{00\cdots0}_{l-1\text{个}}89\underbrace{00\cdots0}_{l-1\text{个}}}$$
$$-\qquad\underbrace{99\cdots99}_{l\text{个}}$$
$$\overline{99\underbrace{00\cdots0}_{l-1\text{个}}}$$

知 $k \mid 99\underbrace{00\cdots0}_{l-1\text{个}}$.将 $99\underbrace{00\cdots0}_{l-1\text{个}}$ 倒排得 99,依题意 $k \mid 99$,命题得证.

6.79 设 a,b,n 是正整数,$b > 1$ 且 $(b^n - 1) \mid a$.证明:在正整数 a 的 b 进制表示中至少有 n 个非零数字.

证明 设所有能被 $b^n - 1$ 整除的正整数的 b 进制表示中非零数字的最小值为 s,并记其中在 b 进制下恰有 s 个非零数字的正整数中各位数字之和最小的数为 A.

设 A 的 b 进制表示为

$$A = a_1 b^{n_1} + a_2 b^{n_2} + \cdots + a_s b^{n_s}$$

其中 $n_1 > n_2 > \cdots > n_s$ 为非负整数. 下面我们证明 $n_i \not\equiv n_j \pmod{n}$.

事实上,若有 $n_i \equiv n_j \pmod{n}$,设 $n_i \equiv n_j \equiv r \pmod{n}$,其中 $0 \leqslant r \leqslant n-1$. 考虑数

$$B = A - a_i b^{n_i} - a_j b^{n_j} + (a_i + a_j) b^{nn_1+r}$$

显然有
$$(b^n - 1) \mid B$$

若 $a_i + a_j < b$,则 B 只有 $s-1$ 个非零数字,这不可能. 若 $b \leqslant a_i + a_j < 2b$,则 B 有 s 个非零数字,但 B 的数字之和比 A 的数字之和小

$$(a_i + a_j - b) + 1 - a_i - a_j = b - 1$$

这亦不可能.

于是 $n_i \not\equiv n_j \pmod{n}$,从而 $s \leqslant n$. 设 $n_i \equiv r_i \pmod{n}$,$r_i \in \{0, 1, 2, \cdots, n-1\}$, $i = 1, 2, \cdots, s$.

若有 $s < n$,则考虑数
$$c = a_1 b^{r_1} + a_2 b^{r_2} + \cdots + a_s b^{r_s}$$

由 $\quad (b^n - 1) \mid (b^{n_i} - b^{r_i}), i = 1, 2, \cdots, s$

可知 $\quad (b^n - 1) \mid (A - c)$

又 $\quad (b^n - 1) \mid A$

从而 $\quad (b^n - 1) \mid c$

但是 $c > 0$ 并且 $s < n$ 知
$$c \leqslant (b-1)b + (b-1)b^2 + \cdots + (b-1)b^{n-1} = b^n - 1 - (b-1) < b^n - 1$$

矛盾!这就说明 $s = n$,命题得证.

6.80 证明:数 $1, 2, \cdots, 2\,000$ 可以用四种颜色染色,使得没有一个七项的等差数列,它的项是同一种颜色.

证明 记 $s = \{1, 2, \cdots, 2\,000\}$.

因为 $6 \times 7^3 > 2\,000$,所以每个 s 中的正整数都可以表示成七进制数 $(dcba)_7$,其中 $a, b, c, d \in \{0, 1, 2, \cdots, 6\}$. 设 $A_i = \{(dcba)_7 \mid (dcba)_7 \in s, a \neq i, b \neq i, c \neq i\}, i = 1, 2, 3, 4$.

由于每个七进制数的末三个数位上不可能出现 $1, 2, 3, 4$ 共四个不同的数字,所以有

$$A_1 \cup A_2 \cup A_3 \cup A_4 = s$$

下面我们证明集合 $A_i (i = 1, 2, 3, 4)$ 中任意 7 个数不构成等差数列.

假设 A_i 中的某 7 个数构成等差数列,设其公差为 d.

若 $7 \nmid d$,则 $0, d, 2d, \cdots, 6d$ 这 7 个数被 7 除的余数互不相同,从而这个等差数列的 7 项中必有一项,它的七进制表示中的末位数字为 i,矛盾!

类似地,当 $7 \| d$ 或 $7^2 \| d$ 时,我们可以得出这个等差数列中必有一项,它的七进制表示中从右数第二位或第三位上的数字为 i,亦矛盾!

而若 $7^3 \mid d$,则 $6d \geqslant 6 \times 7^3 > 2\,000$,又矛盾!

上述矛盾说明,假设不成立,即集合 $A_i (i = 1, 2, 3, 4)$ 中任意 7 个数不成等差数列. 从而将集合 $A_1, A_2 \cap \overline{A_1}, A_3 \cap \overline{A_1} \cap \overline{A_2}$, $A_4 \cap \overline{A_1} \cap \overline{A_2} \cap \overline{A_3}$ 中的数分别用四种颜色染色即可满意题设要求.

6.81 黑板上写有一个正整数.每秒钟都将其加上它的偶数数位上的数字之和(即加上十位数、千位数等等的和). 证明:或迟或早黑板上的数将不再发生变化.

证明 我们用归纳法证明若黑板上的数为 n 位数,且 n 是偶数,则其后所得的数均至多为 $n + 1$ 位数. $n = 2$ 的情形显然.

设断言对 $n = k - 2$ 成立,则 $n = k$ 时,设在某一时刻,黑板上的数由 k 位变为 $k + 1$ 位,则其前三位数必为 100.

这些数字对偶数数位的和没有影响,从而对该数中后 $k - 2$ 位数字所形成的数 x 用归纳假设知 x 不会变为多于 $k - 1$ 位的数. 于是黑板上的数永远不会多于 $k + 1$ 位.

6.82 证明:存在正整数 $n, n > 1\,000$,使得 2^n 的各位数字之和大于 2^{n+1} 的各位数字之和.

证明 假设所述结论不成立,记 $s(A)$ 为 A 的各位数字之和. 对 $A = 2^{1\,001}$ 和任意正整数 k,通过考察 2^n 除以 9 的余数可知
$$s(A \cdot 2^{6k}) \geqslant s(A) + 27k$$
而另一方面
$$s(A \cdot 2^{6k}) < 9(\lg A \cdot 2^{6k} + 1) < 9\lg A + 18k + 9$$
$18 < 27$,对充分大的 k 即可导出矛盾.

6.83 记由整数 $[(\sqrt{2})^n]$ 的个位数字构成的数列为 $\{a_n\}$. 试问 $\{a_n\}$ 是否为循环数列?

解 在 a_n 为偶数时,令 $b_n = 0$,在 a_n 为奇数时,令 $b_n = 1$. 因为 b_{2n+1} 与 $\sqrt{2}$ 的二进制表示中小数点后第 n 位数字相同,故 b_{2n+1} 不会循环,从而 $\{a_n\}$ 不会为循环数列.

6.84 设 n 为正整数. 证明:可以从 $0,1,2,\cdots,\dfrac{1}{2}(3^n-1)$ 中取出 2^n 个数,其中任意三个数均不成等差数列.

证明 注意到
$$\frac{1}{2}(3^n - 1) = (\underbrace{11\cdots11}_{n\text{个}})_3$$
故我们可从 $0,1,2,\cdots\dfrac{1}{2}(3^n-1)$ 中取出三进制表示各位数字均为 0 或 1 的共 2^n 个数. 这其中若有三个不同的数成等差数列,设为 $a+b=2c$. 由此式可知 a,b,c 的三进制表示中的对应数位上的数码均相同,即 $a=b=c$,矛盾!

6.85 若一个正整数的二进制表示中 1 的个数为偶数,则称其为魔数. 求前 2 000 个魔数的和.

解 无论正整数 k 是否为魔数,在数 $4k,4k+1,4k+2,4k+3$ 中均恰有两个魔数,并且它们的和为 $8k+3$. 取 $k=1,2,\cdots,999$ 即知在区间 $[4,3\ 999]$ 中共有 1 998 个魔数,又 $3,4\ 000$ 为魔数,从而前 2 000 个魔数之和为
$$8 \times (1+2+\cdots+999) + 3 \times 999 + 3 + 4\ 000 = 4\ 003\ 000$$

6.86 设正整数 n 为 17 的倍数,且二进制写法中恰有 3 个 1,证明:n 的二进制写法中至少有 6 个 0;且若至少有 7 个 0,则 n 是偶数.

证明 因为 n 的二进制写法中恰有三个数字为 1,其余数字为 0,所以它可以表为
$$n = 2^k + 2^l + 2^m$$
其中,$k,l,m \in \mathbf{Z}^+$,且 $k < l < m$.

如果 n 的二进制写法中 0 的个数小于 6,则 $m \leqslant 7$,且因为当 $i = 0,1,2,3,4,5,6,7$ 时,2^i 被 17 除的余数依次为 $1,2,4,8,-1,-2,-4,-8$,经直接验证,其中任意三个不同的数之和都不被 17 整除,所以 $n \not\equiv 0 \pmod{17}$,矛盾. 因此在 n 的二进制写法中至少有 6 个 0. 如果 n 的二进制写法中恰有 7 个 0,则 $m=9$. 如果 n 为奇

数,则 $k = 0$,从而 $2^k + 2^m \equiv 3 \pmod{17}$,但由于任意 $l \in \{1,2,\cdots,8\}$ 都不满足 $2^l \equiv -3 \pmod{17}$,所以 $n = 2^k + 2^l + 2^m$ 不是 17 的倍数,矛盾,因此 n 为偶数.这样的数确实存在,比如 $n = 2^1 + 2^6 + 2^9 = 578$ 即是一例.

6.87 对给定的正整数 k,$f_1(k)$ 表示 k 的各位数字和的平方,又记 $f_{n+1}(k) = f_1(f_n(k))$,求 $f_{1991}(2^{1990})$.

(评委会,匈牙利,1990 年)

解 设正整数 a 的位数为 m,则当 $a \leq b$ 时,$m \leq 1 + \lg b$. 因此
$$f_1(a) \leq 9^2 m^2 \leq 81(1 + \lg b)^2 < (4\log_2 16 b)^2$$

由此得到
$$f_1(2^{1990}) < 2^4 \times 1994^2 < 2^{26}$$
$$f_2(2^{1990}) < (4 \times 30)^2 = 14\,400$$

所以 $f_2(2^{1990})$ 的各位数字之和不大于 4×9,因此
$$f_3(2^{1990}) < 36^2 = 1\,296$$
$$f_4(2^{1990}) < (9 + 9 + 9)^2 = 729$$
$$f_5(2^{1990}) < (6 + 9 + 9)^2 = 24^2$$

另一方面,因为 $f_1(k) \equiv k^2 \pmod 9$,所以
$$f_1(2^{1990}) \equiv (2^{1990})^2 \equiv (2^4)^2 \equiv 4 \pmod 9$$
$$f_2(2^{1990}) \equiv -2 \pmod 9$$
$$f_3(2^{1990}) \equiv 4 \pmod 9$$

用归纳法容易证明
$$f_n(2^{1990}) \begin{cases} 4 \pmod 9, & \text{当 } n \text{ 为奇数时} \\ -2 \pmod 9, & \text{当 } n \text{ 为偶数时} \end{cases}$$

因此,由 $f_5(2^{1990}) < 24^2$, $f_5(2^{1990}) \equiv 4 \pmod 9$,以及 $f_n(k)$ 是完全平方数可知
$$f_5(2^{1990}) \in \{4, 49, 121, 256, 400\}$$

所以
$$f_6(2^{1990}) \in \{16, 169\}$$
$$f_7(2^{1990}) \in \{49, 256\}$$
$$f_8(2^{1990}) = 169$$

于是,当 $n \geq 8$ 时,有
$$f_n(2^{1990}) = \begin{cases} 169, & \text{当 } n \text{ 为偶数时} \\ 256, & \text{当 } n \text{ 为奇数时} \end{cases}$$

因此 $f_{1991}(2^{1990}) = 256$

> **6.88** C_n^k 为奇数的充要条件是: n,k 的二进制写法中,当 k 的某个位数上数字为 1 时, n 在同一位数上的数字也为 1.
>
> (保加利亚数学奥林匹克,1968 年)

证明 在 $l!$ 的素因子分解式中 2 的幂指数为

$$\left[\frac{l}{2}\right]+\left[\frac{l}{4}\right]+\left[\frac{l}{8}\right]+\cdots$$

因此 C_n^k 为奇数的必要且充分条件是,在 C_n^k 的素因子分解式中 2 的幂指数

$$d=\left(\left[\frac{n}{2}\right]-\left[\frac{k}{2}\right]-\left[\frac{n-k}{2}\right]\right)+\left(\left[\frac{n}{4}\right]-\left[\frac{k}{4}\right]-\left[\frac{n-k}{4}\right]\right)+$$
$$\left(\left[\frac{n}{8}\right]-\left[\frac{k}{8}\right]-\left[\frac{n-k}{8}\right]\right)+\cdots=0$$

其中,当 $m\in\mathbf{N}^*$ 充分大时

$$\left[\frac{n}{2^m}\right],\left[\frac{k}{2^m}\right],\left[\frac{n-k}{2^m}\right]$$

都为 0. 因为

$$\frac{n}{2^m}=\frac{k}{2^m}+\frac{n-k}{2^m}=\left[\frac{k}{2^m}\right]+\left[\frac{n-k}{2^m}\right]+\left\{\frac{k}{2^m}\right\}+\left\{\frac{n-k}{2^m}\right\}$$

所以当 $m\in\mathbf{N}^*$ 时

$$\left[\frac{n}{2^m}\right]-\left[\frac{k}{2^m}\right]-\left[\frac{n-k}{2^m}\right]=\left[\left\{\frac{k}{2^m}\right\}+\left\{\frac{n-k}{2^m}\right\}\right]$$

是非负的. 因此当且仅当对所有 $m\in\mathbf{N}^*$,均有

$$\left\{\frac{k}{2^m}\right\}+\left\{\frac{n-k}{2^m}\right\}<1$$

时 $d=0$. 下面证明,这个条件等价于题中所说的关于 n 与 k 的二进制写法的条件. 设在 n 的二进制写法中,每个位数上的数字都不小于 k 的同一位数上的数字,则对每个 $m\in\mathbf{N}^*$, $\left\{\frac{n}{2^m}\right\}\geqslant\left\{\frac{k}{2^m}\right\}$. 因此

$$\left\{\frac{n-k}{2^m}\right\}=\left\{\frac{n}{2^m}\right\}-\left\{\frac{k}{2^m}\right\}<1-\left\{\frac{k}{2^m}\right\}$$

现在设 n 的某个位数上的数字小于 k 在同一位数上的数字(此时这两个数字应分别为 0 与 1),则对某个 $m\in\mathbf{N}^*$, $\left\{\frac{n}{2^m}\right\}<\left\{\frac{k}{2^m}\right\}$,因此

$$\left\{\frac{n-k}{2^m}\right\}=\left\{\frac{n}{2^m}\right\}-\left\{\frac{k}{2^m}\right\}+1\geqslant 1-\left\{\frac{k}{2^m}\right\}$$

这就证明了上述两个条件的等价性.

6.89 求所有自然数 n,使 $S(n) = S(2n) = S(3n) = \cdots = S(n^2)$,其中 $S(x)$ 表示十进制 x 的各位数字和.

(捷克数学奥林匹克,1992 年)

解 显然 $n = 1$ 满足要求.

注意,对正整数 x,有 $S(x) \equiv x \pmod 9$,因此,当 $n > 1$ 时,有
$$n \equiv S(n) \equiv S(2n) \equiv 2n \pmod 9$$
所以 $n \equiv 0 \pmod 9$,即 $9 \mid n$.

如果 n 是一位数,则 $n = 9$,又
$$S(9) = S(2 \times 9) = S(3 \times 9) = \cdots = S(9^2) = 9$$
因此,9 满足题目要求.

设 $n = \overline{a_1 a_2 \cdots a_{k+1}}$ 是 $k + 1(k \geq 1)$ 位数,则
$$10^k + 1 \leq n \leq 10^{k+1}$$

下面证明
$$n \geq 10^k + 10^{k-1} + \cdots + 10 + 1 \qquad ①$$
事实上,如果 $n < 10^k + 10^{k-1} + \cdots + 10 + 1$,则
$$S((10^k + 1)n) = S((10^k + 1)\overline{a_1 a_2 \cdots a_{k+1}}) =$$
$$S(\overline{a_2 \cdots a_{k+1}}) + S(\overline{a_1 \cdots a_k a_{k+1}} + a_1) >$$
$$S(\overline{a_1 a_2 \cdots a_{k+1}}) = S(n)$$
与题设矛盾,从而 ① 成立.

设 $n = 9m, m \in \mathbf{N}^*$,且设 m 是 l 位数,则 $k \leq l \leq k + 1$. 记 $m - 1 = \overline{b_1 b_2 \cdots b_l}$,则由 ① 及题设,得
$$S(n) = S((10^k + 10^{k-1} + \cdots + 10 + 1)n) = S((10^{k+1} - 1)m) =$$
$$S(10^{k+1} + (m - 1) + (10^{k+1} - 10^l) + (10^l - m)) =$$
$$S(\overline{b_1 b_2 \cdots b_l 99 \cdots 9 c_1 c_2 \cdots c_l})$$
其中,9 有 $k + 1 - l$ 个且
$$b_i + c_i = 9, i = 1, 2, \cdots, l$$
所以
$$S(n) = 9(k + 1)$$
因为 n 是 $k + 1$ 位数,所以
$$n = 99\cdots9 \,(k + 1 \text{ 个 } 9)$$
又当 $n = 99\cdots9 = 10^{k+1} - 1$ 时,容易验证
$$S(n) = S(2n) = S(3n) = \cdots S(n^2)$$
于是所求的正整数为 $n = 1$ 及 $n = 10^k - 1$,其中 $k = 1, 2, \cdots$.

6.90 求 $(\sqrt{3} + \sqrt{2})^{1\,980}$ 的十进制写法中位于小数点前后相连的两个数字.

(芬兰数学奥林匹克,1980 年)

证明 首先证明,$m = (\sqrt{3}+\sqrt{2})^{1980} + (\sqrt{3}-\sqrt{2})^{1980}$ 是整数,并求出它的最后一位数字. 记
$$a_n = (\sqrt{3}+\sqrt{2})^{2n} + (\sqrt{3}-\sqrt{2})^{2n} = $$
$$(5+2\sqrt{6})^n + (5-2\sqrt{6})^n$$
设 $\alpha = (5+2\sqrt{6})^n$, $\beta = (5-2\sqrt{6})^n$,则
$$a_n = \alpha + \beta, a_{n+1} = (5+2\sqrt{6})\alpha + (5-2\sqrt{6})\beta$$
$$a_{n+2} = (5+2\sqrt{6})^2\alpha + (5-2\sqrt{6})^2\beta = $$
$$(49+20\sqrt{6})\alpha + (49-20\sqrt{6})\beta = $$
$$(50+20\sqrt{6})\alpha + (50-20\sqrt{6})\beta - (\alpha+\beta) = $$
$$10a_{n+1} - a_n$$
所以对任意 $n \in \mathbf{Z}^+$, $a_{n+2} = 10a_{n+1} - a_n$. 因为 $a_0 = 2, a_1 = 10$ 为整数,所以当 $n \in \mathbf{Z}^+$ 时, $a_n \in \mathbf{Z}$. 另外 $a_n + a_{n+2} = 10a_{n+1}$ 被 10 整除,因此 $a_{n+4} - a_n = (a_{n+4}+a_{n+2}) - (a_{n+2}+a_n)$ 也被 10 整除. 这表明, $a_2, a_6, a_{10}, \cdots, a_{990}$ 被 10 除的余数相同. 由于 $a_2 = 98$, 所以 $m = a_{990}$ 的十进制写法中末位数字为 8. 最后由于
$$m = (\sqrt{3}+\sqrt{2})^{1980} + (\sqrt{3}-\sqrt{2})^{1980} > $$
$$(\sqrt{3}+\sqrt{2})^{1980} > m - 0.5^{1980} > m - 0.1$$
所以 $(\sqrt{3}+\sqrt{2})^{1980}$ 的十进制写法中个位数(小数点左侧)为 7,而十分位数(小数点右侧)为 9.

> **6.91** 求所有具有下述性质的正整数 n,它的十进制写法中数字之和的 5 次幂等于 n^2.
>
> (南斯拉夫数学奥林匹克,1977 年)

解 设 n 为所求的数,分别用 S 与 k 表示它的十进制写法中数字之和与个数. 则 $S^5 = n^2, S \leqslant 9k, n \geqslant 10^{k-1}$, 因此, $9^5 k^5 \geqslant S^5 \geqslant 10^{2k-2}$. 记 $a_k = \dfrac{9^5 k^5}{10^{2k-2}}$, 因为对每个 $k \in \mathbf{N}^*$, 都有
$$\frac{9^5(k+1)^5}{9^5 k^5} = \frac{(k+1)^5}{k^5} \leqslant 2^5 < 10^2 = \frac{10^{2(k+1)-2}}{10^{2k-2}}$$
所以 $a_{k+1} < a_k$, 即数列 $\{a_k\}$ 是递减的. 又因为 $a_5 < 1$, 所以对所有 $k \geqslant 6$, 都有 $9^5 k^5 < 10^{2k-2}$. 这表明, k 不大于 5, 因此 $S \leqslant 9 \cdot 5 = 45$. 由于 $S^5 = n^2$, 所以在 S^5 (因而也在 S) 的素因子分解中所有素因数都应有偶次幂. 所以 S 只能是 1,4,9,16,25 或 36. 直接计算表明,只有当 $S = 1$ 与 9 时, $n = \sqrt{S^5}$ 的各数字之和为 S, 因此合乎题中条件的只有 $n = 1$ 与 $n = 243$.

6.92 设 $a_1 = 0, a_n = a_{\left[\frac{n}{2}\right]} + (-1)^{\frac{n(n+1)}{2}}, n > 1$,对正整数 k,求满足条件 $2^k \leq n < 2^{k+1}$ 且 $a_n = 0$ 的下标 n 的个数.

(波兰数学奥林匹克,1997 年)

解 设正整数 n 满足 $2^k \leq n < 2^{k+1}$,且 n 的二进制表示为 $n = (x_k, x_{k-1}, \cdots, x_0)_2$,这里 $x_k = 1$,而 $x_i \in \{0,1\}, i = 0, 1, \cdots, k-1$. 可以证明

$$a_{(x_k, x_{k-1}, \cdots, x_0)_2} = a_{(x_k, \cdots, x_1)_2} + (-1)^{x_1 + x_0} \qquad ①$$

事实上,如果 $x_1 + x_0$ 为偶数,则 $n \equiv 0, 3 \pmod{4}$,因此,$\frac{n(n+1)}{2}$ 为偶数,且 $\left[\frac{n}{2}\right] = (x_k, x_{k-1}, \cdots, x_1)_2$;如果 $x_1 + x_0$ 为奇数,则 $n \equiv 1, 2 \pmod{4}$,因此 $\frac{n(n+1)}{2}$ 为奇数且 $\left[\frac{n}{2}\right] = (x_k, x_{k-1}, \cdots, x_1)_2$,所以 ① 成立.

反复利用 ①,得

$$a_{(x_k, x_{k-1}, \cdots, x_0)_2} = (-1)^{x_k + x_{k-1}} + \cdots + (-1)^{x_1 + x_0} \qquad ②$$

上式右边为 k 个 1 或 -1 的和,所以当 k 为奇数时不会等于 0. 因此,当 k 为奇数时,满足 $2^k \leq n < 2^{k+1}$ 且 $a_n = 0$ 的下标 n 的个数为 0.

当 k 为偶数时,如果 $a_n = 0$,则 ② 的右边恰有 $\frac{k}{2}$ 个 -1,$\frac{k}{2}$ 个 1.

事实上,② 确定了一个映射 $\varphi: A \to B$,这里 $A = \{n = (x_k, x_{k-1}, \cdots, x_0)_2 \mid 2^k \leq n < 2^{k+1}\}$,$B = \{$由 $+1$ 或 -1 构成的项数为 k 的数列$\}$,而且

$$\varphi((x_k, x_{k-1}, \cdots, x_0)_2) =$$
$$((-1)^{x_k + x_{k-1}}, (-1)^{x_{k-1} + x_{k-2}}, \cdots, (-1)^{x_1 + x_0})$$

注意,A 中任意元素的二进制表示的首位都是 1,设

$$n_1 = (x_k, x_{k-1}, \cdots, x_0)_2, n_2 = (x_k, x'_{k-1}, \cdots, x'_0) \in A$$

其中 $x_k = 1, n_1 \neq n_2$

并设 j 为使得 $x_j \neq x'_j$ 的最大下标,则

$$(-1)^{x_{j+1} + x_j} \neq (-1)^{x'_{j+1} + x'_j}$$

这表明 φ 是 A 到 B 的单射,又易知 $|A| = |B| = 2^k$,所以 φ 是 A 到 B 上的满射,因此,φ 是 A 到 B 上的双射.

上述事实表明,为求使得 $2^k \leq n < 2^{k+1}$ 且 $a_n = 0$ 的下标 n 的个数,只需算出 B 中恰有 $\frac{k}{2}$ 个 -1 的数列的个数,而这个数目为 $C_k^{\frac{k}{2}}$.

于是,当 k 为奇数时,满足条件的下标的个数为 0,当 k 为偶数时,满足条件的下标 n 的个数为 $C_k^{\frac{k}{2}}$.

6.93 设在定义且取值在正整数集上的函数 f 满足 $f(1) = 1$，且对任意 n，有 $3f(n)f(2n+1) = f(2n)(1+3f(n))$，$f(2n) < 6f(n)$。求方程 $f(k) + f(l) = 293(k < l)$ 的所有解。

（中国数学奥林匹克，1995年）

解 因为 $3f(n)$ 与 $1+3f(n)$ 互素，所以 $3f(n) \mid f(2n)$，又 $f(2n) < 6f(n)$，所以 $f(2n) = 3f(n)$，因此，由已知等式得到
$$f(2n+1) = 1 + 3f(n) = f(2n) + 1$$

现在对 $m \in \mathbf{N}$，确定 $f(m)$ 的值，首先用归纳法易证，对任意 $m \in \mathbf{N}^*$，存在非负整数 $0 \leqslant \alpha_1 < \alpha_2 < \cdots < \alpha_t$，其中 t 依赖于 m，使
$$m = 2^{\alpha_1} + 2^{\alpha_2} + \cdots + 2^{\alpha_t} \quad \text{①}$$

其次，当 $m \in \mathbf{N}^*$ 表为形式 ① 时
$$f(m) = 3^{\alpha_1} + 3^{\alpha_2} + \cdots + 3^{\alpha_t} \quad \text{②}$$

事实上，当 $m = 1 = 2^0$ 时，由已知条件
$$f(1) = f(2^0) = 3^0 = 1$$

当 $m = 2 = 2^1$ 时
$$f(2) = f(2 \cdot 1) = 3f(1) = 3^1$$

当 $m = 3 = 2^1 + 2^0$ 时
$$f(3) = f(2+1) = f(2) + 1 = 3^1 + 3^0$$

因此 ② 对 $m = 1, 2, 3$ 成立。设 ② 对 $m < 2n$ 成立，设 $m = 2n = 2^{\alpha_1} + 2^{\alpha_2} + \cdots + 2^{\alpha_t}$，则 $\alpha_1 \geqslant 1$ 时
$$f(m) = f(2n) = 3f(n) = 3f(2^{\alpha_1 - 1} + 2^{\alpha_2 - 1} + \cdots + 2^{\alpha_t - 1})$$

由归纳假设
$$f(m) = 3(3^{\alpha_1 - 1} + 3^{\alpha_2 - 1} + \cdots + 3^{\alpha_t - 1}) = 3^{\alpha_1} + 3^{\alpha_2} + \cdots + 3^{\alpha_t}$$

故 ② 当 $m = 2n$ 时成立，当 $m = 2n + 1$ 时，$m = 2^{\alpha_0} + 2^{\alpha_1} + \cdots + 2^{\alpha_t}$，其中 $0 = \alpha_0 < \alpha_1 < \cdots < \alpha_t$，因此
$$f(m) = f(2n) + 1 = 3^{\alpha_0} + 3^{\alpha_1} + \cdots + 3^{\alpha_t}$$

所以 ② 当 $m = 2n + 1$ 时也成立。

最后，由于
$$f(k) + f(l) = 293 = 3^5 + 3^3 + 2 \times 3^2 + 3 + 2 \times 1$$

所以 $k = 2^5 + 2^3 + 2^2 + 2 + 1, 2^5 + 2^3 + 2^2 + 1,$
$$2^5 + 2^2 + 1, 2^5 + 2^2 + 2 + 1$$

其相应的 l 为
$$l = 2^2 + 1, 2^2 + 2 + 1, 2^3 + 2^2 + 2 + 1, 2^3 + 2^2 + 1$$

因此，所求方程的解为
$$(k, l) = (47, 5), (45, 7), (39, 13), (37, 15)$$

6.94 证明:对任意 $a_1, a_2, \cdots, a_m \in \mathbf{N}^*$.

(1) 存在 n 个数的集,$n < 2^m$,它的所有非空子集具有不同的和,且这些和中包含所有的 $a_1, a_2, \cdots, a_m$.

(2) 存在 n 个数的集,$n \leqslant m$,它的所有非空子集具有不同的和,且这些和中包含所有的 $a_1, a_2, \cdots, a_m$.

(评委会,波兰,1979 年)

证明 (1) 考虑 $a_1, a_2, \cdots, a_m$ 的二进制写法,并在某些数的前面添加若干个 0,使得每个 a_i 都写成长为 k 的二进制. 现在构造出 0 和 1 组成的 $m \times k$ 长方形表:对每个 $i = 1, 2, \cdots, m$,表中第 i 行是 a_i 的长为 k 的二进制;表中第 j 列是 $a_1, a_2, \cdots, a_m$ 的二进制数中自左至右的第 j 个数字,表中两个列称为相同的,如果这两列上每一行两个数字都相同. 因为每一列有 m 个数字,所以在 k 个列中,所有不同的不全为 0 的列之列数不超过 $2^m - 1$. 从 k 个列中取出 n 个不同的不全为零的列 $C_{j_1}, C_{j_2}, \cdots, C_{j_n}$,并让 C_{j_l} 对应一个二进数 b_l:如果表中第 j 列 $C_j = C_{j_l}$,则 b_l 的(从左至右)第 j 个数字取 1,否则取 0,$l = 1, 2, \cdots, n$. 于是 n 个二进数 $b_1, b_2, \cdots, b_n$ 便符合题中条件. 事实上,对每个 $j \in \{1, 2, \cdots, k\}$,$B = \{b_1, b_2, \cdots, b_n\}$ 中至多有一个 b_l,它的第 j 个数字为 1. 因此 B 的不同的非空子集对应着不同的和数. 最后,设 a_i 的二进数中第 $i_1, i_2, \cdots, i_l$ 个数字为 1,其他数字为 0. 则从 $b_1, b_2, \cdots, b_n$ 中取出第 $i_1, i_2, \cdots, i_l$ 个位数上为 1 的那些数,这些数之和即为 a_i 的二进数,$i = 1, 2, \cdots, m$.

(2) 对 $N = a_1 + a_2 + \cdots + a_m$ 用归纳法,如果 $N = 1$,则 $m = 1$,$a_1 = 1$,此时可取 $b_1 = 1$. 假设结论对和小于 N 的所有数集合都成立,设 $A = \{a_s, a_2, \cdots, a_m\}$ 是适合 $a_1 + a_2 + \cdots + a_m = N$ 的数集合. 如果 $n \leqslant m$,集合 $B = \{b_1, b_2, \cdots, b_n\}$ 的所有非空子集都有不同的和,而且这些和数中含所有的 $a_1, a_2, \cdots, a_m$,则 B 称为 A 的容许集. 我们证明,对每个 $A = \{a_1, a_2, \cdots, a_m\}$,容许集都存在. 如果每个 $a_1, a_2, \cdots, a_m$ 都是偶数,则令 $a'_i = \frac{1}{2} a_i$,$i = 1, 2, \cdots, m$. 因为 $a'_1, a'_2, \cdots, a'_m = \frac{N}{2} < N$,所以由归纳假设,存在集合 $\{a'_1, a'_2, \cdots, a'_m\}$ 的容许集 $\{b'_1, b'_2, \cdots, b'_n\}$,从而集合 $\{2b'_1, 2b'_2, \cdots, 2b'_n\}$ 是 $\{2a'_1, 2a'_2, \cdots, 2a'_m\} = \{a_1, a_2, \cdots, a_m\}$ 的容许集,如果 $\{a_1, a_2, \cdots, a_m\}$ 至少含有一个奇数,不妨设 a_m 是这些奇数之最小者. 当 a_i 为偶数时,令 $a'_i = \frac{a_i}{2}$,当 a_i 为奇数,$i \neq m$ 时,令 $a'_i =$

$\frac{1}{2}(a_i - a_m)$. 因为对某些 $i \neq j$，可能有 $a'_i = a'_j$，所以集合 $\{a'_1, a'_2, \cdots, a'_{m-1}\}$ 至多含有 $m-1$ 个元素，而且其和满足

$$a'_1 + a'_2 + \cdots + a'_{m-1} \leqslant \frac{a_1}{2} + \cdots + \frac{a_{m-1}}{2} \leqslant$$
$$a_1 + a_2 + \cdots + a_{m-1} < N$$

因此由归纳假设，集合 $\{a'_1, a'_2, \cdots, a'_{m-1}\}$ 具有容许集 $\{b'_1, b'_2, \cdots, b'_k\}$. 当 $i = 1, 2, \cdots, k$ 时，取 $b_i = 2b'_i$，而 $b_{k+1} = a_m$，得到集合 $\{b_1, b_2, \cdots, b_{k+1}\}$. 下面证明，集合 $\{b_1, b_2, \cdots, b_{k+1}\}$ 即是集合 $\{a_1, a_2, \cdots, a_m\}$ 的容许集，首先集合 $\{b_1, b_2, \cdots, b_{k+1}\}$ 的元素个数 $k + 1 \leqslant m - 1 + 1 = m$. 其次 b_{k+1} 是集合 $\{b_1, b_2, \cdots, b_{k+1}\}$ 中唯一的奇数，且集合 $\{b_1, b_2, \cdots, b_{k+1}\}$ 的所有非空子集具有不同的和. 事实上，设某两个非空子集具有相同的和. 如果和是偶数，则这两个子集都不含 b_{k+1}，因此将这两个子集中的元素都除以 2，便得到集合 $\{b'_1, b'_2, \cdots, b'_k\}$ 的两个子集，且其和相同，与 $\{b'_1, b'_2, \cdots, b'_k\}$ 为容许集矛盾. 如果和为奇数，则这两个子集都含有 b_{k+1}，因此这两个子集中删掉 b_{k+1} 后，就得到集合 $\{b_1, b_2, \cdots, b_k\}$ 的两个子集，其和相同，也将导致矛盾，剩下来的是验证，每个 a_i, $1 \leqslant i \leqslant n$ 都可表成集合 $\{b_1, b_2, \cdots, b_{k+1}\}$ 的若干个不同元素之和，首先，a_m 本身即是这个集合的元素之和. 其次，如果 $i < m$，且 a_i 为偶数，则有某些 $b'_l, \cdots, b'_p \in \{b'_1, b'_2, \cdots, b'_k\}$，使得

$$\frac{a_i}{2} = a'_i = b'_l + \cdots + b'_p$$

因此 $\qquad a_i = 2b'_l + \cdots + 2b'_p = b_l + \cdots + b_p$

如果 $i < m$，且 a_i 为奇数，则有某些 $b_l, \cdots, b_p \in \{b_1, b_2, \cdots, b_k\}$，使得

$$a_i = a_m + 2a'_i = b_{k+1} + 2(b'_l + \cdots + b'_p) =$$
$$b_{k+1} + b_l + \cdots + b_p$$

结论证毕.

6.95 设 $p(x)$ 为正整数 x 按十进位制写出的各位数字的乘积，试求出所有的正整数 x，使之满足等式
$$p(x) = x^2 - 10x - 22$$

解 设 n 为正整数 x 的位数的个数，则显见
$$p(x) \leqslant 9^n, x \geqslant 10^{n-1}$$

(1) 若 $n = 1$，有 $P(x) = x$，所以
$$x^2 - 11x - 22 = 0$$
此方程没有整数解.

(2) 若 $n = 2$, 有
$$x^2 - 10x - 22 = P(x) \leqslant 9^2 = 81$$
即
$$(x-5)^2 \leqslant 128$$
所以
$$|x - 5| \leqslant \sqrt{128} < 12$$
即
$$-6 \leqslant x \leqslant 16$$
又因 x 为二位数,故有
$$10 \leqslant x \leqslant 16 \qquad ①$$
用穷举法,对满足 ① 的 x,只有当 $x = 12$ 时满足
$$p(x) = x^2 - 10x - 22$$
所以正整数解为 $x = 12$.

(3) 若 $n \geqslant 3$,由于 $x \geqslant 10^{n-1} > 5$,所以
$$x - 5 \geqslant 10^{n-1} - 5 > 0$$
所以,当 $n \geqslant 3$ 时,有
$$p(x) = (x-5)^2 - 47 \geqslant 10^{2n-2} - 10^n - 22 =$$
$$(10^{n-2} - 2)10^n + 10^n - 22 \geqslant$$
$$8 \times 10^3 + 10^n - 22 > 10^n$$

但另一方面 $p(x) \leqslant 9^n$,这说明当 $n \geqslant 3$ 时所给方程不可能有解.

6.96 找出 8 个正整数 $n_1, n_2, \cdots, n_8$,使它们有下列性质:对于每个整数 k,$-1\,985 \leqslant k \leqslant 1\,985$,有 8 个整数 $a_1, a_2, \cdots, a_8$,其中每个 a_i 都属于集合 $\{-1, 0, 1\}$,使得 $k = \sum_{i=1}^{8} a_i n_i$.

(第 26 届国际数学奥林匹克候选题,1985 年)

解 考虑 1 985 的三进制表示
$$1\,985 = 2 \cdot 3^6 + 2 \cdot 3^5 + 3^3 + 3^2 + 3 + 2$$

但是,由题设,表示式中的系数不能是 2,而 $2 = 3 - 1$,则 1 985 可表示为
$$1\,985 = 3^7 - 3^5 + 3^4 - 3^3 - 3^2 - 3 - 1$$
同样有
$$1\,984 = 3^7 - 3^5 + 3^3 + 3^2 + 3 + 1$$
现在从 1 984 开始,逐次减 1,可能出现两种情况:

一种是像 1 984 这样的数,后面的若干项是正的,可以减 1,项数不会增,另一种是像 1 985 这样的数,最后若干项是负数,减去 1 就会出现 $-2 \cdot 3^i (i = 0, 1, 2, 3)$,这样由于
$$-2 \cdot 3^i = -3^{i+1} + 3^i$$
把 $-2 \cdot 3^i$ 换成 $-3^{i+1} + 3^i$,虽然多了一项,由于 1 985 的表达式只有 7 项,所以多了一项之后也不会多于 8 项,而当 $i + 1 = 4$ 或 7 时,与原来前面的正项正好抵消,从而项数保持不变.

所以对于 $k \in [0, 1\,985]$ 中的数都能用

$$k = \sum_{i=1}^{8} a_i 3^{i-1}, a_i \in \{-1, 0, 1\}$$

表示. 若把式中的 a_i 换成它的相反数, 则对于 $k \in [-1\,985, 0]$ 也可用上式表示.

于是, 题目所求的 $n_i = 3^{i-1}, i = 1, 2, \cdots, 8$.

6.97 证明: 任何一个正的既约真分数 $\dfrac{m}{n}$ 可以表示成两两互异的自然数的倒数之和.

(波兰数学竞赛, 1972 年)

证法 1 选取自然数 k 满足不等式

$$n \leqslant 2^k$$

设

$$2^k m = qn + r, 0 \leqslant r < n$$

于是有

$$\frac{m}{n} = \frac{2^k m}{2^k n} = \frac{q}{2^k} + \frac{r}{2^k n} \qquad ①$$

因为 $\dfrac{m}{n} < 1$, 所以

$$qn \leqslant qn + r = 2^k m < 2^k n$$

即

$$q < 2^k$$

于是在二进制中, q 可写成

$$q = q_0 + q_1 \cdot 2 + q_2 \cdot 2^2 + \cdots + q_{k-1} \cdot 2^{k-1}$$

其中 $q_i \in \{0, 1\}$, 因此

$$\frac{q}{2^k} = q_0 \frac{1}{2^k} + q_1 \frac{1}{2^{k-1}} + q_2 \frac{1}{2^{k-2}} + \cdots + q_{k-1} \frac{1}{2} \qquad ②$$

由于 $r < n \leqslant 2^k$, 则在二进制下, r 可写成

$$r = r_0 + r_1 \cdot 2 + r_2 \cdot 2^2 + \cdots + r_{k-1} 2^{k-1}$$

其中 $r_i \in \{0, 1\}$, 因此

$$\frac{r}{2^k n} = r_0 \frac{1}{2^k n} + r_1 \frac{1}{2^{k-1} n} + \cdots + r_{k-1} \frac{1}{2n} \qquad ③$$

另外, 因为 $r < n$, 所以当 $j = 0, 1, 2, \cdots, n-1$ 时有不等式

$$r_j \frac{1}{2^{k-j} n} = \frac{r_j 2^j}{2^k n} \leqslant \frac{r}{2^k n} < \frac{1}{2^k}$$

因此, 和式 ③ 中的每个非零加项小于和式 ② 中的任何非零加项.
于是, 和式 ② 与 ③ 含有不同的加项.

由 ①, ② 和 ③ 可将 $\dfrac{m}{n}$ 表示为两两互异的倒数之和

$$\frac{m}{n} = \sum_{i=0}^{k-1} q_i \frac{1}{2^{k-i}} + \sum_{i=0}^{k-1} r_i \frac{1}{2^{k-i} n}$$

其中 $q_i \in \{0,1\}, r_i \in \{0,1\}$.

证法 2 对 m 用数学归纳法.

(1) 当 $m = 1$ 时,因为
$$\frac{1}{n} = \frac{1}{2n} + \frac{1}{3n} + \frac{1}{6n}$$
所以结论正确.

(2) 假设结论对小于 $m(m > 1)$ 的自然数成立,我们证明结论对于 m 也成立. 设
$$n = qm + r, 0 \leqslant r < m \qquad ④$$
因为 $0 < \dfrac{m}{n} < 1$,所以 $m < n, q > 0$.

如果 $r = 0$,那么由 ④ 可知 n 被 $m(m > 1)$ 整除,这与 m 和 n 互素的假设矛盾. 于是 $r > 0, m - r < m$.

将 ④ 写为
$$n = (q+1)m - (m-r)$$
那么
$$\frac{m}{n} - \frac{1}{q+1} = \frac{(q+1)m - n}{n(q+1)} = \frac{m-r}{n(q+1)} \qquad ⑤$$

因为 $m - r < m$,所以按归纳假设,数 $\dfrac{m-r}{n(q+1)}$ 可以表成两两互异的自然数倒数之和
$$\frac{m-r}{n(q+1)} = \frac{1}{t_1} + \cdots + \frac{1}{t_k} \qquad ⑥$$

因为 $n > m > 1$,所以由 ⑥ 知,当 $i = 1, 2, \cdots, k$ 时,不等式 $t_i > q + 1$ 成立,从而 t_i 与 $q + 1$ 不同.

把 ⑥ 代入 ⑤ 得
$$\frac{m}{n} = \frac{1}{q+1} + \frac{1}{t_1} + \cdots + \frac{1}{t_k}$$

于是对 $m, \dfrac{m}{n}$ 可表示成两两互异的自然数倒数之和. 于是结论对任何自然数 m 成立.

6.98 求 $(\sqrt{2} + \sqrt{5})^{2\,000}$ 的十进制表示中小数点前第一位数字和小数点后第一位数字.

(爱尔兰数学奥林匹克,2005 年)

解 $(\sqrt{2} + \sqrt{5})^{2\,000} = (7 + 2\sqrt{10})^{1\,000}$

设
$$a_n = (7 + 2\sqrt{10})^n + (7 - 2\sqrt{10})^n$$
则 $a_0 = 2, a_1 = 14$.

注意到 $\{a_n\}$ 是二阶递推数列,其特征方程为

心得 体会 拓广 疑问

$$[t-(7+2\sqrt{10})][t-(7-2\sqrt{10})]=0$$

即 $$t^2-14t+9=0$$

故 $$a_{n+2}-14a_{n+1}+9a_n=0$$

因此 $\{a_n\}$ 是整数数列.

计算数列前几项模 10 的余数为

$$a_0 \equiv 2(\bmod 10), \quad a_1 \equiv 4(\bmod 10)$$
$$a_2 \equiv 8(\bmod 10), \quad a_3 \equiv 6(\bmod 10)$$
$$a_4 \equiv 2(\bmod 10), \quad a_5 \equiv 4(\bmod 10)$$

注意到 $a_0 \equiv a_4(\bmod 10), a_1 \equiv a_3(\bmod 10)$,由于 $\{a_n\}$ 是二阶递推数列,则

$$a_{n+4} \equiv a_n(\bmod 10)$$

故 $$a_{1\,000} \equiv a_{996} \equiv a_{992} \equiv \cdots \equiv a_0 \equiv 2(\bmod 10)$$

因为 $0 < 7-2\sqrt{10} < 1$,则

$$0 < (7-2\sqrt{10})^{1\,000} < 1$$

故 $$[(7+2\sqrt{10})^{1\,000}] = a_n - 1 \equiv 1(\bmod 10)$$

所以 $(2+\sqrt{5})^{2\,000}$ 的小数点前第一位数字是 1.

又 $0 < 7-2\sqrt{10} < 0.9$,则

$$0 < (7-2\sqrt{10})^{1\,000} < 0.1$$

故 $$\{(7+2\sqrt{10})^n\} = 1-(7-2\sqrt{10})^n > 0.9$$

所以,$(\sqrt{2}+\sqrt{5})^{2\,000}$ 的小数点后第一位数字是 9.

6.99 是否存在一个 2 的幂,其每位上的数字均不为零,且可以按不同的次序重新排列各位数字得到另一个数也是 2 的幂?证明你的结论.

(西班牙数学奥林匹克,2004 年)

证明 不存在.

若存在,设 n 位数 $M = 2^k$ 满足要求.

由于 M 中无数字 0,故任意重新排列 M 的各位数字所得的新数仍是 n 位数.

设其中一种排列 $M' = 2^t$.不妨设 $M' > M$,则 $t > k$,又 M 与 M' 都为 n 位数,则有 $t \leq k+3$.考虑模 9,有 $M \equiv M'(\bmod 9)$,即 $2^k \equiv 2^t(\bmod 9)$.

因为 $(2^k, 9) = 1$,所以,$2^{t-k} \equiv 1(\bmod 9)$.

由于 $t-k = 1,2$ 或 3,故 $2^{t-k} \not\equiv 1(\bmod 9)$.矛盾.

6.100 已知 n 是一个整数,设 $p(n)$ 表示它的各位数字的乘积(用十进制表示).

(1) 证明:$p(n) \leqslant n$;

(2) 求使 $10p(n) = n^2 + 4n - 2\,005$ 成立的所有 n.

(罗马尼亚数学奥林匹克,2005 年)

证明 (1) 假设 n 有 $k+1$ 位数,$k \in \mathbf{N}$,则
$$n = 10^k a_k + 10^{k-1} a_{k-1} + \cdots + 10 a_1 + a_0$$

其中 $a_1, a_2, \cdots, a_k \in \{1, 2, \cdots, 9\}$

于是有 $p(n) = a_0 a_1 \cdots a_k \leqslant a_k 9^k \leqslant a_k 10^k \leqslant n$

因此 $p(n) \leqslant n$.

(2) 首先,由 $n^2 + 4n - 2\,005 \geqslant 0$,得 $n \geqslant 43$.

其次,由 $n^2 + 4n - 2\,005 = 10 p(n) \leqslant 10n$,得 $n \leqslant 47$.

从而推断出 $n \in \{43, 44, 45, 46, 47\}$.

逐一检验可知 $n = 45$.

6.101 证明:对每一个正整数 n,在十进制表示下,存在唯一的 n 位正整数能被 5^n 整除,其每一位数字都属于 $\{1,2,3,4,5\}$.

(罗马尼亚数学奥林匹克,2005 年)

证明 用数学归纳法证明:

对每个正整数 n,存在一个唯一的 n 位数 A_n,能被 5^n 整除,其数字均属于集合 $\{1,2,3,4,5\}$.

显然,$A_1 = 5, A_2 = 25$.

假设 A_n 已定,设 $B_n = \dfrac{A_n}{5^n}$,则 $n+1$ 位数字
$$\overline{c_{n+1} c_n \cdots c_1} = c_{n+1} 10^n + \overline{c_n c_{n-1} \cdots c_1}$$

能被 5^n 整除,当且仅当 $\overline{c_n c_{n-1} \cdots c_1}$ 能被 5^n 整除.

由归纳假设得
$$\overline{c_n c_{n-1} \cdots c_1} = A_n = 5^n B_n$$

由此 $\overline{c_{n+1} c_n \cdots c_1} = 5^n (2^n c_{n+1} + B_n)$

当且仅当 $2^n c_{n+1} + B_n$ 能被 5 整除时,该数能被 5^{n+1} 整除.

因为 $(2^n, 5) = 1$,所以 $2^n x + b \equiv 0 \pmod{5}$ 在集合 $\{1,2,3,4,5\}$ 中有唯一解,其中 $n \in \mathbf{N}_+, b \in \mathbf{N}$.

6.102 证明:任意18个连续的且小于或等于 2 005 的正整数中,至少存在一个整数能被其各位数字之和整除.

(意大利数学奥林匹克,2005 年)

证明 证明这连续的18个数中一定有两个数是9的倍数,且它们的各位数字之和能被9整除.

由于小于或等于 2 005 的正整数的各位数字之和最大是 28,所以,这两个数的各位数字之和只可能是 9,18 或 27.

若这两个数中有一个其各位数字之和为 9,命题显然成立.

若这两个数中有一个其各位数字之和为 27,则只能是 999 或 1 998 或 1 989 或 1 899,前两数均可以被 27 整除;若为 1 989,则 1 980 或 1 998 满足条件;若为 1 899,则 1 890 或 1 908 满足条件.

若这两个数各位数字之和均为 18,则这两个数一定有一个是偶数,这个数能被 18 整除.

6.103 设正整数 $A = \overline{a_n a_{n-1} \cdots a_1 a_0}, a_n, a_{n-1}, \cdots, a_0$ 均不为 0,且不全相等(n 为正整数). 数

$$A_1 = \overline{a_{n-1} \cdots a_1 a_0 a_n}$$
$$A_2 = \overline{a_{n-2} \cdots a_1 a_0 a_n a_{n-1}}$$
$$A_3 = \overline{a_{n-k} a_{n-k-1} \cdots a_0 a_n \cdots a_{n-k+1}}$$
$$\cdots$$
$$A_n = \overline{a_0 a_n \cdots a_1}$$

是由 A 循环排列而得. 求 A,使得任意的 $A_k (k = 1, 2, \cdots, n)$ 能被 A 整除.

(白俄罗斯数学奥林匹克,2004 年)

解 $A = \underbrace{142857\,142857\cdots 142857}_{k\text{个}}, k \in \mathbf{N}^*$

设 $B = \overline{a_{n-1} \cdots a_1 a_0}$,则

$$A = a_n 10^n + B, A_1 = 10B + a_n, B < 10^n$$

令 $A_1 = mA, m$ 为正整数.

因为 $10^n m \leqslant Am = A_1 < 10^{n+1}$,故 $m < 10$. 从而, $A_1 = mA$,即

$$10B + a_n = m(a_n 10^n + B)$$

于是

$$B = a_n \cdot \frac{10^n m - 1}{10 - m} \quad ①$$

因为 A 的各位数字不全相等,所以 $A \neq A_1$,即 $m \neq 1$.

假设 $m \geq 5$,则

$$B = a_n \cdot \frac{10^n m - 1}{10 - m} \geq 1 \times \frac{5 \times 10^n - 1}{10 - 5} = 10^n - \frac{1}{5} > 10^n - 1$$

所以 $B \geq 10^n$,矛盾. 因此 $1 < m < 5$.

若 $m = 2$,则 $B = a_n \cdot \frac{2 \times 10^n - 1}{8}$.

又因为 $2 \times 10^n - 1$ 是奇数,故 $8 \mid a_n$,即 $a_n = 8$. 但此时,$B \geq 2 \times 10^n - 1 > 10^n$,矛盾.

类似地,若 $m = 4$,则 $B = a_n \cdot \frac{4 \times 10^n - 1}{6}$,从而,$2 \mid a_n$. 由此,$B \geq \frac{4 \times 10^n - 1}{3} > 10^n$,矛盾.

这样,m 只可能有一个解 $m = 3$.

由 $B = a_n \cdot \frac{3 \times 10^n - 1}{7} < 10^n$,解得 $a_n \leq 2$.

若 $a_n = 1$,则 $B = \frac{3 \times 10^n - 1}{7}$,有

$$A = \frac{1}{7}(10^{n+1} - 1)$$

若 $a_n = 2$,则 $B = 2 \times \frac{3 \times 10^n - 1}{7}$,有

$$A = \frac{2}{7}(10^{n+1} - 1)$$

因为 A 为正整数,所以,$7 \mid (10^{n+1} - 1)$.

易知 $7 \mid (10^m - 1)$,当且仅当 $6 \mid m$.

故 $n + 1 = 6k, k \in \mathbf{N}_+$,因此

$$A = \underbrace{142857\,142857 \cdots 142857}_{k \text{ 个}}$$

或

$$A = \underbrace{285714\,285714 \cdots 285714}_{k \text{ 个}}$$

因为 $A_4 = \overline{1\cdots} < \overline{2\cdots} = A$,即 A_4 不能被 A 整除,所以,第二种情况不可能.

另一方面,第一种情况为所求,这是因为易证明 $142\,857$ 满足条件:

$$428\,571 = 3 \times 142\,857$$
$$285\,714 = 2 \times 142\,857$$
$$857\,142 = 6 \times 142\,857$$
$$571\,428 = 4 \times 142\,857$$
$$714\,285 = 5 \times 142\,857$$

心得 体会 拓广 疑问

于是等式 $A_1 = 3A, A_2 = 2A, A_3 = 6A, A_4 = 4A, A_5 = 5A$ 也满足一般情况.

> **6.104** 对自然数 n，用 $S(n)$ 表示其各位数字之和. 例如 $S(611) = 6 + 1 + 1 = 8$.
>
> 设 a,b,c 均为三位数，使得 $a + b + c = 2\,005$，而 M 为 $S(a) + S(b) + S(c)$ 的最大值，问有多少组 (a,b,c) 满足
> $$S(a) + S(b) + S(c) = M?$$
> （日本数学奥林匹克，2005 年）

解 令
$$a = 100a_3 + 10a_2 + a_1$$
$$b = 100b_3 + 10b_2 + b_1$$
$$c = 100c_3 + 10c_2 + c_1$$
$$(1 \leq a_3, b_3, c_3 \leq 9, 0 \leq a_2, b_2, c_2, a_1, b_1, c_1 \leq 9)$$

设 $i = a_1 + b_1 + c_1, j = a_2 + b_2 + c_2, k = a_3 + b_3 + c_3$.

由题设有 $i + 10j + 100k = 2\,005$，且 $i, j, k \leq 27$，故 $(i,j,k) = (5,0,20), (5,10,19), (5,20,18), (15,9,19), (15,19,18), (25,8,19), (25,18,18)$.

因此当 $(i,j,k) = (25,18,18)$ 时
$$S(a) + S(b) + S(c) = i + j + k$$
是最大的.

当 $i = 25$ 时，(a_1, b_1, c_1) 的可能对是 $(7,9,9), (8,8,9)$ 及它们的置换，所以有 $3 \times 2 = 6$ 个可能对.

当 $j = 18$ 时，(a_2, b_2, c_2) 的可能对是 $(0,9,9), (1,8,9), (2,7,9), (2,8,8), (3,6,9), (3,7,8), (4,5,9), (4,6,8), (4,7,7), (5,5,8), (5,6,7), (6,6,6)$ 及它们的置换.

所以有 $6 \times 7 + 3 \times 4 + 1 = 55$ 个可能对.

当 $k = 18$ 时，(a_3, b_3, c_3) 的可能对是 (a_2, b_2, c_2) 的那些对，但 $(0,9,9)$ 及其置换必须除掉，所以有 $55 - 3 = 52$ 个 (a_3, b_3, c_3) 的可能对.

因此满足条件的 (a,b,c) 的个数是
$$6 \times 55 \times 52 = 17\,160$$

> **6.105** 求所有的五位数 $\overline{abcde}$，该数能被 9 整除，且 $\overline{ace} - \overline{bda} = 760$.

解 方程 $\overline{ace} - \overline{bda} = 760$ 可以改写为
$$100a + 10c + e - 100b - 10d - a = 760$$

由此可得 $e = a$.

将方程两边除以 10,可得
$$10(a - b) + (c - d) = 76$$
因此只有两种可能
$$c - d = 6, c - d = -4$$
如果 $c - d = 6$,则有
$$c = d + 6, a = b + 7$$
由于五位数能被 9 整除,因此
$$a + b + c + d + e = b + 7 + b + d + 6 + d + b + 7 = $$
$$3b + 2d + 20 = 3b + 2(d + 1 + 9)$$
能被 9 整除.

所以 $d + 1$ 能被 3 整除.

由于 $c - d = 6$,可得 $d = 2$,于是 $c = 8$.

同时,$3(b + 2)$ 能被 9 整除.

由于 $a = b + 7$,故有 $b = 1$.

这时,所求的五位数是 81 828.

如果 $c - d = -4$,则有
$$d = c + 4, a = b + 8$$
因此 $a = 8, b = 0$,或 $a = 9, b = 1$.

若 $a = 8$,由 $9 \mid (a + b + c + d + e) = 8 + 2c + 4 + 8$,可导出 $2c + 2$ 能被 9 整除.

于是 $c = 8$,进而 $d = c + 4 = 12$ 不是一位数字.

若 $a = 9$,由 $9 \mid (a + b + c + d + e) = 10 + 2c + 4 + 9$,可导出 $2c + 5$ 能被 9 整除.

于是 $c = 2$,相应的五位数是 91 269.

6.106 求所有可用十进制表示为 $\overline{13xy45z}$,且能被 792 整除的正整数,其中 x, y, z 为未知数.

(克罗地亚数学奥林匹克,2005 年)

解 因为 $792 = 8 \times 9 \times 11$,所以数字 $\overline{13xy45z}$ 能被 $8, 9, 11$ 整除.

由 $8 \mid \overline{13xy45z}$ 可知 $8 \mid \overline{45z}$.

由 $\overline{45z} = 450 + z = 448 + (z + 2)$,因此 $8 \mid (z + 2)$. 故 $z = 6$.

由 $9 \mid \overline{13xy456}$ 可知
$$9 \mid (1 + 3 + x + y + 4 + 5 + 6)$$
而
$$1 + 3 + x + y + 4 + 5 + 6 = x + y + 19 = $$
$$18 + (x + y + 1)$$
因此
$$9 \mid (x + y + 1)$$

故 $x+y=8$ 或 $x+y=17$.

由 $11 \mid \overline{13xy456}$ 可知
$$11 \mid (6-5+4-y+x-3+1)$$
而 $\quad 6-5+4-y+x-3+1 = x-y+3$

因此 $x-y=-3$ 或 $x-y=8$.

此时,有两种可能:

(1) 若 $x+y$ 为偶数,则 $x+y=8$ 且 $x-y=8$. 从而,$x=8$,$y=0$.

(2) 若 $x+y$ 为奇数,则 $x+y=17$ 且 $x-y=-3$. 从而,$x=7$,$y=10$,不可能.

所以,唯一的正整数为 1 380 456.

6.107 证明:存在唯一由十进制表示的正整数,该数是仅由数字 2 和 5 组成的 2 005 位数,且能被 2^{2005} 整除.

(克罗地亚数学奥林匹克,2005 年)

证明 用数学归纳法证明,对每个正整数 n,有唯一的由十进制表示的仅包含数字 2 和 5 的 n 位的正整数 x_n,其能被 2^n 整除.

当 $n=1,2,3$ 时,$x_1=2$,$x_2=52$,$x_3=552$,结论显然成立.

假设 x_n 是唯一由数字 2 和 5 表示且能被 2^n 整除的 n 位的正整数.

考察数字 $2\times 10^n + x_n$,$5\times 10^n + x_n$.

这两个数都是在数 x_n 的左边加上数字 2 或 5 得到的,它们都是由 2 和 5 表示,且有 $n+1$ 位.

因为 x_n 和 10^n 能被 2^n 整除,所以,这两个数均能被 2^n 整除.

注意到
$$\frac{5\times 10^n + x_n}{2^n} - \frac{2\times 10^n + x_n}{2^n} = 3\times 5^n$$

由于差为奇数. 因此,$\dfrac{5\times 10^n + x_n}{2^n}$ 和 $\dfrac{2\times 10^n + x_n}{2^n}$ 之中恰有一个为偶数.

这就证明了数字 $2\times 10^n + x_n$ 和 $5\times 10^n + x_n$ 恰有一个能被 2^{n+1} 整除,即 x_{n+1} 满足所有的条件.

下面证明 x_{n+1} 的唯一性.

为此,去掉 x_{n+1} 最左边的一位,得到一个仅包含数字 2 和 5 且能被 2^n 整除的 n 位数 x_n,由归纳假设,x_n 为满足条件的唯一值.因此,x_{n+1} 的形式一定是 $2\times 10^n + x_n$ 或 $5\times 10^n + x_n$.

于是,根据上面的证明恰好其中一个是满足条件的 x_{n+1}.

6.108 给定一个由十进制数码组成的序列 $\{c_n\}_{n\geqslant 1}$,其中 $0\leqslant c_n\leqslant 9$. 对任何 $n\geqslant 1$,都允许在 c_n 与 c_{n+1} 之间插入 $k_n(1\leqslant k_n\leqslant k)$ 个数码,这样所得到的序列对应一个实数 $x\in[0,1]$ 表示的无限小数的小数部分,证明:

(1) 当 $k\leqslant 9$ 时,存在一个序列,它将使对应的 x 为无理数;

(2) 当 $k\geqslant 10$ 时,任何一个这样的序列,都存在一种插入方式,使对应的 x 为有理数.

(罗马尼亚数学奥林匹克,2005 年)

证明 先解决问题(2).

不论给出什么样的序列,$\{c_n\}_{n\geqslant 1}$ 总可以构成由不同的十进制数码组成的长度为 10 的循环节.通过在 c_n 与 c_{n+1} 之间插入构成循环节所需要的数码即可.一个特殊情形是 c_n 与 c_{n+1} 恰好是循环节中相邻的两项.这时,就在 c_n 与 c_{n+1} 之间插入整个循环节(由于 $k\geqslant 10$,这样做总是可行的).

对于(1),可指出任何序列 $\{c_n\}_{n\geqslant 1}$,如具有:

ⅰ 任何数码都可以出现在具有无限长度后继块中;

ⅱ 至少有一个数码,任何其他数码在其之后会出现无限多次.

该序列就不能转换为一个有理数 x.

下面的例子就具有所描述的形式,它是由 $\underbrace{0,\cdots,0}_{n\uparrow},\underbrace{k,\cdots,k}_{n\uparrow}$ ($k=1,2,\cdots,9$)($n=1,2,\cdots$) 连接而成的.

假定 x 对应一个有理数,它将具有一个无限的周期部分,从周期部分(循环节)截取具有 10 个数码的一段 T,该段将进入这样一种区域:$\underbrace{k,\cdots,k}_{n\uparrow}$,其中 n 大于循环节长,$k=0,1,\cdots,9$.

由于 $k_n\leqslant 9$,则 10 个数码的段 T 中必有 $k(k=0,1,\cdots,9)$,即 $0\sim 9$ 在 T 中恰好各出现一次.

进而,此段 T 后接的一位数码必与此段第一位数码相同.因此,x 就具有长度为 10 的循环节,且该循环节由全部不同的数码构成.

设循环节中 0 后接 k,则在 $\{c_n\}$ 中的连续两项 0 和 k 间必须插入整个循环节(10 位),才能形成循环小数.但 $k_n\leqslant 9$,这是不可能的.

故所举序列不能产生循环小数(即有理数).

6.109

证明：存在无穷多个正整数，这些数都是 2 005 的倍数，而且这些数写成十进制数后，$0, 1, \cdots, 9$ 出现的个数相等（规定：首位前面的 0 不算）.

（奥地利数学奥林匹克，2005 年）

证明 首先，注意到 $2\,005 = 5 \times 401$.

令

$$M = 12\,345\,678\,905$$

$$N_k = M(10^{10(k-1)} + 10^{10(k-2)} + \cdots + 10^{10} + 1)$$

每个 N_k 的最后一位数都是 5，因此，能被 5 整除. 同时，每个 N_k 中 $0, 1, 2, \cdots, 9$ 出现的个数相等.

我们找到了类似 N_k 的数，但是只有其中一部分数能被 401 整除. 由抽屉原理，必定存在一个模 401 后的同余类，这个集合是包含 N_k 中的无限多个元素. 设 N_m 是这个同余类中的最小数，从同余类中任意取 N_k，则

$$N_k - N_m = N_{k-m} \cdot 10^{10m}$$

构造一个新的无限集，这个集合中的元素由 N_{k-m} 组成.

因为 10 和 401 互质，N_{k-m} 能被 401 整除，同时，N_{k-m} 的个位数是 5，所以 N_{k-m} 能被 2 005 整除.

这样，就构造出了满足条件的无限个数.

6.110

在十进制表示中，若 k 位数码 a 满足：如果两个均以 a 结尾的正整数的乘积也以 a 结尾，我们就称 a 是"稳定"的（如 0 和 25 稳定）. 证明：对任意正整数 k，恰存在四个稳定的 k 位数码.

（白俄罗斯数学奥林匹克，2004 年）

证明 以 a 结尾的数形如 $10^k b + a$. 易知，a 稳定当且仅当 a^2 以 a 结尾，则有 $10^k \mid (a^2 - a)$，即 $2^k 5^k \mid a(a-1)$.

若 a 以 0 开始，我们定义 a 为相应正整数；若 a 的所有位上的数均为 0，则记 a 为 0.

由于 a 与 $a - 1$ 互质，有以下四种情形之一：

(1) $10^k \mid a$.

(2) $10^k \mid (a - 1)$.

(3) $2^k \mid a, 5^k \mid (a - 1)$.

(4) $5^k \mid a, 2^k \mid (a - 1)$.

下面讨论这几种情形.

(1) 因为 $0 \leq a < 10^k$,所以,$a = \overline{0\cdots 0}$.

(2) 因为 $-1 \leq a - 1 < 10^k$,所以 $a - 1 = \overline{0\cdots 0}$,即 $a = \overline{0\cdots 01}$.

(3) 设 $a = 2^k x, x \in \{1, 2, \cdots, 5^k - 1\}, a - 1 = 5^k y, y \in \mathbf{Z}$,则
$$2^k x - 5^k y = 1 \qquad ①$$
显然,式 ① 的所有解 (x, y) 满足
$$\begin{cases} x = x_0 + 5^k t & ② \\ y = y_0 + 2^k t & ③ \end{cases}$$
式中 (x_0, y_0) 是式 ① 的某个解,且 $t \in \mathbf{Z}$.

因为 $x_0 \neq 0$,满足式 ② 的等差级数在 $[0, 5^k)$ 内恰有一项,所以,式 ① 恰有一组解 (x_1, y_1),其中,$x_1 \in \{1, 2, \cdots, 5^k - 1\}$.由此,$u = 2^k x_1 \in \{1, 2, \cdots, 10^k - 1\}$ 就是所要求的(若 a 的位数少于 k,我们在 a 的左面加上相应个数的 0).

(4) 与(3) 类似.

6.111 试问:是否存在这样的正整数 $n > 10^{1\,000}$,它不是 10 的倍数,并且在它的十进制表达式中可以交换某两位非 0 数字,使得所得到的数的质约数的集合与它的质约数的集合相同.

(俄罗斯数学奥林匹克,2004 年)

解 这样的数是存在的.

先给出这样的正整数的例子. 令 $n = 13 \times 11\cdots 1 = 144\cdots 43$,其中 1 的个数待定. 如果交换 1 和 3 的位置,则可得到 $344\cdots 41 = 31 \times 11\cdots 1$,于是只要此处的 $11\cdots 1$ 可以被 $13 \times 31 = 403$ 整除,则交换前后的两个数的质约数的集合相同. 而这样的 $11\cdots 1$ 是存在的,例如其中 1 的个数为 1 000 即可.

我们来考察数
$$1, 10^{1\,000}, 10^{2\,000}, \cdots, 10^{43 \times 1\,000}$$
其中有两个数(记为 $10^{1\,000m}$ 和 $10^{1\,000n}$,其中 $m < n$) 被 403 除的余数相同,因此
$$10^{1\,000n} - 10^{1\,000m} = 10^{1\,000m}(10^{1\,000(n-m)} - 1)$$
可以被 403 整除. 由于 403 与 90 互质,所以 403 整除 $\dfrac{10^{1\,000(n-m)} - 1}{9} = 11\cdots 1$,其中 1 的个数为 $1\,000(n - m)$,此即为所求.

6.112 求 $2\,003^{2\,002^{2\,001}}$ 的末三位数字.

(加拿大数学奥林匹克,2003 年)

解 $2\,003^{2\,002^{2\,001}} \equiv 3^{2\,002^{2\,001}} (\bmod\ 10^3) \equiv 9^{2\,000} \times 1\,001^{2\,001} =$
$(10-1)^k (令\ k = 2^{2\,000} \times 1\,001^{2\,001}) \equiv$
$C_k^2 \times 10^2 - k \times 10 + 1 (\bmod\ 10^3)$

其中 $k = 2^{2\,000} \times 1\,001^{2\,001} \equiv 2^{2\,000} = 1\,024^{200} \equiv$
$24^{200} = 3^{200} \times 2^{600} \equiv 3^{200} \times 24^{60} = 3^{260} \times 2^{180} \equiv$
$3^{260} \times 24^{18} = 3^{278} \times 2^{54} \equiv$
$3^{278} \times 24^5 \times 2^4 = 3^{283} \times 2^{19} \equiv$
$3^{283} \times 24 \times 2^9 = 3^{284} \times 2^{12} \equiv$
$3^{284} \times 24 \times 2^2 = (10-1)^{142} \times 96 \equiv$
$(C_{142}^2 \times 10^2 - 142 \times 10 + 1) \times 96 \equiv$
$681 \times 96 \equiv 376 (\bmod\ 10^3)$

故
$$2\,003^{2\,002^{2\,001}} \equiv C_{376}^2 \times 10^2 - 376 \times 10 + 1 \equiv 241 (\bmod\ 10^3)$$

6.113 已知 $34! = 295\,232\,799\,cd9\,604\,140\,847\,618\,609\,643\,5ab\,000\,000$. 求数字 a, b, c, d 的值.

(英国数学奥林匹克, 2003 年)

解 由于
$$34! = K \times 11^3 \times 7^4 \times 5^7 \times 3^{15} \times 2^{32} = K \times 11^3 \times 7^4 \times 3^{15} \times 2^{25} \times 10^7$$
所以 $b = 0, a \neq 0$.

考虑去掉最后面 7 个零时的情形, 知该数可以被 2^{25} 整除, 也可以被 8 整除, 即最后三位数 $\overline{35a}$ 可以被 8 整除(因为 1 000 可以被 8 整除), 因此 $a = 2$.

由于 34! 可以被 9 整除, 所以, 其各位数字之和也可以被 9 整除.

于是 $141 + c + d \equiv 0 (\bmod\ 9)$, 即 $c + d \equiv 3 (\bmod\ 9)$.

而 34! 还可以被 11 整除, 所以, 奇数位与偶数位上数字之和的差可以被 11 整除, 于是
$$80 + d \equiv 61 + c (\bmod\ 11)$$
即
$$8 + d \equiv c (\bmod\ 11)$$

当 $c + d = 3, 8 + d = c$ 时, 无解;

当 $c + d = 12, 8 + d = c$ 时, 无解;

当 $c + d = 12, d = c + 3$ 时, 无解;

当 $c + d = 3, d = c + 3$ 时, 得 $c = 0, d = 3$.

综上所述, $a = 2, b = 0, c = 0, d = 3$.

心得 体会 拓广 疑问

6.114 若 $n \in \mathbf{N}, n \geqslant 2, a_1, a_2, \cdots, a_n$ 为一位数字,且 $\sqrt{\overline{a_1 a_2 \cdots a_n}} - \sqrt{\overline{a_1 a_2 \cdots a_{n-1}}} = a_n$,求 n. 其中 $\overline{a_1 a_2 \cdots a_n}$ 为由 $a_1, a_2, \cdots, a_n$ 构成的 n 位数.

(罗马尼亚数学奥林匹克,2003 年)

解 设 $x = \overline{a_1 a_2 \cdots a_{n-1}} \in \mathbf{N}$,可得
$$\overline{a_1 a_2 \cdots a_n} = 10x + a_n$$
$$\sqrt{10x + a_n} - \sqrt{x} = a_n$$

故 $\qquad 10x + a_n = x + a_n^2 + 2a_n \sqrt{x}$

从而 $\qquad 9x = a_n(a_n + 2\sqrt{x} - 1)$

因为 $a_n \leqslant 9$,可得 $x \leqslant a_n + 2\sqrt{x} - 1$,即
$$(\sqrt{x} - 1)^2 \leqslant a_n \leqslant 9$$

解得 $\sqrt{x} \leqslant 4$,所以 $x \leqslant 16$.

另一方面,$a_n \neq 0$(否则 $x = 0$),$\sqrt{x} = \dfrac{9x + a_n - a_n^2}{2a_n}$ 是有理数,故 x 为完全平方数.

由 $\sqrt{10x + a_n} = a_n + \sqrt{x}$,可知 $10x + a_n$ 是完全平方数. 从而,x 的可能值为 $1, 4, 9, 16$. 代入可知 $x = 16, a_n = 9, n = 3$.

6.115 已知两个相异的正整数 a 和 b,且 b 为 a 的倍数. 若用十进制表示,则 a 和 b 都由 $2n$ 位组成,且最大有效位非零. 又 a 的前 n 位和 b 的后 n 位相同,反之亦然,例如 $n = 2, a = 1\,234, b = 3\,412$(但这个例子不满足 b 是 a 的倍数的条件),求 a 和 b.

(日本数学奥林匹克,2003 年)

解 用 2 个 n 位的正整数 x 和 y 表示 a 和 b,则
$$a = 10^n x + y, b = 10^n y + x$$

由题设有 $x < y$,且 $10^n y + x = m(10^n x + y)$,其中 $2 \leqslant m \leqslant 9$.

两边同时加 $10^n x + y$ 得
$$(x + y)(10^n + 1) = (m + 1)(10^n x + y) \qquad ①$$

假设 $m + 1$ 和 $10^n + 1$ 是互质的,则
$$10^n x + y \equiv 0 (\bmod (10^n + 1))$$

所以 $\qquad x \equiv y (\bmod (10^n + 1))$

因为 x 和 y 只有 n 位,这与 $x < y$ 矛盾.

因为 $m + 1 \leqslant 10$,所以 $m + 1$ 和 $10^n + 1$ 有一个共同的质因子,且必须是整数 $2, 3, 5, 7$ 之一. 但 $2, 3, 5$ 不能被除 $10^n + 1$,故只能是 7.

所以 $m = 6$，且 $7k = 10^n + 1$.

故式 ① 变为
$$(x+y)7k = 7((7k-1)x + y)$$

即
$$5kx = (k-1)(y-x)$$

注意到 $7(k-1) = 10^n - 6$，可知 5 和 $k-1$ 互质.

于是 $5k$ 和 $k-1$ 也互质.

所以 $y - x$ 是 $5k$ 的整数倍.

因为 $0 < y - x < 10^n + 1 = 7k$，则 $y - x = 5k$，所以
$$x = k - 1, y = 6k - 1$$

且
$$a = 10^n x + y = 10^n(k-1) + (6k-1) =$$
$$10^n\left(\frac{1}{7}(10^n+1) - 1\right) + \left(\frac{6}{7}(10^n+1) - 1\right) =$$
$$\frac{1}{7}(10^{2n} - 1)$$
$$b = ma = \frac{6}{7}(10^{2n} - 1)$$

其中 $n \equiv 3 \pmod{6}$（因为 $10^n + 1$ 是 7 的倍数）.

6.116 证明：对每一个正整数 n，存在一个可以被 5^n 整除的 n 位正整数，它的每一位上的数字都是奇数.

（美国数学奥林匹克，2003 年）

证明 当 $n = 1$ 时，$5 \mid 5$.

设 $n = m$ 时，$5^m \mid \overline{a_1 a_2 \cdots a_m}$，其中 $a_i(i = 1, 2, \cdots, m)$ 为一位奇数.

当 $n = m + 1$ 时，考查 $\overline{1 a_1 a_2 \cdots a_m}$，$\overline{3 a_1 a_2 \cdots a_m}$，$\cdots$，$\overline{9 a_1 a_2 \cdots a_m}$.

因为它们的差 $2 \times 10^m, 4 \times 10^m, 6 \times 10^m, 8 \times 10^m$ 不能被 5^{m+1} 整除，故这五个数被 5^{m+1} 整除的余数两两不等，所以，这五个数中存在一个能被 5^{m+1} 整除的数.

6.117 设 t 是一个固定的正整数，$f_t(n)$ 表示满足 C_k^t 是奇数的数目，其中 $1 \leqslant k \leqslant n$，$k$ 为整数. 若 $1 \leqslant k < t$，则规定 $C_k^t = 0$. 证明：如果 n 是一个足够大的 2 的整数次幂，则 $\frac{f_t(n)}{n} = \frac{1}{2^r}$，其中 r 是一个依赖于 t，但不依赖于 n 的整数.

（匈牙利数学奥林匹克，2002 ~ 2003 年）

证明 为证原题先证明两个引理.

引理 1 记 $t(t \in \mathbf{Z}^+)$ 的二进制表示中 1 的个数为 $P(t)$，则 $t!$ 中因子 2 的个数为 $(t - P(t))$.

引理 2 $P(t) + P(r) = P(r + t)$，当且仅当 r 与 t 的二进制表示中，任何两个 1 所在的位数不同.

引理 1 的证明 设 $t = \sum_{i=0}^{n} a_i 2^i$，其中 $a_i \in \{0, 1\}$，$\sum_{i=0}^{n} a_i = P(t)$，则 $t!$ 中因子 2 的个数为

$$\sum_{j=1}^{n} \left[\frac{t}{2^j}\right] = \sum_{j=1}^{n} \sum_{i=j}^{n} a_i 2^{i-j} = \sum_{i=1}^{n} \sum_{j=1}^{i} a_i 2^{i-j} =$$
$$\sum_{i=1}^{n} a_i (2^i - 1) = t - P(t)$$

引理 2 的证明 必要性：显然成立.

充分性：记

$$t = 2^{a_1} + 2^{a_2} + \cdots + 2^{a_{P(t)}}$$
$$r = 2^{b_1} + 2^{b_2} + \cdots + 2^{b_{P(t)}}$$

由 C_{t+r}^r 为整数，则

$$t + r - P(t + r) \geqslant t - P(t) + r - P(r)$$

所以 $P(t) + P(r) \geqslant P(t + r)$

若存在 $1 \leqslant i \leqslant P(t), 1 \leqslant j \leqslant P(r)$，使 $a_i = b_j$，则

$$P(t + r) \leqslant P(t + r - 2^{a_i} - 2^{b_j}) + P(2^{a_i} + 2^{b_j}) \leqslant$$
$$P(t) + P(r) - 2 + 1 = P(t) + P(r) - 1$$

故对任意 $1 \leqslant i \leqslant P(t), 1 \leqslant j \leqslant P(r), a_i \neq b_j$.

下面证明原题. 当 $k \geqslant t$ 时

$$2 \nmid C_k^t \Leftrightarrow k - P(k) = t - P(t) + (k - t) - P(k - t) \Leftrightarrow$$
$$P(k - t) + P(t) = p(k) \Leftrightarrow$$

$(k - t)$ 与 t 的二进制中表示没有两个 1 在同一数位上.

设 $n = 2^h (h \in \mathbf{Z}^+, h$ 充分大$)$，有

$$t = 2^q + \sum_{i=0}^{q-1} a_i 2^i, A = \{i \mid a_i = 1\}$$
$$|A| = P(t) - 1$$

则 $2 \nmid C_k^t \Leftrightarrow k - t = \sum_{j=0}^{h-q-1} b_j 2^{q+j} + \sum_{\substack{i=0 \\ i \notin A}}^{q-1} c_i 2^i, b_j, c_i \in \{0, 1\}$

所以 $f_t(n) = 2^{h-q-1} \times 2^{q-(P(t)-1)} = 2^{h-P(t)}$

故 $\dfrac{f_t(n)}{n} = \dfrac{1}{2^{P(t)}}$

因此 $r = P(t)$ 依赖于 t，与 n 无关.

6.118 是否存在正整数 N,使得 N,N^2 和 N^3 用且仅用一次数字 $0,1,2,3,4,5,6,7,8,9$?

(白俄罗斯数学奥林匹克,2005 年)

解 不存在.

假设数 x 和 y 分别有 m 和 n 位数字,即
$$10^{m-1} \leqslant x < 10^m, 10^{n-1} \leqslant y < 10^n$$
则
$$10^{m+n-2} \leqslant xy < 10^{m+n}$$

那么,xy 要么为 $m+n-1$ 位数字,要么为 $m+n$ 位数字.

假设 N 满足 N,N^2,N^3 用且仅用一次数字 $0,1,2,3,4,5,6,7,8,9$. 当 N 是一位数字时,则 N^2 最多是两位数字,N^3 最多是三位数字. 所以,最多用 $1+2+3=6<10$ 个数字,矛盾.

当 N 至少是三位数字时,则 N^2 至少是五位数字,N^3 至少是七位数字. 所以,至少用 $3+5+7=15>10$ 个数字,矛盾.

因此 N 一定是两位数.

如果 N^2 是四位数字,则 N^3 至少是五位数字. 于是,至少用 $2+4+5=11>10$ 个数字,矛盾,所以
$$10 \leqslant N < 100$$
$$100 \leqslant N^2 < 1\,000$$
$$10\,000 \leqslant N^3 < 100\,000$$

从而 $\quad 10 \leqslant N \leqslant 31, 22 \leqslant N \leqslant 46$

故 $\quad 22 \leqslant N \leqslant 31$

对这 10 个数逐个验证得

$N=22$,不满足;

$N=23, N^2=529$,不满足;

$N=24, N^2=576, N^3=13\,824$,不满足;

$N=25, N^2=625$,不满足;

$N=26, N^2=676$,不满足;

$N=27, N^2=729$,不满足;

$N=28, N^2=784$,不满足;

$N=29, N^2=841, N^3=24\,389$,不满足;

$N=30, N^2=900$,不满足;

$N=31, N^2=961$,不满足.

综上所述,不存在满足条件的正整数 N.

6.119 每一个正整数 a 遵循下面的过程得到数 $d = d(a)$.

(1) 将 a 的最后一位数字移到第一位得到数 b.

(2) 将 b 平方得到数 c.

(3) 将 c 的第一位数字移到最后一位得到数 d.

例如,$a = 2\ 003, b = 3\ 200, c = 10\ 240\ 000, d = 02\ 400\ 001 = 2\ 400\ 001 = d(2\ 003)$.

求所有的正整数 a,使得 $d(a) = a^2$.

(国际数学奥林匹克预选题,2003 年)

解 设正整数 a 满足 $d = d(a) = a^2$,且 a 有 $n+1$ 位数字,$n \geqslant 0$. 又设 a 的最后一位数字为 s,c 的第一位数字为 f.

因为
$$(*\cdots*s)^2 = a^2 = d = *\cdots*f$$
$$(s*\cdots*)^2 = b^2 = c = f*\cdots*$$

其中 $*$ 表示一位数字.

所以 f 既是末位数字为 s 的一个数的平方的最后一位数字,又是首位数字为 s 的一个数的平方的第一位数字.

完全平方数 $a^2 = d$,要么是 $2n+1$ 位数,要么就是 $2n+2$ 位数.

若 $s = 0$,则 $n \neq 0$,b 有 n 位数字,其平方 c 最多有 $2n$ 位数字. 所以,d 也最多有 $2n$ 位数字,矛盾.

因此,a 的最后一位数字不是 0.

若 $s = 4$,则 $f = 6$. 因为首位数字为 4 的数的平方的首位数字为 1 或 2,即
$$160\cdots0 = (40\cdots0)^2 \leqslant (4*\cdots*)^2 < (50\cdots0)^2 = 250\cdots0$$

所以,$s \neq 4$.

表 1 给出了 s 所有可能的情况下对应的 f 的取值情况.

表 1

s	1	2	3	4	5	6	7	8	9
$f = (\cdots s)^2$ 的末位数字	1	4	9	6	5	6	9	4	1
$f = (s\cdots)^2$ 的首位数字	1,2,3	4,5,6,7,8	9	1,2	2,3	3,4	4,5,6	6,7,8	8,9

从表 1 可以看出,当 $s = 1, s = 2, s = 3$ 时,均有 $f = s^2$.

当 $s = 1$ 或 $s = 2$ 时,$n+1$ 位且首位数字为 s 的数 b 的平方 $c = b^2$ 是 $2n+1$ 位数;当 $n = 3$ 时,$c = b^2$ 要么是首位数字是 9 的

$2n+1$ 位数,要么是首位数字是 1 的 $2n+2$ 位数. 由 $f = s^2 = 9$ 知首位数字不可能是 1. 所以, c 一定是 $2n+1$ 位数.

设 $a = 10x + s$,其中 x 是 n 位数(特别地, $x = 0$,设 $n = 0$),则
$$b = 10^n s + x, c = 10^{2n} s^2 + 2 \times 10^n sx + x^2$$
$$d = 10(c - 10^{m-1}f) + f =$$
$$10^{2n+1}s^2 + 20 \times 10^n sx + 10x^2 - 10^m f + f$$
其中 m 是数 c 的位数,且已知 $m = 2n+1, f = s^2$,故
$$d = 20 \times 10^n sx + 10x^2 + s^2$$

由 $a^2 = d$,解得 $x = 2s \cdot \dfrac{10^n - 1}{9}$.

即 $a = \underbrace{6\cdots6}_{n\uparrow}3, a = \underbrace{4\cdots4}_{n\uparrow}2$ 或 $a = \underbrace{2\cdots2}_{n\uparrow}1$,其中 $n \geq 0$.

对于前两种可能的情况,若 $n \geq 1$,由 $a^2 = d$,得 d 有 $2n+2$ 位数字,这表明 c 也有 $2n+2$ 位数字. 这与 c 有 $2n+1$ 位数字矛盾,因此 $n = 0$.

综上所述,满足条件的数 a 分别为 $a = 3, a = 2, a = \underbrace{2\cdots2}_{n\uparrow}1$,其中 $n \geq 0$.

第7章 取整函数$[x]$

$[x]$是对于一切实数都有定义的函数,$[x]$的值等于不大于x的最大整数.

$[x]$的应用十分广泛,由于它曾最早为高斯所采用,所以$[x]$也称为高斯函数.

另外,还有$\{x\}$,$\lceil x \rceil$.函数$\{x\}$定义为实数x的小数部分.显然,$\{x\}$的值域是$[0,1)$,并对一切实数x都成立$\{x\} + [x] = x$.函数$\lceil x \rceil$定义为不小于实数x的最小整数.在x是整数时,$[x] = \lceil x \rceil$;在x不是整数时,$\lceil x \rceil + 1 = \lceil x \rceil$,$\lceil x \rceil = -[-x]$.

函数$[x]$具有以下几个基本的性质:

(1) $[x] \leqslant x < [x] + 1$.

(2) 对$x \leqslant y$,有$[x] \leqslant [y]$.

(3) $[x] + [y] \leqslant [x+y]$,并在$x,y$都是非负时,$[x][y] \leqslant [xy]$.

(4) 当n是一个整数时,$[x+n] = [x] + n$.

(5) 若a,b是任意两个正整数,则不大于a且为b的倍数的正整数的个数是$\left[\dfrac{a}{b}\right]$.

(6) 设n是正整数,x是实数,则
$$\sum_{k=0}^{n-1}\left[x + \frac{k}{n}\right] = [nx]$$
这被称为埃尔米特恒等式.

(7) $n! = \prod_{p \leqslant n} p^{\sum_{j=1}^{\infty}\left[\frac{n}{p^j}\right]}$.

这里p为素数,这是勒让德公式.

7.1 设$n > 0$,则$\left[\dfrac{(n-1)!}{n(n+1)}\right]$是偶数.

证明 令$Q = \dfrac{(n-1)!}{n(n+1)}$,当$n < 6$时$[Q] = 0$,故可设$n \geqslant 6$.

当$n = p(p > 5)$是素数时
$$Q + \frac{1}{p} = \frac{(p-1)! + p + 1}{p(p+1)}$$

因为 $(p-1)! + 1 \equiv (\bmod\ p)$

故 $p \mid (p-1)! + p + 1$

又因为 $p + 1 = 2n_1, 2 < n_1 < p - 1$

故
$$p+1 \mid (p-1)! + p + 1$$

所以 $Q + \dfrac{1}{p}$ 是整数,还因 $\dfrac{(p-1)!}{p+1}$ 是偶数,所以 $\dfrac{(p-1)!+p+1}{p+1}$ 是奇数,即 $Q + \dfrac{1}{p}$ 是奇数,于是 $[Q] = Q + \dfrac{1}{p} - 1$ 是偶数.

当 $n+1 = p(p > 5)$ 是素数时
$$Q + \frac{1}{p} = \frac{(p-2)! + p - 1}{p(p-1)}$$

因为同上原因有
$$p \mid (p-2)! + p - 1, p - 1 \mid (p-2)! + p - 1$$

所以 $Q + \dfrac{1}{p}$ 是整数,还因 $\dfrac{(p-2)!}{p-1}$ 是偶数,故 $\dfrac{(p-2)!+p-1}{p-1}$ 是奇数,即 $Q + \dfrac{1}{p}$ 是奇数,于是 $[Q] = Q + \dfrac{1}{p} - 1$ 是偶数.

如果 $n, n+1$ 都是复合数,可设 $n = ab, n+1 = cd, 1 < a < n, 1 < b < n, 1 < c < n, 1 < d < n$. 由 $(ab, cd) = 1$, 知 $a \neq c, a \neq d, b \neq c, b \neq d$. 由于 $n \geqslant 6$, 故
$$2 \leqslant a \leqslant \frac{n}{2}, 2 \leqslant b \leqslant \frac{n}{2}$$
$$2 \leqslant c \leqslant \frac{1}{2}(n+1), 2 \leqslant d \leqslant \frac{1}{2}(n+1)$$

如果 $a \neq b, c \neq d$, 则 a, b, c, d 是 $1, 2, \cdots, n-1$ 中四个不同的数,由此得 $n(n+1) \mid (n-1)!$, 即 $[Q] = Q$. 又因 $n > 13$, 故 $1, 2, \cdots, n-1$ 中至少有 6 个偶数,由此得 Q 是偶数. 因为 n 和 $n+1$ 不可能全是平方数,故剩下的情形是 $a = b, c \neq d$ 或 $a \neq b, c = d$,此时取 $a, 2a, c, d$ 或 $a, b, c, 2c$ 都是 $1, \cdots, n-1$ 中四个不同的数,所以 $\dfrac{(n-1)!}{2n(n+1)}$ 是偶数,即 $Q = [Q]$ 是偶数,结论仍然成立.

> **7.2** (1) 求方程的实数解:$x[x[x[x]]] = 88$.
>
> (2) 证明:下列方程有无穷多个非整数有理数解:$\{x^3\} + \{y^3\} = \{z^3\}$.

解 (1) 若 $ab > 0$, 且 $|a| > |b| \geqslant 1$, 则
$$|[a]| \geqslant |[b]| \geqslant 1$$

相乘得到 $|a[a]| > |b[b]| \geqslant 1$. 注意到 $a[a], b[b]$ 同号,同理我们可以得到 $|a[a[a]]| > |b[b[b]]| \geqslant 1, a[a[a]], b[b[b]]$ 也同号,所以
$$|[a[a[a]]]| \geqslant |[b[b[b]]]| \geqslant 1$$

同样可以得到
$$|a[a[a[a]]]| > |b[b[b[b]]]| \geqslant 1$$

设 $f(x) = x[x[x[x]]]$, 则当 $|x| < 1$ 时, 容易得到 $f(x) = 0$, 且 $f(-1) = f(1) = 1$. 因此若 $f(x) = 88$, 则 $|x| > 1$. 我们上面得到当 $ab > 0$, 且 $|a| > |b| \geq 1$ 时, $|f(a)| > |f(b)|$. 因此

i 当 $x \leq -1$ 时, $f(x)$ 单调下降, 设在其中 $f(a) = 88$, 则

$$f(-3) = 81 < f(a) = 88 < f\left(-\frac{112}{37}\right) = 112$$

因此 $\quad -3 > a > -\frac{112}{37} \Rightarrow [a[a[a]]] = -37$

故 $\quad -37a = 88 \Rightarrow a = -\frac{88}{37} > -3$

矛盾. 也就是说在此区间内 $f(x) - 88$ 无解.

ii 当 $x \geq 1$ 时, $f(x)$ 单调上升, 所以在其中 $f(x) = 88$ 最多只能有一个解, 设在此区间内 $f(a) = 88$, 则

$$f(3) = 81 < 88 < f(4) = 256$$

因此 $3 < a < 4$, 因此 $a[a[3a]] = 88$, 而 $f\left(\frac{10}{3}\right) = 110 > 88$, 所以 $3 < a < \frac{10}{3}$, 因此 $[3a] = 9$, $f(a) = a[9a] = 88$, 而 $f\left(\frac{28}{9}\right) = 87\frac{1}{9}$, $f\left(\frac{29}{9}\right) = 93\frac{4}{9}$, 所以 $\frac{28}{9} < a < \frac{29}{9}$, 此时

$$f(a) = a[9a] = 28a = 88 \Rightarrow a = \frac{22}{7}$$

容易验证 $f\left(\frac{22}{7}\right) = 88$ 的确是原方程的解.

(2) 令 $x = \frac{3}{5}(125k + 1)$, $y = \frac{4}{5}(125k + 1)$, $z = \frac{6}{5}(125k + 1)$, 其中 k 为整数. 因此 $125x^3 = 3^3(125k+1)^3 \equiv 3^3 \equiv 27 \pmod{125}$, 因此 $x^3 - \left(\frac{3}{5}\right)^3$ 是一个整数, 故 $\{x^3\} = \frac{27}{125}$; 同理可得 $\{y^3\} = \frac{64}{125}$, $\{z^3\} = \frac{216}{125} - 1 = \frac{91}{125} = \frac{27}{125} + \frac{64}{125} \Rightarrow \{x^3\} + \{y^3\} = \{z^3\}$. 由于 k 是任意整数, 所以原方程有无穷多个解.

7.3 $\{a_n\}_{n=1}^{\infty} = \{2, 3, 5, 6, 7, 10, \cdots\}$ 即所有非完全平方数, 求 a_n 的表达式.

解法 1 我们取 $\{b_n\}_{n=1}^{\infty} = \{1, 1; 2, 2, 2, 2; 3, 3, 3, 3, 3, 3; 4, \cdots\}$, 由于任意两个相邻的平方数之间有 $(n+1)^2 - n^2 - 1 = 2n$ 个数, 所以 $a_n - b_n = n$. 我们只要确定 b_n 即可. 假设 $b_n = k$, 则它属于第 k 块, 之前的 $k - 1$ 块共有 $2 + 4 + \cdots + 2(k-1) = k(k-1)$ 个数, 由于 b_n 前面正好有 $n - 1$ 项, 所以

$$n - 1 \geq k(k-1) = b_n(b_n - 1) \qquad (*)$$

解不等式得
$$b_n \leqslant \frac{1+\sqrt{4n-3}}{2}$$
又由于前 k 块总共有 $k(k+1)$ 个数,其中包含 b_n,所以
$$k(k+1) = b_n(b_n+1) \geqslant n > n-1$$
因此 b_n 是 (*) 最大整数解,故 $b_n = \left[\frac{1+\sqrt{4n-3}}{2}\right]$,因此
$$a_n = n + \left[\frac{1}{2} + \sqrt{n-\frac{3}{4}}\right] = n + \left[\sqrt{n}+\frac{1}{2}\right]$$

解法 2 我们先证明一个引理
$$\left[\sqrt{n}+\frac{1}{2}\right]^2 < n + \left[\sqrt{n}+\frac{1}{2}\right] < \left(\left[\sqrt{n}+\frac{1}{2}\right]+1\right)^2$$

引理的证明 (1) 若 $\{\sqrt{n}\} < \frac{1}{2}$,令 $k = [\sqrt{n}]$,则
$$k^2 \leqslant n < \left(k+\frac{1}{2}\right)^2 \Rightarrow k^2 < n < k^2 + k + \frac{1}{4}$$
因此 $\qquad k^2 < n + k < k^2 + 2k + 1 = (k+1)^2$
而当 $\{\sqrt{n}\} < \frac{1}{2}$ 时,$\left[\sqrt{n}+\frac{1}{2}\right] = [\sqrt{n}] = k$,引理得证.

(2) 若 $\{\sqrt{n}\} > \frac{1}{2}$,此时 $\left[\sqrt{n}+\frac{1}{2}\right] = [\sqrt{n}]+1$,令 $k = [\sqrt{n}]$,则
$$\left(k+\frac{1}{2}\right)^2 < n < (k+1)^2$$
因此 $(k+1)^2 < n+k+1 < (k+2)^2 \Rightarrow \left[\sqrt{n}+\frac{1}{2}\right]^2 <$
$$n + \left[\sqrt{n}+\frac{1}{2}\right] < \left(\left[\sqrt{n}+\frac{1}{2}\right]+1\right)^2$$

注意到 $\sqrt{n}$ 不是整数就是无理数,所以 $\{\sqrt{n}\} \neq \frac{1}{2}$,因此引理证毕.

根据引理,数列 $1,2,3,\cdots,n+\left[\sqrt{n}+\frac{1}{2}\right]$ 中恰好包含了 $\left[\sqrt{n}+\frac{1}{2}\right]$ 个完全平方数,所以这个数列中去掉这 $\left[\sqrt{n}+\frac{1}{2}\right]$ 个完全平方数正好剩下 n 个数,因此 $n+\left[\sqrt{n}+\frac{1}{2}\right]$ 正好是第 n 个非完全平方数,即 $a_n = n + \left[\sqrt{n}+\frac{1}{2}\right]$.

7.4 $1,2,\cdots,1\,000$ 中有多少个可以表示成为 $[2x] + [4x] + [6x] + [8x]$ 形式？（其中 x 为实数）

解 令 $f(x) = [2x] + [4x] + [6x] + [8x]$，则对于任意正整数 n，$f(x+n) = f(x) + 20n$，因此如果 $k = f(x_0)$，则
$$k + 20n = f(x_0 + n)$$
所以我们只要看 $1,2,\cdots,20$ 中有多少个满足要求即可，而 $f(x)$ 是递增函数，且 $f(1) = 20$，所以我们只要研究当 $0 < x \leqslant 1$ 时，$f(x)$ 取多少个正整数即可，x 从 0 到 1 运动时，当且仅当遇到 $[2x]$，$[4x]$，$[6x]$，$[8x]$ 中有一个取值为整数的时候，$f(x)$ 的取值才会发生变化，这样的 x 可以表示成为真分数 $\dfrac{m}{n}$ 的形式，且 $n = 2,3,4,6,8$，从小到大排列为 $\dfrac{1}{8}, \dfrac{1}{6}, \dfrac{1}{4}, \dfrac{1}{3}, \dfrac{3}{8}, \dfrac{1}{2}, \dfrac{5}{8}, \dfrac{2}{3}, \dfrac{3}{4}, \dfrac{5}{6}, \dfrac{7}{8}, 1$，一共 12 个取值，相应地得到 12 个 $1,2,\cdots,20$ 中的整数，因此 $1\,000$ 以内共 $12 \times (1\,000 \div 20) = 600$ 个数满足要求．

7.5 给定正整数 n，以及实数两个实数列 $x_1 \leqslant x_2 \leqslant \cdots \leqslant x_n$，$y_1 \geqslant y_2 \geqslant \cdots \geqslant y_n$，满足 $\sum_{i=1}^{n} i x_i = \sum_{i=1}^{n} i y_i$．证明：对于任意实数 α，有
$$\sum_{i=1}^{n} [i\alpha] x_i \geqslant \sum_{i=1}^{n} [i\alpha] y_i$$
其中，$[a]$ 表示不大于 a 的最大整数．

分析 $z_i = x_i - y_i$，则原命题等价于 $z_1 \leqslant z_2 \leqslant \cdots \leqslant z_n$，$\sum_{i=1}^{n} i z_i = 0$，证明：$\sum_{i=1}^{n} [i\alpha] z_i \geqslant 0$．取一对数列 $z_i = x_i$，$y_i = 0$ 即可知道两个命题等价．

证明 令 $a_i = z_{i+1} - z_i$，显然所有的 a_i 都满足 $a_i \geqslant 0$，带入 $\sum_{i=1}^{n} i z_i = 0$，我们得到
$$\dfrac{n(n+1)}{2} z_1 = -(2 + 3 + \cdots + n) a_1 + (3 + 4 + \cdots + n) a_2 + \cdots + n a_{n-1} \qquad ①$$
再代入
$$\sum_{i=1}^{n} [i\alpha] z_i \geqslant 0 \Leftrightarrow z_1 \sum_{i=1}^{n} [i\alpha] + a_1 \sum_{i=2}^{n} [i\alpha] +$$

$$a_2 \sum_{i=3}^{n}[i\alpha] + \cdots + a_{n-1}[n\alpha] \geqslant 0 \qquad ②$$

将①代入 $\frac{n(n+1)}{2} \times ②$，可以消去 z_1，对于每一个 $1 \leqslant k \leqslant n-1$，其中 a_k 的系数为

$$\frac{n(n+1)}{2} \sum_{i=k+1}^{n}[i\alpha] - \sum_{i=k+1}^{n} i \sum_{i=1}^{n}[i\alpha] =$$

$$\frac{k(k+1)}{2} \sum_{i=1}^{n}[i\alpha] - \frac{n(n+1)}{2} \sum_{i=1}^{k}[i\alpha]$$

为了证明 a_k 的系数大于等于 0，我们只要说明 $f(n) = \frac{1}{n(n+1)} \sum_{i=1}^{n}[i\alpha]$ 关于 n 是递增的就可以了，而

$$f(n) \geqslant f(n-1) \Leftrightarrow (n-1) \sum_{i=1}^{n}[i\alpha] \geqslant$$

$$(n+1) \sum_{i=1}^{n-1}[i\alpha] \Leftrightarrow (n-1)[n\alpha] \geqslant 2 \sum_{i=1}^{n-1}[i\alpha]$$

引理 对任意实数 x，都有

$$[x] + [2x] + [3x] + \cdots + [(n-1)x] \leqslant \frac{(n-1)}{2}[nx]$$

引理的证明 由于对于任意 $x, y, [x] + [y] \leqslant [x+y]$，所以

$$2([x] + [2x] + [3x] + \cdots + [(n-1)x]) =$$
$$([x] + [(n-1)x]) + ([2x] + [(n-2)x]) + \cdots +$$
$$([(n-1)x] + [x]) \leqslant (n-1)[nx]$$

注 本题亦可用数学归纳法证明.

7.6 数列 $\left[\frac{1^2}{2\,008}\right], \left[\frac{2^2}{2\,008}\right], \cdots, \left[\frac{2\,008^2}{2\,008}\right]$ 中有几个互不相等正整数.

解 $1^2, 2^2, \cdots, 1\,004^2$ 相邻两项之差小于 $2\,008$，因此 $\left[\frac{1^2}{2\,008}\right]$, $\left[\frac{2^2}{2\,008}\right], \cdots, \left[\frac{1\,004^2}{2\,008}\right]$ 中不会遗漏 1 到 502 中所有正整数；而 $\left[\frac{1\,004^2}{2\,008}\right] < \left[\frac{1\,005^2}{2\,008}\right]$，且 $1\,005^2, 1\,006^2, \cdots, 2\,008^2$ 相邻两项之差大于 $2\,008$，所以 $\left[\frac{1\,005^2}{2\,008}\right], \left[\frac{1\,006^2}{2\,008}\right], \cdots, \left[\frac{2\,008^2}{2\,008}\right]$ 互不相等，含有 $1\,004$ 个正整数，共计 $1\,506$ 个正整数.

7.7 $\gamma = \dfrac{\sqrt{5}-1}{2}$,证明:对一切 $n \in \mathbf{N}$ 都有
$$[\gamma[\gamma n] + \gamma] + [\gamma(n+1)] = n$$

证明 设 $\{\gamma n\} = \varepsilon$,从而
$$\begin{aligned}[\gamma[\gamma n] + \gamma] + [\gamma(n+1)] &= [\gamma(\gamma n - \varepsilon) + \gamma] + [\gamma n + \gamma] = \\ &\quad [\gamma^2 n - \varepsilon\gamma + \gamma] + [\gamma n] + [\varepsilon + \gamma] = \\ &\quad [(1-\gamma)n + \gamma - \varepsilon\gamma] + [\gamma n] + [\varepsilon + \gamma] = \\ &\quad n + [\gamma - \varepsilon\gamma - \gamma n + [\gamma n]] + [\varepsilon + \gamma] = \\ &\quad n + [\gamma - \varepsilon\gamma - \varepsilon] + [\varepsilon + \gamma]\end{aligned}$$

如果 $2 > \varepsilon + \gamma > 1$,则
$$\gamma - \varepsilon(\gamma+1) < \gamma - (1-\gamma)(\gamma+1) = 0$$
并且 $\qquad \gamma - \varepsilon(\gamma+1) > \gamma - (\gamma+1) = -1$

可见 $[\gamma - \varepsilon\gamma - \varepsilon] = -1$,从而
$$[\gamma - \varepsilon\gamma - \varepsilon] + [\varepsilon + \gamma] = 0$$

如果 $\varepsilon + \gamma < 1$,类似有 $0 < \gamma - \varepsilon\gamma - \varepsilon < 1$,从而还有
$$[\gamma - \varepsilon\gamma - \varepsilon] + [\varepsilon + \gamma] = 0$$

于是总有原式成立(注意 $\varepsilon + \gamma \neq 1$,因为此时将有 $\gamma(n+1) = [n\gamma] + 1$,与 γ 的无理性矛盾).

7.8 设 $x_1, x_2, \cdots, x_n$ 是给定的实数,证明:存在 x,使得成立不等式
$$\{x - x_1\} + \{x - x_2\} + \cdots + \{x - x_n\} \leqslant \dfrac{n-1}{2}$$

证明 注意到
$$\{x\} + \{-x\} = \begin{cases} 0, & \text{若 } x \text{ 是整数} \\ 1, & \text{若 } x \text{ 不是整数} \end{cases}$$

记 $s_i = \sum\limits_{j=1}^{n} \{x_j - x_i\}$,则
$$\sum_{j=1}^{n} s_j = \sum_{1 \leqslant i < j \leqslant n} (\{x_j - x_i\} + \{x_i - x_j\}) \leqslant C_n^2$$

于是必有某个 i 使得 $s_i \leqslant \dfrac{n-1}{2}$,证毕.

7.9 设 $1 < a < 2$,k 为一个整数,证明
$$\left[a\left[\dfrac{k}{2-a}\right] + \dfrac{a}{2}\right] = \left[\dfrac{ak}{2-a}\right]$$

证明 设左式为 A,右式为 B,令 $N = \left[\dfrac{k}{2-a}\right]$ 以及 $\dfrac{k}{2-a} = N + x$,其中 $0 \leqslant x < 1$,于是 $a = 2 - \dfrac{k}{N+x}$,从而

$$A = \left[\left(2 - \dfrac{k}{N+x}\right)N + 1 - \dfrac{k}{2(N+x)}\right] = 2N - k + \left[1 + \left(x - \dfrac{1}{2}\right)(2-a)\right]$$

$$B = \left[\left(2 - \dfrac{k}{N+x}\right)(N+x)\right] = 2N - k + [2x]$$

若 $0 \leqslant x < \dfrac{1}{2}$,则 $A = 2N - k = B$,而若 $\dfrac{1}{2} \leqslant x < 1$ 时,则 $A = 2N - k + 1 = B$.

7.10 定义数列 $\{f(n)\}(n \in \mathbf{N})$ 如下:$f(1) = 1$, $f(n+1) = \begin{cases} f(n+2), & \text{若 } f[f(n) - n + 1] = n \\ f(n) + 1, & \text{其他情况} \end{cases}$.

证明:$f(n) = [\varphi n]$,这里 $\varphi = \dfrac{\sqrt{5}+1}{2}$.

证明 假定 $f(k) = [\varphi k]$ 对 $k \leqslant n$ 是对的,故

$$f[f(n) - n + 1] = [\varphi(f(n) - n + 1)]$$

由于 $\varphi(f(n) - n + 1) > \varphi(\varphi n - n) = n$

以及 $\varphi(f(n) - n + 1) < \varphi(\varphi n - n + 1) < n + 2$

从而 $f[f(n) - n + 1] = n$ 或 $n + 1$. 在 $f[f(n) - n + 1] = n$ 时,则有

$$n + 1 > \varphi(f(n) - n + 1) > n$$

也就是 $\dfrac{n+1}{\varphi} + n - 1 > f(n) > \dfrac{n}{\varphi} + n - 1$

注意到 $f(n) < \dfrac{n+1}{\varphi} + n - 1 + \left(1 - \dfrac{1}{\varphi}\right) = \varphi n$

$f(n) > \dfrac{n}{\varphi} + n - 1 - \left(1 - \dfrac{1}{\varphi}\right) = \dfrac{n}{\varphi} + n + \dfrac{1}{\varphi} - 2 = (n+1)\varphi - 3$

以及 $\left(\dfrac{n+1}{\varphi} + n - 1\right) - \left(\dfrac{n}{\varphi} + n - 1\right) = \dfrac{1}{\varphi}$

即知 $f(n)$ 是区间 $((n+1)\varphi - 3, \varphi n)$ 内唯一的整点,从而 $f(n+1) = f(n) + 2$ 是区间 $((n+1)\varphi - 1, \varphi n + 2)$ 内的唯一整点. 再注意到

$$(n+1)\varphi - 1 < [(n+1)\varphi] < (n+1)\varphi < n\varphi + 2$$

从而就有 $f(n+1) = [\varphi(n+1)]$

在 $f[f(n) - n + 1] = n + 1$ 时,类似的也可证明

$$f(n+1) = [\varphi(n+1)]$$

从而 $f(n) = [\varphi(n)]$ 对一切正整数 n 都是对的.

7.11 设正实数 $a > 1$,正整数 $n \geqslant 2$,且方程 $[ax] = x$ 恰有 n 个不同的解,试求 a 的取值范围.

解 明显的 $x \geqslant 0$,且 x 是整数,从而原方程化为 $x = [a]x + [\{a\}x]$,于是一定有 $[a] = 1$ 以及 $\{a\}x < 1$,$x = 0$ 显然是原方程的解,那么 $[ax] = x$ 只对 $n-1$ 个正整数成立,故 $\{a\}x < 1$ 的正整数解必是 $x = 1, 2, \cdots, n-1$,从而
$$\frac{1}{n} \leqslant \{a\} < \frac{1}{n-1}$$
故所求为
$$1 + \frac{1}{n} \leqslant a < 1 + \frac{1}{n-1}$$

7.12 求 $1 + [\sqrt[3]{2}] + \cdots + [\sqrt[3]{x^3 - 1}] = 400$ 的正整数解.

(英国数学奥林匹克,1975 年)

解 注意,对固定的 $k \in \mathbf{N}^*$,等式 $[\sqrt[3]{m}] = k$ 等价于不等式
$$k^3 \leqslant m \leqslant (k+1)^3 - 1, m \in \mathbf{N}^*$$
满足这个条件的自然数 m 的个数为
$$(k+1)^3 - k^3 = 3k^2 + 3k + 1$$
因为原方程左端等于 $\sum_{k=1}^{x-1} s_k$,其中
$$s_k = k(3k^2 + 3k + 1)$$
因为当 $k \in \mathbf{N}^*$ 时,$s_k > 0$,$s_1 = 7, s_2 = 38, s_3 = 111, s_4 = 244$,且 $s_1 + s_2 + s_3 + s_4 = 400$,所以原方程有唯一自然数解 $x = 5$.

7.13 证明:方程 $[x] + [2x] + [4x] + [8x] + [16x] + [32x] = 12\,345$ 无解.

(加拿大数学奥林匹克,1981 年)

证明 首先证明,对任意 $k \in \mathbf{N}^*$,有
$$k[x] \leqslant [kx] \leqslant k[x] + k - 1$$
事实上,记 $m = [x], \alpha = \{x\}$,则
$$x = m + \alpha, m \in \mathbf{Z}, 0 \leqslant \alpha < 1$$
且
$$km = [km] \leqslant [kx] = [km + k\alpha] \leqslant km + k\alpha \leqslant km + k - 1$$
于是 $s = [x] + [2x] + [4x] + [8x] + [16x] + [32x] \leqslant$
$$63[x] + (1 + 3 + 7 + 15 + 31) = 63[x] + 57$$

而且 $s \geqslant 63[x]$,因此存在 $m \in \mathbf{Z}$,使得
$$63m \leqslant s \leqslant 63m + 57$$
另一方面,$12\ 345 = 63 \cdot 195 + 60$,因此 $s = 12\ 345$ 对任意 $x \in \mathbf{R}$ 都不成立.

7.14 证明:若 m, n 是正整数,且 $m > 1$,则
$$n! \mid \prod_{i=1}^{n-1}(m^n - m^i)$$

证明 原式等价于
$$n! \mid m^{\frac{n(n-1)}{2}}(m-1)(m^2-1)\cdots(m^{n-1}-1)$$
设 p 是质数,我们证明若 $p^t \parallel n$,那么一定有
$$p^t \mid m^{\frac{n(n-1)}{2}}(m-1)(m^2-1)\cdots(m^{n-1}-1)$$
在 $p \mid m$ 时,注意到
$$p^{\frac{n(n-1)}{2}} \mid m^{\frac{n(n-1)}{2}}$$
以及 $\quad \dfrac{n(n-1)}{2} \geqslant n \geqslant \dfrac{n}{2} + \dfrac{n}{2^2} + \cdots \geqslant \sum_{j=1}^{\infty}\left[\dfrac{n}{p^j}\right]$

可见上述结果成立. 在 $p \nmid m$ 时,则 $p \mid m^{p-1} - 1$,从而
$$p^{\left[\frac{n-1}{p-1}\right]} \Big| \prod_{i=1}^{n-1}(m^i - 1)$$
于是我们只要证明
$$\sum_{j=1}^{\infty}\left[\frac{n}{p^j}\right] \leqslant \left[\frac{n-1}{p-1}\right]$$
设 $p^h \leqslant n \leqslant p^{h+1}$ 以及 $n = p^h + w$,则
$$\sum_{j=1}^{\infty}\left[\frac{n}{p^j}\right] = \sum_{j=1}^{h}\left[\frac{p^h + w}{p^j}\right] = p^{h-1} + p^{h-2} + \cdots + 1 + \sum_{j=1}^{\infty}\left[\frac{w}{p^j}\right] \leqslant$$
$$p^{h-1} + p^{h-2} + \cdots + 1 + \left[\sum_{j=1}^{\infty}\frac{w}{p^j}\right] =$$
$$p^{h-1} + p^{h-2} + \cdots + 1 + \left[\frac{w}{p-1}\right] =$$
$$\left[\frac{p^h - 1 + w}{p - 1}\right] = \left[\frac{n-1}{p-1}\right]$$

7.15 证明:存在正实数 λ,使得对任意 $n \in \mathbf{N}$,$[\lambda^n]$ 与 n 的奇偶性相同,并给出一个如此的正实数 λ.

证明 记
$$\lambda = \frac{m + \sqrt{p}}{k}, \mu = \frac{m - \sqrt{p}}{k}, -1 < \mu < 0, s_n = \lambda^n + \mu^n < N$$

此时,在 n 是奇数时,$[\lambda^n] = \lambda^n + \mu^n$,在 n 是偶数时,$[\lambda^n] = \lambda^n + \mu^n - 1$. 只须选取 m,k,p,使 s_n 全奇. 注意到
$$s_{n+2} = \frac{2m}{k} - \frac{m^2 - p}{k^2} s_n$$

我们取 $\frac{2m}{k}$ 是奇数,$\frac{m^2 - p}{k^2}$ 是偶数,即有 $s_{n+2} \equiv s_{n+1} \pmod 2$. 比如 $k = 2, m = 3, p = 17$ 即可,此时 $s_1 = 3, s_2 = 13$.

7.16 设 m, n 是整数,试求 $f_{m,n} = \sum_{k=0}^{mn-1} (-1)^{\left[\frac{k}{m}\right] + \left[\frac{k}{n}\right]}$ 的值.

证明 先证明两个引理:$(1) f_{m,n} = f_{m+2n,n}$,$(2) f_{n,j} = f_{n,2n-j}, j = 1, 2, \cdots, n-1$. 证(1)的时候只要证明
$$\sum_{\left[\frac{k}{m}\right] = j} (-1)^{\left[\frac{k}{n}\right]} = \sum_{\left[\frac{h}{m+2n}\right] = j} (-1)^{\left[\frac{k}{n}\right]}$$
即可. 证(2)的时候只要证明
$$\sum_{\left[\frac{k}{j}\right] = s} (-1)^{\left[\frac{k}{n}\right]} = \sum_{\left[\frac{h}{2n-j}\right] = s} (-1)^{\left[\frac{h}{n}\right]}$$
即可.

然后利用(1)和(2)以及 $f_{1,1} = 1, f_{2,1} = 0, f_{2,2} = 4, f_{n,n} = n^2$,$f_{n,2n} = 0$,再使用归纳法就可得到
$$f_{s,(2k+1)s} = s^2, s = 1, 2, \cdots, k = 0, 1, \cdots$$
$$f_{2p-1, 2q-1} = 1, 2p - 1 \neq (2r-1)(2q-1)$$
$$p \geq q, p, q, r \in \mathbf{N}$$
$$f_{2p, 2q} = 0, p \neq (2r-1)q, p \geq q, p, q, r \in \mathbf{N}$$
$$f_{2p, 2q-1} = 0, p, q \in \mathbf{N}$$

7.17 对任意正整数 n,有
$$[\sqrt{n} + \sqrt{n+1}] = [\sqrt{4n+2}]$$
(奥地利数学奥林匹克,1974 年)

证明 首先,因为对任意 $n \in \mathbf{N}^*$
$$4n(n+1) < (2n+1)^2$$
所以
$$2\sqrt{n(n+1)} < 2n + 1$$
因此 $(\sqrt{n} + \sqrt{n+1})^2 = 2n + 1 + 2\sqrt{n(n+1)} < 4n + 2$
于是
$$\sqrt{n} + \sqrt{n+1} < \sqrt{4n+2}$$
从而
$$[\sqrt{n} + \sqrt{n+1}] \leq [\sqrt{4n+2}]$$
其次,设对某个 $n \in \mathbf{N}^*$,有

$$[\sqrt{n}+\sqrt{n+1}] \leqslant [\sqrt{4n+2}]$$

则存在 $m \in \mathbf{N}^*$，使得
$$\sqrt{n}+\sqrt{n+1} < m \leqslant \sqrt{4n+2}$$

因此 $\quad 2\sqrt{n(n+1)} < m^2-(2n+1) \leqslant 2n+1$

即 $\quad 4n(n+1) < (m^2-(2n+1))^2 \leqslant 4n(n+1)+1$

因为 $(m^2-(2n+1))^2$ 是自然数，所以 $m^2-(2n+1)=2n+1$，因此 $m^2 = 2(2n+1)$ 被 2 整除，但不被 4 整除，不可能. 于是，对任意 $n \in \mathbf{N}^*$，都有

$$[\sqrt{n}+\sqrt{n+1}] = [\sqrt{4n+2}]$$

7.18 解方程 $1-|x+1| = \dfrac{[x]-x}{|x-1|}$.

(奥地利数学奥林匹克，1973 年)

解 当 $x \neq 1$ 时，原方程等价于
$$|x-1|(|x+1|-1) = \{x\}$$

分别考虑下列三种情形：$x > 1$，$-1 \leqslant x < 1$ 与 $x < -1$.

当 $x > 1$ 时，方程可改写为 $x(x-1) = \{x\}$，因为 $x(x-1) > x-1 \geqslant \{x\}$，所以方程无解. 当 $-1 \leqslant x < 1$ 时，方程可改写为 $x(1-x) = \{x\}$，因为 $\{x\} \geqslant 0$ 与 $1-x > 0$，所以 $x \geqslant 0$，但当 $0 \leqslant x < 1$ 时，$\{x\} = x$，因此得到 $x(1-x) = x$. 于是方程有一个解 $x = 0$. 当 $x < -1$ 时，方程可改写为 $(2+x)(x-1) = \{x\}$. 因为 $x-1 < 0$ 且 $\{x\} \geqslant 0$，所以 $2+x \leqslant 0$，即 $x \leqslant -2$. 显然 $x = -2$ 是方程的解. 如果 $-3 \leqslant x < -2$，则 $\{x\} = x+3$，而方程又可改写为
$$(2+x)(x-1) = 3+x$$

且有解 $x = -\sqrt{5} \in [-3, -2)$. 最后，当 $x < -3$ 时，有
$$|(2+x)(1-x)| = |2+x||1-x| > 1 \cdot 4 > \{x\}$$

即方程无解. 总之，原方程有三个解 0，-2，$-\sqrt{5}$.

7.19 解方程：$4x^2 - 40[x] + 51 = 0$.

解 由已知

$$0 \geqslant 4x^2 - 40x + 51 \Rightarrow \frac{3}{2} \leqslant x \leqslant \frac{17}{2} \Rightarrow 1 \leqslant [x] \leqslant 8$$

因此
$$x = \frac{\sqrt{40[x]-51}}{2} \quad ①$$

从而

$$[x] = \left[\frac{\sqrt{40[x] - 51}}{2}\right] \qquad ②$$

我们把 $[x] = 1, 2, \cdots, 8$ 带入 ② 检验可知 $[x] = 2, 6, 7, 8$ 时满足,代入 ① 对应的得到 $x = \frac{\sqrt{29}}{2}, \frac{\sqrt{189}}{2}, \frac{\sqrt{229}}{2}, \frac{\sqrt{269}}{2}$,容易检验都是原方程解.

7.20 对每个正整数 n,求方程 $x^2 - [x^2] = \{x\}^2$ 在区间 $[1, n]$ 中解的个数.

(瑞典数学奥林匹克,1982)

解 令 $m = [x], \alpha = \{x\}$,则 $x = m + \alpha$,且原方程化为
$$(m + \alpha)^2 - [m^2 + 2m\alpha + \alpha^2] = \alpha^2$$
即
$$m^2 + 2m\alpha = [m^2 + 2m\alpha + \alpha^2]$$
但 $m^2 \in \mathbf{Z}$,所以 $2m\alpha = [2m\alpha + \alpha^2]$,并且当 $0 \leqslant \alpha < 1$ 时,此等式等价于 $2m\alpha \in \mathbf{Z}$,因此 $\alpha = \frac{k}{2m}$,其中 $k \in \{0, 1, \cdots, 2m-1\}$.于是,对每个 $m = 1, \cdots, n-1, n \geqslant 2, \alpha$ 可以取 $2m$ 个值;而当 $m = n$ 时,因为 $x \leqslant n$,所以 $\alpha = 0$.因此解的个数等于
$$2 + 4 + \cdots + 2(n-1) + 1 = n(n-1) + 1 = n^2 - n + 1$$

7.21 对于任意正整数 n,证明:
$$\left[\sqrt{n} + \frac{1}{2}\right] = \left[\sqrt{n - \frac{3}{4}} + \frac{1}{2}\right]$$

证明 设 $\left[\sqrt{n} + \frac{1}{2}\right] = k$,则
$$k - \frac{1}{2} \leqslant \sqrt{n} < k + \frac{1}{2} \Rightarrow k^2 - k + \frac{1}{4} \leqslant n < k^2 + k + \frac{1}{4}$$
由于 n 是正整数
$$k^2 - k + 1 \leqslant n \leqslant k^2 + k \Leftrightarrow k(k-1) + 1 \leqslant n \leqslant k(k+1)$$
设 $\left[\sqrt{n - \frac{3}{4}} + \frac{1}{2}\right] = m$,我们同样可以得到
$$m(m-1) + 1 \leqslant n \leqslant m(m+1)$$
故 $m = k$.

7.22 求最小正整数 n,使方程 $\left[\frac{10^n}{x}\right] = 1989$ 有整数解.

(苏联数学奥林匹克,1989 年)

解 设 x 是原方程的整数解,则

$$1\,989 \leqslant \frac{10^n}{x} < 1\,990$$

所以 $$\frac{10^n}{1\,990} < x \leqslant \frac{10^n}{1\,989}$$

即 $10^n \times 0.000\,502\,512\cdots < x \leqslant 10^n \times 0.000\,502\,765\cdots$

因此,$n = 7$,此时,$x = 5\,026$ 与 $5\,027$ 是解.

7.23 证明:若对每个正整数 n,都满足 $[na] + [nb] = [nc]$,则 a, b, c 中至少有一个是整数.

(保加利亚数学奥林匹克,1983 年)

证明 首先注意,由题中条件可以推出 $c = a + b$. 事实上,如果 $c > a + b$,则取 $n \geqslant \dfrac{1}{c - a - b}$,从而

$$[nc] > nc - 1 \geqslant na + nb \geqslant [na] + [nb]$$

如果 $c < a + b$,则取 $n \geqslant \dfrac{2}{a + b - c}$,从而

$$[nc] \leqslant nc \leqslant na - 1 + nb - 1 < [na] + [nb]$$

都与题中条件矛盾,此外,当 $n = 1$ 时,有 $[a] + [b] = [c]$. 其次,如果记 $a = [a] = \alpha, b = [b] + \beta, c = [c] + \gamma$,则 $\alpha, \beta, \gamma \in [0, 1)$,且由

$$[an] + [bn] = ([a]n + [\alpha n])([b]n + [\beta n]) =$$
$$([a] + [b])n + [\alpha n] + [\beta n] = [c]n + [\gamma n]$$

可以推得 $[\alpha n] + [\beta n] = [\gamma n]$

因此,不失一般性,可设 $0 \leqslant a < 1, 0 \leqslant b < 1$ 且 $c = a + b < 1$. 设 $a \neq 0, b \neq 0$,分两种情形讨论.

(1) 设 a, b 为有理数,即 $a = \dfrac{k}{m}, b = \dfrac{l}{m}, c = \dfrac{k+l}{m}$,其中 $k, l, m \in \mathbf{N}^*$,且 $k + l < m$. 于是,如果 $n = m - 1$,则

$$[an] = \left[\frac{k(m-1)}{m}\right] = \left[k - \frac{k}{m}\right] = [k - a] = k - 1$$

同理 $[bn] = l - 1, [cn] = k + l - 1$

因此,等式 $[an] + [bn] = [cn]$ 对这样的 n 不成立.

(2) 设 a, b 至少有一个为无理数,不妨设为 a,则 $p \in \mathbf{N}^*$,使得

$$a + pb < 1 \leqslant a + (p+1)b$$

下面证明:对某个 $n \in \mathbf{N}^*$,有 $a + pb < \{na\}$. 事实上,记 $\varepsilon = 1 - (a + pb)$,并考虑数 $\{a\}, \{2a\}, \{3a\}, \cdots, \{ta\}$,其中 $t > \dfrac{1}{\varepsilon} + 1$. 因为所有这些数都属于区间 $(0, 1)$. 故其中必有这样的两个数 $\{ra\}$ 和 $\{qa\}(r < q)$,其差小于 ε,否则这些数中最大者和最小者

之差不小于
$$\varepsilon(t-1) > \varepsilon \cdot \frac{1}{\varepsilon} = 1$$

因此,要么 $\{(q-r)a\} > 1-\varepsilon$,要么 $\{(q-r)a\} < \varepsilon$.对前者,取 $n = q-r$,可得 $a+pb = 1-\varepsilon < \{na\}$;对后者,记 $\delta = \{(q-r)a\}$,并取 $s \in \mathbf{N}$,使得 $\delta s < 1 \leqslant \delta(s+1)$.此时,设 $n = s(q-r)$,得
$$\{na\} = s\{(q-r)a\} = \delta s > 1-\varepsilon$$

因此,对后者,有 $a+pb < \{na\}$,对于所求的 n 值,应有等式
$$[na] + [nb] = [nc]$$
$$\{na\} + \{nb\} = n(a+b) - ([na] + [nb]) = \{nc\}$$
于是有 $\{na\} > a$
$$\{nc\} = \{na\} + \{nb\} \geqslant \{na\} > a+pb \geqslant a+b = c$$
$$\{nb\} = \{nc\} - \{na\} < 1 - (a+pb) =$$
$$1 - (a+(p+1)b - l) \leqslant$$
$$1 - (1-b) = b$$
由此得到 $n > 1$,且
$$[(n-1)a] = [na], [(n-1)c] = [nc]$$
$$[(n-1)b] = [nb] - 1$$
这表明,等式
$$[(n-1)a] + [(n-1)b] = [(n-1)c]$$
不成立.这就证明了 a 和 b 至少有一个为 0,矛盾.因此,题中的结论是正确的.

7.24 设 k,n 都是正整数.证明:$(k!)^{k^n + k^{n-1} + \cdots + 1} \mid (k^{n+1})!$.

证明 我们先证明一个引理.

引理 $m!(n!)^m \mid (mn)!$.

设 p 是任一个素数,我们只要证明 p 在 $m! \cdot (n!)^m$ 中的方次数不大于它在 $(mn)!$ 中的方次数即可,这等价于要证明
$$\sum_{j=1}^{\infty} \left[\frac{m}{p^j}\right] + m\sum_{j=1}^{\infty} \left[\frac{n}{p^j}\right] \leqslant \sum_{j=1}^{\infty} \left[\frac{mn}{p^j}\right] \quad \text{①}$$

在 $p > n$ 时,$\sum_{j=1}^{\infty} \left[\frac{n}{p^j}\right] = 0$,所以式①成立是显然的,下面不妨假定 $p^s \leqslant n < p^{s+1}(s \in \mathbf{N})$,于是
$$\sum_{j=1}^{\infty} \left[\frac{mn}{p^j}\right] = \sum_{j=1}^{s} \left[m \cdot \frac{n}{p^j}\right] + \sum_{j=1}^{\infty} \left[\frac{m}{p^j} \frac{n}{p^s}\right] \geqslant$$

$$m\sum_{j=1}^{s}\left[\frac{n}{p^j}\right]+\sum_{j=1}^{\infty}\left[\frac{m}{p^j}\right]\left[\frac{n}{p^s}\right]=$$
$$m\sum_{j=1}^{\infty}\left[\frac{n}{p^j}\right]+\sum_{j=1}^{\infty}\left[\frac{m}{p^j}\right]$$

式 ① 得证,从而引理得证.

在引理中,令 $n = k$,再依次令 $m = 1, k, \cdots, k^n$,我们可以得到 $k! \mid k!, k! \cdot (k!)^k \mid (k^2)!, (k^2)! \cdot (k!)^{k^2} \mid (k^3)!, \cdots, (k^n)! \cdot (k!)^{k^n} \mid (k^{n+1})!$

将这 $n+1$ 个项中的左右分别作积便知

$$\prod_{t=0}^{n}(k^t)! \cdot (k!)^{\sum_{i=0}^{\infty} k^i} \mid \prod_{j=1}^{n+1}(k^j)!$$

也就是 $(k!)^{k^n + k^{n-1} + \cdots + 1} \mid (k^{n+1})!$,证毕.

7.25 设 α 为方程 $x^2 - kx - 1 = 0$ 的正根,对正整数 m, n,定义符号 "$*$" 为:$m * n = mn + [\alpha m][\alpha n]$.

证明:对任意的正整数 p, q, r 有
$$(p * q) * r = p * (q * r)$$

证明 由 "$*$" 的定义
$$(p * q) * r = (pq + [\alpha p][\alpha q]) * r =$$
$$pqr + r[\alpha p][\alpha q] + [\alpha r][\alpha(p * q)]$$

可见证明本题的关键在于找出 $[\alpha(p * q)]$ 的一个好的表达式.

$$\alpha(p * q) = \alpha(pq + [\alpha p][\alpha q]) = \alpha pq + \alpha[\alpha p][\alpha q] =$$
$$\alpha pq + \left(k + \frac{1}{\alpha}\right)[\alpha p][\alpha q] =$$
$$k[\alpha p][\alpha q] + \frac{\alpha p \cdot \alpha q + [\alpha p][\alpha q]}{\alpha} =$$
$$k[\alpha p][\alpha q] + p[\alpha q] + q[\alpha p] +$$
$$\frac{(\alpha p - [\alpha p])(\alpha q - [\alpha q])}{\alpha}$$

从而 $[\alpha(p * q)] = k[\alpha p][\alpha q] + p[\alpha q] + q[\alpha p]$

则 $(p * q) * r = pqr + k[\alpha p][\alpha q][\alpha r] + r[\alpha p][\alpha q] +$
$$q[\alpha r][\alpha p] + p[\alpha q][\alpha r]$$

用同样的办法计算 $p * (q * r)$ 也可得到上述表达式,从而原命题得证.

> **7.26** 证明:对任意正整数 n 成立
> $$\{\sqrt{2}n\} > \frac{1}{2\sqrt{2}n}$$

证明 由于 $\sqrt{2}n$ 是无理数,从而 $2n^2 \geqslant [\sqrt{2}n]^2 + 1$,也即是 $[\sqrt{2}n] \leqslant \sqrt{2n^2 - 1}$.

又因为
$$2n^2 = [\sqrt{2}n]^2 + 2[\sqrt{2}n]\{\sqrt{2}n\} + \{\sqrt{2}n\}^2$$

所以 $\qquad [\sqrt{2}n]\{\sqrt{2}n\} + \{\sqrt{2}n\}^2 \geqslant 1$

于是可得 $\qquad \{\sqrt{2}n\}^2 + \sqrt{2n^2 - 1}\{\sqrt{2}n\} - 1 \geqslant 0$

解上述不等式即知
$$\{\sqrt{2}n\} \geqslant \frac{1}{\sqrt{2n^2} + \sqrt{2n^2 - 1}} > \frac{1}{2\sqrt{2}n}$$

注 事实上,我们可以构造数列 $\{n_k\}_{k=1}^{\infty}$,使得
$$\lim_{k \to \infty} n_k \{\sqrt{2}n_k\} = \frac{1}{2\sqrt{2}}$$

这只要证明方程 $2n^2 = [\sqrt{2}n]^2 + 1$ 个有无穷多组正整数解,但这需要一点佩尔方程的知识.

> **7.27** 设 $\alpha = \frac{1+\sqrt{5}}{2}, \beta = \alpha^2$.证明:对一切 $n \in \mathbf{N}$,都成立
> $$[\alpha[\beta n]] = [\alpha n] + [\beta n]$$

证明 由于 $\beta = \alpha^2 = \alpha + 1$,故
$$[\beta n] = [(\alpha + 1)n] = [\alpha n] + n$$

设 $\alpha n = [\alpha n] + \theta (0 < \theta < 1)$,那么
$$(\alpha + 1)n = \alpha^2 n = \alpha([\alpha n] + \theta) = \alpha[\alpha n] + \alpha\theta$$

也即是 $\qquad \alpha[\alpha n] = [\alpha n] + n + (1 - \alpha)\theta$

从而 $[\alpha[\beta n]] = [\alpha([\alpha n] + n)] = [\alpha[\alpha n] + \alpha n] =$
$$[[\alpha n] + n + (1-\alpha)\theta + [\alpha n] + \theta] =$$
$$[2[\alpha n] + n(2-\alpha)\theta] =$$
$$2[\alpha n] + n + [(2-\alpha)\theta] =$$
$$2[\alpha n] + n$$
$$[\alpha n] + [\beta n] = 2[\alpha n] + n$$

故结论得证.

7.28 设 $n > 2$ 是合数. 证明: $C_n^1, C_n^2, \cdots, C_n^{n-1}$ 中至少有一项不能被 n 整除.

证明 设素数 $p \mid n$, 并且 $p^s < n \leq p^{s+1}$ ($s \in \mathbf{N}$), 我们证明
$$n \nmid C_n^{p^s} = \frac{n!}{(p^s)!(n-p^s)!}.$$

在 $n \neq p^{s+1}$ 时
$$\sum_{j=1}^{\infty}\left[\frac{n}{p^j}\right] - \sum_{j=1}^{\infty}\left(\left[\frac{p^s}{p^j}\right] + \left[\frac{n-p^s}{p^j}\right]\right) =$$
$$\sum_{j=1}^{s}\left[\frac{n}{p^j}\right] - \sum_{j=1}^{s}\left(\left[\frac{p^s}{p^j}\right] + \left[\frac{n-p^s}{p^j}\right]\right) =$$
$$\sum_{j=1}^{s}\left[\frac{n}{p^j}\right] - \sum_{j=1}^{s}\left[\frac{p^s + n - p^s}{p^j}\right] = 0$$

于是 $p \nmid C_n^{p^s}$, 从而 $n \nmid C_n^{p^s}$.

在 $n = p^{s+1}$ 时, 由上述证明即知 $p \parallel C_n^{p^s}$, 同样也有 $n \nmid C_n^{p^s}$.

综合上述两种情况即知 $n \nmid C_n^{p^s}$, 原命题得证.

7.29 设 α 为方程 $x^2 - kx - 1 = 0$ 的正根, 其中 k 是一个正整数.

证明: 对一切正整数 n 都成立
$$[\alpha n + k\alpha[\alpha n]] = kn + (k^2 + 1)[\alpha n] \qquad ①$$

证明 由 $\alpha^2 = k\alpha + 1$ 可得 $\alpha = k + \frac{1}{\alpha}$, 从而
$$\alpha n + k\alpha[\alpha n] = \left(k + \frac{1}{\alpha}\right)n + k\left(k + \frac{1}{\alpha}\right)[\alpha n] =$$
$$kn + k^2[\alpha n] + \frac{n + k[\alpha n]}{\alpha}$$

故式 ① 等价于
$$\left[\frac{n + k[\alpha n]}{\alpha}\right] = [\alpha n] \qquad ②$$

注意到 $\dfrac{n + k[\alpha n]}{\alpha} \geq \dfrac{\frac{[\alpha n]}{\alpha} + k[\alpha n]}{\alpha} = [\alpha n]$

以及 $\dfrac{n + k[\alpha n]}{\alpha} \leq \dfrac{n + k\alpha n}{\alpha} = \alpha n$

可见 ② 是成立的, 从而式 ① 得证.

7.30 假定 k 是正整数,$k \equiv 1 \pmod 4$,但不是完全平方数,令 $\alpha = \frac{1}{2}(1 + \sqrt{k})$.

证明:对一切 n,成立不等式
$$1 \leq [\alpha^2 n] - [\alpha[\alpha n]] \leq [\alpha]$$

证明 由 $\alpha^2 = \frac{1 + 2\sqrt{k} + k}{4} = \frac{k-1}{4} + \alpha$ 可知 $\alpha^2 n$ 和 αn 是有相同的小数部分,设为 θ,于是
$$[\alpha^2 n] - [\alpha[\alpha n]] = [\alpha^2 n] - [\alpha(\alpha n - \theta)] =$$
$$[\alpha^2 n] - [\alpha^2 n - \alpha\theta] =$$
$$[\alpha^2 n] - [[\alpha^2 n] + \theta - \alpha\theta] =$$
$$-[(1-\alpha)\theta]$$

注意到
$$(\alpha - 1)\theta = \alpha(\alpha n - [\alpha n]) - \theta = [\alpha^2 n] - \alpha[\alpha n]$$
不是整数,从而
$$[\alpha^2 n] - [\alpha[\alpha n]] = -[(1-\alpha)\theta] = [(\alpha-1)\theta] + 1$$
于是由 $\quad 1 \leq [(\alpha-1)\theta] + 1 \leq [\alpha - 1] + 1 = [\alpha]$
可知结论成立,证毕.

7.31 求和 $\sum\limits_{k=0}^{\infty} \left[\dfrac{n + 2^k}{2^{k+1}}\right]$,其中 n 是一个正整数.

解 在埃尔米特恒等式中令 $n = 2$ 便有
$$[x] + \left[x + \frac{1}{2}\right] = [2x]$$
也即是
$$\left[x + \frac{1}{2}\right] = [2x] - [x] \qquad ①$$
反复利用 ①,便有
$$\sum_{k=0}^{\infty} \left[\frac{n + 2^k}{2^{k+1}}\right] = \sum_{k=0}^{\infty} \left[\frac{n}{2^{k+1}} + \frac{1}{2}\right] =$$
$$\sum_{k=0}^{\infty} \left(\left[\frac{n}{2^k}\right] - \left[\frac{n}{2^{k+1}}\right]\right) = n$$

利用埃尔米特恒等式,本题还可以推广为
$$\sum_{k=0}^{\infty} \sum_{i=1}^{m-1} \left[\frac{x + i \cdot m^k}{m^{k+1}}\right] = [x]$$
这里 $m > 1$ 是一个整数,x 是一个实数.

7.32 求所有的实数 α，使得
$$\left[\sqrt{n+\alpha}+\frac{1}{2}\right]=\left[\sqrt{n}+\frac{1}{2}\right] \quad \text{①}$$
对一切正整数 n 都成立.

解 在①中，先令 $n=1$，即得 $\left[\sqrt{1+\alpha}+\frac{1}{2}\right]=1$，从而 $\sqrt{1+\alpha}+\frac{1}{2} \geqslant 1$，解得 $\alpha \geqslant -\frac{3}{4}$，再令 $n=2$，又可得到 $\left[\sqrt{2+\alpha}+\frac{1}{2}\right]=1$，于是 $\sqrt{2+\alpha}+\frac{1}{2}<2$，即 $\alpha<\frac{1}{4}$，这样我们就得到了
$$-\frac{3}{4}\leqslant \alpha < \frac{1}{4} \quad \text{②}$$

下面证明对满足②的所有 α，① 对一切正整数 n 都成立.

无妨设 $t^2-t<n\leqslant t^2+t(t\in\mathbf{N})$，那么
$$\left[\sqrt{n+\alpha}+\frac{1}{2}\right] \geqslant \left[\sqrt{t^2-t+1-\frac{3}{4}}+\frac{1}{2}\right] =$$
$$\left[t-\frac{1}{2}+\frac{1}{2}\right]=t$$
$$\left[\sqrt{n+\alpha}+\frac{1}{2}\right] \leqslant \left[\sqrt{t^2+t+\frac{1}{4}}+\frac{1}{2}\right] =$$
$$\left[t+\frac{1}{2}+\frac{1}{2}\right]=t+1$$

注意到上式中的等号是不能成立的，从而
$$t\leqslant \left[\sqrt{n+\alpha}+\frac{1}{2}\right] < t+1$$
也即
$$\left[\sqrt{n+\alpha}+\frac{1}{2}\right]=t$$

明显的，$\left[\sqrt{n}+\frac{1}{2}\right]=t$，从而①式得证.

故满足②的实数 α 即为所求.

7.33 解方程 $x^2-8[x]+7=0$.

(全俄数学奥林匹克,1987 年)

解 设 x 是题中方程的解，并且 $n=[x]$，因此 $x^2+7=8n$，即有 $n\geqslant 0$. 再由 $n\leqslant x<n+1$，得
$$n^2+7\leqslant x^2+7<(n+1)^2+7=n^2+2n+8$$
即
$$n^2+7\leqslant 8n<n^2+2n+8$$
由此解得 $n=1,5,6,7$. 代入 $x^2=8n-7$，得 $x^2=1,33,41,49$. 经

验证,知 $x = 1, \sqrt{33}, \sqrt{41}, 7$ 是方程的解.

7.34 解方程 $x^3 = 3 + [x]$.

解 设 $[x] = x - y$,由数 $[x]$ 的定义有 $0 \leqslant y < 1$.原方程可改写为
$$x^3 - x + y = 3$$
注意不等式 $0 \leqslant y < 1$,可得 $2 < x^3 - x \leqslant 3$.设 $x > 2$,此时
$$x^3 - x = x(x^2 - 1) > 2 \times 3 = 6$$
这说明当 $x > 2$ 时不等式 $x^3 - x \leqslant 3$ 不满足;设 $x < -1$,则 $x^2 - 1 > 0, x(x^2 - 1) < 0$,与条件 $x(x^2 - 1) > 2$ 矛盾,剩下只须研究 x 由 -1 到 0,由 0 到 1 及由 1 到 2 的情况:

(1) 设 $-1 \leqslant x < 0$,此时 $[x] = -1$,方程成为 $x^3 + 1 = 3$.由此 $x = \sqrt[3]{2}$,但这个值 x 不在 $[-1, 0)$ 中,即在此区间中方程无解.

(2) 设 $0 \leqslant x < 1$,此时 $[x] = 0$,方程成为 $x^3 = 3$,由此 $x = \sqrt[3]{3}$,但这个数大于 1,所以在 $[0, 1)$ 也无解.

(3) 最后,当 $1 \leqslant x < 2$ 时,有 $[x] = 1$,方程成为 $x^3 - 1 = 3$,它有解 $x = \sqrt[3]{4}$,满足 $1 \leqslant x < 2$.因此,知 $x = \sqrt[3]{4}$ 是原方程的唯一解.

7.35 如果 n 历遍所有正整数,则 $\left[n + \sqrt{\dfrac{n}{3}} + \dfrac{1}{2}\right]$ 历遍除 $a_n = 3n^2 - 2n$ 外的所有正整数.

(评委会,联邦德国,1988 年)

证明 $f(n) = \left[n + \sqrt{\dfrac{n}{3}} + \dfrac{1}{2}\right] =$
$$n + \left[\sqrt{\dfrac{n}{3}} + \dfrac{1}{2}\right] = n + k$$
正整数 k 满足 $k + 1 > \sqrt{\dfrac{n}{3}} + \dfrac{1}{2} \geqslant k$,于是
$$k + 2 > \sqrt{\dfrac{n}{3}} + 1 + \dfrac{1}{2} > \sqrt{\dfrac{n+1}{3}} + \dfrac{1}{2} \geqslant k$$
$f(n+1) = \left[n + 1 + \sqrt{\dfrac{n+1}{3}} + \dfrac{1}{2}\right] = n + 1 + \left[\sqrt{\dfrac{n+1}{3}} + \dfrac{1}{2}\right] =$
$$\begin{cases} n + k + 1, & \text{当} \sqrt{\dfrac{n+1}{3}} + \dfrac{1}{2} < k + 1 \\ n + k + 2, & \text{当} \sqrt{\dfrac{n+1}{3}} + \dfrac{1}{2} \geqslant k + 1 \end{cases}$$

不发生 $\sqrt{\frac{n+1}{3}} + \frac{1}{2} \geqslant k+1$ 的情况时，$f(n)$ 随 n 的增加逐次增加 1. 发生 $\sqrt{\frac{n+1}{3}} + \frac{1}{2} \geqslant k+1$ 的情况时，$f(n)$ 跳过 1 个自然数 $n + k + 1$. 由于

$$\sqrt{\frac{n+1}{3}} + \frac{1}{2} \geqslant k+1 > \sqrt{\frac{n}{3}} + \frac{1}{2}$$

等价于

$$n+1 \geqslant 3\left(k+\frac{1}{2}\right)^2 > n$$

即

$$n+1 \geqslant 3k^2 + 3k + \frac{3}{4} > n$$

即

$$n = 3k^2 + 3k$$

所以 $f(n)$ 跳过的数为

$$n + k + 1 = 3k^2 + 3k + k + 1 = 3(k+1)^2 - 2(k+1) = a_{k+1}$$

又 $f(1) = 2$，所以 $f(n)$ 历遍除数列

$$a_1 = 1, a_2 = 8, \cdots, a_k = 3k^2 - 2k, \cdots$$

外的所有自然数.

7.36 求证：$[\sqrt{2}n]$ 中包含无限多个 2 的幂，其中 n 经过所有正整数.

（评委会，罗马尼亚，1985 年）

证明 $[n\sqrt{2}] = k$ 等价于

$$\frac{k}{\sqrt{2}} \leqslant n < \frac{k}{\sqrt{2}} + \frac{1}{\sqrt{2}} \qquad ①$$

当且仅当 $\left\{\frac{k}{\sqrt{2}}\right\} + \frac{1}{\sqrt{2}} > 1$ 时，有 n 满足不等式 ①，因此，当 $\left\{\frac{k}{\sqrt{2}}\right\} \leqslant 1 - \frac{1}{\sqrt{2}} < \frac{1}{2}$ 时，① 中 n 无解. 若 $\{x\} < \frac{1}{2}$，则 $\{2x\} = 2\{x\}$，假设 $\left\{\frac{2^k}{\sqrt{2}}\right\} \leqslant 1 - \frac{1}{\sqrt{2}}$ 对所有的 k 成立，则必导致 $\left\{\frac{1}{\sqrt{2}}\right\} \leqslant 2^{-k}\left(1 - \frac{1}{\sqrt{2}}\right)$ 对所有 k 成立，这意味着 $\left\{\frac{1}{\sqrt{2}}\right\} = 0$. 因此，一定有 k_1 和 n_1，使得 $[n_1\sqrt{2}] = 2^{k_1}$. 用类似方法，我们得到 $k_1 < k_2 < \cdots$ 和 $n_1 < n_2 < \cdots$ 使得 $[n_j\sqrt{2}] = 2^{k_j}$.

7.37 对任意 $x \geqslant 0$ 及正整数 n，都有

$$[nx] \geqslant \sum_{k=1}^{n} \frac{[kx]}{k}$$

（美国数学奥林匹克，1981 年）

证明 因为 $x = m + \alpha$,其中 $m = [x], \alpha = \{x\}$,所以对任意 $k \in \mathbf{N}^*$,有
$$[kx] = [km + k\alpha] = km + [k\alpha]$$
因此原不等式化为
$$nm + [n\alpha] \geq \left(m + \left[\frac{\alpha}{1}\right]\right) + \left(m + \left[\frac{2\alpha}{2}\right]\right) + \cdots + \left(m + \left[\frac{n\alpha}{n}\right]\right)$$
从而
$$[n\alpha] \geq \left[\frac{\alpha}{1}\right] + \left[\frac{2\alpha}{2}\right] + \cdots + \left[\frac{n\alpha}{n}\right]$$
因此,只须考虑 $0 \leq x < 1$ 的情形,当 $x \in [1,0)$ 时,不等式左右两端是不减的分段常量函数.而且它们的间断点都是 $[0,1)$ 中的有理数,即形如 $x = \frac{p}{q}$ 的点,其中 $p, q \in \mathbf{N}^*$ 是互素的数,即 $(p, q) = 1$,且 $2 \leq q \leq n, 1 \leq p \leq q - 1$.因此只须证明不等式对 $x = 0$ 及 $x = \frac{p}{q}$ 成立.当 $x = 0$ 时,不等式显然成立.设 $x = \frac{p}{q}$,此时,如果记 $\left[\frac{kp}{q}\right] = a_k, q\left\{\frac{kp}{q}\right\} = b_k, k = 1, \cdots, n$,则 $0 < b_k < q, kp + a_k q + b_k$,所要证明的不等式可以改写为
$$a_n \geq \frac{a_1}{1} + \cdots + \frac{a_n}{n}$$
注意,$b_1, \cdots, b_{q-1}$ 都不为 0,且两两不同.否则,如果 $b_i = b_j, i > j$,则 $ip - a_i q = jp - a_j q$,由此得到
$$(i - j)p = (a_i - a_j)q, 0 < i - j < q$$
但这不可能,因为 $(p, q) = 1$.因此 $\{b_1, \cdots, b_{q-1}\} = \{1, \cdots, q - 1\}$.应用平均值定理,有
$$\frac{\frac{b_1}{1} + \frac{b_2}{2} + \cdots + \frac{b_{q-1}}{q-1}}{q - 1} \geq \sqrt[q-1]{\frac{b_1 \cdot b_2 \cdots b_{q-1}}{1 \cdot 2 \cdots (q-1)}} = \sqrt[q-1]{\frac{(q-1)!}{(q-1)!}} = 1$$
因此
$$\frac{b_1}{1} + \cdots + \frac{b_n}{n} \geq \frac{b_1}{1} + \cdots + \frac{b_{q-1}}{q-1} \geq q - 1$$
于是 $a_n + \frac{q-1}{q} \geq a_n + \frac{b_n}{q} = \frac{np}{q} = \frac{p}{q} + \frac{2p}{2q} + \cdots + \frac{np}{nq} =$
$$\frac{a_1}{1} + \frac{a_2}{2} + \cdots + \frac{a_n}{n} + \frac{1}{q}\left(\frac{b_1}{1} + \cdots + \frac{b_n}{n}\right) \geq$$
$$a_1 + \frac{a_2}{2} + \cdots + \frac{a_n}{n} + \frac{q-1}{q}$$

7.38 证明:存在正数 λ,使对任意正整数 n,$[\lambda^n]$ 与 n 的奇偶性相同.

(中国数学奥林匹克,1988 年)

证明 取 $\lambda = \dfrac{3+\sqrt{17}}{2}, \mu = \dfrac{3-\sqrt{17}}{2}$,则 λ 和 μ 是二次方程 $x^2 - 3x - 2 = 0$ 的两个根. 于是
$$\lambda^2 - 3\lambda - 2 = 0, \mu^2 - 3\mu - 2 = 0$$
上两式分别乘以 λ^n 和 μ^n,得到
$$\lambda^{n+2} - 3\lambda^{n+1} - 2\lambda^n = 0, \quad \mu^{n+2} - 3\mu^{n+1} - 2\mu^n = 0$$
上两式相加,并记 $S_n = \lambda^n + \mu^n$,则有
$$S_{n+2} - 3S_{n+1} - 2S_n = 0$$
由此得到,$S_{n+2} \equiv S_{n+1} \pmod{2}$. 显然,$S_0 = 2, S_1 = 3, S_2 = 13$. 因此当 $n \geq 1$ 时,$S_n \equiv 1 \pmod{2}$. 另一方面,因为 $-1 < \mu < 0$,所以,当 n 为奇数时,$[\lambda^n] = S_n$,当 n 为偶数时,$[\lambda^n] = S_n - 1$. 于是,当 n 为奇数时,$[\lambda^n] = S_n \equiv 1 \equiv n \pmod{2}$,当 n 为偶数时,$[\lambda^n] = S_n - 1 \equiv 0 \equiv n \pmod{2}$,即 $[\lambda^n]$ 与 n 有相同的奇偶性.

7.39 设 n 和 r 是正整数,$n \geq 2$ 且 $n \nmid r$,记 n 和 r 的最大公因子为 g,证明:
$$\sum_{j=1}^{n-1} \left\{\dfrac{jr}{n}\right\} = \dfrac{1}{2}(n-g)$$

(日本数学奥林匹克,1995 年)

证明 记 $n = gn_1, r = gr_1$,则 $(n_1, r_1) = 1$,且
$$\sum_{j=1}^{n-1} \left\{\dfrac{jr}{n}\right\} = \sum_{j=1}^{n} \left\{\dfrac{jr}{n}\right\} = g \cdot \sum_{j=1}^{n_1} \left\{\dfrac{jr_1}{n_1}\right\}$$
由于 n_1 和 r_1 互素,因此,$\{jr_1, j = 1, 2, \cdots, n_1\}$ 构成模 n_1 的剩余类全系,所以
$$\sum_{j=1}^{n_1} \left\{\dfrac{jr_1}{n_1}\right\} = \dfrac{1}{n_1}(0 + 1 + \cdots + (n_1 - 1)) = \dfrac{1}{2}(n_1 - 1)$$
于是
$$\sum_{j=1}^{n-1} \left\{\dfrac{jr}{n}\right\} = g \cdot \dfrac{1}{2}(n_1 - 1) = \dfrac{1}{2}(n - g)$$

7.40 设 a, b 为正整数,解方程
$$\left[\dfrac{a^2}{b}\right] + \left[\dfrac{b^2}{a}\right] = \left[\dfrac{a^2 + b^2}{ab}\right] + ab$$

解 因为 a 和 b 是对称的,故不妨设 $a \leq b$. 由于 $x - 1 < [x] \leq x$,因此
$$-1 < \dfrac{a^2}{b} + \dfrac{b^2}{a} - \dfrac{a^2 + b^2}{ab} - ab < 2$$
即
$$-ab < a^3 + b^3 - a^2 - b^2 - a^2 b^2 < 2ab$$
所以

$$\begin{cases} b^3 - (a^2+1)b^2 - 2ab + a^3 - a^2 < 0 & \text{①} \\ b^3 - (a^2+1)b^2 + ab + a^3 - a^2 > 0 & \text{②} \end{cases}$$

如果 $b \geqslant a^2 + 2$,则由①,有
$$\begin{aligned} 0 &> b^3 - (a^2+1)b^2 - 2ab + a^3 - a^2 = \\ & b[b(b-a^2-1)-2a] + a^3 - a^2 \geqslant \\ & b(b-2a) + a^3 - a^2 = \\ & (b-a)^2 + a^3 - 2a^2 \geqslant \\ & (a^2-a+2)^2 + a^3 - 2a^2 = \\ & (a^2-a+2)^2 - a^2 + a^2(a-1) = \\ & (a^2+2)(a^2-2a+2) + a^2(a-1) > 0 \end{aligned}$$

矛盾,因此 $b \leqslant a^2 + 1$.

记 $f(x) = x^3 - (a^2+1)x^2 + ax + a^3 - a^2$,由②, $f(b) > 0$,当 $a \geqslant 2$ 时
$$\begin{aligned} & f(-\infty) < 0, f(0) > 0 \\ & f(a) = a^2(-a^2+2a-1) < 0 \\ & f(a^2) = a^2(-a^2+2a-1) < 0 \\ & f(a^2+1) = a(2a^2-a+1) > 0 \end{aligned}$$

因此,三次方程 $f(x) = 0$ 在区间 $(-\infty, 0), (0, a), (a^2, a^2+1)$ 内各有一根,而三次方程 $f(x) = 0$ 至多有三个不同的根,因此,当 $a \leqslant b \leqslant a^2$ 时, $f(b) < 0$,与②矛盾.所以, $b \geqslant a^2 + 1$.于是得 $b = a^2 + 1$.代入原式,得

$$\left[\frac{a^2}{a^2+1}\right] + \left[\frac{a^4+2a^2+1}{a}\right] = \left[\frac{a^2+1}{a} + \frac{1}{a^2+1}\right] + a(a^2+1)$$

容易验证, $a = 1$ 是上式的解.

当 $a \geqslant 2$ 时,上式化为 $a^3 + 2a = a + a(a^2+1)$,这是恒等式. 因此,当 $a \leqslant b$ 时,原方程的所有解为 $b = a^2 + 1, a \in \mathbf{N}^*$.由 a, b 的对称性得到,当 $a \geqslant b$ 时,原方程的所有解为 $a = b^2 + 1, b \in \mathbf{N}^*$.因此原方程的所有解为 $b = a^2 + 1, a \in \mathbf{N}^*$ 或 $a = b^2 + 1, b \in \mathbf{N}^*$.

7.41 (1) 对任意实数 $x, y \geqslant 0$,有
$$[5x] + [5y] \geqslant [3x+y] + [3y+x]$$
(2) 证明:对所有正整数 m, n,有
$$m!n!(3m+n)!(3n+m)! \mid (5m)!(5n)!$$
(美国数学奥林匹克,1975 年)

证明 (1) 考虑函数
$$f(x, y) = [5x] + [5y] - [3x+y] - [3y+x] - [x] - [y]$$
并且证明,当 $x, y \in \mathbf{R}$ 时, $f(x, y) \geqslant 0$.设对某些 $x, y \in [0, 1)$,

$x \leqslant y$,有
$$f(x,y) = [5x] + [5y] - [3x+y] - [3y+x] < 0$$
则因为 $f(x,y) \in \mathbf{Z}$,所以 $f(x,y) \leqslant -1$,且
$$f(x,y) > (5x-1) + (5y-1) - (3x+y) - (3y+x) = x + y - 2$$
即 $x + y - 2 < -1$,从而 $x + y < 1$. 因为
$$[5y] - [3y+x] \geqslant [5y] - [4y] \geqslant 0$$
所以
$$[5x] - [3x+y] = f(x,y) - ([5y] - [3y+x]) \leqslant -1$$
另一方面
$$[5x] - [3x+y] \geqslant [5x] - [3x+1-x] = [5x] - [2x+1]$$
即
$$[5x] < [2x+1]$$
由此得到 $5x < 2x + 1$,从而 $x < \frac{1}{3}$. 但此时
$$[2x+1] \leqslant \left[2 \cdot \frac{1}{3} + 1\right]$$
即 $[5x] < 1$,从而 $x < \frac{1}{5}$. 因为
$$[3x+y] \geqslant 1 + [5x] = 1$$
所以 $y \geqslant 1 - 3x > \frac{2}{5}$,即 $[5y] \geqslant 2$. 如果 $y < \frac{3}{5}$,则
$$3y + x < 3 \cdot \frac{3}{5} + \frac{1}{5} = 2$$
即 $[3y+x] \leqslant 1$,再注意到
$$[3x+y] \leqslant \left[3 \cdot \frac{1}{5} + 1\right] = 1$$
则有 $f(x,y) = [5x] + [5y] - [3x+y] - [3y+x] \geqslant$
$$0 + 2 - 1 - 1 = 0$$
与 $f(x,y) < 0$ 的假设矛盾. 如果 $y \geqslant \frac{3}{5}$,则
$$[5y] \geqslant 3, [3y+x] = [y+x+2y] \leqslant [y+x] + 2 \leqslant 2$$
且
$$f(x,y) \geqslant 0 + 3 - 1 - 2 = 0$$
也与 $f(x,y) < 0$ 的假设矛盾. 这就证明,当 $x,y \in [0,1)$ 时 $f(x,y) \geqslant 0$,但因为函数 $f(x,y)$ 关于每个变量 x,y 的周期为 1,所以对所有 $x,y \in \mathbf{R}$,都有 $f(x,y) \geqslant 0$,最后,当 $x,y \geqslant 0$ 时,有
$$[5x] + [5y] = f(x,y) + [3x+y] + [3y+x] + [x] + [y] \geqslant$$
$$[3x+y] + [3y+x]$$
这就是所要证明的.

(2) 只须证明,在分母 $m!n!(3n+m)!(n+3m)!$ 的素因子分解式中,任意素数 p 的指数不会超过分子 $(5m)!(5n)!$ 的素因子分解式中素数 p 的指数(如果不含素因子 p,则其指数为 0),因为 p

在 $q!$ 的素因子分解式中的指数等于
$$\left[\frac{q}{p}\right] + \left[\frac{q}{p^2}\right] + \cdots$$
所以它在分子的素因子分解式中的指数等于
$$\left[\frac{5m}{p}\right] + \left[\frac{5m}{p^2}\right] + \cdots + \left[\frac{5n}{p}\right] + \left[\frac{5n}{p^2}\right] + \cdots$$
而在分母的素因子分解式中的指数等于
$$\left[\frac{m}{p}\right] + \left[\frac{m}{p^2}\right] + \cdots + \left[\frac{n}{p}\right] + \left[\frac{n}{p^2}\right] + \cdots + \left[\frac{3m+n}{p}\right] +$$
$$\left[\frac{3m+n}{p^2}\right] + \cdots + \left[\frac{3n+m}{p}\right] + \left[\frac{3n+m}{p^2}\right] + \cdots$$
记 $\frac{m}{p^k} = x_k, \frac{n}{p^k} = y_k$，其中 $k \in \mathbf{N}^*$，由(1)中所证明的不等式，有
$$[5x_k] + [5y_k] \geqslant [x_k] + [y_k] + [3x_k + y_k] + [3y_k + x_k]$$
再对所有 $k \in \mathbf{N}^*$ 求和(对充分大的 k，不等式两端都等于 0)，便得到所要证的结论.

7.42 证明:对任意正整数 n，有 $\{n\sqrt{2}\} > \dfrac{1}{2n\sqrt{2}}$，且对任意 $\varepsilon > 0$，总可以找到正整数 n，使得 $\{n\sqrt{2}\} < \dfrac{1+\varepsilon}{2n\sqrt{2}}$.

(评委会,罗马尼亚,1979 年)

证明 对给定的 $n \in \mathbf{N}^*$，记 $m = [n\sqrt{2}]$. 因为 $m \neq n\sqrt{2}$(否则 $\sqrt{2} = \frac{m}{n}$ 为有理数)，所以 $m < n\sqrt{2}$，且 $m^2 < 2n^2$，因此
$$1 \leqslant 2n^2 - m^2 = (n\sqrt{2} - m)(n\sqrt{2} + m) =$$
$$\{n\sqrt{2}\}(n\sqrt{2} + m) < \{n\sqrt{2}\} 2n\sqrt{2}$$
定义数列 $\{n_i\}$ 与 $\{m_i\}$ 如下
$$n_1 = m_1 = 1, n_{i+1} = 3n_i + 2m_i, m_{i+1} = 4n_i + 3m_i, i \in \mathbf{N}^*$$
下面对 $i \in \mathbf{N}^*$ 用归纳法证明,对所有 $i \in \mathbf{N}^*$，有 $2n_i^2 - m_i^2 = 1$. 事实上，当 $i = 1$ 时显然有 $2n_1^2 - m_1^2 = 1$. 设结论对某个 $i \in \mathbf{N}^*$ 成立,则
$$2n_{i+1}^2 - m_{i+1}^2 = 2(9n_i^2 + 12n_i m_i + 4m_i^2) -$$
$$(16n_i^2 + 24n_i m_i + 9m_i^2) =$$
$$2n_i^2 - m_i^2 = 1$$
即结论对 $i+1$ 也成立. 现在给定 $\varepsilon > 0$，因为数列 $\{n_i\}$ 是递增的，故存在 $n = n_{i_0}$，使得

$$n > \frac{1}{2\sqrt{2}}\left(1 + \frac{1}{\varepsilon}\right)$$

于是 $\varepsilon(2n\sqrt{2} - 1) > 1, (1 + \varepsilon)(2n\sqrt{2} - 1) > 2n\sqrt{2}$

因为 $0 < n\sqrt{2} - m = \dfrac{1}{2\sqrt{2} + m} < 1$

所以,由上述不等式和等式 $2n_{i_0}^2 - m_{i_0}^2 = 1$ 得到

$$\frac{1+\varepsilon}{2n\sqrt{2}} > \frac{1}{2n\sqrt{2}-1} > \frac{1}{n\sqrt{2}+m} = n\sqrt{2} - m = \{n\sqrt{2}\}$$

证毕.

7.43 求一个自然数 n 不能表为 $\left[n + \sqrt{n} + \dfrac{1}{2}\right]$ 的充要条件,这里 n 跑遍一切非负整数.

(评委会,比利时,1979 年)

解 记 $f(n) = \left[n + \sqrt{n} + \dfrac{1}{2}\right], n \in \mathbf{N}^*$,则

$$f(n+1) - f(n) = \left[n + 1 + \sqrt{n+1} + \frac{1}{2}\right] - \left[n + \sqrt{n} + \frac{1}{2}\right] =$$
$$1 + \left[\sqrt{n+1} + \frac{1}{2}\right] - \left[\sqrt{n} + \frac{1}{2}\right]$$

于是,当且仅当

$$\left[\sqrt{n+1} + \frac{1}{2}\right] > \left[\sqrt{n} + \frac{1}{2}\right]$$

也即存在某个 $m \in \mathbf{N}^*$ 使得 $\sqrt{n} + \dfrac{1}{2} < m \leqslant \sqrt{n+1} + \dfrac{1}{2}$ 时

$$f(n+1) - f(n) > 1$$

由 $\sqrt{n} + \dfrac{1}{2} < m \leqslant \sqrt{n+1} + \dfrac{1}{2}$

得到 $n < m^2 - m + \dfrac{1}{4} \leqslant n + 1$

即存在 $m \in \mathbf{N}^*$,使得 $n = m^2 - m$.另一方面,对任意 $n \in \mathbf{N}^*$,因为

$$\sqrt{n+1} - \frac{1}{2} < \sqrt{n} + \frac{1}{2}$$

所以 $f(n+1) = n + 2 + \left[\sqrt{n+1} - \dfrac{1}{2}\right] \leqslant$
$$n + \left[\sqrt{n} + \frac{1}{2}\right] + 2 = f(n) + 2$$

于是,得到

$$f(n+1) - f(n) = \begin{cases} 2, & n = m^2 - m, m = 2, 3, \cdots \\ 1, & \text{其他} \end{cases}$$

而且因为当 $m \geqslant 2$ 时,$m - 1 < \sqrt{m^2 - m} + \dfrac{1}{2} < m$,因此

$$f(m^2 - m) + 1 = m^2 + \left[\sqrt{m^2 - m} + \frac{1}{2}\right] - m + 1 = m^2$$

于是 $f(n)$ 可以取除形如 $f(m^2 - m) + 1 = m^2$ 的数以及小于 $f(1) = 2$ 的数之外的所有自然数,这就证明了,一个自然数不能表为 $\left[n + \sqrt{n} + \frac{1}{2}\right]$ 的必要且充分条件是,它是某个自然数的平方.

7.44 证明:对任意正整数 n 与素数 p,下述条件等价:
(1) 当 $k = 0, 1, 2, \cdots, n$ 时,$p \nmid C_n^k$.
(2) $n = p^s m - 1$,其中 $s \in \mathbf{Z}^+, m \in \mathbf{N}^*, m \subset p$.

(卢森堡数学奥林匹克,1980 年)

证明 首先证明,条件(2) 等价于下述条件:
(3) $n = p^t l + (p^t - 1)$,其中 $t \in \mathbf{Z}^+, l \in \mathbf{N}^*, l < p$.
事实上,由条件(2)
$$n = p^s m - 1 = p^s (m - 1) + (p^s - 1)$$
其中 $s \in \mathbf{Z}^+, m \in \mathbf{N}^*, m < p$. 如果 $m > 1$,则取 $t = s, l = m - 1 > 0$. 如果 $m = 1$,则由于 $n - p^0 - 1 = 0 \notin \mathbf{N}^*$,所以 $s > 0$,因此
$$n = p^{s-1} p - 1 = p^{s-1}(p - 1) + (p^{s-1} - 1)$$
即可取 $t = s - 1 \geqslant 0, l = p - 1 < p$. 因此条件(3) 成立. 另一方面,由条件(3)
$$n = p^t l + (p^t - 1) = p^t(l + 1) - 1$$
如果 $l + 1 < p$,则取 $m = l + 1, s = t$. 如果 $l + 1 = p$,则取 $m = 1, s = t + 1$. 因此条件(2) 成立. 对给定的 $n \in \mathbf{N}^*$,存在 $t \in \mathbf{Z}^+$,使得 $p^t \leqslant n < p^{t+1}$,即 $n = p^t l + r$,其中 $0 < r < p^t, 1 \leqslant l < p$.
由 Legendre 定理,在 $q!$ 的素因子分解式中,素因数 p 的幂指数为
$$\left[\frac{q}{p}\right] + \left[\frac{q}{p^2}\right] + \left[\frac{q}{p^3}\right] + \cdots$$
所以 $C_n^k = \dfrac{n!}{k!(n-k)!}$
的素因子分解式中素数 p 的幂指数 d_k 为
$$d_k = \left(\left[\frac{n}{p}\right] - \left[\frac{k}{p}\right] - \left[\frac{n-k}{p}\right]\right) + \left(\left[\frac{n}{p^2}\right] - \left[\frac{k}{p^2}\right] - \left[\frac{n-k}{p^2}\right]\right) +$$
$$\left(\left[\frac{n}{p^3}\right] - \left[\frac{k}{p^3}\right] - \left[\frac{n-k}{p^3}\right]\right) + \cdots$$
其中当 $i > t$ 时
$$\left[\frac{n}{p^i}\right], \left[\frac{k}{p^i}\right], \left[\frac{n-k}{p^i}\right]$$

都为 0,由于
$$\left[\frac{n}{p^i}\right] = \left[\frac{k}{p^i} + \frac{n-k}{p^i}\right] \geqslant \left[\left[\frac{k}{p^i}\right] + \left[\frac{n-k}{p^i}\right]\right] = \left[\frac{k}{p^i}\right] + \left[\frac{n-k}{p^i}\right]$$

所以当且仅当对 $i = 0,1,2,\cdots,t$
$$\left[\frac{n}{p^i}\right] = \left[\frac{k}{p^i}\right] + \left[\frac{n-k}{p^i}\right]$$

时,$d_k = 0$. 我们证明,这只有当 $r = p^t - 1$,即条件(3)成立时才有可能. 事实上, 如果 $r \leqslant p^t - 2$,则令 $k = p^t - 1, i = t$,于是
$$\left[\frac{k}{p^t}\right] = \left[\frac{p^t - 1}{p^t}\right] = 0$$

$$\left[\frac{n-k}{p^t}\right] \leqslant \left[\frac{p^t l - 1}{p^t}\right] = l - 1$$

$$\left[\frac{n}{p^t}\right] = \left[\frac{p^t l + r}{p^t}\right] = l, l > 0 + (l-1)$$

因此,上述等式与条件(1)都不满足. 现在设条件(3)成立,则对 $i = 0,1,2,\cdots,t$ 与 $k = 0,1,\cdots,n$ 有
$$n = p^i\left[\frac{n}{p^i}\right] + (p^i - 1), k = p^i\left[\frac{k}{p^i}\right] + q, 0 \leqslant q < p^i$$

$$\left[\frac{n-k}{p^i}\right] = \left[\left[\frac{n}{p^i}\right] - \left[\frac{k}{p^i}\right] + \frac{p^i - (q+1)}{p^i}\right] = \left[\frac{n}{p^i}\right] - \left[\frac{k}{p^i}\right]$$

其中用到 $\qquad 0 \leqslant p^i - (q+1) < p^i$

因此当 $k = 0,1,\cdots,n$ 时,$d_k = 0$,即条件(1)成立,证毕.

7.45 设 $m > 0$,则有
$$2^{m+1} \| \left[(1+\sqrt{3})^{2m+1}\right]$$

证明 因为
$$-1 < (1-\sqrt{3})^{2m+1} < 0$$

设 $\qquad A_m = (1+\sqrt{3})^{2m+1} + (1-\sqrt{3})^{2m+1}$

则由二项式定理展开易证 A_m 是整数,且有
$$(1+\sqrt{3})^{2m+1} - 1 < A_m < (1+\sqrt{3})^{2m+1}$$

故 $\qquad A_m = \left[(1+\sqrt{3})^{2m+1}\right]$

而 $A_m = (1+\sqrt{3})\left[(1+\sqrt{3})^2\right]^m + (1-\sqrt{3})\left[(1-\sqrt{3})^2\right]^m =$
$$(1+\sqrt{3})(4+2\sqrt{3})^m + (1-\sqrt{3})(4-2\sqrt{3})^m =$$
$$2^m((1+\sqrt{3})(2+\sqrt{3})^m + (1-\sqrt{3})(2-\sqrt{3})^m) \qquad ①$$

再从二项式定理可知

$$(2+\sqrt{3})^m = 2(a+b\sqrt{3}) + (\sqrt{3})^m$$
$$(2-\sqrt{3})^m = 2(a-b\sqrt{3}) + (-\sqrt{3})^m$$

故 ① 可写为

$$A_m = 2^m(2(c+d\sqrt{3})) + (1+\sqrt{3})(\sqrt{3})^m +$$
$$2(c-d\sqrt{3}) + (1-\sqrt{3})(-\sqrt{3})^m =$$
$$2^m(4c + (1+\sqrt{3})(\sqrt{3})^m + (1-\sqrt{3})(-\sqrt{3})^m) = 2^m B_m$$

如 $m = 2k$,则

$$B_{2k} = 4c + 2 \cdot 3^k \equiv 2 \pmod 4$$

如 $m = 2k+1$,则

$$B_{2k+1} = 4c + 2 \cdot 3^{k+1} \equiv 2 \pmod 4$$

因此 $B_m \equiv 2 \pmod 4$,即 $2 \| B_m$. 这便证明了结论.

7.46 如果有正整数 m,使得 $m!$ 末尾恰有 n 个零,则正整数 n 称做"阶乘尾数". 问比 1 992 小的正整数中,有多少个非"阶乘尾数"?

(第 10 届美国数学邀请赛,1992 年)

解 令 $f(m)$ 为数 $m!$ 末尾零的个数.

显然, $f(m)$ 是 m 的不减函数.

而且,当 m 是 5 的倍数时,有

$$f(m) = f(m+1) = f(m+2) = f(m+3) =$$
$$f(m+4) < f(m+5)$$

这样,我们可把 $f(k)(k=0,1,2,\cdots)$ 列出

$$0,0,0,0,0,1,1,1,1,1,2,2,2,2,2,3,3,3,3,3,$$
$$4,4,4,4,4,6,6,6,6,6,\cdots \qquad ①$$

其中每个数在这列数中出现 5 次.

下面来看 1 991 是否出现在 ① 中.

易知, $m!$ 末尾零的个数是

$$f(m) = \sum_{k=1}^{\infty} \left[\frac{m}{5^k}\right] \qquad ②$$

若有 m, 使 $f(m) = 1991$,则

$$1991 < \sum_{k=1}^{\infty} \frac{m}{5^k} = \frac{\frac{1}{5}m}{1-\frac{1}{5}} = \frac{m}{4}$$

因此 $m > 4 \cdot 1991 = 7964$

利用 ② 易得

$$f(7965) = 1988, f(7970) = 1989, f(7975) = 1991$$

现将数列 ① 一直排列 $f(7979) = 1991$ 这一项,得

$$0,0,0,0,0,1,1,1,1,1,\cdots,1\,989,1\,989,1\,989,$$
$$1\,989,1\,989,1\,991,1\,991,1\,991,1\,991,1\,991 \qquad ③$$

数列 ③ 共有 7 980 个数.

由于每个不同的整数都恰好出现 5 次,所以数列 ③ 中共有 $\dfrac{7\,980}{5} = 1\,596$ 个不同的整数,且都是集合 $\{0,1,2,\cdots,1\,991\}$ 中的元素.

因此有 $1\,992 - 1\,596 = 396$ 个整数没有出现在数列 ③ 中,所以有 396 个正整数比 1 992 小且不是"阶乘尾数".

7.47 求 $[(\sqrt{29} + \sqrt{21})^{1\,984}]$ 的末两位数码.

(第 25 届国际数学奥林匹克候选题,1984 年)

解 令 $x = \sqrt{29} + \sqrt{21}, y = \sqrt{29} - \sqrt{21}$,则
$$x^2 = 50 + 2\sqrt{609}$$
$$y^2 = 50 - 2\sqrt{609}$$

设 $a = x^2, b = y^2$,则有
$$a + b = 100$$
$$ab = 64$$

令 $S_0 = a^0 + b^0, S_n = a^n + b^n$,则有
$$S_n = (a+b)S_{n-1} - abS_{n-2} = 100S_{n-1} - 64S_{n-2}$$

因为 S_n 是正整数,所以
$$S_n \equiv 36S_{n-2} \equiv 6^2 S_{n-2} \equiv 6^4 S_{n-4} \equiv \cdots \equiv 6^{992} S_{n-992} (\bmod\ 100)$$

即 $\qquad S_{992} \equiv 6^{992} S_0 = 2 \cdot 6^{992} (\bmod\ 100)$

因为 $\qquad 6^4 \equiv 1\,296 \equiv -4 (\bmod\ 100)$

则 $\qquad S_{992} \equiv 2(-4)^{248} \equiv 2^{497} \equiv (2^{22})^{22} \cdot 2^{13}$

由于 $\qquad 2^{22} \equiv 2^2 \pmod{100}$

则 $\qquad S_{992} \equiv (2^2)^{22} \cdot 2^{13} = 2^{44} \cdot 2^{13} \equiv (2^2)^2 \cdot 2^{13} \equiv$
$$2^{17} \equiv 4\,096 \times 32 \equiv 72(\bmod\ 100)$$

即 S_{992} 的末两位数是 72. 由于
$$0 < \sqrt{29} - \sqrt{21} < 1$$
所以 $\qquad 0 < (\sqrt{29} - \sqrt{21})^{1\,984} < 1$
$$[(\sqrt{29} + \sqrt{21})^{1\,984}] = S_{992} - 1$$

其末两位数是 71.

7.48 对于非负整数 m,n,$\dfrac{(2m)!(2n)!}{m!n!(m+n)!}$ 是整数.(规定 $0!=1$)

(第 14 届国际数学奥林匹克)

证明 对于任意素数 p,由 Legendre 定理,$(2m)!(2n)!$ 中 p 的次数为
$$\sum_{i=1}^{+\infty}\left(\left[\frac{2m}{p^i}\right]+\left[\frac{2n}{p^i}\right]\right)$$
$m!n!(m+n)!$ 中 p 的次数为
$$\sum_{i=1}^{+\infty}\left(\left[\frac{m}{p^i}\right]+\left[\frac{n}{p^i}\right]+\left[\frac{m+n}{p^i}\right]\right)$$

引理 对于任意实数 x,y
$$[x]+[y]+[x+y]\leqslant[2x]+[2y] \quad ①$$

引理的证明 设 $x=[x]+\{x\},y=[y]+\{y\}$,则
$$[2x]+[2y]=2[x]+2[y]+[\{2x\}]+[\{2y\}]$$
$$[x+y]=[x]+[y]+[\{x\}+\{y\}]$$
因此 ① 等价于
$$[\{x\}+\{y\}]\leqslant[\{2x\}]+[\{2y\}]$$
若 $\{x\}+\{y\}<1$,结论是显然的;若 $\{x\}+\{y\}\geqslant 1$,则 $\{x\},\{y\}$ 至少有一个大于等于 $\dfrac{1}{2}$,因此
$$[\{2x\}]+[\{2y\}]\geqslant 1=[\{x\}+\{y\}]$$
所以引理成立.

根据引理
$$\left[\frac{m}{p^i}\right]+\left[\frac{n}{p^i}\right]+\left[\frac{m+n}{p^i}\right]\leqslant\left[\frac{2m}{p^i}\right]+\left[\frac{2n}{p^i}\right]$$
所以 $\dfrac{(2m)!(2n)!}{m!n!(m+n)!}$ 是整数.

7.49 证明:对于任意一个素数 p,$Q(p)=\prod\limits_{k=1}^{p-1}k^{2k-p-1}$ 都是整数.

证明 $p=2$ 时,$Q(p)=1$ 结论成立;当 $p\geqslant 3$ 时
$$Q(p)=\left(\frac{\prod\limits_{k=1}^{p-1}k^k}{[(p-1)!]^{(p+1)/2}}\right)^2$$
由 Legendre 定理,对于任意一个小于分母 p 的素数 q,分母含有 q 的次数为

$$\sum_{i=1}^{+\infty}\left(\frac{p+1}{2}\right)\left[\frac{p-1}{q^i}\right]$$

分子中 q 的倍数有 $q^q,(2q)^{2q},\cdots,\left(\left[\frac{p-1}{q}\right]q\right)^{\left[\frac{p-1}{q}\right]q}$,所以分子是 $q^{\frac{q}{2}\left[\frac{p-1}{q}\right]\left(\left[\frac{p-1}{q}\right]+1\right)}$ 的倍数;当然分子中还有 $(q^2)^{q^2},(2q^2)^{2q^2},\cdots,$ $\left(\left[\frac{p-1}{q^2}\right]q^2\right)^{\left[\frac{p-1}{q^2}\right]q^2}$ 是 q^2 的倍数,$\cdots$,因此分子中 q 的次数为

$$\frac{q}{2}\left[\frac{p-1}{q}\right]\left(\left[\frac{p-1}{q}\right]+1\right)+\frac{q^2}{2}\left[\frac{p-1}{q^2}\right]\left(\left[\frac{p-1}{q^2}\right]+1\right)+\cdots=$$

$$\sum_{i=1}^{+\infty}\frac{q^i}{2}\left[\frac{p-1}{q^i}\right]\left(\left[\frac{p-1}{q^i}\right]+1\right)$$

我们只要证明

$$\left(\frac{p+1}{2}\right)\left[\frac{p-1}{q^i}\right]\leqslant\frac{q^i}{2}\left[\frac{p-1}{q^i}\right]\left(\left[\frac{p-1}{q^i}\right]+1\right)\Leftrightarrow(p+1)\leqslant q^i\left(\left[\frac{p-1}{q^i}\right]+1\right)$$

即可.

而这等价于要证明

$$\frac{(p+1)}{q^i}\leqslant\left(\left[\frac{p-1}{q^i}\right]+1\right) \quad ①$$

ⅰ 如果 $q^i \mid (p+1)$,则 $\left[\frac{p-1}{q^i}\right]=\frac{p+1}{q^i}-1$,因此 ① 成立.

ⅱ 如果 $p+1$ 不是 q^i 的倍数,则 $\left[\frac{p-1}{q^i}\right]=\left[\frac{p+1}{q^i}\right]$,因此 ① 等价于 $\frac{(p+1)}{q^i}\leqslant\left(\left[\frac{p-1}{q^i}\right]+1\right)$,而这是显然的.

综上所述,结论成立.

7.50 对实数 x,用 $[x]$ 表示不超过 x 的最大整数.证明:对任意正整数 n,数 $\left[\frac{(n-1)!}{n(n+1)}\right]$ 为偶数.

证明 先证明一个引理:若 $n\in\mathbf{N}^*,n\geqslant 7$,且 n 或 $n+1$ 为合数,则 $n\mid(n-1)!$ 或 $n+1\mid(n-1)!$,并且所得的商为偶数.

事实上,我们只须证明 $n+1$ 为合数的情形(n 为合数的情形类似).

如果可写

$$n+1=pq,2\leqslant p<q,p,q\in\mathbf{N}^*$$

则
$$2 \leq p < q \leq \frac{n+1}{2} \leq n-1$$
从而
$$n+1 \mid (n-1)!$$

而 $n \geq 7$ 时,$1,2,\cdots,(n-1)$ 中至少有三个偶数,所以 $1,2,\cdots,(n-1)$ 中除 p,q 外还有偶数,故 $\dfrac{(n-1)!}{n+1}$ 为偶数.

如果 $n+1$ 不能写为上述形式,则由 $n+1$ 为合数可知 $n+1 = p^2$,这里 p 为素数,由 $n \geq 7$ 可知 $p \geq 3$,从而 $1 < p < 2p < n-1$,所以 $n+1 \mid (n-1)!$,同上讨论可知 $\dfrac{(n-1)!}{n+1}$ 为偶数.

现在回到原题. 如果 n 与 $n+1$ 都为合数,那么 $n \geq 8$,此时由引理可知 $n \mid (n-1)!,n+1 \mid (n-1)!$,而 $(n,n+1)=1$,故 $\dfrac{(n-1)!}{n(n+1)}$ 为整数,并由 $n,n+1$ 具有不同的奇偶性,可知 $\dfrac{(n-1)!}{n(n+1)}$ 为偶数,命题成立.

如果 n 与 $n+1$ 中有一个为素数,直接计算可知当 $n \leq 6$ 时,$\left[\dfrac{(n-1)!}{n(n+1)}\right]$ 为偶数,现只讨论 $n \geq 7$ 的情形.

若 n 为素数,则由 Wilson 定理可知 $(n-1)! \equiv -1 \pmod n$,而 $n+1$ 为合数,故 $n+1 \mid (n-1)!$.

依此可得
$$\left[\frac{(n-1)!}{n(n+1)}\right] = \frac{(n-1)! + n + 1}{n(n+1)} - 1$$

结合引理,$\dfrac{(n-1)!}{n+1}$ 为偶数,故 $\dfrac{(n-1)!+n+1}{n+1}$ 为奇数,所以 $\left[\dfrac{(n-1)!}{n(n+1)}\right]$ 为偶数.

若 $n+1$ 为素数,则 n 为合数,此时 $\dfrac{(n-1)!}{n}$ 为偶数,而由 Wilson 定理
$$(n-1)! \equiv 1 \pmod{(n+1)}$$
有
$$\left[\frac{(n-1)!}{n(n+1)}\right] = \frac{(n-1)! + n}{n(n+1)} - 1$$

前者为奇数,因此 $\left[\dfrac{(n-1)!}{n(n+1)}\right]$ 为偶数.

综上所述,对任意正整数 n,数 $\left[\dfrac{(n-1)!}{n(n+1)}\right]$ 为偶数.

7.51 解方程 $[x]\{x\} = 2\,005x$.

证明 因为 $x = [x] + \{x\}$,所以
$$[x]\{x\} = 2\,005[x] + 2\,005\{x\}$$

所以 $[x] = \dfrac{2\,005\{x\}}{\{x\} - 2\,005} = 2\,005 - \dfrac{2\,005^2}{2\,005 - \{x\}}$

因为 $0 \leqslant \{x\} < 1$,所以

$$[x] \leqslant 2\,005 - \dfrac{2\,005^2}{2\,005} = 0$$

又 $[x] > 2\,005 - \dfrac{2\,005^2}{2\,004} = -1\dfrac{1}{2\,004}$,故 $[x] = 0$ 或 -1.

当 $[x] = 0$ 时,$\{x\} = 0$,故 $x = 0$;当 $[x] = -1$ 时,$\{x\} = \dfrac{2\,005}{2\,006}$.故 $x = -\dfrac{1}{2\,006}$.

综上所述,$x = 0$ 或 $-\dfrac{1}{2\,006}$.故 $x = -\dfrac{1}{2\,006}$.

7.52 已知方程 $\{x\{x\}\} = \alpha, \alpha \in (0,1)$.

(1) 证明:当且仅当 $m, p, q \in \mathbf{Z}, 0 < p < q, p$ 和 q 互质,$\alpha = \left(\dfrac{p}{q}\right)^2 + \dfrac{m}{q}$ 时,方程有有理数解.

(2) 当 $\alpha = \dfrac{2\,004}{2\,005^2}$ 时,求方程的一个解.

(罗马尼亚数学奥林匹克,2005 年)

证明 (1) 设 x 为所给方程的一个有理数解.这意味着 $[x] = n, \{x\} = \dfrac{p}{q}$,其中 $0 < p < q, n, p, q \in \mathbf{Z}, p$ 和 q 互质.

设 $[x\{x\}] = k$,则有

$$\alpha = \left(n + \dfrac{p}{q}\right)\dfrac{p}{q} - k = \left(\dfrac{p}{q}\right)^2 + \dfrac{m}{q}$$

其中 $\qquad m = np - kq$

反之,设 $\alpha = \left(\dfrac{p}{q}\right)^2 + \dfrac{m}{q}$.

因为 p 和 q 互质,则存在整数 a 和 b,使 $1 = ap - bq$ 成立.于是,有

$$\alpha = \dfrac{p^2 + mq(ap - bq)}{q^2} = \left(ma + \dfrac{p}{q}\right)\dfrac{p}{q} - mb$$

因此方程有一个有理数解 $x = ma + \dfrac{p}{q}$.

(2) 寻找整数 p 和 m,使

$$\alpha = \dfrac{2\,004}{2\,005^2} = \left(\dfrac{p}{2\,005}\right)^2 + \dfrac{m}{2\,005}$$

其中 $0 < p < 2\,005$,且 $(p, 2\,005) = 1$.

该等式等价于

$$p^2 + 1 = 2\,005(1 - m)$$

又 $2\,005 = 5 \times 401$,于是,有

$$p^2 \equiv -1 \pmod 5, p^2 \equiv -1 \pmod{401}$$

因为 $20^2 \equiv -1 \pmod{401}$,对某些整数 n 而言,当 $p = 401n + 20$ 时,条件 $p^2 \equiv -1 \pmod{401}$ 成立.

当 $n^2 \equiv -1 \pmod 5$ 时,另一个条件得到满足,由此得 $n = 2$, $p = 822$.

由计算得有理数解为 $x = 336 \times 822 + \dfrac{822}{2\,005}$.

7.53 求所有满足条件 $4[an] = n + [a[an]]$ 的实数 a,其中 n 是任意正整数($[x]$ 表示不超过 x 的最大整数).

(保加利亚数学奥林匹克,2003 年)

解 由题中的条件,可以导出
$$4(an - 1) < n + a(an)$$
$$4an > n + a(an - 1) - 1$$

即
$$1 + a^2 - \frac{a+1}{n} < 4a < 1 + a^2 + \frac{4}{n}$$

当 $n \to \infty$ 时,可得 $1 + a^2 = 4a$,于是,$a = 2 - \sqrt{3}$ 或 $a = 2 + \sqrt{3}$.

当 $a = 2 - \sqrt{3}$ 时,将 $n = 1$ 代入给定的等式,矛盾.

因此 $a \neq 2 - \sqrt{3}$. 当 $a = 2 + \sqrt{3}$ 时,记 $b = \left[\dfrac{n}{a}\right]$,$c = \dfrac{n}{a} - b$.

由于 $a = 4 - \dfrac{1}{a}$,则有
$$n + [a[an]] = \left[n + a\left[4n - \frac{n}{a}\right]\right] = [n + a(4n - b - 1)] =$$
$$[a(4n - 1 + c)] = \left[\left(4 - \frac{1}{a}\right)(4n - 1 + c)\right] =$$
$$\left[4(4n - 1) - 4\left(\frac{n}{a} - c\right) + \frac{1 - c}{a}\right] =$$
$$4(4n - 1 - b) = 4\left[4n - \frac{n}{a}\right] = 4[an]$$

因此,$a = 2 + \sqrt{3}$ 是唯一的解.

7.54 对任意整数 $n(n > 2)$,证明:$\left[\dfrac{n(n+1)}{4n-2}\right] = \left[\dfrac{n+1}{4}\right]$.

(克罗地亚数学奥林匹克,2003 年)

证明 由 $\dfrac{n(n+1)}{4n-2} = \dfrac{n+1}{4} + \dfrac{n+1}{4(2n-1)}$ 可知
$$\frac{n(n+1)}{4n-2} < \frac{n+1}{4} + \frac{1}{4} (n > 2) \qquad ①$$

和
$$\frac{n+1}{4} < \frac{n(n+1)}{4n-2}$$

即
$$\left[\frac{n+1}{4}\right] \leq \left[\frac{n(n+1)}{4n-2}\right] \qquad ②$$

下面证明
$$\frac{n(n+1)}{4n-2} < \left[\frac{n+1}{4}\right] + 1 \,(n>2) \qquad ③$$

分两种情况讨论：

(1) 令 $n = 4k + r, r = 0,1,2$，则有

$$\left[\frac{n+1}{4}\right] + 1 = k + 1 = \frac{n-r}{4} + 1 = \frac{n+(3-r)}{4} + \frac{1}{4} \geq$$

$$\frac{n+1}{4} + \frac{1}{4}$$

由式 ① 可知不等式 ③ 成立.

(2) 令 $n = 4k + 3$，则有

$$\left[\frac{n+1}{4}\right] + 1 = k + 2 > k + 1 + \frac{1}{4} = \frac{n+1}{4} + \frac{1}{4}$$

由式 ① 可知不等式 ③ 成立.

在两种情况下，不等式 ② 均成立.

因此所证等式成立.

7.55 求所有的实数 x，满足方程 $[x^2 - 2x] + 2[x] = [x]^2$，其中 $[a]$ 表示不超过 a 的最大整数.

(瑞典数学奥林匹克,2004 年)

解 令 $x = y + 1$，则原方程变为
$$[y^2 - 1] + 2[y+1] = [y+1]^2$$
即
$$[y^2] - 1 + 2[y] + 2 = [y]^2 + 2[y] + 1$$
亦即
$$[y^2] = [y]^2$$

所以 $y \in \mathbf{Z} \cup [n, \sqrt{n^2+1})\,(n \in \mathbf{N})$.

因此 $x \in \mathbf{Z} \cup [n+1, \sqrt{n^2+1}+1)\,(n \in \mathbf{N})$.

7.56 设 m 和 n 是互质的正整数，且 m 为偶数，n 为奇数，证明：$\dfrac{1}{2n} + \sum_{k=1}^{n-1}(-1)^{\left[\frac{mk}{n}\right]}\left\{\dfrac{mk}{n}\right\}$ 不依赖于 m 和 n. 其中，$[x]$ 为不超过 x 的最大整数，$\{x\} = x - [x]$，空项的和为 0.

(罗马尼亚数学奥林匹克,2005 年)

证明 我们证明

$$S = \sum_{k=1}^{n-1}(-1)^{\left[\frac{mk}{n}\right]}\left\{\frac{mk}{n}\right\} = \frac{1}{2} - \frac{1}{2n}$$

这表明,所给的和等于 $\frac{1}{2}$.

为方便计算 S,对任何 $k \in \{1,2,\cdots,n-1\}$,记 $mk = n\left[\frac{mk}{n}\right] + r_k$,其中 $r_k \in \{1,2,\cdots,n-1\}$.

可以导出:

(1) 由于 m 和 n 互质,故 r_k 是互不相同的. 于是, $\{r_1, r_2, \cdots, r_{n-1}\} = \{1, 2, \cdots, n-1\}$.

(2) $\left\{\dfrac{mk}{n}\right\} = \dfrac{r_k}{n}(k = 1,2,\cdots,n-1)$.

(3) 由于 m 是偶数, n 是奇数,则
$$\left[\frac{mk}{n}\right] \equiv r_k \pmod{2}$$

于是 $(-1)^{\left[\frac{mk}{n}\right]} = (-1)^{r_k}, k = 1,2,\cdots,n-1$

因此 $S = \dfrac{1}{n}\sum_{k=1}^{n-1}(-1)^{r_k}r_k = \dfrac{1}{n}\sum_{k=1}^{n-1}(-1)^k k = \dfrac{1}{2} - \dfrac{1}{2n}$

心得 体会 拓广 疑问

第8章 整数与集合

> **8.1** 设 $S_n = \{1, 2, \cdots, n\}$. 若 $A \subset S_n$, 则称 A 中各数和为 A 的容量, $\varnothing$ 容量为 0. 容量为奇数称为奇子集, 为偶数称为偶子集. 证明: 奇子集个数等于偶子集个数; 当 $n \geqslant 3$ 时, 所有奇子集容量之和等于所有偶子集容量之和.
>
> (中国数学奥林匹克, 1992 年)

解 设 S_n 的奇子集、偶子集的个数为 a_n, b_n. 当 $n = 1$ 时, 显然有 $a_1 = b_1$. 归纳假设 $a_k = b_k$, 下面证明 $a_{k+1} = b_{k+1}$. 当 k 为奇数时, $k + 1$ 为偶数. 把 S_{k+1} 的奇子集分为两组, 不含 $k + 1$ 的奇子集与含 $k + 1$ 的奇子集. 这两组各有 a_k 个, 因此, $a_{k+1} = 2a_k$. 同理易知, $b_{k+1} = 2b_k$. 因为 $a_k = b_k$, 所以 $a_{k+1} = b_{k+1}$. 当 k 为偶数时, $k + 1$ 为奇数. 把 S_{k+1} 的偶子集分为两组, 不含 $k + 1$ 的偶子集与含 $k + 1$ 的偶子集, 前者有 b_k 个, 后者有 a_k 个, 所以 $b_{k+1} = b_k + a_k$. 同理易知 $a_{k+1} = a_k + b_k$. 因此, $a_{k+1} = b_{k+1}$. 于是, 证得 $a_n = b_n$.

设 S_n 中所有奇子集容量之和、偶子集容量之和分别为 α_n, β_n. 当 $n = 3$ 时, 易知 $\alpha_3 = \beta_3 = 12$. 归纳假设 $\alpha_k = \beta_k$, 下面证明 $\alpha_{k+1} = \beta_{k+1}$. 把 S_{k+1} 的奇子集分为两组, 不含 $k + 1$ 的奇子集与含 $k + 1$ 的奇子集. 当 k 为偶数时, 易知
$$\alpha_{k+1} = \alpha_k + (\beta_k + (k+1)b_k)$$
同理
$$\beta_{k+1} = \beta_k + (\alpha_k + (k+1)a_k)$$
由 $a_k = b_k$ 以及归纳假设, 有 $\alpha_{k+1} = \beta_{k+1}$, 当 k 为奇数时, 易知
$$\alpha_{k+1} = 2\alpha_k + (k+1)b_k, \beta_{k+1} = 2\beta_k + (k+1)a_k$$
所以也有 $\alpha_{k+1} = \beta_{k+1}$, 于是证得 $\alpha_n = \beta_n (n \geqslant 3)$.

记 $\bar{A} = S_n - A$, 集合 A 与其余集 $\bar{A}$ 的容量之和为
$$1 + 2 + \cdots + n = \frac{1}{2}n(n + 1)$$
S_n 的互为余集的无序子集对 $\{A, \bar{A}\}$ 共有 2^{n-1} 个, 因此, S_n 的所有子集的容量之和为 $2^{n-1} \cdot \frac{1}{2}n(n+1)$, 而 $\alpha_n = \beta_n$, 所以 S_n 的所有奇子集的容量之和为 $2^{n-3}n(n+1)$.

8.2 把 2^n 个元素的集合分为若干两两不交的子集,按下述规则将某一个子集中某些元素挪到另一个子集,以前一子集挪到后一子集的元素个数等于后一子集的元素个数(前一子集的元素个数应不小于后一子集的元素个数).证明:可以经过有限次挪动,使得到的子集与原集合重合.

证明 考虑含奇数个元素的子集(如果有这样的子集).因为所有子集所含元素的个数总和是偶数,所以具有奇数个元素的子集的个数也是偶数.任意将所有含有奇数个元素的子集配成对,对每对子集按题中所说的规则挪动:从较大的子集挪出一些元素,添加到较小的子集,挪出的元素个数为较小子集的元素个数.于是得到的所有子集的元素个数都是偶数.现在考虑元素个数不被 4 整除的子集.如果 $n = 1$,则总共有两个元素,它们在同一个子集.因此设 $n \geq 2$,因为子集的元素个数的总数被 4 整除,因此这样的子集的个数为偶数.任意将这样的子集配成对,对每一对子集施行满足题中条件所说的运算(即挪动元素).于是得到的每个子集的元素个数都被 4 整除.同理可得,每个得到的集合的元素个数都能被 $8, 16, \cdots$ 整除.最后每个得到的集合的元素个数被 2^n 整除,则所有 2^n 个元素都包含在同一个集合.

8.3 满足 $a_1 + 2a_2 + \cdots + na_n = 1\,979$ 的 n 元自然数组 $(a_1, a_2, \cdots, a_n)$ 当 n 为偶数时称为偶的,当 n 为奇数时称为奇的,证明:奇组与偶组一样多.

证明 设 n 元正整数组 $a = (a_1, a_2, \cdots, a_n)$ 对应于由 $b_i = a_i + a_{i+1} + \cdots + a_n, i = 1, 2, \cdots, n$ 构成的 n 元正整数组,于是在所有适合 $a_1 + 2a_2 + \cdots + na_n = 1\,979$ 的 n 元组 a 的集合 A_n 与所有适合 $b_1 + b_2 + \cdots + b_n = 1\,979$ 且 $b_1 > b_2 > \cdots > b_n$ 的 n 元组 b 的集合 B_n 间建立一个双射.分别用 A 与 B 表示所有的 $A_n, n \in \mathbf{N}^*$ 与所有的 $B_n, n \in \mathbf{N}^*$ 的并集.对 $b = (b_1 b_2, \cdots, b_n) \in B_n$,用 $\pi(b)$ 表示 n 元组 b 的最后一个数 b_n,用 $\sigma(b)$ 表示使 $b_s = b_1 - s + 1$ 的下标 s 的最大值,其中 $1 \leq s \leq n$.因此如果 $\sigma(b) = s$,则 $b_2 = b_1 - 1, b_3 = b_2 - 1, \cdots, b_s = b_{s-1} - 1$.在集合 B 上定义映射 α 与 β.如果 $\pi(b) \leq \sigma(b)$,则 $b_n \leq n - 1$,否则 $n - 1 < b_n = \pi(b) \leq \sigma(b) \leq n$,即 $\sigma(b) = n$,于是
$$1\,979 = b_n + b_{n-1} + \cdots + b_1 = n + (n+1) + \cdots + (2n-1) =$$

$$\frac{1}{2}n(3n+1)$$

但这对每个 $n \in \mathbf{N}^*$ 都不成立. 因此对
$$b = (b_1, b_2, \cdots, b_n) \in B$$

令 $\alpha(b) = (b_1+1, b_2+1, \cdots, b_{\pi(b)}+1, b_{\pi(b)+1}, \cdots, b_{n-1})$

此时有 $\pi(a(b)) = b_{n-1} > b_n = \pi(b) = \sigma(a(b))$

如果 $\pi(b) > \sigma(b)$,则令
$$\beta(b) = (b_1-1, b_2-1, \cdots, b_{\sigma(b)}-1, b_{\sigma(b)+1}, \cdots, b_n, \sigma(b))$$

如果 $\sigma(b) = n$,则 $b_n - 1 > \sigma(b)$,否则
$$n = \sigma(b) < b_n \leq \sigma(b) + 1 = n+1$$

从而 $b_n = n+1, b_{n-1} = n+2, \cdots, b_1 = 2n$

于是 $1979 = b_n + b_{n-1} + \cdots + b_1 = \frac{1}{2}n(3n+1)$

但这对每个 $n \in \mathbf{N}^*$ 都不成立,因此
$$\beta(b) = (b_1-1, b_2-1, \cdots, b_n-1, \sigma(b))$$

这表明,$\sigma(\beta(b)) = n = \sigma(b)$,从而 $\pi(\beta(b)) = \sigma(b) = \sigma(\beta(b))$. 如果 $\sigma(b) \leq n-1$,则容易验证 $\pi(\beta(b)) = \sigma(b) \leq \sigma(\beta/(b))$. 所以对任意 $b \in B, \pi(\beta(b)) \leq \sigma(\beta(b))$. 分别用 E 与 F 表示所有 B_{2m-1} 与所有 $B_{2m}, m \in \mathbf{N}^*$ 的并集,定义映射 $\gamma: E \to F$ 如下:当 $\pi(b) \leq \sigma(b)$ 时 $\gamma(b) = \alpha(b)$,而当 $\pi(b) > \sigma(b)$ 时,令 $\gamma(b) = \beta(b)$. 如前所证,设 $b \in E$,如果 $\pi(b) \leq \sigma(b)$,则 $\pi(\gamma(b)) > \sigma(\gamma(b))$, 如果 $\pi(b) > \sigma(b)$, 则 $\pi(\gamma(b)) \leq \sigma(\gamma(b))$. 因此 $\gamma: E \to F$ 是双射. 这表明,集合 B 中偶组(F 的元素)与奇组(E 的元素)一样多. 因此集合 A 中偶组与奇组也一样多.

> **8.4** M 是 $\{1,2,3,\cdots,15\}$ 的一个子集,使得 M 的任何 3 个不同元素的乘积不是一个平方数,确定 M 内全部元素的最多数目.

解 由于子集 $\{1,4,9\}, \{2,6,12\}, \{3,5,15\}$ 和 $\{7,8,14\}$ 是四个两两不相交的子集,且每个子集中 3 个正整数的乘积是一个完全平方数. 如果 M 的不同元素个数大于等于 12 个,则 $\{1,2,3,\cdots,15\}$ 中不在 M 内的元素至多 3 个,上述四个子集中,至少有一个子集的 3 个元素全在 M 内,这是题目结论所不允许的. 因此,M 的不同元素的个数至多 11 个,即从上述四个三元子集中各至少取一个元素,然后从 $\{1,2,3,\cdots,15\}$ 中删除这些元素,M 必是这种类型的子集. 注意上述四个三元子集,不包含 10.

如果 10 不在 M 内,则 M 内元素的个数小于等于 10. 如果 10 在

M 内,下面证明 M 内元素的个数也小于等于 10. 用反证法,设 M 内元素的个数大于 10,由于上述,则 M 内元素的个数恰为 11 个. 如果子集 $\{3,12\}$ 不在 M 内,即 3 与 12 两个数字中至少有一个不在 M 内,在 $\{1,2,3,\cdots,15\}$ 内再至多减去 3 个数,组成 M,当然 10 在 M 内. 由于 $\{2,5\},\{6,15\},\{1,4,9\}$ 和 $\{7,8,14\}$ 是四个两两不相交的子集,3 与 12 不在其中,于是,这四个子集中至少有一个子集在 M 内,这留在 M 内的一个子集,如果是一个三元子集,由于其三数之积为一个完全平方数,不合题意. 如果是一个二元子集,这两个元素与 10 三数之积为一个完全平方数,也不合题意. 如果子集 $\{3,12\}$ 在 M 内,那么,由题意,$\{1\},\{4\},\{9\},\{2,6\},\{5,15\}$ 和 $\{7,8,14\}$ 中任一个都不是 M 的一个子集,否则,M 内有 3 个数,乘积为一个完全平方数,同样不合题意. 这样一来,上述 6 个两两不相交的子集的每个子集中至少有一个元素不在 M 内,于是 M 的全部元素个数至多 9 个,与 M 恰有 11 个元素矛盾.

所以,满足题目条件的 M 的全部元素个数不会超过 10 个.

取 $M = \{1,4,5,6,7,10,11,12,13,14\}$,$M$ 恰含 10 个元素,而且 M 内任 3 个元素之积都不是完全平方数. 因此,M 的全部元素的最多数目是 10.

8.5 设 n 与 k 是互素的两个正整数且 $k < n$. 将集合 $M = \{1,2,\cdots,n-1\}$ 中每个数染上蓝、白两色之一,染色法如下:

(1) 对于每一个 $i \in M$,i 和 $n - i$ 同色.

(2) 对于每一个 $i \in M, i \neq k$,i 和 $|i - k|$ 同色.

证明:在 M 中的所有数均同色.

(第 26 届国际数学奥林匹克,1985 年)

证明 考察下面的 $n - 1$ 个等式

$$k \cdot 1 = nq_1 + m_1, 0 \leqslant m_1 < n$$
$$k \cdot 2 = nq_2 + m_2, 0 \leqslant m_2 < n$$
$$\cdots\cdots$$
$$k \cdot (n-1) = nq_{n-1} + m_{n-1}, 0 \leqslant m_{n-1} < n$$

因为 $(n,k) = 1$,所以

$$m_r \neq 0, r = 1,2,\cdots,n-1$$

下面证明 $m_1, m_2, \cdots, m_{n-1}$ 各不相同.

否则,若 $m_i = m_j$(不妨设 $i > j$),则

$$k(i - j) = n(q_i - q_j)$$

由于 $0 < i - j < n - 1$,$(k,n) = 1$,所以必有 $q_i - q_j = 0$,于是 $ki = kj$,$i = j$,这是不可能的.

于是 $m_1, m_2, \cdots, m_{n-1}$ 是 $1, 2, \cdots, n-1$ 的一个排列.

对于 $2 \leqslant r \leqslant n-1$, 由
$$k(r-1) = kr - k = nq_{r-1} + m_{r-1} \quad \text{①}$$
$$kr = nq_r + m_r \quad \text{②}$$

则必有 $q_r = q_{r-1}$ 或 $q_r = q_{r-1} + 1$.

② - ① 得
$$k = n(q_r - q_{r-1}) + m_r - m_{r-1} \quad \text{③}$$

当 $q_r = q_{r-1}$ 时
$$k = m_r - m_{r-1}$$
$$m_{r-1} = m_r - k, m_r \neq k$$

由条件(2) 可知 m_r 与 $|m_r - k| = m_{r-1}$ 同色.

当 $q_r - q_{r-1} = 1$ 时, 由式 ③ 有
$$m_r = m_{r-1} + k - n$$
$$m_r - k = m_{r-1} - n$$
$$|m_r - k| = n - m_{r-1}$$

由条件(2) 可知 m_r 与 $|m_r - k| = n - m_{r-1}$ 同色.

又由条件(1) 可知, m_{r-1} 与 $n - m_{r-1}$ 同色, 因而 m_r 与 m_{r-1} 同色.

由以上可知, m_r 与 m_{r-1} 同色, $2 \leqslant r \leqslant n-1$.

于是 m_{n-1} 与 m_{n-2} 同色, 与 m_{n-3} 同色, $\cdots$, 与 m_1 同色!

所以 $m_1, m_2, \cdots, m_{n-1}$ 都同色.

又因为 $m_1, m_2, \cdots, m_{n-1}$ 是 $1, 2, \cdots, n-1$ 的一个排列, 所以 M 中的所有数都同色.

8.6 设正整数 $n > 3$, 若把集合 $S_n = \{1, 2, \cdots, n\}$ 任意划分成两组, 总有某个组, 它含有三个数 a, b, c(允许 $a = b$), 使 $ab = c$, 求这种 n 的最小值.

(中国数学奥林匹克, 1988 年)

解 设 $n \geqslant 3^5$, 则 $3, 3^2, 3^3, 3^4, 3^5 \in S_n$. 设集合 S_n 分为两组 A 和 B, $3 \in A$, 且 A 和 B 不满足题中条件. 如果 $3^2 \in A$, 则 $3, 3, 3^2 \in A$, 不可能, 因此 $3^2 \in B$. 如果 $3^4 \in B$, 则 $3^2, 3^2, 3^4 \in B$, 不可能, 因此 $3^4 \in A$. 如果 $3^3 \in A$, 则 $3, 3^3, 3^4 = 3 \cdot 3^3 \in A$, 不可能. 因此, $3^3 \in B$. 于是, 由于 $3, 3^4 \in A$, 所以 $3^5 \in B$, 又因为 $3^2, 3^3 \in B$, 所以 $3^5 \in A$, 矛盾. 这表明, 当 $n \geqslant 3^5$ 时, 把集合 S_n 任意分为两组, 总有某个组, 具有题中性质, 即所求最小值 $n_0 \leqslant 3^5$. 另一方面, 取 $n = 242$, 且设
$$A = \{k \mid 9 \leqslant k \leqslant 80\}$$
$$B = \{k \mid 3 \leqslant k \leqslant 8 \text{ 或 } 81 \leqslant k \leqslant 242\}$$

则 $S_{242} = A \bigcup B$,而且 A 和 B 都不具有题中性质. 当 $n < 242$ 时,将 S_n 分为两组 $A \cap S_n$ 和 $B \cap S_n$,则 $A \cap S_n$ 和 $B \cap S_n$ 也都不具有题中性质,这表明,$n_0 > 242 = 3^5 - 1$. 于是所求的 $n_0 = 243$.

> **8.7** 是否存在一个整数集合 X 使得:任意一个整数 n 都可以被唯一地表示成为 $n = a + 2b$ 形式,$a, b \in X$.

解法 1 对于任意整数集合 S,我们定义
$$S^* = \{a + 2b \mid a, b \in S\}$$
如果对于一个有限集合 $S = \{a_1, a_2, \cdots, a_m\}$,$a_i + 2a_j (1 \le i, j \le m)$ 都不相同,即满足 $|S^*| = |S|^2$,则我们称 S 是一个好集合. 我们接下来证明:

引理 对于任意好集合 S,以及任意整数 n,都存在一个好集合 $T \supseteq S$,使得 $n \in T^*$.

引理的证明 如果 $n \in S^*$,直接取 $T = S$ 即可. 以下设 $n \notin S^*$,则我们准备取 $T = S \bigcup \{k, n - 2k\}$,由于此时 $n = (n - 2k) + 2k$,所以 $n \in T^*$,因此我们只要选取适当的 k 使得 T 是好集合即可. T^* 可表示为 $T^* = S^* \bigcup Q \bigcup R$,其中
$$Q = \{3k, 3(n-2k), k+2(n-2k), (n-2k)+2k\}$$
$$R = \{k + 2a_i, (n-2k) + 2a_i, a_i + 2k, a_i + 2(n-2k) \mid 1 \le i \le m\}$$
Q, R 的 8 种元素表达式中 k 的系数分别为 $3, -6, -3, 0, 1, -2, 2, -4$ 都不相同,因此我们可以选取充分大的 k 就能使得 Q, R 的所有元素两两不同,且都不同于 S^*,因此得到一个符合要求的好集合 T.

问题要求的集合 X 是存在的. 我们把所有整数依次排列为 $0, -1, 1, -2, 2, -3, 3, \cdots$,取 $X_1 = \{0\}$ 它是好集合,且 X_1^* 包含 0;我们根据上面引理,可以有集合 $X_2 \supseteq X_1$ 并且 X_2^* 包含 -1;$\cdots$ 最后取 $X = \bigcup_{j=1}^{\infty} X_j$,则 X 是好集合,且 X^* 含有全部整数.

解法 2 如果问题只是以非负整数为对象,把所有非负整数化为 4 - 进制,取所有每位数字由 0, 1 组成的数构成一个集合,满足我们的要求. 现在以全体整数为对象,我们就需要考虑 (-4) 进制数,首先我们证明:

引理 每个整数可以被唯一地表示成为 $\sum_{i=0}^{k} c_i (-4)^i$ 形式,其中 $c_i = 0, 1, 2, 3$.

引理的证明 唯一性:如果有

$$n = \sum_{i=0}^{k} c_i(-4)^i = \sum_{i=0}^{k} d_i(-4)^i \qquad (*)$$

$c_i, d_i = 0, 1, 2, 3$,但是存在 $c_i \neq d_i$,我们假设 j 是使得 $c_j \neq d_j$ 的最小整数,则

$$\sum_{i=0}^{k} c_i(-4)^i \not\equiv \sum_{i=0}^{k} d_i(-4)^i \pmod{4^{j+1}}$$

与 $(*)$ 矛盾.

存在性:对于任意整数 n,容易找到一个正整数 k 使得

$$3 \times (4 + 4^3 + \cdots + 4^{2k-1}) \geq |n|$$

我们把 $n + 3 \times (4 + 4^3 + \cdots + 4^{2k-1})$ 表示成为 4 进制(允许首位为 0) 等于 $\sum_{i=0}^{2k} c_i 4^i$ $(i = 0, 1, 2, 3)$,我们取 $d_{2i} = c_{2i}, d_{2i-1} = 3 - c_{2i-1}$,即得

$$n = \sum_{i=0}^{k} d_i(-4)^i, d_i = 0, 1, 2, 3$$

然后我们取 X 为引理中所有 $c_i = 0, 1$ 的数构成的集合即可.

8.8 设正整数 a, b, c 满足 $1 \leq a \leq c-2, 2 \leq b \leq c-1$. 对于每一个 $0 \leq k \leq a$,假设 r_k 为 kb 除以 c 的余数,也即 $0 \leq r_k \leq c-1$,且 $kb \equiv r_k \pmod{c}$. 证明:集合 $\{r_0, r_1, r_2, \cdots, r_a\}$ 与 $\{0, 1, 2, \cdots, a\}$ 互不相同.

证法 1 由于

$$m = n + cq \Rightarrow x^m - x^n = x^n(x^{cq} - 1) \equiv 0 \pmod{x^c - 1}$$

所以若集合 $\{r_0, r_1, \cdots, r_a\}$ 与 $\{0, 1, 2, \cdots, a\}$ 相同,则

$$f(x) = \frac{x^{(a+1)b} - 1}{x^b - 1} - \frac{x^{a+1} - 1}{x - 1} = \sum_{k=0}^{a} x^{kb} - \sum_{k=0}^{a} x^k \equiv 0 \pmod{x^c - 1}$$

通分可得

$$F(x) = x^{ab+b+1} + x^b + x^{a+1} - x^{ab+b} - x^{a+b+1} - x \equiv 0 \pmod{x^c - 1}$$

因此 $\{ab+b+1, b, a+1\} \equiv \{ab+b, a+b+1, 1\} \pmod{c}$

由已知 $1 \leq a \leq c-2, 2 \leq b \leq c-1$,所以 $b \equiv 1, a+b+1 \pmod{c}$ 都不能成立,故只能有 $b \equiv ab + b \pmod{c}$,由于存在一个 k 使得 $kb \equiv r_k \equiv 1 \pmod{c}$,因此 $(b, c) = 1$,所以 $1 \equiv a+1 \pmod{c}$ 矛盾.

证法 2 我们将 $0 \leq k \leq a$ 扩展到 $0 \leq k \leq c-1$,并同样定义 r_k. 若集合 $\{r_0, r_1, r_2, \cdots, r_a\}$ 与 $\{0, 1, 2, \cdots, a\}$ 相同,则存在一个 k 使得 $kb \equiv r_k \equiv 1 \pmod{c}$,因此 $(b, c) = 1$,所以集合 $\{r_0, r_1, r_2, \cdots, r_{c-1}\}$ 与 $\{0, 1, 2, \cdots, c-1\}$ 相同,因此 $\{r_{a+1}, r_{a+2}, \cdots, r_{c-1}\}$ 与 $\{a+1, a+2, \cdots, c-1\}$ 也相同. 因此

$$r_{c-1} \equiv (c-1)b \pmod{c} = c - b \in \{a+1, a+2, \cdots, c-1\}$$
故 $$c - b \geq a + 1$$

由于存在 $0 \leq k_1, k_2 \leq a$,使得 $k_1 b \equiv a \pmod{c}$, $k_2 b \equiv a - 1 \pmod{c}$,所以 k_1, k_2 中肯定有一个小于等于 $a - 1$.

ⅰ 若 $k_1 \leq a - 1$,则
$$a \geq r_{k_1+1} \equiv (k_1+1)b \equiv a + b \pmod{c}$$
所以 $a + b \geq c$,矛盾;

ⅱ 若 $k_2 \leq a - 1$,则
$$a \geq r_{k_2+1} \equiv (k_2+1)b \equiv a + b - 1 \pmod{c}$$
所以 $a + b - 1 \geq c$,矛盾.

8.9 设 n, m, k 为正整数,且 $m \geq n$,证明:如果 $1 + 2 + \cdots + n = mk$,则可将 $1, 2, \cdots, n$ 分成 k 个组,使得每一组数之和都等于 n.

(苏联数学奥林匹克,1988 年)

证明 对 $n \in \mathbf{N}^*$ 用归纳法,当 $n = 1$ 时结论显然成立,设结论对小于 n 的正整数都成立.记 $S_n = \{1, 2, \cdots, n\}$,如果 $m = n$,则 $\frac{1}{2}(n+1) = k$ 为整数,所以可将 S_n 分成如下 k 个组
$$\{n\}, \{1, n-1\}, \{2, n-2\}, \cdots, \left\{\frac{1}{2}(n-1), \frac{1}{2}(n+1)\right\}$$

如果 $m = n + 1$,则 $n = 2k$ 为偶数,因此 S_n 可以分为如下 k 个组
$$\{1, n\}, \{2, n-1\}, \cdots, \left\{\frac{n}{2}, \frac{n}{2}+1\right\}$$

当 $m \neq n, n+1$ 时分三种情形讨论.

(1) $n + 1 < m < 2n$,且 m 为奇数,此时 $n \geq m - n - 1$,且
$$1 + 2 + \cdots + (m-n-1) = \frac{1}{2}(m-n-1)(m-n) =$$
$$\frac{1}{2}(m^2 - m(2n+1)) + \frac{1}{2}n(n+1) =$$
$$\left(\frac{1}{2}(m-2n-1) + k\right)m$$

被 m 整除,由归纳假设,集合 $S_{m-n-1} = \{1, 2, \cdots, m-n-1\}$ 可以分成 $l = k - \left(n - \frac{m-1}{2}\right)$ 个组 $A_1, A_2, \cdots, A_l$,每组数之和为 m. 于是 S_n 可以分成 k 个组

$A_1, A_2, \cdots, A_l, \{m-n, n\}$,
$\{m-n+1, n-1\}, \cdots, \left\{\frac{m-1}{2}, \frac{m+1}{2}\right\}$

(2) $n + 1 < m < 2n$,且 m 为偶数.与情形(1)相仿,S_{m-n-1} 可

以分成
$$l = k-(n-m)-(n-k)+1 = m+2k-2n+1$$
个组 $A_1, A_2, \cdots, A_l$，每组数之和为 $\frac{m}{2}$. 注意 $l = 2\left(k-n+\frac{m}{2}\right)+1$ 为奇数，于是 S_{m-n-1} 可以分成 $k-n+\frac{m}{2}+1$ 个组
$$A_1 \cup A_2, A_3 \cup A_4, \cdots, A_{l-2} \cup A_{l-1}, A_l \cup \left\{\frac{m}{2}\right\}$$
每组数之和为 m. 因此，S_n 可以分为 k 个组
$$A_1 \cup A_2, \cdots, A_{l-2} \cup A_{l-1}, A_l \cup \left\{\frac{m}{2}\right\}$$
$$\{m-n, n\}, \cdots, \left\{\frac{m}{2}-1, \frac{m}{2}+1\right\}$$

(3) $m \geq 2n$. 此时
$$k = \frac{n(n+1)}{2m} < \frac{1}{4}(n+1)$$
所以
$$n-2k \geq 2k-1 > 0$$
注意 $1+2+\cdots+(n-2k) = \frac{1}{2}(n-2k)(n-2k+1) =$
$$\frac{1}{2}n(n+1) - k(2n+1) + 2k^2 =$$
$$k(m-2n-1+2k)$$
因此由归纳假设，S_{n-2k} 可分为 k 个组 $A_1, A_2, \cdots, A_k$，每组数之和为 $m+2k-2n-1$. 记 $B_i = \{n-2k+i, n-i+1\}, i=1,2,\cdots,k$. 则 S_n 可分成 k 个组 $A_1 \cup B_1, A_2 \cup B_2, \cdots, A_k \cup B_k$，每组数之和为 m.

8.10 能否把整数集划分成三个子集，使对每个整数 n，有 $n, n-50$ 和 $n+1987$ 都在不同的子集？

证明 不能. 用反证法. 设存在合乎题中条件的一种分法. 如果整数 m 和 k 同属于一个子集，则记为 $m \sim k$，否则记为 $m \triangle k$. 首先证明，对任意整数 $n, n \triangle n+1937$，且 $n \triangle n-150$. 如果 3 数组 (a,b,c) 中 3 个数 a, b, c 分别属于 3 个不同的子集，则这个 3 数组称为"好"的. 于是由题中条件，对每个整数 n，3 数组 $(n-50, n, n+1987), (n-100, n-50, n+1937)$ 以及 $(n+1937, n+1987, n+2\cdot 1987)$ 都是"好"的. 从第一个 3 数组可以看出，$n \sim n-50$，且 $n \sim n+1987$. 从第二个 3 数组可以看出，$n+1937 \sim n-50$. 而从第三个 3 数组可以看出，$n+1937 \sim n+1987$，所以只能 $n \sim n+1937$. 现在，在第二个 3 数组中，用 n 代替 $n+1937$，则 3 数组 $(n-100, n-50, n)$ 是"好"的. 由于 n 是任意整数，所以 3 数组

$(n-150, n-100, n-50)$ 也是"好"的. 再对这两个 3 数组作比较可知, $n \sim n-150$. 这就证明, 对任意整数 n, 均有 $n \sim n+1937$, 且 $n \sim n-150$. 由此可以得到

$$0 \sim 1\,937 \sim 2 \cdot 1\,937 \sim \cdots \sim 50 \cdot 1\,937 =$$
$$646 \cdot 150 - 50 \sim 645 \cdot 150 - 50 \sim \cdots \sim -50$$

即有 $0 \sim -50$. 但由题中条件, $0 \triangle -50$, 矛盾. 结论证毕.

8.11 试求最小的正整数 n, 使得满足 $\sum_{i=1}^{n} a_i = 2\,007$ 的任意正整数数列 $a_1, a_2, \cdots, a_n$ 中必然存在连续若干项之和等于 30.

解 令 $S_0 = 0, S_k = S_0 + \sum_{i=1}^{k} a_i, \{S_i\}_{i=0}^{n}$ 单调递增, 取值为 $0, 1, 2, \cdots, 2\,007$. 这样 $a_1, a_2, \cdots, a_n$ 的连续若干项之和对应了某一对 $S_i - S_j$. 将 $\{0, 1, 2, \cdots, 2\,007\}$ 这 2 008 个整数按照除以 30 的余数划分为 30 个集合: $\{0, 30, 60, \cdots, 1\,980\}, \{1, 31, 61, \cdots, 1\,981\}, \cdots, \{27, 57, 87, \cdots, 2\,007\}, \{28, 58, 88, \cdots, 1\,978\}, \{29, 59, 89, \cdots, 1\,979\}$, 为了使得 S_k 之间的差不等于 30, 当且仅当处在一个集合任意两个 S_i 和 S_j 不能相邻, 所以这样的 S_k 最多只能取 $34 \times 28 + 33 \times 2 = 1\,018$ 个数, 所以当 $n = 1\,018$ 时, 必然存在两个 S_i 和 S_j 之间相差 30, 对应的 $a_1, a_2, \cdots, a_n$ 中有连续若干项之和等于 30. (注意包括了 S_0, 所以共有 $n+1$ 个 S_i)

而当 $n = 1\,017$ 时, 我们可以在上述 30 个集合里选取 1 018 个数: $\{0, 60, 120, \cdots, 1\,980\}, \{1, 61, 121, \cdots, 1\,981\}, \cdots, \{27, 87, 147, \cdots, 2\,007\}, \{28, 88, 148, \cdots, 1\,948\}, \{29, 89, 149, \cdots, 1\,949\}$, 然后按照大小排序, 依次令它们等于 $S_0, S_1, \cdots, S_{1\,017}$, 然后令 $a_k = S_k - S_{k-1}, k = 1, 2, \cdots, 1\,017$, 根据选取办法

$$\sum_{i=1}^{n} a_i = S_{1\,017} = 2\,007$$

由于任意两个 S_i 和 S_j 之差都不等于 30, 所以 $a_1, a_2, \cdots, a_n$ 中任意连续若干项之和都不等于 30.

8.12 一个由有限个正整数组成的非空集合 S 满足如下条件: 对于 S 的任意两个元素 i, j (可以相同), $\dfrac{i+j}{(i,j)}$ 仍然属于 S, 求所有这样的集合 S.

解 对于 S 的任意 1 个元素 i, 根据已知条件 $\dfrac{i+i}{(i,i)} = 2 \in S$,

设 s 是 S 中的一个奇数,则根据已知条件 $\dfrac{s+2}{(s,2)} = s+2$,这个奇数仍然属于 S,由此类推,此后的所有奇数都属于 S,与 S 只有有限个元素矛盾,因此 S 中不含奇数;设 S 中不等于 2 的最小偶数为 $s \geqslant 4$,根据已知条件

$$\frac{s+2}{(s,2)} = \frac{s}{2} + 1 \in S$$

但是 $2 < \dfrac{s}{2} + 1 < s$ 与假设矛盾.综上所述 S 只能有一个元素 $\{2\}$.

8.13 设 $\varphi(x)$ 是定义在 $(0, +\infty)$ 上的单调增函数,值域包含区间 $[1, +\infty)$,且对任何 $n \in \mathbf{N}, \varphi(n) \notin \mathbf{N}$,则 $f(n) = [n + \varphi(n)]$ 与 $g(n) = [n + \varphi^{-1}(n)]$ 的值域的并恰好构成自然数集 $\mathbf{N}$,其中 $\varphi^{-1}(x)$ 是 $\varphi(x)$ 的反函数.

证明 (1) 对任意的 $m, n \in \mathbf{N}, f(m) \neq g(n)$ 成立.因为若有

$$m + [\varphi(m)] = n + \varphi^{-1}(n)$$

令 $\varphi(m) = k + \alpha, 0 < \alpha < 1, k \in \mathbf{N}$

$\varphi^{-1}(n) = l + \beta, 0 < \beta < 1, l \in N, \varphi(l + \beta) = n$

因 $m + \varphi(m) > m + [\varphi(m)] = n + [\varphi^{-1}(n)] = \varphi(l+\beta) + l > \varphi(l) + l$

所以,$m > l$ 或可以写成 $m \geqslant l + 1$,于是

$$\varphi(m) \geqslant \varphi(l+1) > \varphi(l+\beta)$$
$$[\varphi(m)] \geqslant [\varphi(l+\beta)]$$

所以,由 $m \geqslant l + 1$ 得到

$$m + [\varphi(m)] \geqslant l + 1 + [\varphi(l+1)] \geqslant l + 1[\varphi(l+\beta)] = l + 1 + n > n + [\varphi^{-1}(n)]$$

这与 $m + [\varphi(m)] = n + [\varphi^{-1}(n)]$ 矛盾,故 $f(m) \neq g(n)$.

(2) 对任何 $k \in \mathbf{N}, k \geqslant \min(f(1), g(1))$,若对任何的 $n \in \mathbf{N}$,都有 $f(n) \neq k$,则可找到一个 l,使 $g(l) = k$,事实上,由 $\varphi(x)$ 的单调递增性,值域包含区间 $[1, +\infty)$,可令 $n_0 = \max\{n \mid f(n) < k\}, f(n_0) = k_0 < k$,于是

$$f(n_0) < k < f(n_0 + 1)$$

即 $n_0 + [\varphi(n_0)] < k < (n_0 + 1) + [\varphi(n_0 + 1)]$

所以 $[\varphi(n_0)] < k - n_0 < 1 + [\varphi(n_0 + 1)]$

$\varphi(n_0) < k - n_0 \leqslant [\varphi(n_0 + 1)] < \varphi(n_0 + 1)$

由 $\varphi(x)$ 单调增,$\varphi^{-1}(x)$ 也是单调增函数,故

$$n_0 < \varphi^{-1}(k - n_0) < n_0 + 1$$

$$n_0 \leqslant [\varphi^{-1}(k-n_0)] < n_0 + 1$$
即有 $$n_0 = [\varphi^{-1}(k-n_0)]$$
则 $$g(k-n_0) = k - n_0 + [\varphi^{-1}(k-n_0)] = k - n_0 + n_0 = k$$
对这个 k,取 $l = k - n_0$,即得 $g(l) = k$.

> **8.14** 设 $S = \{1,2,\cdots,1998\}$,求最小的自然数 n,使得以 S 的任一 n 元子集中都可以选出 10 个数,无论怎样均分为两组,总有一组中存在一个数与另外 4 个都互素,而另一组中存在一个数与另外 4 个都不互素.
>
> (中国数学奥林匹克,1998 年)

解 所求的最小自然数 $n = 50$. 如果 $n \leqslant 49$,则有由 n 个偶数组成的 S 的 n 元子集 A,它们有公因素 2,不能满足题中要求. 因此,$n \geqslant 50$.

下面证明 $n = 50$. 如果把 10 元素 D 任意均分为两组,总有一组中存在一个数与另外 4 个数都互素,而另一组中存在一个数与另外 4 个数都不互素,则称 D 是可分的. 设 A 是 S 的 50 元子集,以 $\alpha(A)$ 表示 A 中偶数的个数,$\beta(A) = 50 - \alpha(A)$ 表示 A 中奇数的个数,显然有 $\beta(A) \geqslant 1$.

记 $B = \{1,3,5,\cdots,97\}$,并在 B 上定义:$f(1) = 0$;当 $x \neq 1$ 时,$f(x)$ 为 S 中与 x 不互素的偶数的个数. 显然,有 $f(x) \leqslant \left[\dfrac{49}{3}\right] = 16$. 先证明下面的命题.

命题 如果存在 $x \in A$,使得 $f(x) \leqslant \alpha(A) - 9$,则集合 A 中存在一个可分的 10 元子集.

以 $g(x)$ 记 A 中与 x 互素的偶数的个数,以 $h(x)$ 记 A 中与 x 不互素的偶数的个数,则有
$$g(x) = \alpha(A) - h(x) \geqslant \alpha(A) - f(x) \geqslant 9$$
取这个 x,以及 A 中与 x 互素的 9 个偶数组成 A 的 10 元子集 D,显然,D 是可分的.

以 m_p 表示 S 中最小素因子为 p 的奇数的个数,则有 $m_3 = 16$, $m_5 = 7$, $m_7 = 4$,而当 $p \geqslant 11$ 时,$m_p \leqslant 1$. 下面按 $\alpha(A)$ 的取值分情况讨论.

(1) $\alpha(A) \geqslant 25$. 此时,任取奇数 $x \in A$,必有
$$f(x) \leqslant 16 = 25 - 9 \leqslant \alpha(A) - 9$$

(2) $24 \geqslant \alpha(A) \geqslant 16$. 此时
$$\beta(A) = 50 - \alpha(A) \geqslant 26 = 1 + 16 + 7 + 2 = 1 + m_3 + m_5 + 2$$
这表明,B 中必有最小素因子不小于 7 的奇数 x,并满足

$$f(x) \leqslant f(7) = \left[\frac{49}{7}\right] = 7 = 16 - 9 \leqslant \alpha(A) - 9$$

(3) $15 \geqslant \alpha(A) \geqslant 10$. 此时

$$\beta(A) = 50 - \alpha(A) \geqslant 35 = 1 + 16 + 7 + 4 + 6 + 1 =$$
$$1 + m_3 + m_5 + m_7 + (m_{11} + m_{13} + m_{17} + m_{19} +$$
$$m_{23} + m_{29}) + 1$$

这表明,A 中存在最小素因子不小于 31 的奇数 x,并满足

$$f(x) \leqslant f(31) = \left[\frac{49}{31}\right] = 1 = 10 - 9 \leqslant \alpha(A) - 9$$

(4) $\alpha(A) = 9$. 此时

$$\beta(A) = 50 - \alpha(A) = 41 = 1 + 16 + 7 + 4 + 12 + 1 =$$
$$1 + m_3 + m_5 + m_7 + (m_{11} + m_{13} + \cdots + m_{53}) + 1$$

这表明,A 中存在最小素因子不小于 59 的奇数 x,并满足

$$f(x) \leqslant f(59) = \left[\frac{49}{59}\right] = 0 = \alpha(A) - 9$$

(5) $\alpha(A) \leqslant 8$. 此时

$$\beta(A) = 50 - \alpha(A) \geqslant 42 = 1 + 16 + 7 + 4 + 13 + 1 =$$
$$1 + m_3 + m_5 + m_7 + (m_{11} + m_{13} + \cdots + m_{53}) + 1$$

这表明,A 中存在最小素因子不小于 61 的奇数 x,且 x 必是素数. 因为

$$\alpha(S - A) = 49 - \beta(A) = 49 - (50 - \alpha(A)) \leqslant 49 - 42 = 7$$

而 S 中形如 $3(2k-1)$ 的奇数共有 16 个,这 16 个数中至少有 $16 - 7 = 9$ 个在 A 中. 在 A 中取出 9 个形如 $3(2k-1)$ 的奇数,以及一个最小素因子不小于 61 的奇数 x,这 10 个数组成 A 的 10 元子集 D,D 显然是可分的.

由情形 (1) ~ (4) 与上述命题,以及情形 (5),即证明了在 A 中有一个可分的 10 元子集. 证毕.

8.15 集合 $S = \{105, 106, \cdots, 210\}$,从 S 中任取 n 个数,要求保证这 n 个数中至少有两个不互素. n 最小是多少?

解 A_k 代表 S 中 k 的倍数,令 $A = A_2 \cup A_3 \cup A_5 \cup A_7 \cup A_{11}$,则

$$|A| = 137 - 66 + 16 - 1 + 0 = 86$$

S 中的合数除了几何 A 以外只有 $13^2 = 169$ 一个数,所以 A 中有 87 个合数和 19 个素数. 我们接下来证明 $n = 26$ 符合要求.

(1) 我们从 S 中任取 26 个数,则至少要取 7 个合数,其中至少有 6 个在 A 中,这样至少有两个属于同一个 A_i,它们都含有 $i \geqslant 2$ 这个因子,所以它们不互素.

(2) 设 S 的所有素数集合为 P, 我们取
$$P \cup \{2 \times 97, 3 \times 67, 5 \times 41, 7 \times 29, 11 \times 19, 13^2\}$$
这 25 个数中 P 都是大于 100 的素数, 后面 6 个数互素且只含小于 100 的素因子, 所以这 25 个数两两互素.

综上所述, $n = 26$ 是满足要求的最小正整数.

8.16 可以用两种颜色给正整数 $1, 2, \cdots, 1\,986$ 染色, 使它不含有 18 个项的单色算术级数.

(匈牙利数学奥林匹克, 1986 年)

证明 设所有由正整数 $1, 2, \cdots, 1\,986$ 中 18 个数构成的算术级数集合为 M. 设 $\alpha \in M$ 的首项为 a, 公差为 d, 则 $1 \leqslant a \leqslant 1\,969$, 而且 $1 \leqslant d \leqslant \left[\dfrac{1\,986 - a}{17}\right]$. 对给定的正整数 $a, 1 \leqslant a \leqslant 1\,969$, 当 d 取 $1, 2, \cdots, \left[\dfrac{1\,986 - a}{17}\right]$ 中一个值时, 便可得到一个首项为 a, 公差为 d 的算术级数 $\alpha \in M$. 因此 M 中首项为 a 的算术级数的个数为 $\left[\dfrac{1\,986 - a}{17}\right]$. 于是 M 中所含的算术级数的个数 A 为
$$A = \sum_{a=1}^{1\,969} \left[\frac{1\,986 - a}{17}\right] \leqslant \sum_{a=1}^{1\,969} \frac{1\,986 - a}{17} \leqslant$$
$$\frac{1}{17}(1\,986 \times 1\,969 - 985 \times 1\,969) < 115\,940$$

设 $\alpha \in M$, 则 $1, 2, \cdots, 1\,986$ 中除出现在 α 的 18 个数外有 1 968 个数, 每个数有两种可能的染色方法. 因此使 α 为单色算术级数的染色方法有 $2^{1\,968}$ 种. 由于 M 中共有 A 个 18 个项的算术级数, 而一种染色方法可能染出两个以上的单色算术级数, 因此染出 18 个项的单色算术级数的染色方法至多为
$$A \cdot 2^{1\,968} < 115\,940 \cdot 2^{1\,968}$$
另一方面, 用两种方法染 1 986 个数的所有染色方法种数为 $2^{1\,986}$, 由于
$$2^{1\,986} - 2^{1\,968} \cdot 115\,940 = (2^{18} - 115\,940)2^{1\,968} =$$
$$(262\,144 - 115\,940)2^{1\,968} > 0$$
所以至少有一种染色方法, 使得二染色的正整数 $1, 2, \cdots, 1\,986$ 中不含 18 个项的算术级数.

8.17 设集合 $\{1, 2, 3, \cdots, 100\}$ 的子集 A 中没有一个数是另一个数的 2 倍, 问子集 A 中所含元素个数最多是多少?

解 记 $A_1 = \{51, 52, \cdots, 100\}, A_2 = \{26, 27, \cdots, 50\}, A_3 =$

$\{13,14,\cdots,25\}$，$A_4 = \{7,8,9,10,11,12\}$，$A_5 = \{4,5,6\}$，$A_6 = \{2,3\}$，$A_7 = \{1\}$. 则 $A_1 \bigcup A_3 \bigcup A_5 \bigcup A_7$ 含有 $50 + 13 + 3 + 1 = 67$(个)元素，其中每一个数都不是另一个数的 2 倍. 现在设集合 $A \subseteq \{1,2,\cdots,100\}$，其中每个数都不是另一个数的 2 倍，则当 $a \in A \bigcap A_2$ 时，$2a \notin A$，因此 $(A \bigcap A_2) \bigcup (A \bigcap A_1)$ 的元素个数小于等于 50，同样，$(A \bigcap A_4) \bigcup (A \bigcap A_3)$ 的元素个数小于等于 13，而 $(A \bigcap A_6) \bigcup (A \bigcap A_5)$ 的元素个数小于等于 3，因此，A 的元素个数小于等于 67.

因此，子集 A 所含元素个数之最大值是 67.

> **8.18** 设由正整数构成的集合 S 具有性质：若 $x,y \in S$，则 $x + y \in S$. 证明：存在正整数 m,d，使得对于任意整数 $x > m$，$x \in S$ 的充要条件是 $d \mid x$.

证明 设 d 为集合 $\{x - y \mid x,y \in S$ 且 $x > y\}$ 中的最小数，并记 $d = b - a$，其中 $a,b \in S$.

首先证明 a,b 能被 d 整除. 设 $a = qd + r$，q,r 是整数，$0 \leqslant r < d$.

依题意
$$x = (q+1)a \in S, y = q(a+d) = qb \in S$$
因为 $x - y = r < d$，故由 d 的最小性知 $r = 0$，即
$$a = qd, b = (q+1)d$$

其次证明对任意整数 $k \geqslant q^2$，有 $kd \in S$. 设 $k = uq + v$，u,v 是整数，$0 \leqslant v < q$.

易见 $u \geqslant q$，从而
$$k = (u - v)q + v(q+1)$$
其中 $u - v, v > 0$. 于是
$$kd = (u-v)qd + v(q+1)d = (u-v)a + vb \in S$$

最后证明对任意整数 $x \in S$，有 $d \mid x$. 设 $x = ld + h$，l,h 是整数，$0 \leqslant h < d$. 于是
$$y = (q^2 d + 1)x \in S$$
即
$$y = (q^2 ld + q^2 h + l)d + h \in S$$
又因为
$$q^2 ld + q^2 h + l \geqslant q^2$$
从而有
$$z = (q^2 ld + q^2 h + l)d \in S$$
但 $y - z = h < d$，故由 d 的最小性知 $h = 0$，即 $d \mid x$.

综上所述，只要以 $m = q^2 d$ 即可，于是命题得证.

8.19 设有限实数集合 B, M,如 M 中每个数都可唯一地表为 B 中数的整数次幂的乘积,则 B 称为 M 的基,试问:是否任意有限的正数集都具有基?

(纽约数学奥林匹克,1973 年)

证明 我们证明,有限的正数集合 M 具有基 B. 设 S 是正数集合 M 的子集. 如果 M 中每个数都可以表为
$$\alpha_1^{i_1}\alpha_2^{i_2}\cdots\alpha_m^{i_m}, \alpha_1,\alpha_2,\cdots,\alpha_m \in S, i_1,i_2,\cdots,i_m \in \mathbf{Z}$$
则 S 称为 M 的上基. 例如集合 M 自身即是 M 的上基. 在 M 的所有上基中,取集合 $S_0 = \{\beta_1,\beta_2,\cdots,\beta_n\}$,使它所含元素最少(因为 M 是有限集合,所以 S_0 存在). 首先证明,如果 $n \geq 2$,则 S_0 即是 M 的基. 设某个 $u \in M$ 可表为 S_0 中元素的两种不同形式的整数次幂之乘积
$$u = \beta_1^{i_1}\beta_2^{i_2}\cdots\beta_n^{i_n} = \beta_1^{j_1}\beta_2^{j_2}\cdots\beta_n^{j_n}$$
记 $k_l = i_l - j_l$,则 $k_1, k_2, \cdots, k_n$ 不全为 0,且 $\beta_1^{k_1}\beta_2^{k_2}\cdots\beta_n^{k_n} = 1$. 不妨设 $k_n \neq 0$,则记 $\gamma_l = \beta_l^{\frac{1}{k_n}}, l = 1, 2, \cdots, n-1$,并取 $S_1 = \{\gamma_1, \gamma_2, \cdots, \gamma_{n-1}\}$. 于是集合 S_0 中每个元素都可表为 S_1 中元素的整数次幂之乘积:当 $l = 1, 2, \cdots, n-1$ 时,$\beta_l = \gamma_l^{k_n}$,且 $\beta_n = \gamma_1^{-k_1}\gamma_2^{-k_2}\cdots\gamma_{n-1}^{-k_{n-1}}$. 因此集合 S_1 是 M 的上基,且只含 $n-1$ 个元素,与 S_0 的选取矛盾. 因此 S_0 是 M 的基. 其次设 $n = 1$,则 M 有上基 $S_0 = \{\beta\}$. 如果 $\beta \neq 1$,则因为当 $i \neq j$ 时不可能有 $\beta^i = \beta^j$,所以 S_0 是 M 的基. 如果 $\beta = 1$,则 $S_0 = \{1\}$. 于是 $M = \{1\}$,且集合 $S_1 = \{2\}$ 是 M 的基.

8.20 求证:存在一个由正整数构成的集合 A 具有如下性质:对于任何由无限多个质数组成的集合 S,存在 $k \geq 2$ 及两个正整数 $m \in A$ 和 $n \notin A$,使得 m 和 n 均为 S 中 k 个不同元素的乘积.

证法 1 我们将所有的质数从小到大排序并依次编号为 $1, 2, 3, \cdots$.

对于每个正整数,如果它能够表示成 $k(k \geq 2)$ 个不同质数的乘积,并且这 k 个质数的编号被 k 除的余数均相同,我们则令这个正整数属于 A;否则,则令其不属于 A.

下面我们证明这样得到的集合 A 便具有题设性质.

对于任意一个由无限多个质数组成的集合 S,设其中两个质数的编号分别为 a 与 $b(a < b)$. 记 $k = b - a + 1$,则 a, b 被 k 除的余数不同,从而我们可以从 S 中取出这 2 个编号分别为 a 与 b 的质数及另外的 $k - 2$ 个不同质数. 这样 k 个 S 中不同元素的乘积由

A 的定义知它不属于 A.

而另一方面,由于 S 中有无限多个元素,而被 k 除的余数只有有限种可能,从而由抽屉原则,必存在 S 中的无限多个质数,它们的编号被 k 除的余数都相同.我们从这些质数中取出 k 个,这样 k 个 S 中不同元素的乘积由 A 的定义知它属于 A.证毕.

证法 2 设集合 A 是具有形式 $q_1 q_2 \cdots q_{q_1}$,其中 $q_1 < q_2 < \cdots < q_{q_1}$ 均为质数的所有正整数构成的集合,亦即

$$A = \{2 \times 3, 2 \times 5, 2 \times 7, \cdots\} \cup \{3 \times 5 \times 7, 3 \times 5 \times 7, \cdots\} \cup$$
$$\{5 \times 7 \times 11 \times 13 \times 17, \cdots\} \cup \cdots$$

对于任何由无限多个质数组成的集合

$$S = \{p_1, p_2, p_3 \cdots\}$$

其中 $\qquad p_1 < p_2 < p_3 < \cdots$

其中 k 个不同元素的乘积 $m = p_1 p_2 \cdots p_{p_1}$ 属于 A,而 $n = p_2 p_3 \cdots p_{p_1+1}$ 不属于 A,命题得证.

8.21 设 $c(c \neq 1)$ 为一正有理数.证明:自然数集可以表为两个不交的子集 A 与 B 之并,使 A 中任意两数之比不等于 C, B 亦然.

证明 对 $n \in \mathbf{N}^*$ 递归构造集合 A 与 B.令 $1 \in A$,且设 $1, 2, \cdots, n-1$ 已分到子集 A 或 B.考虑 n,如果存在 $k_1 \in \{1, 2, \cdots, n-1\}$,使 $\dfrac{k_1}{n} = c$,则将 n 分到不含 k_1 的子集,又如果存在 $k_2 \in \{1, 2, \cdots, n-1\}$,使 $\dfrac{n}{k_2} = c$,则将 n 分到不含 k_2 的子集.注意,因为 $\dfrac{k_1}{n} < 1, \dfrac{n}{k_2} > 1$,所以 $\dfrac{k_1}{n} = c$ 与 $\dfrac{n}{k_2} = c$ 不能同时满足.如果对任意 $k_1, k_2 \in \{1, 2, \cdots, n-1\}, \dfrac{k_1}{n} \neq c, \dfrac{n}{k_2} \neq c$,则令 $n \in A$.容易验证,如此得到的划分 $A \cup B = \mathbf{N}^*$ 满足题中条件.

8.22 已知一对互素的正整数 $p > q$,试求所有的实数 c, d,使集合 $A = \left\{ \left[\dfrac{pn}{q} \right], n \in \mathbf{N} \right\}$ 和 $B = \{[(cn+d)], n \in \mathbf{N}\}$ 满足 $A \cap B = \varnothing, A \cup B = \mathbf{N}$.

解 设 $i_n = \left[\dfrac{pn}{q} \right]$,则

$$i_{kq-1} < kp - 1 < kp = i_{kq}$$

再注意到一定有 $c > 0$,从而
$$[ck(p-q) + d] = kp - 1$$
于是 $$kp > ck(p-q) + d \geqslant kp - 1$$
$$\frac{p}{p-q} - \frac{d}{k(p-q)} > c \geqslant \frac{p}{p-q} - \frac{d+1}{k(p-q)}$$

在上式中令 $k \to \infty$ 即得 $c = \dfrac{p}{p-q}$,且 $0 > d \geqslant -1$.

下面求 d,设 j 使 $p-q \mid qj - 1$,从而存在正整数 λ 使 $qj - 1 = \lambda(p-q)$,故在 $d < \dfrac{-1}{p-q}$ 时

$$[cj + d] = \left[\frac{pj}{p-q} + d\right] = j + \left[\frac{qj}{p-q} + d\right] = j + \lambda - 1$$

同时由 $qj - 1 = \lambda(p - q)$ 得

$$j + \lambda = \frac{p}{q}\lambda + \frac{1}{q}$$

从而 $$\left[\frac{p}{q}\lambda\right] = j + \lambda - 1$$

此时便有 $$[cj + d] = \left[\frac{p}{q}\lambda\right]$$

这与条件 $A \cap B = \varnothing$ 矛盾,因此一定有 $d \geqslant \dfrac{-1}{p-q}$.

现在证明上面得到的 $c = \dfrac{p}{p-q}$, $\dfrac{-1}{p-q} \leqslant d < 0$ 也是充分条件,注意到
$$i_{(k-1)q} = (k-1)p < i_{(k-1)q+1} < \cdots < i_{kq} = kp$$
以及 $[c(k-1)(p-q) + d] = p(k-1) - 1 < (k-1)p <$
$$[c \cdot ((k-1)(p-q) + 1) + d] < \cdots < [ck(p-q) + d] < kp$$

于是我们只要证明
$$\left[\frac{pn}{q}\right] \neq [cj + d], n, j \in \{1, 2, \cdots\} \qquad ①$$

设 $qj - 1 = \lambda(p-q) + h, h \in \{0, 1, \cdots, p-q-1\}$,则
$$[cj + d] = \left[\frac{pj}{p-q} + d\right] = \left[\frac{qj + d(p-q)}{p-q}\right] + j =$$
$$\left[\frac{qj - 1}{p-q}\right] + j = \lambda + j$$

$$\left[\frac{p}{q}\lambda\right] = \left[\frac{qj + q\lambda - 1 - h}{q}\right] = j + \lambda - 1 < [cj + d] < j + \lambda + 1 \leqslant$$
$$\left[\frac{qj + q\lambda + p - 1 - h}{q}\right] = \left[\frac{p}{q}(\lambda + 1)\right]$$

可见 ① 是成立的.

故 $c = \dfrac{p}{p-q}$ 和 $\dfrac{-1}{p-q} \leqslant d < 0$ 即为所求.

这个题目中,数列 $\left\{\dfrac{pn}{q}\right\}_{n=1}^{\infty}$ 和数列 $\{[cn+d]\}_{n=1}^{\infty}$ 不重复地遍历了全体正整数,满足这种性质的两个数列叫做 $\mathbf{N}$ 上的互补数列.

8.23 (贝蒂(Betty)定理) 设两个正无理数 α 和 β 适合 $\dfrac{1}{\alpha} + \dfrac{1}{\beta} = 1$,定义两个递增的数列
$$A = \{[\alpha n] \mid n = 1,2,3,\cdots\}$$
$$B = \{[\beta n] \mid n = 1,2,3,\cdots\}$$
则 $\{[\alpha n]\}$ 和 $\{[\beta n]\}$ 是 $\mathbf{N}$ 上的互补数列,即 A,B 满足 $A \cap B = \varnothing$ 和 $A \cup B = \mathbf{N}$.

证明 先证明 $A \cap B = \varnothing$. 用反证法,假定存在 $i,j \in \mathbf{N}$,使得 $[\alpha i] = [\beta j] = k$,从而 $k < \alpha i, \beta j \leqslant k+1$,也即是
$$\dfrac{i}{k+1} < \dfrac{1}{\alpha} < \dfrac{i}{k}, \dfrac{j}{k+1} < \dfrac{1}{\beta} < \dfrac{j}{k}$$
将上两式相加即得
$$k < i + j < k+1$$
这是不可能的,假设不成立,从而 $A \cap B = \varnothing$.

再证明 $A \cup B = \mathbf{N}$,仍用反证法,假设存在正整数 $k \notin A \cup B$,则存在 i_0, j_0 使得
$$i_0 \alpha < k, (i_0+1)\alpha > k+1, j_0 \beta < k, (j_0+1)\beta > k+1$$
从而 $\dfrac{i_0}{k} < \dfrac{1}{\alpha} < \dfrac{i_0+1}{k+1}, \dfrac{j_0}{k} < \dfrac{1}{\beta} < \dfrac{j_0+1}{k+1}$
将上两式相加即得
$$i_0 + j_0 < k < i_0 + j_0 + 1$$
我们又产生了矛盾,从而 $A \cup B = \mathbf{N}$.

8.24 p 是大于 5 的素数,$S = \{p - m^2 \mid m \in \mathbf{N}, m^2 < p\}$,证明:$S$ 中存在两个大于 1 的整数 a,b,使得 $a \mid b$.

证明 设 $n = [\sqrt{p}]$,若 $p = n^2 + 1$,则 n 是大于 2 的偶数,我们取 $a = p - (n-1)^2 = 2n, b = p - 1^2 = n^2$ 即可. 以下我们假定 $a = p - n^2 \geqslant 2$,令 $c = \mid n(n+1) - p \mid, b = p - c^2$,则有
$$b = p - (n - (p - n^2))^2 \equiv p - n^2 \equiv 0 \pmod{p - n^2}$$
即 $a \mid b$,我们只要再证 $b > a$ 即可.

(1) $n(n+1) > p$ 时

$$c = n(n+1) - p, n - c = p - n^2 > 0 \Rightarrow n > c > 0$$

故 $b > a$.

(2) $n(n+1) < p$ 时

$$c = p - n(n+1), n - c = (n+1)^2 - p - 1 \geqslant 0$$

若等号成立,则

$$n = c = p - n(n+1) \Rightarrow p = n(n+2)$$

矛盾.故 $n > c > 0 \Rightarrow b > a$.

> 8.25 设 $n \geqslant 4$ 是整数,$a_1, a_2, \cdots, a_n \in (0, 2n)$ 是 n 个不同的整数.证明:集合 $\{a_1, a_2, \cdots, a_n\}$ 有一个子集,其元素的和被 $2n$ 整除.
>
> (第 31 届国际数学奥林匹克候选题,1990 年)

证明 (1) 若 $n \notin \{a_1, a_2, \cdots, a_n\}$,则

$$a_1, a_2, \cdots, a_n, 2n - a_1, 2n - a_2, \cdots, 2n - a_n$$

是 $2n$ 个小于 $2n$ 的正整数,因此,其中必有两数相等,又因为 $a_1, a_2, \cdots, a_n$ 彼此不等,所以有 i, j 使

$$a_i = 2n - a_j$$

因为 $n \notin \{a_1, a_2, \cdots, a_n\}$,所以 $i \neq j$,即 a_i 和 a_j 是两个不同的整数,且满足

$$a_i + a_j = 2n$$

于是 $\{a_i, a_j\} \subset \{a_1, a_2, \cdots, a_n\}$,且 $a_i + a_j = 2n$.

(2) 若 $n \in \{a_1, a_2, \cdots, a_n\}$.令 $a_n = n$.

考虑 $n - 1 (\geqslant 3)$ 个整数

$$a_1, a_2, \cdots, a_{n-1}$$

则其中至少有两个数的差不能被 n 整除.

这是因为,若每两个数的差能被 n 整除,则由这两个数不等,它们的差必不小于 n,这时有三个数 $a_i < a_j < a_k$,有

$$a_k - a_i = (a_k - a_j) + (a_j - a_i) \geqslant 2n$$

则 $a_k \geqslant 2n + a_i$ 不属于区间 $(0, 2n)$,导致矛盾.

设 a_1 与 a_2 的差不能被 n 整除,考虑下面 n 个整数

$$a_1, a_2, a_1 + a_2, a_1 + a_2 + a_3, \cdots, a_1 + a_2 + \cdots + a_{n-1}$$

若它们被 n 除的余数都不相同,则其中必有一个能被 n 整除.

若有某两个数对模 n 同余,则它们的差能被 n 整除,显然不能是 $a_2 - a_1$,因此这个差必定是 $a_1, a_2, \cdots, a_{n-1}$ 中某些数构成的和.

因此,集合 $\{a_1, a_2, \cdots, a_{n-1}\}$ 必有一子集,其元素之和等于 kn.

若 k 为偶数,则结论已成立.

若 k 为奇数,则将 $a_n = n$ 加入这个子集,其和就为 k 的偶数倍,结论也成立.

8.26 对于任意大于 1 的整数,证明:存在一个含 n 个整数的集合 S,其中对于所有 S 的不同元素 a, b,都有 $(a-b)^2 \mid ab$.

(美国数学奥林匹克,1998 年)

证明 我们用数学归纳法来构造符合条件的非负整数集合 $S, n = 2$ 时,我们取 $S = \{0, 1\}$;假设我们对整数 $k \geq 2$,已经构造好了含有 n 个非负整数的集合 S_n,对于 S_n 的所有不同整数 (a, b),我们取 L 为所有 $(a-b)^2, ab$ 的最小公倍数,定义 $S_{n+1} = \{0\} \cup \{L + a \mid a \in S_n\}$,对于 S_{n+1} 的两个不同元素 α, β,如果 α, β 中有一个为 0,显然 $(\alpha - \beta)^2 \mid \alpha\beta$;如果 α, β 都不是 0,则 $\alpha = L + a, \beta = L + b$,其中 $a, b \in S_n$,则 $(a - b^2) \mid \alpha\beta, ab$,所以有 $n + 1$ 个整数的 S_{n+1} 符合要求.

8.27 $1, 4, 7, \cdots$ 和 $9, 16, \cdots$ 是两个等差数列,S 是每个数列前 2 004 项的并集,S 有多少个元素?

解 同时出现在两个数列的最小数为 16,而 3 和 7 的最小公倍数为 21,所以同时出现在两个数列的数可以被表示为 $16 + 21k$,其中 k 是非负整数,最大只能为 285,所以有 286 个相同的数,因此 S 有 $4\,008 - 286 = 3\,722$ 个数.

8.28 $n \geq 4$ 是一个给定的整数,对于一个正整数 $m, S_m = \{m, m+1, \cdots, m+n-1\}$.求最小的整数 $f(n)$,使得对于每个正整数 m, S_m 的所有 $f(n)$ - 元子集至少含有 3 个元素两两互素.

解 如果集合 T 有三个不同的元素两两互素,则我们称 T 是好集合. 我们首先证明:(1)$f(n)$ 是存在的,且 $f(n) \leq n$;(2)$f(n+1) \leq f(n) + 1$.

(1) 由于 $n \geq 4$,所以
$$\{m, m+1, m+2, m+3\} \subseteq S_m$$
当 m 是偶数时,$\{m+1, m+2, m+3\}$ 是好集合;当 m 是奇数时,$\{m, m+1, m+2\}$ 是好集合,所以 S_m 的所有 n - 元子集是好集合,因此 $f(n)$ 是存在的,且 $f(n) \leq n$.

(2) $S_{m+1} = S_m \cup \{m+n\}$,所以 S_{m+1} 的每一个 $f(n) + 1$ - 元

子集都至少包含 S_m 的 $f(n)$ 个元素,所以肯定是好集合,因此 $f(n+1) \leqslant f(n) + 1$.

我们来看集合 $S_2 = \{2,3,\cdots,n+1\}$,我们取 $T_2 = \{x \mid x \in S_2, (s,6) \neq 1\}$,$T_2$ 的任意三个元素或者有两个是偶数,或者有两个是 3 的倍数,也就是说 T_2 的任意三个元素不可能两两互素,由于

$$|T_2| = \left[\frac{n+1}{2}\right] + \left[\frac{n+1}{3}\right] - \left[\frac{n+1}{6}\right]$$

所以

$$f(n) \geqslant \left[\frac{n+1}{2}\right] + \left[\frac{n+1}{3}\right] - \left[\frac{n+1}{6}\right] + 1 \quad (*)$$

由(*)和(1)我们马上得知 $f(4) = 4, f(5) = 5$,正好(*)的等号成立.

由(*)可得 $f(6) \geqslant 5, f(7) \geqslant 6, f(8) \geqslant 7, f(9) \geqslant 8$,由(2)如果 $f(6) = 5$,则立刻可以得到 $f(7) = 6, f(8) = 7, f(9) = 8$.下面我们来证明 $f(6) = 5$,6 个连续整数任取一个 5 – 元子集 T,6 个连续整数中有 3 个连续偶数,也有 3 个连续奇数.如果 3 个连续奇数都属于 T,由于它们两两互素,所以 T 是好集合;下面假设 T 含有所有偶数和两个奇数,如果两个奇数是连续的,不妨设为 $2x+1$, $2x+3$,则由于 $2x+2 \in T$, $2x+1, 2x+2, 2x+3$ 是好集合,故 T 是好集合;如果两个奇数不连续,不妨设为 $2x+1, 2x+5$,则 $\{2x+1, 2x+2, 2x+5\}$ 和 $\{2x+1, 2x+4, 2x+5\}$ 中肯定有一个是好集合.因此 $f(6) = 5$.因此当 $4 \leqslant n \leqslant 9$ 时

$$f(n) = \left[\frac{n+1}{2}\right] + \left[\frac{n+1}{3}\right] - \left[\frac{n+1}{6}\right] + 1 \quad (**)$$

假设对于某个 $k \geqslant 9$,当 $n \leqslant k$ 时,(**)都成立,我们来看 $n = k+1$ 的情况,此时

$$S_m = \{m, m+1, \cdots, m+k-6\} \cup \{m+k-5, \cdots, m+k\}$$

S_m 的任意 $[f(k-5) + f(6) - 1]$ – 元子集必然包含前面子集的 $f(k-5)$ 个元素,或包含后面子集的 $f(6)$ 个元素,所以必有一个好子集,因此

$$f(k+1) \leqslant f(k-5) + f(6) - 1$$

注意到 $f(6) = 5$,根据归纳假设

$$f(k+1) \leqslant f(k-5) + f(6) - 1 =$$
$$\left[\frac{k-4}{2}\right] + \left[\frac{k-4}{3}\right] - \left[\frac{k-4}{6}\right] + 5 =$$
$$\left[\frac{k+2}{2}\right] + \left[\frac{k+2}{3}\right] - \left[\frac{k+2}{6}\right] + 1$$

根据(*),$n = k+1$ 时(**)成立,所以(**)恒成立.

8.29 对于 $S = \{1, 2, \cdots, 101\}$ 的任何一个排列,都可以从中去掉 90 个数,使得剩下的 11 个数是单调递增的或单调递减的.

证明 对于任意 $k \in S$,我们假设在这个排列中以 k 为最后一个数的最长递增数列的长度为 I_k,以 k 为第一个数的最长递减数列的长度为 D_k,这样每个 k 都对应一个二元组 (I_k, D_k). 对于 S 的任意两个不同的元素 $k > m$.

(1) 若 k 排在 m 后面,显然有 $I_k > I_m$.
(2) 若 k 排在 m 前面,则有 $D_k > D_m$.

无论哪种情况都有 $(I_k, D_k) \neq (I_m, D_m)$. 如果任意 $k \in S$ 都有 $I_k \leq 10, D_k \leq 10$,则不同的二元组只能有 100 个,S 中肯定有两个数的二元组相同,矛盾.

8.30 证明:任意 9 个连续正整数都不可能分成两个集合,使得两个集合的元素的乘积相等.

证明 假设存在 9 个连续正整数可分成两个集合,使得两个集合的元素的乘积相等. 对于任意素数 $p \geq 11$,这 9 个连续正整数中最多只能有一个是 p 的倍数,因此这 9 个连续正整数只能包含 2, 3, 5, 7 四种素因子. 另外,9 个连续正整数中最多只能有 3 个是 $2^2 = 4$ 的倍数,最多只能有 1 个是 $3^2 = 9$ 的倍数,最多只能有 1 个是 $5^2 = 25$ 的倍数,最多只能有 1 个是 $7^2 = 49$ 的倍数,因此把其中 4, 9, 16, 25 的倍数去掉,最多只能去掉 6 个数,至少还剩下 3 个数都不含平方因子,因此剩下的数都是 $2 \times 3 \times 5 \times 7 = 210$ 的因子. 而 210 的所有正整数因子为 2, 3, 5, 6, 7, 10, 14, 15, 21, 30, 35, 42, 70, 105, 210,由于剩下的 3 个数之间的差小于 9,因此这 3 个数都不可能大于 21. 所以 9 个连续正整数包含在 $1, 2, 3, \cdots, 29$ 中,由于不能包含大于 11, 13, 17, 19, 23, 29 这些素因子,所以这 9 个连续正整数只能包含在 $1, 2, 3, \cdots, 10$ 中,而 $9!, 10!$ 都不是完全平方数,矛盾.

(Erdös 证明:任意连续 k 个正整数乘积都不是完全平方数.)

8.31 求所有具有下述性质的正整数 n,能把 $2n$ 个数 $1, 1, 2, 2, \cdots, n, n$ 排成一行,使当 $k = 1, 2, \cdots, n$ 时,两个 k 之间恰有 k 个数.

(评委会,苏联,1982 年)

解 设 $n \in \mathbf{N}^*$ 具有所说的性质,$a_1, a_2, \cdots, a_{2n}$ 是符合要求的排列,用 m_k 表示 $a_i = a_j = k$ 时 i 与 j 中较小的,则 i 与 j 中较大的为 $m_k + k + j$. 因此 $2n$ 个下标之和为

$$\sum_{k=1}^{n}(m_k + (m_k + k + 1)) = 2\sum_{k=1}^{n} m_k + \frac{n(n+3)}{2}$$

另一方面,这 $2n$ 个下标之和又等于

$$\sum_{i=1}^{2n} i = n(2n+1)$$

因此 $\quad 2\sum_{k=1}^{n} m_k = n(2n+1) - \frac{n(n+3)}{2} = \frac{n(3n-1)}{2}$

即 $\frac{n(3n-1)}{4}$ 为整数. 由于 n 与 $3n-1$ 中只有一个是偶数,所以这个偶数应被 4 整除. 于是仅有两种可能:$n = 4l$ 或 $3n - 1 = 4l'$,即

$$n = \frac{4l' + 4 - 3}{3} = 4\frac{l'+1}{3} - 1 = 4l - 1, l, l' \in \mathbf{N}^*$$

下面证明,任意形如 $n = 4l$ 或 $4l - 1$ 的 $n \in \mathbf{N}^*$ 都具有题中所说性质. 当 $n = 4l, l \geq 2$ 时,符合要求的排列为

$4l - 4, \cdots, 2, 4l - 2, 2l - 3, \cdots, 1, 4l - 1, 1, \cdots, 2l - 3, 2l, \cdots, 4l - 4, 4l - 3, \cdots, 2l + 1, 4l - 2, 2l - 2, \cdots, 2, 2l - 1, 4l - 1, 2, \cdots, 2l - 2, 2l + 1, \cdots, 4l - 3, 2l - 1, 4l$

其中每一处"$\cdots$"都表示一个算术级数,其公差为 2 或 -2,且首项是它前面的最后一个数,末项是后面紧接的数. 同样,当 $n = 4l - 1, l \geq 2$ 时,符合要求的排列为

$4l - 4, \cdots, 2, 4l - 2, 2l - 3, \cdots, 1, 4l - 1, 1, \cdots, 2l - 3, 2l, \cdots, 4l - 4, 2l - 1, 4l - 3, \cdots, 2l + 1, 4l - 2, 2l - 2, \cdots, 2, 2l - 1, 4l - 1, 2, \cdots, 2l - 2, 2l + 1, \cdots, 4l - 3$

最后当 $n = 4$ 与 $n = 3$ 时,符合要求的排列是

$$2, 3, 4, 2, 1, 3, 1, 4 \text{ 与 } 2, 3, 1, 2, 1, 3$$

8.32 是否存在具有如下性质的集合 M:

(1) 集合 M 由 1 992 个自然数所构成.

(2) M 中的任何元素以及其中任意个元素之和都具有 m^k 的形式($m, k \in \mathbf{N}, k \geq 2$)?

(第 33 届国际数学奥林匹克预选题,1992 年)

解法 1 我们考察更一般的问题:

对于任何正整数 n,都存在由 n 个自然数所构成的集合 M_n 满足条件(2).

下面通过对 n 归纳来证明这个命题.

命题对于 $n = 2$ 是成立的.

例如可取 $M_2 = \{9, 16\}$. 假设对于 $k \geq 2$, 集合
$$M_k = \{a_1, a_2, \cdots, a_k\}$$
满足条件(2). 并假定其中元素的所有 $2^k - 1$ 个不同的和数可以分别地表示为
$$S_1^{\alpha_1}, S_2^{\alpha_2}, \cdots, S_{2^k-1}^{\alpha_{2^k-1}}$$
其中 $\alpha_i \geq 2 (i = 1, 2, \cdots, 2^k - 1)$.

设 $\alpha_1, \alpha_2, \cdots, \alpha_{2^k-1}$ 的最小公倍数是 m.

取 $2^k - 1$ 个不同的质数 $p_i (i = 1, 2, \cdots, 2^k - 1)$, 使得 $(m, p_i) = 1$, $i = 1, 2, \cdots, 2^k - 1$ (因为质数有无穷多个, 这一点是可以做得到的). 令
$$c_i = \prod_{\substack{j=1 \\ j \neq i}}^{2^k-1} p_j, \quad i = 1, 2, \cdots, 2^k - 1$$
则有 $(mc_i, p_i) = 1$, 再令
$$mc_i k_i + 1 = q_j p_i + r_j, j = 1, 2, \cdots, p_i$$
$$0 \leq r_j < p_i$$
则所有的这些 r_j 各不相同.

事实上, 如果这些 r_j 有些相同, 例如
$$r_{j_1} = r_{j_2}, 1 \leq j_1 < j_2 \leq p_i$$
则有 $\quad p_i \mid ((mc_i k_2 + 1) - (mc_i k_1 + 1))$
即 $\quad p_i \mid mc_i (k_2 - k_1)$

由 $(mc_i, p_i) = 1$ 及 $|k_2 - k_1| < p_i$ 可知, 这是不可能的.

于是, 所有的 p_i 个 r_j 各不相同, 因此, 在这些 r_j 中必有一个为零, 因而相应的数可被 p_i 整除, 设该数为 $mc_i k_i + 1$.

另一方面, 由中国剩余定理(即孙子定理)可知, 存在自然数 x, 使得
$$\begin{cases} x \equiv k_1 \pmod{p_1} \\ x \equiv k_2 \pmod{p_2} \\ \cdots\cdots \\ x \equiv k_{2^k-1} \pmod{p_{2^k-1}} \end{cases}$$
于是, 由 $p_i \mid mc_i k_i + 1$ 得
$$p_i \mid mc_i x + 1, i = 1, 2, \cdots, 2^k - 1$$
令
$$b = \prod_{i=1}^{2^k-1} (S_i^{\alpha_i} + 1)^{mc_i x}$$
并以 M_k 为基础构造集合 M_{k+1}
$$M_{k+1} = \{a_1 b, a_2 b, \cdots, a_k b, b\}$$

下面再证明 M_{k+1} 满足条件(2).

考虑两种情形:

(1) b 不参与求和.

这样的和均具有形式 $S_i^{a_i}b$.

由于 b 是一个自然数的 m 次方幂,而 m 是 $\alpha_1,\alpha_2,\cdots,\alpha_{2^k-1}$ 的最小公倍数,所以 b 是某个自然数的 $\alpha_i(i = 1,2,\cdots,2^k - 1)$ 次方幂.因此,所有这样的和数均符合要求,即满足条件(2).

(2) b 参与求和.

此时各和数均具有形式 $(S_i^{a_i} + 1)b$.

该数的因数具有下列形式
$$(S_i^{a_i} + 1)^{mc_ix+1},\text{对于 } i$$
$$(S_j^{a_j} + 1)^{mc_jx},\text{对于所有 } j \neq i$$

但是,由于
$$p_i \mid mc_ix + 1$$
$$p_i \mid mc_jx, \quad j \neq i$$

因此,这种和数是自然数的 p_i 次方幂.

因而,命题对 $n = k + 1$ 成立.

于是,对所有大于或等于 2 的自然数 n,都存在由 n 个自然数所构成的集合 M_n 满足条件(2).

解法 2 本题的解答蕴涵在如下的引理中.

引理 对于每个自然数 n,都存在自然数 d,使得数列 $d,2d,\cdots,nd$ 中的各数都具有形式
$$m^k, m, k \in \mathbf{N}, k \geqslant 2$$

下面用数学归纳法证明这个引理.

$n = 1$ 时,引理显然.

这时可取 $d = 1$,于是
$$d = m^k, m = 1, k = 2$$

假设对于 n,已有相应的 d 及
$$id = m_i^{k_i}$$

其中 $i = 1,2,\cdots,n; m_i,k_i \in \mathbf{N}, k_i \geqslant 2$.

设 $k_1,k_2,\cdots,k_n$ 的最小公倍数是 k,令
$$d' = d((n+1)d)^k$$

则有 $id' = id((n+1)d)^k = m_i^{k_i}((n+1)d)^k =$
$$(m_i((n+1)d)^{\frac{k}{k_i}})^{k_i}, i = 1,2,\cdots,n$$
$$(n+1)d' = (n+1)d((n+1)d)^k = ((n+1)d)^{k+1}$$

从而引理对 $n + 1$ 成立.

即对所有自然数 n,引理成立,于是本题得证.

8.33 把 $\{1,2,\cdots,100\}$ 划分成 7 个子集,证明:至少有一个子集,要么含四个数 a,b,c,d,使 $a+b=c+d$,要么含三个数 e,f,g,使 $e+f=2g$.

(南斯拉夫数学奥林匹克,1981 年)

证明 由抽屉原则,7 个子集中至少有一个子集 A,它至少含有 15 个数.子集 A 中每对数 $a>b$ 都确定一个差 $a-b$,$1 \leqslant a-b \leqslant 99$.因为至少有 $C_{15}^2 = \dfrac{15 \cdot 14}{1 \cdot 2} = 105$ 个差,所以由抽屉原则,A 中必有两对数 $a>b,c>d$,使得 $a-b=c-d$.由此可知,$a \neq c, b \neq d$.如果 $a \neq d, b \neq c$,则 A 含有 4 个数 a,b,c,d,使得 $a+b=b+c$.如果 $a=d$(或 $b=c$),则 A 含有 3 个数 a,b,c(或 a,b,d),使得 $b+c=2a$(或 $a+d=2b$).证毕.

8.34 设非空集合 $M \subset Q$ 满足下述两个条件:

(1) 如果 $a \in M, b \in M$,则 $a+b \in M$,且 $ab \in M$.

(2) 如果 $r \in Q$,则 $r \in M, -r \in M, r=0$ 这三者恰有一个成立.

证明:集合 M 与所有正有理数集合相等.

(奥地利数学奥林匹克,1975 年)

证明 由条件(2),$1 \in M$ 或 $-1 \in M$.但是 $-1 \notin M$,否则由条件(1),$(-1)(-1)=1 \in M$,与条件(2)矛盾,因此 $1 \in M$.由条件(1),$2=1+1 \in M$,$3=1+2 \in M$,等等,即 $N \subseteq M$.设 $m \in N$,如果 $-\dfrac{1}{m} \in M$,则由条件(1),$\left(-\dfrac{1}{m}\right)m = -1 \in M$,不可能.因此 $-\dfrac{1}{m} \notin M$.由条件(2),$\dfrac{1}{m} \in M$.于是由条件(1),对任意 $n,m \in N$,$n \cdot \dfrac{1}{m} = \dfrac{n}{m} \in M$.再由条件(2),$-\dfrac{n}{m} \notin M$.此处,由条件(2),$0 \notin M$.结论证毕.

8.35 正整数 $n \geqslant 2$,考虑不同整数的一个集合 F,零不属于 F,而且 F 内每个整数都是 F 内两个整数之和.F 内任意 S 个(允许相等,$2 \leqslant S \leqslant n$)整数之和从不为零.求证:$F$ 内至少有 $2n+2$ 个整数.

证明 用 F^+ 表示 F 内全部正整数组成的一个子集,用 F^- 表示 F 内全部负整数组成的一个子集,由于零不在 F 内,则

$$F = F^+ \bigcup F^- \qquad ①$$

下面证明 F^+ 及 F^- 没有一个是空集.如果 F^- 是空集,则 $F=$

F^+,由于任意正整数集合必有一个最小的正整数,而 F^+ 内最小的正整数不可能是 F^+ 内两个正整数之和,所以 F^- 不是空集.类似地,如果 F^+ 是空集,则 $F = F^-$,任意负整数集合必有一个最大的负整数,而 F^- 内最大的负整数不可能是 F^- 内两个负整数之和,所以 F^+ 也不是空集.因此,F^+ 及 F^- 内都有元素.

设 F^+ 内有 S 个正整数,在平面上取 S 个点,这 S 个点无三点共线,每个点对应 F^+ 内一个正整数.例如 $x \in F^+$,在平面上 x 对应的点用 A_x 表示.

任取 F^+ 内一个正整数 y,由题目条件,y 一定是 F 内两个整数 x,z 之和.由于 $y > 0$,则 x,z 之中至少有一个大于零,不妨设 $x > 0$,记 x,y 对应的平面上的点为 A_x, A_y,从点 A_x 到点 A_y 连一个向量 $\overrightarrow{A_x A_y}$,对于正整数 x,x 一定是 F 内两个整数 u,v 之和,由于 $x > 0$,则 u,v 中至少有一个大于零,不妨设 u 为正整数,那么,类似在平面上有向量 $\overrightarrow{A_u A_x}$,这样一直作下去.由于平面上只有 S 个点,那么,一定有若干向量组成的封闭折线图,记为
$$\overrightarrow{P_{x_1} P_{x_2}}, \overrightarrow{P_{x_3} P_{x_2}}, \cdots, \overrightarrow{P_{x_{k-1}} P_{x_k}}, \overrightarrow{P_{x_k} P_{x_1}}$$
F^+ 内正整数个数至少有 k 个(因为 $x_1, x_2, \cdots, x_{k-1}, x_k$ 这 k 个正整数全在 F^+ 内).现在,我们有
$$x_1 = x_k + z_k = (x_{k-1} + z_{k-1}) + z_k = \cdots =$$
$$x_1 + (z_1 + z_2 + \cdots + z_k) \quad ②$$
这里 $z_j \in F(1 \leq j \leq k)$,从②,有
$$z_1 + z_2 + \cdots + z_k = 0 \quad ③$$
由题目条件,$k \geq n+1$,那么 F^+ 内元素个数至少有 $n+1$ 个.

完全类似有 F^- 内元素个数也至少有 $n+1$ 个(请读者仿照 F^+ 情况证明一遍),那么 F 的全部正整数个数至少有 $2n+2$ 个.

8.36 设 $P = \{$不小于3的自然数$\}$,在 P 上定义函数 f 如下:
若 $n \in P$,$f(n)$ 表示不是 n 的约数的最小自然数,例如 $f(7) = 2, f(12) = 5$ 等.
现记 $f(n)$ 的值域为集合 M,求证:$19 \in M, 88 \notin M$.
(中国北京市高中一年级数学竞赛,1988年)

证明 设 $n = 18!$ 时,显然,$1,2,3,\cdots,17,18$ 都是 $18!$ 的约数,而 19 为不是 $18!$ 的约数的自然数中最小的一个,所以
$$f(18!) = 19$$
因此 $19 \in M$

若 $88 \in M$,即存在某个 $k \in P$,使得 $f(k) = 88 = 8 \cdot 11$.
由定义有 $88 \nmid k$,并且 $1,2,3,\cdots,86,87$ 都是 k 的约数.

心得 体会 拓广 疑问

特别地 $8 \mid k, 11 \mid k$,由于 $(8,11) = 1$,所以 $88 \mid k$.这与 $88 \nmid k$ 矛盾.因此 $88 \notin M$.

8.37 S 是一些整数对构成的集,如函数 $f:S \to S$ 可逆且对任意 $(n,m) \in S, f(n,m) \in \{(n-1,m),(n+1,m),(n,m-1),(n,m+1)\}$,则函数 $f(n,m)$ 称为万有的,证明:如果至少存在一个万有函数,则存在万有函数 $f(n,m)$,恒有
$$f(f(n,m)) \equiv (n,m),(n,m) \in S$$

证明 点 $(n,m) \in S$ 依其和数 $n+m$ 为偶数或奇数而分别称为偶点或奇点. 设万有函数 $g(n,m)$ 存在,则其反函数 $g^{-1}(n,m)$ 也是万有的,定义函数 $f(n,m)$ 如下:当 $(n,m) \in S$ 时
$$f(n,m) = \begin{cases} g(n,m), & \text{如果}(n,m)\text{为偶点} \\ g^{-1}(n,m), & \text{如果}(n,m)\text{为奇点} \end{cases}$$

注意,点 $g(n,m), g^{-1}(n,m)$ 都与点 (n,m) 有不同的奇偶性,因此,对任意点 $(n,m) \in S$,有
$$f(f(n,m)) = \begin{cases} g^{-1}(g(n,m)) = (n,m), \text{如果}(n,m)\text{为偶点} \\ g(g^{-1}(n,m)) = (n,m), \text{如果}(n,m)\text{为奇点} \end{cases}$$

这就证明了恒等式
$$f(f(n,m)) \equiv (n,m), \quad (n,m) \in S$$

由此即知,函数 $f(n,m)$ 是可逆的.为了证明函数是万有的,只须注意,函数 $g(n,m)$ 与 $g^{-1}(n,m)$ 都是万有的.

8.38 求所有正整数 k,使得集合
$$X = \{1\,994, 1\,997, 2\,000, \cdots, 1\,994 + 3k\}$$
能分解为两个子集合 $A, B (A \cup B = X, A \cap B = \varnothing)$,$A$ 内的全部正整数之和是 B 内的全部正整数之和的 9 倍.

解 用 S_X, S_A, S_B 分别表示 X, A, B 内全部正整数之和,由题目要求
$$S_X = S_A + S_B = 10 S_B \qquad ①$$
而
$$S_X = 1\,994 + 1\,997 + 2\,000 + \cdots + (1\,994 + 3k) =$$
$$1\,990(k+1) + \frac{1}{2}(k+1)(3k+8) \qquad ②$$

由 ① 和 ②,立即有
$$S_B = 199(k+1) + \frac{1}{20}(k+1)(3k+8) \qquad ③$$

由于 S_B 是正整数,因此 $(k+1)(3k+8)$ 必是 20 的倍数.当 $k =$

$5(m+1), 5m+1, 5m+2, 5m+3$ 时,这里 m 是非负整数,$(k+1)(3k+8)$ 不是 5 的倍数,当然不会是 20 的倍数.因此,只有 $k = 5m+4$,这里 m 是非负整数.换言之,$k = 5n-1$,这里 $n = m+1$ 为正整数,那么

$$\frac{1}{20}(k+1)(3k+8) = \frac{5}{4}n(3n+1) \qquad ④$$

当 $n = 4t-2, 4t-1$ 时,$n(3n+1)$ 不是 4 的倍数,而 $n = 4t, 4t-3$ 时,$n(3n+1)$ 是 4 的倍数,这里所有 t 都是正整数.因此,有

$$k = 20t - 1$$

或者

$$k = 20t - 16 \qquad ⑤$$

这里 t 为正整数.

(1) 当 $k = 20t - 1$ 时,集合 X 内共有 $20t$ 个正整数,将 X 中的全部正整数按从小到大的顺序排列,从 1 994 起,每 20 个相继正整数为一组,把每组中最大与最小的两个正整数归入集合 B.另外 18 个正整数归入集合 A.显然,这样得到的集合 A 与 B 满足题目要求.

(2) 当 $k = 20t - 16$ 时,由 ③,有

$$S_n = 199(20t - 15) + 5(4t - 3)(3t - 2) \qquad ⑥$$

X 内每个正整数,除以 3 余 2,用 $|B|$ 表示集合 B 内全体正整数的个数,从 ⑥ 有

$$S_B \equiv t \pmod{3} \qquad ⑦$$

于是,有

$$2|B| \equiv t \pmod{3} \qquad ⑧$$

这表明

$$|B| \equiv 2t \pmod{3} \qquad ⑨$$

当 $t = 8$ 时,如果集合 A, B 存在,利用 ⑥,有

$$S_B = 1\,990 \times 13 + 6\,175 = 1\,990 \times 14 + 4\,185 =$$
$$1\,990 \times 15 + 2\,195 = 1\,990 \times 16 + 205 \qquad ⑩$$

集合 X 内最大的 13 个正整数之和,由于现在 $k = 144$,于是

$$(1\,990 + 400) + (1\,990 + 403) + (1\,990 + 406) + \cdots +$$
$$(1\,990 + 436) = 1\,990 \times 13 + 5\,434 < 1\,990 \times 13 + 6\,175 \qquad ⑪$$

因此,B 内正整数个数肯定大于 13,由于 ⑨ 及 $t = 8$,有 $|B| \equiv 1 \pmod{3}$,因此,B 内正整数个数既不可能是 14,也不可能是 15.

集合 X 内最小的 16 个正整数之和是

$$(1\,990 + 4) + (1\,990 + 7) + (1\,990 + 10) + \cdots + (1\,990 + 49) =$$
$$1\,990 \times 16 + 424 > 1\,990 \times 16 + 205 \qquad ⑫$$

因此,B 内正整数个数肯定小于 16,矛盾.这表明 $t = 8$ 时,满足题目条件的子集 A, B 不存在.

当 $t = 9$ 时,$k = 164$. 由 ⑥,有相应的
$$S_B = 1\,994 \times 18 + 1\,068 \qquad ⑬$$
取 $|B| = 18$,并选择
$$B = \{1\,994, 1\,997, 2\,000, \cdots, 2\,039, 2\,210, 2\,486\}$$

讲得仔细一些,现在 X 内有 165 个正整数. 最小的是 1 994,最大的是 2 486. 取 X 内从 1 994 开始相继的 16 个正整数,以及 2 210 和 2 486,一共 18 个正整数,组成子集合 B. B 内全体正整数之和恰为 ⑬ 右端. 令 $A = X - B$,即 X 内全部剩余正整数组成子集合 A. 这样构造的集合 A 与 B 是满足题目条件的.

如果正整数 k 满足题目要求,那么对于正整数 $k + 20$,只要将 X 中新添加的 20 个正整数,最大与最小的两个正整数归入集合 B,中间 18 个正整数归入集合 A. 这样,新的子集合 A, B 仍然满足题目要求. 由于 $k = 144$ 时,没有满足题目条件的分解,则 $k = 20t - 16$,这里 $t \leqslant 8$($t \in \mathbf{N}$),也没有满足题目条件的分解.

综上所述,满足题目条件的所有 k 必为下述形式
$$k = 20t - 1, t \in \mathbf{N}$$
和
$$k = 20t - 16, \text{正整数 } t \geqslant 9$$

8.39 将 0 和 1 之间所有分母不超过 n 的分数都写成既约分数形式,再按递增顺序排成一列,设 $\dfrac{a}{b}$ 与 $\dfrac{c}{d}$ 是任意相邻两项,证明:$|bc - ad| = 1$.

证明 对 n 用归纳法. 当 $n = 1$ 时,只可能有
$$\frac{a}{b} = \frac{0}{1}, \quad \frac{1}{1} = \frac{c}{d}$$
显然有 $bc - ad = 1$. 假设当 $n = k$ 时,对任意两个相邻的既约分数 $\dfrac{a}{b} < \dfrac{c}{d}$,都有 $bc - ad = 1$. 下面证明,当 $n = k + 1$ 时,相应的结论也成立. 因为在序列
$$\frac{0}{k}, \frac{1}{k}, \frac{2}{k}, \cdots, \frac{k}{k}$$
任意相邻的两个数之间,至多只能有集合
$$\left\{\frac{1}{k+1}, \frac{2}{k+1}, \cdots, \frac{k}{k+1}\right\}$$
中的一个数,所以,如果
$$\frac{a}{b} < \frac{c}{d}$$
在 $n = k$ 时的排列中是两个相邻的数,而它们在 $n = k + 1$ 的排列中不相邻,则在 $n = k + 1$ 时的排列中,$\dfrac{a}{b}$ 与 $\dfrac{c}{d}$ 之间恰好有一个既

约分数 $\frac{q}{p}$. 因此只要分下面两种情况讨论:

(1) $\frac{a}{b} < \frac{c}{d}$, 在 $n = k+1$ 时相邻, 且在 $n = k$ 时也相邻. 此时由归纳假设, 显然有 $bc - ad = 1$.

(2) $\frac{a}{b} < \frac{q}{p} < \frac{c}{d}$, 在 $n = k+1$ 时相邻, $\frac{q}{p}$ 是既约分数, 且 $\frac{a}{b}$ 与 $\frac{c}{d}$ 在 $n = k$ 时相邻, 下面证明 $A = bp - aq = 1$, $B = cq - pd = 1$. 易知 A 和 B 都是正整数. 假设 $\max\{A,B\} > 1$, 则有

$$b + d < Bb + Ad = bcq - bdp + bdp - adq = q \leqslant k+1$$

另一方面, 由 $\quad \frac{a}{b} < \frac{c}{d}$

得 $\quad \frac{a}{b} < \frac{a+c}{b+d} < \frac{c}{d}$

这表明 $\frac{a+c}{b+d}$ 已出现在 $n = k$ 时的排列中, 从而与 $\frac{a}{b}$ 和 $\frac{c}{d}$ 在 $n = k$ 时相邻矛盾. 这也就是说, $A = 1$ 且 $B = 1$.

8.40 设 $m > 1$, 证明: $\frac{1}{m}$ 是级数 $\sum_{j=1}^{\infty} \frac{1}{j(j+1)}$ 的有限个连续项的和.

证明 由于
$$\frac{1}{j(j+1)} = \frac{1}{j} - \frac{1}{j+1}$$

故 $\quad \sum_{j=a}^{b-1} \frac{1}{j(j+1)} = \frac{1}{a} - \frac{1}{b}, a < b$

设 $a = m-1, b = m(m-1)$, 有

$$\frac{1}{a} - \frac{1}{b} = \frac{1}{m-1} - \frac{1}{m(m-1)} = \frac{1}{m}$$

故 $\quad \frac{1}{m} = \sum_{j=m-1}^{m^2-m-1} \frac{1}{j(j+1)}$

8.41 任何一组 m 个非负数的积的 m 次方根是这 m 个非负数的几何平均数.

(1) 对于哪些正整数 n, 有 n 个不同正整数的有限集合 S_n, 使得 S_n 的任何子集的几何平均数都是整数?

(2) 有没有不同正整数的无限集合 S, 能使 S 的任何有限子集的几何平均数都是整数?

(美国数学奥林匹克, 1984 年)

解 (1) m 个非负数的积的 m 次方根是整数的一个充分条件

是：

已知的 m 个数都是非负整数的幂,并且幂指数是 m 的正整数倍数.

由于 n 个不同正整数的集合 S_n 的任意非空子集可以含有 1 个,或 2 个,$\cdots$,或 n 个元素,只要这些元素是正整数的幂,并且幂指数是 $1,2,3,\cdots,n$ 的正整数倍,例如幂指数是 $n!$,这时任何非空子集的几何平均数就是整数.

因此,对于每一个正整数 n,都有 n 个不同正整数为元素的有限集合 S_n 满足要求,因为总有 n 个不同的正整数的 $n!$ 次幂可以作为 S_n 的元素.

(2) 这样的无限集合 S 不存在.

我们用反证法.

设有不同正整数的无限集合 S,它的任何有限子集的几何平均数都是整数.

我们从这些数所含素因数的幂指数来寻找矛盾.

若数 a 的标准分解式为

$$a = \prod_{i=1}^{t} p_i^{k_i}$$

其中,p_i 为素数,k_i 为正整数,$i = 1,2,\cdots,t$.

并对素数 p_i 的指数 k_i 记作

$$e(p_i, a) = k_i$$

显然,$p^k \| a$,即 $p^k | a$,且 $p^{k+1} \nmid a$.

设 a, b 是 S 中的两个不同的元素.

因为 $a \neq b$,所以至少有一个素数 p,使得

$$e(p, a) \neq e(p, b)$$

依假设,对任意正整数 m,S 有 m 元子集 $\{a, n_1, n_2, \cdots, n_{m-1}\}$ 和 $\{b, n_1, n_2, \cdots, n_{m-1}\}$,此时素数 p 在子集里各数中的指数之和应该是 m 的倍数,即

$$e(p, a) + e(p, n_1) + \cdots + e(p, n_{m-1})$$

和 $\qquad e(p, b) + e(p, n_1) + \cdots + e(p, n_{m-1})$

也应该是 m 的倍数,从而它们的差即

$$e(p, a) - e(p, b)$$

也是 m 的倍数.

由于 m 是任意的,所以只有 0 才是任意正整数的倍数,即

$$e(p, a) - e(p, b) = 0$$
$$e(p, a) = e(p, b)$$

这与 $e(p, a) \neq e(p, b)$ 相矛盾.

所以这样的无限集合 S 不存在.

第 8 章 整数与集合
Chapter 8 Integer and Concourse

8.42 是否存在正整数 $n \geq 2$,可以把 N 划分为 n 个互不相交的子集,使得从其中任意 $n-1$ 个子集中各任取一个数,所得 $n-1$ 个数之和数必属于另一个子集?

(评委会,白俄罗斯,1995 年)

解 不存在符合要求的 n,显然 $n = 2$ 不合要求.设 $n \geq 3$,并假设存在 N 的一种划分
$$N = A_1 \bigcup A_2 \bigcup \cdots \bigcup A_n$$
符合题中的要求.

先证明,如果 $a, b, c \in A_j, a \neq b$,则 $a + c$ 与 $b + c$ 必同属 $\{A_i\}$ 中的某一个集合.

否则,设 $a + c$ 与 $b + c$ 分属两个不同的集合.不妨设 $j = 1$.分两种情况讨论.

(1) $a + c \in A_1, b + c \notin A_1$.不妨设 $b + c \in A_3$,任取 $a_i \in A_i$, $i = 3, 4, \cdots, n$,则有
$$b + a_3 + a_4 + \cdots + a_n \in A_2$$
$$a + a_3 + a_4 + \cdots + a_n \in A_2$$
从而导出矛盾
$$d = (a + c) + (b + a_3 + a_4 + \cdots + a_n) +$$
$$a_4 + a_5 + \cdots + a_n \in A_3$$
$$d = (a + a_3 + a_4 + \cdots + a_n) +$$
$$(b + c) + a_4 + a_5 + \cdots + a_n \in A_1$$
同理,不可能有 $a + c \notin A_1, b + c \in A_1$.

(2) $a + c \notin A_1, b + c \notin A_1$.不妨设 $a + c \in A_2, b + c \in A_3$.任取 $a_i \in A_i, i = 4, 5, \cdots, n$,则有
$$d = a + (b + c) + a_4 + a_5 + \cdots + a_n \in A_2$$
$$d = b + (a + c) + a_4 + a_5 + \cdots + a_n \in A_3$$
因 $A_2 \bigcap A_3 = \varnothing$,也不可能.

再证明,在 $\{A_i\}$ 中有某个集合 $A_j, A_j = \{2, 4, \cdots, 2n, \cdots\}$.

任取 $x_i \in A_i, i = 1, 2, \cdots, n$,令 $y = x_1 + x_2 + \cdots + x_n$,并设 $y \in A_j$.记 $y_i = y - x_i, i = 1, 2, \cdots, n$,则有 $y_i \in A_i$.如果 $y_i = x_i$,则有 $2x_i = y \in A_j$;如果 $y_i \neq x_i$,则由第一部分所证,$2x_i = x_i + x_i$ 与 $y = y_i + x_i$ 同属某一集合,因 $y \in A_j$,所以 $2x_i \in A_j, i = 1$, $2, \cdots, n$,另取 $x'_1 \in A_1$,令 $y' = x'_1 + x_2 + x_3 + \cdots + x_n$,并设 $y' \in A_k$,重复上述证明,有 $2x'_1, 2x_i \in A_k, i = 2, 3, \cdots, n$.于是有 $k = j$,即有 $2x'_1 \in A_j$.同理,任取 $x'_i \in A_i$,都有 $2x'_i \in A_j, i = 2, 3, \cdots$,

n. 这就证明了 A_j 包含 N 中的全部偶数. 下面不妨设 $j = 1$. 于是, $A_2, A_3, \cdots, A_n$ 中的元素都是奇数. 任取 $x \in A_1$, 并设 $a_i \in A_i, i = 3, 4, \cdots, n$. 如果 n 是偶数, 则偶数 $2 + a_3 + a_4 + \cdots + a_n \in A_2$, 不可能. 因此, n 是奇数, 此时 $x + a_3 + a_4 + \cdots + a_n \in A_2$, 故是奇数, 从而 x 是偶数. 于是有, $A_1 = \{2, 4, \cdots, 2n, \cdots\}$.

最后, 设 $A_1 = \{2, 4, \cdots, 2m, \cdots\}$, 任取 $m \in N$, 并取定 $b_i \in A_i, i = 2, 3, 4, \cdots, n$. 不妨设 $b_3 > b_2$, 而 $b_3 - b_2$ 为偶数, 于是有
$$d = 2m + b_3 + b_4 + b_5 + \cdots + b_n \in A_2$$
$$d = (2m + b_3 - b_2) + b_2 + b_4 + \cdots + b_n \in A_3$$
于是有 $d \in A_2 \cap A_3$, 这与 $A_2 \cap A_3 = \varnothing$ 矛盾. 证毕.

8.43 设 $A_1, A_2, \cdots, A_r$ 两两不交, 且 $A_1 \cup A_2 \cup \cdots \cup A_r = N$, 证明: 其中必有某个子集 A_i 具有性质 P: 存在正整数 m, 使对任意整数 $k \geq 2$, 总能在 A_i 中找出 k 个数 $a_1, a_2, \cdots, a_k$, 满足 $0 < a_{j+1} - a_j \leq m (1 \leq j \leq k - 1)$.

(评委会, 捷克, 1990 年)

证明 设集合 N 有下面的 r - 分划
$$N = A_1 \cup A_2 \cup \cdots \cup A_r$$
固定, 对 $l \leq r$ 用归纳法.

首先, 如果 A_1 不具有性质 P, 则对任意的 $p \in \mathbf{N}^*$, 存在 $k(p) \in \mathbf{N}^*$, 使对任意的 $\{a_1, a_2, \cdots, a_{k(p)}\} \subset A_1, a_1 < a_2 < \cdots < a_{k(p)}$, 必有某个 $j \in \{1, 2, \cdots, k(p) - 1\}, a_{j+1} - a_j > p$, 并且整数集开区间 $(a_j, a_{j+1}) = \{a_j + 1, a_j + 2, \cdots, a_{j+1} - 2, a_{j+1} - 1\}$ 满足 $(a_j, a_{j+1}) \cap A_1 = \varnothing$. 于是, A_1 的余集 $N - A_1 = A_2 \cup A_3 \cup \cdots \cup A_r$ 具有下面的性质 R: 该集合含有任意长的连续自然数的序列.

作归纳假设: 如果 $l - 1$ 个集合 $A_1, A_2, \cdots, A_{l-1}$ 中没有一个集合具有性质 P, 则集合 $A_l \cup A_{l+1} \cup \cdots \cup A_r$ 具有性质 R.

下面证明, 如果 l 个集合 $A_1, A_2, \cdots, A_l$ 中没有一个集合具有性质 P, 则集合 $A_{l+1} \cup A_{l+2} \cup \cdots \cup A_r$ 具有性质 R. 因为 A_l 不具性质 P, 所以对任意的 $p \in \mathbf{N}^*$, 存在 $k(p) \in \mathbf{N}^*$, 使对任意的 $\{a_1, a_2, \cdots, a_{k(p)}\} \subset A_l, a_1 < a_2 < \cdots < a_{k(p)}$, 必有某个 $j \in \{1, 2, \cdots, k(p) - 1\}, a_{j+1} - a_j > p$, 且 $(a_j, a_{j+1}) \cap A_l = \varnothing$. 另一方面, 由归纳假设, $A_l \cup A_{l+1} \cup \cdots \cup A_r$ 具有性质 R, 因此, $A_l \cup A_{l+1} \cup \cdots \cup A_r$ 包含长度为 $pk(p)$ 的连续自然数的序列, 设为
$$M = \{m + 1, m + 2, \cdots, m + pk(p)\}$$

对 $i = 1, 2, \cdots, k(p)$,记
$$M_i = \{m + (i-1)p + 1, m + (i-1)p + 2, \cdots, m + ip\}$$
下面分两种情况讨论.

(1)M 中至多有 $k(p) - 1$ 个数属于 A_l. 此时必存在 $h \in \{1, 2, \cdots, k(p)\}$, $M_h \cap A_l = \varnothing$, 即有 $M_h \subset A_{l+1} \cup A_{l+2} \cup \cdots \cup A_r$. 这表明集合 $A_{l+1} \cup A_{l+2} \cup \cdots \cup A_r$ 含有长度为 p 的连续自然数的序列.

(2)M 中至少有 $k(p)$ 个数属于 A_l. 此时由前面已知,对任意 $\{a_1, a_2, \cdots, a_{k(p)}\} \subset A_l, a_1 < a_2 < \cdots < a_{k(p)}$, 必有某个 $j \in \{1, 2, \cdots, k(p) - 1\}, a_{j+1} - a_j > p$, 且 $(a_j, a_{j+1}) \cap A_l = \varnothing$, 即
$$(a_j, a_{j+1}) \subset A_{l+1} \cup A_{l+2} \cup \cdots \cup A_r$$
这表明,$A_{l+1} \cup A_{l+2} \cup \cdots \cup A_l$ 含有长度为 p 的连续自然数的序列.

因为 p 是任意的,所以 $A_{l+1} \cup A_{l+2} \cup \cdots \cup A_r$ 含有任意长的连续自然数的序列,即有性质 R. 于是,如果 $A_1, A_2, \cdots, A_l$ 中的每一个集合都不具有性质 P,则 $A_{l+1} \cup A_{l+2} \cup \cdots \cup A_r$ 具有性质 R. 特别地,如果 $A_1, A_2, \cdots, A_{r-1}$ 中的每一个集合都不具有性质 P,则集合 A_r 具有性质 R, 从而 A_r 具有性质 P. 证毕.

> **8.44** 找出具有下列性质的一切正整数 n:
> 使集合 $\{n, n+1, n+2, n+3, n+4, n+5\}$ 可以分成两个不相交的非空子集合,并且一个子集中所有元素的积与另一个子集中所有元素的积相等.
>
> (第 12 届国际数学奥林匹克,1970 年)

解法 1 假设存在自然数 n 满足题设的性质,即集合 $\{n, n+1, n+2, n+3, n+4, n+5\}$ 能够分成两个非空的不相交的子集, 其中一个子集的所有元素之积等于另一个子集中的所有元素之积.

对 $n, n+1, n+2, n+3, n+4, n+5$ 进行素因数分解,若题设的要求能实现,则每一个素因数至少在上述六个元素中的两个元素中出现,即必然存在素数 p,能整除
$$n, n+1, n+2, n+3, n+4, n+5$$
这六个连续自然数中的至少两个数,因此,这样的素数 p 只能是 2,3 或 5.

若有素因子 5,则只能在 n 和 $n+5$ 中出现,因此,数 $n+1, n+2, n+3, n+4$ 仅有素因子 2 和 3.

由于在四个连续数中恰好只有两个是奇数,这两个奇数决不

可能有因子 2,即只可能是素因子 3,所以这两个奇数必须是 3 的整数次幂,又因为这两个奇数是相邻奇数,则有
$$3^k - 3^m = 2(或 -2)$$
其中,$k > 1, m > 1$.

然而,这个等式不可能成立.

因此,满足题设条件的正整数 n 不存在.

解法 2　首先证明:把已知集合分成乘积相等的两个子集,不可能为一个子集含 1 个数,另一个子集含 5 个数.这是因为最大的数是 $n+5$,而下面的不等式显然成立,即
$$n + 5 < 4(n+3) < (n+3)(n+4)$$
因此,这六个数不能按 1,5 分成两个子集.

下面再证明:这六个数也不能按 2,4 分成两个子集.这是因为:

$n = 1$ 时,$1 \cdot 2 \cdot 3 \cdot 4 \cdot 5 \cdot 6 = 2^4 \cdot 3^2 \cdot 5$ 不是完全平方数,因而集合 $\{1,2,3,4,5,6\}$ 不可能分成两个各元素乘积相等的子集;

$n \geq 2$ 时,由 $n(n+1)(n+2)(n+3) \geq 2(n+2) \cdot 3(n+3) > (n+4)(n+5)$ 可知,也不能把已知集合按 2,4 分开.

因此,要使结论成立,两个子集只能都是三个数,我们把两个子集写成
$$\{n+i, n+k, n+5\}, \{n+l, n+j, n+s\}$$
且每个子集中的三个数都按从小到大排列,显然有 $1 \leq k \leq 4$.对 k 分情况讨论.

(1) 若 $k = 1$,则 $i = 0$.

这两个集合为 $\{n, n+1, n+5\}$ 和 $\{n+2, n+3, n+4\}$,然而
$$n(n+1)(n+5) < (n+1)(n+3)(n+4) < (n+2)(n+3)(n+4)$$
显然不合题意.

(2) 若 $k = 2$,则 $i = 0$ 或 1,此时有
$$n(n+2)(n+5) < (n+1)(n+3)(n+4)$$
$$(n+1)(n+2)(n+5) > n(n+3)(n+4)$$
显然也不合题意.

(3) 若 $k = 3$ 或 $k = 4$.除去明显不相等的情形之外,只有两种可能
$$n(n+3)(n+5) = (n+1)(n+2)(n+4)$$
$$n(n+4)(n+5) = (n+1)(n+2)(n+3)$$
由此得到的两个关于 n 的二次方程
$$n^2 + n - 8 = 0, n^2 + 3n - 2 = 0$$
均无正整数解.

因此,不存在满足题设条件的正整数 n.

> **8.45** 试确定具有下列性质的所有正整数 n：
>
> 从集合 $\{n, n+1, n+2, n+3, n+4, n+5\}$ 中可以分出两个不相交的非空子集，使得一个子集的所有元素之积等于另一个子集所有元素之积.

解 假定存在自然数 n 满足所指出的性质，即：

集合 $\{n, n+1, n+2, n+3, n+4, n+5\}$ 能够分成两个非空的不相交的子集，其中一个子集的所有元素之积等于另一个子集的所有元素之积.

则必然存在质数 p，能整除

$$n, n+1, n+2, n+3, n+4, n+5$$

这六个连续自然数中的至少两个数. 因此，这样的质数 p 只能是 2，3 或 5.

但是，数 $n+1, n+2, n+3, n+4$ 仅有质因子 2 和 3，而在这四个连续数中恰好只有两个是奇数，这两个奇数决不可能有质因子 2，只可能有质因子 3，所以这两个奇数必须是 3 的整数次幂，然而，这是不可能的，因为差

$$3^k - 3^m, \quad k > 1, m > 1$$

绝不可能等于 2.

以上矛盾，说明满足题设条件的正整数 n 不存在.

> **8.46** A 为整数组成的无限集，每一元素 $a \in A$ 是至多 1 987 个素数的乘积（重数计算在内）. 证明：必存在一个无限集 $B \subset A$ 及一个正整数 b，使 B 中任意两个数的最大公约数为 b.
>
> （第 28 届国际数学奥林匹克候选题，1987 年）

证明 （1）若每个素数都只有集合 A 中有限多个元素的约数，那么可取一个 A 的子集 B，使 B 是无限集，且 B 中每两个数都互素（即 $b = 1$）.

具体构造 B 的方法如下：

先取元素 a_1，再取与 a_1 互素的数 a_2，再取与 a_1, a_2 互素的数 a_3，由于 A 中每一元素都至多有 1 987 个素约数，且每个素数都只是集合 A 中有限多个元素的约数，所以这样的取法是可以做到的.

一般地，当取定 $a_1, a_2, \cdots, a_{n-1}$ 之后，再取 a_n 与这 $n-1$ 个数互素.

这样得到的 $B = \{a_1, a_2, \cdots, a_{n-1}, a_n, \cdots\}$ 及 $b = 1$ 符合题目的要求.

(2) 若存在素数 p_1 为 A 中无限多个元素的约数,考虑集合
$$A_1 = \left\{\frac{a}{p_1}, p_1 \mid a, a \in A\right\}$$
则 A_1 是无限集.

这时有两种可能:

或者存在无限集 $B_1 \subset A_1$,B_1 中每两个数都互素,从而取集合 B,使 B 中的元素由 B_1 中的每个元素的 p_1 倍组成,则 B 及 $b = p_1$ 符合题目要求.

或者存在无限集
$$A_2 = \left\{\frac{a}{p_1 p_2}, p_1 p_2 \mid a, a \in A\right\}$$

如此继续下去.由于 A 中每个元素至多有 1 987 个素约数,所以最终将得到符合要求的无限集 B 及数 b.

8.47 设 $S = \{1, 2, \cdots, 2\,005\}$,若 S 中任意 n 个两两互质的数组成的集合中都至少有一个质数,试求 n 的最小值.

解 首先,我们有 $n \geq 16$.事实上,取集合
$$A_0 = \{1, 2^2, 3^2, 5^2, \cdots, 41^2, 43^2\}$$
其元素,除 1 以外,均为不超过 43 的素数的平方,则 $A_0 \subseteq S$,$|A_0| = 15$,A_0 中任意两数互质,但其中无质数,这表明 $n \geq 16$.

其次,我们证明:对任意 $A \subseteq S$,$n = |A| = 16$,A 中任两数互质,则 A 中必存在一个质数.

利用反证法,假设 A 中无质数.记 $A = \{a_1, a_2, \cdots, a_{16}\}$,分两种情况讨论.

(1) 若 $1 \notin A$,则 $a_1, a_2, \cdots, a_{16}$ 均为合数,又因为 $(a_i, a_j) = 1(1 \leq i < j \leq 16)$,所以 a_i 与 a_j 的质因数均不相同,设 a_i 的最小质因数为 p_i,不妨设 $p_1 < p_2 < \cdots < p_{16}$,则

$a_1 \geq p_1^2 \geq 2^2, a_2 \geq p_2^2 \geq 3^2, \cdots, a_{15} \geq p_{15}^2 \geq 47^2 > 2\,005$

矛盾.

(2) 若 $1 \in A$,则不妨设 $a_{16} = 1$,$a_1, \cdots, a_{15}$ 均为合数,同(1)所设,同理有 $a_1 \geq p_1^2 \geq 2^2, a_2 \geq p_2^2 \geq 3^2, \cdots, a_{15} \geq p_{15}^2 \geq 47^2 > 2\,005$,矛盾.

由(1)、(2)知,反设不成立,从而 A 中必有质数,即 $n = |A| = 16$ 时结论成立.

综上,所求的 n 最小值为 16.

8.48 设 $E = \{1,2,3,\cdots,200\}$, $G = \{a_1, a_2, a_3, \cdots, a_{100}\} \subset E$, 且 G 具有下列两条性质:

(1) 对任何 $1 \leqslant i < j \leqslant 100$, 恒有
$$a_i + a_j \neq 201$$

(2) $\sum_{i=1}^{100} a_i = 10\,080.$

证明: G 中的奇数的个数是 4 的倍数, 且 G 中所有数字的平方和为一个定数.

(中国高中数学联赛, 1990 年)

证法 1 由条件 (1), $a_i + a_j \neq 201$, 所以在 G 中选了一个奇数 t, 则 E 中的相应的偶数 $201 - t$ 就必然不在 G 内.

由于 E 中 100 个偶数之和
$$2 + 4 + \cdots + 200 = \frac{(2 + 200) \cdot 100}{2} = 10\,100 > 10\,080$$

则 G 中不可能全为偶数.

设 G 中有 k 个奇数, 每个奇数设为 $2n_i - 1$ ($i = 1, 2, \cdots, k$, $n_i \in \mathbf{N}$).

从而必须从 E 中的 100 个偶数中除掉 k 个, 每个偶数设为 $2m_i$ ($i = 1, 2, \cdots, k$, $m_i \in \mathbf{N}$), 且满足
$$2n_i - 1 + 2m_i = 201$$

即
$$m_i + n_i = 101$$

于是有 $10\,100 - (2m_1 + 2m_2 + \cdots + 2m_k) +$
$$((2n_1 - 1) + (2n_2 - 1) + \cdots + (2n_k - 1)) = 10\,080$$

$20 = 2(m_1 - n_1 + m_2 - n_2 + \cdots + m_k - n_k) + k =$
$2((m_1 + n_1) - 2n_1 + (m_2 + n_2) - 2n_2 + \cdots + (m_k + n_k) - 2n_k) + k = 2(101k - 2n_1 - 2n_2 - \cdots - 2n_k) + k$

即
$$203k = 20 + 4(n_1 + n_2 + \cdots + n_k)$$

因为
$$(203, 4) = 1$$

所以必有
$$4 \mid k$$

即 G 中奇数的个数是 4 的倍数. 又
$$\sum_{i=1}^{100} a_i^2 + \sum_{i=1}^{100} (201 - a_i)^2 = \sum_{i=1}^{200} i^2$$

$$2 \sum_{i=1}^{100} a_i^2 = \sum_{i=1}^{200} i^2 - 100 \cdot 201^2 + 402 \sum_{i=1}^{100} a_i =$$
$$\sum_{i=1}^{200} i^2 - 100 \cdot 201^2 + 402 \cdot 10\,080$$

所以 $\sum_{i=1}^{100} a_i^2$ 是一个常数.

证法 2 把 E 分成
$$\{1,200\},\{2,199\},\cdots,\{100,101\}$$
共 100 个子集.

显然,集合 G 中的元素是从这 100 个子集中各取一个元素.

又可把这 100 个子集分成两类:

一类是
$$\{1,200\},\{4,197\},\{5,196\},\{8,193\},\cdots$$
这一类中每个子集中的两个元素,一个为 $4k$ 型,一个为 $4k+1$ 型.

另一类是
$$\{2,199\},\{3,198\},\{6,195\},\{7,194\},\cdots$$
这一类中每个子集中的两个元素,一个为 $4k+2$ 型,一个为 $4k+3$ 型.

设集合 G 中的 100 个元素中 $4k+1$ 型的有 x 个,$4k+3$ 型的有 y 个,则 $4k$ 型的有 $50-x$ 个,$4k+2$ 型的有 $50-y$ 个.

这时,$x+y$ 即为 G 中奇数的个数. 因为
$$\sum_{i=1}^{100} a_i \equiv (4k+1)x + 4k(50-x) + (4k+3)y +$$
$$(4k+2)(50-y) \equiv x + 3y - 2y \equiv$$
$$x + y \equiv 10\ 080 \equiv 0 \pmod{4}$$
所以
$$4 \mid x+y$$
即 G 中的奇数的个数是 4 的倍数.

下面证明 G 中所有数的平方和是一个常数. 设
$$G_1 = \{a_1, a_2, \cdots, a_{100}\}$$
$$G_2 = \{b_1, b_2, \cdots, b_{100}\}$$
为满足条件的两个不同的集合,则有
$$\sum_{i=1}^{100} a_i = \sum_{i=1}^{100} b_i = 10\ 080$$
不妨设 G_1, G_2 中不同的元素共有 k 个,记为 $a_{i_1}, a_{i_2}, \cdots, a_{i_k}$;$b_{i_1}, b_{i_2}, \cdots, b_{i_k}$,其中
$$a_{i_1} < a_{i_2} < \cdots < a_{i_k}$$
$$b_{i_1} > b_{i_2} > \cdots > b_{i_k}$$
显然有
$$a_{i_1} + b_{i_1} = a_{i_2} + b_{i_2} = \cdots = a_{i_k} + b_{i_k} = 201$$
于是

$$\sum_{i=1}^{100} a_i^2 - \sum_{i=1}^{100} b_i^2 = \sum_{j=1}^{k}(a_{i_j}^2 - b_{i_j}^2) = \sum_{j=1}^{k}(a_{i_j}+b_{i_j})(a_{i_j}-b_{i_j}) =$$
$$201\sum_{j=1}^{k}(a_{i_j}-b_{i_j}) = 201\left(\sum_{j=1}^{k} a_{i_j} - \sum_{j=1}^{k} b_{i_j}\right) = 0$$

所以 $\sum_{i=1}^{100} a_i^2 = \sum_{i=1}^{100} b_i^2$

即 G 中所有数的平方和为一常数.

8.49 求出所有的正实数 a,使得存在正整数 n 及 n 个互不相交的无限集合 $A_1, A_2, \cdots, A_n$ 满足 $A_1 \bigcup A_2 \bigcup \cdots \bigcup A_n = \mathbf{Z}$,而且对于每个 A_i 中的任意两数 $b > c$,都有 $b - c \geq a^i$.

解 若 $0 < a < 2$, n 充分大时, $2^{n-1} > a^n$, 令
$A_i = \{2^{i-1} m \mid m \text{ 为奇数}\}, i = 1, 2, \cdots, n-1, A_n = \{2^{n-1} \text{ 的倍数}\}$
则该分拆满足要求.

若 $a \geq 2$, 设 $A_1, A_2, \cdots, A_n$ 满足要求,令 $M = \{1, 2, \cdots, 2^n\}$,下证 $|A_i \bigcap M| \leq 2^{n-i}$. 设
$$A_i \bigcap M = \{x_1, x_2, \cdots, x_m\}, x_1 < x_2 < \cdots < x_m$$
则 $2^n > x_m - x_1 =$
$$(x_m - x_{m-1}) + (x_{m-1} - x_{m-2}) + \cdots + (x_2 - x_1) \geq$$
$$(m-1)2^i$$

所以 $m - 1 < 2^{n-i}$, 即 $m < 2^{n-i} + 1$, 故 $m \leq 2^{n-i}$. $A_i \bigcap M, i = 1, 2, \cdots, n$ 为 M 的一个分拆, 故
$$2^n = |M| = \sum_{i=1}^{n} |A_i \bigcap M| \leq \sum_{i=1}^{n} 2^{n-i} = 2^n - 1$$

矛盾.

因此,所求的 a 为所有小于 2 的正实数.

8.50 $n > 3$ 是一个整数,从集合 $\{2, 3, \cdots, n\}$ 中取三个数,用括号、加号和乘号把它们连接起来,考虑所有可能的组合.

(1) 证明:如果我们选出的三个数都大于 $\frac{n}{2}$, 则三个数所有可能的组合所得的数都不相同.

(2) 设 p 是一个素数, $p \leq \sqrt{n}$, 证明:选三个数,最小的数是 p,并且这三个数的所有可能的组合得到的数不是全不相等的选取方法数恰好等于 $p - 1$ 的正因子数.

(亚洲太平洋地区数学竞赛, 1992 年)

证明 (1) 设 a, b, c 是从 $\{2, 3, \cdots, n\}$ 中选出的三个数,且 $2 \leq a < b < c \leq n$, 则所有可能的组合是

$$a+b+c, ab+c, ac+b, bc+a$$
$$a(b+c), b(a+c), c(a+b), abc$$

由于 $(ab+c)-(a+b+c)=(a-1)(b-1)-1>0$
$(ac+b)-(ab+c)=(a-1)(c-b)>0$
$(bc+a)-(ac+b)=(c-1)(b-a)>0$
$b(a+c)-a(b+c)=(b-a)c>0$
$c(a+b)-b(a+c)=(c-b)a>0$
$abc-c(a+b)=c((a-1)(b-1)-1)>0$

所以 $a+b+c<ab+c<ac+b<bc+a$
$a(b+c)<b(a+c)<c(a+b)<abc$

又因为 $a(b+c)-(ac+b)=b(a-c)>0$
$b(a+c)-(bc+a)=a(b-1)>0$

所以又有 $a(b+c)>ac+b, b(a+c)>bc+a$

因此,如果在所有的组合中有可能相等的数,只有 $bc+a$ 与 $a(b+c)$ 有相等的可能. 于是
$$a=p<b<c$$

对于 $p-1$ 的每个正因子 $\gamma-1$,都有一个整数 b 和整数
$$c=\gamma p\leqslant p^2\leqslant n$$

使得组合中有两个数相等.

所以,这三个数中的所有组合中有两个数相等的选取方法数恰好等于 $p-1$ 的正因子个数.

8.51 给定正整数 $m,a,b,(a,b)=1$. A 是正整数集的非空子集,使得对任意的正整数 n 都有 $an\in A$ 或 $bn\in A$. 对所有满足上述性质的集合 A,求 $|A\cap\{1,2,\cdots,m\}|$ 的最小值.

解 (1) 当 $a=b=1$ 时, $A\cap\{1,2,\cdots,m\}=\{1,2,\cdots,m\}$,故 $|A\cap\{1,2,\cdots,m\}|=m$.

(2) 设 a,b 不全为 1,不妨设 $a>b$. 令
$$A_1=\{k\mid 若 a^l\mid k, a^{l+1}\nmid k, 则 l 是奇数\}$$

现验证 A_1 满足问题中的要求.

任取正整数 n, 设 $n=a^l n_1, a$ 不整除 n_1, 当 $2\mid l$ 时,则有
$$an=a^{l+1}n_1\in A_1$$

若 $2\nmid l$, 由于 $(a,b)=1$, 故有
$$bn=a^l bn_1\in A_1$$

此外,由于不超过 m, 且被 a^i 整除的数共有 $\left[\dfrac{m}{a^i}\right]$ 个,故由容斥原理易知

$$|A_1 \cap \{1,2,\cdots,m\}| = \sum_{i=1}^{\infty}(-1)^{i+1}\left[\frac{m}{a^i}\right]$$

现在我们证明,当 $a > b$ 时,对任意具有问题中性质的 A,总有

$$|A \cap \{1,2,\cdots,m\}| \geqslant \sum_{i=1}^{\infty}(-1)^{i+1}\left[\frac{m}{a^i}\right]$$

为了证明,考虑二元子集:

$S_k = \{ak, bk\}$,其中 $k \leqslant \dfrac{m}{a}$,且 k 中所含 a 的幂次为偶数(即若 $a^l \mid k$,但 $a^{l+1} \nmid k$,则 l 为偶数).

由于 $(a,b) = 1$,故易知 $S_k \neq S_{k'}$(其中 k' 具有与 k 相同的性质).此外,因 $a > b$,故 $1 \leqslant ak, bk \leqslant m$,于是 ak, bk 中必有一个属于 A.若设上述二元子集 S_k 共有 S 个,则

$$|A \cap \{1,2,\cdots,m\}| \geqslant S = \sum_{i=1}^{\infty}(-1)^{i+1}\left[\frac{m}{a^i}\right]$$

(最后一步仍用容斥原理).

综合上述结果可知,所求的最小值为 m(当 $a = b = 1$ 时),得 $\sum_{i=1}^{\infty}(-1)^{i+1}\left[\dfrac{m}{c^i}\right]$(当 a, b 不全为 1 时,这里 $c = \max(a, b)$).

8.52 设 p 为素数,k 是什么数时,集合 $\{1,2,\cdots,k\}$ 可以分拆为 p 个元素之和相等的子集?

(第 26 届国际数学奥林匹克候选题,1985 年)

解 我们证明:满足条件的 k 的集合为

$$V_p = \left\{k \;\middle|\; p \mid \frac{k(k+1)}{2}, k \geqslant 2p-1, k \in \mathbf{N}\right\}$$

由于在集合的分拆时,至多有一个子集仅含一个元素,而另外 $p-1$ 个子集至少含两个元素,则

$$k \geqslant 2(p-1) + 1 = 2p - 1 \qquad ①$$

又由于集合 $\{1,2,\cdots,k\}$ 分拆为 p 个元素之和相等的子集,则

$$pM = \frac{k(k+1)}{2}$$

其中,M 为每个子集的元素之和,于是

$$p \mid \frac{k(k+1)}{2} \qquad ②$$

下面证明条件 ①,② 也是 $k \in V_p$ 的充分条件.

显然,在 $k \in V_k$ 时,$k + 2p \in V_p$.

事实上,只要在对应于 k 的分拆中将 $k+i, k+2p+1-i$ 这两个元素添入第 $i(i = 1, 2, \cdots, p)$ 个子集中就可以,此时

$$\frac{(k+2p)(k+2p+1)}{2} = \frac{k(k+1)}{2} + \frac{4k+2+4p}{2} \cdot p = \frac{k(k+1)}{2} + (2k+1+2p)p$$

由 $p \mid \frac{k(k+1)}{2}$ 得

$$p \mid \frac{(k+2p)(k+2p+1)}{2}$$

现在设 k 满足条件①,②.

如果 $p = 2$,那么由 ② 可知

$$4 \mid k \text{ 或 } 4 \mid k+1$$

由于
$$\{1,2,3\} = \{1,2\} \cup \{3\}$$
$$\{1,2,3,4\} = \{1,4\} \cup \{2,3\}$$

所以 $3 \in V_p, 4 \in V_p$

再由 $k \in V_p$ 时,$k + 2p \in V_p$ 可知

$$3 + 2 \cdot 2t \in V_p, \quad 4 + 2 \cdot 2t \in V_p$$

从而 $k \in V_p$.

如果 p 是奇素数,由 ①,② 可知

$$k = mp - 1 \quad \text{或} \quad k = mp \,(m \geq 2)$$

这时只须证明 $2p - 1, 2p, 3p, 3p - 1 \in V_p$.

对于 $k = 2p - 1$,有

$\{1, 2, \cdots, 2p-1\} =$
$\{1, 2p-2\} \cup \{2, 2p-3\} \cup \cdots \{p-1, p\} \cup \{2p-1\}$

对于 $k = 2p$,有

$\{1, 2, \cdots, 2p\} = \{1, 2p\} \cup \{2, 2p-1\} \cup \cdots \cup \{p, p+1\}$

所以 $2p - 1 \in V_p, 2p \in V_p$.

对于 $k = 3p = 3(2m+1) = 6m+3$,有

$\{1, 3m+2, 6m+3\} \cup \{4, 3m+5, 6m-3\} \cup \cdots$
$\{3m+1, 6m+2, 3\} \cup \{3m+4, 2, 6m\} \cup$
$\{3m+7, 5, 6m-6\} \cup \cdots \cup \{6m+1, 3m-1, 6\}$

对于 $k = 3p - 1 = 3(2m+1) - 1 = 6m + 2$

有 $\{1, 3m+2, 6m\} \cup \{4, 3m+5, 6m-6\} \cup \cdots$
$\{3m-2, 6m-1, 6\} \cup \{3m+1, 6m+2\} \cup$
$\{3m+4, 2, 6m-3\} \cup \{3m+7, 5, 6m-9\} \cup \cdots \cup$
$\{6m+1, 3m-1, 3\}$

所以 $k \in V_p$ 时,可将集合 $\{1, 2, \cdots, k\}$ 分拆为 p 个元素之和相等的子集.

8.53 设 $c \neq 1$ 是给定的正有理数.证明:自然数集合可以表示为两个不交的子集 A 与 B 之并,使得 A 中任意两数之比与 B 中任意两数之比都不等于 c.

证明 对 $n \in \mathbf{N}$ 递归构造集合 A 与 B.令 $1 \in A$,且设 1, $2, \cdots, n-1$ 已分到子集 A 或 B.考虑 n,如果存在 $k_1 \in \{1, 2, \cdots, n-1\}$,使 $\dfrac{k_1}{n} = c$,则将 n 分到不含 k_1 的子集,又如果存在 $k_2 \in \{1, 2, \cdots, n-1\}$,使 $\dfrac{n}{k_2} = c$,则将 n 分到不含 k_2 的子集.注意,因为 $\dfrac{k_1}{n} < 1, \dfrac{n}{k_2} > 1$,所以 $\dfrac{k_1}{n} = c$ 与 $\dfrac{n}{k_2} = c$ 不能同时满足.如果对任意 $k_1, k_2 \in \{1, 2, \cdots, n-1\}, \dfrac{k_1}{n} \neq c, \dfrac{n}{k_2} \neq c$,则令 $n \in A$.容易验证,如此得到的划分 $A \bigcup B = \mathbf{N}$ 满足题中条件.

8.54 设 M 为正整数集的子集,满足
(1) 任意大于 1 的正整数 n 都可表为 $n = a + b$,其中 a, $b \in M$.
(2) 如果 $a, b, c, d \in M$ 都大于 10,则仅当 $a = c$ 或 $a = d$ 时 $a + b = c + d$,问 M 存在否?

(评委会,波兰,1983 年)

解 设题中所说的集合 M 存在.用 m_k 表示集合 M 中不超过 $k \in \mathbf{N}^*$ 的数的个数,则适合 $10 < a \leqslant k$ 的 $a \in M$ 的个数为 $m_k - m_{10}$,而且由这些数构成的不同数对之个数为

$$C_{m_k - m_{10}}^2 = \frac{1}{2}(m_k - m_{10})(m_k - m_{10} - 1)$$

让上述每对数 $a > b$ 与它们的差 $a - b$ 对应.注意,所有的差是互不相同的,否则设 $a > b$ 与 $c > d$ 具有相同的差 $a - b = c - d$,即 $a + d = c + b$,则由条件(2),有 $a = b$,或 $a = c$,前者与 $a > b$ 相矛盾,后者与 $a > b$ 和 $c > d$ 为不同数对相矛盾.因为所有的差都小于 k,因此

$$k > C_{m_k - m_{10}}^2 > \frac{1}{2}(m_k - m_{10} - 1)^2$$

但是 $m_{10} \leqslant 10$,因此对任意 $k = 11, 12, \cdots$,都有

$$m_k < \sqrt{2k} + m_{10} + 1 < \sqrt{2k} + 11$$

其次由条件(1),任意 $n \in \{2, 3, \cdots, 2k\}$ 都可表为集合 M 中某两数之和,而且这两个数要么都不超过 k,要么恰有一个大于 ak 但小

于 $2k$. 因此所有这种数对的个数既不小于 $2k-1$, 也不大于

$$\frac{1}{2}m_k(m_k-1)+m_k(m_{2k}-m_k)=\frac{1}{2}m_k(2m_{2k}-m_k-1)\leqslant \frac{1}{2}m_k(2m_{2k}-m_k)$$

于是对 $k>10$, 有

$$m_k(2m_{2k}-m_k)\geqslant 4k-2$$

由于 $m_{2k}<\sqrt{4k}+11=\alpha, m_k<\sqrt{2k}+11=\beta<\alpha$

所以

$$4k-2\leqslant m_k(2\alpha-m_k)=(\alpha-(\alpha-m_k))(\alpha+(\alpha-m_k))=\alpha^2-(\alpha-m_k)^2\leqslant 4k+44\sqrt{k}+121-k(2-\sqrt{2})^2$$

即有

$$k(2-\sqrt{2})^2-44\sqrt{k}-123\leqslant 0$$

因此对所有 $k>0$, 二次三项式 $f(\sqrt{k})=k(2-\sqrt{2})^2-44\sqrt{k}-123$ 只能取非正值, 不可能. 这表明, 满足题中条件的集合 M 不存在.

8.55 是否存在满足下述条件的整数 $n>1$: 正整数集合可以被划分成 n 个非空子集, 使得从任意 $n-1$ 个子集中, 各任取一个整数. 所得的 $n-1$ 个整数之和, 应属于剩下的那个子集.

(第 36 届国际数学奥林匹克预选题, 1995 年)

解 我们证明不存在题目要求的整数 n.

显然 $n\neq 2$. 假设 $n\geqslant 3$. 设正整数 $a\in A_1, b\in A_1$, 且 $a\neq b$. 又设 c 是 A_1 中的任意一个正整数, 它也可以与 a 或 b 相同. 假设 $a+c, b+c$ 属于不同的子集.

设正整数集合分成 n 个非空子集 $A_1, A_2, \cdots, A_n$.

(1) $a+c$ 与 $b+c$ 一个属于 A_1, 另一个不属于 A_1 的情形.

设 $a+c\in A_1, b+c\in A_3$.

在子集 A_i 中选取 $a_i, i=3,4,\cdots,n$, 则

$$b+a_3+a_4+\cdots+a_n\in A_2$$

于是

$$(a+c)+(b+a_3+\cdots+a_n)+a_4+\cdots+a_n\in A_3 \quad ①$$

另一方面 $a+a_3+a_4+\cdots+a_n\in A_2$, 于是

$$(a+a_3+a_4+\cdots+a_n)+(b+c)+a_4+\cdots+a_n\in A_1 \quad ②$$

① 与 ② 矛盾.

(2) $a+c$ 与 $b+c$ 都不属于 A_1.

设 $a+c\in A_2, b+c\in A_3$, 则

$$b+(a+c)+a_4+\cdots+a_n\in A_3 \quad ③$$

$$a+(b+c)+a_4+\cdots+a_n\in A_2 \quad ④$$

③与④矛盾.

这表明 $a+c$ 与 $b+c$ 必定属于同一子集.

在子集 A_i 中选取 $x_i, i = 1, 2, \cdots, n$.

记 $y_i = S - x_i, S = x_1 + x_2 + \cdots + x_n$,则 $y_i \in A_i$,不妨假定 $S \in A_1$,如果 $x_i = y_i$,则由前面所证
$$x_i + y_i = 2x_i = S \in A_1$$

如果 $x_i \neq y_i$,则由前面所证 $2x_i = x_i + x_i$ 与 $x_i + y_i = S$ 应属于同一子集.

由于已假定 $S \in A_1$,则 A_1 应包括全部偶数,而 $A_2, A_3, \cdots, A_n$ 都由奇数构成.

如果 n 是偶数,则由 $2 \in A_1, x_i \in A_i, i = 3, \cdots, n$ 是奇数,于是 $2 + x_3 + \cdots + x_n \in A_2$ 是一个偶数,出现矛盾.

如果 n 是奇数,则 $x_1 + x_3 + \cdots + x_n \in A_2$ 应为奇数,这表明 x_1 必定是偶数,于是 A_1 恰好由全部偶数组成,通过变动 x_1,不难证明从某一点开始,所有的奇数必定都属于 A_2,同时又都属于 A_3,矛盾.

所以,无整数 n 满足题目所要求的条件.

8.56 证明:把集合 $S = \{1,2,3,4,5\}$ 任意分为两组,总有某个组,它含有两个数及它们的差.

证明 设结论不真,且集合 S 分为两组 A 和 B,其中 $1 \in A$. 如果 $2 \in A$,则 $1, 2, 2-1 \in A$,不可能. 因此,$2 \in B$. 如果 $4 \in B$,则 $2, 4, 4-2 \in B$,不可能. 因此,$4 \in A$. 如果 $3 \in A$,则 $1, 4, 3 = 4-1 \in A$,不可能. 因此,$3 \in B$. 于是,由于 $1, 4 \in A$,所以 $5 \in B$,又因为 $2, 3 \in B$,所以 $5 \in A$. 矛盾,因此结论成立.

8.57 试求具备下述性质的最小自然数 n. 如果把集合 $\{1, 2, \cdots, n\}$ 任意分成两个不相交的子集时,则其中有一个子集含有 3 个不同的数,它们中的两个数之积等于第 3 个.

(第 29 届国际数学奥林匹克候选题,1988 年)

解 所求的最小值为 96.

设 $A_n = \{1, 2, \cdots, n\}$,又设分成的两个不相交的子集为 B_n,C_n.

我们首先证明,当 $n \geq 96$ 时,一定有一个子集中含有 3 个不同的数,它们中的两个数之积等于第 3 个.

假设 B_n 和 C_n 中的任一个都不具备这种性质,即不含有这样

的 3 个不同的数,使得其中两个的积等于第 3 个.

由于 $n \geq 96$,则 96 的约数集合
$$\{1,2,3,4,6,8,12,16,24,32,48,96\}$$
的元素决不能都在同一个集合中,不然,就存在两个数之积等于第 3 个.

不失一般性,设 $2 \in B_n$.

对 3,4 进行讨论,则 3,4 有下面四种情况:

ⅰ $3 \in B_n, 4 \in B_n$.
ⅱ $3 \in B_n, 4 \in C_n$.
ⅲ $3 \in C_n, 4 \in B_n$.
ⅳ $3 \in C_n, 4 \in C_n$.

对 ⅰ,因为 $2,3,4 \in B_n$,则
$$6 \notin B_n, 8 \notin B_n, 12 \notin B_n$$
即 $$6 \in C_n, 8 \in C_n, 12 \in C_n$$
从而 $48 \in B_n$,又 $2 \in B_n$,则
$$2 \cdot 48 \in C_n$$
即 $$96 \in C_n$$
另一方面,$8 \in C_n, 12 \in C_n$,则
$$8 \cdot 12 \in B_n$$
即 $$96 \in B_n$$
于是 $96 \in C_n$,又 $96 \in B_n$,引出矛盾.

所以 ⅰ 不可能.

对 ⅱ,因为 $2,3 \in B_n, 4 \in C_n$,则 $6 \notin B_n$,即 $6 \in C_n$,从而 $24 \in B_n$.

因为 $3 \in B_n, 24 \in B_n$,则 $8 \in C_n$.

由于 $2 \in B_n, 24 \in B_n$,则 $12 \in C_n, 48 \in C_n$.

另一方面,$6 \in C_n, 8 \in C_n$,则
$$6 \cdot 8 = 48 \in B_n$$
从 $48 \in B_n$ 又 $48 \in C_n$ 引出矛盾.所以 ⅱ 不可能.

对 ⅲ,因为 $2,4 \in B_n, 3 \in C_n$,则
$$8 \in C_n, 24 \in B_n$$
从而由 $4 \in B_n, 24 \in B_n$ 得 $6 \in C_n$.

由 $6 \in C_n, 8 \in C_n$ 得 $48 \in B_n$,由 $2 \in B_n, 24 \in B_n$ 得 $48 \in C_n$.

于是又引出矛盾.

对 ⅳ,因为 $2 \in B_n, 3,4 \in C_n$,则
$$12 \in B_n, 24 \in C_n$$
又 $2 \in B_n, 12 \in B_n$,则 $6 \in C_n$.

而由 $4 \in C_n, 6 \in C_n$,得 $24 \in B_n$.

于是引出 $24 \in C_n$ 又 $24 \in B_n$ 的矛盾.

所以 iv 不可能.

由以上,$n \geq 96$ 时,一定有一个子集中存在三个数,其中两个数之积等于第3个.

当 $n < 96$ 时,可以构造一个方法,使得任一子集中都不存在符合条件的三个数.

对于 $A_{95} = \{1,2,3,\cdots,95\}$,取
$$B_n = \{1,p,p^2,p^2qr,p^4q,p^3q^2\}$$
$$C_n = \{p^3,p^4,p^5,p^6,pq,p^2q,pqr,p^3q,p^2q^2\}$$
其中,p,q,r 取不大于 95 的不同素数.

例如,$B_{95} = \{1,2,3,4,5,7,9,11,13,17,19,23,25,29,31,37,41,43,47,48,49,53,59,60,61,67,71,72,73,79,80,83,84,89,90\}$.
$$C_{95} = A_{95}/B_{95}$$

8.58 将集合 $X = \{1,2,3,4,5,6,7,8,9\}$ 任意划分的两个子集,至少有一个子集合三个数,其中的数之和为第三数的两倍.

(罗马尼亚数学奥林匹克,1978 年)

证明 设结论不真,且设 $X = A \cup B, 5 \in A$.如果 $3 \in A$,则因 $1+5 = 2 \cdot 3, 3+5 = 2 \cdot 4, 3+7 = 2 \cdot 5$,故 $1 \in B, 4 \in B$ 且 $7 \in B$.但因 $1+7 = 2 \cdot 4$,所以 $1,4,7$ 至少有一个不属于 B,矛盾.如果 $3 \in B$,则因 $5+7 = 2 \cdot 6$,故 6 与 7 不能同时属于 A.分两种情形讨论.首先设 $7 \in A, 6 \in B$.因为 $9+3 = 2 \cdot 6$,所以 $9 \in A$,又 $9+5 = 2 \cdot 7$,所以 $9 \in B$,矛盾.其次设 $7 \in B, 6 \in A$,因为 $4+6 = 2 \cdot 5$,所以 $4 \in B$.又因为 $1+7 = 2 \cdot 4, 2+4 = 2 \cdot 3$,所以 $1 \in A$,$2 \in A$.环境是由 $8+2 = 2 \cdot 5 = 9+1$ 可知 $8 \in B, 9 \in B$.但是 $9+7 = 2 \cdot 8$,所以 $9 \in A$ 矛盾.证毕.

8.59 正整数 n 是 4 的倍数,设 $E = \{1,2,3,\cdots,2n\}$,$G = \{a_1,a_2,a_3,\cdots,a_n\} \subset E$,且集合 G 具有下列两条性质:

(1) 对任何 $1 \leq i < j \leq n, a_i + a_j \neq 2n+1$.

(2) $\sum_{j=1}^{n} a_j = 4A$,这里 A 是个固定的正整数.

求证:G 中的奇数的个数是 4 的倍数,且 G 中所有正整数的平方和为一个定数.

证明 将集合 E 分成 $\{1,2n\},\{2,2n-1\},\{3,2n-2\},\cdots,\{n,n+1\}$ 共 n 个子集.每个子集仅两个正整数,且和为 $2n+1$.由

于题目条件(1),集合 G 恰是从上述 n 个子集中各取一个正整数组成.

将上述 n 个两元子集分成两类,第一类是 $\{1,2n\}$,$\{4,2n-3\}$,$\{5,2n-4\}$,$\{8,2n-7\}$,$\cdots$,$\{n-3,n+4\}$,$\{n,n+1\}$,由于 n 是 4 的倍数,这第一类每个子集中有一个正整数是 4 的倍数,另一个正整数除以 4 余 1. 第二类是 $\{2,2n-1\}$,$\{3,2n-2\}$,$\{6,2n-5\}$,$\{7,2n-6\}$,$\cdots$,$\{n-2,n-3\}$,$\{n-1,n+2\}$,这第二类每个子集中有一个正整数除以 4 余 2,另一个正整数是除以 4 余 3. 这第一类恰有 $\dfrac{n}{2}$ 个子集,第二类也恰有 $\dfrac{n}{2}$ 个子集.

集合 G 的 n 个正整数中取自第一类子集恰有 $\dfrac{n}{2}$ 个,取自第二类子集的也有 $\dfrac{n}{2}$ 个. 设集合 G 的 n 个正整数中,除以 4 余 1 的有 x 个,则是 4 的倍数的有 $\dfrac{n}{2} - x$ 个. 除以 4 余 3 的有 y 个,那么除以 4 余 2 的就有 $\dfrac{n}{2} - y$ 个. $x + y$ 就是集合 G 中奇数的个数.

$$\sum_{j=1}^{n} a_j \equiv x + 3y + 2\left(\dfrac{n}{2} - y\right) \pmod{4} \equiv x + y \pmod{4}$$

由于
$$\sum_{j=1}^{n} a_j = 4A \equiv 0 \pmod{4}$$

则 $x + y$ 是 4 的倍数.

又设 $G = \{a_1, a_2, a_3, \cdots, a_n\}$,$G^* = \{b_1, b_2, b_3, \cdots, b_n\}$ 为满足题目条件的两个不同的集合,那么

$$\sum_{j=1}^{n} a_j = 4A, \sum_{j=1}^{n} b_j = 4A$$

不妨设 G 中有 k 个正整数 $a_{j1}, a_{j2}, \cdots, a_{jk}$ 与 G^* 中 k 个正整数 $b_{j1}, b_{j2}, \cdots, b_{jk}$ 不相同($1 \leqslant k \leqslant n$),其中 $a_{j1} < a_{j2} < \cdots < a_{jk}$,$b_{j1} > b_{j2} > \cdots > b_{jk}$,这里不相同的意思是讲没有一个 a_{js}($1 \leqslant s \leqslant k$) 与 $b_{j1}, b_{j2}, \cdots, b_{jk}$ 中某一个相同. G 与 G^* 中其余正整数两两对应相等,显然,对于 G, G^* 对应相等的正整数的平方和,当然是同一个数,因此,我们只须考虑数 $a_{j1}, a_{j2}, \cdots, a_{jk}$ 与 $b_{j1}, b_{j2}, \cdots, b_{jk}$ 即可. 明显地

$$\sum_{l=1}^{k} a_{jl} = \sum_{l=1}^{k} b_{jl}$$

如果能证明
$$\sum_{l=1}^{k} a_{jl}^2 = \sum_{l=1}^{k} b_{jl}^2$$

则 G 中所有正整数的平方和等于 G^* 中所有正整数的平方和.

由于 G 与 G^* 中所有正整数都是从前述 n 个两元子集中各取一个正整数组成,从 G, G^* 中删除相同的正整数后,$a_{j1}, a_{j2}, \cdots$,

a_{jk} 属于 k 个两元子集恰也是 $b_{j1},b_{j2},\cdots,b_{jk}$ 所属的 k 个两元子集. 因此, $a_{j1},a_{j2},\cdots,a_{jk}$ 与 $b_{j1},b_{j2},\cdots,b_{jk}$ 全体恰是这 k 个两元子集中包含的全部 $2k$ 个正整数. 又由于这 k 个两元子集的每个子集内两个正整数的和为定值 $2n+1$, 且 $a_{j1}<a_{j2}<\cdots<a_{jk}, b_{j1}>b_{j2}>\cdots>b_{jk}$, 那么, 必有
$$a_{j1}+b_{j1}=a_{j2}+b_{j2}=\cdots=a_{jk}+b_{jk}=2n+1$$
于是, 我们可以得到
$$\sum_{j=1}^{n}a_j^2-\sum_{j=1}^{n}b_j^2=\sum_{l=1}^{k}a_{jl}^2-\sum_{l=1}^{k}b_{jl}^2=\sum_{l=1}^{k}(a_{jl}^2-b_{jl}^2)=$$
$$\sum_{l=1}^{k}(a_{jl}+b_{jl})(a_{jl}-b_{jl})=$$
$$(2n+1)\sum_{l=1}^{k}(a_{jl}-b_{jl})=$$
$$(2n+1)\left(\sum_{l=1}^{k}a_{jl}-\sum_{l=1}^{k}b_{jl}\right)=0$$

> **8.60** 设正整数 k, 使集合
> $$X=\{3^{31},3^{31}+1,\cdots,3^{31}+k\}$$
> 可以分解为三个不相交的子集 A,B 和 C 的并集, 且这三个集的元素之和等于同一个值.
> 求证: $k\equiv 1\pmod 3$, 试找出一列具有这样性质的 k.
> （中国浙江省高中数学夏令营, 1990 年）

证明 由题意知
$$3\mid 3^{31}+(3^{31}+1)+(3^{31}+2)+\cdots+(3^{31}+k)$$
$$3\left|\left[(k+1)3^{31}+\frac{k(k+1)}{2}\right]\right.$$

于是 $\qquad 3\left|\dfrac{k(k+1)}{2}\right.$

从而 $\qquad 3\mid k(k+1)$

即 $\qquad 3\mid k$ 或 $3\mid k+1$

即 $\qquad k\not\equiv 1\pmod 3$

取 $k+1=6m$, 即 $k=6m-1(m\in\mathbf{N})$ 就可得到符合题意的一列数.

令 $A_i=\{3^{31}+i,3^{31}+i+1,\cdots,3^{31}+i+5\}$, 由于
$$(3^{31}+i)+(3^{31}+i+5)=(3^{31}+i+1)+(3^{31}+i+4)=$$
$$(3^{31}+i+2)+(3^{31}+i+3)$$

所以只要把 $A_0,A_6,A_{12},\cdots,A_{6m-6}$ 每个集合中最大和最小的元素作为 A 的元素, 第二大和第二小的元素作为 B 的元素, 余下

的作为 C 的元素即可得到所需的子集 A,B,C.

8.61 正整数 $n > 1$, $A_n = \{x \in \mathbf{N} \mid (x,n) \neq 1\}$. 正整数 n 称为有趣的,如果对于任何 $x, y \in A_n$,有 $x + y \in A_n$. 求所有有趣的大于 1 的正整数 n.

解 p 是一个质数,我们先证明对于所有 $n = p^s (s \in \mathbf{N})$ 是有趣的正整数. 对于这样的 n,如果有 $x \in \mathbf{N}, (x,n) \neq 1$,那么,$p$ 一定是 x 的因子,因而对于任何 $x, y \in A_{p^s}$, x, y 都是 p 的倍数,于是 $x + y$ 也是 p 的倍数,从而 $(x + y, p^s) \neq 1$,即 $x + y \in A_{p^s}$. 所以 $n = p^s$ 是有趣的大于 1 的正整数.

如果正整数 n 至少有两个不同的质因子,记 $n = p^s q$,这里 p 是一个质数,s 是一个正整数,q 是一个与 p 互质的正整数,且 $q > 1$. 由于 $(p, p^s q) = p$, $(q, p^s q) = q$,那么 $p \in A_{p^s q}$, $q \in A_{p^s q}$,如果 $(p + q, p^s q) = r, r \in \mathbf{N}$,且 $r > 1$,由于 $p + q$ 是 r 的倍数,p, q 互质,则大于 1 的正整数 r 既与 p 互质,又与 q 互质,这与 $p^s q$ 是 r 的倍数矛盾,因此,有 $(p + q, p^s q) = 1$,那么,$p + q$ 不在 $A_{p^s q}$ 内,则 $n = p^s q$ 不是有趣的正整数.

所以,所求的全部有趣的大于 1 的正整数 $n = p^s$,这里 p 是任意一个质数,s 是任意一个正整数.

8.62 求证:存在一个具有下述性质的正整数的集合 A:对于任何由无限多个素数组成的集合 S. 存在 $k \geq 2$ 及正整数 $m \in A$ 和 $n \notin A$,使得 m 和 n 均为 S 中 k 个不同元素的乘积.

证法 1 设 $q_1, q_2, \cdots, q_n, \cdots$ 是全部素数从小到大的排列,即 $q_1 = 2, q_2 = 3, q_3 = 5, q_4 = 7, q_5 = 11, q_6 = 13, q_7 = 17, \cdots$.

令 $A_1 = \{2 \times 3, 2 \times 5, 2 \times 7, 2 \times 11, \cdots\}$,即 A_1 是全部 $2 \times q$ 的集合,这里 q 是大于 2 的素数;

$A_2 = \{3 \times 5 \times 7, 3 \times 5 \times 11, \cdots, 3 \times 7 \times 11, 3 \times 7 \times 13, \cdots\}$,即 A_2 是全部 $3 \times q_i \times q_j$ 的集合,这里 $q_i < q_j$, q_i, q_j 都是大于 3 的素数;

……

简洁地写,对于任一个正整数 t_1,令
$$A_{t_1} = \bigcup_{q_{t_1} < q_{t_2} < \cdots < q_{t_{q_{t_1}}}} < q_{t_1} q_{t_2} \cdots q_{t_{q_{t_1}}} \qquad ①$$

这里 $q_{t_i} (i = 1, 2, \cdots, q_{t_1})$ 全部是素数. 该并集是满足 $q_{t_1} < q_{t_2} < \cdots < q_{t_{q_{t_1}}}$ 条件的全部素数的并集. 再令

$$A = \bigcup_{t_1=1}^{\infty} A_{t_1} \qquad ②$$

对于由无限个素数组成的集合

$$S = \{p_1, p_2, \cdots, p_t, \cdots\} \qquad ③$$

其中 $p_1 < p_2 < \cdots < p_t < \cdots, p_1 \geqslant 2, p_2 \geqslant 3, p_3 \geqslant 5, \cdots$. 因素数 p_i 是某个 $q_{t_i}(i = 1, 2, \cdots, p_1 + 2)$, 由 ① 知

$$p_1 p_2 \cdots p_{p_1} = q_{t_1} q_{t_2} \cdots q_{t_{q_{p_1}}} \in A_{t_1} \subset A \qquad ④$$

令 $m = p_1 p_2 \cdots p_{p_1}$, 则 $m \in A$. 由于

$$q_t - q_{t_1} = p_3 - p_1 \geqslant 3 \qquad ⑤$$

那么

$$p_{p_1+2} = p_{t_{p_1+2}} = p_{t_{q_{t_1}+2}} < q_{t_{q_{t_3}}} \qquad ⑥$$

于是

$$p_3 p_4 \cdots p_{p_1+2} = q_{t_3} q_{t_4} \cdots q_{t_{q_{t_1}+2}} \notin A \qquad ⑦$$

令

$$n = p_3 p_4 \cdots p_{p_1+2}, k = p_1 \qquad ⑧$$

本题得证.

证法 2 先给出一个引理.

引理 在正整数集合的所有有限子集上, 可以涂黑色或白色, 使得对正整数的任意一个无限集, 总有两个 k 元子集, $k \geqslant 2$. 一个子集是黑色, 一个子集是白色.

引理的证明 对于正整数的一个 k 元子集, $k \geqslant 2$, 如果在 mod k 意义下, 该 k 元子集属于同一个剩余类, 那么将该子集涂黑色, 否则涂白色.

由此, 对于任意一个无限正整数的集合 $B - \{b_1, b_2, \cdots\}$, 置

$$k = |b_1 - b_2| + 1 \qquad ①$$

因为 $b_1 - b_2 \not\equiv 0 \pmod{k}$, 则 k 元子集 $\{b_1, b_2, \cdots, b_k\}$ 涂白色.

但是 B 是一个无限集, 必存在一个无限子集 $\{b_{i_1}, b_{i_2}, \cdots\}$, 这里 $i_1 < i_2 < \cdots$, 使得

$$b_{i_j} \equiv b_{i_l} \pmod{k} \qquad ②$$

那么子集 $\{b_{i_1}, b_{i_2}, \cdots, b_{i_k}\}$ 涂黑色. 引理成立.

假如 $p_1 < p_2 < p_3 < \cdots < p_n < \cdots$ 是全部素数, 即 $p_1 = 2$, $p_2 = 3, p_3 = 5$ 等.

用下述方法取集合 A, 对于任意有限正整数集合 $\{i_1, i_2, \cdots, i_k\}$, 其中 $i_1 < i_2 < \cdots < i_k$, 如果集合 $\{i_1, i_2, \cdots, i_k\}$ 是黑色的, 令

$p_{i_1}p_{i_2}\cdots p_{i_k} \in A$,否则 $p_{i_1}p_{i_2}\cdots p_{i_k} \notin A$.

下面证明集合 A 满足条件.

对于任意无限素数集合 $S = \{p_{s_1}, p_{s_2}, \cdots\}$,下标集合 $\{s_1, s_2, \cdots\}$ 是一个无限正整数集合. 由引理,有两个 k 元子集 $\{i_1, i_2, \cdots, i_k\}$,$\{j_1, j_2, \cdots, j_k\}$,使得 $\{i_1, i_2, \cdots, i_k\}$ 是黑色的,$\{j_1, j_2, \cdots, j_k\}$ 是白色的. 于是,$m = p_{i_1}p_{i_2}\cdots p_{i_k} \in A$,$n = p_{j_1}p_{j_2}\cdots p_{j_k} \notin A$.

> **8.63** (1) 对什么样的 $n > 2$ 的值,有一个由 n 个连续正整数组成的集合,集合中最大一个数是其余的 $n-1$ 个数的最小公倍数的约数?
>
> (2) 对什么样的 $n > 2$ 的值,恰有一个集合具有上述性质?

解 (1) 首先 $n \neq 3$,否则若 $\{r, r+1, r+2\}$ 具有题中所给性质,则因 $(r+1, r+2) = 1$,有 $r+2 \mid r$,这是不可能的,下面考虑 $n \geq 4$ 的情况:

ⅰ 若 $n = 2k$,则易证 $\{n-1, n, n+1, \cdots, 2n-2\}$ 具有所述性质.

ⅱ 若 $n = 2k+1$,则 $n-1 = 2k$,由 ⅰ 知,$\{n-2, n-1, n, \cdots, 2n-4\}$ 具有所述性质,在以上集合中添加 $a-3$. 得到 $\{n-3, n-2, \cdots, 2n-4\}$ 仍具有所述性质.

综合以上两条可知. 当 $n \geq 4$ 时,总有一由 n 个连续自然数组成的集合,其中最大一个数为余下 $n-1$ 个数的最小公倍数之约数.

(2) 首先证明当 $n > 5$ 时,满足性质的集合不只一个. 当 $n = 2k$ 时,由(1)中的 ⅰ 可知 $\{n-1, n, \cdots, 2n-2\}$ 具有性质. 若令 $n' = n-1 = 2k-1$,由(1)中 ⅱ 可知 $\{n-4, n-3, \cdots, 2n-6\}$ 也具有性质,在此基础上添加 $n-5$,就得到另一个符合性质的 n 元集合 $\{n-5, n-4, \cdots, 2n-6\}$. 类似地当 $n = 2k+1$ 时也有此结果. 对于 $n = 5$,不难找到两个符合条件的集合 $\{2, 3, 4, 5, 6\}$ 和 $\{8, 9, 10, 11, 12\}$.

最后当 $n = 4$ 时,我们证明只有 $\{3, 4, 5, 6\}$ 满足条件. 设 $\{k, k+1, k+2, k+3\}$ 是符合条件之四元集.

ⅰ 若 $k+3 = 2m+1$,则 $k+1 = 2m-1$,由 $(2m+1, 2m-1) = 1$,故 $(k+1, k+3) = 1$. 又因 $(k+2, k+3) = 1$,此时只能推出 $k+3 \mid k$,这是不可能的.

ⅱ 若 $k+3 = 2m$,则
$$k = 2m-3, k+1 = 2m-2 = 2(m-1)$$
因 $(k+2, k+3) = 1$,$(k, k+1) = 1$,$k+3$ 是 $k, k+1, k+2$ 最

小公倍数之约数,故有
$$k+3 \mid (k+1)\cdot k$$
即 $\qquad 2m \mid 2(m-1)(2m-3)$

而$(m, m-1) = 1$,从而 $m \mid 2m-3$. 令 $lm = 2m-3$,故只有一组解 $l=1, m=3$,于是说明 $n=4$ 时只有一个符合条件之集合 $\{3,4,5,6\}$.

8.64 对实数 x, y,令
$$S(x, y) = \{s \mid s = [nx+y], n \in \mathbf{N}\}$$
证明:若 $r > 1$ 为有理数,则存在实数 u, v,使得
$$S(r, 0) \cap S(u, v) = \varnothing$$
$$S(r, 0) \cap S(u, v) = \mathbf{N}$$
(第26届国际数学奥林匹克候选题,1985年)

证明 设 $r = \dfrac{p}{q}, p, q \in \mathbf{N}, p > q$,则 $u = \dfrac{p}{p-q}$ 及适合 $-\dfrac{1}{p-q} \leqslant v < 0$ 的 v,即为所求.

(1) 如果 $S(r, 0) \cap S(u, v) \neq \varnothing$,则存在一个 k 是 $S(r, 0)$ 与 $S(u, v)$ 的公共元素,即
$$k = [nr] = [mu+v]$$
因为 $r = \dfrac{p}{q}$,且 $k = \left[\dfrac{np}{q}\right]$,则
$$\dfrac{np}{q} = k + \left\{\dfrac{np}{q}\right\}, 0 \leqslant \left\{\dfrac{np}{q}\right\} < 1$$
即有
$$np = kq + c, 0 \leqslant c \leqslant q-1 \qquad ①$$
又由 $k = [mu+v] = \left[\dfrac{mp}{p-q} + v\right]$,则
$$mp + v(p-q) = k(p-q) + d, 0 \leqslant d < p-q \qquad ②$$
① + ② 可得
$$(m+n)p + v(p-q) = kp + c + d \qquad ③$$
因为 $-\dfrac{1}{p-q} \leqslant v < 0, p > q$,则
$$v(p-q) < 0$$
又
$$c + d \geqslant 0$$
于是由式 ③ 得
$$k < m+n \qquad ④$$
另一方面,由 $-\dfrac{1}{p-q} \leqslant v$ 及 ①,② 得
$$v(p-q) \geqslant -1, c + d < p-1$$
则由式 ③ 得

$$(m+n)p = kp - v(p-q) + (c+d) <$$
$$kp + 1 + p - 1 = (k+1)p$$

从而
$$m + n < k + 1 \qquad ⑤$$

④ 式与 ⑤ 式矛盾,所以
$$S(r,0) \cap S(u,v) = \varnothing$$

(2) 在 $n > m$ 时
$$[nr] > [mr] \text{(因为 } r > 1\text{)}$$
$$[nu + v] > [mu + v]$$

所以,在 $S(u,v)$ 中没有相同的元素.

从而 $S(u,v) \cap \{1,2,\cdots,k-1\}$ 的元素个数等于满足 $[mu+v] < k$ 的 m 的最大值 m_1,即 m_1 满足
$$\begin{cases} m_1 u + v < k \\ (m_1+1)u + v \geq k \end{cases}$$

解得
$$\frac{k-v}{u} - 1 \leq m_1 < \frac{k-v}{u}$$

即
$$\frac{u+v-k}{u} \geq -m_1 > -\frac{k-v}{u}$$

所以
$$m_1 = -\left[\frac{u+v-k}{u}\right]$$

同样,$S(r,0) \cap \{1,2,\cdots,k-1\}$ 的元素个数 n_1 满足(此时 $u = r, v = 0$).
$$n_1 = -\left[\frac{r-k}{r}\right]$$

于是有
$$-m_1 - n_1 \leq \frac{u+v-k}{u} + \frac{r-k}{r} =$$
$$2 - k + \frac{v(p-q)}{p} < 2 - k$$

所以
$$m_1 + n_1 > k - 2$$

即
$$m_1 + n_1 \geq k - 1$$

又由于
$$S(u,v) \cap S(r,0) = \varnothing$$

所以得
$$(S(u,v) \cup S(r,0)) \cap \{1,2,\cdots,k-1\} = \{1,2,\cdots,k-1\}$$

此式对所有的 k 均成立.因此
$$S(u,v) \cup S(r,0) = \mathbf{N}$$

8.65 证明:对任意 $n \in \mathbf{N}$,都有 $\sum\limits_{1 \leq i_1 < i_2 < \cdots < i_k \leq n} \dfrac{1}{i_1 i_2 \cdots i_k} = n$,其中求和是对所有取自集合 $\{1,2,\cdots,n\}$ 的数组 $i_1 < i_2 < \cdots < i_k, k = 1,2,\cdots,n$ 进行的.

解法 1 考虑多项式
$$P(x) = \left(x + \dfrac{1}{1}\right)\left(x + \dfrac{1}{2}\right)\cdots\left(x + \dfrac{1}{n}\right)$$
它的展开式记为
$$P(x) = x^n + a_1 x^{n-1} + a_2 x^{n-2} + \cdots + a_n$$
由韦达定理
$$a_1 = \sum_{i_1=1}^{n} \dfrac{1}{i_1}, a_2 = \sum_{1 \leq i_1 < i_2 \leq n} \dfrac{1}{i_1 i_2}, \cdots, a_n = \dfrac{1}{1 \cdot 2 \cdot \cdots \cdot n}$$
于是题中的和式为
$$a_1 + a_2 + \cdots + a_n = P(1) - 1 = \left(1 + \dfrac{1}{1}\right)\left(1 + \dfrac{1}{2}\right)\cdots\left(1 + \dfrac{1}{n}\right) - 1 = \dfrac{2 \cdot 3 \cdot \cdots \cdot (n+1)}{1 \cdot 2 \cdot \cdots \cdot n} - 1 = (n+1) - 1 = n$$

解法 2 记
$$S_n = \sum_{1 \leq i_1 < i_2 < \cdots < i_k \leq n} \dfrac{1}{i_1 i_2 \cdots i_k}$$
对 n 用归纳法证明 $S_n = n$. 当 $n = 1$ 时,显然有 $S_1 = 1$. 设 $n \geq 2$,且 $S_{n-1} = n - 1$,则
$$S_n - S_{n-1} = \sum_{1 \leq i_1 < i_2 < \cdots < i_k \leq n} \dfrac{1}{i_1 i_2 \cdots i_k} = \dfrac{1}{n} + \sum_{1 \leq i_1 < i_2 < \cdots < i_k \leq n-1} \dfrac{1}{i_1 i_2 \cdots i_l n} = \dfrac{1}{n} + \dfrac{S_{n-1}}{n}$$
即 $S_n = S_{n-1} + \dfrac{S_{n-1}}{n} + \dfrac{1}{n} = (n-1) + \dfrac{n-1}{n} + \dfrac{1}{n} = n$

8.66 d, k 是两个正整数,k 是 d 的整数倍,X_k 是所有满足下列条件的 k 个整数组 $(x_1, x_2, \cdots, x_k)$ 组成的集合

(1) $0 \leq x_1 \leq x_2 \leq \cdots \leq x_k \leq k$.

(2) $x_1 + x_2 + \cdots + x_k$ 是 d 的倍数.

另外,Y_k 是 X_k 内 k 个整数组 $(x_1, x_2, \cdots, x_{k-1}, k)$ 组成的子集合,求 Y_k 所含元素个数与 X_k 所含元素个数的比值.

解 对于所有 $i,j \in \{1,2,\cdots,k\}$,令

$$a_{ij} = \begin{cases} 1, & \text{如果 } x_i \geq j \text{ 时} \\ 0, & \text{在其他情况} \end{cases} \quad \text{①}$$

当 i 固定时,从 ① 有

$$a_{i1} \geq a_{i2} \geq \cdots \geq a_{ik} \quad \text{②}$$

在 $a_{ij}(1 \leq j \leq k)$ 内,利用公式 ①,有

$$a_{i1} = a_{i2} = \cdots = a_{ix_i} = 1 \quad \text{③}$$

当 $j \geq x_i + 1$ 时 $a_{ij} = 0$.于是,有

$$x_i = \sum_{j=1}^{k} a_{ij}, \quad 1 \leq i \leq k \quad \text{④}$$

令

$$b_{ij} = 1 - a_{ij}, \quad 1 \leq i,j \leq k \quad \text{⑤}$$

显然 $b_{ij} \in \{1,0\}$.由于 ② 有

$$b_{i1} \leq b_{i2} \leq \cdots \leq b_{ik}, \quad 1 \leq i \leq k \quad \text{⑥}$$

令

$$y_i = \sum_{j=1}^{k} b_{j_i}, \quad 1 \leq i \leq k \quad \text{⑦}$$

从 ⑥ 和 ⑦ 有

$$0 \leq y_1 \leq y_2 \leq \cdots \leq y_k \leq k \quad \text{⑧}$$

另外,我们可以看到

$$\sum_{i=1}^{k} x_i + \sum_{i=1}^{k} y_i = \sum_{i,j=1}^{k} a_{ij} + \sum_{i,j=1}^{k} b_{ji} (\text{利用 ④ 和 ⑦}) =$$

$$\sum_{i,j=1}^{k} a_{ij} + \sum_{i,j=1}^{k} b_{ij} (\text{将 } b_{ji} \text{ 的下标 } i \text{ 改成 } j, j \text{ 改成 } i) =$$

$$\sum_{i,j=1}^{k} a_{ij} + \sum_{i,j=1}^{k} (1 - a_{ij}) (\text{利用 ⑤}) = k^2 \quad \text{⑨}$$

由于 d 是 k 的因数,$(x_1, x_2, \cdots, x_k) \in X_k$ 必定推出 $(y_1, y_2, \cdots, y_k) \in X_k$.

另外,$x_k = k$ 时,从公式 ④ 可以知道 $a_{kj} = 1$.特别有 $a_{kk} = 1$,那么

$$y_k = \sum_{j=1}^{k} b_{jk} (\text{利用公式 ⑦} = \sum_{j=1}^{k} (1 - a_{jk})) =$$

$$k - \sum_{j=1}^{k} a_{jk} < k (\text{由于 } a_{kk} = 1 \text{ 及 ①}) \quad \text{⑩}$$

定义一个映射

$$\varphi : X_k \to X_k, \varphi(x_1, x_2, \cdots, x_k) = (y_1, y_2, \cdots, y_k)$$

我们证明 φ 是一个 $1-1$ 的映射.因为 $\varphi(X_k)$ 内 $(y_1, y_2, \cdots, y_k)$ 确定时,从 ⑥ 和 ⑦,全部 k^2 个数 $b_{ij} \in \{1,0\}$ 唯一确定.那么,利用公式 ⑤,

全部 k^2 个数 a_{ij} 唯一确定,从而利用公式 ④,$x_1,x_2,\cdots,x_k$ 唯一确定,而且从 ⑩ 可以知道
$$\varphi(Y_k) \subseteq X_k - Y_k \qquad ⑪$$
由于 φ 是 $1-1$ 的,而且 X_k 内所含元素个数有限,Y_k 内所含元素个数也有限,如果我们能证明
$$\varphi(X_k - Y_k) \subseteq Y_k \qquad ⑫$$
则从 ⑪ 和 ⑫,有 Y_k 内所含元素个数等于 $X_k - Y_k$ 内所含元素的个数. 因此,X_k 内所含元素个数是 Y_k 内所含元素个数的 2 倍.因而 Y_k 内所含元素个数与 X_k 内所含元素个数比值为 $1:2$.

现在我们来证明 ⑫.对于 $X_k - Y_k$ 内任一元素 $(x_1,x_2,\cdots,x_k)$,这里 $x_k < k$,利用 ② 和 ④,有 $a_{kk} = 0$.利用 ⑤,有 $b_{kk} = 1$.由于题目条件 (1),$x_1 \leqslant x_2 \leqslant \cdots \leqslant x_k$,那么,有 $x_i < k$,这里 $1 \leqslant i \leqslant k-1$,再一次利用 ② 和 ④,有 $a_{ik} = 0(1 \leqslant i \leqslant k-1)$,那么,$b_{ik} = 1(1 \leqslant i \leqslant k-1)$,从而 $y_k = k$(利用 ⑦),所以 ⑫ 的确成立.

> **8.67** 设 k 为给定的正整数,求最小的正整数 N,使得存在一个由 $2k+1$ 个不同正整数组成的集合,其元素和大于 N,但其任意 k 元子集的元素和至多为 $\dfrac{N}{2}$.

解 设 N 是一个满足条件的正整数,并设 $\{a_1, a_2, \cdots, a_{2k+1}\}$ 是一个满足题意的 $2k+1$ 元集合,其中 $a_1 < a_2 < \cdots < a_{2k+1}$,则
$$a_{k+2} + \cdots + a_{2k+1} \leqslant \frac{N}{2}$$
而
$$a_1 + a_2 + \cdots + a_{2k+1} > N$$
注意到
$$a_1, \cdots, a_{2k+1} \in \mathbf{N}^*$$
故
$$a_{k+1+i} \geqslant a_{k+1} + i, \quad a_{k+1-i} \leqslant a_{k+1} - i$$
这里 $i = 1, 2, \cdots, k$,于是
$$\begin{cases} (a_{k+1}+1) + (a_{k+1}+2) + \cdots + (a_{k+1}+k) \leqslant \dfrac{N}{2} & ① \\ (a_{k+1}-k) + (a_{k+1}-(k-1)) + \cdots + (a_{k+1}-1) + a_{k+1} > \dfrac{N}{2} & ② \end{cases}$$
这里用到
$$a_1 + \cdots + a_{k+1} = (a_1 + \cdots + a_{k+1}) - (a_{k+2} + \cdots + a_{2k+1}) > N - \frac{N}{2} = \frac{N}{2}$$
由 ①,② 可知
$$\frac{N + k^2 + k}{2(k+1)} < a_{k+1} \leqslant \frac{N - k^2 - k}{2k}$$
因为 $a_{k+1} \in \mathbf{N}^*$,故区间 $\left(\dfrac{N + k^2 + k}{2(k+1)}, \dfrac{N - k^2 - k}{2k} \right]$ 中有一个正整

数. 如果 N 为奇数, 则应有
$$\frac{N-k^2-k-1}{2k} \geq \frac{N+k^2+k+1}{2(k+1)}$$
如果 N 为偶数, 则应有
$$\frac{N-k^2-k}{2k} \geq \frac{N+k^2+k+2}{2(k+1)}$$
分别计算, 可知 $N \geq 2k^3 + 3k^2 + 3k$.

另外, 对 $N = 2k^3 + 3k^2 + 3k$, 集合
$$\{k^2+1, k^2+2, \cdots, k^2+2k+1\}$$
中所有数之和等于
$$2k^3 + 3k^2 + 3k + 1 = N + 1$$
而其中最大的 k 个数之和等于
$$k^3 + (k+2) + \cdots + (2k+1) = k^3 + \frac{(3k+3)k}{2} = \frac{N}{2}$$
所以, N 的最小值为 $2k^3 + 3k^2 + 3k$.

8.68 设 n 是一个给定的大于 2 的自然数, 而 V_n 是一个形如 $1+kn$ 的数集(其中 $k=1,2,\cdots$). 一个数 $m \in V_n$, 如果不存在两个数 $p,q \in V_n$ 使得 $pq = m$, 则称 m 为 V_n 中的不可分解数.

证明: 存在一个数 $r \in V_n$, 这个数可用不只一种方式表示成数集 V_n 中的几个不可分解数的乘积.

(第 19 届国际数学奥林匹克, 1977 年)

证法 1 $V_n = \{1+n, 1+2n, \cdots, 1+kn, \cdots\}$, 其中 $n > 2, k = 1,2,\cdots$.

因为 $n > 2$, 所以, 显然有
$$n-1 \notin V_n, 2n-1 \notin V_n$$
并且 $n-1$ 与 $2n-1$ 均不可能分解成几个 V_n 中的数的乘积. 由于
$$(n-1)(2n-1) = 1 + (2n-3)n \in V_n$$
$$(n-1)^2 = 1 + (n-2)n \in V_n$$
$$(2n-1)^2 = 1 + 4(n-1)n \in V_n$$
于是 $(n-1)(2n-1), (n-1)^2$ 和 $(2n-1)^2$ 都是 V_n 中的不可分解数. 设 $r = (n-1)^2(2n-1)^2$, 则由于
$$r = (n-1)^2(2n-1)^2 = 1 + (n(2n-3)^2 + 2(2n-3))n$$
可得 $r \in V_n$.

显然, r 有如下两种方式表示为 V_n 中不可分解数的乘积
$$r = (n-1)^2(2n-1)^2$$
$$r = ((n-1)(2n-1))((n-1)(2n-1))$$

由此可见,存在一个数 $r \in V_n$,它可以用至少两种方式表示为 V_n 中几个不可分解数的乘积.

证法 2 用迪利克雷定理:

在任何一个等差数列中,如果公差与首项互素,那么这个数列就包含有无限多个素数.

考察等差数列
$$n-1, 2n-1, 3n-1, \cdots, kn-1, \cdots$$
显然,其首项 $n-1$ 与公差 n,有
$$(n-1, n) = 1$$
于是由迪利克雷定理,此数列中有无限多个素数.

从这无穷多个素数中选出四个素数
$$k_1 n - 1, k_2 n - 1, k_3 n - 1, k_4 n - 1$$
显然,这四个素数中的任两个数的乘积均属于 V_n,并且 $k_i n - 1 \notin V_n (i = 1, 2, 3, 4)$. 所以任两数之积都是 V_n 中的不可分解数.

这样我们可以用三种不同的方式把数
$$r = \prod_{i=1}^{4} (k_i n - 1)$$
分解成 V_n 中的不可分解数的乘积,即
$$r = ((k_1 n - 1)(k_2 n - 1))((k_3 n - 1)(k_4 n - 1))$$
$$r = ((k_1 n - 1)(k_3 n - 1))((k_2 n - 1)(k_4 n - 1))$$
$$r = ((k_1 n - 1)(k_4 n - 1))((k_2 n - 1)(k_3 n - 1))$$

8.69 M 是 $\{1, 2, 3, \cdots, 15\}$ 的一个子集,使得 M 的任何 3 个不同元素的乘积不是一个平方数,确定 M 内全部元素的最多数目.

(第 35 届国际数学奥林匹克预选题,1994 年)

解 由于子集
$$\{1, 4, 9\}, \{2, 6, 12\}, \{3, 5, 15\}, \{7, 8, 14\}$$
中,每个子集的 3 个正整数之积都是一个完全平方数,且它们两两不相交,则符合题目要求的子集 M 的元素的个数至多有 11 个.

这是因为,如果 M 的不同元素的个数大于或等于 12 个,则上述四个子集中,至少有一个子集的元素全在 M 内(否则,上述四个子集,每个子集有 2 个元素在 M 内,再加上 $\{10, 11, 13\}$,只有 11 个元素). 因此,M 的元素个数至多有 11 个.

M 可以这样组成,从上述四个子集中,每个子集各至少取一个元素,然而以 $\{1, 2, \cdots, 15\}$ 中去掉这 4 个元素.

注意这样一点,上述四个三元子集中的元素不包括 10.

(1) 如果 $10 \notin M$,则 M 内元素的个数小于或等于 10.

(2) 如果 $10 \in M$,我们用反证法证明 M 内元素的个数也小于或等于 10.

假设 M 内元素的个数大于 10. 由前所证,M 的元素个数至多有 11 个,则 M 的元素个数为 11.

如果 $\{3,12\}$ 不是 M 的子集,即 3 与 12 这两个数至少有一个不在 M 内,在 $\{1,2,\cdots,15\}$ 中至多再减掉 3 个数,组成集合 M.

当然 10 在 M 内.

由于 $\{2,5\},\{6,15\},\{1,4,9\},\{7,8,14\}$ 是四个两两不相交的子集,3 与 12 不在其中,于是这四个子集中,至少有一个子集在 M 内. 如果留在 M 内的是一个三元子集,由于 $1 \times 4 \times 9 = 6^2, 7 \times 8 \times 14 = 28^2$,都是完全平方数,不合题意.

如果留在 M 内的是一个二元子集,对于 $\{2,5\}$,由于 $2 \times 5 \times 10 = 10^2$,是一个完全平方数,对于 $\{6,15\}$,由于 $6 \times 15 \times 10 = 30^2$ 是一个完全平方数,也不合题意.

如果 $\{3,12\}$ 是 M 的一个子集,那么,由题意 $\{1\},\{4\},\{9\}$,$\{2,6\},\{5,15\}$ 和 $\{7,8,14\}$ 中的任一个都不是 M 的一个子集,这是因为

$$1 \times 3 \times 12 = 6^2, 4 \times 3 \times 12 = 12^2, 9 \times 3 \times 12 = 18^2$$
$$2 \times 6 \times 12 = 12^2, 5 \times 15 \times 3 = 15^2, 7 \times 8 \times 14 = 28^2$$

这样一来,上述六个两两不相交的子集的每个子集中至少有一个元素不在 M 内,于是 M 的元素个数至多为 $15 - 6 = 9$ 个,与 M 恰有 11 个元素矛盾.

所以,满足题目条件的 M 的全部元素的个数不会超过 10 个.

我们构造一个恰含 10 个元素的集合 M.
$$M = \{1,4,5,6,7,10,11,12,13,14\}$$
可以验证,M 中任 3 个元素之积都不是完全平方数.

8.70 设 $k \geq 2$,k 个正整数组成的集 $S = \{a_1, a_2, \cdots, a_k\}$ 具有性质 $\sum_{i=1}^{k} a_i = \prod_{i=1}^{k} a_i$,又 $a_1 \leq a_2 \leq \cdots \leq a_k$,则

$$\sum_{i=1}^{k} a_i \leq 2k \qquad ①$$

证明 设 $b_i = a_i - 1$,则

$$k + \sum_{i=1}^{k} b_i = \sum_{i=1}^{k} a_i = \prod_{i=1}^{k} a_i = \prod_{i=1}^{k} (b_i + 1) =$$
$$1 + \sum_{i=1}^{k} b_i + b_k \sum_{i=1}^{k-1} b_i + \cdots \geq$$

$$1 + \sum_{i=1}^{k} b_i + b_k \sum_{i=1}^{k-1} b_i$$

由上式得
$$k \geqslant 1 + b_k \sum_{i=1}^{k-1} b_i \qquad ②$$

由于 $k \geqslant 2, a_k \geqslant a_{k-1} \geqslant 2$(因为若 $a_{k-1} = 1$,则 $a_1 = a_2 = \cdots = a_{k-1} = 1$,从而 $\prod_{i=1}^{k} a_i = a_k < \sum_{i=1}^{k} a_i$),故
$$b_k \geqslant b_{k-1} \geqslant 1$$
$$(b_k - 1)(b_{k-1} - 1) = b_k b_{k-1} - b_k - b_{k-1} + 1 \geqslant 0$$

即
$$b_k b_{k-1} + 1 \geqslant b_k + b_{k-1} \qquad ③$$

由②和③推出
$$k \geqslant 1 + b_k b_{k-1} + b_k b_{k-2} + \cdots + b_k b_1 \geqslant$$
$$b_k + b_{k-1} + b_{k-2} + \cdots + b_1 = \sum_{i=1}^{k} b_i$$

因此
$$\sum_{i=1}^{k} a_i = k + \sum_{i=1}^{k} b_i \leqslant 2k$$

注 ①中等号可以达到,例如取 $a_1 = a_2 = \cdots = a_{k-2} = 1$, $a_{k-1} = 2, a_k = k$, S 满足题目的性质,且 $\sum_{i=1}^{k} a_i = 2k$.

8.71 某整数集合既含有正整数,也含有负整数,而且如果 a 和 b 是它的元素,那么 $2a$ 和 $a + b$ 也是它的元素. 证明:这个集合包含它的任意两个元素之差.

(匈牙利数学奥林匹克,1967 年)

证明 设所给集合为 A.
我们首先证明:若 $c \in A, n \in \mathbf{N}$,则
$$nc \in A$$
对 n 用数学归纳法.
$n = 1$ 时,$c \in A$,这由已知条件可得.
$n = 2$ 时,由题设 $2c \in A$.
假设 $n = k$ 时有
$$kc \in A$$
那么由题设 $kc + c \in A$,于是
$$(k + 1)c \in A$$
于是对 $n \in \mathbf{N}, nc \in A$.
设 $a > 0$ 是集合 A 的最小正整数,$b < 0$ 是 A 的绝对值最小的负整数,则有

$$a + b \in A$$
$$b < a + b < a$$

由于 A 中不含有小于 a 的正整数,也不含有大于 b 的负整数,于是

$$a + b = 0, b = -a$$

因而 $0 \in A$.

于是集合 A 包含元素 a 的整数倍,即

$$\{ka, a \in A, k \in \mathbf{Z}\} \subseteq A$$

下面我们再证明,除了元素 a 的整数倍之外,所研究的集合不包含其他元素.

假设在 a 的两个连续整数倍 qa 与 $(q+1)a$ 之间的元素 x 属于这个集合 A,于是

$$x = qa + r, 0 < r < a$$

这是由 $x \in A, qa \in A$,则

$$r = x + (-q)a \in A$$

然而 $0 < r < a$,这与 a 的选取矛盾.

于是 A 是 a 的整数倍的集合

$$A = \{ka_1, a \in A, k \in \mathbf{Z}\}$$

其中,a 是 A 中的最小正整数.

由于 A 中任意两个元素之差也是 a 的整数倍,因而也属于这个集合.

8.72 设 d, n 是正整数,$d \mid n$. n 元整数组 $(x_1, x_2, \cdots, x_n)$ 满足条件:

(1) $0 \leqslant x_1 \leqslant x_2 \leqslant \cdots \leqslant x_n \leqslant n$.

(2) $d \mid (x_1 + x_2 + \cdots + x_n)$.

证明:符合条件的所有 n 元数组中,恰有一半满足 $x_n = n$.

证明 记符合条件的所有 n 元组的集合为 M. 在 M 中,$x_n = n$ 的所有元素构成的子集合为 N,N 关于 M 的补集为 $\overline{N}$,则欲证

$$\mid M \mid = 2 \mid N \mid (\mid X \mid 表示集合 X 的元素个数)$$

只须证

$$\mid N \mid = \mid \overline{N} \mid \qquad ①$$

对每一个 $(x_1, x_2, \cdots, x_n) \in M$,作一个 $n \times n$ 的数表 $A = (a_{ij})$,满足

$$a_{ij} = \begin{cases} 1, & j \leqslant x_i \\ 0, & j > x_i \end{cases}, 1 \leqslant i, j \leqslant n \qquad ②$$

则
$$x_i = \sum_{j=1}^{n} a_{ij}$$

将 A 中所有数字 0 改写为 1,而所有数字 1 改写为 0 后,得到一个新数表 $B = (b_{ij})$,显然

$$b_{ij} = 1 - a_{ij} \in \{0,1\}, 1 \leqslant i,j \leqslant n \qquad ③$$

比如:当 $d = 3, n = 9, (x_1, x_2, \cdots, x_9) = (0,1,1,2,3,4,6,7,9)$ 时

$$A = \begin{bmatrix} 0 & 0 & 0 & 0 & 0 & 0 & 0 & 0 & 0 \\ 1 & 0 & 0 & 0 & 0 & 0 & 0 & 0 & 0 \\ 1 & 0 & 0 & 0 & 0 & 0 & 0 & 0 & 0 \\ 1 & 1 & 0 & 0 & 0 & 0 & 0 & 0 & 0 \\ 1 & 1 & 1 & 0 & 0 & 0 & 0 & 0 & 0 \\ 1 & 1 & 1 & 1 & 0 & 0 & 0 & 0 & 0 \\ 1 & 1 & 1 & 1 & 1 & 1 & 0 & 0 & 0 \\ 1 & 1 & 1 & 1 & 1 & 1 & 1 & 0 & 0 \\ 1 & 1 & 1 & 1 & 1 & 1 & 1 & 1 & 1 \end{bmatrix}$$

$$B = \begin{bmatrix} 1 & 1 & 1 & 1 & 1 & 1 & 1 & 1 & 1 \\ 0 & 1 & 1 & 1 & 1 & 1 & 1 & 1 & 1 \\ 0 & 1 & 1 & 1 & 1 & 1 & 1 & 1 & 1 \\ 0 & 0 & 1 & 1 & 1 & 1 & 1 & 1 & 1 \\ 0 & 0 & 0 & 1 & 1 & 1 & 1 & 1 & 1 \\ 0 & 0 & 0 & 0 & 1 & 1 & 1 & 1 & 1 \\ 0 & 0 & 0 & 0 & 0 & 0 & 1 & 1 & 1 \\ 0 & 0 & 0 & 0 & 0 & 0 & 0 & 1 & 1 \\ 0 & 0 & 0 & 0 & 0 & 0 & 0 & 0 & 0 \end{bmatrix}$$

对每一个 i,显然有

$$a_{i1} \geqslant a_{i2} \geqslant \cdots \geqslant a_{in} \qquad ④$$
$$b_{i1} \leqslant b_{i2} \leqslant \cdots \leqslant b_{in} \qquad ⑤$$

令 $y_j = \sum_{i=1}^{n} b_{ij} (1 \leqslant j \leqslant n)$,则据 ⑤ 得

$$0 \leqslant y_1 \leqslant y_2 \leqslant \cdots \leqslant y_n \leqslant n \qquad ⑥$$

因为将 A 与 B 重叠后,恰是一个全为数字 1 的 $n \times n$ 数表,故

$$\sum_{i=1}^{n} x_i + \sum_{j=1}^{n} y_j = n^2 \qquad ⑦$$

据已知条件 $d \mid n, d \mid \sum_{i=1}^{n} x_i$,故由 ⑦ 得

$$d \mid \sum_{j=1}^{n} y_j \qquad ⑧$$

⑥ 和 ⑧ 表明 n 元数组 $(y_1, y_2, \cdots, y_n)$ 亦满足条件(1) 和(2),故 $(y_1, y_2, \cdots, y_n) \in M$,若定义映射 $f: M \to M$,使得

$$f((x_1,x_2,\cdots,x_n)) = (y_1,y_2,\cdots,y_n)$$

因为对每一个 $(x_1,x_2,\cdots,x_n) \in M$,能且只能够作唯一的一个数表 A 及相应的 B,显然 A 与 B 是一对一的.故 f 是 $M \to M$ 的一个一一映射.

设经过映射 f, N 和 $\overline{N}$ 的象的集合分别为 N^* 和 $\overline{N}^*$,由于 f 是一一映射,故

$$|N| = |N^*|, |\overline{N}| = |\overline{N}^*|$$

一方面,对每一个 $(x_1,x_2,\cdots,x_n) \in N$,因为 $x_n = n$,故 $a_{nj} = 1(1 \leqslant j \leqslant n)$.从而 $b_{nj} = 0$,特别的,$b_{nn} = 0$,于是

$$y_n = \sum_{i=1}^n b_{in} < n.(y_1,y_2,\cdots,y_n) \in \overline{N}$$

故 $\qquad N^* \subseteq \overline{N}, |N| = |N^*| \leqslant |\overline{N}| \qquad$ ⑨

另一方面,对每一个 $(x_1,x_2,\cdots,x_n) \in \overline{N}$,因为 $x_n < n$,又据条件(1)

$$0 \leqslant x_1 \leqslant x_2 \leqslant \cdots \leqslant x_n < n$$

从而对 $i = 1,2,\cdots,n$,均有 $x_i < n$,据 ④ 得 $a_{1n} = a_{2n} = \cdots = a_{nn} = 0$,于是

$$b_{1n} = b_{2n} = \cdots = b_{nn} = 1$$

$$y_n = \sum_{i=1}^n b_{in} = n, (y_1,y_2,\cdots,y_n) \in N$$

故 $\qquad \overline{N} \subseteq N^*, |\overline{N}| = |\overline{N}^*| \leqslant |N| \qquad$ ⑩

综合 ⑨,⑩ 即得

$$|N| = |\overline{N}|$$

8.73 设 $S = \{1,2,\cdots,2\,005\}$.若 S 中任意 n 个两两互质的数组成的集合中都至少有一个质数,试求 n 的最小值.

解 首先,我们有 $n \geqslant 16$.事实上,取集合

$$A_0 = \{1,2^2,3^2,5^2,\cdots,41^2,43^2\}$$

其元素,除 1 以外,均为不超过 43 的素数的平方,则 $A_0 \subseteq S$,$|A_0| = 15, A_0$ 中任意两数互质,但其中无质数,这表明 $n \geqslant 16$.

其次,我们证明:对任意 $A \subseteq S, n = |A| = 16, A$ 中任两数互质,则 A 中必存在一个质数.

利用反证法,假设 A 中无质数.设 $A = \{a_1,a_2,\cdots,a_{16}\}$,分两种情况讨论.

(1) 若 $1 \notin A$,则 $a_1,a_2,\cdots,a_{16}$ 均为合数,又因为 $(a_i,a_j) = 1(1 \leqslant i < j \leqslant 16)$,所以 a_i 与 a_j 的质因数均不相同,设 a_i 的最小

质因数为 p_i,不妨设 $p_1 < p_2 < \cdots < p_{16}$,则
$$a_1 \geqslant p_1^2 \geqslant 2^2, a_2 \geqslant p_2^2 \geqslant 3^2, \cdots,$$
$$a_{15} \geqslant p_{15}^2 \geqslant 47^2 > 2\,005$$
矛盾.

(2)若 $1 \in A$,则不妨设 $a_{16} = 1, a_1, \cdots, a_{15}$ 均为合数,同(1)所设,同理有 $a_1 \geqslant p_1^2 \geqslant 2^2, a_2 \geqslant p_2^2 \geqslant 3^2, \cdots, a_{15} \geqslant p_{15}^2 \geqslant 47^2 > 2\,005$. 矛盾.

由(1)、(2)知,反设不成立,从而 A 中必有质数,即 $n = |A| = 16$ 时结论成立.

综上,所求的 n 最小值为 16.

8.74 设 m, n 是整数,$m > n \geqslant 2$,$S = \{1, 2, \cdots, m\}$,$T = \{a_1, a_2, \cdots, a_n\}$ 是 S 的一个子集.已知 T 中的任两个数都不能同时整除 S 中的任何一个数,求证:
$$\frac{1}{a_1} + \frac{1}{a_2} + \cdots + \frac{1}{a_n} < \frac{m+n}{m}$$

证明 构造 $T_i = \{b \in S \mid a_i \mid b\}, i = 1, 2, \cdots, n$,则
$$|T_i| = \left[\frac{m}{a_i}\right]$$
由于 T 中任意两个数都不能同时整除 S 中的一个数,所以当 $i \neq j$ 时,$T_i \cap T_j = \varnothing$,则
$$\sum_{i=1}^{n} |T_i| = \sum_{i=1}^{n} \left[\frac{m}{a_i}\right] \leqslant m$$
又因为
$$\frac{m}{a_i} < \left[\frac{m}{a_i}\right] + 1$$
所以 $\sum_{i=1}^{n} \frac{m}{a_i} < \sum_{i=1}^{n} \left(\left[\frac{m}{a_i}\right] + 1\right) = \sum_{i=1}^{n} \left[\frac{m}{a_i}\right] + \sum_{i=1}^{n} 1 \leqslant m + n$

即
$$m \sum \frac{1}{a_i} = \sum_{i=1}^{n} \frac{m}{a_i} < m + n$$
所以
$$\sum_{i=1}^{n} \frac{1}{a_i} < \frac{m+n}{m}$$

8.75 给定正整数 n,求最大的实数 C,满足:若一组大于 1 的整数(可以有相同的)的倒数之和小于 C,则一定可以将这一组数分成不超过 n 组,使得每一组数的倒数之和都小于 1.

解 所求的 $C_{\max} = \frac{n+1}{2}$.

一方面,取一组整数为 $a_1 = a_2 = \cdots = a_k = 2$,则易知 $C_{\max} \leqslant$

心得 体会 拓广 疑问

$\frac{n+1}{2}$.

下面对 n 用数学归纳法证明,若一组大于 1 的整数 $a_1,\cdots,a_k$ 满足
$$\sum_{i=1}^{k}\frac{1}{a_i}<\frac{n+1}{2}$$
则可将 $a_1,a_2,\cdots,a_k$ 分成不超过 n 组,使每组数的倒数之和小于 1. 由此即知 $C_{\max}\geqslant\frac{n+1}{2}$,从而 $C_{\max}=\frac{n+1}{2}$.

(1) $n=1$ 时,结论成立.

(2) 假设 $n-1$ 时结论成立,现看 n 的情形.

注意到 $a_1\geqslant 2$,即 $\frac{1}{a_1}\leqslant\frac{1}{2}$. 设 t 为最大的正整数,使得
$$\sum_{i=1}^{t-1}\frac{1}{a_i}<\frac{1}{2}$$
若 $t=k+1$,则结论成立. 若 $t\leqslant k$,则
$$\sum_{i=1}^{t-1}\frac{1}{a_i}<\frac{1}{2}\leqslant\sum_{i=1}^{t}\frac{1}{a_i}$$
又 $\sum_{i=1}^{t}\frac{1}{a_i}<\frac{1}{2}+\frac{1}{a_{t+1}}\leqslant 1$,故 $t=k$ 时结论成立.

下设 $t<k$,则
$$\sum_{i=t+1}^{k}\frac{1}{a_i}<\frac{n+1}{2}-\sum_{i=1}^{t}\frac{1}{a_i}<\frac{n}{2}$$

由归纳假设知 $a_{t+1},\cdots,a_k$ 可分成 $n-1$ 组,每一组的倒数之和小于 1. 又 $a_1,a_2,\cdots,a_t$ 的倒数之和小于 1,故 $a_1,a_2,\cdots,a_k$ 可分成 n 组,每一组的倒数之和小于 1.

由数学归纳法原理知结论对所有 $n\geqslant 1$ 成立. 证毕.

8.76 设 S 为满足以下性质的有理数集合:

(1) $\frac{1}{2}\in S$.

(2) 若 $x\in S$,则 $\frac{1}{x+1}\in S$,且 $\frac{x}{1+x}\in S$.

证明:S 包含了 $0<x<1$ 区间上所有有理数.

(英国数学奥林匹克,2005 年)

证明 由性质(2),若 $\frac{a}{b}$ 在 S 中,则 $\frac{1}{\frac{a}{b}+1}=\frac{b}{a+b}$ 在 S 中,且 $\frac{\frac{a}{b}}{\frac{a}{b}+1}=\frac{a}{a+b}$ 在 S 中.

特别地, 若 $\dfrac{c}{d-c}$ 在 S 中, 则 $\dfrac{c}{d-c+c} = \dfrac{c}{d}$ 在 S 中, 而若 $\dfrac{d-c}{c}$ 在 S 中, 则 $\dfrac{c}{d-c+c} = \dfrac{c}{d}$ 在 S 中.

取任意有理数 $q_0, 0 < q_0 < 1$, 设其最简分数形式 $q_0 = \dfrac{a_0}{b_0}$. 若 $\dfrac{a_0}{b_0-a_0}$ 或 $\dfrac{b_0-a_0}{a_0}$ 在 S 中, 则 q_0 在 S 中. 因为 $q_0 < 1, a_0 < b_0$, 若 $q_0 = \dfrac{1}{2}$, 我们已经得知它在 S 中. 否则, $q_0 < \dfrac{1}{2}$, 此时, $b_0 - a_0 > a_0$; 或者 $q_0 > \dfrac{1}{2}$, 此时, $b_0 - a_0 < a_0$.

在第一种情形下, 取 q_1 为 $\dfrac{a_0}{b_0-a_0}$, 第二种情形下, 取 q_1 为 $\dfrac{b_0-a_0}{a_0}$, 则 $0 < q_1 < 1$. 若 q_1 在 S 中, 则 q_0 必在 S 中. 设最简分数形式 $q_1 = \dfrac{a_1}{b_1}$.

类似地, 若 $q_1 < \dfrac{1}{2}$, 定义 q_2 为 $\dfrac{a_1}{b_1-a_1}$, 而若 $q_1 > \dfrac{1}{2}$, 则定义 q_2 为 $\dfrac{b_1-a_1}{a_1}$, 以此类推.

若某个 n 有 $q_n = \dfrac{1}{2}$, 数列 $q_0, q_1, q_2, \cdots$ 就会终结. 另外, 若 q_{k+1} 在 S 中, 则 q_k 也在 S 中, 所以, 通过归纳, 若任意某个 q_n 在 S 中, 则 q_0 也在 S 中. 如果数列是有限的, 则数列的最后一个元素是 $\dfrac{1}{2}$. 所以, 全在 S 中.

可以证明: 数列不会是无穷的.

若 $q_0 < \dfrac{1}{2}$, 则 $b_1 \mid (b_0 - a_0)$, 所以, $b_1 \leqslant b_0 - a_0 < b_0$; 若 $q_0 > \dfrac{1}{2}$, 则 $b_1 \mid a_0$. 所以, $b_1 \leqslant a_0 < b_0$, 故 $b_1 < b_0$. 类似地, $b_{k+1} < b_k$. 若 q_n 是无穷数列, 则 $\{b_n\}$ 也会是无穷数列. 但 $\{b_n\}$ 是递减的正整数数列, 所以, 不可能无穷.

这样 q_0 在 S 中, 但 q_0 可能为 $0 < q_0 < 1$ 的任意有理数, 因此, S 包含了区间 $0 < x < 1$ 中的所有有理数.

8.77 已知 $n \in \mathbf{N}$, 且 $n \geqslant 2$, 集合 S 为集合 $\{1, 2, \cdots, n\}$ 的一个子集, 集合 S 中的任意两个元素既不会互质, 也不会有一个整除另一个, 则集合 S 中的元素最多有几个?

(巴尔干数学奥林匹克, 2005 年)

解 最多有 $\left[\dfrac{n+2}{4}\right]$ 个.

设 S 的最小元素为 r，若 $r \leqslant \dfrac{n}{2}$，我们用 $2r$ 代替 r，S 依然满足题设条件，且 S 中的元素个数不变，只要 S 的最小元素不大于 $\dfrac{n}{2}$，我们就可以继续操作，直到 $r > \dfrac{n}{2}$，操作停止，又相邻两自然数 m 与 $m+1$ 必互素，故两相邻的自然数中至多有一个在 S 中.

当 $n = 4k$ 时，$r \geqslant \dfrac{n}{2} + 1 = 2k+1$，元素最多的集合 S 为 $\{2k+2, 2k+4, \cdots, 4k\}$，共 k 个元素.

当 $n = 4k+1$ 时，$r \geqslant \dfrac{n+1}{2} = 2k+1$，同上，元素最多的集合中有 k 个元素.

当 $n = 4k+2$ 时，$r \geqslant \dfrac{n}{2} + 1 = 2k+2$，元素最多的集合 S 为 $\{2k+2, 2k+4, \cdots, 4k+2\}$，共 $k+1$ 个.

当 $n = 4k+3$ 时，$r \geqslant \dfrac{n+1}{2} = 2k+2$，元素最多的集合 S 为 $\{2k+2, 2k+4, \cdots, 4k+2\}$，共 $k+1$ 个.

综上所述，集合 S 中的元素最多有 $\left[\dfrac{n+2}{4}\right]$ 个.

8.78 求所有的非空有限的正整数集 S，使得对任意 $i, j \in S$，数 $\dfrac{i+j}{(i,j)} \in S$，这里 (i,j) 表示 i 与 j 的最大公约数.

解 设 S 为满足条件的集合，并设 $a \in S$，则 $\dfrac{a+a}{(a,a)} = 2 \in S$，如果 $1 \in S$，则

$$\frac{1+2}{(1,2)} = 3 \in S$$

一般地，设 $n \in S$，则

$$\frac{n+1}{(n,1)} = n+1 \in S$$

这表明 $S = \mathbf{N}^*$，与 S 为有限集矛盾.

另一方面，若 S 中有大于 2 的元素，取这些元素中的最小元素，设为 n，则 $\dfrac{n+2}{(2,n)} \in S$. 若 $(2, n) = 2$，则 $2 < \dfrac{n+2}{2} < n$，这与 n 为 S 中比 2 大的最小元素矛盾，故 $(2, n) = 1$. 因此，$n + 2 \in S$. 进一步

$$\frac{n+(n+2)}{(n,n+2)} = 2n+2 \in S, \frac{n+(2n+2)}{(n,2n+2)} = 3n+2 \in S$$

依此类推，可知对任意 $k \in \mathbf{N}^*$，数 $kn + 2 \in S$，与 S 为有限集矛

盾.

综上可知,$S = \{2\}$.

> 8.79 已知 p 和 q 是互质的正整数,且 $p \neq q$.将正整数集分成三个子集 A, B, C,使得对于每个正整数 z,这三个子集中的每一个恰各包含 $z, z+p, z+q$ 这三个整数之一.证明:存在这样的分拆,当且仅当 $p+q$ 能被 3 整除.
>
> (德国数学奥林匹克,2004 年)

证明 (1) 充分性:设 $p+q$ 可以被 3 整除.
假设 $p \equiv 1 \pmod 3, q \equiv 2 \pmod 3$.定义
$$A = \{a \in \mathbf{N}^* \mid a \equiv 0 \pmod 3\}$$
$$B = \{b \in \mathbf{N}^* \mid b \equiv 1 \pmod 3\}$$
$$C = \{c \in \mathbf{N}^* \mid c \equiv 2 \pmod 3\}$$

容易验证 $z, z+p, z+q$ 分别属于三个不同的子集,所以,这三个子集满足条件.

(2) 必要性:设存在一种分拆,且假设
$$z \in A, z+p \in B, z+q \in C$$
由于 $(z+p)+q \notin B, (z+q)+p \notin C$,所以 $z+p+q \in A$.

于是如果 $z_1 \equiv z_2 (\mod (p+q))$,则 z_1 和 z_2 属于同一个子集.

闭区间 $I = [0, p+q-1]$ 中包含 $p+q$ 不同的整数,模 $p+q$ 的剩余类只对应着 I 的一个整数.

下面证明,I 中的整数分别属于 A, B, C 的数目相等,即一定有 $p+q$ 可以被 3 整除.

对于每一个 $z \in A \cap I$,定义 $p(z)$ 为 $z+p$ 模 $p+q$ 的余数,$q(z)$ 为 $z+q$ 模 $p+q$ 的余数.

显然 $p(z) \notin A, q(z) \notin A$.而且,对于所有 $z, z_1, z_2 \in A \cap I$,我们有 $p(z) \neq q(z)$.当 $z_1 \neq z_2$ 时,$p(z_1) \neq p(z_2), q(z_1) \neq q(z_2)$.若存在 z_1 和 z_2,使得 $p(z_1) = q(z_2)$,则
$$p(z_1) - q = q(z_2) - q \in A$$
于是 $\quad z_1 + 2p = p(z_1) - q + (p+q) \in A$

另一方面,$(z_1+p)+q \in A$,所以,$z_1+p \notin A$,同时
$$(z_1+p)+p = z_1+2p \notin A$$
矛盾.

因此集合 $I \cap (B \cup C)$ 中元素的数目至少是集合 $I \cap A$ 中元素数目的两倍.故
$$p+q = |I| = |A \cap I| + |(B \cup C) \cap I| \geq 3|A \cap I|$$
类似地 $\quad p+q \geq 3|B \cap I|, p+q \geq 3|C \cap I|$

但 $\quad p+q=|A\cap I|+|B\cap I|+|C\cap I|$
所以 $\quad |A\cap I|=|B\cap I|=|C\cap I|$
于是 $\quad p+q=3|A\cap I|$

8.80 设 $a_1,a_2,\cdots,a_n$ 是整数,它们的最大公约数等于1,设 S 是具有下述性质的一个由整数组成的集合:
(1) $a_i\in S, i=1,2,\cdots,n$.
(2) $a_i-a_j\in S, 1\leqslant i,j\leqslant n$($i$ 和 j 可以相同).
(3) 对任意整数 $x,y\in S$,若 $x+y\in S$,则 $x-y\in S$.
证明:S 等于由所有整数组成的集合.

(美国数学奥林匹克,2004 年)

证明 将命题加强:我们证明对任意 $t\in \mathbf{Z}$,数 $(a_1,a_2,\cdots,a_n)t\in S$,这里 $(a_1,a_2,\cdots,a_n)$ 表示 $a_1,\cdots,a_n$ 的最大公约数,在 $n=1$ 时,$(a_1)=a_1$. ①

对 n 归纳予以处理. 当 $n=1$ 时,先证对任意 $t\in \mathbf{N}^*$,均有 $a_1 t\in S$. 事实上,在条件(2)中令 $i=j=1$,就有 $0\in S$,结合 $a_1\in S$ 及条件(3)可知 $-a_1\in S$.

现在设 $-a_1,0,a_1,2a_1,\cdots,(t-1)a_1$ 都属于 $S(t\in\mathbf{N}^*)$,则由 $(t-1)a_1\in S$,$-a_1\in S$ 及 $(t-2)a_1\in S$,利用条件(3)可知
$$(t-1)a_1-(-a_1)=ta_1\in S$$
所以,对任意 $t\in\mathbf{N}^*$,数 $ta_1\in S$. 进一步,由 $0\in S$,$ta_1\in S$ 可知 $0-ta_1\in S$,即 $-ta_1\in S$. 所以,对任意 $t\in\mathbf{Z}$,均有 $ta_1\in S$,命题 ① 对 $n=1$ 成立.

当 $n=2$ 时,由前已证,对任意 $x,y\in\mathbf{Z}$,均有 $xa_1\in S$,$ya_2\in S$. 下证:对任意 $k_1,k_2\in\mathbf{Z}$,均有 $k_1 a_1+k_2 a_2\in S$. ②

为此对 $k=|k_1|+|k_2|$ 予以归纳. 当 $k=0$ 时,$k_1=k_2=0$,命题 ② 显然成立,当 $k=1$ 时,由 $\pm a_1\in S$,$\pm a_2\in S$ 可知 ② 成立,当 $k=2$ 时,由条件(2)知 $a_1-a_2\in S$,结合 $a_1,-a_2\in S$ 及条件(3)可知 $a_1-(-a_2)=a_1+a_2\in S$,再由 $0,a_1+a_2\in S$ 可知 $0-(a_1+a_2)=-a_1-a_2\in S$,结合 $-2a_1\in S$,$-2a_2\in S$ 可知 ② 成立. 现在设 ② 对 $0,1,2,\cdots,k-1$ 都成立,考虑 $k(k\geqslant 3)$ 的情形. 这时 $|k_1|+|k_2|\geqslant 3$,故 $|k_1|$ 与 $|k_2|$ 中必有一个不小于 2,不妨设 $|k_1|\geqslant 2$. 若 $k_1\geqslant 2$,由归纳假设可知
$$(k_1-1)a_1+k_2 a_2\in S, (k_1-2)a_1+k_2 a_2\in S$$
结合 $-a_1\in S$ 及条件(3)可知
$$(k_1-1)a_1+k_2 a_2-(-a_1)=k_1 a_1+k_2 a_2\in S$$
若 $k_1\leqslant -2$,由归纳假设可知

$$(k_1 + 1)a_1 + k_2 a_2 \in S$$
$$(k_1 + 2)a_1 + k_2 a_2 \in S$$

结合 $a_1 \in S$ 及条件(3)可知

$$(k_1 + 1)a_1 + k_2 a_2 - a_1 = k_1 a_1 + k_2 a_2 \in S$$

从而命题②对 k 成立. 这表明命题②是正确的.

由命题②及裴蜀定理, 可知对任意 $t \in \mathbf{Z}$, 均有 $(a_1, a_2)t \in S$, 即命题①对 $n = 2$ 成立.

现在我们设命题①对 $1, 2, \cdots, n-1$ 都成立, 考虑 $n(n \geq 3)$ 的情形. 此时, 记 $(a_1, a_2, \cdots, a_n) = d$, $(a_1, a_2, \cdots, a_n) = d_1$, $(a_1, a_3, \cdots, a_n) = d_2$, $(a_1, a_2, a_4, \cdots, a_n) = d_3$. 由归纳假设可知, 对任意 $t_1, t_2, t_3 \in \mathbf{Z}$, 都有 $d_1 t_1 \in S$, $d_2 t_2 \in S$, $d_3 t_3 \in S$.

由 d 及 d_1, d_2, d_3 的定义可知 $d = (d_1, d_2) = (d_1, d_3) = (d_2, d_3)$, 设 $d_i = x_i d$, $i = 1, 2, 3$, 则 x_1, x_2, x_3 两两互质, 故 x_1, x_2, x_3 中必有一个为奇数, 不妨设 x_3 为奇数. 下证: 对任意 $t \in \mathbf{Z}$, 存在 $m_1, m_2, m_3 \in \mathbf{Z}$, 使得

$$d_1 m_1 + d_2 m_2 = d_3 m_3 \text{ 且 } d_1 m_1 - d_2 m_2 = dt \qquad ③$$

事实上, 对任意 $t \in \mathbf{Z}$, 由 $(x_1, x_2) = 1$, 可知存在 $y \in \mathbf{Z}$, 使得 $x_1 y \equiv t \pmod{x_2}$, 于是, 令 $l = 2x_1 y - t$, 就有 $l + t \equiv 0 \pmod{2x_1}$, $l - t \equiv 0 \pmod{2x_2}$. 而由 x_3 为奇数, 及 x_1, x_2, x_3 两两互质, 可知 $(x_3, 2x_1 x_2) = 1$, 于是存在 $m_3 \in \mathbf{Z}$, 使得 $m_3 x_3 \equiv l \pmod{2x_1 x_2}$, 因此, 令 $m_1 = \dfrac{m_3 x_3 + t}{2x_1}$, $m_2 = \dfrac{m_3 x_3 - t}{2x_2}$, 则 $m_1, m_2 \in \mathbf{Z}$, 且 m_1, m_2, m_3 满足③.

由归纳假设及③中的结论可知 $d_1 m_1 \in S$, $d_2 m_2 \in S$, $d_1 m_1 + d_2 m_2 = d_3 m_3 \in S$, 从而结合条件(3)可知 $dt = d_1 m_1 - d_2 m_2 \in S$. 所以, 命题①对 n 成立.

综上可知, 对任意 $t \in \mathbf{Z}$, 数 $(a_1, a_2, \cdots, a_n)t \in S$, 这样, 由题给条件 $(a_1, \cdots, a_n) = 1$, 故每个整数 t 都属于 S, 命题获证.

8.81 求最大的正整数 n, 使得存在一个集合 $\{a_1, a_2, \cdots, a_n\} | \{a_i \in \mathbf{Z}^+\}$ 满足下列性质:

(1) 不存在某元素 a_i 为素数.

(2) 任两个不同的元素互素.

(3) $1 < a_i \leq (3n+1)^2 (i = 1, 2, \cdots, n)$.

(保加利亚数学奥林匹克, 2004 年)

解 设 q_i 为 a_i 的最小素因子 $(i = 1, 2, \cdots, n)$ 等于 $\max\limits_{1 \leq i \leq n} a_i$. 不

妨设 $a_1 = q$，则
$$(3n+1)^2 \geqslant a_1 \geqslant q_1^2 \geqslant p_n^2$$
p_i 为从小到大排列的第 i 个质数，$i = 1, 2, \cdots$.

下证当 $n \geqslant 15$ 时，$p_n > 3n + 1$，当 $n = 15$ 时容易验证. 下证 $n \geqslant 16$ 时的情况. 在 $1, 2, \cdots, 3n + 1$，这 $3n + 1$ 个数中，既不是 2 的倍数，也不是 3 的倍数的数有 $3n + 1 - \left[\dfrac{3n+1}{2}\right] - \left[\dfrac{3n+1}{3}\right] + \left[\dfrac{3n+1}{6}\right]$ 个. 又

$$\left[\dfrac{3n+1}{2}\right] \geqslant \dfrac{3n}{2}, \left[\dfrac{3n+1}{3}\right] = n$$
$$\left[\dfrac{3n+1}{6}\right] = \left[\dfrac{n}{2}\right] \leqslant \dfrac{n}{2} \Rightarrow 3n + 1 - \left[\dfrac{3n+1}{2}\right] -$$
$$\left[\dfrac{3n+1}{3}\right] + \left[\dfrac{3n+1}{6}\right] \leqslant$$
$$3n + 1 - \dfrac{3n}{2} - n + \dfrac{n}{2} = n + 1$$

又这些数中 $1, 25, 35, 49$ 均不为素数.

2 的倍数或 3 的倍数的数中 2, 3 为质数. $1, 2, \cdots, 3n, 3n + 1$ 这些数中质数个数小于等于
$$n + 1 - 4 + 2 = n - 1 \Rightarrow p_n > 3n + 1$$
综上当 $n \geqslant 15$ 时，$p_n > 3n + 1$，故由
$$p_n^2 \leqslant (3n+1)^2 \Rightarrow p_n \leqslant 3n + 1 \Rightarrow n \leqslant 14$$
又当 $n = 14$ 时，取 $\{a_1, a_2, \cdots, a_n\} = \{2^2, 3^2, 5^2, 7^2, 11^2, 13^2, 17^2, 19^2, 23^2, 29^2, 31^2, 37^2, 39^2, 41^2\}$ 满足条件，综上所述，最大的 n 为 14.

注 本题关键在于证明 $p_n > 3n + 1 (n \geqslant 15)$.

8.82 设集合 $A, B \subset \mathbf{R}$，对任意的 $\alpha > 0$，有 $A \subseteq B + \alpha \mathbf{Z}$，$B \subseteq A + \alpha \mathbf{Z}$.

问：(1) $A = B$ 是否一定成立？

(2) 若 B 是有界集合，(1) 是否成立？

注：$X + \alpha \mathbf{Z} = \{x + \alpha n \mid x \in X, n \in \mathbf{Z}\}$.

(白俄罗斯数学奥林匹克，2004 年)

解 (1) 不一定成立，(2) 成立.

(1) 考虑集合 $A = \mathbf{R}, B = \mathbf{R}^+$.

$\mathbf{R} \subseteq \mathbf{R}^+ + \alpha \mathbf{Z}$ 等价于对任意的 $x \in \mathbf{R}$，存在 $y \in \mathbf{R}^+, n \in \mathbf{Z}$（依赖于 x）满足 $x = y + \alpha n$. 为证明此等式，只须选择 $n \in \mathbf{Z}$，使得 $x - \alpha n > 0$，则

$$y = (x - \alpha n) \in \mathbf{R}^+$$

从而结论 $\mathbf{R} \subseteq \mathbf{R}^+ + \alpha \mathbf{Z}$ 成立.

因为对任意的 $x \in \mathbf{R}^+, x = x + \alpha \cdot 0$ 均成立,所以显然 $\mathbf{R}^+ \subseteq \mathbf{R} + \alpha \mathbf{Z}$.

由此,尽管条件成立,但集合 A 与 B 不等.

(2) 若 B 有界,则存在正整数 M,使得对任意的 $y \in B$,有 $|y| < M$.

首先证明 $A \subseteq B$. 假设 A 不包含于 B,那么,存在元素 $x \in A$,但 $x \notin B$. 设 $\alpha > |x| + M$,因为 $A \subseteq B + \alpha \mathbf{Z}$,所以,对某个 $y \in B$,有 $x = y + \alpha n$. 由 $x \neq y$,有 $n \neq 0$,故有
$$x - y = \alpha n, |x - y| = \alpha |n|$$
从而,$|x - y| \geq \alpha$,于是
$$|x| + M < \alpha \leq |x - y| \leq |x| + |y| < |x| + M$$
矛盾.

从而对任一 $x \in A$,有 $x \in B$,故 $A \subseteq B$.

特别地,A 有界.

由于 A 有界,类似地可得 $B \subseteq A$,因此 $A = B$.

8.83 设集合 $M = \{x_1, x_2, \cdots, x_{30}\}$ 由 30 个互不相同的正数组成,$A_n(1 \leq n \leq 30)$ 是 M 中所有的 n 个不同元素之积的和数. 证明:若 $A_{15} > A_{10}$,则 $A_1 > 1$.

(俄罗斯数学奥林匹克,2004 年)

证明 只须证明,如果 $A_1 \leq 1$,那么对于一切 $1 \leq n \leq 29$,都有 $A_{n+1} < A_n$.

由于 $A_1 \leq 1$,所以 $A_n \geq A_1 A_n$. 将 A_1 与 A_n 乘开,并且整理以后,可知 $A_1 A_n = A_{n+1} + S_n$,其中 S_n 是依次将 A_n 中的一个因素 x_i 平方所得到的和数,故知 $S_n > 0$,由此即得所证.

8.84 设 n 是正整数,并记 X 是含有 $n^2 + 1$ 个正整数的集合,并且具有下述性质:任何含有 $n + 1$ 个元素的子集,一定包含两个元素,使得其中一个元素能整除另一个元素. 证明:X 一定包含一个子集 $\{x_1, x_2, \cdots, x_{n+1}\}$,满足 $x_i \mid x_{i+1}(i = 1, 2, \cdots, n)$.

(罗马尼亚数学奥林匹克,2005 年)

证明 设 X' 是 X 的子集,x 是 X' 中的一个元素. 定义 x 在 X' 中的秩为 k,即在 X' 中存在着 k 个不同的元素 $x_1, x_2, \cdots, x_k = x$,满足 x_i 能整除 $x_{i+1}(i = 1, 2, \cdots, k-1)$,且 k 是具有这种性质的最

大数.

若 $X' = X$,则视 x 的秩为 k.

注意:如果 X 中两个元素具有相同的秩,则其中任何一个都不能整除另外一个.

只须证明,如果 X 中任何一个 $n+1$ 个元素的子集 X',都包含一个在 X' 中至少秩为 2 的元素,则 X 中一定包含一个秩至少为 $n+1$ 的元素. 在给定的条件下,利用上面的"注意",可知秩为 $k(k \leqslant n)$ 的元素的个数不能超过 n. 进而,秩最多为 n 的元素个数不能超过 n^2. 于是,由于 X 具有 $n^2 + 1$ 个元素,可以断定,一定包含一个元素,其秩至少为 $n+1$.

注 本题是 Dilworth 定理的一个特例.

Dilworth 定理:在一个至少有 $mn+1$ 个元素的偏序集中(即一部分元素之间具有顺序,可比较大小),或者有 $m+1$ 个元素可以互相比较,或者有 $n+1$ 个元素是两两不能进行比较的.

此题是将定理用于 $m = n$ 的情形,并且指定的"序"为整除.

8.85 已知 M 是一个由形如 $0.\dot{a}_1 a_2 \cdots \dot{a}_{10}$ 构成的集合. 其中 $a_1, a_2, \cdots, a_{10}$ 是 $0, 1, \cdots, 9$ 的一个排列.

(1) 求集合 M 中的元素的算术平均值.

(2) 证明:存在一个正整数 n,且 $1 < n < 10^{10}$,使得 $na - a \in \mathbf{N}$,对任意的 $a \in M$ 成立.

(罗马尼亚数学奥林匹克,2005 年)

解 (1) 设 $a = 0.\dot{a}_1 a_2 \cdots \dot{a}_{10}$ 是 M 中的一个元素,其中 $a_1, a_2, \cdots, a_{10}$ 是数字 $0, 1, \cdots, 9$ 的一个排列. 又 $b_1 = 9 - a_1, b_2 = 9 - a_2, \cdots, b_{10} = 9 - a_{10}$,均不相等,则 $b = 0.\dot{b}_1 b_2 \cdots \dot{b}_{10} \in M$.

由题意可知 $\frac{1}{2} \notin M$,故对任意的 $a \in M, a < \frac{1}{2}$ 有唯一的 $b = 1 - a \in M, b > \frac{1}{2}$ 与之对应. 将 M 中的元素分成数对 (a, b),其中 $a < \frac{1}{2} < b, a + b = 1$,因此,集合 M 中的元素的算术平均值为 $\frac{1}{2}$.

(2) 注意到,M 中的元素 a 的循环部分的数字和为 $0 + 1 + 2 + \cdots + 9 = 45$,则分数 $\dfrac{\overline{a_1 a_2 \cdots a_{10}}}{\underbrace{99 \cdots 9}_{10\text{位}}}$ 可以用 9 约简为 $a = \dfrac{m}{\underbrace{11 \cdots 1}_{10\text{位}}}$,此处

$$\overline{a_1 a_2 \cdots a_{10}} = 9m, m \in \mathbf{N}_+$$

考察 $n = \underbrace{11\cdots1}_{9\text{位}}2$.

因为 $1 < n < 10^{10}$,且 $(n-1)a \in \mathbf{N}^*$,故命题得证.

8.86 正整数集 A 满足:

(1) 如果 $a \in A$,那么 a 的所有约数均 $\in A$.

(2) 如果 $a, b \in A$,那么 $1 + ab \in A$.

证明:如果 A 中至少有 3 个不同的元素,那么 A 包含所有的正整数.

(摩洛哥数学奥林匹克,2005 年)

证明 显然,方程有解 $(0,0)$.

下证方程无正整数解.

由原方程得
$$3y^2 = x(x+1)(x^2 - x + 1)$$

又 $(x, x+1) = 1, (x, x^2 - x + 1) = 1$

$(x+1, x^2 - x + 1) = (x+1, (x+1)(x-2) + 3) = 1$ 或 3

(1) 若 $(x+1, x^2 - x + 1) = 1$,则 $x, x+1, x^2 - x + 1$ 两两互素,故此三数中必有两个为完全平方数,另一个为完全平方数的 3 倍.

但 x 为正整数时,x 与 $x+1$ 不能同为完全平方数,而
$$(x-1)^2 = x^2 - 2x + 1 < x^2 - x + 1 < x^2$$

即 $x^2 - x + 1$ 也不是完全平方数,从而此时原方程无解.

(2) 若 $(x+1, x^2 - x + 1) = 3$,则 $x + 1 = 3k$,此时
$x^4 + x = 3k(3k-1)(9k^2 - 9k + 3) = 9k(3k-1)(3k^2 - 3k + 1)$

于是 $y^2 = 3k(3k-1)(3k^2 - 3k - 1)$

令 $y = 3z(z \in \mathbf{N}^*)$,又有
$$3z^2 = k(3k-1)(3k^2 - 3k - 1)$$

由于 $k, 3k-1, 3k^2 - 3k - 1$ 两两互素且 $3k - 1$ 和 $3k^2 - 3k - 1$ 均没有因子 3,故

$k = 3h^2, 3k - 1 = m^2 \equiv 2 \pmod{3}, 3k^2 - 3k - 1 = n^2 \equiv 2 \pmod{3}$

又 $t^2 \equiv 0$ 或 $1 \pmod{3}$,矛盾.

从而原方程无正整数解.

综上可知,原方程仅有一组非负整数解 $(0,1)$.

8.87 已知 M 是开区间 $(0,1)$ 内所有有理数构成的集合.问:是否存在 M 的子集 A,使得 M 中的每一个元素都能用唯一的方式表示为 A 中的一个元素或有限个不同元素的和?

(保加利亚数学奥林匹克,2005 年)

解 我们证明:不存在满足条件的 M 的子集 A.

若存在满足条件的 M 的子集 A,则对于任意的 $a \in A$,有 $A \cap \left(\dfrac{a}{2}, a\right) = \varnothing$.

实际上,若 $a' \in A$,且 $a' \in \left(\dfrac{a}{2}, a\right)$,则 $a - a' \in \left(0, \dfrac{a}{2}\right)$,且 $a - a'$ 可以表示为 A 中的一个元素或有限个不同元素的和. 于是,数 a 即可表示为 a,也可表示为 $a' + (a - a')$,其中 $a - a'$ 是 A 中的一个元素或有限个不同元素的和,与 M 中的元素表示的唯一性矛盾.

特别地,可以得到,对于每一个 $i = 1, 2, \cdots$,区间 $\left[\dfrac{1}{2^i}, \dfrac{1}{2^{i-1}}\right)$ 中最多有 A 中的一个元素.

若集合 A 中有有限个元素,用它们的和最多可以表示有限个 $(0,1)$ 中的有理数,所以,A 中有无穷多个元素. 将 A 的元素排序为 $a_1, a_2, \cdots$,使得对于 $i = 1, 2, \cdots$,有 $a_i \geqslant 2a_{i+1}$. 若存在一个 i,使得 $a_i > 2a_{i+1}$,则

$$s = \sum_{i=2}^{+\infty} a_i < \sum_{i=2}^{+\infty} \dfrac{a_1}{2^{i-1}} = a_1$$

这表明开区间 (s, a_1) 中的有理数不能表示为 A 中不同元素的和,矛盾.

于是对于所有的 $i = 1, 2, \cdots$,有 $a_{i+1} = \dfrac{a_1}{2^i}$,$M$ 中的任意元素都可以表示为 $\dfrac{ma_1}{2^n}$(m 和 n 是正整数),这是不可能的.

因此不存在满足条件的子集 A.

8.88 p 是一个给定的素数. $0 \leqslant a_1 < a_2 < \cdots < a_m < p$ 及 $0 \leqslant b_1 < b_2 < \cdots < b_m < p$ 是任意两个非负整数列,若 $a_i + b_j (1 \leqslant i \leqslant m, 1 \leqslant j \leqslant n)$ 在模 p 意义下共有 k 个不同的值.

证明:(1) 若 $m + n > p$,则 $k = p$.

(2) 若 $m + n \leqslant p$,则 $k \geqslant m + n - 1$.

(保加利亚数学奥林匹克,2004 年)

证明 (1) 设 $t \in \{0, 1, 2, \cdots, p-1\}$,考虑 $t - a_i, 1 \leqslant i \leqslant m$,及 $b_j, 1 \leqslant j \leqslant n$ 在模 p 意义下的值,因为 $m + n > p$,从而上述各值在模 p 意义下必有两个相等的值. 又注意到 $t - a_i$ 和 $1 \leqslant i \leqslant m$ 是互不相同的,b_j 和 $1 \leqslant j \leqslant n$ 也是互不相同的,那么必有 $s, r \in \mathbf{N}^*, 1 \leqslant s \leqslant m, 1 \leqslant r \leqslant n$ 使得 $t - a_s \equiv b_r \pmod{p}$,故可知 $t = a_s + b_r \pmod{p}$. 那么由 t 的任意性可知 $k = p$.

(2) 假设 $m+n \leq p$, 设 $A = \{a_1, a_2, \cdots, a_m\}$, $B = \{b_1, b_2, \cdots, b_n\}$ 对任意两个集合 X, Y, 用 $X+Y$ 表示 $\{x+y \pmod{p} \mid x \in X, y \in Y\}$, 我们证明 $k = |A+B| \geq m+n-1$. 不妨设 $m \leq n$, 我们对 n 用归纳法.

ⅰ 当 $m=1$ 时, 我们知道
$$|A+B| = |a_1+B|$$
因为当 $i \neq j$ 时 $a_1 + b_i \not\equiv a_1 + b_j \pmod{p}$, 我们知道
$$|a_1+B| = |B| = n = m+n-1$$
故当 $m=1$ 时命题成立.

ⅱ 我们假设当 $|A| < m$ 时命题成立, 下设 $|A| = m$, $|B| = n$, $m \leq n$ 且 $m+n \leq p$, 由 $n < p$ 可知存在 $c \notin B (0 \leq c \leq p-1)$. 考虑下述各数 $c + t(a_2 - a_1)$, $t = 1, 2, \cdots, p-1$ (模 p 意义下), 容易知道这些数包含了除 c 外的所有数, 取 t 是最小的一个使得 t 满足
$$b = c + t(a_2 - a_1) \in B$$
记 $A' = b - a_2 + A$, 则不难得知
$$b - a_2 + a_1 \in A'$$
$$b - a_2 + a_2 = b \in A'$$
$$b - a_2 + a_1 = c + (a_2 - a_1) \notin B$$

下面我们证明 $|A'+B| \geq m+n-1$, 设 $F = A' \cap B$, $G = A' \cup B$, 则 $F \neq \varnothing$ (因为 $b \in F$) 是 A' 的真子集, B 是 G 的一个真子集 (因为 $b - a_2 + a_1 \in A'$, 但是 $b - a_2 + a_1 \notin F$), 从而可知
$$0 < |F| < m \leq n < |G|$$
另一方面, 我们又有
$$m+n = |A'|+|B| = |A' \cap B| + |A' \cup B| = |F|+|G|$$
又注意到 $F + G \subset A' + B$ (因为若有 $f \in F \subset B$ 及 $g \in G$, 我们可以证明 $g \in A'$ 且 $f \in F \subset B$, 从而推出 $f + g \in A' + B$), 故
$$|F+G| \geq |F|+|G|-1 = |A'|+|B|-1 = m+n-1$$
取
$$|A'+B| \geq m+n-1$$
从而
$$|A+B| = |A'+B| \geq m+n-1$$
综上可知原命题获证.

8.89 (1) 若正整数 $k(k \geq 3)$ 满足: 有 k 个正整数, 使得任意两个不互质, 任意三个互质. 求 k 的所有可能值.

(2) 是否存在一个无穷项的正整数集, 满足 (1) 的条件?

解 (1) 设任意一对不考虑次序的正整数对 (m,n) $(m, n \in \{1, 2, \cdots, k\})$ 对应的质数为 $\varphi(m,n)$, 其中 $m \neq n$, 且若数对

(m,n) 和 (m_1,n_1) 不同,则
$$\varphi(m,n) \neq \varphi(m_1,n_1)$$

设 $a_i = \prod\limits_{\substack{n=1\\n\neq i}}^{k} \varphi(i,n), i = 1, 2, \cdots, k$.

设集合 $\{a_1, a_2, \cdots, a_k\}$ 满足要求的条件.

因为 a_i 和 a_j 的最大公因数为 $\varphi(i,j)$, a_i 和 a_l 的最大公因数为 $\varphi(i,l)$,其中 $\varphi(i,j)$ 和 $\varphi(i,l)$ 为不同的质数,因此, a_i, a_j, a_l 的最大公因数为 1,故对于所有的 $k(k \geq 3)$,均满足条件.

(2) 不存在满足条件的集合. 假设存在满足条件的集合 $\{a_1, a_2, \cdots\}$,则显然有 $a_1 > 1$.

设 $a_1 = p_1^{a_1} p_2^{a_2} \cdots p_s^{a_s}$,其中 $p_1, p_2, \cdots, p_s$ 是不同的质数. 考虑其中的 $s+1$ 个数 $a_2, a_3, \cdots, a_{s+2}$. 因为这 $s+1$ 个数中的每一个均与 a_1 不互质,因此,每一项均能被 $p_1, p_2, \cdots, p_s$ 之一整除. 所以,存在两个数,不妨设为 a_m 和 a_n 这两个数均能被 p_i 整除. 于是, a_1, a_m, a_n 不互质. 矛盾.

8.90 证明:对每个正整数 $a \geq 4$,存在无穷多个无平方因子的正整数 n,使 $n \mid a^n - 1$.(注: n 无平方因子是指不存在 p 为素数,使 $p^2 \mid n$)

(保加利亚数学奥林匹克,2004 年)

证明 归纳构造 $n_k, k = 1, 2, \cdots$,使 $n_k \mid a^{n_k} - 1$,且 n_k 无平方因子,取 $n_1 = p, p$ 是 $a-1$ 的任一素因子(若 $a-1$ 有奇因子,则取 p 为奇素因子),则
$$n_1 \mid a - 1 \Rightarrow n_1 \mid a^{n_1} - 1$$

又 $a^{n_1} - 1 = (a-1)(a^{n_1-1} + a^{n_1-2} + \cdots + 1)$

由于 $(a^{n_1-1} + a^{n_1-2} + \cdots + 1, a - 1) = (n_1, a - 1) = n_1$

所以 $a^{n_1-1} + a^{n_1-2} + \cdots + 1$ 与 $a - 1$ 有一个公共素因子.

下证 $a^{n_1-1} + a^{n_1-2} + \cdots + 1$ 存在一个素因子 q, q 不整除 $a - 1$. 若不然,则
$$a^{n_1-1} + a^{n_1-2} + \cdots + 1 = n_1^\alpha$$

由于 $a \geq 4$,所以 $a \geq 2$,所以 $n_1^3 \mid a^{n_1} - 1$.

令 $a = kn_1 + 1$,则
$$(kn_1 + 1)^{n_1} - 1 \equiv C_{n_1}^2 (kn_1)^2 + C_{n_1}^1 kn_1 \pmod{n_1^3}$$

若 $n_1 = 2$,由 n_1 定义可知 $a - 1 = 2^\beta, \beta \geq 2$.
$a^{n_1-1} + \cdots + 1 = a + 1 = 2^\beta + 2$,这与 $n_1^\alpha \mid a + 1$ 矛盾.

故此时 n_1 为奇素数,所以

$$(kn_1+1)^{n_1} - 1 \equiv kn_1^2 \equiv 0 \pmod{n_1^3}$$

所以 $n_1 \mid k$,所以

$$a^{n_1-1} + a^{n_1-2} + \cdots + 1 \equiv 1 + 1 + \cdots + 1 \equiv n_1 \not\equiv 0 \pmod{n_1^2}$$

矛盾!综上可知 $a^{n_1-1} + \cdots + 1$ 有素因子 q,q 不整除 $a-1$.

取 $n_2 = n_1 q$,则

$$n_2 \mid a^{n_1} - 1 \Rightarrow n_2 \mid a^{n_1 q} - 1 \Rightarrow n_2 \mid a^{n_2} - 1$$

且 n_2 无平方因子,下设 $n_1, n_2, \cdots, n_k$ 都已取好,$k \geq 2$,$n_k = rn_{k-1}$,r 为素数,且 $(r, n_{k-1}) = 1$,则

$$rn_{k-1} \mid a^{n_{k-1}r} - 1 = (a^{n_{k-1}} - 1)(a^{n_{k-1}(r-1)} + a^{n_{k-1}(r-2)} + \cdots + a^{n_{k-1}} + 1)$$

而 $(a^{n_{k-1}(r-1)} + \cdots + a^{n_{k-1}} + 1, n_{k-1}) = (r, n_{k-1}) = 1$

同前证明可知 $a^{n_{k-1}(r-1)} + a^{n_{k-1}(r-2)} + \cdots + a^{n_{k-1}} + 1$ 必有一素因子 s,不同于 r,且 $(s, n_{k-1}) = 1$,令 $n_{k+1} = sn_k$ 即可,此时

$$sn_k \mid a^{n_k} - 1 \Rightarrow n_{k+1} \mid a^{n_{k+1}} - 1$$

综上可知存在无穷多个不含平方因子的 n,使 $n \mid a^n - 1$,证毕!

8.91 n 和 k 为正整数,且 $2 \leq k \leq n$. 设 $\mathscr{F}$ 为 $\{1, 2, \cdots, n\}$ 的子集族,满足对任意 F 和 $G \in \mathscr{F}$,存在正整数 $1 \leq t \leq n$,使得

$$\{t, t+1, \cdots, t+k-1\} \subseteq (F \cap G)$$

证明:$|\mathscr{F}| \leq 2^{n-k}$.

(伊朗数学奥林匹克,2002~2003 年)

证明 记 $A_i = \{t \mid 1 \leq t \leq n, t \equiv i \pmod{k}\}$,考虑 $\mathscr{F}_i = \{F \cap A_i \mid F \in \mathscr{F}\}$.

显然,对任意的 $F_1, F_2 \in \mathscr{F}_i$,有 $F_1 \cap F_2 \neq \varnothing$.

因此对任意 (F_1, F_1^c) 中的对子,至多有一个属于 $\mathscr{F}_i$,故

$$|\mathscr{F}_i| \leq 2^{|A_i|-1}$$

易知 $\quad |\mathscr{F}| \leq \prod_{i=1}^{k} |\mathscr{F}_i| = \prod_{i=1}^{k} 2^{|A_i|-1} = 2^{n-k}$

8.92 如果 n 是一个正整数,$a(n)$ 是满足 $(a(n))!$ 可以被 n 整除的最小正整数. 求所有的正整数 n,使得 $\dfrac{a(n)}{n} = \dfrac{2}{3}$.

解 因为 $a(n) = \dfrac{2}{3}n$,则 $3 \mid n$.

设 $n = 3k$. 若 $k > 3$,则 $3k \mid k!$.

所以,$a(n) \leq k < \dfrac{2}{3}n$. 矛盾.

又因为 $a(3) = 3 \neq \frac{2}{3} \times 3$, $a(6) = 3 \neq \frac{2}{3} \times 6$, $a(9) = 6 \neq \frac{2}{3} \times 9$.

故 $n = 9$ 即为所求.

8.93 一个从正整数集 $\mathbf{N}^*$ 到其自身的函数 f 满足: 对于任意的 $m, n \in \mathbf{N}^*$, $(m^2+n)^2$ 可以被 $f^2(m) + f(n)$ 整除.

证明: 对于每个 $n \in \mathbf{N}^*$, 有 $f(n) = n$.

(国际数学奥林匹克预选题, 2004 年)

证明 当 $m = n = 1$ 时, 由已知条件可得 $f^2(1) + f(1)$ 是 $(1^2+1)^2 = 4$ 的正因数. 因为 $t^2 + t = 4$ 无整数根, 且 $f^2(1) + f(1)$ 比 1 大, 所以 $f^2(1) + f(1) = 2$.

从而 $f(1) = 1$. 当 $m = 1$ 时, 有
$$(f(n)+1) \mid (n+1)^2 \qquad ①$$
其中, n 为任意正整数.

同理, 当 $n = 1$ 时, 有
$$(f^2(m)+1) \mid (m^2+1)^2 \qquad ②$$
其中, m 为任意正整数.

要证明 $f(n) = n$, 只须证明有无穷多个正整数 k, 使得 $f(k) = k$. 实际上, 若这个结论是对的, 对于任意一个确定的 $n \in \mathbf{N}_+$ 和每一个满足 $f(k) = k$ 的正整数 k, 由已知条件可得
$$k^2 + f(n) = f^2(k) + f(n)$$
整除 $(k^2+n)^2$. 又
$$(k^2+n)^2 = ((k^2+f(n)) + (n-f(n)))^2 =$$
$$A(k^2+f(n)) + (n-f(n))^2$$
其中, A 为整数.

于是 $(n-f(n))^2$ 能被 $k^2 + f(n)$ 整除. 因为 k 有无穷多个, 所以, 一定有 $(n-f(n))^2 = 0$, 即对于所有的 $n \in \mathbf{N}_+$, 有 $f(n) = n$.

对于任意的质数 p, 由式 ① 有
$$(f(p-1)+1) \mid p^2$$
所以 $\qquad f(p-1) + 1 = p$
或 $\qquad f(p-1) + 1 = p^2$

若 $f(p-1) + 1 = p^2$, 由式 ② 可知 $(p^2-1)^2 + 1$ 是 $((p-1)^2+1)^2$ 的因数.

但由 $p > 1$, 有
$$(p^2-1)^2 + 1 > (p-1)^2(p+1)^2$$

$$((p-1)^2+1)^2 \leqslant ((p-1)^2+(p-1)^2) = (p-1)^2 p^2$$
矛盾.

因此 $f(p-1)+1 = p$, 即有无穷多个正整数 $p-1$, 使得 $f(p-1) = p-1$.

8.94 设 A 为正整数集 $\mathbf{N}^*$ 的一个非空子集, 如果所有充分大的正整数都可以写成 A 中两个数之和(可以相同), 则称 A 为一个二阶基. 对 $x \geqslant 1$, 记 $A(x)$ 为 A 中所有不超过 x 的正整数组成的集合. 证明: 存在一个二阶基 A 及正常数 C, 使得对所有 $x \geqslant 1$ 都有 $|A(x)| \leqslant C\sqrt{x}$.

证明 令
$$A = \{2^{2b_1}+2^{2b_2}+\cdots+2^{2b_n} \mid 0 \leqslant b_1 < b_2 < \cdots < b_n, b_i \in \mathbf{Z}\} \cup \{2^{2c_1+1}+2^{2c_2+1}+\cdots+2^{2c_m+1} \mid 0 \leqslant c_1 < c_2 < \cdots < c_m, c_i \in \mathbf{Z}\}$$

由于每一个整数都可以表示为 $2^{k_1}+2^{k_2}+\cdots+2^{k_r}, 0 \leqslant k_1 < k_2 < \cdots < k_r$ 的形式及 $2^k = 2^{k-1}+2^{k-1}(k \geqslant 1)$ 知 A 为一个二阶基.

若 $2^{2b_1}+2^{2b_2}+\cdots+2^{2b_n} \leqslant x$, 则 $2^{2b_n} \leqslant x, 2^{b_n} \leqslant \sqrt{x}$, 从而
$$2^{b_1}+2^{b_2}+\cdots+2^{b_n} < 2^{b_n+1} < 2\sqrt{x}$$
因此 $A(x)$ 中形如 $2^{2b_1}+2^{2b_2}+\cdots+2^{2b_n}$ 的数的个数不超过 $2\sqrt{x}$.
若
$$2^{2c_1+1}+2^{2c_2+1}+\cdots+2^{2c_m+1} \leqslant x$$
则
$$2^{2c_m+1} \leqslant x, 2^{c_m} \leqslant \sqrt{\frac{x}{2}}$$
从而
$$2^{c_1}+2^{c_2}+\cdots+2^{c_m} < 2^{c_m+1} < \sqrt{2x}$$
因此 $A(x)$ 中形如 $2^{2c_1+1}+2^{2c_2+1}+\cdots+2^{2c_m+1}$ 的数的个数不超过 $\sqrt{2x}$. 所以
$$|A(x)| \leqslant (2+\sqrt{2})\sqrt{x}$$

第9章 整 点

在平面直角坐标系中,若点 $A(x,y)$ 的横、纵坐标均为整数,则称 A 为整点,也称格点.

关于整点也有很多内容.

> **9.1** 在平面上的每个整点 (x,y) (x,y 都是整数) 处放一盏灯. 当时刻 $t=0$ 时,仅有一盏灯亮着. 当 $t=1,2,\cdots$ 时,满足下列条件的灯被打开:至少与一盏亮着的灯的距离为 2 005. 证明:所有的灯都能被打开.

证明 设最初亮灯为 0. 对某点 $A, \overrightarrow{OA} = (x,y)$.
$$2\,005^2 = 1\,357^2 + 1\,476^2$$
$$(1\,357, 1\,476) = (1\,357, 119) = (1\,357, 7 \times 17) = 1$$

令
$$\boldsymbol{a} = (1\,357, 1\,476), \boldsymbol{b} = (1\,476, 1\,357)$$
$$\boldsymbol{c} = (1\,357, -1\,476), \boldsymbol{d} = (1\,476, -1\,357)$$

若在 t 时刻 A 被点亮,则在下一时刻 $A+\boldsymbol{a}, A+\boldsymbol{b}, A+\boldsymbol{c}, A+\boldsymbol{d}$ 分别被点亮.

只须证对任意的 A,存在 $p,q,r,s \in \mathbf{Z}$,使
$$\overrightarrow{OA} = p\boldsymbol{a} + q\boldsymbol{b} + r\boldsymbol{c} + s\boldsymbol{d} \qquad ①$$

因为 $(1\,357, 1\,476) = 1$,由裴蜀定理知,存在 $m_0, n_0, u_0, v_0 \in \mathbf{Z}$,满足
$$x = 1\,357 m_0 + 1\,476 n_0$$
$$y = 1\,357 u_0 + 1\,476 v_0$$

令
$$m = m_0 + 1\,476 k, n = n_0 - 1\,357 k$$
$$u = u_0 + 1\,476 l, v = v_0 - 1\,357 l, k, l \in \mathbf{Z}$$
$$2 \mid (m-v) \Leftrightarrow 2 \mid (m_0 - v_0 + 1\,476 k + 1\,357 l) \Leftrightarrow$$
$$2 \mid (m_0 - v_0 + l) \qquad ②$$
$$2 \mid (u-n) \Leftrightarrow 2 \mid (u_0 - n_0 + 1\,476 l + 1\,357 k) \Leftrightarrow$$
$$2 \mid (u_0 - n_0 + k) \qquad ③$$

显然存在 $k, l \in \mathbf{Z}$ 满足式②,③,令

则
$$\begin{cases} p+r = m \\ p-r = v \end{cases}, \begin{cases} q+s = n \\ q-s = u \end{cases}$$

$$\begin{cases} p = \dfrac{m+v}{2} \\ r = \dfrac{m-v}{2} \end{cases}, \begin{cases} q = \dfrac{n+u}{2} \\ s = \dfrac{n-u}{2} \end{cases}$$

显然 $p,q,r,s \in \mathbf{Z}$ 满足式 ①.

所以,总可经过有限次操作使 A 被点亮.

> **9.2** 在坐标平面上给定一个凸五边形 $ABCDE$,其所有顶点的坐标都是整数.证明:在五边形内总是可以找到具有整数坐标的点,即使是只有一个这样的点,类似的结论对非凸五边形正确吗?
>
> (第 9 届全俄数学奥林匹克,1983 年)

证明 首先证明,五边形有两个相邻顶点,在该两顶点上的内角之和大于 $180°$,否则

$$\angle A + \angle B \leq 180°, \quad \angle B + \angle C \leq 180°$$
$$\angle C + \angle D \leq 180°, \quad \angle D + \angle E \leq 180°$$
$$\angle E + \angle A \leq 180°$$

于是 $\angle A + \angle B + \angle C + \angle D + \angle E \leq 450°$

与 $\angle A + \angle B + \angle C + \angle D + \angle E = 540°$ 矛盾.

假设 $\angle A + \angle B > 180°$.

用 d_E 和 d_C 分别表示从点 E 和点 C 到直线 AB 的距离.

不妨设 $d_E \geq d_C$.作平行四边形 $AMCB$,如图 1 所示.

因为 $\angle CBA + \angle BAE > 180°$,而 $\angle CBA + \angle BAM = 180°$,所以射线 AM 在 $\angle BAE$ 的内部.

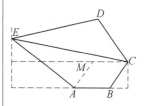

图 1

又因为 $d_E \geq d_C$,故或是点 E 位于直线 CM 上(如果 $d_E = d_C$),或是点 A 和 E 分别在直线 CM 的两侧(如果 $d_E > d_C$).

因此,M 或在四边形 $ABCE$ 内,或在边 CE 上,且 $M \neq C, M \neq E$.由于五边形 $ABCDE$ 是凸的(图 2),所以点 M 在凸五边形的内部.

设 $A(x_A, y_A), B(x_B, y_B), C(x_C, y_C), D(x_D, y_D)$ 都是整点,则

$$x_M = x_A + x_C - x_B, y_M = y_A + y_C - y_B$$

是整数,因而 M 是整点.

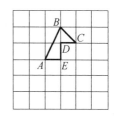

图 2

对于非凸五边形是不正确的,如图 A, B, C, D 都是整点,然而在其内部没有整点.

> **9.3** 对于什么样的整数 $n \geq 3$,平面上有一正 n 边形,它的顶点全是整点?
>
> (第 26 届国际数学奥林匹克候选题,1985 年)

解 我们证明,当且仅当 $n = 4$ 时,有一正 n 边形的顶点全是整点.

当 $n = 4$ 时,正方形的顶点全部是整点是显然的.

当 $n = 3$ 时,即正 $\triangle ABC$ 的顶点都是整点,设 $A(x_1, y_1)$, $B(x_2, y_2)$, $C(x_3, y_3)$,其中 x_i 和 y_i ($i = 1, 2, 3$) 都是整数. $\triangle ABC$ 的面积为 S,则

$$S = \frac{1}{2} \begin{vmatrix} x_1 & y_1 & 1 \\ x_2 & y_2 & 1 \\ x_3 & y_3 & 1 \end{vmatrix}$$

显然,S 是有理数.

另一方面

$$S = \frac{\sqrt{3}}{4} AB^2 = \frac{\sqrt{3}}{4}((x_1 - x_2)^2 + (y_1 - y_2)^2)$$

则 S 是无理数.

出现矛盾.

所以 $n = 3$ 时,正三角形的三个顶点不能都是整点.

由此推出 $n = 6$ 时,正六边形的六个顶点不能都是整点.

设 $n \neq 3, 4, 6$,且正 n 边形 $A_1 A_2 \cdots A_n$ 是所有以整点为顶点的正 n 边形中边长最短的一个.

设 B_i 是 A_i 按着向量 $\overrightarrow{A_{i+1} A_{i+2}}$ 的方向和大小作平行移动得到的点,即 $\overrightarrow{A_i B_i} = \overrightarrow{A_{i+1} A_{i+2}}$,这时 $B_1 B_2 \cdots B_n$ 是正 n 边形,它的顶点都是整点,然而它的边长小于正 n 边形 $A_1 A_2 \cdots A_n$ 的边长,与正 n 边形 $A_1 A_2 \cdots A_n$ 的选取相矛盾.

所以,仅当 $n = 4$ 时,正 n 边形的顶点都是整点.

9.4 设 $P_1, P_2, \cdots, P_{1993} = P_0$ 是平面 xOy 上具有下列性质的不同的点:

(1) P_i 的坐标是两个整数,其中 $i = 1, 2, \cdots, 1993$.

(2) 除 P_i 和 P_{i+1} 外,在线段 $P_i P_{i+1}$ 上没有坐标是两个整数的点,其中 $i = 0, 1, 2, \cdots, 1992$.

证明:对于某个 i, $0 \leq i \leq 1992$,在线段 $P_i P_{i+1}$ 上存在一个点 $Q(q_x, q_y)$ 使得 $2q_x$ 和 $2q_y$ 是奇整数.

(亚太地区数学奥林匹克,1993 年)

证明 设向量 $\overrightarrow{P_i P_{i+1}}$ 有分量 u_i, v_i,其中 $i = 0, 1, 2, \cdots, 1992$.

则每对 u_i, v_i 满足 $(u_i, v_i) = 1$.

否则,在 P_i 和 P_{i+1} 间还应有另外一个整点.

假设在任一线段 $P_i P_{i+1}$ 上均不包含所需的点 Q,则

$$u_i + v_i \equiv 1 \pmod{2}$$

其中,$i = 0, 1, 2, \cdots, 1992$. 因此

$$\sum_{i=0}^{1\,992}(u_i+v_i)\equiv 1\,993\equiv 1\pmod 2$$

然而,向量 $\overrightarrow{P_iP_{i+1}}$ 的总和为零向量,这意味着

$$\sum_{i=0}^{1\,992} u_i = 0$$

和

$$\sum_{i=0}^{1\,992} v_i = 0$$

这时就有

$$\sum_{i=0}^{1\,992}(u_i+v_i) = 0$$

出现了矛盾.

所以对某个 i,$0\le i\le 1\,992$,在线段 P_iP_{i+1} 上存在一个点 $Q(q_x,q_y)$,使得 $2q_x$ 和 $2q_y$ 是奇整数.

> **9.5** 在平面直角坐标系中给定一个 100 边形 P,满足
> (1) P 的顶点坐标都是整数.
> (2) P 的边都与坐标轴平行.
> (3) P 的边长都是奇数.
> 求证:P 的面积是奇数.
> (中国国家集训队选拔赛试题,1986 年)

证明 先给出一个引理:

引理 给定复平面上一个 n 边形 P(图 1),其顶点对应的复数分别为 $z_1,z_2,\cdots,z_n$,则 P 的有向面积为

$$S=\frac{1}{2}\mathrm{Im}(z_1\overline{z_2}+z_2\overline{z_3}+\cdots+z_{n-1}\overline{z_n}+z_n\overline{z_1})$$

其中,$\mathrm{Im}(z)$ 表示复数 z 的虚部.

此引理可以利用 $n=3$ 时的结论,用数学归纳法加以证明.

下面证明命题本身.

设 P 的顶点对应的复数为

$$z_j = x_j + \mathrm{i}y_j,\quad j=1,2,\cdots,100$$

由题设可知,x_j 和 y_j 都是整数.

再由题设(2)和(3),又可设

$$\begin{cases}x_{2j}=x_{2j-1}\\ y_{2j}=y_{2j-1}+\text{奇数}\end{cases}$$

$$\begin{cases}x_{2j+1}=x_{2j}+\text{奇数}\\ y_{2j+1}=y_{2j}\end{cases}$$

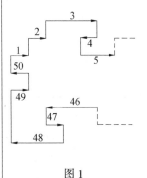

图 1

这里 $1 \leqslant j \leqslant 50, x_{101} = x_1, y_{101} = y_1$,并约定 $y_0 = y_{100}$.

由引理, P 的有向面积为

$$S = \frac{1}{2}\operatorname{Im}\sum_{j=1}^{100} z_j z_{j+1} =$$
$$\frac{1}{2}\operatorname{Im}\sum_{j=1}^{100} (x_j + \mathrm{i}y_j)(x_{j+1} - \mathrm{i}y_{j+1}) =$$
$$\frac{1}{2}\operatorname{Im}\sum_{j=1}^{100} ((x_j x_{j+1} + y_j y_{j+1}) + \mathrm{i}(x_{j+1}y_j - x_j y_{j+1})) =$$
$$\frac{1}{2}\sum_{j=1}^{100} (x_{j+1}y_j - x_j y_{j+1}) =$$
$$\frac{1}{2}\sum_{j=1}^{50} (x_{2j+1}y_{2j} - x_{2j}y_{2j+1}) + \frac{1}{2}\sum_{j=1}^{50} (x_{2j}y_{2j-1} - x_{2j-1}y_{2j}) =$$
$$\frac{1}{2}\sum_{j=1}^{50} (x_{2j+1}y_{2j} - x_{2j-1}y_{2j}) + \frac{1}{2}\sum_{j=1}^{50} (x_{2j-1}y_{2j-2} - x_{2j-1}y_{2j}) =$$
$$\frac{1}{2}\sum_{j=1}^{50} (x_{2j+1}y_{2j} - x_{2j-1}y_{2j}) + \frac{1}{2}\sum_{j=1}^{50} x_{2j+1}y_{2j} - \frac{1}{2}\sum_{j=1}^{50} x_{2j-1}y_{2j} =$$
$$\sum_{j=1}^{50} (x_{2j+1}y_{2j} - x_{2j-1}y_{2j}) = \sum_{j=1}^{50} (x_{2j+1} - x_{2j-1})y_{2j} =$$
$$\sum_{j=1}^{50} m_j y_{2j} (m_j \text{ 为奇数}) \equiv \sum_{j=1}^{50} y_{2j} \pmod 2 \equiv$$
$$\sum_{j=1}^{25} (y_{4j} - y_{4j-2}) \pmod 2 \equiv \sum_{j=1}^{25} 1 \pmod 2 \equiv 1 \pmod 2$$

即 P 是面积是奇数.

9.6 设 M 为平面上坐标为 $(p \times 1\,994, 7p \times 1\,994)$ 的点,其中 p 是素数.求满足下述条件的直角三角形的个数:

(1) 三角形的三个顶点都是整点,而且 M 是直角顶点.

(2) 三角形的内心是坐标原点.

(第 9 届中国中学生数学冬令营,1994 年)

解 如图 1,联结坐标原点 O 及点 M,取线段 OM 的中点 $I(p \times 997, 7p \times 997)$,把满足条件的一个直角三角形关于点 I 作一个中心对称,即把点 (x,y) 变换为点 $(p \times 1\,994 - x, 7p \times 1\,994 - y)$.于是,满足题目条件的一个整点直角三角形变为一个与之全等的整点直角三角形,三角形的内心变为点 M,直角顶点变为坐标原点.因此,所求整点直角三角形的个数,只须考虑直角顶点在坐标原点,内心在点 M 的情况即可.

考虑满足上述条件的整点 $\mathrm{Rt}\triangle OAB$.

设 $\angle xOA = \alpha, \angle xOM = \beta$,则 $\alpha + \dfrac{\pi}{4} = \beta$.

由题设条件可知

$$\tan \beta = 7$$

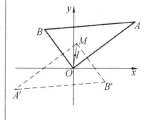

图 1

$$\tan \alpha = \tan\left(\beta - \frac{\pi}{4}\right) = \frac{\tan \beta - \tan \frac{\pi}{4}}{1 + \tan \beta \tan \frac{\pi}{4}} = \frac{3}{4}$$

于是直角边 OA 上的任一点的坐标可写成 $(4t, 3t)$.

由于 A 是整点,若 $A(4t, 3t), t \in \mathbf{N}$,则 $OA = 5t$.

由 $\angle yOB = \alpha$ 可知,点 B 的坐标为 $(-3t_0, 4t_0), t_0 \in \mathbf{N}, OB = 5t_0$.

直角三角形内切圆半径 $r = \frac{\sqrt{2}}{2} OM = 5p \times 1994$.

设 $OA = 2r + p_0, OB = 2r + q_0$,由于 OA, OB, r 都是 5 的倍数,则 p_0, q_0 也是 5 的倍数.

$$AB = OA + OB - 2r = 2r + p_0 + q_0$$

由勾股定理 $\qquad AB^2 = OA^2 + OB^2$

即 $\qquad (2r + p_0 + q_0)^2 = (2r + p_0)^2 + (2r + q_0)^2$

则 $\qquad p_0 q_0 = 2r^2$

即 $\qquad p_0 q_0 = 2 \cdot 5^2 \cdot 1994^2 \cdot p^2$

由 $\frac{p_0}{5}, \frac{q_0}{5}$ 都是自然数,可得

$$\frac{p_0}{5} \cdot \frac{q_0}{5} = 2^3 \times 977^2 \times p^2$$

当 $p \neq 2$ 和 $p \neq 997$ 时

$$\begin{cases} \frac{p_0}{5} = 2^i \times 997^j \times p^k \\ \frac{q_0}{5} = 2^{3-i} \times 997^{2-j} \times p^{2-k} \end{cases}$$

其中,$i = 0, 1, 2, 3; j = 0, 1, 2; k = 0, 1, 2$.

于是 $\left(\frac{p_0}{5}, \frac{q_0}{5}\right)$ 有 $4 \times 3 \times 3 = 36$ 组不同的有序解.

当 $p = 2$ 时,有

$$\begin{cases} \frac{p_0}{5} = 2^i \times 997^j \\ \frac{q_0}{5} = 2^{5-i} \times 997^{2-j} \end{cases}$$

其中,$i = 0, 1, 2, 3, 4, 5; j = 0, 1, 2$.

于是 $\left(\frac{p_0}{5}, \frac{q_0}{5}\right)$ 有 $6 \times 3 = 18$ 组不同的有序解.

当 $p = 997$ 时,有

$$\begin{cases} \frac{p_0}{5} = 2^i \times 997^j \\ \frac{q_0}{5} = 2^{3-i} \times 997^{4-j} \end{cases}$$

其中，$i = 0,1,2,3; j = 0,1,2,3,4$.

于是 $\left(\dfrac{p_0}{5}, \dfrac{q_0}{5}\right)$ 有 $4 \times 5 = 20$ 组不同的有序解.

由以上，所求直角三角形的个数为

$$S = \begin{cases} 36, & \text{当 } p \neq 2 \text{ 和 } p \neq 997 \text{ 时} \\ 18, & \text{当 } p = 2 \text{ 时} \\ 20, & \text{当 } p = 997 \text{ 时} \end{cases}$$

9.7 以平面直角坐标系中的每一个整点为圆心，各作一个半径为 $\dfrac{1}{14}$ 的圆. 证明：任何半径为 100 的圆周都至少与这些圆中的一个相交.

(第 49 届莫斯科数学奥林匹克,1986 年)

证明 设 O 为任意一个点.

又设 $y = k(k \in \mathbf{Z})$ 是与以 O 为圆心,以 100 为半径的圆相交的直线中最上面的一条直线,而直线 $y = k+1$ 与该圆不相交.

如果该直线上所有的整点都在该圆之外,那么不难证明,其中离圆周最近的整点与圆周的距离不超过 $\dfrac{1}{14}$,因此圆周必与以该整点为圆心,以 $\dfrac{1}{14}$ 为半径的圆相交.

如果该直线 $y = k$ 上有某些整点在该圆 O 之内. 设 B 是其中离该圆周最近的整点.

设 A 是直线 $y = k$ 上离 B 最近的位于圆外的整点,则有 $AB = 1$.

假设圆周不与以 A 和 B 为圆心,以 $\dfrac{1}{14}$ 为半径的圆相交,则此时就有

$$OA > 100 + \dfrac{1}{14}, 99 < OB < 100 - \dfrac{1}{14}$$

因此就有

$$OA - OB > \dfrac{1}{7}$$

$$OA^2 - OB^2 = (OA - OB)(OA + OB) > \dfrac{199}{7}$$

设 O' 是自 O 向直线 $y = k$ 所引垂线之垂足,$O'B = x$,则

$$O'A = x + 1$$

$$(x+1)^2 - x^2 = OA^2 - OB^2 > \dfrac{199}{7}$$

解得

$$O'B = x > \dfrac{96}{7}$$

于是就有

$$OO' = \sqrt{OB^2 - O'B^2} < \sqrt{(100 - \frac{1}{14})^2 - (\frac{96}{7})^2} < 99$$

从而 $OO' < 99$

由于圆心 O 到直线 $y = k + 1$ 的距离为

$$OO' + 1 < 99 + 1 = 100$$

这样该圆就与直线 $y = k + 1$ 相交,与我们一开始的选取相矛盾.

因此该圆必与圆 A 或圆 B 之一相交.

9.8 在坐标平面上,纵横坐标都是整数的点称为整点.试证:存在一个同心圆的集合,使得

(1) 每个整点都在此集合的某一圆周上.

(2) 此集合的每个圆周上,有且只有一个整点.

(中国高中数学联赛,1987 年)

证法 1 假设同心圆圆心为 $P(x, y)$.任意两整点 $A(a, b)$ 和 $B(c, d)$,其中 $a = c$ 和 $b = d$ 不同时成立.

$$|PA|^2 = (x - a)^2 + (y - b)^2 = x^2 + y^2 - 2ax - 2by + a^2 + b^2$$

$$|PB|^2 = (x - c)^2 + (y - d)^2 = x^2 + y^2 - 2cx - 2dy + c^2 + d^2$$

$$|PA|^2 - |PB|^2 = a^2 - c^2 + b^2 - d^2 + 2(c - a)x + 2(d - b)y$$

因为 $a, b, c, d \in \mathbf{Z}$,且 $a = c, b = d$ 不同时成立.

所以要使 $|PA| \neq |PB|$,只须取 x 为任意无理数,y 取任意分母不为 2 的非整数有理数即可(或 x, y 各取形如 $\sqrt{m}, \sqrt{n}$ 的最简非同类根式的无理数,其中 $m, n \in \mathbf{N}$).

如取 $P(\sqrt{2}, \frac{1}{3})$,则任意两个不同整点到 $P(\sqrt{2}, \frac{1}{3})$ 的距离都不相等.

把所有整点到 P 的距离从小到大排成一列

$$r_1, r_2, r_3, \cdots$$

以 $P(\sqrt{2}, \frac{1}{3})$ 为圆心,$r_1, r_2, \cdots, r_n, \cdots$ 为半径的同心圆集合即为所求.

证法 2 设任意两个不同整点 $A(a, b)$ 和 $B(c, d)$.

下面分三类情况进行讨论:

(1) $a \neq c, b \neq d$,中点 $M\left(\frac{a + c}{2}, \frac{b + d}{2}\right)$.

AB 垂直平分线方程为

$$y - \frac{b + d}{2} = \frac{c - a}{b - d}\left(x - \frac{a + c}{2}\right)$$

(2) $a = c, b \neq d$,中点 $M\left(a, \dfrac{b+d}{2}\right)$,$AB$ 垂直平分线方程为
$$y = \dfrac{b+d}{2}$$

(3) $a \neq c, b = d$,中点 $M\left(\dfrac{a+c}{2}, b\right)$,$AB$ 垂直平分线方程为
$$x = \dfrac{a+c}{2}$$

显然,只有在上述三类直线上的点才有可能到平面上某两整点的距离相等. 若取 $P(\sqrt{2}, \sqrt{3})$,则 P 必然不在上述三类直线上,即 $P(\sqrt{2}, \sqrt{3})$ 到任意两个不同整点的距离都不相等.

把所有整点与点 P 的距离从小到大排成一列
$$r_1, r_2, r_3, \cdots$$
以 $P(\sqrt{2}, \sqrt{3})$ 为圆心,$r_1, r_2, \cdots, r_n, \cdots$ 为半径作的同心圆即为所求.

> **9.9** 某圆的圆心坐标为无理数. 证明:在这个圆心,不可能有一个圆内接三角形,它的各个顶点的横纵坐标都是有理数.
> (基辅数学奥林匹克,1977 年)

证明 设圆心的坐标为 $O(\alpha, \beta)$,α 和 β 都是无理数.

又设圆内接三角形的顶点坐标为
$$A_1(p_1, q_1), A_2(p_2, q_2), A_3(p_3, q_3)$$
假设 $p_i, q_i (i = 1, 2, 3)$ 都是有理数.

由 $OA_1^2 = OA_2^2 = OA_3^2$ 得
$$(p_1 - \alpha)^2 + (q_1 - \beta)^2 = (p_2 - \alpha)^2 + (q_2 - \beta)^2 = (p_3 - \alpha)^2 + (q_3 - \beta)^2$$

从而可得到关于 α, β 的线性方程组
$$\begin{cases}(p_2 - p_1)\alpha + (q_2 - q_1)\beta = \gamma_1 \\ (p_3 - p_2)\alpha + (q_3 - q_2)\beta = \gamma_2\end{cases}$$

其中
$$\gamma_1 = \dfrac{1}{2}((p_2^2 + q_2^2) - (p_1^2 + q_1^2))$$
$$\gamma_2 = \dfrac{1}{2}((p_3^2 + q_3^2) - (p_2^2 + q_2^2))$$

则 γ_1 与 γ_2 都是有理数.

线性方程组的系数行列式
$$D = \begin{vmatrix} p_2 - p_1 & q_2 - q_1 \\ p_3 - p_2 & q_3 - q_2 \end{vmatrix}$$

则 D 是有理数.

解这个线性方程组得

$$\alpha D = \gamma_1(q_3 - q_2) - \gamma_2(q_2 - q_1)$$
$$\beta D = \gamma_2(p_2 - p_1) - \gamma_1(p_3 - p_1)$$

若 $D \neq 0$,则上面两式的右边都是有理数,而左边都是无理数,因而等式不成立.

若 $D = 0$,则有

$$\frac{p_2 - p_1}{q_2 - q_1} = \frac{p_3 - p_2}{q_3 - q_2} = \frac{p_3 - p_1}{q_3 - q_1}$$

这表明 A_1, A_2, A_3 在同一条直线下,即在

$$y = q_1 + (x - p_1)\frac{q_2 - q_1}{p_2 - p_1}$$

这也是不可能的,因为 A_1, A_2, A_3 是圆内接三角形的顶点.

因此, $\triangle A_1 A_2 A_3$ 的顶点坐标不可能都是有理数.

9.10 设 $\triangle ABC$ 的顶点坐标都是整数,且在 $\triangle ABC$ 的内部只有一个整点(但在边上允许有整点).求证: $\triangle ABC$ 的面积小于等于 $\frac{9}{2}$.

(第31届国际数学奥林匹克候选题,1990年)

证明 设 O 为 $\triangle ABC$ 内的整点, BC, CA, AB 边的中点分别为 A_1, B_1, C_1.

显然, O 或在 $\triangle A_1 B_1 C_1$ 内部或在 $\triangle A_1 B_1 C_1$ 的边界上.

否则,由于 A, B, C 关于点 O 的对称点均为整点,在 $\triangle ABC$ 内就不止一个整点.

设 A_2 是点 A 关于 O 的对称点,如图1所示, D 是平行四边形 $ABDC$ 的第四个顶点,则 A_2 为 $\triangle BCD$ 的内点或在它的边界上.

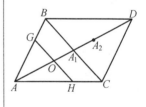

图 1

(1) 若 A_2 为 $\triangle BCD$ 的内点.

因为 A_2 是整点,所以 A_2 就是 O 关于平行四边形 $ABDC$ 中心 A_1 的对称点——$\triangle BCD$ 内唯一的整点 A, O, A_2 和 D 是线段 AD 上相继的整点,所以

$$AD = 3AO$$

由于 A, B, C 地位相同,所以 O 是 $\triangle ABC$ 的重心,过 O 作线段 $GH \parallel BC$,若 BC 内部的整点多于两个,则 GH 内部必含有一个不同于 O 的整点(这是因为 BC 上每两个整点的距离小于等于 $\frac{1}{4}BC$,而 $OG = OH = \frac{1}{3}BC$),出现矛盾.因此, BC 的内部至多只有两个整点, AB 与 AC 有同样的结论.

总之,在 $\triangle ABC$ 的周界上的整点数小于等于9,则由有关整点与面积的定理有

$$S_{\triangle ABC} \leqslant 1 + \frac{9}{2} - 1 = \frac{9}{2}$$

(2) 若 A_2 在 $\triangle BCD$ 的边界上.

与(1)类似,可以推出 BC 边内部的整点数不超过 3(仅当 O 在 B_1C_1 上时,出现 3 个整点). AB 与 AC 内部的整点数均不能多于 1.

总之,$\triangle ABC$ 周界上的整点数小于等于 8,因此

$$S_{\triangle ABC} \leqslant 1 + \frac{8}{2} - 1 = 4$$

由(1),(2) 命题得证.

9.11 正整数 $n \geqslant 5$, $P_1, P_2, \cdots, P_n$ 是以 O 为原点的直角坐标系中的整点,$\triangle OP_1P_2, \triangle OP_2P_3, \cdots, \triangle OP_nP_1$ 的面积都等于 $\frac{1}{2}$. 求证:存在一对整数 i, j 有 $2 \leqslant |i-j| \leqslant n-2$,并且 $\triangle OP_iP_j$ 的面积为 $\frac{1}{2}$。

(第 31 届国际数学奥林匹克候选题,1990 年)

证明 考虑 n 个不同的点

$$P_i = P_i(a_i, b_i), i = 1, 2, \cdots, n$$

设 $OP_i = r_i(i = 1, 2, \cdots, n)$,其中 r_k 最大,不妨设 $1 < k < n-2$.

设平行于 OP_k 且与 OP_k 距离为 $\frac{1}{r_k}$ 的两条直线 AB, CD 与以 O 为圆心,以 r_k 为半径的圆相交于 A, B, C, D,如图 1 所示.

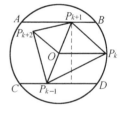

图 1

由于 $\triangle OP_{k-1}P_k, \triangle OP_{k+1}P_k$ 的面积均为 $\frac{1}{2}$, $OP_k = r_k$, OP_k 与 $AB(CD)$ 的距离为 $\frac{1}{r_k}$,所以 P_{k-1}, P_{k+1} 在直线 AB 或 CD 上.

由于 P_{k-1}, P_k 为整点,所以 $\triangle OP_{k+1}P_{k-1}$ 的面积为 $\frac{1}{2}$ 的整数倍.

又由于 $\triangle OP_{k-1}P_k$ 与 $\triangle OP_{k+1}P_k$ 的面积之和为 1,所以 $\triangle OP_{k+1}P_{k-1}$ 的面积小于 1.

因此,$\triangle OP_{k+1}P_{k-1}$ 的面积为 $\frac{1}{2}$ 或为 0.

若 $\triangle OP_{k+1}P_{k-1}$ 的面积为 0,即 O, P_{k-1}, P_{k+1} 共线,则 $\triangle OP_{k-1}P_{k+2}$ 与 $\triangle OP_{k+1}P_{k+2}$ 的面积相等,于是 $\triangle OP_{k-1}P_{k+2}$ 的面积也为 $\frac{1}{2}$.

于是 $\triangle OP_{k+1}P_{k-1}$ 的面积为 $\frac{1}{2}$, 或者 $\triangle OP_{k-1}P_{k+2}$ 的面积为 $\frac{1}{2}$, 而
$$2 = |(k+1)-(k-1)| \leqslant n-2$$
$$3 = |(k+2)-(k-1)| \leqslant n-2$$
于是 $\triangle OP_{k+1}P_{k-1}$ 或 $\triangle OP_{k-1}P_{k+2}$ 符合要求.

9.12 在空间直角坐标系中,E 是顶点为整点,内部及边上没有其他整点的三角形的集合. 求三角形的面积所成的集合 $f(E)$.

(第 30 届国际数学奥林匹克候选题,1989 年)

解 设 $\triangle OAB$ 为 E 中一个三角形,其中 O 为原点.

易知平面 OAB 的方程为

$$\begin{vmatrix} x & x_A & x_B \\ y & y_A & y_B \\ z & z_A & z_B \end{vmatrix} = 0$$

其中 $(x_A, y_A, z_A), (x_B, y_B, z_B)$ 分别为 A, B 的坐标.

将行列式展开并约去公约数,可设平面 AOB 的方程为
$$ax + by + cz = 0$$
其中 a, b, c 为整数,并且 a, b, c 的最大公约数为 1.

由于整点 (x, y, z) 使 $ax + by + cz$ 的值为整数,在平行平面 $ax + by + cz = 0$ 与 $ax + by + cz = 1$ 之间(不包括这两个平面)显然没有整点.

由于 a, b, c 的最大公约数是 1,所以存在一组整数 (x_C, y_C, z_C),使
$$ax_C + by_C + cz_C = 1$$
成立.

即整点 $C(x_C, y_C, z_C)$ 在平面 $ax + by + cz = 1$ 上.

以 OA, OB, OC 为棱可以作一个平行六面体,由于 $\triangle OAB$ 内部及边上无整点(顶点除外),所以以 OA, OB 为边的平行四边形也是如此. 从而所作的平行六面体除去顶点外,内部及各面无其他整点.

由这个基本的平行六面体出发可以构成空间的六面体网,每一个整点都是某些六面体的顶点,但不会在六面体的内部(或六面体的面、棱的内部)出现.

即对于任意一组整数 (x, y, z),方程组

心得 体会 拓广 疑问

$$\begin{cases} lx_A + mx_B + nx_C = x \\ ly_A + my_B + ny_C = y \\ lz_A + mz_B + nz_C = z \end{cases}$$

有整数解 (l,m,n)，所以必有

$$\begin{vmatrix} x_A & x_B & x_C \\ y_A & y_B & y_C \\ z_A & z_B & z_C \end{vmatrix} = \pm 1$$

即基本平行六面体的体积为 1.

由于 $ax + by + cz = 0$ 与 $ax + by + cz = 1$ 这两个平面的距离为

$$\frac{1}{\sqrt{a^2 + b^2 + c^2}}$$

所以 $\triangle OAB$ 的面积为

$$\frac{1}{2}\sqrt{a^2 + b^2 + c^2}$$

于是

$$f(E) = \left\{ \frac{1}{2}\sqrt{a^2 + b^2 + c^2} \mid a,b,c \in \mathbf{Z}, (a,b,c) = 1 \right\}$$

9.13 证明：如果三角形的顶点和整点重合，且三角形的三边不再含有其他的整点，但是在三角形内有唯一的整点，那么这个三角形的重心和这个"内部的"整点重合.

（匈牙利数学奥林匹克，1955 年）

证法 1 不难看出，整点关于其他的整点或者关于两个整点所连成的线段的中点的对称点还是整点.

设整点三角形 ABC 是满足题设条件的整点三角形，即 $\triangle ABC$ 的边上没有整点，而在 $\triangle ABC$ 内有唯一的整点，且设 S 是 $\triangle ABC$ 内的唯一整点.

作整点 S 关于 $\triangle ABC$ 的三边的中点的对称点，所有这些点仍然是整点，记这些整点为 S_a, S_b, S_c（图 1），这些点在和原来的 $\triangle ABC$ 对称的 $\triangle A_1 BC, \triangle AB_1 C, \triangle ABC_1$ 内.

可以证明，在 $\triangle A_1 BC, \triangle AB_1 C, \triangle ABC_1$ 内没有其他整点.

事实上，若在 $\triangle A_1 BC$ 内，除了整点 S_a 之外，还有一个整点，那么这个整点关于边 BC 的中点的对称点将在 $\triangle ABC$ 内，这样，在 $\triangle ABC$ 内就出现了两个整点，这是不可能的.

作顶点 A_1 关于整点 S_a 的对称点 A_0，这个点应在 $\triangle A_1 B_1 C_1$ 内，并且是整点，因为 $\triangle A_1 B_1 C_1$ 与 $\triangle A_1 BC$ 是以 A_1 为位似中心，位

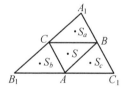

图 1

似系数等于2的位似三角形. 由于S_a是整点,则所作的A_1关于S_a的对称点A_0应该与S,S_a,S_b,S_c中的某一个重合,这是因为在$\triangle A_1B_1C_1$的内部只有这四个整点. 显然所作的点A_0不可能是S_a,我们下面证明A_0也不可能与S_b,S_c重合.

假设A_0与S_c重合,由A和A_1,S和S_a关于线段BC的中点对称,S和S_c关于线段AB的中点对称,则$A_1S_a \; // \; BS_c$,且$A_1S_a = BC_c = AS$. 这时四边形$A_1S_aS_cB$是平行四边形,此时A_1和S_c不可能关于S_a对称,因此A_0与S_c不可能重合.

同样可证A_0不可能与S_b重合.

于是A_0只能与S重合,即A_1关于S_a的对称点只可能是整点S.

由此推出,点A_1,S_a,S在一条直线上,这条直线通过SS_a和BC的中点,而A和A_1也是关于BC中点对称,所以S在$\triangle ABC$内,BC边的中线上.

同理S也在AC边和AB边的中线上,因此S与$\triangle ABC$的重心重合.

证法2 设整点三角形ABC是符合题设条件的三角形.

$\triangle ABC$的三条中线AA_1,BB_1,CC_1把这个三角形分成六个三角形.

位于$\triangle ABC$内的唯一整点T至少属于这六个三角形中的某一个,不妨设T在$\triangle AC_1S$的内部或边界上,但不在边AC_1上.

以顶点A为位似中心,位似系数等于2,对$\triangle AC_1S$作位似变换得到$\triangle ABD$,则整点T变换成新的整点T',T'在$\triangle ABD$的内部或边界上,但不在边AB上.

因为在$\triangle ABC$内只有一个整点T,则T'只能在$\triangle A_1BD$的内部或者它的边界上,但不和点B重合.

注意到$BA_1 = A_1C$,$SA_1 = A_1D$,所以$\triangle A_1BD$与$\triangle A_1CS$关于A_1对称. 于是T'关于A_1的对称点也是整点,并且在$\triangle A_1CS$的内部或边界上,但不与C重合. 由于在$\triangle ABC$内只有一个整点T,于是在$\triangle AC_1S$与$\triangle A_1CS$内部或边界上的这两个整点应为同一个整点. 这个整点只能在$\triangle AC_1S$与$\triangle A_1CS$的公共顶点S处,即T与$\triangle ABC$的重心S重合.

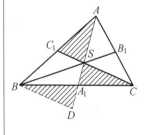

图1

> **9.14** 设 L 是直角坐标平面的一个子集,定义如下:
> $$L = \{(41x + 2y, 59x + 15y) \mid x, y \in \mathbf{Z}\}$$
> 证明:一切以坐标原点为中心的面积等于 1 990 的平行四边形至少包含 L 中的两个点.
>
> (第 31 届国际数学奥林匹克候选题,1990 年)

证明 取 $(x,y) = (0,0),(0,1),(1,0),(1,1)$ 得到 L 中的四个点 $(0,0),(2,15),(41,59),(43,74)$.

设这四个整点为顶点构成基本区域 F,F 为平行四边形,其中没有其他整点.

这是,F 的面积为
$$\begin{vmatrix} 1 & 0 & 0 \\ 1 & 41 & 59 \\ 1 & 2 & 15 \end{vmatrix} = 497$$

将 F 平移形成平面的网格,其格点均为 L 中的点.

设平行四边形 P 以原点为对称中心,面积为 1 990.

以原点为位似中心,作位似比为 $2:1$ 的位似变换,将 P 变成 $\frac{1}{2}P$,这时面积变为
$$\frac{1}{4} \cdot 1\,990 = 497\frac{1}{2} > 497$$

所以将 $\frac{1}{2}P$ 的各块经过平行移动到 F 中后,必有两个点重合.

设这两个点为 $D_1(x_1, y_1), D_2(x_2, y_2)$,分别沿 $\overrightarrow{OA_1}, \overrightarrow{OA_2}$ 平移,其中 $A_1(a_1, b_1), A_2(a_2, b_2)$ 都是 L 中的点,则
$$(x_1, y_1) + (a_1, b_1) = (x_2, y_2) + (a_2, b_2)$$
从而
$$(a_1 - a_2, b_1 - b_2) = (a_1, b_1) - (a_2, b_2) = (x_2, y_2) - (x_1, y_1)$$

易知点 $D(x_2 - x_1, y_2 - y_1) \in P$,点 $D(a_1 - a_2, b_1 - b_2) \in L$,并且 D 不同于 $(0,0)$.

所以 P 中至少有 L 中的两个点.

> **9.15** 其坐标(关于某个直角坐标系)为整数的点叫做整点.
> 证明:如果某一平行四边形的顶点和整点相重合,在平行四边形的内部或它的边上还有另外的整点,那么,这个平行四边形的面积大于 1.
>
> (匈牙利数学奥林匹克,1941 年)

证明 我们把顶点为整点的多边形叫做整点多边形.

设整点三角形 $P_1P_2P_3$ 的顶点为
$$P_i(x_i,y_i), i=1,2,3$$
如果这样的三角形不是蜕化的,那么它的面积满足不等式
$$S=\left|\frac{1}{2}\begin{vmatrix}x_1 & y_1 & 1\\ x_2 & y_2 & 1\\ x_3 & y_3 & 1\end{vmatrix}\right|=$$
$$\frac{1}{2}|x_1(y_2-y_3)+x_2(y_3-y_1)+x_3(y_1-y_2)|\geq \frac{1}{2}$$

假设在整点平行四边形内部或它的边上,除了顶点之外,至少还有一个整点,将这个整点和平行四边形的四个顶点连接起来,于是我们将整点平行四边形至少分成三个非锐化的整点三角形,因为它们之中每一个的面积都不小于 $\frac{1}{2}$,所以平行四边形的面积不小于 $\frac{3}{2}$,于是这个平行四边形的面积大于 1.

9.16 给定整数 $n>1$ 及实数 $t\geq 1$. P 为一个平行四边形,它的四个顶点分别为 $(0,0)$,$(0,t)$,(tF_{2n+1},tF_{2n}),$(tF_{2n+1},tF_{2n}+t)$,设 L 是 P 的内部的整点的个数,又设 M 是 P 的面积 t^2F_{2n+1}.

(1) 证明:对任意整点 (a,b),存在一对唯一的整数 j,k,使得
$$j(F_{n+1},F_n)+k(F_n,F_{n-1})=(a,b)$$

(2) 利用(1),或其他方法证明 $|\sqrt{L}-\sqrt{M}|\leq \sqrt{2}$.

(按照惯例,$F_0=0$,$F_1=1$,$F_{m+1}=F_m+F_{m-1}$,所有关于斐波那契数列的恒等式均可利用,无需证明)

(第 31 届国际数学奥林匹克候选题,1990 年)

证明 (1) 本题等价于线性方程组
$$\begin{cases}jF_{n+1}+kF_n=a\\ jF_n+kF_{n-1}=b\end{cases}$$
有唯一整数解.

注意到关于斐波那契数的恒等式
$$F_{n+1}F_{n-1}-F_n^2=(-1)^n$$
则方程组的唯一解为
$$j=\frac{aF_{n-1}-bF_n}{F_{n+1}F_{n-1}-F_n^2}=\frac{aF_{n-1}-bF_n}{(-1)^n}$$
$$k=\frac{bF_{n+1}-aF_n}{F_{n+1}F_{n-1}-F_n^2}=\frac{bF_{n+1}-aF_n}{(-1)^n}$$

对任意整点(a,b),j,k均为整数.

(2) 当且仅当
$$(a,b) = u(0,1) + v(F_{2n+1}, F_{2n}) = (vF_{2n+1}, u + vF_{2n})$$
(这里$0 < u < t, 0 < v < t$)时,点(a,b)在平行四边形的内部.

L就是整数对(j,k)的数目,这里
$$j = (-1)^n(aF_{n-1} - bF_n) = $$
$$(-1)^n(vF_{2n+1}F_{n-1} - (u + vF_{2n})F_n) = $$
$$(-1)^n(v(F_{2n+1}F_{n-1} - F_{2n}F_n) - uF_n) = $$
$$vF_{n+1} - (-1)^n uF_n$$
$$k = (-1)^n((u + vF_{2n})F_{n+1} - vF_{2n+1}F_n) = $$
$$(-1)^n(v(F_{2n}F_{n+1} - F_{2n+1}F_n) + uF_{n+1}) = $$
$$vF_n + (-1)^n uF_{n+1}$$
$$0 < u < t, 0 < v < t$$

这里,我们用到恒等式
$$F_p F_{q+1} - F_{p+1} F_q = (-1)^q F_{p-q}$$

设四边形$ABCD$为
$$A(0,0), B = t(F_{n+1}, F_n), C = (-1)^n t(-F_n, F_{n+1})$$
$$D = B + C$$

显然,L是四边形$ABCD$内部整点的个数.

显然,C是B绕A旋转$90°$而得到的点. 所以,$ABCD$是正方形. 它的边长
$$t\sqrt{F_{n+1}^2 + F_n^2} = t\sqrt{F_{2n+1}} = \sqrt{M}$$

正方形内部的整点个数L,即以这些整点为中心,边平行于坐标轴的单位正方形的个数,这些单位正方形被一个边长为$\sqrt{M} + \sqrt{2}$的正方形包含(图1),它们又完全盖住一个边长为$\sqrt{M} - \sqrt{2}$的边与$ABCD$平行的正方形,因此
$$(\sqrt{M} - \sqrt{2})^2 \leqslant L \leqslant (\sqrt{M} + \sqrt{2})^2$$
即
$$|\sqrt{L} - \sqrt{M}| \leqslant \sqrt{2}$$

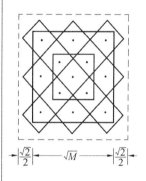

图1

9.17 给定素数$p > 3$. 在坐标平面上考察由坐标为整数的点(x,y)构成的集合M,其中$0 \leqslant x < p, 0 \leqslant y < p$,证明:可以标出集合$M$中$p$个不同的点,使其中的任何三点都不共线,任何四点都不是同一个平行四边形的顶点.

(第12届全苏数学奥林匹克,1978年)

证明 设$r(k) \equiv k^2 \pmod{p}$,且$0 \leqslant r(k) \leqslant p-1$.

我们取点$A_k = (k, r(k))$构成的集合,即为所求的集合,其中$k = 0, 1, 2, \cdots, p-1$.

例如 $p = 7$,即为图 1 中的 7 个点.

首先证明这 p 个点中任意三点不在一条直线上.

如果某三点 $A_t, A_m, A_n (t < m < n < p)$ 在同一条直线上,则它们三点中每两点间连线的斜率都相等,即下面的关系式成立,即

$$\frac{r(m) - r(t)}{m - t} = \frac{r(n) - r(m)}{n - m}$$

即对于某些整数 a, b,有

$$(n - m)(m^2 - t^2 + ap) = (m - t)(n^2 - m^2 + bp)$$

整理得

$$(n - m)(m - t)(t - n) = ((m - t)b - (n - m)a)p$$

则

$$p \mid (n - m)(m - t)(t - n) \quad \text{①}$$

而 $|n - m| < p, |m - t| < p, |t - n| < p, p$ 是素数,则式 ① 不可能成立.

于是 A_t, A_m, A_n 三点不在同一条直线上.

下面再证这 p 个点中任意 4 点都不是同一个平行四边形的顶点.

设这四点为 A_k, A_l, A_m, A_n.

若四边形 $A_k A_l A_m A_n$ 是平行四边形,则有

$$A_k A_l \underline{\parallel} A_n A_m$$

于是有

$$\begin{cases} t - k = m - n & \text{②} \\ r(t) - r(k) = r(m) - r(n) & \text{③} \end{cases}$$

由 ③ 可得 $\quad p \mid (t^2 - k^2) - (m^2 - n^2)$

再由 ② $\quad p \mid (m - n)(t + k - m - n)$

即

$$p \mid 2(m - n)(t - m) \quad \text{④}$$

由 p 是大于 3 的素数,及 $|m - n| < p, |t - m| < p$ 可知式 ④ 不可能成立.

因而 A_k, A_l, A_m, A_n 不是平行四边形的四个顶点.

于是 $M = \{(k, r(k)) \mid r(k) \equiv k^2 \pmod{p}, 0 \leqslant k \leqslant p - 1, 0 \leqslant r(k) \leqslant p - 1, k \in \mathbf{Z}\}$ 为所求.

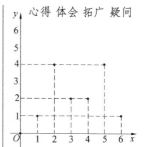

图 1

9.18 设$((.,.))$是平面上两个点之间的一种运算:$C = ((A,B))$是点A关于点B的对称点,给定正方形的三个顶点,能否只利用运算$((.,.))$作出正方形的第四个顶点?

(基辅数学奥林匹克,1978 年)

解 在平面上建立一个直角坐标系,使得给定的正方形的三个顶点的坐标为$(0,0),(0,1),(1,0)$.

我们证明:若A,B,C是三个整点,且任意一点的两个坐标中至少有一个是偶数,则A,B,C三点经过任意有限多次这样的$((.,.))$运算之后,所得的点是整点,且其中至少有一个坐标为偶数.

假设经过若干次运算之后,我们得到点$R(x,y)$,它与点$P(x_1,y_1)$关于$Q(x_2,y_2)$对称,其中x_2和y_2,x_1和y_1都是整数,且其中各至少有一个是偶数.

因为Q是PR的中点,故

$$\frac{x+x_1}{2} = x_2, \frac{y+y_1}{2} = y_2$$

即

$$x = 2x_2 - x_1, y = 2y_2 - y_1$$

由于x_1,y_1,x_2,y_2都是整数,故x,y也都是整数.

除此之外,根据假设x_1,y_1中至少有一个是偶数,故若$x_1(y_1)$是偶数,则相应的$x(y)$也是偶数.因而点R的坐标x和y中至少有一个偶数.

于是,由点A,B,C经过有限次$((.,.))$得到的点,它是整点,且两个坐标中至少有一个是偶数.

由于给定的正方形的三个顶点的坐标为$(0,0),(0,1)$和$(1,0)$,每一个顶点的两个坐标中至少有一个是偶数.并且正方形的第四个顶点为$D(1,1)$,两个坐标都是奇数,因而点D不能得到.

9.19 证明:在坐标平面上不存在一条具有奇数个顶点,每段长为1的闭折线,它的每个顶点的坐标都是有理数.

(第31届国际数学奥林匹克候选题,1990年)

证明 假定存在这样的闭折线.

不失一般性,可设坐标原点为其中的一个顶点,并记它为A_0,其他顶点坐标分别记为

$$A_1 = \left(\frac{a_1}{b_1}, \frac{c_1}{d_1}\right), \cdots, A_n = \left(\frac{a_n}{b_n}, \frac{c_n}{d_n}\right)$$

其中 $\frac{a_i}{b_i}$ 与 $\frac{c_i}{d_i}$ ($i = 1, 2, \cdots, n$) 都是既约分数，为方便起见，我们约定
$$A_{n+1} = A_0$$
若 p 与 q 的奇偶性相同，我们简记为 $p \equiv q$ (这里省略了 (mod 2))，若 p 与 q 的奇偶性不同，则记为 $p \not\equiv q$.

下面我们用数学归纳法证明
$$b_k \equiv 1, d_k \equiv 1, k = 1, 2, \cdots, n$$
$$a_k + c_k \not\equiv a_{k-1} + c_{k-1}, k = 1, 2, \cdots, n, n+1$$

若 $k = 1$，则由折线长为 1 有
$$\left(\frac{a_1}{b_1}\right)^2 + \left(\frac{c_1}{d_1}\right)^2 = 1$$

即
$$\frac{a_1^2 d_1^2}{b_1^2} = d_1^2 - c_1^2$$

因为 $\frac{a_1^2 d_1^2}{b_1^2}$ 是整数，且 a_1 和 b_1 互素，则 d_1 被 b_1 整除.

上式又可化为
$$\frac{c_1^2 b_1^2}{d_1^2} = b_1^2 - a_1^2$$

同理可知，b_1 被 d_1 整除. 于是
$$b_1 = \pm d_1$$

从而
$$b_1^2 = d_1^2 = a_1^2 + c_1^2$$

a_1 和 c_1 不可能都是偶数，否则 b_1 也为偶数，与 a_1 和 b_1 互素相矛盾；

a_1 和 c_1 也不可能都是奇数，否则
$$a_1^2 + c_1^2 \equiv 2 \pmod 4$$

不可能为完全平方数，因此
$$a_1 \not\equiv c_1, b_1 \equiv d_1 \equiv 1$$

并且
$$a_1 + c_1 \not\equiv 0 = a_0 + c_0$$

假设结论对于 $k = 1, 2, \cdots, m-1 \leqslant n$ 都成立，令
$$\frac{a_m}{b_m} - \frac{a_{m-1}}{b_{m-1}} = \frac{a}{b}$$
$$\frac{c_m}{d_m} - \frac{c_{m-1}}{d_{m-1}} = \frac{c}{d}$$

这里，$\frac{a}{b}, \frac{c}{d}$ 是既约分数.

因为每一段的长为 1，所以
$$\left(\frac{a}{b}\right)^2 + \left(\frac{c}{d}\right)^2 = 1$$

与 $k=1$ 的情况类似,可得
$$a \equiv c, d \equiv b \equiv 1$$
又因为 $\dfrac{a_m}{b_m} = \dfrac{a}{b} + \dfrac{a_{m-1}}{b_{m-1}} = \dfrac{ab_{m-1} + ba_{m-1}}{bb_{m-1}}$

由于分数 $\dfrac{a_m}{b_m}$ 既约,所以 b_m 是 bb_{m-1} 的一个因数,因为 $b \equiv 1$, $b_{m-1} \equiv 1$,则 $b_m \equiv 1$,同理又知 $d_m \equiv 1$,又
$$a_m \equiv ab_{m-1} + ba_{m-1}$$
$$c_m \equiv cd_{m-1} + dc_{m-1}$$

因此 $a_m + c_m - a_{m-1} - c_{m-1} \equiv$
$ab_{m-1} + ba_{m-1} + cd_{m-1} + dc_{m-1} - a_{m-1} - c_{m-1} \equiv$
$a_{m-1}(b-1) + ab_{m-1} + c_{m-1}(d-1) + cd_{m-1} \equiv$
$a + c \equiv 1$

于是 $a_m + c_m \not\equiv a_{m-1} + c_{m-1}$

从而证明了
$$b_k \equiv 1, d_k \equiv 1, k = 1, 2, \cdots, n$$
$$a_k + c_k \not\equiv a_{k-1} + c_{k-1}, k = 1, 2, \cdots, n, n+1$$

因此,在顶点数 $n+1$ 的奇数时,由上面所证.
$$a_{n+1} + c_{n+1} \not\equiv a_0 + c_0$$

所以折线决不能是闭的,即符合题目要求的闭折线不存在.

9.20 在平面直角坐标系中,横坐标和纵坐标都是整数的点称为整点,任取 6 个整点 $P_i(x_i, y_i)(i = 1,2,3,4,5,6)$ 满足:

(1) $|x_i| \leqslant 2, |y_i| \leqslant 2 (i = 1,2,\cdots,6)$.

(2) 任何三点不在同一条直线上.

试证:在以 $P_i(i = 1,2,3,4,5,6)$ 为顶点的所有三角形中,必有一个三角形,它的面积不大于 2.

(中国高中数学联赛,1992 年)

证法 1 设存在 6 个整点 $P_1, P_2, \cdots, P_6$ 落在区域 $S = \{(x, y) | |x| \leqslant 2, |y| \leqslant 2\}$ 内,它们任三个点所成的三角形面积都大于 2.

设 $P = \{P_1, P_2, \cdots, P_6\}$.

(1) 若 x 轴上只有 P 中的一个点,则剩下的 P 中的 5 个点,位于两个半平面,由抽屉原理在 x 轴的上半平面或下半平面一定有一个半平面上至少有三个点,不妨设 x 轴的上半平面至少有 P 的三个点,此三点所成的三角形面积不大于2.因此,x 轴上至少有两个点,又因为不能有三点共线,所以在 x 轴上恰有 P 的 2 个点.

(2) 剩下的 4 个点不可能有一点在直线 $y = \pm 1$ 上,否则出现 P 中的点为顶点的面积不大于 2 的三角形,于是在直线 $y = 2$, $y = -2$ 上分别恰有 P 的两个点.

(3) 注意到 S 的对称性,同理可证在直线 $x = -2, x = 0, x = 2$ 上分别有 P 的两个点.

于是在每条直线 $y = -2, 0, 2, x = -2, 0, 2$ 上恰有 P 的两个点.

(4) P 的点不能是原点,这是因为 S 内纵横坐标均为偶数的所有整点落在且仅落在过原点的四条直线上,由抽屉原理,剩下的 5 个点至少有两点落在这些直线中的一条. 于是 3 点共线,出现矛盾.

因此,P 在 x 轴上的两点必定是 $(-2, 0), (2, 0)$.

同理,在 y 轴上的两点必定是 $(0, -2), (0, 2)$.

剩下的两点只能取 $(-2, -2), (2, 2)$ 或 $(-2, 2), (2, -2)$,不论哪一种情形,都得到一个以 P 中的点为顶点的面积不大于 2 的三角形. 出现矛盾.

从而命题得证.

证法 2 设 P_i 中横坐标为 m 的点共有 a_m 个,纵坐标为 n 的点共有 b_n 个 ($m, n = -2, -1, 0, 1, 2$).

由 P_i 满足的条件有
$$0 \leqslant a_m \leqslant 2, m = -2, -1, 0, 1, 2$$
$$0 \leqslant b_n \leqslant 2, n = -2, -1, 0, 1, 2$$
$$a_{-2} + a_{-1} + a_0 + a_1 + a_2 = 6$$
$$b_{-2} + b_{-1} + b_0 + b_1 + b_2 = 6$$

(1) 若 $a_m + a_{m+1} \geqslant 3$,对某个 $m \in \{-2, -1, 0, 1, 2\}$ 成立,则诸 P_i 中至少有 3 个点落在矩形区域 $\{m \leqslant x \leqslant m+1, -2 \leqslant y \leqslant 2\}$ 的周界上,此三点决定的三角形面积不大于 2.

(2) 若 $a_{-2} + a_{-1} \leqslant 2, a_{-1} + a_0 \leqslant 2, a_0 + a_1 \leqslant 2, a_1 + a_2 \leqslant 2$,由于
$$8 \geqslant (a_{-2} + a_{-1}) + (a_{-1} + a_0) + (a_0 + a_1) + (a_1 + a_2) =$$
$$2(a_{-2} + a_{-1} + a_0 + a_1 + a_2) - (a_2 + a_{-2}) =$$
$$12 - (a_2 + a_{-2})$$

于是 $$a_2 + a_{-2} \geqslant 4$$

再由没有三点共线,所以
$$a_2 = 2, a_{-2} = 2, a_1 = 0, a_{-1} = 0, a_0 = 2$$

即在直线 $x = 2i (i = 0, \pm 1)$ 上恰有 P 的两个点,同理可证直线 $y = 2i (i = 0, \pm 1)$ 上恰有 P 的两个点.

心得 体会 拓广 疑问

以下同证1.

证法3 设存在满足条件的6个整点 $P_1, P_2, \cdots, P_6$ 落在区域 $\{(x,y) \mid |x| \leqslant 2, |y| \leqslant 2\}$ 内,任何3个点所成的三角形面积都大于2.

把25个整点 $(m,n), m, n \in \{-2, -1, 0, 1, 2\}$,分成如图1所示的三个组,第 Ⅰ 组为 $\{(m,n) \mid m = 0, 1, 2, n = 0, 1, 2\}$,共9个点,面积为4,第 Ⅱ 组为 $\{(m,n) \mid m = -1, -2, n = -2, -1, 0, 1, 2\}$ 共10个点,面积为4,第 Ⅲ 组为 $\{(m,n) \mid m = 0, 1, 2, n = -2, -1\}$,共6个点.

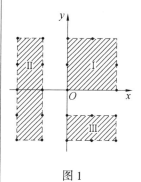

图1

为使三角形的面积大于2,则落入第 Ⅰ 组内的点不超过2个,落入第 Ⅱ 组内的点不超过2个,否则将出现一个以 P_i 为顶点的面积不大于2的三角形,因此,至少有两点落在第 Ⅲ 组内,记第 Ⅲ 组为

$$D_4 = \{(x,y) \mid 0 \leqslant x \leqslant 2, -2 \leqslant y \leqslant -1\}$$

同理,对这25个点重新划分区域,使上述的第 Ⅲ 组分别落在第 Ⅰ,Ⅱ,Ⅲ 象限内,则

$$D_1 = \{(x,y) \mid 0 \leqslant y \leqslant 2, 1 \leqslant x \leqslant 2\}$$
$$D_2 = \{(x,y) \mid -2 \leqslant x \leqslant 0, 1 \leqslant y \leqslant 2\}$$
$$D_3 = \{(x,y) \mid -2 \leqslant x \leqslant -1, -2 \leqslant y \leqslant 0\}$$

从而 D_1, D_2, D_3, D_4 覆盖了除 $(0,0)$ 之外的已知点中的24个整点,且每个区域的边界上至少有两个点,由于这四个区域互不相交,所以总共有8个点与已知的6个点矛盾!

9.21 某人掷硬币,得正面记 a 分,得背面记 b 分(a, b 为正整数,$a > b$).并将每次得分进行累计,他发现不论掷多少次,总有35个分数记录不到,例如58就是其中之一.试确定 a 和 b 的大小.

(第32届美国普特南数学竞赛,1971年)

解 设某人掷硬币得正面 x 次,得背面 y 次,其中 x 和 y 均为非负整数.

于是累计得分 $ax + by$ 分.

首先证明 $(a, b) = 1$.

否则,若 $(a, b) = d > 1$,那么 $ax + by$ 恒能被 d 整除,这样,与 d 互素的一切正整数(如 $kd + 1$)都是无法达到的分数,于是有无限多个无法达到的分数,与已知条件矛盾.

因此 $(a, b) = 1$.

显然,如果 m 是可以达到的一个分数,那么直线 $ax + by = m$ 至少通过包括横轴、纵轴的正半轴和原点在内的第一象限(即闭的第一象限)的整点.

因为 $(a,b) = 1$,所以
$$b \cdot 0, b \cdot 1, \cdots, b \cdot (a-1)$$
这 a 个数被 a 除的余数互不相同.

这是因为若
$$bi \equiv bj \pmod{a}$$
则由 $(a,b) = 1$ 得 $i - j \equiv 0 \pmod{a}$.

而 $|i - j| < a$,所以是不可能的.

因此,当 $m \geq ab$ 时
$$m - b \cdot 0, m - b \cdot 1, \cdots, m - b(a-1)$$
中恰有一个能被 a 整除,即存在 $y(0 \leq y \leq a-1)$ 及非负整数 x,使
$$m - by = ax$$

所以 $m \geq ab$ 时,m 必是可以达到的分数,然而,由题意,可达到的分数只有有限个,所以 $m \geq ab$ 不成立.

当 $0 \leq m < ab$ 时,若 m 是可以达到的分数,那么直线 $ax + by = m$ 只含闭的第一象限的一个整点.

若不然,设 $(x_1, y_1), (x_2, y_2)$ 都在直线 $ax + by = m$ 上,则
$$ax_1 + by_1 = m, ax_2 + by_2 = m$$
于是 $\qquad a(x_1 - x_2) + b(y_1 - y_2) = 0$
从而 $\qquad b \mid x_1 - x_2$
但是 $\qquad 0 \leq ax_1 \leq m < ab$
所以 $\qquad 0 \leq x_1 < b$
同理 $\qquad 0 \leq x_2 < b$
即 $\qquad |x_1 - x_2| < b$

于是仅当 $x_1 = x_2$ 时,才有 $b \mid x_1 - x_2$,出现矛盾.

于是 $0 \leq m < ab$ 时,所能达到的分数的个数与闭的第一象限中,使 $0 \leq ax + by < ab$ 的整点 (x, y) 的个数相同.

注意到,矩形 $0 \leq x \leq b, 0 \leq y \leq a$ 中,有
$$(a+1)(b+1)$$
个整点,所以在闭的第一象限中,使 $0 \leq ax + by < ab$ 的整点 (x, y) 的数目是
$$\frac{1}{2}(a+1)(b+1) - 1$$

所以,不可能达到的分数的个数是
$$ab - \left(\frac{1}{2}(a+1)(b+1) - 1\right) = \frac{1}{2}(a-1)(b-1)$$

依题意有
$$\frac{1}{2}(a-1)(b-1) = 35$$

因为 $a > b$，且 $(a,b) = 1$，则有
$$\begin{cases} a-1=70 \\ b-1=1 \end{cases} \text{或} \begin{cases} a-1=10 \\ b-1=7 \end{cases} \text{或} \begin{cases} a-1=35 \\ b-1=2 \end{cases}$$

即 $(a,b) = (71,2),(11,8),(36,3)$.

由 $(a,b) = 1$，则 $(36,3)$ 不可能.

又 $a = 71, b = 2$ 时
$$71 \cdot 0 + 2 \cdot 29 = 58$$
能被记录到，所以 $a = 71, b = 2$ 不合题意.

再考虑直线 $11x + 8y = 58$ 上的整点，由
$$y = \frac{58-11x}{8} = 7 - x + \frac{2-3x}{8}$$

可以求得直线上的两个相邻整点 $(6,-1)$ 及 $(-2,10)$ 分别位于第四、第二象限，因此 58 不能被记录到. 从而 $a = 11, b = 8$ 是适合本题要求的唯一解.

9.22 设 C 是平面上的闭凸集，C 除了包含 $(0,0)$ 外，不包含其他坐标为整数的点，又设 C 分布在四个象限中的面积相等，证明：C 的面积 $A(C) \leq 4$.

（第 40 届美国普特南数学竞赛，1979 年）

证明 我们证明更为一般的结论：

如果一个关于原点对称的闭凸集，面积大于 4，那么，它的内部除原点外，一定还有别的整点.

如图 1，我们用分别和坐标轴距离是偶数的两组平行线，分平面成边长是 2 的较大的方格，其中标准的一个方格是 $OABC$. 它是位于第一象限而离原点最近的一个方格，这些边长是 2 的方格把闭凸集分成许多块，每一个和这区域相交的较大方格中各有一块，例如图 1 中 $EFGH$ 这个方格里就有一小块. 把 $EFGH$ 平移到 $OABC$，使两个方格重合，那 $EFGH$ 里面所包含的一小块面积也就连带地被移到 $OABC$ 里面，如图 1 中有阴影的那部分. 对于其他大方格中的面积可以用同样的方法移到正方形 $OABC$ 中去.

由于闭凸集的面积大于 4，而正方形 $OABC$ 的面积等于 4，所以由面积的重叠原则，至少有两块面积有公共点.

在移动每一个大方格时，可先沿 OX 轴的方向移动一段距离（等于 2 的倍数），再沿 OY 轴的方向移动一段距离（也等于 2 的倍数），最后就和 $OABC$ 重合. 因此，我们从两块面积移动后有公共点

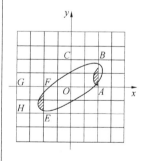

图 1

这个结论可推出,在原来的闭凸集内有两个点 P 和 Q,它们的纵坐标的差和横坐标的差都是 2 的倍数. 由对称性, P 关于原点的对称点 P' 也在这个闭凸集内.

设 P 的坐标为 (x_1,y_1),则 P' 的坐标为 $(-x_1,-y_1)$,设 Q 的坐标是 (x_2,y_2),那么 $P'Q$ 的中点 M 的坐标是 $\left(\dfrac{x_2-x_1}{2},\dfrac{y_2-y_1}{2}\right)$,由于 x_2-x_1,y_2-y_1 是偶数,所以 $\dfrac{x_2-x_1}{2}$ 和 $\dfrac{y_2-y_1}{2}$ 一定是整数,因此点 M 一定是整点,又由于 P 和 Q 是两个不同的点,则 $x_2-x_1\neq 0, y_2-y_1\neq 0$ 至少有一个成立,即 $M\left(\dfrac{x_2-x_1}{2},\dfrac{y_2-y_1}{2}\right)$ 不是原点 $(0,0)$,从而证明了题设中的闭凸集内除原点 $(0,0)$ 之外,至少还有一个整点.

> **9.23** 已知圆 $x^2+y^2=r^2$ (r 为奇数) 交 x 轴于 $A(r,0)$, $B(-r,0)$,交 y 轴于 $C(0,-r),D(0,r)$. $P(u,v)$ 是圆周上一点,$u=p^m, v=q^n$ (p,q 都是素数,m,n 都是自然数),且 $u>v$. 点 P 在 x 轴和 y 轴上的射影分别是 M,N,如图所示.
> 求证: $|AM|,|BM|,|CN|,|DN|$ 分别为 $1,9,8,2$.
> (中国高中数学联赛,1982 年)

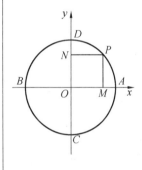

图 1

证法 1 因为 r 为奇数,则由
$$u^2+v^2=r^2$$
可得,u 和 v 必一为奇数,一为偶数.

(1) u 为偶数.

因为 $u=p^m$ 为偶数及 p 是素数,所以 $p=2$,即
$$u=2^m$$
$$v^2=q^{2n}=r^2-u^2=r^2-(2^m)^2=(r+2^m)(r-2^m)$$
因为 q 是素数,所以必有
$$\begin{cases} r-2^m=1 \\ r+2^m=q^{2n} \end{cases}$$

于是 $\qquad r=2^m+1$

由此可得 $\qquad \begin{cases} v^2=2^{m+1}+1=q^{2n} \\ u^2=2^{2m} \end{cases}$

从而又有 $\qquad (q^n+1)(q^n-1)=2^{m+1}$

于是 $\qquad \begin{cases} q^n+1=2^a \\ q^n-1=2^b, a>b \end{cases}$
$$2q^n=2^a+2^b$$
$$q^n=2^{a-1}+2^{b-1}=2^{b-1}(2^{a-b}+1)$$

因为 q 是奇素数,所以 $2^{b-1} = 1, b = 1$,从而
$$q^n = 2^b + 1 = 3$$
即
$$q = 3, n = 1$$
从而
$$q^{2n} = q^2 = 9 = 2^{m+1} + 1, m = 2$$
于是
$$u = 4, r = 5$$
由此得出 $|AM| = 1, |BM| = 9, |CN| = 8, |DN| = 2$.

(2) v 为偶数.

同理可得 $u = 3, v = 4, r = 5$,但这时与题设中的 $u > v$ 不符.

所以 v 不能为偶数.

由(1),(2),本题得证.

证法 2 若 u 为偶数,则不定方程
$$u^2 + v^2 = r^2$$
可解得
$$\begin{cases} u = 2cd \\ v = c^2 - d^2 \\ r = c^2 + d^2 \end{cases}$$
因为 $u = p^m = 2^m = 2cd$,则可令
$$c = 2^\alpha, d = 2^\beta$$
此时
$$v = c^2 - d^2 = (2^\alpha + 2^\beta)(2^\alpha - 2^\beta)$$
因为 v 是奇数,则 $2^\beta = 1, \beta = 0$,从而
$$v = q^n = (2^\alpha + 1)(2^\alpha - 1)$$
又因为 q 是素数,则
$$\begin{cases} 2^\alpha + 1 = q^a \\ 2^\alpha - 1 = q^b, a > b \end{cases}$$
即
$$2 \cdot 2^\alpha = q^a + q^b = q^b(q^{a-b} + 1)$$
由 q 是奇素数可得 $q^b = 1, b = 0$,从而有 $2^\alpha = q^b + 1 = 2$, $\alpha = 1$,进而 $q^a = 2^\alpha + 1 = 3, q = 3, v = (2^\alpha + 1)(2^\alpha - 1) = 3 = q^n, n = 1$.

于是可得 $u = 4, v = 3, r = 5$.

进一步求出 $|AM| = 1, |BM| = 9, |CN| = 8, |DN| = 2$.

若 u 为奇数,同证法1,不可能.

9.24 设 p 是一个奇质数,n 是一个正整数.在坐标平面上的一个直径为 p^n 的圆周上有八个不同的整点.证明:在这八个点中存在三个点,以这三个点构成的三角形满足边长的平方是整数,且能被 p^{n+1} 整除.

证明 若 A, B 是两个不同的整点,则 AB^2 是一个正整数.若

给定的质数 p 满足 $p^k \mid AB^2$，且 $p^{k+1} \nmid AB^2$，则记 $\alpha(AB) = k$. 若三个不同整点构成的三角形的面积为 S，则 $2S$ 是一个整数.

由海伦公式及面积公式 $S = \dfrac{abc}{4R}$（其中 a, b, c 为三角形的三边长，R 为三角形外接圆半径）可得，$\triangle ABC$ 的面积与其三边长及直径的两个公式

$$2AB^2 \cdot BC^2 + 2BC^2 \cdot CA^2 + 2CA^2 \cdot AB^2 -$$
$$AB^4 - BC^4 - CA^4 = 16S^2 \qquad ①$$
$$AB^2 \cdot BC^2 \cdot CA^2 = (2S)^2 p^{2n} \qquad ②$$

引理 设 A, B, C 是直径为 p^n 的圆上的三个整点，则 $\alpha(AB), \alpha(BC), \alpha(CA)$ 中要么至少有一个大于 n，要么按照某种次序排列为 $n, n, 0$.

引理的证明 设 $m = \min\{\alpha(AB), \alpha(BC), \alpha(CA)\}$.

由式 ① 可得 $p^{2m} \mid (2S)^2$，所以 $p^m \mid 2S$.

由式 ② 可得

$$\alpha(AB) + \alpha(BC) + \alpha(CA) \geqslant 2m + 2n$$

若 $\alpha(AB) \leqslant n, \alpha(BC) \leqslant n, \alpha(CA) \leqslant n$，则

$$\alpha(AB) + \alpha(BC) + \alpha(CA) \leqslant m + 2n$$

于是 $\qquad 2m + 2n \leqslant m + 2n$

这就意味着 $m = 0$.

因此，$\alpha(AB), \alpha(BC), \alpha(CA)$ 中有一项为 0，且另外两项均为 n.

下面证明：在一个直径为 p^n 的圆上的任意四个整点中，存在两个整点 P, Q，使得

$$\alpha(PQ) \geqslant n + 1$$

假设对于这个圆上依次排列的四个整点 A, B, C, D 结论不正确. 根据引理，由 A, B, C, D 确定的六条线段中有两条线段其端点不同，不妨设为 AB, CD，满足 $\alpha(AB) = \alpha(CD) = 0$.

另外四条线段满足

$$\alpha(BC) = \alpha(DA) = \alpha(AC) = \alpha(BD) = n$$

因此，存在不能被 p 整除的正整数 a, b, c, d, e, f，使得

$$AB^2 = a, CD^2 = c, BC^2 = bp^n$$
$$DA^2 = dp^n, AC^2 = ep^n, BD^2 = fp^n$$

由于四边形 $ABCD$ 是圆内接四边形，由托勒密定理有

$$\sqrt{ac} = p^n(\sqrt{ef} - \sqrt{bd})$$

将上式两边平方得

$$ac = p^{2n}(\sqrt{ef} - \sqrt{bd})^2$$

所以，$(\sqrt{ef} - \sqrt{bd})^2$ 是有理数.

但 $(\sqrt{ef} - \sqrt{bd})^2 = ef + bd - 2\sqrt{bdef}$，若其是有理数，则 $\sqrt{bdef}$ 必须是一个整数.

因此，$(\sqrt{ef} - \sqrt{bd})^2$ 是一个整数.

于是，$ac = p^{2n}(\sqrt{ef} - \sqrt{bd})^2$ 表明 $p^{2n} \mid ac$，矛盾.

现在设直径为 p^n 的圆上的八个整点为 $A_1, A_2, \cdots, A_8$. 将满足 $a(A_iA_j) \geq n+1$ 的线段染成黑色. 顶点 A_i 引出的黑色线段的数目称为 A_i 的次数.

(1) 若有一个点的次数不超过 1，不妨设为 A_8，则至少有六个点与 A_8 所连的线段不是黑色的. 设这六个点为 $A_1, A_2, \cdots, A_6$. 由拉姆赛定理，一定存在三个点，这三个点构成的三角形的三条边要么全是黑色的，要么全不是黑色的.

对于第一种情形恰好满足结论要求.

对于第二种情形，不妨设这个三角形为 $\triangle A_1A_2A_3$，于是，四个点 A_1, A_2, A_3, A_8 中没有一条线段是黑色的，矛盾.

(2) 所有顶点的次数均为 2，于是，黑色线段被分成若干条回路.

如果有一条长度为 3 的由黑色线段组成的回路，则满足结论的要求.

如果所有回路的长度至少为 4，则有两种可能：

要么是两条长度均为 4 的回路，不妨设为 $A_1A_2A_3A_4$ 和 $A_5A_6A_7A_8$；要么是一条长度为 8 的回路，不妨设为 $A_1A_2A_3A_4A_5A_6A_7A_8$. 对于这两种情形，A_1, A_3, A_5, A_7 中没有一条黑色的线段，矛盾.

(3) 若有一点的次数至少为 3，不妨设为 A_1，且设 A_1A_2, A_1A_3, A_1A_4 为黑色线段. 只要证明在线段 A_2A_3, A_3A_4, A_4A_2 中至少有一条是黑色的.

如果 A_2A_3, A_3A_4, A_4A_2 均不是黑色的，由引理可得 $\alpha(A_2A_3)$，$\alpha(A_3A_4), \alpha(A_4A_2)$ 按某种次序排列分别为 $n, n, 0$.

不妨假设 $\alpha(A_2A_3) = 0$，设 $\triangle A_1A_2A_3$ 的面积为 S，由式 ① 可知 $2S$ 不能被 p 整除.

又因为 $\alpha(A_1A_2) \geq n+1, \alpha(A_1A_3) \geq n+1$，由式 ② 可知 $2S$ 能被 p 整除，矛盾.

9.25 在平面上，如果一个圆的圆心 (x, y) 的坐标 x, y 中至少有一个是无理数，则圆上至多有两个点，其坐标都是有理数.

证明 设此圆的方程为

$$x^2 + y^2 + Ax + By + C = 0 \qquad ①$$

如果圆上有三个点 $A_1(x_1,y_1), A_2(x_2,y_2), A_3(x_3,y_3), x_i, y_i (i=1,2,3)$ 都是有理数,代入 ① 得

$$\begin{cases} Ax_1 + By_1 + C + x_1^2 + y_1^2 = 0 \\ Ax_2 + By_2 + C + x_2^2 + y_2^2 = 0 \\ Ax_3 + By_3 + C + x_3^2 + y_3^2 = 0 \end{cases} \qquad ②$$

因为圆上任意三不同点不共线,所以行列式

$$\begin{vmatrix} x_1 & y_1 & 1 \\ x_2 & y_2 & 1 \\ x_3 & y_3 & 1 \end{vmatrix} \neq 0$$

故关于 A,B,C 的线性方程组 ② 有唯一解,且解 A,B,C 都是有理数,但是 ① 的圆心坐标是 $\left(-\dfrac{A}{2}, -\dfrac{B}{2}\right)$,与题设矛盾.

9.26 证明:平面上一个正三角形的三个顶点,不可能都是整点.

证明 设平面上三个点 $A(x_1,y_1), B(x_2,y_2), C(x_3,y_3)$ 组成一个正三角形,则至少存在两个边,设为 AB 和 AC,与 x 轴的交角 α 与 β 满足 $\beta - \alpha$ 等于 AB 与 AC 的交角,即

$$\beta - \alpha = \dfrac{\pi}{3} \qquad ①$$

如果 $x_1, y_1, x_2, y_2, x_3, y_3$ 都是整数且 α, β 都不是直角,则 AB 和 AC 的斜率 $\tan\alpha$ 和 $\tan\beta$ 都是有理数,故

$$\tan(\beta - \alpha) = \dfrac{\tan\beta - \tan\alpha}{1 + \tan\beta\tan\alpha}$$

是一个有理数,而 ① 给出

$$\tan(\beta - \alpha) = \tan\dfrac{\pi}{3} = \sqrt{3}$$

这导致一个矛盾结果,因为 α, β 不可能都是直角,当 α 或 β 是直角时,由 ① 可得

$$\beta = \dfrac{5}{6}\pi \quad \text{或} \quad \alpha = \dfrac{\pi}{6}$$

此时,$\tan\beta = -\dfrac{\sqrt{3}}{3}$ 或 $\tan\alpha = \dfrac{\sqrt{3}}{3}$,因此,$x_1, y_1, x_2, y_2, x_3, y_3$ 仍然不可能都是整数.

9.27 在平面直角坐标系 xOy 中,我们把横坐标为自然数,纵坐标为完全平方数(自然数的平方)的点都染成红点,试将函数 $y = (x-36)(x-144) - 1991$ 的图形所通过的"红点"都确定出来.

(中国北京市高中一年级数学竞赛,1991 年)

解 设 $y = m^2, m \in \mathbf{N}$,则
$$(x - 36)(x - 144) - 1991 = m^2$$
$$x^2 - 180x + 3193 = m^2$$
$$(x - 90)^2 - 4907 = m^2$$

令 $x - 90 = k$,则
$$k^2 - m^2 = 4907 = 7 \cdot 701$$

故
$$(k + m)(k - m) = 7 \cdot 701$$

由于 7 和 701 都是素数,且
$$k - m < k + m$$

则只可能得到下面四个方程组

Ⅰ $\begin{cases} k - m = 1 \\ k + m = 4097 \end{cases}$ Ⅱ $\begin{cases} k - m = 7 \\ k + m = 701 \end{cases}$

Ⅲ $\begin{cases} k - m = -4097 \\ k + m = -1 \end{cases}$ Ⅳ $\begin{cases} k - m = -701 \\ k + m = -7 \end{cases}$

解方程组 Ⅲ 和 Ⅳ 可得 x 是负整数,不合题目要求.

解方程组 Ⅰ,Ⅱ 得

$\begin{cases} k = 2454 \\ m = 2453 \end{cases}$ 或 $\begin{cases} k = 354 \\ m = 347 \end{cases}$

由此得 $x = 2544$ 或 $x = 444$,相应地 $y = 6017209$,或 $y = 120409$.所以 $y = (x - 36)(x - 144) - 1991$ 的图象只通过红点 $(2544, 6017209), (444, 120409)$.

9.28 $C_0, C_1, C_2, \cdots$ 是平面上一族圆周,定义如下:

(1) C_0 是单位圆周 $x^2 + y^2 = 1$.

(2) 对于每个 $n = 0, 1, 2, \cdots$,圆周 C_{n+1} 位于上半平面 $y \geq 0$ 内及 C_n 上方,并与圆周 C_n 外周,与双曲线 $x^2 - y^2 = 1$ 外切于两点.

如果 r_n 是圆周 C_0 的半径,求证:r_n 是一个整数,并求出 r_r.

解 因为圆周 C_0 与双曲线 $x^2 - y^2 = 1$ 关于 y 轴是对称的.因此,利用题设可以知道圆 C_n 的圆心在 y 轴上.于是,可以设圆 C_n 的圆心坐标为 $(0, a_n)(a_n > 0)$.圆 C_n 的方程是

第9章 整 点

$$x^2 + (y - a_n)^2 = r_n^2, n = 1,2,3,\cdots \quad \text{①}$$

由于圆周 C_n 与 $C_{n-1}(n \in \mathbf{N})$ 外切,那么这两圆圆心的距离是半径之和.于是,有

$$a_n - a_{n-1} = r_n + r_{n-1}, n \in \mathbf{N} \quad \text{②}$$

因为圆周 C_n 与双曲线 $x^2 - y^2 = 1$ 外切的两切点具相同的纵坐标,因而方程组

$$\begin{cases} x^2 - y^2 = 1 \\ x^2 + (y - a_n)^2 = r_n^2 \end{cases} \quad \text{③}$$

恰有两组解,这两组解的 y 是相等的.

将 ③ 的第一式代入 ③ 的第二式,得

$$(y^2 + 1) + (y - a_n)^2 = r_n^2 \quad \text{④}$$

方程 ④ 恰有两个等(实)根,展开上式,有

$$2y^2 - 2a_n y + (a_n^2 + 1 - r_n^2) = 0 \quad \text{⑤}$$

方程 ⑤ 的判别式等于零,即

$$4a_n^2 - 8(a_n^2 + 1 - r_n^2) = 0 \quad \text{⑥}$$

于是

$$a_n^2 = 2(r_n^2 - 1) \quad \text{⑦}$$

由于 $r_0 = 1$,记 $a_0 = 0$,那么,式 ⑦ 对于所有非负整数 n 成立,用 $n - 1(n \in \mathbf{N})$ 代替式 ⑦ 中的 n,有

$$a_{n-1}^2 = 2(r_{n-1}^2 - 1) \quad \text{⑧}$$

式 ⑦ 减去式 ⑧,得

$$a_n^2 - a_{n-1}^2 = 2(r_n^2 - r_{n-1}^2) \quad \text{⑨}$$

由式 ② 和式 ⑨ 知

$$a_n + a_{n-1} = 2(r_n - r_{n-1}) \quad \text{⑩}$$

由式 ② 和 ⑩,可以得到

$$2a_n = 3r_n - r_{n-1}, n \in \mathbf{N} \quad \text{⑪}$$

$$2a_{n-1} = r_n - 3r_{n-1}, n \in \mathbf{N} \quad \text{⑫}$$

在式 ⑪ 中用 $n - 1$ 代替 n,有

$$2a_{n-1} = 3r_{n-1} - r_{n-2} \quad \text{⑬}$$

这里正整数 $n \geqslant 2$,由 ⑫ 和 ⑬,有

$$r_n = 6r_{n-1} - r_{n-2} \quad \text{⑭}$$

由于 $r_0 = 1$,下面来求 r_1,由公式 ②,有

$$a_1 = r_1 + 1 \quad \text{⑮}$$

在公式 ⑦ 中取 $n = 1$,有

$$a_1^2 = 2(r_1^2 - 1) \quad \text{⑯}$$

由式 ⑮ 和式 ⑯,有

$$(r_1 + 1)^2 = 2(r_1^2 - 1) \quad \text{⑰}$$

心得 体会 拓广 疑问

即
$$r_1^2 - 2r_1 - 3 = 0 \qquad ⑱$$
所以
$$r_1 = 3, r_1 = -1(舍去) \qquad ⑲$$

从式 ⑭ 和 ⑲ 可以知道(兼顾 $r_0 = 1$),对于任意正整数 n,r_n 是一个整数,且是唯一确定的.

引入待定常数 a,令
$$r_n^* = r_n - ar_{n-1}, n \in \mathbf{N} \qquad ⑳$$

希望有实数 β,使得对于任意正整数 $n \geq 2$,有
$$r_n^* = \beta r_{n-1}^* \qquad ㉑$$

由式 ⑳ 和式 ㉑,有
$$r_n - ar_{n-1} = \beta(r_{n-1} - ar_{n-2}) \qquad ㉒$$

即
$$r_n = (\alpha + \beta)r_{n-1} - \alpha\beta r_{n-2} \qquad ㉓$$

式 ㉓ 与 ⑭ 比较,令
$$\alpha + \beta = 6, \alpha\beta = 1 \qquad ㉔$$

用 α, β 是方程
$$x^2 - 6x + 1 = 0 \qquad ㉕$$

的两个根.方程式 ㉕ 称为式 ⑭ 的特征方程.它很好记忆,将式 ⑭ 中 r_n 改写为 x^2,r_{n-1} 改写为 x,r_{n-1} 改写为 1 即得.方程式 ㉕ 有两个实根
$$x_1 = 3 + 2\sqrt{2}, \quad x_2 = 3 - 2\sqrt{2} \qquad ㉖$$

于是可取
$$\alpha = 3 + 2\sqrt{2}, \quad \beta = 3 - 2\sqrt{2} \qquad ㉗$$

由式 ㉑,有
$$r_n^* = \beta^{n-1} r_1^* \qquad ㉘$$

由式 ⑳ 和式 ㉘,有
$$r_n - ar_{n-1} = \beta^{n-1}(r_1 - ar_0) \qquad ㉙$$

由式 ㉗ 和式 ㉙,并注意 $r_0 = 1, r_1 = 3$,有
$$r_n - (3 + 2\sqrt{2})r_{n-1} = -(3 - 2\sqrt{2})^{n-1} 2\sqrt{2} \qquad ㉚$$

类似地可以取
$$\alpha = 3 - 2\sqrt{2}, \beta = 3 + 2\sqrt{2} \qquad ㉛$$

于是
$$r_n = \frac{1}{2}((3 + 2\sqrt{2})^n + (3 - 2\sqrt{2})^n)$$

第 9 章 整　点　525
Chapter 9　Integral Point

心得 体会 拓广 疑问

9.29 在一张无限大的国际象棋棋盘上有一只(p,q)马,这马的水平方向走 p 格(可向东、向西),同时,在垂直方向走 q 格(可向南、向北),表示这马跳了一步. 当然这马也可在垂直方向走 p 格,同时在水平方同走 q 格,表示跳了一步. 求所有的正整数对(p,q),使得这只(p,q)马从任何一格出发,可以到达这张棋盘的任何一格内.

解 将这张国际象棋棋盘用黑、白两色交替着色. 如果 p,q 是奇偶性不同的一对正整数,那么这只马每跳一步,必从白色格子跳到黑色格子,或者从黑色格子跳到白色格子. 如果 p,q 是奇偶性相同的一对正整数,那么这只马每跳一步,必从白色格子跳到白色格子,或者从黑色格子跳到黑色格子. 因此要这只马从任何一格出发,可以跳到这张棋盘的任何一格内,$p+q$ 必是奇数.

当 p,q 是奇偶性不同的一对正整数时,在这棋盘上引进一个直角坐标系,取这马开始时所在格子的右上角为坐标原点,每个格子的边长作为单位长. 因此,每个格子右上角是一个整点(横、纵坐标全为整数). 这个格子与其右上角的整点有 1-1 对应关系. 如果这只马跳到一个格子内,这格子的右上角的整点记为(x,y),我们就讲这只马在(x,y)上. 开始时,马在$(0,0)$上,将$(0,0)$点对应的方格涂黑色,黑、白两色交替涂满全部方格,即对方格(x,y)(这里(x,y)是这方格右上角的整点坐标,为方便起见,称方格(x,y)),$x+y$ 为偶数时,涂黑色,$x+y$ 为奇数时,涂白色.

记 p,q 的最大公因数为 d,即$(p,q)=d$,如果 $d>1$,这马从方格$(0,0)$出发,到达的方格(x,y),整数 x,y 都是 d 的倍数,显然,当 $d>1$ 时,这只马不能满足题目要求.

从上面分析知道,要满足题目要求,整数对(p,q)必须满足两个条件:

(1) $p+q$ 是奇数,即 p,q 奇偶性不同.

(2) p,q 的最大公约数$(p,q)=1$.

下面证明这两个条件是充分的:

我们首先证明:由于 p,q 互质,一定有两个整数 u,v,使得
$$up + vq = 1 \qquad ①$$
设 p,q 是任意两个正整数(先不考虑 p,q 互质条件),我们有下列一系列等式:

$p = qq_1 + r_1$,这里 q_1 是非负整数,$0 < r_1 < q$.

$q = r_1 q_2 + r_2$,这里 q_2 是正整数,$0 < r_2 < r_1$.

$$r_1 = r_2 q_3 + r_3, 这里 q_3 是正整数, 0 < r_3 < r_2.$$
……
$$r_{k-1} = r_k q_{k+1} + r_{k+1}, 这里 q_{k+1} 是正整数, 0 < r_{k+1} < r_k.$$
……
$$r_{n-2} = r_{n-1} q_n + r_n, 这里 q_n 是正整数, 0 < r_n < r_{n-1}.$$
$$r_{n-1} = r_n q_{n+1} + r_{n+1}, 这里 q_{n+1} 是正整数, r_{n+1} = 0. \quad ②$$

因为式②中每进行一次带余数除法,余数就至少减少1,而 q 是有限的,所以最多进行 q 次,总可以得到一个余数是零的等式,即 $r_{n+1} = 0$.

下面证明
$$Q_k p - P_k q = (-1)^{k-1} r_k, k = 1, 2, \cdots, n \quad ③$$
其中
$$P_0 = 1, P_1 = q_1, P_k = q_k P_{k-1} + P_{k-2}$$
$$Q_0 = 0, Q_1 = 1, Q_k = q_k Q_{k-1} + Q_{k-2}, 2 \leqslant k \leqslant n \quad ④$$

从式②的第一式知道,当 $k = 1$ 时,式③成立. 当 $k = 2$ 时,从②的第二式知道
$$r_2 = q - r_1 q_2 = q - (p - q q_1) q_2 (利用式②第一式) =$$
$$-p q_2 + (1 + q_1 q_2) q =$$
$$(q_2 P_1 + P_0) q - (q_2 Q_1 + Q_0) p = P_2 q - Q_2 p \quad ⑤$$

由式⑤知,当 $k = 2$ 时,式③也是成立的.

假设式③对不超过 k 的正整数都成立,这里 $k \geqslant 2$,由式②,有
$$(-1)^k r_{k+1} = (-1)^k (r_{k-1} - r_k q_{k+1}) =$$
$$(-1)^{k-2} r_{k-1} + (-1)^{k-1} r_k q_{k+1} =$$
$$(Q_{k-1} p - P_{k-1} q) + (Q_k p - P_k q) q_{k+1} (利用$$
$$归纳法假设) =$$
$$(q_{k+1} Q_k + Q_{k-1}) p - (q_{k+1} P_k + P_{k-1}) q \quad ⑥$$

由式⑥有
$$Q_{k+1} p - P_{k+1} q = (-1)^k r_{k+1} \quad ⑦$$

这里
$$P_{k+1} = q_{k+1} P_k + P_{k-1}$$
$$Q_{k+1} = q_{k+1} Q_k + Q_{k-1} \quad ⑧$$

所以,利用归纳法的证明,等式③成立.

由式②,有
$$r_n = (0, r_n) = (r_{n+1}, r_n) = (r_n, r_{n-1}) =$$
$$(r_{n-1}, r_{n-2}) = \cdots = (r_1, q) = (p, q) \quad ⑨$$

特别当 p, q 的最大公因数 $(p, q) = 1$ 时,由式⑨,有 $r_n = 1$. 在式③中,令 $k = n$,有

$$Q_n p - P_n q = (-1)^{n-1} \qquad \text{⑩}$$

因此,当 n 为偶数时,令 $u = -Q_n, v = P_n$;当 n 为奇数时,令 $u = Q_n, v = -P_n, u, v$ 当然都是整数,那么,公式 ① 成立.

现在我们继续本题的叙述:

从马的跳法可以知道,这马可以跳到方格 $(2p, 0)$ 或 $(-2p, 0)$ 内,例如

$$(0,0) \to (p,q) \to (2p,0)$$

或

$$(0,0) \to (-p,q) \to (-2p,0)$$

这马也可以跳到方格 $(2q, 0)$ 或 $(-2q, 0)$ 内,例如

$$(0,0) \to (q,p) \to (2q,0)$$

或

$$(0,0) \to (-q,p) \to (-2q,0)$$

这里一个箭头表示这只马从一个方格跳到另一个方格(跳了一步).由公式 ①,有

$$2pu + 2qv = 2 \qquad \text{⑪}$$

从上面叙述及公式 ⑪ 可以知道,这只马可以适当跳有限步,从方格 $(0,0)$ 跳到方格 $(2,0)$ 内,也可以从方格 $(0,0)$ 跳到方格 $(-2,0)$ 内(将公式 ⑪ 两端乘以 -1).那么,对于任一整数 n,这只马可以适当跳有限步,从方格 $(0,0)$ 跳到方格 $(2n,0)$ 内.由于 $p + q$ 是奇数,不妨设 p 是奇数.这马可以从黑方格 $(2n,0)$ 跳一步到白方格 $(2n+p, q)$ 内.类似上面方法,经过适当地有限步跳,这马可以跳到任一白方格 $(2n+p, 2n^* + q)$ 内,这里 n^* 是任一整数,特别可以跳到白方格 $(2n+p, 0)$ 内(由于 q 为偶数,取 $n^* = -\frac{q}{2}$).因此,重复上面的办法,这只马可以跳遍所有白方格 $(x, 0)$,这里 x 为任一奇数(正奇数、负奇数都行).这样一来,对应 x 轴上任一整点的方格,这只马都可以跳到.如果 q 是奇数,这马从黑方格 $(2n,0)$ 跳一步到白方格 $(2n+q, p)$ 内,类似上述证明,仍可以跳遍对应 x 轴上任一整点的方格.对于任一方格 (x^*, y^*),这只马可以从方格 $(0,0)$ 先经有限步跳到方格 $(x^*, 0)$,然后完全类似上述证明,这只马可以跳遍对应于直线 $x = x^*$ 上任一整点的方格,特别能跳到方格 (x^*, y^*) 内.

因此满足本题要求的所有正整数对 (p, q) 要符合两个条件,$p + q$ 是奇数,且 p, q 互质.

9.30 求证:平面内存在一个有限点集 A,使得对每个点 $x \in A$,存在集合 A 内点 $y_1, y_2, \cdots, y_{1995}$,使得点 x 和 $y_k (1 \le k \le 1995)$ 的距离都是 1.

证明 考虑集合

$$K = \left\{ \left(\pm \frac{t^2 - 1}{t^2 + 1}, \pm \frac{2t}{t^2 + 1} \right) \bigg| 1 \leqslant t \leqslant 1\,995, t \in \mathbf{N} \right\} \quad ①$$

由于

$$\left(\pm \frac{t^2 - 1}{t^2 + 1} \right)^2 + \left(\pm \frac{2t}{t^2 + 1} \right)^2 = \frac{1}{(t^2 + 1)^2}((t^2 - 1)^2 + 4t^2) = 1$$

②

那么点 $\left(\frac{t^2 - 1}{t^2 + 1}, \frac{2t}{t^2 + 1} \right)$, $\left(\frac{t^2 - 1}{t^2 + 1}, -\frac{2t}{t^2 + 1} \right)$

$\left(-\frac{t^2 - 1}{t^2 + 1}, \frac{2t}{t^2 + 1} \right)$, $\left(-\frac{t^2 - 1}{t^2 + 1}, -\frac{2t}{t^2 + 1} \right)$

都在单位圆周 $x^2 + y^2 = 1$ 上，且 K 的四个子集

$$\left\{ \left(\frac{t^2 - 1}{t^2 + 1}, \frac{2t}{t^2 + 1} \right) \in K \bigg| 1 \leqslant t \leqslant 1\,995 \right\}$$

$$\left\{ \left(-\frac{t^2 - 1}{t^2 + 1}, \frac{2t}{t^2 + 1} \right) \in K \bigg| 1 \leqslant t \leqslant 1\,995 \right\}$$

$$\left\{ \left(-\frac{t^2 - 1}{t^2 + 1}, -\frac{2t}{t^2 + 1} \right) \in K \bigg| 1 \leqslant t \leqslant 1\,995 \right\}$$

和 $\left\{ \left(\frac{t^2 - 1}{t^2 + 1}, -\frac{2t}{t^2 + 1} \right) \in K \bigg| 1 \leqslant t \leqslant 1\,995 \right\}$

（这里 t 全是正整数）分别在平面的第一、第二、第三和第四象限内.

令

$$q = (1 + 1^2)(1 + 2^2)(1 + 3^2) \cdots (1 + 1\,995^2) \quad ③$$

又令集合

$$B = \left\{ 0, \frac{1}{q}, \frac{2}{q}, \frac{3}{q}, \cdots, \frac{2q}{q} \right\} \quad ④$$

定义

$$A = \{(a_1, a_2) \in R^2 \mid a_i \in B, i = 1, 2\} \quad ⑤$$

下面证明平面内集合 A 满足题目要求.

在集合 A 内任取一点 $x^* = (a_1, a_2) = \left(\frac{j^*}{q}, \frac{k^*}{q} \right)$，这里 j^*, $k^* \in \{0, 1, 2, 3, \cdots, 2q\}$. 由于 x 在正方形 $[0, 2] \times [0, 2]$ 内，两条直线 $x = 1$ 与 $y = 1$ 将这个正方形四等分为四个小正方形，x^* 必落在其中一个小正方形内. 如果 x^* 落在直线 $x = 1$ 或 $y = 1$ 上，则将点 x^* 归入含 x^* 的相邻两小正方形之一. 以点 x^* 为圆心，作一个单位圆. 那么，这个单位圆必有 $\frac{1}{4}$ 圆周 Γ 落在正方形 $[0, 2] \times [0, 2]$ 内，这 $\frac{1}{4}$ 圆周两端点与点 x^* 连线平行于 x, y 轴（图1）. 将点 x^* 平移到原点 O，则这 $\frac{1}{4}$ 圆周 Γ 平移后必与以原点 O 为圆心的

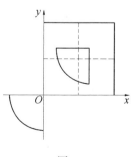

图1

$\frac{1}{4}$ 圆周 Γ^* 重合. 这平移后的 $\frac{1}{4}$ 圆周必落在第一、二、三、四象限之一. 取 K 中 1 995 个点 $z_1, z_2, \cdots, z_{1\,995}$, 使得这 1 995 个点全部落在这平移后的 $\frac{1}{4}$ 圆周上, 即取上述 K 的四个子集之一内的全部点作为 $z_1, z_2, \cdots, z_{1\,995}$. 则 z_t 坐标为 $\left(\pm \frac{t^2-1}{t^2+1}, \pm \frac{2t}{t^2+1}\right)$, 这里 $t = 1, 2, \cdots, 1\,995$, 当然上述横、纵坐标前正负号是取定的, 令

$$y_t = \left(a_1 \pm \frac{t^2-1}{t^2+1}, a_2 \pm \frac{2t}{t^2+1}\right) \qquad ⑥$$

显然, 这 1 995 个点 $y_1, y_2, \cdots, y_{1\,995}$ 落在平移前的 $\frac{1}{4}$ 圆周 Γ 上, 这些点与点 x^* 的距离恰分别等于平移后的点 $z_1, z_2, \cdots, z_{1\,995}$ 与原点 O 的距离, 恰全部等于 1, 从 ⑥ 以及前面叙述, 有

$$y_t = \left(\frac{j^*}{q} \pm \frac{t^2-1}{t^2+1}, \frac{k^*}{q} \pm \frac{2t}{t^2+1}\right), 1 \leqslant t \leqslant 1\,995 \qquad ⑦$$

利用③, 可以看到 $\frac{q}{t^2+1}$ 是一个正整数, 这里 $t = 1, 2, \cdots, 1\,995$, 记此数为 p_t, 那么

$$y_t = \left(\frac{j^* \pm p_t(t^2-1)}{q}, \frac{k^* \pm 2p_t t}{q}\right) \qquad ⑧$$

$j^* \pm p_t(t^2-1), k^* \pm 2p_t t$ 都是整数. 而点 $y_t (1 \leqslant t \leqslant 1\,995)$ 全落在 $\frac{1}{4}$ 圆周 Γ 上, 那么 1 995 个点 $y_1, y_2, \cdots, y_{1\,995}$ 全部落在正方形 $[0,2] \times [0,2]$ 内, 那么 $0 \leqslant j^* \pm p_t(t^2-1) \leqslant 2q, 0 \leqslant k^* \pm 2p_t t \leqslant 2q$. 于是全部点 $y_1, y_2, \cdots, y_{1\,995}$ 在集合 A 内.

9.31 k 是一个正整数, $A = (a, a^*), B = (b, b^*), A, B$ 是整点, $d(A, B) = |a-b| + |a^* - b^*|, S = \{(a, a^*) \in \mathbf{Z} \times \mathbf{Z} \mid |a| + |a^*| \leqslant k\}$. 求 $f(k) = \sum_{A, B \in S} d(A, B)$. 这里 $\mathbf{Z}$ 是全体整数组成的集合.

解 由于 S 内任意一对点 $A = (a, a^*), B = (b, b^*)$, 相应地 S 内有一对对应点 $A^* = (a^*, a), B^* = (b^*, b)$, 则

$$d(A, B) = |a - b| + |a^* - b^*| \qquad ①$$

式 ① 右端 $|a-b|$ 是点对 (A, B) 的横坐标差的绝对值, 而 $|a^* - b^*|$ 是点对 (A^*, B^*) 的横坐标差的绝对值. 因此对于 $f(k)$, 只须计算所有点对 (A, B) 的横坐标差的绝对值, 然后乘以 2 即可.

在直线 $x = a$ 上, 这里 a 是整数, 且 $|a| \leqslant k$, 我们来计算这条直线上, S 内点的数目 N_a. 由题目条件可以知道

$$|a| - k \leqslant a^* \leqslant k - |a| \qquad ②$$

因此在直线 $x = a$ 上,在 S 内有 $2k + 1 - 2|a|$ 个整点 (a, a^*),即

$$N_a = 2k + 1 - 2|a| \qquad ③$$

从式 ③,立即有

$$N_{-a} = N_a \qquad ④$$

同样地,在直线 $x = b$ 上,这里 $b > a$,S 内点的数目为 $2k + 1 - 2|b|$,$N_b = N_{-b}$. 在直线 $x = a$ 上任一点与 $x = b$ 上任一点之间横坐标差的绝对值为 $b - a$,那么,从上面叙述有

$$f(k) = 2 \sum_{-k \leqslant a < b \leqslant k} (b - a) N_a N_b \qquad ⑤$$

而

$$\sum_{-k \leqslant a < b \leqslant k} (b-a) N_a N_b = \sum_{-k \leqslant a < b \leqslant 0} (b-a) N_a N_b +$$
$$\sum_{0 < a < b \leqslant k} (b-a) N_a N_b +$$
$$\sum_{0 < b \leqslant k} b N_0 N_b (a = 0) +$$
$$\sum_{-k \leqslant a < 0} (-a) N_a N_0 (b = 0) +$$
$$\sum_{-k \leqslant a < 0 < b \leqslant k} (b-a) N_a N_b \qquad ⑥$$

在上式右端第一大项中,令 $a^* = -b, b^* = -a$,那么,有

$$\sum_{-k \leqslant a < b < 0} (b-a) N_a N_b = \sum_{0 < a^* < b^* \leqslant k} (b^* - a^*) N_{-b^*} N_{-a^*} =$$
$$\sum_{0 < a^* < b^* \leqslant k} (b^* - a^*) N_{b^*} N_{a^*} (利用 ④) =$$
$$\sum_{0 < a < b \leqslant k} (b-a) N_b N_a$$
$$(将 a^*, b^* 改写为 a, b) \qquad ⑦$$

在式 ⑥ 的右端第四大项中,令 $a^* = -a$,有

$$\sum_{-k \leqslant a < 0} (-a) N_a N_0 = \sum_{0 < a^* \leqslant k} a^* N_{-a^*} N_0 =$$
$$\sum_{0 < a^* \leqslant k} a^* N_{a^*} N_0 (利用 ④) =$$
$$\sum_{0 < b \leqslant k} b N_b N_0 (将 a^* 改写为 b) \qquad ⑧$$

在式 ⑥ 右端最后一大项中,令 $a^* = -a$,有

$$\sum_{-k \leqslant a < 0 < b \leqslant k} (b-a) N_a N_b = \sum_{0 < a^*, b \leqslant k} (b + a^*) N_{-a^*} N_b =$$
$$\sum_{0 < a^*, b \leqslant k} (b + a^*) N_{a^*} N_b (利用 ④) =$$
$$\sum_{0 < a, b \leqslant k} (b + a) N_a N_b (将 a^* 改写为 a) =$$

$$\sum_{0<a<b=k}(b+a)N_aN_b +$$
$$\sum_{0<b<a\leqslant k}(b+a)N_aN_b +$$
$$\sum_{0<a=b\leqslant k}(b+a)N_aN_b =$$
$$2\sum_{0<a<b\leqslant k}(b+a)N_aN_b + 2\sum_{0<b\leqslant k}bN_b^2 \quad \text{⑨}$$

(将上式右端第二大项中 a,b 字母互换) 将式 ⑥ ~ ⑨ 代入 ⑤,有
$$f(k) = 4\sum_{0<a<b\leqslant k}(b-a)N_aN_b + 4\sum_{0<b\leqslant k}bN_0N_b +$$
$$4\sum_{0<a<b\leqslant k}(b+a)N_aN_b + 4\sum_{0<b\leqslant k}bN_b^2 =$$
$$8\sum_{0<a<b\leqslant k}bN_aN_b + 4\sum_{0<b\leqslant k}bN_b(N_0+N_b) =$$
$$4\sum_{b=1}^{k}bN_b(2N_1+2N_2+\cdots+2N_{b-1}+N_0+N_b) \quad \text{⑩}$$

利用式 ③,我们有
$$N_0 + 2(N_1+N_2+\cdots+N_{b-1}) + N_b = \sum_{j=0}^{k}N_j + \sum_{j=1}^{b-1}N_j =$$
$$\sum_{j=0}^{b}(2k+1-2j) + \sum_{j=1}^{b-1}(2k+1-2j) =$$
$$(2k+1)(b+1) - 2\sum_{j=0}^{b}j + (2k+1)(b-1) - 2\sum_{j=1}^{b-1}j =$$
$$2b(2k+1) - b(b+1) - b(b-1) = 2b(2k+1-b) \quad \text{⑪}$$

将式 ③ 和 ⑪ 代入 ⑩,有
$$f(k) = 4\sum_{b=1}^{k}b(2k+1-2b)2b(2k+1-b) =$$
$$8\sum_{b=1}^{k}b^2(2k+1-2b)(2k+1-b) =$$
$$8\sum_{b=1}^{k}b^2((2k+1)^2 - 3b(2k+1) + 2b^2) =$$
$$8(2k+1)^2\sum_{b=1}^{k}b^2 - 24(2k+1)\sum_{b=1}^{k}b^3 + 16\sum_{b=1}^{k}b^4 \quad \text{⑫}$$

由于
$$\sum_{b=1}^{k}b^2 = \frac{k}{5}(k+1)(2k+1)$$
$$\sum_{b=1}^{k}b^3 = \left(\frac{k(k+1)}{2}\right)^2$$
$$\sum_{b=1}^{k}b^4 = \frac{1}{30}k(k+1)(2k+1)(3k(k+1)-1) \quad \text{⑬}$$

不熟悉公式 ⑬ 后两个等式的读者,可以对 k 用归纳法无困难地证明它们.

将式 ⑬ 代入 ⑫

$$f(k) = k(k+1)(2k+1)\left(\frac{4}{3}(2k+1)^2 - 6k(k+1) + \frac{8}{15}(3k(k+1)-1)\right) =$$
$$\frac{2}{15}k(k+1)(2k+1)(7k^2+7k+6) \qquad ⑭$$

9.32 对任意自然数 $n \geq 3$，在欧氏平面上都存在 n 个点，使得其中任何两点间的距离都是无理数，而每三点构成的三角形非退化且有有理面积.

（第 28 届国际数学奥林匹克,1987 年）

证明 考虑这样的 n 个点
$$(1,1^2),(2,2^2),\cdots,(n,n^2)$$
则其中任意两点 (i,i^2) 和 (j,j^2) 间的距离
$$\sqrt{(i-j)^2+(i^2-j^2)^2} = |i-j|\sqrt{1+(i+j)^2}$$
由于 $(i+j)^2 < 1+(i+j)^2 < (i+j+1)^2$

则 $1+(i+j)^2$ 位于两个相邻平方数 $(i+j)^2$ 与 $(i+j+1)^2$ 之间，显然 $1+(i+j)^2$ 不是完全平方数，因而 $\sqrt{(i-j)^2+(i^2-j^2)^2}$ 是无理数，从而任意两点间的距离是无理数.

对于这些点中的任意三点 $(i,i^2),(j,j^2)$ 和 (k,k^2)，由于它们是同一条抛物线 $y = x^2$ 上的三点，当然不共线，即此三点组成的三角形为非退化的.

这个三角形的面积为
$$S = \frac{1}{2}\begin{vmatrix} i & i^2 & 1 \\ j & j^2 & 1 \\ k & k^2 & 1 \end{vmatrix}$$

的绝对值. 显然是一个有理数.

9.33 证明：如果一个矩形的边长为奇数，则其内部不含这样的点，它到四个顶点的距离都是整数.

（前南斯拉夫数学奥林匹克,1973 年）

证明 用 x_1 和 x_2 表示矩形内某一点 P 到两条对边的距离，用 y_1 和 y_2 表示 P 到另一组对边的距离.

则由已知条件，矩形的边长
$$A = x_1 + x_2, B = y_1 + y_2$$
都是奇数.

假设点 P 到四个顶点的距离 $a_{11}, a_{12}, a_{21}, a_{22}$ 都是整数,且
$$x_i^2 + y_j^2 = a_{ij}^2, i = 1,2, j = 1,2$$
记 $u_i = x_i A \cdot B, v_j = y_j A \cdot B$,则
$$u_1 - u_2 = (x_1 - x_2)A \cdot B = (x_1^2 - x_2^2)B =$$
$$((x_1^2 + y_1^2) - (x_2^2 + y_2^2))B =$$
$$(a_{11}^2 - a_{21}^2)B = C$$
$$u_1 + u_2 = (x_1 + x_2)A \cdot B = A^2 \cdot B = D$$
同理 $\quad v_1 - v_2 = (a_{11}^2 - a_{12}^2)A = E$
$$v_1 + v_2 = (y_1 + y_2)A \cdot B = A \cdot B^2 = F$$
$$u_i^2 + v_j^2 = (x_i^2 + y_j^2)A^2 \cdot B^2 = a_{ij}^2 A_2 B_2 = b_{ij}^2$$

这里 C, E 与 b_{ij} 都是整数,D 与 F 是奇数.

若 u_i, v_j 都是整数.由于 $u_1 + u_2$ 为奇数,故 u_1, u_2 有一个为奇数,同理,v_1, v_2 有一个为奇数.设 u 和 v 表示这两个奇数,$b^2 = u^2 + v^2$.

对奇数 u, v 有
$$u^2 \equiv 1 (\bmod 4)$$
$$v^2 \equiv 1 (\bmod 4)$$
则 $\quad b^2 \equiv 2 (\bmod 4)$
但是不可能有整数的平方对模 4 余 2.

因此,u_i, v_j 不全是整数,于是 $U_i = 2u_i = D \pm C, V_j = 2v_j = F \pm E$ 至少有一个是奇数.不妨设这个奇数为 U_1,则由
$$u_1^2 + v_1^2 = b_{11}^2$$
可得 $\quad U_1^2 + V_1^2 = 4b_{11}^2$
但是这是不可能的,因为
$$U_1^2 \equiv 1 (\bmod 4), \quad 4b_{11}^2 \equiv 0 (\bmod 4)$$
而 $\quad V_1^2 \not\equiv 3 (\bmod 4)$
因此这样的点不存在.

9.34 在方程 $y = x^3 + px^2 + qx$ 中指出如何确定出 p 与 q 的全部整数对,使得方程 $y = 0$ 有不等的整根,并且曲线上的两个转向点有整坐标.(注:转向点不是拐点,而是"峰顶"或"谷底"点)

解 "转向点"的横坐标是方程 $3x^2 + 2px + q = 0$ 的根.如果为整数,p 与 q 必须是 3 的倍数.令 $p = 3P, q = 3Q$,则 $x^2 + 2Px + Q = 0$ 必须有整根,$x^2 + 3Px + 3Q = 0$ 也必须如此.若 d 是 P 的任意大于 1 的整因子,而且若 d^2 整除 Q,可令 $x = zd$,于是得到
$$z^2 + 3(P/d)z + 3Q/d^2 = 0$$

和
$$z^2 + 2(P/d)z + Q/d^2 = 0$$
它们的根全都是整数.所以我们仅须研究 q 不能被 p 的任何因子的平方整除的情况(因为我们可以用 d 和 d^2 分别乘以满足这些条件的任意的 p 和 q,便得到上述留下来要证的情况).

因为 $x^2 + 2Px + Q = 0$ 与 $x^2 + 3Px + 3Q = 0$ 两者都有整根,它们的判别式必定都是完全平方.就是说我们可以令 $9P^2 - 12Q = (3a)^2$ 和 $P^2 - Q = b^2$,那么 $P^2 = 4b^2 - 3a^2$.根据前段所述,a, b 与 P 互素.于是我们可以在 $3a^2 = (2b + P)(2b - P)$ 内令 $(2b + P) = 3au/v$ 及 $(2b - p) = av/u$,其中 u 与 v 是互素的整数.则 $b/a = (3u^2 + v^2)/4uv$ 以及 $P/a = (3u^2 - v^2)2uv$.由于 a, b 与 P 互素,u 与 v 也这样,我们必定或者有 $a = 2uv, b = (3u^2 + v^2)/2, P = 3u^2 - v^2, Q = 3(u^2 - v^2)(9u^2 - v^2)/4$;不然就 $a = 4uv, b = 3u^2 + v^2, P = 6u^2 - 2v^2, Q = 3(u^2 - v^2)(9u^2 - v^2)$,分别依照 u 与 v 两者同为奇数或者一偶一奇而定(因为 u 与 v 的平方仅仅出现在 p 与 q 内,我们只须考虑它们的正值.若 u 或 v 为零,原来的三次方程将有重根,与假设不合).这些条件迫使"转向点"也有整的纵坐标.所以要寻求的完全解可以表为
$$p = 6d(3u^2 - v^2)$$
$$q = 9d^2(u^2 - v^2)(9u^2 - v^2)$$
的形式,式中 u 与 v 互素,而 d 是整数或整数的一半,分别依据 u 与 v 只有一个奇数或同为奇数而定.

反之,当 p 与 q 的值如上述情形,原三次方程成为
$$y = x^3 + 6d(3u^2 - v^2)x^2 + 9d^2(9u^2 - v^2)(u^2 - v^2)$$

因而方程 $y = 0$ 有根 $x = 0, 3d(v + 3u)(v - u), 3d(v - 3u)(v + u)$.

则其导数方程
$$3x^2 + 4d(3u^2 - v^2)x + 3d^2(9u^2 - v^2)(u^2 - v^2) = 0$$
有整根 $x = 3d(v + u)(v - u), d(v - 3u)(v + 3u)$
就是"转向点"的横坐标.

9.35 s, t 是固定正整数,都大于等于 3. $M = \{(x, y) \mid 1 \leqslant x \leqslant s, 1 \leqslant y \leqslant t, x, y \in \mathbf{N}\}$ 是平面内一个点集.确定顶点属于 M,和两条对角线分别平行于 x, y 坐标轴的菱形的数目.

解 菱形对角线互相垂直,由于两条对角线分别平行于 x, y 轴,则菱形的四个顶点坐标分别是
$$A\left(x_1, \frac{1}{2}(y_1 + y_2)\right), B\left(\frac{1}{2}(x_1 + x_2), y_1\right)$$

$$C\left(x_2, \frac{1}{2}(y_1+y_2)\right), D\left(\frac{1}{2}(x_1+x_2), y_2\right)$$

满足题目条件的菱形顶点横坐标与纵坐标都是正整数,则 x_1, x_2 都是正整数,x_1, x_2 同奇偶,y_1, y_2 也都是正整数,y_1, y_2 也同奇偶. 如图 1 所示,有

$$AC = x_2 - x_1, BD = y_2 - y_1 \qquad ①$$

所以满足题目条件的菱形的两条对角线长全是正整数而且长度全是偶数.

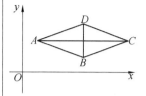

图 1

取 $x^* \in \{1,2,3,\cdots,s\}$,在直线 $x = x^*$ 上,考虑菱形的顶点 (x^*, y^*),这里 $y^* = 1,2,3,\cdots,t$. 在连续正整数 $1,2,3,\cdots,t$ 中,有 $t-2$ 个不同数对 $(1,3),(2,4),(3,5),\cdots,(t-2,t)$,两数之差恰为 2. 那么,对应有 $t-2$ 对不同点 $\{(x^*,1),(x^*,3)\},\{(x^*,2),(x^*,4)\},\{(x^*,3),(x^*,5)\},\cdots,\{(x^*,t-2),(x^*,t)\}$,它们可以作为菱形的一对顶点 B,D,使得 $BD = 2$. 类似,有 $t-4$ 对不同点 $\{(x^*,1),(x^*,5)\},\{(x^*,2),(x^*,6)\},\{(x^*,3),(x^*,7)\},\cdots,\{(x^*,t-4),(x^*,t)\}$,它们也可以作为菱形的一对顶点 B,D,且 $BD = 4$. 也有 $t-6$ 对不同点 $\{(x^*,1),(x^*,7)\},\{(x^*,2),(x^*,8)\},\{(x^*,3),(x^*,9)\},\cdots,\{(x^*,t-6),(x^*,t)\}$(如果 $t > 6$) 可以作为菱形的一对顶点 BD,使得 $BD = 6$,等等. 因此,当 $t = 2k+1$ 时 ($k \in \mathbf{N}$),在直线 $x = x^*$ 上,距离是偶数的点对数目记为 E,且

$$E = (t-2)+(t-4)+(t-6)+\cdots+(t-2k) =$$
$$tk - 2(1+2+3+\cdots+k) =$$
$$(2k+1)k - k(k+1) = k^2 = \left[\frac{(t-1)^2}{4}\right] \qquad ②$$

当 $t = 2k$ 时 ($k \in \mathbf{N}$),相应的

$$E = (t-2)+(t-4)+(t-6)+\cdots(t-2(k-1)) =$$
$$t(k-1) - 2[1+2+3+\cdots+k(k-1)] =$$
$$2k(k-1) - k(k-1) = k^2 - k = \left[\frac{(t-1)^2}{4}\right] \qquad ③$$

于是,在直线 $x = x^*$ 上,全部可能的不同对角线 BD 总共有 $\left[\frac{(t-1)^2}{4}\right]$,这里 $\left[\frac{(t-1)^2}{4}\right]$ 表示不超过 $\frac{(t-1)^2}{4}$ 的最大整数.

类似地,在直线 $y = y^*$ 上,这里 $y^* = 1,2,\cdots,t$. 全部可能的不同对角线 AC 总共有 $\left[\frac{(s-1)^2}{4}\right]$.

在 $\left[\frac{(t-1)^2}{4}\right]$ 条可能的不同对角线 BD 中任选一条对角线 $\{(x^*,a),(x^*,a+2j)\}$,这里 a,j 都是正整数,$1 \leqslant a \leqslant t-2$,

$a + 2j \leq t, x^*$ 是待定正整数. 在 $\left[\dfrac{(s-1)^2}{4}\right]$ 条可能的不同对角线 AC 中任选一条对角线 $\{(b, y^*), (b + 2l, y^*)\}$,这里 b, l 都是正整数,$1 \leq b \leq s - 2, b + 2l \leq s, y^*$ 是待定正整数,要这四点组成菱形的四个顶点,从本题开始时的叙述可以知道,必有

$$x^* = \dfrac{1}{2}(b + (b + 2l)) = b + l$$

$$y^* = \dfrac{1}{2}(a + (a + 2j)) = a + j \qquad ④$$

即 x^*, y^* 唯一确定.

这表明在 $\left[\dfrac{(s-1)^2}{4}\right]$ 条可能的对角线 AC 中与 $\left[\dfrac{(t-1)^2}{4}\right]$ 条可能的对角线 BD 中各任选一条对角线,必组成唯一一个菱形 $ABCD$. 显然,每一个满足题目条件的菱形都可以这样产生.那么,所求菱形总数为 $\left[\dfrac{(s-1)^2}{4}\right] \left[\dfrac{(t-1)^2}{4}\right]$.

9.36 空间有个整点集 E,每点坐标在 0 与 $1\,982$ 之间,用红蓝二色给其中每个点染色,使得顶点在 E 中而棱平行于坐标轴的每个平行六面体中红色顶点数被 4 整除. 问这样的染色方法有多少种?

(评委会,卢森堡,1983 年)

解 首先证明,集合 E 中点的染色满足题中条件的必要且充分条件是,顶点在 E 中且边平行于坐标轴的每个矩形都有偶数个红顶点. 设某个矩形 π_0 的红顶点数为奇数,且等于 1(等于 3 的情形可类似讨论). 考虑以 π_0 为公共界面的两个平行六面体,π_0 相对的界面是矩形 π_1 和 π_2. 于是,如果染色满足题中条件,则界面 π_1 和 π_2 各有 3 个红顶点. 从而以 π_1 和 π_2 为界面的平行六面体具有 6 个红顶点数,矛盾. 现在设每个矩形都有偶数个红顶点. 考虑任意一个平行六面体,如果它的所有顶点都同色,则红顶点数被 4 整除. 如果它的所有顶点不全同色,则必有一条棱,其端点不同色,而且所有与它平行的棱的端点也不同色(因为每个界面都有偶数个顶点),因此平行六面体的红顶点数为 4,这就证明了上面的结论. 设给集合 E 中的 $1 + 3 \cdot 1\,982$ 个点 $(0, 0, 0), (x, 0, 0)$,$(0, y, 0), (0, 0, z)$ 一种染色,其中 x, y, z 遍历由 1 至 $1\,982$ 的所有整数. 下面证明,对 E 中其他的点,存在唯一染色方法,使得连同上述 $1 + 3 \cdot 1\,982$ 个点的染色一起,满足题中条件,为此考虑函数

$$f(x, y, z) = \begin{cases} 0, & \text{当点}(x, y, z)\text{为红色时} \\ 1, & \text{当点}(x, y, z)\text{为蓝色时} \end{cases}$$

反之由 $f(x, y, z)$ 的值可唯一确定点 (x, y, z) 的颜色. 定义模 2 加

法运算 $a \oplus b$ 如下

$$a \oplus b = \begin{cases} 1, & \text{当 } a+b \text{ 为偶数时} \\ 1, & \text{当 } a+b \text{ 为奇数时} \end{cases}$$

现在令

$$f(x,y,z) = f(x,0,0) \oplus f(0,y,0) \oplus f(0,0,z)$$

经验证,这一公式对上述 $1+3 \cdot 1982$ 个点也成立.并且棱平行于坐标轴的每个矩形必有偶数个红顶点,其原因是,如果矩形的顶点为 $(x_1,y_1,z),(x_2,y_1,z),(x_1,y_2,z),(x_2,y_2,z)$,则

$$f(x_1,y_1,z) \oplus f(x_2,y_1,z) \oplus f(x_1,y_2,z) \oplus f(x_2,y_2,z) = 0$$

于是由上面证明的结论,由 $f(x,y,z)$ 的值所确定的集合 E 的染色满足题中条件.现在证明染色方法的唯一性.事实上,设对 E 中除所说的 $1+3 \cdot 1982$ 个点外其他的点另给一种染色,使得它连同给定的这 $1+3 \cdot 1982$ 个点的染色一起满足题中条件,则由上面证明的结论,顶点为 $(x,y,0),(x,0,0),(0,y,0),(0,0,0)$ 的矩形有偶数个红的,即有

$$f(x,y,0) = f(x,0,0) \oplus f(0,y,0) \oplus f(0,0,0)$$

同理
$$f(x,0,z) = f(x,0,0) \oplus f(0,0,z) \oplus f(0,0,0)$$
$$f(0,y,z) = f(0,y,0) \oplus f(0,0,z) \oplus f(0,0,0)$$
$$\begin{aligned}f(x,y,z) &= f(0,0,z) \oplus f(x,0,z) \oplus f(0,y,z) = \\ &\quad f(0,0,z) \oplus f(x,0,0) \oplus f(0,0,z) \oplus f(0,0,0) \oplus \\ &\quad (f(0,y,0) \oplus f(0,0,z) \oplus f(0,0,0)) = \\ &\quad f(x,0,0) \oplus f(0,y,0) \oplus f(0,0,z)\end{aligned}$$

由于函数 $f(x,y,z)$ 的值唯一确定点 (x,y,z) 的颜色,所以上面给出的 E 中其他的点的染色是唯一的.于是,所求染色方法数为 $2^{1+3 \cdot 1982} = 2^{5947}$ 种.

9.37 在坐标平面上作一凸集,使它含无限多个整点,但它与任何一条直线的交至多含有限个整点.

(捷克数学奥林匹克,1982 年)

解 例如,在坐标平面上下列带形区域构成的集合

$$M = \{(x,y) \mid \sqrt{2}x - 1 \leq y \leq \sqrt{2}x\}$$

就满足题中条件.事实上,这个集合含有无限多个形如 $(x,[\sqrt{2}x])$ 的整点,其中 $x \in \mathbf{Z}$.另一方面,当 $k = \sqrt{2}$ 时,直线 $y = kx + b$ 至多含有一个整点.否则,当 $|x_1 - x_2| \in \mathbf{N}^*$ 时

$$|(\sqrt{2}x_1 + b) - (\sqrt{2}x_2 + b)| = \sqrt{2}|x_1 - x_2|$$

即为整数,与 $\sqrt{2}$ 为无理数矛盾;当 $k \neq \sqrt{2}$ 时,它与集合 M 之交是一条线段,它当然不能含有无限多个整点.

注 可以证明,位于任意两条平行直线 $y = kx + b_1$ 和 $y = kx + b_2$ 之间的带形区域当 k 为无理数时总含有无限多个整点(不论差值 $|b_1 - b_2|$ 多小),因此,任意一个这样的带形区域都满足题中条件.

9.38 证明:在一坐标平面上,任意一条以整点为顶点,各边长均相等的闭折线均有偶数条边.

证明 设有 n 条边的闭折线的顶点坐标为 (x_i, y_i),$i = 1, 2, \cdots, n$. 令 $\alpha_i = x_{i+1} - x_i$,$\beta_i = y_{i+1} - y_i$,其中 $x_{n+1} = x_1$,$y_{n+1} = y_1$,$i = 1, 2, \cdots, n$.

依题意 α_i, β_i,$i = 1, 2, \cdots, n$ 均为整数,并且有
$$\alpha_1 + \alpha_2 + \cdots + \alpha_n = 0, \beta_1 + \beta_2 + \cdots + \beta_n = 0$$
$$\alpha_i^2 + \beta_i^2 = C, C \text{ 为整数}, i = 1, 2, \cdots, n$$

不失一般性,我们可设 $\alpha_1, \alpha_2, \cdots \alpha_n, \beta_1, \beta_2, \cdots, \beta_n$ 这 $2n$ 个整数的最大公约数为 1. 否则,将这些数的最大公约数看作单位 1,便化为上述情形.

下面我们对 C 分情况讨论:

若 C 能被 4 整除,由于整数的平方被 4 除余 0 或 1,从而每个 α_i 和 β_i 均为偶数,于是 $2n$ 个数 $\alpha_1, \alpha_2, \cdots, \alpha_n, \beta_1, \beta_2, \cdots, \beta_n$ 有公约数 2, 这不可能.

若 C 被 4 除余 2,则此时每个 α_i 和 β_i 均为奇数. n 个奇数 $\alpha_1, \alpha_2, \cdots, \alpha_n$ 的和为 0,故 n 为偶数.

若 C 是奇数,则此时每对数 (α_i, β_i) 中有一个奇数,一个偶数. 从而和为 0 的 $2n$ 个整数 $\alpha_1, \alpha_2, \cdots \alpha_n, \beta_1, \beta_2, \cdots, \beta_n$ 中恰有 n 个奇数,于是 n 为偶数.

9.39 (1) n 个不同整点,任三点的重心不为整点,求 n 之最大值.

(越南数学奥林匹克,1977 年)

(2) 空间有 37 个整点,任三点不共线,证明:一定有以其中三整点为顶点的三角形其重心也是整点.

(罗马尼亚数学奥林匹克,1977 年)

解 (1) 如果 (x_1, y_1),(x_2, y_2),(x_3, y_3) 是三角形顶点的坐标,则它重心坐标为
$$\left(\frac{1}{3}(x_1 + x_2 + x_3), \frac{1}{3}(y_1 + y_2 + y_3)\right)$$

如果 x, y 被 3 除的余数分别为 r_1, r_2,则点 (x, y) 称为点 (r_1, r_2) 的

型. 存在满足题中条件的 8 个点. 这只须取如下的点即可: 两个型为 (0,0), 两个型为 (0,1), 两个型为 (1,0), 以及两个型为 (1,1) 的点. 除此之外, 其中任意三点不共线. 满足这些条件的点是存在的, 点 (0,0), (0,3), (3,1), (3,4), (1,0), (4,3), (1,1), (7,4) 即是一例. 现在设有 9 个点, 它们满足题中条件. 把 9 个点按型分组. 如果其中有三个同型点, 则它们组成的三角形的中线交于整点 (即坐标都是整数的点), 不可能. 因此这 9 个点至少分为 5 个组, 即至少有 5 个不同型的点. 把这 5 个点按它们的横坐标被 3 除的余数分为三组. 如果某一组含有 3 个点, 则它们组成的三角形的中线交点为整点, 不可能. 因此每一组至多含有 2 个点, 即这 3 个组中有两个组各恰含两个点, 第三组恰含一个点, 不妨设这一个点的型为 (0,0), 则其他 4 点中不能有型 (0,1) 和 (0,2) 的点, 此外也不可能同时有型 (1,1) 和 (2,2) 的两个点, 否则它们和型为 (0,0) 的点所组成的三角形中, 中线交于整点. 同理, 这些点中也不能同时有型为 (1,2) 和 (2,1) 的两个点, 或者同时有型 (1,0) 与 (2,0) 的两个点. 由此得到, 包括型为 (0,0) 的点, 至多共有 4 个不同型的点. 矛盾.

(2) 每个整点 (x,y,z) 都对应一组数 $g(x), g(y), g(z)$, 它们分别是 x, y, z 被 3 除的余数. 因为 $g(x)$ 至多可取 3 个值, 因此 37 个给定的点中至少有 13 个点, 它们所对应的值 $g(x)$ 相同. 同理, 这 13 个点中至少有 5 个点, 它们所对应的值 $g(y)$ 相同. 注意, 对于顶点为 $(x_1,y_1,z_1), (x_2,y_2,z_2), (x_3,y_3,z_3)$ 的三角形, 其中线交点的坐标为

$$x_0 = \frac{x_1+x_2+x_3}{3}, y_0 = \frac{y_1+y_2+y_3}{3}, z_0 = \frac{z_1+z_2+z_3}{3}$$

因此如果

$$g(x_1)=g(x_2)=g(x_3), g(y_1)=g(y_2)=g(y_3)$$

则 x_0 和 y_0 为整数, 并且当且仅当 $z_1+z_2+z_3 \equiv 0 \pmod{3}$ 时 z_0 为整数. 对上面的 5 个点, 它们的 $g(x)$ 相同, $g(y)$ 也相同. 如果这 5 个点中有 3 个点, 它们的 $g(z)$ 分别为 0,1,2, 则对这 3 个点有

$$z_1+z_2+z_3 \equiv g(z_1)+g(z_2)+g(z_3) \equiv 0+1+2 \equiv 0 \pmod{3}$$

如果不存在这样的 3 个点, 则对上面的 5 个点所对应的值 $g(z)$ 至少有 3 个相同. 因此求得 3 个点, 它们所对应的值 $g(z)$ 相同, 从而它们所决定的 z_0 为整数.

9.40 空间直角坐标系内有一立方体, 它有四个不共面的顶点是整点 (坐标均为整数), 则这个立方体的每个顶点均为整点.

证明 首先假设立方体 $A_1A_2A_3A_4A'_1A'_2A'_3A'_4$ 四个给定的具有整数坐标的顶点中有三个在立方体的同一面上. 为确定起见, 设它们是点 A_1, A_2, A_3. 因为向量

$$\overrightarrow{A_3A_4} = \overrightarrow{A_2A_1}$$

的坐标是整数, 所以顶点 A_4 也有整数坐标. 由于

$$\overrightarrow{A_1A'_1} = \overrightarrow{A_2A'_2} = \overrightarrow{A_3A'_3} = \overrightarrow{A_4A'_4}$$

因此立方体其他四个顶点 A'_1, A'_2, A'_3, A'_4 中不管哪一个是第四个顶点, 它们的所有坐标也都是整数. 现在设给定的具有整数坐标的四个顶点中没有三个点是在立方体的同一界面上, 则这四个给定点是某个正四面体的顶点, 它的棱是立方体的某些面的对角线. 为确定起见, 设这些顶点是 A_1, A'_2, A'_3, A_4. 下面证明, 向量 $\overrightarrow{A_1A'_3}$ 具有整数坐标. 事实上, 考虑向量

$$2\overrightarrow{A_1A'_3} = \overrightarrow{A_1A'_2} + \overrightarrow{A_1A_3} + \overrightarrow{A_1A'_4}$$

它有整数坐标 x, y, z. 记

$$(\overrightarrow{A_1A'_2})^2 = (\overrightarrow{A_1A_3})^2 = (\overrightarrow{A_1A'_4})^2 = a$$

$$\overrightarrow{A_1A'_2} \cdot \overrightarrow{A_1A_3} = \overrightarrow{A_1A'_2} \cdot \overrightarrow{A_1A'_4} =$$

$$\overrightarrow{A_1A_3} \cdot \overrightarrow{A_1A'_4} = a\cos 60° = \frac{a}{2} = b$$

则 $a, b \in \mathbf{Z}$, 并且

$$x^2 + y^2 + z^2 = (2\overrightarrow{A_1A_3})^2 = 3a + 3 \cdot 2b = 12b \equiv 0(\bmod 4)$$

因为偶数的平方被 4 除的余数为 0, 而奇数的平方被 4 除的余数为 1, 所以 $x^2 + y^2 + z^2$ 被 4 除的余数等于 x, y, z 中奇数的个数. 于是向量 $2\overrightarrow{A_1A'_3}$ 的所有坐标 x, y, z 都是偶数, 从而 $\overrightarrow{A_1A'_3}$ 的坐标都是整数. 因此, 与点 A'_2, A'_4 共面的点 A'_3 有整数坐标. 从而如前所证, 立方体所有顶点的坐标都是整数.

第 10 章 杂 题

> **10.1** 有很多卡片,每张卡片上都写上了 $1,2,3,\cdots,n$ 中的一个数,并且所有卡片上的数字之和等于 $k \times n!$,k 是一个正整数.证明:可以把这些卡片分为 k 组,每组卡片的数字和都等于 $n!$.

证明 $n = 1$ 时,结论是很显然的.假设 $n \leq t - 1$ 时结论成立,我们来看 $n = t$ 的情况,每张卡片上的数字不大于 t,所有卡片的数字和等于 $k \times t!$.对于任意 t 张卡片 $a_1, a_2, \cdots, a_t$,考虑 $t + 1$ 个数 $0, a_1, a_1 + a_2, a_1 + a_2 + a_3, \cdots, a_1 + a_2 + \cdots + a_t$,他们当中必然有两个数除以 t 的余数相同,因此 $a_1, a_2, \cdots, a_t$ 中必然有若干个数它们的和是 t 的倍数 tm,当然可以设 $m \leq t - 1$,因此 $m = t$ 说明每个数都是 t,且共选择了 t 个数,这样我们随便减少一个就可以了.我们把这些数一组一组地放在一边,由于所有数的和是 t 的倍数,所以最终我们可以把所有的数分为若干个组,每组的元素的个数小于等于 t,且每组的数字和是 t 的倍数,这些倍数都 $m \leq t - 1$.注意到这些倍数的和正好等于 $k \times (t - 1)!$,对于这些倍数可以使用归纳假设,它们可以被分为若干个组,每组倍数之和为 $(t - 1)!$,这样相应的这些组中的数之和正好等于 $t(t - 1)! = t!$,因此结论成立.

> **10.2** 假设 $S = \{a_1, a_2, \cdots, a_r\}$ 是一个正整数集合,S_k 代表所有含有 k 个元素的 S 的子集.证明:
> $$\text{lcm}(a_1, a_2, \cdots, a_r) = \prod_{i=1}^{r} \prod_{s \in S_i} \gcd(s)^{(-1)^{i+1}}.$$

证明 对于每一个素数 p,我们比较左右两边关于 p 的幂,如果都相等,则等式成立.

(1) 如果每一个 a_i 都与 p 互素,则左右两边关于 p 的幂都是 0.

(2) 如果其中某个 a_j 与 p 互素,由于当 $a_j \in s$ 时,$\gcd(s)$ 关于 p 的幂是 0,所以我们把它去掉不影响左右两边关于 p 的幂的计算结果.

(3) 如果每个 a_j 都含有 p 的因子,那么我们可以把每个 a_i 都

除以 p，这样左边关于 p 的幂减少了 1，右边关于 p 的幂变化了 $\sum_{i=1}^{r} C_r^i (-1)^i = -1$，这样的过程可以一直进行下去，直到每一项都不含 p 的因子，因此左右两边关于 p 的幂都相等.

10.3 $p(m)$ 表示 m 的最大奇数因子，证明：$\dfrac{1}{2^n} \sum_{k=1}^{2^n} \dfrac{p(k)}{k} > \dfrac{2}{3}$.

证明 在集合 $\{1,2,3,\cdots,2^n\}$ 中能被 2^k 整除的数共有 2^{n-k} 个，其中的一半含 2 的因子正好是 2^k，因此对于这些数 m 都有 $\dfrac{p(m)}{m} = \dfrac{1}{2^k}$，这些项的和为

$$\left(\dfrac{1}{2} 2^{n-k}\right) \dfrac{1}{2^k} = \dfrac{1}{2^{2k-n+1}}$$

显然 $\dfrac{p(2^n)}{2^n} = \dfrac{1}{2^n}$，而对于所有奇数 m，$\dfrac{p(m)}{m} = 1$，而其中恰好有 2^{n-1} 个奇数，因此

$$\dfrac{1}{2^n} \sum_{k=1}^{2^n} \dfrac{p(k)}{k} = \dfrac{1}{2^n}\left(2^{n-1} + \dfrac{1}{2^n} + \sum_{k=1}^{n-1} \dfrac{1}{2^{2k-n+1}}\right) =$$

$$\dfrac{1}{2^n}\left(\dfrac{1}{2^n} + \sum_{k=0}^{n-1} \dfrac{1}{2^{2k-n+1}}\right) =$$

$$\dfrac{1}{2^n}\left(\dfrac{1}{2^n} + 2^{n-1} \sum_{k=0}^{n-1} \dfrac{1}{2^{2k}}\right) = \dfrac{2}{3} + \dfrac{1}{3 \times 4^n} > \dfrac{2}{3}$$

10.4 对于任意大于 1 的正整数 n，$p(n)$ 表示 n 的最大素因子. 证明：存在无穷多个正整数 n 使得 $p(n) < p(n+1) < p(n+2)$.

（评委会，南斯拉夫，1979 年）

证明 设 q 是一个奇素数，我们来考虑数列 $a_n = q^{2^n} + 1$，对于任意 $i < j$，都有 $a_i \mid a_j - 2$，所以数列 a_n 相互之间的最大公因数都是 2，并且都不是 4 的倍数，因此数列 a_n 包含无穷多个素因子. 我们取 k 为满足 $p(a_k) > q$ 的最小正整数，显然 $p(a_k - 1) = q$，而

$$a_k - 2 = q^{2^k} - 1 = (q^{2^{k-1}} - 1)(q^{2^{k-1}} + 1) = (q-1) \prod_{i=1}^{k-1} a_i$$

由 k 的最小性假设，我们有 $p(a_k - 2) < q$，因此

$$p(a_k) > p(a_k - 1) > p(a_k - 2)$$

由于对于每个不同的奇素数我们都能构造出一个满足要求的 n，因此存在无穷多个正整数 n 使得 $p(n) < p(n+1) < p(n+2)$.

10.5 证明:存在无穷多对整数(a,b)使得:对于每一个正整数t,$at+b$是三角形数当且仅当t也是三角形数. x是三角形数是指:存在正整数n使得$x = \frac{1}{2}n(n+1)$.

证明 我们先证明$(9,1)$满足问题的要求:

(1) 如果$t = \frac{1}{2}n(n+1)$是一个三角数,则$9t + 1 = \frac{1}{2}(3n+2)(3n+1)$也是一个三角数.

(2) 如果$9t + 1 = \frac{1}{2}m(m+1)$是一个三角形,则$m(m+1) \equiv 2 \pmod 3$,这样只有$m \equiv 1 \pmod 3$,故可设$m = 3k+1$,代入可得$t = \frac{k(k+1)}{2}$,所以此时$t$也是三角数.

设T代表所有三角数的集合,我们实际上已经证明了
$$t \in T \Leftrightarrow 9t + 1 \in T$$
重复使用这个结果可得
$$t \in T \Leftrightarrow 9t+1 \in T \Leftrightarrow 9(9t+1)+1 = 81t + 10 \in T \Leftrightarrow$$
$$9(81t+10) + 1 \in T \cdots$$
因此有无穷多对整数(a,b)使得
$$t \in T \Leftrightarrow at + b \in T$$

10.6 a,b,c,d是奇数,$0 < a < b < c < d$且$ad = bc$.证明:如果存在整数k,m使得$a+d = 2^k$,$b+c = 2^m$,则$a = 1$.

(第25届国际数学奥林匹克)

解 因为
$$(b+c)^2 = (b-c)^2 + 4bc < (a-d)^2 + 4ad = (a+d)^2$$
所以$2^m < 2^k$,因此$m < k$.由已知$b(2^m - b) = a(2^k - a)$,整理得到
$$(b+a)(b-a) = b^2 - a^2 = 2^m(b - 2^{k-m}a)$$
因为$(b+a) - (b-a) = 2a$不是4的倍数,所以两个偶数$b+a, b-a$不可能都是4的倍数.因此$b+a, b-a$中必然有一个是2^{m-1}的倍数.如果$b-a$是2^{m-1}的倍数,则$b-a \geq 2^{m-1}$,因此$c > b > a + 2^{m-1} > 2^{m-1}$,所以$b+c > 2b > 2^m$,矛盾.所以$b+a$是$2^{m-1}$的倍数,又因为$2^m = b+c > b+a$,所以只能有$b+a = 2^{m-1}$.这样就有
$$b = 2^{m-1} - a, c = 2^m - b = 2^{m-1} + a, d = 2^k - a$$
代入$ad = bc$我们得到
$$(2^{m-1} - a)(2^{m-1} + a) = a(2^k - a)$$

整理得到 $2^{2m-2} = a2^k$,而 a 是奇数,所以只能有 $a = 1$.

10.7 n 是一个正整数,则 $\dfrac{1}{3} + \dfrac{1}{5} + \cdots + \dfrac{1}{2n+1}$ 不是整数.

证明 设 $3^k \leqslant 2n+1 < 3^{k+1}$,则对于任意大于 1 的奇数 s,都有 $s3^k \geqslant 3^{k+1} > 2n+1$,所以 $3,5,\cdots,2n+1$ 的最大公因数等于 $3^k t$,其中 $(t,3) = 1$. 因此 $3^{k-1}t\left(\dfrac{1}{3} + \dfrac{1}{5} + \cdots + \dfrac{1}{2n+1}\right)$ 的展开式中,除了 $3^{k-1}t \times \dfrac{1}{3^k} = \dfrac{t}{3}$ 以外都是整数,所以它不是整数,因此 $\dfrac{1}{3} + \dfrac{1}{5} + \cdots + \dfrac{1}{2n+1}$ 肯定不是整数.

10.8 对于任意整数 $n > 1$,$p(n)$ 表示 n 的最大质因数,求三个不同的正整数 x,y,z,使其满足:
(1) x,y,z 是等差数列.
(2) $p(xyz) \leqslant 3$.

解 由 (2) x,y,z 只能含有 2,3 两种素因子;假设它们含有不同等于 1 的公因数,显然三个数除以公因数以后得到的三个数仍然是问题的解;另一方面,假定 x_0,y_0,z_0 是问题的一组解,则对于所有非负整数 d,f;$2^d3^f x_0, 2^d3^f y_0, 2^d3^f z_0$ 也是问题的解. 所以我们只要求出 $(x,y,z) = 1$ 的情况下,问题的所有解就可以了,以下假设 $x < y < z$.

则由 $x + z = 2y$ 容易知道,由于 $(x,y,z) = 1$,所以其中有且只有一个是 3 的倍数. 因此另外两个都是 2 的幂,因此这个 3 的倍数也只能是 3 的幂.

i 若 z 为 3 的幂,则 x 既要是 2 的幂又要是奇数,只能 $x = 1$,因此得到不定方程 $3^a + 1 = 2^{b+1}$,右边除以 3 余数为 1,所以 $b+1$ 一定是偶数,设 $b+1 = 2c$,则 $3^a = (2^c+1)(2^c-1)$,$2^c+1, 2^c-1$ 都是 3 的幂且相差 2,所以只能有 $2^c - 1 = 1$,所以此时只能有 $(x,y,z) = (1,2,3)$.

ii 若 y 为 3 的幂,x,z 都是 2 的幂,且不能都是 4 的倍数,所以只能有 $x = 2$,设 $z = 2^b, y = 3^a$,因此得到不定方程 $3^a = 2^{b-1} + 1$. 如果 $b = 2$ 则 $a = 1$,得到相应的解 $(x,y,z) = (2,3,4)$;如果 $b \geqslant 3$,则 $3^a \equiv 1 \pmod 4$,故 a 是偶数,设为 $a = 2c$,则 $2^{b-1} = (3^c+1)(3^c-1)$,$(3^c+1),(3^c-1)$ 都是 2 的幂且相差 2,这样只能有 $3^c - 1 = 2, c = 1, b = 4$,得到相应的一组解 $(x,y,z) = (2,9,16)$.

iii 若 x 为 3 的幂,则存在正整数 a,b,c 使得 $3^a + 2^b = 2^c$,两边奇偶性不同.

综上所述，$(x,y,z) = 1$ 时，只有 $(x_0,y_0,z_0) = (1,2,3)$，$(2,3,4)$，$(2,9,16)$ 三组解. 由此 $2^d3^f x_0, 2^d3^f y_0, 2^d3^f z_0$ 是问题的全部解，其中 d, f 为非负整数.

10.9 求最小的正整数 n，使得 $n!$ 末尾恰好有 $1\,987$ 个 0.

解 $n!$ 末尾 $1\,987$ 个 $0 \Leftrightarrow 5^{1\,987} \| n!$，而 $5^2 = 25, 5^3 = 125, 5^4 = 625, 5^5 = 3\,125$. 我们看 $n = 8\,000$ 的情况，$8\,000$ 以内有 $1\,600$ 个 5 的倍数，320 个 25 的倍数，64 个 125 的倍数，12 个 625 的倍数，2 个 $3\,125$ 的倍数，因此 $5^{1\,998} \| 8\,000!$，多出来 5^{11}，将 $8\,000!$ 减小到 $7\,960!$，则减少了 1 个 125 的倍数，2 个 25 的倍数，8 个 5 的倍数，因此 $5^{1\,987} \| 7\,960!$，由于 $7\,960$ 是 5 的倍数，所以不能再减小了，因此 $n = 7\,960$.

10.10 证明：任意连续 10 个正整数中都可以找到一个整数，它与其余 9 个数的乘积互素.

证明 实际上我们是要证明任意连续 10 个正整数中都可以找到一个整数，它与其余 9 个数都互素. 对于任意整数 a, b 都有 $(a, b) = (a - b, b)$，所以它们相互之间的公因数不大于 9，因此如果它们不互素的话，则肯定都至少包含 $2, 3, 5, 7$ 中的一个素因子. 这样我们只要能够证明"任意连续 10 个正整数中都可以找到一个整数与 $2, 3, 5, 7$ 都互素"即可.

令 $A = \{10$ 个数中的偶数$\}$，$B = \{10$ 个数中 3 的倍数$\}$，$C = \{10$ 个数中 5 的倍数$\}$，$D = \{10$ 个数中 7 的倍数$\}$. 显然 $|A| = 5$，$|C| = 2$，$|A \cap C| = 1$，因此 $|A \cup C| = 6$；又由于 $1 \leqslant |D| \leqslant 2$，而且 $|D| = 2 \Rightarrow |A \cap D| = 1$，因此总有 $|A \cup C \cup D| \leqslant 7$；显然 $|B| = 3, 4$，且 $|B| = 3 \Rightarrow |A \cap B| \geqslant 1$，故此时有 $|A \cup C \cup D \cup B| \leqslant 9$，$|B| = 4 \Rightarrow |A \cap B| = 2$，此时同样也有 $|A \cup C \cup D \cup B| \leqslant 9$，因此 10 个数中至少有一个数与 $2, 3, 5, 7$ 都互素.

10.11 对正整数 M，如果存在整数 a, b, c, d，使得
$$M \leqslant a < b \leqslant c < d \leqslant M + 49, \quad ad = bc$$
则称 M 为好数，否则称 M 为坏数. 试求最大的好数和最小的坏数.

解 最大的好数是 576，最小的坏数是 443.

引理 若正整数 a,b,c,d 满足 $a < b \leqslant c < d$, $ad = bc$,则存在正整数 u,v,使得
$$a \leqslant (u-1)(v-1) < uv \leqslant d$$
从而(不妨设 $u \leqslant v$)
$$a \leqslant (u-1)(v-1) < (u-1)v \leqslant u(v-1) < uv \leqslant d$$
$$((u-1)(v-1))(uv) = ((u-1)v)(u(v-1))$$

引理的证明 由 $ad = bc$ 知
$$\frac{a}{(a,c)}\frac{d}{(b,d)} = \frac{b}{(b,d)}\frac{c}{(a,c)}$$
因为
$$\left(\frac{a}{(a,c)}, \frac{c}{(a,c)}\right) = 1, \left(\frac{d}{(b,d)}, \frac{b}{(b,d)}\right) = 1$$
故
$$\frac{a}{(a,c)} = \frac{b}{(b,d)} = s, \frac{d}{(b,d)} = \frac{c}{(a,c)} = t$$
因此
$$a = (a,c)s, b = (b,d)s, c = (a,c)t, d = (b,d)t$$
由 $a < b$ 知 $(a,c) < (b,d)$,由 $a < c$ 知 $s < t$.
令 $u = (b,d), v = t$,则
$$a = (a,c)s \leqslant (u-1)(v-1), d = uv$$
引理得证.

(1) 576 是最大的好数.
由 $576 = 24 \times 24 < 24 \times 25 = 24 \times 25 < 25 \times 25 = 625$,知 576 为好数.

设 $M \geqslant 577$,若 M 为好数,则由引理知存在正整数 $u,v, u \leqslant v$,使得
$$M \leqslant (u-1)(v-1) < uv \leqslant M + 49$$
由此知 $uv - (u-1)(v-1) \leqslant 49$,即 $u + v \leqslant 50$.

另一方面,由
$$577 \leqslant M \leqslant (u-1)(v-1) \leqslant \left(\frac{u+v-2}{2}\right)^2$$
知
$$(u+v-2)^2 \geqslant 2\,308 > 48^2$$
从而 $u + v - 2 \geqslant 49$,即 $u + v \geqslant 51$,矛盾.

所以 576 为最大的好数.

(2) 当 $1 \leqslant M \leqslant 288$ 时,取整数 n,使得
$$13n \leqslant M + 49 < 13(n+1)$$
则
$$13n \leqslant M + 49 \leqslant 337$$
从而 $n \leqslant 25$.这样
$$12(n-1) = 13(n+1) - n - 25 \geqslant M + 50 - n - 25 \geqslant M$$
即
$$M \leqslant 12(n-1) < 13n \leqslant M + 49$$

因此对于 $1 \leqslant M \leqslant 288$, M 为好数.取

$$\{(u_i,v_i)\}_{i=1}^{23} = \{(13,26),(14,25),(19,19),(14,26),$$
$$(15,25),(19,20),(15,26),(20,20),$$
$$(17,24),(19,22),(20,21),(13,33),$$
$$(18,24),(20,20),(21,21),(15,30),$$
$$(19,24),(16,29),(18,26),(19,25),$$
$$(20,24),(21,23),(14,35)\}$$

验证知 $u_iv_i \leq (u_{i-1}-1)(v_{i-1}-1)+50, i=2,3,\cdots,23$
$$(u_1-1)(v_1-1) = 300, u_1v_1 = 338$$
$$(u_{23}-1)(v_{23}-1) = 442$$

当 $288 < M \leq 300$ 时
$$M \leq (u_1-1)(v_1-1) < u_1v_1 \leq M+49$$

当 $(u_{i-1}-1)(v_{i-1}-1) < M \leq (u_i-1)(v_i-1)$ 时
$$M \leq (u_i-1)(v_i-1) < u_iv_i \leq$$
$$(u_{i-1}-1)(v_{i-1}-1)+50 \leq$$
$$M+49, i = 2,3,\cdots,23$$

因此,当 $288 \leq M \leq 442$ 时,M 为好数.

下证 443 为坏数.

假设 443 为好数,则由引理知存在正整数 $u,v,u \leq v$,使得
$$443 \leq (u-1)(v-1) < uv \leq 492$$

因此 $\quad uv - (u-1)(v-1) \leq 49$

即 $\quad u+v \leq 50$

又 $\quad 443 \leq (u-1)(v-1) \leq \left(\dfrac{u+v-2}{2}\right)^2$

得 $\quad u+v \geq 45$

由 $\quad 443 \leq (u-1)(v-1) = uv-u-v+1 \leq$
$$uv - 2\sqrt{uv}+1 = (\sqrt{uv}-1)^2$$

知 $\sqrt{uv} \geq 22, uv \geq 484$. $uv = 484,485,486,487,488,489,490,491,492$ 中满足 $45 \leq u+v \leq 50$ 只有 $(u,v) = (14,35),(18,27)$,而 $13 \times 34 = 442, 17 \times 26 = 442$ 与 $(u-1)(v-1) \geq 443$ 矛盾,所以 443 为最小的坏数.

10.12 一个缸内,放有编号从 0 到 9 的十个球,随机(不再放回)从中抽取 5 个球,然后排成一行,如此构成的数能被 396 整除的概率是多少?

解 由于 $N(=abcde)$ 能被 $396(=4\cdot9\cdot11)$ 整除,随之
$$S = a+b+c+d+e \equiv 0(\bmod 9)$$

故 $S = 18$ 或 27. 又

$$(a + b + e) - (b + d) \equiv 0 \pmod{11}$$

若 $S = 18$,则 $b + d = 9$,于是 (b,d) 或 $(d,b) = (0,9),(1,8),(2,7),(3,6)$ 或 $(4,5)$. $S = 18$ 而数位字各不相同的 5 位数可分为 10 组,每组含有一个符合选择条件的数对 (b,d),且至少含有另外一个偶的数位字,所以可能存在这样的数组的一个排列,它的最后的数对可被 4 除尽. 由此求得能被 396 除尽的有 64 个排列.

如果 $S = 27$,则 $b + d = 8$,于是 (b,d) 或 $(d,b) = (0,8),(1,7),(2,6)$ 或 $(3,5)$,符合这些限制的 5 个数位字不同的 8 个组中求得 32 个 N 的值,所以 N 能被 366 整除的概率为

$$96/(10!/5!) \text{ 或 } 1/315$$

列出 01188 和 99792 之间的所有 369 的倍数(因 $369 = 400 - 4$,这是容易做到的),然后删去含有重复数字的那些数,这样做也可得出同样的结果.

如果从缸中随机抽取 k 个球,这 k 个球上的数字排成的数可被 396 除尽这一事件的概率为 p,应用上面的可除性准则可以求出来. 这些概率为

k	P
3	$2/(10!/7!) = 1/490$
4	$18/(10!/6!) = 1/280$
6	$360/(10!/4!) = 1/420$
7	$1\,488/(10!/3!) = 31/12\,600$
8	$5\,328/(10!/2!) = 37/12\,600$
9	$15\,984/(10!) = 37/8\,400$
10	$78\,336/(10!) = 34/1\,575$

10.13 n 个互不相等的自然数 $a_1, a_2, \cdots, a_n$ 都能整除 $10^k (k \in \mathbf{N})$,求证:$\dfrac{1}{a_1} + \dfrac{1}{a_2} + \cdots + \dfrac{1}{a_n} < 2.5$.

(中国福建省福州市高中数学竞赛,1990 年)

证明 因为 $a_i \mid 10^k, i = 1,2,\cdots,n$,则

$$a_i = 2^{t_i} 5^{s_i}, t_i, s_i \in N \cup \{0\}$$

因此,$\dfrac{1}{a_1}, \dfrac{1}{a_2}, \cdots, \dfrac{1}{a_n}$ 均为

$$\left(\frac{1}{2^0} + \frac{1}{2^1} + \cdots + \frac{1}{2^k}\right)\left(\frac{1}{5^0} + \frac{1}{5^1} + \cdots + \frac{1}{5^k}\right)$$

展开式中互不相同的某一项,所以

$$\frac{1}{a_1} + \frac{1}{a_2} + \cdots + \frac{1}{a_n} \leqslant \left(\frac{1}{2^0} + \frac{1}{2^1} + \cdots + \frac{1}{2^k}\right)\left(\frac{1}{5^0} + \frac{1}{5^1} + \cdots + \frac{1}{5^k}\right) =$$

$$\frac{1-\frac{1}{2^{k+1}}}{1-\frac{1}{2}} \cdot \frac{1-\frac{1}{5^{k+1}}}{1-\frac{1}{5}} < 2 \cdot \frac{5}{4} = \frac{5}{2}$$

10.14 已知 n 是不小于 3 的正整数,正整数
$$x_1 < x_2 < \cdots < x_n < 2x_1, p = x_1 x_2 \cdots x_n$$
证明:若 r 是素数,k 为正整数,并且 $r^k \mid p$,则 $\dfrac{p}{r^k} \geq n!$.

证明 由 r 是素数,且 $r^k \mid p$.

则存在整数 $k_i \geq 0, i = 1, 2, \cdots, n$,使得
$$r^{k_i} \mid x_i, i = 1, 2, \cdots, n$$
并且
$$k_1 + k_2 + \cdots + k_n = k$$

令 $y_i = \dfrac{x_i}{r^{k_i}}$,则 y_i 是正整数,$i = 1, 2, \cdots, n$. 由于
$$x_1 < x_2 < \cdots < x_n < 2x_1$$
则所有的 y_i 各不相同 ($i = 1, 2, \cdots, n$).

而 n 个互不相同的正整数之积不小于 $n!$,所以
$$\frac{p}{r^k} = y_1 y_2 \cdots y_n \geq n!$$

10.15 n 是一个大于 1 的整数,如果素数 p 是费马数 F_n 的因子,证明: $2^{n+2} \mid (p-1)$.

证明 由定义于
$$(F_{n-1})^{2^{n+1}} = (2^{2^{n-1}} + 1)^{2^{n+1}} = (2^{2^n} + 1 + 2^{2^{n-1}+1})^{2^n} = (F_n + 2^{2^{n-1}+1})^{2^n}$$

因此 $(F_{n-1})^{2^{n+1}} \equiv (2^{2^{n-1}+1})^{2^n} \equiv (2^{2^n})^{2^{n-1}+1} \equiv (-1)^{2^{n-1}+1} \equiv -1 (\bmod F_n)$

故 $p \mid (F_{n-1})^{2^{n+1}} + 1$

因此 $p \mid (F_{n-1})^{2^{n+2}} - 1 \Rightarrow (F_{n-1})^{2^{n+2}} \equiv 1 (\bmod p)$

所以 F_{n-1} 关于 p 的阶为 2^{n+2},故 $2^{n+2} \mid (p-1)$.

注 (费马数) 形如 $F_n = 2^{2^n} + 1$ 的数,被称做是费马数. 它的前几项为 3, 5, 17, 257, 65 637 都是素数,费马猜想每个费马数都是素数,事后证明这个猜想是错误的,实际上我们目前为止还没有发现任何其他的费马数是素数,这也是费马众多猜想中唯一错误的猜想. 分解费马数或者退一步找出费马数的某个素因子,经常

被用来测试大型计算机的性能.

$$\prod_{i=0}^{n-1} F_i = (2^{2^0} - 1)(2^{2^0} + 1)\prod_{i=1}^{n-1} F_i = (2^{2^1} - 1)(2^{2^1} + 1)\prod_{i=2}^{n-1} F_i =$$
$$(2^{2^2} - 1)\prod_{i=2}^{n-1} F_i = \cdots = (2^{2^{n-1}} - 1)(2^{2^{n-1}} + 1) =$$
$$(2^{2^n} - 1) = F_n - 2$$

因此
$$F_n = \prod_{i=0}^{n-1} F_i + 2$$

由于每个费马数都是奇数,因此由上面这个递推公式当 $m \neq n$ 时,$(F_m, F_n) = 1$,所以不同的费马数有不同的素因子,这样也产生了一个"存在无穷多个素数"这个古老命题的另外一个证明.我们还可以得到以下结果:

结论 1 $(2^{2^n} - 1) = \prod_{i=0}^{n-1} F_i$ 至少含有 n 个不同的素因子.

$$(F_{n-1} - 1)^2 = 2^{2^n} = F_n - 1$$

可得到另外一个递推公式
$$F_n = (F_{n-1} - 1)^2 + 1$$

结论 2 费马数不可能是完全平方数.

证明 因为大于 0 的不同的整数的平方差最小是 3,所以根据 $F_n = (F_{n-1} - 1)^2 + 1$,$F_n$ 不可能是完全平方数.

结论 3 费马数不可能是立方数.

证明 要判断一个数是不是一个立方数,我们通常从 $(\bmod 7)$ 开始,由费马定理如果整数 n 不是 7 的倍数,则有 $n^6 \equiv 1(\bmod 7)$,所以 $n^3 \equiv 1$ 或 $-1(\bmod 7)$,所以一个立方数除以 7 的余数只能是 0 或 ± 1.而 $F_0 = 3$,$F_1 = 5$ 都不是立方数,假设 $F_{n-1} \equiv 3(\bmod 7)$,则
$$F_n = (F_{n-1} - 1)^2 + 1 \equiv 4 + 1 \equiv 5(\bmod 7)$$
$$F_{n-1} \equiv 5(\bmod 7)$$
$$F_n = (F_{n-1} - 1)^2 + 1 \equiv 3(\bmod 7)$$

因此 F_n 除以 7 的余数是在 3,5 之间交替出现,因此都不是立方数.

结论 4 $n \geq 1$ 时,F_n 不可能是三角形数.

三角形数是指形如 $\dfrac{n(n+1)}{2}$ 的正整数,容易检验三角形数除以 3 的余数只能是 0,1.而 $n \geq 1$ 时
$$F_n = \prod_{i=0}^{n-1} F_i + 2 = 3\prod_{i=1}^{n-1} F_i + 2 \equiv 2(\bmod 3)$$

所以都不能是三角形数.

高斯定理 p 是一个素数,我们可以用圆规和直尺把圆 p 等分,当且仅当 p 是一个费马数;我们可以用圆规和直尺把圆 n 等

分,当且仅当 $n = 2^r \prod_{i=1}^{k} p_i$,其中 p_i 是互不相同的费马素数.

问题 $n \geqslant 5$ 时,证明:$F_n + F_{n-1} - 1$ 至少有 $n+1$ 个素因子.

证明 对于任意 $k \geqslant 1$

$$F_{k+1} + F_k - 1 = 2^{2^{k+1}} + 2^{2^k} + 1 =$$
$$(2^{2^k} + 1 - 2^{2^{k-1}})(2^{2^k} + 1 + 2^{2^{k-1}}) =$$
$$(2^{2^k} + 1 - 2^{2^{k-1}})(F_k + F_{k-1} - 1)$$

而 $\qquad F_5 + F_4 - 1 = 3 \cdot 7 \cdot 13 \cdot 97 \cdot 241 \cdot 673$

使用数学归纳法及

$$((2^{2^k} + 1 - 2^{2^{k-1}}), (2^{2^k} + 1 + 2^{2^{k-1}})) =$$
$$((2^{2^k} + 1 - 2^{2^{k-1}}), 2 \cdot 2^{2^{k-1}}) = 1$$

可证得结论.

10.16 对于正整数 k,$p(k)$ 代表 k 的最大奇数因子. 证明:对于任意正整数 n 都有

$$\frac{2n}{3} < \frac{p(1)}{1} + \frac{p(2)}{2} + \cdots + \frac{p(n)}{n} < \frac{2(n+1)}{3} \quad (*)$$

证明 $\qquad s(n) = \frac{p(1)}{1} + \frac{p(2)}{2} + \cdots + \frac{p(n)}{n}$

则 $\qquad s(1) = 1, s(2) = 1 + \frac{1}{2} = \frac{3}{2}$

因此 $n = 1, 2$ 时,$(*)$ 都成立;假设 $k \geqslant 2$,不等式 $\frac{2n}{3} < s(n) < \frac{2(n+1)}{3}$ 对于所有 $n \leqslant k$ 都成立,我们来讨论 $n = k+1$ 的情况,要注意对任意整数都成立 $p(2t) = p(t)$,我们分两种情况来讨论:

(1) k 为偶数,令 $k = 2m$,m 是小于 k 的整数,$n = k + 1 = 2m + 1$,因此我们有

$$s(2m+1) = \left(\frac{p(1)}{1} + \frac{p(3)}{3} + \cdots + \frac{p(2m+1)}{2m+1}\right) +$$
$$\left(\frac{p(2)}{2} + \frac{p(4)}{4} + \cdots + \frac{p(2m)}{2m}\right) =$$
$$(m+1) + \frac{1}{2}\left(\frac{p(1)}{1} + \frac{p(2)}{2} + \cdots + \frac{p(2m)}{2m}\right) =$$
$$(m+1) + \frac{s(m)}{2}$$

根据归纳假设我们有

$$(m+1) + \frac{m}{3} < (m+1) + \frac{s(m)}{2} < (m+1) + \frac{m+1}{3} \Rightarrow$$

$$\frac{2(2m+1)}{3} < s(2m+1) < \frac{2(2m+1+1)}{3}$$

(2) k 为奇数, 令 $k = 2m+1, n = k+1 = 2m+2$, 同上可得

$$s(2m+2) = (m+1) + \frac{s(m+1)}{2}$$

$$(m+1) + \frac{m+1}{3} < (m+1) + \frac{s(m+1)}{2} < (m+1) + \frac{m+2}{3} \Rightarrow$$

$$\frac{2(2m+2)}{3} < s(2m+2) < \frac{2(2m+2+1)}{3}$$

所以结论成立.

10.17 如果自然数 n 不可以表示成为 2 个或者 2 个以上连续正整数的和, 则我们称 n 为"有趣的数", 请问哪些数是"有趣的数"?

解 如果 n 不是"有趣的数", 则

$$n = m + (m+1) + \cdots + (m+k) = \frac{(k+1)(2m+k)}{2}, k \geq 1$$

$$(*)$$

而 $(2m+k) - (k+1) = 2m - 1$

所以两个数必然有一个大于 1 的奇数, 因此 n 不可能是 2 的幂, 因此 2 的幂都是"有趣的数".

如果 n 不是 2 的幂, 则 $n = 2^a b$, 其中 b 是大于 1 的奇数. 我们把 $(k+1)$ 和 $(2m+k)$ 一个取 2^{a+1}, 另外一个取 b, 但是要注意到 $(k+1) < (2m+k)$, 所以取法如下:

(1) 如果 $2^{a+1} < b$, 取 $(k+1) = 2^{a+1}, m = \frac{b-k}{2} = \frac{b+1-2^{a+1}}{2}$ 即可满足 $(*)$.

(2) 如果 $2^{a+1} > b$, 取 $(k+1) = b, m = \frac{2^{a+1}-k}{2} = \frac{2^{a+1}+1-b}{2}$ 即可满足 $(*)$.

所以, n 是"有趣的数" 当且仅当 n 是 2 的幂.

10.18 证明: 对于任意正整数 $m, n, S(m,n) = \frac{1}{m} + \frac{1}{m+1} + \cdots + \frac{1}{m+n}$ 都不是整数.

证明 对于每个 $0 \leq i \leq n$, 都有唯一的非负整数 a_i 使得 $2^{a_i} \mid m+i$, 设 $d = \max\{a_i\}$, 则 $\{m, m+1, \cdots, m+n\}$ 的最小公倍

数为 $2^d l$,其中 l 是一个奇数.若 $\{m, m+1, \cdots, m+n\}$ 有两项使得
$$m + h = 2^d b < m + j = 2^d c$$
当然 $b < c$ 只能是奇数,但此时 c, d 之间至少存在一个偶数 e,这样
$$m \leqslant m + h \leqslant 2^d e \leqslant m + j \leqslant m + n$$
但是 $2^{d+1} \mid 2^d e$,与 d 的假设矛盾,所以只有唯一一个 h,使得 $m + h = 2^d b$. 这样 $2^{d-1} l \times S(m, n)$ 右边除了 $\dfrac{2^{d-1} l}{m + h}$ 一项之外都是整数,所以 $2^{d-1} l \times S(m, n)$ 不是整数.当然 $S(m, n)$ 也不是整数.

心得 体会 拓广 疑问

10.19 证明:在任意 8 个不超过 2 008 的不同正整数中,肯定能找到四个正整数 a, b, c, d,使得 $4 + d \leqslant a + b + c \leqslant 4d$.

证明 假设 8 个数为 $a_1 < a_2 < \cdots < a_8 < 2\,008$,若命题不成立,则对于其中的任意 4 个数 a, b, c, d,要么 $a + b + c < d + 4$,要么 $a + b + c > 4d$.

特别对于 $a = a_1, b = a_2, c = a_4, d = a_3$,由于 $a_4 \geqslant a_3 + 1$,$a_1 + a_2 \geqslant 3$,$a_1 + a_2 + a_4 \geqslant a_3 + 4$,即 $a + b + c < d + 4$ 不成立,因此
$$a_1 + a_2 + a_4 > 4a_3 \Rightarrow a_4 > 4a_3 - a_2 - a_1$$
基于同样的理由
$$a_5 > 4a_4 - a_2 - a_1 > 16a_3 - 5a_2 - 5a_1$$
$$a_6 > 4a_5 - a_2 - a_1 > 64a_3 - 21a_2 - 21a_1$$
$$a_7 > 4a_6 - a_2 - a_1 > 256a_3 - 85a_2 - 85a_1$$
$$a_8 > 4a_7 - a_2 - a_1 > 1\,024a_3 - 341a_2 - 341a_1$$
因此 $a_8 > 342a_3 + 341(a_3 - a_2) + 341(a_3 - a_1) \geqslant$
$$342 \cdot 3 + 341 + 341 \cdot 2 = 2\,049$$
矛盾,证毕.

10.20 一个正方体的每一面都写上一个正整数,每个顶点上都标上相邻三面整数的乘积,把每个顶点上的数相加正好等于 1 001,求六面上的数字和为多少?

解 设六面上的正整数为 a, b, c, d, e, f,其中 a 和 d,b 和 e,c 和 f 在对面,由已知
$$1\,001 = abc + abf + ace + afe + dbc + dbf + dce + dfe =$$
$$(a + d)(b + e)(c + f) = 7 \times 11 \times 13$$
所以只能有

$$\{a+d, b+e, c+f\} = \{7, 11, 13\}$$
$$a+b+c+d+e+f = 7+11+13 = 31$$

10.21 6个不同的正整数构成递增数列,每一项都是前一项的整数倍,且6个数的和为79,求其中最大数是多少?

解 设六个数为

$a_1 < a_2 < \cdots < a_6, 79 > a_4 + a_5 + a_6 \geqslant a_4 + a_5 + 2a_5 \geqslant 7a_4$

因此 $a_4 \leqslant 11$,而 $a_4 \geqslant 2a_3 \geqslant 4a_2 \geqslant 8a_1$,所以 $a_1 = 1, a_2 = 2$. 故 $11 \geqslant a_4 \geqslant 2a_3 \geqslant 8$,只能有 $a_3 = 4, a_4 = 8$,因此

$$79 = 1+2+4+8+a_5+a_6 \Rightarrow a_5+a_6 = 64$$

设 $a_5 = 8m, a_6 = 8mn$(其中 m, n 不小于2)代入可得

$$m + mn = m(n+1) = 8$$

只能有 $m = 2, n = 3$,故 $a_6 = 48$.

10.22 a, b, c 是三个有理数,且 $a + b\sqrt[3]{2} + c\sqrt[3]{4} = 0$,证明:$a = b = c = 0$.

证明 我们不妨设 a, b, c 是不全为0整数,由已知

$$a^3 + (b\sqrt[3]{2})^3 + (c\sqrt[3]{4})^3 = 3a(b\sqrt[3]{2})(c\sqrt[3]{4})$$

整理得

$$a^3 + 2b^3 + 4c^3 = 6abc \quad (*)$$

可设 $(a, b, c) = 1$,不然我们同时除以它们的公因子即可.显然 a 为偶数,令 $a = 2a_1$,代入式 $(*)$ 可得

$$4a_1^3 + b^3 + 2c^3 = 6a_1bc$$

故 b 为偶数,令 $b = 2b_1$,代入得到

$$2a_1^3 + 4b_1^3 + c^3 = 6a_1b_1c$$

得到 c 为偶数,与 $(a, b, c) = 1$ 矛盾,只能有 $a = b = c = 0$.

10.23 (1) n 为大于2的整数,则 $\frac{1}{n}, \frac{2}{n}, \cdots, \frac{n-1}{n}$ 有偶数个不可约.

(2) 对任意正整数 n,$\frac{12n+1}{30n+2}$ 不可约.

证明 (1) $\frac{k}{n}$ 不可约当且仅当 $\frac{n-k}{n}$ 不可约,如果 $\frac{k}{n} = \frac{n-k}{n}$,则 $n = 2k > 2$,此时 $\frac{k}{2k}$ 可约,所以不可约的项两两配对,共

偶数个.

(2) $(30n+2, 12n+1) = (6n, 12n+1) = (6n, 1) = 1$.

10.24 已知 a, b, c 是互不相同的正整数,正整数 k 满足 $ab + bc + ca \geq 3k^2 - 1$,证明:$\dfrac{a^3 + b^3 + c^3}{3} - abc \geq 3k$.

证明 不失一般性,我们假设 $a < b < c$,这样 $b - a \geq 1$, $c - b \geq 1$, $c - a \geq 2$,因此

$$a^2 + b^2 + c^2 - ab - bc - ca =$$
$$\frac{1}{2}((a-b)^2 + (b-c)^2 + (c-a)^2) \geq \frac{1}{2}(1+1+4) = 3$$

所以
$$a^3 + b^3 + c^3 - 3abc =$$
$$(a+b+c)(a^2+b^2+c^2 - ab - bc - ca) \geq$$
$$3(a+b+c) \qquad (*)$$

另一方面
$$(a+b+c)^2 = (a^2+b^2+c^2-ab-bc-ca) +$$
$$3(ab+bc+ca) \geq$$
$$3 + 3(3k^2 - 1) = 9k^2$$

因而 $a + b + c \geq 3k$,代入式 $(*)$ 即得
$$a^3 + b^3 + c^3 - 3abc \geq 9k$$

10.25 证明:$\sqrt[3]{45 + 29\sqrt{2}} + \sqrt[3]{45 - 29\sqrt{2}}$ 是一个有理数.

注意以下要应用公式
$$x^3 + y^3 + z^3 - 3xyz = (x+y+z)(x^2+y^2+z^2 - xy - yz - zx)$$

证明 令
$$a = \sqrt[3]{45 + 29\sqrt{2}} + \sqrt[3]{45 - 29\sqrt{2}}$$

则
$$a - \sqrt[3]{45 + 29\sqrt{2}} - \sqrt[3]{45 - 29\sqrt{2}} = 0$$

因此 $a^3 + \left(-\sqrt[3]{45+29\sqrt{2}}\right)^3 + \left(-\sqrt[3]{45-29\sqrt{2}}\right)^3 =$
$$3a\left(-\sqrt[3]{45+29\sqrt{2}}\right)\left(-\sqrt[3]{45-29\sqrt{2}}\right)$$

整理得
$$a^3 - 21a - 90 = 0 \Leftrightarrow (a-6)(a^2 + 6a + 15) = 0$$

而
$$(a^2 + 6a + 15) = (a+3)^2 + 6 \geq 6$$

故只能有 $a = 6$,因此 $\sqrt[3]{45 + 29\sqrt{2}} + \sqrt[3]{45 - 29\sqrt{2}}$ 是一个有理数.

10.26 在$\{1,2,\cdots,100\}$中任取55个数,其中必有两个数的差等于10,也必有两个数的差等于12,问是否必有两个数的差等于11?

证明 (1) 把$\{1,2,\cdots,100\}$按照除以10的余数进行分类,有10个类,每类从小到大排列有10个数.取55个数肯定有一类有6个以上的数,在同类的6个数必有两个相邻,它们的差一定是10.

(2) 把$\{1,2,\cdots,100\}$按照除以12的余数进行分类,有12个类,每类从小到大排列,其中有8类中8个数、4类中9个数.要使得取出的数之差不等于12,最多只能在有8个数的类中每类取出4个数,在有9个数的类中每类取出5个数,这样最多能取$4\times 8 + 5\times 4 = 52$个数,因此取55个数必然有两个的差为12.

(3) 取$1,2,\cdots,11;23,24,\cdots,33;45,46,\cdots,55$;以及$67,68,\cdots,77;89,90,\cdots,99$共55个数,被分为5段连续11个数,在同一段的两个数之差都小于11,在不同两段数之间的差大于11.

10.27 证明:通过对$\pm 1 \pm 2 \pm 3 \pm \cdots \pm (4n+1)$中$+ -$号的适当选择,可以取到所有不大于$(2n+1)(4n+1)$的正整数奇数.

证明 $n=1$时,可以用$\pm 1 \pm 2 \pm 3 \pm 4 \pm 5$表示不大于15的奇正整数如下

$+1-2+3+4-5 = 1, -1+2+3+4-5 = 3$
$-1+2+3-4+5 = 5, -1+2-3+4+5 = 7$
$-1-2+3+4+5 = 9, +1-2+3+4+5 = 11$
$-1+2+3+4+5 = 13, +1+2+3+4+5 = 15$

假设$n=k$时,我们可以用$\pm 1 \pm 2 \pm 3 \pm \cdots \pm (4k+1)$表示所有小于$(2k+1)(4k+1)$的正整数奇数.我们来考虑$n=k+1$时的情况,由于$(4k+2) - (4k+3) - (4k+4) + (4k+5) = 0$,所以依据归纳假设,我们可以用$\pm 1 \pm 2 \pm 3 \pm \cdots \pm (4k+5)$表示所有大于$(2k+1)(4k+1)$的正整数奇数,所以我们只要考虑满足下列不等式的奇整数m就可以了,即

$$(2k+1)(4k+1) < m \leq (2k+3)(4k+5) = (2n+1)(4n+1) \quad (*)$$

满足$(*)$的奇整数m正好有$8k+7$个,它们可以分别被表示如下:

(1) $(2k+3)(4k+5) = +1+2+\cdots+(4k+5)$.

(2) 对于$a = 1,2,\cdots,4k+5, (2k+3)(4k+5) - 2a = +1+$

$2 + \cdots + (a-1) - a + \cdots + (4k+5)$.

(3) 对于 $a = 4k+6, 4k+7, \cdots, 8k+6$,设 $b = a - (4k+5)$,则 $b = 1, 2, \cdots, 4k+1$,此时
$$(2k+3)(4k+5) - 2a = (2k+3)(4k+5) - 2(4k+5) - 2b =$$
$$+ 1 + 2 + \cdots + (b-1) - b +$$
$$(b+1) + \cdots + (4k+4) - (4k+5)$$

因此这 $8k+7$ 个数都能表示出来,命题得证.

10.28 n 是一个大于1的正整数,不大于 n 的素数个数为 k. 任选 $k+1$ 个正整数,使得其中任何一个数都不能整除其他 k 个数的乘积.证明:这 $k+1$ 个数中肯定有一个大于 n.

证明 假设结论不成立,这 $k+1$ 个整数 $a_1, a_2, \cdots, a_{k+1}$ 都不大于 n. 对于任意素数 p 和正整数 q,假设 $p^d \| q$,我们定义 $o_p(q) = d$. 令 $a = a_1 a_2 \cdots a_{k+1}$,则
$$o_p(a) = \sum_{i=1}^{k+1} o_p(a_i)$$

因此其中最多只能有一个 $1 \leqslant i \leqslant k+1$,使得 $o_p(a_i) > \frac{1}{2} o_p(a)$. 由于 a 最多只能含有 k 个素因子,因此必然存在一个 $1 \leqslant j \leqslant k+1$,使得对于任意的素因子 p 都有 $o_p(a_j) \leqslant \frac{1}{2} o_p(a)$,故 $o_p(a_j) \leqslant o_p\left(\frac{a}{a_j}\right)$,因此 $a_j \Big| \frac{a}{a_j}$,矛盾. 故这 $k+1$ 个数中肯定有一个大于 n.

10.29 设 n 为大于1的正整数,若存在整数 $a_1, a_2, \cdots, a_n$,使得 $a_1 + a_2 + \cdots a_n = a_1 a_2 \cdots a_n = 1\,990$,求 n 的最小值.

(全俄数学奥林匹克,1990年)

证明 因为 $1\,990 = a_1 a_2 \cdots a_n$ 被2整除而不被4整除,所以 $a_1, a_2, \cdots, a_n$ 中有一个偶数,$n-1$ 个奇数. 又因为 $a_1 + a_2 + \cdots + a_n = 1\,990$,所以 n 必为奇数.

当 $n = 3$ 时,可设 $a_1 \geqslant a_2 \geqslant a_n$,则 $a_1 \geqslant \frac{1\,990}{3}$,即 $a_1 \geqslant 664$,由于 a_1, a_2, a_3 为整数且 $a_1 a_2 a_3 = 1\,990 = 2 \times 5 \times 199$,其中199为素数,所以,$a_1 = 1\,990$ 或 $a_1 = 995$.

当 $a_1 = 1\,990$ 时,$|a_2| = |a_3| = 1$ 且 a_2 与 a_3 同号,因此 $a_1 + a_2 + a_3 \neq 1\,990 = a_1 a_2 a_3$,而当 $a_1 = 995$ 时,$|a_2| \leqslant 2$,$|a_3| \leqslant 2$,从而 $a_1 + a_2 + a_3 < 1\,990$,所以 $n \neq 3$,从而 $n \geqslant 5$.

当 $n \geqslant 5$ 时,取 $a_1 = 1\,990, a_2 = a_3 = 1, a_4 = a_5 = -1$,则

$a_1 + a_2 + a_3 + a_4 + a_5 = a_1 a_2 a_3 a_4 a_5 = 1\,990$,因此所求 n 的最小值为 5.

> **10.30** 设函数 $f:\mathbf{R} \to \mathbf{R}$ 定义如下:如果 x 为无理数,则 $f(x) = 0$,如果 $p, q \in \mathbf{Z}$,且 $\dfrac{p}{q}$ 既约,则 $f\left(\dfrac{p}{q}\right) = \dfrac{1}{q^3}$,证明:这个函数在每个点 $x = \sqrt{k}$ 处可微,其中 k 为非平方正整数.
> （罗马尼亚数学奥林匹克,1978 年）

证明 下面证明,如果 $k \in \mathbf{N}^*$ 不是整数的平方,则 $f'(\sqrt{k}) = 0$,因为 $\sqrt{k} \notin \mathbf{Q}$,故 $f(\sqrt{k}) = 0$.余下的是证明:极限

$$\lim_{x \to \sqrt{k}} \frac{f(x)}{x - \sqrt{k}}$$

存在且等于 0.取定任意的 $\varepsilon > 0$,则只有有限个分数 $\dfrac{p}{q}$（从此恒设 $p \in \mathbf{Z}, q \in \mathbf{N}^*$,且 $(p, q) = 1$ 满足条件）

$$0 < q < \frac{1}{\varepsilon}, \quad \left|\frac{p}{q} - \sqrt{k}\right| < 1$$

因此,存在 $\delta \in (0, 1)$,使得在区间 $I_\delta = (\sqrt{k} - \delta, \sqrt{k} + \delta)$ 中没有具有上述性质的分数.如果 $x = \dfrac{p}{q} \in I_\delta$ 是既约分数,则

$$q \geq \frac{1}{\varepsilon}$$

且 $\left|\sqrt{k} + \dfrac{p}{q}\right| < \sqrt{k} + (\sqrt{k} + \delta) < 2\sqrt{k} + 1$

因为 $kq^2 - p^2 \in \mathbf{Z} \setminus \{0\}$,所以 $|kq^2 - p^2| \geq 1$,因此有

$$\left|\frac{f(x)}{x - \sqrt{k}}\right| = \left|\frac{f\left(\dfrac{p}{q}\right)}{\dfrac{p}{q} - \sqrt{k}}\right| = \frac{1}{q^3} \frac{\left|\sqrt{k} + \dfrac{p}{q}\right|}{\left|k^2 - \dfrac{p^2}{q^2}\right|} =$$

$$\frac{1}{q} \frac{\left|\sqrt{k} - \dfrac{p}{q}\right|}{|q^2 k - p^2|} < \varepsilon(2\sqrt{k} + 1)$$

又如果 $x \in I_\delta \setminus \{\sqrt{k}\}$ 是无理数,则 $f(x) = 0$,且

$$\left|\frac{f(x)}{x - \sqrt{k}}\right| = 0$$

结论证毕.

10.31 正整数 $n \geqslant 2$，设 n 个正整数 $a_1, a_2, \cdots, a_n$，满足 $1 < a_1 < a_2 < \cdots < a_n < 2n$，其中没有一个数 a_j 是另一数 $a_k(k \neq j)$ 的倍数．求证：$a_1 \geqslant 2^k$，这里 k 是正整数，满足 $3^k < 2n < 3^{k+1}$．

证明 记
$$a_j = 2^{b_j} c_j, \quad j = 1, 2, \cdots, n \qquad ①$$
b_j 是非负整数，c_j 全是奇数．由题目条件知道 $c_1, c_2, \cdots, c_n$ 中不可能有两数相等，否则将有两个正整数 a_j, a_k, a_j 是 a_k 的倍数($k \neq j$)．明显地，$1 \leqslant c_j \leqslant 2n - 1$．在闭区间 $[1, 2n-1]$ 内只有 n 个两两不相等的奇数，那么，$c_1, c_2, \cdots, c_n$ 恰是 $1, 3, \cdots, 2n-1$ 这 n 个奇数的某一个排列．因为 $[1,3], [3, 3^2], \cdots, [3^{k-1}, 3^k], [3^k, 3^{k+1}], [3^{k+1}, 3^{k+2}], \cdots$ 全体覆盖整条实数轴，则对任一 $2n$(正整数 $n \geqslant 2$)，必有一个正整数 k 存在，使得 $2n \in [3^k, 3^{k+1}]$，又 $2n$ 既不会等于 3^k，也不会等于 3^{k+1}，则 $3^k < 2n < 3^{k+1}$．$1, 3, 3^2, \cdots, 3^k$ 为 $[1, 2n-1]$ 内的奇数，考虑 ① 中 c_j 为 $1, 3, 3^2, \cdots, 3^k$ 的那些数，即考虑 ① 中 $k+1$ 个下述形状的正整数
$$a_{j_s} = 2^{\beta_s} 3^s \qquad ②$$
这里 $s = 0, 1, 2, \cdots, k$．因为 $a_{j_1}, a_{j_2}, \cdots, a_{j_k}$ 中没有一个数是另一数的倍数，则必有
$$\beta_0 > \beta_1 > \beta_2 > \cdots > \beta_{k-1} > \beta_k \geqslant 0 \qquad ③$$
由于 β_s 是非负整数，则 $\beta_{k-1} \geqslant 1, \beta_{k-2} \geqslant 2$，一般地，$\beta_s \geqslant k-s$($s = 0, 1, 2, \cdots, k$，参考 ③)．因此，对每一个 s 有
$$a_{j_s} = 2^{\beta_s} 3^s \geqslant 2^{k-s} 3^s \geqslant 2^k \qquad ④$$
如果 a_1 是 ② 中一个数，则从 ④ 可以知道
$$a_1 \geqslant 2^k \qquad ⑤$$
如果 a_1 不是 ② 中一个数．由于 ①，有
$$a_1 = 2^{b_1} c_1 \qquad ⑥$$
而且奇数 $c_1 \geqslant 5$．下面证明也有 $a_1 \geqslant 2^k$．用反证法，如果 $a_1 < 2^k$，从 ⑥，有
$$c_1 < 2^{k-b_1} \qquad ⑦$$
由于 $c_1 \geqslant 5$，则 $k - b_1 \geqslant 3$，从 ⑦ 有
$$3^{b_1+1} c_1 < 3^{b_1+1} 2^{k-b_1} < 3^{b_1+1} 3^2 2^{k-b_1-3} (\text{利用 } 2^3 < 9) =$$
$$3^{b_1+3} 2^{k-b_1-3} \leqslant 3^k < 2n \qquad ⑧$$
所以奇数 $c_1 3^{\lambda-1}$，这里 $\lambda = 1, 2, 3, \cdots, b_1 + 2$，是 $c_1, c_2, \cdots, c_n$ 中 $b_1 + 2$ 个数，其对应的 a_j 记为

$$a_{j_\lambda} = c_1 3^{\lambda-1} 2^{t_\lambda} \quad ⑨$$

这里 $\lambda = 1, 2, \cdots, b_1 + 2, j_1 = 1$(比较⑥与⑨,有 $\lambda = 1$),$t_1 = b_1$, 即 $a_{j1} = a_1$. t_λ 为非负整数,在非负整数 $t_2, t_3, \cdots, t_{b_1+2}$ 中如有一个大于等于 b_1,设有 $t_s \geqslant b_1$,这里 $2 \leqslant s \leqslant b_1 + 2$,则从⑥和⑨可以知道 a_{js} 是 a_1 的倍数,与题目条件不符合,则所有 t_λ 满足 $0 \leqslant t_\lambda < b_1$,那么在闭区间 $[0, b_1 - 1]$ 内有 $b_1 + 1$ 个非负整数 $t_2, t_3, \cdots, t_{b_1+2}$,从而必有两个非负整数 $t_\mu = t_\nu$,这里 $2 \leqslant \mu < \nu \leqslant b_1 + 2$. 利用公式⑨,可以知道 a_{j_ν} 必有 a_{j_μ} 的倍数,又矛盾.

10.32 设 a, b, c 为两两互质的正整数. 证明:不能由 $xbc + yca + zab$(x, y, z 为非负整数)形式表出的最大整数为 $2abc - ab - bc - ca$.

证明 设有 $2abc - ab - bc - ca = xcb + yca + zab$,即
$$2abc = (x+1)bc + (y+1)ca + (cz+1)ab$$
故
$$a \mid x+1, b \mid y+1, c \mid z+1$$
从而上式右边大于等于 $3abc$,矛盾!

又当 $n > 2abc - ab - bc - ca$ 时,有 $n > abc - a - bc$,又知 n 可表为 $n = aw + xbc, w, x \geqslant 0, x \leqslant a - 1$. 于是 $w > bc - b - c$,故又有 $w = cy + bz, y, z \geqslant 0$,即 $n = xbc + yca + zab, x, y, z \geqslant 0$.

10.33 设 a, b 是正整数,且满足 $a^{\cdot^{\cdot^a}}\}$共 m 个 $a = b^{\cdot^{\cdot^b}}\}$共 n 个 b. 其中 $m, n \geqslant 2$. 证明:$a = b$.

证明 设 $A_m = a^{\cdot^{\cdot^a}}\}$共 m 个 a,$B_m = b^{\cdot^{\cdot^b}}\}$共 n 个 b.
若 a, b 中有一个为 1,则命题显然,以下设 $b > a > 1$. 因为 $a^{A_{m-1}} = b^{B_{n-1}}$,故可设 $a = c^s, b = c^t, (s, t) = 1$. 于是 A_{m-1}, B_{n-1} 均为 c 的方幂,又 $A_{m-1} > B_{n-1}$,从而 $B_{n-1} \mid A_{m-1}$,于是 $s = 1, b = a^t$,$A_{m-1} = tB_{n-1}$,所以 t 是 a 的幂. 设 $t = a^r, r$ 是正整数,从而 $A_{m-2} = r + tB_{n-2}$. 设非负整数 r_1 满足 $a^{r_1} \| r$,显然有 $r_1 < r$. 但 $a^r \mid tB_{n-2}$,故 A_{m-2} 不是 a 的幂,矛盾!

10.34 已知 $n \geq 3$，正整数 $x_1, x_2, \cdots, x_n$ 满足 $x_1 < x_2 < \cdots < x_n < 2x_1$. 设 $P = x_1 x_2 \cdots x_n$，r 是质数，k 是正整数且 r^k 整除 P. 求证：$\dfrac{P}{r^k} > n!$.

证明 设非负整数 k_i 满足 $r^{k_i} \| x_i$，并记 $y_i = \dfrac{x_i}{r^{k_i}}$，$i = 1, 2, \cdots, n$. 若有 $y_i = y_j$，设 $x_i < x_j$，则 $x_j \geq r x_i \geq 2 x_i \geq 2 x_1$，这不可能. 从而 $y_1, y_2, \cdots, y_n$ 为不同的正整数，故

$$\frac{P}{r^k} \geq y_1 y_2 \cdots y_n \geq n!$$

若上述不等式中等号成立，则存在 i, j, l 使得 $y_i = 1$，$y_j = 2$，$y_l = 3$. 于是若 $r = 3$，则 $\dfrac{x_i}{x_j} \leq \dfrac{1}{2}$ 或 $\dfrac{x_i}{x_j} \geq 2$；若 $r = 2$，则 $\dfrac{x_i}{x_j} \leq \dfrac{1}{3}$ 或 $\dfrac{x_i}{x_j} \geq 3$；若 $r \geq 5$，则 $\dfrac{x_i}{x_j} = 2$ 或 $\dfrac{1}{2}$，$\dfrac{x_i}{x_j} \leq \dfrac{2}{5}$ 或 $\dfrac{x_i}{x_j} \geq \dfrac{2}{5}$. 但这些均与题设矛盾！

10.35 在数轴上找一个长为 $\dfrac{1}{n}$（n 为正整数）的开区间 I，证明：I 至多含有 $\dfrac{n+1}{2}$ 个形如 $\dfrac{p}{q}$ 的既约分数，其中 $p, q \in \mathbf{Z}$，$1 \leq q \leq n$.

（美国数学奥林匹克, 1983 年）

证明 设 I 中形如 $\dfrac{p}{q}$ 的既约分数的个数大于 $\dfrac{n+1}{2}$，其中 $q \in \{1, 2, \cdots, n\}$. 把既约分数 $\dfrac{p}{q}$ 的分母 q 表成 $2^r s$，其中 s 为奇数，$r \in \mathbf{Z}^+$，在 $1, 2, \cdots, n$ 中不同的奇数有 $\left[\dfrac{n+1}{2}\right]$ 个，比所考虑的分母个数少. 因此由定理 1，必有两个分母 $q = 2^r s$ 和 $q_1 = 2^{r_1} s_1$，使得 $s = s_1$，且 $r \leq r_1$. 于是 $q \mid q_1$，即 $q_1 = kq$，其中 $kq \leq n$. 这表明，I 中有两个既约分数 $\dfrac{m}{q}$ 与 $\dfrac{l}{kq}$，其中 $1 \leq q < kq \leq n$，从而

$$\left| \frac{m}{q} - \frac{l}{kq} \right| = \frac{|km - l|}{kq} \geq \frac{1}{kq} \geq \frac{1}{n}$$

与 I 是长为 $\dfrac{1}{n}$ 的开区间相矛盾.

10.36 给定两个互素的自然数 p 和 q. 整数 n 如果能表示成 $n = px + qy$ 的形式,其中 x,y 为非负整数,则称 n 是"好的",在相反的情况下,则称 n 是"坏的".

(1) 证明:存在整数 c,使整数 n 与 $c-n$ 中始终一个是好的,一个是坏的.

(2) 坏的非负整数共有多少个?

(第 5 届全俄数学奥林匹克,1965 年)

证明 (1) 如果 p,q 是互素的自然数,那么每一个整数 z 都能表示为 $z = px + qy$ 的形式.

并且若 $x = a, y = b$ 满足上式,则有
$$z = p(a - qt) + q(b + pt) , t \in \mathbf{Z}$$
同时,对于 $0 \leqslant x \leqslant q - 1$,存在唯一的表达式.

我们可以把每一个整数 z 与整数对 (x,y) 相对应. 这里 $0 \leqslant x \leqslant q - 1, z = px + qy$. 同时不同的数与不同的数对相对应,而且仅当 $y \geqslant 0$ 时,z 是好的.

如果数 $z = px + qy (0 \leqslant x \leqslant q - 1)$ 是好数,那么 $z' = (q - 1 - x)p + (-1 - y)q$ 就是坏数,反过来,如果 z 是坏数,则 z' 是好数. 而且点 (x,y) 和点 $(q - 1 - x, -1 - y)$ 关于点 $(x_0, y_0) = \left(\dfrac{q-1}{2}, -\dfrac{1}{2}\right)$ 对称,而数 z 和 z' 关于点 $z_0 = px_0 + qy_0 = \dfrac{pq - p - q}{2}$ 对称,因为
$$z + z' = pq - p - q = 2z_0 = c$$
所以,好数 z 对应于坏数 $z' = c - z$,反过来也对.

(2) 因为最小的好数是 0,那么最大的坏数将是 c,所以共有 $\dfrac{c+1}{2} = \dfrac{(p-1)(q-1)}{2}$ 个坏数.

10.37 设 n 为不小于 2 的正整数,a_1, a_2, a_3, a_4 为满足以下两个条件的正整数:

(1) $(n, a_i) = 1, i = 1,2,3,4$.

(2) 对于 $k = 1, 2, \cdots, n - 1$,都有 $(ka_1)_n + (ka_2)_n + (ka_3)_n + (ka_4)_n = 2n$.

证明:可以将 $(a_1)_n, (a_2)_n, (a_3)_n, (a_4)_n$ 分成和为 n 的两组,这里 $(a)_n$ 表示正整数 a 除以 n 的余数.

证明 由于 $(n, a_1) = 1$,所以存在正整数 k,使得 $(ka_1)_n = 1$. 于是不失一般性,我们可设
$$1 = a_1 \leqslant a_2 \leqslant a_3 \leqslant a_4 < n$$
在(2)中取 $k = 1$,有
$$a_1 + a_2 + a_3 + a_4 = 2n$$
设 $a_i(k) = \left[\dfrac{ka_i}{n}\right] - \left[\dfrac{(k-1)a_i}{n}\right]$, $i = 1,2,3,4$; $k = 2,3,\cdots,n-1$([x] 表示不超过 x 的最大整数),则
$$ka_i = \left[\dfrac{ka_i}{n}\right]n + (ka_i)_n$$
$$(k-1)a_i = \left[\dfrac{(k-1)a_i}{n}\right]n + ((k-1)a_i)_n$$
于是 $2n = (ka_1 + ka_2 + ka_3 + ka_4) - $
$$((k-1)a_1 + (k-1)a_2 + (k-1)a_3 + (k-1)a_4) =$$
$$(a_1(k) + a_2(k) + a_3(k) + a_4(k))$$
即
$$a_1(k) + a_2(k) + a_3(k) + a_4(k) = 2, k = 2,3,\cdots,n-1 \quad ①$$
易见每个 $a_i(k)$ 等于 0 或 1,又注意到 $a_1 = 1$,故对每个 k,$a_1(k)$ 恒等于 0,而 $a_2(k), a_3(k), a_4(k)$ 中恰有两个为 1.

在 ① 中取 $k = 2$,有
$$2 = a_1(2) + a_2(2) + a_3(2) + a_4(2) =$$
$$\left[\dfrac{2a_1}{n}\right] + \left[\dfrac{2a_2}{n}\right] + \left[\dfrac{2a_3}{n}\right] + \left[\dfrac{2a_4}{n}\right]$$
于是 $a_2(2) = 0, a_3(2) = a_4(2) = 1$,即 $a_2 < \dfrac{n}{2} < a_3 \leqslant a_4$.

从而不存在 k,使得 $a_2(k) = a_2(k+1) = 1$,也不存在 k,使得
$$a_i(k) = a_i(k+1) = 0, i = 3,4$$
设 $t_2 = \left[\dfrac{n}{a_2}\right] + 1, t_i = \left[\dfrac{n}{n-a_i}\right] + 1, i = 3,4$,则 t_2 为使 $a_2(k) = 1$ 的最小正整数,而 t_i 为使 $a_i(k) = 0$ 的最小正整数.

$a_3(t_3) = 0$,于是 $a_2(t_3) = 1$,故 $t_3 \geqslant t_2$. 易见 $t_4 \geqslant t_3$,又 $a_2(t_2) = 1$,于是 $a_3(t_2) = 0$,故 $t_3 \leqslant t_2$,从而 $t_2 = t_3$.

若 $a_2(k) = 1$,则有 $a_2(k+t_2) = 1$ 或 $a_2(k+t_2-1) = 1$,而对于 $k < k' < k+t_2-1$,则有 $a_2(k') = 0$.

若 $a_i(k) = 0$,则有 $a_i(k+t_i) = 0$ 或 $a_i(k+t_i-1) = 0$,而对于 $k < k' < k+t_i-1$,则有 $a_i(k') = 1, i = 3,4$.

下面我们对 t_4 分情况讨论:

ⅰ 若 $t_4 > n - 1$,则 $n - a_4 = 1$,亦即 $a_1 + a_4 = n$,进而 $a_2 + a_3 = n$.

ⅱ 若 $t_4 \leq n - 1$,注意到由 $a_4 > \dfrac{n}{2}$ 可知 $a_4(n - 1) = 1$,从而 $t_4 < n - 1$.

令 $k = t_4$,则 $a_2(k) = 1, a_3(k) = 1, a_4(k) = 0$. 由 t_2 的最小性知 $t_2 = t_3 \leq k$,又 $a_3(k) = 1$,所以 $t_2 = t_3 < k$. 于是存在正整数 k',使得 $k' < k$ 且 $a_2(k') = 1$,我们取其中最大的一个,仍记为 k'. 这样 k' 和 k 便满足 $k = k' + t_2$ 或 $k = k' + t_2 - 1$. 注意到 $a_2(k') = a_4(k') = 1$,从而 $a_3(k') = 0$. 又 $t_2 = t_3$,故有 $a_3(k - 1) = 0$ 或 $a_3(k + 1) = 0$. 但由 $a_2(k) = 1$ 知 $a_2(k \pm 1) = 0$,于是 $k - 1$ 或 $k + 1$ 中有一个数不满足 ①,这不可能.

10.38 对给定的正整数 n,有多少无序三元自然数组,和为 $6n$.

(南斯拉夫数学奥林匹克,1977 年)

解 设 (x, y, z) 是三元自然数组,$x \leq y \leq z$,且 $x + y + z = 6n$. 当 $k = 1, 2, \cdots, n$ 时,所有 $x = 2k - 1$ 的三元自然数组 (x, y, z) 为

$$(2k - 1, 2k - 1, 6n - 4k + 2)$$
$$(2k - 1, 2k, 6n - 4k + 1)$$
$$\cdots\cdots$$
$$(2k - 1, 3n - k, 3n - k + 1)$$

所有 $x = 2k$ 的三元组为

$$(2k, 2k, 6n - 4k)$$
$$(2k, 2k + 1, 6n - 4k - 1)$$
$$\cdots\cdots$$
$$(2k, 3n - k, 3n - k)$$

上述所有三元组的个数为
$$S_k = ((3n - k) - (2k - 2)) + ((3n - k) - (2k - 1)) = 6n - 6k + 3$$

于是所有三元组 (x, y, z) 的个数为

$$\sum_{k=1}^{n} S_k = \sum_{k=1}^{n} (6n - 6k + 3) = \dfrac{(6n - 3) + 3}{2} \cdot n = 3n^2$$

10.39 设 a_n 是 $1^2+2^2+\cdots+n^2$ 的个位数字,证明: $0.a_1a_2a_3\cdots$ 是有理数.

(中国数学奥林匹克,1984 年)

证明 只须证明,$0.a_1a_2a_3\cdots$ 是循环小数.把 100 个数 $(n+1)^2,(n+2)^2,\cdots,(n+100)^2$ 排成下表

$$(n+1)^2,(n+2)^2,\cdots,(n+10)^2$$
$$(n+11)^2,(n+12)^2,\cdots,(n+20)^2$$
$$\cdots\cdots$$
$$(n+91)^2,(n+92)^2,\cdots,(n+100)^2$$

由于 k^2 与 $(k+10)^2$ 的个位数字相同,所以表中每一列的十个数的个位数都相同,它们的和必是 10 的倍数,即个位数字为 0.因此将这 100 个数相加,其和的个位数字也是 0.于是,对任意 $n \in \mathbf{N}^+$,都有 $a_{n+100}=a_n$,这就证明 $0.a_1a_2a_3\cdots$ 为循环小数(即是有理数),而且循环节的长 n_0 是 100 的因数.

注 如果具体考察前 20 个自然数相应的 a_n 的变化规律,还可以求出 $n_0=20$.

10.40 求所有正整数 n,使对每一个 n,都存在正整数 m,在 $AB=33,AC=21,BC=n$ 为边的 $\triangle ABC$ 的边 AB,BC 上分别可以找到点 D,E,满足
$$AD=DE=EC=m$$

(瑞典数学奥林匹克,1982 年)

解 如图 1,设 $m,n \in \mathbf{N}^*$ 满足题中条件,则 $m=CE<AC=21$.又从 $\triangle ADE$ 看出

$$21-m=AE<AD+DE=2m$$

即 $7<m<21$.另外,由于 $AD=DE$,所以

$$\cos\alpha=\frac{AE}{2AD}=\frac{21-m}{2m}$$

其中,$\alpha=\angle BAC$,对 $\triangle ABC$ 应用余弦定理,得

$$n^2=BC^2=AB^2+AC^2-2AB\cdot AC\cos\alpha=$$
$$33^2+21^2-2\cdot33\cdot21\cdot\frac{21-m}{2m}=$$
$$2\,223-\frac{27\cdot49\cdot11}{m}$$

由此可知,m 是 $27\cdot49\cdot11$ 的因数.由于 $7<m<21$,所以 $m=9$ 或 $m=11$.当 $m=9$ 时,$n^2=606$,不可能.当 $m=11$ 时,$n^2=900$,即 $n=30$.经验证,当 $n=30$ 时,题中条件全部满足.

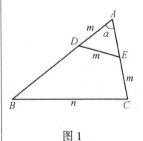

图 1

10.41 对任意 $x_i(1 \leq i \leq n) \in \{-1,1\}$，数组 $a_{ij}(1 \leq i,j \leq n)$ 和数 M，有 $\sum_{j=1}^{n}\Big|\sum_{i=1}^{n}a_{ji}x_i\Big| \leq M$，求证：$\sum_{i=1}^{n}|a_{ii}| \leq M$.

（南斯拉夫数学奥林匹克，1972 年）

证明 因为对任意 $x_1,\cdots,x_n \in \{-1,1\}$ 有
$$\sum_{j=1}^{n}|a_{j1}x_1 + \cdots + a_{jn}x_n| \leq M$$

所以
$$\frac{1}{2^n}\sum_{(x_1,\cdots,x_n)}\Big(\sum_{j=1}^{n}|a_{j1}x_1 + \cdots + a_{jn}x_n|\Big) \leq M$$

可改写成
$$\sum_{j=1}^{n}\Big(\frac{1}{2^n}\sum_{(x_1,\cdots,x_n)}|a_{j1}x_1 + \cdots + a_{jn}x_n|\Big) \leq M$$

对每个固定的 $j \in \{1,2,\cdots,n\}$，在和式
$$S_j = \sum_{(x_1,\cdots,x_n)}|a_{j1}x_1 + \cdots + a_{jn}x_n|$$

中把所有 2^n 个被加项分成 2^{n-1} 对，使得在每一对中，$x_1,\cdots,x_{j-1}$，$x_{j+1},\cdots,x_n$ 的值相同，即都取 1 或都取 -1，而 x_j 的值不同，即分别取 1 及 -1. 于是每一对被加项之和便具有形式
$$|A + a_{jj}| + |A - a_{jj}|$$

其中 $A = a_{j1}x_1 + \cdots + a_{j,j-1}x_{j-1} + a_{j,j+1}x_{j+1} + \cdots + a_{jn}x_n$

但是
$$|A + a_{jj}| + |A - a_{jj}| \geq |A + a_{jj} - (A - a_{jj})| = 2|a_{jj}|$$

因此 $S_j \geq 2^{n-1} \cdot 2|a_{jj}| = 2^n|a_{jj}|$

于是得
$$|a_{11}| + \cdots + |a_{nn}| = \sum_{j=1}^{n}\Big(\frac{1}{2^n}2^n|a_{jj}|\Big) \leq \sum_{j=1}^{n}\Big(\frac{1}{2^n}S_j\Big) \leq M$$

这正是所要证明的.

10.42 设 m,n 为正整数，$m | n$，且 $1 \leq m < n < 1986$，则所有 $\dfrac{1}{mn}$ 之和不是整数.

（苏联数学奥林匹克，1986 年）

证明 自 1 至 1 986 的所有自然数中，被 3^6 整除的只有两个：$729 = 3^6$, $1\,458 = 2 \cdot 3^6$，而其他各数的素因子分解式中，3 的幂指数至多是 5. 所以当 $1 \leq m < n < 1\,986$ 时，所有的乘积 mn 中，除 $729 \times 1\,458 = 2 \times 3^{12}$ 外，含有因数 3 的方幂的最高指数是 11. 于是，如果把所有形如 $\dfrac{1}{mn}$ 的数$\Big($除 $\dfrac{1}{729 \cdot 1\,458}$ 外$\Big)$通分，然后求和，便得

到一个形如 $\dfrac{a}{3^{11} \cdot b}$ 的数,其中 $a,b \in \mathbf{N}^*$,且 b 不被 3 整除. 因此如果所考虑的和记作 S,则

$$S - \left(\dfrac{a}{3^{11} b}\right) = \dfrac{1}{2 \cdot 3^{12}}$$

经整理得到
$$2 \cdot 3^{12} \cdot Sb - 6a = b$$

如果 S 为整数,则上式左端被 3 整除,但右端不被 3 整除,矛盾,因此 S 不是整数.

10.43 设 a,b 为非负整数,$ab \geqslant c^2$,c 为整数,证明:存在正整数 n 及整数 $x_1, x_2, \cdots, x_n; y_1, y_2, \cdots, y_n$,满足
$$\sum_{i=1}^{n} x_i^2 = a, \quad \sum_{i=1}^{n} y_i^2 = b, \quad \sum_{i=1}^{n} x_i y_i = c$$

(评委会,瑞典,1995 年)

证明 简记所欲证的命题为 (a,b,c). 易知命题对 (a,b,c) 成立的必要且充分条件是命题对 $(a,b,-c)$ 也成立. 因此可假设 $c \geqslant 0$,又因命题关于 a,b 对称,故还可假设 $a \geqslant b$,从而有 $a \geqslant c$. 另外,如果 $b=0$,则 $c=0$,又 $a+b-2c \geqslant 2\sqrt{ab}-2c \geqslant 0$,从而 $a+b \geqslant 2c \geqslant 0$ 成立.

下面对 $a+b$ 用数学归纳法证明命题 (a,b,c).

当 $a+b=0$ 时,命题 (a,b,c) 显然成立.

设当 $a+b \leqslant m$ 时命题 (a,b,c) 成立. 下面考虑命题 (a,b,c),其中 $a+b = m+1$.

如果 $c \leqslant b$,则取 $n = a+b-c$. 向量 $\boldsymbol{X} = (x_1, x_2, \cdots, x_n)$ 与 $\boldsymbol{Y} = (y_1, y_2, \cdots, y_n)$ 的选取方法如下:

当 $1 \leqslant i \leqslant a$ 时,取 $x_i = 1$,其余情形取 $x_i = 0$;

当 $1 \leqslant i \leqslant a-c$ 时,取 $y_i = 0$,其余情形取 $y_i = 1$.

容易验证,$\sum_{i=1}^{n} x_i^2 = a, \sum_{i=1}^{n} y_i^2 = b$ 及 $\sum_{i=1}^{n} x_i y_i = c$,即当 $c \leqslant b$ 时,命题 (a,b,c) 对 $a+b = m+1$ 成立.

如果 $c > b$,则考虑命题 $(a+b-2c, b, c-b)$,由于
$$(a+b-2c)b - (c-b)^2 = ab - c^2 \geqslant 0$$
且
$$a+b-2c+b \leqslant a+b = m+1$$
因此,由归纳法假设,问题 $(a+b-2c, b, c-b)$ 的解 $(\boldsymbol{X}, \boldsymbol{Y})$ 存在,易验证,$(\boldsymbol{X}+\boldsymbol{Y}, \boldsymbol{Y})$ 是问题 (a,b,c) 的解,因此当 $c > b$ 时命题 (a,b,c) 对 $a+b = m+1$ 也成立.

10.44 在第一行写有 19 个不超过 88 的自然数,在第二行写有 88 个不超过 19 的自然数.证明:可以从以上述两行数中各选出一段(包括一个数),使这两段数字和相等.

(苏联数学奥林匹克,1988 年)

证明 设 $a_1, a_2, \cdots, a_{19}$ 是第一行的数字,$b_1, b_2, \cdots, b_{88}$ 是第二行的数字.记 $A_i = a_1 + a_2 + \cdots + a_i$,$B_i = b_1 + b_2 + \cdots + b_i$,并设 $A_{19} \geqslant B_{88}$($A_{19} < B_{88}$ 的情形可同样处理).记
$$n_i = \min\{n \mid A_n \geqslant B_i, 1 \leqslant n \leqslant 19\}, 1 \leqslant i \leqslant 88$$
由假设可知,n_i 是存在的.现在考察 88 个差数 $A_{n_i} - B_i$.它们的值都是整数,且在 0 与 87 之间.因为 $A_{n_i} - B_i = A_{n_i - 1} - B_i + a_{n_i} < a_{n_i} \leqslant 88$,如果这 88 个数互不相同,则其中必有一个为 0,从而结论得证.如果有两个差数相同,不妨设 $A_{n_i} - B_l = A_{n_k} - B_k$,其中 $1 \leqslant l < k \leqslant 88$,则 $A_{n_i} - A_{n_k} = B_l - B_k$,即 $a_{n_k+1}, a_{n_k+2}, \cdots, a_{n_l}$ 与 $b_{k+1}, b_{k+2}, \cdots, b_l$ 即为符合条件的两段数.

注 题中的 19 与 88 可以换成任意两个自然数.

10.45 设正整数 $n, k > 2$,则 $n(n-1)^{k-1}$ 可以表为 n 个连续偶数之和.

(中国数学奥林匹克,1978 年)

证明 设 $2a, 2a+2, 2a+4, \cdots, 2a+2(n-1)$ 是 n 个连续偶数,则它们的和为
$$S_n = \frac{1}{2}(2a + 2a + 2(n-1))n = (2a + n - 1)n$$
令
$$(2a + n - 1)n = n(n-1)^{k-1}$$
则
$$2a + n - 1 = (n-1)^{k-1}$$
即
$$a = \frac{1}{2}(n-1)((n-1)^{k-2} - 1)$$
因此,当 $n > 2$ 且 $k > 2$ 时,a 为正整数.于是,取
$$a = \frac{1}{2}(n-1)((n-1)^{k-2} - 1)$$
则 $n(n-1)^{k-1}$ 等于 n 个连续偶数 $2a, 2a+2, \cdots, 2a+2(n-1)$ 之和.

10.46 试比较 $(17\,091\,982!)^2$ 与 $17\,091\,982^{17\,091\,982}$ 之大小.

(荷兰数学奥林匹克,1982 年)

解 我们证明,对任意 $n \in \mathbf{N}^*, n > 2$,均有 $(n!)^2 > n^n$. 事实上,有
$$n! n! = (1 \cdot n) \cdot (2 \cdot (n-1)) \cdots (n \cdot 1)$$
因为 $1 \cdot n = n \cdot 1 = n$,且当 $k = 2, \cdots, n-1$ 时
$$k(n-k+1) = (n-k)(k-1) + n > n$$
所以 $\quad n! n! = (1 \cdot n)(2 \cdot (n-1)) \cdots (n \cdot 1) > n^n$
其中令 $n = 17\,091\,982$,即得答案
$$(17\,091\,982!)^2 > 17\,091\,982^{17\,091\,982}$$

10.47 在 1 234 567 的数字进行排列,求所有这种数的和.

(比利时数学奥林匹克,1979 年)

解 对任意 $i, j \in \{1, 2, \cdots, 7\}$,第 i 个位置上的数字为 j 的数有 $6!$ 个,因此所有 $7!$ 个数之和等于
$$(6!1 + 6!2 + \cdots + 6!7) + (6!1 + 6!2 + \cdots + 6!7)10 +$$
$$(6!1 + 6!2 + \cdots + 6!7)10^2 + \cdots + (6!1 + 6!2 + \cdots + 6!7)10^6 =$$
$$6!(1 + 2 + \cdots + 7)(1 + 10 + 10^2 + \cdots + 10^6) =$$
$$720 \cdot 28 \cdot 1\,111\,111 = 22\,399\,997\,760$$

10.48 (1) 在长度为 15 的 0,1 序列中,恰好出现 2 个 "00", 3 个 "01", 4 个 "10", 5 个 "11" 的序列有多少种?

(美国数学奥林匹克,1986 年)

(2) 在长度为 15 的 0,1 序列中,恰好出现 5 个 "00",并且 "01","10","11" 各 3 个的序列有多少种?

(日本数学奥林匹克,1991 年)

解 序列 0111001000 中恰好出现 3 次 "00", 2 次 "01", 2 次 "10", 2 次 "11". 如果把这个序列中连续出现的几个 "1" 合为 1,把连续出现的几个 "0" 也合为 1 个,则此序列缩写为 01010,这个序列与序列 0111001000 相同,恰好出现 2 次 "01", 2 次 "10".

(1) 根据题中条件:恰好有 3 个 "01", 4 个 "10",给出下面的 "缩写序列"

(1) (0) (1) (0) (1) (0) (1) (0)

再根据题中条件:恰有 2 个 "00", 5 个 "11",把 2 个 "0" 放进 "缩写序列" 的 (0) 中,把 5 个 "1" 放进 "缩写序列" 的 (1) 中. 把 2 个 "0" 放进 "缩写序列" 的 4 个 (0) 中,相当于把 2 个相同的球分放进 4 个不同的盒子里,其占位方法数为 $C_{4+2-1}^2 = C_5^2$. 同理,把 5 个 "1" 放进 "缩写序列" 的 4 个 (1) 中,其放法为 $C_{4+5-1}^5 = C_8^5$. 因此,符合题中要求

的序列共有 $C_5^2 C_8^5 = 560$ 种.

(2) 根据题中条件:有 3 个"01"与 3 个"10"可给出下面两种"缩写序列":

$$(0) \quad (1) \quad (0) \quad (1) \quad (0) \quad (1) \quad (0)$$
$$(1) \quad (0) \quad (1) \quad (0) \quad (1) \quad (0) \quad (1)$$

对于前一个"缩写序列",把 5 个"0"放进 4 个(0)中,把 3 个"1"放进 3 个(1)中,共有 $C_{4+5-1}^5 C_{3+3-1}^3 = C_8^5 C_5^3 = 560$ 种放法;对于后一种"缩写序列",把 5 个"0"放进 3 个(0)中,把 3 个"1"放进 4 个(1)中,共有 $C_{3+5-1}^5 C_{4+3-1}^3 = C_7^5 C_6^3 = 420$ 种放法.因此,共有 $560 + 420 = 980$ 种序列符合题中的条件.

10.49 设 h_n 是 $n!$ 的十进制写法中最后一个非零数字,证明: $0. h_1 h_2 h_3 \cdots$ 是无理数.

(评委会,苏联,1983 年)

证明 设 $0. h_1 h_2 h_3 \cdots$ 是有理数,则存在 $N_0, T \in \mathbf{N}^*$,使得对每个 $n \geqslant N_0$,都有 $h_{n+T} = h_n$.首先证明,存在 $T_1 \in \mathbf{N}^*, T \mid T_1$,且 T_1 的最后一位非零数字为 1.事实上,设 $T = 2^\alpha 5^\beta p$,其中 $\alpha, \beta \in \mathbf{Z}^+, p$ 不被 2 与 5 整除.则 $T_0 = 2^\beta 5^\alpha T = 2^{\alpha+\beta} 5^{\alpha+\beta} p = 10^{\alpha+\beta} p$ 的最后一位非零数字为奇数,且不等于 5.如果它等于 1,则取 $T_1 = T_0$;如果它等于 3,则取 $T_1 = 7 T_0$;如果它等于 7,则取 $T_1 = 3 T_0$;最后如果它等于 9,则取 $T_1 = 9 T_0$.在这些情形下,T_1 的最后一位非零数字分别与 1,21,21,81 的相同.这样就求出了当 $n \geqslant N$ 时使得 $h_{n+T_1} = h_n$ 的数 $T_1 = 10^m (10a+1), m, a \in \mathbf{Z}^+$.其次证明,对任意 $n \in \mathbf{N}^*, h_n \neq 5$,事实上,在 $n!$ 的素因子分解式中,2 的幂指数为

$$\gamma = \left[\frac{n}{2}\right] + \left[\frac{n}{2^2}\right] + \left[\frac{n}{2^3}\right] + \cdots$$

5 的幂指数为 $\delta = \left[\frac{n}{5}\right] + \left[\frac{n}{5^2}\right] + \left[\frac{n}{5^3}\right] + \cdots$

因为当 $i \in \mathbf{N}^*$ 时,$\left[\frac{n}{2^i}\right] \geqslant \left[\frac{n}{5^i}\right]$,所以 $\gamma \geqslant \delta$,且 $n! = 2^\gamma 5^\delta q = 10^\delta 2^{\gamma-\delta} q$,其中 $q \in \mathbf{N}^*$ 不被 2 与 5 整除,从而 $n!$ 的最后一位非零数字与 $2^{\gamma-\delta} q$ 的相同,所以不等于 5,即 $h_n \neq 5$.最后取充分大的 $b \in \mathbf{N}^*$,使得

$$M = 10^m (10b+1) > N_0$$

记 $h_{M-1} = h$,则

$$(M-1)! = 10^k (10c + h)$$

其中 $c, k \in \mathbf{Z}^+$,于是

$$M! = (M-1)! M = 10^k (10c+h) \cdot 10^m (10b+1) =$$

$$10^{k+m}(10(10bc+hb+c)+h)$$

因此 $h_M = h$. 因为 $T \mid T_1$, 所以
$$h_{M-1+T_1} = h_{M-1} = h$$

从而
$$(M-1+T_i)! = 10^l(10d+h)$$

其中 $l, d \in \mathbf{Z}^+$, 所以
$$\begin{aligned}(M+T_1)! &= (M-1+T_1)!(M+T_1) = \\ &10^l(10d+h)(10^m(10b+1)+10^m(10a+1)) = \\ &10^{m+l}(10d+h)(10(a+b)+2) = \\ &10^{m+l}(10(10ad+10bd+ah+bh+2d)+2h)\end{aligned}$$

即 h_{M+T_1} 与 $2h$ 的最后一位数字 h' 相同. 另一方面, $h_{M+T_1} = h_M = h$. 但是, 因为 $h \neq 0, 5$, 所以 $2h$ 的最后一位数字不等于 h, 从而 $h_{M+T_1} = h' \neq h = h_{M+T_1}$, 矛盾. 证毕.

> **10.50** 设 $\omega(n)$ 表示自然数 n 的素因数个数, 证明: 有无限多个 n, 使 $\omega(n) < \omega(n+1) < \omega(n+2)$.
>
> (评委会, 南斯拉夫, 1979 年)

证明 首先证明, 有无限多个形如 $n = 2^k$ 的数, 使得 $\omega(n) < \omega(n+1)$, 其中 $k \in \mathbf{N}^*$. 设某个 $n = 2^k$ 适合 $\omega(n) \geqslant \omega(n+1)$, 则
$$1 = \omega(2^k) \geqslant \omega(2^k+1) \geqslant 1$$

因此 $\omega(2^k+1) = 1$, 从而 $2^k+1 = p^m$, 其中 $m \in \mathbf{N}^*, p$ 为素数. 如果 $m = 2l$, 则
$$2^k = p^{2l} - 1 = (p^l-1)(p^l+1)$$

即 p^l+1 与 p^l-1 都是 2 的方幂. 由此得到, $p^l+1 = 4, p^l-1 = 2$, 即 $p = 3, l = 1$, 且 $k = 3$. 如果 m 为奇数, 且 $m > 1$, 则由
$$2^k = p^m - 1 = (p-1)(p^{m-1}+\cdots+p+1)$$

可知, 大于 1 的奇数 $p^{m-1}+\cdots+p+1$ 为 2 的方幂, 矛盾. 因此 $m = 1$, 即有 $2^k+1 = p$. 如果 $k = 2^q r$, 其中 $r > 1$ 为奇数, 则
$$p = 2^k+1 = 2^{2^q \cdot r}+1 \equiv 0(\bmod (2^{2^q}+1))$$

即素数 p 被小于 p 的数 $2^{2^q}+1$ 整除, 不可能. 于是 $k = 2^q, q \in \mathbf{Z}^+$. 至此我们已经证明, 存在无限个 $k \in \mathbf{N}^*, k$ 不等于 3 或 2 的方幂, 均有 $\omega(2^k) < \omega(2^k+1)$. 现在设适合 $\omega(2^k) < \omega(2^k+1)$ 的 k 中只有有限个也适合 $\omega(2^k+1) < \omega(2^k+2)$, 则可以找到这样的(足够大的) 数 $k_0 = 2^{q_0} > 5$, 使得对每个 $k = k_0+1, k_0+2, \cdots, 2k_0-1 < 2^{q_0+1}$, 均有
$$\omega(2^k+1) \geqslant \omega(2^k+2) = \omega(2(2^{k-1}+1)) = 1 + \omega(2^{k-1}+1)$$

由此得 $\omega(2^{2^{q_0}-1}+1) \geqslant 1 + \omega(2^{q_2-2}+1) \geqslant \cdots \geqslant$

$$(k_0 - 1) + \omega(2^{k_0} + 1) \geqslant k_0$$

因此,如果用 $p_1 < p_2 < \cdots$ 表示连续素数,则

$$2^{2^{k_0}-1} + 1 \geqslant p_1 p_2 \cdots p_{k_0} = (2 \cdot 3 \cdot 5 \cdot 7 \cdot 11)(p_6 \cdots p_{k_0}) >$$
$$4^5 \cdot 4^{k_0-5} = 2^{2k_0} > 2^{2^{k_0}-1} + 1$$

矛盾. 结论证毕.

10.51 设一平面点集有两条对称轴,夹角为 α, 且 $\dfrac{\alpha}{\pi}$ 是无理数, 证明:如该集至少有两点,则有无限多个点.

(评委会,民主德国,1979 年)

证明 设集合 M 的对称轴 l_0 与 l_1 交于点 O, 并且当 l_0 绕点 O 按顺时针方向旋转角 α 时变为 l_1(图 1). 于是, 如果用 $S_l(A)$ 表示点 A 关于直线 l 的对称点, 则在绕点 O 按顺时针方向旋转角 2α 时, 点 A 变为 $R(A) = S_{l_1}(S_{l_0}(A))$. 事实上, 点 O 到点 $A, S_{l_0}(A)$, $S_{l_1}(S_{l_0}(A))$ 的距离都相等, 且如果直线 OA 与 l_0 之间按顺时针方向扫过的角度为 $\beta(A \neq O)$, 则直线 OA 与 $OS_{l_1}(S_{l_0}(A))$ 之间的角为 $2\beta - 2(\beta - \alpha) = 2\alpha$. 由于集合 M 至少有两个点, 所以它还含有一个点 $A_0 \neq O$, 于是

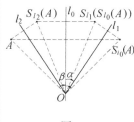

图 1

$$R(M) = S_{l_1}(S_{l_0}(M)) = S_{l_1}(M) = M$$

因此点 $A_0, A_1 = R(A_0), A_2 = R(A_1), A_3 = R(A_2)$ 等都含在集合 M 内. 但这些点都是互不相同的, 因为如果有某个 $i > j$, 使得 A_i 与 A_j 重合, 则有

$$2\alpha(i - j) = 2\pi k, k \in \mathbf{N}^*$$

即 $\dfrac{\alpha}{\pi} = \dfrac{k}{i - j}$ 为有理数, 矛盾. 所以集合 M 是无限的.

10.52 设 $A = (a_1, a_2, \cdots, a_m)$ 是由 m 个数 $a_i \in \{0, 1\}$, $i = 1, 2, \cdots, m$ 组成的 m 数组, 定义运算 S 如下: $S(A) = (b_1, b_2, \cdots, b_{2m})$, 其中当 $a_i = 1$ 时, $b_{2i-1} = 0, b_{2i} = 1$, 当 $a_i = 0$ 时, $b_{2i-1} = 1, b_{2i} = 0, i = 1, 2, \cdots, m$. 用 $S^n(A)$ 表示 $\underbrace{S(S(\cdots S(A)\cdots))}_{n\text{个}}$, 取 $A = (1)$, 试问在 $S^n(A) = (a_1, a_2, \cdots, a_{2^n})$ 中有多少个由连续两项组成的数对 (a_i, a_{i+1}) 满足 $a_i = a_{i+1} = 0$?

(中国数学奥林匹克,1988 年)

解 当 $A = (1)$ 时, $S^n(A) = (a_1, a_2, \cdots, a_{2^n})$ 中满足 $a_i = a_{i+1} = 0$ 的数对 (a_i, a_{i+1}) 的个数记为 f_n, 满足 $a_i = 0, a_{i+1} = 1$ 的数对 (a_i, a_{i+1}) 的个数记为 g_n. 由题意可知, $S^n(A)$ 中数对 $(0,0)$ 必

由 $S^{n-1}(A)$ 中的数对 $(0,1)$ 经运算 S 而得到的,而 $S^{n-1}(A)$ 中的数对 $(0,1)$ 必由 $S^{n-2}(A)$ 中的 1 或数对 $(0,1)$ 经运算 S 而得到.由于 $S^{n-2}(A)$ 是 2^{n-2} 数组,其中有一半的项 a_i 为 1,所以

$$f_n = g_{n-1} = 2^{n-3} + f_{n-2}$$

由此得到,当 n 为奇数时

$$f_n = 2^{n-3} + 2^{n-5} + 2^{n-7} + \cdots + 2^0 + f_1 = \frac{2^{n-1} - 1}{4 - 1} + 0$$

当 n 为偶数时

$$f_n = 2^{n-3} + 2^{n-5} + 2^{n-7} + \cdots + 2^1 + f_2 = \frac{2^{n-2} - 1}{4 - 1} + 1$$

即得

$$f_n = \frac{1}{3}(2^{n-1} - (-1)^{n-1})$$

10.53 证明:任意大于 32 的正整数都可以表为若干正整数之和,且这些正整数的倒数之和为 1.

(美国数学奥林匹克,1978 年)

证明 注意,如果 $n \in \mathbf{N}^*$ 合乎题中条件,则 $2n+2$ 与 $2n+9$ 也是.事实上,如果 $n = a_1 + a_2 + \cdots + a_k$,其中 $a_1, a_2, \cdots, a_k \in \mathbf{N}^*$,且

$$\frac{1}{a_1} + \frac{1}{a_2} + \cdots + \frac{1}{a_k} = 1$$

则 $\qquad 2n + 2 = 2a_1 + 2a_2 + \cdots + 2a_k + 2$

$$\frac{1}{2a_1} + \frac{1}{2a_2} + \cdots + \frac{1}{2a_k} + \frac{1}{2} =$$

$$\frac{1}{2}\left(\frac{1}{a_1} + \frac{1}{a_2} + \cdots + \frac{1}{a_k}\right) + \frac{1}{2} = \frac{1}{2} + \frac{1}{2} = 1$$

并且 $\qquad 2n + 9 = 2a_1 + 2a_2 + \cdots + 2a_k + 3 + 6$

$$\frac{1}{2a_1} + \frac{1}{2a_2} + \cdots + \frac{1}{2a_k} + \frac{1}{3} + \frac{1}{6} =$$

$$\frac{1}{2}\left(\frac{1}{a_1} + \frac{1}{a_2} + \cdots + \frac{1}{a_k}\right) + \frac{1}{3} + \frac{1}{6} = \frac{1}{2} + \frac{1}{3} + \frac{1}{6} = 1$$

现在归纳证明,所有自然数 $n \geq 33$ 都合乎题中条件.首先,直接验证可知,自然数 $33, 34, \cdots, 73$ 都合乎题中条件,设自 33 至 $n-1$ 的所有自然数都合乎条件,$n > 73$.如果 n 为偶数,则它可表为 $2m + 2$,如果 n 为奇数,则 n 可表为 $2m + 9$,其中 $m \in \mathbf{N}^*$,且 $n > m \geq \frac{74 - 9}{2} > 32$.由上面的证明可知,在这两种情形下,$n$ 都合乎条件,因为由归纳假设,m 合乎条件,证毕.

注 对于不大于 32 的正整数,读者有兴趣可自己验算.

心得 体会 拓广 疑问

10.54 证明:如果长方体可以划分为一些小长方体,使得其中每一个都有一条长为整数值的棱,则原长方体也一定有一条棱长度为整数.

(评委会,南斯拉夫,1979 年)

证明 设想把长方体所在空间划分为一些棱长为 $\frac{1}{2}$ 的立方体,并把它们按国际象棋棋盘的方式染上黑白两种颜色(即使得任意两个有公共界面的立方体的颜色不同).下面证明,如果任意一个长方体有一条整数棱,且它的每个面都与立方体平行,则它所含的白色部分和所含的黑色部分体积相等.事实上,用垂直于这条整数棱的截面把整个长方体分为厚度为 $\frac{1}{2}$ 的层.注意,从最外面的一层平移到它的相邻一层,第一层的白色部分与第二层的黑色部分恰好重合,并且第一层的黑色部分也与第二层的白色部分恰好重合.随后的相邻层次的平移中情形也相同.因此在彼此相邻的层次,白色部分的体积与黑色部分的体积相等.因为总共有偶数个层次,所以这个结论对整个长方体也成立.设原长方体的界面与立方体的界面平行,它的一个顶点 A 和其中一个立方体的顶点重合,但它的各条棱都不是整数,则按题中条件划分的所有各长方体都有一条棱长为整数(它们的界面当然平行于立方体的面).因此,由上面的结论,在每个小长方体中(从而在整个长方体中)白色部分的体积等于黑色部分的体积.另一方面,在原长方体中用 3 个平行于它的界面的平面截去一个以 A 为顶点,棱长全是整数且体积最大的长方体.余下 7 个长方体中有 6 个具有一条整数值的棱长,另一个的所有棱长都小于 1,而且它有一个顶点 B 和立方体的一个顶点相合.把这个长方体装到一个具有棱长为 1 并以 B 为顶点的立方体内.在这个立方体内,割下这个长方体的 3 个平面将立方体切成了 8 个长方体,其中必有一个其所有棱长均不超过 $\frac{1}{2}$,因而它包含的白色部分与黑色部分体积不相等(因为这两个体积中有一个为 0).对于与这个长方体有公共界面的 3 个长方体(它们每一个都与它共同构成一个棱长为 1 的长方体),上述结论也是对的.而这个结论又可以推到与上述 4 个长方体有公共界面的 3 个长方体,最后可以推到以 B 为顶点的那个长方体.这样一来,原先的长方体被分成 8 个长方体,其中有 7 个,它包含的白色部分与黑色部分体积相等,但第 8 个则不等.所得的矛盾说明原先的长方体不可能没有整数棱长.

10.55 证明:空间中一点到棱长为2的正四面体四个顶点距离都是整数的充要条件是该点是正四面体的一个顶点.

(保加利亚数学奥林匹克,1976年)

证明 我们证明,如果点 M 到棱长为2的正四面体各顶点的距离都是整数,则一定有一个距离是0(其逆命题无疑是正确的). 注意,如果点 M 在四面体的棱所在直线上,不妨设在以 H 为中点的棱 AB 的直线上. 记 $MH = x, MC = y$,则有 $y > x \geq 0$ 且 $x^2 + (\sqrt{3})^2 = y^2$,从而 $(y-x)(y+x) = 3$. 由此得 $y - x = 1, y + x = 3$,因而 $x = 1$. 这表明,点 M 与顶点 A 或 B 重合. 如果点 M 不在上面所说的那些直线上,则 M 到四面体各顶点的最短距离 $x > 0$,而其他的距离与 x 之差小于 2,也就是说,它们要么为 x 要么为 $x+1$. 现在考虑四种情形.

(1) 所有四个距离都为 x. 此时 M 是四面体的半径为 $\frac{\sqrt{6}}{2}$ 的外接球面的球心,但因 $x \in \mathbf{N}^*$,故不可能.

(2) 三个距离为 x,一个为 $x+1$. 为确定起见,设 $MA = MB = MC = x, MD = x+1$,并设点 O 是 $\triangle ABC$ 的中心. 此时 M 在射线 DO 上,且

$$x \geq AO = \frac{2}{\sqrt{3}} > 1$$

即

$$DM = x + 1 > 2 > 2\sqrt{\frac{2}{3}} =$$

$$DO = DM - MO = x + 1 - \sqrt{x^2 - \frac{4}{3}}$$

由此得到

$$x + 1 = 2\sqrt{\frac{2}{3}} + \sqrt{x^2 - \frac{4}{3}} = 2\sqrt{\frac{2}{3}} + \sqrt{\left(x - \frac{1}{2}\right)^2 + x - \frac{19}{12}} > \frac{3}{2} + x - \frac{1}{2} = x + 1$$

不可能.

(3) 三个距离为 $x+1$,一个为 x. 与情形(2)类似,可设 $MD = x \geq 1, MA = MB = MC = x + 1 \geq 2$. 此时点 M 在直线 OD 上且点 O 不能在 M 与 D 之间,否则有

$$x = 2\sqrt{\frac{2}{3}} + \sqrt{(x+1)^2 - \frac{4}{3}} > 1 + x$$

因此,点 M 在射线 OD 上,且

$$2\sqrt{\frac{2}{3}} = OD = OM - MD = \sqrt{(x+1)^2 - \frac{4}{3}} - x <$$

$$(x+1) - x = 1 < 2\sqrt{\frac{2}{3}}$$

也不可能.

(4) 两个距离为 x, 另两个为 $x+1$. 为确定起见, 设 $MA = MB = x \geqslant 1, MC = MD = x+1 \geqslant 2$. 注意, $x \neq 1$ (前面已证明, 点 M 不能在直线 AB 上). 所以 $x \geqslant 2$. 设点 E 与 F 分别是线段 AB 与 CD 的中点. 此时点 M 在射线 EF 上, 且

$$MF = \sqrt{(x+1)^2 - 1} \geqslant \sqrt{3} > \sqrt{2} = EF$$

从而 $\sqrt{(x+1)^2 - 1} - \sqrt{x^2 - 1} = MF - ME = EF = \sqrt{2}$

但因当 $1 < x \in \mathbf{N}^*$ 时

$$\sqrt{(x+1)^2 - 1} - \sqrt{x^2 - 1} < \sqrt{2}$$

所以也不可能.

10.56 给定 20 个不超过 70 的自然数 $a_1 < a_2 < \cdots < a_{20}$, 证明: 在差 $a_j - a_k (j > k)$ 中至少有 4 个相同.

(南斯拉夫数学奥林匹克, 1977 年)

证明 设结论不真, 则 19 个自然数 $a_{20} - a_{19}, a_{19} - a_{18}, \cdots, a_2 - a_1$ 中没有 4 个是相同的. 因此, 1, 2, 3, 4, 5, 6 在其中出现的次数各至多是 3. 于是上述 19 个数中至少有一个大于 6, 否则不超过 6 的自然数至少有 19 个, 不可能. 余下的 18 个数中至少有三个大于 5, 再余下的 15 个数中至少有三个大于 4, 等等, 因此

$$70 > a_{20} - a_1 = (a_{20} - a_{19}) + (a_{19} - a_{18}) + \cdots + (a_2 - a_1) \geqslant$$
$$7 + (6+6+6) + (5+5+5) + \cdots + (1+1+1) = 70$$

矛盾. 证毕.

10.57 每一个大于 2 的自然数 n 都可以表示为若干个两两不等的自然数之和, 将 n 表为互异自然数之和的项数之最大值记作 $A(n)$, 求 $A(n)(n \geqslant 3)$.

(德国数学奥林匹克, 1993 年)

解 对正整数 $n, n \geqslant 3$, 必定存在自然数 m, 使得

$$1 + 2 + \cdots + m \leqslant n < 1 + 2 + \cdots + (m+1)$$

即 $\quad \dfrac{1}{2}m(m+1) \leqslant n < \dfrac{1}{2}(m+1)(m+2)$

注意 $\quad n - \dfrac{1}{2}m(m-1) \geqslant \dfrac{1}{2}m(m+1) - \dfrac{1}{2}m(m-1) =$
$$m > m - 1$$

因此 n 最多可表为 m 个不同正整数 $1,2,\cdots,m-1,n-\frac{1}{2}m(m-1)$ 之和,所以 $A(n) = m$.

又 m 是满足不等式 $\frac{1}{2}m(m+1) \leqslant n$ 的最大整数,即
$$m^2 + m - 2n \leqslant 0, m \leqslant \frac{-1+\sqrt{8n+1}}{2}$$

所以
$$A(n) = m = \left[\frac{-1+\sqrt{8n+1}}{2}\right]$$

10.58 对给定正整数 n,求和为 n 的自然数之积的最大值.
（南斯拉夫数学奥林匹克,1974 年）

解 注意,只能用有限多种方法把给定的 $n \in \mathbf{N}^*$ 表为自然数的和,因此存在 n 的(可以不唯一)分解式 $n = m_1 + m_2 + \cdots + m_k$,其中 $m_1 \leqslant m_2 \leqslant \cdots \leqslant m_k$,使得乘积 $m_1 m_2 \cdots m_k$ 取到最大值 $f(n)$.但因为 $4 = 2 + 2 = 2 \cdot 2$,所以可以约定,在分解式 $n = m_1 + m_2 + \cdots + m_k$ 中,每个 m_i 都不等于 $4,i = 1,2,\cdots,k$.如果 $m_k > 4$,则因为 $(m_k - 2) \cdot 2 > m_k$,所以和为 n 的数 $m_1,m_2,\cdots,m_k - 2,2$ 的乘积将更大.因此 $m_i \leqslant 3, i = 1,2,\cdots,k$.其次,当 $n = 1$ 时,n 的分解式是唯一的,所以 $f(1) = 1$.当 $n > 1$ 时,如果 $m_1 = 1$,则因为 $m_1 + m_2 > m_1 m_2$,所以和为 n 的数 $m_1 + m_2, m_3, \cdots, m_k$ 的乘积将更大.因此每个 m_i 都不等于 1,最后,在 m_i 中不能有三个(或三个以上)为 2,否则设 $m_1 = m_2 = m_3 = 2$,则和为 n 的数 $3,3,m_4,\cdots,m_k$ 的乘积将更大.于是,如果 $n > 1$,则 $m_1, m_2, \cdots, m_k$ 中至多有两个 2,其他都是 3.又因为 2 与 $2 + 2$ 不能表为若干个 3 的和,所以当 $n > 1$ 时,$m_1, m_2, \cdots, m_k$ 是唯一确定的,于是得到
$$f(1) = 1, f(3l) = 3^l, f(3l-1) = 2 \cdot 3^{l-1}$$
与
$$f(3l+1) = 4 \cdot 3^{l-1}$$
其中 $l \in \mathbf{N}^*$.

10.59 证明:不存在一个正四棱锥,其所有棱长、表面积和体积都是整数.
（评委会,匈牙利,1979 年）

证明 设题中所说的棱锥存在.用 g 表示其底面正方形的边长,用 h 表示棱锥的高,则棱锥的侧棱棱长、表面积与体积分别为
$$f = \sqrt{h^2 + 2\left(\frac{g}{2}\right)^2}, s = g^2 + 2g\sqrt{h^2 + \left(\frac{g}{2}\right)^2}$$

$$v = \frac{1}{3}g^2 h$$

因为 $g, f, s, v \in \mathbf{N}^*$,所以 $x = g^3, y = bv, z = g(s - g^2), u = 2g^2 f$ 都是自然数,且

$$x^2 + y^2 = g^6 + 36v^2 = 4g^4\left(\left(\frac{g}{2}\right)^2 + h^2\right) = g^2(s - g^2)^2 = z^2$$

$$x^2 + z^2 = g^6 + 4g^4\left(h^2 + \left(\frac{g}{2}\right)^2\right) = 4g^4\left(h^2 + 2\left(\frac{g}{2}\right)^2\right) = u^2$$

于是方程组
$$\begin{cases} x^2 + y^2 = z^2 \\ x^2 + z^2 = u^2 \end{cases}$$

有自然数解. 取其中一个解 (x_0, y_0, z_0, u_0),使得 x_0 是所有解中 x 的最小值. 则 x_0, y_0, z_0, u_0 两两互素,事实上,如果其中某两个同时被某个素数 p 整除,则由

$$x_0^2 + y_0^2 = z_0^2, x_0^2 + z_0^2 = u_0^2, y_0^2 + u_0^2 = 2z_0^2$$

可知,另两个数也被 p 整除,于是

$$\left(\frac{x_0}{p}, \frac{y_0}{p}, \frac{z_0}{p}, \frac{u_0}{p}\right)$$

也是方程组的解,而且 $\frac{x_0}{p} < x_0$,与 x_0 的选取矛盾. 另外,因为 f 为自然数,所以 g 为偶数,因此 x_0 为偶数,从而 y_0, z_0, u_0 为奇数. 于是由 $x_0^2 = z_0^2 - y_0^2$ 得到

$$\left(\frac{x_0}{2}\right)^2 = \frac{z_0 + y_0}{2} \cdot \frac{z_0 - y_0}{2}$$

如果自然数 $\frac{z_0 + y_0}{2}$ 和 $\frac{z_0 - y_0}{2}$ 不是互素的,则

$$(z_0, y_0) = (z_0, z_0 - y_0) \geq \left(z_0, \frac{z_0 - y_0}{2}\right) =$$
$$\left(z_0 - \frac{z_0 - y_0}{2}, \frac{z_0 - y_0}{2}\right) =$$
$$\left(\frac{z_0 + y_0}{2}, \frac{z_0 - y_0}{2}\right) > 1$$

即 z_0 和 y_0 不是互素的,不可能. 因此, $\frac{z_0 + y_0}{2}$ 和 $\frac{z_0 - y_0}{2}$ 互素,从而 $\frac{z_0 + y_0}{2}$ 和 $\frac{z_0 - y_0}{2}$ 分别是某两个互素的数 $k, l \in \mathbf{N}^*$ 的平方. 所以 $x_0 = 2kl, y_0 = k^2 - l^2, z_0 = k^2 + l^2$. 同理,由 $x_0^2 = u_0^2 - z_0^2$ 得到, $x_0 = 2mn, z_0 = m^2 - n^2, u_0 = m^2 + n^2$,其中 $m, n \in \mathbf{N}^*$. 于是得到方程组

$$\begin{cases} kl = mn \\ k^2 + l^2 = m^2 - n^2 \end{cases}$$

记 $(k, m) = a$,则 $k = ab, m = ac$,其中 $a, b, c \in \mathbf{N}^*$,且 $(b, c) = $

1. 由于 $kl = mn$,所以 $abl = acn$,即 $bl = cn$,且 $l = cd$,其中 $d \in \mathbf{N}^*$(因为 $c \mid bl$,且 $(b, c) = 1$). 从而 $bcd = cn$,故 $n = bd$,又由 $1 = (k, l) = (ab, cd)$ 可得,$(a, d) = 1$. 其次有 $a^2b^2 + c^2d^2 = a^2c^2 - b^2d^2$. 由此得到
$$(a^2 + d^2)(b^2 + c^2) = 2a^2c^2$$
因为 $(a^2 + d^2, a^2) = (d^2, a^2) = 1$,而且 $(b^2 + c^2, c^2) = (b^2, c^2) = 1$,所以由上式得到
$$\begin{cases} a^2 + d^2 = 2c^2 \\ b^2 + c^2 = a^2 \end{cases} \quad 或 \quad \begin{cases} a^2 + d^2 = c^2 \\ b^2 + c^2 = 2a^2 \end{cases}$$
由此分别,得
$$\begin{cases} b^2 + d^2 = c^2 \\ b^2 + c^2 = a^2 \end{cases} \quad 或 \quad \begin{cases} d^2 + b^2 = a^2 \\ d^2 + a^2 = c^2 \end{cases}$$
从而得到,(b, d, c, a) 和 (d, b, a, c) 中必有一个是 (x_0, y_0, z_0, u_0) 所满足的原方程组的解. 因为 $x_0 = 2mn = 2nbd$,所以 $b < x_0$,且 $d < x_0$,与 x_0 的选取矛盾. 结论证毕.

10.60 如果一矩形边长为奇数,则其内部不含这样的点,它到四顶点的距离都是整数.

(南斯拉夫数学奥林匹克,1973 年)

证明 用 x_1 与 x_2 表示矩形内某一点 P 到两条对边的距离,用 y_1 与 y_2 表示 P 到另一组对边的距离,则由条件,矩形的边长 $A = x_1 + x_2$ 与 $B = y_1 + y_2$ 为奇数. 设有 $a_{11}, a_{12}, a_{21}, a_{22} \in \mathbf{Z}$,使得 $x_i^2 + y_j^2 = a_{ij}^2$,$i, j = 1, 2$,下同此. 记 $u_i = x_i A \cdot B$,$v_j = y_j A \cdot B$,则
$$u_1 - u_2 = (x_1 - x_2) A \cdot B = (x_1^2 - x_2^2) B =$$
$$((x_1^2 + y_1^2) - (x_2^2 + y_1^2)) B = (a_{11}^2 - a_{21}^2) B = C$$
$$u_1 + u_2 = (x_1 + x_2) A \cdot B = A^2 \cdot B = D$$
同理
$$v_1 - v_2 = (a_{11}^2 - a_{12}^2) A = E, \quad v_1 + v_2 = A \cdot B^2 = F$$
最后有
$$u_i^2 + v_j^2 = (x_i^2 + y_j^2) A^2 \cdot B^2 = a_{ij}^2 A^2 \cdot B^2 = b_{ij}^2$$
注意,C, E 与 b_{ij} 为整数,而 D 与 F 为奇数. 设所有的 u_i, v_j 为整数,则因为 $u_1 + u_2$ 为奇数,故 u_1, u_2 有一个为奇数. 同理,v_1, v_2 也有一个为奇数,用 u 与 v 表示这两个奇数,再用 b^2 表示它们的平方和,则有 $u^2 \equiv 1 \pmod 4$,$v^2 \equiv 1 \pmod 4$ 且 $u^2 + v^2 = b^2$,与 $b^2 \not\equiv 2 \pmod 4$ 矛盾. 这表明,u_i, v_j 不全是整数. 因此 $U_i = 2u_i = D \pm C$,$V_j = 2v_j = F \pm E$ 至少有一个是奇数. 不妨设这个奇数为 U_1(其

他情形仿此讨论),则由 $u_1^2 + v_1^2 = b_{11}^2$ 得到,$U_1^2 + V_1^2 = 4b_{11}^2$. 但这是不可能的,因为
$$U_1^2 \equiv 1 \pmod{4}, 4b_{11}^2 \equiv 0 \pmod{4}$$
而 $V_1^2 \not\equiv 3 \pmod{4}$.

10.61 求证:对任意实数 $a, b, \varepsilon > 0$,存在整数 k, m 及正整数 n,使得
$$|na - k|, |nb - m| < \varepsilon$$
(评委会,波兰,1977 年)

证明 取整数 $N > \dfrac{1}{\varepsilon}$,并让每个数对 $x, y \in [0, 1)$ 对应于数对 u, v,其中 $u = [Nx], v = [Ny]$. 如果两个数对 (x_1, y_1) 与 (x_2, y_2) 对应于同一个数对 (u, v),则
$$|x_1 - x_2| = \left|\frac{1}{N}(u + \{Nx_1\}) - \frac{1}{N}(u + \{Nx_2\})\right| =$$
$$\frac{1}{N}|\{Nx_1\} - \{Nx_2\}| < \frac{1}{N} < \varepsilon$$

同理,$|y_1 - y_2| < \varepsilon$. 因为 $u, v \in \{0, 1, 2, \cdots, N-1\}$,所以不同数对 (u, v) 的个数为 N^2. 考虑由 $N^2 + 1$ 个数对 $x = \{la\}, y = \{lb\}$,$l = 0, 1, 2, \cdots, N^2$ 的集合. 由迪利克雷原理(定理 1),这个集合中至少有两个数对(例如取 $l = i$ 与 $l = j, l > j$)对应于同一个数对 (u, v). 记 $n = i - j, k = [ia] - [ja], m = [ib] - [jb]$,便得到所需的不等式
$$|na - k| = |(ia - [ia]) - (ja - [ja])| = |\{ia\} - \{ja\}| < \varepsilon$$
$$|nb - m| = |(ib - [ib]) - (jb - [jb])| = |\{ib\} - \{jb\}| < \varepsilon$$

注 上述证明的几何意义是,设坐标平面上的正方形 $K = \{(x, y) \mid 0 \leq x < 1, 0 \leq y < 1\}$ 被分为 N^2 个边长为 $\dfrac{1}{N}$ 的小正方形,则在上述证明中,两个数对 x_1, y_1 与 x_2, y_2 对应于同一个整数对 u, v 的必要且充分条件是,点 (x_1, y_1) 与 (x_2, y_2) 落在同一个小正方形里.

10.62 证明:如果正整数 n 不是素数的整数次幂,则存在 $1, 2, \cdots, n$ 的排列 $(i_1, i_2, \cdots, i_n)$,使得
$$\sum_{k=1}^{n} k\cos\frac{2\pi i_k}{n} = 0$$
(评委会,瑞典,1983 年)

证明 设 $n = pq$,其中 $p > 1, q > 1$,且 $(p, q) = 1$,则对每

个 $k = 1, 2, \cdots, n$,必有
$$m \in \{0, 1, 2, \cdots, p-1\}, l \in \{1, 2, \cdots, q\}$$
使得 $k = mq + l$. 记 $i_k = r + 1$,其中 r 是 $mq + lp - 1$ 被 n 除的余数. 于是 $i_1, i_2, \cdots, i_n \in \{1, 2, \cdots, n\}$. 下面证明,$i_1, i_2, \cdots, i_n$ 互不相同. 否则,设有两个不同的下标 $k_1 = m_1 q + l_1, k_2 = m_2 q + l_2$,使得 $i_{k_1} = i_{k_2}$,因此
$$(m_1 q + l_1 p) - (m_2 q + l_2 p) = (m_1 - m_2) q + (l_1 - l_2) p$$
被 $n = pq$ 整除. 因为 p, q 互素,所以 $m_1 - m_2$ 被 p 整除,而 $l_1 - l_2$ 被 q 整除. 又因为
$$|m_1 - m_2| < p, |l_1 - l_2| < q$$
所以只能 $m_1 - m_2 = l_1 - l_2 = 0$,从而 $k_1 = k_2$,与 $k_1 \neq k_2$ 的假设矛盾. 于是 $(i_1, i_2, \cdots, i_n)$ 是 $1, 2, \cdots, n$ 的排列. 利用函数 $\sin x$ 与 $\cos x$ 的周期性,并将和式
$$S = \sum_{k=1}^{n} k \cos \frac{2\pi i_k}{n}$$
中被加项以特定方式合并,便得到
$$S = \sum_{m=0}^{p-1} \sum_{l=1}^{q} (mq + l) \cos \frac{2\pi (mq + lp)}{pq} =$$
$$\sum_{m=0}^{p-1} mq \sum_{l=1}^{q} \cos\left(\frac{2\pi m}{p} + \frac{2\pi l}{q}\right) + \sum_{l=1}^{q} l \sum_{m=0}^{p-1} \cos\left(\frac{2\pi m}{p} + \frac{2\pi l}{q}\right) =$$
$$\sum_{m=0}^{p-1} mq \left(\cos \frac{2\pi m}{p} \sum_{l=1}^{q} \cos \frac{2\pi l}{q} - \sin \frac{2\pi m}{p} \sum_{l=1}^{q} \sin \frac{2\pi l}{q} \right) +$$
$$\sum_{l=1}^{q} l \left(\cos \frac{2\pi l}{q} \sum_{m=0}^{p-1} \cos \frac{2\pi m}{p} - \sin \frac{2\pi l}{q} \sum_{m=0}^{p-1} \sin \frac{2\pi m}{p} \right) = 0$$
其中用到下面的结论
$$\sum_{l=1}^{q} \cos \frac{2\pi l}{q} = \sum_{l=1}^{q} \sin \frac{2\pi l}{q} = 0$$
$$\sum_{m=0}^{p-1} \cos \frac{2\pi m}{p} = \sum_{m=0}^{p-1} \cos \frac{2\pi m}{p} = 0$$
因此,上面给出的排列 $(i_1, i_2, \cdots, i_n)$ 合乎题中条件.

注 为证明上述两个等式,只须注意,由 Viéta 定理,复数
$$x_l = \cos \frac{2\pi l}{q} + i \sin \frac{2\pi l}{q}, l = 1, 2, \cdots, q$$
与
$$y_m = \cos \frac{2\pi m}{p} + i \sin \frac{2\pi m}{p}, m = 0, 1, 2, \cdots, p-1$$
分别是多项式 $x^q - 1$ 与 $x^p - 1$ 的根,因此其和为 0. 较初等的证明如下:在平面上引进坐标系,则点
$$\left(\cos \frac{2\pi j}{N}, \sin \frac{2\pi j}{N} \right), j = 1, 2, \cdots, N, N \geq 2$$
是中心在坐标原点的正 N 边形的顶点. 由正 N 边形的中心作指向

其顶点的向量,这 N 个向量之和关于平面绕其中心旋转角 $\dfrac{2\pi}{N}$ 而不变,因此等于 0.

> **10.63** 设 $g(k)$ 为 k 的最大奇因子,证明:对任意正整数 n,
> $$0 < \sum_{k=1}^{n} \frac{g(k)}{k} - \frac{2n}{3} < \frac{2}{3}.$$
> (奥地利数学奥林匹克,1973 年)

证明 用 $m(k)$ 表示 $k \in \mathbf{N}^*$ 的素因子分解式中 2 的指数,则
$$k = 2^{m(k)} g(k)$$
且
$$S = \sum_{k=1}^{n} \frac{g(k)}{k} = \sum_{k=1}^{n} \frac{1}{2^{m(k)}}$$

注意,在 $1, 2, \cdots, n$ 中恰有 $\left[\dfrac{n}{2}\right]$ 个偶数, $\left[\dfrac{n}{2^2}\right]$ 个 4 的倍数, $\left[\dfrac{n}{2^3}\right]$ 个 8 的倍数,一般地说,有 $\left[\dfrac{n}{2^m}\right]$ 个被 2^m 整除的数(其中 m 跑遍 $0, 1, 2, \cdots$,并且从某个适合 $2^M > n$ 的数 M 起都有 $\left[\dfrac{n}{2^M}\right] = \left[\dfrac{n}{2^{M+1}}\right] = \cdots = 0$).因此使 $m(k)$ 取值为 m 的数 $k \in \{1, 2, \cdots, n\}$ 的个数恰为
$$\left[\frac{n}{2^m}\right] - \left[\frac{n}{2^{m+1}}\right]$$

于是,由于 $\left[\dfrac{n}{2^{M+1}}\right] = 0$,故
$$S = \sum_{m=0}^{M} \frac{1}{2^m}\left(\left[\frac{n}{2^m}\right] - \left[\frac{n}{2^{m+1}}\right]\right) = \sum_{m=0}^{M} \frac{1}{2^m}\left[\frac{n}{2^m}\right] - \sum_{m=1}^{M} \frac{1}{2^{m-1}}\left[\frac{1}{2^m}\right] =$$
$$\left[\frac{n}{2^0}\right] + \sum_{m=1}^{M}\left(\frac{1}{2^m} - \frac{1}{2^{m-1}}\right)\left[\frac{n}{2^m}\right] = n - \sum_{m=1}^{M} \frac{1}{2^m}\left[\frac{n}{2^m}\right]$$

因为对任意 $x \in \mathbf{R}, [x] \leqslant x$,所以
$$S \geqslant n - \sum_{m=1}^{M} \frac{1}{2^m} \cdot \frac{n}{2^m} = n - n\sum_{m=1}^{M} \frac{1}{4^m} =$$
$$n - \frac{n}{3}\left(1 - \frac{1}{4^M}\right) = \frac{2}{3}n + \frac{n}{3 \cdot 4^M} > \frac{2}{3}n$$

即得左端不等式.为证明右端不等式,我们注意:对任意 $p, q \in \mathbf{N}^*$,有
$$\left[\frac{p}{q}\right] \geqslant \frac{p+1}{q} - 1$$

事实上,设 $\left[\dfrac{p}{q}\right] = r$,则 $p = rq + s$,其中 $s \in \{0, 1, 2, \cdots, q - $

1}. 因此
$$\left[\frac{p}{q}\right] = r = \left[\frac{p-s}{q}\right] \geqslant \frac{p-(q-1)}{q} = \frac{p+1}{q} - 1$$
利用这个不等式, 得
$$S = n - \sum_{m=1}^{M} \frac{1}{2^m}\left[\frac{n}{2^m}\right] \leqslant n - \sum_{m=1}^{M} \frac{1}{2^m}\left(\frac{n+1}{2^m} - 1\right) =$$
$$n - (n+1)\sum_{m=1}^{M} \frac{1}{4^m} + \sum_{m=1}^{M} \frac{1}{2^m} =$$
$$n - \frac{n+1}{3}\left(1 - \frac{1}{4^M}\right) + \left(1 - \frac{1}{2^M}\right) =$$
$$\frac{2}{3}n + \frac{2}{3} + \frac{n+1}{3 \cdot 4^M} - \frac{1}{2^M}$$
因为
$$2^M > n > \frac{n+1}{3}$$
所以
$$\frac{n+1}{3 \cdot 4^M} < \frac{1}{2^M}$$
于是 $S < \frac{2}{3}n + \frac{2}{3}$, 即得右端不等式. 结论证毕.

10.64 对给定整数 $k > 1$, $Q(n) = [n, n+1, \cdots, n+k]$, 证明: 存在无限多个正整数 n, 使得 $Q(n) > Q(n+1)$.

(匈牙利数学奥林匹克, 1982 年)

证明 我们证明, 对每个 $n = r \cdot k! - 1$, 其中 $r \in \mathbf{N}^*$, $r \geqslant 3$, 均有 $Q(n) > Q(n+1)$. 记 $m = [n+1, n+2, \cdots, n+k]$. 当 $j = 1, 2, \cdots, k$ 时, 有 $n \equiv -1 \pmod{j}$, 因此 $(n, j) = 1$, 且 $(n, n+j) = 1$. 从而 $(n, m) = 1$, 且
$$Q(n) = [n, n+1, \cdots, n+k] = [n, m] = nm$$
另一方面, $n + k + 1 = r \cdot k! + k$ 被 k 整除, m 被 $n + 1 = r \cdot k!$ 整除, 从而被 k 整除, 因此 $\frac{m(n+k+1)}{k}$ 不但被 m 整除, 而且也被 $n + k + 1$ 整除, 于是
$$Q(n+1) = [n+1, \cdots, n+k, n+k+1] =$$
$$[m, n+k+1] < \frac{m(n+k+1)}{k}$$
因为 $k \geqslant 2$, $r \geqslant 3$, 所以
$$Q(n+1) \leqslant \frac{m(n+k+1)}{2} = \frac{mn}{2}\left(1 + \frac{k+1}{n}\right) \leqslant$$
$$\frac{mn}{2}\left(1 + \frac{k+1}{3k-1}\right) < \frac{mn}{2} \cdot 2 = mn = Q(n)$$
这正是所要证的.

> **10.65** 给定正整数 n，设 $A = (a_1, a_2, \cdots, a_m)$ 是由 $m = 2^n$ 个数 $a_i \in \{1, -1\}$，$i = 1, 2, \cdots, m$ 组成的 m 数组. 定义运算 S 如下：$S(A) = (a_1 a_2, a_2 a_3, \cdots, a_{m-1} a_m, a_m a_1)$. 证明：对任意 m 数组 A，序列 $A, S(A), S(S(A)), \cdots$ 中含有 m 个 1 组成的数组.
>
> （评委会，罗马尼亚，1997 年）

证明 对 $n \in \mathbf{Z}^+$ 用归纳法证明. 接连进行 2^n 次运算 S 之后得到的 m 数组是由 $m = 2^n$ 个 1 组成的. 当 $n = 0$ 时，有 $S(A) = (a_1 a_1) = 1$. 设结论对 $n - 1$ 成立. 下面证明结论对 n 成立. 注意，在数组

$$T(A) = S(S(A)) = S(a_1 a_2, a_2 a_3, \cdots, a_m a_1) =$$
$$(a_1 a_3, a_2 a_4, a_3 a_5, a_4 a_6, \cdots, a_{m-2} a_m, a_{m-1} a_1, a_m a_2)$$

中，位于偶数位置上的数构成的数组，与数组 $(a_2, a_4, \cdots, a_{m-2}, a_m)$ 经运算 S 后得到的数组是相同的. 同理，位于数组 $T(A)$ 的奇数位置上的数构成数组 $S(a_1, a_3, \cdots, a_{m-1})$. 由归纳假设，在 $\frac{m}{2} = 2^{n-1}$ 次运算 T 之后，得到的数组不论在偶数或奇数位置上的数都是 1. 因此在 m 次运算 S 之后整个数组都由数 1 组成.

> **10.66** 一个正整数满足下列条件时称为"三分裂数"：这个数的所有的因子分成三个集合，每个集合中的元素相加后得到的结果相同. 证明：存在无穷多个这样的三分裂数.

证明 举例来说，120 就是一个三分裂数.
$$120 = 60 + 40 + 20 =$$
$$1 + 2 + 3 + 4 + 5 + 6 + 8 + 10 + 12 + 15 + 24 + 30$$
所以，120 是一个三分裂数.

如果 n 是一个三分裂数，这时，n 的因子能够分成三个集合，每一个集合的和相等，记为

$$d_{i_1} + \cdots + d_{i_r} = d_{j_1} + \cdots + d_{j_s} = d_{k_1} + \cdots + d_{k_l}$$

设 p 是与 n 互质的质数，这时，$d_i, p d_i$ 是 pn 的因子，且

$$p d_{i_1} + \cdots + p d_{i_r} = p d_{j_1} + \cdots + p d_{j_s} = p d_{k_1} + \cdots + p d_{k_l}$$

由此知 pn 也是一个三分裂数.

综上所述，存在无穷多个这样的三分裂数.

10.67 正整数 $n \geq 3$,有多少个正整数边长的两两不全等的直角三角形,使得两条直角边长互质,而且面积是周长的 n 倍.

解 满足题目条件的一个直角三角形两条直角边长记为 x, y,斜边长记为 z. x, y, z 都是正整数,由勾股定理,有
$$x^2 + y^2 = z^2 \qquad ①$$
由于题目条件,知道 $(x,y) = 1$. 我们知道 x, y 必定一奇、一偶,不妨设 x 为奇数,y 为偶数,而且有正整数 $a, b, a > b, a, b$ 一奇、一偶, $(a, b) = 1$,使得
$$x = a^2 - b^2, y = 2ab, z = a^2 + b^2 \qquad ②$$
利用公式 ②,这直角三角形的面积为
$$S = \frac{1}{2}xy = ab(a^2 - b^2) \qquad ③$$
这直角三角形的周长为
$$L = x + y + z = 2a(a + b) \qquad ④$$
由题目条件,有
$$ab(a^2 - b^2) = S = nL = 2na(a + b) \qquad ⑤$$
由于 a, b 都是正整数,从 ⑤,立即有
$$b(a - b) = 2n \qquad ⑥$$
对于已经给定的正整数 $n \geq 3$,进行质因子分解
$$n = 2^r p_1^{t_1} p_2^{t_2} \cdots p_k^{t_k} \qquad ⑦$$
这里 r 是非负整数,$p_1, p_2, \cdots, p_k$ 全是两两不相同的奇质数,$t_1, t_2, \cdots, t_k$ 全是正整数. 由于 a, b 一奇、一偶,则 $a - b$ 必是奇数,那么,从 ⑥ 可以知道 b 必是偶数. 由于 a, b 互质,则 $a - b$ 与 b 也互质. 从 ⑥ 和 ⑦,以及上面的叙述可以得到 2^{r+1} 必是 b 的因子, $p_j^{t_j}(1 \leq j \leq k)$ 或是 b 的因子,或是 $a - b$ 的因子,两者必居其一. 如果 $p_j^{t_j}$ 是 b 的因子,将 $p_j^{t_j}$ 放入第一个盒子,如果 $p_j^{t_j}$ 是 $a - b$ 的因子,将 $p_j^{t_j}$ 放入第二个盒子,而 k 个奇数 $p_1^{t_1}, p_2^{t_2}, \cdots, p_k^{t_k}$ 放入两个盒子里,一共有 2^k 种不同的放法,每对于 $p_1^{t_1}, p_2^{t_2}, \cdots, p_k^{t_k}$ 的一种放法,将放入第一个盒子里的所有正整数(如果无正整数在第一个盒子里,则写 1)与 2^{r+1} 全部相乘,乘积为 b. 将放入第二个盒子里的所有正整数相乘,乘积为 $a - b$,如果第二个盒子里无正整数,则写 $a - b = 1$. 于是 a, b 唯一确定. 那么,满足题目条件的两两不全等的直角三角形有 2^k 个(这个理由很简单,利用公式 ②,当 a, b 确定时,直角三角形三条边长 x, y, z 确定,当 x, y, z 确定时,利用公式 ②,且 $a = \sqrt{\frac{x+z}{2}}, b = \sqrt{\frac{z-x}{2}}$. 这表明有多少对不同的正整数

对 $(a,b)(a>b)$,就一定有同样数目的两两不全等的直角三角形存在).这里 k 是 n 的质因子分解式中奇质因子的个数.

10.68 设 $n \in \mathbf{N}$,且使 $37.5^n + 26.5^n$ 为正整数,求 n 的值.
(中国上海市数学竞赛,1998 年)

解 $37.5^n + 26.5^n = \dfrac{1}{2^n}(75^n + 53^n)$

当 n 为正偶数时
$$75^n + 53^n \equiv (-1)^n + 1^n \equiv 2 \pmod{4}$$

此时 $75^n + 53^n$ 为 $4l+2$ 的数,从而 $37.5^n + 26.5^n$ 不可能为正整数.

当 n 为正奇数时
$$75^n + 53^n = (75+53)(75^{n-1} - 75^{n-2} \times 53 + \cdots + 53^{n-1}) =$$
$$2^7(75^{n-1} - 75^{n-2} \times 53 + \cdots + 53^{n-1})$$

上式括号内共有 n 项,且每一项均为奇数,因而括号内是奇数个奇数之和为奇数.

于是正奇数 n 只能取 $n = 1,3,5,7$.

由以上可知,只有当 $n = 1,3,5,7$ 时,$37.5^n + 26.5^n$ 是正整数.

10.69 证明:任意整数可以表示成为 5 个整数的立方和(可以相同).

证明
$$n = (-n)^3 + \left(\dfrac{n^3-n}{6}\right)^3 + \left(\dfrac{n^3-n}{6}\right)^3 +$$
$$\left(\dfrac{n-n^3}{6} - 1\right)^3 + \left(\dfrac{n-n^3}{6} + 1\right)^3$$

10.70 证明:对于任意正整数 a,b,整数 $(36a+b)(36b+a)$ 都不是 2 的幂.

证明 设 $a = p2^c, b = q2^d$,其中 p,q 是奇数,不是一般性我们设 $c \geqslant d$.这样我们有 $36a+b = 2^d(36p2^{c-d}+q)(36b+a)$,而 $(36p2^{c-d}+q)$ 肯定是一个大于 1 的奇数.

10.71 证明:任意大于 32 的 $n \in \mathbf{N}$ 都可以表为若干个自然数之和,而且这些自然数的倒数之和为 1.

(美国数学奥林匹克,1978 年)

证明 注意,如果 $n \in \mathbf{N}$ 合乎题中条件,则 $2n+2$ 与 $2n+9$ 也是.事实上,如果 $n = a_1 + a_2 + \cdots + a_k$,其中 $a_1, a_2, \cdots, a_k \in \mathbf{N}$,且

$$\frac{1}{a_1} + \frac{1}{a_2} + \cdots + \frac{1}{a_k} = 1$$

则

$$2n + 2 = 2a_1 + 2a_2 + \cdots + 2a_k + 2$$

$$\frac{1}{2a_1} + \frac{1}{2a_2} + \cdots + \frac{1}{2a_k} + \frac{1}{2} =$$

$$\frac{1}{2}\left(\frac{1}{a_1} + \frac{1}{a_2} + \cdots + \frac{1}{a_k}\right) + \frac{1}{2} = \frac{1}{2} + \frac{1}{2} = 1$$

并且

$$2n + 9 = 2a_1 + 2a_2 + \cdots + 2a_k + 3 + 6$$

$$\frac{1}{2a_1} + \frac{1}{2a_2} + \cdots + \frac{1}{2a_k} + \frac{1}{3} + \frac{1}{6} =$$

$$\frac{1}{2}\left(\frac{1}{a_1} + \frac{1}{a_2} + \cdots + \frac{1}{a_k}\right) + \frac{1}{3} + \frac{1}{6} =$$

$$\frac{1}{2} + \frac{1}{3} + \frac{1}{6} = 1$$

现在归纳证明,所有自然数 $n \geq 33$ 都合乎题中条件.首先,直接验证可知,自然数 $33, 34, \cdots, 73$ 都合乎题中条件,设自 33 至 $n-1$ 的所有自然数都合乎条件,$n > 73$.如果 n 为偶数,则它可表为 $2m+2$,如果 n 为奇数,则 n 可表为 $2m+9$,其中 $m \in \mathbf{N}$,且 $n > m \geq \frac{74-9}{2} > 32$.由上面的证明可知,在这两种情形下,$n$ 都合乎条件,因为由归纳假设,m 合乎条件,证毕.

10.72 证明:$\sqrt[3]{2+\sqrt{5}} + \sqrt[3]{2-\sqrt{5}}$ 是有理数.

证明 令 $a = \sqrt[3]{2+\sqrt{5}} + \sqrt[3]{2-\sqrt{5}}$,则

$$a + \left(-\sqrt[3]{2+\sqrt{5}}\right) + \left(-\sqrt[3]{2-\sqrt{5}}\right) = 0$$

因此

$$a^3 + \left(-\sqrt[3]{2+\sqrt{5}}\right)^3 + \left(-\sqrt[3]{2-\sqrt{5}}\right)^3 =$$

$$3a\left(-\sqrt[3]{2+\sqrt{5}}\right)\left(-\sqrt[3]{2-\sqrt{5}}\right)$$

整理得

$$a^3 + 3a - 4 = 0$$

故

$$(a-1)(a^2 + a + 4) = 0$$

由于 $a^2 + a + 4 > 0$,所以只能有

$$\sqrt[3]{2+\sqrt{5}} + \sqrt[3]{2-\sqrt{5}} = a = 1$$

10.73 数 1978^n 与 1978^m 的最后三位数相等. 试求出正整数 m 和 n, 使得 $m+n$ 取最小值(这里 $n > m \geq 1$).

(第 20 届国际数学奥林匹克, 1978 年)

解 因为 1978^n 与 $1978^m (n > m \geq 1)$ 的最后三位数相同, 所以

$$1978^n - 1978^m = 1978^m(1978^{n-m} - 1) \qquad ①$$

是 $1000 = 2^3 \cdot 5^3$ 的倍数.

由于 $1978^{n-m} - 1$ 是奇数, 它没有因子 2, 所以由式 ①, 1978^m 需能被 2^3 整除. 又由于 $1978^m = 2^m \cdot 989^m$, 而 989 是奇数, 所以 $m \geq 3$.

由于 1978^m 没有因子 5, 所以由式 ①, $1978^{n-m} - 1$ 需能被 5^3 整除.

注意到 1978^t, 当 $t = 1, 2, 3, \cdots$ 时, 它的个位数按 $8, 4, 2, 6, 8, 4, 2, 6, \cdots$ 循环, 于是只有 $n - m = 4k$ 时, $1978^{n-m} - 1$ 才可能被 5^3 整除. 因为

$$1978^{4k} = (2000 - 22)^{4k}$$

所以要使 $1978^{4k} - 1$ 能被 5^3 整除, 只须 $22^{4k} - 1$ 能被 5^3 整除, 而

$$22^{4k} = 484^{2k} = (500 - 16)^{2k}$$
$$16^{2k} = 256^k = (250 + 6)^k$$

于是, 只须 $6^k - 1$ 能被 5^3 整除

$$6^k - 1 = (6-1)(6^{k-1} + 6^{k-2} + \cdots + 6 + 1) = 5(6^{k-1} + 6^{k-2} + \cdots + 6 + 1) \qquad ②$$

因此, 由式 ②, $6^{k-1} + \cdots + 6 + 1$ 需被 $5^2 = 25$ 整除.

由于 6^t 被 5 除余 1, 而 $6^{k-1} + \cdots + 6 + 1$ 共有 k 项, 因此, k 应是 5 的倍数, 设 $k = 5p$.

$$6^k - 1 = 6^{5p} - 1 = 7776^p - 1 = (7776 - 1)(7776^{p-1} + 7776^{p-2} + \cdots + 7776 + 1)$$

因为 $7776 - 1 = 7775 = 311 \cdot 25$ 是 25 的倍数, 而 7776 被 5 除余 1, 因此, 要使 $7776^{p-1} + \cdots + 7776 + 1$ 能被 5 整除, p 的最小值是 5, $4k$ 的最小值为 100, 即 $n - m$ 的最小值是 100. 因为

$$n + m = (n - m) + 2m$$

所以当取最小值 3, $n - m$ 取最小值 100, 此时 $n = 103$ 时, $n + m$ 有最小值 106.

10.74 证明:任意形如 $2^{2^n}+1$ 的素数不能表成两个自然数的 5 次幂之差,其中 $n \in \mathbf{N}$.

证明 否则,设有 $m,n,k \in \mathbf{N}$,使得 $2^{2^n}+1 = m^5 - k^5$. 因为
$$m^5 - k^5 = (m-k)(m^4 + m^3k + m^2k^2 + mk^3 + k^4)$$
是素数,所以 $m - k = 1$,而且
$$2^{2^m}+1 = (k+1)^5 - k^5 = 5k^4 + 10k^3 + 10k^2 + 5k + 1$$
因此 $2^{2^n} = 5(k^4 + 2k^3 + 2k^2 + k)$ 被 5 整除,不可能. 证毕.

10.75 矩形 R 的两边长为正整数 a,b,用平行于任一边的一组截线将 R 分割为全等的整数边长的小矩形,分割的方法数(包括整个 R 的一种)记为 $D(a,b)$. 试求 R 的周长 p,使 $\dfrac{D(a,b)}{p}$ 为最大.

(奥地利,波兰数学竞赛,1988 年)

解 平行于一边的分割法数等于另一边的约数的个数. 记 a 的正约数个数为 $d(a)$,则
$$f(a,b) = \frac{D(a,b)}{p} = \frac{d(a)+d(b)-1}{2(a+b)}$$
我们有
$$f(2,2) = \frac{2+2-1}{2(2+2)} = \frac{3}{8}$$

下面证明:对任何 $a,b \in \mathbf{N}$ 有
$$f(a,b) \leqslant \frac{3}{8}$$
等号仅在 $a = b = 2$ 时成立. 由于
$$\frac{3}{8} - f(a,b) = \frac{3}{8} - \frac{d(a)+d(b)-1}{2(a+b)} = $$
$$\frac{2+3a-4d(a)+2+3b-4d(b)}{8(a+b)}$$
故只要证明对任何 $n \in \mathbf{N}$
$$2 + 3n \geqslant 4d(n) \qquad ①$$
且等号仅在 $n = 2$ 时成立. $n = 1$ 时
$$2 + 3 \cdot 1 \geqslant 4 = 4d(1)$$
式 ① 显然成立.

$n = 2$ 时,有等式
$$2 + 3 \cdot 2 = 4d(2) = 8$$
下面证明 $n \geqslant 3$ 时,$2 + 3n > 4d(n)$.

令 n 的标准分解式为

$$n = \prod_{i=1}^{k} p_i^{\alpha_i}$$

其中 p_i 为素数,α_i 为自然数,$i = 1, 2, \cdots, k$.

则 n 的所有约数的个数为

$$d(n) = \prod_{i=1}^{k} (1 + \alpha_i)$$

下面用数学归纳法(对 α)证明:对任何 $p \geq 2, \alpha \in \mathbf{N}$,总有

$$p^\alpha \geq 1 + \alpha \qquad ②$$

$\alpha = 1$ 时,$p^\alpha = p^1 \geq 2 = 1 + 1$,式 ② 成立;

假设 $\alpha = t$ 时,有 $p^t \geq 1 + t$.

那么 $\alpha = t + 1$ 时

$$p^{t+1} = p^t \cdot p \geq p(1 + t) \geq 1 + (t + 1)$$

因而 $p^\alpha \geq 1 + \alpha$

如果 n 有一素因子 $p \geq 3$,则对任何 $\alpha \in \mathbf{N}$,由数学归纳法易证

$$3p^\alpha > 4(1 + \alpha)$$

因而

$$3 \prod_{i=1}^{k} p_i^{\alpha_i} > 4 \prod_{i=1}^{k} (1 + \alpha_i)$$

于是

$$2 + 3n > 4d(n)$$

如果 $n = 2^\alpha$,则对 $\alpha \in \mathbf{N}$,且 $\alpha > 1$,由数学归纳法易证

$$3 \cdot 2^\alpha > 2(1 + 2\alpha)$$

从而

$$2 + 3n > 4(1 + \alpha)$$

由以上知

$$\frac{3}{8} - f(a, b) \geq 0$$

$$f(a, b) \leq \frac{3}{8}$$

于是仅当 $a = b = 2$ 时,$f(a, b)$ 有最大值 $\frac{3}{8}$.

10.76 数学老师把一个两位自然数 n 的约数个数告诉了 S,把 n 的各位数码和告诉了 P,S 和 P 是两位很聪明的学生,他们希望推导出 n 的准确值,S 和 P 进行了如下的对话.

P:我不知道 n 是多少.

S:我也不知道,但我知道 n 是否为偶数.

P:现在我知道 n 是多少了.

S:现在我也知道了.

老师证实了 S 和 P 都是诚实可信的,他们的每一句话都是有根据的.

试问 n 的值究竟是多少?为什么?

(中国国家集训队测验题,1988 年)

解 设 n 的各位数码之和为 p,约数个数为 s.

第一句话说明:$2 \leq p \leq 17$.

这是因为 P 说我不知道 n 是多少. 如果 $n = 10$, 则 $p = 1$, 如果 $n = 99$, 则 $p = 18$, 因此若 P 知道 $p = 18$, 或知道 $p = 1$, 就知道 n 是多少了.

第二句话说明:$s = 2, 3, 8, 10, 12$.

这是因为 $s \neq 1$(否则 $n = 1$), $s \neq 11$(否则 $n = 2^{10}$ 就不是两位数).

又 $s \leq 12$, 否则 $s = 13, 2^{12}$ 不是两位数. $s > 13, n$ 也不可能是两位数.

若 $s = 7$, 则 $n = 2^6 = 64$ 与 S 说不知道矛盾;

若 $s = 9$, 则 $n = 2^2 \cdot 3^2 = 36$ 与 S 说不知道矛盾;

若 $s = 4$, 则 $n = 2 \cdot 7 = 14$ 或 $n = 3 \cdot 5$, 即或为奇数或为偶数;

若 $s = 5$, 则 $n = 2^4 = 16$ 或 $n = 3^4 = 81$, 即或为奇数或为偶数;

若 $s = 6$, 则 $n = 2^2 \cdot 3 = 12$, 或 $n = 3^2 \cdot 2 = 18$, 或 $n = 3^2 \cdot 5 = 45$, 以上都使 S 无法确定 n 是否为偶数.

而 $s = 2$ 时, n 必为奇素数.

$s = 3$ 时, n 必为奇素数的平方.

$s = 8, 10, 12$ 时, n 必为偶数.

第三句话说明:$n = 11, 30, 59, 89$, 相应的 $p = 2, 3, 14, 17$.

这是因为对应于 $p = 4, 5, 6, 7, 8, 9, 10, 11, 12, 13, 15, 16$ 时, 都各有两个值适合 $s = 2, 3, 8, 10$ 或 12.

例如, 13 或 31, 23 或 41, 24 或 42, 43 或 61, 17 或 71, 54 或 72, 37 或 73, 29 或 83, 48 或 84, 49 或 67, 78 或 96, 79 或 97.

而对应于 $p = 2, 3, 14, 17$ 均仅有一个 n 的值适合 $s = 2, 3, 8, 10, 12$, 即 $n = 11, 30, 59$ 或 89(其实此时只有 $s = 2$ 或 8).

第四句说明:$n = 30$.

这是因为由第三句 $s = 2$ 时, n 可以为 $11, 59$ 和 89, S 无法确定 n 的值, 所以只有 $s = 8$, 即 $n = 30$.

10.77 证明:如果 $m, n \in \mathbf{N}$ 满足 $\sqrt{7} - \dfrac{m}{n} > 0$, 则 $\sqrt{7} - \dfrac{m}{n} > \dfrac{1}{mn}$.

(罗马尼亚数学奥林匹克, 1978 年)

证明 只须证明, 由 $n\sqrt{7} - m > 0$ 可以推出 $n\sqrt{7} - m > \dfrac{1}{m}$,

其中 $m, n \in \mathbf{N}$. 如果 $n\sqrt{7} - m = 1$, 则 $\sqrt{7} = \dfrac{1+m}{n}$ 为有理数, 不可能. 设 $0 < n\sqrt{7} - m < 1$, 注意, 因为 m^2 被 7 除的余数不能是 6 或 5, 事实上

$$(7k)^2 \equiv 0 \pmod{7}, (7k \pm 1)^2 \equiv 1 \pmod{7}$$
$$(7k \pm 2)^2 \equiv 4 \pmod{7}, (7k \pm 3)^2 \equiv 2 \pmod{7}$$

所以 $\quad 7n^2 - m^2 = (n\sqrt{7} - m)(n\sqrt{7} + n)$

不能是 1 或 2, 因此 $7n^2 - m^2 \geqslant 3$. 由于

$$3m \geqslant 2m + 1 > 2m + (n\sqrt{7} - m) = n\sqrt{7} + m$$

所以 $\quad n\sqrt{7} - m \geqslant \dfrac{3}{n\sqrt{7} + m} > \dfrac{1}{m}$

证毕.

10.78 已知 m, n 遍及所有正整数, 求 $|12^m - 5^n|$ 的最小值.

(中国国家集训队测验题, 1989 年)

解 首先注意到 $12^m - 5^n$ 是奇数, 又因为 $|12 - 5| = 7$. 我们证明, 7 是符合条件的最小值. 令

$$s = |12^m - 5^n|$$

假设 $s < 7$, 则 $s = 1, 3, 5$, 因为

$$3 \nmid 5, 5 \nmid 12$$

所以 $3 = |12^m - 5^n|, 5 = |12^m - 5^n|$ 不成立. 若 $s = 1$, 则有两种可能.

(1) $\qquad 12^m - 5^n = 1$
$$5^n = 12^m - 1 = 11 Q(m)$$

其中, $Q(m)$ 为整数.

这时有 $11 \mid 5^n$, 这是不可能的.

(2) $\qquad 12^m - 5^n = -1$
$$5^n = 12^m + 1$$

若 m 为奇数, 则

$$5^n = 13 T(m)$$

这时有 $13 \mid 5^n$, 这是不可能的.

若 m 为偶数, 设 $m = 2t$, 则有

$$5^n = 144^t + 1$$

当 t 为奇数时

$$5^n = 145 \cdot K(m), 145 \mid 5^n$$

而 $145 = 5 \cdot 29$, 则有

$$29 \mid 5^n$$

这是不可能的.

当 t 为偶数时,设 $t=2q$,则有
$$5^n = (144^2)^q + 1$$
由于 144^2 的个位数是 6,则 $(144^2)^q + 1$ 的个位数是 7,而 5^n 的个位数是 5,这也不可能,所以
$$|12^m - 5^n| \neq 1$$
因此,$|12^m - 5^n|$ 的最小值是 7.

10.79 证明:对任意 $m, n \in \mathbf{N}$,存在 $k \in \mathbf{N}$,使得
$$(\sqrt{m} + \sqrt{m-1})^n = \sqrt{k} + \sqrt{k-1}$$
(罗马尼亚数学奥林匹克,1980 年)

证明 由牛顿二项式定理,对给定的 $m, n \in \mathbf{N}$,有
$$(\sqrt{m} \pm \sqrt{m-1})^n = \sum_{i=0}^{n} C_n^i (\sqrt{m})^{n-i} (\pm\sqrt{m-1})^i$$
当 $n = 2j, j \in \mathbf{N}$ 时
$$(\sqrt{m} \pm \sqrt{m-1})^n = \sum_{i=0}^{j} C_n^{2i} (\sqrt{m})^{2j-2i} (\sqrt{m-1})^{2i} \pm$$
$$\sum_{i=1}^{j} C_n^{2i-1} (\sqrt{m})^{2j-2i+1} (\sqrt{m-1})^{2i-1} =$$
$$\sum_{i=0}^{j} C_n^{2i} m^{j-i} (m-1)^i \sqrt{m}(\sqrt{m-1}) \cdot$$
$$\sum_{i=1}^{j} C_n^{2i-1} m^{j-i} (m-1)^{i-1} =$$
$$a \pm b\sqrt{m(m-1)}$$
其中 $a, b \in \mathbf{Z}^+$. 当 $n = 2j - 1, j \in \mathbf{N}$ 时
$$(\sqrt{m} \pm \sqrt{m-1})^n = \sum_{i=0}^{j-1} C_n^{2i} (\sqrt{m})^{2j-1-2i} (\sqrt{m-1})^{2i} \pm$$
$$\sum_{i=1}^{j} C_n^{2i-1} (\sqrt{m})^{2j-2i} (\sqrt{m-1})^{2i-1} =$$
$$\sqrt{m} \sum_{i=0}^{j-1} C_n^{2i} m^{j-i-1} (m-1)^i \pm$$
$$\sqrt{m-1} \sum_{i=1}^{j} C_n^{2i-1} m^{j-i} (m-1)^{i-1} =$$
$$c\sqrt{m} \pm d\sqrt{m-1}$$
其中 $c, d \in \mathbf{Z}^+$,总之有
$$(\sqrt{m} \pm \sqrt{m-1})^n = \sqrt{k} \pm \sqrt{l}$$
其中 $k, l \in \mathbf{Z}^+$,并且
$$k - l = (\sqrt{k} + \sqrt{l})(\sqrt{k} - \sqrt{l}) =$$
$$(\sqrt{m} + \sqrt{m-1})^n (\sqrt{m} - \sqrt{m-1})^n =$$

$$(((\sqrt{m})^2 - (\sqrt{m-1})^2)^2 = 1$$

所以 $l = k - 1$,且

$$(\sqrt{m} + \sqrt{m-1})^n = \sqrt{k} + \sqrt{k-1}$$

证毕.

10.80 证明:不存在这样的正四棱锥,它的所有棱长、表面积和体积都是整数.

(评委会,匈牙利,1979 年)

证明 设题中所说的棱锥存在,用 g 表示其底面正方形的边长,用 h 表示棱锥的高,则棱锥的侧棱棱长、表面积与体积分别为

$$f = \sqrt{h^2 + 2\left(\frac{g}{2}\right)^2}$$

$$s = g^2 + 2g\sqrt{h^2 + \left(\frac{g}{2}\right)^2}$$

$$v = \frac{1}{3}g^2 h$$

因为 $g, f, s, v \in \mathbf{N}$,所以 $x = g^3, y = bv, z = g(s - g^2), u = 2g^2 f$ 都是自然数,且

$$x^2 + y^2 = g^6 + 36v^2 = 4g^4\left(\left(\frac{g}{2}\right)^2 + h^2\right) = g^2(s - g^2)^2 = z^2$$

$$x^2 + z^2 = g^6 + 4g^4\left(h^2 + \left(\frac{g}{2}\right)^2\right) = 4g^4\left(h^2 + 2\left(\frac{g}{2}\right)^2\right) = u^2$$

于是方程组 $\begin{cases} x^2 + y^2 = z^2 \\ x^2 + z^2 = u^2 \end{cases}$

有自然数解.取其中一个解 (x_0, y_0, z_0, u_0),使得 x_0 是所有解中 x 的最小值,则 x_0, y_0, z_0, u_0 两两互素.事实上,如果其中某两个同时被某个素数 p 整除,则由

$$x_0^2 + y_0^2 = z_0^2, x_0^2 + z_0^2 = u_0^2, y_0^2 + u_0^2 = 2z_0^2$$

可知,另两个数也被 p 整除,于是

$$\left(\frac{x_0}{p}, \frac{y_0}{p}, \frac{z_0}{p}, \frac{u_0}{p}\right)$$

也是方程组的解,而且 $\frac{x_0}{p} < x_0$,与 x_0 的选取矛盾.另外,因为 f 为自然数,所以 g 为偶数,因此 x_0 为偶数,从而 y_0, z_0, u_0 为奇数.于是由 $x_0^2 = z_0^2 - y_0^2$ 得到

$$\left(\frac{x_0}{2}\right)^2 = \frac{z_0 + y_0}{2} \cdot \frac{z_0 - y_0}{2}$$

如果自然数 $\frac{z_0 + y_0}{2}$ 和 $\frac{z_0 - y_0}{2}$ 不是互素的,则

$$(z_0, y_0) = (z_0, z_0 - y_0) \geqslant \left(z_0, \frac{z_0 - y_0}{2}\right) =$$
$$\left(z_0 - \frac{z_0 - y_0}{2}, \frac{z_0 - y_0}{2}\right) =$$
$$\left(\frac{z_0 + y_0}{2}, \frac{z_0 - y_0}{2}\right) > 1$$

即 z_0 和 y_0 不是互素的,不可能. 因此, $\frac{z_0 + y_0}{2}$ 和 $\frac{z_0 - y_0}{2}$ 互素,从而 $\frac{z_0 + y_0}{2}$ 和 $\frac{z_0 - y_0}{2}$ 分别是某两个互素的数 $k, l \in \mathbf{N}$ 的平方,所以 $x_0 = 2kl, y_0 = k^2 - l^2, z_0 = k^2 + l^2$. 同理,由 $x_0^2 = u_0^2 - z_0^2$ 得到, $x_0 = 2mn, z_0 = m^2 - n^2, u_0 = m^2 + n^2$,其中 $m, n \in \mathbf{N}$. 于是得到方程组
$$\begin{cases} kl = mn \\ k^2 + l^2 = m^2 - n^2 \end{cases}$$

记 $(k, m) = a$,则 $k = ab, m = ac$,其中 $a, b, c \in \mathbf{N}$,且 $(b, c) = 1$. 由于 $kl = mn$,所以 $abl = acn$,即 $bl = cn$,且 $l = cd$,其中 $d \in \mathbf{N}$ (因为 $c \mid bl$,且 $(b, c) = 1$). 从而 $bcd = cn$,故 $n = bd$,又由 $1 = (k, l) = (ab, cd)$ 可得, $(a, d) = 1$. 其次有
$$a^2 b^2 + c^2 d^2 = a^2 c^2 - b^2 d^2$$
由此得到 $(a^2 + d^2)(b^2 + c^2) = 2a^2 c^2$
因为 $(a^2 + b^2, a^2) = (d^2, a^2) = 1$
而且 $(b^2 + c^2, c^2) = (b^2, c^2) = 1$
所以由上式得到
$$\begin{cases} c^2 + d^2 = 2c^2 \\ b^2 + c^2 = a^2 \end{cases} \text{ 或 } \begin{cases} a^2 + d^2 = c^2 \\ b^2 + c^2 = 2a^2 \end{cases}$$
由此分别得到
$$\begin{cases} b^2 + d^2 = c^2 \\ b^2 + c^2 = a^2 \end{cases} \text{ 或 } \begin{cases} d^2 + b^2 = a^2 \\ d^2 + a^2 = c^2 \end{cases}$$

从而得到, (b, d, c, a) 和 (d, b, a, c) 中必有一个是 (x_0, y_0, z_0, u_0) 所满足的原方程组的解. 因为 $x_0 = 2mn = 2nbd$,所以 $b < x_0$,且 $d < x_0$,与 x_0 的选取矛盾,结论证毕.

> **10.81** 证明: 对于任意正有理数 r,存在正整数 a, b, c, d,使 $r = \dfrac{a^3 + b^3}{c^3 + d^3}$.

证明 设 $r = \dfrac{m}{n}, (m, n) = 1, m, n$ 为正整数,不妨设 $r >$

心得 体会 拓广 疑问

$1(r=1$ 时结论显然,$0 < r < 1$ 时可考虑 $\frac{1}{r}$ 的表示). 若 $\frac{m}{n} = \frac{a^3+b^3}{c^3+d^3}$,由于考虑的是存在性,故可以将问题置于某些特殊情形下讨论. 当 $a=d, b>c$,则

$$\frac{m}{n} = \frac{a^3+b^3}{c^3+d^3} = \frac{(a+b)(a^2-ab+b^2)}{(a+c)(a^2-ac+c^2)} \quad \text{①}$$

再次特殊化,令

$$\frac{a^2-ab+b^2}{a^2-ac+c^2} = 1 \quad \text{②}$$

则式 ① 成为

$$\frac{m}{n} = \frac{a+b}{a+c} \quad \text{③}$$

由式 ② 得

$$a = b+c \quad \text{④}$$

当式 ③ 的右端为既约分数,则

$$m = a+b, n = a+c$$

所以 $\qquad m+n = 3a, a = \frac{m+n}{3}$

从而 $\qquad b = \frac{2m-n}{3}, c = \frac{2n-m}{3}$

注意 $b>c>0$,得 $n<m<2n$. 于是,当 $1 < \frac{m}{n} < 2$,可取

$$a = \frac{m+n}{3}, b = \frac{2m-n}{3}, c = \frac{2n-m}{3}$$

则 $3a, 3b, 3c$ 为正整数,且

$$a = b+c, b>c, \frac{a^2-ab+b^2}{a^2-ac+c^2} = 1$$
$$a+b = m, a+c = n$$

从而 $\qquad \frac{m}{n} = \frac{a+b}{a+c} \cdot 1 = \frac{a+b}{a+c} \cdot \frac{a^2+b^2-ab}{a^2+c^2-ac} =$
$$\frac{a^3+b^3}{a^3+c^3} = \frac{(3a)^3+(3b)^3}{(3a)^3+(3c)^3}$$

当 $r = \frac{m}{n}$ 为任意正有理数,考虑区间 $\left(\sqrt[3]{\frac{1}{r}}, \sqrt[3]{\frac{2}{r}}\right)$,其中必有有理数 $\frac{p}{q}$,因为

$$1 < \frac{p^3}{q^3} r < 2$$

$\frac{p^3}{q^3} r$ 为有理数,由前面的结果知,存在正整数 a, b, c, d 使

$$\frac{p^3}{q^3} r = \frac{a^3+b^3}{c^3+d^3}$$

从而
$$r = \frac{(qa)^3 + (qb)^3}{(pc)^3 + (pd)^3}$$
因此结论得证.

> **10.82** 设 n,m,k 都是自然数,且 $m \geq n$. 证明:如果 $1 + 2 + \cdots + n = mk$,则可将数 $1,2,\cdots,n$ 分成 k 个组,使得每一组数的和都等于 m.
>
> (第 22 届全苏数学奥林匹克,1988 年)

证明 用数学归纳法.

$n = 1$ 时,结论显然成立.

假设对小于 n 的自然数结论成立,我们考察集合 $S_n = \{1, 2, \cdots, n\}$.

由 $1 + 2 + \cdots + n = mk$ 得
$$\frac{n(n+1)}{2} = mk$$

(1) 如果 $m = n$,则 $\frac{1}{2}(n+1) = k$ 是整数.

我们可按如下方法分成 $\frac{1}{2}(n+1)$ 组
$$\{n\}, \{1, n-1\}, \{2, n-2\}, \cdots, \left\{\frac{n-1}{2}, \frac{n+1}{2}\right\}$$

(2) 如果 $m = n+1$,则 n 是偶数.

我们可按如下方法分成 $\frac{n}{2} = k$ 组
$$\{1, n\}, \{2, n-1\}, \cdots, \left\{\frac{n}{2}, \frac{n+2}{2}\right\}$$

(3) 如果 $n + 1 < m < 2n$ 且 m 为奇数.

我们先从 S_n 中分出
$$S_{m-n-1} = \{1, 2, \cdots, m-n-1\}$$
再将其余的 $2n - m + 1$ 个数两两配对,使各对之和等于 m
$$\{m-n, n\}, \{m-n+1, n-1\}, \cdots, \left\{\frac{m-1}{2}, \frac{m+1}{2}\right\}$$

由于 S_{m-n-1} 中所有数之和为
$$\frac{1}{2}(m-n-1)(m-n) = \frac{1}{2}m(m-2n-1) + \frac{1}{2}n(n+1) = m\left(\frac{1}{2}(m-2n-1) + k\right)$$

所以 S_{m-n-1} 中所有数之和能被 m 整除,且因 $m \geq m-n-1$,于是可将 S_{m-n-1} 中的数分成 $\frac{1}{2}(m-2n-1) + k$ 组,且每组之和都等于 m.

又把 $2n-m+1$ 个数两两配对分成 $\frac{1}{2}(2n-m+1)$ 组,而
$$\frac{1}{2}(m-2n-1)+k+\frac{1}{2}(2n-m+1)=k$$
于是可把 S_n 按要求分成 k 个组,每组之和等于 m.

(4) 如果 $n+1 < m < 2n$ 且 m 为偶数.

我们仍然先从 S_n 中分出 S_{m-n-1} 来,并将其余的 $2n-m+1$ 个数两两配对分成 $\frac{1}{2}(2n-m)$ 组,使每组之和为 m
$$\{m-n,n\},\{m-n+1,n-1\},\cdots,\left\{\frac{1}{2}m-1,\frac{1}{2}m+1\right\}$$
这时还剩下一个数 $\frac{m}{2}$ 没有分配.

由 (3),S_{m-n-1} 所有数之和可以表示成
$$\frac{m}{2}(m-2n-1+2k)$$
的形式. 它可被 $\frac{m}{2}$ 整除,且 $\frac{m}{2} \geq m-n-1$.

于是由归纳假设可知,可将 S_{m-n-1} 中的数分为 $m-2n-1+2k$ 组,使每组之和为 $\frac{m}{2}$,由于 $m-2n-1+2k$ 是一个奇数,所以当把上面剩下的一个数 $\frac{m}{2}$ 补入其中之后,变成 $m-2n+2k$ 组,然后把这些和为 $\frac{m}{2}$ 的组两两合并,使各组之和为 m. 这时共分了
$$\frac{1}{2}(2n-m)+\frac{1}{2}(m-2n+2k)=k \text{ 组}.$$

(5) 如果 $m \geq 2n$,此时
$$k=\frac{n(n+1)}{2m} \leq \frac{1}{4}(n+1)$$
所以
$$n-2k \geq 2k-1 > 0$$
我们从 S_n 中分出 S_{n-2k},后者中所有数之和
$$\frac{1}{2}(n-2k)(n-2k+1)=\frac{1}{2}n(n+1)-k(2n+1)+2k^2=$$
$$mk-k(2n+1)+2k^2$$
能被 k 整除,且所得之商不小于 $n-2k$,这是因为
$$\frac{(n-2k)(n-2k+1)}{2(n-2k)}=\frac{1}{2}(n-2k+1) \geq k$$
于是由归纳假设,可将 S_{n-2k} 分为 k 组,使各组之和相等.

再将剩下的 $2k$ 个数两两配成一对,分成 k 组,使各对数之和相等:
$$\{n-2k+1,n\}\{n-2k+2,n-1\},\cdots$$
然后再将这 k 对数并入前面分出的 k 组数,则这样的 k 组数各组

数之和都等于 m.

由以上,对 S_n 能满足题目要求.

10.83 对自然数 k 进行如下运算:先将它分解为素数的乘积 $k = p_1 p_2 \cdots p_{n-1} p_n$,然后求出和数 $p_1 + p_2 + \cdots + p_{n-1} + p_n$.再对所得的和数进行同样的操作,如此等等.证明:从某一时刻起,所求得的和数序列成为周期性的.

(第 36 届莫斯科数学奥林匹克,1973 年)

证明 注意到不等式:

当 $a \geqslant 2, b \geqslant 2$ 时,有
$$a + b \leqslant ab$$

用记号 $f(k)$ 表示对数 k 进行一次运算之后所得的数.

则对任何 k,都有
$$f(k) \leqslant k + 1$$

若 k 为奇数,且 $f(k)$ 为奇数,如果 $f(f(k))$ 以及以下的每一次运算都是奇数,这将是一个奇数的减数列,最终得到只有一个奇数的 k,这时下一次运算 $f(k)$ 将是偶数,因此我们可以假定 k 是偶数.

若 $k = 2$,则得到数列
$$3, 4, 5, 6, 6, 6, \cdots$$

若 $k = 4$,则得到数列
$$4, 5, 6, 6, 6, \cdots$$

若 $k = 6$,则得到数列
$$6, 6, 6, \cdots$$

当 k 为偶数,且 $k \geqslant 8$ 时,有
$$f(k) = 2 + p_2 + \cdots + p_n + 1 \leqslant 3 + p_2 \cdots p_n = 3 + \frac{k}{2} < k$$

即
$$f(k) \leqslant k - 1$$

于是
$$f(f(k)) \leqslant k$$

这就表明所考察的数列仅在区间 $[1, k+1]$ 中取值,于是必将两次取得某个相同的值,因而必为周期性的.

10.84 设 $n > 0, a \geqslant 2$,则 n^a 能够表示成 n 个连续的奇数的和.

证明 如果 n 是偶数,则
$$n^a = n n^{a-1} =$$
$$(n^{a-1} - n + 1) + (n^{a-1} - n + 3) + \cdots +$$
$$(n^{a-1} - 3) + (n^{a-1} - 1) + (n^{a-1} + n - 1) +$$

$$(n^{a-1}+n-3)+\cdots+(n^{a-1}+3)+(n^{a-1}+1)$$

右端是 n 个连续的奇数的和.

如果 n 是奇数,则

$$n^a = n^{a-1}+(n^{a-1}+2)+(n^{a-1}+4)+\cdots+(n^{a-1}+n-1)+$$
$$(n^{a-1}-2)+(n^{a-1}-4)+\cdots+(n^{a-1}-n+1)$$

右端仍是 n 个连续的奇数的和.

10.85 设 n 个正整数满足 $0 < a_1 < a_2 < \cdots < a_n$,则在 2^n 个整数

$$\sum_{i=1}^{n} t_i a_i, t_i \text{ 取 } 1 \text{ 或 } -1, i=1,\cdots,n \qquad ①$$

中至少存在 $\dfrac{n^2+n+2}{2}$ 个不同的整数同时为偶或同时为奇.

证明 设 $a = -\sum_{i=1}^{n} a_i$,则

$$a < a+2a_1 < a+2a_2 < \cdots < a+2a_n < a+2a_n+2a_1 < \cdots <$$
$$a+2a_n+2a_{n-1} < a+2a_n+2a_{n-1}+2a_1 < \cdots <$$
$$a+2a_n+2a_{n-1}+2a_{n-2} < \cdots <$$
$$a+2a_n+\cdots+2a_2 < a+2\sum_{i=1}^{n} a_i = \sum_{i=1}^{n} a_i \qquad ②$$

式 ② 中每一个整数都是 ① 中的数且不相同,故共有

$$1+n+n-1+n-2+\cdots+2+1 = \dfrac{n(n+1)}{2}+1 = \dfrac{n^2+n+2}{2}$$

个不同的数.

当 $a \equiv 0 \pmod 2$ 时,② 中的数都是偶数;当 $a \equiv 1 \pmod 2$ 时,② 中的数都是奇数.

10.86 设 n 是大于 6 的整数,且 $a_1, a_2, \cdots, a_k$ 是所有小于 n 且与 n 互素的自然数,如果

$$a_2 - a_1 = a_3 - a_2 = \cdots = a_k - a_{k-1} > 0$$

求证: n 或者是素数或者是 2 的某个正整数次幂.

(第 32 届国际数学奥林匹克,1991 年)

证明 显然 $a_1 = 1$. 因为

$$(n-1, n) = 1$$

所以

$$a_k = n-1$$

令 $d = a_2 - a_1 > 0$.

(1) 当 $a_2 = 2$ 时,$d = 1$.

从而 $a_i = i, a_k = k = n - 1$.

由已知，$a_1 = 1, a_2 = 2, \cdots, a_k = k$ 是所有与 $n = k + 1$ 互素的自然数，因而 n 是素数.

(2) 当 $a_2 = 3$ 时，$d = 2$.

此时 $a_3 = 5, a_4 = 7, \cdots$，从而 $a_1, a_2, \cdots, a_k$ 都是奇数，$n = k + 1$ 是偶数.

因为 n 与小于 n 的奇数互素，所以 n 是 2 的某个正整数次幂.

(3) 当 $a_2 > 3$ 时，首先 a_2 不可能是合数.

若 a_2 是合数，则 $a_2 = pq, p > 1, q > 1$.

因为 $(a_2, n) = 1$，则 $(pq, n) = 1$，即有
$$(p, n) = 1, (q, n) = 1$$
于是 p, q 应为 $\{a_1, a_2, \cdots, a_k\}$ 中的两个元素，而 $p < a_2, p < a_2$，这是不可能的.

所以 a_2 是不能整除 n 的最小素数.

因为 $a_2 > 3$，所以 3 与 n 不可能再互素，于是必有 $3 \mid n$.

由于存在自然数 m，使得
$$n - 1 = a_k = 1 + md$$
所以 $\qquad n = 2 + md$
即有 $\qquad 3 \nmid d$

因为 $a_2 = 1 + d, 3 \nmid a_2$，所以 $3 \nmid 1 + d$.

于是 d 满足 $d \equiv 1 \pmod 3$.

所以有 $3 \mid 1 + 2d$.

如果 $1 + 2d < n$，则 $a_3 = 1 + 2d$，此时有 $(a_3, n) \geq 3$，与 $(a_3, n) = 1$ 矛盾.

如果 $1 + 2d \geq n$，则必有
$$n - 1 = 1 + d$$
即小于 n 且与 n 互素的自然数只有 $a_1 = 1, a_2 = 1 + d$，即其个数 $\varphi(n) = 2$.

令 $n = p_1^{\alpha_1} p_2^{\alpha_2} \cdots p_t^{\alpha_t}$，其中 $p_1 < p_2 < \cdots < p_t$，且是素数，$\alpha_i, i = 1, 2, \cdots, t$ 是自然数，则由欧拉函数性质可得
$$\varphi(n) = \prod_{i=1}^{t} p_i^{\alpha_i - 1}(p_i - 1)$$
由 $\varphi(n) = 2$ 可得 $n = 3$ 或 4，与 $a_2 > 3$ 矛盾.

综上所述，n 是素数或是 2 的某个正整数次幂.

心得 体会 拓广 疑问

> **10.87** 奇数 $n \geq 3$ 称为"好"奇数,当且仅当存在 $\{1,2,\cdots,n\}$ 的一个排列 $\{a_1, a_2, \cdots, a_n\}$ 使得以下 n 个和
> $$a_1 - a_2 + a_3 - a_4 + \cdots - a_{n-1} + a_n$$
> $$a_2 - a_3 + a_4 - a_5 + \cdots - a_n + a_1$$
> $$\cdots\cdots$$
> $$a_n - a_1 + a_2 - a_3 + \cdots - a_{n-2} + a_{n-1}$$
> 都是正的,求所有的"好"奇数.
> (第 32 届国际数学奥林匹克预选题,1991 年)

解 令
$$y_1 = a_1 - a_2 + a_3 - a_4 + \cdots - a_{n-1} + a_n$$
$$y_2 = a_2 - a_3 + a_4 - a_5 + \cdots - a_n + a_1$$
$$\cdots\cdots$$
$$y_n = a_n - a_1 + a_2 - a_3 + \cdots - a_{n-2} + a_{n-1}$$

则
$$y_1 + y_2 = 2a_1$$
$$y_2 + y_3 = 2a_2$$
$$\cdots\cdots$$
$$y_i + y_{i+1} = 2a_i$$
$$\cdots\cdots$$
$$y_n + y_1 = 2a_n$$

且对每一个 $1 \leq i \leq n$
$$y_i = S - 2(a_{i+1} + a_{i+3} + \cdots + a_{i+n-2})$$

其中 $S = a_1 + a_2 + \cdots + a_n = \frac{1}{2}n(n+1)$, $a_{n+k} = a_k$.

(1) $n = 4k - 1, k \geq 1$ 时.

由于此时 S 是偶数,则每一个 y_i 都是偶数.

又存在 $1 \leq j \leq 4k - 1$,使得
$$y_j + y_{j+1} = 2 (y_{4k} = y_1)$$

从而 y_j 与 y_{j+1} 不可能全是正数.

于是,$n = 4k - 1$ 不是"好"奇数.

(2) $n = 4k + 1, k \in \mathbf{N}$.

由于此时 S 是奇数,则每一个 y_i 都是奇数.令
$$y_1 = 1, y_2 = 3, \cdots, y_{2k+1} = 4k + 1$$
$$y_{2k+2} = 4k + 1, y_{2k+3} = 4k - 3$$
$$y_{2k+4} = 4k - 3, \cdots, y_{4k-1} = 5$$
$$y_{4k} = 5, y_{4k+1} = 1$$

则 $a_1 = 2, a_2 = 4, \cdots, a_{2k} = 4k, a_{2k+1} = 4k + 1, a_{2k+2} = 4k - 1,$

$a_{2k+3} = 4k - 3, \cdots, a_{4k-1} = 5, a_{4k} = 3, a_{4k+1} = 1$.

于是,所有的 $n = 4k + 1, k \in \mathbf{N}$ 都是"好"奇数.

10.88 自然数 p 和 q 互素,区间 $[0,1]$ 被分成 $p + q$ 个相等的小区间.证明:除去最左边和最右边的两个小区间之外,在其余的每个小区间中有下列 $p + q - 2$ 个数中的一个数:
$$\frac{1}{p}, \frac{2}{p}, \cdots, \frac{p-1}{p}, \frac{1}{q}, \frac{2}{q}, \cdots, \frac{q-1}{q}$$
(第 13 届全苏数学奥林匹克,1979 年)

证明 因为
$$(p, q) = 1$$
所以
$$(p, p+q) = 1, (q, p+q) = 1$$
因此,$\frac{i}{p}, \frac{j}{q}, \frac{i+j}{p+q}$ $(i = 1, 2, \cdots, p-1; j = 1, 2, \cdots, q-1)$ 都不相同.

又因为若 $\frac{i}{p} < \frac{j}{q}$,则
$$\frac{i}{p} < \frac{i+j}{p+q} < \frac{j}{q}$$
因此,所有分数 $\frac{i}{p}, \frac{j}{q}$ 都在不同的区间 $\left[\frac{k}{p+q}, \frac{k+1}{p+q}\right]$ 之中,$k = 1, 2, \cdots, p+q-2$.

10.89 设 $n \geqslant 2, a_1, a_2, \cdots, a_n$ 都是正整数,且 $a_k \leqslant k (1 \leqslant k \leqslant n)$.

试证明:当且仅当 $a_1 + a_2 + \cdots + a_n$ 为偶数时,可以适当选取"+"号与"-"号,使得 $a_1 \pm a_2 \pm \cdots \pm a_n = 0$.

(中国中学生数学冬令营选拔试题,1990 年)

证明 先证必要性.

若有 $a_1 \pm a_2 \pm \cdots \pm a_n = 0$,则由 $a_1 + a_2 + \cdots + a_n$ 与 $a_1 \pm a_2 \pm \cdots \pm a_n$ 有相同的奇偶性可知 $a_1 + a_2 + \cdots + a_n$ 为偶数.

下面用数学归纳法证明充分性.

即如果 $a_1 + a_2 + \cdots + a_n$ 为偶数,$a_k \in \mathbf{N}, a_k \leqslant k (1 \leqslant k \leqslant n)$,我们证明可以适当选取"+"、"-"号,使得
$$a_1 \pm a_2 \pm \cdots \pm a_n = 0$$
由 $a_1 \leqslant 1$ 及 $a_1 \in \mathbf{N}$ 可知 $a_1 = 1$.

(1) 当 $n = 2$ 时,因为 $a_2 \leqslant 2$ 及 $a_1 + a_2$ 为偶数,所以 $a_2 = 1$,这时可以选取"$-$"号,使得
$$a_1 - a_2 = 1 - 1 = 0$$

(2) 假设当 $2 \leqslant n \leqslant m (m \geqslant 2)$ 时,命题成立.

分两种情况进行证明:

当 $a_m = a_{m+1}$ 时,因为

$$a_1 + a_2 + \cdots + a_{m-1} =$$
$$(a_1 + a_2 + \cdots + a_{m-1} + a_m + a_{m+1}) - 2a_m = 偶数$$

若 $m - 1 = 1$,则必有 $a_1 = 0$,若 $m - 1 \geqslant 2$,由归纳假设,可适当选取"+","-"号,使得

$$a_1 \pm a_2 \pm \cdots \pm a_{m-1} = 0$$

从而 $\quad a_1 \pm a_2 \pm \cdots \pm a_{m-1} + (a_m - a_{m+1}) = 0$

当 $a_m \neq a_{m+1}$ 时,由于

$$|a_m - a_{m+1}| \leqslant m + 1 - 1 = m$$

因而 m 个数 $a_1, a_2, \cdots, a_{m-1}, |a_m - a_{m+1}|$ 符合归纳假设条件,于是可适当选取"+","-"号,使得

$$a_1 \pm a_2 \pm \cdots \pm a_{m-1} \pm |a_m - a_{m+1}| = 0$$

从而有 $\quad a_1 \pm a_2 \pm \cdots \pm a_{m-1} \pm a_m \pm a_{m+1} = 0$

所以,当 $n = m + 1$ 时命题成立.

于是对所有大于或等于 2 的自然数 n,命题都成立. 充分性得证.

10.90 设自然数 $a_1, a_2, \cdots, a_n$ 中的每一个都不大于自己的下标(即 $a_k \leqslant k$),而它们的和是偶数.

证明:在形如 $a_1 \pm a_2 \pm a_3 \pm \cdots \pm a_n$ 的 2^{n-1} 个不同的和中,必有一个等于 0.

(第 44 届莫斯科数学奥林匹克,1981 年)

证明 不难看出,如果 a 和 b 为自然数,并且 $a \leqslant k$ 和 $b \leqslant k$,那么下列两个不等式

$$|a + b| \leqslant k - 1, |a - b| \leqslant k - 1$$

至少有一个成立.

所以我们可以适当选择"+"、"-"号,使得下列不等式

$$|a_n \pm a_{n-1}| \leqslant n - 1$$
$$|a_n \pm a_{n-1} \pm a_{n-2}| \leqslant n - 2$$
$$\cdots\cdots$$
$$|a_n \pm a_{n-1} \pm \cdots \pm a_1| \leqslant 1$$

同时成立.

由于和数 $a_1 + a_2 + \cdots + a_n$ 是偶数,所以和数

$$a_n \pm a_{n-1} \pm \cdots \pm a_1$$

亦为偶数.

因此必能适当选择"+"、"-"号,使得
$$a_n \pm a_{n-1} \pm \cdots \pm a_1 = 0$$

10.91 假设 $a_1, b_1, c_1, a_2, b_2, c_2$ 是这样的实数,使得对于任何整数 x 和 y,数 $a_1x + b_1y + c_1$ 和 $a_2x + b_2y + c_2$ 中至少有一个是偶整数.

证明:两组系数 a_1, b_1, c_1 和 a_2, b_2, c_2 中至少有一组全是整数.

(匈牙利数学奥林匹克,1950 年)

证明 对于所研究的表达式中的 (x,y),用 $(1,0)$,$(0,0)$ 和 $(-1,0)$ 代入,这时,表达式
$$a_1x + b_1y + c_1 \quad \text{和} \quad a_2x + b_2y + c_2$$
中的某一个至少有两次取得偶数值.

这样一来,在数 $a+c, c, -a+c$ 中,至少有两个取偶数值,因此至少有两个数的差是偶数.由于这三个数中任何两个数的差或者等于 a,或者等于 $2a$,于是 a 或 $2a$ 为偶数,从而 a 是整数.

在同一表达式 $a+c$ 或 $-a+c$ 中,由于它们至少有一个整数,且 a 是整数,则 c 是整数.

于是,两个表达式中的某一个表达式的系数 a 和 c 是整数.

利用类似的方法,对 (x,y) 代之以数对 $(0,1)$,$(0,0)$,$(0,-1)$,可以证明:在两个表达式中的某一个表达式的系数 b 和 c 也是整数.

如果上述两种情况下,a, c 为整数及 b, c 为整数的是同一表达式,则这个表达式的系数 a, b, c 是整数,如果在一个表达式中 a 和 c 是整数,而在另一个表达式中 b 和 c 是整数,这时再用 $x=1, y=1$ 代入两个表达式,则 $a+b+c$ 是整数,因而系数 a, b, c 都是整数.

10.92 证明:三个不同素数的立方根不可能是一个等差数列中的三项(不一定是连续的).

(第 2 届美国数学奥林匹克,1973 年)

证明 设 p, q, r 是不同的素数,且 $\sqrt[3]{p}, \sqrt[3]{q}, \sqrt[3]{r}$ 是一个等差数列中的三项.

假设
$$\sqrt[3]{p} = a, \sqrt[3]{q} = a+md, \sqrt[3]{r} = a+nd$$
其中,m, n 是正整数.

消去 a,d 得

$$\frac{\sqrt[3]{q} - \sqrt[3]{p}}{\sqrt[3]{r} - \sqrt[3]{p}} = \frac{m}{n}$$

$$m\sqrt[3]{r} - n\sqrt[3]{q} = (m-n)\sqrt[3]{p} \qquad ①$$

立方并展开得

$$m^3 r - n^3 q + 3mn\sqrt[3]{rq}(m\sqrt[3]{r} - n\sqrt[3]{q}) = (m-n)^3 p$$

把式 ① 代入上式得

$$m^3 r - n^3 q - (m-n)^3 p = -3mn(m-n)\sqrt[3]{pqr} \qquad ②$$

因为 p,q,r 均为素数,所以 $\sqrt[3]{pqr}$ 为无理数.于是,式 ② 左边为有理数,右边为无理数,式 ② 不可能成立.

从而 $\sqrt[3]{p},\sqrt[3]{q},\sqrt[3]{r}$ 不可能是一个等差数列中的三项.

10.93 每个正整数都可以表示成一个或者多个连续正整数的和.试对每个正整数 n,求 n 有多少种不同的方法表示成这样的和.

(第 1 届中国台北数学奥林匹克,1992 年)

解 设 n 可以表示成 m 个连续正整数之和.令

$$n = k + (k+1) + \cdots + (k+(m-1)) \qquad ①$$

其中 k 是正整数,则

$$n = mk + \frac{m(m-1)}{2} = m\left(k + \frac{m-1}{2}\right) \qquad ②$$

(1) 若 m 为奇数,则 $m-1$ 为偶数,从而由式 ② 可知 $m \mid n$,且

$$\frac{m(m-1)}{2} < n$$
$$m^2 - m - 2n < 0$$

解得

$$m < \frac{1 + \sqrt{1 + 8n}}{2} \qquad ③$$

反过来,由上述推理可见,对 n 的每个满足式 ③ 的奇因数 m,就可以把 n 表达为式 ① 的 m 个连续正整数的和.

(2) 若 m 为偶数,把式 ② 改写成

$$2n = m(2k + m - 1)$$

由于 $2k + m - 1$ 是奇数,所以 m 是 $2n$ 的偶因数.且若 p_0 是 n 的标准分解式中 2 的指数,则 $p_0 + 1$ 是 m 的标准分解式中 2 的指数.此外 m 仍满足式 ③.

反过来,对于每个满足式 ③,且其分解式中 2 的指数为 $p_0 + 1$ 的 m,都有相应的 n 表达为式 ① 的 k 个连续正整数的和.

综上讨论:若对每个 $n \in \mathbf{N}$,记所求的表示为和的方法总数为

$f(n)$,则
$$f(n) = f_1(n) + f_2(n)$$
这里 $f_1(n)$ 是 n 的满足不等式 ③ 的奇因数 m 的个数;$f_2(n)$ 是满足若 $2^{p_0} \mid n, 2^{p_0+1} \nmid n$,且 $2^{p_0+1} \nmid m, 2^{p_0+2} \nmid m$ 的偶因数 m 的个数.

10.94 考试用百分制记分,得分为整数. 证明:

(1) 如果 201 人的总分为 9 999,则至少有 3 人的分数相同.

(2) 如果 201 人的总分为 10 101,则至少有 3 人的分数相同.

(3) 如果 201 人的总分为 10 000,且无 3 人的分数相同,则必有 1 人得 100 分,2 人得 0 分.

(4) 如果 201 人的总分为 10 100,且无 3 人的分数相同,则必有 1 人得 0 分,2 人得 100 分.

证明 设 201 人中分数为 k 的有 a_k 人,$k = 0,1,\cdots,100$. 则 $a_0 + a_1 + \cdots + a_{100} = 201$. 显然,这 201 人中无 3 人的分数相同的必要且充分条件是,对每个 $k, k = 0,1,\cdots,100$,均有 $0 \leqslant a_k \leqslant 2$. 设 201 人中无 3 人的分数相同,则 $0 \leqslant 2 - a_k \leqslant 2$,其中 $0 \leqslant k \leqslant 100$. 由于
$$1 = 202 - 201 = (2 - a_0) + (2 - a_1) + \cdots + (2 - a_{100})$$
所以必有某个 $i, 0 \leqslant i \leqslant 100$,使得 $2 - a_i = 1$,即 $a_i = 1$,而当 $j \neq i$ 时,$a_j = 2$. 因此 201 人的总分 S 为
$$S = \sum_{k=0}^{100} ka_k = \sum_{k=0}^{100} 2k - \sum_{k=0}^{100} k(2 - a_k) = 10\ 100 - i$$
从而 $10\ 000 \leqslant S \leqslant 10\ 100$,其中当且仅当 $i = 100$,即 1 人得 100 分,2 人得 0 分时左端等式成立,即得 (3),而当且仅当 $i = 0$,即 1 人得 0 分,2 人得 100 分时右端等式成立,即 (4) 得证. 对 (1),由于 201 人的总分 $9\ 999 < 10\ 000 \leqslant S$,所以其中必有 3 人的分数相同. 同样,对于 (2),由于 201 人的总分 $10\ 101 > 10\ 100 \geqslant S$,所以其中也必有 3 人的分数相同.

10.95 证明:(1) 任何一个形如 2^n(n 为任意自然数)的数都不可以表示成两个或多个连续自然数之和.

(2) 任何一个不是 2 的自然数幂的自然数一定可以表示成两个或多个连续自然数之和.

(波兰数学竞赛,1960 年)

证明 (1) 假设结论不正确,即存在两个或多个连续自然数

之和可表为 2^n(n 为任意自然数),于是有等式
$$k + (k+1) + \cdots + (k+r) = 2^n$$
其中,k,r,n 都是自然数.因而有
$$(2k+r)(r+1) = 2^{n+1} \quad ①$$
首先注意到 $2k+r$ 与 $r+1$ 都是大于 1 的自然数.

其次我们注意到 $2k+r$ 和 $r+1$ 一为奇数,一为偶数.这可由 $(2k+r)+(r+1) = 2(k+r)+1$ 是奇数得到.

因此式 ① 的左边能被一个大于 1 的奇数整除,而右边是 2 的幂,不能被大于 1 的奇数整除.于是等式 ① 不可能成立.

所以,任意 2 的幂都不可以写成两个或多个连续自然数之和.

(2) 设 M 是自然数,但不是 2 的正整数次幂,于是 M 可以写成
$$M = 2^n(2m+1)$$
其中,m,n 是整数,且 $m \geq 1, n \geq 0$.

我们只要证明,存在整数
$$a \geq 1, k \geq 2 \quad ②$$
它们适合
$$a + (a+1) + \cdots + (a+k-1) = M$$
即
$$(2a+k-1)k = 2^{n+1}(2m+1) \quad ③$$
如果 $2a+k-1 = 2^{n+1}, k = 2m+1$,则
$$a = 2^n - m, k = 2m+1$$
此时条件 ③ 被满足.

当且仅当 $2^n > m$ 时,$a = 2^n - m, k = 2m+1$ 满足条件 ②.

如果 $2a+k-1 = 2m+1, k = 2^{n+1}$,则
$$a = m+1-2^n, k = 2^{n+1}$$
此时条件 ③ 被满足.

当且仅当 $2^n \leq m$ 时,$a = m+1-2^n, k = 2^{n+1}$ 满足条件 ②.

由于 $2^n > m$ 与 $2^n \leq m$ 总有一个能成立,所以总存在连续若干个自然数之和恰好等于 M.

10.96 证明:对任意的正整数 n,成立如下不等式
$$\lg n \geq k \lg 2$$
其中,$\lg n$ 是数 n 的以 10 为底的对数,k 是 n 的不同的素因数(正的)的个数.

证明 设 n 是大于 1 的整数(如果 $n=1$,上述不等式显然成立,因 $k=0$),$p_1, p_2, \cdots, p_k$ 是 n 的 k 个相异的素因数.n 的素因数分解式为

$$n = p_1^{l_1} p_2^{l_2} \cdots p_k^{l_k}, l_i \geqslant 1, i = 1, 2, \cdots, k$$

由于 $p_i \geqslant 2(i = 1, 2, \cdots, k)$，从而

$$n = p_1^{l_1} p_2^{l_2} \cdots p_k^{l_k} \geqslant 2^{l_1} \cdot 2^{l_2} \cdots 2^{l_k} = 2^{l_1 + l_2 + \cdots + l_k}$$

而 $l_1 + l_2 + \cdots + l_k \geqslant k$，故

$$n \geqslant 2^k$$

将上不等式取对数（设底 $a > 1$），则有

$$\log_a n \geqslant k \log_a 2$$

特别有 $\lg n \geqslant k \lg 2$.

10.97 设 a 是有理数，且 $0 < a < 1$，如果 $\cos(3\pi a) + 2\cos(2\pi a) = 0$，求证：$a = \dfrac{2}{3}$.

（第 32 届国际数学奥林匹克预选题，1991 年）

证明 令 $x = \cos \pi a$.

则由三倍角与二倍角的余弦公式，已知方程可化为

$$4x^3 + 4x^2 - 3x - 2 = 0$$

即

$$(2x + 1)(2x^2 + x - 2) = 0$$

(1) 如果 $2x + 1 = 0, x = -\dfrac{1}{2}$，则

$$\cos \pi a = -\dfrac{1}{2}$$

由 $0 < a < 1$ 可得 $a = \dfrac{2}{3}$.

(2) 如果 $2x^2 + x - 2 = 0$，则

$$\cos \pi a = \dfrac{\sqrt{17} - 1}{4}$$

我们证明，此时 a 不是有理数.

可以用数学归纳法证明：对每一个非负整数 n

$$\cos(2^n \pi a) = \dfrac{1}{4}(a_n + b_n \sqrt{17}) \qquad ①$$

其中，a_n 和 b_n 都是奇整数.

当 $n = 0$ 时，由

$$\cos \pi a = \dfrac{-1 + \sqrt{17}}{4}$$

可知，式 ① 成立.

设对于 $n \geqslant 0$，式 ① 成立，则

$$\cos(2^{n+1} \pi a) = 2\cos^2(2^n \pi a) - 1 = 2\left(\dfrac{a_n + b_n \sqrt{17}}{4}\right)^2 - 1 =$$

$$\dfrac{1}{8}((a_n^2 + 17b_n^2 - 8) + 2a_n b_n \sqrt{17})$$

由于 a_n 和 b_n 都是奇数,所以
$$a_n^2 + 17b_n^2 \equiv 2 \pmod 4$$
从而存在整数 t,使得
$$a_n^2 + 17b_n^2 - 8 = 2 + 4t$$
则 $a_{n+1} = 2t + 1$ 是奇数.

令 $b_{n+1} = a_n b_n$ 也是奇数,则
$$\cos(2^{n+1}\pi a) = \frac{1}{4}(a_{n+1} + b_{n+1}\sqrt{17})$$
且 a_{n+1}, b_{n+1} 为奇数.

所以,式 ① 对一切非负整数 n 成立,且
$$a_{n+1} = \frac{1}{2}(a_n^2 + 17b_n^2 - 8) \geqslant \frac{1}{2}(a_n^2 + 9) > a_n$$

于是,$\{\cos(2^n\pi a) \mid n = 0,1,2,\cdots\}$ 是一个无穷集,然而当 a 为有理数时,$\{\cos(m\pi a) \mid m \in \mathbf{Z}\}$ 只能是有限集,所以 a 不是有理数,因此
$$a = \frac{2}{3}$$

10.98 任给 8 个正整数 $a_1, a_2, \cdots, a_8$ 满足 $a_1 < a_2 < \cdots < a_8 \leqslant 16$,则存在一个整数 k,使得 $a_i - a_j = k, 1 \leqslant i \neq j \leqslant 8$,至少有三组解.

证明 设
$$a_2 - a_1, a_3 - a_2, a_4 - a_3, \cdots, a_8 - a_7 \qquad ①$$
中每个都大于等于 1 但没有三个相等,则其中至多只有两个数相等,那么
$$a_8 - a_1 = a_2 - a_1 + a_3 - a_2 + a_4 - a_3 + \cdots + a_8 - a_7 \geqslant$$
$$1 + 1 + 2 + 2 + 3 + 3 + 4 = 16$$
但是,由于 $a_1 < a_2 < \cdots < a_8 \leqslant 16$,故 $a_8 - a_1 \leqslant 15$,这是矛盾的. 于是式 ① 中至少有 3 个数相等.

注 存在 8 个数,例如 $1, 2, 3, 4, 7, 9, 12, 16$,对于任意的整数 $k, a_i - a_j = k$ 至多只有三组解.

10.99 将两个整数的和、差、积及商相加得 450,求这两个数.

(基辅数学奥林匹克,1946 年)

解 设这两个整数分别为 x 和 y,则
$$x + y + (x - y) + xy + \frac{x}{y} = 450 \qquad ①$$

由于 x 和 y 是整数,则 $x+y, x-y, xy$ 都是整数,从而由①, $\dfrac{x}{y}$ 是整数.

式 ① 可化为

$$\dfrac{x}{y} + 2x + xy = 450$$

$$\dfrac{x}{y}(1 + 2y + y^2) = 450$$

$$\dfrac{x}{y}(1+y)^2 = 450 \qquad ②$$

由于 $\qquad 450 = 1 \cdot 2 \cdot 3^2 \cdot 5^2$

则 $\dfrac{x}{y}$ 只能为 $2, 18, 50, 450$.

于是可由 ② 求得 x 和 y 的值为

$(x, y) = (28, 14), (-32, -16), (72, 4), (-108, -6),$
$\qquad (100, 2), (-200, -4), (-900, -2)$

因此本题共有七组解.

10.100 设 $m > n \geqslant 1, a_1 < a_2 < \cdots < a_s$ 是不超过 m 且与 n 互素的全部正整数,记

$$S_m^n = \dfrac{1}{a_1} + \dfrac{1}{a_2} + \cdots + \dfrac{1}{a_s}$$

则 S_m^n 不是整数.

证明 由于 $(1, n) = 1$,所以 $a_1 = 1$.又因又知 $m > n \geqslant 1$,且 $(n+1, n) = 1$,故 $s \geqslant 2$. a_2 必是素数,因如果 a_2 是复合数,则有素数 $p, p \mid a_2$ 且 $1 < p < a_2, (p, n) = 1$,这不可能.设 a_2^k 是不超过 m 的 a_2 的最高幂,即

$$a_2^k \leqslant m < a_2^{k+1}, k \geqslant 1$$

由 $(a_2^k, n) = 1$ 知,存在某个 $t, 2 \leqslant t \leqslant s$,使 $a_t = a_2^k$,如果 $a_1, \cdots, a_s$ 中另一个 a_j 被 a_2^k 整除,可设 $a_j = a_2^k c, t < j \leqslant s, m > c > 1$,而 $(c, n) = 1$,故 $c \geqslant a_2$,这就得到

$$a_j = a_2^k c \geqslant a_2^{k+1} > m$$

与 $a_j \leqslant m$ 矛盾.现设

$$a_i = a_2^{\lambda_i} l_i, a_2 \nmid l_i, \lambda_i \geqslant 0, i = 1, \cdots, s, l = l_1 \cdots l_s$$

乘 S_m^n 两端以 $a_2^{k-1} l$ 得

$$a_2^{k-1} l S_m^n = \dfrac{l}{a_2} + M \qquad ①$$

心得 体会 拓广 疑问

其中 $\dfrac{l}{a_2}$ 一项是由 $\dfrac{a_2^{k-1}l}{a_t} = \dfrac{a_2^{k-1}l}{a_2^k}$ 一项得来,其余各项都是整数,其和设为 M,由 ① 可知 S_m^n 不是整数,如果 S_m^n 是整数,由 ① 得
$$a_2^k l S_m^n - a_2 M = l \qquad ②$$
式 ② 的左端是 a_2 的倍数,与 $a_2 \nmid l$ 矛盾.

10.101 证明:对每一整数 $n > 1$,方程
$$\dfrac{x^n}{n!} + \dfrac{x^{n-1}}{(n-1)!} + \cdots + \dfrac{x^2}{2!} + \dfrac{x}{1!} + 1 = 0$$
没有有理根.

(第 30 届国际数学奥林匹克预选题,1989 年)

证明 首先证明,对每个正整数 k 及每个素数 p,$p^k \nmid k!$.
设 $s \geqslant 0$ 为整数,满足
$$p^s \leqslant k < p^{s+1}$$
则满足 $p^r \mid k!$ 的最大整数 r 满足
$$r = \left[\dfrac{k}{p}\right] + \left[\dfrac{k}{p^2}\right] + \cdots + \left[\dfrac{k}{p^s}\right] \leqslant \dfrac{k}{p} + \dfrac{k}{p^2} + \cdots + \dfrac{k}{p^s} =$$
$$k \cdot \dfrac{1 - \dfrac{1}{p^s}}{1 - \dfrac{1}{p}} \cdot \dfrac{1}{p} < k$$
所以 $p^k \nmid k!$

设方程
$$\dfrac{x^n}{n!} + \dfrac{x^{n-1}}{(n-1)!} + \cdots + \dfrac{x^2}{2!} + \dfrac{x}{1!} + 1 = 0 \qquad ①$$
有有理根 α,则
$$\alpha^n + n\alpha^{n-1} + \cdots + \dfrac{n!}{k!}\alpha^k + \cdots + \dfrac{n!}{2!}\alpha^2 + \dfrac{n!}{1!}\alpha + n! = 0$$
设 $\alpha = \dfrac{c}{d}, c, d \in \mathbf{N}, (c,d) = 1$,则
$$c^n + nc^{n-1}d + \cdots + \dfrac{n!}{1!}cd^{n-1} + n!d^n = 0 \qquad ②$$
于是 $d \mid c$,从而 $d = 1$.
即若方程 ① 有有理根 α,则 α 必为整数.
设 p 为 n 的素因数,则由上面的方程 ② 可知 $p \mid c^n$,即 $p \mid \alpha^n$,从而 $p \mid \alpha$.
设 r 为满足 $p^r \mid n!$ 的最大整数,则由
$$p^k \mid \alpha^k, p^k \nmid k!$$
可得 $\qquad p^{r+1} \Big| \dfrac{n!}{k!}\alpha^k, k = 1, 2, \cdots, n$

从而由方程 ② 可知
$$p^{r+1} \mid n!$$
出现矛盾,即方程 ① 没有有理根.

10.102 设 $n > 0$,则存在唯一的一对 k 和 l,使得
$$n = \frac{k(k-1)}{2} + l, 0 \leqslant l < k$$

证明 存在 $k > 0$ 使
$$\frac{k(k-1)}{2} \leqslant n < \frac{(k+1)k}{2}$$
而
$$\frac{(k+1)k}{2} - \frac{k(k-1)}{2} = k$$
故可设为
$$n = \frac{k(k-1)}{2} + l, 0 \leqslant l < k$$
如果还有 k_1, l_1 使
$$n = \frac{k_1(k_1-1)}{2} + l_1, 0 \leqslant l_1 < k_1$$
不妨设 $k > k_1$,故得
$$\frac{k(k-1)}{2} - \frac{k_1(k_1-1)}{2} = l_1 - l \qquad ①$$
式 ① 的右端 $l_1 - l < k_1$,而因 $k \geqslant k_1 + 1$,故式 ① 左端
$$\frac{k(k-1)}{2} - \frac{k_1(k_1-1)}{2} \geqslant \frac{k_1(k_1+1)}{2} - \frac{k_1(k_1-1)}{2} = k_1$$
这是一个矛盾结果,故得 $k = k_1$.从而 $l = l_1$,这就证明了存在唯一的一对 k 和 l 满足要求.

10.103 设 $k(k > 1)$ 为自然数.证明:不能在 $k \times k$ 的方格表内填入数字 $1, 2, 3, \cdots, k^2$,以使得各行的和以及各列的和都是 2 的方幂.

(列宁格勒数学奥林匹克,1989 年)

证明 假定可以按要求填入 $1, 2, \cdots, k^2$.

设 2^a 是最小的行和.

一方面,2^a 应当是 $1 + 2 + \cdots + k^2 = \frac{1}{2}k^2(k^2+1)$ 的约数.

若 k 为奇数,则 k^2 是 $4t+1$ 型的数,从而 k^2+1 是 $4t+2$ 型的数,于是 $\frac{1}{2}(k^2+1)$ 是奇数,即 $\frac{1}{2}k^2(k^2+1)$ 是奇数,此时 2^a 不能整除 $\frac{1}{2}k^2(k^2+1)$.

若 k 为偶数,则 k^2+1 为奇数,于是
$$2^a \mid \frac{1}{2}k^2 \qquad ①$$
另一方面,由 2^a 是最小的行和,则有
$$2^a \geqslant 1+2+\cdots+k = \frac{1}{2}k(k+1)$$
这样就有 $\qquad \frac{1}{2}k^2 < \frac{1}{2}k(k+1) \leqslant 2^a$

由 $k \neq 0$ 知
$$2^a \nmid \frac{1}{2}k^2 \qquad ②$$

① 与 ② 矛盾.

于是,不能在 $k \times k$ 的方格表内填入数字 $1, 2, \cdots, k^2$,使得各行的和及各列的和都是 2 的方幂.

10.104 整数 9 可以表示成两个连续整数之和,$9 = 4 + 5$,同时,9 可以用两种不同的方法写成连续自然数的和 $9 = 4 + 5 = 2 + 3 + 4$.

问是否有这样的自然数 N,

(1) 它是 1 990 个连续整数的和.

(2) 它恰能以 1 990 种不同的方法表示成连续整数的和.

(第 31 届国际数学奥林匹克预选题,1990 年)

解 如果条件 (1) 被满足,则
$$N = n + (n+1) + (n+2) + \cdots + (n+1\,989) =$$
$$\frac{1}{2} \cdot 1\,990(2n + 1\,989) = 995(2n + 1\,989) \qquad ①$$

由 ①,N 必为奇数.

设 N 可以写成 $k+1$(k 为自然数)个连续自然数之和,且这 $k+1$ 个数中最小者为 m,则
$$N = m + (m+1) + \cdots + (m+k) = \frac{1}{2}(k+1)(2m+k)$$
$$2N = (k+1)(2m+k) \qquad ②$$

由式 ① 有
$$1\,990(2n + 1\,989) = (k+1)(2m+k)$$

因此,满足上式的 (m, k) 有多少对,则 N 就有多少种方法写成连续 $k+1$ 个自然数之和.

由 ② 及 m 是自然数可知
$$k+1 \mid 2N, \quad k+1 < k + 2m$$

所以 $\qquad k+1 < \sqrt{2N}$

反之,如果有一个 $2N$ 的约数小于 $\sqrt{2N}$,记这个约数为 $k+1$,

则
$$2N = (k+1)c$$
其中, $k+1 < c$.

可以把 c 记为 $2m+k, m \in \mathbf{N}$.

因为 N 是奇数,所以 $k+1$ 与 c 不可能都是偶数.因此,当 k 是奇数时, c 是奇数,当 k 是偶数时, c 是偶数,因此可以把 c 记为 $2m+k$,于是
$$2N = (k+1)(2m+k)$$

这就说明,当 N 为奇数时,若 N 可以写成多于一个的连续自然数之和的形式有 l 种,则 l 就是 $2N$ 的大于 1 且小于 $\sqrt{2N}$ 的约数的个数.

由 ①
$$N = 995(2n+1989)$$
$$2N = 1990(2n+1989) = 2 \cdot 5 \cdot 199(2n+1989) = 2^l \cdot 5^a \cdot 199^b p_1^{b_1} p_2^{b_2} \cdots p_k^{b_k}$$

由于 N 有 1 990 种不同的分法,把 1 个自然数的情况考虑在内,则 $2N$ 的约数个数为
$$(1+1)(a+1)(b+1)(b_1+1)\cdots(b_k+1) = 2 \cdot 1991 = 2 \cdot 11 \cdot 181$$
其中 $a, b \in \mathbf{N}, b_i \in \mathbf{N} \cup \{0\}, i=1,2,\cdots,k$,于是
$$b_1 = b_2 = \cdots = b_k = 0$$
$$(a+1)(b+1) = 11 \cdot 181$$
则
$$\begin{cases} a = 10 \\ b = 180 \end{cases} \text{ 或 } \begin{cases} a = 180 \\ b = 10 \end{cases}$$
即
$$N = 5^{10} \cdot 199^{180} \text{ 或 } N = 5^{180} \cdot 199^{10}$$

10.105 设 $a_1 < a_2 < \cdots < a_k \leqslant n$,是 k 个正整数:这里 $k > [(n+1)/2]$,那么存在 $a_i + a_j = a_r$.

证明 $k-1$ 个正整数 $a_2 - a_1, a_3 - a_1, \cdots, a_k - a_1$ 显然不同,它们及题中给出的 k 个不同的 a 一起得到 $2k-1 (> n)$ 个正整数,每一个数都不大于 n,因此至少有一个整数是两个集合公共的,于是至少有一个 $a_r - a_1 = a_i$ 或 $a_i + a_1 = a_r$.

出题者指出:数列 $[n/2]+1, [n/2]+2, \cdots, n$ 当 $k = [(n+1)/2]$ 时,所述结论不成立.

10.106 设 m 是正整数,它的素数因子没有一个大于 n, $m \leq n^{(k+1)/2}$,那么 m 可表为 k 个小于等于 n 的整数的乘积;指数 $(k+1)/2$ 是最好的可能的.

证明 假设 m 满足已知条件,且假定 m 不可能写成 k 个小于等于 n 的整数的乘积,把 m 写成素数的乘积

$$m = \prod_{i=1}^{r} P_i, P_1 \leq P_2 \leq \cdots \leq P_r$$

我们可以根据

$$A_1 = \prod_{i=1}^{r_1-1} p_i \leq n, p_{r_1} A_1 > n$$

$$A_2 = \prod_{i=r_1}^{r_2-1} p_i \leq n, p_{r_2} A_2 > n$$

$$\cdots\cdots$$

$$A_k = \prod_{i=r_{k-1}}^{r_k-1} p_i \leq n, p_{r_k} A_k > n$$

定义出 $A_1, A_2, \cdots, A_r$ 和 $r_1, r_2, \cdots, r_k$,只要 A_k 能得到假定下的保证,那么就可以如此继续把 A_k 建立下去,显然 $A_{j+1} \geq p_{r_j}$, $j = 1, 2, \cdots, k-1$,同时 $m \geq A_1 A_2 \cdots A_k p_{r_k}$,因此

$$m^2 \geq (A_1 A_2 \cdots A_k p_{r_k})^2 =$$
$$(A_1 A_2)(A_2 A_3) \cdots (A_{k-1} A_k)(A_1 p_{r_k})(A_k p_{r_k}) \geq$$
$$(A_1 p_{r_1})^2 (A_2 p_{r_2}) \cdots (A_{k-1} p_{r_{k-1}})(A_k p_{r_k}) > n^{k+1}$$

但这是一个矛盾,于是证明了定理的第一部分.

给出一个固定正整数 k 和一个任意的 $\varepsilon > 0$ 且设

$$\delta = \min\left(\frac{1}{2}, \frac{\varepsilon}{k+1}\right)$$

那么,有一个足够大的整数 $n_0(\delta)$,使得对于所有 $n > n_0(\delta)$,存在一个素数 p 满足

$$n^{1/2} < p < n^{1/2+\delta}$$

这个整数 $m = p^{k+1}$ 没有超过 n 的素因子,不可能表成 k 个小于等于 n 的整数的乘积,而且 m 小于 $n^{(k+1)/2+\varepsilon}$,这样题中提出的指数是最大可能的.

10.107 把 1 000 000 的每一个真因数取以 10 为底的对数,把这些对数值加起来,得到和 S,求离 S 最近的整数.

(第 4 届美国数学邀请赛,1986 年)

解法1 由于 $1\,000\,000 = 2^6 \cdot 5^6$，共有 $(6+1)(6+1) = 49$ 个因数.

除去 $1\,000$ 之外，剩下的 48 个因数组成 24 对，每一对因数的乘积为 10^6，所以 $1\,000\,000$ 的全部因数之积为 $1\,000 \cdot (10^6)^{24} = 10^{147}$.

这里包括一对非真因数 1 与 10^6 的积，所以全部真因数之积为

$$\frac{10^{147}}{10^6} = 10^{141}$$

由对数性质，这些真因数之积的对数即为每个真因数对数之和，即

$$S = \lg 10^{141} = 141$$

解法2 考察 $1\,000\,000$ 中的素数因数 2 和 5 在它的全部因数中出现的次数，即全部因数的乘积中的 2 和 5 的幂指数.

注意到 $2^j (1 \leqslant j \leqslant 6, j \in \mathbf{N})$ 可以组成的因数有

$$2^j, 2^j \cdot 5, 2^j \cdot 5^2, 2^j \cdot 5^3, 2^j \cdot 5^4, 2^j \cdot 5^5, 2^j \cdot 5^6$$

于是这些因数之积中 2 的指数为 $7j$.

对 j 取 $1,2,3,4,5,6$ 得

$$7(1+2+3+4+5+6) = 147$$

同样，所有因数之积中 5 的指数也是 147.

去掉非真因数 $1 = 2^0 \cdot 5^0$ 及 $10^6 = 2^6 \cdot 5^6$ 中 2 和 5 的指数，则 2 和 5 在所有真因数之积中的指数均为 141，从而有

$$S = \lg 2^{141} + \lg 5^{141} = 141$$

10.108 证明：对于任意给出的整数 $k > 1$ 存在无穷多个完全 k 次幂，它们不可能表为一个素数与一个 k 次幂的和.

证明 (1) 函数 $(x+a)^k - x^k, k > 1$，代数上可分解因式，这样仅当 $a = 1$，对整数 x 时它能表示一素数.

(2) 设 $F(x) = (x+1)^k - x^k$，对于任意正整数 $x_0, q = F(x_0)$，那么 q 是一个大于 1 的整数，置 $y_n = x_0 + nq, n = 1, 2, \cdots$，我们有

$$F(y_n) = (y_n + 1)^k - y_n^k = ((x_0 + 1 + nq)^k - (x_0 + nq)^k) \equiv$$
$$(x_0 + 1)^k - x_0^k = q \pmod{q}$$

因此，对于所有 n，$F(y_n)$ 能被 q 整除，而不等于 q，这是由于 $F(x)$ 对于自变量显然是一个增函数，于是对于每一个选取的 x_0，$(y_n + 1)^k$ 给出一个所需的无穷集合.

10.109 证明:使得数 n^c 对一切 n 为正整数的充要条件为 c 是非负整数.

证明 只要证明必要性.

当 $n = 2$ 时,要使 2^c 为正整数,必须 c 为非负整数.

其次考虑函数 x^c,它在 $[n, n+1]$ 上满足微分中值定理条件,故存在 $t \in (n, n+1)$,使
$$(n+1)^c - n^c = ct^{c-1}$$
由假设上式左边是正整数,因此为使上式成立,必须 $c \geq 1$,否则若 $c \in (0,1)$,则 $0 < ct^{c-1} < 1$,从而上式不可能成立.

再利用微分学中广义中值定理:若函数 $f(x)$ 在 $[a,b]$ 上可微分 k 次
$$\Delta^k f(a) = \sum_{i=0}^{k} (-1)^{k-i} (C_k^i) f(a+ih)$$
其中 $h = \dfrac{b-a}{k}$,则存在 $t \in (a,b)$,使得
$$h^k f^{(k)}(t) = \Delta^k f(a)$$
取 k 使得 $k-1 \leq c < k$,在 $[n, n+k]$ 上应用上述定理于 $f(x) = x^c$,则得
$$c(c-1)\cdots(c-k+1)t^{c-k} = \Delta^k f(n)$$
由假设上式右端是一个整数,但左端由于 $c - k < 0, t \in (n, n+k)$,故当 n 充分大时,可使
$$0 \leq c(c-1)\cdots(c-k+1)t^{c-k} < 1$$
从而 $$c(c-1)\cdots(c-k+1) = 0$$
因此 $$c = k-1$$

10.110 对有理的直角三角形求整数集,使由于数字的增加而逼近一个 $30° \sim 60°$ 的直角三角形.

解 等价于一般有理的直角三角形的一般整数的直角三角形,其斜边长是 $m^2 + n^2$,勾股长分别为 $m^2 - n^2, 2mn$,其中 m 和 n 是正整数.本质上,勾与股是可交换的,只要作代换 $M = m + n$,$N = m - n$,其中 M 和 N 是正整数.如果 m 和 n 同为奇数或同为偶数,也可置 $2M = m + n, 2N = m - n$.其边有下面对应顺序
$$m^2 + n^2, m^2 - n^2, 2mn$$
$$M^2 + N^2, 2MN, M^2 - N^2$$
的直角三角形是相似的.因此角 θ 逼近 $60°$ 的一个必要条件是角

仅在 $m^2 - n^2$ 和 $m^2 + n^2$ 之间,从而
$$\tan\frac{\theta}{2} = \frac{\sin\theta}{\cos\theta + 1} = \frac{n}{m}$$
且必须选取 m 和 n 使 $\frac{m}{n}$ 逼近 $\sqrt{3}$,$\sqrt{3}$ 展开为连分数
$$\sqrt{3} = 1 + \frac{1}{1} + \frac{1}{2} + \frac{1}{1} + \frac{1}{2} + \cdots$$
并且分别选取这个连分数的近似值 $\frac{m_i}{n_i}$ 的分子和分母作为 m 和 n,则有如此一对值的无穷序列
$$m_i = 1,2,5,7,19,\cdots$$
$$n_i = 1,1,3,4,11,\cdots$$
由这些值便可算得三角形的边长.

注 在直角三角形级数
$$m_i^2 + n_i^2, m_i^2 - n_i^2, 2m_in_i \qquad ①$$
中,当 i 为偶数,三边将没有公因子;但若 i 是奇数,则有最大公因子 2. 因 m_i, n_i 互质,则整数 ① 的集合若有一个最大公因子,它一定是 2. 整数 m_i, n_i 满足关系
$$m_{2j} + 1 = 3n_{2j} + m_{2j},\ n_{2j+1} = n_{2j} + m_{2j} \qquad ②$$
由于假若 m_{2j}, n_{2j} 都是奇数, m_{2j+1}, n_{2j+1} 就会有公因子 2,因此 m_{2j}, n_{2j} 不能同为奇数,从而两个整数 m_{2j+1}, n_{2j+1} 一定都是奇数,这就证明了上面的论断.

10.111 给定自然数 $x_1, x_2, \cdots, x_n$ 和 $y_1, y_2, \cdots, y_m$ 两个和 $x_1 + x_2 + \cdots + x_n$ 以及 $y_1 + y_2 + \cdots + y_m$ 彼此相等且小于 mn. 证明:在等式
$$x_1 + x_2 + \cdots + x_n = y_1 + y_2 + \cdots + y_m$$
中可以删去一部分加数,使剩下的部分仍然是等式.

(第 11 届全苏数学奥林匹克,1977 年)

证明 由 $x_i(i = 1,2,\cdots,n)$ 和 $y_j(j = 1,2,\cdots,m)$ 是自然数,且
$$S = x_1 + x_2 + \cdots + x_n = y_1 + y_2 + \cdots + y_m$$
满足 $S < mn$ 可知, $S \geq 2, m \geq 2, n \geq 2$.

我们对 $m + n$ 施用数学归纳法.

(1) 当 $m = n = 2$ 时,由 $2 \leq S < 4$ 可知, $S = 2$ 或 3.

若 $S = 2$,则有
$$S = x_1 + x_2 = y_1 + y_2 = 1 + 1$$
因此去掉一部分加数,剩下的仍然是等式.

心得 体会 拓广 疑问

若 $S = 3$,则有
$$S = x_1 + x_2 = y_1 + y_2 = 1 + 2$$
命题同样成立.

(2) 假设命题对 $m + n - 1$ 成立. 设
$$x_1 = \max \mid x_1, x_2, \cdots, x_n \mid$$
$$y_1 = \max \mid y_1, y_2, \cdots, y_m \mid$$

且不妨设 $\qquad x_1 > y_1$

若对 $m + n$ 有等式
$$x_1 + x_2 + \cdots + x_n = y_1 + y_2 + \cdots + y_m \qquad ①$$
则
$$(x_1 - y_1) + x_2 + \cdots + x_n = y_2 + \cdots + y_m \qquad ②$$

这个等式的两边共有 $m + n - 1$ 项,我们设法证明
$$S = y_2 + \cdots + y_m < n(m-1)$$

事实上,由 $S = y_1 + y_2 + \cdots + y_m < my_1$ 得
$$y_1 > \frac{S}{m}$$

所以 $\qquad S' = S - y_1 < S - \frac{S}{m} = S \cdot \frac{m-1}{m} <$
$$mn \cdot \frac{m-1}{m} = n(m-1)$$

因此,由归纳假设,对式② 可以删去一部分加数,使剩下的部分仍然是等式,于是对式① 也可这样做,从而命题对 $m + n$ 成立.

10.112 设 a, b, c 为两两互质的正整数,证明:$2abc - ab - bc - ca$ 是不能表示为 $xbc + yca + zab$ 形式的最大整数(其中 x, y, z 是非负整数).

证明 首先若
$$2abc - ab - bc - ca = xbc + yca + zab$$
则 $\qquad bc(x+1) + ca(y+1) + cb(z+1) = 2abc$
从而 $a \mid bc(x+1)$,而 $(a, bc) = 1$,可知 $a \mid (x+1)$,于是 $a \leqslant x + 1$,同理 $b \leqslant y + 1, c \leqslant z + 1$.这样
$$3abc = bca + cab + abc \leqslant$$
$$bc(x+1) + ca(y+1) + ab(z+1) = 2abc$$
这是不可能的.

其次证当 $n > 2abc - ab - bc - ca$ 时能表为 $bcx + cay + abz$.
此时我们要利用以下结论:
"设 $(a, b) = 1, a, b > 0$,则凡大于 $ab - a - b$ 的数必能表为 $ax + by(x \geqslant 0, y \geqslant 0)$,但 $ab - a - b$ 不行."由

$$(2abc - ab - bc - ca) - (abc - a - bc) =$$
$$abc - ab - ca + a = a(bc - b - c + 1) =$$
$$a(b-1)(c-1) \geqslant 0$$

知 $n > abc - a - bc$，因为 $(a, bc) = 1$，则 n 可写成 $aw + bcx$ 的形式，并且可使 $x \leqslant a - 1$，于是
$$aw = n - bcx \geqslant n - bc(a-1) > abc - ab - ac$$
即
$$w > bc - b - c$$
因为 $(b, c) = 1$，可知 w 必可以写成 $cy + bz$ 的形式. 于是
$$n = aw + bcx = a(cy + bz) + bcx =$$
$$bcx + cay + abz$$

10.113 设 d, n 是正整数，$d \mid n$. n 元整数组 $(x_1, x_2, \cdots, x_n)$ 满足条件：

(1) $0 \leqslant x_1 \leqslant x_2 \leqslant \cdots \leqslant x_n \leqslant n$.

(2) $d \mid (x_1 + x_2 + \cdots + x_n)$.

证明：符合条件的所有 n 元数组中，恰有一半满足 $x_n = n$.

证明 记符合条件的所有 n 元组的集合为 M. 在 M 中，$x_n = n$ 的所有元素构成的子集合为 N，N 关于 M 的补集为 $\overline{N}$，则欲证
$$\mid M \mid = 2 \mid N \mid \quad (\mid X \mid \text{ 表示集合 } X \text{ 的元素个数})$$
只须证
$$\mid N \mid = \mid \overline{N} \mid \qquad \text{①}$$
对每一个 $(x_1, x_2, \cdots, x_n) \in M$，作一个 $n \times n$ 的数表 $A = (a_{ij})$，满足
$$a_{ij} = \begin{cases} 1, & j \leqslant x_i \\ 0, & j > x_i \end{cases}, 1 \leqslant i, j \leqslant n \qquad \text{②}$$
则
$$x_i = \sum_{j=1}^{n} a_{ij}$$
将 A 中所有数字 0 改写为 1，而所有数字 1 改写为 0 后，得到一个新数表 $B = (b_{ij})$，显然
$$b_{ij} = 1 - a_{ij} \in \{0, 1\}, 1 \leqslant i, j \leqslant n \qquad \text{③}$$
比如：当 $d = 3$，$n = 9$，$(x_1, x_2, \cdots, x_9) = (0, 1, 1, 2, 3, 4, 6, 7, 9)$ 时

心得 体会 拓广 疑问

$$A = \begin{bmatrix} 0 & 0 & 0 & 0 & 0 & 0 & 0 & 0 & 0 \\ 1 & 0 & 0 & 0 & 0 & 0 & 0 & 0 & 0 \\ 1 & 0 & 0 & 0 & 0 & 0 & 0 & 0 & 0 \\ 1 & 1 & 0 & 0 & 0 & 0 & 0 & 0 & 0 \\ 1 & 1 & 1 & 0 & 0 & 0 & 0 & 0 & 0 \\ 1 & 1 & 1 & 1 & 0 & 0 & 0 & 0 & 0 \\ 1 & 1 & 1 & 1 & 1 & 1 & 0 & 0 & 0 \\ 1 & 1 & 1 & 1 & 1 & 1 & 1 & 0 & 0 \\ 1 & 1 & 1 & 1 & 1 & 1 & 1 & 1 & 1 \end{bmatrix}$$

$$B = \begin{bmatrix} 1 & 1 & 1 & 1 & 1 & 1 & 1 & 1 & 1 \\ 0 & 1 & 1 & 1 & 1 & 1 & 1 & 1 & 1 \\ 0 & 1 & 1 & 1 & 1 & 1 & 1 & 1 & 1 \\ 0 & 0 & 1 & 1 & 1 & 1 & 1 & 1 & 1 \\ 0 & 0 & 0 & 1 & 1 & 1 & 1 & 1 & 1 \\ 0 & 0 & 0 & 0 & 1 & 1 & 1 & 1 & 1 \\ 0 & 0 & 0 & 0 & 0 & 0 & 1 & 1 & 1 \\ 0 & 0 & 0 & 0 & 0 & 0 & 0 & 1 & 1 \\ 0 & 0 & 0 & 0 & 0 & 0 & 0 & 0 & 0 \end{bmatrix}$$

对每一个 i,显然有

$$a_{i1} \geqslant a_{i2} \geqslant \cdots \geqslant a_{in} \quad ④$$

$$b_{i1} \leqslant b_{i2} \leqslant \cdots \leqslant b_{in} \quad ⑤$$

令 $y_j = \sum_{i=1}^{n} b_{ij}(1 \leqslant j \leqslant n)$,则据 ⑤ 得

$$0 \leqslant y_1 \leqslant y_2 \leqslant \cdots \leqslant y_n \leqslant n \quad ⑥$$

因为将 A 与 B 重叠后,恰是一个全为数字 1 的 $n \times n$ 数表,故

$$\sum_{i=1}^{n} x_i + \sum_{j=1}^{n} y_j = n^2 \quad ⑦$$

据已知条件 $d \mid n$, $d \mid \sum_{i=1}^{n} x_i$,故由 ⑦ 得

$$d \mid \sum_{j=1}^{n} y_j \quad ⑧$$

⑥ 和 ⑧ 表明 n 元数组 $(y_1, y_2, \cdots, y_n)$ 亦满足条件(1)和(2),故 $(y_1, y_2, \cdots, y_n) \in M$,若定义映射 $f: M \to M$,使得

$$f((x_1, x_2, \cdots, x_n)) = (y_1, y_2, \cdots, y_n)$$

因为对每一个 $(x_1, x_2, \cdots, x_n) \in M$,能且只能够作唯一的一个数表 A 及相应的 B,显然 A 与 B 是一对一的.故 f 是 $M \to M$ 的一个一一映射.

设经过映射 f, N 和 $\overline{N}$ 的象的集合分别为 N^* 和 $\overline{N}^*$,由于 f 是一一映射,故

$$|N| = |N^*|, |\overline{N}| = |\overline{N}^*|$$

一方面,对每一个 $(x_1, x_2, \cdots, x_n) \in N$,因为 $x_n = n$,故 $a_{nj} = 1(1 \leq j \leq n)$.从而 $b_{nj} = 0$,特别地,$b_{nn} = 0$,于是

$$y_n = \sum_{i=1}^{n} b_{in} < n, (y_1, y_2, \cdots, y_n) \in \overline{N}$$

故

$$N^* \subseteq \overline{N}, |N| = |N^*| \leq |\overline{N}| \qquad ⑨$$

另一方面,对每一个 $(x_1, x_2, \cdots, x_n) \in \overline{N}$,因为 $x_n < n$,又据条件(1)

$$0 \leq x_1 \leq x_2 \leq \cdots \leq x_n \leq n$$

从而对 $i = 1, 2, \cdots, n$,均有 $x_i < n$,据 ④ 得 $a_{1n} = a_{2n} = \cdots = a_{nn} = 0$,于是

$$b_{1n} = b_{2n} = \cdots = b_{nn} = 1$$

$$y_n = \sum_{i=1}^{n} b_{in} = n, (y_1, y_2, \cdots, y_n) \in N$$

故

$$\overline{N} \subseteq N^*, |\overline{N}| = |\overline{N}^*| \leq |N| \qquad ⑩$$

综合 ⑨,⑩ 即得

$$|N| = |\overline{N}|$$

10.114 开区间 $(0, 1)$ 中的每个有理数 $\dfrac{p}{q}$(p, q 是互素的正整数)被长为 $\dfrac{1}{2q^2}$,中心在 $\dfrac{p}{q}$ 的闭区间覆盖.求证:$\dfrac{\sqrt{2}}{2}$ 不在上面所述的任一闭区间内.

(第 9 届美国普特南数学竞赛,1949 年)

证明 若结论不成立,则 $\dfrac{\sqrt{2}}{2}$ 在以某个有理数 $\dfrac{p}{q}$ 为中心,长为 $\dfrac{1}{2q^2}$ 的闭区间内,从而有 δ,使得

$$\frac{\sqrt{2}}{2} = \frac{p}{q} + \frac{\delta}{4q^2} (|\delta| \leq 1)$$

$$q - \frac{\delta}{2\sqrt{2}q} = \sqrt{2}p$$

$$q^2 - \frac{\delta}{\sqrt{2}} + \frac{\delta^2}{8q^2} = 2p^2$$

$$q^2 - 2p^2 = \frac{\delta}{\sqrt{2}} - \frac{\delta^2}{8q^2}$$

因为 $q^2 - 2p^2$ 是整数,则 $\dfrac{\delta}{\sqrt{2}} - \dfrac{\delta^2}{8q^2}$ 也是整数,由于

$$\left|\dfrac{\delta}{\sqrt{2}} - \dfrac{\delta^2}{8q^2}\right| \leqslant \dfrac{|\delta|}{\sqrt{2}} + \dfrac{|\delta^2|}{8q^2} \leqslant \dfrac{1}{\sqrt{2}} + \dfrac{1}{8} < 1$$

所以有 $\dfrac{\delta}{\sqrt{2}} - \dfrac{\delta^2}{8q^2} = 0$

从而 $q^2 - 2p^2 = 0$

$$\sqrt{2} = \dfrac{q}{p}$$

这与 $\sqrt{2}$ 是无理数矛盾.

10.115 给定 20 个不超过 70 的自然数 $a_1 < a_2 < \cdots < a_{20}$. 证明:在差 $a_j - a_k, j > k$ 中至少有 4 个相同.

(南斯拉夫数学奥林匹克,1977 年)

证明 设结论不真,则 19 个自然数 $a_{20} - a_{19}, a_{19} - a_{18}, \cdots, a_2 - a_1$ 中没有 4 个是相同的.因此,1,2,3,4,5,6 在其中出现的次数各至多是 3.于是上述 19 个数中至少有一个大于 6,否则不超过 6 的自然数至少有 19 个,不可能.余下的 18 个数中至少有三个大于 5,再余下的 15 个数中至少有三个大于 4,以此类推.因此

$70 > a_{20} - a_1 = (a_{20} - a_{19}) + (a_{19} - a_{18}) + \cdots + (a_2 - a_1) \geqslant$
$\qquad 7 + (6 + 6 + 6) + (5 + 5 + 5) + \cdots + (1 + 1 + 1) = 70$

矛盾,证毕.

10.116 求 $(\sqrt{2} + \sqrt{3})^{1980}$ 的小数点的前一位与后一位的数码. 并且证明你的结论.

(芬兰等四国数学竞赛,1980 年)

解 $(\sqrt{2} + \sqrt{3})^{1980} = (5 + 2\sqrt{6})^{990}$

因为 $2.4 < \sqrt{6} < 2.5, 4.8 < 2\sqrt{6} < 5$

所以 $0 < 5 - 2\sqrt{6} < 0.2$

$(5 - 2\sqrt{6})^{990} < 0.2^{990} = 0.008^{330} < 0.01^{330} = 0.1^{660}$

由于 $m = (5 + 2\sqrt{6})^{990} + (5 - 2\sqrt{6})^{990}$ 是一个整数,所以

$(5 + 2\sqrt{6})^{990} = m - (5 - 2\sqrt{6})^{990}$

$(5 + 2\sqrt{6})^{990} = m - 1 + [1 - (5 - 2\sqrt{6})^{990}]$

于是 $[(5 + 2\sqrt{6})^{990}] = m - 1$

$\{(5 + 2\sqrt{6})^{990}\} = 1 - (5 - 2\sqrt{6})^{990} = 0.99\cdots$

由于 $m - 1 = (5 + 2\sqrt{6})^{990} + (5 - 2\sqrt{6})^{990} - 1 =$

$$2[5^{990} + C_{990}^2 5^{988}(2\sqrt{6})^2 + \cdots + C_{990}^{988} 5^2 (2\sqrt{6})^{988} + (2\sqrt{6})^{990}] - 1$$

从而

$$m - 1 = 10 \cdot S + 2(2\sqrt{6})^{990} - 1 = 10 \cdot S + 2 \cdot 24^{495} - 1$$

由于 24^{495} 的个位数与 4^{495} 的个位数相同,而 4^{495} 的个位数是 4,所以 $2 \cdot 24^{495}$ 的个位数是 8.

于是 $m - 1$ 的个位数是 7.

即 $(\sqrt{2} + \sqrt{3})^{1980}$ 的个位数是 7.

又因为 $(\sqrt{2} + \sqrt{3})^{1980}$ 的小数部分为 $0.99\cdots$,所以小数点后的第一位数码是 9.

10.117 p 是一个质数,实数 $a_1, a_2, \cdots, a_{p+1}$ 有下述性质:如果任意删去某个 $a_j(1 \leqslant j \leqslant p+1)$,剩下的 p 个实数一定能至少分为两组,每组实数的算术平均值全相同. 求证:所有 $a_1, a_2, \cdots, a_{p+1}$ 都相等.

证明 如果实数 $a_1, a_2, \cdots, a_{p+1}$ 具有题目中性质. 任取一个实数 a,那么 $p+1$ 个实数 $a_1 + a, a_2 + a, \cdots, a_{p+1} + a$ 显然也具有题目中性质. 因为当 $a_j + a$ 代替 a_j 后($1 \leqslant j \leqslant p+1$),相应的每组的算术平均值都增加了 a,仍然相等. 取

$$a = -\frac{1}{p+1} \sum_{j=1}^{p+1} a_j \qquad \text{①}$$

那么 $p+1$ 个实数 $a_1 + a, a_2 + a, \cdots, a_{j+1} + a$ 的和为零. 为简便,仍用 a_j 表示 $a_j + a (1 \leqslant j \leqslant p+1)$,因此我们有

$$\sum_{j=1}^{p+1} a_j = 0 \qquad \text{②}$$

删除某一个实数 a_j 后,余下的 p 个实数可以分成算术平均值相等的 r 值. 由于这 r 组实数的算术平均值相等,记为 b. 那么,每一组内全部实数之和为 b 乘以这组实数的个数,将这 r 组全部实数相加,利用公式②可以知道这 r 组全部实数(p 个实数)之和为 $-a_j$,因此有

$$bp = -a_j \qquad \text{③}$$

$$b = -\frac{a_j}{p} \qquad \text{④}$$

在这 r 组实数中任意挑出一组,这组内全部实数个数小于等于 $p-1$. 记这组内全部实数为 $a_{j1}, a_{j2}, \cdots, a_{jk_j}$. 那么,利用④,有

$$\frac{1}{k_j}(a_{j1} + a_{j2} + \cdots + a_{jk_j}) = -\frac{a_j}{p} \qquad \text{⑤}$$

心得 体会 拓广 疑问

式 ⑤ 左端无 a_j. 由于式 ⑤ 中 j 可以取 $1,2,\cdots,p+1$,那么有方程组

$$\begin{cases} \dfrac{a_1}{p} + \dfrac{a_{11} + a_{12} + \cdots + a_{1k_1}}{k_1} = 0 \\ \dfrac{a_2}{p} + \dfrac{a_{21} + a_{22} + \cdots + a_{2k_2}}{k_2} = 0 \\ \cdots \\ \dfrac{a_{p+1}}{p} + \dfrac{a_{p+1,1} + a_{p+1,2} + \cdots + a_{p+1,k_{p+1}}}{k_{p+1}} = 0 \end{cases} \quad ⑥$$

这里 $k_j \in \{1,2,\cdots,p-1\}, j = 1,2,\cdots,p+1, a_{js}$ 全部取自集合 $\{a_1,a_2,\cdots,a_{p+1}\}$,将 $a_1,a_2,\cdots,a_{p+1}$ 视为未知量. 方程 ⑥ 是含 $p+1$ 个未知量的线性方程组. 式 ⑥ 的系数行列式

$$D = \begin{vmatrix} \dfrac{1}{p} & & & * \\ & \dfrac{1}{p} & & \\ & & \ddots & \\ * & & & \dfrac{1}{p} \end{vmatrix} = \dfrac{1}{p^{p+1}} + \dfrac{t}{p^r s} \quad ⑦$$

这里 r 是非负整数,且 $r \leqslant p$,s 是一个正整数,s,p 互质,t 是一个整数,$|t|$ 与 p 也互质. 由于 p 是质数

$$\dfrac{1}{p^{p+1}} + \dfrac{t}{p^r s} = \dfrac{s + p^{p+1-r}t}{p^{p+1}s} \neq 0 \quad ⑧$$

因此,方程组 ⑥ 的系数行列式不等于零,于是方程组 ⑥ 只有零解,即

$$a_1 = a_2 = \cdots = a_{p+1} = 0 \quad ⑨$$

因而原来题目中的 $a_1,a_2,\cdots,a_{p+1}$ 全相等,都等于

$$\dfrac{1}{p+1} \cdot \sum_{j=1}^{p+1} a_j$$

10.118 给定 n 个正整数 $a_j(1 \leqslant j \leqslant n)$,且 $a_1 + a_2 + \cdots + a_n = 2n$,令 $a_{n+j} = a_j (j \in \mathbf{N})$ 和 $S_{j,l} = a_j + a_{j+1} + a_{j+2} + \cdots + a_{j+l}$,这里 l 是非负整数. 求证:对任何非负整数 A,一定有一个 $S_{j,l}$ 存在,使得 $A < S_{j,l} \leqslant A+2$.

证明 如果 $a_j(1 \leqslant j \leqslant n)$ 全是 2,则 $S_{j,l+1} - S_{j,l} = 2$,即 $S_{j,0} = 2, S_{j,1} = 4, S_{j,2} = 6, \cdots, S_{j,l} = 2(l+1)$ 等. 这里 j 是一个正整数,$1 \leqslant j \leqslant n$,$l$ 是任意非负整数. 于是对任何一个非负整数 A,$(A, A+2]$ 内一定含一个 $S_{j,l}$.

下面考虑正整数 $a_j(1 \leq j \leq n)$ 不全为 2 的情况. 由于 n 个正整数和为 $2n$, 且不全等于 2, 则必有一个正整数小于 2, 另一个正整数大于 2, 那么必有某个正整数 $a_i = 1$. 考虑

$$S_{i,l} = a_i + a_{i+1} + a_{i+2} + \cdots + a_{i+l} \quad \text{①}$$

对本题用反证法. 如果存在一个非负整数 A, $(A, A+2]$ 内无任何 $S_{j,l}$, 下面证明必有①中一个 $S_{i,l} \in (A, A+2]$. 这就导出了矛盾. 首先, 由于 $S_{i,0} = a_i = 1$, 则 $(0, 2]$ 内含 a_i, 因此不含任何 $S_{j,l}$ 的 $(A, A+2]$, 这里 A 必是某个正整数. 由于 $a_i, a_{i+1}, a_{i+2}, \cdots, a_{i+l}$ 全是正整数, 则一定能找到唯一一个正整数 l, 使得

$$S_{i,l-1} \leq A, S_{i,l} > A + 2 \quad \text{②}$$

由于

$$S_{i,l} - S_{i,l-1} = a_{l+l} \quad \text{③}$$

从②和③, 有

$$a_{i+l} > 2 \quad \text{④}$$

记 $i + l \equiv j \pmod{n}$, 这里 $j = 1, 2, \cdots, n$. 对每个等于 1 的 a_i, 对应有唯一一个 $a_j > 2$ 满足②和③. 记 $a_{i_1}, a_{i_2}, \cdots, a_{i_k}$ 是 $a_l(1 \leq l \leq n)$ 中对应同一个 $a_j > 2$ 的等于 1 的正整数全部, 这里 $i_1 < i_2 < \cdots < i_k, 0 < i_k - i_1 < n$. 那么, 有

$$\begin{aligned} a_{i_1} + a_{i_1+1} + a_{i_1+2} + \cdots + a_{j-1} &\leq A \\ a_{i_1} + a_{i_1+1} + a_{i_1+2} + \cdots + a_j &> A + 2 \\ a_{i_2} + a_{i_2+1} + a_{i_2+2} + \cdots + a_{j-1} &\leq A \\ a_{i_2} + a_{i_2+1} + a_{i_3+2} + \cdots + a_j &> A + 2 \\ &\cdots \\ a_{i_k} + a_{i_k+1} + a_{i_k+2} + \cdots + a_{j-1} &\leq A \\ a_{i_k} + a_{i_k+1} + a_{i_k+2} + \cdots + a_j &> A + 2 \end{aligned} \quad \text{⑤}$$

要注意, 这里下标 $i_1, i_2, \cdots, i_k$ 不一定比下标 j 小, 因为对 j 已 mod n, $a_{i_2}, a_{i_3}, \cdots, a_{i_k}$ 都出现在⑤的第一、二个不等式的左端. 由于 $a_{i_k} = 1$, 从式⑤的最后一个不等式, 有

$$a_{i_k+1} + a_{i_k+2} + \cdots + a_j \geq A + 2 \quad \text{⑥}$$

由于 $(A, A+2]$ 内无任一 $S_{j,l}$, 所以不等式⑥不可能取等号, 即

$$a_{i_k+1} + a_{i_k+2} + \cdots + a_j > A + 2 \quad \text{⑦}$$

但是, 利用⑤的第一个不等式, 有

$$a_{i_1} + a_{i_2} + \cdots + a_{i_k} + a_{i_k+1} a_{i_k+2} + \cdots + a_{j-1} \leq A \quad \text{⑧}$$

从式⑦和⑧, 有

$$a_j > a_{i_1} + a_{i_2} + \cdots + a_{i_k} + 2 = k + 2 \quad \text{⑨}$$

心得 体会 拓广 疑问

那么,利用⑨,有
$$a_j + (a_{i_1} + a_{i_2} + \cdots + a_{i_k}) > 2(k+1) \qquad ⑩$$
对所有等于1的正整数 a_{i_l},可以分成若干组,每一组对应上述一个 $a_j > 2$,将这个 a_j 并入这组,对每组有一个不等式⑩类型的不等式.不等式的右端是左端项数的2倍,剩下可能有一些 $a_j \geq 2$,不属于上述各组,将这些 a_j 一个数分一组,于是 n 个 $a_1, a_2, \cdots, a_n$ 全部分成有限组,每一组对应一个不等式,左端为这组内全部正整数之和,右端为组内正整数个数的2倍,左端大于等于右端,将这些不等式全部相加,利用⑩,应当有
$$a_1 + a_2 + \cdots + a_n > 2n \qquad ⑪$$
这与题目条件矛盾.

10.119 确定所有正有理数组 (x, y, z),使得 $x + y + z$,$\dfrac{1}{x} + \dfrac{1}{y} + \dfrac{1}{z}$ 和 xyz 都是整数(这里 $x \leq y \leq z$).

解 由于
$$xy + yz + zx = xyz\left(\dfrac{1}{x} + \dfrac{1}{y} + \dfrac{1}{z}\right) \qquad ①$$
所以 $xy + yz + zx$ 也是整数.令
$$\begin{aligned} f(u) &= (u-x)(u-y)(u-z) = \\ &\quad u^3 - (x+y+z)u^2 + (xy+yz+zx)u - xyz \end{aligned} \qquad ②$$
$f(u)$ 是整系数3次多项式.由于 x, y, z 是 $f(u)$ 的3个正有理数根.记
$$x = \dfrac{a}{b} \qquad ③$$
a, b 是正整数,且 a, b 互质.将③代入②,有
$$0 = b^2 f\left(\dfrac{a}{b}\right) = \dfrac{a^3}{b} - (x+y+z)u^2 + (xy+yz+zx)ab - xyzb^2 \qquad ④$$
式④右端第二大项、第三大项和最后一项都是整数,那么 $\dfrac{a^3}{b}$ 必是整数.由于 a, b 互质,则 $b = 1$,$x = a$,a 为整数.同理,y, z 也为整数.

由于 $x \leq y \leq z$
$$\begin{cases} x = 1 \\ y = 1, \\ z = 1 \end{cases} \quad \begin{cases} x = 1 \\ y = 2 \\ z = 2 \end{cases} \qquad ⑤$$
是满足题目条件的两组解.

当 $x = 1$ 时,由于 $1 + \frac{1}{y} + \frac{1}{z}$ 是正整数,则 $\frac{1}{y} + \frac{1}{z}$ 也是正整数.如果 $y \geq 3$,则 $z \geq y \geq 3, \frac{1}{y} + \frac{1}{z} \leq \frac{2}{3}$.因此当 $x = 1$ 时,仅公式 ⑤ 列出的两组解.

当 $x = 2$ 时
$$\begin{cases} x = 2 \\ y = 3, \\ z = 6 \end{cases} \begin{cases} x = 2 \\ y = 4 \\ z = 4 \end{cases} \qquad ⑥$$
是两组解.当 $y \geq 5$ 时,$z \geq y \geq 5$,则 $\frac{1}{y} + \frac{1}{z} \leq \frac{2}{5}$,于是 $\frac{1}{2} + \frac{1}{y} + \frac{1}{z} < 1$,这与 $\frac{1}{2} + \frac{1}{y} + \frac{1}{z}$ 是一个正整数矛盾.因此 $x = 2$ 时,仅公式 ⑥ 列出两组解.

当 $x = 3$ 时
$$x = 3, y = 3, z = 3 \qquad ⑦$$
是满足题目条件的一组解.

当 $x \geq 3$ 及 $y \geq 4$ 时,由于 $x \geq y \geq 4$,则
$$\frac{1}{x} + \frac{1}{y} + \frac{1}{z} \leq \frac{1}{3} + \frac{1}{4} + \frac{1}{4} = \frac{10}{12} < 1 \qquad ⑧$$
这与 $\frac{1}{x} + \frac{1}{y} + \frac{1}{z}$ 是正整数矛盾.

综上所述,满足本题的全部解就是 ⑤,⑥,⑦ 列出的 5 组.

10.120 正整数 $a_1, a_2, \cdots, a_{2\,006}$(可以有相同的)使得 $\frac{a_1}{a_2}$, $\frac{a_2}{a_3}, \cdots, \frac{a_{2\,005}}{a_{2\,006}}$ 两两不相等.问:$a_1, a_2, \cdots, a_{2\,006}$ 中最少有多少个不同的数?

解 $a_1, a_2, \cdots, a_{2\,006}$ 中最少有 46 个互不相同的数.

由于 45 个互不相同的正整数两两比值至多有 $45 \times 44 + 1 = 1\,981$ 个,故 $a_1, a_2, \cdots, a_{2\,006}$ 中互不相同的数大于 45.

下面构造一个例子,说明 46 是可以取到的.

设 $p_1, p_2, \cdots, p_{46}$ 为 46 个互不相同的素数,构造 $a_1, a_2, \cdots,$ $a_{2\,006}$ 如下

$p_1, p_1, p_2, p_1, p_3, p_2, p_3, p_1, p_4, p_3, p_4, p_2, p_4, p_1, \cdots,$

$p_1, p_k, p_{k-1}, p_k, p_{k-2}, p_k, \cdots, p_k, p_2, p_k, p_1, \cdots,$

$p_1, p_{45}, p_{44}, p_{45}, p_{43}, p_{45}, \cdots, p_{45}, p_2, p_{45}, p_1,$

$p_{46}, p_{45}, p_{46}, p_{44}, p_{46}, \cdots, p_{46}, p_{22}, p_{46}$

这 2 006 个正整数满足要求.

所以 $a_1, a_2, \cdots, a_{2006}$ 中最少有 46 个互不相同的数.

10.121 设 n 为正整数,求并证明最小的正整数 d_n,使得它不能表示成 $\sum_{i=1}^{n}(-1)^{a_i}2^{b_i}$,其中 a_i 和 $b_i(i \geq 1)$ 是非负整数.

解 设 $A_n = \{\sum_{i=1}^{n}(-1)^{a_i}2^{b_i} \mid a_i, b_i$ 为非负整数$\}$. 先证明 A_n 的几个性质.

如果 $m \in A_n$,那么
$$2^k \cdot m \in A_n$$

证明:设 $m = \sum_{i=1}^{n}(-1)^{a_i}2^{b_i}$,则
$$2^k m = \sum_{i=1}^{n}(-1)^{a_i}2^{b_i+k} \in A_n$$

如果 $m \in A_n$,那么
$$m \in A_{n+1}$$

证明:设 $m = \sum_{i=1}^{n}(-1)^{a_i}2^{b_i}$,则
$$m = \sum_{i=1}^{n-1}(-1)^{a_i}2^{b_i} + (-1)^{a_n}2^{b_n+1} + (-1)^{a_n+1}2^{b_n} \in A_{n+1}$$

不难证明:

如果 $m \in A_n$,那么
$$4m-1, 4m, 4m+1, 4m+2 \in A_{n+1}$$

如果 $2m \in A_n$,那么
$$m \in A_n$$

如果 $2^k \cdot m \in A_n$,那么
$$m \in A_n$$

如果 $m \in A_{n+1}$,m 是奇数,那么
$$m+1 \in A_n \text{ 或 } m-1 \in A_n$$

设 $f(n) = 2\dfrac{4^n-1}{3}+1$,$g(n) = \dfrac{4^{n+1}-1}{3}$,则
$$f(n+1) = 2g(n)+1, f(n+1) = 4f(n)-1$$
$$g(n-1) = 2f(n)-1, g(n+1) = 4g(n)+1$$

可以证明
$$1, 2, \cdots, f(n)-1 \in A_n \qquad ①$$
$$f(n), g(n) \notin A_n \qquad ②$$

由①,②得到,所求最小值为 $f(n) = 2\dfrac{4^n-1}{3}+1$.

10.122 求所有的正整数 x, y, z，使得 $\sqrt{\dfrac{2\,005}{x+y}} + \sqrt{\dfrac{2\,005}{x+z}} + \sqrt{\dfrac{2\,005}{y+z}}$ 是整数.

解 首先证明一个引理.

引理 若 p, q, r 和 $s = \sqrt{p} + \sqrt{q} + \sqrt{r}$ 是有理数，则 $\sqrt{p}, \sqrt{q}, \sqrt{r}$ 也是有理数.

引理的证明 由于 $(\sqrt{p} + \sqrt{q})^2 = (s - \sqrt{r})^2$，可得
$$2\sqrt{pq} = s^2 + r - p - q - 2s\sqrt{r}$$
平方后可得
$$4pq = M^2 + 4s^2 r - 4Ms\sqrt{r}$$
其中
$$M = s^2 + r - p - q > 0$$
于是，$\sqrt{r}$ 是有理数.

同理，$\sqrt{p}, \sqrt{q}$ 也是有理数.

下面证明原题.

假设 x, y, z 是满足条件的正整数，则 $\sqrt{\dfrac{2\,005}{x+y}}, \sqrt{\dfrac{2\,005}{x+z}}, \sqrt{\dfrac{2\,005}{y+z}}$ 均为有理数.

设 $\sqrt{\dfrac{2\,005}{x+y}} = \dfrac{a}{b}$，其中 a, b 互质. 于是
$$2\,005 b^2 = (x+y) a^2$$
从而，a^2 整除 $2\,005$，进而有 $a = 1$.

因此，$x + y = 2\,005 b^2$.

同理可设 $x + z = 2\,005 c^2$，$y + z = 2\,005 d^2$.

代入原表达式知 $\dfrac{1}{b} + \dfrac{1}{c} + \dfrac{1}{d}$ 是正整数，其中 b, c, d 是正整数.

因为 $\dfrac{1}{b} + \dfrac{1}{c} + \dfrac{1}{d} \leqslant 3$，下面分情况讨论.

(1) 当 $\dfrac{1}{b} + \dfrac{1}{c} + \dfrac{1}{d} = 3$ 时，则
$$b = c = d = 1, x + y = y + z = z + x = 2\,005$$
没有正整数解.

(2) 当 $\dfrac{1}{b} + \dfrac{1}{c} + \dfrac{1}{d} = 2$ 时，则 b, c, d 中一个等于 1，另两个等于 2，不存在满足条件的 x, y, z.

(3) 当 $\dfrac{1}{b} + \dfrac{1}{c} + \dfrac{1}{d} = 1$ 时，不妨设 $b \geqslant c \geqslant d > 1$，于是，有

$\frac{3}{d} \geqslant \frac{1}{b} + \frac{1}{c} + \frac{1}{d} = 1$,所以 $d = 2$ 或 3.

ⅰ $d = 3$,则 $b = c = 3$,不存在满足条件的 x, y, z.

ⅱ $d = 2$,则 $c > 2$,且 $\frac{2}{c} \geqslant \frac{1}{b} + \frac{1}{c} = \frac{1}{2}$,所以 $c = 3$ 或 4.

若 $c = 3$,则 $b = 6$,不存在满足条件的 x, y, z;

若 $c = 4$,则 $b = 4$,存在 $x = 14 \times 2\,005 = 28\,070, y = z = 2 \times 2\,005 = 4\,010$,满足条件.

综上所述,x, y, z 一个为 $28\,070$,另两个为 $4\,010$.

10.123 求表达式 $\frac{1}{k} + \frac{1}{m} + \frac{1}{n}$ 的最大值,其中 k, m, n 为正整数,且 $\frac{1}{k} + \frac{1}{m} + \frac{1}{n} < 1$.

解 设 $M = \frac{1}{k} + \frac{1}{m} + \frac{1}{n}$.

不失一般性,不妨设 $k \leqslant m \leqslant n$.

下面分 $k = 2, k = 3, k \geqslant 4$ 三种情况讨论.

(1) $k = 2$. 因为 $\frac{1}{2} + \frac{1}{m} + \frac{1}{n} < 1$,则 $m > 2$.

分别考虑 $m = 3, m = 4, m > 4$ 三种情况:

ⅰ 当 $m = 3$,由 $\frac{1}{2} + \frac{1}{3} + \frac{1}{n} < 1$,即 $\frac{1}{n} < \frac{1}{6}$,得 $n > 6$. 由 $n = 7$ 得 M 的最大值为

$$\frac{1}{2} + \frac{1}{3} + \frac{1}{7} = \frac{41}{42}$$

ⅱ 当 $m = 4$,由 $\frac{1}{2} + \frac{1}{4} + \frac{1}{n} < 1$,即 $\frac{1}{n} < \frac{1}{4}$,得 $n > 4$. 由 $n = 5$ 得 M 的最大值为

$$\frac{1}{2} + \frac{1}{4} + \frac{1}{5} = \frac{19}{20}$$

ⅲ 若 $m > 4$,由 $\frac{1}{2} + \frac{1}{m} + \frac{1}{n} < \frac{1}{2} + \frac{1}{4} + \frac{1}{4} = 1$,得 $5 \leqslant m \leqslant n$. 由 $n = m = 5$ 得 M 的最大值为

$$\frac{1}{2} + \frac{1}{5} + \frac{1}{5} = \frac{9}{10}$$

(2) $k = 3$. 分别考虑 $m = 3, m > 3$ 两种情况:

ⅰ 若 $m = 3$,由 $\frac{1}{3} + \frac{1}{3} + \frac{1}{n} < 1$,即 $\frac{1}{n} < \frac{1}{3}$,得 $n > 3$. 由 $n = 4$ 得 M 的最大值为 $\frac{11}{12}$.

ⅱ 若 $m > 3$,由 $n = m = 4$ 得 M 的最大值为 $\frac{5}{6}$.

(3) $k \geq 4$, 因为

$$\frac{1}{k} + \frac{1}{m} + \frac{1}{n} \leq \frac{1}{4} + \frac{1}{4} + \frac{1}{4} < 1$$

由 $n = m = k = 4$ 得 M 的最大值为

$$\frac{1}{4} + \frac{1}{4} + \frac{1}{4} = \frac{3}{4}$$

以上给出了满足 $\frac{1}{k} + \frac{1}{m} + \frac{1}{n} < 1$ 的所有可能性. 因此, 满足所给条件的 M 的最大值为 $\frac{41}{42}$.

10.124 求最大的整数 A, 使对于由 1 到 100 的全部自然数的任一排列, 其中都有 10 个位置连续的数, 其和大于或等于 A.

(波兰数学竞赛, 1970 年)

解 设 $\sigma = (a_1, a_2, \cdots, a_{100})$ 是从 1 到 100 的全部自然数的任一排列, 令

$$A_\sigma = \max_{0 \leq n \leq 90} \sum_{k=1}^{n} a_{n+k} \qquad ①$$

于是, 排列 σ 中有某 10 个连续项之和等于 A_σ, 而其余任何连续 10 项之和都不大于 A_σ.

因此, 本题归结为求数

$$A = \min_\sigma A_\sigma \qquad ②$$

由数 A_σ 的定义有

$$A_\sigma \geq a_1 + a_2 + \cdots + a_{10}$$
$$A_\sigma \geq a_{11} + a_{12} + \cdots + a_{20}$$
$$\cdots$$
$$A_\sigma \geq a_{91} + a_{92} + \cdots + a_{100}$$

将这些不等式两边分别相加, 得

$10 A_\sigma \geq a_1 + a_2 + \cdots + a_{100} = 1 + 2 + \cdots + 100 = 5\ 050$

因此, 对于任何排列 σ, 有不等式

$$A_\sigma \geq 505$$

由 ② 又有

$$A \geq 505 \qquad ③$$

现在考察由 1 到 100 的自然数的下列一种排列 $\tau = (a_1, a_2, \cdots, a_{100})$

$$100, 1, 99, 2, 98, 3, 97, 4, \cdots, 51, 50$$

这个排列可用下列关系式给出:

$$a_{2n+1} = 100 - n, \quad 0 \leq n \leq 49$$

心得 体会 拓广 疑问

$$a_{2n} = n, 1 \leq n \leq 50$$

我们证明这个排列的任何 10 项之和不大于 505.

事实上,如果这连续 10 项的首项下标是偶数 $2k$,那么

$$S_1 = a_{2k} + a_{2k+1} + \cdots + a_{2k+9} =$$
$$(a_{2k} + a_{2k+2} + \cdots + a_{2k+8}) + (a_{2k+1} + a_{2k+3} + \cdots + a_{2k+9}) =$$
$$(k + (k+1) + \cdots + (k+4)) +$$
$$((100 - k) + (100 - k - 1) + \cdots + (100 - k - 4)) = 500$$

如果这连续 10 项的首项下标是奇数 $2k+1$,那么

$$S_2 = a_{2k+1} + a_{2k+2} + \cdots + a_{2k+10} =$$
$$(a_{2k} + a_{2k+1} + \cdots + a_{2k+9}) + a_{2k+10} - a_{2k} =$$
$$S_1 + (k+5) - k = 505$$

于是,我们证明了排列 τ 的任何连续 10 项之和不大于 505,并且可以等于 505.

从而由 ② 得

$$A \leq 505 \qquad\qquad ④$$

于是由 ③,④ 得 $A = 505$.

10.125 设 $1 \leq a \leq n$,则存在 $k(1 \leq k \leq a)$ 个正整数 $x_1 < x_2 < \cdots < x_k$,使得

$$\frac{a}{n} = \frac{1}{x_1} + \frac{1}{x_2} + \cdots + \frac{1}{x_k} \qquad ①$$

证明 设 x_1 是最小的正整数使得

$$\frac{1}{x_1} \leq \frac{a}{n}$$

如果 $\frac{a}{n} = \frac{1}{x_1}$,则 ① 已求得;如果 $\frac{a}{n} \neq \frac{1}{x_1}$,则 $x_1 > 1$,令

$$\frac{a}{n} - \frac{1}{x_1} = \frac{ax_1 - n}{nx_1} = \frac{a_1}{nx_1}$$

其中

$$ax_1 - n = a_1 > 0$$

由于 x_1 的最小性,有 $\frac{1}{x_1 - 1} > \frac{a}{n}$,故 $ax_1 - n < a$,即 $a_1 < a$;再设 x_2 是最小的正整数使得

$$\frac{1}{x_2} \leq \frac{a_1}{nx_1}$$

如果 $\frac{1}{x_2} = \frac{a_1}{nx_1}$,则式 ① 已求得;如果 $\frac{a_1}{nx_1} \neq \frac{1}{x_2}$,则

$$x_2 > 1$$

$$\frac{a_1}{nx_1} - \frac{1}{x_2} = \frac{ax_2 - nx_1}{nx_1x_2} = \frac{a_2}{nx_1x_2}$$

其中 $ax_2 - nx_1 = a_2 > 0$

由于 $\frac{1}{x_2-1} > \frac{a_1}{nx_1}$, 故 $a_2 < a_1 < a$. 如此继续下去, 可得 $a > a_1 > a_2 > \cdots > a_k = 0$, 而 $1 \leqslant k \leqslant a$, 且存在 k 个正整数 $x_1 < x_2 < \cdots < x_k$, 使得 ① 成立.

10.126 设 $N = \sum_{k=1}^{60} e_k k^{k^k}$, 其中 $e_k = 1$ 或 -1, $k = 1, 2, \cdots, 60$. 证明: N 不是一个整数的五次方.

(波兰数学竞赛, 1991 年)

证明 用反证法.

假设 N 是某个整数的五次方.

不妨设 $e_{60} = 1$, 否则 $e_{60} = -1$, 可考虑 $-N$. 令

$$x = (60^{60})^{\frac{1}{5}} = 60^{\frac{1}{5} \cdot 60} = 60^{60 \cdot 12}$$

则 $N < 60^{60^{60}} + 59 \cdot 59^{59^{59}} < 60^{60^{60}} + 60^{60^{59} \cdot 12} = x^5 + x < (x+1)^5$

又 $N > 60^{60^{60}} - 59 \cdot 59^{59^{59}} > x^5 - x = (x-1)^5 + 5x^4 - 10x^3 + 10x^2 - 4x + 1 > (x-1)^5$

这时由 $(x-1)^5 < N < (x+1)^5$

及 N 是一个整数的五次方. 所以

$$N = x^5, N^{\frac{1}{5}} = x$$

从而就有

$$\sum_{k=1}^{59} e_k k^{k^k} = 0 \qquad ①$$

然而

$$\left|\sum_{k=1}^{59} e_k k^{k^k}\right| \geqslant 59^{59^{59}} - \left|\sum_{k=1}^{58} e_k k^{k^k}\right| > 59^{59^{59}} - 58 \cdot 58^{58^{59}} > 59^{59^{59}} - 59^{59^{59}} = 0 \qquad ②$$

① 和 ② 矛盾, 从而 N 不是整数的五次方.

10.127 试证: 对于任意给定的正整数 n, 必有唯一的一对整数 k 和 l, $0 \leqslant l < k$, 使得 $n = \frac{1}{2}k(k-1) + l$.

(中国北京市高中数学竞赛, 1964 年)

证明 当 $k=2,3,4,\cdots$ 时，$\frac{1}{2}k(k-1)$ 都是正整数，且数列

$$\frac{1}{2}\cdot 2\cdot(2-1),\frac{1}{2}\cdot 3\cdot(3-1),\frac{1}{2}\cdot 4\cdot(4-1),\cdots$$

是无界递增数列.

对于任意正整数 n，上述数列中只有有限个数不大于 n，把这有限个(不大于 n 的)数中之最大者记作 $\frac{1}{2}k(k-1)$，那么

$$\frac{1}{2}k(k-1)\leqslant n<\frac{1}{2}(k+1)k$$

由此 $\quad 0\leqslant n-\frac{1}{2}k(k-1)<\frac{1}{2}(k+1)k-\frac{1}{2}k(k-1)=k$

令 $l=n-\frac{1}{2}k(k-1)$，则 $0\leqslant l<k$，而

$$n=\frac{1}{2}k(k-1)+l$$

可见，合乎要求的整数 k 和 l 是存在的.

下面证明合乎要求的整数对 (k,l) 是唯一的.

设有 (k_1,l_1) 和 (k_2,l_2) 两对整数都合乎要求，假如 $k_1<k_2$，那么

$$n=\frac{1}{2}k_1(k_1-1)+l_1<\frac{1}{2}k_1(k_1-1)+k_1=$$
$$\frac{1}{2}(k_1+1)k_1\leqslant\frac{1}{2}k_2(k_2-1)\leqslant\frac{1}{2}k_2(k_2-1)+l_2=n$$

这个矛盾说明 k_1 不会小于 k_2. 同理，k_2 不会小于 k_1.

于是 $k_1=k_2$，由此

$$l_1=n-\frac{1}{2}k_1(k_1-1)=n-\frac{1}{2}k_2(k_2-1)=l_2$$

这就是说，k_1,l_1 及 k_2,l_2 这两对整数必定完全相同，即合乎要求的整数 k,l 只有一对.

10.128 能否将 2 写成这样的形式 $2=\frac{1}{n_1}+\frac{1}{n_2}+\cdots+\frac{1}{n_{1\,974}}$，其中 $n_1,n_2,\cdots,n_{1\,974}$ 是不同的自然数.

(基辅数学奥林匹克，1974 年)

解 首先 1 可以写成三个分子为 1 的分数之和.

$$1=\frac{1}{2}+\frac{1}{3}+\frac{1}{6}$$

于是

$$2=\frac{1}{1}+\frac{1}{2}+\frac{1}{3}+\frac{1}{6} \qquad ①$$

注意到恒等式

$$\frac{1}{6k} = \frac{1}{12k} + \frac{1}{20k} + \frac{1}{30k} \qquad ②$$

取 $k = 1 = 5^0$,则

$$\frac{1}{6} = \frac{1}{12} + \frac{1}{20} + \frac{1}{30}$$

代入①得

$$2 = \frac{1}{1} + \frac{1}{2} + \frac{1}{3} + \frac{1}{12} + \frac{1}{20} + \frac{1}{30} \qquad ③$$

从而 2 化为 6 个分数之和.

取 $k = 5^1 = 5$,则

$$\frac{1}{30} = \frac{1}{60} + \frac{1}{100} + \frac{1}{150}$$

代入③得

$$2 = \frac{1}{1} + \frac{1}{2} + \frac{1}{3} + \frac{1}{12} + \frac{1}{20} + \frac{1}{60} + \frac{1}{100} + \frac{1}{150} \qquad ④$$

从而 2 化为 8 个分数之和.

再取 $k = 5^2$,代入②得到 $\frac{1}{150}$ 的分解式代入④从而得到 10 个分数之和为 2.

进一步取 $k = 5^3, 5^4, \cdots, 5^{984}$,每一次都使式①增加两个新的不同项,于是经过这样的 985 次代换就使 2 化为

$$985 \cdot 2 + 4 = 1\,974$$

个分子为 1 的分数之和.

10.129 证明:在任意 52 个整数中,必有两个数,它们之和或差被 100 整除.

(英国数学奥林匹克,1966 年)

证明 将除以 100 时可能得到的 100 个余数分成 51 组:$\{0\}$,$\{1,99\}$,$\{2,98\}$,$\cdots$,$\{49,51\}$,$\{50\}$.因为有 52 个数,所以由抽屉原则,必有两个数,它们除以 100 的余数落在同一组.这两个数即是所要求的,因为如果它们的余数相同,则它们的差被 100 整除,如果它们的余数不同,则它们的和被 100 整除.

10.130 已知 p 是奇数,且方程 $x^2 + px - 1 = 0$ 的两个根为 x_1, x_2.证明:对任何整数 $n \geq 0$,数 $x_1^n + x_2^n$ 和 $x_1^{n+1} + x_2^{n+1}$ 是互素的整数.

(波兰数学竞赛,1964 年)

证明 用数学归纳法.

$n = 0$ 时
$$x_1^0 + x_2^0 = 0$$
$$x_1 + x_2 = -p$$

因为 p 是奇数,则 $(2,p) = 1$,于是 $x_1^0 + x_2^0$ 与 $x_1 + x_2$ 互素.

假设整数 $x_1^n + x_2^n$ 与 $x_1^{n+1} + x_2^{n+1}$ 互素. 我们证明 $x_1^{n+1} + x_2^{n+1}$ 与 $x_1^{n+2} + x_2^{n+2}$ 互素. 事实上
$$(x_1^{n+1} + x_2^{n+1})(x_1 + x_2) = (x_1^{n+2} + x_2^{n+2}) + x_1 x_2(x_1^n + x_2^n)$$
将 $x_1 + x_2 = -p, x_1 x_2 = -1$ 代入得
$$x_1^{n+2} + x_2^{n+2} = -p(x_1^{n+1} + x_2^{n+1})(x_1^n + x_2^n)$$

由于 $x_1^{n+1} + x_2^{n+1}$ 与 $x_1^n + x_2^n$ 是整数,所以 $x_1^{n+2} + x_2^{n+2}$ 也是整数.

并且 $x_1^{n+2} + x_2^{n+2}$ 与 $x_1^{n+1} + x_2^{n+1}$ 的公约数也是 $x_1^n + x_2^n$ 的约数,因而也是 $x_1^{n+1} + x_2^{n+1}$ 与 $x_1^n + x_2^n$ 的公约数.由归纳假设,$x_1^{n+1} + x_2^{n+1}$ 与 $x_1^n + x_2^n$ 互素,所以 $x_1^{n+2} + x_2^{n+2}$ 与 $x_1^{n+1} + x_2^{n+1}$ 也互素.

于是对所有非负整数 n,命题成立.

10.131 在绝对值不超过 $2m - 1$(m 是正整数)的任意 $2m + 1$ 个两两不同的整数中,求证:可以找到 3 个数,它们的和为零.

证明 对正整数 m 用数学归纳法.

当 $m = 1$ 时,绝对值不超过 1 的任意 3 个两两不同的整数,只能是 $-1,0,1$ 三个数,它们的和当然是零.题目结论成立.

设当正整数 $m = k - 1 (k \geq 2)$ 时,题目结论成立.当 $m = k$ 时,考虑 $2k + 1$ 个绝对值不超过 $2k - 1$ 的整数组成的集合 A. 如果在其中存在 $2k - 1 = 2(k-1) + 1$ 个绝对值不超过 $2k - 3 = 2(k-1) - 1$ 的数,由归纳法假设,可以找到 3 数,其和为零.

如果在其中至少含有 3 个绝对值超过 $2k - 3$ 的不同整数. 3 个整数绝对值超过 $2k - 3$,又不超过 $2k - 1$,只有以下四种可能.

(1) $2k - 1, -2k + 1, 2k - 2$;
(2) $2k - 1, -2k + 1, 2 - 2k$;
(3) $2k - 1, 2k - 2, -2k + 2$(不含 $-2k + 1$,否则归入(1));
(4) $1 - 2k, 2k - 2, -2k + 2$(不含 $2k - 1$,否则归入(1)).

在情况(1)中,我们考虑 $2k - 1$ 个整数对 $(1, 2k - 2), (2, 2k - 3), \cdots, (k - 1, k)$,以及 $(0, -2k + 1), (-1, -2k + 2), (-2, -2k + 3), \cdots, (-k + 1, -k)$,这 $4k - 2$ 个整数,加上整数 $2k - 1$ 是绝对值不超过 $2k - 1$ 的全部整数.由于取 $2k + 1$ 个绝对值不超过 $2k - 1$ 的整数,则至少有 $2k$ 个整数取自上述 $2k - 1$ 个整数对.那么,上述 $2k - 1$ 个整数对中,至少有一对整数同时被取到.如果

这一对整数是$(1,2k-2),(2,2k-3),\cdots,(k-1,k)$中一对,由于这一对整数和为$2k-1$,在情况(1)中再取一个整数$-2k+1$,则这3个整数和为零,如果这一对整数是$(0,-2k+1),(-1,-2k+2),\cdots,(-k+1,-k)$中一对整数.由于其和为$-2k+1$,则在情况(1)中再取一个整数$2k-1$,这3个整数之和为零.

在情况(2)中,考虑$2k-1$个整数对$(-1,2-2k),(-2,3-2k),(-3,4-2k),\cdots,(-k+1,-k)$,以及$(0,2k-1),(1,2k-2),\cdots,(k-1,k)$.注意前$k-1$对整数对中,每对整数之和为$-2k+1$,后$k$对整数对中每对整数之和为$2k-1$.上述$4k-2$个整数,再加上整数$-2k+1$是绝对值不超过$2k-1$的全部整数.由于取$2k+1$个绝对值不超过$2k-1$的整数,那么至少有$2k$个整数取自上述$2k-1$对整数.那么至少有一对整数同时被取到,如果是前$k-1$中的一对整数,则再添加一个整数$2k-1$,那么这3个整数之和为零.如果是后$k$对整数中的一对整数,则添加一个整数$-2k+1$,同样有3个整数之和为零.

在情况(3)中,考虑$2k-2$个整数对$(0,2k-2),(1,2k-3),(2,2k-4),(3,2k-5),\cdots,(k-2,k);(-1,-2k+2),(-2,-2k+3),\cdots,(-k+1,k)$,这$4k-4$个整数再加上$k-1,2k-1,-2k+1$是绝对值不超过$2k-1$的全部$4k-1$个整数.由于不含$-2k+1$,则取$2k+1$个绝对值不超过$2k-1$的整数,至少能取到上述一对整数.如果是前$k-1$对整数之一,则再取整数$-2k+2$;如果是后$k-1$对整数之一,再取一个整数$2k-1$,题目结论成立.

在情况(4)中,考虑$2k-2$个整数对$(1,2k-2),(2,2k-3),\cdots,(k-1,k);(0,-2k+2),(-1,-2k+3),(-2,-2k+4),\cdots,(-k+2,-k)$,这$4k-4$个整数加上$-k+1,-2k+1,2k-1$是绝对值不超过$2k-1$的全部整数,取$2k+1$个绝对值不超过$2k-1$的整数,但不含$2k-1$,则这$2k+1$个整数中,必至少含有上述$2k-2$个整数对中一对整数,如果这对整数是上述前$k-1$对整数之一,则再取一个整数$-2k+1$,如果是后$k-1$对整数之一,则取整数$2k-2$,题目结论成立.

10.132 问是否存在正整数 $n>1$,使得 n^2 个正整数 $1,2,3,\cdots,n^2$ 能适当地放入一张 $n\times n$ 的方格表中,每个方格内放入一个正整数,使得每一行被放入的 n 个正整数的乘积都是相同的?

证明 如果存在一个放入法,满足题目条件.
把每一行被放入的 n 个正整数的乘积记为 a,a 是一个正整

数. 将这方格表中被放入的所有正整数相乘,依照题目条件,应有
$$(n^2)! = a^n \quad ①$$

利用伯特朗 – 切比雪夫定理,在 $(n, 2n]$ 内必有一个质数 p,那么,利用 ①,p 必整除 a. 因此,p^n 整除 a^n. 由于 $p > n$,则 $np > n^2$,因此 $(n^2)!$ 中含 p 倍数的因子全部至多为 $p, 2p, 3p, \cdots, (n-1)p$,即 $(n^2)!$ 中 p 的幂次至多为 $n-1$. 因此 p^n 不整除 $(n^2)!$,这与等式 ① 矛盾.

因此,不存在正整数 $n > 1$,满足题目条件.

10.133 设 a, b, c 是整数,求证:存在整数 $p_1, q_1, r_1; p_2, q_2, r_2$ 满足
$$a = q_1 r_2 - q_2 r_1$$
$$b = r_1 p_2 - r_2 p_1$$
$$c = p_1 q_2 - p_2 q_1$$
(第 31 届国际数学奥林匹克候选题,1990 年)

证明 (1) 若 a, b, c 中至少有一个为 0,不妨设 $c = 0$,取 $p_1 = p_2 = -b, q_1 = q_2 = a, r_1 = 1, r_2 = 2$.

则满足题设的等式.

(2) 若 a, b, c 均不为 0.

设 $(a, b) = r$,则存在整数 x, y 使
$$xa + yb = r$$

令
$$p_1 = cx, q_1 = cy, p_2 = -\frac{b}{r}$$
$$q_2 = \frac{a}{r}, r_1 = -r, r_2 = 0$$

则
$$q_1 r_2 - q_2 r_1 = cy \cdot 0 + \frac{a}{r} r = a$$
$$r_1 p_2 - r_2 p_1 = -r\left(-\frac{b}{r}\right) - 0 \cdot cx = b$$
$$p_1 q_2 - p_2 q_1 = cx \cdot \frac{a}{r} + \frac{b}{r} \cdot cy = c \cdot \frac{ax + by}{r} = c$$

10.134 设 n, m, k 都是正整数,且 $m \geq n$. 求证:如果 $1 + 2 + 3 + \cdots + n = mk$,则可将 $1, 2, 3, \cdots, n$ 分成 k 组,使得每一组数的和都等于 m.

证明 对 n 用数学归纳法. 当 $n = 1$ 时,由题目条件,有 $mk = 1$,则 $m = 1, k = 1$,结论当然成立.

假设对一切正整数 $n < n_0$,结论成立,考虑 $n = n_0$ 情况,这里

n_0 是某个固定正整数. 由于 $m \geq n = n_0$, 分以下四种情况证明本题.

(1) 当 $m = n_0$ 时, 由于
$$1 + 2 + 3 \cdots + n_0 = mk = n_0 k \quad ①$$
那么
$$k = \frac{1}{2}(n_0 + 1) \quad ②$$
由于 k 为正整数, 从上式, 知 n_0 必为奇数. 我们将 $1, 2, 3, \cdots, n_3$ 分成以下若干组, 每个圆括号表示一组
$$(1, n_0 - 1), (2, n_0 - 2), (3, n_0 - 3), \cdots,$$
$$\left(\frac{1}{2}(n_0 - 1), \frac{1}{2}(n_0 + 1)\right), (n_0) \quad ③$$
从式 ③ 可以看出, 一共有 $\frac{1}{2}(n_0 + 1) = k$ 组, 每组内正整数和为 n_0, 而 $n_0 = m$, 题目结论成立.

(2) 当 $m = n_0 + 1$ 时, 由题目条件, 有 $k = \frac{1}{2} n_0$, n_0 必为偶数. 将 $1, 2, 3, \cdots, n_0$ 分成以下 $\frac{1}{2} n_0$ 组
$$(1, n_0), (2, n_0 - 1), (3, n_0 - 2), \cdots, \left(\frac{1}{2} n_0, \frac{1}{2} n_0 + 1\right) \quad ④$$
每组内正整数和为 $n_0 + 1 = m$ 也满足题目要求.

(3) 当 $m \geq 2n_0$ 时, 由于题目中条件, 有
$$k = \frac{n_0(n_0 + 1)}{2m} \quad ⑤$$
那么, 利用 $m \geq 2n_0$, 有
$$k \leq \frac{1}{4}(n_0 + 1) \quad ⑥$$
即
$$n_0 \geq 4k - 1 \quad ⑦$$
利用 ⑦, 立即有
$$n_0 - 2k + 1 \geq 2k > 0 \quad ⑧$$
$1 + 2 + 3 + \cdots + (n_0 - 2k) = (1 + 2 + 3 + \cdots + n_0) -$
$\qquad ((n_0 - 2k + 1) + (n_0 - 2k + $
$\qquad 2) + \cdots + n_0) =$
$\qquad km - k(2n_0 - 2k + 1) \quad ⑨$
上式右端能被 k 整除. 利用 ⑧, 我们有
$$\frac{1 + 2 + 3 + \cdots + (n_0 - 2k)}{n_0 - 2k} = \frac{1}{2}(n_0 - 2k + 1) \geq k \quad ⑩$$
令
$$m^* = m - (2n_0 - 2k + 1) \quad ⑪$$

心得 体会 拓广 疑问

从 ⑨,⑩ 和 ⑪,有

$$m^* = \frac{1+2+3+\cdots+(n_0-2k)}{k} \geq n_0 - 2k \quad ⑫$$

归纳条件满足,由归纳法假设,$1,2,3,\cdots,n_0-2k$ 可以分成 k 组,每一组和都等于 m^*,剩下数 $n_0-2k+1, n_0-2k+2,\cdots,n_0-1, n_0$ 一共 $2k$ 个数,可以分成 k 组,每组两个数:(n_0, n_0-2k+1),$(n_0-1, n_0-2k+2),\cdots,(n_0-k, n_0-k+1)$.每组两个正整数之和都等于 $2n_0-2k+1$,再将这 k 组数中每一组与前面 k 组数中每一组任意配对,合并为一个新组,这样就能得到 k 个新组,每个新组内全部正整数之和都是 $m^* + (2n_0-2k+1) = m$(利用公式 ⑪).这就是题目的结论.

(4) 当 $n_0+1 < m < 2n_0$ 时,当 $m = 2t (t \in \mathbf{N})$,那么

$$1 \leq \frac{1}{2}(n_0+1) < t < n_0$$

利用题目条件,有

$$1+2+3+\cdots+n_0 = 2tk \quad ⑬$$

利用式 ⑬,有

$$\frac{1}{2}n_0(n_0+1) = 2tk \quad ⑭$$

利用刚才叙述 t 的取值范围,有

$$\frac{1}{4}(n_0+1) < k < \frac{1}{2}n_0 \quad ⑮$$

由于 t 在开区间 $(1, n_0)$ 内,则先拿掉 $n_0 - t$ 组和为 $2t$ 的二元数组 $(t-1, t+1), (t-2, t+2),\cdots,(2t-n_0+1, n_0-1), (2t-n_0, n_0)$,公式 ⑬ 两端剩下有

$$1+2+3+\cdots+(2t-n_0-1)+t = km - 2t(n_0-t) \quad ⑯$$

利用 $m = 2t$,将上式左端最后一项 t 移项后,有

$$1+2+3+\cdots+(2t-n_0-1) = t(2k-2n_0+2t-1) \quad ⑰$$

令

$$k^* = 2k - 2n_0 + 2t - 1 \quad ⑱$$

则从 ⑰ 和 ⑱ 有

$$1+2+3+\cdots+(2t-n_0-1) = tk^* \quad ⑲$$

由于 $t < n_0$,则 $t > 2t-n_0-1$ 和 $2t-n_0-1 < n_0$.式 ⑲ 中 t 相当于题目中 m,k^* 相当于题目中 k,因此,利用归纳法假设,可将 $1,2,3,\cdots,2t-n_0-1$ 分成 k^* 组,每一组数的和都等于 t,从式 ⑱ 知道,k^* 为奇数.t 一个数也为一组,那么 $1,2,3,\cdots,2t-n_0-1,t$,这些数可以分成 k^*+1(偶数)组,每组数之和都为 t,将这 k^*+1(偶数)组数,每两组合并为一个新组,则可以合并为

$\frac{1}{2}(k^*+1)$ 个新组,每个新组全部正整数之和为 $2t$. 于是,全部 $1,2,3,\cdots,n_0$ 可以分成若干组,每组和为 $2t$. 这些组的数目是

$$(n_0-t)+\frac{1}{2}(k^*+1)= \qquad \text{⑳}$$
$$(n_0-t)+(k-n_0+t)=k(\text{利用} ⑱)$$

当 $m=2t+1$ 时,由于 $n_0+1<2t+1<2n_0$,则整数 t 满足

$$\frac{n_0}{2}<t<n_0-\frac{1}{2}$$

利用题目条件,有

$$1+2+3+\cdots+n_0=(2t+1)k \qquad \text{㉑}$$

由于 t 在开区间 $\left(\frac{n_0}{2},n_0-\frac{1}{2}\right)$ 内,则先拿掉 $(t,t+1),(t-1,t+2),\cdots,(2t+2-n_0,n_0-1),(2t+1-n_0,n_0)$ 一共 n_0-t 个二元数组.这些二元数组和都为 $2t+1$,拿掉这些数后,公式 ㉑ 两端还剩下

$$1+2+3+\cdots+(2t-n_0)=(2t+1)(k-n_0+t) \qquad \text{㉒}$$

令 $k^*=k-n_0+t$,由于 $2t-n_0<n_0,2t-n_0<2t+1$,则 $2t+1$ 相当于题目中 m,$2t-n_0$ 相当于 n,$k-n_0+t$ 相当于 k,利用归纳法假设 $1,2,\cdots,2t-n_0$ 可分成 $k-n_0+t$ 组,每组和为 $2t+1$,于是所有 $1,2,3,\cdots,n_0$ 全部数可以分成 $(n_0-t)+(k-n_0+t)=k$ 组,每组和为 $2t+1$.

10.135 假设 $N^*=4^h(8k+7)$,这里 h,k 是非负整数.

(1) 求证:存在无限多组不同的正整数 (a,b,c,d,e),使得
$$N^*=\frac{a^2+b^2+c^2+d^2+e^2}{abcde+1}$$

(2) 求证:没有正整数组 (a,b,c,d),使得
$$N^*=\frac{a^2+b^2+c^2+d^2}{abcd+1}$$

证明 我们先证明 N^* 不能表示成三个整数的平方和.用反证法,设存在三个整数 x,y,z,使得

$$N^*=x^2+y^2+z^2 \qquad \text{①}$$

我们知道 $k(k-1)(k\in\mathbf{N})$ 必是偶数,则
$$(2k-1)^2=4k(k-1)+1\equiv 1(\bmod 8)$$

一个偶数的平方除以 8 必余零或 4.如果 $h=0$,则
$$N^*=8k+7\equiv 7(\bmod 8)$$

N^* 是奇数,x,y,z 只有两种可能,全为奇数,或二偶一奇,但无论

哪一种情况,这三个数的平方和除以8不可能余7,因此只须考虑$h \geqslant 1$情况.这时候,N^*是4的倍数,x,y,z只有两种可能,全为偶数,或一偶二奇.当x,y,z为一偶二奇时,这三数平方和除以8余2或余6,不可能是4的倍数.因此,考虑x,y,z全为偶数情况.从式①及N^*的表达式,有

$$\left(\frac{x}{2}\right)^2 + \left(\frac{y}{2}\right)^2 + \left(\frac{z}{2}\right)^2 = 4^{h-1}(8k+7) \quad ②$$

令$x^* = \frac{x}{2}, y^* = \frac{y}{2}, z^* = \frac{z}{2}, h^* = h-1$,有

$$x^{*2} + y^{*2} + z^{*2} = 4^{h^*}(8k+7) \quad ③$$

类似上述证明,只须考虑$h^* \geqslant 1, x^*, y^*, z^*$全为偶数情况,公式③两端除以4.这样一直下去,由于h是一个固定的非负整数,不可能无限减少下去.最后,考虑一组整数$\tilde{x}, \tilde{y}, \tilde{z}$,满足

$$\tilde{x}^2 + \tilde{y}^2 + \tilde{z}^2 = 8k+7 \quad ④$$

同样推出矛盾.

有了以上这一预备知识,我们可以来证明本题了.

(1)由上例注中拉格朗日定理,有不全为零的整数b_0, c_0, d_0, e_0,满足$0 \leqslant b_0 \leqslant c_0 \leqslant d_0 \leqslant e_0$,使得

$$N^* = b_0^2 + c_0^2 + d_0^2 + e_0^2 \quad ⑤$$

由刚才的预备知识,有$0 < b_0$,即$b_0 \geqslant 1$.

考虑整系数的一元二次方程

$$x^2 - b_0 c_0 d_0 e_0 N^* x = 0 \quad ⑥$$

方程⑥有一个根$x = 0$,记另一根为a_0,则

$$a_0 = b_0 c_0 d_0 e_0 N^*, a_0 \in \mathbf{N} \quad ⑦$$

由于$1 \leqslant b_0 \leqslant c_0 \leqslant d_0 \leqslant e_0, N^* \geqslant 7$,从上式,有

$$a_0 \geqslant b_0, N^* \geqslant 7b_0 \quad ⑧$$

利用式⑤,⑥和⑦,有

$$a_0^2 - a_0 b_0 c_0 d_0 e_0 N^* + (b_0^2 + c_0^2 + d_0^2 + e_0^2 - N^*) = 0 \quad ⑨$$

那么

$$N^* = \frac{a_0^2 + b_0^2 + c_0^2 + d_0^2 + e_0^2}{a_0 b_0 c_0 d_0 e_0 + 1} \quad ⑩$$

这样,我们就有了满足题目要求的一组正整数解$(a_0, b_0, c_0, d_0, e_0)$,将$(a_0, b_0, c_0, d_0, e_0)$从小到大排列,记为$(a_1, b_1, c_1, d_1, e_1)$,即$a_1 \leqslant b_1 \leqslant c_1 \leqslant d_1 \leqslant e_1$,由于⑧,则$a_1 \neq a_0$.

类似地,考虑一元二次方程

$$x^2 - b_1 c_1 d_1 e_1 N^* x + (b_1^2 + c_1^2 + d_1^2 + e_1^2 - N^*) = 0 \quad ⑪$$

由⑨,$x = a_1$是方程⑪的一个正整数解,记方程⑪的另一根为a_1^*,利用韦达定理,从⑪,有

$$a_1^* + a_1 = b_1c_1d_1e_1N^* \geq 7b_1a_0(\text{利用 } N^* \geq 7, c_1, d_1, e_1 \text{ 都是}$$
$$\text{正整数,其中至少有一数不小于 } a_0) \qquad ⑫$$

而 $a_1 \leq b_1$,从上式及 ⑧,有
$$a_1^* \geq 49b_1 - a_1 \geq 48b_1 \qquad ⑬$$

利用 ⑫ 的第一个等式,知道 a_1^* 是一个整数,从 ⑬,知 $a_1^* \geq 48$, a_1^* 必是一个正整数. 由于 a_1^* 是 ⑪ 的根,有
$$N^* = \frac{a_1^* + b_1^2 + c_1^2 + d_1^2 + e_1^2}{a_1b_1c_1d_1e_1 + 1} \qquad ⑭$$

$(a_1^*, b_1, c_1, d_1, e_1)$ 与 $(a_1, b_1, c_1, d_1, e_1)$ 是不同的两组正整数(因为 $a_1^* \geq 48b_1$(见 ⑬)) $\geq 48a_1$,再将$(a_1^*, b_1, c_1, d_1, e_1)$ 从小到大排列,记为 $(a_2, b_2, c_2, d_2, e_2)$, $a_2 = b_1 \geq a_1$. 类似地,考虑一元二次方程
$$x^2 - b_2c_2d_2e_2N^*x + (b_2^2 + c_2^2 + d_2^2 + e_2^2 - N^*) = 0 \qquad ⑮$$

我们可得到满足题目要求的一组新的正整数 $(a_2^*, b_2, c_2, d_2, e_2)$,和
$$a_2^* = b_2c_2d_2e_2N^* - a_2 \geq$$
$$7 \times 48b_2 - a_2(\text{利用 } N^* \geq 7, e_2 \geq a_1^*) \geq$$
$$48b_1(\text{见 ⑬}) \geq 335b_2(\text{利用 } b_2 \geq a_2) \qquad ⑯$$

再将 $(a_2^*, b_2, c_2, d_2, e_2)$ 从小到大排列,记为 $(a_3, b_3, c_3, d_3, e_3)$, 这样一直作下去,在每次得到新的正整数组过程中,我们总是将前一组正整数 $(a_j, b_j, c_j, d_j, e_j)$ $(a_j \leq b_j \leq c_j \leq d_j \leq e_j)$ 中最小的一个 a_j 去掉,换上一个比 b_j 大得多的正整数 a_j^* 代替 a_j,然后将 $(a_j^*, b_j, c_j, d_j, e_j)$ 按从小到大排列. 每次都这样做,因此,我们可以找出任意多组两两不同的正整数组 $(a_j, b_j, c_j, d_j, e_j)$,这里 $a_j \leq b_j \leq c_j \leq d_j \leq e_j, j \in \mathbf{N}$,满足
$$N^* = \frac{a_j^2 + b_j^2 + c_j^2 + d_j^2 + e_j^2}{a_jb_jc_jd_je_j + 1} \qquad ⑰$$

(2) 用反证法,如果有正整数 $a, b, c, d, a \leq b \leq c \leq d$,满足
$$N^*(abcd + 1) = a^2 + b^2 + c^2 + d^2 \qquad ⑱$$

下面证明必有一个整数 $d^*, 0 \leq d^* < d$,使得
$$N^*(abcd^* + 1) = a^2 + b^2 + c^2 + d^{*2} \qquad ⑲$$

再从小到大排列整数 a, b, c, d^*,写成 a_1, b_1, c_1, d_1,再利用 ⑲,缩小 d_1 为 $\bar{d}$,使得
$$N^*(a_1b_1c_1\bar{d} + 1) = a_1^2 + b_1^2 + c_1^2 + \bar{d}^2 \qquad ⑳$$

再从小到大排列 $a_1, b_1, c_1, \bar{d}$ 写为 a_2, b_2, c_2, d_2. 因此,如果 ⑲ 成立,我们可以将上述步骤一直作下去,由于正整数不可能无限减少,仍为一个正整数,因此,总有一个正整数 j 存在,使得 $a_j = 0$. 那么,有

$$N^* = b_j^2 + c_j^2 + d_j^2 \qquad ㉑$$

前面已证,这不可能.

现在我们来证明 ⑲.

考虑一元二次方程
$$x^2 - abcN^* x + (a^2 + b^2 + c^2 - N^*) = 0 \qquad ㉒$$

由于 ⑱, $x = d$ 是方程的一个整数解. 记另一个解为 d^*, 则
$$d^* = abcN^* - d \qquad ㉓$$

d^* 也是一个整数. 下面证明 $d^* < d$, 及 $d^* \geqslant 0$.

先证明 $d^* < d$, 用反证法, 如果 $d^* \geqslant d$, 从 ㉓, 有
$$2d \leqslant abcN^* \qquad ㉔$$

从式 ㉔, 立即有
$$2d(1 + abcd) \leqslant abcN^*(1 + abcd) = abc(a^2 + b^2 + c^2 + d^2) \qquad ㉕$$

从上式, 有
$$0 < 2d \leqslant abc(a^2 + b^2 + c^2 - d^2) \qquad ㉖$$

由于 $a \leqslant b \leqslant c$, 利用 ㉖, 有
$$d^2 < a^2 + b^2 + c^2 \leqslant 3c^2 \qquad ㉗$$

和
$$N + Nabc^2 \leqslant N(1 + abcd)(利用 0 < c \leqslant d) =$$
$$a^2 + b^2 + c^2 + d^2 < 6c^2 \qquad ㉘$$

而 $N \geqslant 7$, 式 ㉘ 左端大于等于 $7 + 7c^2$, 因此不等式 ㉘ 不可能成立.

现在证明 $d^* \geqslant 0$, 利用反证法, 如果 d^* 是一个负整数, 由于 d^* 满足 ㉒, 有
$$N^*(1 + abcd^*) = a^2 + b^2 + c^2 + d^{*2} \qquad ㉙$$

式 ㉙ 右端大于零, abc 是三个正整数的乘积, 再乘以一个负整数 d^*, 有 $abcd^* \leqslant -1$, 则 ㉙ 左端小于等于零. 这个矛盾说明 d^* 必是非负整数.

10.136 正整数 $n > 10^3$, 对于 $k \in \{1, 2, 3, \cdots, n\}$, 2^n 除以 k 的余数为 r_k, 求证: $r_1 + r_2 + r_3 + \cdots + r_n > \dfrac{7}{2}n$.

证明 由题目条件, 我们可以写出
$$2^n = kq_k + r_k \qquad ①$$

这里 q_k 是非负整数, $0 \leqslant r_k < k$. 令
$$H_0 = \{t \mid t \text{ 奇数}, 3 \leqslant t \leqslant n\}$$
$$H_1 = \left\{t \mid t = 2m, m \text{ 奇数}, 3 \leqslant m \leqslant \left[\dfrac{n}{2}\right]\right\}$$

$$H_2 = \left\{ t \mid t = 4m, m \text{ 奇数}, 3 \leqslant m \leqslant \left[\frac{n}{4}\right] \right\}$$

$$H_3 = \left\{ t \mid t = 8m, m \text{ 奇数}, 3 \leqslant m \leqslant \left[\frac{n}{8}\right] \right\}$$

$$H_4 = \left\{ t \mid t = 16m, m \text{ 奇数}, 3 \leqslant m \leqslant \left[\frac{n}{16}\right] \right\}$$

$$H_5 = \left\{ t \mid t = 32m, m \text{ 奇数}, 3 \leqslant m \leqslant \left[\frac{n}{32}\right] \right\}$$

$$H_6 = \left\{ t \mid t = 64m, m \text{ 奇数}, 3 \leqslant m \leqslant \left[\frac{n}{64}\right] \right\}$$

$$H_7 = \left\{ t \mid t = 128m, m \text{ 奇数}, 3 \leqslant m \leqslant \left[\frac{n}{128}\right] \right\}$$

$$H_8 = \left\{ t \mid t = 256m, m \text{ 奇数}, 3 \leqslant m \leqslant \left[\frac{n}{256}\right] \right\} \qquad ②$$

这里 $\left[\frac{n}{2^j}\right]$ $(j = 1,2,3,\cdots,8)$ 表示不超过 $\frac{n}{2^j}$ 的最大整数. 当 $j \neq l$ 时,显然 $H_j \cap H_l = \varnothing$. 令 $k = 2^j m \in H_j$,这里 $j = 0,1,2,3,\cdots,8$. m 是大于等于 3 的奇数,利用公式 ①,有

$$r_k = 2^j(2^{m-j} - mq_k) \qquad ③$$

这里 $k = 2^j m$. 由于 $r_k \geqslant 0$,以及 m 是大于等于 3 的奇数,由公式 ③,必有

$$2^{n-j} > mq_k \qquad ④$$

由于 $2^{n-j}, mq_k$ 皆整数,利用 ④,可以得到

$$2^{n-j} \geqslant mq_k + 1 \qquad ⑤$$

这里 $k = 2^j m$. 将式 ⑤ 代入 ③,有

$$r_k \geqslant 2^j \qquad ⑥$$

这里 $k = 2^j m$. 因为 $2^j m \in H_j$,则

$$m = 3,5,7,\cdots,\left[\frac{n}{2^j}\right] \left(\text{或} \left[\frac{n}{2^j}\right] - 1\right)$$

这样的 m 的个数大于等于 $\frac{1}{2}\left[\frac{n}{2^j}\right] - 1$. 从上面叙述,我们令

$$S_j = \sum_{k \in H_j} r_k \geqslant 2^j \left(\frac{1}{2}\left[\frac{n}{2^j}\right] - 1\right) \quad (\text{利用 ⑥}) >$$

$$2^j \left(\frac{1}{2}\left(\frac{n}{2^j} - 1\right) - 1\right) = \frac{1}{2}(n - 3 \cdot 2^j) \qquad ⑦$$

这里 $j = 0,1,2,3,\cdots,8$. 利用不等式 ⑦,有

$$\sum_{k=1}^{n} r_k \geqslant \sum_{j=0}^{8} S_j > \sum_{j=0}^{8} \frac{1}{2}(n - 3 \cdot 2^j) =$$

$$\frac{9}{2}n - \frac{3}{2}\sum_{j=0}^{8} 2^j = \frac{9}{2}n - \frac{3}{2}(2^n - 1) =$$

$$\frac{9}{2}n - \frac{3}{2}(512 - 1) > \frac{7}{2}n (\text{利用 } n > 10^3) \qquad ⑧$$

10.137 证明:存在正无理数 a 与 b,使得 a^b 为有理数.

(罗马尼亚数学奥林匹克,1975 年)

证明 取正数 $a = \sqrt{2}, b = \log_{\sqrt{2}} 3$,则 $a^b = \sqrt{2}^{\log_{\sqrt{2}} 3} = 3$ 为自然数. 显然 a 为无理数. 下面证明 b 也是无理数. 否则,设 $b = \dfrac{p}{q}$,其中 $p, q \in \mathbf{N}$,则 $\dfrac{p}{q} = 2\log_2 3$,即 $2^p = 3^{2q}$. 不可能.

10.138 设 $a_1, a_2, \cdots, a_n (n > 2)$ 为不全等的整数,作新的数组

$$b_1 = \frac{a_1 + a_2}{2}, b_2 = \frac{a_2 + a_3}{2}, \cdots, b_n = \frac{a_n + a_1}{2}$$

再作新的数组

$$c_1 = \frac{b_1 + b_2}{2}, c_2 = \frac{b_2 + b_3}{2}, \cdots, c_n = \frac{b_n + b_1}{2}$$

如此继续下去,证明:在若干次这种运算后,一定能得出一组不全是整数的数组.

证明 (1) 首先证明:对任一组不全相等的数 $x_1, \cdots, x_n$,施行若干次上述运算后,最大数一定减少,最小数一定增加. 事实上,因为

$$\frac{x_i + x_{i+1}}{2} \leqslant \max\{x_i, x_{i+1}\}, i = 1, 2, \cdots, n$$

且等号当且仅当 $x_i = x_{i+1}$ 时成立(这里令 $x_{n+1} = x_1$). 所以,若 $x = \max\{x_1, x_2, \cdots, x_n\}$,则

$$\max\left\{\frac{x_1 + x_2}{2}, \frac{x_2 + x_3}{2}, \cdots, \frac{x_n + x_1}{2}\right\} \leqslant x$$

且等号当且仅当 $x_1, x_2, \cdots, x_n, x_{n+1}(= x_1)$ 中最大项在连续相邻两项同时出现时才成立. 显然,如果 $x_1, x_2, \cdots, x_n, x_{n+1}$ 中最大项在连续相邻的 $k(k < n)$ 项中出现时,则每做一次上述运算,最大相邻项将减少一个,从而进行连续 $k - 1$ 次运算后,数组就没有相邻的最大项,因为第 k 次运算后的最大值将小于 x. 类似可证明数组最小数 x' 一定增加.

(2) 其次证明:如果 $x_1, x_2, \cdots, x_n$ 为一组整数,且每次作出运算后仍为一整数,则最后一定能得出由一组相同整数构成的数组. 事实上,设 $x_1, \cdots, x_n$ 的最大、最小数为 x 和 x',则 $x - x' \geqslant 0$,如果 $x - x' = 0$ 即 $x = x'$,则易知 $x_1, x_2, \cdots, x_n$ 全相同,结论成立. 若 $x - x' > 0$,则 $x_1, x_2, \cdots, x_n$ 一定不全相等. 利用(1)的结果,则

$x - x'$ 不断减小,且因每次运算后都是整数. 故每次减少都是一整数,而 $x - x'$ 是有限整数,从而经有限步后必有 $x - x' = 0$ 即 $x = x'$,从而此时该整数组必全等.

(3) 最后证明原题的结论. 若不然,每次运算后均为整数,由(2) 到第 $k(k > 1)$ 次运算得 $z_1, z_2, \cdots, z_n$, 而 $k+1$ 次运算后即为全等,即

$$\frac{z_1 + z_2}{2} = \frac{z_2 + z_3}{2} = \cdots = \frac{z_n + z_1}{2} \quad ①$$

这时必有: $z_1 = z_2 = \cdots = z_n$. 事实上,若 $n = 2m + 1$,由 ① 得

$$z_1 = z_3 = \cdots = z_{2m+1} = a, z_2 = z_4 = \cdots = z_{2m} = b \quad ②$$

以及利用 $\quad \frac{z_{2m} + z_{2m+1}}{2} = \frac{z_{2m+1} + z_1}{2}$

又得 $z_{2m} = z_1$,从而 $z_1 = z_2 = \cdots = z_{2m+1}$.

若 $n = 2m$,设第 $k-1$ 次运算后的数组为 $y_1, y_2, \cdots, y_{2m}$,则由②,有

$$\frac{y_1 + y_2}{2} = \frac{y_3 + y_4}{2} = \cdots = \frac{y_{2m-1} + y_{2m}}{2} = a$$

$$\frac{y_2 + y_3}{2} = \frac{y_4 + y_5}{2} = \cdots = \frac{y_{2m} + y_1}{2} = a$$

从而
$$(y_1 + y_2 + y_3 + \cdots + y_{2m})/2 = ma$$
$$(y_2 + y_3 + \cdots + y_{2m} + y_1)/2 = mb$$

由于此两式左边相等,故得 $a = b$.

所以有 $z_1 = z_2 = \cdots = z_{2m}$.

如此继续反推下去,经过 k 次得 $x_1 = x_2 = \cdots = x_n$.

这种题设矛盾. 从而结论得证.

10.139 在 $\triangle ABC$ 中,$\angle A = 2\angle B$,$\angle C$ 是钝角,三条边长 a, b, c 都是整数,求周长的最小值并给出证明.

(第 20 届美国数学奥林匹克,1991 年)

解 由题设及正弦定理、余弦定理得

$$\frac{a}{b} = \frac{\sin A}{\sin B} = \frac{\sin 2B}{\sin B} = 2\cos B = \frac{a^2 + c^2 - b^2}{ac}$$

即
$$a^2c - a^2b - bc^2 + b^3 = 0$$
$$(c - b)(a^2 - bc - b^2) = 0$$

因为 $\angle C$ 为钝角,所以 $c > b$,于是
$$a^2 - bc - b^2 = 0$$

所以有
$$a^2 = b(b + c) \quad ①$$

若 $(b, c) = d > 1$,则由式①,必有 $d \mid a$,从而可以在①的两

边约去 d^2，因此可以设 $(b,c) = 1$. 于是有
$$(b, b+c) = 1$$
再由式 ① 可知，b 和 $b+c$ 都必须是完全平方数，于是可设
$$b = m^2, b+c = n^2$$
这时
$$a = mn, (m,n) = 1$$
因为 $a+b > c$，所以
$$a^2 = b(b+c) < b(b+(a+b)) = b(2b+a)$$
解得
$$a < 2b \qquad ②$$
又因为 $\angle C$ 是钝角，则 $a^2 + b^2 < c^2$.

由 ① 又得
$$b(b+c) + b^2 < c^2$$
解得
$$2b < c \qquad ③$$
由 ②，③
$$a < 2b < c \qquad ④$$
再由 ①，④ 得
$$a^2 = b(b+c) > b(b+2b) = 3b^2$$
因此
$$\sqrt{3}b < a < 2b$$
即
$$\sqrt{3}m < n < 2m \qquad ⑤$$
所以在区间 $(\sqrt{3}m, 2m)$ 内有正整数 n，从而
$$2m - \sqrt{3}m > 1$$
即
$$m > \frac{1}{2-\sqrt{3}} = 2 + \sqrt{3} > 3$$
$$m \geq 4$$

(1) 当 $m = 4$ 时，由 ⑤
$$4\sqrt{3} < n < 8$$
则
$$n = 7$$
此时
$$a+b+c = n^2 + mn = 49 + 28 = 77$$

(2) 当 $m \geq 5$ 时，$n > 7$. 此时
$$a+b+c = n^2 + mn > 77$$

所以周长的最小值为 77，此时三边 a, b, c 的长分别为 28, 16, 33.

10.140 设 $m > 0, n > 0$，则和 $S = \dfrac{1}{m} + \dfrac{1}{m+1} + \cdots + \dfrac{1}{m+n}$ 不是整数．

证明 可设
$$m + i = 2^{\lambda_i} l_i, \lambda_i \geqslant 0, 2 \nmid l_i, i = 0, 1, \cdots, n$$
由于 n 是正整数，所以 $m, m+1, \cdots, m+n$ 中至少有一个偶数，即至少有一个 i 使 $\lambda_i > 0$．设 λ 是 $\lambda_0, \cdots, \lambda_n$ 中最大的数．我们断言，不可能有 $k \neq j$ 而 $\lambda_k = \lambda_j = \lambda$．如果不是这样，可设 $0 \leqslant k < j \leqslant n$，$\lambda_k = \lambda_j = \lambda$，$m + k = 2^{\lambda_k} l_k$，$m + j = 2^{\lambda_j} l_j$，因为 $m + k < m + j$，所以 $l_k < l_j$，这就导致有偶数 h 使 $l_k < h < l_j$．故在 $m + k < m + j$ 之间有数 $2^\lambda h, 2 \mid h$，即可设
$$2^\lambda h = m + e = 2^{\lambda_e} l_e > m + k = 2^\lambda l_k$$
这时 $\lambda_e > \lambda$，与 λ 是最大矛盾．这就证明了有唯一的一个 $k, 0 \leqslant k \leqslant n$，使 $m + k = 2^{\lambda_k} l_k, 2 \nmid l_k$．设 $l = l_0 \cdot \cdots \cdot l_n$，在 S 的两端乘以 $2^{\lambda-1} l$ 得
$$2^{\lambda-1} l S = \dfrac{N}{2} + M \qquad ①$$
其中
$$\dfrac{N}{2} = 2^{\lambda-1} l \dfrac{1}{m+k} = \dfrac{2^{\lambda-1} l}{2^{\lambda_k} l_k}$$
故 N 是一个奇数．其余诸项都是整数，它们的和设为整数 M．从式 ① 立刻知道 S 不是整数．因为，如果 S 是整数，由式 ① 可得
$$2^\lambda l S - 2M = N \qquad ②$$
式 ② 的左端是偶数，右端是奇数，这是不可能的．

10.141 现有 10 个互不相同的非零数，现知它们之中任意两个数的和或积是有理数．证明：每个数的平方都是有理数．

（俄罗斯数学奥林匹克，2005 年）

证明 如果各个数都是有理数，命题自然成立．现设我们的 10 个数中包含无理数 a，于是其他各数都具有形式 $p - a$ 或 $\dfrac{p}{a}$，其中 p 为有理数．我们来证明，形如 $p - a$ 的数不会多于两个．事实上，如果有三个不同的数都具有这种形式，不妨设 $b_1 = p_1 - a$，$b_2 = p_2 - a$，$b_3 = p_3 - a$，那么，易见 $b_1 + b_2 = p_1 + p_2 - 2a$ 不是有理数，因而 $b_1 b_2 = p_1 p_2 - a(p_1 + p_2) + a^2$ 就应当是有理数．同理 $b_2 b_3$ 和 $b_1 b_3$ 是有理数．也就是说，$A_3 = a^2 - a(p_1 + p_2)$，$A_2 = a^2 - a(p_1 + p_3)$，$A_1 = a^2 - a(p_2 + p_3)$ 都是有理数，从而 $A_3 - $

$A_2 = a(p_3 - p_2)$ 是有理数,而这只有当 $p_3 - p_2 = 0$ 时才有可能,所以 $b_2 = b_3$,矛盾.

这就表明,形如 $\dfrac{p}{a}$ 的数多于两个,设 $c_1 = \dfrac{p_1}{a}, c_2 = \dfrac{p_2}{a}, c_3 = \dfrac{p_3}{a}$ 是三个这样的数. 显然,仅当 $p_1 + p_2 = 0$ 时, $c_1 + c_2 = \dfrac{p_1 + p_2}{a}$ 才可能为有理数,而 $p_3 \neq p_2$,所以 $c_3 + c_2 = \dfrac{p_3 + p_2}{2}$ 为无理数,从而 $c_3 c_2 = \dfrac{p_3 p_2}{a^2}$ 为有理数,由此即得 a^2 为有理数.

10.142 对每个正整数 k,记 a_k 为不超过 $\sqrt{k}$ 的最大整数,b_k 为不超过 $\sqrt[3]{k}$ 的最大整数. 求 $\sum\limits_{k=1}^{2\,003}(a_k - b_k)$ 的值.

(爱尔兰数学奥林匹克,2003 年)

解 分别计算 $\sum\limits_{k=1}^{2\,003} a_k$ 和 $\sum\limits_{k=1}^{2\,003} b_k$.

对于 $\sum\limits_{k=1}^{2\,003} a_k$,注意到 $44 \leqslant \sqrt{2\,003} < 45$,故对 $1 \leqslant n \leqslant 43$,当且仅当 $k \in \{n^2, n^2+1, \cdots, n^2+2n\}$ 时,$a_k = n$,而 $k \in \{1\,936, \cdots, 2\,003\}$ 时,$a_k = 44$,所以

$$\sum_{k=1}^{2\,003} a_k = \sum_{n=1}^{43} n(2n+1) + 68 \times 44 = 58\,806$$

类似地,可知

$$\sum_{k=1}^{2\,003} b_k = \sum_{n=1}^{11} n(3n^2 + 3n + 1) + 12 \times 276 = 17\,964$$

所以 $\sum\limits_{k=1}^{2\,003}(a_k - b_k) = 58\,806 - 17\,964 = 40\,842$

10.143 证明:对于任意无理数 a,存在无理数 b 和 b',使得 $a+b$ 和 ab' 均为有理数,且 ab 和 $a+b'$ 均为无理数.

(亚太地区数学奥林匹克,2005 年)

证明 因为 a 为无理数,

(1) 若 a^2 是无理数,我们令 $b = -a$,此时 $a+b = 0$ 是有理数,$ab = -a^2$ 是无理数.

若 a^2 是有理数,我们令 $b = a^2 - a$,此时 $a+b = a^2$ 为有理数,$ab = a^2(a-1)$ 为无理数.

(2) 令 $b' = \dfrac{1}{a}$ 或 $b' = \dfrac{2}{a}$,此时 $ab' = 1$ 或 2,均为有理数.

$a + b' = \dfrac{a^2+1}{a}$ 或 $\dfrac{a^2+2}{a}$.

又 $\dfrac{a^2+2}{a} - \dfrac{a^2+1}{a} = \dfrac{1}{a}$ 为无理数.

所以 $\dfrac{a^2+1}{a}$ 与 $\dfrac{a^2+2}{a}$ 中至少有一个为无理数.

问题得证.

10.144 已知正整数集 $\mathbf{N}^*$ 到其自身的函数 ψ 定义为 $\psi(n) = \sum\limits_{k=1}^{n}(k,n), n \in \mathbf{N}^*$,其中 (k,n) 表示 k 和 n 的最大公因数.

(1) 证明:对于任意两个互质的正整数 m 和 n,有 $\psi(mn) = \psi(m)\psi(n)$.

(2) 证明:对于每一个 $a \in \mathbf{N}^*$,方程 $\psi(x) = ax$ 有一个整数解.

(3) 求所有的 $a \in \mathbf{N}^*$,使得方程 $\psi(x) = ax$ 有唯一的整数解.

(国际数学奥林匹克预选题,2004 年)

证明 (1) 设 m,n 是两个互质的正整数,则对于任意一个 $k \in \mathbf{N}^*$,有
$$(k,mn) = (k,m)(k,n)$$
故 $\psi(mn) = \sum\limits_{k=1}^{mn}(k,mn) = \sum\limits_{k=1}^{mn}(k,m)(k,n)$

对于每一个 $k \in \{1,2,\cdots,mn\}$,有唯一的有序正整数对 (r,s) 满足
$$r \equiv k \pmod{m}, s \equiv k \pmod{n}, 1 \leqslant r \leqslant m, 1 \leqslant s \leqslant n$$
这个映射是双射.

实际上,满足 $1 \leqslant r \leqslant m, 1 \leqslant s \leqslant n$ 的数对 (r,s) 的个数为 mn.

如果 $k_1 \equiv k_2 \pmod{m}, k_1 \equiv k_2 \pmod{n}$,其中 $k_1, k_2 \in \{1, 2, \cdots, mn\}$,则
$$k_1 \equiv k_2 \pmod{mn}$$
所以有 $k_1 = k_2$.

因为对于每一个 $k \in \{1,2,\cdots,mn\}$ 和它对应的数对 (r,s),有
$$(k,m) = (r,m), (k,n) = (s,n)$$
则 $\psi(mn) = \sum\limits_{k=1}^{mn}(k,m)(k,n) =$

心得 体会 拓广 疑问

$$\sum_{\substack{1 \leq r \leq m \\ 1 \leq s \leq n}} (r,m)(s,n) = \sum_{r=1}^{m}(r,m)\sum_{s=1}^{n}(s,n) = \psi(m)\psi(n)$$

(2) 设 $n = p^a$,其中 p 是质数,a 是正整数. $\sum_{k=1}^{n}(k,n)$ 中的每一个被加数都具有 p^l 的形式,p^l 出现的次数等于区间 $[1,p^a]$ 中能被 p^l 整除但不能被 p^{l+1} 整除的整数的个数.

于是对于 $l = 0,1,\cdots,\alpha - 1$,这些整数的个数为 $p^{\alpha-l} - p^{\alpha-l-1}$. 所以

$$\psi(n) = \psi(p^\alpha) = p^\alpha + \sum_{l=0}^{\alpha-1} p^l(p^{\alpha-l} - p^{\alpha-l-1}) = (\alpha+1)p^\alpha - \alpha p^{\alpha-1} \qquad ①$$

对于任意的 $a \in \mathbf{N}^*$,取 $p = 2, \alpha = 2a - 2$,有
$$\psi(2^{2a-2}) = a \cdot 2^{2a-2}$$

所以 $x = 2^{2a-2}$ 是方程 $\psi(x) = ax$ 的一个整数解.

(3) 取 $\alpha = p$,可得 $\psi(p^p) = p^{p+1}$,其中 p 为质数. 如果 $a \in \mathbf{N}^*$ 有一个奇质因数 p,则 $x = 2^{\frac{a}{2p}-2}p^p$ 满足方程 $\psi(x) = ax$.

实际上,由(1) 及式 ① 可得

$$\psi(2^{\frac{a}{2p}-2}p^p) = \psi(2^{\frac{a}{2p}-2})\psi(p^p) = \frac{2a}{p}2^{\frac{a}{2p}-3}p^{p+1} = a \cdot 2^{\frac{a}{2p}-2}p^p$$

因为 p 是奇数,所以,解 $x = 2^{\frac{a}{2p}-2}p^p$ 和 $x = 2^{2a-2}$ 不同.

于是若 $\psi(x) = ax$ 有唯一的整数解,则 $a = 2^\alpha, \alpha = 0,1,2,\cdots$.

下面证明,反之结论也是正确的.

考虑 $\psi(x) = 2^\alpha x$ 的任意整数解 x,设 $x = 2^\beta l$,其中 $\beta \geq 0, l$ 是奇数. 由(1) 及式 ① 可得

$$2^{\alpha+\beta}l = 2^\alpha x = \psi(x) = \psi(2^\beta l) = \psi(2^\beta)\psi(l) = (\beta+2)2^{\beta-1}\psi(l)$$

由于 l 是奇数,由 ψ 的定义,可得 $\psi(l)$ 是奇数个奇数的和,还是奇数,所以,$\psi(l)$ 整除 l.

又由 $\psi(l) > l (l > 1)$,可得 $l = 1 = \psi(l)$.

于是有 $\beta = 2^{\alpha+1} - 2 = 2a - 2$,即 $x = 2^{2a-2}$ 是方程 $\psi(x) = ax$ 的唯一整数解.

因此 $\psi(x) = ax$ 有唯一的整数解当且仅当 $a = 2^\alpha, \alpha = 0,1,2,\cdots$.

10.145 设 p 和 q 是互质的整数,且 $q \geqslant 2$,如果

$$\frac{p}{q} = r + \cfrac{1}{a_1 + \cfrac{1}{a_2 + \cfrac{1}{\ddots + \cfrac{1}{a_n}}}}$$

则把整数列 $(r, a_1, a_2, \cdots, a_n)$(其中 $|a_i| \geqslant 2, i = 1, 2, \cdots, n$)称为 $\dfrac{p}{q}$ 展开式.

例如,$(-1, -3, 2, -2)$ 是 $\dfrac{-10}{7}$ 的展开式,因为

$$\frac{-10}{7} = -1 + \cfrac{1}{-3 + \cfrac{1}{2 + \cfrac{1}{-2}}}$$

定义展开式 $(r, a_1, a_2, \cdots, a_n)$ 的权数为

$$(|a_1| - 1) \times (|a_2| - 1) \times \cdots \times (|a_n| - 1)$$

例如,$\dfrac{-10}{7}$ 的展开式 $(-1, -3, 2, -2)$ 的权数是 2.

证明:$\dfrac{p}{q}$ 的所有展开式的权数的和为 q.

(日本数学奥林匹克,2003 年)

证明 由 $\dfrac{p}{q}$ 的展开式 $(r, a_1, a_2, \cdots, a_n)$ 定义

$$\frac{p_n}{q_n} = a_n, \frac{p_{n-1}}{q_{n-1}} = a_{n-1} + \frac{q_n}{p_n}$$

$$\frac{p_{n-2}}{q_{n-2}} = a_{n-2} + \frac{q_{n-1}}{p_{n-1}}$$

$$\cdots$$

$$\frac{p_1}{q_1} = a_1 + \frac{q_2}{p_2}$$

使得 $\dfrac{p}{q} = r + \dfrac{q_1}{p_1}$,式中 p_i 和 q_i 为一对互质的整数且 q_i 为正数,$i = 1, 2, \cdots, n$.

我们用(逆)归纳法证明,对任意的 i ($i = 1, 2, \cdots, n$) 均有 $\left|\dfrac{p_i}{q_i}\right| > 1$.

首先,$\left|\dfrac{p_n}{q_n}\right| = a_n > 1$,显然成立.

假设 $\left|\dfrac{p_{i+1}}{q_{i+1}}\right| > 1$,得

$$\left|\frac{p_i}{q_i}\right| = \left|a_i + \frac{q_{i+1}}{p_{i+1}}\right| \geq |a_i| - \left|\frac{q_{i+1}}{p_{i+1}}\right| > 2 - 1 = 1$$

令 r' 和 k 分别是 p 除以 q 的商和余数,则 $1 \leq k \leq q-1$ 和 $r' + \frac{k}{q} = \frac{p}{q}$.

因为 $\left|\frac{q_1}{p_1}\right| < 1$,所以

$$r' \leq \frac{p}{q} = r + \frac{q_1}{p_1} < r + 1$$

和

$$r - 1 < r + \frac{q_1}{p_1} = \frac{p}{q} < r' + 1$$

于是 $r = r'$ 或 $r = r' + 1$.

下面我们给出两个引理.

引理1 对于 $r = r'$,$\frac{p}{q}$ 只有有限多个展开式,且它们的权数的和为 $q - k$.

引理2 对于 $r = r' + 1$,$\frac{p}{q}$ 只有有限多个展开式,且它们的权数的和为 k.

这两个引理包含了要证的结果,我们用数学归纳法对 q 加以证明.

首先对 $q = 2$ 进行证明.在这种情形下,$k = 1$,$p = 2r' + 1$.

当 $r = r'$ 时,有

$$\frac{q_1}{p_1} = \frac{p}{q} - r' = \frac{1}{2}$$

在这种情形中 $n = 1$,因为 $n \geq 2$ 将导致

$$0 < \left|\frac{p_1}{q_1} - a_1\right| < 1$$

这是不可能的.

因此对于 $r = r'$,$(r', 2)$ 是 $\frac{p}{q}$ 的唯一展开式.

同理,对于 $r = r' + 1$,$(r' + 1, -2)$ 是 $\frac{p}{q}$ 的唯一展开式.

接下来对任意的 $q > 2$ 进行证明.

假定用任意较小的数去替换 q 时,命题都成立.

先证明引理1.

若 $r = r'$.在这种情形下

$$\frac{q_1}{p_1} = \frac{p}{q} - r = \frac{k}{q}$$

所以 $p_1 = q$,$q_1 = k$.

如果 $k = 1$,易看出 $\frac{p}{q}$ 唯一的展开式是 (r', q).引理1显然成

立.

若 $k \geqslant 2$,记 $(a_1, a_2, \cdots, a_n)$ 是 $\dfrac{q}{k}$ 的一个展开式.令 a' 和 l 分别为 q 除以 k 的商和余数.

因为 $k < q$,则有 $a' \geqslant 1$.

根据归纳假设可知,当 $a' = 1$ 时,对于 $a_1 = a' + 1$,$\dfrac{p}{q}$ 的展开式的权数的和为 $(|a'+1|-1)l$;

当 $a' \geqslant 2$ 时,对于 $a_1 = a'$,$\dfrac{p}{q}$ 的展开式的权数的和为 $(|a'|-1)(k-l)$.

因此当 $r = r'$ 时,$\dfrac{p}{q}$ 的展开式的权数的和为
$$(|a'|-1)(k-l) + (|a'+1|-1)l =$$
$$(a'-1)(k-l) + a'l = a'k - k + l = q - k$$

引理 1 得证.

下面证明引理 2.

若 $r = r' + 1$.在这种情形下
$$\frac{q_1}{p_1} = \frac{p}{q} - (r'+1) = \frac{-(q-k)}{q}$$
所以 $\qquad p_1 = -q, q_1 = q - k$

如果 $q - k = 1$,易看出唯一的展开式是 $(r'+1, -q)$.引理 2 显然成立.

若 $q - k \geqslant 2$,记 $(a_1, a_2, \cdots, a_n)$ 是 $\dfrac{-q}{q-k}$ 的一个展开式,令 a' 和 l 分别为 $-q$ 除以 $q-k$ 的商和余数.

因为 $-q < -(q-k)$,则有 $a' \leqslant -2$.

根据归纳假设可知,当 $a_1 = a'$ 时,$\dfrac{-q}{q-k}$ 的展开式的权数的和为 $q - k - l$.

当 $a_1 = a' + 1$ 时,$\dfrac{-q}{q-k}$ 的展开式的权数的和为 l.

因此 $r = r' + 1$ 时,$\dfrac{p}{q}$ 的展开式的权数的和为
$$(|a'|-1)(q-k-l) + (|a'+1|-1)l =$$
$$(-a'-1)(q-k-l) + (-a'-2)l =$$
$$-q - (a'(q-k) + l) + k = k$$

引理 2 得证.

因此,所证结论成立.

心得 体会 拓广 疑问

10.146 一位地质学家收集了八块石头,他有一个天平,但没有砝码. 他想知道是否任意两块石头都比任意一块石头重,他称 13 次,能知道他的想法是对或错吗?

(新西兰数学奥林匹克,2004 年)

证明 能知道.

如果我们能找到一块最重的石头和两块最轻的石头,地质学家只用一次天平就能知道结果的对或错.

下面我们用 12 次天平来找出这三块石头.

首先将八块石头分成四份,一份两块石头,比较每份的两块石头用天平称 4 次,将重的四块放在一起,将轻的放在另一组,显然最重的石头在第一组,最轻的石头在第二组. 将第一组的四块石头分成两份,每份各用 1 次天平称出较重的,再将这两块较重的石头称一次,即可知最重的石头是哪一块,这样又用了 3 次天平. 同理,在第二组找出最轻的一块石头也需要用 3 次天平. 这时已经用了 10 次天平,接下来再用 2 次找出第二轻的那块石头.

若第一组中分成两份的每份中的较轻的那两块石头都没和最轻的那块石头比较过,则第二轻的石头一定是第二组中与最轻的那块石头在同一份或另一份中较轻的两块石头中的一块,因此,再比较 1 次即可;若第一组中分成两次的每份中的较轻的那两块石头中有一块曾与最轻的那块石头比较过,则第二轻的石头一定是这块石头与第二组中与最轻的那块石头在同一份或另一份中较轻的三块石头中的一块. 将这三块石头比较 2 次,即可得到这三块石头中最轻的一块,也即第二轻的那块石头.

综上所述,最多用 12 次天平即可达到目的.

10.147 两个人交替在黑板上随意写一位数字,并从左到右排成一排. 如果一个参赛者写完后,发现能用一个数字或几个数字按照顺序组成的一个数可以被 11 整除,则规定其将输掉这场游戏,问:哪个人有获胜策略?

(俄罗斯数学奥林匹克,2003 年)

解 先证黑板上至多能写出 10 个数码,写出第 11 个数码的人就是输者.

设前 10 个数字按顺序组成的一个数为 $\overline{a_1 a_2 \cdots a_{10}}$,则必有 $\overline{a_1 a_2 \cdots a_{10}}, \overline{a_2 \cdots a_{10}}, \cdots, \overline{a_9 a_{10}}, \overline{a_{10}}$ 模 11 不同余.

否则,若 $\overline{a_i \cdots a_{10}} \equiv \overline{a_j \cdots a_{10}} \pmod{11}$ $(i < j)$,则 $\overline{a_i \cdots a_{j-1}} \equiv 0 \pmod{11}$(这里模 11 的性质).

所以 $\overline{a_1a_2\cdots a_{10}}, \overline{a_2\cdots a_{10}}, \cdots, \overline{a_9a_{10}}, \overline{a_{10}}$ 模 11 的余数组成集合 $\{1,2,\cdots,10\}$. 易知,这 10 个数满足条件,即所组成的十位数中无法组成由若干个连续数码构成的能被 11 整除的数. 于是,再写出一个数,设为 a_{11},在

$$\overline{a_1a_2\cdots a_{11}}, \overline{a_2a_3\cdots a_{11}}, \cdots, \overline{a_{10}a_{11}}, \overline{a_{11}}$$

中必有一个数能被 11 整除.

当写到 $\overline{a_1\cdots a_k}(k\leqslant 9)$ 时,若未分胜负,即知 $\overline{a_i\cdots a_k}0(i=1,2,\cdots,k)$ 模 11 的 k 个余数各不相同,且不等于 0. 取不在其中出现的任一余数 r,有

$$a_{k+1} \equiv -r \pmod{11}$$

则 $\overline{a_i\cdots a_ka_{k+1}} \not\equiv 0 \pmod{11}, i=1,2,\cdots,k$

也就是说,乙总是可以保证自己写到第 10 位而不输掉游戏(如果他没犯错),而又知第 11 位数写出来就会输掉游戏,则乙有必胜策略.

10.148 已知 a,b,c 为正整数,且 $\dfrac{\sqrt{3}a+b}{\sqrt{3}b+c}$ 是有理数. 证明: $\dfrac{a^2+b^2+c^2}{a+b+c}$ 是整数.

(芬兰数学奥林匹克,2004 年)

证明 因为 $\sqrt{3}$ 为无理数,故 $\sqrt{3}b-c\neq 0$,于是

$$\frac{\sqrt{3}a+b}{\sqrt{3}b+c} = \frac{(\sqrt{3}a+b)(\sqrt{3}b-c)}{3b^2-c^2} = \frac{3ab-bc+\sqrt{3}(b^2-ac)}{3b^2-c^2}$$

上式表示有理数,则有 $b^2-ac=0$,从而

$$\begin{aligned}a^2+b^2+c^2 &= (a+b+c)^2-2ab-2bc-2ca\\ &= (a+b+c)^2-2(ab+bc+b^2)\\ &= (a+b+c)(a-b+c)\end{aligned}$$

故 $\dfrac{a^2+b^2+c^2}{a+b+c} = a-b+c \in \mathbf{Z}$

10.149 对任意的 $n\in\mathbf{N}, k\in\mathbf{Z}$,定义 $\sigma_k(n)=\sum\limits_{d\mid n}d^k$.

(1) 如果 $(m,n)=1, k\in\mathbf{Z}$,证明:
$$\sigma_k(mn) = \sigma_k(m)\sigma_k(n)$$

(2) 证明:对所有的 $n\in\mathbf{N}, k\in\mathbf{Z}, \sigma_k(n)=n^k\sigma_{-k}(n)$.

(泰国数学奥林匹克,2004 年)

证明 (1) 如果 $(m,n)=1$,则
$$\sigma_k(mn) = \sum_{d\mid mn}d^k = \sum_{d_1\mid m, d_2\mid n}(d_1d_2)^k =$$

$$\sum_{d_1\mid m}d_1^k \cdot \sum_{d_2\mid n}d_2^k = \sigma_k(m)\sigma_k(n)$$

(2) $\sigma_k(n) = \sum_{d\mid n}d^k = \sum_{d\mid n}\left(\frac{n}{d}\right)^k =$
$$n^k\sum_{d\mid n}d^{-k} = n^k\sigma_{-k}(n), n\in\mathbf{N}, k\in\mathbf{Z}$$

10.150 对任意的正整数 n，令 $a_n = 1 + \frac{1}{2} + \cdots + \frac{1}{n} = \frac{p_n}{q_n}(p_n, q_n \in \mathbf{N}^*)$ 且 $(p_n, q_n) = 1$.

(1) 证明：p_{67} 不是 3 的倍数.
(2) 求所有的 n，使 p_n 是 3 的倍数.

(保加利亚数学奥林匹克,2004 年)

证明 首先可验证当 $1 \leqslant n \leqslant 8$ 时，只有 $a_2 = \frac{3}{2}, a_7 = \frac{363}{140}$ 满足 $3\mid p_n$，当 $n \geqslant 9$ 时，设 $a_n = \frac{p_n}{q_n}$ 满足 $3\mid p_n$，则

$$\frac{p_n}{q_n} - \frac{3a}{b} = \frac{b\cdot p_n - 3a}{b\cdot q_n} = \frac{p'_n}{q'_n}$$

（其中 $(a,b) = 1$，且 3 不整除 b），则 3 整除 p'_n，3 不整除 q'_n，即将 $\frac{p_n}{q_n}$ 减去一个形如 $\frac{3a}{b}$ 的数得到 $\frac{p'_n}{q'_n}$，仍有 $3\mid p'_n$，3 不整除 q'_n，而

$$\frac{1}{3t+1} + \frac{1}{3t+2} = \frac{6t+3}{(3t+1)(3t+2)} = \frac{3a}{b}$$

故可将 $\frac{1}{3t+1}$ 与 $\frac{1}{3t+2}$ 同时去掉.

设 $n = 3k + r(0 \leqslant r \leqslant 2)$，则

$$a_n = 1 + \frac{1}{2} + \frac{1}{3} + \cdots + \frac{1}{3k} + \cdots + \frac{1}{3k+r}$$

可将 $\left(1,\frac{1}{2}\right)\left(\frac{1}{4},\frac{1}{5}\right)\left(\frac{1}{7},\frac{1}{8}\right)\cdots\left(\frac{1}{3k-2},\frac{1}{3k-1}\right)$ 去掉.

若 $r = 2$，则还可将 $\left(\frac{1}{3k+1},\frac{1}{3k+2}\right)$ 去掉，于是 $a'_n = \frac{1}{3}\left(1 + \frac{1}{2} + \frac{1}{3} + \cdots + \frac{1}{k}\right) = \frac{p'_n}{q'_n}$（或加上 $\frac{1}{3k+1}$）仍有 $3\mid P'_n$.

于是记 $a_k = 1 + \frac{1}{2} + \cdots + \frac{1}{k} = \frac{p_k}{q_k}$，其中必有 $3\mid p_k$（否则 3 不整除 p_k，则 $\frac{1}{3}\times\frac{p_k}{q_k} = \frac{p'_n}{q'_n}$，不满足 $3\mid P'_n$，$\frac{1}{3}\times\frac{p_k}{q_k} + \frac{1}{3k+1} = \frac{P_k(3k+1)+3q_k}{3q_k(3k+1)}$ 也不满足 $3\mid P'_n$ 矛盾).

于是当 $n \geqslant 9$ 时，必有 $k = 7$，此时

$$a'_{22} = \frac{1}{3}\left(1 + \frac{1}{2} + \cdots + \frac{1}{7}\right) + \frac{1}{22} = \frac{1}{3} \times \frac{363}{140} + \frac{1}{22} = \frac{1401}{1540}$$

满足 $3 \mid p_n$,进一步当 $23 \leqslant n \leqslant 68$ 时,$k = 22$,于是

$$a'_{67} = \frac{1}{3}\left(1 + \frac{1}{2} + \frac{1}{3} + \cdots + \frac{1}{22}\right) + \frac{1}{67}$$

可将 $\left(\frac{1}{5}, \frac{1}{22}\right)\left(\frac{1}{7}, \frac{1}{20}\right)\left(\frac{1}{8}, \frac{1}{19}\right)\cdots\left(\frac{1}{13}, \frac{1}{14}\right)$ 一起去掉,故

$$a'_{67} = \frac{1}{3}\left[1 + \frac{1}{2} + \frac{1}{4} + \frac{1}{3}\left(1 + \frac{1}{2} + \frac{1}{3} + \cdots + \frac{1}{7}\right)\right] + \frac{1}{67} =$$

$$\frac{11}{3}\left[\frac{3}{2} + \frac{1}{4} + \frac{121}{340}\right] + \frac{1}{67} = \frac{61 \times 67 + 70}{70 \times 67} = \frac{p_{67}}{q_{67}}$$

可知 $3 \mid p_{67}$,故(1)得证.

而由 $3 \mid p_{67}$ 亦可知,当 $n \geqslant 23$ 时,不存在使 $3 \mid p_n$,于是所求 n 只有 $2,7,22$.

10.151 设 $p(k)$ 是正整数 k 的最大奇约数. 证明:对于每个正整数 n

$$\frac{2}{3}n < \sum_{k=1}^{n}\frac{p(k)}{k} < \frac{2}{3}(n+1)$$

(匈牙利数学奥林匹克,2004 年)

证明 对 n 用数学归纳法.

当 $n = 1$ 时,$\sum_{k=1}^{n}\frac{p(k)}{k} = 1$.

显然,$\frac{2}{3} \times 1 < 1 < \frac{2}{3} \times (1 + 1)$ 成立.

假设 $n \leqslant t$ 时,结论都成立.

当 $n = t + 1$ 时,

(1) $t + 1$ 为偶数时,设 $t + 1 = 2m$,则

$$\sum_{k=1}^{t+1}\frac{p(k)}{k} = \sum_{k=1}^{2m}\frac{p(k)}{k} = \sum_{i=1}^{m}\frac{p(2i-1)}{2i-1} + \sum_{j=1}^{m}\frac{p(2j)}{2j} =$$

$$m + \sum_{j=1}^{m}\frac{p(j)}{2j} = m + \frac{1}{2}\sum_{j=1}^{m}\frac{p(j)}{j}$$

因为 $m = \frac{t+1}{2} \leqslant t$,由归纳假设有

$$\frac{2}{3}m < \sum_{j=1}^{m}\frac{p(j)}{j} < \frac{2}{3}(m+1)$$

由于

$$\sum_{k=1}^{t+1}\frac{p(k)}{k} = m + \frac{1}{2}\sum_{j=1}^{m}\frac{p(j)}{j}$$

所以

$$\frac{1}{3}m + m < \sum_{k=1}^{t+1}\frac{p(k)}{k} < \frac{1}{3}(m+1) + m$$

即 $$\frac{4}{3}m < \sum_{k=1}^{t+1}\frac{p(k)}{k} < \frac{4}{3}m + \frac{1}{3}$$

则 $$\frac{2}{3}(t+1) < \sum_{k=1}^{t+1}\frac{p(k)}{k} < \frac{2}{3}(t+1) + \frac{1}{3} < \frac{2}{3}(t+2)$$

这时,结论成立.

(2) $t+1$ 为奇数时,设 $t+1 = 2m+1$,则
$$\sum_{k=1}^{t+1}\frac{p(k)}{k} = \sum_{k=1}^{2m+1}\frac{p(k)}{k} = \sum_{i=1}^{m+1}\frac{p(2i-1)}{2i-1} + \sum_{j=1}^{m}\frac{p(2j)}{2j} = m + 1 + \frac{1}{2}\sum_{j=1}^{m}\frac{p(j)}{j}$$

因为 $m = \frac{t}{2} \leqslant t$,由归纳假设有
$$\frac{2}{3}m < \sum_{j=1}^{m}\frac{p(j)}{j} < \frac{2}{3}(m+1)$$

因为 $$\sum_{k=1}^{t+1}\frac{p(k)}{k} = m + 1 + \frac{1}{2}\sum_{j=1}^{m}\frac{p(j)}{j}$$

所以 $$\frac{1}{3}m + m + 1 < \sum_{k=1}^{t+1}\frac{p(k)}{k} < m + 1 + \frac{1}{3}(m+1)$$

即 $$\frac{4}{3}m + 1 < \sum_{k=1}^{t+1}\frac{p(k)}{k} < \frac{4}{3}m + \frac{4}{3}$$

则 $$\frac{2}{3}t + 1 < \sum_{k=1}^{t+1}\frac{p(k)}{k} < \frac{2}{3}t + \frac{4}{3}$$

故 $$\frac{2}{3}(t+1) < \sum_{k=1}^{t+1}\frac{p(k)}{k} < \frac{2}{3}(t+2)$$

结论亦成立.

故对任意的 $n \in \mathbf{Z}^+$,都有
$$\frac{2}{3}n < \sum_{k=1}^{n}\frac{p(k)}{k} < \frac{2}{3}(n+1)$$

10.152 称满足 $a \leqslant b \leqslant c$,$\gcd(a,b,c) = 1$ 且 $(a+b+c) \mid (a^n + b^n + c^n)$ 的三元正整数 (a,b,c) 为"n - 幂次"的. 例如:$(1,2,2)$ 是"5 - 幂次"的.

(1) 求出所有的正整数组,使得对所有 $n \geqslant 1$,该数组都是"n - 幂次"的.

(2) 求出所有的正整数组,使之是"2 004 - 幂次"的和 "2 005 - 幂次"的且不是"2 007 - 幂次"的.

(加拿大数学奥林匹克,2005 年)

解 (1) 设 (a,b,c) 满足条件
$(a+b+c) \mid (a^2 + b^2 + c^2) \Rightarrow$

$$(a+b+c) \mid (a+b+c)^2 - (a^2+b^2+c^2)$$
于是
$$(a+b+c) \mid 2(ab+bc+ca) \qquad ①$$
$$(a+b+c) \mid (a^3+b^3+c^3) \Rightarrow$$
$$(a+b+c) \mid (a^3+b^3+c^3) -$$
$$(a+b+c)(a^2+b^2+c^2-ab-bc-ca)$$
于是 $$(a+b+c) \mid 3abc \qquad ②$$

对于任意素因子 $p \geqslant 5$,若 $p \mid (a+b+c)$,则 $p \mid abc$. 不妨设 $p \mid a$(以下的过程与 a,b,c 大小无关),则 $b+c \equiv 0 \pmod{p}$. 又由式 ① 可得 $bc \equiv 0 \pmod{p}$,于是 $b \equiv c \equiv 0 \pmod{p}$,这与 $\gcd(a,b,c) = 1$ 矛盾!

对于因子 2,若 $2 \mid (a+b+c)$,则由 $\gcd(a,b,c) = 1$ 可知 a,b,c 的奇偶性为两奇一偶,此时
$$2(ab+bc+ca) \equiv 2 \pmod 4$$
所以由式 ① 可知,$(a+b+c)$ 至多含 2 的一次因子.

对于因子 3,若 $3 \mid (a+b+c)$,与上面相同的推理可得 $3 \nmid abc$,故由式 ② 可知,$(a+b+c)$ 至多含 3 的一次因子.

综上所述,我们有 $(a+b+c) \mid 6$,a,b,c 为正整数,容易求得符合条件的数组的集合是 $\{(1,1,1),(1,1,4),(2,2,2)\}$.

(2) 设
$$f(x) = (x^3 - (a+b+c)x^2 + \beta x + \gamma) \cdot x^{2004} =$$
$$(x-a)(x-b)(x-c)x^{2004}$$
则 $\beta, \gamma \in \mathbf{Z}$,我们有
$$0 = f(a) + f(b) + f(c) = (a^{2007} + b^{2007} + c^{2007}) -$$
$$(a+b+c)(a^{2006} + b^{2006} + c^{2006}) +$$
$$\beta(a^{2005} + b^{2005} + c^{2005}) +$$
$$\gamma(a^{2004} + b^{2004} + c^{2004})$$
由此可知不存在符合条件的正整数组.

10.153 求不能表示成形如 $\dfrac{a}{b} + \dfrac{a+1}{b+1}$ 的所有正整数的集合,其中 a 和 b 为正整数.

(法国数学奥林匹克,2003 年)

解 所求集合由 1 和每一个形如 $2 + 2^k (k = 0,1,2,\cdots)$ 的整数构成.

设 $n = \dfrac{a}{b} + \dfrac{a+1}{b+1}$,直接计算有
$$n - 2 = (2b+1) \cdot \dfrac{a-b}{b(b+1)} \qquad ①$$

因为 b 与 $b+1$ 均不能整除 $2b+1$,所以,式①右端是含奇因子 $2b+1 \geqslant 3$ 的整数.

相反,若 $d(d>1)$ 是 $(n-2)$ 的奇因子,则 $n \neq 1$,即 $n-2 \geqslant 0$.故存在整数 $m(m \geqslant 0)$,使得 $n=dm+2$.

定义 $b=\frac{1}{2}(d-1), a=b(mb+m+1)$.

显然 a 和 b 是整数,易计算得
$$\frac{a}{b}+\frac{a+1}{b+1}=n$$

10.154 设 m 是一个大于 1 的固定整数,数列 $x_0, x_1, x_2, \cdots$ 定义如下:
$$x_i = \begin{cases} 2^i, 0 \leqslant i \leqslant m-1 \\ \sum_{j=1}^{m} x_{i-j}, i \geqslant m \end{cases}$$
求 k 的最大值,使得数列中有连续的 k 项均能被 m 整除.

(国际数学奥林匹克预选题,2003 年)

解 设 r_i 是 x_i 模 m 的余数,在数列中按照连续的 m 项分成块,则余数最多有 m^m 种情况出现.由抽屉原则,有一种类型的情况会重复出现.因为定义的递推式可以向后递推,也可以向前递推,所以,数列 $\{r_i\}$ 是周期数列.

由已知条件可得向前的递推公式为
$$x_i = x_{i+m} - \sum_{j=1}^{m-1} x_{i+j}$$

由其中的 m 项组成的余数分别为 $r_0=1, r_1=2, \cdots, r_{m-1}=2^{m-1}$,求这 m 项前面的 m 项模 m 的余数,由向前的递推公式可得,前 m 项模 m 的余数分别为 $\underbrace{0, 0, \cdots, 0}_{m-1 \text{项}}, 1$.结合余数数列的周期性,得 $k \geqslant m-1$.

另一方面,若在余数数列 $\{r_i\}$ 中有连续的 m 项均为 0,则由向前的递推公式和向后的递推公式可得,对于所有的 $i \geqslant 0$,均有 $r_i=0$,矛盾.

所以 k 的最大值为 $m-1$.

10.155 数集 M 由 2003 个不同的正数组成,对于 M 中任何三个不同的元素 a, b, c,数 a^2+bc 都是有理数.证明:可以找到一个正整数 n,使得对于 M 中任何数 a,数 $a\sqrt{n}$ 都是有理数.

(俄罗斯数学奥林匹克,2003 年)

证明 从数集 M 中取出 4 个不同的数 a,b,c,d. 由于
$$d^2 + ab \in \mathbf{Q}, d^2 + bc \in \mathbf{Q}$$
所以
$$bc - ab \in \mathbf{Q}$$
故
$$a^2 + ab = a^2 + bc + (ab - bc) \in \mathbf{Q}$$

同理可知,$b^2 + ab \in \mathbf{Q}$,从而,对于 M 中任意两个不同的数 a 和 b,都有
$$q = \frac{a}{b} = \frac{a^2 + ab}{b^2 + ab} \in \mathbf{Q}$$
于是
$$a = qb \Rightarrow a^2 + ab = b^2(q^2 + q) = l \in \mathbf{Q}$$
$$b = \sqrt{\frac{1}{q^2 + q}} = \sqrt{\frac{m}{k}}, m, k \in \mathbf{Q}$$

令 $n = mk$,得
$$b\sqrt{n} = m \in \mathbf{Q}$$
故对任何 $c \in M$,有
$$c\sqrt{n} = \frac{c}{b} \cdot b\sqrt{n} \in \mathbf{Q}$$

10.156 已知 a,b,c,d 为正整数,且满足下列条件的数对 (x,y) 恰有 2 004 对.

(1) $x, y \in (0,1)$.

(2) $ax + by, cx + dy$ 均为整数.

如果 $(a,c) = 6$,求 (b,d).

(注:这里 (p,q) 表示 p,q 最大公约数)

(保加利亚数学奥林匹克,2004 年)

解 首先考虑 $ad - bc \neq 0$ 的情况.

记 $A = \{(ax + by, cx + dy) \mid ax + by, cx + dy \in \mathbf{Z}, x, y \in (0,1)\}$,则 A 表示平行四边形 $PQRS$ 内部的整点,其中 $p(0,0)$, $Q(a,c), R(b,d), S(a+b, c+d)$.

这个平行四边形的面积为 $|ad - bc|$,另一方面,由格点多边形的 pick 定理有
$$S = n + \frac{m}{z} - 1$$
n 是平行四边形内部格点的个数,m 是平行四边形边界上的格点数,记 $e = (a,c), f = (b,d)$,其中 $a = ea_1, c = ec_1, b = fb_1$, $d = fd_1$.

线段 PQ 上的点的坐标是 $(ax, cx), c \in (0,1)$.

从而线段 AB 上的整点个数为 $e - 1$,同样,线段 BD, CD, AC 内部整点个数分别等于 $f - 1, e - 1, f - 1$.

从而 $\frac{m}{2} = e + f$. 那么,有
$$ef \mid a_1 b_1 - b_1 c_1 \mid = 2\,003 + e + f$$

因为 $e = (a,c) = 6$, 所以 $f \mid 2\,009$ 且 $6f \mid 2\,009 + f \Rightarrow f = 1, 7, 49$.

对这些 $f, e = 6, a_1 = 1 + \frac{2\,009 + f}{6f}, b_1 = c_1 = d_1 = 1$ 即满足条件, 故 $(b,d) = 1, 7$ 或 49.

如果 $ad - bc = 0$, 则很容易看出必有 $a_1 = b_1, c_1 = d_1$, 对所有的 $x \in \left(0, \frac{1}{e}\right)$.

令 $y = \frac{1 - xe}{f} < \frac{1}{f}$, 则 $ex + fy = 1$.

故 $ax + by = a_1$ 和 $cx + dy = c_1$ 是整数.

这就存在无穷多组 (x,y) 满足条件.

综上所述 $(b,d) = 1, 7$ 或 49.

注 本题利用 pick 定理建立关系是关键, 这个关键等式把问题转化为一个简单的不定方程问题.

10.157 已知 n 是正整数. 如果存在整数 $a_1, a_2, \cdots, a_n$(不一定是不同的) 使得
$$a_1 + a_2 + \cdots + a_n = a_1 a_2 \cdots a_n = n$$
则称 n 是"迷人的", 求"迷人的" 整数.

(匈牙利数学奥林匹克, 2005 年)

解 若 $k = 4t + 1, t \in \mathbf{N}$, 显然满足要求. 取 $4t + 1$ 及 $2t$ 个 1, $2t$ 个 -1 即可.

若 $k = 4$, 则 $a_1 a_2 a_3 a_4 = 4$. 只可能是 $a_4 = 4$ 或 $a_4 = a_3 = 2$, 显然无解.

若 $k = 4t, t \geq 2$, 分两种情况讨论.

当 t 为奇数时, 取 $2t, -2, x$ 个 $1, y$ 个 -1 (x 和 y 待定), 则
$$\begin{cases} x + y = 4t - 2 \\ x - y + 2t - 2 = 4t \end{cases}$$

解得 $x = 3t, y = t - 2$.

显然, 这样的一组数满足题设要求.

当 t 为偶数时, 类似地取 $2t, 2, x$ 个 $1, y$ 个 -1 (x 和 y 待定), 则
$$\begin{cases} x + y = 4t - 2 \\ x - y = 2t - 2 \end{cases}$$

解得 $x = 3t - 2, y = t$.

这一组数必满足题设要求.

综上所述, $4t(t \geq 2)$ 型数是迷人的.

下面证明，$4t+2, 4t+3$ 型数不是迷人的. 若 $4t+2$ 型数是迷人的，设
$$4t+2 = a_1 + a_2 + \cdots + a_{4t+2} = a_1 a_2 \cdots a_{4t+2}$$
易知，a_i 中有且仅有一个偶数，其余 $4t+1$ 个数均为奇数，故 $a_1 + a_2 + \cdots + a_{4t+2}$ 必为奇数. 矛盾.

因此，$4t+2$ 型数不是迷人的.

若 $4t+3$ 型数是迷人的，设 $4t+3 = a_1 a_2 \cdots a_{4t+3} = a_1 + a_2 + \cdots + a_{4t+3}$，其中模 4 余 1 的有 x 个，模 4 余 3 的有 $4t+3-x$ 个. 故
$$x + 3(4t+3-x) \equiv 3 \pmod 4$$
所以 $2x \equiv 2 \pmod 4$.

于是 x 为奇数，$4t+3-x$ 为偶数，则
$$3 \equiv 4t+3 = a_1 a_2 \cdots a_{4t+3} \equiv 1^x \times 3^{4t+3-x} \equiv 1 \pmod 4$$
矛盾.

因此，$4t+3$ 型数不是迷人的.

综上所述，全部迷人的数为
$$4t+1, t \in \mathbf{N}; 4t, t \in \mathbf{N}, t \geq 2$$

10.158 已知 99 个小于 100 且可以相等的正整数. 若所有 2 个、3 个或更多个数的和都不能被 100 整除，证明：所有的数均相等.

(克罗地亚数学奥林匹克，2005 年)

证明 记给定的数为 $n_1, n_2, \cdots, n_{99}$.

假设结论不成立，即有两个不同的数，例如 $n_1 \neq n_2$.

考察以下 100 个数
$$S_1 = n_1, S_2 = n_2, S_3 = n_1 + n_2, \cdots,$$
$$S_{100} = n_1 + n_2 + \cdots + n_{99}$$

由假设可知，数 $S_i (i=1,2,\cdots,100)$ 不能被 100 整除. 由抽屉原理，这些数中至少有两个被 100 除的余数相同. 将它们记为 S_k 和 S_l，且 $k > l$.

显然，$\{S_k, S_l\} \neq \{S_1, S_2\}$.

因为 S_k 和 S_l 被 100 除的余数相同，于是 $S_k - S_l$ 能被 100 整除，即
$$100 \mid [(n_1 + n_2 + \cdots + n_k) - (n_1 + n_2 + \cdots + n_l)]$$
所以 $100 \mid (n_{l+1} + n_{l+2} + \cdots + n_k)$，与假设矛盾.

因此所有的数均相等.

> **10.159** 求所有的正整数 x, y, z，使得 $\sqrt{\dfrac{2\,005}{x+y}} + \sqrt{\dfrac{2\,005}{x+z}} + \sqrt{\dfrac{2\,005}{y+z}}$ 是整数.
>
> （保加利亚数学奥林匹克，2005 年）

解 首先证明一个引理.

引理 若 p, q, r 和 $s = \sqrt{p} + \sqrt{q} + \sqrt{r}$ 是有理数，则 $\sqrt{p}, \sqrt{q}, \sqrt{r}$ 也是有理数.

引理的证明 由于 $(\sqrt{p} + \sqrt{q})^2 = (s - \sqrt{r})^2$，可得

$$2\sqrt{pq} = s^2 + r - p - q - 2s\sqrt{r}$$

平方后可得

$$4pq = M^2 + 4s^2 r - 4Ms\sqrt{r}$$

其中

$$M = s^2 + r - p - q > 0$$

于是 $\sqrt{r}$ 是有理数.

同理，$\sqrt{p}$ 和 $\sqrt{q}$ 也是有理数.

下面证明原题：

假设 x, y, z 是满足条件的正整数，即 $\sqrt{\dfrac{2\,005}{x+y}} + \sqrt{\dfrac{2\,005}{x+z}} + \sqrt{\dfrac{2\,005}{y+z}}$ 均为有理数.

设 $\sqrt{\dfrac{2\,005}{x+y}} = \dfrac{a}{b}$，其中 a 和 b 互质.

于是 $2\,005 b^2 = (x+y) a^2$.

从而 a^2 整除 $2\,005$，进而有 $a = 1$.

因此 $x + y = 2\,005 b^2$.

同理，可设 $x + z = 2\,005 c^2, y + z = 2\,005 d^2$.

代入原表达式可知 $\dfrac{1}{b} + \dfrac{1}{c} + \dfrac{1}{d}$ 是正整数，其中 b, c, d 是正整数.

因为 $\dfrac{1}{b} + \dfrac{1}{c} + \dfrac{1}{d} \leqslant 3$，下面分情况讨论.

(1) 当 $\dfrac{1}{b} + \dfrac{1}{c} + \dfrac{1}{d} = 3$ 时，则

$$b = c = d = 1, x + y = y + z = z + x = 2\,005$$

没有正整数解.

(2) 当 $\dfrac{1}{b} + \dfrac{1}{c} + \dfrac{1}{d} = 2$ 时，则 b, c, d 中一个为 1，另两个为 2，不存在满足条件的 x, y, z.

(3) 当 $\frac{1}{b} + \frac{1}{c} + \frac{1}{d} = 1$ 时,不妨设 $b \geq c \geq d > 1$,于是有 $\frac{3}{d} \geq \frac{1}{b} + \frac{1}{c} + \frac{1}{d} = 1$,所以 $d = 2$ 或 3.

ⅰ $d = 3$,则 $b = c = 3$,不存在满足条件的 x, y, z.

ⅱ $d = 2$,则 $c > 2$,且 $\frac{2}{c} \geq \frac{1}{b} + \frac{1}{c} = \frac{1}{2}$,所以 $c = 3$ 或 4.

若 $c = 3$,则 $b = 6$,不存在满足条件的 x, y, z;

若 $c = 4$,则 $b = 4$,存在 $x = 14 \times 2\,005 = 28\,070$,$y = z = 2 \times 2\,005 = 4\,010$,满足条件.

综上所述,x, y, z 中 x 为 28 070,y 和 z 为 4 010.

10.160 设 p 是一个奇质数,n 是一个正整数.在坐标平面上的一个直径为 p^n 的圆周上有八个不同的整点.证明:在这八个点中存在三个点,以这三个点构成的三角形满足边长的平方是整数,且能被 p^{n+1} 整除.

(国际数学奥林匹克预选题,2004 年)

证明 若 A 和 B 是两个不同的整点,则 AB^2 是一个正整数. 若给定的质数 p 满足 $p^k \mid AB^2$,且 $p^{k+1} \nmid AB^2$,则记 $\alpha(AB) = k$. 若三个不同整点构成的三角形的面积为 S,则 $2S$ 是一个整数.

由海伦公式及面积公式 $S = \frac{abc}{4R}$(其中 a, b, c 为三角形的三边长,R 为三角形外接圆半径)可得 $\triangle ABC$ 的面积与其三边长及直径的两个公式

$$2AB^2 \cdot BC^2 + 2BC^2 \cdot CA^2 + 2CA^2 \cdot AB^2 - AB^4 - BC^4 - CA^4 = 16S^2 \quad ①$$

$$AB^2 \cdot BC^2 \cdot CA^2 = (2S)^2 p^{2n} \quad ②$$

先证明一个引理.

引理 设 A, B, C 是直径为 p^n 的圆上的三个整点,则 $\alpha(AB), \alpha(BC), \alpha(CA)$ 要么其中至少有一个大于 n,要么按照某种次序排列为 $n, n, 0$.

引理的证明 设 $m = \min\{\alpha(AB), \alpha(BC), \alpha(CA)\}$.

由式 ① 可得 $p^{2m} \mid (2S)^2$,所以,$p^m \mid 2S$,由式 ② 可得

$$\alpha(AB) + \alpha(BC) + \alpha(CA) \geq 2m + 2n$$

若 $\alpha(AB) \leq n, \alpha(BC) \leq n, \alpha(CA) \leq n$,则

$$\alpha(AB) + \alpha(BC) + \alpha(CA) \leq m + 2n$$

于是 $\qquad 2m + 2n \leq m + 2n$

这就意味着 $m = 0$.

因此,$\alpha(AB), \alpha(BC), \alpha(CA)$ 中有一项为 0,且另外两项均为 n.

下面证明,在一个直径为 p^n 的圆上的任意四个整点中,存在两个整点 P,Q,使得
$$\alpha(PQ) \geq n+1$$

假设对于这个圆上依次排列的四个整点 A,B,C,D 结论不正确.根据引理,由 A,B,C,D 确定的六条线段中有两条线段其端点不同,不妨设为 AB,CD,且满足 $\alpha(AB) = \alpha(CD) = 0$.

另外四条线段满足
$$\alpha(BC) = \alpha(DA) = \alpha(CA) = \alpha(BD) = n$$

因此,存在不能被 p 整除的正整数 a,b,c,d,e,f,使得
$$AB^2 = a, CD^2 = c, BC^2 = bp^n$$
$$DA^2 = dp^n, AC^2 = ep^n, BD^2 = fp^n$$

由于四边形 $ABCD$ 是圆内接四边形,由托勒密定理有
$$\sqrt{ac} = p^n(\sqrt{ef} - \sqrt{bd})$$

将上式两边平方可得
$$ac = p^{2n}(\sqrt{ef} - \sqrt{bd})^2$$

所以 $(\sqrt{ef} - \sqrt{bd})^2$ 是有理数.

但 $(\sqrt{ef} - \sqrt{bd})^2 = ef + bd - 2\sqrt{bdef}$,若其是有理数,则 $\sqrt{bdef}$ 必须是一个整数.

因此 $(\sqrt{ef} - \sqrt{bd})^2$ 是一个整数.

于是,$ac = p^{2n}(\sqrt{ef} - \sqrt{bd})^2$ 表明 $p^{2n} \mid ac$,矛盾.

现在设直径为 p^n 的圆上的八个整点为 $A_1, A_2, \cdots, A_8$. 将满足 $\alpha(A_iA_j) \geq n+1$ 的线段染成黑色. 顶点 A_i 引出的黑色线段的数目称为 A_i 的次数.

(1)若有一个点的次数不超过 1,不妨设为 A_8,则至少有六个点与 A_8 所连的线段不是黑色的. 设这六个点为 $A_1, A_2, \cdots, A_6$. 由拉姆赛定理,一定存在三个点,这三个点构成的三角形的三条边要么全是黑色的,要么全不是黑色的.

对于第一种情形恰好满足结论要求.

对于第二种情形,不妨设这个三角形为 $\triangle A_1A_2A_3$,于是,四个点 A_1, A_2, A_3, A_8 中没有一条线段是黑色的,矛盾.

(2)所有顶点的次数均为 2,于是,黑色线段被分成若干条回路.

如果有一条长度为 3 的由黑色线段组成的回路,则满足结论的要求.

如果所有回路的长度至少为 4,则有两种可能:
要么是两条长度均为 4 的回路,不妨设为 $A_1A_2A_3A_4$ 和 $A_5A_6A_7A_8$;要么是一条长度为 8 的回路,不妨设为 $A_1A_2A_3A_4A_5A_6A_7A_8$. 对于这两种情形,A_1, A_3, A_5, A_7 中没有一条

黑色的线段,矛盾.

(3) 若有一点的次数至少为3,不妨设为 A_1,且设 A_1A_2,A_1A_3, A_1A_4 为黑色线段.由题意得只要证明在线段 A_2A_3,A_3A_4,A_4A_2 中至少有一条是黑色的即可.

如果 A_2A_3,A_3A_4,A_4A_2 均不是黑色的,由引理可得 $\alpha(A_2A_3)$, $\alpha(A_3A_4),\alpha(A_4A_2)$ 按某种次序排列分别为 $n,n,0$.

不妨假设 $\alpha(A_2A_3)=0$,设 $\triangle A_1A_2A_3$ 的面积为 S,由式①可知 $2S$ 不能被 p 整除.

又因为 $\alpha(A_1A_2) \geq n+1, \alpha(A_1A_3) \geq n+1$,由式②可知 $2S$ 能被 p 整除,矛盾.

> **10.161** 在100枚硬币中至少有1枚是假币,所有的真币的质量相等,所有的假币的质量也相等,但假币较轻.证明:用51次天平可以求出假币的个数.
>
> （新西兰数学奥林匹克,2004年）

证明 比较任意两枚硬币,会有两种可能的情形,要么发现一枚硬币较重,要么两枚硬币的质量相同.第一种情形,我们能得到一枚真币,一枚假币;第二种情形两枚硬币属于同一种性质,但不能分辨真伪.

(1) 第一种情形.将这一真一假两枚硬币作为标准量对,把剩余的98枚硬币分成49对,每对都与标准量对比较,每比较一次就能知道假币的个数的变化:如果比标准量对重,则这对都是真币;如果和标准量对质量相同,则有一枚假币;如果比标准量对轻,则有两枚假币.这样只须用天平称50次就能知道假币的个数.

(2) 第二种情形.我们想找到标准量对(一枚真币和一枚假币),但是第一次用天平称时,我们得到的硬币性质相同,不妨设为 (C,D).将剩下的98枚硬币分成49对,并开始同前面的一对 (C,D) 比较,直到找到一对 (E,F) 与 (C,D) 的质量不同,假设 (E,F) 比 (C,D) 轻,则 C 和 D 全是真币.于是,前面称过的硬币也全是真币.下面再加称一次得到一个标准量对,用天平比较 C 和 E,如果质量相同,则 F 是假币,(C,F) 即可作为标准量对;如果 C 比 E 重,则 E 是假币,(C,E) 即可作为标准量对.

类似地,在 (E,F) 比 (C,D) 重的时候也可以经过1次比较,得到一个标准量对,用(1)的方法,用这个标准量对和后面的每一对比较,51次后即可得到假币的个数.

若直到第50次比较后仍与第一次比较的两枚硬币质量相同,则所有100枚硬币具有同一种性质.由于这100枚硬币中至少有一枚假币,所以,用50次天平可得到100枚硬币全是假币.

10.162 两个人做游戏,开始时,每个人都有2 004枚硬币,然后,他们轮流地投掷一个特别的骰子,这个骰子6个面分别写着最小的6个质数.当一个人投掷骰子后,另一个人就给他一些硬币,数量为2 004除以骰子显示的值的余数.问:是否可能在某次操作后,一个人拥有的硬币数恰好是另一个人的7倍?

(斯洛文尼亚数学奥林匹克,2004年)

解 如果若干轮后,某个人拥有的硬币数是另一个人的7倍,那么,这个人就拥有3 507枚硬币,另一个人有501枚硬币(总共有4 008枚硬币).

由于前6个质数是2,3,5,7,11,13,将2 004分别除以这些数,余数分别是0,0,4,2,2,2.因此,每投掷一次骰子,任何一方所拥有的硬币的改变量是个偶数.游戏开始时,每个人所拥有的硬币数也是偶数,所以,不可能在某一次投掷后,一个人所拥有的硬币总数是另一个人的7倍.因为这样的话,两个人都要拥有奇数枚硬币.

10.163 在一个报告大厅中,椅子按行和列摆成一个矩形方阵,每行坐着6个男孩,每列坐着8个女孩,另外有15个座位是空着的.求行数和列数.

(瑞典数学奥林匹克,2004)

解 设共有 m 行和 n 列.
由题意可知 $m \geq 8, n \geq 6$,且
$$6m + 8n + 15 = mn$$
从而有
$$(m-8)(n-6) = 63 = 3 \times 21 = 7 \times 9 = 1 \times 63$$
所以共有以下6种可能

$\begin{cases} m = 11 \\ n = 27 \end{cases}$, $\begin{cases} m = 29 \\ n = 9 \end{cases}$, $\begin{cases} m = 15 \\ n = 15 \end{cases}$

$\begin{cases} m = 17 \\ n = 13 \end{cases}$, $\begin{cases} m = 9 \\ n = 69 \end{cases}$, $\begin{cases} m = 71 \\ n = 7 \end{cases}$

举例如下:

(1)15×15.

如图1,安排女生坐,则每行余7个格,任选6个让男生坐.

将每一行(或列)按从左到右(或从上到下)编号.

心得 体会 拓广 疑问

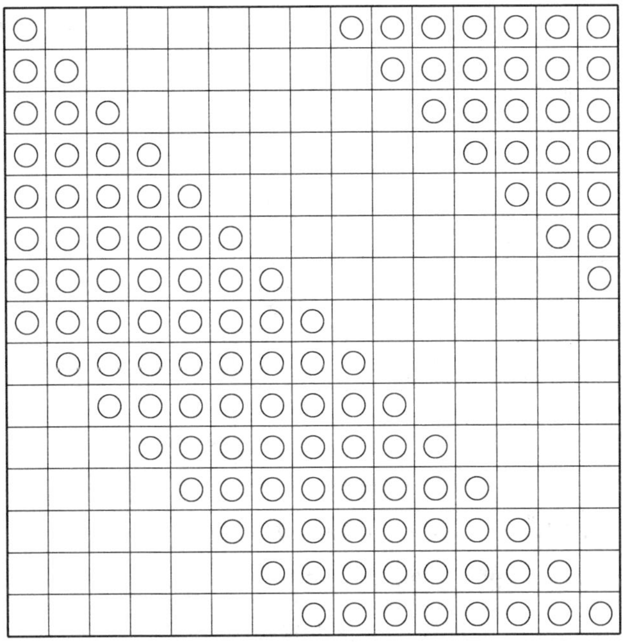

图 1

(2)11 × 27.

将第 1 ~ 6 列第 1 ~ 3 号,第 7 ~ 12 列第 4 ~ 6 号,第 13 ~ 18 列第 7 ~ 9 号,第 19 ~ 24 列第 10,11 号安排男生坐,则每列至少余 8 个座位让女生坐.

(3)17 × 13.

将第 1 ~ 8 行第 1 ~ 7 号,第 9 ~ 16 行第 8 ~ 13 号安排女生坐,则每行至少余 6 个座位让男生坐.

(4)29 × 9.

将第 1 ~ 8 行第 1 ~ 3 号,第 9 ~ 16 行第 4 ~ 6 号,第 17 ~ 24 行第 7 ~ 9 号安排女生坐,则每行至少余 6 个座位让男生坐.

(5)9 × 96.

仿(2) 可得.

(6)71 × 7.

仿(4) 可得.

> **10.164** 桌上放着个数分别为 $1,2,\cdots,k$ 的 $k(k \geq 3)$ 堆石子. 第 1 步,任选三堆石子将它们合并成一堆,并在这堆石子中挑出一个石子扔掉;第 2 步,从现在桌上的所有石子堆中选出三堆石子将它们合并成一堆,并在这堆石子中挑出两个石子扔掉;$\cdots$;一般地,第 i 步,在桌上选取石子总数大于 i 的三堆将它们合并成一堆,并在这堆石子中挑出 i 个石子扔掉. 若经过有限步上述操作后,桌面上仅剩下一堆 p 个石子. 求证:当且仅当 $2k+2$ 和 $3k+1$ 都是完全平方数时 p 为完全平方数,并求这样的最小自然数 k.

解 第 i 步以后,桌子上的石子数为 $k-2i$,又这 k 堆石子可以经过若干步后变为一堆,则 k 为奇数,总的步数为 $\dfrac{k-1}{2}$.

我们分 $k \equiv 1 \pmod 4$ 和 $k \equiv 3 \pmod 4$ 两种情况来解决问题.

(1) 若 $k \equiv 1 \pmod 4$,记 $k = 4c+1$,那么开始时共有石子
$$1 + 2 + \cdots + k = \frac{1}{2}k(k+1) = (4c+1)(2c+1)$$
经过 $2c$ 步共扔掉的石子数为
$$1 + 2 + \cdots + 2c = c(2c+1)$$
故 $p = (4c+1)(2c+1) - c(2c+1) = (2c+1)(3c+1)$

因为 $(2c+1, 3c+1) = 1$,所以 p 为完全平方数时,$2c+1$ 和 $3c+1$ 均为完全平方数,即 $\dfrac{k+1}{2}$ 和 $\dfrac{3k+1}{4}$ 均为完全平方数,也即 $2k+2$ 和 $3k+1$ 为完全平方数.

又当 $2k+2$ 和 $3k+1$ 为完全平方数时,显然 p 为完全平方数.

(2) 若 $k \equiv 3 \pmod 4$,记 $k = 4c+3$,则
$$3k+1 = 12c+10 \equiv 2 \pmod 4$$
不可能为完全平方数.

下证 p 也一定不是完全平方数.

此时总的石子数为
$$1 + 2 + \cdots + k = \frac{1}{2}k(k+1) = 2(4c+1)(c+1)$$
经过 $2c$ 步共扔掉的石子数为
$$1 + 2 + \cdots + 2c = (c+1)(2c+1)$$
故 $p = 2(4c+1)(c+1) - (c+1)(2c+1) = (c+1)(6c+5)$

若 p 为完全平方数,则由 $(c+1, 6c+5) = 1$ 知 $c+1$ 和 $6c+5$ 均为完全平方数.

记 $c+1 = x^2$,$6c+5 = y^2$,则 $6x^2 - y^2 = 1$,y 为奇数,所以

$$y^2 \equiv 1 \pmod 8, 6x^2 \equiv 2 \pmod 8$$

故 $3x^2 \equiv 1 \pmod 4$，这不可能，故 p 不为完全平方数.

综上所述，当且仅当 $2k+2$ 和 $3k+1$ 都是完全平方数时，p 为完全平方数.

下面我们来寻找满足条件的最小自然数 k.

由上面的证明可得 $k = 4c+1 (c \geqslant 1)$，则只须寻找最小的 c，记 $2c+1 = x^2, 3c+1 = y^2$，则
$$3x^2 - 2y^2 = 1 \qquad ①$$

显然 $x \equiv 1 \pmod 2, x^2 \equiv 1 \pmod 4$，则
$$2y^2 \equiv 2 \pmod 4, y \equiv 1 \pmod 2$$

设 $x = 2a+1, y = 2b+1$，式 ① 变为
$$3a(a+1) = 2b(b+1)$$

将 $a = 1, 2, \cdots$，逐一代入，可知最小的 $a = 4$，此时 $b = 5$，故最小的
$$k = 4c+1 = 2x^2 - 1 = 2(2a+1)^2 - 1 = 161$$

10.165 老师在黑板上写了 $n(n > 2)$ 个正整数，这些数中任两个数不存在整除关系. 学生轮流擦去黑板上的某些数，使得每人恰好擦去一个数，且此数是该生离开前能整除黑板上余下所有数之和的数. 最后，黑板上恰好有两个数. 问：对任意 $n > 2$，上述做法是否均可能成立？

（白俄罗斯数学奥林匹克，2004 年）

解 可能成立.

对任意 $n > 2$，存在正整数 $a_1, a_2, \cdots, a_n$，使得
$$\begin{cases} a_3 \mid (a_1 + a_2) \\ a_4 \mid (a_1 + a_2 + a_3) \\ \cdots \\ a_n \mid (a_1 + a_2 + \cdots + a_{n-1}) \end{cases} \qquad ①$$

其中 $a_j \nmid a_i, i \neq j$.

定义 $a_1, a_2, \cdots, a_n$ 是数列 $pq - 2, pq + 2, 2pq, 4(p+0), 4(q+1), 4(p+1), \cdots, 4(q+k), 4(p+k), \cdots$ 的前 n 项，其中 p, q 是奇数，且
$$p > 4n, q = (p+n)! + 1$$

易知，式 ① 成立，且此数列中不存在任两项有整除关系. 所以，$a_1, a_2, \cdots, a_n$ 为所求正整数.

10.166 有一个游戏,开始在黑板上写上 $1,2,\cdots,2\,004$. 游戏的每一步包含下列步骤:

(1) 在黑板上任意选择一些数构成集合.

(2) 将这些数之和模 11 的余数写在黑板上.

(3) 擦掉先前选的那些数.

当游戏进行到黑板上只留下两个数时,一个是 1 000,问另一个数是多少?

(德国数学奥林匹克,2004 年)

解 另一个数是 4.

由于每进行一步,黑板上的所有数的和模 11 的余数不变,且
$$1 + 2 + \cdots + 2\,004 \equiv 3 (\mathrm{mod}\ 11), 1\,000 \equiv -1 (\mathrm{mod}\ 11)$$
则另一个数一定模 11 余 4. 但是,在游戏过程中,写在黑板上的数都小于 11,1 000 是黑板上原来的数,所以另一个数一定是 4.

10.167 是否存在两两不同的正整数 m,n,p,q 使得
$$m + n = p + q, \sqrt{m} + \sqrt[3]{n} = \sqrt{p} + \sqrt[3]{q} > 2\,004$$

(俄罗斯数学奥林匹克,2004 年)

解 存在. 我们来寻找如下形式的正整数
$$m = a^2, n = b^3, p = c^2, q = d^3$$
其中 a,b,c,d 为正整数.

注意,此时题中的条件转化为
$$a + b = c + d, a^2 + b^3 = c^2 + d^3$$
即 $a - c = d - b, (a - c)(a + c) = (d - b)(d^2 + bd + b^2)$

固定 b 与 d 的关系 $b = d - 1 > 2\,004$,则如下的数对即可满足题中条件
$$c = \frac{d^2 + bd + b^2 - 1}{2}, a = \frac{d^2 + bd + b^2 + 1}{2}$$

事实上,由于 b 与 d 的奇偶性不同,所以上述二数均为整数,并且容易看出
$$a > c > b^2 > d > b > 2\,004$$

10.168 证明:不存在正整数 $x_1, x_2, \cdots, x_m, m \geq 2$,使得 $x_1 < x_2 < \cdots < x_m$,且 $\frac{1}{x_1^3} + \frac{1}{x_2^3} + \cdots + \frac{1}{x_m^3} = 1$.

(希腊数学奥林匹克,2004 年)

证明 如果 $x_1 = 1$,则 $\frac{1}{x_1^3} = 1$,且 $\frac{1}{x_1^3} + \frac{1}{x_2^3} + \cdots + \frac{1}{x_m^3} > 1$,矛

盾.

如果 $x_1 \geq 2$,则 $x_i \geq i+1, i=1,2,\cdots,m$.注意到
$$\frac{1}{x_i^3} \leq \frac{1}{(i+1)^3} < \frac{1}{(i+1)^2} < \frac{1}{i(i+3)} = \frac{1}{i} - \frac{1}{i+1}$$

所以 $\sum_{i=1}^{m} \frac{1}{x_i^3} < \left(1-\frac{1}{2}\right)+\left(\frac{1}{2}-\frac{1}{3}\right)+\cdots+\left(\frac{1}{m}-\frac{1}{m+1}\right) =$
$$1-\frac{1}{m+1} < 1$$

矛盾.

因此不存在满足条件的正整数.

10.169 证明:对任意正整数 n,存在唯一有序正整数对 (a,b) 使得
$$n=\frac{1}{2}(a+b-1)(a+b-2)+a$$

(印度数学奥林匹克,2006 年)

证明 记 $T(m)$ 为第 m 个三角形数,则
$$T(m)=\frac{m(m+1)}{2}$$

显然对任意正整数 n,必存在唯一的 m_0,使得
$$T(m_0) < n \leq T(m_0+1)$$

令 $a+b-2=m_0$,则 $a=n-T(m_0)$,下证 a 和 b 均为正整数.

因为 $T(m_0) < n$,所以
$$a = n - T(m_0) > 0$$

则
$$b = m_0 - a + 2 = m_0 - n + T(m_0) + 2 =$$
$$(T(m_0)+m_0+1)-n+1 =$$
$$\left(\frac{m_0(m_0+1)}{2}+m_0+1\right)-n+1 =$$
$$\frac{(m_0+1)(m_0+2)}{2}-n+1 =$$
$$T(m_0+1)-n+1$$

又因为 $n \leq T(m_0+1)$,所以 $b \geq 1$.

综上所述,我们得到由 n 确定的唯一正整数组 (a,b),问题得证.

10.170 在平面上的每个整点 (x,y)(x 和 y 都是整数)处放一盏灯.当时刻 $t=0$ 时,仅有一盏灯亮着,当 $t=1,2,\cdots$ 时,满足下列条件的灯被打开:至少与一盏亮着的灯的距离为 2 005.

证明:所有的灯都能被打开.

(德国数学奥林匹克,2005 年)

证明 设最初亮灯为 O.对某点 $A, OA=(x,y)$.
$$2\,005^2 = 1\,357^2 + 1\,476^2$$
$$(1\,357, 1\,476) = (1\,357, 119) = (1\,357, 7\times 17) = 1$$

令 $a=(1\,357, 1\,476), b=(1\,476, 1\,357), c=(1\,357, -1\,476), d=(1\,476, -1\,357)$.

若在 t 时刻 A 被点亮,则在下一时刻 $A+a, A+b, A+c, A+d$ 分别被点亮.

只须证明对任意的 A,存在 $p,q,r,s\in\mathbf{Z}$,使
$$OA = pa + qb + rc + sd \qquad ①$$

因为 $(1\,357, 1\,476)=1$ 由裴蜀定理知,存在 $m_0, n_0, u_0, v_0\in\mathbf{Z}$,满足
$$x = 1\,357 m_0 + 1\,476 n_0, y = 1\,357 u_0 + 1\,476 v_0$$

令
$$m = m_0 + 1\,476 k, n = n_0 - 1\,357 k$$
$$u = u_0 + 1\,476 l, v = v_0 - 1\,357 l, k,l\in\mathbf{Z}$$
$$2\mid(m-v) \Leftrightarrow 2\mid(m_0 - v_0 + 1\,476k + 1\,357 l) \Leftrightarrow$$
$$2\mid(m_0 - v_0 + l) \qquad ②$$
$$2\mid(u-n) \Leftrightarrow 2\mid(u_0 - n_0 + 1\,476 l + 1\,357 k) \Leftrightarrow$$
$$2\mid(u_0 - n_0 + k) \qquad ③$$

显然存在 $k,l\in\mathbf{Z}$ 满足式②,③.令
$$\begin{cases} p+r = m \\ p-r = v \end{cases}, \quad \begin{cases} q+s = n \\ q-s = u \end{cases}$$

则
$$\begin{cases} p = \dfrac{m+v}{2} \\ r = \dfrac{m-v}{2} \end{cases}, \quad \begin{cases} q = \dfrac{n+u}{2} \\ s = \dfrac{n-u}{2} \end{cases}$$

显然,$p,q,r,s\in\mathbf{Z}$ 满足式①.

所以总可经过有限次操作使 A 被点亮.

第 10 章 杂 题

10.171 一个正整数满足下列条件时称为"三分裂数":这个数的所有的因子分成三个集合,每个集合中的元素相加后得到的结果相同.证明:存在无穷多个这样的三分裂数.

(新西兰数学奥林匹克,2005 年)

证明 举例来说,120 就是一个三分裂数.
$$120 = 60 + 40 + 20 = 1 + 2 + 3 + 4 + 5 + 6 +$$
$$8 + 10 + 12 + 15 + 24 + 30$$
所以 120 是一个三分裂数.

如果 n 是一个三分裂数,这时,n 的因子能够分成三个集合,每一个集合的和相等,记为
$$d_{i_1} + \cdots + d_{i_r} = d_{j_1} + \cdots + d_{j_s} = d_{k_1} + \cdots + d_{k_t}$$
设 p 是与 n 互质的质数,这时 d_i,pd_i 是 pn 的因子,且
$$pd_{i_1} + \cdots + pd_{i_r} = pd_{j_1} + \cdots + pd_{j_s} = pd_{k_1} + \cdots + pd_{k_t}$$
由此可知 pn 也是一个三分裂数.

综上所述,存在无穷多个这样的三分裂数.

10.172 求所有正整数 x 和 y,使得 $(x+y)(xy+1)$ 是 2 的整数次幂.

(新西兰数学奥林匹克,2005 年)

解 设 $x + y = 2^a$,$xy + 1 = 2^b$.

若 $xy + 1 \geq x + y$,则 $b \geq a$.于是,有
$$xy + 1 \equiv 0 \pmod{2^a}$$
又因为
$$x + y \equiv 0 \pmod{2^a}$$
所以
$$-x^2 + 1 \equiv 0 \pmod{2^a}$$
即
$$2^a \mid (x+1)(x-1)$$

由于 $x+1$ 与 $x-1$ 只能均为偶数,且 $(x+1, x-1) = 2$,从而一定有一个能被 2^{a-1} 整除.

由于 $1 \leq x \leq 2^a - 1$,所以 $x = 1, 2^{a-1} - 1, 2^{a-1} + 1$ 或 $2^a - 1$.

相应地,$y = 2^a - 1, 2^{a-1} + 1, 2^{a-1} - 1$ 或 1 满足条件.

若 $x + y > xy + 1$,则有 $(x-1)(y-1) < 0$,矛盾.

综上所述
$$\begin{cases} x = 1 \\ y = 2^a - 1 \end{cases}, \begin{cases} x = 2^b - 1 \\ y = 2^b + 1 \end{cases}, \begin{cases} x = 2^c + 1 \\ y = 2^c - 1 \end{cases}, \begin{cases} x = 2^d - 1 \\ y = 1 \end{cases}$$
其中,a, b, c, d 为任意正整数.

10.173 两个人 A 和 B 仅用数字 1,2,3,4,5 组成一个 2 005 位数 N,每次只选择一个数码.由 A 先选,然后 A 和 B 交替选.当且仅当选取的数 N 能被 9 整除时,A 获胜.问:谁有获胜策略?

(爱尔兰数学奥林匹克,2005 年)

解 B 有获胜策略.

B 可以采取这样的策略:

若 A 上一步选 k,则 B 选 $6-k$.

N 能被 9 整除当且仅当 N 的各位数码之和能被 9 整除.选到第 2 004 位时,N 的前 2 004 位数码之和为 $6 \times \dfrac{2\,004}{2} = 6\,012$,是 9 的倍数.无论 A 怎样选择第 2 005 位数码,都不能使 N 的各位数码之和是 9 的倍数.因此,B 获胜.

10.174 求所有满足 $f:\mathbf{N}^* \to \mathbf{N}^*$ 的函数,存在 $k \in \mathbf{N}^*$ 和一个质数 p,使得对任何 $n \geqslant k$,都有 $f(n+p) = f(n)$.同时还要满足:若 $m \mid n$,就有 $f(m+1) \mid f(n+1)$.

(伊朗数学奥林匹克,2005 年)

证明 对于 $n \geqslant k$,若 $n \not\equiv 1 \pmod{p}$,则 $(n-1, p) = 1$,且存在一个正整数 k_0,使得 $(n-1) \mid (n + k_0 p)$,所以
$$f(n) \mid (f(n + k_0 p) + 1)$$
又 $f(n) = f(n + k_0 p)$,所以,$f(n) \mid 1$.

故对任意 $n \geqslant k$,$n \not\equiv 1 \pmod{p}$,有 $f(n) = 1$.

考虑任意的 $n > 1$.

由于 $(n-1) \mid (n-1)kp$,所以
$$f(n) \mid (f((n-1)kp) + 1) = 2$$
故对于任何 $n \neq 1$,都有 $f(n) \in \{1, 2\}$.

这样就有两种情况.

(1) 对全部 $n \geqslant k$,$n \equiv 1 \pmod{p}$,有 $f(n) = 2$.

考虑 $n < k$,若 $(n-1, p) = 1$,则存在一个数 $m \geqslant k$,满足 $(n-1) \mid m$ 和 $p \mid (m-1)$.于是,有
$$f(n) \mid (f(m) + 1) = 3$$
故 $f(n) = 1$.

所以,当 $n < k$,$n \not\equiv 1 \pmod{p}$ 时,$f(n) = 1$.

此时,满足条件的函数可以定义为:

当 $n \not\equiv 1 \pmod{p}$ 时,$f(n) = 1$;

当 $n \geq k, n \equiv 1 \pmod{p}$ 时, $f(n) = 2$;

当 $1 < n < k, n \equiv 1 \pmod{p}$ 时, $f(n) = 1$ 或 2;

$f(1)$ 取满足 $f(2) \mid (f(1) + 1)$ 的任意正整数.

(2) 对全部 $n \geq k, n \equiv 1 \pmod{p}$, 有 $f(n) = 1$.

在这种情况下, 对于任意 $n \geq k$, 都有 $f(n) = 1$.

令 $S = \{a \mid f(a) = 2, a < k\}$. 由定义可知, 不存在 $m, n \in S$ 使得 $(m-1) \mid n$.

此时, 满足题目条件的函数可以这样定义:

S 是一个正整数的有限子集, 不存在 $m, n \in S$ 使得 $(m-1) \mid n$.

对于 $n > 1$, 有 $f(n) = 2$ 的充分必要条件是 $n \in S, f(1)$ 可以定义为满足条件 $f(2) \mid (f(1) + 1)$ 的任意正整数.

10.175 正整数组 (a, b, c) 满足 $a^2 + b^2 = c^2$.

证明: (1) $\left(\dfrac{c}{a} + \dfrac{c}{b}\right)^2 > 8$.

(2) 不存在整数 n, 使得存在 (a, b, c) 满足 $\left(\dfrac{c}{a} + \dfrac{c}{b}\right)^2 = n$.

（加拿大数学奥林匹克, 2005 年）

证明 (1) 根据条件和均值不等式, 得

$$\left(\frac{c}{a} + \frac{c}{b}\right)^2 = c^2\left(\frac{a+b}{ab}\right)^2 = \frac{(a^2+b^2)(a+b)^2}{a^2 b^2} \geq \frac{2\sqrt{a^2 b^2}(2\sqrt{ab})^2}{a^2 b^2} = 8$$

等号成立当且仅当 $a = b$, 这要求 $a = b = \dfrac{\sqrt{2}}{2} c$, 矛盾, 故 $\left(\dfrac{c}{a} + \dfrac{c}{b}\right)^2 > 8$.

(2) 因为 $\dfrac{c}{a} + \dfrac{c}{b}$ 是有理数, 所以当且仅当 $\dfrac{c}{a} + \dfrac{c}{b}$ 是整数时 $\left(\dfrac{c}{a} + \dfrac{c}{b}\right)^2$ 是整数. 假设 $\dfrac{c}{a} + \dfrac{c}{b} = m$, 不妨设 $\gcd(a, b) = 1$ (否则, 同除以 a, b, c 的公约数, 而 m 值不变).

因为 $c(a+b) = mab$ 且 $\gcd(a, a+b) = 1$, 所以 $a \mid c$, 则 $c = ak(k \in \mathbf{N}^*)$, 于是 $a^2 + b^2 = a^2 k^2$, 则 $b^2 = (k^2 - 1)a^2$, 从而 $a \mid b$, 这与 $(a, b) = 1$ 矛盾, 故 $\left(\dfrac{c}{a} + \dfrac{c}{b}\right)^2$ 不等于任何整数 n.

心得 体会 拓广 疑问

> **10.176** $d(n)$ 表示正整数 n 的正因数个数. 若对一切正整数 $m < n$ 皆有 $d(n) > d(m)$, 则称 n 为富裕数. 两个富裕数 $m < n$ 称为相邻的富裕数, 如果不存在满足 $m < s < n$ 的富裕数 s, 证明:
> (1) 只有有限多对相邻的富裕数 (a, b) 满足 $a \mid b$.
> (2) 对每个素数 p, 有无穷多个富裕数 r 使得 rp 也是富裕数.
>
> (国际数学奥林匹克预选题, 2005 年)

证明 对于正整数 n 和素数 p, 以 $\alpha_p(n)$ 表示 n 的标准分解式中素因子 p 的方次, 于是有
$$d(n) = \sum (\alpha_p(n) + 1)$$

引理 1 若 n 为富裕数, p, q 为素数, k, s 为非负整数, 且 $p^k < q^s$, 即
$$k\alpha_q(n) \leqslant s\alpha_p(n) + (k+1)(s-1)$$

引理 1 的证明 若 $\alpha_q(n) < s$, 结论显然成立(注意 $s \geqslant 1$). 若 $\alpha_q(n) \geqslant s$, 则 $\dfrac{np^k}{q^s}$ 是个小于 n 的整数. 由 n 的富裕性, $d\left(\dfrac{dp^k}{q^s}\right) < d(n)$, 即
$$(\alpha_p(n) + k + 1)(\alpha_q(n) - s + 1) < (\alpha_p(n) + 1)(\alpha_q(n) + 1)$$
展开即得.

引理 2 对任意的素数 p 和正整数 k, 只有有限多个富裕数 n 满足 $\alpha_p(n) \leqslant k$.

引理 2 的证明 对任一个不同于 p 的素数 q, 若 $q > p^{k+1}$, 由引理 1 取 $s = 1$ 得到
$$(k+1)\alpha_q(n) \leqslant \alpha_p(n) \leqslant k$$
故 $\alpha_q(n) = 0$.

而若 $q < p^{k+1}$, 有正整数 s 使 $q^s > p$, 使
$$\alpha_q(n) \leqslant s\alpha_p(n) + 2(s-1) \leqslant ks + 2s - 2$$
这种 (q, s) 只有有限多组, 因此相应的 $n = \prod_{q < p^{k+1}} q^{\alpha_q(n)}$ 只有有限多个.

特别地, 对任意正整数 m, 不被 m 整除的富裕数 n 只有有限多个.

回到原题.

(1) 设 $a < b$ 为相邻的富裕数, 归纳可证对每个整数 $i \in (a, b)$ 都有 $d(i) \leqslant d(a)$. 但显然 $d(2a) > d(a)$, 故若 $a \mid b$, 则必有

$b = 2a$. 反设有无穷多对 $(a,2a)$ 是相邻的富裕数. 由引理 2, 其中有无穷多个 a 被 18 整除. 对于这些 a, 由 $d\left(\dfrac{8a}{9}\right) < d(a)$, $d\left(\dfrac{3a}{2}\right) \leqslant d(a)$ 得到

$(\alpha_2(a) + 3 + 1)(\alpha_3(a) - 2 + 1) < (\alpha_2(a) + 1)(\alpha_3(a) + 1) \Rightarrow$
$$3\alpha_3(a) < 2\alpha_2(a) + 5$$
$(\alpha_2(a) - 1 + 1)(\alpha_3(a) + 1 + 1) \leqslant (\alpha_2(a) + 1)(\alpha_3(a) + 1) \Rightarrow$
$$\alpha_2(a) \leqslant \alpha_3(a) + 1$$

代入得到 $\alpha_3(a) < 7$, 与引理 2 矛盾.

(2) 2 是富裕数. 若 a 是富裕数, 则 $(a,2a]$ 中满足 $d(i) > d(a)$ 的最小 i 是下一个富裕数, 故有无穷多个富裕数.

对任一素数 p 和任意整数 $k > 1$, 设 n 是满足 $\alpha_p(n) \geqslant k$ 的最小富裕数. 下证 $r = \dfrac{n}{p}$ 也是富裕数, 从而 r 与 rp 同为富裕数. 由 k 的任意性可知这种 r 有无穷多个.

反设 r 不是富裕数, 则存在富裕数 $m < r$ 使得 $d(m) \geqslant d(r)$. 由上述 n 的取法可知, $\alpha_p(m) \leqslant \alpha_p(n) - 1$. 于是

$$d(mp) = d(m)\dfrac{\alpha_p(m) + 2}{\alpha_p(m) + 1} \geqslant d\left(\dfrac{n}{p}\right)\dfrac{\alpha_p(n) + 1}{\alpha_p(n)} = d(n)$$

与 $mp < n$ 矛盾.

10.177 (1) 已知质数集 $M = \{p_1, p_2, \cdots, p_k\}$.

证明: 分母是 M 的所有元素的幂的积(即分母能被 M 的所有元素整除, 但不能被其他任何质数整除)的单位分数(即形如 $\dfrac{1}{n}$ 的分数)的和也是单位分数.

(2) 如果 $\dfrac{1}{2\,004}$ 是和的单位分数, 求这个和.

(3) 如果 $M = \{p_1, p_2, \cdots, p_p\}$, $k > 2$, 证明: 和小于 $\dfrac{1}{N}$, 其中 $N = 2 \times 3^{k-2}(k-2)!$.

(澳大利亚数学奥林匹克, 2004 年)

证明 (1) 考虑和中作为一个分式的分母出现的每个正整数 n 为 $n = \prod\limits_{j=1}^{k} p_j^{e_j}$, 此处, 对所有 $j, e_j \geqslant 1$.

由给定质数集合 M 确定的所有单位分数的和为

心得 体会 拓广 疑问

$$\sum \frac{1}{n} = \sum \frac{1}{\prod_{j=1}^{k} p_j^{e_j}} = \prod_{j=1}^{k} \sum_{e=1}^{\infty} \frac{1}{p_j^e} =$$

$$\prod_{j=1}^{k} \frac{\frac{1}{p_j}}{1 - \frac{1}{p_j}} = \frac{1}{\prod_{j=1}^{k} (p_j - 1)}$$

正如所求的,这也是一个单位分数.

(2) 因为 2 004 的质数分解式为

$$2\,004 = 2^2 \times 3 \times 167$$

因此相应的质数集为 $M = \{2,3,167\}$.

由此得分式的和为

$$\frac{1}{(2-1)(3-1)(167-1)} = \frac{1}{1 \times 2 \times 166} = \frac{1}{332}$$

(3) 注意到 $p \equiv \pm 1 \pmod 6$ 适用于大于 3 的所有质数 p,否则 p 能被 2 或 3 整除.

在任意连续 6 个大于 3 的整数中,至多有 2 个质数.考虑质数序列

$$\{\overline{p_i}\} = \{2,3,5,7,11,13,\cdots\}$$

用数 $3j+1$ 替换大于 3 的质数 $\overline{p_{j+2}}$, $j = 1, 2, \cdots$,得数列

$$\{\overline{q_i}\} = \{2,3,4,7,10,13,\cdots,3(i-2)+1,\cdots\}$$

对于所有 i,有 $\overline{q_i} \leq \overline{p_i}$.

对于 $k > 2$ 的给定质数集合 $M = \{p_1, p_2, \cdots, p_k\}$,可得

$$\frac{1}{\prod_{j=1}^{k} (p_j - 1)} \leq \frac{1}{\prod_{j=1}^{k} (\overline{p_j} - 1)} < \frac{1}{\prod_{j=1}^{k} (\overline{q_j} - 1)} =$$

$$\frac{1}{1 \times 2 \times 3 \times 6 \times \cdots \times 3(k-2)} = \frac{1}{2 \times 3^{k-2} \times (k-2)!}$$

正如所要求的.

数论中的定理与结果

1. 求证:存在无数正整数 n,使 $2n+1$ 及 $3n+1$ 均为平方数.

2. 存在无数正整数 n,问 $3n+5$ 与 $5n+3$ 可否为素数?

3. 求所有的正整数 n,使 n 可能不大于 $\sqrt{n}$ 的所有正整数整除.

4. 求最大的 $k \in \mathbf{N}^*$,对任意的 $n \in \mathbf{N}^*$ 有 $2^k \mid 3^{2n} - 32n^2 + 24n - 1$.

5. 设 $k, m, n \in \mathbf{N}^*$,$m + k + 1 > n + 1$,且 $m + k + 1$ 是质数,若 $C_s = s(s+1)$,证明:
$C_1 C_2 \cdots C_n \mid \prod_{i=1}^{n} (C_{m+i} - C_k)$.

6. 设 $n \in \mathbf{N}^*$,且 $n \geqslant 4$,证明:存在 $a \in \mathbf{N}^*$,使 $1 \leqslant a \leqslant n/4 + 1$,且 $n^2 \nmid a^n - a$.

7. a, b, c, d 奇数,$0 < a < b < c < d$,且 $ad = bc$,证明:如有 $k, m \in \mathbf{N}^*$,使 $a + d = 2^k$,$b + c = 2^m$,则 $a = 1$.

8. 试求所有非负整数 n, α, β,且 $n \neq 0$,满足 $n^\beta - 1 \mid n^\alpha + 1$.

9. 设 $S \subseteq \mathbf{N}^*$,若 $x, y \in S$,则 $x + y \in S$,求证:存在 $m, d \in \mathbf{N}^*$,使对于任意整数 $x > m$,$x \in s \Leftrightarrow d \mid x$.

10. 坐标平面上任意一条以整点为顶点,各边长均相等的闭折线均有偶数条边.

11. n 为非负整数,$(1 + 4\sqrt{2} - 4\sqrt{4})^n = a_n + b_n\sqrt{2} + c_n\sqrt{4}$,$a_n, b_n, c_n \in \mathbf{Z}$,证明:若 $c_n = 0$,则 $n = 0$.

12. 设 n 为不小于 2 的正整数,a_1, a_2, a_3, a_4 为正整数,满足:
(1) $(n, a_i) = 1, i = 1, 2, 3, 4$.
(2) 对于 $k = 1, 2, \cdots, n-1$,有 $(ka_1)_n + (ka_2)_n + (ka_3)_n + (ka_4)_n = 2n$,这里 $(ka_i)_n$ 为 ka_i 除以 n 的余数,求证:可将 $(a_1)_n, (a_2)_n, (a_3)_n, (a_4)_n$ 分成和为 n 的两组.

13. $x, y, z \in \mathbf{Z}$,且 $(x-y)(y-z)(z-x) = x + y + z$,证明:$27 \mid x + y + z$.

14. $a_1 = 2, a_{n+1} = a_1 a_2 \cdots a_n + 1$ 的最大质因数,证明:该数列中任一项不等于 5.

15. $m, n \in \mathbf{N}^*$,$m(n+9)(m+2n^2+3)$ 最少有多少个不同的质因数?

16. 设 $d_1, d_2, \cdots, d_k$ 为正整数 n 的全部约数,$1 < d_1 < d_2 < \cdots < d_k = n$,且 $n = d_1^2 + d_2^2 + d_3^2 + d_4^2$,求所有这种 n.

17. 在数轴上任取一个长为 $1/n (n \in \mathbf{N}^*)$ 的开区间,求证:形如 $p/q (p, q \in \mathbf{Z}, 1 \leqslant q \leqslant n$ 的既约分数中至多有 $[(n+1)/2]$ 个属于这个区间.

18. 证明:任何不大于 $n!$ 的正整数可表示成不多于 n 个数的和,在这些加数中,设有两个是相同的,而且每一个都是 $n!$ 的因子.

19. 设 $a, b \in \mathbf{N}^*$,$a^2 + b^2$ 被 $a + b$ 除时,商为 q,余数为 r,求所有的数对 (a, b),使得 $q^2 + r = 1977$.

20. $n \geqslant 3$,正整数 $x_1, x_2, \cdots, x_n$ 满足 $x_1 < x_2 < \cdots < x_n < 2x_1$,设 $P = x_1 x_2 \cdots x_n$,r 是质数,k 是正整数,$r_k \mid P$,求证:$P/r_k > n!$.

21. 设 $a, b \in \mathbf{N}^*$,且 a^a(m 个 a) $= b^b$(n 个 b),$m, n \geqslant 2$.求证:$a = b$.

22. 求证：$(2^m - 1, 2^n + 1) = 1$，当 $\alpha \leq \beta$；$2^{(m,n)} + 1$，当 $\alpha > \beta$，这里 $2^\alpha \parallel m, 2^\beta \parallel n$.

23. 设 $P(x)$ 为整系数多项式，数列 $\{a_n\}$ 定义如下：$a_0 = 0, a_n = P(a_{n-1}), n = 1, 2, \cdots$，证明：对任意正整数 m 和 k，数 $(a_m, a_k) = a_{(m,k)}$.

24. 设 P 为质数，给定 $P+1$ 个不同的正整数，证明：可以从中找出这样一对数，使得将两者中较大的数除以两者的最大公约数以后，所得之商不小于 $P+1$.

25. 证明：对任意大于 2 的正整数 n，存在由 n 个合数组成的等差数列，其所有项两两互质.

26. 求证：存在一个由正整数构成的集合 A 具有如下性质：对于任何由无限个质数组成的集合 S，存在 $k \geq 2$ 及两个正整数 $m \in A$ 和 $n \notin A$，使得 m 和 n 均为 S 中 k 个不同元素的乘积.

27. 求证：对于任意正整数 r，存在 n_r，使对每一个正整数 $n > n_r$，至少有一个 $C_n^k, 1 \leq k \leq n-1$ 能被某个质数的 r 次幂整除.

28. 设 $n \geq 2$，如对满足 $0 \leq k \leq \sqrt{n/3}$ 的所有整数 k，$k^2 + k + n$ 为质数，证明：对 $0 \leq k \leq n-2$ 对的所有整数 k，$k^2 + k + n$ 均为质数.

29. $x, y, (x^2 + y^2 + 6)/xy \in \mathbf{N}^*$，求所有的 $(x^2 + y^2 + 6)/xy$.

30. 设 P 为质数，证明：存在整数 X_0，使得 $P \mid X_0^2 - X_0 + 3$ 的充分必要条件为存在整数 y_0，使 $P \mid y_0^2 - y_0 + 25$.

31. 设 $a_1, a_2, \cdots, a_n$ 为 n 个不同的整数，证明：所有分数 $(a_k - a_i)/(k - i)$ 的乘积是整数，其中 k, i 为整数，$1 \leq i < k \leq n_0$.

32. 设正整数 $n \geq 6$，求证：全体不大于 n 的合数可以恰当地排成一行，使得任何两个相邻的数均有大于 1 的公约数.

33. 已知：$a = 2, n \mid a^n - 1$，则 $n = 1$；若 $a > 2$，则这样的正整数 n 有无限个.

34. 求证：存在无限多个具有下述性质的正整数 n，如果 P 是 $n^2 + 3$ 的一个质因子，则有某个满足 $k^2 < n$ 的整数 k，使 P 也是 $k^2 + 3$ 的一个质因子.

35. 设 m 为大于 2 的奇数，求使 2^{2000} 整除 $m^n - 1$ 的最少的正整数 n.

36. 设 $a, b \in \mathbf{N}^*$，只有有限多个 $n \in \mathbf{N}^*$，使 $(a + 1/2)^n + (b + 1/2)^n$ 为整数.

37. 设 a, b, c 为两两互质的正整数，证明：不能由 $xbc + y(a + 2ab)$（x, y, z 为非负整数）形式表示的最大整数为 $2abc - ab - bc - ca$.

38. 数列 $\{a_n\}$ 由 $\sum a_d = 2^n$ 给出，求证：$n \mid a_n$.

39. 已知 m, n 为不超过 2 000 的正整数，且 $(m^2 - mn - n^2)^2 = 1$，试求 $m^2 + n^2$ 的最大值.

40. 设正整数 $n \geq 3$，n 个整数 $a_1, a_2, \cdots, a_n$ 满足 $n \nmid a_i, 1 \leq i \leq n, n \nmid a_1 + a_2 + \cdots + a_n$，求证：至少存在 n 个由 0 或 1 组成的不同数列 $(e_1, e_2, \cdots, e_n)$，使得 $n \mid e_1 a_1 + e_2 a_2 + \cdots + e_n a_n$.

41. 已知 $a, b, k \in \mathbf{N}^*, (a^2 + b^2)/(ab - 1) = k$. 求证：$k = 5$.

42. 设 $a, b, c \in \mathbf{N}^*$，且 $a + b \mid ab, b + c \mid bc, c + a \mid ac$，求证 $(a, b, c) > 1$.

43. 设 a, b, c 为两两不等的正整数，$k \in \mathbf{N}^*, ((a+b)(b+c)(c+a))/abc = k$，求 k 的最小值，及所有可能值.

44. 设 $n, m \in \mathbf{N}^*$，求下列方程的所有解：$(2^n - 1)(3^n - 1) = m^2$.

45. 求所有的 k, $(a+b+c)^2/abc = k$, 其中字母均为正整数.

46. $k \in \mathbf{N}^*$ 且 $k > 1$, 若 k 与 k^4 均可表示成为相邻两个整数的平方和, 证明这样的 k 只有一个, 并求之. ($k = 13, 13^4 = 119^2 + 120^2$)

47. $x^2 + y^2 = k^4$, $(x, y) = 1, 2 \mid y$, 则 $x = |r^4 + s^4 - 6r^2s^2|$, $y = 4rs(r^2 - s^2)$, $k = r^2 + s^2$, 其中 $r > 0, s > 0, (r, s) = 1, r + s = $ 奇.

48. 设 $m, n \in \mathbf{N}^*$, $m > 2$, 证明: $2^m - 1 \nmid 2^n + 1$.

49. 设 $(a, b, c) = 1$, $ab/(a - b) = c$, 求证: $a - b$ 为平方数.

50. 设 $m, n, k \in \mathbf{N}^*$, $[m + k, m] = [n + k, n]$, 证明: $m = n$.

51. 证明: $1000100\cdots10001$(每两个靠近 1 之间有 3 个 0)不是素数.

52. 若 $a, b \in \mathbf{N}^*$, 且 $2a^2 + a = 3b^2 + b$, 则 $a - b$ 及 $2a + 2b + 1$ 都是平方数.

53. 设 n, a, b 是整数, $n > 0, a \neq b$, 若 $n \mid a^n - b^n$, 则 $n \mid (a^n - b^n)/(a - b)$.

54. 设整数 a, b, c, d 满足 $a > b > c > d > 0$, 且 $a^2 + ac - c^2 = b^2 + bd - d^2$, 求证: $ab + cd$ 非素数.

55. 设 $\alpha = (1 + \sqrt{5})/2$, $\beta = (3 + \sqrt{5})/2$, 证明: 对一切 $n \in \mathbf{N}$, 有 $[\alpha c \beta n] = [\alpha n] + [\beta n]$.

56. x_1 为素数, $x_2 \in \mathbf{Z}$, $x_{n+1} = x_n x_{n-1} + 1$, 求证: 存在 $g, x_1 \mid x_g$, 又对 x_n 为合数结论组成立否?

57. 设 $k \in \mathbf{N}^*$, $k \equiv 1 \pmod{4}$ 但非平方数, 令 $\alpha = 1/2(1 + \sqrt{k})$, 证明: 对一切 $n \geq 1$ 成立不等式 $1 \leq [\alpha^2 n] - [\alpha[\alpha n]] \leq [\alpha]$.

58. 设 $k, n \in \mathbf{N}^*$, 证明: $(k!)^{k+k+\cdots+1} \mid (k^{n+1})!$.

59. 设 $n > 2$ 是合数, 证明: $C_n^1, C_n^2, \cdots, C_n^{n-1}$ 中至少有一项不能被 n 整除.

60. 设 α 为方程 $x^2 - kx - 1 = 0$ 的正根, 其中 k 是一个正整数, 证明: 对一切正整数 n, 都成立 $[\alpha n + k\alpha[\alpha n]] = kn + (k^2 + 1)[\alpha n]$.

61. 设 α 为方程 $x^2 - kx - 1 = 0$ 的正根, $k \in \mathbf{N}^*$, 对 $m, n \in \mathbf{N}^*$, 定义 "$*$" 为 $m * n = mn + [\alpha m][\alpha n]$, 证明: 对任意 $p, g, r \in \mathbf{N}^*$, 有 $(p * g) * r = p * (g * r)$.

62. 证明: 若 $n \in \mathbf{N}^*$, 有 $\{\sqrt{2n}\} > 1/2\sqrt{2n}$; 又对任意的 $\varepsilon < 0$, 有无限个 n, $\{\sqrt{2n}\} < (1 + \varepsilon)/2n\sqrt{2}$.

63. 设 k 个整数 $1 < a_1 < a_2 < \cdots < a_k \leq n$ 中, 任意两个数 a_i, a_g 的最小公倍数 $[a_i, a_g] > n$, 证明: $\sum 1/a_i < 3/2$.

64. 已知一对互素的正整数 $p > g$, 试求所有的实数 c, d, 使集合 $A = \{[pn/g] \mid n \in \mathbf{N}\}$ 和 $B = \{[(cn + d)] \mid n \in \mathbf{N}\}$ 满足 $A \cap B = \varnothing$, $A \cup B = \mathbf{N}$.

65. (Betty 定理) 设两个正无理数 α 和 β 满足 $1/\alpha + 1/\beta = 1$, 证明: $A = \{[\alpha n] \mid n \in \mathbf{N}^*\}$, $B = \{[\beta n] \mid n \in \mathbf{N}^*\}$, 则 $A \cap B = \varnothing$, $A \cup B = \mathbf{N}$.

66. 设 $\varphi(x)$ 是定义在 $(0, +\infty)$ 上的单调函数, 值域包含区间 $(1, +\infty)$, 且对任何 $n \in \mathbf{N}$, $\varphi(n) \notin N$, 则 $f(n) = [n + \varphi(n)]$ 与 $g(n) = [n + \varphi^{-1}(n)]$ 两值域的并恰好是 N, φ^{-1} 是 φ 的反函数.

67. 设 $x_1, x_2, \cdots, x_n$ 是实数, 证明存在 x, 使 $\sum (x - x_i) \leq (n - 1)/2$.

68. 设 $f(n + 1) = f(n) + 1$, 若其它情况 $f(n + 1) = f(n) + 2$, 若 $f[f(n) - n + 1] = n$. 证明: $f(n) = [(1 + \sqrt{5})n/2]$.

69. $a_1 \in \mathbf{N}^*$, $a_{n+1} = [5a_n/4 + 3\sqrt{a_n^2 - 12}/4]$, 试求所有 a_1, 使得在 $n \geq 2$ 时有 $a_n \equiv 1 \pmod{10}$.

70. 证明: $(n, a^n - b^n) = [n, (a^n - b^n)/(a - b)]$.

71. 证明: 若 $m, n \in \mathbf{N}^*$, $m > 1$, 则 $n! \mid \prod (m^n - m^i)$.

72. 若对任何正整数 n, a, b, c 都满足 $[na] + [nb] = [nc]$, 证明: a, b, c 中至少有一个是整数.

73. 试给出正实数 λ, 使任意 $n \in \mathbf{N}$, $[\lambda^n]$ 与 n 的奇偶性相同.

74. 设 $m, n \in \mathbf{Z}$, 试求 $f_{m,n} = \sum (-1)^{[k/m]+[k/n]}$.

75. 设 a, b 为整数且互异, 求证: $[a - b, (a^n - b^n)/(a - b)] = (a - b, nb^n)$.

76. 设 $m, n \in \mathbf{N}^*$, $S = \{1, 2, 3, \cdots, 2^m \times n\}$, $A \subset S$, $|A| = (2^m - 1) \times n + 1$, 求证: 可以从 A 中取出 $m + 1$ 个不同元素 $a_0, a_1, \cdots, a_m$ 使得对 $i = 1, 2, \cdots, m$, 均有 $a_{i-1} \mid a_i$.

77. 递增的正整数列 $\{a_n\}$ 满足 $a_{2n} = a_n + n$, a_n 是素数之充要条件是 n 是素数, 试求 a_n 所有可能值.

78. $\{a_n\}, \{b_n\}, \{c_n\}$ 是三个数列, 定义如下: $a_1 = 1, b_1 = 2, c_1 = 4$, a_n 为不在 $a_1, a_2, \cdots, a_{n-1}, b_1, b_2, \cdots, b_{n-1}, c_1, c_2, \cdots, c_{n-1}$ 中的最小正整数, b_n 为不在 $a_1, a_2, \cdots, a_n, b_1, b_2, \cdots, b_{n-1}, c_1, c_2, \cdots c_{n-1}$ 中的最小正整数, $c_n = 2b_n + n - a_n$, 证明: (1) $c_{n+1} \geq 2 + c_n$; (2) $2 \geq b_n - a_n \geq 1$; (3) $(9 - 5\sqrt{3})/3 < (1 + \sqrt{3})n - b_n < [4(3 - \sqrt{3})/3]$.

79. 数列 $\{x_n\}$ 满足, $x_1 \in (0,1)$, $x_{n+1} = 1/x_n - [1/x_n]$, $x_n \neq 0$, $x_{n+1} = 0$, $x_n = 0$. 证明: 对一切 $n \in \mathbf{N}^*$, 有 $\sum x_i < \sum F_i/F_{i+1}$. 这里 $\{F_n\}$ 为斐波那契数列.

80. $x, y \in \mathbf{C}$, 若对四个连续正整数 n, $(x^n - y^n)/(x - y) \in \mathbf{Z}$, 证明: 对所有 $n \in \mathbf{N}^*$, $(x^n - y^n)/(x - y) \in \mathbf{Z}$.

81. $a_1 = 1$, $a_{n+1} = a_n + [\sqrt{a_n}]$, $n \in \mathbf{N}^*$, 试求所有的 n, 使 a_n 为完全平方数.

82. 定义数列 $\{b_n\}$: $b_1 = 0, b_2 = 2, b_3 = 3$, $b_{n+2} = b_n + b_{n-1}(n \geq 2)$, 证明: 当 p 为素数时, $p \mid b_p$.

83. $\{a_n\}$, $a_0 = 9$, $a_{n+1} = 3a_n^4 + 4a_n^3$, 证明: 当 $m = 2^n$ 时, $a_n \equiv -1 \pmod{10^m}$.

84. 设 $n, a_1, \cdots, a_k \in \mathbf{Z}$, $n \geq a_1 > a_2 > \cdots > a_k > 0$, 且对所有 $i, g \in \{1, 2, \cdots, k\}$, 都有 $[a_i, a_g] < n$, 证明: $a_i \leq n/i (i = 1, 2, \cdots, k)$.

85. $a_1 = 1$, $a_{n+1} = a_n/2 + 1/4a_n$, 证明: $n > 1$ 时, $\sqrt{2}/(2a_n^2 - 1)$ 为正整数.

86. 存在无穷多个 $n \in \mathbf{N}^*$, 使 $n \mid 2^n + 2$.

87. 对任意正整数 $n \geq 2$, 存在 n 个不同的正整数 $a_1, a_2, \cdots, a_n$, 使得对任何 $1 \leq i < j \leq n$, 都满足 $a_i - a_j \mid a_i + a_j$.

88. 对 $n \in \mathbf{N}^*$, 记整除 n 的最大奇因子为 $g(n)$, 定义函数 $D(n) = g(1) + g(2) + \cdots + g(n)$, 证明: 存在无穷多个 $n \in \mathbf{N}^*$, 使 $D(n) = 1/3 n(n+1)$.

89. 给定 $k \in \mathbf{N}^*$, 定义函数 f: $f(n) = 1, n \leq k + 1$, $f(n) = f[f(n-1)] + f[n - f(n-1)]$, $n > k + 1$, 证明: $\{f(n) \mid n \in \mathbf{N}^*\} = \mathbf{N}^*$.

90. 证明: 存在无穷多个正整数 n, 使得存在 $1, 2, \cdots, n$ 的一个排列 $x_1, x_2, \cdots, x_n$ 使 $|x_1 - 1|, |x_2 - 2|, \cdots, |x_n - n|$ 这 n 个数互不相同.

91. 给定 $a,b,n \in \mathbf{Z}^+$,且均大于 1,A_{n-1} 和 A_n 为 a 进制数,B_{n-1} 和 B_n 是 b 进制数,A_{n-1},A_n,B_{n-1},B_n 呈如下形式:$A_n = x_n x_{n-1} \cdots x_0$,$A_{n-1} = x_{n-1} x_{n-2} \cdots x_0$(按 a 进制写出);$B_n = x_n x_{n-1} \cdots x_0$,$B_{n-1} = x_{n-1} x_{n-2} \cdots x_0$(按 b 进制写出),其中 $x_n \neq 0$,$x_{n-1} \neq 0$.证明:当 $a > b$ 时,有 $A_{n-1}/A_n < B_{n-1}/B_n$.

92. 设 $a,b,c,d \in \mathbf{Z}^+$,且满足 $n^2 < a < b < c < d \leq (n+1)^2 (n > 1, n \in \mathbf{N})$,试证:$ad \neq bc$.

93. $A_1 = 3, B_1 = 8, A_{n+1} = 2^{A_n}, B_{n+1} = 8^{B_n}$,求证:$A_{n+1} > B_n$.

94. 设 $m,n \in \mathbf{Z}^+$,$\{a_1, a_2, \cdots, a_m\} \leq \{1, 2, \cdots, n\}$,并满足:若 $a_i + a_g \leq n (1 \leq i \leq g \leq m)$,则存在 $k (1 \leq k \leq m)$,使 $a_i + a_g = a_k$,求证:$1/m(a_1 + a_2 + \cdots + a_m) \geq 1/2(n+1)$.

95. 求证:存在无穷多个这样的正整数,它们不能表示成少于 10 个奇数的平方和.

96. $m,n \in \mathbf{Z}^+$,$m < n$,n 为偶数,且 $1 + 2^m + 2^n$ 为完全平方数,求证:$n + 2m - 2$.

97. 设 $a,b,x \in \mathbf{Z}^+$,$x_{n+1} = ax_n + b$,证明:$\{x\}$ 中必有合数.

98. 设 $a,b \in \mathbf{Z}^+$,现有一个机器人沿着一个有 n 级的楼梯上下升降,机器人每上升一次,恰好上升 a 级楼梯;每下降一次,恰好下降 b 级楼梯,为使机器人经若干次上下升降后,可以从地面到达楼梯顶,然后再返回地面,问 n 的最小值是多少?

99. 设 p 为奇素数,$a_1, a_2, \cdots, a_{p-1}$ 为不被 p 整除之正整数,证明:存在数 $a_1, a_2, \cdots, a_{p-1} \in \{-1, 1\}$ 使 $p | \varepsilon_1 a_1 + \varepsilon_2 a_2 + \cdots + \varepsilon_{p-1} a_{p-1}$.

100. 证明:存在无限多个这样的正整数,当把它补在自己右边后,所得数恰为一平方数.

101. 设 $F(n)$ 为整系数多项式,已知对任何整数 n,$F(n)$ 都能被整数 $a_1, a_2, \cdots, a_m$ 之一整除,证明:可以从这些整数中选出一个数,使对任何 n,$F(n)$ 都被该数整除.

102. 设 $n \in \mathbf{Z}^+$,证明:任意 $2n - 1$ 个整数中,必有 n 个数,和被 n 整除.

103. 设 $a_1, a_2, \cdots, a_{100}$ 是 $1, 2, \cdots, 100$ 的一个排列,对 $1 \leq i \leq 100$,记 $b_i = a_1 + a_2 + \cdots + a_i$,$r_i$ 为 b_i 除以 100 的余数,证明:$r_1, r_2, \cdots, r_{100}$ 至少取 11 个不同的值.

104. 任意取定一个正整数 a_0,随意为 a_0 加上 54 或加上 77,得到 a_1,再按此种方式得到 $a_2, \cdots$,证明:在所得的数列 $a_0, a_1, \cdots$ 中必有某一项的末两位数字相同.

105. 对任意正整数 n,求 n^{100} 的最后三位数字.

106. 证明:数列 $\{2^n - 3\} (n = 2, 3, 4, \cdots)$ 中有一个无穷子数列,其中的项两两互质.

107. 课间休息时,n 个学生坐成一圈,老师按逆时针方向走动,并按以下规则给学生发糖:首先选择一个学生并给他一块糖,然后隔 1 个学生给下一个学生一块糖,再隔 2 个学生给下一个学生一块糖,再隔 3 个学生给下一个学生一块糖……,试确定能使每个学生至少得到一块糖(可能是经历许多圈以后)的 n 的值.

108. 设 n 是奇数,求证:存在 $2n$ 个整数 $a_1, a_2, \cdots, a_n, b_1, b_2, \cdots, b_n$ 使得对任意一个整数 $k, 0 < k < n$,下列 $3n$ 个数 $a_i + a_{i+1}, a_i + b_i, b_i + b_{i+k} (i = 1, 2, \cdots, n,$ 其中 $a_{n+1} = a_1, b_{n+g} = b_g, 0 < g < n)$ 被 $3n$ 除的余数互不相同.

109. 设 $m, n \in \mathbf{Z}^+$,证明:若 $(m, n) = 1$,存在整数 $a_1, a_2, \cdots, a_m$ 与 $b_1, b_2, \cdots, b_n$,使集 $\{a_i b_g | 1 \leq i \leq m, 1 \leq g \leq n\}$ 是模 mn 的完系;若 $(m, n) > 1$,则对任意整数 $a_1, a_2, \cdots, a_m$ 与 $b_1, b_2, \cdots, b_n$,集合 $\{a_i b_g | 1 \leq i \leq m, 1 \leq g \leq n\}$ 均不是模 mn 的完系.

110. 若 $m, n \in \mathbf{Z}$,m, n 互质,则称坐标系中的点 (m, n) 为既约整点,求证:对任意正数

r,存在一整点,它离每个既约整点的距离均大于 r.

111. 已知 $k \in \mathbf{Z}^+, k \geq 2, p_1, p_2, \cdots, p_k$ 为奇素数,$(a, p_1 p_2 \cdots p_k) = 1$. 证明:$a^{(p-1)(p-2)\cdots(p-1)} - 1$ 有不同于 $p_1, p_2, \cdots, p_k$ 的奇质因子.

112. 证明:有无穷多个正整数 k 具有如下性质:至少存在一个正整数 m 不能表为 $m = \varepsilon_1 z_1^k + \varepsilon_2 z_2^k + \cdots + \varepsilon_{2k} z_{2k}^k$ 的形式,其中 z_i 为整数,$\varepsilon_i = \pm 1, 1 \leq i \leq 2k$.

113. 设 $a, b, c \in \mathbf{Z}$,p 为奇素数,如 x 对 $2p - 1$ 个连续整数都有 $f(x) = ax^2 + bx + c$ 是完全平方数,证明:$p \mid b^2 - 4ac$.

114. 证明拉格朗日定理.

115. 设 $p > 3$ 为素数,$f(x) = (x-1)(x-2)\cdots(x-p+1) = x^{p-1} + \sum (-1)^2 A_2 x^{p-l-1}$. 求证:当 $1 \leq l \leq p - 2$ 时,$A_2 \equiv 0 \pmod{p}$;当 $1 < l < p$ 且 l 为奇数时,$A_l \equiv 0 \pmod{p^2}$.

116. $n > 1, n \in \mathbf{Z}^+$,则 $n \nmid 2^n - 1$.

117. 设 $k \geq 2, n_1, n_2, \cdots n_k \in \mathbf{Z}^+$,满足条件 $n_2 \mid 2^n - 1, n_3 \mid 2^n - 1, \cdots, n_k \mid 2^{n-1} - 1$,$n_1 \mid 2^n - 1$,证明:$n_1 = n_2 = \cdots = n_k = 1$.

118. 设正整数 $n > 1, 2 \nmid n$,求证:对任意的 $m \in \mathbf{Z}^+$,有 $n \nmid m^{n-1} + 1$.

119. 求所有 $n \in \mathbf{Z}^+$,使 $n^2 \mid 2^n + 1$.

120. 证明:存在无穷多对素数 p, g,使 $pg \mid 2^{pg} - 2$.

121. $\{a_n\}: a_1 = 8, a_2 = 20, a_{n+2} = a_{n+1}^2 + 12a_{n+1}a_n + a_{n+1} + 11a_n (n = 1, 2, \cdots)$,证明:该数列中无一项能表示成三个整数的七次幂和.

122. 已知素数 $p \nmid k$,求满足 $(x + y + z)^2 \equiv kxyz \pmod{p}, 0 \leq x, y, z \leq p - 1$ 的整数组 (x, y, z) 的个数.

123. 设 $a, d, n \in \mathbf{Z}^+$,且 $3 \leq d \leq 2^{n+1}$,证明 $d \nmid a^{2^n} + 1$.

124. 设 $p > 3$ 是素数,设 $1 + 1/2 + \cdots + 1/(p-1) = a/b, a, b \in \mathbf{Z}^+$,则 $p^2 \mid a$;设 $1 + 1/2^2 + \cdots + 1/(p-1)^2 = c/d, c, d \in \mathbf{Z}^+$,则 $p \mid c$.

125. 求所有的正整数 n,具有性质:存在 $0, 1, 2, \cdots, n - 1$ 的一个排列 $a_1, a_2, \cdots, a_n$ 使得 $a_1, a_1 a_2, a_1 a_2 a_3, \cdots, a_1 a_2 \cdots a_n$ 被 n 除的余数互不相同.

126. 斐波那契数列 $\{F_n\}$,求证:当 n 为奇数时,n 无 $4k + 3$ 型因子.

127. 设 p 为大于 3 的素数,求证:$p^3 \mid C_{2p}^p - 2$.

128. 设 n 为给定正整数,$a_1 = 2, a_{n+1} = 2^{a_n}$,求证:$a_1, a_2, \cdots, \pmod{n}$ 自某项后是常数.

129. 设 p, g 为素数,$pg \mid 2^p + 2^g$,求 (p, g) 所有可能值.

130. 两个罐子中共放有 $2p + 1$ 个球,每一秒钟都将放有偶数个球的罐子里的一半球放入另一个罐子,设 k 为小于 $2p + 1$ 的正整数,并设 p 和 $2p + 1$ 都是素数.证明:迟早在其中一个罐中恰有 k 个球.

131. 求出所有有序正整数对 (m, n),使 $mn - 1 \mid n^3 + 1$.

132. 设 $A, n > 1, A, n \in \mathbf{Z}^+$,证明:小于 $A^n - 1$ 且与之互质的正整数的个数是 n 的倍数.

133. 设 p 为素数,正整数 a, b 的 p 进制表示分别为 $a = a_k p^k + a_{k-1} p^{k-1} + \cdots + a_1 p + a_0, b = b_k p^k + b_{k-1} p^{k-1} + \cdots + b_1 p + b_0$,其中 $a_i, b_i \in \{0, 1, 2, \cdots, p - 1\}, 0 \leq i \leq k$,证明:$C_a^b \equiv C_{a_k}^{b_k} C_{a_{k-1}}^{b_{k-1}} \cdots C_{a_0}^{b_0} \pmod{p}$ 这里约定 $C_n^m = 0 (m > n$ 时).

134. 设 $s(n)$ 为 n 的两进制中表示 1 的数字个数,则 $C_n^0, C_n^1, \cdots, C_n^n$ 中有 $2^{s(n)}$ 个奇数.

135. 已知 p 素数, 正整数 $n \geq p$, 求证: $p \mid \sum (-1)^k C_n^{pk}$.

136. 求所有正整数 k, 使数列 $C_2^1, C_4^2, \cdots, C_{2n}^n, \cdots$ 除以 k 的余数自某项开始的周期数列.

137. 设 n 是合数, p 为 n 的真因数, 试求使 $(1 + 2^p + \cdots + 2^{n-p})m - 1$ 能被 2^n 整除的最小自然数 m 的二进制表示.

138. 对任意的 $k \in \mathbf{Z}^+$, $f(k)$ 表示集 $\{k+1, k+2, \cdots, 2k\}$ 内在二进制表示中恰有 3 个 1 的元素的个数. 求证: 对每个正整数 m, 至少存在一个正整数 k, 使得 $f(k) = m$; 确定所有的正整数 m, 使得恰存在一个 k, 满足 $f(k) = m$.

139. 证明: $1, 2, \cdots, 2\,000$ 可以用 4 种颜色染色, 使得没有一个七项的等差数列, 它的项是同一种颜色.

140. 设 $a, b, n \in \mathbf{Z}^+$, $b > 1$, 且 $b^n - 1 \mid a$, 证明: 正整数 a 的 b 进制表示中至少有 n 个非零数字.

141. 求满足下述条件的所有正整数 k, $k > 1$, 对于某两个互异的正整数 m 和 n, 数 $k^m + 1$ 与 $k^n + 1$ 是彼此将对方的数字按相反的次序排列起来而得到.

142. 设正整数 k 具有性质: 如果 $k \mid n$, 则将 n 的组成数字按相反次序写出所得之数也能被 k 整除, 证明 $k \mid 99$.

143. 设 n 为偶数且 $5 \nmid n$, 求证: $\lim S(n^k) = +\infty$, $s(t)$ 为 t 的各位数字和.

144. 证明: 对任意的 $n \in \mathbf{Z}^+$, $10 \nmid n$ 存在 $m \in \mathbf{Z}^+$, $n \mid m$, m 中无数字为 0.

145. 证明: 在任意 18 个连续三位数中, 至少有一个数可以被它的各位数字之和整除.

146. 设 p 为素数, 求证: $C_n^p \equiv [n/p] \pmod{p}$.

147. 设 p 为素数, 证明: (1) 当且仅当 $n = p^k$, $k \in \mathbf{Z}^+$ 时, $C_n^m (0 < m < n)$ 均能被 p 整除; (2) 当且仅当 $n = s \cdot p^k - 1$, $1 \leq s \leq p$, $s, k \in \mathbf{Z}^+$ 时, $C_n^m (0 \leq m \leq n)$ 均不能被 p 整除.

148. 设 $n+1$ 个数 $C_n^0, C_n^1, \cdots, C_n^n$ 中被 3 除余 1 的数有 a_n 个, 被 3 除余 2 的数有 b_n 个, 证明: 对于任意的 $n \in \mathbf{Z}^+$, 有 $a_n > b_n$.

149. 若一正整数的二进制表示中 1 的个数为偶数, 则称其为质数, 求前 2 000 个质数之和.

150. 设 $n \in \mathbf{Z}^+$, 证明: 可以从 $0, 1, 2, \cdots, 1/2(3^n - 1)$ 中取出 2^n 个数, 其中任意三个数均不构成等差数列.

151. $a_n = [(\sqrt{2})^n]$ 的个位数字, $\{a_n\}$ 是循环数列吗?

152. 设 $s(n) = n$ 的各位数字和, 求证: 存在无限个 $k \in \mathbf{Z}^+$, 使 $s(2^k) > s(2^{k+1})$.

153. 证明: 对任意 $m \in \mathbf{Z}^+$, 均有一个 $k \in \mathbf{Z}^+$, 使 5^k 的末 m 位数字中任意相邻两个数字具有不同的奇偶性.

154. 黑板上写有一个正整数, 每秒钟都将其加上它的偶数位上的数字之和, 证明: 迟早黑板上的数不再变化.

155. 是否存在一个无穷正整数列, $a_1 < a_2 < a_3 < \cdots$, 使得对任意整数 A, 数列 $\{a_n + A\}$ 中仅有有限个素数.

156. 试作一正整数集 X, 使得对任意正整数 n, 都存在唯一的一对元素 $a, b \in X$, $a - b = n$.

157. p 为大于3的素数，$A = \{(x,y) \mid 0 \leq x \leq p-1, 0 \leq y \leq p-1, x,y \in \mathbf{Z}\}$ 求证：可以从 A 中选出 p 个格点，使任三点不共线，任四点不是平行四边形的四个顶点．

158. 试将 N 分拆成两个集 A 和 B，使 A 中无三元素成等差数列，B 中无无穷等差数列．

159. 令 $T = \{2^\alpha, 3^\beta \mid \alpha, \beta$ 均为非负整数$\}$，求证：对任意正整数 n，存在 T 中若干个互不相同的元素 $t_1, t_2, \cdots t_k$，任意两个不是倍数关系，且 $t_1 + t_2 + \cdots t_k = n$．

160. $(f(x), g(x)) = 1 \Leftrightarrow (f(x)g(x), f(x)+g(x)) = 1$．

161. $f(x), g(x) \not\equiv 0$，证明：$f(x)$ 与 $g(x)$ 不互素 $\Leftrightarrow$ 存在 $h(x), k(x)$，满足 $f(x)h(x) + g(x)k(x) = 0, 0 \leq \partial(h) < \partial(g), 0 \leq \partial(k) < \partial(f)$．

162. $g^m(x) \mid f^m(x) \Leftrightarrow g(x) \mid f(x)$．

163. $(f^m(x), g^m(x)) = 1 \Leftrightarrow (f(x), g(x)) = 1$．

164. 证明：$f(x) = x^4 + 4kx + 1 (k \in \mathbf{Z})$ 在 $\mathbf{Q}$ 上不可约．

165. 求证：不存在函数 $A(x), B(y), C(x), D(y)$ 使 $x, y \in \mathbf{R}$，有 $A(x)B(y) + C(x)D(y) = x^2y^2 + xy + 1$．

166. 求所有满足 $f'(x) \mid f(x)$ 的 n 次多项式．

167. $x^2 + px + q, x^2 + rx + s$ 为整系数多项式，它们有一个公共根非整数，证明：$p = r, q = s$．

168. 求证：$f(x) = x^4 + x^3 + x^2 + x + 1$ 在 $\mathbf{Q}$ 上不可约．

169. $f(x) = x^5 - x^2 + 1$ 在 $\mathbf{Q}$ 上不可约．

170. n 次 $f(x)$ 为整值多项式的充要条件是：当 x 取连续 $n+1$ 个整数时，$f(x)$ 均为整数．

171. 证明：设 $f(x), g(x)$ 为整系数多项式，$f(x) \equiv g(x) \Leftrightarrow f(t) < g(t)$，其中 t 是大于 f, g 的所有系数绝对值2倍的某一整数．

172. $f(x) \in Z(p)$，若存在一偶数 a 及一奇数 b，使 $f(a), f(b)$ 均为奇数，则 $f(x)$ 无整根．

173. 设 $r \in \mathbf{Z}^+$，证明：$x^2 - rx - 1$ 不可能是任何各项系数绝对值均小于 r 的非零整系数多项式的因式．

174. 证明：如 $1 + 2^n + 4^n$ 是素数，则存在 $k \in \mathbf{Z}$，使 $n = 3^k$．

175. 求同时满足下述条件的所有正整数 n：(1) n 非平方数；(2) $[\sqrt{n}]^3 \mid n^2$．

176. 试确定满足下述条件的正整数列 $\{a_n\} (n \geq 1)$：(1) $a_n \leq n\sqrt{n} (n = 1, 2, \cdots)$；(2) 对任意的 $m, n \in \mathbf{Z}^+, m \neq n, m - n \mid a_m - a_n$．

177. 证明：对任意的 $n \in \mathbf{Z}^+$，都存在正整数 $f(n)$，$f(n)$ 是十进制 n 位数，每位非1即2，且 $2^n \mid f(n)$．

178. 设 n 个正整数 $a_1 < a_2 < \cdots < a_n \leq 2n$，且对任意 $i \neq g, [a_i, a_g] > 2n$．求证：$a_1 > [2n/3]$．

179. 设 p 为素数，若有 $n \in \mathbf{Z}^+, p \parallel 2^n - 1$．证明：$p \parallel 2^{p-1} - 1$．

180. 设 p 为大于3的素数，$1 + 1/2^2 + \cdots + 1/(p-1)^2 = a/b$，其中 a, b 为正整数，证明：$p \mid a$．

181. 证明：连续 $n-1$ 个数 $n! + i (i = 2, \cdots, n)$ 中，每一个都有一个质因数，不整除其它 $n-2$ 个数之积．

182. 求证：存在无限多具有下述性质的正整数 n：如 p 是 $n^2 + 3$ 的一个素因子，则有某个

满足 $k^2 < n$ 的整数 k,使 p 也是 $k^2 + 3$ 的一个素因子.

183. 若在任意的 $n \geq 4$ 个互异整数中,一定能选出 4 个数 a, b, c, d 使 $a + b - c - d$ 能被 20 整除.

184. 求证:存在无限多组 (x, y),$x, y \in \mathbf{Z}^+$ 使 $x \mid y^2 + 1$,$y \mid x^3 + 1$.

185. 求证:任意的 $n \in \mathbf{Z}^+$ 存在无限多个由 n 个连续正整数组成之集合,其中每个数都可被形如 a^n 的某个数整数,这里 $a \in \mathbf{Z}^+$,$a > 1$.

186. (1) 对怎样的 $n \in \mathbf{Z}^+$,$n > 2$ 才可能存在 n 个连续正整数,使其中最大的正整数是其它 $n - 1$ 个数的最小公倍数的约数?(2) 对怎样的 n,上述的这种 n 个连续正整数是唯一的?

187. 设 $k \in \mathbf{Z}^+$,$n = 6k + 5$ 为奇数,是否存在不全相等的正整数 $x_1, x_2, \cdots, x_n$ 满足 $nx_1 x_2 \cdots x_n \mid x_1^n + x_2^n + \cdots + x_n^n$?

188. 求所有素数对 (p, q),使得 (1) $pq \mid 5^p + 5^q$;(2) $pq \mid 7^p + 7^q$.

189. 任意的 $h = 2^r (r \geq 0)$ 求满足以下条件的所有 $k \in \mathbf{Z}^+$:存在奇整数 $m > 1$ 和正整数 n,使得:$k \mid m^h - 1$,$m \mid n^{(m-1)/k} + 1$.

190. 从 200 个数中取 100 个数,$a_1 < a_2 < \cdots < a_{100}$.若总有 $i < g$,$a_i \mid a_g$,求 a_1 的最大值.

191. 设 $a_1, a_2, \cdots, a_n$ 的 $1, 2, \cdots, n$ 任意排列,$n \geq 2$,满足 $k \mid a_k - a_{k+1}$,$k = 1, 2, \cdots, n - 1$. 问:(1) 这样的排列是否对每个正整数 n 都存在?(2) 找出所有符合条件的排列.

192. 以下同余已知 $a_1 = 1$,$a_2 = 9$,$a_3 = 8$,$a_4 = 5$,$a_{n+4} \equiv a_{n+3} + a_n \pmod{10}$,$n \geq 1$,求证:$4 \mid a_{1985}^2 + a_{1986}^2 + \cdots + a_{2000}^2$.

193. p 为奇素数,$f(n) = 1 + 2n + 3n^2 + \cdots + (p-1)n^{p-2}$,证明:如果 a, b 是 $\{0, 1, 2, \cdots, p-1\}$ 中两个不同的数,那么 $f(a) \equiv f(b) \pmod{p}$.

194. 偶数个人围着一张圆桌讨论,休息后,他们重新围着圆桌坐下,证明:至少有两个人他们中间的人数在休息前与休息后是相等的;除了偶数个人,还有其他数成立类似结果?

195. $a, b \in \mathbf{Z}^+$,$15a + 16b$ 与 $16a - 15b$ 都是某些正整数的平方,问:这两个平方数中较小的一个最小的可能值是多少?

196. $n \in \mathbf{Z}^+$,$f(n) = n!$ 的十进制展开最后一位非零数字,如 $f(5) = 2$,若 $a_1, a_2, \cdots, a_k$ 为两两不等的正整数,证明:$f(5^{a_1} + 5^{a_2} + \cdots + 5^{a_k}) \equiv 2^{a_1 + a_2 + \cdots + a_k} \pmod{10}$.

197. 以下进位制,求 $[(\sqrt{29} + \sqrt{21})^{1984}]$ 的末两位数字.

198. 证明:对任意的 $n \in \mathbf{Z}^+$,存在 $m \in \mathbf{Z}^+$,使得 $s(m) = n$,及 $s(m)^2 = n^2$,$s(n)$ 为 n 十进制表示中数字和.

199. 设 $s = a_0 a_1 a_2 \cdots$,其中如 n 的二进制表示中有偶数个 1,则 $a_n = 0$ 如有奇数个 1,则 $a_n = 1$,于是 $s = 01101001100\cdots$,定义 $T = b_1 b_2 b_3 \cdots$,其中 b_i 是在 s 的第 i 个 0 和第 $i + 1$ 个 0 之间的 1 的个数,$T = 2102012\cdots$ 证明:T 仅含三个数字:0,1,2.

200. 设 a 是一个正整数,$f(a)$ 是 a 的个位数字的平方和,定义数列 $\{a_n\}$:a_1 是不超过三位的正整数,$a_n = f(a_{n-1}) (n \geq 2)$. 试证:存在 $m \in \mathbf{Z}$,使 $a_{3m} = a_{2m}$.

201. 数列 $A = \{a_n\}$ 定义为 2^{n-1} 的首位数,如 $a_1 = 1$,$a_2 = 2$,$\cdots$,数列 $B = \{b_n\}$ 是 5^{n-1} 的首位数,如 $b_2 = 2$,证明:对于自 A 中任意取出的一段 $a_i, a_{i+1}, \cdots, a_{i+g}$,在 B 中必有一段为

$a_{i+g}, a_{i+g-1}, \cdots, a_{i+1}, a_i$.

202. 用 $S(n)$ 表示正整数 n 的各位数字之和,证明:存在无穷多个 $k \in \mathbf{Z}^+$,使 $S(3^k) \geqslant S(3^{k+1})$.

203. 求证:对任意的 $n \in \mathbf{Z}^+$,都存在一个十进制正整数满足:它是个 n 位数,不会 0,且能被其数字和整除.

204. 给定由正整数组成的非常数无穷等差数列,如果数列中存在不能被 10 整除的项,那么在这个数列中的反序数构成的项一共有多少个?(反序数如 1251521 等)

205. 证明:存在无穷多个 $n \in \mathbf{Z}^+$,使 2^n 最末尾的一些数码恰好构成 n.

206. $x, y, z \in \mathbf{Z}^+$,解方程 $8^x + 15^y = 17^z$.

207. $u_0 = 0, u_1 = 1, u_{n+2} = 2u_{n+1} - pu_n, n = 0, 1, 2, \cdots, p$ 为奇素数,求证:当且仅当 $p = 5, \{u_n\}$ 中存在一项等于 -1.

208. 素数 $p \geqslant 3, p \equiv 1 \pmod 8$,证明:若 $x, y, z \in \mathbf{Z}^+, p \nmid xyz$,则 $x^{2p} + y^{2p} = z^{2p}$ 无解.

209. 证明: p 为大于 3 的素数, $p \mid x$. 求证: $x^2 - 1 = y^p$ 无正整数解.

210. 设 $n \in \mathbf{Z}^+$,证明:若 $a_1 < a_2 < \cdots < a_n$ 且均 $\in \mathbf{Z}^+$,则 $\sum a_i^3 = (\sum a_g)^2$ 仅一组解 $\{1, 2, \cdots, n\}$.

211. 设 p 为奇素数, $t, r \in \mathbf{Z}^+, 2t > r$,证明:如 $4p^{2t} + 4p^r + 1$ 是完全平方数,则 $t = r$.

212. 求满足方程 $p(p+1) + q(q+1) = r(r+1)$ 的所有素数 p, q, r.

213. 求方程 $\sqrt{x} + \sqrt{y} + \sqrt{z} = \sqrt{xyz}$ 的正整数解.

214. 求正整数解: $x^3 + y^3 + z^3 = (x + y + z)^2$.

215. 求整数解: $x + 1/(y + 1/z) = 10/9$.

216. 求整数解: $a^2 + 5b^2 - 2c^2 - 2cd - 3d^2 = 0$.

217. 求整数解: $x^3 + y^3 + 11(x+y)^2 = 121(x+y) + 5$.

218. 求 $n \in \mathbf{Z}^+$,使 $2^n + 65$ 是完全平方数.

219. $x^3 - y^3 = xy + 1993$ 无正整数解.

220. 证明:若 $x, y \in \mathbf{Z}^+$ 且 $x^7 - 1 = y^2$,则 $7 \mid y$.

221. 证明:若 $a_1 + a_2 + \cdots + a_n = a_1 a_2 \cdots a_n$ 恰有一组 $a_1 \leqslant a_2 \leqslant a_3 \leqslant \cdots \leqslant a_n$ 的解,则 $n - 1$ 和 $2n - 1$ 都是素数.

222. 条件同上, $a_1, a_2, \cdots, a_n$ 中有 g 个数大于 1,则 $g < \log_2 2n$.

223. 设有 $f(n)$ 组正整数 $a_1, a_2, \cdots, a_n (a_1 \geqslant a_2, \cdots, \geqslant a_n)$ 满足 $a_g \mid s/a_g + 1, g = 1, 2, \cdots, n, S = a_1 a_2 \cdots a_n$. 求证: $f(n+1) \geqslant f(n)$.

224. 证明:方程 $x^n + 3^{n+1} = y^{n+1}, n \geqslant 2, n \in \mathbf{Z}^+$,当 $(x, n+1) = 1, y \equiv 2 \pmod 3$ 时无解.

225. $x^4 + y^4 = z^2$ 无正整数解.

226. $x^2 + y^2 + 1 = 3xy$ 有无穷组正整数解.

227. 若 $x, y \in \mathbf{Z}^+$,且 $2xy \mid x^2 + y^2 - x$,则 x 为平方数.

228. $x^2 + 5 = y^3$ 无整数解.

229. $d \in \mathbf{Z}^+, d \equiv 2 \pmod 4$,则 $x^2 + dy^2 = z^2, dx^2 + y^2 = t^2$ 无正整数解.

230. 证明:若 $k, l, m, n \in \mathbf{Z}^+$,且有 $k < l < m < n$ 及 $kn = lm$,则 $[(n-k)/2]^2 \geqslant k + 2$.

231. 设 $a,b,c \in \mathbf{Z}^+$ 且 $(a,b,c) = 1$,则 $x^a + y^b = z^c$ 有无穷多组正整数解.

232. $x,p,g \geq 2$,则 $(x+1)^p - x^q = 1$ 仅一组解.

233. 设 $x,r,p,n \in \mathbf{Z}^+$,且 p 为素数,$r,n \geq 2$,求解方程 $x^r - 1 = p^n$.

234. 设 $a,b,n \in \mathbf{Z}^+$,$n! = a!b!$.证明:$a + b < n + 2\log_2 n + 4$.

235. 如 $p,g \in \mathbf{Z}^+$,$px^2 - gy^2 = 1$,至少有一组正整数解,则一定有无穷多组正整数解.

236. 求正整数解:$xyz = 3(x+y+z)$.

237. $(1 + 1/x)^{x+1} = (1 + 1/(n+1))^n$,$n$ 为已知正整数.

238. 求整数解:$x^2 + y^2 + z^2 + t^2 + tx + ty + tz = 1$.

239. 设 p 为奇素数,问 $xy + p = p(x+y)$ 有几组正整数解 (x,y)?

240. 求 $x^y = y^x$ 的全部正有理数解.

241. 存在无限多 $a,b,c \in \mathbf{Z}^+$,使 $1 + ab$,$1 + bc$,$1 + ca$ 都是平方数.

242. 对任意的 $n \in \mathbf{Z}^+$,$x_1!x_2!\cdots x_n! = y!$ 有无限多组正整数解.

243. $2x^2 + x = 3y^2 + y$ 有无穷多组正整数解 (x,y).

244. 设素数 $p \equiv 3 \pmod 4$,整数 x_0, y_0, z_0, t_0 满足方程 $x_0^{2p} + y_0^{2p} + z_0^{2p} = t_0^{2p}$,求证:$p \mid x_0 y_0 z_0 t_0$.

245. 求 $x^2 + y^2 = 1\,995^n(x+y)$ 的正整数解组数.

246. 设 M 为平面上坐标为 $(p \times 1994, 7p \times 1994)$ 的点,p 为素数,求满足下述条件的直角三角形的个数:(1) 三角形的三个顶点都是整点,且 M 是直角顶点;三角形的内心是坐标原点.

247. 求所有正整数 k,使得集合 $X = \{1\,994, 1\,997, 2\,000, \cdots, 1\,994 + 3k\}$ 能分解为两个子集合 A,B,$A \cup B = X$,$A \cap B = \varnothing$,A 的全部元素之和为 B 的全部元素和的 9 倍.

248. 已知 $a_1 < a_2 < \cdots < a_n < \cdots$ 是一个正整数的无穷序列,求证:从集合 $S = \{a_i + a_g \mid i \in \mathbf{N}, g \in \mathbf{N}\}$ 中,一定能找到一个无穷正整数组成的子列,在这子列中,每个正整数都不是其他任一正整数的倍数.

249. 设 a,b 为正奇数,定义数列 $\{f_n\}$ 为 $f_1 = a$,$f_2 = b$,$f_n = f_{n-1} + f_{n-2}$ 的最大奇因子,试证明:当 n 充分大时,f_n 为常数,并指出这个常数是什么?

250. 求所有由 4 个正整数 a,b,c,d 组成的数组,使数组中任意三个数的乘积除以剩下的一个数的余数都是 1.

251. k,q 是两个不同的素数,正整数 $n \geq 3$,求所有整数 a,使得多项式 $f(x) = x^n + ax^{n-1} + pq$ 能够分解为两个不低于一次的整系数多项式的积.

252. 设 $a_0 = 1\,994$,$a_{n+1} = a_n^2/(a_n + 1)$,求证:当 $0 \leq n \leq 998$ 时,$[a_n] = 1\,994 - n$.

253. 有 $n(n \geq 2)$ 堆硬币,只允许下面形式的搬动,每次搬动,选择两堆,从一堆搬动某些硬币到另一堆,使得后一堆硬币的数目增加了一倍.当 $n = 3$ 时,求证:可以经过有限次搬动,使得硬币合为两堆;当 $n = 2$ 时,用 r 和 s 表示的两堆硬币的数目,求 r 和 s 的关系式的充分必要条件,使得硬币能合为一堆.

254. $M \leq \{1,2,3,\cdots,15\}$,$M$ 的任 3 个不同元素之积是平方数,确定 M 内元素最多几个?

255. $y_0 = 4$,$z_0 = 1$,x_n 偶数则 $x_{n+1} = x_n/2$,$y_{n+1} = 2y_n$,$z_{n+1} = z_n$,x_n 奇,则 $x_{n+1} = x_n - y_n/2 - z_n$,$y_{n+1} = y_n$,$z_{n+1} = y_n + z_n$,$x_0$ 称为好数,仅当从某个正整数 n 开始,$x_n = 0$,求不大

于 1 994 的好数的数目.

256. $(x_1, x_2) = 1, x_{n+1} = x_n x_{n-1} + 1$,求证:(1) 对任意的 $i > 1$,存在 $g > i, x_i^i | x_g^g$;(2) x_1 是否必定整除某个,$x_g^g (g > 1)$?

257. 论摆动数如下,它是属于 $\mathbf{N}^*$,十进制下零与非零交替出现,个位数非零,确定所有正整数,它不能整除任何摆动数.

258. n 是一个给定的正常数,$k \in \mathbf{Z}^+, k < n$,如果存在正整数 $n_1, n_2, \cdots n_k$,使 $n_1 \geq n_2 \geq \cdots \geq n_k$ 和 $n = n_1 + n_2 + \cdots + n_k$,则称集 $T = \{n_1, n_2, \cdots n_k\}$ 为 n 的一个 k 分割,在 n 的所有 k 分割中,求 $E(T) = \sum n_g^{(n-n)}$ 之最大值.

259. $n \in \mathbf{Z}^+, n \geq 3, k \in \mathbf{Z}^+, p_1, p_2, \cdots p_k$ 是 k 个不同的素数,求所有整数 a,使 $f(x) = x^n + ax^{n-1} + p_1 p_2 \cdots p_k$ 能够分解为两个次数都大等于 1 的整系数多项式之积.

260. $m, n \in \mathbf{Z}^+, m, n > 2$,且 $(m, n) = 1$,求证:$x^{(m-1)n} + x^{(m-2)n} + \cdots + x^{2n} + x^n + 1$ 在上 $\mathbf{Q}$ 可约.

261. 求所有 $k \in \mathbf{Z}^+, k \geq 2$,使多项式 $x^{2k+1} + x + 1$ 能分解为多项式 $x^k + x + 1$ 与一个整系数多项式的乘积,对每个这样的 k,求所有 $n \in \mathbf{Z}^+$,使 $x^n + x + 1$ 能分解为多项式 $x^k + x + 1$ 与另一个整系数多项式的乘积.

262. 求所有整数对 a, b,使 $x^4 + (2a+1)x^3 + (a-1)^2 x^2 + bx + 4$ 能分解为两个 x 的二次多项式 $P(x)$ 与 $Q(x)$ 之积,且 $Q(x)$ 恰有两个不同的根 $r, s, p(r) = s, p(s) = r$.

263. 已知 $a_1 < a_2 < \cdots < a_n$ 是 n 个不同的正整数,令 $f(x) = \prod(x^{a_i} - x^{a_g}), g(x) = \prod(x^i - x^g)$,求证:一定存在 x 的一个整系数多项式 $h(x)$,使 $f(x) = g(x)h(x)$.

264. $p = a_n a_{n-1} \cdots a_1 a_0 (0 \leq a_g \leq 9, g = 0, 1, \cdots, n, a_n \neq 0)$ 是一个素数的十进制表示,则 $f(x) = a_n x^n + a_{n-1} x^{n-1} + \cdots + a_1 x + a_0$ 在 $\mathbf{Q}$ 上不可约.

265. 设 $n \in \mathbf{Z}^+, n+1$ 个正整数 $C_n^0, C_n^1, \cdots, C_n^{n-1}, C_n^n$ 中除以 3 余 1 的个数用 a_n 表示,除以 3 余 2 的个数用 b_n 表示,求证:$a_n > b_n$.

266. $n \in \mathbf{Z}^+, C_n^0, C_n^1, \cdots, C_n^n$ 中除以 5 余 $g(1 \leq g \leq 4)$ 的个数用 a_g 表示,求证:$a_1 + a_4 \geq a_2 + a_3$.

267. $n \in \mathbf{Z}^+, n \geq 3, f(x) \in Z(p), \alpha(f) \geq 1$,已知存在 n 个整数 $x_1, x_2, \cdots, x_n$ 使得 $f(x_i) = x_{i+1}, i = 1, 2, \cdots, n-1, f(x_n) = x_1$.求证:$x_3 = x_1$.

268. 设 $f(x) \in Z(p), g(x) = f(x) + 12$ 至少有 6 个两两不同的整数根,求证:$f(x)$ 无整根.

269. (1) $a, b, c \in \mathbf{R}$ 不全为 0,已知对任意的 $x \in \mathbf{Z}, f(x) = ax^2 + bx + c$ 都为平方数,求证:$f(x) = (dx + e)^2, d, e \in \mathbf{Z}$;(2) 如果上述的 $f(x)$ 都是整数的 4 次方(当 x 取任何整数时),求 a, b.

270. 求证:$f(x) = x^4 + 26x^3 + 52x^2 + 78x + 1\,989$ 在 $\mathbf{Q}$ 上不可约. 求所有 $A \in \mathbf{Z}^+$,$f(x) = x^4 + 26x^3 + 52x^2 + 78x + A$ 在 $\mathbf{Q}$ 上可约.

271. 设 $n \in \mathbf{Z}^+, z^{n+1} - z^n - 1 = 0$ 有模为 1 的根的充要条件是 $n \equiv -2 \pmod{6}$.

272. 设 a, b, c 为 $x^3 - x^2 - x - 1 = 0$ 的 3 个根,求证:任意的 $n \in \mathbf{Z}, (a^n - b^n)/(a-b) + (b^n - c^n)/(b-c) + (c^n - a^n)/(c-a) \in \mathbf{Z}$.

273. m 是正奇数,$3 \nmid m$,求证:$112 | [4^m - (2+\sqrt{2})^m]$

274. $f(x) \in Z(p)$,有 3 个不同整数 a_1, a_2, a_3 满足 $f(a_1) = 1, f(a_2) = 2, f(a_3) = 3$,求证:至多存在一个整数 b,使 $f(b) = 5$.

275. 设 $f(x) = ax^4 + bx^3 + cx^2 + dx, a, b, c, d \in \mathbf{R}^+$,当 $x = -2, -1, 1, 2$ 时,$f(x) \in \mathbf{Z}, f(1) = 1, f(5) = 70$,求 a, b, c, d,并证明:对每个整数 $x, f(x)$ 是一个整数.

276. $f(x, y)$ 是二元实系数多项式:(1) 如在 $x^2 + y^2 = 1$ 上有无限多个点 (x, y),使 $f(x, y) = 0$,问是否在单位圆上任一处 $f(x, y) = 0$?(2) 如果在单位圆上,$f(x, y) = 0, x^2 + y^2 - 1 \mid f(x, y)$ 成立否?

277. 设函数 $f: \mathbf{Z} \to \mathbf{Z}, f(1) > 0$,对任意的 $m, n \in \mathbf{Z}$,有 $f(m^2 + n^2) = (f(m))^2 + (f(n))^2$,求满足上述条件的所有 f.

278. 设 f 定义 $\mathbf{Z}^-$ 上,满足 $f(0) = f(1) = 2, f(n+1) = f(n) + [1/2f(n-1)]$,这里 n 是任意正整数,求证:对任意 $n \in \mathbf{Z}^+, [(\sqrt{3} - 1)(f(n) + 1)] = f(n - 1)$.

279. 设 $a, b, c, d \in \mathbf{R}^*$,求 $f: \mathbf{Z}^+ \to \mathbf{Z}^+$,使 $f(1) = a, f(2) = b$,以及对任意的 $n \in \mathbf{Z}^+$,$cf(n+2) = df(n)$.

280. 设 $k \in \mathbf{Z}^+, f: \mathbf{Z}^+ \to \mathbf{Z}^+$ 严格递增,且对任意的 $n \in \mathbf{Z}^+$,有 $f(f(n)) = kn$,求证:对任意的 $n \in \mathbf{Z}^+, [2k/(k+1)]n \leq f(n) \leq [(k+1)/2]n$.

281. 求方程 $[x] + [x/2!] + \cdots + [x/10!] = 1995$ 的所有正整数解.

282. 求方程 $2x^4 + 1 = y^2$ 的所有整数组解.

283. 求 $8y^4 + 1 = x^2$ 的所有整数解.

284. 求 $x(x+1)(2x+1) = 6y^2$ 的所有正整数解,且 x 为偶数.

285. 求方程 $x^n + 2^{n+1} = y^{n+1}$ 的所有正整数组解 (x, y, n),且 x 为奇数,$x, n+1$ 互质.

286. 求有序正整数组解 $(x, y, z), x^y \cdot y^z \cdot z^x = 1990^{1990} xyz$.

287. 求证:任意的 $t \in \mathbf{Z}^+$,有无限多个正整数 a,使对每一个固定的 $a, [x^{3/2}] + [y^{3/2}] = a$ 至少有 t 对正整数解.

288. 求所有正整数对 (x, y),使 $x \leq y, y \mid x^2 + 1, x \mid y^2 + 1$.

289. 求所有正整数组 (x, y, z),使 $z \mid xy + 1, x \mid yz - 1, y \mid zx - 1$.

290. 求解 $m, n \in \mathbf{Z}^+, m^n = n^m$.

291. $a, b, c \in \mathbf{Z}^+, 0 < a^2 + b^2 - abc \leq c + 1$,求证:$a^2 + b^2 - abc$ 是平方数.

292. 若 $m, n \in \mathbf{Z}^+$,且 $2^m + 3^n$ 为平方数,则 $m = 4, n = 2$.

293. p, q 素数,$\sqrt{p^2 + 7pq + q^2} + \sqrt{p^2 + 14pq + q^2}$ 为整数,求证:$p = q$.

294. p 为素数,$p \geq 5$,求证:至少存在两个不同素数 q_1, q_2,满足 $1 < q_i < p - 1$ 和 $q_i^{p-1} - 1$ 非 p^2 倍数 $(i = 1, 2)$.

295. 设 $N = 4^h(8k + 7), h, k \in \mathbf{Z}^-$,求证:存在无限多组不同的正整数 a, b, c, d, e,使 $N = (a^2 + b^2 + c^2 + d^2 + e^2)/a - bcde$,求证:无正整数组 (a, b, c, d),使 $N = (a^2 + b^2 + c^2 + d^2)/(abcd + 1) + 1$.

296. (1) 设 p 为素数,则 $p - 1 \mid [(p-1)!/p]$;(2) $2p + 1$ 为素数,求证:$2p + 1 \mid (p!)^2 + (-1)^p$;(3) p 素数,$\frac{1}{2}p(p-1) \mid (p-1)! - (p-1)$.

297. 是否存在素数列 $p_1 < p_2 < \cdots < p_n < \cdots$,且对任意 $k \in \mathbf{Z}^+, p_{k+1} = 2p_k \pm 1$.

298. p 为一素数,是否存在 p 个正整数 $a_1, a_2, \cdots, a_p$,使得 $(x + a_1)(x + a_2) \cdots (x +$

$a_p) \equiv (x^p + 1)(\bmod p^2)$.

299. $n \in \mathbf{Z}^+, n \geq 2$,设 n 个正整数 $a_1, a_2, \cdots a_n$ 满足 $1 < a_1 < a_2 < \cdots < a_n < 2n$,其中无一数为另一数倍数,求证:$a_1 \geq 2^k$,这里 $k \in \mathbf{Z}^+$,且 $k = [\log_3 2n]$.

300. 求证:任何两相邻正整数中至少有一个能表示为 $n + s(n)$,这里 n 是某个适当的正整数. $n + s(n) = 1995$ 有解否?

301. 设 a, t, d, r 为合数,求证:存在正整数序列 $\{at^n + d \mid n \in \mathbf{Z}^+\}$ 的 r 个连续数,每一个都是合数.

302. $n \in \mathbf{Z}^+, 4 \mid n, E = \{1, 2, 3, \cdots, 2n\}, G = \{a_1, a_2, \cdots, a_n\}$,且 G 具有下列两条性质 (1) 对任意的 $1 \leq I < g \leq n, a_i + a_g \neq 2n + 1$;(2) $\sum a_g = 4A, A$ 为一个固定正整数. 求证: G 中的奇数个数 $g = 1$ 是 4 的倍数,且平方和为定值.

303. 设 p 是一个奇素数,$k \in \mathbf{Z}^+, k \equiv 1(\bmod p)$,求证:对任意的 $n \in \mathbf{Z}^+, p^\alpha \parallel n, p^\beta \parallel 1 + k + \cdots + k^{n-1}$,则 $\alpha = \beta$;又设 $k \in \mathbf{Z}^+, k \equiv 1(\bmod 4)$,求证:对任意的 $n \in \mathbf{Z}^+, Z^r \parallel n, Z^\delta \parallel 1 + k + k^2 + \cdots + k^{n-1}$,则 $r = \delta$.

304. 求证:第 n 的非平方数为 $n + [\sqrt{n} + 1/2]$.

305. $f(n) = 1 + 2^2 + 3^3 + \cdots + n^n$,求证:有无限多个 n,使 $f(n)$ 为奇合数.

306. 设 $f(x) = x^2 - x + 1$,则 $n, f(n), f(f(n)), \cdots$,两两互质.

307. p 为素数,能否找到 p^2 个正整数 $a_1, a_2, \cdots, a_p$,使得 $(x + a_1)(x + a_2)\cdots(x + a_p) \equiv x^p + 1(\bmod p^2)$,$x$ 为任意整数.

308. 给定奇数 $n \geq 3, \{a_i\}, \{b_i\}$ 均为 $1, 2, \cdots, n$ 的排列,求证:可以做到 $a_i + b_i$ 在模 n 意义下两两不同余.

309. 在两个相邻正整数的 k 次幂 $(k > 1, k \in \mathbf{Z}^+)$ 组成的闭区间 $[n^k, (n+1)^k]$ 内是否存在成等比数列的 $k + 1$ 个两两不同的正整数?

310. $k \in \mathbf{Z}^+$,求证:一定有 $n \in \mathbf{Z}^+, n \cdot 2^k$ 各位数字均不为零.

311. 设 $n \in \mathbf{Z}^+$,求其能表示为连续若干个(至少两个)连续正整数和的充要条件.

312. 若小于 n 的且与 n 互素的全部正整数组成等差数列(至少三项),求证:n 为素数,或 2 的幂,或为 6.

313. 求证:正整数 n 的所有因子和是 2 的幂当且仅当 n 是不同的形如 $2^m - 1$ 的素因子乘积.

314. 设 $n \in \mathbf{Z}^+$,求证:存在 $2n + 1$ 个正整数 $a_1 < a_2 < \cdots < a_{2n+1}$,它组成一个等差数列,且 $a_1 a_2 \cdots a_{2n+1}$ 是平方数.

315. 正整数 $n \geq 3$,问有多少个正整数边长的两两不全等的直角三角形,使两条直角边长互素,且面积是周长的 n 倍?

316. 正整数 $n > 1000$,对于 $k \in \{1, 2, 3, \cdots, n\}, 2^n$ 除以 k 的余数为 r_k,求证:$\sum r_i > 7n/2$.

317. $m, n \in \mathbf{Z}^+, m$ 个互不相同的正偶数与 n 个不相同的正奇数的总和为 1995,求 $3m + 4n$ 的最大值.

318. N 个正整数组成的一个序列恰包含 n 个不同的数 $(n \geq 2)$,如果 $N \geq 2^n$,求证:一定有一些连续项的乘积恰为平方数;若 $N < 2^n$,则不一定成立.

319. $d(n)$ 为正整数 n 的全部因子个数,$S(n) = \sum d(k)$,求证:若 $n = s(n)$,则 $n = 1, 3, 18, 36$.

320. $d, k \in \mathbf{Z}^+, d \mid k, X_k = \{(x_1, x_2, \cdots, x_k), 0 \leq x_1 \leq x_2 \leq \cdots \leq x_k \leq K, d \mid x_1 + x_2 + \cdots + x_n\}, Y_k \subseteq X_k$ 且 $Y_k = \{(x_1, x_2, \cdots, x_{k-1}, k)\}$,求证:$|Y_k| = 1/2 |X_k|$.

321. $f(x) = x^4 - 4x^3 + (3 + m)x^2 - 12x + 12$,求所有 $m \in \mathbf{Z}$,使 $f(x) - f(1 - x) + 4x^3 = 0$ 至少有一整数解.

322. $n \geq 2, n \in \mathbf{Z}^+$,求 $x^n + y^n = 1994$ 的全部整数解 (x, y, n).

323. 求所有正整数 k,使得有 k 个连续正整数之和是一个立方数.

324. $n \in \mathbf{Z}^+, n > 1, A_n = \{x \mid x \in \mathbf{Z}^+, (x, n) \neq 1\}$,正整数 n 称为有趣的,如果对任意的 $x, y \in A_n$,有 $x + y \in A_n$,求所有有趣的 n.

325. p 为素数,求 $x^p + y^p = p^z$ 的全部正整数解 (x, y, z, p).

326. $k \in \mathbf{Z}^+, r_n$ 为 C_{2n}^n 除以 k 之余数,$0 \leq r \leq k - 1$,求所有 k,使得数列 $r_1, r_2, r_3, \cdots$ 对所有 $n \geq p$ 有一个周期,这里 p 为一固定正整数.

327. 求证:不存在三角形,三边长全为素数,而面积为正整数.

328. 如 n 无平方因子,求证:若 $(x, y) = 1$,则 $(x + y)^3 \nmid x^n + y^n, x, y \in \mathbf{Z}^+$.

329. $n \in \mathbf{Z}^+$ 求证:当且仅当 n 为正奇数或 2 时,$((n-1)^n + 1)^2 \mid n(n-1)^{(n-1)+1} + n$.

330. 求证:$a_n = 3^n - 2^n$ 中无不同三项构成等比数列.

331. 若 $n = abc$,定义 $f(n) = a + b + c + ab + bc + ca + abc$,求所有三位数 n,使 $n = f(n)$.

332. 设 u_i 为整数列,$u_0 = 1, k$ 为固定正整数,$u_{n+1} = ku_n/u_{n-1}$,若 $u_{2000} = 2000$,求 k 的所有可能值.

333. 求最小的 $n > 1$,使 $1/n \sum i^2$ 为平方数.

334. $a, b, c, d \in \mathbf{Z}^+, r = 1 - a/b - c/d$,如 $a + c \leq 1993, r > 0$,求证:$r > 1/1993^3$.

335. 对任意的 $k \in \mathbf{Z}$,求证:方程 $y^2 - k = x^3$ 不可能同时有下述 5 组整数解 $(x_1, y_1), (x_2, y_1 - 1), (x_3, y_1 - 2), (x_4, y_1 - 3)$ 和 $(x_5, y_1 - 4)$,又若同时有前四组解,则 $k \equiv 17 \pmod{63}$.

336. $x, y \in \mathbf{Z}^+, y > 3$,且 $x^2 + y^4 = 2(x - 6)^2 + 2(y + 1)^2$,求证:$x^2 + y^4 = 1994$.

337. $a_i \in \mathbf{Z}^+, 5 \nmid a_1$,又任意的 $n \in \mathbf{Z}^+, a_{n+1} = a_n + b_n, b_n$ 是 a_n 的末位数,求证:a_i 中有无限多项为 2 的幂项.

338. a_n 为正整数列,对任意的 $n, (a_n - 1)(a_n - 2) \cdots (a_n - n^2)$ 为正整数,且为 n^{n-1} 整除,求证:对所有素数 $p, \sum 1/\log_p a_p < 1$.

339. 求所有 $n \in \mathbf{Z}^+, n < 200$,且 $n^2 + (n+1)^2$ 是平方数.

340. 确定所有正有理数组,使 $x + y + z, 1/x + 1/y + 1/z, xyz$ 均为整数.

341. $a \in \mathbf{Z}^+, 5^{1994} - 1 \mid a$,求证:在 5 进制下,$a$ 的表达式至少有 1994 位数字不为零.

342. 求证:有无限多个 $n \in \mathbf{Z}^+$ 具有如下性质,对每个具有 n 项的整数等差数列 $a_1, a_2, \cdots, a_n$,其算术平均及标准方差都是整数.

343. 求所有 $x, y, z \in \mathbf{Z}^-$,满足 $7^x + 1 = 3^y + 5^z$.

344. m, n 为已知正整数,m 以十进制表示时位数为 $d, d \leq n$,求 $(10^n - 1)m$ 以十进制表

示时所有各位数字之总和.

345. 求 $x \in \mathbf{Z}^+$,使 $x^2 + 615$ 是 2 的幂.

346. 求两两不同的正整数 a, b, c, d,使 $a+b, \cdots, a+b+c, \cdots, a+b+c+d \mid abcd$.

347. 求所有 $m, n \in \mathbf{Z}^+$,使 $1 + 2! + 3! + \cdots + n! = m^3$.

348. $3x^2 + x = 4y^2 + y, x, y \in \mathbf{Z}^+$,求证:$x - y, 3x + 3y + 1, 4x + 4y + 1$ 均是平方数.

349. 求证:可以找到 2^{1994} 个不同的正整数对 (a_i, b_i),满足如下两式:$\sum 1/a_i b_i = 1$, $\sum (a_i + b_i) = 3^{1995}$.

350. $a_{ig} \in \mathbf{Z}, |a_{ig}| < 100$,若方程 $a_{11}x^2 + a_{22}y^2 + a_{33}z^2 + a_{12}xy + a_{13}xz + a_{23}yz = 0$ 有一组解 $(1\,234, 3\,456, 5\,678)$,求证:该方程有另一组正整数解 (x, y, z),与此解不成比例,且两两互素.

351. 求所有整数解:$1/m + 1/n - 1/mn^2 = 3/4$.

352. 设 $s(n)$ 为 n 的各位数字和,证明:若 $s(3n) = s(n)$,则 $9 \mid n$.

353. 求所有 $n \in \mathbf{Z}^+$,使 $n(n+1)(n+2)(n+3)$ 恰有 3 个素因子.

354. 求证:任意的 $n \in \mathbf{Z}^+$,其正因子平方和不等于 $(n+1)^2$.

355. $m, n \in \mathbf{Z}^+$,若 $mn \equiv -1 \pmod{24}$,则 $24 \mid m + n$.

356. 求不定方程解:$\frac{1}{2}(x+y)(y+z)(z+x) + (x+y+z)^3 = 1 - xyz$.

357. n 为大于 1 的奇数,$x_1, x_2, \cdots, x_n \in \mathbf{Z}^-$,若 $(x_{i+1} - x_i)^2 + 2(x_{i+1} + x_i) + 1 = n^2$, $i = 1, 2, \cdots, n, x_{n+1} = x_1$. 求证:$x_1 = x_n$ 或存在 $g (1 \leq g \leq n-1)$ 使 $x_g = x_{g+1}$.

358. 设 $m \in \mathbf{Z}$,求证:$x^4 - 1\,994x^3 + (1\,993 + m)x^2 - 11x + m = 0$ 至多有一整根.

359. 对任意的 $n \in \mathbf{Z}^+$,用 $s(n)$ 表示有序正整数对 (x, y) 的数目,使 $1/x + 1/y = 1/n$,例如 $s(2) = 3$,求 n 的集合,使 $s(n) = 5$.

360. 对 $n \in \mathbf{Z}^+$,求 n 的集合使 (1) C_{2n}^n 为偶数;(2) C_{2n}^n 为 4 的倍数.

361. 设三角形三边长分别为 $l, m, n. l, m, n \in \mathbf{Z}^+$,且 $l > m > n$,若 $\{3^l/10^4\} = \{3^m/10^4\} = \{3^n/10^4\}$,求周长最小值.

362. $c \in \mathbf{Z}^+, x_1 = c, x_n = x_{n-1} + [2x_{n-1} - (n+2)]/n + 1$,求 $\{x_n\}$ 的通项公式.

363. 任意的 $k \in \mathbf{Z}^+$,除了有限个正整数,一切 $n \in \mathbf{Z}^+$ 可表为 $a_1 + a_2 + \cdots + a_k$,其中 $a_i \in \mathbf{Z}^+, a_i \mid a_{i+1}$.

364. 设 n 为给定正整数,求最小的 $u_n \in \mathbf{Z}^+$,满足:对任意的 $d \in \mathbf{Z}^+$,任意 u_n 个连续正奇数中能被 d 整除的数的个数不小于奇数 $1, 3, 5, \cdots, 2n-1$ 中能被 d 整除的数的个数.

365. $a_0 = 0, a_{n+1} = ka_n + \sqrt{(k^2-1)a_n^2 + 1}, k \in \mathbf{Z}^+$,证明:$a_n \in \mathbf{Z}^+$,且 $2k \mid a_{2n}$.

366. 已知 $a \in \mathbf{Z}^+, a > 1$,证明:对任意的 $n \in \mathbf{Z}^+$,总存在 n 次整系数多项式 $p(x)$,使 $p(0), p(1), \cdots, p(n)$ 互不相同且均为形如 $2n^k + 3$ 的正整数,其中 $k \in \mathbf{Z}^+$.

367. 试定出所有满足如下条件的正整数 m:对于 m,存在素数 p,使得对任意的 $n \in \mathbf{Z}$,$p \nmid n^m - m$.

368. 设 u 为任意给定的正整数,证明:方程 $n! = u^a - u^b$ 至多有有限多组正整数解 (n, a, b).

369. 已知 $a, b \in \mathbf{Q}^+, a \neq b$,使得存在无穷多个正整数 $n, a^n - b^n \in \mathbf{Z}^+$,求证:$a, b \in$

370. $a_i \in \mathbf{Q}, a_0 = a_1 = a_2 = a_3 = 1$,且 $a_{n-4}a_n = a_{n-3}a_{n-1} + a_{n-2}^2 (n \geq 4)$,求证:$a_i \in \mathbf{Z}$.

371. 求所有具有如下性质的函数 $f: \mathbf{Z}^+ \to \mathbf{Z}$:(1) 若 $a,b \in \mathbf{Z}^+$,且 $a \mid b$,则 $f(a) \geq f(b)$;(2) 若 $a,b \in \mathbf{Z}^+$,则 $f(ab) + f(a^2 + b^2) = f(a) + f(b)$.

372. 设 $n \in \mathbf{Z}$,且 $p(x) = x^5 - nx - n - 2$,在 $\mathbf{Q}$ 边上可约,求证:$n = -2, -1, 10, 19, 34, 342$.

373. 证明:存在 $m \in \mathbf{Z}^+$,使 2004^m 的十进制表示的开始的数字为 20042005200620072008.

374. 已知 n 如给定正整数,试写出所有整系数多项式 $x^2 + ax + b$,满足 $x^2 + ax + b \mid x^{2n} + ax^n + b$.

375. 设 n 为给定正整数,D_n 为 $2^n \cdot 3^n \cdot 5^n$ 的所有正因子所成之集合,$S \leq D_n$,且 S 中任一数都不整除另一数,求 $\max \mid S \mid$.

376. 对任意的 $k \in \mathbf{R}^+$,是否存在两两不同的 $m,n,p,q \in \mathbf{Z}^+$,使 $m + n = p + q, \sqrt{m} + \sqrt{n} = \sqrt{p} + \sqrt{q}$?

377. $a_i \in \mathbf{Q}^-$,对任意的 $m,n \in \mathbf{Z}^+$,有 $a_m + a_n = a_{mn}$,证明:该数列中有相同的项.

378. 给定多项式 $p(x), Q(x)$,现知对于某一个多项式 $R(x,y)$,等式 $P(x) - P(y) = R(x,y)(Q(x) - Q(y))$ 恒成立,证明:存在一个多项式 $S(x)$,使 $P(x) = S(Q(x))$.

379. 求所有 $n \in \mathbf{Z}^+$,使 $n^3 - 18n^2 + 115n - 391$ 为正整数之立方.

380. 已知 $a \in \mathbf{Z}, n \in \mathbf{Z}^+, f(x) = x^4 + 3ax^2 + 2ax - 2 \cdot 3^n$.(1) 若 $r \in Q, r$ 为 $f(x) = 0$ 的解,证明:$r \in \mathbf{Z}$;(2) 当 a 是 $f(x) = 0$ 的解时,求 a 与 n 的值.

381. 给定正整数 n,求证:方程组 $x_1^2 + x_2^2 + \cdots + x_n^2 = y^3; x_1^3 + x_2^3 + \cdots + x_n^3 = z^3$ 有正整数解.

382. 证明:有无穷多对 $k,n \in \mathbf{Z}^+$,使得 $1 + 2 + \cdots + k = (k+1) + \cdots + n$.

383. 证明:存在无穷多组正整数 $a < b < c < d$,使 $1/a + 1/d = 1/b + 1/c$.

384. 证明:方程 $x^2 + y^2 = z + z^5$ 有无穷多组正整数解,且 $(x,y) = 1$.

385. 试求满足如下条件的正整数组 $(m,n,l): m + n = (m,n)^2, m + l = (m,l)^2, n + l = (n,l)^2$.

386. 证明:设 $x,y,z \in \mathbf{Z}^+, x^2 + y^2 + 1 = xyz$,则 $z = 3$.

387. 证明:若 p 为素数,$n,k \in \mathbf{Z}^+, k > 1$,则 $2^p + 3^p \neq n^k$.

388. p 为素数,$a,b \in \mathbf{Z}^+, p = b/4\sqrt{(2a-b)/(2a+b)}$,求 p 的最大值.

389. 求所有的正整数对 (a,b),满足 $a^b = b^a$.

390. $a,b,c \in \mathbf{Z}, a > 0, ac - b^2 = p_1 p_2 \cdots p_m = p, p_1, p_2, \cdots, p_m$ 是 m 个两两不同的素数,设 $M(n)$ 表示满足方程 $ax^2 + 2bxy + cy^2 = n$ 的整数解 (x,y) 的组数,求证:$M(n)$ 为有限数,且对所有 $k \in \mathbf{Z}^+$,有 $M(p^k \cdot n) = M(n)$.

391. 求解 $x,y,z \in \mathbf{Z}^-, x^2 + y^2 + z^2 + x + y + z = xyz + xy + yz + zx$.

392. $a,b,x \in \mathbf{Z}^+$,满足 $x^{a+b} = a^b \cdot b$,求证:$a = x$ 及 $b = x^x$.

393. $p = 4k + 1$ 为素数,$S = \{(x,y,z) \mid x^2 + 4yz = p, x,y,z \in \mathbf{Z}^+\}$,证明:(1) $f(x,y,z) \to ①(x+2z, z, y-x-z), x < y-z; ②(2y-x, y, x-y+z), y-z < x < 2y; ③(x-2y, x-y-z, y), x > 2y$ 是 $S \to S$ 的映射,恰有一个不动点;(2) S 为有限集且 $\mid S \mid$

为奇数;(3)存在$(x,y)(x,y \in \mathbf{Z}^+)$,使$x^2 + 4y^2 = P$.

394. $x \in \mathbf{R}, n \in \mathbf{Z}^+$,则$[nx] \geqslant \sum [ix]/i$.

395. 证明:任意的$k \in \mathbf{Z}^+(k \geqslant 2)$,存在$r \in \mathbf{Q}$,使对任意的$m \in \mathbf{Z}^+$,有$[r^m] \equiv -1 \pmod{k}$.

396. 证明:存在$\alpha \in \mathbf{Q}, [\alpha n + 1989\alpha[\alpha n]] = 1989n + (1989^2+1)[\alpha n]$,对无穷多个正整数$n$成立.

397. $a_1 \in \mathbf{Z}^+, a_n = [\frac{3}{2}a_{n-1}] + 1$,证明:存在$a_1$,使数列前$10^5$项都是偶数,而第$10^5 + 1$项是奇数.

398. $a_n = [\sqrt{(n-1)^2 + n^2}]$,证明:(1)有无穷多个正整数$m$,使$a_{m+1} - a_m > 1$;(2)有无穷多$m \in \mathbf{Z}^+$,使$a_{m+1} - a_m = 1$.

399. $a_n = [n\sqrt{2}]$中有无穷多项为2的幂.

400. 求证:$n > 1$,方程$\sum x^i/i! = 0$无有理根.

401. $A, n \in \mathbf{Z}^+, A, n > 1, S = \{k \mid k \in \mathbf{Z}^+, (k, A^n - 1) = 1\}$,求证:$n \mid\mid s\mid$.

402. $f(n) = \mid A \mid$,其中$A = \{(x,y) \mid x, y \in \mathbf{Z}^-, n = x^2 - y^2\}$,求$f(n)$表达式.

403. 设$p_1, p_2, \cdots, p_k$为素数,求证:存在$n \in \mathbf{Z}^+$,使n/p_i为整数的p_i次方.

404. 设$a_1, a_2, \cdots a_n \in \mathbf{Z}^+$,若存在$M \in \mathbf{Z}^+, a_i < M, [a_i, a_g] > M(i \neq g)$,求证:$1/a_1 + 1/a_2 + \cdots + 1/a_n < 2$.

405. 任何整数可表为5个整数的立方和.

406. "好数",定义为$n = p_1^{\alpha_1} p_2^{\alpha_2} \cdots p_k^{\alpha_k}, \alpha_i > 1 (i = 1, 2, \cdots k)$,求证:存在无穷多个互不相同的正整数,它们以及它们中任意有限个不同的数的和都不是好数.

407. 同上,证明:存在无限多个相继的好数.

408. $(a, b) = 1$,求证:对任意的$m \in \mathbf{Z}^+$,有无限个$k \in \mathbf{Z}^+$,使$(a + bk, m) = 1$.

409. 是否存在正整数集S,使$\mid S \mid = 1991, S$中任两数互质?S中任$k(k \geqslant 2)$个数的和为合数?

410. 定义$f(n)$为:$f(1) = 1, f(n) = (-1)^k, k$为$n$的素因子个数,令$F(n) = \sum f(d)$,求证:$F(n) = 0$或1,并问对怎样的$n$,有$F(n) = 1$?

411. 对任意的$k \in \mathbf{Z}^+, p(k)$定义为非k的因子中的最小素数,再定义$g(k) = 1$,若$p(k) = 2$;一切小于$p(k)$的素数之积,若$p(k) > 2$;定义数列$\{x_n\}$:令$x_0 = 1, x_{n+1} = x_n p(x_n)/g(x_n), n = 0, 1, 2, \cdots$.已知$x_n = 111111$,求$n$.

412. 若$d \neq 2, 5, 13$,则$2d - 1, 5d - 1, 13d - 1$中一定有一个非平方数.

413. 设正整数$n \geqslant 2$,证明:如$0 \leqslant k \leqslant \sqrt{n/3}$时,$k^2 + k + n$为素数,则对于$0 \leqslant k \leqslant n - 2$时,$k^2 + k + n$都是素数.

414. 将n表示成2的非负整数次方的和,$f(n)$为这种表示法的种数,不同次序视为相同,例如:$4 = 4 = 2 + 2 = 2 + 1 + 1 = 1 + 1 + 1 + 1$,数$f(4) = 4$.证明:$n \geqslant 3$,有$2^{n/4} < f(2^n) < 2^{n/2}$.

415. 设n是大于2的整数,"可取数"定义为:1是可取数,按如下步骤能得出的也是"可取数":(1)第一步操作是加法或乘法;(2)从此以后加和乘轮流使用;(3)每次加的数不是2

就是 n;(4) 每次乘的数不是 2 就是 n,不能由此得出的数称为"不可取数".求证:(1) 如果 $n \geq 9$,则有无穷多个"不可取数";(2) 如果 $n = 3$,则所有正整数除了 7,都是"可取数".

416. $g_1 = 2, g_2 = 3, g_3 = 5, g_4 = 7, g_5 = 11\cdots$ 单调递增,自第二项起为奇数并满足 $g_n < 2g_{n-1}(n = 2,3,\cdots)$,证明:对于 $n \geq 3$,每个不超过 g_{2n+1} 的正奇数可以表示成 $\pm g_1$, $\pm g_2, \cdots \pm g_{2n-1}, \pm g_{2n}$,其中 $\pm$ 号可适当选择.

417. 在 n 维空间里坐标全是有理数的点叫有理点,从原点出发,每一步只能从一个有理点走到另一个距离是 1 的有理点,求证:(1) 若 $n \leq 4$,则有一个有理点不能在有限步之内走到;(2) 若 $n \geq 5$,则任何有理点都可以在有限步之内走到.

418. 数学老师把一个两位数 n 的因数个数 $f(n)$ 告诉学生 B,把 n 的各位数字和 $S(n)$ 告诉学生 A,A:我不知道 n 是多少;B:我也不知道,但我知道 n 是否是偶数;A:现在我知道 n 是多少了;B:现在我也知道了.若两学生的话都诚实可信,问 n 等于几?

419. Kronecker 定理:设 Q 为正无理数,$\alpha \in \mathbf{R}$,则对任意的 $\varepsilon > 0$,存在 $m, n \in \mathbf{Z}^+$,使 $|nq - m + \alpha| < \varepsilon$.

420. $a_1, a_2, \cdots a_n, a_0 \in \mathbf{Z}$,则 $a^2 \pm a + 1 \mid \sum (a^2 + 1)^{3k} a_k$ 的充要条件是 $a^2 \pm a + 1 \mid \sum (-1)^k a_k$.

421. 设 K 为正奇数,则 $n + 2 \nmid \sum i^k$.

422. 是否存在 $K \in \mathbf{Z}^+, 11\cdots1 \mid K$,且 $S(k)$(即各位数字和)$< m$?

423. 对任意的 $n \in \mathbf{Z}^+, 19 \times 8^n + 17$ 为合数.

424. 任意的 p 为素数,有无限个 $n \in \mathbf{Z}^+, p \mid 2^n - n$.

425. 求出所有不经过 10 000 000 具有下述性质的正整数 $n > 2$,任何与 n 互素且满足 $1 < m < n$ 的数都是素数.

426. 设 $a \in \mathbf{Z}^+, a > 1$,试求所有的正整数,它至少整除一个 $\sum a^k, n \in \mathbf{N}$.

427. 对给定 $m, n \in \mathbf{Z}^+, m < n$,问:是否任一由 n 个连续整除数组成的集合中都含有两个不同的数,其积被 mn 整除.

428. 设 $f: \mathbf{Z}^+ \to \mathbf{N}$,定义为使和 $\sum k$ 能被 n 整除的最小数,证明:当且仅当 $n = 2^m$ 时,$f(n) = 2n - 1$,其中 $m \in \mathbf{Z}^+$.

429. $1 + 2^n + 4^n$ 为素数,则 $n = 3^k, k \in \mathbf{Z}^-$.

430. 设 $m, n \in \mathbf{Z}^-$,满足任意的 $k \in \mathbf{Z}^+, (11k - 1, m) = (11k - 1, n)$,证明:存在某个 $l \in \mathbf{Z}^-$,使 $m = 11^l n$.

431. 证明:存在 $k \in \mathbf{Z}^+$,使每个 $n \in \mathbf{Z}^-, k \cdot 2^n + 1$ 是合数.

432. 证明:存在无限多个 $n \in \mathbf{Z}^-$,使得对 $k = 1, 2, \cdots, n - 1$,有 $\sigma(n)/n > \sigma(k)/k$,其中 $\sigma(n)$ 为 n 的所有因子和.

433. 对给定的正整数 $k > 1, [n, n+1, \cdots, n+k] = Q(n)$,证明:存在无限多个 $n \in \mathbf{Z}^-$,使 $Q(n) > Q(n+1)$.

434. 设 $h(n)$ 为 n 的最大素因子$(n \geq 2)$,是否有无限多个 n,使得 $h(n) < h(n+1) < h(n+2)$?

435. 设 $\omega(n)$ 为 n 的素因子个数$(n \geq 2)$,证明:有无限多个 n,满足 $\omega(n) < \omega(n+1) < \omega(n+2)$.

436. $n \in \mathbf{Z}^+$,则 $1989 | 13 \cdot (-50)^n + 17 \cdot 40^n - 30$.

437. $a_0 = a_1 = 0, a_{n+2} = 4^{n+2} a_{n+1} - 16^{n+1} a_n + n \cdot 2^n$,证明:$13 | a_{1989}, a_{1990}, a_{1991}$.

438. 设 $a_1, a_2, \cdots, a_n$ 为 $1 \sim n$ 的一个排列,设 $f(n)$ 是满足下列条件的所有排列的数目:$(1) a_1 = 1;(2) |a_i - a_{i+1}| \leq 2(i = 1, 2, \cdots, n-1)$,问 $f(1996)$ 被 3 整除否?

439. 求所有大于 3 的正整数 n,使 $1 + C_n^1 + C_n^2 + C_n^3 | 2^{2000}$.

440. 证明:对任意的 $a, b, c, d \in \mathbf{Z}, a \neq b, (x + ay + c)(x + by + d) = 2$ 至多有四个整数解,再确定 a, b, c, d 使得方程恰有四个不同的解.

441. 求 $x(x+1)(x+7)(x+8) = y^2$ 的整数解.

442. 求方程 $x^6 + 3x^3 + 1 = y^4$ 的整数解.

443. 求 $(x+2)^4 - x^4 = y^3$ 的整数解.

444. 求 $x_1^4 + x_2^4 + \cdots + x_{14}^4 = 1599$ 的整数解.

445. 求 $\sqrt{2\sqrt{3} - 3} = \sqrt{x\sqrt{3}} - \sqrt{y\sqrt{3}}$ 的有理数解.

446. 任意的 $n \in \mathbf{Z}^+, 1/x + 1/y + 1/z = 1/n$ 只有有限组解.

447. 任意的 $a, b \in \mathbf{Z}, 5a \geq 7b \geq 0$,方程组:$x + 2y + 3z + 7u = a; y + 2z + 5u = b$ 有非负整数解.

448. 求方程组 $x + y + z = 0; x^3 + y^3 - z^3 = -18$ 的整数解.

449. 有多少对不超过 100 的数 $p, g \in \mathbf{Z}^+$,使 $x^5 + px + g = 0$ 有有理数解?

450. 求解:$x^2 + y^2 = 3z^2$.

451. 对给定 $n \in \mathbf{Z}^+$,用 $a_n \in \mathbf{Z}^+$ 表示方程 $n^2 + x^2 = y^2$ 的大于 n 的正整数解的个数. 证明:(1) 任意的 $M > 0$,至少有一个 $n \in \mathbf{Z}^+$,使得 $a_n > M$;(2) 是否成立 $\lim a_n = +\infty$?

452. 证明:对任意素数 $p > 5, x^4 + 4^x = p$ 没有整数解.

453. 证明:方程 $(2x)^{2x} - 1 = y^{z+1}$ 无正整数解.

454. 设 $a_1, a_2, \cdots, a_{n+1} \in \mathbf{Z}^-$,且 $(a_i, a_{n+1}) = 1, i = 1, 2, \cdots, n$. 证明:方程 $x_1^a + x_2^a + \cdots + x_n^a = x_{n+1}^a$ 有无限多个正整数解.

455. 证明:对任意的 $a, b, c \in \mathbf{Z}^+, (a, b) = 1$,且 $c \geq (a-1)(b-1)$,则方程 $c = ax + by$ 有非负整数解.

456. 证明:方程 $x - y + z = 1$ 具有无限多组正整数解 x, y, z,其中 x, y, z 两两不同,并且任意两个之积都被第三个整除.

457. 证明:对任意的 $a, b \in \mathbf{Q}$,方程 $ax^2 + by^2 = 1$ 在有理数范围内要么无解,要么有无限多个解.

458. 证明:对任意的 $(a, b) = 1, a, b \in \mathbf{Z}, ax^2 + by^2 = z^3$ 有无限多个整数解满足条件 $(x, y) = 1$.

459. $n \in \mathbf{Z}^+, n > 2, x^n + (x+1)^n = (x+2)^n$ 无正整数解.

460. 求 $x^{x+y} = (x+y)^y$ 的正有理数解.

461. 证明:如果 $n \in \mathbf{Z}^+$ 为奇数,则当且仅当 $n = m(4k-1)$ 时,方程 $1/x + 1/y = 4/n$ 有正整数解,其中 $m, k \in \mathbf{Z}^+$.

462. 证明:所有使方程 $1/x + 1/y = 3/n$ 没有正整数解的 $n(n \in \mathbf{Z}^+)$ 的集合不能表示成有限个算术级数(不论有限、无限) 之集合的并集.

463. 求所有满足方程 $x + y^2 + z^3 = xyz$ 的正整数 x, y, z,其中 $z = (x, y)$.

464. 求满足 $x^{2n+1} - y^{2n+1} = xyz + z^{2n+1}$ 的所有正整数解 $(x, y, z, n), n \geq 2$,且 $z \leq 5 \cdot 2^{2n}$.

465. 求所有实数 p,使 $5x^3 - 5(p+1)x^2 + (71p-1)x + 1 = 66p$ 的三个根都是正整数.

466. 设 n 是一个固定的正整数,证明:对任何非负整数 k,方程 $x_1^3 + x_2^3 + \cdots + x_n^3 = y^{3k+2}$ 有无数多个正整数解 $(x_1, x_2, \cdots x_n; y)$.

467. 设 $a, b \in \mathbf{Z}$,但非平方数,证明:如果 $x^2 - ay^2 - bz^2 + abW^2 = 0$ 有非平凡整数解(即不合为零),则 $x^2 - ay^2 - bz^2 = 0$ 也有非平凡整数解.

468. 求所有 $n \in \mathbf{Z}^+$,使对某个 $k \in \{1, 2, \cdots, n-1\}$,有 $2C_n^k = C_n^{k-1} + C_n^{k+1}$.

469. 给定 $m \in \mathbf{Z}^+$:(1) 证明:$1/(m+1)C_{2m}^m \in \mathbf{Z}^+$;(2) 求最小的 $k \in \mathbf{Z}^+$,使得对每个正整数 $n \geq m$,$k/(n+m+1)C_{2n}^{n+m} \in \mathbf{Z}^+$.

470. 证明:对任意的 $n \geq k$,$(C_n^k, C_{n+1}^k, \cdots, C_{n+k}^k) = 1$.

471. 设任意的 $m, n \in \mathbf{Z}^+$,记 $S_{m,n} = 1 + \sum (-1)^k (n+k+1)!/(n!(n+k))$ 为 $m!$ 的倍数;但对某些 $m, n, m!(n+1) \nmid S_{m,n}$.

472. 求 $\sum i! = y^{z+1}$ 的正整数解 (x, y, z).

473. 求 $(y+1)^x - 1 = y!$ 的正整数解.

474. 对给定的 $n \in \mathbf{Z}^+, n > 1$,记 $m_k = n! + k, k \in \mathbf{Z}^+$,证明:对任意 $k \in \{1, 2, \cdots, n\}$,都有一个素数 $p, p \mid m_k$,但 $p \nmid m_1, m_2, \cdots, m_{k-1}, m_{k+1}, \cdots, m_n$.

475. 证明:C_n^k 为奇数的充要条件是:在 n, k 的二进制写法中,当 k 的某个位数上的数字为 1 时,n 在同一位数字也是 1.

476. $n \in \mathbf{Z}^+, p$ 素数,$p \nmid C_n^k (k = 0, 1, 2, \cdots, n) \Leftrightarrow n = p^s m - 1$(其中 $S \in \mathbf{Z}^+, m \in \mathbf{Z}^-, m < p$).

477. 设 h_n 是 $n!$ 的十进制写法中最后一个非零数字,证明:无限小数 $0.h_1 h_2 h_3 \cdots$ 是无理数.

478. 设 $A \cup B = \{1, 2, 3, 4, 5, 6, 7, 8, 9\}, A \cap B = \varnothing$,证明:$A$ 或 B 中必有一者至少含三个数,且其中两数之和为第三数的两倍.

479. 设正整数 $a_1, a_2, \cdots a_n$ 被某个 $m (m \in \mathbf{Z}^+)$ 除的余数各不相同,且 $n > m/2$,证明:对每个 $k \in \mathbf{Z}$,存在下标 $i, g \in \{1, 2, \cdots, n\}$ 使得 $m \mid a_i + a_g - k$.

480. 在数轴上取长为 $1/n$ 的开区间,求证:此区间中至多含 $(n+1)/2$ 个既约分数 p/q,$p, q \in \mathbf{Z}, 1 \leq q \leq n$.

481. $a_1, a_2, \cdots, a_n \in \mathbf{Z}$,和为 1,证明:$b_i = a_i + 2a_{i+1} + 3a_{i+2} + \cdots + (n-i+1)a_n + (n-i+2)a_1 + (n-i+3)a_2 + \cdots + na_{i-1}, i = 1, 2, \cdots, n$ 中无相同项.

482. 证明:当给定的正整数 $n, k, n, k > 2$ 时,$n(n-1)^{k-1}$ 可以表为 n 个连续偶数之和.

483. 求所有具有下述性质的 $n \in \mathbf{Z}^+$,能够把 $2n$ 个数 $1, 1, 2, 2, \cdots, n, n$ 排成一行,使 $k = 1, 2, \cdots, n$ 时,两个 k 之间恰有 k 个数.

484. 设有限集合 $B \subset R$ 和 $M \subset R$,如果集 M 中每个数都可唯一地表为集 B 中的数的整数次幂的乘积,则称 B 为 M 的基,试问:任意有限的正数集都具有基对否?

485. 求所有具有下述性质的 $n \in \mathbf{Z}^+$,存在 $0, 1, 2, \cdots, n-1$ 的排列 $(a_1, a_2, \cdots, a_n)$,使得

$a_1, a_1a_2, a_1a_2a_3, \cdots, a_1a_2, \cdots, a_n$ 被 n 除的余数各不相同.

486. 证明:如果 $n \in \mathbf{Z}^+$ 且非素数的整数幂,则存在 $1, 2, \cdots, n$ 的排列 $(i_1, i_2, \cdots, i_n)$ 使得 $\sum k\cos 2\pi i_k/n = 0$.

487. 求所有这样的正整数的和,它们在十进制写法中的数字组成递增或递减数列.

488. 满足 $a_1 + 2a_2 + \cdots + na_n = 1979$ 的 n 元正整数组 $(a_1, a_2, \cdots, a_n)$ 当 n 为偶数时称为偶的,当 n 为奇数时称为奇的,证明:奇组与偶组一样多.

489. 证明:对任意的 $a_1, a_2, \cdots, a_m \in \mathbf{Z}^+$,(1) 存在 n 个数的集合,$n < 2^m$,它的所有非空子集具有不同的和,且这些和中包含所有的 $a_1, a_2, \cdots, a_m$;(2) 存在 n 个数的集合,$n \leqslant m$,它的所有非空子集具有不同的和,且这些和中包含所有的 $a_1, a_2, \cdots, a_m$.

490. $k_1 < k_2 < \cdots < \cdots$ 为正整数,且 $k_{i+1} - k_i > 1$,记 $S_m = \sum k_i$,求证:$[S_n, S_{n+1}]$ 中至少包含一个平方数.

491. 对任意的 $n \in \mathbf{Z}^+$,能否找到 n 个正整数,任两数互素,任 $k(k \geqslant 2)$ 数之和为合数?

492. 将若干个球放进 $2n + 1$ 个袋中,使得任意取走一个袋,总可把剩下的 $2n$ 个袋分成两组,每组 n 个袋,并且这两组袋中的总球数相等,证明:每个袋中的球数相等.

493. $S \leqslant \{1, 2, \cdots, n\}$,$\sigma(s)$ 和 $\pi(s)$ 分别为其元素和与积,求证:$\sum \sigma(s)/\pi(s) = n^2 + 2n - (n + 1)\sum 1/k$.

494. $n(n > 3)$ 为整数 $a_0, a_1, \cdots, a_n$ 满足 $1 \leqslant a_0 < a_1 < \cdots < a_n \leqslant 2n - 3$ 的整数,证明:存在不同的 i, g, l, m 使得 $a_i + a_g = a_k + a_l = a_m$.

495. 求所有 4 个正整数组成的组,使任三数积加 1 被第四数整除.

496. 设 $a_1, a_2, \cdots, a_m$ 都是非零数,且对于任意整数 $k(k = 0, 1, 2, \cdots, n)$,$n < m - 1$,均有 $a_1 + a_2 \cdot 2^k + a_3 \cdot 3^k + \cdots + a_m \cdot m^k = 0$,证明:数列 $a_1, a_2, \cdots, a_m$ 中至少有 $n + 1$ 对相邻数符号相反.

497. 设 $a, b \in \mathbf{Z}^-$,且 $ab \geqslant c^2$,其中 c 是整数,证明:存在正整数 n 及整数 $x_1, x_2, \cdots, x_n$;$y_1, y_2, \cdots, y_n$,使得 $\sum x_i^2 = a$,$\sum y_i^2 = b$,$\sum x_i y_i = c$.

498. 求最小的正整数 n,使任意不小于 n 的正整数均可表为若干正整数之和,且这些正整数列数之和为 1.

499. 设 $n \in \mathbf{Z}^+$,$17 \mid n$,且二进制写法中恰有 3 个数字 1,证明:n 的二进制写法中至少有 6 个数字为 0,且若恰有 7 个数字为 0,则 n 是偶数.

500. 设多项式 $P(x) = x^3 + ax^2 + bx + c, (a, b, c \in \mathbf{Z})$ 的一根等于其他两根之积,证明:$2p(-1) \mid p(1) + p(-1) - 2(1 + p(0))$.

501. $p(x) = x^{n+1} - x^n - 1$ 有模为 1 的复根 $\Leftrightarrow n \equiv 4 \pmod{6}$.

502. 证明:对任意的 $n \in \mathbf{Z}^+$,$(x + 1)^{2n+1} + x^{n+2}$ 在 $\mathbf{Q}$ 上可约.

503. 求所有 $m, n \in \mathbf{Z}^+$,使 $1 + x + \cdots + x^m \mid 1 + x + \cdots + x^{mn}$.

504. 设多项式 $P(x), Q(x), R(x)$ 和 $S(x)$ 满足 $P(x^5) + xQ(x^5) + x^2R(x^5) \equiv (x^4 + x^3 + x^2 + x + 1)S(x)$,证明:$x - 1 \mid P(x)$.

505. 证明:$P(z)(z \in \mathbf{C})$ 为偶函数的充要条件是,存在多项式 $Q(2)$,使得 $p(z) \equiv Q(z)Q(-z), z \in \mathbf{C}$.

506. 求所有正整数 k,使得 $x^k + x + 1 \mid x^{2k+1} + x + 1$,并对每个满足上述条件的 k,求所

有使 $x^n + x + 1$ 能被 $x^k + x + 1$ 整除的正整数 n.

507. 设 p,q 为不同素数，正整数 $n \geq 3$，求所有 $a \in \mathbf{Z}$，使 $f(x) = x^n + ax^{n-1} + pq$ 在 $\mathbf{Q}$ 上可约.

508. 设任意的 $p,q \in \mathbf{Z}^+$，证明：存在整系数多项式 $p(x)$，使得 x 轴上长为 $1/q$ 的某区间中每一点 x，都有 $|p(x) - p/q| < 1/q^2$.

509. 求所有三次实系数多项式 $P(x)$ 和 $Q(x)$，使得下面的四个条件能够满足：
(1) $P(i),Q(i)(i = 1,2,3,4) \in \{0,1\}$；
(2) 如 $P(1) = 0$ 或 $P(2) = 1$，则 $Q(1) = Q(3) = 1$；
(3) 如 $P(2) = 0$ 或 $P(4) = 0$，则 $Q(2) = Q(4) = 0$；
(4) 如 $P(3) = 1$ 或 $P(4) = 1$，则 $Q(1) = 0$.

510. 设 $n \in \mathbf{Z}^+$，求多项式 $p_n(x) = (x^2 + x + 1)^n$ 的奇系数的个数.

511. 岛上有 45 条变色龙，其中 13 条灰色，15 条褐色，17 条红色，如任两条颜色不同的变色龙相遇，就会同时变成第三色，问：是否可能所有变色龙都同色？

512. 任意一个正整数 N，随意地加 77 或 54，求证：有限次操作后一定会得到末两位数字相等的数.

513. 设 (x,y) 为有理点，若 x,y 均为有理数，求证：全体有理点可以划分成 A 与 B，其中 $A(B)$ 与任一平行于 $y(x)$ 轴的直线仅有有限个交点.

514. 设 a_i,b_i,c_i 为 $1 \sim 5$ 排列，求 $\sum a_i b_i c_i$ 的最小值.

515. 若 $x_1 \leq x_2 \leq \cdots \leq x_n \in \mathbf{Z}^+$, $x_1 + x_2 + \cdots + x_n = n(n+1)/2, x_1 x_2 \cdots x_n = n!$，则必有 $x_i = i(i = 1,2,\cdots,n)$. 求 n 的最大值. ($n = 8$ 时，$3,6,8$ 换成 $4,4,9$)

516. 设 k 是一个固定的大于 1 的正整数，问是否存在正数 m，使任意正整数 n, $[m \cdot k^{n-1}] \nmid [m \cdot k^n]$.

517. 在区间 $(0,1)$ 中任取 $n(n \geq 2)$ 个不同的分数，求证：分母之和大于 $\frac{1}{3}n\sqrt{n}$.

518. 设 $x,y,z \in \mathbf{Q}, t^3 = 2$，且 $x + yt + zt^2 \neq 0$，求证：存在有理数 u,v,w 使 $(x + yt + zt^2)(u + vt + wt^2) = 1$.

519. 求 $(a^2 + b)(b^2 + a) = (a - b)^2$ 的所有整数解.

520. 求所有的 $x,y \in \mathbf{Z}^+$，使 $xy | x^2 + y^2 - x - y + 1$.

521. 设 $a < b < c < d \in \mathbf{Z}^+$，且 $n^2 \leq a < b < c < d \leq (n+1)^2$，求证：$ad \neq bc$.

522. $m,n \in \mathbf{Z}^+$，且 $2001m^2 + m = 2002n^2 + n$，求证：$m - n$ 是完全平方数.

523. 设 k 为给定正整数，$k > 1$，记 $Q(n) = [n,n+1,\cdots,n+k]$. 求证：有无限个 n，满足：$Q(n) > Q(n+1)$.

524. 设 n 为正奇数，求证：方程 $1/x + 1/y = 4/n$ 有正整数解之充要条件是 n 有 $4k - 1$ 型因子.

525. 设 p 为素数，$n \in \mathbf{Z}^+$，且 $3 \nmid n$，若 p^n 为连续正整数的立方和，求所有这种 p 与 n.

526. $Q = (\sqrt{5} - 1)/2$，则任意的 $n \in \mathbf{Z}^+, [Q[Qn] + Q] + [Q(n+1)] = n$.

527. $k \in \mathbf{Z}^+$，α 为 $x^2 - kx - 1$ 的正根，定义 $m * n = mn + [\alpha m][\alpha n]$，则 $*$ 满足结合律.

528. 求所有质数 p,q,r, $p^q + p^r$ 为平方数.

529. $p(n) = n^3 - n^2 - 5n + 2$，求所有 $n \in \mathbf{Z}$ 使 $|p(n)|$ 为素数.

530. 任意的 $k > 0$,是否存在 $A \in \mathbf{Z}^+, A > k$, A' 为 A 十进制中某两数字对调,A 的素因子集等于 A' 的素因子集?

531. 求所有 $n \in \mathbf{Z}^+$,使 $n^4 - 4n^3 + 22n^2 - 36n + 18$ 是平方数.

532. $a, b, c, d, n \in \mathbf{Z}^+, a/c = b/d = (ab + n)/(cd + n)$,求最小的 n 使 a, b, c, d 互不相等.

533. $A = \sqrt{x+1} + \sqrt{y+1}, B = \sqrt{x-1} + \sqrt{y-1}$,$A$ 与 B 非相邻正整数,求 A, B 的所有可能值.

534. 任意的 $s \in \mathbf{Q}^+, s < 1$,求证:存在 $x, y, z \in \mathbf{Z}^+, \{xyz/(xy + yz + zx)\} = s$.

535. 有 6 个互质的四位数,求证:其中一定能找到 5 个也互质.

536. 求不能表示为 $a/b + (a+1)/(b+1)$ 的所有正整数,其中 a, b 也是正整数.

537. 求所有素数 p,存在 $x, y \in \mathbf{Z}^+, p^x = y^3 + 1$.

538. 求证:存在无限个正整数 n,n 与 $n = 1$ 的分解中素因子幂均大于 1.

539. 如果 A, B 为九位数,各由 $1 \sim 9$ 组成,且 $A + B = 987\,654\,321$,则称 A 与 B 是"有意思对",求证:共有奇数个"有意思对".

540. 最多从 $1, 2, 3, \cdots, 2\,001$ 中取 n 个数,使任两数之差非素数?

541. $m > 0, m \equiv 2 \pmod 4$,求证:最多只有一对 $a, b \in \mathbf{Z}^+, a > b$,满足 (1) $ab = m$; (2) $0 < a - b < \sqrt{5 + 4\sqrt{4m+1}}$.

542. 连续 n 个 3 位数(任意),一定有一个被其各位数字和整除,求 n 的最小值.

543. 设 $a_1, a_2, \cdots, a_n$ 为 $1 \sim n$ 的排列,若对 $1 \leqslant k \leqslant n$,均有 $a_k + k$ 为平方数,则称 n 是好数,问:10, 11 中哪个是好数?

544. 是否存在 $k(k \geqslant 2)$ 个两两不同的正整数,其最小公倍数等于和.

545. $a, b \in \mathbf{Z}^+, 10 \mid a^2 + ab + b^2$,则 $100 \mid a^2 + ab + b^2$.

546. $y = f(x) = ax^2 + bx + c, a > 100$,问至多有几个整数 n 满足 $|f(n)| \leqslant 50$?

547. 是否存在 $a \in \mathbf{Z}$,有 $x^2 + x + a \mid x^{10} + x^2 + 50$?

548. 直角三角形直角边为正整数,周长为面积整数倍,问这样的三角形共有几个?

549. $n \in \mathbf{Z}^+, n$ 为何值 $x^3 + y^3 + z^3 = nx^2y^2z^2$ 有正整数解.

550. a, b, c, d, e, f, g, h 是两两不等的正整数,且 $n = ab + cd = ef + gh$,求证:$n \geqslant 30$.

551. $m, n \in \mathbf{Z}^+, 5^m + 5^n$ 为平方和的充要条件是什么?

552. 正整数 n 非 42 的正整数倍与合数之和,求 n 的最大值.

553. $n \in \mathbf{Z}^+, \frac{1}{2}n(n+1) \mid n!$,求满足 n 的条件.

554. $x, y \in \mathbf{Z}^+, x^4 + y^4$ 除以 $x + y$ 商 97,求余数.

555. $a_n = n^2 + 50, d_n = [a_n, a_{n+1}]$,求 $\max d_n$.

556. 是否存在一个 n 位数它为平方数,$n - 1$ 位数字是 5?

557. $a_1, a_2, \cdots, a_n, k \in \mathbf{Z}^+, 0 < a_n < a_{n-1} < \cdots < a_1 \leqslant k$,任意的 $1 \leqslant i < g \leqslant n, [a_i, a_g] \leqslant k$,求证:$a_i \leqslant k/i$.

558. $a, b > 0, a + b = 1, a^3 + b^3 \in \mathbf{Q}$,求证:$a, b \in \mathbf{Q}$.

559. 是否存在无限时两两互素的,$a, b, c \in \mathbf{Z}^+$,使 $a^2b^2 + b^2c^2 + c^2a^2$ 是平方数?

560. 求所有非负整数 c,存在 $n \in \mathbf{Z}^+$,满足 $d(n) + \varphi(n) = n + c$,其中 $d(n)$ 为 n 正约

数个数, $\varphi(n)$ 为欧拉函数,求所有 n.

561. 设 $1 < a < b < c \in \mathbf{Z}^+$,且 $(a-1)(b-1)(c-1) \mid abc - 1$,求之.

562. $a, b \in \mathbf{Z}, x^2 - x - 1 \mid ax^{17} + bc^{16} + 1$,求 a, b.

563. a, b, c, d 为素数,$a > 3b > 6c > 12d, a^2 + c^2 - b^2 - d^2 = 1749$.求 a, b, c, d 的所有可能值.

564. $A = \{n + s(n)\}, s(n)$ 为 n 的各位数字和.求证:任意相邻正整数,至少有一个在 A 中.

565. 从 $1 \sim k$ 中最多可取多少个数,任两数和不被其差整除?

566. 求证:$A = \{n + s(n)\}$,对任意的 $a \in \mathbf{Z}^+$,总有 $k \in \mathbf{Z}^+, s(k) = a^2, s(k^2) = a^2$.

567. $1 \sim k$ 中任取 s 个数,一定有其中 3 个数两两互质,求 s 的最小值.

568. $N = 2^{31} \times 3^{19}, N^2$ 有几个小于 N 但不能整除 N 的正约数?

569. x 为平方数,一定有 $y \in \mathbf{Z}, 2xy \mid x^2 + y^2 - x$.

570. 已知 $1!, 2!, \cdots, n!$ 除以 n 的余数均不相同,求证:n 为素数.

571. $n > 2, n \in \mathbf{Z}^+$,总存在连续 n 个正整数,$s+1, s+2, \cdots, s+n$ 使 $s+n \mid [s+1, s+2, \cdots, s+n-1]$,求所有这种 n.

572. 设 $1 \leqslant x < y < r < t \leqslant 100, x, y, r, t \in \mathbf{Z}^+$,求 $x/y + r/t$ 的最小值.

573. $a, m, n \in \mathbf{Z}^+$,若 $(2a)^{2m} - (2a-1)^n > 0$,则 $(2a)^{2m} - (2a-1)^n \geqslant 4a - 1$.

574. 求所有 k,使 $10101\cdots101$ 为素数(k 个 $0, k+1$ 个 1).

575. 不存在 $x, y \in \mathbf{Z}^+, x^3 + 2x^2 + 2x + 1 = y^2$.

576. 是否存在无穷多个奇数 n,使 $2^n + n^2$ 至少有两个素因子?

577. 求所有 $a, b, c \in \mathbf{Z}^+$,使 $ab \mid c^2 + 1, ac \mid b^2 + 1, bc \mid a^2 + 1 (a, b, c > 1)$.

578. 存在无限组互不相等的整数 a, b, c,使 $x(x-a)(x-b)(x-c) + 1$ 可以表示成两整系数多项式之积.

579. 求解不定方程 $axy + byz + czx + dx + ey + fz + g = 0$,其中 $a \sim g$ 均为已知整数.

580. $2^n \parallel (en)!/n!, [(2n)!/n! = 2^n \cdot (2n-1)!!]$.

581. 不定方程 $x^5 + 3x^4y - 5x^3y^2 - 15x^2y^3 + 4xy^4 + 12y^5 = 33$ 无解.

582. 斐波那契数列前 $100\,000\,000$ 项中,含有一项末 4 位全为零吗?

583. 从 9 个或 16 个连续自然数中总能找出 1 个数,与其余的数互质.

584. $n \mid 2^n - 2 \Rightarrow 2^n - 1 \mid 2^{2-1} - 2 (n \in \mathbf{N}^*)$.

585. 求 $x^y = y^x (x \neq y)$ 的所有解 $x, y \in \mathbf{Q}^+$.

586. $x, y, z \in \mathbf{Z}, x^2 + y^2 + z^2 \leqslant 2xyz \Rightarrow x = y = z = 0$.

587. 解不定方程 $x^2 + y^2 + z^2 + u^2 = 2xyzu$.

588. 证明:对任何 $k \in \mathbf{Z}^+$,存在 $n \in \mathbf{Z}^+$,使 2^n 前若干位正好是 k.

589. 证明:存在无数个 $n \in \mathbf{Z}^+$,使 $n = a^2 + b^2 + c^2 = d^2 + e^2 + f^2, a, b, c, d, e, f \in \mathbf{Z}^-$ 而且两两不相同.

590. 同上,改成四个.

591. 设 $a, m, n \in \mathbf{Z}^+, a \in \mathbf{Z}$,则 $2x^{2m} + ax^m + 3 \nmid x^{182n} + 6ax^n + 18$.

592. 证明:若对任意的 $\in \mathbf{Z}, ax^2 + bx + c$ 均为一整数的完全 4 次方,则 $a = b = 0$.

593. 已知对任何整数 x,三项式 $ax^2 + bx + c$ 都是完全平方数,证明:必有 $ax^2 + bx +$

$c \equiv (dx + e)^2.$

594. 试求所有这样的数 a, 使 $[a], [2a], \cdots, [Na]$ 互不相同, $[1/a], [2/a], \cdots, [N/a]$ 也互不相同(N 是固定的自然数).

595. 设 $f(x)$ 为整系数多项式, 既约有理分数 p/q 是它的一个根, 证明: 对任意的 $k \in \mathbf{Z}$, $p - kq \mid f(k)$.

596. $a, b, c, d, l \in \mathbf{Z}, (al + b)/(cl + d)$ 可用 k 约分, 则 $k \mid ad - bc$.

597. 若对任意的 $x \in \mathbf{Z}, p \mid a_n x^n + a_{n-1} x^{n-1} + \cdots + a_1 x + a_0$, 必有 $p \mid a_i (a_1 \sim a_n \in \mathbf{Z}, p \in \mathbf{Z})$, p 是素数吗?

598. 对哪些 $n \in \mathbf{Z}$, $323 \mid 20^n + 16^n - 3^n - 1$.

599. 斐波那契数列中任连续 8 项之和非数列中项.

600. 如整系数方程 $x^2 + p_1 x + q_1 = 0, x^2 + p_2 x + q_2 = 0$ 有一个公共的非整根, 则 $p_1 = p_2, q_1 = q_2$.

601. 能否将末位数字非零的所有 3 倍数排成一列, 使每个数的最后一位数字刚好都等于它后面的那个数的首位数字?

602. 证明: 存在无穷多个这样的正整数, 它们不论对怎样的素数 p 以及 $n, k \in \mathbf{Z}^+$, 都不等于 $p + n^{2k}$.

603. $a, b, n \in \mathbf{Z}^+, n \mid a + b, n \mid a^n + b^n, a + b \mid a^n + b^n$, 则 $n \mid (a^n + b^n)/(a + b)$.

604. 设 $a, b, p \in \mathbf{Z}^+$, 则存在 $k, l \in \mathbf{Z}, (k, l) = 1, p \mid ak + bl$.

605. 对任意的 $d \in \mathbf{Z}$, 存在 $m, n \in \mathbf{Z}$, 使 $d = (n - 2m + 1)/(m^2 - n)$.

606. 求 $x, y, z \in \mathbf{Z}, xy/z + xz/y + yz/x = 3$.

607. 不存在两两不同的 $x, y, z, t \in \mathbf{Z}^+$, 满足 $x^x + y^y = z^z + t^t$.

608. 任何完全平方数的数码之和不等于 5.

609. 试求所有 $n \in \mathbf{Z}^+, n^2 \nmid (n - 1)!$.

610. 若 $x, y, a \in \mathbf{Z}^+$, 且 $x^2 + y^2 = axy$, 求所有这种 a 满足之条件.

611. 任何偶数 $2n$ 能唯一地表示成 $(x + y)^2 + 3x + y$ 的形式, 其中 $x, y \in \mathbf{Z}^-$.

612. 现有无数张卡片, 每张卡片上写着一个正整数, 现知对每个正整数 n, 都恰有 n 张与卡片上写着它的约数, 证明: 每个正整数都在至少一张卡片上出现.

613. 把从 1 到 $2n$ 的所有整数写成一行, 然后将每个数都加上它所在位置的顺序号数, 证明: 这些和数中至少有两个在被 $2n$ 除时的余数相同.

614. 试求方程组的正整数解 $x + y = zt; z + t = xy$.

615. 求下列方程组的正整数解 $ab = 2(c + d); cd = 2(a + b)$.

616. 被 30 整除的 $k^k + 1 (k \in \mathbf{Z}^+)$ 构成等差数列.

617. $a_1 = 1, a_k = \left[\sqrt{\sum a_i}\right]$, 求 a_{1000}.

618. 任意的 $k \in \mathbf{Z}^+$, 存在 $n \in \mathbf{Z}^+, n!$ 十进制展开以 k 开头.

619. 试问: 是否存在两相邻正整数, 各自的各位数字和被 125 整除?

620. 解不定方程 $19x^3 - 17y^3 = 50$.

621. p_k 为第 k 个素数, $p_1 \sim p_k (k > 4)$ 的一切可能乘积之和为 s, 则 $s + 1$ 可分解为 $2k$ 以上的素因子乘积.

622. 证明:存在 $q \in \mathbf{Z}$,使 $q \cdot 2^t$ 的十进制表示中无零($t \in \mathbf{Z}^+$).

623. $d(N)$ 为 N 的正约数个数,$N/d(N)$ 为素数,找出所有这种 N.

624. 对任意 3 个小于 1 000 000 的数,都存在一个小于 100 的数与三者之积互素.

625. $a, b, n \in \mathbf{Z}^+, a \neq b, n \mid a^n - b^n \Rightarrow n \mid (a^n - b^n)/(a - b)$.

626. 给定一个 999 位数,已知如果从中随意取出 50 个连续的数码并勾掉其余的数码,则所得之和可被 2^{50} 整除(此数可以 0 开头),证明:原来的数是 2^{999} 的倍数.

627. $k \in \mathbf{Z}^+, k > 3, 2^k$ 的数字重排不能得到 2^n 形数($n > k$).

628. $[2^k \cdot \sqrt{2}]$ 中有无穷多个正整数.

629. $a, b, c, d, e, f \in \mathbf{Z}^+, a/b > c/d > e/f, af - be = 1$,则 $d \geq b + f$.

630. 以 $k(x)$ 记所有既约分数 a/b 的数目,$a, b \in \mathbf{Z}^+, a, b < x$,求 $\sum k(100/i)$.

631. 是否存在 $a, b, c \in \mathbf{Q}, (a + b\sqrt{2})^{2n} + (c + d\sqrt{2})^{2n} = 5 + 4\sqrt{2}$?

632. 求 $1/x + 1/y = 1/n$ 的解数.

633. 设 $m, n \in \mathbf{Z}^+, m, n \geq 2$,求证:存在 $k \in \mathbf{Z}^+$,使得 $[(n + \sqrt{n^2 - 4})/2]^m = (k + \sqrt{k^2 - 4})/2$.

634. $n \in \mathbf{Z}^+$,则 $2^n + 1974^n$ 与 1974^n 十进制位数相同.

635. 求不定方程解:$x^2 + y^2 + z^2 + t^2 = x(y + z + t)$.

636. $s(2^n) > s(2^{n+1})$ 的 n 有无限个.

637. 设有整系数多项式 $p(x)$,对每个正整数 $n, p(n)$ 之值都大于 n,考察数列 $x_1 = 1, x_2 = p(x_1), \cdots, x_n = p(x_{n-1}), \cdots$,发现对任意的 $N \in \mathbf{Z}^+$,数列中都存在可被 N 整除的项,证明:$p(x) \equiv x + 1$.

638. $x_1 = 2, x_{n+1} = [\frac{3}{2} x_n]$,则 $y_n = (-1)^x$ 非周期数列.

639. 设有某个 1 000 位数 A,它的任何 10 个相连排列的数码都构成一个可被 2^{10} 整除的数字,证明:$2^{1000} \mid A$.

640. 存在无穷多个 $n \in \mathbf{Z}^+$,存在 $k \in \mathbf{Z}^+, Z^k$ 以 n 结尾.

641. 试求一切 $n \in \mathbf{Z}^+, 1/n, 1/(n + 1)$ 都是有限小数.

642. 存在无穷多对 $x, y \in \mathbf{Z}^+, xy \mid (x + y)^3 - 1$.

643. 设 p 为素数,给定 $p + 1$ 个不同的正整数,证明:可以从中找到这样一对数 x 和 y,使得将两者中较大的数除以两者的最大公约数后,所得之商不小于 $p + 1$.

644. 正 $2n$ 边形内接于正 $2k$ 边形(即正 $2n$ 边形每个顶点在正 $2k$ 边形之边界上),求证:$n \mid 2k$.

645. $\sqrt{2}$ 展开式的前 k 个字码中,任一字码不会连续出现 $k/2 + 1$ 次.

646. 对于 $n \in \mathbf{Z}^+, n \geq 4$,求最小的整数 $f(n)$,使得对任意 $m \in \mathbf{Z}^+$,集合 $\{m, m + 1, \cdots, m + n - 1\}$ 的任一个 $f(n)$ 元子集中,均有至少 3 个两两互素的元素.

647. 求非负整数解 $2^x \cdot 3^y - 5^z \cdot 7^w = 1$.

648. 已知 $p, g \in \mathbf{Z}^+, (p, g) = 1, n \in \mathbf{Z}^-$,问:有多少个不同的整数可以表示为 $ip + gq$ 的形式,其中 i, g 为非负整数,且 $i + g \leq n$.

649. 若 $n^4 + 6n^3 + 11n^2 + 3n + 3$ 为平方数,则 $n = 10$.

650. 求所有正整数 m,n，使 $[(m+n)\alpha]+[(m+n)\beta] \geqslant [m\alpha]+[m\beta]+[n(\alpha+\beta)]$，对任意的 $\alpha,\beta \in \mathbf{R}$ 成立.

651. 设 p 是给定素数，$a_1,a_2,\cdots,a_k$ 是 $k(k \geqslant 3)$ 个整数，均不被 p 整除且模 p 互不同余，记 $s = \{n \mid 1 \leqslant n \leqslant p-1, (na_1)_p < \cdots < (na_k)_p\}$，这里 $(b)_p$ 表示整数被 p 除的余数，证明：$|s| < 2p/(k+1)$.

652. 求所有的正整数组 (a,m,n) 满足：$a > 1, m < n$，且 $a^m - 1$ 的质因子集合等于 $a^n - 1$ 的质因子集合.

653. 设 $n \in \mathbf{Z}^+, F_n = 2^{2^n} + 1$，证明：$n \geqslant 3$，数 F_n 有一个质因子大于 $2^{n+2}(n+1)$.

654. 设 n 为任意给定的正整数，$x \in \mathbf{R}^*$，证明：$\sum (x[k/x] - (x+1)[k/(x+1)]) \leqslant n$.

655. 求所有整系数多项式 $f(x)$，使对所有 $n \in \mathbf{Z}^+$，都有 $f(n) \mid 2^n - 1$.

656. $n,k \in \mathbf{Z}^-, a \in \mathbf{Z}^+$，令 $f(x) = [(n+k+x)/a] - [(n+x)/a] - [(k+x)/a] + [x/a]$，求证：对任意的 $m \in \mathbf{Z}^-$，$\sum f(i) \geqslant 0$.

657. 设 $g(x) \in \mathbf{Z}[x], g(x)$ 无非负实根，求证：存在 $h(x) \in \mathbf{Z}[x]$，使 $g(x)h(x)$ 各项系数全正.

658. $(p_n,q_n) = 1, p_n,q_n \in \mathbf{Z}^+, p_n/q_n = 1 + 1/2 + \cdots + 1/n$，试找出所有正整数 n，$3 \mid p_n$.

659. $n \in \mathbf{Z}^+, n \geqslant 3, p$ 为素数，则 $f(x) = x^n + p^2 x^{n-1} + \cdots + p^2 x + p^2$ 在 $\mathbf{Z}[x]$ 中不可约.

660. 证明：对任意的 $k \in \mathbf{Z}^+, k > 1$，都能找到一个 2 的幂，其末尾的 k 个数字至少有一半是 9.

661. 求所有 $n \in \mathbf{Z}^+, n$ 合数，且可将 n 的所有大于 1 的正约数排成一圈，其中任意两个相邻的数不互质.

662. $x^6 + x^3 + x^3y + y = 147^{157}; x^3 + x^3y + y^2 + y + z^9 = 157^{147}$ 无整数解.

663. 今有 10 个互不相同的非零数，现知它们之中任意两个数的和或积属于 $\mathbf{Q}$，证明：每个数的平方属于 $\mathbf{Q}$.

664. 试找出不能表示为 $(2^a - 2^b)/(2^c - 2^d)$ 的形式的最小正整数，其中 $a,b,c,d \in \mathbf{Z}^+$.

665. $x,y \in \mathbf{Z}^+, 2x^2 - 1 = y^{15}, x > 1$，求证：$5 \mid x$.

666. 设 $x,y,z \in \mathbf{Z}^+ (x > 2, y > 1), x^y + 1 = z^2$，以 p 表示 x 的不同质因子数目，以 q 表示 y 的不同质因子数目，则 $p \geqslant q + 2$.

667. $a,b \in \mathbf{Z}^+, a^2 + ab + b^2 \mid ab(a+b)$，则 $|a-b|^3 > 3ab$.

668. 对任意的 $k > 0$，存在 $x,y \in \mathbf{Z}^+, x,y > k, xy \mid (x+y)^3 - 1$.

669. 记 n 的因子数为 $d(n)$，求证：$\sum d^3(k) = (\sum d(k))^3$.

670. n 二进制为 $n = 2^s + 2^s + \cdots + 2^s, C_n^0, C_n^1, \cdots, C_n^n$ 中有 2^m 个奇数.

671. 设 $n > 2$，为给定正整数，$V_n = \{kn+1 \mid k \in \mathbf{Z}^+\}$，证明：$V_n$ 中唯一分解定理不成立.

672. $\alpha \in \mathbf{Q}, a^n \in \mathbf{Z}$，则 $\alpha \in \mathbf{Z}$.

673. $A \leqslant Q$，任意的 $x,y \in A, xy \in \mathbf{Z}$，则 A 中任意 $k(k \geqslant 2)$ 个不同之乘积属于 $\mathbf{Z}$.

674. 求最小的 $n \in \mathbf{Z}^+, d(n) = 144$，其中有 10 个因子连续.

675. $n > 0, x \in \mathbf{R}$，则 $[x/n] = [[x]/n]$.

676. $(a,n) = 1$,则 $\sum \{(ax+b)/n\} = (n-1)/2$.

677. $(k,n) = 1, n \geq 2$,则 $\sum \{kx/n\} = \frac{1}{2}\varphi(n)$.

678. $f(x) \in Q[x], f(\sqrt{2}+\sqrt{3}) = 0$,则 $x^4 - 10x^2 + 1 \mid f(x)$.

679. 若 $q(x) = 0$ 是以代数数 α 为根的最低次数的有理系数方程, $f(x) = 0$ 是 α 所满足的任一有理系数方程, 则 $m(x) \mid f(x)$.

680. 是否存在 $n \in \mathbf{Z}^+, n \mid (2^n-1)(2^{n-1}+1)$?

681. $m,n \in \mathbf{Z}^+, \sum x^i \mid \sum x^{gn} \Leftrightarrow (m+1,n) = 1$.

682. $x_1, x_2, \cdots, x_n \subset \mathbf{R}, \sum x_i^2 = 1$,求证:对每一整数 $k \geq 2$,存在不全为零的整数 $a_1, a_2, \cdots, a_n$, 使 $|a_i| \leq k - 1 (i = 1,2,\cdots,n)$ 且 $|\sum a_i x_i| \leq (k-1)\sqrt{n}/(k^n-1)$.

683. 半径为 r 的圆上有 n 个整点, 则 $n \leq 6\sqrt{\pi r^2}$.

684. 有 n 个等差数列 $\{a_i m + b_i\}$, 其中 $a_i \in \mathbf{Z}^+, b_i \in \mathbf{Z}, m \in \mathbf{Z}^+ (i = 1,2,\cdots,n)$, 求证: 这些数列中可各找一数, 这 n 个数两两互素.

685. 求所有具有下述性质的 $n \in \mathbf{Z}^+$, 若 $a,b \in \mathbf{Z}^+$, 且 $n \mid a^2 b + 1$, 则 $n \mid a^2 + b$.

686. $a,b \in \mathbf{Z}^+, a \leq b, (a,b) = 1$, 则 $1/\sqrt{2} \notin [a/b - 1/4b^2, a/b + 1/4b^2]$.

687. $f(n) = n + [\sqrt{n}]$, 证明: 任意的 $m \in \mathbf{Z}^+, m, f(m), f(f(m)), \cdots$ 中有平方数.

688. $x \geq 0, [\sqrt{[\sqrt{x}]}] = [\sqrt{\sqrt{x}}]$.

689. 任意的 $n \in \mathbf{Z}^+, n > 1, 8 \mid [(\sqrt{n} + \sqrt{n+2})^3] + 1$.

690. a_n 为 $[10^{n/2}]$ 末尾数位, b_n 为 $[2^{n/2}]$ 末尾数位, 问 $\{a_n\}, \{b_n\}$ 中有周期数列吗?

691. 是否存在 $r \in \mathbf{R}$, 使对任意的 $n \in \mathbf{Z}^+, 2 \mid [r^n] - n$.

692. $x_1, x_2, \cdots, x_n \in \mathbf{R}$, 则存在 $x \in \mathbf{R}$, 使 $\sum \{x - x_i\} \leq \frac{1}{2}(n-1)$.

693. $a, b \in \mathbf{Z}^+, (a,b) = 1$, 则 $\sum [kb/a] = \frac{1}{2}(a-1)(b-1)$.

694. 设 $n \geq 2, n \in \mathbf{Z}^+$, 证明: 存在无限多个 4 元数组 (a,b,c,d), 使得方程 $[ax+b] = cx + d$ 恰有 n 个不同的实数根.

695. 设 $f(n)$ 为最接近 $\sqrt{n}$ 的整数, 求和 $s = \sum 1/f(k)$.

696. $x^2 - [x^2] = (x - [x])^2$ 在 $[1,n]$ 中有多少实数解?

697. 存在无穷多个 $n \in \mathbf{Z}^+$, 使 $50^n + (50n+1)^{50}$ 为合数.

698. $f(n) = (n!+1, (n+1)!)$, 求 $f(n)$ 的通项公式.

699. $a_n \in \mathbf{Z}^+, a_1 > 1, a_{n+1} = 2a_n \pm 1$, 证明: 此数列中存在无穷多个数是合数.

700. p 为质数, $q \mid 2^p - 1$, 则 $q \equiv 1 \pmod{p}$.

701. p 奇质数, $m \in \mathbf{Z}^+, p \nmid 2^m - 1$, 则 $\sum i^m \equiv 0 \pmod{p}$.

702. 求所有满足 $a \geq 2, m \geq 2$ 的三元整数组 (a,m,n), 使 $a^m + 1 \mid a^n + 203$.

703. 证明: 任意的 $n \in \mathbf{Z}^+, 20n + 2 \nmid 2003n + 2002$.

704. 求所有正整数对 (x,y), 满足 $x^y = y^{x-y}$.

705. $x,y \in \mathbf{Z}^+, x < y, P = (x^3 - y)/(1 + xy)$, 求 p 能取到的所有整数值.

706. 设 $x_0 + \sqrt{2003} y_0$ 为方程 $x^2 - 2003 y^2 = 1$ 的基本解, 求此方程的解 (x,y), 使 x,

$y > 0$,且 x 的所有素因子整除 x.

707. 设数列 $\{a_n\}$ 满足：$a_1 = 3, a_2 = 7, a_n^2 + 5 = a_{n-1}a_{n+1}, n \geq 2$,证明:若 $a_n + (-1)^n$ 为素数,则必存在某个非负整数 m,使 $n = 3^m$.

708. $n \in \mathbf{Z}^+, 2, 3 \nmid n$,且不存在非负整数 a, b,使得 $|2^a - 3^b| = n$,求 n 的最小值.

709. 求所有 $f: \mathbf{Z}^+ \to \mathbf{R}$,使:(1) 对任意的 $n \in \mathbf{Z}^+, f(n+1) \geq f(n)$;(2) 对任意的 m, n,$(m, n) = 1$,有 $f(mn) = f(m)f(n)$.

710. 设 p 为素数,任给 $p + 1$ 个不同的正整数,求证:可以从中找到两数 $a \leq b$,使 $b \geq (a, b)(p+1)$.

711. 求所有正整数对 $(a, b), a \neq b, b^2 + a$ 为素数幂,且 $b^2 + a \mid a^2 + b$.

712. 设 $a, b > 1, a, b \in \mathbf{Z}^+$,且 $b^2 + a - 1 \mid a^2 + b - 1$,求证：数 $b^2 + a - 1$ 至少有两个不同的素因子.

713. 求所有的 $n > 1, n \in \mathbf{Z}^+$,使其任一大于1的正约数具有 $a^r + 1$ 的形式,$a, r \in \mathbf{Z}^+$,$r > 1$.

714. 设 $k \in \mathbf{Z}^+$,求证：任何一个单位根的实部不可能为 $\sqrt{k+1} - \sqrt{k}$.

715. 给定 $k \in \mathbf{Z}^+, k > 2$,由 k 角形数形成的数列一个二阶等差数列,第 n 个 k 角数 $J(n)$ 为 $[(k-2)n(n-1)/2] + n$,第 m 个费马数为 $F(m) = 2^{2^m} + 1$.求所有 m, n,使 $F(m) = J(n)$.

716. 求所有 $n \in \mathbf{Z}^+$,使 $n - 1, n(n+1)/2$ 均为完全数.

717. 当 $n \in \mathbf{Z}^+$ 且充分大时,$n \sim n + 9$ 中至少有一个数至少有3个不同的质因子.

718. 求所有正整数对 (a, b) 使 $2ab^2 - b^3 + 1 \mid a^2$.

719. 设 p 是素数,证明：存在一个素数 q,使得对任意整数 $n, q \nmid n^p - p$.

720. $2^{m+1} \| [(1 + \sqrt{3})^{2m+1}]$.

721. 设 $p = 4n + 1$ 型素数,则 $[\sqrt{p}] + [\sqrt{2p}] + \cdots + [\sqrt{(p-1)p/4}] = (p^2 - 1)/12$.

722. $n > 30$ 时,$\varphi(n) > J(n), J(n)$ 为 n 的因子个数.

723. $a, b, p \in \mathbf{Z}$,求证：一定存在 $(k, l) = 1, p \mid a^k + b^l$.

724. x, y, z 为两两不相等的整数,证明：$5(y-z)(z-x)(x-y) \mid (x-y)^5 + (y-z)^5 + (z-x)^5$.

725. $a, b \in \mathbf{Z}^+$,则 $(a+b, a^2+b^2) = 1$ 或 2.

726. 求最大的平方数 $n, 100 \nmid n$,去掉 n 末两位后,得到的仍是平方数.

727. 用两个最相邻的整数之一来取代一个数,称为四舍五入.给定 n 个数,证明：可以这样来把它们四舍五入,使任意 $m(1 \leq m \leq n)$ 个已四舍五入的数之和与这 m 个未四舍五入时的数之和的差不超过 $(n+1)/4$.

728. 给定两个正质数 p, q,整数 n 如能表示成 $n = px + qy$ 的形式,其中 x, y 为非负整数,则称 n 是"好的";在相反情形则称 n 是"坏的".证明：(1) 存在整数 c,使整数 n 与 $c - n$ 中始终一个是好数,一个是坏数;(2) 坏的非负整数共有多少个？

729. 求 x, y 的整数解：$x^2 + x = y^4 + y^3 + y^2 + y$.

730. 八边形所有内角相等,边长是整数,则八边形对边相等.

731. 在每格边长为1的方格纸上画一半径100的圆,这个圆周不经过格子的顶点,且不与格子的边相切,问这个圆周可能穿过多少个格子？

732. 证明:任何不超过 $n!$ 的正整数至多可以表示为 n 个数之和,而这些数中的任何两个都不相等,并且每个数均为 $n!$ 的因子.

733. 给定 $n \in \mathbf{Z}^+$,考虑一切形如 $1/pq$ 的分数,$0 < p < q \leq n, p+q > n, (p,q) = 1$,则所有这样的分数之和等于 $1/2$.

734. 4 个首位数字相同的三位数互不相等,且具有性质:它们的和能被它们之中的 3 个数整除,求这 4 个数.

735. 把一个 17 位数的所有数字按相反次序写出而得到一个新数,再把这个数与原数相加,证明:所得和中至少有一个数字是偶数.

736. 用 1 和 2 组成 5 个 n 位数,使得每两个数中恰好在 m 个数字上的数字相同,但是所有 5 个数在任何数位上的数字都不相同,证明:$2/5 \leq m/n \leq 3/5$.

737. 证明:对任意的 $k \in \mathbf{Z}^+$,存在无穷多个不含数字 0 的 $t \in \mathbf{Z}^+$,使 $s(t) = s(kt)$ ("s" 为数字和).

738. 在每张卡片上都写着从 11 111 到 99 999 的五位数,然后把这些卡片按任意顺序摆成一排,证明:所得到的 444 445 位数不可能是 2 的幂.

739. 把至多 n 个数字(十进制记数法)的一切正整数分为两组:数字和为奇数、偶数各一组.证明:如果 $1 \leq k < n$,那么第一组中所有数的 k 次幂之和等于第二组中所有数的 k 次幂之和.

740. 把正 n 边形的每个顶点涂上一种颜色,使具有同一颜色的点是正多边形的顶点.证明:在这些多边形中有两个全等.

741. 证明:对任意的 $n \in \mathbf{Z}^+$,存在由数字 1 和 2 组成的且能被 2^n 整除的数.

742. 设 $x \in \mathbf{Z}^+$,且 $4^{27} + 4^{1000} + 4^x$ 为平方数,求 x 的最大值.

743. 设 $a, b, m, n \in \mathbf{Z}^+, (a,b) = 1, a > 1$,证明:若 $a^n + b^n \mid a^m + b^m$,则 $n \mid m$.

744. 一个 9 位数由 1~9 的数字组成,且末位数字为 5,求证:此数非平方数.

745. $k, t \in \mathbf{Z}^+$,求 $\min |36^k - 5^t|$.

746. 求 n^n 有 k 个数字,k^k 有 n 个数字的所有正整数 n, k.

747. 求具有以下性质的一切三位数 A:用 A 的数字的各种重排所得到的一切数的算术平均值仍等于 A.

748. 求格点凸 32 边形之最小周长.

749. 证明:可以用数字 1 和 2 组成 2^{n+1} 个数,每一个数都是 2^n 位,且每两个数至少在 2^{n-1} 个数位上不相同.

750. 给定整系数多项式 $p(x)$,用 a_n 表示 $p(n)$ 在十进制记数法中的数字和,证明:存在一个数,它在数列 $a_1, a_2, \cdots, a_n, \cdots$ 中出现无穷多次.

751. $x^2 + y^3 = z^4$ 有互质解吗?

752. 用异于 0 的 6 个数字写成的一个 6 位数能被 37 整除,证明:用这个数的数字的重排还可以得到至少 23 个能被 37 整除的不同的六位数.

753. 用 $p(n)$ 表示正整数 n 的所有数字的乘积,由递推公式 $n_{k+1} = n_k + p(n_k)$ 给出的且第一项 $n_1 \in \mathbf{Z}^+$ 的数列 $\{n_k\}$ 是否是无界数列?

754. 对任意的 $k \in \mathbf{Z}^+$,存在无穷个 $n \in \mathbf{Z}^+$,使 $[x^{\frac{3}{2}}] + [y^{\frac{3}{2}}] = n$ 至少有 k 组正整数解.

755. 一个数具有性质 $p(k)$，如它能分解成 k 个大于 1 的连续正整数的乘积。(1) 求那样的 k，对于它来说某数 N 同时具有性质 $p(k)$ 的 $p(k+2)$；(2) 证明：同时具有性质 $P(2)$ 与 $P(4)$ 的 N 不存在。

756. 求满足以下两个条件的一切正整数列 $\{a_n\}$：(1) 对于任意的 n，$a_n \leqslant n\sqrt{n}$；(2) 对于任意的 m, n，$m \neq n$，$m - n \mid a_m - a_n$。

757. 求 $x^3 - y^3 = xy + 61$ 的正整数解。

758. 设 $m, n \in \mathbf{Z}^+$，证明：如对某些 $k_1, k_2, \cdots, k_n \in \mathbf{Z}^-$，$2^m - 1 \mid \sum 2^{k_i}$，则 $n \geqslant m$。

759. 是否存在被 $11\cdots1$ 整除且数字和小于 m 的正整数？

760. 证明：对任意的 $n \in \mathbf{Z}^+$，任意的 $a \in \mathbf{R}$，有 $\prod |a - k| \geqslant <a> n!/2^n$，$<a>$ 为 a 到它最近整数之间的距离。

761. $m, n, k \in \mathbf{Z}^+$，$n^m \mid n^n$，$k^n \mid n^k$，则 $k^m \mid m^k$。

762. 什么样的 $m, n \in \mathbf{Z}$，有 $(5 + 3\sqrt{2})^m = (3 + 5\sqrt{2})^n$！

763. 求所有正整数，它的每个等于它的因子数的平方。

764. $a_n = 1 + 2^2 + \cdots + n^n$，则 $\{a_n\}$ 中有无限项奇合数。

765. 设 $p \in Z[x]$，$a_0 = 0$，$a_n = p(a_{n-1})$，若任意的 $m, k \in \mathbf{Z}^+$，$(m, k) = d$，则 $(a_m, a_k) = a_d$。

766. 可把由 $1 \sim 5$ 五个数字组成的所有五位数分成平方和相等的两组数。

767. m 个盒子中各放若干个球，每一次在其中 $n (n < m)$ 个盒中各加一个球，求证：不论开始情况如何，总可在有限次的按如上方法加球后使各盒中球数相等的充要条件是 $(m, n) = 1$。

768. 将 $5^{1985} - 1$ 分解成三整数之积，使每个整数 $> 5^{100}$。

769. 求证：对每个正整数 n，存在 $1 \sim n$ 的一个排列 $a_1, a_2, \cdots, a_n$，使 $a_{k+1} \mid \sum a_i (k = 1, 2, \cdots, n - 1)$。

770. 对任意的 $n \in \mathbf{Z}^+$，可找到 n 个不同正整数，其中任意 r 个不互素，任意 $r + 1$ 个互素。

771. $x^3 - 3xy^2 + y^3 = 2\,891$ 无整数解。

772. $[(\sqrt{29} + \sqrt{21})^{1984}] \equiv 71 \pmod{100}$

773. 若干正整数和为 $k (k \in \mathbf{Z}^+)$，求其积之最大值 $f(k)$。

774. 设 $u_i = a_i x + b_i (i = 1, 2, 3)$ 为实多项式，给定正整数 $n (n \geqslant 2)$ 有 $u_1^n + u_2^n \equiv u_3^n$，试证：存在实多项式 $p(x) = ax + b$，使得 $u_i = c_i p(x)(i = 1, 2, 3)$，其中 c_i 为实数。

775. 求多项式，使 $x^2 + 1 \mid f(x)$，$x^3 + x^2 + 1 \mid f(x) + 1$。

776. $a_1 \sim a_n$ 为不同素数 $(n \geqslant 2)$，则 $f(x) = \prod(x - a_i) - 1$ 在 $\mathbf{Q}$ 上不可约。

777. 求适合条件 $f(f(x)) = f^m(x) (m > 1, m \in \mathbf{Z}^+)$。

778. $p_1(x) = x^2 - 2$，$p_i(x) = p_1(p_{i-1}(x))(i = 2, 3, \cdots)$，试证：对任意的 $n \in \mathbf{Z}^+$，$p_n(x) = x$ 为根的不同实数。

779. 若 $f(x) = (x - a)(x - b)(x - c)(x - d) - 9$ 有个根，且 a, b, c, d 为互不相同的整数，求证：$4 \mid a + b + c + d$。

780. 设 $f(x) \in Q[x]$，且 f 在 Q 上不可约，$\deg(f(x)) = 2n + 1 \geqslant 3$，求证：对 $f(x)$ 的任

何两个不同的非零根 $\alpha, \beta, \alpha \pm \beta \notin \mathbf{Q}$.

781. 若 $f(x)$ 的根 $\in R$,系数 $\in \{-1, +1\}$,求所有这样的多项式.

782. 求证:存在 $p(x) \in Z[x]$,当 $0.08 \leqslant x \leqslant 0.12$ 时,有 $|p(x) - 0.1| < 0.0001$.

783. 给定多项式 $f(x), g(x), h(x)$,设 $(f(x), g(x), h(x)) = 1$,试证:存在 6 个多项式 $u(x), v(x), w(x), q(x), r(x), s(x)$,使 $f(x)g(x)h(x)u(x)v(x)w(x) \equiv 1$.

784. $a_1 < a_2 < \cdots a_n (a_i \in \mathbf{Z}^+, i = 1,2,\cdots,n)$,则 $\sum 1/[a_i, a_{i+1}] \leqslant 1 - 1/2^n$.

785. 设有一条平面闭折线 $A_1A_2\cdots A_nA_1$,顶点 A_i 均为格点,且 $|A_1A_2| = |A_2A_3| = \cdots = |A_{n-1}A_n| = |A_nA_1|$,证明:$n$ 不可能是奇数.

786. $n, k \in \mathbf{Z}^+, (n, k) = 1, 0 < k < n$,由 $1, 2, \cdots, n-1$ 组成的集约为 M,M 中的每个数染上蓝白两种颜色的一种.(1) 任意的 I, i 和 $n - i$ 同色;(2) 任意的 $i, i \neq k, i$ 和 $|i - k|$ 同色.求证:M 中所有数同色.

787. 对任意的 $n \in \mathbf{Z}^+$,定义 $p(n)$ 为 n 的分拆数,即将 n 表示为多个正整数和(不论顺序)的方式的种数,求证:(1) 对 $n > 1, p(n+1) \geqslant 2p(n) - p(n-1)$;(2) n 的一种分拆的离散度,指这个分拆中不同加数的个数,$q(n)$ 为离散数之和,则 $q(n) = 1 + \sum p(i)$.

788. $A \subset \mathbf{Z}^+$,任意的 $x, y \in A$,满足 $|x - y| \geqslant xy/25, x \neq y$,求 $\max |A|$.

789. 求所有 $(n, k), n, k \in \mathbf{Z}^+, (n+1)^k - 1 = n!$.

790. 找出所有正整数集,元素和等于元素积.

791. 求:$\lim \sqrt{[a[a[\cdots a[a]\cdots]]]}$,其中 $a \geqslant 0$.

792. 任两正整数互素概率等于 $6/\pi^2$.

793. 求 $a, b \in \mathbf{Z}(ab \neq 0)$,使 $p(x) = ax^2 + bx + c$ 有 $p(a) = b^2, p(b) = a^2$.

794. $n \in \mathbf{Z}^+$,求 $x^n + y^n = (x + y)^n$.

795. $f: \mathbf{Z}^+ \to \mathbf{Z}, f(f(n)) = 4n - 3$,任意的 $n \in \mathbf{Z}^+, f(2^k) = 2^{k+1} - 1, k \in \mathbf{Z}^-$,求 $f(f(1985))$.

796. 求 $n \in \mathbf{Z}^+$,使 $\sum k^n = (n + 3)^n$.

797. 证明:每个正整数的形如 $4k + 1$ 的因数不少于 $4k - 1$ 型因子.

798. $n \in \mathbf{Z}^+, p(p > 3)$ 素数,求出 $3(n+1)$ 组满足 $xyz = p^n(x + y + z)$ 的 $x, y, z \in \mathbf{Z}^+$.

799. 求 4 个不超过 70 000 的正整数,每一个的因数多于 100 个.

800. $k, n \in \mathbf{Z}^+$,则 $n^5 + 1 \mid (n^4 - 1)(n^3 - n^2 + n - 1)^k + (n + 1)n^{4k-1}$.

801. 求所有满足 $n = d_6^2 + d_7^2 - 1$ 的 $n \in \mathbf{Z}^+, 1 = d_1 < d_2 < \cdots < d_k = n$ 是 n 的全部因子.

802. 确定 $p, q \in \mathbf{Z}^+$,使 $(x^2 - px + q)(x^2 - qx + p)$ 的根均为正整数.

803. $a_1 \sim a_{14} \in \mathbf{Z}^+$,满足方程 $\sum 3^{a_i} = 6558$,证明:$a_1 \sim a_{14} = 1 \sim 7$,且每数出现 2 次.

804. $f_0 = 1, f_1 = c(c \in \mathbf{Z}^+), f_n = 2f_{n-1} - f_{n-2} + 2$,求证:对每个 $k \geqslant 0$,存在 $h, f_k \mid f_h$(可以加强为 $f_kf_{k+1} = f_h$).

805. $x^2 + y^2 = z^5 + z$ 有无穷组解,$x, y, z \in \mathbf{Z}^+$,且 $(x, y, z) = 1$.

806. 设 f_n 为斐波那契数列,求:(1) 所有 $a, b \in \mathbf{R}$,对任意的 $n, af_n + bf_{n+1}$ 为数列中某项;(2) 所有 $u, v \in \mathbf{R}^*, uf_n^2 + vf_{n+1}^2$ 为数列中某项.

807. p 素数,$\{1, 2, \cdots, k\}$ 可分为 p 个元素和相等的子集,求 k 满足之条件.

808. 若 $k, g \in \mathbf{Z}^+, (k, g) = m, k, g > 1$, 则 $f(kg) = f(m)(f(k/m) + f(g/m))$, 求 $f(1\,984), f(1\,985)$.

809. $a, b \in \mathbf{Z}, n \in \mathbf{Z}^+$, 则 $b^{n-1}((a(a+b)\cdots(a+(n-1)b)))/n! \in \mathbf{Z}$.

810. $k \in \mathbf{Z}^+, u_0 = 0, u_1 = 1, u_n = ku_{n-1} - u_{n-2}(n \geqslant 2)$, 则 $\sum u_i \mid \sum u_i^3$, 对任意的 $n \in \mathbf{Z}^+$ 成立.

811. $s(x, y) = \{s \mid s = [nx + y], x, y \in \mathbf{R}, n \in \mathbf{Z}^+\}$, 证明: 若 $r \in \mathbf{Q}, r > 1$, 则存在 u, $v \in \mathbf{R}$, 使 $s(x, 0) \cap s(u, v) = \emptyset, s(r, 0) \cup s(u, v) = \mathbf{Z}^+$.

812. 任意的 $k \in \mathbf{Z}^+$, 证明: $521 \times 12^k + 1$ 为合数.

813. $f(x) \in Z[x]$, 且存在 $k \in \mathbf{Z}, k \nmid f(0), f(1), \cdots, f(k-1)$, 求证: $f(x) = 0$ 无整根.

814. 求数集 $\{16^n + 10n - 1, n \in \mathbf{Z}^+\}$ 的最大公约数.

815. N 为 8 个连续正整数之积, 则 $\sqrt{N} \notin \mathbf{Z}$.

816. 设 $a, b, c, d \in \mathbf{Z}$, 使 $ax + by = m; cx + dy = n$ 对任何 $m, n \in \mathbf{Z}$ 都有整数解, 证明: $abcd = \pm 1$.

817. $m, n > 1, m, n \in \mathbf{Z}^+$, 则 $s = \sum 1/(m+i) \notin \mathbf{Z}$.

818. $n \in \mathbf{Z}^+, 6^n \cdot n! \mid (3n)!$.

819. $x + y + 2xy = n$ 有正整数解之充要条件是 $2n + 1$ 是合数.

820. $n \in \mathbf{Z}^+, 2\,304 \mid 7^{2n} - 48n - 1$.

821. $n > 1, n$ 为素数 $\Leftrightarrow h \mid C_n^k (k = 1 \sim n-1)$.

822. 设 $f(x) \in Z[x]$, 非常数, 求证: 存在 $x \in \mathbf{Z}^+$, 使 $f(x)$ 为合数.

823. $m, n \in \mathbf{Z}^+, m, n > 1$, 则 $[(m+n)/n]^{m/n} \notin \mathbf{Q}$.

824. $n, r \in \mathbf{Z}^+, 2 \mid n$, 则 $2^{r-1} \mid \sum(2k-1)^n$.

825. 求尾数是 9 009 的最小平方数.

826. 求 $\varphi(xy) = \varphi(x) + \varphi(y)$ 的正整数解.

827. 任意的 $m \in \mathbf{Z}^+$, 必有 $x, y \in \mathbf{Z}, 5x^2 + 11y^2 \equiv 1 \pmod{m}$.

828. 若 $k = 1, 2, 3, x \in \mathbf{Z}^+, f_1(x) = k\varphi(x), f_n(x) = f_{n-1}(f_1(x)), n \geqslant 2$, 试证: n 充分大时, $f_n(x)$ 为常值.

829. 解同余式 $x^2 + 2x + 2 \equiv 0 \pmod{125}$.

830. 求 $x^2 + xy - z = 120$ 的素数解.

831. $x, y > 1, 2 \nmid y, x^y = 2^x \pm 1$ 无整数解.

832. 求 $2x^2 + 5xy - 3xz - 5y + 3z = 5$ 的正整数解.

833. 求整数解 $9x^2 - 12xy + 4y^2 + 3x + 2y = 120$.

834. $f(n)$ 为不定方程 $x + 2y + 3z = n$ 的解数, $x, y, z \geqslant 0$, 则 $f(0) = f(1) = 1$, $f(2) = 2, f(n) = f(n-3) + [n/2] + 1 (n \geqslant 3)$.

835. 求 $2^x - 3^y = 1$ 的正整数解.

836. 问 $x^2 - 2xy^2 + 5z + 3 = 0$ 是否有整数解.

837. p 奇素数, $1/x + 1/y = 2/p$.

838. 求 $2x^n = y^{n-1}$ 的正整数解.

839. 求 $3x^2 + 7xy - 2x - 5y - 35 = 0$ 的正整数解.

840. 求 $x^2 - 29xy^2 + 1981y^2 = 0$ 的负整数解.

841. 求 $5x^2 - 6xy + 7y^2 = 1985$ 的正整数解.

842. $x^2 + y^2 + z^2 = 2xyz \Leftrightarrow x = y = z = 0$.

843. 求整数 $x > y > z$, 使 $x - y, y - z, x - z$ 为平方数.

844. 试证下列方程无整数解: $(1) x^4 + 4y^4 = z^4, (x, y) > 0$; $(2) x^4 - y^4 = z^2, (y, z) > 0$; $(3) x^4 - y^4 = 2z^2, (y, z) > 0$.

845. $x^4 + y^4 = 2z^2, (x, y) = 1$, 则 $|x| = |y| = |z| = 1$.

846. $x^3 + y^3 + z^3 + x^2y + y^2z + z^2x + xyz = 0$, 则 $xyz = 0$.

847. $x^2 + y^2 + z^2 + w^2 + xyzw$ 无限多组解.

848. 任意的 $n \in \mathbf{Z}^+, x^2 + y^2 = z^n$ 有正整数解.

849. p 素数, $p(x) = x^{p-1} + x^{p-2} + \cdots + 1$ 不可约.

850. $x^5 - x^2 + 1$ 在 $\mathbf{Q}$ 上不可约.

851. $f(x), g(x), h(x), k(x)$ 为多项式, 且 $f(x^5) + xg(x^5) + x^2h(x^5) \equiv (x^4 + x^3 + x^2 + x + 1)k(x)$, 证明: $x - 1 | f(x), g(x), h(x)$.

852. 求 $a^2 + b^2 = n!$ 的所有解, $a, b, n \in \mathbf{Z}^+, n \leq 14$.

853. $[\sqrt{n} + \sqrt{n+1}] = [\sqrt{4n+1}] = [\sqrt{4n+3}]$.

854. 设 n 为五位数, m 是 n 中去掉中间一个数码后所成的四位数, 求一切 n 使 $m | n$.

855. 解方程: $[x]^2 = x\{x\}$.

856. $p(x, y)$ 为二元多项式, 若 $p(x, y) \equiv p(y, x)$, 且 $x - y | p(x, y)$, 则 $(x - y)^2 | p(x, y)$.

857. 设 $f(x) = x^2 + x$, 不存在 $a, b \in \mathbf{Z}^+, 4f(a) = f(b)$.

858. $n \in \mathbf{Z}^+, b$ 进制为 777, 求最小的 b, 使 n 为一整数之四次方.

859. $x^3 - x^2 - x - 1 = 0$ 的根为 a, b, c, 证明: $\sum ((a^{1982} - b^{1982})/(a - b)) \in \mathbf{Z}$.

860. $m, k \in \mathbf{Z}^+, F(n, k) = \sum r^{2k-1}$, 则 $F(n, 1) | F(a, k)$.

861. $u_i \in \mathbf{Z}, u_{n+2} = u_{n+1}^2 - u_n, u_1 = 39, u_2 = 45$, 则存在无穷多个 $k \in \mathbf{Z}^+, 1986 | u_k$.

862. 求整系数多项式 $p(x)$ 与 $Q(x)$, 满足 $p(\sqrt{2} + \sqrt{3} + \sqrt{5})/Q(\sqrt{2} + \sqrt{3} + \sqrt{5}) = \sqrt{3} + \sqrt{2}$.

863. 设 $n > 1, k \in \mathbf{Z}^+$, 证明: 存在一数 n, 使 $m > n$ 时, 在 (r^{m-1}, r^m) 中的正整数的 k 次幂和大于 r^m.

864. 设 $\{a_n\}$ 为正数列, a_1 任取, $a_{n+1}^2 = a_{n+1}$, 求证: $\{a_n\}$ 不可能每一项都是有理数.

865. 已知一正整数所有正因数的乘积, 问是否能唯一确定该正整数.

866. 设 $(1 + x)^{p-2} = 1 + \sum a_i x^i$, p 为奇素数, 证明: $p | a_1 + 2, a_2 - 3, a_3 + 4, \cdots, a_{p-3} - (p - 2), a_{p-2} + (p - 1)$.

867. $a_1 = 1, a_2 = 2, a_{n+2} = 5a_{n+1} - 3a_n; a_n, a_{n+1}$ 偶; $a_{n+1} - a_n, a_na_{n+1}$ 奇. 证明: 序列中有无限项正, 无限项负, $a_n \neq 0$, 若 $n = 2^k - 1 (k = 2, 3, 4, \cdots)$, 则 $7 | a_n$.

868. 设 x 是一个 n 位数, 问: 是否存在非负整数 $y \leq 9$ 和 z, 使 $10^{n+1}z + 10x + y$ 是一个完全平方数?

869. (1) 证明有无穷多个 $n \in \mathbf{Z}^+, 2n + 1, 3n + 1$ 是平方数, 此时 $40 | n$; (2) $m \in \mathbf{Z}^+$, 则有无穷多个 $n \in \mathbf{Z}^+, mn + 1, (m + 1)n + 1$ 为完全平方数?

870. 求证:边长为正整数,周长为 n 的不全等三角形有 $[(n^2+6n+24)/48]$(n 奇) 或 $[(n^2+24)/48]$(n 偶) 个.

871. 在 $m\times n$ 的矩阵中填入 mn 个不同的平方数,使每一行,每一列的和都是平方数.

872. $b,c\in\mathbf{R}$,且 $x^2+bx+c=0$ 有两实根,证明:必有 $n\in\mathbf{Z}$,使 $|n^2+bn+c|\leqslant \max(1/4,\sqrt{b^2/4-c})$.

873. 证明:平面上的有理点 (x,y),$x,y\in\mathbf{Q}$,可分为两个点集 A 与 B,A 与任一条平行于 y 轴的直线仅有有限多个公共点,B 与任一条平行于 x 轴的直线仅有有限多个公共点.

874. 对任意的 $n\in\mathbf{Z}^+$,$17^n,17^{n+1},17^{n+2},17^{n+3}$ 与 17^{n+4} 中至少有一个的首位数字为 1.

875. 如一素数,无论其数字怎样排列均为素数,则称其为绝对素数,证明:绝对素数至多有 3 个不同数字(数字可重复出现).

876. $a,d\in\mathbf{Z}^+$,则 $\sum 1/(a+id)\notin\mathbf{Z}$.

877. 设 $p(x)$ 为有理系数三次多项式,$q_1,q_2,\cdots\in\mathbf{Q}$,且对所有 $n\in\mathbf{Z}^+$,都有 $q_n=p(q_{n+1})$,试证:存在 $k\in\mathbf{Z}^+$,任意的 $m\in\mathbf{Z}^+$,有 $q_{m+k}=q_m$.

878. 任意的 $n\in\mathbf{Z}^+$,$n\geqslant 3$,存在 $x,y\in\mathbf{Z}$,$x,y\equiv 1\pmod 2$,$2^n=7x^2+y^2$.

879. 设 x_1,x_2 为 $x^2+qx-1=0$ 的根,q 奇数,证明:对任意的 $n\in\mathbf{N}$,$(x_1^n+x_2^n,x_1^{n+1}+x_2^{n+1})=1$.

880. $m,n\in\mathbf{Z}^+$,则 $n^2+n+1\mid n^{m+2}+(n+1)^{2m+1}$.

881. 若 $2^m\parallel n$,则 $(C_{2n}^1,C_{2n}^3,\cdots,C_{2n}^{2n-1})=2^{m+1}$.

882. $n\geqslant 5$,$a_1,\cdots,a_n\in\mathbf{Z}^+$,$a_1,\cdots,a_n\leqslant 2n$,则 $\min[a_i,a_g]\leqslant 6([n/2]+1)$ 且此上估计最佳.

883. 当 $0\leqslant x\leqslant 100$,问函数 $f(x)=[x]+[2x]+[5x/3]+[3x]+[4x]$ 取多少个值?

884. α 为方程 $x^3-3x^2+1=0$ 的最大正根,则 $17\mid[\alpha^{1988}]$.

885. $x^2+y^2=z^2\Rightarrow 60\mid xyz$.

886. 设 $m\in\mathbf{Z}^+$,$(a,m)=1$,证明:(1) x 过模 m 完系,$\sum\{(ax+b)/m\}=(m-1)/2$;(2) x 过模 m 缩系,$\sum\{ax/m\}=\varphi(m)/2$.

887. 设 $m,k\in\mathbf{Z}^+$,$m,k>1$,证明:存在模 m 的一个缩系,其中每个数的素因子都大于 k.

888. 证明:对任意的素数 p,从 $1,2,\cdots,[(p(2)p^n+1)/(p-1)]$ 中可以选出 $(p-1)^n$ 个数,其中设有长为 p 的等差数列.

889. 设 $d,n\geqslant 2$,证明:在 $1,2,\cdots,[(2d-1)^n-1]/2$ 中可取 $[d^{n-2}/n]$ 个数,其中每 3 数不成等差数列.

890. 设 n 的 p 进制为 $n=\sum a_ip^i$,则 $n!$ 中 p 的幂指数为 $[n-s(n)]/(p-1)$,其中 $s(n)=\sum a_i$.

891. 设 $n,m\in\mathbf{Z}^+$,$n\geqslant m$,p 为素数,当且仅当在 p 进制中 m 的各位数字都不超过 n 的相应数字时 $p\nmid C_n^m$.

892. $1,2,\cdots,2^{k+1}-1$ 中,凡写成二进制数字和为偶数的这些数,其和为 $2^{2k}-2^{k-1}$.

893. k 为正奇数,$n=\sum 2^{l\varphi(k)}$,$l_1<l_2<\cdots<l_t\in\mathbf{Z}^+$,$\varphi(k)$ 为欧拉函数,证明:对任意给定的正整数 c,只要 t 与 l 足够大,$F=(2n)!/n!(n+c)!$ 写成既约分数后,分母不含 2

的幂.

894. 对任意给定的 $c \in \mathbf{Z}^+$,有无穷多个 $n \in \mathbf{Z}^+$,使 $(2n)!/n!(n+c)! \in \mathbf{Z}^+$.

895. 试举一个整系数多项式 $F(x,y)$, $F(x,y) = 0$ 有实数解;对任意的 $n \in \mathbf{Z}^+$, $F(x,y) \equiv 0 \pmod{n}$ 有解;但 $F(x,y) = 0$ 无整数解.

896. 证明:有无穷多个正整数 n,使 $[\sqrt{2n}]$ 为平方数.

897. $x, y \in \mathbf{Z}^+$, $5^x - 3^y = 2$,则 $x = y = 1$.

898. $x^2 + y^2 = a^2$; $x^2 - y^2 = b^2$ 无整数解 (x, y, a, b).

899. 若 $x^n + y^n = z^n \Rightarrow xyz = 0$,则 $x^{2n} + y^{2n} = z^2 \Rightarrow xyz = 0$.

900. 设 $(l, m, n) = 1$,则 $x^l + y^m = z^n$ 有无穷多组正整数解.

901. $5^x = 2^y + 3^z$,则 $(x, y, z) = (1,1,1), (1,2,0)$ 或 $(2,4,2)$.

902. 求 $x^y = y^x$ 的全部有理数解.

903. 设 $a, b, c \in \mathbf{Z}$, $abc \neq 0$,已知 $ax^2 + by^2 + cz^2 = 0$ 有不同于 $(0,0,0)$ 的整数解 (x, y, z),证明:方程 $ax^2 + by^2 + cz^2 = 1$ 有有理数解.

904. 不存在 $a, b \in \mathbf{Z}$, $x^2 + ax + b \mid x^{100} + 2x^{99} + 2x^{98} + 2x + 3$.

905. 设 $p_1(x), p_2(x), \cdots, p_n(x)$ 为实系数多项式,证明:存在实系数多项式 $A_r(x)$, $B_r(x)$ ($r = 1, 2, 3$),满足 $\sum (p_s(x))^2 = (A_1(x))^2 + (B_1(x))^2 = (A_2(x))^2 + x(B_2(x))^2 = (A_3(x))^2 - x(B_3(x))^2$.

906. $f : \mathbf{Z}^+ \to \mathbf{Z}^+$, $f(f(n)) = 4n + 9$, $f(2^{k-1}) = 2^k + 3$,问是否一定有 $f(n) = 2n + 3$?

907. 求证:若 $f : \mathbf{Z}^+ \to \mathbf{Z}^+$,满足 $f^{(k)}(n) = n + a$, $n \in \mathbf{Z}^+$ 的充要条件是 $a \in \mathbf{N}$,且 $k \mid a$.

908. $1, 0, 1, 0, 1, 0, 3 \cdots$ 中,每一项为前 6 项和的末位数字,证明:数列中不含有连续的 6 项构成 $0, 1, 0, 1, 0, 1$.

909. 设 $|M| \geq 3$,任意的 $a, b \in M$, $a \neq b$, $a^2 + b\sqrt{2} \in \mathbf{Q}$,求证:任意的 $a \in M$, $a\sqrt{2} \in \mathbf{Q}$.

910. $a_0 = 1, b_0 = 0, a_{n+1} = 7a_n + 6b_n - 3$; $b_{n+1} = 8a_n + 7b_n - 4$ ($n \in \mathbf{Z}^+$),则 a_n 为平方数.

911. 设 $a_1 = 1, a_2 = 3$,对任意的 $n \in \mathbf{Z}^+$,有 $a_{n+2} = (n+3)a_{n+1} - (n+2)a_0$,求证: $11 \mid a_n \Leftrightarrow n = 4, 8$ 或 $n \geq 10$.

912. $a_1 = 1, a_{n+1} = a_n/2 + 1/4a_n$. 求证: $\sqrt{2}/(2a_n^2 - 1)(n > 1) \in \mathbf{Z}^+$.

913. $m, n \in \mathbf{N}$, $s_m(n) = \sum [k^2 \sqrt{k^m}]$,求证: $s_m(n) \leq n + m(\sqrt{2^m} - 1)$.

914. 证明:任意的 $n \in \mathbf{Z}^+$,存在 $k \in \mathbf{Z}^+$, $k(2n-1)$ 的十进制下各数码均为奇数.

915. 若 $x^2 + x + 1 \mid f(x^3) - xg(x^3)$,则 $x - 1 \mid f(x), g(x)$.

916. 设 n 是给定正整数,求所有正数对 a, b(与 n 有关),满足 $x^2 + ax + b \mid ax^{2n} + (ax + b)^{2n}$.

917. $\{a_n\}$ 定义为 $a_1 = 1, a_n = a_{n-1} + a_{[n/2]}$, $n = 2, 3, \cdots$,证明:该数列中有无穷多项是 7 的倍数.

918. $F_0 = F_1 = 1, F_{n+1} = F_n + F_{n-1}$,证明:每一个正整数 m 都可唯一地表示为如下形式: $m = \sum a_i F_i$,这里 $a_i \in \{0, 1\}$, $a_n = 1$,并且不存在下标 $1 \leq i \leq n - 1$,使得 $a_i = a_{i+1} = 1$.

919. 正整数列 $c_1, c_2, \cdots$ 满足下述条件:对任意的 $m, n \in \mathbf{Z}^+$,若 $1 \leqslant m \leqslant \sum c_i$,则存在 $a_1, a_2, \cdots, a_n \in \mathbf{Z}^+$,使得 $m = \sum c_i/a_i$,问:对每个给定的 $i \in \mathbf{Z}^+$, $\max c_i$ 是多少?

920. 设 $a_1, a_2, \cdots, a_n$ 为一倒三角形第 1 行,其中 $a_i \in \{0, 1\}$, $i = 1, 2, \cdots, n$; $b_1, b_2, \cdots, b_{n-1}$ 为这个倒三角形的第 2 行,使得若 $a_k = a_{k+1}$,则 $b_k = 0$;若 $a_k \neq a_{k+1}$,则 $b_k = 1$, $k = 1, 2, \cdots, n - 1$,类似定义该倒三角形的其余各行,直到第 n 行为止,求证:1 最多有 $[n(n+1)/3]$ 个.

921. 证明:不存在 $x, y, z \in \mathbf{Q}$,满足 $x^2 + y^2 + z^2 + 3(x + y + z) + 5 = 0$.

922. 设 $\alpha, \beta, x, y \in \mathbf{Z}^+$,且 $\beta = (x^2 + y^2 + \alpha)/xy$,求证:$\beta \leqslant \alpha + 2$.

923. 设 $k = (x^2 + y^2 + 6)/xy$, $x, y, k \in \mathbf{Z}^+$,则 $k = 8$.

924. 求所有的整数 $n > 1$,使得它的任一大于 1 的约数可以表示为 $a^r + 1$ 的形式,这里 $a, r \in \mathbf{N}, r \geqslant 2$.

925. 设 $c \in \mathbf{Z}^+$,且 c 可表示为 3 个有理数的平方和,证明:c 可以表示为三个整数的平方和.

926. 求所有的函数 $f: \mathbf{N} \to \mathbf{N}$,使对任意的 $m, n \in \mathbf{N}$,都有 $f(m)^2 + f(n) \mid (m^2 + n)^2$.

927. 证明:对任意的 $n \in \mathbf{N}, n \geqslant 3$,都存在一个完全立方数,它可以表示为 n 个正整数的立方和.

928. 求所有函数 $f: \mathbf{Z}^+ \to \mathbf{Z}^+$,使(1)对任意的 $m, n \in \mathbf{Z}^+$,有 $f(m^2 + n^2) = f(m)^2 + f(n)^2$; (2) $f(1) > 0$.

929. 证明:对任意的 $k \in \mathbf{Z}^+$,存在正整数 $n_1 < n_2 < \cdots < n_k$,使得 $n_1 + s(n_1) = n_2 + s(n_2) = \cdots = n_k + s(n_k)$,这里 $s(n)$ 表示 n 的十进制表示下各数码之和.

930. 求所有函数 $f: \mathbf{Z} \to \mathbf{Z}$,使对任意的 $x, y, z \in \mathbf{Z}$,都有 $f(x^3 + y^3 + z^3) = f(x)^3 + f(y)^3 + f(z)^3$.

931. 证明:任何一个大于 1 的整数都可表示为符合下述条件的有限个正整数的和的形式:(1) 每个项质因子均为 2 或 3;(2) 任意两项中无一项是另一项的倍数.

932. 设 $n \in \mathbf{N}, A_n = \{1 + \sum \alpha_i/(\sqrt{2})^2\}, \alpha_i \in \{-1, 1\}, i = \{1, 2, \cdots, n\}$,对每个 n:(1) 求 $|A_n|$;(2) 求 A_n 中任意两个不同元素之积的和.

933. 对正整数 $k \geqslant 1$,设 $p(k)$ 为不能整除 k 的最小质数,若 $p(k) > 2$,设 $g(k)$ 为所有小于 $p(k)$ 的质数的积;若 $p(k) = 2$,令 $g(k) = 1$,定义数列 $\{x_n\}$ 如下:$x_0 = 1$,而 $x_{n+1} = x_n p(x_n)/g(x_n), n = 0, 1, 2, \cdots$,求所有 n,使 $x_n = 111\,111$.

934. 斐波那契数列为 $1, 1, 2, 3, 5, 8, \cdots$,孪生质数列为 $3, 5, 7, 11, 13, 17, 19, \cdots$,求所有均在这两个数列中都出现的正整数.

935. 设 $x, y, z \in \mathbf{Z}^+$,满足 $xy = z^2 + 1$,求证:存在 $a, b, c, d \in \mathbf{Z}$ 使得 $x = a^2 + b^2, y = c^2 + d^2, z = ac + bd, |ad - bc| = 1$.

936. 设非负数列 $a_1, a_2, \cdots, a_k$ 满足 $a_i + a_g \leqslant a_{i+g} \leqslant a_i + a_g + 1$,这里 $1 \leqslant i, g \leqslant k$,求证:存在 $x \in \mathbf{R}$,使得对任意 $n \in \{1, 2, \cdots, k\}$,都有 $a_n = [nx]$.

937. 正整数列 $\{a_n\}$ 满足:对任意的 $n \in \mathbf{Z}^+$,都有 $\sum a_g^3 = (\sum a_g)^2$,证明:$a_n = n, n = 1, 2, \cdots$.

938. 实数列 $\{a_n\}$ 满足:(1) $a_1 = 2, a_2 = 500, a_3 = 2\,000$;(2) $(a_{n+2} + a_{n+1})/(a_{n+1} + a_{n-1}) =$

$a_{n+1}/a_{n-1}, n = 2,3,\cdots$,证明:任意的 $n \in \mathbf{Z}^+, a_n \in \mathbf{Z}$,且任意的 $n \in \mathbf{Z}^+, 2^n \mid a_n$.

939. 设 k 为给定正整数,数列 $\{a_n\}$ 满足:$a_1 = k+1, a_{n+1} = a_n^2 - ka_n + k, n = 1,2,\cdots$,证明:对任意不同的正整数 $m,n, (a_m, a_n) = 1$.

940. $a_0 = 1, a_n = a_{n-1} + a_{[n/3]}, n = 1,2,\cdots$,证明:对任意不大于13的质数 p,数列中有无穷项 a_m,满足 $p \mid a_m$.

941. 设 k 为给定正整数,$a_0 = 1, a_{n+1} = a_n + [\sqrt{a_n}], n = 0,1,2,\cdots$,对每个 k,求数列 $\{\sqrt{a_n}\}$ 中所有是整数的项组成的集合.

942. 如一由正整数组成的无穷数列从第三项起,每一项都等于前两项之和,那么称该数列为 F - 数列,问:能否将正整数集分划为:(1) 有限个;(2) 无穷多个两两不交的 F 数列之并集.

943. 证明:对任意的 $n \in \mathbf{N}$,存在一个首项系数为 1 的 n 次整系数多项式 $p(x)$,使得 $2\cos n\theta = p(2\cos\theta), \theta$ 为任意实数.

944. $\alpha \in \mathbf{Q}, \cos\alpha\pi \in \mathbf{Q}$,求 $\cos\alpha\pi$ 所有可能值.

945. $p(x) \in \mathbf{Z}[x]$,满足任意的 $n \in \mathbf{N}, p(n) > n$,并且对任意 $m \in \mathbf{N}$,数列 $p(1), p(p(1)), p(p(p(1))), \cdots$ 中都有一项是 m 的倍数,证明:$p(x) = x + 1$.

946. 证明:对任意的 $n \geq 2, n \in \mathbf{Z}$,都存在 $x \in \mathbf{N}$,使得 $3^n \| x^3 + 17$.

947. 对任意的 $k > 0$,是否存在 $x, y, z, u, v \in \mathbf{Z}$,且均大于 k,满足 $x^2 + y^2 + z^2 + u^2 + v^2 = xyzuv - 65$?

948. $a_1 = a_2 = 1, a_{n+2} = (a_{n+1}^2 + 2)/a_n$,则任意的 $n \in \mathbf{Z}^+, a_n \in \mathbf{Z}^+$.

949. $a_1 = 2, a_2 = 7, -\frac{1}{2} < a_{n+1} - a_n^2/a_{n-1} \leq \frac{1}{2} (n = 2,3,\cdots)$,求 $\{a_n\}$ 的通项公式.

950. 求所有函数 $f: \mathbf{N} \to \mathbf{N}$,使对任意的 $m, n \in \mathbf{N}, m > n$,都有 $f(m+n)f(m-n) = f(m^2)$.

951. 任意的 $n \geq 3$,存在奇数 $x, y, 2^n = 7x^2 + y^2$.

952. $x^2 + y^2 = z^n$ 有解.

953. a_n 为前 n 个质数和,则任意的 $n \in \mathbf{Z}^+, [a_n, a_{n+1}]$ 中至少有一个平方数.

954. 求所有的正整数对 (a, n),使得 $n \mid (a+1)^n - a^n$.

955. 设 $a_1, a_2, \cdots, a_n$ 是给定的 $n(n \geq 1)$ 个实数,求证:存在实数 $b_1, b_2, \cdots, b_n$,满足:① 对任意的 $1 \leq i \leq n, a_i - b_i \in \mathbf{Z}^+$;② $\sum(b_i - b_g)^2 \leq (n^2 - 1)/12$.

956. 设 $d, n \in \mathbf{Z}^+, d \mid n, 0 \leq x_1 \leq x_2 \leq \cdots \leq x_n \leq n$,且 $d \mid x_1 + x_2 + \cdots + x_n$,证明:符合条件的所有 n 元非负整数组中,恰有一半满足 $x_n = n$.

957. 若一等差正整数中有两项分别是平方数与立方数,则该数列中必有六次方数.

958. 设 $A \leq \mathbf{N}^*, A \neq \varnothing$,如充分大的正整数都可写成 A 中两数(可以相同)之和,则称 A 为一个二阶基,对 $x \geq 1$,设 $A(x)$ 为 A 中所有不超过 x 的正整数组成的集合,证明:存在一个二阶基 A 及正常数 C,使得所有 $x \geq 1$,都有 $|A(x)| \leq c\sqrt{x}$.

959. 设 $f(n)$ 满足 $f(0) = 0, f(n) = n - f(f(n-1)), n = 1,2,\cdots$,试确定所有实系数多项式 $g(x) \in R[x]$,使 $f(n) = [g(n)], n = 0,1,2,\cdots$.

960. 证明:对任意的 $m, n \in \mathbf{Z}^+$,总存在 $k \in \mathbf{Z}^+$,使得 $2^k - m$ 至少有 n 个不同的素因子.

961. 设 $k \geq 3$ 是奇数,证明:存在一次数为 k 的非整系数的整值多项式 $f(x)$ 具有下面性质:$f(0) = 0, f(1) = 1$;有无穷多个正整数 n,使得:若方程 $n = f(x_1) + \cdots + f(x_s)$ 有整数解 $x_1, x_2, \cdots, x_s$,则 $s \geq 2^k - 1$.

962. 给定 $m, a, b \in \mathbf{Z}^+, (a, b) = 1, A \subseteq \mathbf{Z}^+, A \neq \varnothing$,使对任意 $n \in \mathbf{Z}^+$,都有 $an \in A$ 或 $bn \in A$,对所有满足上述性质的集 A,求 $\min |A \cap \{1, 2, \cdots, m\}|$.

963. 格点立方体的边长一定是整数.

964. 设 $a_1, a_2, \cdots, a_p$ 为公差为 $d(d > 0)$ 的质数等差数列,且 $a_1 > p$,求证:当 p 为质数时,$p \mid d$;$p = 15$ 时,$d > 30\,000$.

965. 试求最好整数 n,使得对于任何 n 个连续正整数中,必有一数,各位数字之和是 7 的倍数.

966. 将正整数乘以 2 后,按任意顺序重新排列它的各位数字(但 0 不能排首位),称为操作,证明:不能经过若干次这种操作由 1 得 74,由 1 得 811.

967. 以 $p(n, k)$ 表示正整数 n 的不小于 k 的约数的个数,试求:$p(1\,001, 1) + p(1\,002, 2) + \cdots + p(2\,000, 1\,000)$.

968. x, y, z 正整数,y 质数,$y \nmid z$,$3 \nmid z$,且 $x^3 - y^3 = z^2$,则 $(x, y, z) = (8, 7, 13)$.

969. 求 $x^2 - 23xy^2 + 1\,989y^2 = 0$ 的所有整数解.

970. $(x + y)/(x^2 - xy + y^2) = 3/7$,则 $(x, y) = (5, 4)$ 或 $(4, 5)$.

971. 是否存在正整数 m,使方程 $1/a + 1/b + 1/c + 1/abc = m/(a + b + c)$ 有无穷多组正整数解 (a, b, c)?

972. p 为奇质数,$k^2 - pk$ 是平方数,则 $k = (p + 1)^2/4$.

973. 求最小的正整数 a,使得存在正奇数 n,满足 $2\,001 \mid 55^n + a \cdot 32^n$.

974. 若 $x, y, z, n \in \mathbf{Z}$,且 $n > 0, x^3 + y^3 + z^3 = nx^2y^2z^2$,则 $n = 1$ 或 3.

975. 设 $a \in \mathbf{Z}, x^2 + axy + y^2 = 1$ 有无限组整数解 (x, y) 的充要条件是 $|a| > 1$.

976. $x^2 + y^2 + z^2 + u^2 = 2xyzu$ 无解.

977. 集合 $M = \{1, 2^2, \cdots, n^2\}$,若存在 $A, B, A \cup B = M, A \cap B = \varnothing$,且 A 集元素和与 B 集的相等,其充要条件是:$n \equiv 0, 3 \pmod 4$,且 $n \neq 3, 4$.

978. 设 $n \in \mathbf{Z}^+, 2^{2\,005} \mid 161^n - 1$,则 $\min n = 2^{2\,000}$.

979. $a_1, a_2, \cdots, a_{2\,006} \in \mathbf{Z}^+$(可有相同的),使 $a_1/a_2, a_2/a_3, \cdots, a_{2\,005}/a_{2\,006}$ 两两不等,问 $a_1, a_2, \cdots, a_{2\,006}$ 中最少有多少个不同的数?

980. $m, n, k \in \mathbf{Z}^+, mn = k^2 + k + 3$,证明:不定方程 $x^2 + 11y^2 = 4m$ 和 $x^2 + 11y^2 = 4n$ 中至少一个有奇数解 (x, y).

981. 试求所有的四位数,其为各位数字和的 83 倍.

982. $x, y \in \mathbf{Z}^+$,解方程 $[x_1^2 y] + [x_1 y^2] = 1\,996$.

983. $d(n)$ 为正整数 n 的正约数个数,则对任意的 a, b,有 $d(ab) \geq d(a) + d(b) - 1$.

984. $a^3b - ab^3 + 2a^2 + 2b^2 + 4 = 0$ 一共有几组整数解 (a, b)?

985. 如存在 $1 \sim n$ 的一个排列,使 $k + a_k (1 \leq k \leq n)$ 均为平方数,则称 n 为"中数",2006 是中数吗?

986. 求最小的 $n \in \mathbf{Z}^+$,使将 $\{1, 2, \cdots, n\}$ 划分成两个子集时,总有一个子集中含有两个不同的数 $a, b, a + b \mid ab$.

987. $a, b, c \in \mathbf{Z}$,且 $102 \mid a^5 + b^5 + c^5 + 4(a + b + c)$,求证:$24 \mid a^3 + b^3 + c^3$.

988. 设 $2,3,4,\cdots,102$ 的排列为 $a_1,a_2,\cdots,a_{101}$, 求所有满足以下条件的数列: 对于 $k=1,2,\cdots,101, k \mid a_k$.

989. 求证: 每个正数可表为 9 个其十进制表示中的数字仅有 0 和 7 的数之和.

990. 设 $p(x)$ 是首 1 多项式, 且对任意的 $k \in \mathbf{Z}^+$, 存在 $x_k \in \mathbf{Z}^+$, 使 $p(x_k) = 2^k$, 求证: $p(x)$ 次数为 1.

991. $m,n,k \in \mathbf{Z}^+, m!n! = k!$ 有无穷多组解 $(m,n,k > 1)$.

992. 给定 $M \in \mathbf{Z}^+$, 将其各位数字进行置换后得到另一 $k \in \mathbf{Z}^+$, 证明: (1) $S(2M) = S(2k), S(n)$ 为 n 各位数字和; (2) $M \equiv k \equiv 0 \pmod{z}, s(M/2) = s(k/2)$; (3) $s(5M) = s(5k)$.

993. 在由 17 个互不相同的正整数组成的任意集合中, 证明: 或者能找到 5 个数, 其中的 4 个能整除另一个, 或者能找到 5 个数, 其中任意一个都不能整除其他 4 个.

994. 除 $1,2,3,4,6$, 每个正整数均可表为两个互素的正整数之和.

995. 考虑全体由 $1 \sim 9$ 不重复地组成的九位数集 A, 若 $a, b \in A, a + b = 987\,654\,321$, 则称 a, b 是"满足条件"的. 证明: (1) 至少存在两对满足条件的数对 $((a, b)$ 与 (b, a) 相同)); (2) 满足条件的数对个数必为奇数.

996. 任意的 $n \in \mathbf{Z}^+, s(n), p(n)$ 分别为各位数字和、积, 问满足 $p(p(n)) + p(s(n)) + s(p(n)) + s(s(n)) = 1\,984$ 的 n 有多少个?

997. 证明: 存在无限个 $n \in \mathbf{Z}^+, n, n+1$ 的分解中素因子指数都不小于 2, 如 $n = 8$ 或 288.

998. 连续 18 个三位数, 有一数 $n, s(n) \mid n$.

999. $a_n = a_{n-1} + s(a_{n-1}), a_1 = 1$, 是否有 k, 使 $a_k = 123\,456$?

1000. 从 $1 \sim 1\,985$ 中找最大子集, 子集中任两数差非素数.

1001. 有两个两位数 x 和 y, 已知 $x = 2y, y$ 的一个数字是 x 的两个数字之和, y 的另一个数字是 x 的两个数字之差, 求 x 和 y.

1002. 是否存在一个 $n \in \mathbf{Z}^+$, 使得有 $n-1$ 个等差数列, 它们的公差分别是 $2,3,\cdots,n$, 使每个自然数至少属于这些数列之一?

1003. 证明: $1\,987 \mid 1\,986!! + 1\,985!!$

1004. 3 的幂中十位数是偶数.

1005. 能否取两个 $m, n \in \mathbf{Z}^+, n$ 为 m 重排十进制数, 且 $m + n = 99\cdots9$?

1006. 已知一整系数多项式有 1 和 2, 证明: 这个多项式必有一个系数小于 -1.

1007. 是否存在 2 的幂, 重排其十进制后得到另一个 2 的幂.

1008. 设 k 是正偶数, 证明: 1 到 $k-1$ 这 $k-1$ 个整数可以排成这样的顺序, 使得其中任意一组相邻整数之和都不能被 k 整除.

1009. 设 x 与 y 是两个六位数, 若 $xy\sqrt{xy}$ (连着写), 求所有这种数对 (x, y).

1010. 求 $[x/10] = [x/11] + 1$ 的解的个数, $x \in \mathbf{Z}^+$.

1011. 试证: 对任何 $n \in \mathbf{Z}^+$, 存在次数不超过 2^n 且系数为 $1, 0$ 或 -1 的多项式 $p(x), (x-1)^n \mid p(x)$.

1012. 求解 $n \in \mathbf{Z}^+, x, y \in \mathbf{Z}, x \neq y$, 且 $x + x^2 + \cdots + x^2 = y + y^2 + \cdots + y^2$.

1013. $2^{1\,917} + 1$ 至 $2^{1\,991} - 1$ 的所有整数之积非平方数.

1014. 设 $n, b \in \mathbf{Z}^+$,考察将 n 表示成大于 b 的整除乘积的各种分解($n > b$ 时本身也是),给定 $V(n, b)$ 为满足上述条件的分解数目,则 $V(n, b) < n/b$.

1015. 任意的 $m \in \mathbf{Z}^+$,存在 m 的倍数 $M, s(M)$ 为奇数.

1016. $a_1 = 1, a_{n+1} = a_n + [\sqrt{a_n}]$,问哪些 n 满足 a_n 是平方数?

1017. 求证:存在由 100 个不同整数组成的数列,该数列任意相继两项的平方和仍然是一个完全平方数.

1018. $x * x = 0, x * (y * z) = (x * y) + z$,求 $*$.

1019. 试求 $n \in \mathbf{Z}^+$,2^n 满足删去十进制最高一位表示,所得数仍然是一个 2 的方幂.

1020. 给定 $A \in \mathbf{Z}^+$,任取 A 的因子 d 加上 A,得新数 $A + d, 1 < d < A$,继续这个过程,试证:从 $A = 4$ 出发,上述过程可得任何合数.

1021. 将 $1 \sim n$ 的所有整数十进制表示写成一排:$s(n) = 123\cdots91011\cdots n$,是否存在 n,使 $s(n)$ 中 $0 \sim 9$ 出现次数相同?

1022. 在一个正方形的四个顶点各站一个青蛙(青蛙看做一个点),约定青蛙不能同时跳,但可以无先后顺序地跳动,且每次跳到以另三只青蛙的重心为对称中心的对称点,是否有一个青蛙能跳到另一个青蛙身上?

1023. 有位中学女生忘记两个三位数间的乘号,成了一个六位数,这个六位数等于乘积的 3 倍,试求此数.

1024. $x^2 + y^2 + z^2 = x^3 + y^3 + z^3$ 无穷解?

1025. 求最大整数 M,使 M 的十进制表达式中最后一位不取 0,且存在一位数(除第一位外),擦去这一位数,所得的整数整除 M.

1026. 求 5 个正整数 $a_1 \sim a_5$,使 $(a_i, a_g) = |a_i - a_g|, i \neq g$.

1027. C_n 为 2^n 十进制表示中第一位数,求证:不同的 13 数组 $(C_k, C_{k+1}, \cdots, C_{k+12})$ 的个数等于 57.

1028. 求证:$a00\cdots09$(至少有个 0) 非平方数.

1029. $a, b, c, a/b + b/c + c/a, a/c + c/b + b/a \in \mathbf{Z}$,求证:$|a| = |b| = |c|$.

1030. 是否存在一个球通过唯一的有理点?

1031. 在平面上标注着一些整点,任四点不共圆,求证:有一个半径为 1 995 的圆,在它的内部没有一个被标注了的点.

1032. n 个实数 $x_1, x_2, \cdots, x_n$ 乘积为 p,如每个差 $p - x_k (k = 1, 2, \cdots, n)$ 都是奇数,求证:每个 x_k 都是无理数.

1033. 求证:从任一由 1 996 个实数 $a_1, a_2, \cdots, a_{1996}$ 组成的数列中,总可以选出若干连续的项,使得它们的和同一整数之差的绝对值小于 0.001.

1034. $1!, 2!, \cdots, 100!$ 中能否去掉一数,使剩余之积为平方数?

1035. 若 p, g, r 为三不同质数,$gr | p^2 + d, rp | g^2 + d, pg | r^2 + d$,$d = 10$ 可能?$d = 11$ 可能?

1036. 是否存在六位数 A,使 $A, 2A, 3A, \cdots 500\,000A$ 的六位尾数不可能为六个相同的数?

1037. 试证下列数不能等于若干个连续整数的立方和 (a) $97^{97}, 1\,997^{17}$.

1038. 方程 $xy = (x - y) + yz(y - z) + zx(z - x) = 6$ 有无限多组整数解.

1039. 设 $n \in \mathbf{Z}^+, 24 | n + 1$,求证:$24 | \sigma(n), \sigma(n)$ 为 n 的全体正约数之和.

1040. 设 $n \in \mathbf{Z}^+$，恰好有 12 个正约数，从小到大依次为 $d_1 < d_2 < \cdots < d_{12}$，已知 $d_4 - 1 = (d_1 + d_2 + d_4)d_8$，求 n.

1041. $a, b, c, d \in \mathbf{Z}^+, 24(abcd + 1) = 5(a+1)(b+1)(c+1)(d+1)$.

1042. $5x^2 - 2xy + 2y^2 - 2x - 2y = 99, x, y \in \mathbf{Z}$.

1043. 对任意的 $k \geq 2, k \in \mathbf{Z}^+$，设 $\sigma_k(n) = \sum d^k$，求证：存在无限多个 $n, n \mid \sigma_{k(n)}$.

1044. 证明或否定：对任意 $a_1, a_2, \cdots, a_p \in \mathbf{Z}, p$ 为素数，$0, 1, \cdots, p-1$ 的任一个排列 b_i，满足 $p \nmid \sum b_i a_i$. 则 $p \mid \sum a_i$.

1045. 求所有具有下述性质的 $n \in \mathbf{Z}^+$，它的十进制写法中数字的数 n^3 和 n^4 中 $0 \sim 9$ 恰好发现一次.

1046. 如果真分数的分母不超过 100，则在这个分数的十进制写法中不可能从左到右依次连续出现 1, 6, 7 这三个数.

1047. 证明：形如 $2^2 + 1$ 的素数不能表成两个正整数的 5 次幂之差.

1048. 是否存在 $n \in \mathbf{Z}^+$，使 $2^{n+1} - 1$ 与 $2^{n-1}(2^n - 1)$ 均为立方数？

1049. 证明：如 $m, n \in \mathbf{Z}^+$，满足 $\sqrt{7} - m/n > 0$，则 $\sqrt{7} - m/n > 1/mn$.

1050. 求 $(\sqrt{3} + \sqrt{2})^{1980}$ 的十进制写法中位于小数点前后相连的两个数字.

1051. 对任意的 $m, n \in \mathbf{Z}^+$，存在 $k \in \mathbf{Z}^+$，使 $(\sqrt{m} \pm \sqrt{m-1})^n = \sqrt{k} \pm \sqrt{k-1}$.

1052. 对任意的 $k \in \mathbf{Z}^+$，存在 $n \in \mathbf{Z}^+, 5^n$ 的十进制写法中至少出现连续 k 个 0.

1053. 证明：对任意的 $m \in \mathbf{Z}^+$，有无限多个形如 5^n 的数，$n \in \mathbf{Z}^+$，使其十进制写法中，末尾 m 个数字的每一个都与其相邻的数有不同的奇偶性.

1054. 证明：若一矩形的边长为奇数，则内部不含有一点，到四个顶点的距离都是整数.

1055. 证明：不存在正四棱锥，它的所有棱长，表面积和体积都是整数.

1056. 对给定 n 个不同的数 $a_1, a_2, \cdots, a_n \in \mathbf{Z}^+, n > 1$，记 $p_i = \prod(a_i - a_g), i = 1, 2, \cdots, n$，证明：对任意的 $k \in \mathbf{Z}^+, \sum a_i^k / p_i \in \mathbf{Z}^+$.

1057. $n \in \mathbf{Z}^+$，存在 n 个连续正整数，每一个都非素数的整数幂.

1058. 设 $d_1 < d_2 < \cdots < d_k$ 是正整数 n 的所有因子，$k \geq 4$，求满足：$d_1^2 + d_2^2 + d_3^2 + d_4^2 = n$ 的所有 n.

1059. 求所有正整数 $n > 1$，使得存在 n 个正整数 $a_1, a_2, \cdots, a_n$，其中任意两个数的和 $a_i + a_g$ 关于 $n(n+1)/2$ 都互不同余 $(1 \leq i \leq g \leq n)$.

1060. 设 $k \in \mathbf{Z}^+$，证明：存在无限多个形如 $n \cdot 2^k - T$ 的完全平方数.

1061. 解方程 $1 - |x+1| = \{[x] - x\}/|x-1|$.

1062. 求解 $\sum [\sqrt{i}] = 400, x$ 为正整数.

1063. $[x] + [2x] + \cdots + [32x] = 12\,345$ 无解.

1064. 对每个 $n \in \mathbf{Z}^+$，求方程 $x^2 - [x]^2 = \{x\}^2$ 在区间 $[1, n]$ 中解的个数.

1065. 对任意的 $n \in \mathbf{Z}^+, [\sqrt{n} + \sqrt{n+1}] = [\sqrt{4n+2}]$.

1066. 对任意的 $n \in \mathbf{Z}^+, a_n = [n + \sqrt{n/3} + 1/2], b_n = 3n^2 - 2n$，则 $\{a_n\} \cup \{b_n\} = \mathbf{Z}^+$，$\{a_n\} \cap \{b_n\} = \emptyset$.

1067. $a_1 = 2, a_{n+1} = [\frac{3}{2} a_n]$ 中有无限次偶数和奇数.

1068. $a_n = [\sqrt{2}n]$ 中有无限多项 2 的幂.

1069. 对任意的 $n \in \mathbf{Z}^+$,求 $2^k \| [(3+\sqrt{11})^{2n-1}]$.

1070. 对任意的 $x, y \in \mathbf{Z}^-$,$[5x] + [5y] \geqslant [3x+y] + [3y+x]$.

1071. 求最小的 $n \in \mathbf{Z}^+$,使方程 $[10^n/x] = 1989$ 有整数解 x.

1072. 求 $a, b \in \mathbf{Z}^+$,使 $[a^2/b] + [b^2/a] = [(a^2+b^2)/ab] + ab$.

1073. 设 n 和 $r \in \mathbf{Z}^+, n \geqslant 2$,且 $r \not\equiv 0 (\bmod n)$,记 n 和 r 的最大公因数为 g,证明: $\sum \{gr/n\} = 1/2(n-g)$.

1074. 求方程组 $xz - 2yt = 3, xt + yz = 1$ 的所有整数解.

1075. 在空间直角坐标系中有一个立方体,它有 4 个不共面的顶点,其坐标都是整数,证明:这个立方体的每个顶点的坐标都是整数.

1076. 正整数列 $a_1 < a_2 < a_3 < \cdots$ 满足 $a_1 = 1$,且当 $n \in \mathbf{Z}^+$ 时,$a_{n+1} < 2n$,证明:对任意的 $n \in \mathbf{Z}^+$,在数列 $\{a_n\}$ 中总有两个项 a_p 和 a_q,使得 $a_p - a_q = n$.

1077. 求所有 $a_0 \in \mathbf{R}$,使得由 $a_{n+1} = 2^n - 3a_n$ 所确定的数列 $\{a_n\}$ 递增.

1078. 若 $a_1, a_2, a, (a_1^2 + a_2^2 + a)/a_1 a_2 \in \mathbf{Z}$,则由 $a_{n+2} = (a_{n+1}^2 + a)/a_n$ 定义之数列是整数列.

1079. 问对于哪些 $n \in \mathbf{Z}^+$,$3 \mid 1/2\sqrt{3}[(2+\sqrt{3})^n - (2-\sqrt{3})^n]$?

1080. 证明:数列 $b_n = [(3+\sqrt{5})/2]^n - [(3-\sqrt{5})/2]^n - 2$ 每一项 $\in \mathbf{Z}^+$,且当 n 为偶(奇)数时分别有形式 $5m^2(m^2)$,其中 $m \in \mathbf{Z}^+$.

1081. $a_0 = 1, a_1 = 1, a_{n+1} = 2a_n + (a-1)a_{n-1}$,其中 $n \in \mathbf{Z}^+$,a 为固定参数,设 $p_0 > 2$ 是给定素数,求满足下述两个条件的 a 的最小值:(1) 如 p 是素数,且 $p \leqslant p_0$,则 $p \mid a_p$;(2) 如果 p 是素数,且 $p > p_0$,则 $p \nmid a_p$.

1082. 证明:恰有一整数列 $a_1, a_2, \cdots$,满足 $a_1 = 1, a_2 > 1, a_{n+1}^3 + 1 = a_n a_{n+2}$,其中 $n \in \mathbf{Z}^+$.

1083. 对给定素数 p,求满足 $a_0/a_1 + a_0/a_2 + \cdots + a_0/a_n + p/a_{n+1} = 1, n \in \mathbf{Z}^+$ 的不同的正整数列 $a_0, a_1, \cdots$ 的个数.

1084. 设 $F_1 = F_2 = 1, F_{n+2} = F_{n+1} + F_n$,存在唯一的三数组 $a, b, c \in \mathbf{Z}^+, b, c < a$,且对任意的 $n \in \mathbf{Z}^+, a \mid a_n - nbc^n$.

1085. 对 $x \in \mathbf{Z}^+$,记 $p(x)$ 为不整除 x 的最小素数,$q(x)$ 的所有小于 $p(x)$ 的素数的积,约定 $p(1) = 2$,对 $p(x) = 2$ 的正整数 x,定义 $q(x) = 1$,定义数列 $x_{n+1} = x_n p(x_n)/q(x_n)$,$n = 0, 1, 2, \cdots$,首项为 $x_0 = 1$,求所有使得 $x_n = 1995$ 的 n.

1086. 对 $n \in \mathbf{Z}^+$,递归定义 $f(n)$ 如下:$f(1) = 1$,对每一个正整数 n,$f(n+1)$ 是最大的整数 m,使得有一正整数等差数列 $a_1 < a_2 < \cdots < a_m = n$,并且 $f(a_1) = f(a_2) = \cdots = f(a_m)$,证明:存在正整数 a 与 b,使得对每一正整数 n,有 $f(an+b) = n+2$.

1087. $a_1 = 0, a_n = a_{[n/2]} + (-1)^{n(n+1)/2}, n > 1$,对正整数 k,求满足条件 $2^k \leqslant n < 2^{k+1}$ 且 $a_n = 0$ 的下标 n 的个数.

1088. 是否存在非负整数序列 $F(1), F(2), F(3), \cdots$,使得下述条件都成立?(1) 每个整数 $0, 1, 2, \cdots$ 在这一数列中出现;(2) 每个正整数在这一数列中出现无穷多次;(3) 对任意的

$n \geq 2, F(F(n^{163})) = F(F(n)) + F(F(361))$.

1089. 是否存在满足下述条件的正整数列,每个正整数在其中恰好出现一次,且对任意的 $k \in \mathbf{Z}^+$,正整数列的前 k 项之和被 k 整除?

1090. 实数 x 为有理数的充要条件是:数列 $x, x+1, x+2, \cdots$ 中必有不同的 3 项组成等比数列.

1091. $m, n \in \mathbf{Z}^+$,求 $\min |12^m - 5^n|$.

1092. 设 $r_1, r_2, \cdots, r_m \in \mathbf{Q}^+$,$\sum r_k = 1$. 定义 $f: \mathbf{Z}^+ \to \mathbf{Z}^+$ 为 $f(n) = n - \sum [r_k n]$,求 $f(n)$ 的最小值和最大值.

1093. 对给定 $k \in \mathbf{Z}^+$,用 $f_1(k)$ 表示 k 的各位数字和的平方,并设 $f_{n+1}(k) = f_1(f_n(k))$,求 $f_{1991}(2^{1990})$.

1094. 证明:存在函数 $f: \mathbf{Z}^+ \to \mathbf{Z}^+$,使得 $f(f(n)) = n^2, n \in \mathbf{Z}^+$.

后记

2009 年 1 月 9 日,在人民大会堂内,2008 年度国家最高科学技术奖被授予串级萃取理论的建立者,中国科学院院士徐光宪.他的成功秘诀之一是多做习题,早年徐老从上海交通大学毕业留校任教后,将亚瑟·诺伊斯《化学原理》中的 498 道习题和鲍林《量子力学导论》中的习题全部做了一遍.2003 年非典期间,徐光宪发表了致北大学生的公开信,谆谆告诫学子们"提高自学能力,在家多做习题".

美国普林斯顿高等研究院的阿德勒回忆自己成才经历时曾说过在高中阶段,他曾与另外 8 名杰出的高中毕业生一道从事暑假科学实践活动,在得知他们大都已学过微积分后,也决心立刻开始自学微积分.

他的父亲给他找出了他以前用过的微积分课本,并颇有心得地告诉他说,练习最好隔题而做——因为不解题不可能掌握所学的知识.但阿德勒的时间又很有限,而且做题太多也很乏味.于是阿德勒充分利用乘坐通勤车、课业之余的时间学习和解题,结果在秋天进入哈佛大学的时候阿德勒便直接开始学习高等微积分课程了.事实上,正是数学上的"先走一步",使他的物理学学习很快超越了其他同学.

做习题是学习自然科学的不二法门,刘培杰数学工作室对此有高度的共识,并致力于开发此类图书,试题类图书有《历届 IMO 试题集》、《全国大学生数学夏令营试题解答》、《历届 CMO 试题集》、《历届美国大学生数学竞赛试题集》等

后记
Postscript

多部图书.看到本书的众多习题,可能会有读者要问:需要做这么多题吗?我们认为:这是必须的!心理学家 Michael Howe 在他的书《解释天才》中指出:要想在复杂任务上做得杰出,就必须达到一个最低练习标准,这一点在对特长和技能的研究中一次次得到证实.事实上,研究者已经得出了自己的结论,他们相信要想取得真正技能,必须达到一个神奇的数字:1 万小时.学数学也是一样,虽然没有人专门研究但解万题确实是成为杰出数学家的一道门槛.苏步青、田刚等大学阶段都有过此经历.在数学家中真正的神童很少,如维纳、闵可夫斯基和陶哲轩.大部分都是靠勤奋而成名.即使像庞加莱、希尔伯特那样的大家都不例外,学生期间的勤奋除了读书就是做题,所以世界各国数学书中一大部分就是各类习题集.当然做数学题有快有慢,但要想成功总时数少不得.

神经学家 Daniel Levitin 说:要想达到精通的水准,或者成为世界级水平的专家,在任何领域,1 万个小时的练习都必不可缺.一次一次地研究,作曲家、篮球运动员、虚构作家、滑冰运动员、音乐会上的钢琴家、围棋选手、犯罪高手,无论你从事什么,这个数字一次一次地出现.当然,这解释不了为什么某些人经过同样的练习却取得比他人更高的成就.但迄今为止,还没有人发现任何世界级专家能够用更少的练习时间取得目前的成就.似乎大脑必须用这么长的时间,才能学会达到真正精通所需的一切知识.

解完这套初等数论难题集(共三卷)的全部习题,我们估计一个中等智力的读者共需费时 5 000 小时,但还有没有相信勤能补拙的读者就是未知的了.

在 1995 年的《美国数学会公报》的一篇文章中,Saunders MacLane 提出把直觉—探试—出错—思索—猜想—证明作为理解数学的一个过程,而大部分现代数学课程推崇的过程与此相反,是课堂讲述—记忆—测验.

对初等数论问题的独立解答可以适当还原 Saunders Maclane 的过程.因为它难于套用公式又有一定难度.解答一定是在试错后完成.原来也曾设想只提供题目和简单提示(像波利亚和舍贵那两本《数学分析中的问题和定理》一样,吴康先生也曾提出这样的建议),但恐有些读者解不出题目向我们求助,限于我们的精力和水平怕难以及时帮助到读者,所以索性将详细解答一并附上.

这是一部越俎代庖之作,犯了术业专攻之忌.被比尔·克林顿誉为人类历史上最伟大的编辑的美国西蒙·舒斯特公司的副总裁兼总编辑的戈特利布(Robert Gottlieb)在 1994 年的一次采访时感慨到:"出版业已发生了很多变化,其中一个变化就是如今很多编辑已不再编书.他们现在的任务主要是签订图书出版合同."也有人调侃编辑说:"他们甚至不再用'书籍'(Book)一词,在他们的工作中只有选题(Title)."策划编辑日益成为出版流水线上一名熟练工人,从马尔库塞的"单向度的人"到后工业化"流水线上的人"单一乏味的工作是造成现代人幸福感下降的原因之一.所以要像农民学习从种到耕到收全过程参与,尽管从经济学原理上讲有悖于效益至上原则,但提高了生产者的满意度.其实编者和作者并非难统一,哈尔莫斯也曾是一名好编辑,其他行业也不例外.在作曲家舒曼的传记电影《春天交响曲》中,有一个细节,年轻的舒曼在门德尔松指导下毕恭毕敬地修改乐谱——事实上,这一情节不仅是舒曼,也是当年众多年轻作曲家的真实经历.门德尔松不但是名满欧洲的作曲家,还是当时德国最大乐谱出版社的编辑,年轻作曲家们想要走上音乐之路.第一步就是拜访门德尔松,应征者中还有瓦格纳(但门德尔松一时疏忽把他提交的交响乐谱弄丢了,致使瓦格纳对此耿耿于怀).

最后像王元教授、潘承彪教授、柯召教授、孙琦教授、陆洪文教授、冯克勤教授、单◼教授、于秀源教授、黄宣国教授、曾荣教授、曹珍富教授、余红兵教授、李建泉教授表示感谢,因为有许多难题的解法是出自他们之手.

世界上最早解释彩虹的是法国数学家笛卡尔,那么是彩虹的哪一个特色让笛卡尔产生做数学分析的灵感呢?美国物理学家费曼的回答是:"我会说他的灵感来自于他认为彩虹很美."(里昂纳德·曼罗迪诺.费曼的彩虹.陈雅云,译.西安:陕西师范大学出版社,2000年)好啦,这就是我们做本书的最重要原因,因为数论真的很美!

刘培杰

2009年3月5日

刘培杰数学工作室
已出版(即将出版)图书目录——初等数学

书 名	出版时间	定 价	编号
新编中学数学解题方法全书(高中版)上卷(第2版)	2018—08	58.00	951
新编中学数学解题方法全书(高中版)中卷(第2版)	2018—08	68.00	952
新编中学数学解题方法全书(高中版)下卷(一)(第2版)	2018—08	58.00	953
新编中学数学解题方法全书(高中版)下卷(二)(第2版)	2018—08	58.00	954
新编中学数学解题方法全书(高中版)下卷(三)(第2版)	2018—08	68.00	955
新编中学数学解题方法全书(初中版)上卷	2008—01	28.00	29
新编中学数学解题方法全书(初中版)中卷	2010—07	38.00	75
新编中学数学解题方法全书(高考复习卷)	2010—01	48.00	67
新编中学数学解题方法全书(高考真题卷)	2010—01	38.00	62
新编中学数学解题方法全书(高考精华卷)	2011—03	68.00	118
新编平面解析几何解题方法全书(专题讲座卷)	2010—01	18.00	61
新编中学数学解题方法全书(自主招生卷)	2013—08	88.00	261
数学奥林匹克与数学文化(第一辑)	2006—05	48.00	4
数学奥林匹克与数学文化(第二辑)(竞赛卷)	2008—01	48.00	19
数学奥林匹克与数学文化(第二辑)(文化卷)	2008—07	58.00	36'
数学奥林匹克与数学文化(第三辑)(竞赛卷)	2010—01	48.00	59
数学奥林匹克与数学文化(第四辑)(竞赛卷)	2011—08	58.00	87
数学奥林匹克与数学文化(第五辑)	2015—06	98.00	370
世界著名平面几何经典著作钩沉——几何作图专题卷(共3卷)	2022—01	198.00	1460
世界著名平面几何经典著作钩沉(民国平面几何老课本)	2011—03	38.00	113
世界著名平面几何经典著作钩沉(建国初期平面三角老课本)	2015—08	38.00	507
世界著名解析几何经典著作钩沉——平面解析几何卷	2014—01	38.00	264
世界著名数论经典著作钩沉(算术卷)	2012—01	28.00	125
世界著名数学经典著作钩沉——立体几何卷	2011—02	28.00	88
世界著名三角学经典著作钩沉(平面三角卷Ⅰ)	2010—06	28.00	69
世界著名三角学经典著作钩沉(平面三角卷Ⅱ)	2011—01	38.00	78
世界著名初等数论经典著作钩沉(理论和实用算术卷)	2011—07	38.00	126
世界著名几何经典著作钩沉(解析几何卷)	2022—10	68.00	1564
发展你的空间想象力(第3版)	2021—01	98.00	1464
空间想象力进阶	2019—05	68.00	1062
走向国际数学奥林匹克的平面几何试题诠释.第1卷	2019—07	88.00	1043
走向国际数学奥林匹克的平面几何试题诠释.第2卷	2019—09	78.00	1044
走向国际数学奥林匹克的平面几何试题诠释.第3卷	2019—03	78.00	1045
走向国际数学奥林匹克的平面几何试题诠释.第4卷	2019—03	98.00	1046
平面几何证明方法全书	2007—08	35.00	1
平面几何证明方法全书习题解答(第2版)	2006—12	18.00	10
平面几何天天练上卷·基础篇(直线型)	2013—01	58.00	208
平面几何天天练中卷·基础篇(涉及圆)	2013—01	28.00	234
平面几何天天练下卷·提高篇	2013—01	58.00	237
平面几何专题研究	2013—07	98.00	258
平面几何解题之道.第1卷	2022—05	38.00	1494
几何学习题集	2020—10	48.00	1217
通过解题学习代数几何	2021—04	88.00	1301
圆锥曲线的奥秘	2022—06	88.00	1541

刘培杰数学工作室
已出版(即将出版)图书目录——初等数学

书　名	出版时间	定　价	编号
最新世界各国数学奥林匹克中的平面几何试题	2007—09	38.00	14
数学竞赛平面几何典型题及新颖解	2010—07	48.00	74
初等数学复习及研究(平面几何)	2008—09	68.00	38
初等数学复习及研究(立体几何)	2010—06	38.00	71
初等数学复习及研究(平面几何)习题解答	2009—01	58.00	42
几何学教程(平面几何卷)	2011—03	68.00	90
几何学教程(立体几何卷)	2011—07	68.00	130
几何变换与几何证题	2010—06	88.00	70
计算方法与几何证题	2011—06	28.00	129
立体几何技巧与方法(第2版)	2022—10	168.00	1572
几何瑰宝——平面几何500名题暨1500条定理(上、下)	2021—07	168.00	1358
三角形的解法与应用	2012—07	18.00	183
近代的三角形几何学	2012—07	48.00	184
一般折线几何学	2015—08	48.00	503
三角形的五心	2009—06	28.00	51
三角形的六心及其应用	2015—10	68.00	542
三角形趣谈	2012—08	28.00	212
解三角形	2014—01	28.00	265
探秘三角形:一次数学旅行	2021—10	68.00	1387
三角学专门教程	2014—09	28.00	387
图天下几何新题试卷.初中(第2版)	2017—11	58.00	855
圆锥曲线习题集(上册)	2013—06	68.00	255
圆锥曲线习题集(中册)	2015—01	78.00	434
圆锥曲线习题集(下册·第1卷)	2016—10	78.00	683
圆锥曲线习题集(下册·第2卷)	2018—01	98.00	853
圆锥曲线习题集(下册·第3卷)	2019—10	128.00	1113
圆锥曲线的思想方法	2021—08	48.00	1379
圆锥曲线的八个主要问题	2021—10	48.00	1415
论九点圆	2015—05	88.00	645
近代欧氏几何学	2012—03	48.00	162
罗巴切夫斯基几何学及几何基础概要	2012—07	28.00	188
罗巴切夫斯基几何学初步	2015—06	28.00	474
用三角、解析几何、复数、向量计算解数学竞赛几何题	2015—03	48.00	455
用解析法研究圆锥曲线的几何理论	2022—05	48.00	1495
美国中学几何教程	2015—04	88.00	458
三线坐标与三角形特征点	2015—04	98.00	460
坐标几何学基础.第1卷,笛卡儿坐标	2021—08	48.00	1398
坐标几何学基础.第2卷,三线坐标	2021—09	28.00	1399
平面解析几何方法与研究(第1卷)	2015—05	18.00	471
平面解析几何方法与研究(第2卷)	2015—06	18.00	472
平面解析几何方法与研究(第3卷)	2015—07	18.00	473
解析几何研究	2015—01	38.00	425
解析几何学教程.上	2016—01	38.00	574
解析几何学教程.下	2016—01	38.00	575
几何学基础	2016—01	58.00	581
初等几何研究	2015—02	58.00	444
十九和二十世纪欧氏几何学中的片段	2017—01	58.00	696
平面几何中考.高考.奥数一本通	2017—07	28.00	820
几何学简史	2017—08	28.00	833
四面体	2018—01	48.00	880
平面几何证明方法思路	2018—12	68.00	913
折纸中的几何练习	2022—09	48.00	1559
中学新几何学(英文)	2022—10	98.00	1562
线性代数与几何	2023—04	68.00	1633
四面体几何学引论	2023—06	68.00	1648

刘培杰数学工作室
已出版(即将出版)图书目录——初等数学

书　　名	出版时间	定　价	编号
平面几何图形特性新析.上篇	2019—01	68.00	911
平面几何图形特性新析.下篇	2018—06	88.00	912
平面几何范例多解探究.上篇	2018—04	48.00	910
平面几何范例多解探究.下篇	2018—12	68.00	914
从分析解题过程学解题:竞赛中的几何问题研究	2018—07	68.00	946
从分析解题过程学解题:竞赛中的向量几何与不等式研究(全2册)	2019—06	138.00	1090
从分析解题过程学解题:竞赛中的不等式问题	2021—01	48.00	1249
二维、三维欧氏几何的对偶原理	2018—12	38.00	990
星形大观及闭折线论	2019—03	68.00	1020
立体几何的问题和方法	2019—11	58.00	1127
三角代换论	2021—05	58.00	1313
俄罗斯平面几何问题集	2009—08	88.00	55
俄罗斯立体几何问题集	2014—03	58.00	283
俄罗斯几何大师——沙雷金论数学及其他	2014—01	48.00	271
来自俄罗斯的5000道几何习题及解答	2011—03	58.00	89
俄罗斯初等数学问题集	2012—05	38.00	177
俄罗斯函数问题集	2011—03	38.00	103
俄罗斯组合分析问题集	2011—01	48.00	79
俄罗斯初等数学万题选——三角卷	2012—11	38.00	222
俄罗斯初等数学万题选——代数卷	2013—08	68.00	225
俄罗斯初等数学万题选——几何卷	2014—01	68.00	226
俄罗斯《量子》杂志数学征解问题100题选	2018—08	48.00	969
俄罗斯《量子》杂志数学征解问题又100题选	2018—08	48.00	970
俄罗斯《量子》杂志数学征解问题	2020—05	48.00	1138
463个俄罗斯几何老问题	2012—01	28.00	152
《量子》数学短文精粹	2018—09	38.00	972
用三角、解析几何等计算解来自俄罗斯的几何题	2019—11	88.00	1119
基谢廖夫平面几何	2022—01	48.00	1461
基谢廖夫立体几何	2023—04	48.00	1599
数学:代数、数学分析和几何(10—11年级)	2021—01	48.00	1250
直观几何学:5—6年级	2022—04	58.00	1508
几何学:第2版.7—9年级	2023—08	68.00	1684
平面几何:9—11年级	2022—10	48.00	1571
立体几何.10—11年级	2022—01	58.00	1472

谈谈素数	2011—03	18.00	91
平方和	2011—03	18.00	92
整数论	2011—05	38.00	120
从整数谈起	2015—10	28.00	538
数与多项式	2016—01	38.00	558
谈谈不定方程	2011—05	28.00	119
质数漫谈	2022—07	68.00	1529

解析不等式新论	2009—06	68.00	48
建立不等式的方法	2011—03	98.00	104
数学奥林匹克不等式研究(第2版)	2020—07	68.00	1181
不等式研究(第三辑)	2023—08	198.00	1673
不等式的秘密(第一卷)(第2版)	2014—02	38.00	286
不等式的秘密(第二卷)	2014—01	38.00	268
初等不等式的证明方法	2010—06	38.00	123
初等不等式的证明方法(第二版)	2014—11	38.00	407
不等式·理论·方法(基础卷)	2015—07	38.00	496
不等式·理论·方法(经典不等式卷)	2015—07	38.00	497
不等式·理论·方法(特殊类型不等式卷)	2015—07	48.00	498
不等式探究	2016—03	38.00	582
不等式探秘	2017—01	88.00	689
四面体不等式	2017—01	68.00	715
数学奥林匹克中常见重要不等式	2017—09	38.00	845

刘培杰数学工作室
已出版(即将出版)图书目录——初等数学

书　名	出版时间	定　价	编号
三正弦不等式	2018—09	98.00	974
函数方程与不等式:解法与稳定性结果	2019—04	68.00	1058
数学不等式.第1卷,对称多项式不等式	2022—05	78.00	1455
数学不等式.第2卷,对称有理不等式与对称无理不等式	2022—05	88.00	1456
数学不等式.第3卷,循环不等式与非循环不等式	2022—05	88.00	1457
数学不等式.第4卷,Jensen不等式的扩展与加细	2022—05	88.00	1458
数学不等式.第5卷,创建不等式与解不等式的其他方法	2022—05	88.00	1459
不定方程及其应用.上	2018—12	58.00	992
不定方程及其应用.中	2019—01	78.00	993
不定方程及其应用.下	2019—02	98.00	994
Nesbitt 不等式加强式的研究	2022—06	128.00	1527
最值定理与分析不等式	2023—02	78.00	1567
一类积分不等式	2023—02	88.00	1579
邦费罗尼不等式及概率应用	2023—05	58.00	1637
同余理论	2012—05	38.00	163
[x]与{x}	2015—04	48.00	476
极值与最值.上卷	2015—06	28.00	486
极值与最值.中卷	2015—06	38.00	487
极值与最值.下卷	2015—06	28.00	488
整数的性质	2012—11	38.00	192
完全平方数及其应用	2015—08	78.00	506
多项式理论	2015—10	88.00	541
奇数、偶数、奇偶分析法	2018—01	98.00	876
历届美国中学生数学竞赛试题及解答(第一卷)1950—1954	2014—07	18.00	277
历届美国中学生数学竞赛试题及解答(第二卷)1955—1959	2014—04	18.00	278
历届美国中学生数学竞赛试题及解答(第三卷)1960—1964	2014—06	18.00	279
历届美国中学生数学竞赛试题及解答(第四卷)1965—1969	2014—04	28.00	280
历届美国中学生数学竞赛试题及解答(第五卷)1970—1972	2014—06	18.00	281
历届美国中学生数学竞赛试题及解答(第六卷)1973—1980	2017—07	18.00	768
历届美国中学生数学竞赛试题及解答(第七卷)1981—1986	2015—01	18.00	424
历届美国中学生数学竞赛试题及解答(第八卷)1987—1990	2017—05	18.00	769
历届国际数学奥林匹克试题集	2023—09	158.00	1701
历届中国数学奥林匹克试题集(第3版)	2021—10	58.00	1440
历届加拿大数学奥林匹克试题集	2012—08	38.00	215
历届美国数学奥林匹克试题集	2023—08	98.00	1681
历届波兰数学竞赛试题集.第1卷,1949～1963	2015—03	18.00	453
历届波兰数学竞赛试题集.第2卷,1964～1976	2015—03	18.00	454
历届巴尔干数学奥林匹克试题集	2015—05	38.00	466
保加利亚数学奥林匹克	2014—10	38.00	393
圣彼得堡数学奥林匹克试题集	2015—01	38.00	429
匈牙利奥林匹克数学竞赛题解.第1卷	2016—05	28.00	593
匈牙利奥林匹克数学竞赛题解.第2卷	2016—05	28.00	594
历届美国数学邀请赛试题集(第2版)	2017—10	78.00	851
普林斯顿大学数学竞赛	2016—06	38.00	669
亚太地区数学奥林匹克竞赛题	2015—07	18.00	492
日本历届(初级)广中杯数学竞赛试题及解答.第1卷(2000～2007)	2016—05	28.00	641
日本历届(初级)广中杯数学竞赛试题及解答.第2卷(2008～2015)	2016—05	38.00	642
越南数学奥林匹克题选:1962—2009	2021—07	48.00	1370
360个数学竞赛问题	2016—08	58.00	677
奥数最佳实战题.上卷	2017—06	38.00	760
奥数最佳实战题.下卷	2017—05	58.00	761
哈尔滨市早期中学数学竞赛试题汇编	2016—07	28.00	672
全国高中数学联赛试题及解答:1981—2019(第4版)	2020—07	138.00	1176
2022年全国高中数学联合竞赛模拟题集	2022—06	30.00	1521

刘培杰数学工作室
已出版(即将出版)图书目录——初等数学

书　名	出版时间	定　价	编号
20世纪50年代全国部分城市数学竞赛试题汇编	2017—07	28.00	797
国内外数学竞赛题及精解:2018~2019	2020—08	45.00	1192
国内外数学竞赛题及精解:2019~2020	2021—11	58.00	1439
许康华竞赛优学精选集.第一辑	2018—08	68.00	949
天问叶班数学问题征解100题.Ⅰ,2016—2018	2019—05	88.00	1075
天问叶班数学问题征解100题.Ⅱ,2017—2019	2020—07	98.00	1177
美国初中数学竞赛:AMC8准备(共6卷)	2019—07	138.00	1089
美国高中数学竞赛:AMC10准备(共6卷)	2019—08	158.00	1105
王连笑教你怎样学数学:高考选择题解题策略与客观题实用训练	2014—01	48.00	262
王连笑教你怎样学数学:高考数学高层次讲座	2015—02	48.00	432
高考数学的理论与实践	2009—08	38.00	53
高考数学核心题型解题方法与技巧	2010—01	28.00	86
高考思维新平台	2014—03	38.00	259
高考数学压轴题解题诀窍(上)(第2版)	2018—01	58.00	874
高考数学压轴题解题诀窍(下)(第2版)	2018—01	48.00	875
北京市五区文科数学三年高考模拟题详解:2013~2015	2015—08	48.00	500
北京市五区理科数学三年高考模拟题详解:2013~2015	2015—09	68.00	505
向量法巧解数学高考题	2009—08	28.00	54
高中数学课堂教学的实践与反思	2021—11	48.00	791
数学高考参考	2016—01	78.00	589
新课程标准高考数学解答题各种题型解法指导	2020—08	78.00	1196
全国及各省市高考数学试题审题要津与解法研究	2015—02	48.00	450
高中数学章节起始课的教学研究与案例设计	2019—05	28.00	1064
新课标高考数学——五年试题分章详解(2007~2011)(上、下)	2011—10	78.00	140,141
全国中考数学压轴题审题要津与解法研究	2013—04	78.00	248
新编全国及各省市中考数学压轴题审题要津与解法研究	2014—05	58.00	342
全国及各省市5年中考数学压轴题审题要津与解法研究(2015版)	2015—04	58.00	462
中考数学专题总复习	2007—04	28.00	6
中考数学较难题常考题型解题方法与技巧	2016—09	48.00	681
中考数学难题常考题型解题方法与技巧	2016—09	48.00	682
中考数学中档题常考题型解题方法与技巧	2017—08	68.00	835
中考数学选择填空压轴好题妙解365	2024—01	80.00	1698
中考数学:三类重点考题的解法例析与习题	2020—04	48.00	1140
中小学数学的历史文化	2019—11	48.00	1124
初中平面几何百题多思创新解	2020—01	58.00	1125
初中数学中考备考	2020—01	58.00	1126
高考数学之九章演义	2019—08	68.00	1044
高考数学之难题谈笑间	2022—06	68.00	1519
化学可以这样学:高中化学知识方法智慧感悟疑难辨析	2019—07	58.00	1103
如何成为学习高手	2019—09	58.00	1107
高考数学:经典真题分类解析	2020—04	78.00	1134
高考数学解答题破解策略	2020—11	58.00	1221
从分析解题过程学解题:高考压轴题与竞赛题之关系探究	2020—08	88.00	1179
教学新思考:单元整体视角下的初中数学教学设计	2021—03	58.00	1278
思维再拓展:2020年经典几何题的多解探究与思考	即将出版		1279
中考数学小压轴汇编初讲	2017—07	48.00	788
中考数学大压轴专题微言	2017—09	48.00	846
怎么解中考平面几何探索题	2019—06	48.00	1093
北京中考数学压轴题解题方法突破(第9版)	2024—01	78.00	1645
助你高考成功的数学解题智慧:知识是智慧的基础	2016—01	58.00	596
助你高考成功的数学解题智慧:错误是智慧的试金石	2016—04	58.00	643
助你高考成功的数学解题智慧:方法是智慧的推手	2016—04	68.00	657
高考数学奇思妙解	2016—04	38.00	610
高考数学解题策略	2016—05	48.00	670
数学解题泄天机(第2版)	2017—10	48.00	850

刘培杰数学工作室
已出版(即将出版)图书目录——初等数学

书　名	出版时间	定　价	编号
高中物理教学讲义	2018—01	48.00	871
高中物理教学讲义:全模块	2022—03	98.00	1492
高中物理答疑解惑65篇	2021—11	48.00	1462
中学物理基础问题解析	2020—08	48.00	1183
初中数学、高中数学脱节知识补缺教材	2017—06	48.00	766
高考数学客观题解题方法和技巧	2017—10	38.00	847
十年高考数学精品试题审题要津与解法研究	2021—10	98.00	1427
中国历届高考数学试题及解答.1949—1979	2018—01	38.00	877
历届中国高考数学试题及解答.第二卷,1980—1989	2018—10	28.00	975
历届中国高考数学试题及解答.第三卷,1990—1999	2018—10	48.00	976
跟我学解高中数学题	2018—07	58.00	926
中学数学研究的方法及案例	2018—05	58.00	869
高考数学抢分技能	2018—07	68.00	934
高一新生常用数学方法和重要数学思想提升教材	2018—06	38.00	921
高考数学全国卷六道解答题常考题型解题诀窍:理科(全2册)	2019—07	78.00	1101
高考数学全国卷16道选择、填空题常考题型解题诀窍.理科	2018—09	88.00	971
高考数学全国卷16道选择、填空题常考题型解题诀窍.文科	2020—01	88.00	1123
高中数学一题多解	2019—06	58.00	1087
历届中国高考数学试题及解答:1917—1999	2021—08	98.00	1371
2000~2003年全国及各省市高考数学试题及解答	2022—05	88.00	1499
2004年全国及各省市高考数学试题及解答	2023—08	78.00	1500
2005年全国及各省市高考数学试题及解答	2023—08	78.00	1501
2006年全国及各省市高考数学试题及解答	2023—08	88.00	1502
2007年全国及各省市高考数学试题及解答	2023—08	98.00	1503
2008年全国及各省市高考数学试题及解答	2023—08	88.00	1504
2009年全国及各省市高考数学试题及解答	2023—08	88.00	1505
2010年全国及各省市高考数学试题及解答	2023—08	98.00	1506
2011~2017年全国及各省市高考数学试题及解答	2024—01	78.00	1507
突破高原:高中数学解题思维探究	2021—08	48.00	1375
高考数学中的"取值范围"	2021—10	48.00	1429
新课程标准高中数学各种题型解法大全.必修一分册	2021—06	58.00	1315
新课程标准高中数学各种题型解法大全.必修二分册	2022—01	68.00	1471
高中数学各种题型解法大全.选择性必修一分册	2022—06	68.00	1525
高中数学各种题型解法大全.选择性必修二分册	2023—01	58.00	1600
高中数学各种题型解法大全.选择性必修三分册	2023—04	48.00	1643
历届全国初中数学竞赛经典试题详解	2023—04	88.00	1624
孟祥礼高考数学精刷精解	2023—06	98.00	1663
新编640个世界著名数学智力趣题	2014—01	88.00	242
500个最新世界著名数学智力趣题	2008—06	48.00	3
400个最新世界著名数学最值问题	2008—09	48.00	36
500个世界著名数学征解问题	2009—06	48.00	52
400个中国最佳初等数学征解老题	2010—01	48.00	60
500个俄罗斯数学经典老题	2011—01	28.00	81
1000个国外中学物理好题	2012—04	48.00	174
300个日本高考数学题	2012—05	38.00	142
700个早期日本高考数学试题	2017—02	88.00	752
500个前苏联早期高考数学试题及解答	2012—05	28.00	185
546个早期俄罗斯大学生数学竞赛题	2014—03	38.00	285
548个来自美苏的数学好问题	2014—11	28.00	396
20所苏联著名大学早期入学试题	2015—02	18.00	452
161道德国工科大学生必做的微分方程习题	2015—05	28.00	469
500个德国工科大学生必做的高数习题	2015—06	28.00	478
360个数学竞赛问题	2016—08	58.00	677
200个趣味数学故事	2018—02	48.00	857
470个数学奥林匹克中的最值问题	2018—10	88.00	985
德国讲义日本考题.微积分卷	2015—04	48.00	456
德国讲义日本考题.微分方程卷	2015—04	38.00	457
二十世纪中叶中、英、美、日、法、俄高考数学试题精选	2017—06	38.00	783

刘培杰数学工作室
已出版(即将出版)图书目录——初等数学

书　　　名	出版时间	定　价	编号
中国初等数学研究　2009卷(第1辑)	2009—05	20.00	45
中国初等数学研究　2010卷(第2辑)	2010—05	30.00	68
中国初等数学研究　2011卷(第3辑)	2011—07	60.00	127
中国初等数学研究　2012卷(第4辑)	2012—07	48.00	190
中国初等数学研究　2014卷(第5辑)	2014—02	48.00	288
中国初等数学研究　2015卷(第6辑)	2015—06	68.00	493
中国初等数学研究　2016卷(第7辑)	2016—04	68.00	609
中国初等数学研究　2017卷(第8辑)	2017—01	98.00	712
初等数学研究在中国.第1辑	2019—03	158.00	1024
初等数学研究在中国.第2辑	2019—10	158.00	1116
初等数学研究在中国.第3辑	2021—05	158.00	1306
初等数学研究在中国.第4辑	2022—06	158.00	1520
初等数学研究在中国.第5辑	2023—07	158.00	1635
几何变换(Ⅰ)	2014—07	28.00	353
几何变换(Ⅱ)	2015—06	28.00	354
几何变换(Ⅲ)	2015—01	38.00	355
几何变换(Ⅳ)	2015—12	38.00	356
初等数论难题集(第一卷)	2009—05	68.00	44
初等数论难题集(第二卷)(上、下)	2011—02	128.00	82,83
数论概貌	2011—03	18.00	93
代数数论(第二版)	2013—08	58.00	94
代数多项式	2014—06	38.00	289
初等数论的知识与问题	2011—02	28.00	95
超越数论基础	2011—03	28.00	96
数论初等教程	2011—03	28.00	97
数论基础	2011—03	18.00	98
数论基础与维诺格拉多夫	2014—03	18.00	292
解析数论基础	2012—08	28.00	216
解析数论基础(第二版)	2014—01	48.00	287
解析数论问题集(第二版)(原版引进)	2014—05	88.00	343
解析数论问题集(第二版)(中译本)	2016—04	88.00	607
解析数论基础(潘承洞,潘承彪著)	2016—07	98.00	673
解析数论导引	2016—07	58.00	674
数论入门	2011—03	38.00	99
代数数论入门	2015—03	38.00	448
数论开篇	2012—07	28.00	194
解析数论引论	2011—03	48.00	100
Barban Davenport Halberstam 均值和	2009—01	40.00	33
基础数论	2011—03	28.00	101
初等数论100例	2011—05	18.00	122
初等数论经典例题	2012—07	18.00	204
最新世界各国数学奥林匹克中的初等数论试题(上、下)	2012—01	138.00	144,145
初等数论(Ⅰ)	2012—01	18.00	156
初等数论(Ⅱ)	2012—01	18.00	157
初等数论(Ⅲ)	2012—01	28.00	158

刘培杰数学工作室
已出版(即将出版)图书目录——初等数学

书 名	出版时间	定 价	编号
平面几何与数论中未解决的新老问题	2013—01	68.00	229
代数数论简史	2014—11	28.00	408
代数数论	2015—09	88.00	532
代数、数论及分析习题集	2016—11	98.00	695
数论导引提要及习题解答	2016—01	48.00	559
素数定理的初等证明.第2版	2016—09	48.00	686
数论中的模函数与狄利克雷级数(第二版)	2017—11	78.00	837
数论:数学导引	2018—01	68.00	849
范氏大代数	2019—02	98.00	1016
解析数学讲义.第一卷,导来式及微分、积分、级数	2019—04	88.00	1021
解析数学讲义.第二卷,关于几何的应用	2019—04	68.00	1022
解析数学讲义.第三卷,解析函数论	2019—04	78.00	1023
分析·组合·数论纵横谈	2019—04	58.00	1039
Hall 代数:民国时期的中学数学课本:英文	2019—08	88.00	1106
基谢廖夫初等代数	2022—07	38.00	1531
数学精神巡礼	2019—01	58.00	731
数学眼光透视(第2版)	2017—06	78.00	732
数学思想领悟(第2版)	2018—01	68.00	733
数学方法溯源(第2版)	2018—08	68.00	734
数学解题引论	2017—05	58.00	735
数学史话览胜(第2版)	2017—01	48.00	736
数学应用展观(第2版)	2017—08	68.00	737
数学建模尝试	2018—04	48.00	738
数学竞赛采风	2018—01	68.00	739
数学测评探营	2019—05	58.00	740
数学技能操握	2018—03	48.00	741
数学欣赏拾趣	2018—02	48.00	742
从毕达哥拉斯到怀尔斯	2007—10	48.00	9
从迪利克雷到维斯卡尔迪	2008—01	48.00	21
从哥德巴赫到陈景润	2008—05	98.00	35
从庞加莱到佩雷尔曼	2011—08	138.00	136
博弈论精粹	2008—03	58.00	30
博弈论精粹.第二版(精装)	2015—01	88.00	461
数学 我爱你	2008—01	28.00	20
精神的圣徒 别样的人生——60位中国数学家成长的历程	2008—09	48.00	39
数学史概论	2009—06	78.00	50
数学史概论(精装)	2013—03	158.00	272
数学史选讲	2016—01	48.00	544
斐波那契数列	2010—02	28.00	65
数学拼盘和斐波那契魔方	2010—07	38.00	72
斐波那契数列欣赏(第2版)	2018—08	58.00	948
Fibonacci 数列中的明珠	2018—06	58.00	928
数学的创造	2011—02	48.00	85
数学美与创造力	2016—01	48.00	595
数海拾贝	2016—01	48.00	590
数学中的美(第2版)	2019—04	68.00	1057
数论中的美学	2014—12	38.00	351

— 8 —

刘培杰数学工作室
已出版(即将出版)图书目录——初等数学

书　名	出版时间	定　价	编号
数学王者　科学巨人——高斯	2015—01	28.00	428
振兴祖国数学的圆梦之旅:中国初等数学研究史话	2015—06	98.00	490
二十世纪中国数学史料研究	2015—10	48.00	536
数字谜、数阵图与棋盘覆盖	2016—01	58.00	298
数学概念的进化:一个初步的研究	2023—07	68.00	1683
数学发现的艺术:数学探索中的合情推理	2016—07	58.00	671
活跃在数学中的参数	2016—07	48.00	675
数海趣史	2021—05	98.00	1314
玩转幻中之幻	2023—08	88.00	1682
数学艺术品	2023—09	98.00	1685
数学博弈与游戏	2023—10	68.00	1692
数学解题——靠数学思想给力(上)	2011—07	38.00	131
数学解题——靠数学思想给力(中)	2011—07	48.00	132
数学解题——靠数学思想给力(下)	2011—07	38.00	133
我怎样解题	2013—01	48.00	227
数学解题中的物理方法	2011—06	28.00	114
数学解题的特殊方法	2011—06	48.00	115
中学数学计算技巧(第2版)	2020—10	48.00	1220
中学数学证明方法	2012—01	58.00	117
数学趣题巧解	2012—03	28.00	128
高中数学教学通鉴	2015—05	58.00	479
和高中生漫谈:数学与哲学的故事	2014—08	28.00	369
算术问题集	2017—03	38.00	789
张教授讲数学	2018—07	38.00	933
陈永明实话实说数学教学	2020—04	68.00	1132
中学数学学科知识与教学能力	2020—06	58.00	1155
怎样把课讲好:大罕数学教学随笔	2022—03	58.00	1484
中国高考评价体系下高考数学探秘	2022—03	48.00	1487
数苑漫步	2024—01	58.00	1670
自主招生考试中的参数方程问题	2015—01	28.00	435
自主招生考试中的极坐标问题	2015—04	28.00	463
近年全国重点大学自主招生数学试题全解及研究.华约卷	2015—02	38.00	441
近年全国重点大学自主招生数学试题全解及研究.北约卷	2016—05	38.00	619
自主招生数学解证宝典	2015—09	48.00	535
中国科学技术大学创新班数学真题解析	2022—03	48.00	1488
中国科学技术大学创新班物理真题解析	2022—03	58.00	1489
格点和面积	2012—07	18.00	191
射影几何趣谈	2012—04	28.00	175
斯潘纳尔引理——从一道加拿大数学奥林匹克试题谈起	2014—01	28.00	228
李普希兹条件——从几道近年高考数学试题谈起	2012—10	18.00	221
拉格朗日中值定理——从一道北京高考试题的解法谈起	2015—10	18.00	197
闵科夫斯基定理——从一道清华大学自主招生试题谈起	2014—01	28.00	198
哈尔测度——从一道冬令营试题的背景谈起	2012—08	28.00	202
切比雪夫逼近问题——从一道中国台北数学奥林匹克试题谈起	2013—04	38.00	238
伯恩斯坦多项式与贝齐尔曲面——从一道全国高中数学联赛试题谈起	2013—03	38.00	236
卡塔兰猜想——从一道普特南竞赛试题谈起	2013—06	18.00	256
麦卡锡函数和阿克曼函数——从一道前南斯拉夫数学奥林匹克试题谈起	2012—08	18.00	201
贝蒂定理与拉姆贝克莫斯尔定理——从一个拣石子游戏谈起	2012—08	18.00	217
皮亚诺曲线和豪斯道夫分球定理——从无限谈起	2012—08	18.00	211
平面凸图形与凸多面体	2012—10	28.00	218
斯坦因豪斯问题——从一道二十五省市自治区中学数学竞赛试题谈起	2012—07	18.00	196

刘培杰数学工作室
已出版(即将出版)图书目录——初等数学

书　名	出版时间	定　价	编号
纽结理论中的亚历山大多项式与琼斯多项式——从一道北京市高一数学竞赛试题谈起	2012—07	28.00	195
原则与策略——从波利亚"解题表"谈起	2013—04	38.00	244
转化与化归——从三大尺规作图不能问题谈起	2012—08	28.00	214
代数几何中的贝祖定理(第一版)——从一道IMO试题的解法谈起	2013—08	18.00	193
成功连贯理论与约当块理论——从一道比利时数学竞赛试题谈起	2012—04	18.00	180
素数判定与大数分解	2014—08	18.00	199
置换多项式及其应用	2012—10	18.00	220
椭圆函数与模函数——从一道美国加州大学洛杉矶分校(UCLA)博士资格考题谈起	2012—10	28.00	219
差分方程的拉格朗日方法——从一道2011年全国高考理科试题的解法谈起	2012—08	28.00	200
力学在几何中的一些应用	2013—01	38.00	240
从根式解到伽罗华理论	2020—01	48.00	1121
康托洛维奇不等式——从一道全国高中联赛试题谈起	2013—03	28.00	337
西格尔引理——从一道第18届IMO试题的解法谈起	即将出版		
罗斯定理——从一道前苏联数学竞赛试题谈起	即将出版		
拉克斯定理和阿廷定理——从一道IMO试题的解法谈起	2014—01	58.00	246
毕卡大定理——从一道美国大学数学竞赛试题谈起	2014—07	18.00	350
贝齐尔曲线——从一道全国高中联赛试题谈起	即将出版		
拉格朗日乘子定理——从一道2005年全国高中联赛试题的高等数学解法谈起	2015—05	28.00	480
雅可比定理——从一道日本数学奥林匹克试题谈起	2013—04	48.00	249
李天岩－约克定理——从一道波兰数学竞赛试题谈起	2014—06	28.00	349
受控理论与初等不等式:从一道IMO试题的解法谈起	2023—03	48.00	1601
布劳维不动点定理——从一道前苏联数学奥林匹克试题谈起	2014—01	38.00	273
伯恩赛德定理——从一道英国数学奥林匹克试题谈起	即将出版		
布查特－莫斯特定理——从一道上海市初中竞赛试题谈起	即将出版		
数论中的同余数问题——从一道普特南竞赛试题谈起	即将出版		
范·德蒙行列式——从一道美国数学奥林匹克试题谈起	即将出版		
中国剩余定理:总数法构建中国历史年表	2015—01	28.00	430
牛顿程序与方程求根——从一道全国高考试题解法谈起	即将出版		
库默尔定理——从一道IMO预选试题谈起	即将出版		
卢丁定理——从一道冬令营试题的解法谈起	即将出版		
沃斯滕霍姆定理——从一道IMO预选试题谈起	即将出版		
卡尔松不等式——从一道莫斯科数学奥林匹克试题谈起	即将出版		
信息论中的香农熵——从一道近年高考压轴题谈起	即将出版		
约当不等式——从一道希望杯竞赛试题谈起	即将出版		
拉比诺维奇定理	即将出版		
刘维尔定理——从一道《美国数学月刊》征解问题的解法谈起	即将出版		
卡塔兰恒等式与级数求和——从一道IMO试题的解法谈起	即将出版		
勒让德猜想与素数分布——从一道爱尔兰竞赛试题谈起	即将出版		
天平称重与信息论——从一道基辅市数学奥林匹克试题谈起	即将出版		
哈密尔顿－凯莱定理:从一道高中数学联赛试题的解法谈起	2014—09	18.00	376
艾思特曼定理——从一道CMO试题的解法谈起	即将出版		

刘培杰数学工作室
已出版(即将出版)图书目录——初等数学

书　名	出版时间	定　价	编号
阿贝尔恒等式与经典不等式及应用	2018—06	98.00	923
迪利克雷除数问题	2018—07	48.00	930
幻方、幻立方与拉丁方	2019—08	48.00	1092
帕斯卡三角形	2014—03	18.00	294
蒲丰投针问题——从2009年清华大学的一道自主招生试题谈起	2014—01	38.00	295
斯图姆定理——从一道"华约"自主招生试题的解法谈起	2014—01	18.00	296
许瓦兹引理——从一道加利福尼亚大学伯克利分校数学系博士生试题谈起	2014—08	18.00	297
拉姆塞定理——从王诗宬院士的一个问题谈起	2016—04	48.00	299
坐标法	2013—12	28.00	332
数论三角形	2014—04	38.00	341
毕克定理	2014—07	18.00	352
数林掠影	2014—09	48.00	389
我们周围的概率	2014—10	38.00	390
凸函数最值定理:从一道华约自主招生题的解法谈起	2014—10	28.00	391
易学与数学奥林匹克	2014—10	38.00	392
生物数学趣谈	2015—01	18.00	409
反演	2015—01	28.00	420
因式分解与圆锥曲线	2015—01	18.00	426
轨迹	2015—01	28.00	427
面积原理:从常庚哲命的一道CMO试题的积分解法谈起	2015—01	48.00	431
形形色色的不动点定理:从一道28届IMO试题谈起	2015—01	38.00	439
柯西函数方程:从一道上海交大自主招生的试题谈起	2015—02	28.00	440
三角恒等式	2015—02	28.00	442
无理性判定:从一道2014年"北约"自主招生试题谈起	2015—01	38.00	443
数学归纳法	2015—03	18.00	451
极端原理与解题	2015—04	28.00	464
法雷级数	2014—08	18.00	367
摆线族	2015—01	38.00	438
函数方程及其解法	2015—05	38.00	470
含参数的方程和不等式	2012—09	28.00	213
希尔伯特第十问题	2016—01	38.00	543
无穷小量的求和	2016—01	28.00	545
切比雪夫多项式:从一道清华大学金秋营试题谈起	2016—01	38.00	583
泽肯多夫定理	2016—03	38.00	599
代数等式证题法	2016—01	28.00	600
三角等式证题法	2016—01	28.00	601
吴大任教授藏书中的一个因式分解公式:从一道美国数学邀请赛试题的解法谈起	2016—06	28.00	656
易卦——类万物的数学模型	2017—08	68.00	838
"不可思议"的数与数系可持续发展	2018—01	38.00	878
最短线	2018—01	38.00	879
数学在天文、地理、光学、机械力学中的一些应用	2023—03	88.00	1576
从阿基米德三角形谈起	2023—01	28.00	1578
幻方和魔方(第一卷)	2012—05	68.00	173
尘封的经典——初等数学经典文献选读(第一卷)	2012—07	48.00	205
尘封的经典——初等数学经典文献选读(第二卷)	2012—07	38.00	206
初级方程式论	2011—03	28.00	106
初等数学研究(Ⅰ)	2008—09	68.00	37
初等数学研究(Ⅱ)(上、下)	2009—05	118.00	46,47
初等数学专题研究	2022—10	68.00	1568

— 11 —

刘培杰数学工作室
已出版(即将出版)图书目录——初等数学

书　名	出版时间	定　价	编号
趣味初等方程妙题集锦	2014—09	48.00	388
趣味初等数论选美与欣赏	2015—02	48.00	445
耕读笔记(上卷)：一位农民数学爱好者的初数探索	2015—04	28.00	459
耕读笔记(中卷)：一位农民数学爱好者的初数探索	2015—05	28.00	483
耕读笔记(下卷)：一位农民数学爱好者的初数探索	2015—05	28.00	484
几何不等式研究与欣赏.上卷	2016—01	88.00	547
几何不等式研究与欣赏.下卷	2016—01	48.00	552
初等数列研究与欣赏·上	2016—01	48.00	570
初等数列研究与欣赏·下	2016—01	48.00	571
趣味初等函数研究与欣赏.上	2016—09	48.00	684
趣味初等函数研究与欣赏.下	2018—09	48.00	685
三角不等式研究与欣赏	2020—10	68.00	1197
新编平面解析几何解题方法研究与欣赏	2021—10	78.00	1426
火柴游戏(第2版)	2022—05	38.00	1493
智力解谜.第1卷	2017—07	38.00	613
智力解谜.第2卷	2017—07	38.00	614
故事智力	2016—07	48.00	615
名人们喜欢的智力问题	2020—01	48.00	616
数学大师的发现、创造与失误	2018—01	48.00	617
异曲同工	2018—09	48.00	618
数学的味道(第2版)	2023—10	68.00	1686
数学千字文	2018—10	68.00	977
数贝偶拾——高考数学题研究	2014—04	28.00	274
数贝偶拾——初等数学研究	2014—04	38.00	275
数贝偶拾——奥数题研究	2014—04	48.00	276
钱昌本教你快乐学数学(上)	2011—12	48.00	155
钱昌本教你快乐学数学(下)	2012—03	58.00	171
集合、函数与方程	2014—01	28.00	300
数列与不等式	2014—01	38.00	301
三角与平面向量	2014—01	28.00	302
平面解析几何	2014—01	38.00	303
立体几何与组合	2014—01	28.00	304
极限与导数、数学归纳法	2014—01	38.00	305
趣味数学	2014—03	28.00	306
教材教法	2014—04	68.00	307
自主招生	2014—05	58.00	308
高考压轴题(上)	2015—01	48.00	309
高考压轴题(下)	2014—10	68.00	310
从费马到怀尔斯——费马大定理的历史	2013—10	198.00	I
从庞加莱到佩雷尔曼——庞加莱猜想的历史	2013—10	298.00	II
从切比雪夫到爱尔特希(上)——素数定理的初等证明	2013—07	48.00	III
从切比雪夫到爱尔特希(下)——素数定理100年	2012—12	98.00	III
从高斯到盖尔方特——二次域的高斯猜想	2013—10	198.00	IV
从库默尔到朗兰兹——朗兰兹猜想的历史	2014—01	98.00	V
从比勃巴赫到德布朗斯——比勃巴赫猜想的历史	2014—02	298.00	VI
从麦比乌斯到陈省身——麦比乌斯变换与麦比乌斯带	2014—02	298.00	VII
从布尔到豪斯道夫——布尔方程与格论漫谈	2013—10	198.00	VIII
从开普勒到阿诺德——三体问题的历史	2014—05	298.00	IX
从华林到华罗庚——华林问题的历史	2013—10	298.00	X

刘培杰数学工作室
已出版(即将出版)图书目录——初等数学

书　　名	出版时间	定　价	编号
美国高中数学竞赛五十讲.第1卷(英文)	2014—08	28.00	357
美国高中数学竞赛五十讲.第2卷(英文)	2014—08	28.00	358
美国高中数学竞赛五十讲.第3卷(英文)	2014—09	28.00	359
美国高中数学竞赛五十讲.第4卷(英文)	2014—09	28.00	360
美国高中数学竞赛五十讲.第5卷(英文)	2014—10	28.00	361
美国高中数学竞赛五十讲.第6卷(英文)	2014—11	28.00	362
美国高中数学竞赛五十讲.第7卷(英文)	2014—12	28.00	363
美国高中数学竞赛五十讲.第8卷(英文)	2015—01	28.00	364
美国高中数学竞赛五十讲.第9卷(英文)	2015—01	28.00	365
美国高中数学竞赛五十讲.第10卷(英文)	2015—02	38.00	366
三角函数(第2版)	2017—04	38.00	626
不等式	2014—01	38.00	312
数列	2014—01	38.00	313
方程(第2版)	2017—04	38.00	624
排列和组合	2014—01	28.00	315
极限与导数(第2版)	2016—04	38.00	635
向量(第2版)	2018—08	58.00	627
复数及其应用	2014—08	28.00	318
函数	2014—01	38.00	319
集合	2020—01	48.00	320
直线与平面	2014—01	28.00	321
立体几何(第2版)	2016—04	38.00	629
解三角形	即将出版		323
直线与圆(第2版)	2016—11	38.00	631
圆锥曲线(第2版)	2016—09	48.00	632
解题通法(一)	2014—07	38.00	326
解题通法(二)	2014—07	38.00	327
解题通法(三)	2014—05	38.00	328
概率与统计	2014—01	28.00	329
信息迁移与算法	即将出版		330
IMO 50年.第1卷(1959—1963)	2014—11	28.00	377
IMO 50年.第2卷(1964—1968)	2014—11	28.00	378
IMO 50年.第3卷(1969—1973)	2014—09	28.00	379
IMO 50年.第4卷(1974—1978)	2016—04	38.00	380
IMO 50年.第5卷(1979—1984)	2015—04	38.00	381
IMO 50年.第6卷(1985—1989)	2015—04	58.00	382
IMO 50年.第7卷(1990—1994)	2016—01	48.00	383
IMO 50年.第8卷(1995—1999)	2016—06	38.00	384
IMO 50年.第9卷(2000—2004)	2015—04	58.00	385
IMO 50年.第10卷(2005—2009)	2016—01	48.00	386
IMO 50年.第11卷(2010—2015)	2017—03	48.00	646

刘培杰数学工作室
已出版(即将出版)图书目录——初等数学

书　　名	出版时间	定　价	编号
数学反思(2006—2007)	2020—09	88.00	915
数学反思(2008—2009)	2019—01	68.00	917
数学反思(2010—2011)	2018—05	58.00	916
数学反思(2012—2013)	2019—01	58.00	918
数学反思(2014—2015)	2019—03	78.00	919
数学反思(2016—2017)	2021—03	58.00	1286
数学反思(2018—2019)	2023—01	88.00	1593
历届美国大学生数学竞赛试题集.第一卷(1938—1949)	2015—01	28.00	397
历届美国大学生数学竞赛试题集.第二卷(1950—1959)	2015—01	28.00	398
历届美国大学生数学竞赛试题集.第三卷(1960—1969)	2015—01	28.00	399
历届美国大学生数学竞赛试题集.第四卷(1970—1979)	2015—01	18.00	400
历届美国大学生数学竞赛试题集.第五卷(1980—1989)	2015—01	28.00	401
历届美国大学生数学竞赛试题集.第六卷(1990—1999)	2015—01	28.00	402
历届美国大学生数学竞赛试题集.第七卷(2000—2009)	2015—08	18.00	403
历届美国大学生数学竞赛试题集.第八卷(2010—2012)	2015—01	18.00	404
新课标高考数学创新题解题诀窍:总论	2014—09	28.00	372
新课标高考数学创新题解题诀窍:必修1~5分册	2014—08	38.00	373
新课标高考数学创新题解题诀窍:选修2-1,2-2,1-1,1-2分册	2014—09	38.00	374
新课标高考数学创新题解题诀窍:选修2-3,4-4,4-5分册	2014—09	18.00	375
全国重点大学自主招生英文数学试题全攻略:词汇卷	2015—07	48.00	410
全国重点大学自主招生英文数学试题全攻略:概念卷	2015—01	28.00	411
全国重点大学自主招生英文数学试题全攻略:文章选读卷(上)	2016—09	38.00	412
全国重点大学自主招生英文数学试题全攻略:文章选读卷(下)	2017—01	58.00	413
全国重点大学自主招生英文数学试题全攻略:试题卷	2015—07	38.00	414
全国重点大学自主招生英文数学试题全攻略:名著欣赏卷	2017—03	48.00	415
劳埃德数学趣题大全.题目卷.1:英文	2016—01	18.00	516
劳埃德数学趣题大全.题目卷.2:英文	2016—01	18.00	517
劳埃德数学趣题大全.题目卷.3:英文	2016—01	18.00	518
劳埃德数学趣题大全.题目卷.4:英文	2016—01	18.00	519
劳埃德数学趣题大全.题目卷.5:英文	2016—01	18.00	520
劳埃德数学趣题大全.答案卷:英文	2016—01	18.00	521
李成章教练奥数笔记.第1卷	2016—01	48.00	522
李成章教练奥数笔记.第2卷	2016—01	48.00	523
李成章教练奥数笔记.第3卷	2016—01	38.00	524
李成章教练奥数笔记.第4卷	2016—01	38.00	525
李成章教练奥数笔记.第5卷	2016—01	38.00	526
李成章教练奥数笔记.第6卷	2016—01	38.00	527
李成章教练奥数笔记.第7卷	2016—01	38.00	528
李成章教练奥数笔记.第8卷	2016—01	48.00	529
李成章教练奥数笔记.第9卷	2016—01	28.00	530

刘培杰数学工作室
已出版(即将出版)图书目录——初等数学

书　　名	出版时间	定　价	编号
第19～23届"希望杯"全国数学邀请赛试题审题要津详细评注(初一版)	2014—03	28.00	333
第19～23届"希望杯"全国数学邀请赛试题审题要津详细评注(初二、初三版)	2014—03	38.00	334
第19～23届"希望杯"全国数学邀请赛试题审题要津详细评注(高一版)	2014—03	28.00	335
第19～23届"希望杯"全国数学邀请赛试题审题要津详细评注(高二版)	2014—03	38.00	336
第19～25届"希望杯"全国数学邀请赛试题审题要津详细评注(初一版)	2015—01	38.00	416
第19～25届"希望杯"全国数学邀请赛试题审题要津详细评注(初二、初三版)	2015—01	58.00	417
第19～25届"希望杯"全国数学邀请赛试题审题要津详细评注(高一版)	2015—01	48.00	418
第19～25届"希望杯"全国数学邀请赛试题审题要津详细评注(高二版)	2015—01	48.00	419
物理奥林匹克竞赛大题典——力学卷	2014—11	48.00	405
物理奥林匹克竞赛大题典——热学卷	2014—04	28.00	339
物理奥林匹克竞赛大题典——电磁学卷	2015—07	48.00	406
物理奥林匹克竞赛大题典——光学与近代物理卷	2014—06	28.00	345
历届中国东南地区数学奥林匹克试题集(2004～2012)	2014—06	18.00	346
历届中国西部地区数学奥林匹克试题集(2001～2012)	2014—07	18.00	347
历届中国女子数学奥林匹克试题集(2002～2012)	2014—08	18.00	348
数学奥林匹克在中国	2014—06	98.00	344
数学奥林匹克问题集	2014—01	38.00	267
数学奥林匹克不等式散论	2010—06	38.00	124
数学奥林匹克不等式欣赏	2011—09	38.00	138
数学奥林匹克超级题库(初中卷上)	2010—01	58.00	66
数学奥林匹克不等式证明方法和技巧(上、下)	2011—08	158.00	134,135
他们学什么:原民主德国中学数学课本	2016—09	38.00	658
他们学什么:英国中学数学课本	2016—09	38.00	659
他们学什么:法国中学数学课本.1	2016—09	38.00	660
他们学什么:法国中学数学课本.2	2016—09	28.00	661
他们学什么:法国中学数学课本.3	2016—09	38.00	662
他们学什么:苏联中学数学课本	2016—09	28.00	679
高中数学题典——集合与简易逻辑·函数	2016—07	48.00	647
高中数学题典——导数	2016—07	48.00	648
高中数学题典——三角函数·平面向量	2016—07	48.00	649
高中数学题典——数列	2016—07	58.00	650
高中数学题典——不等式·推理与证明	2016—07	38.00	651
高中数学题典——立体几何	2016—07	48.00	652
高中数学题典——平面解析几何	2016—07	78.00	653
高中数学题典——计数原理·统计·概率·复数	2016—07	48.00	654
高中数学题典——算法·平面几何·初等数论·组合数学·其他	2016—07	68.00	655

刘培杰数学工作室
已出版（即将出版）图书目录——初等数学

书　　名	出版时间	定　价	编号
台湾地区奥林匹克数学竞赛试题.小学一年级	2017—03	38.00	722
台湾地区奥林匹克数学竞赛试题.小学二年级	2017—03	38.00	723
台湾地区奥林匹克数学竞赛试题.小学三年级	2017—03	38.00	724
台湾地区奥林匹克数学竞赛试题.小学四年级	2017—03	38.00	725
台湾地区奥林匹克数学竞赛试题.小学五年级	2017—03	38.00	726
台湾地区奥林匹克数学竞赛试题.小学六年级	2017—03	38.00	727
台湾地区奥林匹克数学竞赛试题.初中一年级	2017—03	38.00	728
台湾地区奥林匹克数学竞赛试题.初中二年级	2017—03	38.00	729
台湾地区奥林匹克数学竞赛试题.初中三年级	2017—03	28.00	730
不等式证题法	2017—04	28.00	747
平面几何培优教程	2019—08	88.00	748
奥数鼎级培优教程.高一分册	2018—09	88.00	749
奥数鼎级培优教程.高二分册.上	2018—04	68.00	750
奥数鼎级培优教程.高二分册.下	2018—04	68.00	751
高中数学竞赛冲刺宝典	2019—04	68.00	883
初中尖子生数学超级题典.实数	2017—07	58.00	792
初中尖子生数学超级题典.式、方程与不等式	2017—08	58.00	793
初中尖子生数学超级题典.圆、面积	2017—08	38.00	794
初中尖子生数学超级题典.函数、逻辑推理	2017—08	48.00	795
初中尖子生数学超级题典.角、线段、三角形与多边形	2017—07	58.00	796
数学王子——高斯	2018—01	48.00	858
坎坷奇星——阿贝尔	2018—01	48.00	859
闪烁奇星——伽罗瓦	2018—01	58.00	860
无穷统帅——康托尔	2018—01	48.00	861
科学公主——柯瓦列夫斯卡娅	2018—01	48.00	862
抽象代数之母——埃米·诺特	2018—01	48.00	863
电脑先驱——图灵	2018—01	58.00	864
昔日神童——维纳	2018—01	48.00	865
数坛怪侠——爱尔特希	2018—01	68.00	866
传奇数学家徐利治	2019—09	88.00	1110
当代世界中的数学.数学思想与数学基础	2019—01	38.00	892
当代世界中的数学.数学问题	2019—01	38.00	893
当代世界中的数学.应用数学与数学应用	2019—01	38.00	894
当代世界中的数学.数学王国的新疆域（一）	2019—01	38.00	895
当代世界中的数学.数学王国的新疆域（二）	2019—01	38.00	896
当代世界中的数学.数林撷英（一）	2019—01	38.00	897
当代世界中的数学.数林撷英（二）	2019—01	48.00	898
当代世界中的数学.数学之路	2019—01	38.00	899

刘培杰数学工作室
已出版(即将出版)图书目录——初等数学

书　名	出版时间	定　价	编号
105个代数问题:来自AwesomeMath夏季课程	2019—02	58.00	956
106个几何问题:来自AwesomeMath夏季课程	2020—07	58.00	957
107个几何问题:来自AwesomeMath全年课程	2020—07	58.00	958
108个代数问题:来自AwesomeMath全年课程	2019—01	68.00	959
109个不等式:来自AwesomeMath夏季课程	2019—04	58.00	960
国际数学奥林匹克中的110个几何问题	即将出版		961
111个代数和数论问题	2019—05	58.00	962
112个组合问题:来自AwesomeMath夏季课程	2019—05	58.00	963
113个几何不等式:来自AwesomeMath夏季课程	2020—08	58.00	964
114个指数和对数问题:来自AwesomeMath夏季课程	2019—09	48.00	965
115个三角问题:来自AwesomeMath夏季课程	2019—09	58.00	966
116个代数不等式:来自AwesomeMath全年课程	2019—04	58.00	967
117个多项式问题:来自AwesomeMath夏季课程	2021—09	58.00	1409
118个数学竞赛不等式	2022—08	78.00	1526
紫色彗星国际数学竞赛试题	2019—02	58.00	999
数学竞赛中的数学:为数学爱好者、父母、教师和教练准备的丰富资源.第一部	2020—04	58.00	1141
数学竞赛中的数学:为数学爱好者、父母、教师和教练准备的丰富资源.第二部	2020—07	48.00	1142
和与积	2020—10	38.00	1219
数论:概念和问题	2020—12	68.00	1257
初等数学问题研究	2021—03	48.00	1270
数学奥林匹克中的欧几里得几何	2021—10	68.00	1413
数学奥林匹克题解新编	2022—01	58.00	1430
图论入门	2022—09	58.00	1554
新的、更新的、最新的不等式	2023—07	58.00	1650
数学竞赛中奇妙的多项式	2024—01	78.00	1646
120个奇妙的代数问题及20个奖励问题	2024—04	48.00	1647
澳大利亚中学数学竞赛试题及解答(初级卷)1978~1984	2019—02	28.00	1002
澳大利亚中学数学竞赛试题及解答(初级卷)1985~1991	2019—02	28.00	1003
澳大利亚中学数学竞赛试题及解答(初级卷)1992~1998	2019—02	28.00	1004
澳大利亚中学数学竞赛试题及解答(初级卷)1999~2005	2019—02	28.00	1005
澳大利亚中学数学竞赛试题及解答(中级卷)1978~1984	2019—03	28.00	1006
澳大利亚中学数学竞赛试题及解答(中级卷)1985~1991	2019—03	28.00	1007
澳大利亚中学数学竞赛试题及解答(中级卷)1992~1998	2019—03	28.00	1008
澳大利亚中学数学竞赛试题及解答(中级卷)1999~2005	2019—03	28.00	1009
澳大利亚中学数学竞赛试题及解答(高级卷)1978~1984	2019—05	28.00	1010
澳大利亚中学数学竞赛试题及解答(高级卷)1985~1991	2019—05	28.00	1011
澳大利亚中学数学竞赛试题及解答(高级卷)1992~1998	2019—05	28.00	1012
澳大利亚中学数学竞赛试题及解答(高级卷)1999~2005	2019—05	28.00	1013
天才中小学生智力测验题.第一卷	2019—03	38.00	1026
天才中小学生智力测验题.第二卷	2019—03	38.00	1027
天才中小学生智力测验题.第三卷	2019—03	38.00	1028
天才中小学生智力测验题.第四卷	2019—03	38.00	1029
天才中小学生智力测验题.第五卷	2019—03	38.00	1030
天才中小学生智力测验题.第六卷	2019—03	38.00	1031
天才中小学生智力测验题.第七卷	2019—03	38.00	1032
天才中小学生智力测验题.第八卷	2019—03	38.00	1033
天才中小学生智力测验题.第九卷	2019—03	38.00	1034
天才中小学生智力测验题.第十卷	2019—03	38.00	1035
天才中小学生智力测验题.第十一卷	2019—03	38.00	1036
天才中小学生智力测验题.第十二卷	2019—03	38.00	1037
天才中小学生智力测验题.第十三卷	2019—03	38.00	1038

刘培杰数学工作室
已出版(即将出版)图书目录——初等数学

书　名	出版时间	定　价	编号
重点大学自主招生数学备考全书:函数	2020—05	48.00	1047
重点大学自主招生数学备考全书:导数	2020—08	48.00	1048
重点大学自主招生数学备考全书:数列与不等式	2019—10	78.00	1049
重点大学自主招生数学备考全书:三角函数与平面向量	2020—08	68.00	1050
重点大学自主招生数学备考全书:平面解析几何	2020—07	58.00	1051
重点大学自主招生数学备考全书:立体几何与平面几何	2019—08	48.00	1052
重点大学自主招生数学备考全书:排列组合·概率统计·复数	2019—09	48.00	1053
重点大学自主招生数学备考全书:初等数论与组合数学	2019—08	48.00	1054
重点大学自主招生数学备考全书:重点大学自主招生真题.上	2019—04	68.00	1055
重点大学自主招生数学备考全书:重点大学自主招生真题.下	2019—04	58.00	1056
高中数学竞赛培训教程:平面几何问题的求解方法与策略.上	2018—05	68.00	906
高中数学竞赛培训教程:平面几何问题的求解方法与策略.下	2018—06	78.00	907
高中数学竞赛培训教程:整除与同余以及不定方程	2018—01	88.00	908
高中数学竞赛培训教程:组合计数与组合极值	2018—04	48.00	909
高中数学竞赛培训教程:初等代数	2019—04	78.00	1042
高中数学讲座:数学竞赛基础教程(第一册)	2019—06	48.00	1094
高中数学讲座:数学竞赛基础教程(第二册)	即将出版		1095
高中数学讲座:数学竞赛基础教程(第三册)	即将出版		1096
高中数学讲座:数学竞赛基础教程(第四册)	即将出版		1097
新编中学数学解题方法1000招丛书.实数(初中版)	2022—05	58.00	1291
新编中学数学解题方法1000招丛书.式(初中版)	2022—05	48.00	1292
新编中学数学解题方法1000招丛书.方程与不等式(初中版)	2021—04	58.00	1293
新编中学数学解题方法1000招丛书.函数(初中版)	2022—05	38.00	1294
新编中学数学解题方法1000招丛书.角(初中版)	2022—05	48.00	1295
新编中学数学解题方法1000招丛书.线段(初中版)	2022—05	48.00	1296
新编中学数学解题方法1000招丛书.三角形与多边形(初中版)	2021—04	48.00	1297
新编中学数学解题方法1000招丛书.圆(初中版)	2022—05	48.00	1298
新编中学数学解题方法1000招丛书.面积(初中版)	2021—07	28.00	1299
新编中学数学解题方法1000招丛书.逻辑推理(初中版)	2022—06	48.00	1300
高中数学题典精编.第一辑.函数	2022—01	58.00	1444
高中数学题典精编.第一辑.导数	2022—01	68.00	1445
高中数学题典精编.第一辑.三角函数·平面向量	2022—01	68.00	1446
高中数学题典精编.第一辑.数列	2022—01	58.00	1447
高中数学题典精编.第一辑.不等式·推理与证明	2022—01	58.00	1448
高中数学题典精编.第一辑.立体几何	2022—01	58.00	1449
高中数学题典精编.第一辑.平面解析几何	2022—01	68.00	1450
高中数学题典精编.第一辑.统计·概率·平面几何	2022—01	58.00	1451
高中数学题典精编.第一辑.初等数论·组合数学·数学文化·解题方法	2022—01	58.00	1452
历届全国初中数学竞赛试题分类解析.初等代数	2022—09	98.00	1555
历届全国初中数学竞赛试题分类解析.初等数论	2022—09	48.00	1556
历届全国初中数学竞赛试题分类解析.平面几何	2022—09	38.00	1557
历届全国初中数学竞赛试题分类解析.组合	2022—09	38.00	1558

刘培杰数学工作室
已出版(即将出版)图书目录——初等数学

书　名	出版时间	定　价	编号
从三道高三数学模拟题的背景谈起:兼谈傅里叶三角级数	2023—03	48.00	1651
从一道日本东京大学的入学试题谈起:兼谈 π 的方方面面	即将出版		1652
从两道 2021 年福建高三数学测试题谈起:兼谈球面几何学与球面三角学	即将出版		1653
从 道湖南高考数学试题谈起:兼谈有界变差数列	2024—01	48.00	1654
从一道高校自主招生试题谈起:兼谈詹森函数方程	即将出版		1655
从一道上海高考数学试题谈起:兼谈有界变差函数	即将出版		1656
从一道北京大学金秋营数学试题的解法谈起:兼谈伽罗瓦理论	即将出版		1657
从一道北京高考数学试题的解法谈起:兼谈毕克定理	即将出版		1658
从一道北京大学金秋营数学试题的解法谈起:兼谈帕塞瓦尔恒等式	即将出版		1659
从一道高三数学模拟测试题的背景谈起:兼谈等周问题与等周不等式	即将出版		1660
从一道 2020 年全国高考数学试题的解法谈起:兼谈斐波那契数列和纳卡穆拉定理及奥斯图达定理	即将出版		1661
从一道高考数学附加题谈起:兼谈广义斐波那契数列	即将出版		1662
代数学教程.第一卷,集合论	2023—08	58.00	1664
代数学教程.第二卷,抽象代数基础	2023—08	68.00	1665
代数学教程.第三卷,数论原理	2023—08	58.00	1666
代数学教程.第四卷,代数方程式论	2023—08	48.00	1667
代数学教程.第五卷,多项式理论	2023—08	58.00	1668

联系地址:哈尔滨市南岗区复华四道街 10 号　哈尔滨工业大学出版社刘培杰数学工作室
网　　址:http://lpj.hit.edu.cn/
邮　　编:150006
联系电话:0451-86281378　　13904613167
E-mail:lpj1378@163.com